ABHANDLUNGEN DER DEUTSCHEN AKADEMIE
DER WISSENSCHAFTEN ZU BERLIN

Jahrgang 1969

Internationales Symposium

DIE HEUTIGE STELLUNG DER MORPHOLOGIE IN BIOLOGIE UND MEDIZIN

Berlin, 15. bis 17. Februar 1968

Veranstaltet
von der Klasse für Medizin der Deutschen Akademie der Wissenschaften zu Berlin
gemeinsam
mit der Sektion für Morphologie und experimentelle Pathologie
der Deutschen Akademie der Wissenschaften zu Berlin

Herausgegeben von
LOUIS-HEINZ KETTLER

Mit 295 Abbildungen und 66 Tabellen

AKADEMIE-VERLAG · BERLIN
1970

Redaktionelle Bearbeitung:

P. Buntrock, Dr. *H. Eckert*, *G. Friedrich* und Dr. *H. Guski*

Erschienen im Akademie-Verlag GmbH, 108 Berlin, Leipziger Straße 3–4

Lizenznummer: 202 · 100/458/70
Gesamtherstellung: VEB Druckhaus „Maxim Gorki“, 74 Altenburg
Bestellnummer: 2001/69/IV/1 · ES 17 C 2/18 G 1
117,–

Inhaltsverzeichnis

Begrüßung durch Prof. Dr. L.-H. Kettler (Berlin) . . . 7

Eröffnungsvortrag von Prof. Dr. A. A. Avakjan (Moskau) . . . 11

Hauptreferate

W. Bargmann (Kiel): Über Wesen und Ziele der modernen Morphologie . . . 13

S. M. Rapoport (Berlin): Biochemie, Morphologie und Strukturforschung . . . 19

A. I. Hadjioloff (Sofia): Die erkenntnistheoretische Bedeutung der Morphologie (der Erforschung der Form und der Struktur) für die biologischen und medizinischen Wissenschaften . . . 25

A. P. Avtsyn (Moskau): Über die Grundprinzipien der Bewertung pathologischer Prozesse in der Zelle . . . 41

I. Morphologie und Forschung

J. H. Scharf (Halle): Moderne Morphologie und höhere Analysis . . . 45

И. В. Давыдовский † (Москва): Методологучеckие основы патологии . . . 61

S. Krompecher (Debrecen): Die Morphologie an sich und ihr Verhältnis zu anderen biologischen Disziplinen in der Forschung — Morphologie und Stoffwechsel einiger Gewebe . . . 67

H. G. Godlewski (Warsaw): Experiment as a cognitive factor in histo- and cytochemistry . . . 79

E. Goetze (Jena): Beziehungen zwischen Pathophysiologie und Pathomorphologie aus der Sicht des Pathophysiologen . . . 87

F. Bolck (Jena): Allgemeine Pathomorphologie von Organen. Ihre Bedeutung für die Lehre und Forschung . . 91

A. M. Wichert und N. M. Posdjunina (Moskau): Die Veränderungen der Fermentaktivität und des Elektrolytgehalts des Myokards bei seiner im Experiment hervorgerufenen Hypertrophie und Insuffizienz . . . 97

I. Törö (Budapest): Funktionelle Morphologie der Lymphgewebe . . . 105

Z. Vaček (Prag): Vergleichende Plazentationslehre im Lichte der Elektronenmikroskopie und Histochemie . . 111

H.-J. Mohr (Gelsenkirchen): Peptische Enzyme und infiltrierendes Tumorwachstum . . . 115

W. Zschiesche, K. Augsten und J. Strecke (Jena): Die Beeinflussung der Phagocytoseaktivität durch Antibiotica und Chemotherapeutica . . . 121

A. Graffi, E. Bender, I. Graffi, T. Schramm, D. Bierwolf und K.-H. Horn (Berlin): Zu einigen morphologischen Problemen der virologischen Onkologie: Über zwei neue Virustumoren beim Goldhamster . . . 127

M. Möhr (Potsdam-Rehbrücke): Morphologische Maße als Kriterien des Ernährungszustandes . . . 141

M. A. Muresan (Cluj): Der gegenwärtige Stand der Forschung über die Morphopathologie der kleinen Gefäße . 151

H. Stobbe, K. M. Heine und P. Neumann (Berlin): Zytomorphologische und zytochemische Befunde an Immunoblasten . . . 155

S. Sandor, H. Bender, C. Dimitrescu, T. Logofat, E. Oprendeck und B. Schlechta (Timişoara): Eine neue Methode für in ovo Filmaufnahmen am Hühnerembryo . . . 161

R. NATUSCH, H. DUTZ und L.-H. KETTLER (Berlin): Die Bedeutung der intravitalen morphologischen Diagnostik für die Klinik der Nierenerkrankungen . . . 163
A. A. АВАКЯН (Москва): Эволюция мембранных структур у микроорганизмов . . . 169
J. GRONIOWSKI (Warsaw): Extraneous coat of the plasma membrane . . . 175
Д. С. САРКИСОВ и Б. В. ВТЮРИН (Москва): Внутриклеточные регенераторные процессы и устойчивость клетки к внешним воздействиям . . . 185
F. RENGER (Dresden): Laparoskopie und Leberbiopsie — ihre Bedeutung, Grenzen und Gefahren . . . 195
B. A. NEŠKOVIĆ (Belgrad): Korrelation zwischen Genaktivierung und Änderung der morphologischen Entwicklungsformen in der Intermitose . . . 205
A. DORN (Greifswald): Topochemische Verteilungsmuster der Phosphorylase während der Skelettmuskelentwicklung im licht- und elektronenmikroskopischen Bereich . . . 211
G. HÜBNER (Köln): Die Feinstruktur der Zelle bei der sogenannten trüben Schwellung . . . 215
G. BRUNS (Jena): Molekulare Grundlagen der Amyloidosen . . . 225
M. MÜLLER (Dresden): Autoradiographische und immunhistologische Untersuchungen zur Reaktionstopik des für die Mäuseleber kanzerogenen o-Aminoazotoluol . . . 235
C. KEMMER und M. MÜLLER (Dresden): Autoradiographische Untersuchungen zur subzellulären Verteilung von o-Aminoazotoluol . . . 239
S. TANNEBERGER (Berlin): Über die Benutzung von in vitro Kulturen menschlicher Tumoren als Hilfsmittel bei Planung und Kontrolle der Therapie maligner Erkrankungen . . . 243
S. FRITSCH (Jena): Dynamik der Leukämogenese virogener und zellulär transplantierter myeloischer Leukosen der Maus . . . 245
H. WALLER und M. WALLER (Halle): Zytogenetische Untersuchungen an Obduktionsmaterial als Beitrag zur pathologisch-anatomischen Diagnostik . . . 251
R. WITKOWSKI (Berlin): Sichtbare Chromosomenanomalien des Menschen und ihre phänotypischen Auswirkungen . . . 253
B. WITTWER (Magdeburg): Syndrombegriff und multifaktorielle Vererbung . . . 255
K. LAPIS (Budapest): The significance of ultrastructural studies in cancer chemotherapy . . . 259
K. BOLLA und K. LAPIS (Budapest): Beitrag zum Problem der Mittelspezifität der durch tumorchemotherapeutische Agentien verursachten ultrastrukturellen Alterationen . . . 265
J. SZENTÁGOTHAI (Budapest): Die Bedeutung der Morphologie in der neurobiologischen Grundlagenforschung . 271
E. GUTMANN (Prag): Beiträge der funktionellen Morphologie für das Studium der neuromuskulären Physiologie 279
F. SEITELBERGER (Wien): Allgemeine Neuropathologie der degenerativen Prozesse des Nervensystems . . . 287
L. CROME (Carshalton): The morphology of neurometabolic diseases . . . 309
K. JÄNICKE und W. WÜNSCHER (Leipzig): Zur Bedeutung der Neuropathologie für die Nervenheilkunde . . . 315
T. GENTSCHEV (Sofia): Über einige Probleme der Histophysiologie und Histochemie des Nervensystems . . . 323
J. FISCHER (Prag): Über eine experimentelle fokale Epilepsie. Ein Versuch einer Korrelation neuropathologischer, histochemischer, elektronenmikroskopischer und elektrophysiologischer Befunde . . . 329
C. und R. COUTELLE, U. BONK, D. FELICETTI, F. W. RATH und F. TRAUB (Halle/Berlin): Vergleichende licht- und elektronenoptische sowie histo- und biochemische Untersuchungen zum infiltrierenden Tumorwachstum . . . 333
J. LINDNER (Hamburg): Vergleichende morphologische, biochemische und radiochemische Untersuchungen der Invasionszone bösartiger Geschwülste . . . 337
S. M. MILCU, R. PETRESCU, C. TASCA und E. GHINEA (Bukarest): Ergebnisse und Aussichten der Gewebekulturen in der Endokrinologie . . . 351
S. M. MILCU, C. TASCA, R. PETRESCU und E. GHINEA (Bukarest): Beitrag der Gewebekulturen zur hormonalen und histologisch-enzymologischen Erforschung der Schilddrüse . . . 355
A. HOPF und H.-J. KRETSCHMANN (Neustadt/Schw./Frankfurt/M.): Die Bedeutung quantitativer und statistischer Untersuchungen in der vergleichenden Neuroanatomie . . . 359
D. LINDNER und V. DIETSCH (Berlin): Die Mastzellpopulation als Regler im System „lockeres Bindegewebe“ . . 363
S. ELIAS (Timişoara): Genaue Wachstumsbestimmung in Frühstadien der embryonalen Entwicklung. II.: Vorschlag zu einer einheitlichen Wachstumsbestimmung des Hühnerembryos . . . 367
N. DIACONESCU und T. PORSCHE (Timişoara): Über einige aktuelle Fragen der makroskopischen morphologischen Forschung . . . 371
A. I. STRUKOV (Moskau): Einige Angaben über die submikroskopische Morphologie des Myokardinfarkts . . . 375
Г. Д. СМИРНОВ (Москва): Электронно-микроскопическое изучение нервых центров . . . 383

E. C. Craciun und C. Tasca (Bukarest): Karyo-Interkaryometrie und pathologische Diagnose 387
H. Bergquist (Göteborg): Korrelation von Form und intrazellulären Veränderungen in der neuralen Ontogenese. Eine elektronenmikroskopische Studie über die Stratum zonale-Entwicklung im Neuralrohr beim Küken . . 391

II. Pathomorphologie und Klinik

F. Jung (Berlin): Pharmakologie und Morphologie 395
A. M. Mancini, G. Frizzera and A. Vecchi (Bologna): Histochemical and histoimmunochemical approaches to the study of some pathogenetical aspects of diabetes mellitus 399
H.-J. Herrmann (Berlin): Die Bedeutung der Pathomorphologie des Skelettsystems der Haustiere für die Klinik und die vergleichende Krankheitsforschung 407
G. Wellmitz (Berlin): Klinischer Beitrag zur Pathogenese seltener Skeletterkrankungen: Melorheostose, Osteopoikilie, Dyschondroplasie, fibröse Dysplasie 413
K. Krieg (Berlin): Beiträge der vergleichenden Morphologie zum heutigen Bild der Arteriosklerose 433
I. Benedeczky (Budapest): The importance of ultrastructural studies concerning the secretion of the adrenal medulla 439
H.-C. Burck (Tübingen): Die Morphologie der Niere als Ausdruck ihrer Funktionsstörung beim akuten Nierenversagen und nach Ischämie 443
R. Schade (Newcastle): The „apparently normal“ mucosa of the urinary bladder in cases of bladder cancer — a cytological and histological study 451
E. Maldyk (Warschau): Die Bedeutung der morphologischen Untersuchungen für die Diagnose einiger Bindegewebskrankheiten 453
K. Richter (Berlin): Über die korrelative Betrachtung von Morphologie und Physiologie in der klinischen Röntgendiagnostik 457
W. Kühne (Jena): Korrelationen zwischen Struktur und Funktion am Beispiel der Lungenpathologie 459
M. Kühnert und S. Zimmer (Grimma): Schwierigkeiten und Grenzen der Lungenzytologie 467
P. Müller (Jena): Todesursache bei peripartaler Mortalität 471
P. Nowotny (Rostock): Intravitale Knochenmarkbiopsie in der Hämatologie 477
W. Werner (Berlin): Gemeinsamkeiten und Besonderheiten der zytologischen und histologischen Diagnostik bei Blutkrankheiten 485
W. Gertler und T. Thormann (Berlin): Struktur und Dignität maligner Melanome 489
S. M. Milcu, B. Jonescu und C. Maximilian (Bukarest): Die Zytogenetik der Keimdrüsendysgenesien. Das Turner-Syndrom 493
A. Hopf und H. Eckert (Neustadt/Schw./Basel): Die Bedeutung histoautoradiographischer Untersuchungen für die Psychopharmakologie 499
Ja. L. Rapoport und S. Rapoport (Moskau): Die Rolle von Serotonin in der Pathogenese von Totgeburten . . 505

III. Moderne Methodik in der Morphologie

W. Bernhard (Villejuif): Grenzbereiche der morphologischen Forschung 509
J. C. H. de Man (Leiden): A morphological study on the formation of polyribosomes 519
R. Schnabel, K. Augsten und H. Grimm (Jena): Zur Anwendung fluoreszenzfotometrischer Methoden in der Immunhistochemie 523
V. Marza und E. Repciuc (Jasi/Bukarest): Möglichkeiten und Grenzen der Immunfluoreszenz 529
G. Romhanyi (Pécs): Über topooptische Reaktionen und ihre Bedeutung für die submikroskopische Strukturforschung 537
A. Ljungqvist (Stockholm): Renal micro-angiography and its application in studies on experimental hypertension 547
W. Schulze, E.-G. Krause, A. Wollenberger und W. Warbanow (Berlin): Über unterschiedliche histochemische und quantitativ-biochemische Befunde im Verhalten der Phosphorylase-Aktivitäten im infarzierten Herzmuskel der Ratte 555
A. Hecht (Berlin): Möglichkeiten und Grenzen der Fermenthistochemie 557
Z. Lojda und P. Frič (Prag): Bedeutung der zytochemischen Methodik für die biochemische Zytologie des Dünndarms 561
K. D. Kunze, F. Arnold und H. Simon (Dresden): Methodische Fortschritte bei der ortsrichtigen indirekten histochemischen Enzymdarstellung mit Nitro-BT an Gewebsfrischschnitten 571
W. Oehlert (Freiburg/Breisgau): Die Autoradiographie und die Einführung des Zeitfaktors in die Morphologie 581

J. KUNZ (Berlin): Ergebnisse autoradiographischer Untersuchungen von experimentellen Angiopathien 589
A. CASTENHOLZ (Marburg): Registrierung dynamischer Vorgänge an mikroskopischen Objekten 593
O. MÜLLER (Hannover): Die elektronenmikroskopische Circadianstruktur der Rattenleber 603
K. PHILIPPENS (Hannover): Tagesrhythmische Schwankungen im Succinodehydrogenase-System 607
G. KORB (Marburg): Über Anwendungsmöglichkeiten der Fluoreszenzmikroskopie 611
K. REDMANN (Magdeburg): Möglichkeiten und Bedeutung der intrazellulären Membranpotentialmessung an kultivierten Einzelzellen 615
L. MEGYERI (Berlin): Polarisationsoptische Untersuchungen am Bindegewebe der weiblichen Brustdrüse . . . 619
H. WOOHSMANN (Berlin): Der histochemische Nachweis der B-Sulfatase 623
R. LESKE (Hannover): Probleme der biochemischen und histochemischen Glycogendarstellung 625

Begrüßung

Akademiemitglied Prof. Dr. L.-H. Kettler

Stellvertreter des Vorsitzenden für den Fachbereich Medizin und Biologie der Forschungsgemeinschaft der naturwissenschaftlichen, technischen und medizinischen Institute der Deutschen Akademie der Wissenschaften zu Berlin
Direktor des Pathologischen Instituts der Humboldt-Universität Berlin (Rudolf-Virchow—Haus der Charité), DDR

Meine sehr verehrten Damen und Herren!

Es bedeutet mir eine hohe Ehre und große Freude zugleich, Sie alle als Teilnehmer unseres Kongresses über „Die heutige Stellung der Morphologie in Biologie und Medizin" auf das herzlichste begrüßen zu dürfen.

Das Anliegen unseres Kongresses ist gewiß ungewöhnlich. Entgegen sonstigen Gepflogenheiten beabsichtigen wir nicht, eine begrenzte Thematik aus der allgemeinen Krankheitslehre, so gewisse pathogenetische Mechanismen, oder Ausschnitte aus der speziellen Pathologie einzelner Organe zu diskutieren. Wir wollen vielmehr den Versuch wagen, uns grundsätzlich über den derzeitigen Stand einer ganzen wissenschaftlichen Disziplin klar zu werden. Es handelt sich um die Morphologie!

Als wir Ihnen vor etwa einem Jahr die erste vorläufige Einladung übersandten, haben wir Sie für diese Konzeption zu interessieren versucht. Wir freuen uns, daß Sie unserer Auffassung von der Notwendigkeit einer solchen Diskussion zustimmen, was ich aus der Tatsache Ihrer persönlichen Anwesenheit und der übergroßen Zahl von Vortragsanmeldungen erschließen darf.

Ich bin von einigen gefragt worden, ob wir mit *besonderer Absicht* gerade den Begriff „*Morphologie*" gewählt hätten. Ich fühle mich deshalb zu einigen wenigen Worten über Ursprung und Bedeutung dieser Bezeichnung verpflichtet. Dabei stütze ich mich wesentlich auf die geschichtlichen Forschungen des Botanikers Günther Schmid aus Halle. Der Streit um die Urheberschaft des Ausdrucks Morphologie dürfte danach entschieden sein! Die Priorität der ersten *Publikation* liegt bei Karl Friedrich Burdach, dem bekannten Anatomen und Physiologen. Als gebürtiger Leipziger verließ er seine Heimatstadt erst mit 35 Jahren, um zunächst die Professur für Anatomie, Physiologie und gerichtliche Medizin an der Universität Dorpat, danach diejenige für Anatomie in Königsberg zu übernehmen. Er hat das Wort Morphologie zum ersten Male im Jahre 1800 in seiner „Propädeutik zum Studium der gesamten Heilkunst" gebraucht und es dann vielfach wiederholt, besonders in der Eröffnungsschrift „Über die Aufgabe der Morphologie" anläßlich der Gründung des Anatomischen Instituts der Universität Königsberg im Jahre 1817. Allerdings fand seine neue Wortbildung zunächst nicht die geringste Beachtung.

Lange Zeit wollte man vielmehr das historische Verdienst, den besonderen Terminus Morphologie geschöpft zu haben, keinem Geringeren als Johann Wolfgang Goethe zuschreiben. Man hat ihn als den „großen Stifter der Morphologie" (Schmid) oder auch als „Vater der Morphologie" (Meyer) gefeiert. Wir wissen heute aus seinen nachgelassenen Tagebuchaufzeichnungen des Jahres 1796, daß Goethe tatsächlich diesen Ausdruck *selbständig* geprägt hat. Publiziert hat er ihn aber erstmalig in seinem Aufsatz: „Die Absicht eingeleitet" im Jahre 1817 (niedergeschrieben schon im Jahre 1807), also *nach* Burdach. Die gründlichen Untersuchungen Schmids erweisen des weiteren, daß zwischen beiden Autoren keine derartigen Beziehungen bestanden haben, die eine gegenseitige Beeinflussung oder gar die Übernahme dieses Ausdruckes vom einen durch den anderen wahrscheinlich machen. Der Begriff hat also offensichtlich „in der Luft gelegen", sonst wäre es unverständlich, warum in der jahrtausendealten Medizingeschichte gerade in diesem Augenblick (so dürfen wir die Zeitspanne von 7 Jahren in diesem Zusammenhange doch wohl sehen), — warum gerade jetzt die Benennung „Morphologie" von zwei Wissenschaftlern unabhängig kreiert wurde.

Die Definition dessen, was beide Gelehrten unter Morphologie verstanden, stimmt erfreulicherweise im wesentlichen überein. Ohne den Ausführungen einzelner Referenten irgendwie vorgreifen zu wollen, sei daran erinnert, daß die Morphologie die Lehre von der Gestalt, der Bildung und Umbildung der organischen Körper enthalten sollte. In diesem Zusammenhang interessiert wohl, daß BURDACH 1806 in seinen „Beiträgen zur näheren Kenntnis des Gehirns" auch schon von einer „*pathologischen*" Morphologie gesprochen hat. Nach GOETHE war es an der Zeit, daß sich die Morphologie als eine besondere Wissenschaft legitimierte. Sie habe sich einen neuen Standort zu schaffen für Dinge, die bis dahin bei anderen verstreut waren. Morphologie ist für beide nicht nur die Lehre von der äußeren Gestalt, sondern eine Universalwissenschaft des Organischen und Anorganischen zusammen. „Die Gestalt ist ein Bewegliches, Werdendes, ein Vergehendes. Gestaltlehre ist Verwandlungslehre". Wortprägung und Inhalt wurden daraufhin mit vielfacher Zustimmung aufgenommen.

Fragen wir uns weiter nach den *Beweggründen*, die BURDACH dazu bestimmten, statt der Bezeichnung „Anatomie" den neuen Namen „Morphologie" vorzuschlagen. Einmal war es ihm ein *terminologisches* Anliegen: Anatomie oder Zergliederungskunst bezeichnet — von einer Periode her, wo diese Wissenschaft erst im Entstehen war — nicht den *Gegenstand*, sondern lediglich ein *Mittel*, die Disziplin zu bilden, so wie man früher die Chemie „Scheidekunst" nannte. Außerdem war mit Anatomie nur ein *einziges* Hilfsmittel gemeint, das aber unzureichend ist (G. SCHMID). Als wesentliches läßt die Anatomie das *Betrachten* der durch Präparation entstandenen Flächen außer acht. Es fehlt also die „*Anschauung*".

Wesentlicher erschien BURDACH ein zweiter Grund. Die neue Morphologie müsse einen andersartigen *Inhalt* und damit eine andere Stellung im System der Wissenschaften erhalten. Hier klingen Gründe an, die auch uns bewogen haben, diesen heute klassischen Ausdruck als für unsere augenblicklichen Bemühungen prägnant wieder zu gebrauchen. Nach BURDACH ist nämlich die Form zwar etwas Bleibendes, etwas Ruhendes, doch ist sie die Folge von gesetzmäßiger Tätigkeit und Bewegung, also ein Ausdruck des *Dynamischen.*

Nach dieser kurzen historischen Exkursion drängt sich vielen von uns eine *zweite* Frage auf: Besteht denn gegenwärtig wirklich eine Notwendigkeit, die Stellung der Morphologie im Rahmen der Biologie und Medizin in einem solch großen Kreise grundlegend zu diskutieren? Ich muß diese Frage bedenkenlos bejahen, und ich glaube: gerade jetzt ist der rechte Zeitpunkt gekommen.

Sehen wir von der Zeit BURDACHS und GOETHES ab, so hat man sich vor beinahe einem halben Jahrhundert — wohl mehr spontan — zu einer erneuten Standortbestimmung veranlaßt gesehen. Der Mehrzahl von uns bleibt die resignierende Äußerung des Heidelberger Pathologen Paul ERNST auf der Tagung der Deutschen Pathologischen Gesellschaft in Freiburg in Breisgau im Jahre 1926 unvergeßlich, in der er, ein langjähriger Lehrer der Pathologie, als eindrucksvollstes Erlebnis und stets erneute Enttäuschung die Beobachtung einer geradezu trostlosen Abnahme des Anschauungsvermögens, des morphologischen Bedürfnisses, bitter beklagte.

Heute können wir wesentlich zuversichtlicher als in den zwanziger Jahren zu einer Bestandsaufnahme schreiten. Es ist höchste Zeit, daß wir es tun! Denn die unerwartet rasche Entwicklung mannigfaltiger Methoden hat zu einer Fülle noch vor wenigen Jahrzehnten kaum erhoffter wissenschaftlicher Aspekte geführt. Sie bedürfen dringend einer Sichtung. Sonst droht uns — hier stimme ich mit UEHLINGER überein — die Gefahr eines Verlustes des Gesamtüberblicks durch die erzwungene, bedingungslose Spezialisierung.

Man erwidere mir nicht, man könne doch noch abwarten. Wir handeln keinesfalls übereilt; denn die Spezialmethoden wie Elektronenmikroskopie, Histochemie, Autoradiographie, Immunpathologie u. a. haben sich nach ihrem revolutionären Einbruch in das nur noch wenig im Fluß befindliche Gebiet der deskriptiven Anatomie und Pathologie früherer Jahre nunmehr „konsolidiert". Wir können uns heute doch schon ein recht fundiertes Urteil über ihren Wert für unser Fach und auch über ihre prospektiven Potenzen bilden.

Aber noch von einer ganz anderen Seite her wird unsere Grunddisziplin dazu gedrängt, aus einer Isolierung herauszutreten. Das ist die weltweite Einsicht in die Notwendigkeit einer Wissenschaftsorganisation und damit eines Arrangements mit benachbarten Forschungsgebieten.

Betrachten wir es also richtig, so haben wir uns hier zu einem Kongreß sowohl der *Besinnung* als auch der *Ausschau* zusammengefunden. Ich sehe folgende Aufgaben:

Einmal müssen sich die Morphologen *selbst* über ihre zukünftige wissenschaftliche Orientierung auf den verschiedenen Ebenen untereinander klar werden. Eine Bestandsaufnahme „im eigenen Hause" läßt sich nicht umgehen. Dazu rechnet vielerlei:

a) Trotz mancher konventioneller Bedenken — besonders in Kreisen von Hochschullehrern — verwischen sich die Grenzen zwischen Ortho- und Pathologie zunehmend. Denken Sie nur an Fragen des Alterns, der Autolyse, der Regeneration, der Umweltbeziehungen oder des Zusammenwirkens der innersekretorischen Organe. Ich kenne manche Anatomen, die sich mit Erfolg Themen der Pathologie wählten, ebenso wie viele bekannte pathologische Anatomen Wesentliches zum Normalbau von Zellen und Geweben beigetragen haben. Diesem Streben nach zunehmender Annäherung dient auch die kürzlich erfolgte Gründung eines „Beirates für Morphologie" in der Deutschen Gesellschaft für experimentelle Medizin.

b) Ein dringendes Anliegen bedeutet weiterhin die Vertiefung der bisher leider oft nur lockeren Kontakte zwischen den verschiedenen Bereichen der Biologie. Die Interessensgebiete der *morphologisch orientierten* Botaniker, Zoologen und Humanmediziner liegen doch leider oft weit auseinander. Um so mehr bedauern wir es, daß auf dem heutigen Kongreß relativ wenige Vertreter der Botanik und Zoologie anwesend sind. Mit der Hoffnung auf eine echte Vertiefung der Zusammenarbeit zwischen den angesprochenen Gebieten wurden Biologie und Medizin in einem gemeinsamen Fachbereich der Forschungsgemeinschaft der Deutschen Akademie der Wissenschaften zu Berlin zusammengeschlossen.

c) Eine echte Problematik liegt heute in dem Auseinanderleben von experimenteller und deskriptiver Morphologie. Die Stärke der deutschen Pathologie lag (und liegt wohl auch heute noch) in ihrer engen Bindung an den Kliniker. Und doch muß sie sich gegenüber dem Ansturm der experimentellen Forschung beinahe in die Defensive gedrängt fühlen. Schon droht der innere Kontakt zwischen beiden Bereichen verloren zu gehen. Wir müssen uns bemühen, ihn wiederzufinden. Es stehen uns dazu auf manchen Gebieten besonders glückliche Lösungswege zur Verfügung, z. B. in der Teratologie oder der *vergleichenden* Morphologie. Auch die Auswertung wiederholt erhobener bioptischer Befunde bietet günstige Perspektiven.

d) Schließlich sollten sich die Morphologen der *verschiedenen Länder* unseres Erdballs verständigen. Gerade in letzter Zeit wurde von bekannten Vertretern unseres Faches auf die unterschiedliche Art der Ausübung, z. B. der Pathologie, in den einzelnen Staaten Europas einerseits und den USA andererseits hingewiesen. Der Traditionsgebundenheit vorzüglich der deutschen Pathologie steht die Freizügigkeit der experimentellen Forschung in den Vereinigten Staaten von Amerika gegenüber, was nur z. T. durch die örtlich verschiedenen Widerstände der Bevölkerung gegen Obduktionen erklärt werden kann. Abhängig davon werden auch in der Ausbildung des wissenschaftlichen Nachwuchses Unterschiede erkennbar, so, wenn bestimmte Lehrbücher unseres Faches im deutschsprachigen Bereich hohe Anerkennung, in anglo-amerikanischen Referenzen jedoch eine gewisse Ablehnung erfahren.

Es wäre sicherlich grundfalsch, wollten wir uns auf diese hier nur kurz skizzierten Aufgaben *beschränken*. Selbst nur *abzuwarten*, bis wir sie einigermaßen befriedigend gelöst hätten, wäre unklug.

Uns bleibt vielmehr ein bedeutender, weiterer Schritt zu tun! Er führt uns aus dem eigenen Lager heraus! Wir müssen mit wesentlich höherer Intensität als bisher die Begegnung mit den biologischen Nachbardisziplinen suchen — und finden. Die notwendige verstärkte Orientierung auf Biochemie, Physiologie und Biophysik soll keinesfalls im Sinne einer Rivalität, sondern im brennenden Wunsche auf eine stets engere Zusammenarbeit erfolgen. Wir müssen durch die Verbindung unserer Disziplin mit den genannten Bereichen eine Integration der biologischen Wissenschaft erzwingen. Um mit Rössle zu sprechen, wird es unser Ziel sein, die Lösung biologischer Probleme mit allen uns heute in so großem Maße zur Verfügung stehenden Hilfsmitteln konzentrisch und gemeinsam anzugehen.

Jedem von uns ist klar, daß eine wirkliche *Lösung* aller uns verpflichtenden Aufgaben *allein* durch einen *Kongreß* nicht möglich ist. Aber die Begegnungen in diesem Rahmen können Anregungen geben, Anknüpfungen vermitteln und das Interesse am fortgesetzten Nachdenken über die gestellten Probleme wecken. Um die Fülle des Stoffes zu reduzieren, haben wir von vornherein eine Behandlung von Fragen der *Ausbildung* und der modernen *Dokumentation* ausgeschlossen. Die verbleibende Vielfalt veranlaßte uns zu einer Einteilung in 3 Problemgruppen, über deren Zweckmäßigkeit man natürlich verschiedener Meinung sein kann. Immerhin hat schon Burdach in seiner bereits zitierten Eröffnungsschrift des Jahres 1817 als Kapitelüberschriften solche wie „Morphologie als Zweig der Heilkunde", „Morphologie als Zweig der Naturwissenschaft" u. ä. gewählt.

Einige wesentliche Voraussetzungen für einen ergebnisreichen Verlauf unserer Tagung sind erfüllt. So vertreten die hier Anwesenden über 2 Dutzend verschiedener Disziplinen, vom Anatomen angefangen über Biochemiker, Krebsforscher, Endokrinologen, Virologen, Genetiker, Veterinärpathologen und viele andere bis hin zu Klinikern wechselnder Spezialität. Hinzu kommt, daß Wissenschaftler aus *19 verschiedenen* Ländern in diesem Saale ihre Erfahrungen und Vorschläge austauschen können, und wir erhoffen uns viel von einer anregenden Diskussion.

Ich wage es nicht mehr, Ihre Aufmerksamkeit noch weiter zu beanspruchen. Deshalb verzichte ich bewußt auf eine Beschwörung des *genius loci*. Es gäbe sehr viel zu sagen über die Beziehungen der Morphologie zu unserem *Berlin*. Über 50 Namen bekannter Morphologen könnte ich hier nennen, deren Lebensweg Berlin kreuzte oder dort seinen Anfang oder sein Ende nahm. Sie haben durch ihre wissenschaftlichen Leistungen den Ruhm dieser Stadt an der Spree gemehrt. Einzelne von ihnen hervorzuheben würde ein Unrecht gegenüber den anderen bedeuten. Nur *einen* Mann zu übergehen kann ich mir nicht erlauben, den Begründer der Zellularpathologie und Altmeister unseres Faches, den ersten Direktor des Pathologischen Institutes des Charité-Krankenhauses, das ordentliche Mitglied der damaligen Preußischen Akademie der Wissenschaften, Rudolf Virchow. Sein Werk ist jedoch so vielfach und eingehend gewürdigt worden, daß ich nur Bekanntes wiederholen würde. Für das, was uns heute hier bewegt, genüge die Feststellung, daß er bereits vor über 100 Jahren den notwendigen Zusammenschluß der Morphologie mit den Physiologen als das erstrebenswerte Ziel postuliert hat.

Meine Damen und Herren!

Sie haben die Möglichkeit, einige persönliche Erinnerungsstücke an diesen Großen an seiner letzten Arbeitsstätte im Pathologischen Institut der Charité zu besichtigen. Ebenso dürfte es lohnend sein, die Institute und Kliniken des medizinisch-biologischen Forschungszentrums der Deutschen Akademie der Wissenschaften in Berlin-Buch aufzusuchen. Versäumen Sie daneben aber nicht, außerhalb der gewiß anstrengenden wissenschaftlichen Arbeit auch den so wertvollen persönlichen Kontakt zu pflegen. Schließlich sollten Sie sich kulturellen Genüssen in Museen und Theatern dieser Stadt oder in Parks und Schlössern ihrer näheren Umgebung widmen. Lassen Sie sich dabei nicht von dem Anblick des riesigen Bauplatzes hier in der Umgebung unserer Kongreßhalle verdrießen. Werten Sie ihn vielmehr als Zeichen einer gründlichen Verjüngung unserer Stadt. Er könnte uns Beispiel und Ansporn sein für das Anliegen unseres Kongresses!

Ich wünsche Ihnen allen jedenfalls von Herzen einen angenehmen Aufenthalt in Berlin, verbunden mit dem Bewußtsein einer wissenschaftlichen Bereicherung.

Eröffnungsvortrag

А. А. Авакян

Москва, СССР

Мы благодарны проф. Кеттлеру и другим коллегам из ГДР—организаторам данного конгресса; он созван своевременно и задачи его актуальны. Идеи, лежащие в основе данного конгресса, мы разделяем.

Важнейшим достижением современной биологии является: I. обнаружение дискретной (органной) организации клетки; 2. установление функции нуклеиновых кислот и расшифровка генетического кода; 3. вскрытие ренетического механизма синтеза белков.

За последние двадцать лет генетика и биохимия сделали большой шаг вперёд. На самом деле, не более чем четверть века тому назад биохимики мало интересовались нуклеиновыми кислотами. Знали лишь, что в суспензии клеток помимо белков, углеводов и липидов присутствуют также нуклеотиды, о биологической функции которых мало-что знали.

Именно в этот период морфологи ,цитологи, применяя различные красители и цитохимические реакции, смогли чётка дифференцировать в клетке нуклеопротеиды, определить их локализацию, детально проследить связь с процессом деления клетки. Так, после Шлейдена и Шванна (1838) пионеры цитологии Негели, Молем, Кёлликер, Ремака, Вирхов и др. внесли неоценимый вклад в обоснование и укрепление клеточной теории. Вирхов впервые установил принцип непрерывного развития клеток путём деления. Свои взгляды он сформулировал предельно лаконично omnis cellula e cellula. Последующее поколение цитологов внесло фундаментальный вклад в генетику и биологию в целом: так почти одновременно Ру в 1883г, О. Гертвиг в 1884г и в том же году Страсбургер создали стройную теорию о передаче наследственных признаков ядром клетки. Согласно Ру, нити спермы являются линейными агрегатами более мелких самовоспроизводящих частиц (признаков), расположенных в один ряд в определённой последовательности. После равноположинчатого деления эти частицы (признаки) распределяются по дочерним клеткам. Обратите внимание, как современно звучат мысли Ру, высказанные около 80 лет тому назад. Следовательно свыше полувека тому назад цитологами была заложена основа успехов современной генетики и биохимии. Идеи Ру и Вайсмана в дальнейшем получили свое развитие в работах Вильсона, Гартмана, Шаудина, Веньена, Кольцова, Шевякова, Эпштейна, Роскина и др.

Таким образом, труды цитологов нескольких поколений дали в руки биохимикам и генетикам ключ к современному прогрессу в биологии. На протяжении всей истории биологии морфологические методы и идеи были главными источниками многих открытий в биологии. Так, например не будь обычного светового микроскопа, не могло бы быть речи о гистологии и гистопатологии, микробиологии и др; не будь метода окраски по Рамоновскому и Гимза, не было бы гематологии. Гематология по своим методам и идеям возникла как морфологическая наука. Этот список можно было бы продолжить. К сожалению, биохимики и генетики в наши дни порой игнорируют морфологические методы и плодотворность комплексных исследований. Между тем, исследования на молекулярном уровне привели нас к тому, что любой биохимический и физиологический процесс в клетке связан с той или иной морфологической структурой. Установлен принцип морфологической организации клетки в норме и закономерности развития патологического процесса. Морфологические идеи и методы и в наши дни являются движущей силой в биологической науке. Разрешающая способность морфологических методов исследований достигла молекулярного уровня, вследствие чего произошла интеграция морфологии, биохимии и генетики.

В наши дни более, чем когда-либо, возникла насущная необходимость сотрудничества как представителей различных отраслей биологической науки, так и учёных различных стран, что является важнейшим условием дальнейшего прогресса биологии и медицины.

Anatomisches Institut der Universität Kiel, DBR

Über Wesen und Ziele der modernen Morphologie

von

W. BARGMANN

Die Wissenschaft von den lebendigen Gestalten und Strukturen hat sich im Laufe der Jahrhunderte gewandelt. Eine dereinst zu schreibende Ideengeschichte der biologischen Morphologie würde uns Perioden vergegenwärtigen, in denen die Akzente jeweils verschieden gesetzt waren. Sehen wir von frühen Zeiten ab, in denen gröbere anatomische Tatbestände durch Zufall ans Licht traten oder aus Neugier gewonnen wurden, so begegnen wir im mediterranen Kulturkreis den Anfängen einer wissenschaftlichen Medizin, zu deren Grundlagen die Anatomie des tierischen und menschlichen Körpers gehörte. Ihre Ergebnisse wurden in grandiose philosophische Systeme eingefügt, bald zum Nutzen, bald zum Nachteil der naturwissenschaftlichen Erkenntnis. Auch in späteren Epochen hat sich die Bindung der Naturwissenschaften an Dogmen, an Ideologien und Glaubensbekenntnisse vielfach als Fessel erwiesen.

Die Ära der wissenschaftlichen Morphologie pflegen wir mit der Renaissance beginnen zu lassen, nach Jacob BURCKHARDT jener Periode „der allgemeinen Bildung des Auges", in der der Mensch als Gegenstand der wissenschaftlichen und künstlerischen Ergründung neu entdeckt wurde. VESALS handwerklicher Kunst und ihrer Fortentwicklung bis in unser Jahrhundert hinein verdanken wir eine intime Kenntnis vom Bau des menschlichen Körpers, niedergelegt in einer descriptiven systematischen Anatomie. Ihre Bedeutung für alle Zweige der Heilkunde wurde frühzeitig erkannt.

Neben die systematische, auf die praktische Medizin bezogene Anatomie traten im 18. und 19. Jahrhundert neue Richtungen der Morphologie, die ihr Gepräge durch die Gedankenwelt der zeitgenössischen Philosophie und Naturwissenschaften erhielten. Die idealistische Morphologie, mit GOETHES und BURDACHS Namen verknüpft, bemühte sich, mit Hilfe der vergleichenden Methode in den organischen Gestalten Abwandlungen eines Typus zu schauen. Sie abstrahierte dabei von der funktionellen Bedeutung und der Geschichte der lebendigen Formen. Damit bahnte sich eine Entwicklung an, die Carl GEGENBAUR insofern konsequent zu Ende führte, als er die Morphologie scharf von der Physiologie als einer Funktionslehre trennte, die sich mit der Verrichtung der Teile im Dienst des Organismus befaßt. Zugleich aber war er einer der Wortführer jener vergleichenden Morphologie, die — ich zitiere — „die Geschichte der Organe und der Organismen zum Gegentande hat und die tierische Organismenwelt in ihrem gesetzmäßigen Zusammenhange erkennen läßt". So nahm die Morphologie in weiten Bereichen einen Weg, der sie von der Physik und Chemie fortführen mußte, während die Physiologie unter der Führung eines Carl LUDWIG längst den Boden der exakten Naturwissenschaften betreten hatte.

In dem gleichen 19. Jahrhundert, in dem die systematische und die phylogenetisch orientierte vergleichende Morphologie einerseits, die Physiologie andererseits verschiedenen Zielen zustrebten, wurde mit der Schleiden-Schwannschen Zellentheorie die Saat für neue Entwicklungen gelegt. Immer mehr Morphologen wandten sich dem Studium jener neuen Dimensionen zu, die uns das Lichtmikroskop zugänglich gemacht hatte. Zwar erwuchs auch im Bereiche der Zytologie und mikroskopischen Anatomie wie in dem der makroskopischen Anatomie zunächst eine monumentale Sammlung von Zustandsbildern, die das Entstehen statischer Feinbaulehren begünstigte, doch kündigte sich die Auseinandersetzung mit der Frage an, welche Beziehungen zwischen Struktur und Lebensvorgängen bestünden, ja, einzelne Pioniere erkannten die Notwendigkeit, in die Welt der Moleküle als den eigentlichen Tatort des Lebens vorzustoßen. Von der Erreichbarkeit dieses Fernzieles hatte schon Albrecht

KOELLIKER prophetisch gesprochen: „Sollte es aber je möglich werden, auch die Moleküle zu entdecken, welche die Zellmembranen, die Muskelfibrillen, die Achsenfasern der Nerven usw. bilden, und die Gesetze ihrer Aneinanderlagerung und Veränderungen bei der Entstehung, dem Wachsthume und der Thätigkeit der jetzigen sogenannten Elementartheile zu ergründen, dann würde auch für die Histologie eine neue Zeit beginnen und der Entdecker des Gesetzes der Zellengenese oder einer Molekulartheorie ebenso oder noch gefeierter werden, als der Urheber der Lehre von der Zusammensetzung aller thierischer Gewebe aus Zellen".

Ein halbes Jahrhundert nach KOELLIKER war die Biologie, mit ihr die Anatomie, freilich noch immer weit von einer Molekulartheorie des Lebendigen entfernt. Da sich überdies in der makroskopischen Anatomie erst Ansätze zu einer funktionellen Betrachtungsweise zeigten, begannen in den zwanziger Jahren unseres Jahrhunderts lebhafte Auseinandersetzungen über die Stellung der Morphologie in Biologie und Medizin, deren Zeugen manche von uns waren. Noch immer stehen wir unter der Auswirkung einer vor Jahrzehnten begonnenen Diskussion, und es ist offensichtlich, daß bei der Wahl des Leitthemas dieser Tagung ein noch immer vorhandener Dissensus über den Wert der Morphologie als eines Weges zu naturwissenschaftlicher Erkenntnis im Spiele war. Konrad LORENZ hat in einer Abhandlung über „Gestaltwahrnehmung als Quelle wissenschaftlicher Erkenntnis" (1959) die Situation treffend gekennzeichnet, in die sich die Vertreter der morphologischen Wissenschaften gedrängt fühlen oder in der sie sich befinden. Es sei heute allzu üblich geworden, „den Wert jeden wissenschaftlichen Ergebnisses ausschließlich nach der Rolle zu beurteilen, die quantifizierende Methoden bei seiner Erlangung spielten". Damit werde der „schlichten voraussetzungslosen Beobachtung" aller Wert und alle wissenschaftliche Legitimität aberkannt. Zweitens würden „alle beschreibenden, mit der Erforschung von Strukturen beschäftigten Disziplinen der Naturwissenschaft auf die unterste Stufe einer Bewertungsskala" verwiesen, während auf der anderen Seite die Physik „als die beinahe einzige Form wirklicher wissenschaftlicher Forschung" bewundert werde. Weiter heißt es bei Konrad LORENZ: „Die böse Folge hiervon ist, daß manche Forschungsrichtungen, die kompliziert strukturierte ganzheitliche Systeme zum Gegenstand haben, dem Irrglauben huldigen, ohne Einsicht in die Struktur zum Verständnis der Funktion kommen zu können".

Wir könnten mit Gelassenheit abwarten, bis dieser Irrglaube gewichen ist, wüßten wir nicht, daß Warten Verzögerung des Fortschrittes in den biologischen Wissenschaften bedeutet, und wüßten wir ferner nicht, daß heute in aller Welt neue Formen der Organisation wissenschaftlicher Forschung und Lehre gesucht und geschaffen werden, in denen die Morphologie im Rahmen weitschauender Planung jenen Platz rechtzeitig erhalten muß, der ihr nach ihrer Bedeutung für Biologie und Medizin zukommt. Gottfried HOLLE hat auf diesen Aspekt bereits im Jahre 1964 auf der 4. Tagung der „Arbeitsgemeinschaft Morphologie in der DDR" in Leipzig aus der Sicht des Pathologen besorgt hingewiesen.

Ich sehe es daher als meine Aufgabe an, zunächst das Wesen der modernen Morphologie vom Standpunkt eines Anatomen aus an Hand ihm vertrauter Beispiele zu charakterisieren und anschließend die Konsequenzen anzudeuten, die aus der Positionsbestimmung der biologischen Morphologie gezogen werden müssen, auch von Seiten des Staates, der sich die Weiterentwicklung der Wissenschaft im Interesse der Gesellschaft angelegen sein muß. Es ist mir allerdings nicht darum zu tun, auf die Binsenweisheit einzugehen, eine genaue Kenntnis des Baues des menschlichen Organismus sei vonnöten, um dem Arzt zur richtigen Diagnose zu verhelfen und die Grundlagen für rechtes Handeln zu geben, wenngleich ich mir der Erfahrung bewußt bin, daß Binsenweisheiten ungern gehört werden und eben deswegen hier noch einmal ausgesprochen werden sollten. Wenige Stichworte wie Zytodiagnostik, Hämatologie, Segmentanatomie von Lunge und Leber, Herzanatomie, stereotaktische Eingriffe am Zentralnervensystem mögen genügen, um klarzumachen, worum es auf dem Felde der Pragmatik der Morphologie (HOLLE 1966) geht. Auch der Morphologie ohne tieferes Verständnis gegenüberstehende Naturen werden sich dem Vorwurf der Fahrlässigkeit nicht aussetzen wollen, die dann geübt würde, wollte man der angewandten Morphologie die ihr angemessene Rolle streitig machen. Angemessen heißt hier: mit der Möglichkeit weiterer Entwicklung im Dienst des kranken Menschen. Auf Forschungseinrichtungen für klinische Morphologie kann daher nicht verzichtet werden.

Worin besteht nun der Unterschied zwischen der modernen Morphologie und jener, deren überreicher Datenkatalog vielen von uns noch in Erinnerung ist? — Das Bild der klassischen Morphologie trägt weithin statische Merkmale. Es konfrontiert uns mit der sorgfältigen Wiedergabe unzähliger Details, ohne über ihre Bezüge auf Lebensvorgänge hinreichende Auskunft zu geben. Es bedeutete daher einen großen Fortschritt, als sich vor wenigen Jahrzehnten eine Richtung der Anatomie entwickelte, die sich der Erforschung funktioneller Systeme zuwandte. Nach Alfred BENNINGHOFF handelt es sich dabei um die Aufreihung von Formgliedern „auf den Faden der Funktion", d. h. von Leistungen, die der Erhaltung des Ganzen dienen. Diese Glieder müssen nicht durch gleichartiges Baumaterial kontinuierlich miteinander verbunden sein, sie können — räumlich getrennt — durch Prozesse miteinander verknüpft werden. Funktionelle Systeme sind das RES von Ludwig ASCHOFF, das Reizleitungssystem des Herzens oder das Zwischenhirn-Hypophysensystem. Sie alle verkörpern sich nicht in einer geschlossenen, organhaften Gestalt. Ein weiteres eindrucksvolles Beispiel für die Existenz funktioneller Verbundsysteme ist das System Zwischenhirn-Neurohypophyse-Milchdrüse: das im Hypothalamus gebildete Oxytocin, im Stapelorgan Neurohypophyse angereichert, wird nach Eintreffen eines nervösen Signals, d. h. nach Hautreizung, mobilisiert, erreicht die myoepithelialen Elemente der Milchdrüse auf dem Blutwege und bringt sie als milk let down-factor zur Kontraktion. Weitgespannt ist auch das Wirkungsgefüge im Bereich der endokrinen Organe und des ZNS: releasing factors, die im Hypothalamus produziert wurden, werden der Adenohypophyse durch ein Portalsytem zugeleitet und lösen in ihr die Ausschüttung troper Hormone aus, die ihrerseits auf endokrine Organe einwirken. Durch ein hormonales feed back, das letztere mit den Produktionsstätten im Zwischenhirn verbindet, schließt sich das Ganze zum Regelkreis.

Ich erwähne diese Beispiele nicht etwa nur deswegen, weil sie zeigen, daß die Herausschälung funktioneller Systeme ohne die Mitwirkung der Morphologie nicht gelungen wäre. Sie verdeutlichen darüber hinaus die Fruchtbarkeit des Denkens in einer neuen Kategorie. Im Kreise der Disziplinen kann nämlich die Morphologie insofern eine heuristisch wichtige Rolle spielen, als Deutungen struktureller Befunde zu Vorhersagen über Vorgänge führen, deren tatsächlicher Ablauf von physiologischer und pharmakologischer Seite bestätigt wird. Es gelang z. B., die auf Grund morphologischer Beobachtungen geforderte spezifische Aktivität neuronaler Systeme als existent nachzuweisen und genauer zu charakterisieren; ich denke dabei an die Entstehung und das Schicksal hypothalamischer Octapeptide. Umgekehrt kann die Morphologie der Erforschung funktioneller Systeme dann dienen, wenn auf der Grundlage physiologischer Beobachtungen bestimmte strukturelle Gegebenheiten gefordert, um nicht zu sagen vorhergesagt werden, deren Kenntnis für das Verstehen von Wirkungsgefügen unerläßlich ist. Lassen Sie mich dies wiederum an einem Beispiel erläutern. Man weiß, daß die lange Zeit hindurch rätselhaften braunen Fettorgane — bei neugeborenen Menschen und Tieren, aber auch bei Winterschläfern, wohl ausgebildet — das sie durchströmende Blut bis um 2 Grad aufwärmen und sich auf diese Weise an der non-shivering thermogenesis („zitterfreie Thermogenese") entscheidend beteiligen. Experimente ergaben, daß diese Thermogenese durch Erregungen aus dem Sympathicus zustandekommt, d. h. unter der Einwirkung von Noradrenalin, das eine Lipolyse in Gang setzt. Die Aussage, das braune Fettgewebe verhalte sich wie ein sympathisch innerviertes Organ, provoziert die für weitere Forschungen wichtige Frage, ob Fettzellen mit sympathischen Nervenendigungen in Kontakt stehen, wie sie für die Orte von Erregungsübertragungen bezeichnend sind. In der Tat kann man diesen Nachweis elektronenmikroskopisch führen (Bargmann, v. Hehn und Lindner 1968) und damit eine Lücke in der Konzeption eines funktionellen neurohumoralen Systems schließen, das im Dienste der Wärmeregulation steht. Zugleich eröffnen sich neue Perspektiven ihrer weiteren Analyse.

Wie in der klassischen Anatomie, so spielt auch in der Anatomie der funktionellen Systeme die vergleichende Betrachtungsweise eine bedeutsame Rolle. Die funktionelle Analogie stammesgeschichtlich einander entsprechender Organe und Systeme trägt ohne Zweifel dazu bei, die physiologische Rolle ihrer Homologa beim Menschen oder anderen Spezies aufzuklären. Schon vor mehr als zwei Jahrzehnten hat jedoch Ernst Scharrer darauf aufmerksam gemacht, daß dem heuristischen Wert der Homologiebetrachtung Grenzen gesetzt sind. Scharrer redet daher einer breiteren Anwendung der Analogiebetrachtung das Wort, die an der Schranke zwischen Wirbeltieren und Wirbellosen nicht haltmacht, d. h. bei der phylogenetisch nicht vergleichbare Substrate im Prinzip identischer oder vergleichbarer Leistungen in ihrer Organisation erfaßt werden. Ein Beispiel für analoge funktionelle Systeme sind, wie Hanström gezeigt hat, die neurohormonal aktiven Formationen im Nervensystem von Insekten, Crustaceen und Vertebraten, die trotz Fehlens phylogenetischer Beziehungen dem gleichen Organisationsprinzip entsprechen, d. h. in Produktionsstätten, Transportwege, Stapel- und Abgabeorte gegliedert sind, oder — wie in jüngster Zeit gezeigt wurde — die Strukturen, die bei Wirbellosen und Wirbeltieren der Ausscheidung von Harn dienen. Greta Tyson (1968) hat bei der Crustacee *Artemia salina* eine so frappante Ähnlichkeit der Struktur des Endsacks der Ausscheidungsorgane mit den Glomeruluskapillaren des Vertebratennephrons nachgewiesen, daß sie eine Ultrafiltration von Primärharn durch die Schlitzporenmembranen in diesem Organabschnitt postuliert.

Die Analyse, sei es homologer, sei es analoger Systeme, bereichert ohne Zweifel unser Wissen von den mannigfachen Wirkungsgefügen im Organismus. Sie läßt jedoch ein großes Problem der biologischen Morphologie unberührt, nämlich das Problem „Form und Funktion". Seit Wilhelm Roux haben sich Morphologen immer wieder bemüht, Strukturen aufzudecken, die der Funktion bis ins Feinste angepaßt sind, etwa die Architektur des Knochens, in der eine trajektorielle Bauweise erkannt wurde, die Struktur des Knorpels mit seinen Funktionseinheiten, den Chondronen, die Bindegewebsgitter in den Kapseln von Organen oder die Muskelarchitekturen von Hohlorganen. Diese Aufzählung ist insofern aufschlußreich, als sie die Grenzen einer funktionellen Betrachtungsweise aufzeigt, der es um das Erkennen von Angepaßtheiten zu tun ist. Sie bleibt nämlich auf den Bereich mechanisch beanspruchter oder mechanisch wirkender Organe und Systeme beschränkt. Die Mehrzahl der Strukturen im Organismus läßt sich bisher nur als phylogenetisch bzw. ontogenetisch determinierte Wachstumsarchitekturen schildern, aber nicht als Angepaßtheiten an Funktionen begreifen; man denke in diesem Zusammenhange einmal an die Organisation zentralnervöser Schaltsysteme und ihre Topik. Die in den dreißiger Jahren besonders gepflegte Erforschung der Beziehungen zwischen Form und Funktion, der sich insbesondere Benninghoff und seine Schule widmete, ist eben wegen ihrer Einengung auf das Gebiet der Mechanik zugunsten anderer Bestrebungen in den Hintergrund getreten, die sich als dynamische Morphologie charakterisieren lassen. Mit dieser Feststellung soll nicht bestritten werden, daß es nach wie vor eine wichtige und reizvolle Aufgabe ist, den Manifestationen von Angepaßtheiten nachzuspüren.

Die dynamische Morphologie kreist um das Problem „Form und Prozeß", die beide lange Zeit so gewertet wurden, als handele es sich um Phänomene, die nicht zur Kongruenz gebracht werden können. Benninghoff (1939) hat das Dilemma in dem Satz deutlich gemacht: „Eine konsequente Morphologie kennt funktionslose Organe und eine konsequente Physiologie kennt formfreie Prozesse". In seiner „Phänomenologie des Geistes" hat Hegel einen Gedanken formuliert, der der lebendigen Wirklichkeit gerechter wird als eine derartige Schisis. Das Sein des Organismus, so sagt Hegel, könne nicht in einem anatomischen System bestehen. Sein wirklicher Ausdruck sei vielmehr als Bewegung vorhanden, „die sich durch die verschiedenen Teile der Gestaltung verläuft und worin das, was als einzelnes System herausgerissen und fixiert wird, sich wesentlich als fließendes Moment darstellt, so daß nicht jene Wirklichkeit, wie die Anatomie sie findet, als ihre Realität gelten darf, sondern nur sie als Prozeß, in welchem auch die anatomischen Teile allein einen Sinn haben". Den gleichen Grundgedanken spricht Bergson aus, den Benninghoff (1939) zitiert: „Es gibt keine Form, da Form ein Unbewegtes ist, Wirklichkeit aber Bewegung". Bei Ludwig von Bertalanffy (1949) heißt es: „Die Formen des Lebendigen sind nicht, sie geschehen".

Je mehr wir in die tieferen Schichten des Lebendigen eindringen, desto mehr erscheinen uns Gestalten und Strukturen als Ausdruck von Prozessen und damit als Gegenstand einer dynamischen Morphologie. Insbesondere Alexander Gurwitsch hat im Hinblick auf den Bereich der Histologie, unter dem er „das Gebiet der kleinen Dimension" schlechthin versteht, auf diesen Sachverhalt aufmerksam gemacht. „Wir machen die Erfahrung", so schreibt Gurwitsch schon 1930 in der geistvollen Einleitung seines Werkes „Die histologischen Grundlagen der Biologie", „daß an jedem lebenden System resp. Organ verschiedenes „geschieht" und haben allen Grund zur Annahme, daß noch mehr geschieht oder — etwas präziser ausgedrückt — daß noch mehr Abläufe stattfinden, als solche der unmittelbaren, naiven Wahrnehmung zugänglich sind. Die biologische Wirklichkeit ist mit anderen Worten weniger „statisch", als der bloße Augenschein lehrt. Wir nehmen nun an, daß im Bereiche des Kleinen eine um so größere Mannigfaltigkeit von „Geschehnissen" herrscht und nachgewiesen werden kann. Alles, was das Mikroskop aufdecken kann, darf und soll daher als Geschehnis aufgefaßt und behandelt werden. Ist es ein Formwandel eines optisch unterscheidbaren Gebildes, so versteht sich die Bezeichnung als „Geschehnis" von selbst. Treffen wir aber auch optisch konstante Gebilde, so sollen sie ebenfalls als Geschehnisse stationärer Art aufgefaßt werden. Es ist offensichtlich, daß der Funktionsbegriff dabei fortfällt, denn stabile oder labile räumliche Konstellationen resp. ausbalanzierte oder nichtausbalanzierte Stoffwandlungen erscheinen nunmehr als die eigentliche Realität und demnach auch als Objekt des histologischen Studiums".

Als Gurwitsch diese Sätze schrieb, waren wir von der Möglichkeit noch weit entfernt, die Prozesse zu erforschen, die sich im Bereich des Kleinen als Strukturen vollziehen, etwa im Sinne der dynamischen Haftpunkttheorie Frey-Wysslings (vgl. hierzu K. Zeiger 1955), ganz davon zu schweigen, daß bei vielen Erforschern von Geschehnissen von einem morphologischen Gedanken — welcher Art auch immer — kaum die Rede sein konnte. In der Vorstellungswelt mancher Kolloidchemiker gab es sogar Bezirke des Lebendigen, denen eine Feinstruktur nicht zukommen sollte. Inzwischen sind die Methoden entwickelt worden, die es erlauben, Ordnungen im molekularen Gefüge des Lebendigen in ihrem Wandel auch am lebenden Objekt wenigstens im Abglanz zu erfassen — ich meine die Polarisationsmikroskopie — qualitative chemische Veränderungen in Verbindung mit mikroskopischen Strukturwandlungen sichtbar zu machen — hier sei an die Cyto- und Histochemie einschließlich der Immunhistologie erinnert — und schließlich ist es gelungen, mit Hilfe der Elektronenmikroskopie molekulare Strukturen der Zellen und Interzellularsubstanzen aufzudecken.

Die Begeisterung über die Entdeckung einer neuen Welt von Ultrastrukturen darf uns allerdings nicht darüber hinwegtäuschen, daß die Einführung der Elektronenmikroskopie allein noch nicht den Anbruch einer neuen Periode der Morphologie bedeutet. Auch die Elektronenmikroskopie hat es mit einer *Bestandsaufnahme von Zustandsbildern* zu tun, in denen jeweils das Äquivalent vitaler Strukturen an Schnitten durch Zelleichen gezeigt wird, die mikrotechnische Prozeduren zu überstehen hatten. Es ist nicht zu bestreiten, daß es wie in der Lichtmikroskopie so in der Elektronenmikroskopie zunächst nur gelingt, aus Reihen von Momentbildern nur mit einem gewissen Grad von Wahrscheinlichkeit auf

Abläufe zu folgern. Mit anderen Worten: die Elektronenmikroskopie hat in solchen Fällen den Wert einer Fortsetzung der Lichtmikroskopie in ein bisher nicht erschließbares Gefüge. Die Erforschung der Zellteilungsmechanismen liefert uns hierfür ein Beispiel unter vielen. Im Jahre 1891 beschrieb MEVES, ein Mitarbeiter FLEMMINGS, im Kieler Anatomischen Institut eine Äquatorialschlinge, die sich um den Hals von Amitosekernen in Spermatozyten von Salamandern legt und nach seiner Ansicht eine aktive Durchschnürung bewirkt; der Sphärenring sollte nach MEVES aus den Attraktionssphären hervorgehen. Diese Beobachtung fand Jahrzehnte hindurch kaum Beachtung, bis es PEHLEMANN im Jahre 1968 gelang, sie mit Hilfe des Elektronenmikroskopes nicht nur zu bestätigen, sondern auch als Äquivalent eines Aktes der Amitose im Zusammenhang mit anderen Prozessen begreifbar zu machen, der Amitose, deren tatsächliches Vorkommen manche Cytologen mit Skepsis betrachten. Unser Beispiel zeigt, wie bedeutsam die kritische Aneinanderreihung von Zustandsbildern in der Cytologie sein kann. Es sagt indessen noch nichts über die Qualität der sichtbar gemachten Strukturen und über den zeitlichen Ablauf der erschlossenen Vorgänge aus.

Lassen Sie mich zunächst ein Wort über die Schwierigkeiten sagen, die der Elektronenmikroskopie inhaerent sind. Es handelt sich um eine Schwarz-Weiß-Kunst, die sich der Graphik vergleichen läßt. Die durch sie enthüllte Dimension erweist sich als ein geordnetes und zugleich immer neue Konfigurationen bietendes Gefüge aus architektonischen Elementen, d. h. aus Membranen, Filamenten und Granula. Das elektronenmikroskopische Schnittbild zeigt uns die Profile dieser Grundformen. Es läßt uns weitgehend im Unklaren über ihre Stofflichkeit. Wir wissen zunächst lediglich, daß wir es mit Molekülen und Molekülgruppen zu tun haben, in die kontrasterzeugende Substanzen durch eine Fixation, die zugleich Färbung, d. h. in Wirklichkeit Dichteveränderungen bedeutet, eingelagert wurden. Im Rückgriff auf die lichtmikroskopische Cytochemie lassen sich zwar manche Aussagen über die chemische Beschaffenheit der sichtbar gemachten Strukturen und ihre Veränderlichkeit gewinnen, das meiste aber bleibt im Dunkeln. Es war daher für die Entwicklung einer dynamischen Morphologie, die sich auf die Erforschung der molekularen Organisation des Lebendigen gründet entscheidend, daß Elektronenmikroskopie, Chemie, Biochemie und Cytochemie, nicht zuletzt die Isotopenforschung, eine immer fruchtbarer werdende Verbindung eingegangen sind, die uns erlaubt, den makromolekularen Strukturen definierte Stoffe und chemische Abläufe zuzuordnen. Als wichtige methodische Fortschritte seien der elektronenmikroskopische Nachweis von Schwermetallpartikeln genannt, etwa des lebenswichtigen Eisens in micellarer Form in Zellstrukturen (vgl. LINDNER 1958), der Vergleich elektronenmikroskopischer Zustandsbilder mit den Ergebnissen biochemischer Untersuchungen von elektronenmikroskopisch kontrollierten Ultrazentrifugaten, der zu Aussagen über Natur und Bedeutung isolierter Zellstrukturen führt, etwa der Mitochondrien, die Lokalisation markierter Stoffe mit Hilfe der elektronenmikroskopischen Autoradiographie. Insbesondere dieses Verfahren ist grundsätzlich bedeutsam, da es Auskunft über den zeitlichen Ablauf von Prozessen im Zellgefüge geben kann. Die vierte Dimension der Morphologie ist damit Gegenstand der Forschung auch im Bereich der Ultrastrukturen geworden (LAZAROW 1962). So läßt sich zeigen, daß markierte Aminosäuren in spezifische Zellproteine im Bereich des endoplasmatischen Retikulums binnen Minuten eingebaut werden, bald darauf in das Golgisystem gelangen und schließlich in den Sekretgranula auftreten. Ein weiteres Beispiel: man kann mit Hilfe markierter Substanzen die Zeit bestimmen, in der RNA-Proteinpartikel aus den Kernkörperchen in das Cytoplasma übertreten, wie aus elektronenmikroskopischen Studien von Brita von GAUDECKER (1967) hervorgeht. Nur am Rande sei schließlich vermerkt, daß auch die circadianen Veränderungen im Leben der Zellen in den Griff der Morphologie geraten sind.

Der Morphologe hat es immer wieder — nicht nur in der Elektronenmikoskopie — mit Fragmenten dreidimensionaler Gebilde bzw. — ihren Profilen zu tun, für deren funktionelle Wertung quantitative Daten vonnöten sind. Ohne diese Daten lassen sich keine physiologisch relevanten Aussagen gewinnen. Eine neue Forschungsrichtung, die Stereologie, ist daher bestrebt, den Verlust der dritten Dimension wettzumachen (WEIBEL und ELIAS 1965), indem sie auf geometrisch-statistische Verfahren zurückgreift, mit denen die Geologen, Mineralogen und Metallurgen seit langem vertraut sind. Maß und Zahl gewinnen somit in der Strukturforschung eine immer größer werdende Bedeutung. Diese Tatsache läßt die Morphologie, die wegen der Vernachlässigung des Quantitativen gelegentlich mit dem Etikett einer vorwissenschaftlichen Disziplin versehen wurde, auf eine höhere Stufe eben jener Bewertungsskala aufsteigen, von der Konrad LORENZ sprach. Über weitere Aspekte, die sich aus der Verknüpfung von Morphologie und Mathematik ergeben, wird Joachim Hermann SCHARF auf diesem Kongreß berichten.

Im Rückblick auf das bisher mehr oder weniger apercuehaft Gesagte — die kausale Morphologie mußte aus Zeitgründen außer Betracht bleiben — gelangen wir zu der Feststellung, daß die biologische Morphologie ihr Gesicht gewandelt hat. Wir begreifen den Organismus als Stufenbau von Abläufen verschiedener Geschwindigkeit. Morphologie und Physiologie erscheinen nicht mehr als divergierende, zu einer Lehre von funktionslosen Organen und zu einer Lehre von formfreien Prozessen führende

Richtungen, sondern im Sinne v. Bertalanffys als „einander ergänzende Wege zur Erforschung eines in sich einheitlichen Objekts".

Die praktische Konsequenz aus dieser Einsicht kann nur darin bestehen, beide unter dem Dach der Biologie in Forschung und Lehre zu vereinigen. Für diese Integration gibt es institutionelle Lösungen, unter ihnen das Department of Biological Structures, von denen hier nicht mehr gesprochen werden kann. Wie sie auch aussehen mögen: Kein Verantwortlicher soll eines Tages sagen, man habe nicht erkennen können, daß sich die Morphologie längst zu einem unentbehrlichen Instrument der Lebensforschung und damit der Medizin entwickelt hat.

Literatur

Bargmann, W.: Gehirn und Hypophyse. Nova Acta Leopoldina. N. F. **34**, Nr. 181. J. A. Barth, Leipzig 1967.

Bargmann, W., G. v. Hehn und E. Lindner: Über die Zellen des braunen Fettgewebes und ihre Innervation. Z. Zellforsch. **85**, 601—613 (1968).

Benninghoff, A.: Eröffnungsvortrag auf der 46. Versammlung in Leipzig (1938). Verhandl. Anat. Ges., Erg. Heft zum Anat. Anz. **87**, 1—22 (1939).

Bertalanffy v., L.: Das biologische Weltbild. Bd. 1. A. Francke A. G. Verlag Bern 1949

Gaudecker v., Br.: RNA-Synthesis in the nucleolus of Chironomus Thummi, as studied by high resolution autoradiography. Z. Zellforsch. **82**, 536—557 (1967).

Gurwitsch. A,: Die histologischen Grundlagen der Biologie. G. Fischer, Jena 1930

Hanström, B.: The comparative aspect of neurosecretion with special reference to the hypothalamo-hypophysial system. In: The Neurohypophysis, ed. by H. Heller, London, Butterworths Scientific Publ. 1957, 23—37

Holle, G.: Methodische Probleme der modernen Morphologie. Gegenbaurs Morph. Jahrb. **109**, 3—12 (1966).

Koelliker, A.: Handbuch der Gewebelehre des Menschen. I. 6. Aufl. Leipzig, W. Engelmann 1889.

Lazarow, A.: The fourth dimension of anatomy.
The Journal Lancet (North Dakota) **82**, 135—138 (1962).

Lindner, E.: Der elektronenmikroskopische Nachweis von Eisen im Gewebe. Erg. allg. Pathol. u. pathol. Anat. **38**, 46—91 (1958).

Lorenz, K.: Gestaltwahrnehmung als Quelle wissenschaftlicher Erkenntnis. Z. experim. u. angew. Psychol. **6**, 118—165 (1959).

Scharrer, E.: Anatomy and the concept of Analogy. Science **103**, 579 (1946).

Scharrer, E.: The concept of analogy. Pubbl. Staz. Zool. Napoli **28**, 204—213 (1956).

Tyson, Greta E.: The fine structure of the maxillary gland of the Brine shrimp, Artemia salina: The End-sac. Z. Zellforsch. **86**, 129—138 (1968).

Weibel, E. R., and H. Elias: Introduction to stereology and morphometry. In: Quantitative Methods in Morphology. Springer-Verlag Berlin—Heidelberg—New York 1967

Zeiger, K.: Zur Geschichte der Zellforschung und ihrer Begriffe. In: Handbuch der allg. Pathologie, herausgegeben von F. Büchner, E. Letterer und F. Roulet, II/1. Springer-Verlag Berlin—Göttingen—Heidelberg 1955.

Diskussionsredner:

Repciuc (Rumänien), Lindner (DDR), Seitelberger (Österreich), Hadjioloff (VR Bulgarien).

Institut für Physiologische und Biologische Chemie der Humboldt-Universität Berlin, DDR

Biochemie, Morphologie und Strukturforschung

von

S. M. Rapoport

An die Spitze meiner Ausführungen möchte ich eine Verbeugung vor der Morphologie setzen. Auf diese Respektbezeugung hat sie Anspruch als ältester Zweig der modernen Biologie und Medizin. Ihr gebührt aber nicht nur ein historisches Primat, sondern auch ein philosophisches, vom Standpunkt der Erkenntnistheorie. Es beruht auf der Unmittelbarkeit und Anschaulichkeit ihrer Objekte, Methoden und Erkenntnisse. Natürlich fußt die Morphologie wiederum, wenn sie in das Wesen der biologischen Systeme eindringen will, auf anderen Wissenschaften, darunter auch der Biochemie. Es bedarf sicher keiner ausführlichen Begründung für die Aussage, daß Morphologie und die anderen biologischen Wissenschaften in vielfältigster Weise miteinander verknüpft sind. Daher beeinflußt notwendigerweise jede Wende in Denkweise, Methoden und Stellung der Morphologie die Beziehungen zu allen anderen Zweigen der Biologie und Medizin. Ich habe das Wort „Wende" zur Charakterisierung der Situation absichtlich gebraucht, da ich der Auffassung bin, daß es sich nicht nur um graduelle Veränderungen handelt. Wir befinden uns im grundsätzlichen Umschwung, in einer neuen Phase der biologischen Wissenschaften, die veränderte Beziehungen zwischen Morphologie, Biochemie und anderen biologischen Wissenschaften mit sich bringt.

Die Thematik des Kongresses habe ich als eine Aufforderung zur Auseinandersetzung und Selbstverständigung aufgefaßt und habe meine Aufgabe darin gesehen, einen Diskussionsbeitrag zu einigen der vielschichtigen gemeinsamen Probleme zwischen Morphologie und Biochemie zu leisten. Damit ist auch gesagt, daß keinerlei Anspruch auf erschöpfende Darstellung gemacht wird. Insbesondere werde ich keinen Bezug auf die makroskopische Morphologie nehmen und mich ausschließlich mit den mikroskopischen und submikroskopischen Bereichen befassen.

Gestatten Sie mir einleitende Bemerkungen zu einigen Begriffen: Zunächst zur Unterscheidung von Struktur und Morphe und der ihnen entsprechenden Wissenschaften. Allzu häufig werden diese Begriffe als gleichbedeutend angesehen. Die Unterschiede werden aber deutlich, wenn man ihrer Verallgemeinerungsfähigkeit nachgeht. Dann erweist sich die Struktur als der weitaus umfassendere Begriff. Die Struktur ist nämlich eine allen Formen und Stufen der Materie innewohnende Eigenschaft, die im atomaren Bereich ebenso nachweisbar ist wie in der Ökologie von Populationen. Reale Strukturen können räumliche, statische, aber auch zeitlich variable Anordnungen sein. Ich lasse hier bewußt die Problematik abstrakter mathematischer Strukturen beiseite. Vom Standpunkt der Dialektik bilden reale Struktur und Funktion das zusammengehörige gegensätzliche Kategorienpaar. Das bedeutet, daß keine reale Struktur ohne Funktion existieren kann oder denkbar ist, ebensowenig wie Funktionen ohne Strukturen existieren. Daraus ergibt sich, daß die räumlich-zeitlichen Anordnungen gleichzeitig funktionelle Zusammenhänge sind. Die Erkenntnis der Struktur als grundlegender Eigenschaft der Materie ist wesentlich, d. h. bestimmend geworden für eine Vielzahl von Wissenschaften, darunter die moderne Physik und Chemie, die Kybernetik, die Biophysik und Biochemie, Genetik, Physiologie u. a. m. Daraus folgte auch die Prägung des neuen Begriffes „Strukturforschung", die sich aus der Untersuchung des Aufbaus von anorganischen Kristallen entwickelte, heute aber zu einem grundlegenden Zweig der Biologie, zu einem Gebiet geworden ist, an dem Physiker, Chemiker, Biochemiker und Morphologen zusammenarbeiten. Der Gegenstand dieses Gebietes umfaßt den Aufbau der Moleküle und ihre Wechselwirkungen von den einfachsten, wie Wasser, bis zu komplexen biologischen Systemen wie etwa Viren und Zellorganellen. Sie greift über den Bereich einer rein chemischen Denkweise zu einer weitgehend physikalischen Betrachtung, die gleichzeitig einen hohen Grad mathematischer Abstraktion, aber auch Gegenständlichkeit erreicht. In vielen Hinsichten wird Chemie zur Geometrie. Sie bedient sich der Methoden der Röntgenanalyse ebenso wie derer der Elektronenmikroskopie. Ihre Aussagen ergänzen oder begründen jene der Chemie.

Hier sei bemerkt, daß Struktur nicht gleichbedeutend mit Periodizität ist. Es ist natürlich viel einfacher, die gesetzmäßigen periodischen Anordnungen mit raumsymmetrischen Eigenschaften zu erkennen, und das Bestreben, Symmetrie und Einfachheit in der Natur zu finden, hat oft dazu verleitet, sie auch dort zu suchen, wo sie nicht vorhanden sind. Vielleicht hat auch die Herkunft der Strukturforschung als Kristallforschung eine psychologische Rolle gespielt. Der Begriff der Struktur umfaßt auch unikale, einzigartige Anordnungen, die keine Periodizität aufweisen. Wir sind schon längst über die ersten naiven Vorstellungen hinaus, daß etwa die Molekulargewichte aller Eiweiße einfache Multiple einer Grundeinheit darstellen oder die Anordnung der Aminosäuren einer Zahlenreihe entspräche; Vorstellungen, die Nachwehen einer pythagoräischen Philosophie darstellen mögen. Ja, die äußere Ordnung kann täuschen. Schon seit langem kannte man Eiweiß-Kristalle. Ihre äußere Periodizität hat nur wenig mit ihrer inneren Anordnung zu tun. Aber auch die bizarrste und unübersichtlichste Anordnung von Atomen in einem Makromolekül stellt eine Struktur mit Funktion und Eigenschaften dar und ist der Ausdruck der gesetzmäßigen Wechselwirkung von Kräften im Molekül und zwischen Molekül und Umgebung. Zwischen diesen zwei Extremen befindet sich der interessante Bereich der raumsymmetrischen Anordnung von an sich asymmetrisch gebauten Untereinheiten. Die Erfahrungen der letzten Jahre haben gezeigt, daß ein großer Teil der Eiweiße analog dem Hämoglobin aus symmetrischen Anordnungen von asymmetrisch gebauten Peptidketten besteht.

Die neuesten Methoden gestatten es, die Strukturanalyse auch auf Makromoleküle auszudehnen, welche keine regelmäßigen Anordnungen der Bausteine, wie etwa die α-Helix, aufweisen.

Wie steht es um die Morphe? Ich will von einer Auseinandersetzung mit der idealistischen Deutung der Gestalt und einer Gestaltenlehre im Sinne von Plato und Goethe absehen in der Annahme, daß ihr dem experimentellen Denken entgegengesetzter Ideengehalt kein aktueller Gegenstand der Diskussion ist. Daher setze ich anstelle der Gestalt Form und möchte die Morphologie als Lehre von den biologischen Formen bezeichnen. Der Formbegriff hat auch einen philosophischen Inhalt. Form ist Teil eines dialektischen Kategorienpaares, stellt das Äußere dar und setzt den Inhalt als wesentlich voraus. Eine Vielfalt von Formen kann einem inhaltlichen Prinzip entsprechen. Nicht jede äußere Erscheinung verdient es, untersucht zu werden. Sie kann zufälligen Charakter tragen. Natürlich lassen Formen sehr häufig Rückschlüsse auf ihren Inhalt zu. Sie sind ja Ausdruck der inneren Beziehungen, d. h. der Strukturen von Systemen. Fehlt aber die Kenntnis des grundlegenden Inhalts, so bleibt Formenlehre deskriptiv und vermag nicht zu Verallgemeinerungen zu führen. Ist man hingegen zur Erkenntnis des inneren Zusammenhangs gelangt, so kann man die verschiedensten Formen erklären.

Die Erkennung der inneren Struktur aus der Form ist dort einfach, wo eine periodische Grundstruktur vorliegt, die sich auch in den höheren Stufen der Anordnung wiederfindet. Ein klassisches Beispiel sind Muskulatur und kollagene Fibrille. Das Gegenstück sind Anordnungen, die die inneren Gesetzmäßigkeiten verdecken.

Das Kategorienpaar von Form und Inhalt ist nicht so umfassend wie das von Struktur und Funktion. Form und Inhalt lassen sich nur unterscheiden auf einer komplexen bzw. komplizierten Stufe der Materie. Steigen wir hinab in den submikroskopischen Bereich bis zum Makromolekül und noch tiefer, so verschwindet die Unterscheidung zwischen außen und innen, zwischen Form und Inhalt. Die Form wird unmittelbar Ausdruck der Struktur. In diesem Bereich wird die Morphologie zur Strukturforschung. Durch die Strukturforschung erfuhr die Morphologie eine Grundlage, die ihr vorher fehlte. Die gesetzmäßigen Anordnungen im Bereich der Makromoleküle finden ihren Ausdruck in den biologischen Strukturen, die auch schon der Gegenstand der klassischen Morphologie waren.

Aber auch die moderne Biochemie ist durch die Erkenntnis der Strukturforschung durchaus revolutioniert worden. Sie wird beflügelt durch die Erkenntnis der Einheit von elementaren und komplexen Stufen der Anordnungen der Materie. Es sei nur erinnert an die Rückführung der Mendelschen Gesetze auf die Kombinationsprinzipien der DNS. Solche Erkenntnisse sind ebenso für die Eiweiße gültig. Auch hier mag ein Hinweis genügen: Die Rückführung der vielfältigen Formenveränderungen von Sichelzellen auf die Substitution einer von 151 Aminosäuren einer Untereinheit des Hämoglobins.

Nun einige kritische Bemerkungen zur Biochemie und Morphologie: Welche Schwächen und Unvollkommenheiten weist die Biochemie noch auf? Ich möchte vier Probleme herausgreifen:

1. Eine Unterschätzung der Dynamik biologischer Vorgänge. Die Biochemie begann als eine reine Analytik, eine Bestandsaufnahme. Vorerst begnügte sie sich sogar nur mit einer Analyse der Asche, um sodann immer mehr Bestandteile in den Bereich ihrer Methodik einzubeziehen. Man hat diese Zergliederung nicht mit Unrecht als eine chemische Anatomie bezeichnet, die nicht selten als langweilig empfunden wurde. Methoden und Denkweise bedingen einander. So ist es nicht verwunderlich,

daß diese Art des Herangehens auch eine statische Denkweise nach sich zog. Die allmähliche Überwindung dieser Einstellung, ohne daß man natürlich auf Analytik verzichtete, ist in unserer Epoche erfolgt durch die Erkenntnis der Enzymatik und die Anwendung von Isotopen. Die moderne Biochemie verlangte und schuf vielfältige und vertiefte physikalisch-chemische Theorien der Kinetik von Reaktionen. Sie umfassen sowohl die Probleme der Elementarprozesse am Enzym wie die Verkettung von Enzymen in Reaktionsketten sowie schließlich auch die Erkenntnisse der Wandlung von Eiweißen während ihrer enzymatischen Aktivität.

2. Eine Unterschätzung der Strukturiertheit biologischer Systeme. Im Denken und Tun hielt sich der Biochemiker zuerst an die leicht zugänglichen löslichen Eiweiße, an Reaktionen im Hyaloplasma oder in den extrazellulären Körperflüssigkeiten, als ob für ihn noch heute das Dogma gelte, daß Stoffe nur in Lösung reagieren. Hier schlug die Kolloidchemie eine Bresche. Sie proklamierte in Wolfgang Oswalds treffendem Schlagwort „Die Welt der vernachlässigten Dimensionen" als Forschungsgegenstand. Viele zum Teil paradoxe Beobachtungen der Pioniere, die sich als Außenseiter fühlten, haben inzwischen ihre Deutung erfahren. Ihre Erkenntnisse haben sich eingeordnet in den klassischen Bestand der physikalischen Chemie der Eiweiße und anderer Makromoleküle. Die Untersuchung des Übergangs vom löslichen zum unlöslichen Zustand, vom löslichen Einzelbestandteil zu komplexen und strukturierten Gebilden wie etwa Membranen und Fibrillen, die Veränderungen der Enzymaktivität durch Bindung an unlösliche Träger, sind hochaktuelle Themen der modernen Biochemie.

3. Eine immer noch berechtigte Kritik betrifft die Unterschätzung der natürlichen Vielfalt durch die Biochemie. Es sei erinnert an die naive Vorstellung zur Zeit von Liebig, daß es nur *ein* Eiweiß geben solle. Auch späterhin gab es einen ständigen krassen Widerspruch zwischen dem Reichtum des morphologischen Bildes und der relativen Simplizität der biochemischen Aussage. Man denke an die Zellfraktionierung. Die biochemische Analyse beschränkte sich ein Jahrzehnt lang auf drei Organellenfraktionen: Kern, Mitochondrien und Mikrosomen. Diese vereinfachende Einteilung stiftete auch unter Morphologen eine erhebliche Verwirrung. Und wenngleich auch jetzt mit einiger Sicherheit an einzelnen biologischen Objekten zusätzliche, einigermaßen definierte Fraktionen hinzugekommen sind, wie etwa die Lysosomen, Peroxysomen, Golgi-Apparat und Zellmembranen, so ist doch eine weitere Differenzierung eine unabdingbare Forderung.

Noch primitiver ist die Aussage des Biochemikers über ein hochdifferenziertes Organ, wie etwa Gehirn oder Niere. Hier ist die Gewinnung eines biologisch-homogenen Zellmaterials Voraussetzung für eine gültige biochemische Aussage. Selbst eine Population, die aus derselben Zellart besteht, ist noch uneinheitlich in verschiedener Hinsicht. Beispielsweise können sich die Zellen in verschiedenen Stadien ihres Reproduktionsvorganges befinden. Dieser Schwierigkeit versucht man durch Synchronisation zu begegnen. Die Zellpopulation kann genetisch heterogen sein; daher das Bestreben nach genetisch reinen Linien. Und schließlich können auch gleichartige Zellen sich in verschiedenen Funktionszuständen befinden. Hier liegen offensichtlich noch ungelöste und schwer zu bewältigende Schwierigkeiten.

Die Problematik der Vielfalt bleibt aber nicht bei der Zellart stehen. Bis vor kurzem hegte der Biochemiker noch mehr oder minder ausgesprochen die Illusion, daß Enzyme gleicher Spezifität aus verschiedenen Quellen doch in Aufbau und enzymatischen Parametern identisch seien. Diese Illusion ist gründlich zerstört. Die Hexokinase der Hefe hat ein völlig anderes Verhalten als jene der roten Blutzelle. Auch innerhalb eines Organismus bietet sich eine beeindruckende Organspezifität. Umfassend wurden die Laktatdehydrogenasen bearbeitet. Bekanntlich unterscheidet man hier einen Herz- und einen Skelettmuskeltyp. Die genauere Untersuchung hat aber erwiesen, daß es fünf Isoenzyme gibt. Die Erklärung dieser Vielfalt brachte eine gewisse Vereinfachung. Die Laktatdehydrogenase besteht aus vier Untereinheiten, die zweierlei Typs sein können. Die Gesetze der Kombinatorik ergeben fünf Möglichkeiten der Anordnung von zwei Untereinheiten in Vierergruppen, was der Zahl der vorkommenden Isoenzyme entspricht (Pfleiderer). Die weitere Verfeinerung der Methodik hat es mit sich gebracht, daß die biochemische und immun-chemische Aufgliederung der morphologischen vorausgeeilt ist. So lassen sich im Elektropherogramm 10 Esterasen nachweisen, histochemisch sind vorerst nur zwei Typen abzugrenzen (Hess).

4. Eine weitere Quelle der Heterogenität betrifft die Lokalisierung der Enzyme. Auch hier stand am Anfang die Naivität des Biochemikers. Er war es zufrieden, aus einem Organ oder einer Zellart *ein* Enzym isoliert zu haben. Er glaubte, daß das gewonnene lösliche Isolat für das biologische System seiner Herkunft repräsentativ sei. Diese Auffassung wurde durch die Methoden der Zellfraktionierung bald widerlegt. Es erwies sich, daß anschließend gleichartige Enzyme eine doppelte oder sogar dreifache Repräsentation in verschiedenen Zellanteilen besitzen können.

Aus alledem ergibt sich, daß die Kompliziertheit der Aufgabe für den Biochemiker nun erkannt ist. Es gilt, eine Vielzahl von Forderungen zu erfüllen: Einheitlichkeit der Zellpopulation, Gewinnung von morphologisch und funktionell einheitlichen Zellanteilen, Betrachtung der möglichen Vielfalt der Isoenzyme und schließlich Berücksichtigung des Auftretens der verschiedenartigsten Effektoren, welche die Funktion von Zellbestandteilen, insbesondere der Enzyme, aktivieren oder hemmen. Diese Aufzählung könnte leicht zu einem „Ignorabismus" verleiten. Der Fortschritt der Analytik ist jedoch so groß, daß m.E. aller Grund zum Optimismus besteht. In den letzten hundert Jahren ist die Empfindlichkeit der quantitativen Analyse von Bestandteilen um etwa 20 Größenordnungen angestiegen. Die Fähigkeit zur Trennung von nahe verwandten Eiweißen auf chemisch-physikalischem Wege hat heute die empfindlichste biologische Methodik, nämlich die der Immunreaktionen, erreicht und an vielen Stellen übertroffen. Es besteht aller Grund, anzunehmen, daß der Fortschritt sich womöglich noch beschleunigt durch Anwendung automatisierter Verfahren, die einen ungeheuren Gewinn an Präzision und Zeit bringen. Ein Beispiel mag es erläutern: Eine unvollständige Analyse eines Eiweißes in bezug auf seinen Gehalt an Aminosäuren dauerte vor 40 Jahren etwa sechs Monate Arbeitszeit eines hochqualifizierten Wissenschaftlers und erforderte Mengen von etwa 100 g. Heute erfordert eine vollständige Analyse zwei Stunden und nur 1 mg Material.

Nun zur Morphologie: Ich hoffe, keinen Widerspruch zu erregen, wenn ich sage, daß ihr Gegenstand die Erforschung biologischer Strukturen und Funktionen durch Analyse der Formen ist. In dieser Richtung war die klassische Morphologie des 19. Jahrhunderts den anderen biologischen Disziplinen weit voraus. Ihre Erkenntnisse bildeten die spätere Grundlage der Genetik und Zellphysiologie, der Immunologie und Pathologie u. a. m.

Worin lagen aber ihre notwendigen Begrenzungen? Die erste bestand offensichtlich in der ungenügenden Auflösung der lichtoptischen Methoden. Daher waren alle Rückschlüsse von sich darbietenden Gestalten auf zugrundeliegende physikalisch-chemische Strukturen ungesichert und dementsprechend spekulativ. Die Überwindung dieser spekulativen Auffassungen oder, noch besser gesagt, ihr Beiseitelegen, ohne sie noch ernsthaft in die gegenwärtigen Diskussionen zu bringen, ist eine Notwendigkeit. Ich nehme natürlich dabei das wissenschaftshistorische Interesse ausdrücklich aus.

Die zweite offensichtliche Begrenzung bestand in der mangelnden Stoffkenntnis, d. h. in der Unmöglichkeit, über die chemische Natur der Gebilde Aussagen zu machen. Das war, wenn man von Schuld sprechen will, jene der Biochemie, die, wie ich vorhin ausgeführt habe, so unentwickelt war, daß sie nur naive simplifizierende Vorstellungen anbieten konnte. Auch hier gilt, daß die von Morphologen des 19. Jahrhunderts geprägten Begriffe bezüglich der von ihnen postulierten Bestandteile, Faktoren usw. für uns heute nur noch überwiegend den Wert eines etymologischen Thesaurus besitzen.

Es ist verständlich, daß daher auch die Vermutungen über die Mechanismen der Entstehung bestimmter Formen in gleichem Maße längst überholt sind. Die Gründe dafür gehen über das bisher Gesagte hinaus. Gültige Vorstellungen über Prozesse bedürfen der konkreten Kenntnis der biochemischen Abläufe. Wenngleich die Morphologie sich heute noch auf großen Gebieten mit qualitativen Aussagen über Formen und Lokalisationen begnügen muß, ist es offensichtlich, daß ohne eine quantitative Denkweise keine tragfähigen Vorstellungen über Reihenfolge und Relevanz von Vorgängen aufstellbar sind. Der Übergang zum quantitativen Denken ist zweifellos eine schwierige Aufgabe und nicht durchwegs durchführbar.

Die morphologische Methodik hat m. E. ein besonderes Problem. Wenn man von den in der Lichtoptik im begrenzten Umfang möglichen Betrachtungen von intakten oder lebenden Zellen durch Phasenkontrast und Interferenz absieht, bedingt jedes morphologische Verfahren tiefgehende physikalisch-chemische Eingriffe. Jedes Fixativ führt zu weitgehenden Veränderungen des biologischen Systems, die irreversible Schädigungen darstellen, was ja auch der Zweck ist. Das Prinzip der Fixierung bringt mit sich chemische Reaktionen, durch welche Eiweiße, Nukleinsäuren und Phosphatide gegenüber nachfolgende Behandlungen so verfestigt werden, daß sie nicht mehr löslich sind, aber dennoch spezifische Reaktionsfähigkeiten behalten oder erwerben. Jeder weitere Schritt, die Entfernung des Wassers, die Einbettung, die Erzeugung eines Kontrastes durch Färbung oder Imprägnierung bedingt weitere chemische Reaktionen. Man könnte zugespitzt formulieren, daß der Morphologe es grundsätzlich mit Kunstprodukten, d. h. Artefakten, zu tun hat. Daher erklärt sich die ständige Beschäftigung mit dem Problem des Artefaktes in der Morphologie. Ich will aber keineswegs die Morphologie als Wissenschaft von Kunstprodukten abstempeln. Eine so weite Fassung des Artefakt-Begriffes hat weder heuristischen noch theoretischen Wert. Viel eher wäre es sinnvoll, einen Artefakt als eine derartige Veränderung zu bezeichnen, die keine biologische Deutungsmöglichkeit bietet. Die Vielzahl der Möglichkeiten der Artefaktbildung weist den Morphologen zwingend darauf hin, die Gültigkeit seiner Vorstellungen über den ursprünglichen Zustand seiner Untersuchungsobjekte durch andere Methoden, vor allem durch nichtmorphologische, zu erhärten. Von daher erfolgt für ihn die unbedingte Notwendigkeit der Zusammenarbeit mit Biochemikern und Biophysikern.

Es gibt eine Art von Artefaktbildung, die ich gesondert erwähnen möchte. Sie liefert Bilder, die mit Sicherheit nicht den vitalen Bedingungen entsprechen. Dennoch ist sie sehr nützlich. Man kann diese

Artefakte als Äquivalentformen bezeichnen. Ein mir geläufiges Beispiel ist die Darstellung des Retikulozyten. Das im Mikroskop sichtbare Netzwerk entspricht keiner biologischen Struktur. Die von Morphologen postulierte substantia reticulo-filamentosa existiert nicht. Es handelt sich um Niederschlagsbildung von Ribosomen bzw. Polysomen mit basischen Farbstoffen unter teilweiser Freisetzung der Ribosomeneiweiße. Die von Hämatologen aufgestellten Klassen von Retikulozyten von feinem Netzwerk bis zu grober Klumpenbildung sind insofern nützlich, als sie in ungefährer Weise der Quantität der Ribosomen entsprechen. Die unterschiedlichen Bilder haben aber keinerlei biologische Bedeutung. Die erkenntnistheoretische Gefahr besteht darin, daß man solche empirisch brauchbaren Äquivalentbilder als bare Münze nimmt und sie als Äquivalent biologischer Strukturen betrachtet. Von dieser Art empirisch brauchbarer, aber für die Zellbiologie unergiebiger Artefakte sind sicherlich jene zu unterscheiden, bei denen Kunstprodukte ohne biologische Deutungsmöglichkeit auftreten. Hier kann es sich um mangelnde Reproduzierbarkeit einer chemischen Reaktion handeln oder um ihre mangelnde Spezifität. In dem von mir erwähnten Beispiel sind es zwei gegensätzliche Veränderungen. Die ursprüngliche Struktur der Polysomen wird zerstört und gleichzeitig wird eine artifizielle Struktur vorgetäuscht. Die Anforderungen an eine zellbiologische Morphologie sind also wesentlich höher als an die Morphologie für eine empirische Diagnostik. Hier müssen Formen, Lokalisierungen und Aktivitätsangaben den vitalen Zustand widerspiegeln.

Das Artefakt-Problem existiert natürlich auch in der Biochemie, wenngleich zum Teil in abgewandelter Form. Der Biochemiker ist bestrebt, die von ihm isolierten Stoffe rein darzustellen oder, falls dies nicht möglich ist, die Gesetzmäßigkeiten der Veränderung bei jedem Schritt so zu erfassen, daß eine befriedigende Erklärung gegeben ist, und den ursprünglichen Zustand, sei es gedanklich oder experimentell, zu rekonstruieren.

Am Ende möchte ich zu synthetischen Aussagen kommen. Die moderne Stufe der Zellbiologie erfordert eine vollständige Gemeinsamkeit der biologischen Disziplinen, insbesondere der Morphologie, der Strukturforschung und der Biochemie. Morphologie und Biochemie haben einander viel zu sagen, viel zu bieten und voneinander viel zu fordern. Der Morphologe kann mit Recht an den Biochemiker den Anspruch stellen, alle von ihm erfaßten wesentlichen Formen und Lokalisationen biochemisch zu erfassen. In seinen Methoden greift er über den lichtmikroskopischen Bereich hinaus und wird damit gleichzeitig Biochemiker und Strukturforscher. Wenn er das Ultraviolettmikroskop anwendet, beginnt er Biochemie zu betreiben in der Lokalisation und der quantitativen Messung von Nukleinsäuren, Eiweißen, Pyridin-Nukleotiden usw. Wenn er elektronenmikroskopische Bilder herstellt und betrachtet, sieht er die Makromoleküle und erkennt deren Struktur. Wenn er autoradiographische Methoden anwendet, wird er zum Stoffwechselforscher, betreibt er Histochemie, wandelt er sich zum Enzymologen. Daher sind für ihn ausreichende Stoffkenntnis, quantitatives Denken und die Kenntnis der Gesetzmäßigkeiten der Kinetik, der Enzymologie einschließlich der Konformationsänderungen erforderlich. Der Biochemiker erwartet morphologische Äquivalente für von ihm gefundene Funktionszustände und Differenzierungen. In dieser Richtung weisen u. a. neue Ergebnisse über die elektronenmikroskopischen Bilder von Mitochondrien in verschiedenen Funktionszuständen (HACKENBROCK). Solche Befunde werfen die Frage auf, ob elektronenmikroskopische Bilder von Mitochondrien, die von dem gewohnten Bild abweichen, notwendigerweise Artefakte sind oder aber bisher noch nicht erfaßte Funktionszustände?

Gemeinsam wenden Biochemiker, Strukturforscher und Morphologen die mächtigen Methoden der Analyse und der Rekonstruktion, d. h. der biologischen Modellbildung an, die von abstrakten Rechenmodellen bis zur künstlichen Schaffung von Zellorganellen und Viren reichen.

Ein Beispiel ist die hochproduktive Auseinandersetzung zwischen Morphologen und Biochemikern über den Feinaufbau der Mitochondrien (SCHATZ). Bekanntlich enthalten die Mitochondrien zwei Membransysteme, ein äußeres und ein inneres, die sich durch ihre Feinstruktur, chemische Zusammensetzung und den Enzymgehalt unterscheiden. An der inneren Membran sitzen die Enzyme der Atmungskette und die Enzyme der oxydativen Phosphorylierung. Die innere Membran ist mit Kügelchen von 80—90 Å Durchmesser besetzt. Es wurde vermutet, daß jedes Kügelchen einer vollständigen elektronenmikroskopischen Kette entspricht. Die Rechnung des Biochemikers widerlegte diese Auffassung. Das Mindestmolekulargewicht der Atmungskette erforderte eine Kugel von doppeltem Durchmesser. Auch die Annahme, daß jedes Knöpfchen lediglich einen Teil der Atmungskette enthalte, wurde widerlegt, als sich zeigte, daß durch chemische Eingriffe mitochondriale Partikel ihrer Kügelchen beraubt werden können ohne Verringerung ihrer Atmungsenzyme. Die Knöpfchen wurden als ein Kopplungsfaktor, und zwar als mitochondriale ATPase, identifiziert. Schließlich gelang es in Zusammenarbeit zwischen Biochemikern und Morphologen, sozusagen halbsynthetisch aus Membranen, Phospholipiden und isolierten Kügelchen Partikel herzustellen, die dem Ausgangsprodukt weitgehend entsprechen. Ebenso bemerkenswert sind die erfolgreichen Rekonstruktionen bzw. Resynthesen von Viren aus Nukleinsäure und Eiweißuntereinheiten ihrer Hüllen oder die Rückbildung von Bakterienflagellen (PIRIE et al.).

Durch dieses gemeinsame Herangehen wird zweifellos die Notwendigkeit einer gemeinsamen Sprache geschaffen. Sie kann nicht ein Kompromiß aus alten und neuen Vokabeln, aus alten Denkweisen des 19. Jahrhunderts und modernen biophysikalischen, chemischen und molekularbiologischen Begriffen sein. Die Morphologie als ältere Wissenschaft hat mehr Ballast abzuwerfen und zweifellos sind die psychologischen oder ideologischen Schwierigkeiten größer. So groß auch ihre Erfolge in der Vergangenheit gewesen sein mögen, jene der Gegenwart und Zukunft sind in Gemeinschaft mit anderen Wissenschaften noch größer und glänzender.

Literatur

HACKENBROCK, C. R.: J. Cell. Biol. **30**, 269 (1966).
PIRIE, N. W., and J. LOWY et al.: In G. E WOLSTENHOLME und M. O'CONNOR ed., Principles of Biomolecular Organization, Churchill, London, 1966.
PFLEIDERER, G.: In R. RUYSSEN and L. VANDENDRIESSCHE ed. Enzymes in Clinical Chemistry. Elsevier, Amsterdam 1965.
HESS, R.: ebenda.
SCHATZ, G.: Ang. Chem. **79**, 1088 (1967).

Diskussionsredner:

LINDNER (DDR), AVTSYN (UdSSR), REPCIUC (S. R. Rumänien), HADJIOLOFF (VR Bulgarien), SEITELBERGER (Österreich), BAHRMANN (DDR), SCHARF (DDR).

Institut für Morphologie, Bulgarische Akademie der Wissenschaften, Sofia, Bulgarien

Die erkenntnistheoretische Bedeutung der Morphologie (der Erforschung der Form und der Struktur) für die biologischen und medizinischen Wissenschaften

von

A. I. HADJIOLOFF

Sehr verehrter Herr Präsident!

Bei dieser Gelegenheit fühle ich mich besonders glücklich, im Namen des Institutes für Morphologie und der Klasse für Medizin bei der Bulgarischen Akademie der Wissenschaften und der Gesellschaft der Anatomen, Histologen und Embryologen in Bulgarien den hochverehrten Kongreß begrüßen zu dürfen.

Dieser Kongreß an sich ist eine Leistung und hat sehr wichtige Bedeutung für die Bestimmung des verdienten Platzes der morphologischen Wissenschaften im Bereiche der Biologie und Medizin. Die Verwirklichung und Durchführung dieses Kongresses wurde nur unter den Entwicklungsbedingungen möglich, die der Deutschen Akademie der Wissenschaften zu Berlin von dem sozialistischen Staat in der Deutschen Demokratischen Republik geschaffen wurden.

Indem ich meine herzlichste Dankbarkeit dem Organisationsausschuß in der Person von Akademiemitglied Professor KETTLER ausspreche, wünsche ich der Deutschen Akademie der Wissenschaften und der Klasse für Medizin noch größere Erfolge.

Um den heutigen Zustand, wie auch die Entwicklungsrichtungen der Morphologie, d. h. der Erforschung der Form und Struktur der Lebewesen, zeigen zu können, genügt nicht die Systematisierung und Verallgemeinerung der empirischen Ergebnisse, die wir bei Anwendung der morphologischen Methoden erhalten können. Das wissenschaftliche Programm des wichtigen und historischen ersten Kongresses über „Die heutige Stellung der Morphologie in Biologie und Medizin", veranstaltet von der Klasse für Medizin der Deutschen Akademie der Wissenschaften zu Berlin, gemeinsam mit der Sektion für Morphologie und experimentelle Pathologie, unter der Leitung von unserem hochverehrten Kollegen und Freund Akademiemitglied Professor L.-H. KETTLER zeigt in ungefähr 120 Vorträgen von hervorragenden Morphologen und Vertretern der anderen medizinischen Wissenschaften wie bedeutend, grundlegend und polymorph sich die Erforschung der Form und Struktur in der heutigen Biologie und Medizin verbreitet. — Und deshalb bitte ich vielmals um Nachsicht für das Wagnis, daß ich mit meinem Unternehmen die ganze Morphologie betrachten möchte, wie seinerzeit vor 80 Jahren der große deutsche Histologe des 19. Jahrhunderts Professor Dr. A. v. KÖLLIKER in seinem Vortrag als Präsident bei der Eröffnung des Ersten Kongresses der Anatomischen Gesellschaft am 14. April 1887 in Leipzig:

„Und da der Zweck unserer Gesellschaft die Förderung der anatomischen Disziplinen im weitesten Sinne ist, so erscheint es am naturgemessendsten, bei dieser Gelegenheit einen Blick auf den gegenwärtigen Stand dieser Disziplinen zu werfen, auf das, was dieselben bisher erreicht haben, auf das ferner, was noch im Werden und noch unvollendet ist, endlich auch auf die Förderungen und Hoffnungen der Zukunft. Einer so schönen und großartigen Aufgabe würde ich gern nach allen Seiten gerecht werden, es ist jedoch für den einzelnen Forscher kaum mehr möglich, das ungemein große Gebiet der anatomischen Wissenschaften so zu beherrschen, wie es in diesem Falle nötig wäre. Hinzu kommt noch, daß der normale Anatom auch der pathologischen Anatomie und der Physiologie nicht entraten kann und in vielen Fällen selbst auf eine genaue Kenntnis der Biologie der Pflanzen angewiesen ist".

„Bei so bewandten Verhältnissen, kann ich nur mit größter Bescheidenheit der Aufgabe näher treten, Ihnen den jetzigen Standpunkt der morphologischen Disziplinen und ihre weiteren Aufgaben zu schildern. . .".

In gewissen Beziehungen wird sich unsere Aufgabe erleichtern; die Bestrebungen unsererseits werden sich in einer Unterstreichung der allgemeineren Fragen der Morphologie, Fragen, die eine erkenntnistheoretische Bedeutung haben können, ausdrücken. Die erste Frage ist, ob die Lehre über Form und Struktur auf alle biologischen Wissenschaften nach Gegenstand, wie auch auf alle andere Wissenschaften, obwohl mit einer Spezifik, eine allgemeine Gültigkeit hat. Und die zweite Frage ist die folgende: Wie ist die Entwicklung der Auffassung über Form und Struktur bei der historischen Entwicklung der Wissenschaft und welche morphologischen Wissenschaften und morphologischen Forschungsrichtungen haben sich entwickelt, ihre Klassifikation und ihre Bedeutung im Bereiche der Klassifikation der biologischen und medizinischen Wissenschaften nach Gegenstand und Methode.

1. Die Form und die Struktur als allgemeine, vorwiegend spezielle oder dimensionelle Kategorie und ihre Bedeutung für die biologischen und andere Wissenschaften

Bei dieser Gelegenheit habe ich nicht die Möglichkeit, die Begriffe „Form“ und „Struktur“ vom Standpunkt der linguistischen Etymologie und des logischen Inhalts zu analysieren (s. auch KETTLER, 1960). In der Geschichte der Philosophie und in der Geschichte der Wissenschaft werden „Form“ und „Struktur“ verschieden definiert. Das Wichtigste ist es jedenfalls, daß die Begriffe „Form“ und „Struktur“ in den Naturwissenschaften bis jetzt als fundamentale erkenntnistheoretische Kategorien ihre Gültigkeit erhalten haben.

In diesem Gedankengang haben wir schon im Jahre 1930 — in unserer Antrittsvorlesung — die erkenntnistheoretische Bedeutung dieser Grundbegriffe für die biologischen und anderen Naturwissenschaften hervorzuheben versucht. Später haben wir eine Reihe von Arbeiten in Bulgarisch unter dem Titel „Beiträge zur theoretischen Histologie und Biologie“ veröffentlicht.

Es gibt philosophische Autoren, die den Begriff Struktur sehr erweitern, indem sie in diesen Begriff die „Mechanismen“, die Bewegung einschließen, wie z. B. R. RUYER und auch andere.

R. RUYER hat unabhängig von mir die methodologische Bedeutung der erweiterten Kategorie Struktur bei den Natur- wie auch bei den Geisteswissenschaften untersucht und verfolgt. Wir haben keine Möglichkeit, hier die Auffassung von RUYER und anderen Autoren, die ähnliche Auffassungen verteidigen, zu diskutieren.

2. Geschichtliche Entwicklung der Erforschung der Form und Struktur und die Entstehung der biomorphologischen Wissenschaften (Disziplinen) im Rahmen der Entwicklung der naturwissenschaftlichen und medizinischen Kenntnisse und Auffassungen

Der Formbegriff als eine Grundkategorie kommt zuerst bei den griechischen Philosophen der Antike vor.

Für die heutigen Cytologen und Histologen, die sich eine Molekularmorphologie zu ergründen bemühen, sind die Auffassungen der Materialisten des Altertums über Körper und Seele von größtem Interesse. Das sind die sogenannten Atomiker der Antike — LEUKIPPOS, DEMOKRITOS aus Abdera in Thrazien (460—360 v. u. Z.), EPIKUROS aus Athen (342—271 v. u. Z.) und Titus Lucrecius CARUS (99—55 v. u. Z.). Über Form, Größe, Zahl, Arten und Bewegung der Atome spricht zuerst DEMOKRITOS. Bei ihm treffen wir meiner Ansicht nach zum ersten Mal den Begriff „Organ“. Die Organe haben eine Verwendung und bestimmte Aufgaben. Das Gehirn, nach DEMOKRITOS, ist ein Organ des Denkens, das Herz — Organ des Mutes etc. Die Elemente der Humoralisten (Feuer, Wasser, Luft und Erde im Makrokosmos und Blut, Schleim, Gelbe Galle und Schwarze Galle im Organismus als Mikrokosmos nach HIPPOKRATES und deren Mischung (Eukrasia bei Gesundheit und Dyskrasia bei Krankheit), all das hängt von verschiedenen Atomen ab; die Atmung, einschl. das Denken und die drei Arten Seelen sind davon bedingt. Für die Materialisten ist die Welt unendlich, ohne Gott und Götter mit einer unpersönlichen Gesetzmäßigkeit.

Bei ARISTOTELES (384—322 v. u. Z.) kommt es unter dem Einfluß seines Lehrers Platon zu einer idealistischen Auffassung der Begrenztheit des Weltalls, der Endlichkeit: „Außerhalb der äußersten Himmelsphäre ist die reine von aller Materie befreite Welt der Formen die höchste seelische Existenz, Gott der Ursprung aller Bewegung“.

In ARISTOTELES' ‚Kosmogonie‘ treffen wir ein sehr wichtiges Element — die verschiedenen Entwicklungsstufen, mit der vollkommenen formlosen Materie (Substanz) anfangend, die nur eine Möglichkeit ohne jede Wirklichkeit ist, durch die leblose Natur, wo die Materie stärker als die Form ist, bis zu der lebenden übergehend, wo die Form über die Materie herrscht. Die Form der lebenden Wesen ist die Seele, und je höher diese entwickelt ist, desto mehr beherrscht sie die Körpermaterie .... Das

Mittel, durch welches die Form ihre Herrschaft über die Materie ausdrückt, ist die Bewegung (NORDENSKIOLD). Mit ROTSCHUH können wir nicht vollständig übereinstimmen, daß wir bei ARISTOTELES „keinen merklichen Fortschritt" gegenüber der „Physiologischen Lehren der Hippokratiker" haben. Unserer Meinung nach ist grundlegend die Lehre über die allgemeine Entwicklung und die Entwicklung der Lebewesen. Eben deshalb sehen wir, daß ARISTOTELES die Entwicklung des Huhns erforscht und studiert, und als er über Organe und Teile spricht, sind seine Begriffe schon näher zu den heutigen Formbegriffen getreten.

Von unserer Auslegung ist es leicht zu ersehen, daß wir bei ARISTOTELES und den Atomisten weder eine Physiologie noch eine Morphologie haben, sondern eine einheitliche Lehre (Ganzheitslehre) der Lebewesen — eine Ganzheitsbiologie (vom heutigen Standpunkt aus), von morphologischen, physiologischen und chronologischen oder embryologischen Kenntnissen und Auffassungen. Das gleiche gilt auch für die Kenntnisse und Auffassungen eines in Preslav tätigen bulgarischen Gelehrten und Philosophen Johannes EXARCH, Ende des 9. und Anfang des 10. Jahrhunderts; seine allgemeinen erkenntnistheoretischen Auffassungen werden in seiner Schrift „Hexameron", im Abschnitt über den „Bau des menschlichen Körper" dargelegt.

Nach der Renaissance, wie bekannt, folgen die Entdeckungen auf dem Gebiete der Anatomie, Vergleichenden Anatomie, der Zoologie und Botanik, Pathologie, der Physik und Chemie. Nach HARVEY und A. HALLER werden die Grundlagen der Physiologie festgelegt und nach BICHAT (1771—1802) werden zuerst die Histologie und etwas später die Evolutions- und Zellen-Theorie gegründet.

Das Wesentliche, worauf ich Ihre Aufmerksamkeit zu lenken wünsche, ist: 1. Die Tatsache, daß unsere Forschung sich auf die Tendenz einer Biologisierung, wie ich es nenne, der Teile, Organe, Gewebe und Zellen, wie auch der Wissenschaften der Lebewesen richten soll und 2. Die Identifizierung der Physiologie mit der Biologie als Ursache der Unterschätzung der Morphologie.

Was verstehen wir nun unter Biologisierung bei den auf empirischem Weg entstandenen Disziplinen der Lebewesen? Diese Biologisierung fängt seit der Renaissance an und setzt sich bis zum 19. Jahrhundert und sogar bis zum heutigen Tage fort. Bei der noch grob-, resp. naiv-mechanistischen Auffassung des Körperbaues war es teilweise nötig, daß bis zum 18. und 19. Jahrhundert die Existenz der Seele im Organismus angenommen und bewiesen wurde — „ad animae rationalis in corpore existentia". Die Seele oder vis vitalis nämlich setzt die Teile, Organe und Strukturen in Bewegung. Die Funktionen werden mit den entsprechenden Organen verbunden — „De motibus vitalibus — sanginis circulus et actus respiratis, sensus, motus et voluntarii, nutritio, generatio". Der Vitalismus des 18. Jahrhunderts, ist meiner Ansicht nach, in bezug auf die Biologisierung, ein Schritt weiter vorwärts vom Animismus. Die Lebenserscheinungen, resp. Lebensfunktionen werden untrennbar von den Organen gedacht. Schon nach BICHAT (1801) werden sie den Geweben und später nach SCHWANN — den Zellen eigen und damit werden zwei von den charakteristischsten Kategorien der Lebewesen und deren Organe und Gewebe untrennbar verbunden — *die Struktur und die Funktion.*

Im 19. Jahrhundert, nach LAMARCK, DARWIN, TREVIRANUS, BAER, HAECKEL, KOWALEWSKI und anderen kam eine dritte Kategorie zum Vorschein — die Entwicklung, resp. die Evolution; später kam aus dieser Idee die Genetik zur Entwicklung und in der Sowjetunion die Evolutionsmorphologie, -histologie und -embryologie (METSCHNIKOFF, KOWALEWSKI, SEVERTZOV, ZAWARZIN, CHLOPIN, IWANOV, SCHMALHAUSEN etc.).

Aus der obigen Darlegung kann man die Schlußfolgerung ziehen, daß die von mir (1930 in meiner Antrittsvorlesung) als allgemeine erkenntnistheoretisch angenommenen Kategorien auf dem Gebiete der Biologie sich auf 3 erstrecken können: 1. Die Form und die Struktur (die biomorphologischen Wissenschaften im Bereiche der Lebewesen); 2. Die Bewegung und die Phänomene (die physiologischen, inklusive die biochemischen und biophysischen Wissenschaften im Bereiche der Lebewesen); 3. Die Chronologie (die Genetik und philo- und ontogenetische Entwicklung im Bereiche der Lebewesen oder Biochronologie). Daraus kann man auch schließen, daß nur vom morphologischen, physiologischen, biochemischen, biophysischen (molekularbiologischen) und biochronologischen Standpunkt aus, d. h. einem einheitlichen erkenntnistheoretischen Standpunkt über Lebewesen und deren Ingredienten (Zellen, Gewebe, Gewebsorganoide, Organe etc.) vollständige, integrale Kenntnisse erhalten und Schlußfolgerungen gezogen werden können. In diese Richtung gehen auch die Bemühungen einiger Gelehrter, ohne sich theoretisch genügend begründend, die sogenannte interdisziplinäre (für mich erkenntnistheotretische) Betrachtungsweise einzuführen. Ähnlich ist auch das Wesen und der Charakter unseres von unserem hochverehrten Präsidenten Prof. KETTLER organisierten Kongresses. Hier bei unserer Arbeit sollen wir noch ein wichtiges Prinzip — die Gruppierung und die Hierarchie der biologischen Wissenschaften — vor uns haben, sonst werden wir vor einem verwickelten Komplex von biologischen Wissenschaften stehen.

Der Streit zwischen Morphologen, Physiologen, Biochemikern und Genetikern ist nicht begründet, existiert aber und liegt nach meinen geschichtlich-historischen Untersuchungen in der Identifizierung der Physiologie mit der Biologie.

Das ist die zweite Tendenz einer Erweiterung des Bereichs der partiellen biologischen Wissenschaften, insbesondere der Physiologie und der allgemeinen Physiologie und heute der Biochemie und der sogenannten molekularen Biologie bis zur integralen Biologie, die ich in der historischen Entwicklung finde. Absichtlich oder nicht, verstehen bekannte Autoren wie Claude BERNARD, wie HYRTL, BAYLIS, ROTSCHUH und andere, begründet oder unbegründet, unter Physiologie und allgemeiner Physiologie eine allgemeine Biologie. Eine solche Verallgemeinerung und Gleichstellung der allgemeinen Biologie mit der allgemeinen Morphologie, Physiologie, Biochemie und Biophysik (inklusive Molekularbiologie) oder der Genetik ist nicht richtig.

Diese Stellungnahme ist aus folgenden Gründen bedingt: 1. Die Physiologen vernachlässigen die morphologischen und besonders die biochronologischen Wissenschaften. Aus meinen Studien über Claude BERNARD hat das seine Ursachen in einem partiellen Agnostizismus bei diesem Autor. Nach Claude BERNARD und auch nach BAYLIS und vielen heutigen Physiologen läßt die Morphologie die Genese und das Wesen des Lebens nicht vollständig erforschen. Das ist mit einer Unerkennbarkeit der Dinge nach KANT an sich gleichzustellen. 2. Der Physiologie nach erforschen wir nur die Lebenserscheinungen. Viele Physiologen erweitern mehr oder weniger diese Auffassung, indem sie in einen eigenartigen Phaenomenologismus verfallen: die Form und Struktur wird auch als eine Art Erscheinung aufgefaßt. Vom erkenntnistheoretischen Standpunkt aus betrachtet, bleibt kein Platz für selbständige und gleichberechtigte morphologische Wissenschaften. Betont haben wir schon, daß die Kategorien, worauf sich die morphologischen, physiologischen, wie auch die anderen schon erwähnten allgemeinbiologischen Wissenschaften erkenntnistheoretisch stützen, gleichberechtigt sind. Zu einer solche Auffassung der Gleichberechtigung der Morphologie und Physiologie ist auch Prof. KETTLER gekommen (1960). Aus erkenntnistheoretischen Rücksichten ist die gleichgestellte Integrierung in einer einheitlichen Ganzheit aller einzel-biologischen Disziplinen gerechtfertigt.

In einer Einheit folgt die Biologie der Organsysteme, die Biologie der Gewebe und der Gewebsorganoide und der Zelle — die in einer Biologie des Species (der Art), der Tiere und der Lebewesen — zusammengefaßt werden soll.

Sehen wir zuerst den Inhalt der allgemeinen Physiologie bei Claude BERNARD (1878, 1879): Nachdem Claude BERNARD aus eigener Auffassung eine Übersicht der Erforschung der Lebenserscheinungen gibt, macht er die folgende Definition: „Pour tout dire en un mot, la physiologie générale est l'étude des propriété des éléments anatomiques, de leurs manifestations isolées et des manifestations complex qui naissent de leur arrangement en organismes plus ou moins éléves. C'est pour exprimer cette pensée que j'ai appelé la physiologie actuelle quie se développe sous nos yeux la physiologie histologique".

Claude BERNARD selbst verteidigt die Errichtung selbständiger Lehrstühle und Institute der Physiologie, unabhängig und selbständig von den Lehrstühlen der Anatomie und der Zoologie... Seit GALEN bis HALLER haben die Physiologie und Anatomie ungetrennt ihr wissenschaftliches Leben und Treiben geführt; eine andere Arbeit selbst existierte nicht, außer „L'amphithéatre de disection". Après avoir décrit les organes, on tirait de leurs description et de leurs rapports des inductions sur leur usages... Depuis Galen jusqu'à nos jours cette méthode a été mise en pratique pour déterminer l'usage des organes. Cuvier a préféré à cette méthode (d. h. von der Beschreibung, der Topographie, der Form, der Konnexionen und eventuellen Vivisektion Schlußfolgerungen für den Gebrauch des Organs zu ziehen und nicht seine Funktion erklärt zu werden) les déductions de l'anatomie comparée.

Nach HALLER, betont Claude BERNARD, beginnt die neue Ära, der neue Zeitabschnitt selbständiger Entwicklung und Emanzipierung der Physiologie unter der Leitidee, daß die Beherrschung nur der Anatomie (Anatomie deskriptive) nicht zur Begreifung und zum Verstehen der Funktion führen kann. Und nach einem Lob an BICHAT und seiner „Anatomie générale", das vitale Prinzip dezentralisierend, führt er weiter aus: „Il a localisé les phénomènes de la vie dans les tissus; mais il n'est pas entré dans la voie de leur véritable explication... D'après les idées de Bichat, au contraire, la vie est partout et nulle part en particulière (und nicht wie manche die Residenz „de la force vitale" suchen!). La vie n'est ni un être, ni un principe, ni une force, qui résiderait dans une parti du corps, mais simplement le consensus général de toutes les propriétés des tissus". Die Grundlagen seiner allgemeinen Physiologie und physiologischen Histologie sucht Claude BERNARD in der allgemeinen Histologie; nach LAVOISIER und BICHAT, sagt er, hat die Physiologie schon zwei Wurzeln: die eine ist in der physikalischen Chemie und die andere in den Geweben, die von Claude BERNARD „les tissus anatomiques", „le terrain anatomique" bezeichnet werden. Weder in der Histophysiologie, noch in der Histochemie, deren Vorläufer Claude BERNARD ist, konnte bis jetzt die allgemeine Physiologie als eine integrale Wissenschaft ihre Stütze finden. Über den Geweben sind die Organe (die spezielle Physiologie), unter den Geweben ist die Stellung der Gewebzellen (d. h. die Histobiologie und die Cytobiologie). Als Claude BERNARD mit einem hohen Lob die neuen physiologischen Institute und deren Lehrstühle in Deutschland (Berlin, Leipzig etc.), Ungarn, Sankt-Petersburg und Holland würdigt, ist er der Meinung, daß die Physiologie Arbeitsbedingungen auf drei Arbeitstätigkeiten gesichert haben muß: 1. Les travaux de vivisection; 2. Les travaux physicochimiques; 3. Les travaux anatome-histologiques".

In einer Definition begrenzt Claude BERNARD das Forschungsgebiet der Physiologie nur auf die Lebenserscheinungen und nicht auf das Leben selbst — eine Definition des Lebens ist unmöglich zu geben, nur eine Charakterisierung sei im Bereiche der Möglichkeiten — meint er: „Renoncant donc à définir l'indéfinissable nous essayerons siplement de caractériser les êtres vivants par rapport aux corps bruts. . . quels sont les caractères généraux des êtres vivants. On peut les ramener à cinq, savoir l'organisation, la génération, la nutrition, l'évolution, la caducité, la maladie, la mort".

Der Determinismus von Claude BERNARD, gebunden an einem Agnostizismus, bezieht sich auch auf andere Wissenschaften und überhaupt auf die Naturwissenschaften: „Par ce qui procède se trouve fixer lecham pet le role de la physiologie. Elle est une science de même ordre que les sciences physiques: elle étudie de déterminisme physicochimique correspondant aux manifestations vitales; elle a les mêmes principes et les mêmes méthodes". „Dans aucune science expérimentale on ne connait autre chose que les conditions physico-chimiques des phénomènes; on ne travaille à autre chose qu'à déterminer ces conditions. Nulle part on n'atteint les causes premières (Anm. d. Autors: Imperatives Vorhandensein von zwei Arten Kausalität, wie bei MÜLLER, ARISTOTELES, KANT und anderen). Les *forces physiques* sont aussi obscures que la *force vitale* et tout aussi en dehors de la prise direct de l'expérience. On n'agit point sur ces entités, mais seulement sur les conditions physiques ou chimiques qui entrainent les phénomènes. Le but de toute science de la nature, en un mot, est de fixer le déterminisme des phénomènes".

Claude BERNARDS Definition der Wissenschaft ist zu utilitär: als ob sie zur Lösung konkreter Aufgaben Hausübung sei. Diese Gedanken von Claude BERNARD — diese „Primärursachen", die zu „dunklen Kräften" und unendlich großen göttlichen Kräften etc. führen könnten, erinnern an KANT und räumen Platz für KANTS Ding an sich ein.

Diese und an vielen anderen Stellen geäußerten Gedanken von Claude BERNARD lassen mich glauben und annehmen, daß er ein unkonsequenter Materialist, Determinist und Kausalanalytiker ist. Ich betrachte Cl. BERNARD deshalb als einen partiellen Agnostiker. (Die Frage behandle ich ausführlicher in meinem monographischen Artikel über das wissenschaftliche Werk und die Philosophie von Claude BERNARD.)

Die Gelegenheit ausnutzend, erlaube ich mir hier auch einiges über HYRTL zu sagen und besonders, daß er die Identifizierung der Physiologie mit der Biologie bemerkt hat.

Schon in der Einleitung seiner bekannten Anatomie wird von HYRTL klar eine Gleichstellung zwischen Biologie und Physiologie durchgeführt, obwohl er weiter die Bemerkung macht, daß die Physiologie im engeren Sinne des Wortes eine Funktionenlehre sei. HYRTL sagt:

„Man ist übereingekommen, die Naturlehre der anorganischen Körper — Physik — und jene der organischen — Physiologie (oder auch Biologie) — zu nennen. Das Ideale (im Gegensatz zu „die Körper der Sinnenwelt"), welches wie zur sinnlichen Anschauung kommt, ist das Objekt der Philosophie". Und gleich darauf bestimmt er seine Weltanschauung als Kantianer: „Eine endliche Reihe von Tätigkeiten, welche jeder organische Körper so lange er als solcher bestehet, äußert, bildet den Begriff des *Lebens*, ohne mit diesem Worte mehr als die Form (hier ist Form in Aristotelesschem Sinne gebraucht) der Erscheinung ausdrücken zu wollen, — die Natur und letzte Ursache derselben liegt jenseits der Grenze, über welche der menschliche Geist vorzudringen nie vermögen wird". Nach HYRTL ist „Anatomie im weitesten Sinne des Wortes die Wissenschaft der Organisation", und „die Physiologie im engeren Sinne — Funktionslehre".

In seinem sehr interessanten Buch gibt ROTSCHUH eine ziemlich breite Definition der Physiologie, indem er die Ideen von GALEN und HALLER betrachtet, als damals noch niemand über Physiologie sprach. Anderseits bemerkt man in seinen Schlußfolgerungen über die Methodologie ganz klare Zeichen von Agnostizismus von KANT, Johannes MÜLLER und Claude BERNARD. An dieser Stelle werde ich mich bemühen, einige der wichtigsten Stellen aus seinen Schlußfolgerungen und Verallgemeinerungen — wissenschaftlich und organisationstechnisch — wiederzugeben.

Mit ROTSCHUH und Claude BERNARD könnten wir feststellen, daß „die Gelehrten der Antike bis auf allgemeinste Theorien des Organismus und seiner Teile" gelangen. Als eine Verallgemeinerung könnten wir noch sagen, daß seit VESALIUS die morphophysiologische Richtung im 19. Jahrhundert sich in der sogenannten anatomisch-klinischen Richtung in der Medizin formt. Während des 19. Jahrhunderts entstehen die Grundlagen der sogenannten „Modernen (vorwiegend analytische) Medizin", die anstelle der schon „reinspekulativ" gewordenen alten theoretisch-philosophischen Medizin kommt. Die morphophysiologische und teilweise die experimentelle und vergleichende Richtung (mit VESALIUS, HARVEY und anderen) führt zur Gründung der Physiologie, Histologie und Embryologie. Aus der Anatomie des 19. Jahrhunderts werden die ersten selbständigen Lehrstühle der Physiologie abgetrennt (MAGENDIE, Claude BERNARD, Joh. MÜLLER, PROHASKA, PURKINJE, LUDWIG, DU BOIS-RAYMOND, SETSCHENOW und andere). Von diesen Gelehrten wird auch die physikalisch-chemische Physiologie als eine einzelne Disziplin aufgestellt (an sie werden auch die physiologische Chemie und die Biophysik separat angegliedert. Mit der Abstufung nach unten bis zu den Geweben und der Zelle und besonders in letzter Zeit mit der Einführung der Elektronenmikroskopie geschieht eine immer größere Verwickelung des Morphologischen und des Physiologischen. Noch im Jahre 1931 sprechen wir von einer Molekularen Morphologie.

ROTSCHUH hat schon kein Vertrauen zur Analyse, wenn er sagt: „Es scheint, daß es im Organismus Funktionskreise gibt, in denen die analytische kausale Detailforschung gewissermaßen auf einen moorigen, einen überall nachgebenden Boden stößt, *wo Fließgleichgewichte* das Geschehen beherrschen, wo eine generelle Korrelation herrscht, wo alles mit allem zusammenhängt." Hierher gehört z. B. das Gebiet der makromolekularen Dimensionen. Und diese „reindynamische Struktur" ist nach ROTSCHUH von kausalanalytischem Standpunkt schwer aufzufassen und daraus kommt er zu einem eigenartigen, wieder partiellen Agnostizismus; das ist eher eine eigenartige und besondere Insuffizienz der menschlichen erkenntnis-theoretischen Fähigkeit (facultas cognoscit). Ich glaube, daß diese Instabilität oder Unsicherheit mit den physikalisch agnostischen Tendenzen nach der Einführung und Festlegung der Relativitätstheorie und der Quantenphysik zu erklären ist. „Die Struktur der „richtigen" Proteinmoleküle des Organismus ist in hohem Maße statistisch unwahrscheinlich, und es sieht nicht danach aus, als ob irgendwelche, heute bekannten physikalisch-chemischen Gesetzmäßigkeiten diese statistische Klippe überwinden könnten" (H. V. SCHULZ, Die Naturwissenschaften, *37*, 196 (1959)).

Es ist daher begreiflich, sagt ROTSCHUH, daß trotz unendlicher Erfolge der Gedanke aussprechbar wurde, daß das kausalanalytische Denken und die physikalisch-chemische Methode in der Physiologie zwar den Fahrplan des Körpers innerhalb subtilster Teilstrecken qualitativ und quantitativ ermitteln kann, ohne jedoch bis heute die Steuerung dieses Fahrplanes irgendwie verständlich zu machen. Man kann natürlich sagen, daß sich die Aufgabe der Physiologie mit der Enträtselung der physikalisch-chemischen Teilzusammenhänge erschöpfe, doch liegt darin wohl eine Unterschätzung des menschlichen Erkenntnisbedürfnisses. Denn die Aufgabe der Physiologie ist es, das Lebendige zu verstehen. Dieses Verstehen kann, wie die Geschichte zeigt, von zweierlei Art sein, ein Verstehen der Notwendigkeit des Geschehens (das was oben über die kausale Determination der Erscheinungen des Lebens von Claude BERNARD gesagt wurde, Anm. d. Verf.) und ein Verstehen des Sinnes des Geschehens. Das Ziel kann nur sein, den Sinn des Notwendigen zu verstehen. Das geschichtliche Werden der Forschung liegt zwischen Ursprung und Ziel, es ist die unendliche Variation der Wege zu diesem Ziel. Wir wissen nicht, ob der heutige Weg und die gegenwärtige Methode nicht auf eine prinzipielle Grenze stoßen werden. (Anm. d. Verf.: Die Grenze ist prinzipiell, weil es nicht nur die analytische, einschl. experimentelle, modellhafte etc. Behandlung resp. Einstellung, gibt; der neue Weg kann auch aus einer neuen, neuartigen theoretischen Behandlung, einer neuen Synthese der gegebenen Tatsachen und Erfahrung — einer neuen Beziehung und Stellungnahme, eines sozusagen „Neuen Organon" hergeleitet und aufgestellt werden!).

Als er sagt, daß die Aufgabe der Physiologie ist, das Lebendige zu verstehen, schreibt er: „Wir kennen einzelne Summanden in diesem Spiel, aber der Körper addiert und ordnet sie in einer schwerverständlichen Regie. Man möchte manchmal meinen, daß der menschliche Verstand nicht der Aufgabe angepaßt sei, die Bedingungen seines eigenen biologischen Funktionierens zu durchschauen" (Bem. d. Verf.: mit diesem Skeptizismus sind seit jeher die Vitalisten einverstanden). „Jedenfalls wissen wir durchaus nicht, ob unser bisher bewährtes Vorgehen auch in den nächsten hundert Jahren von gleicher Fruchtbarkeit bleibt wie bisher oder ob nicht ganz neue Wege begangen werden müssen". Natürlich im Zuge der sozialistischen und kommunistischen Entwicklung der Gesellschaft bei neuen Bedingungen und neuer Basis, Aufbau und wissenschaftlicher Tätigkeit kann man auch eine neue (neuartige?) Entwicklung der erkenntnistheoretischen Fähigkeiten erwarten — ein Neues Organon, sozusagen!

Der Skeptizismus und Agnostizismus einiger Physiker und Physiologen, mit Ausnahme der sowjetischen (I. P. PAWLOW, KOSCHTOJANZ, BYKOW und andere) wird durch die Zuversicht der Mehrzahl der Biochemiker, kompensiert, besonders nach den großen Beiträgen zur „organischen Synthese" — der Synthese des Eiweißes, des Cholesterols und anderer Produkte, wie auch einer anderen großen Leistung — der Entdeckung des Erblichkeitskodes.

Es ist wirklich schade, daß die Morphologen sich weniger mit theoretischen und erkenntnistheoretischen Fragen befassen. Sogar die Probleme der Zellen-, Gewebe- und Gewebsorganoid-Theorie (die letzte wird von mir entwickelt und behandelt), einschließlich der Klassifikation der Gewebe- und Organ-Systeme der Embryonalblätter, des extraembryonalen Stoffwechselsystems des Keims (auch von mir entwickelt) werden sehr selten von Morphologen, insbesondere von Histologen und Embryologen erörtert und behandelt. Sind nicht die Morphologen aus allen Gebieten und Stufenleitern (Anatomen, Histologen, Cytologen u. a.) zu sehr dem Dienste der Probleme und zwar nicht der Zellbiologie, der Gewebs-, Organ- und Organismen-Biologie (Cyto-, Histo-, Organbiologie u. a.), sondern der Physiologie ergeben? Ob sie nicht zu viel „Laboranten", „Hilfspersonal" der Physiologen und Biochemiker sind? Eine der Ursachen dieses Mißstandes ist meiner Ansicht nach, daß die modernen Morphologen, die den morphologischen Disziplinen keine subordinierte Stellung einräumen resp. bestimmen und besonders jetzt, obzwar sie mit modernen Mitteln (Elektronen-, Lumineszenz-, Polarisations-, Interferenz-, Histoautoradiographie-, Phasenkontrast-Mikroskopie etc.) beschreiben können, nicht eine morphologische Problematik suchen, sondern sich an solchen aus der Biochemie und Physiologie orientieren, wobei ihre Beiträge als vorbereitend und helfend angesehen werden können. Wie Sie noch weiter sehen werden, ist diese Lage der Dinge weder rechtfertigend, noch entschuldigend; die Morphologen aus allen Gebieten und Stufenleitern und insbesondere die Histologen und die Embryologen und Cytologen sollen außer ihren eigentlichen Problemen bei einer richtigen gesamtbiologischen Methodologie die allgemeine Bedeutung des Morphologischen bestimmen und werten, indem sie ohne Zurückhaltung in gelehrte Streite und Diskussionen mit den Versuchen einer allgemein-biologischen, gewebs-, zellen- und organo-biologischen Behandlung eintreten. In unserer Erinnerung ist es noch ganz frisch (was auch Kettler unterstreicht), wie die Morphologen aus dem Ende des vorhergehenden und Anfang dieses Jahrhunderts — Haeckel, Kölliker, Flemming, Oskar Hertwig, Maurer, Jakubowitsch, Ramon y cajal, Hennegy, Severtzow, Zavarzine, Aschoff und viele andere oft Probleme allgemein-biologischer Natur schaffen und vorwärtsrücken, indem sie sich immer auf wesentliche morphologische Beiträge berufen und stützen. Ohne hier die Möglichkeit zu haben, eine Analyse der agnostizistischen und schwankenden Auffassungen der Morphologen, der Physiologen und anderer Forscher auf dem Gebiete der Biologie und Medizin zu machen (ein Gegenstand einer besonderen monographischen, historischen, wissenschaftlichen und geschichts-philosophischen Arbeit), möchte ich hier nochmals betonen, daß diese agnostizistischen Tendenzen, diese Abweichungen und Konzessionen an den Vitalismus ein Teil der allgemeinen Konzessionen einiger Naturwissenschaftler, an erster Stelle der Physiker, an den Indeterminismus sind.

Wir sind der Ansicht, daß diese „Krise" im Kausalitätsprinzip als überwunden betrachtet werden soll. Bei unserer Erkenntnistheorie und Methodologie (siehe meine Tabellen der Hauptkategorien Raum, Bewegung und Zeit in dialektischer Einheit) werden in einer Einheit die in unserer Verfügung befindlichen hauptsächlichsten Erkenntnisfähigkeiten und zwar der Analyse und der Synthese eingefaßt. Sie werden nie isoliert angewendet, sondern hauptsächlich als Analyse und Induktion und überwiegend als Synthese und Deduktion. Rein, überhaupt unabhängig von allen menschlichen Tätigkeiten in der Praxis, Wissenschaft und Philosophie existieren sie nicht. Die Schranken, die die neuen physikalischen Theorien der kausalanalytischen Forschung auferlegen, sind relativ. Die Kritik von Max Hartmann (1937, 1953):

1. Gegen die Indeterministen wie W. Heisenberg, nach denen „die Ungültigkeit des Kausalgesetzes definitiv festgestellt" sei, wird auch von uns vorgenommen; 2. Das gilt auch für seine Kritik gegen die neuen Energetiker, wie z. B. Herrmann Weyl (nach ihm, wie früher nach Ernst Mach und W. Oswald, sei die Materie, die Substanz schon „verschwunden" oder aber nach der Feldtheorie ist sie „ein kleines Gebiet des elektrischen Feldes in welchem die Feldstärke enorm hohe Werte annimmt und wo demnach auf kleinstem Raum eine verhältnismäßig gewaltige Feldenergie konzentriert ist"); und 3. Gegen die Akausalisten", „Vitalisten" und die „Grob-Materialisten", wie Pasqual Jordan, Hanns Driesch u. a., nach denen „die Organismen mikrophysikalische und nicht makrophysikalische Systeme seien", daß „den Lebensprozessen akausale, mikrophysikalische Vorgänge zugrunde liegen, die die makrophysikalischen Reaktionen im Organismus dirigieren, so daß auch diese im Gegensatz zu den Makroprozessen im Anorganischen akausal seien". Die Auffassungen der Neovitalisten, wie auch der physikalisch-chemischen Materialisten sind bekannt.

In bezug auf die Vitalisten und Mechanisten betont Hartmann, daß die Kausalgesetze in der Biologie nicht den physikalisch-chemischen Gesetzmäßigkeiten gleichbedeutend sind. „Die Biologie ist keine angewandte Physik und Chemie, sondern eine selbständige Wissenschaft, die nicht nur ihre eigenen Objekte, sondern auch ihre besonderen Gesetze aufweist". Diese von Nicolaus Hartmann (1912) erwähnten Gesetze werden noch seit 1927 (1. Auflage seiner „Allgemeine Biologie") verteidigt. Dort schreibt er: „Wenn die physikalischen Gesetze natürlich unbedingt auch im Organischen ihre Geltung besitzen, so sind die biologischen Kausalgesetzlichkeiten doch in erster Linie Gesetze der spezifischen Komplizierung". Hartmann ist gegen diese Ganzheitstheorien (z. B. von A. Meyer, Alvardes u. a.), die „tatsächlich eine „faule Teleologie" favorisieren und der „Ganzheitsbegriff" wird „zur Erklärung" ungenügend oder schlecht analysierter Erscheinungen" benutzt.

Vollständig in Einklang mit unseren erkenntnistheoretischen Auffassungen steht die Auffassung, daß die Form und die Struktur gleichzeitig mit der Grundkategorie Raum, Spezialität und Dimension fest verbunden sind. Max Hartmann ist gegen die nichträumlichen Kräfte, indem er sagt: „Nicht die logische Möglichkeit, daß es eine besondere vitale Eigengesetzlichkeit geben könne, bestreiten wir demnach. Aber ebenso wie man Driesch recht geben muß in seiner Ablehnung eines dogmatischen

Mechanismus, der behauptet, daß alles organische Geschehen restlos physikalisch-chemisch auflösbar wäre, so muß auch im Gegensatz zu ihm seine eigene Behauptung abgelehnt werden, daß das Organische „prinzipiell nicht mechanistisch kausalgesetzlich erklärbar wäre".

In bezug auf jene Gelehrten, die sich oft auf ,,Nichtwissen und Niemalswissen" (,,Ignoramus et ignorabimus") berufen, basiert M. HARTMANN auf dem bekannten Prinzip von KANT über noch bevorstehende, große und unerwartete Entdeckungen auf dem Wege des Kausal-Analytischen (Induktiv-Verallgemeinerungsmethode). Vom Erkennbaren aber gilt das hoffnungsvolle Wort KANTS: ,,Ins Innere der Natur dringt Beobachtung und Zergliederung der Erscheinungen, und man kann nicht wissen, wie weit diese mit der Zeit führen werden". Während aber bei KANT das Dualistische klarer ausgedrückt ist, bleibt es bei M. HARTMANN unausgesprochen und nur bei den Geisteswissenschaften läßt sich durchblicken, daß außer dem ,,erkennbaren", rationalisierbaren Teil des Seins noch ,,Das Irrationale in der Welt" erkannt wird und er führt weiter aus: ,,Es ist der Domäne der Naturwissenschaften völlig entrückt, in ihm haben andere Kulturgebiete, Metaphysik und Religion ihre Betätigung und ihren Grund". Das ist eigentlich eine Begrenzung, eine strenge Abgrenzung des Rationalen nur im Bereich der Naturwissenschaften und das bedeutet ein Ausschließen, die Verbannung des Logischen, des Rationalisierenden des Wissenschaftlichen aus den Gesellschafts- und Geisteswissenschaften und Tätigkeiten des Menschen.

Für mich ist sehr erstaunlich, daß M. HARTMANN nicht weitergegangen ist (wenn er hier bei uns wäre, dann könnte ich es besser verstehen. Seit unserem Gespräch zusammen mit Prof. W. MÖLLENDORFF, Prof. v. MEYENBURG und Dozent BARGMANN am V. Internationalen Kongreß der Zellforscher in Zürich, im August 1938, haben wir uns nicht wieder getroffen). Und das desto mehr, weil er auch mit dem Begriff der ,,Widerspiegelung" der Wirklichkeit im Bewußtsein sich der Erkenntnistheorie des Marxismus-Leninismus nähert.

,,Dieser Gedanke, daß die Naturwirklichkeit, soweit sie erkennbar ist, einen kausalgesetzlichen Aufbau hat, ist im Grunde das gleiche wie das, was KANT in seiner Kritik der Urteilkraft als die allgemeine *formale Zweckmäßigkeit* der Natur bezeichnet hat. Nach KANT ist sie nicht wie die Kategorien ein *konstruktives Prinzip* der Naturerkenntnis, sondern ein *regulatives, heuristisches,* sagen wir ruhig, ein *metaphysisches,* ohne das die Naturforschung eben nicht auskommen kann. Aber die Naturwissenschaft selbst zeigt uns ja die *erstaunliche* Tatsache (unterzeichnet vom Verf.), daß die Gegenstände und Vorgänge der realen objektiven Außenwelt und die auf der so unsicheren Basis unserer sinnlichen Wahrnehmungen durch unser kategoriales Denken aufgebaute Naturerkenntnis übereinstimmen (es ist aber klar, daß diese ,,Basis" nicht so unsicher ist! Anm. d. Verf.) und wir erleben das Wunder, daß sowohl unsere im Anfangstadium wissenschaftlicher Forschung gebildeten Klassifikationsbegriffe, wie die rein abstrakt-mathematischen Gesetzformeln der reifsten theoretischen Physik uns eine irgendwie ,,objektive" Erkenntnis der Naturwirklichkeit übermitteln, das Wunder der Harmonie zwischen der Welt und unserem Denken, bzw. das Übereinstimmen der Außenwelt mit den durch unser Denken zustande gekommenen Begriffen, ja sogar mit der höchsten abstrakten Form unseres Denkens, der reinen Mathematik".

Eben dieses ,,Wunder" findet ihre Erklärung durch die Erkenntnislehre von HEGEL und ihre dialektische-materialistische Weiterentwicklung von MARX, ENGELS und LENIN! Seit der Hominisierung erweitern wir ständig den Bereich der Erkenntnistheorie nicht nur auf alle Natur-, Gesellschafts- und Geistes-Wissenschaften, sondern auch auf die Praxis des Menschen (der menschlichen Tätigkeit überhaupt).

3. Klassifikation der biologischen und morphologischen Wissenschaften

Im Laufe der geschichtlichen Entwicklung der Gesellschaft und der Wissenschaft haben sich, dank der verschiedenen subjektiven und objektiven Bedingungen, zwei Arten von Wissenschaften nach Objekt und Methode durchgesetzt. Die erste, d. h. die Mehrzahl der Grundwissenschaften, hat sich aus der praktischen Tätigkeit der Gesellschaft (Technik, Medizin, Agronomie) abgesondert. Das geschah besonders schnell und teilweise stürmisch bei der antiken griechischen und anderen altertümlichen Zivilisationen und Kulturen und insbesondere bei der modernen kapitalistischen Entwicklungsperiode im Vergleich mit der Periode des mittelalterlichen und späteren Feudalismus. Diese schnelle und stürmische Entwicklung verschiebt sich nach den europäischen Ländern, die sich jetzt im sozialistischen und im kommunistischen Entwicklungsstadium befinden und befinden werden.

Ohne eine internationale Vereinbarung und Koordinierung ist es unmöglich, eine allgemeingültige Klassifikation der Wissenschaften nur nach ihrem Gegenstand (Objekt) zu machen; dabei ist es nötig, daß die Gegenstände (Objekte) festgesetzt werden, d. h. die Teile der Naturwirklichkeit im allgemeinen. Die sog. interdisziplinären Forschungsrichtungen sind auch nach einem Forschungsobjekt orientiert.

Erlauben Sie mir, die zwei Abbildungen meiner Antrittsvorlesung 1930 zu entnehmen, um die Verhältnisse der einzelnen Teile der Wirklichkeit (des Kosmos) zu den respektiven Wissenschaften nach dem Objekt und zu der Methodologie veranschaulichen zu können (Abb. 1 und 2).

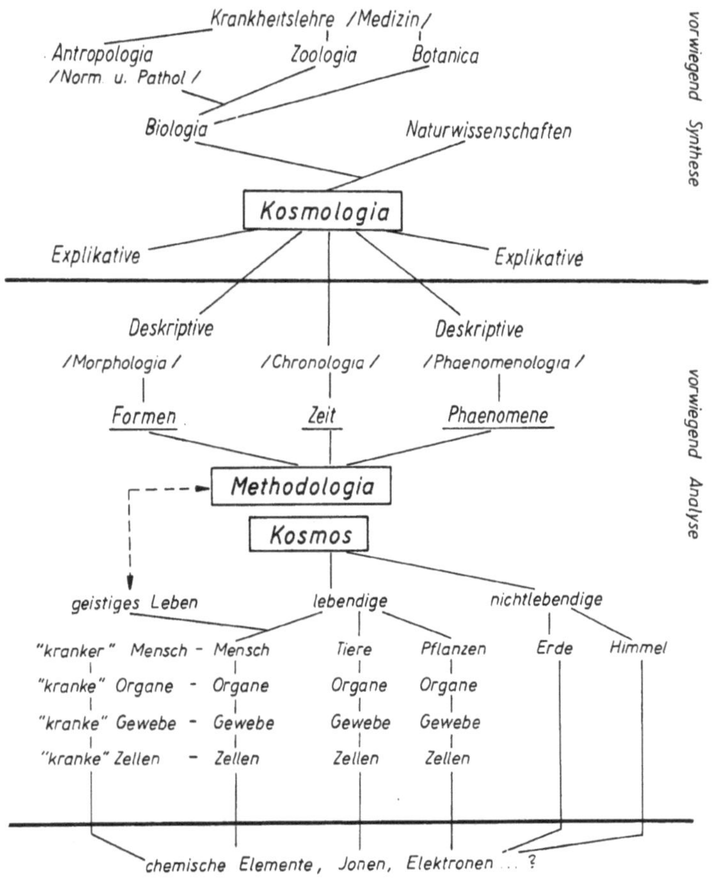

Abb. 1. Das Schema des Kosmos als Gegenstand der Wissenschaft (A. I. Hadjioloff, 1930)

Wir wollen noch folgende Betrachtung über die Klassifikation machen: 1. Eine Klassifikation der Wissenschaften nach Objekt und Methode. Die Wissenschaften kann man in 2 oder 3 Gruppen oder in synthetische und philosophische einordnen: 1. Kosmologie; 2. Philosophie und 3. Methodologie und Erkenntnistheorie. Bei der von uns vorgeschlagenen Klassifikation (Tabelle 1) ist die Methodologie in die Philosophie einbezogen. Eine entsprechende Stelle für die Mathematik ist schwer zu bestimmen. Zwei Voraussetzungen bestimmen die Stelle der Mathematik: 1. Die Mathematik macht die größten Verallgemeinerungen und Abstraktionen, die fast für alle Wissenschaften von Bedeutung sind, d. h. die Mathematisierung der Wissenschaften seit der Renaissance und 2. Die Mathematik ist am meisten angenähert an die Methodik, so auch an die Methodologie, und zwar in dem Sinne, daß sie von der Ordnung her der hauptmethodische Bestandteil der Methodologie, der Morphologie etc. ist.

Tabelle 1

Klassifikation der Wissenschaften

1. Astronomie	9. Medizinische Wissenschaft
2. Geologie	10. Agronomische Wissenschaft
3. Meteorologie	11. Technische Wissenschaft
4. Biologie	12. Physik
5. Anthropologie	13. Chemie
6. Anthroposoziologie	14. Kosmologie
7. Geschichte	15. Mathematik
8. Philologie	16. Philosophie

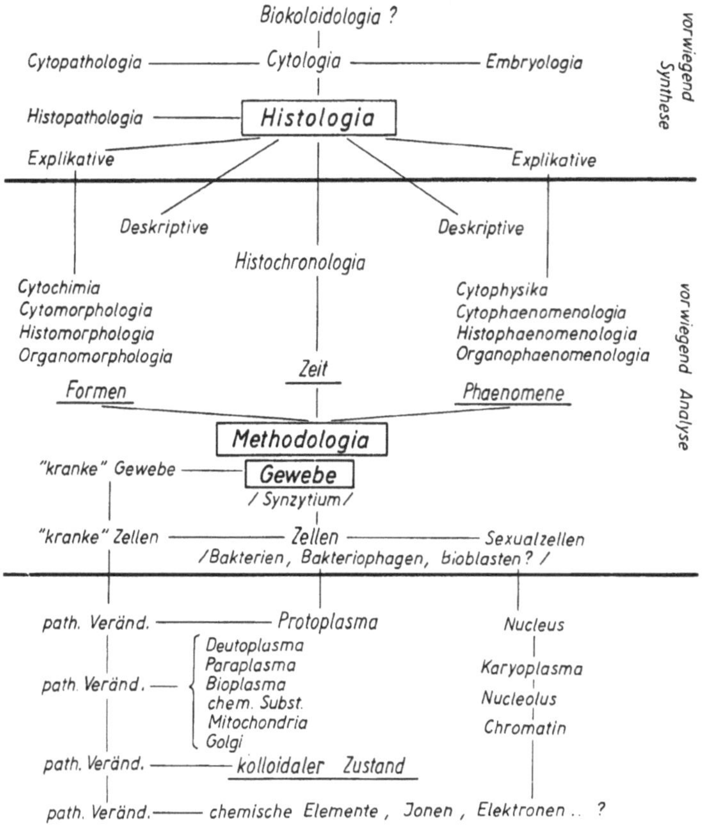

Abb. 2. Das Schema der Gewebe als Gegenstand der Histologie (A. I. Hadjioloff, 1930)

Schwierig und noch nicht entschieden ist die Frage der Klassifikation der biologischen Wissenschaften (Tabelle 2). Meiner Ansicht nach ist die allgemeinste biologische Wissenschaft die Allgemeine Biologie, die (das ist meine eigene Meinung) der theoretischen Biologie oder einer Philosophie der Biologie gleichbedeutend ist; oder aber kurz als „Biologie" bezeichnet, wenn Biologie nicht im Sinne einer Summe (Ganzheit) der biologischen Wissenschaften gebraucht wird.

Als Anthropobiologie, wie aus der speziellen Tabelle zu ersehen ist, wird eine integrale Biologie des Menschen bezeichnet, die zusammen mit der Anthropopsychologie und Anthroposoziologie eine Anthro-

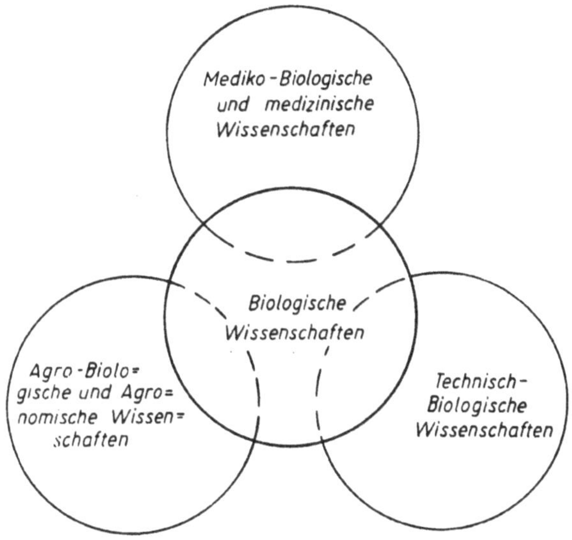

Abb. 3.

pologie im weitesten Sinne bildet. Die Cytologie und die Histologie sind par excellence integrale (totale) biologische Disziplinen, d. h. die Biologie der Zelle und die Biologie der Gewebe (siehe Tabelle 7).

Bei den biologischen Disziplinen, nach ihrer Methode klassiert, sollte man noch eine theoretische und synthetische Arbeit verfassen, um die totale, integrale, allgemeine oder die theoretische Biologie hervorheben zu können (siehe Tabelle 2 und 3).

Tabelle 2

Klassifikation der biologischen Wissenschaft nach dem Untersuchungsobjekt

1. Mikrobiologie und Virologie
2. Protistobiologie
3. Phytobiologie
4. Zoobiologie
5. Anthropobiologie (im Sinne des Verfassers)
6. Allgemeine Biologie
7. Cytologie (Cytobiologie)
8. Histologie (Histobiologie)
9. Embryologie (Embryobiologie)
10. Pathobiologie (gegenüber Orthobiologie)
11. Kosmische Biologie
12. Medikobiologie (?)
13. Agrobiologie (?)
14. Industrielle Biologie

Tabelle 3

Klassifikation der biologischen Wissenschaften nach ihrer Methode

1. Allgemeine und spezielle Morphologie
2. Allgemeine und spezielle Physiologie
3. Allgemeine und spezielle Biochemie
4. Allgemeine und spezielle Biophysik
5. Allgemeine und spezielle Cytomorphologie
6. Allgemeine und spezielle Cytophysiologie
7. Allgemeine und spezielle Histomorphologie
8. Anthropomorphologie (deskriptive Anatomie)
9. Allgemeine und spezielle Zoomorphologie
10. Allgemeine und spezielle Phytomorphologie
11. Allgemeine und spezielle Embryomorphologie
12. Allgemeine und spezielle Cyto- und Histochemie
13. Allgemeine und spezielle Cyto- und Histophysik
14. Experimentelle Biologie und Morphologie
15. Experimentelle Genetik und Cytogenetik
16. Allgemeine und spezielle Pathomorphologie
17. Allgemeine und spezielle Pathophysiologie
18. Allgemeine und spezielle Pathobiochemie
19. Allgemeine Methodologie der Biologie (biologische Wissenschaften)
20. Allgemeine Methodologie (Gnoseologie, Logik, Erkenntnistheorie)

Die 20 Zweigdisziplinen, die in der Tabelle 3 zu finden sind und keinesfalls alle möglichen darstellen, sind eine Möglichkeit, ein Arbeitsschema. Eine allgemeingültige und allgemein anerkannte Klassifikation der biologischen Wissenschaften nach Objekt und Methode ist eine langwierige und zeitraubende Arbeit (um eine komplexe Klassifikation zu haben!). Aus der genannten Tabelle 3 ist z. B. nicht die Histochronologie und die evolutionelle Histologie zu ersehen; erst in der Tabelle 7 ist es in Einzelheiten anschaulich angegeben.

Jetzt einiges über die Klassifikation der Medizinischen Wissenschaften. Sehr oft werfen die praktischen biologischen Wissenschaften — Medizin, Agronomie und die technische (industrielle) Biologie ihren Schatten auf die biologischen Wissenschaften. Das werden wir mit dem folgenden Schema veranschaulichen:

Tabelle 4

Medizin

1. Mediko-Biologie (Ortho- und Pathobiologie) insbesondere Anthropobiologie
2. Experimentelle Medizin (Pathologie, Pharmakologie, Therapie, Prophylaxe)
3. Klinische Medizin (Diagnostik, Klinik, Therapie)
4. Prophylaktische Medizin
5. Gerichtliche, soziale, kybernetische Medizin
6. Arbeits- und professionelle Medizin
7. Pädiatrische Medizin und Puerikultur
8. Kosmische Medizin (Morphologie, Physiologie, Pathologie, Klinik)
9. Militär-, physikalische, aktinologische, konditionelle Medizin
10. Geschichtlich-kritische Medizin
11. Methoden der Medizin
12. Theoretische Medizin; Philosophie der Medizin

Natürlich hat es keinen Sinn, alle biologischen Wissenschaften in respertiven Schemen veranschaulichen zu wollen; aber ich werde noch 4 Tabellen zeigen: 1. Die Pathologie oder die Pathobiologie gegenüber der Orthobiologie, die ich im Sinne ASCHOFFS und KETTLERS behandle. 2. Die Anthropobiologie in meinem eigenen Sinne dieses Wortes. Bei dieser Gelegenheit ist es wichtig zu zeigen, daß es höchste Zeit ist (wie ich das schon im Jahre 1930 besonders hervorgehoben habe), daß eine synthetische Disziplin als Einleitung (Initiation) in der Medizin errichtet und dienstbar gemacht wird, d. h. eine Anthropobiologie mit Elementen der Anthropopathologie und der Anthroposoziologie. Es ist wirklich eine schwierige Arbeit, aber wenn es einmal beschlossen ist, dann könnte der Autor dieses Werks, wie Oskar HERTWIG, M. POPOFF, M. HARTMANN, Etienne RABAUD, E. BAUER, BLJACHER, Willy POPIVANOFF, BOTEV und andere, die eine Allgemeine Biologie zu schreiben versuchten, als ein Held betrachtet werden. Dabei möchte ich bemerken, daß erkenntnistheoretisch am besten und schönsten die Allgemeine Biologie von Max HARTMANN begründet ist. Es ist wirklich zu bedauern, daß er nicht anwesend ist (siehe Tabelle 5—7).

Tabelle 5

Pathobiologie

1. Allgemeine und spezielle Pathomorphologie
2. Allgemeine und spezielle Pathophysiologie
3. Allgemeine und spezielle Pathobiochemie
4. Allgemeine und spezielle Pathoembryologie
5. Vergleichende und evolutionelle Pathobiologie
6. Experimentelle Pathobiologie
7. Bakterielle Pathobiologie
8. Statistisch-kybernetische Pathobiologie
9. Kosmische Pathobiologie
10. Isolierte Organpathobiologie
11. Historisch-kritische Pathobiologie
12. Theoretische Pathobiologie

Tabelle 6

Anthropobiologie

1. Anthropomorphologie
   Anatomie des Menschen, Anthropotomie
   (vergleichende, konditionelle, kosmonautische etc.)
2. Anthropophysiologie
3. Anthropoembryologie, Gerontologie
4. Anthropohistologie (Gewebsorganoide: quantitative Histologie der 6 Gewebe: epithelialis, conjunctivus, sanguinis, muscularis, nervosus und sexualis)
5. Anthropobiochemie
6. Anthropobiophysik
7. Anthropophylogenese — Anthropogenese
8. Mathematische-statistische, kybernetische Anthropometrie (Anthropologie im engeren Sinne)
9. Spezielle Biologie der Organsysteme und Suprasysteme:
   10 nach dem Verfasser: I. Stoffwechselgruppe: 1. Digestive-; 2. Respirations-; 3. Blut-(Blutbildungs- und Kardiovasale); 4. Uropoetische-; 5. Integumentale-; 6. Skelett-; 7. Endokrine-. II. Relationsgruppe: 8. Muskel-; 9. Nerven-. III. Reproduktionsgruppe: 10. Sexual-Systeme
10. Anthropopathologie (spez. Tabelle)
11. Geschichtlich-kritische Anthropobiologie (im Rahmen der Anthroposoziologie und Psychologie)
12. Theoretische (philosophische) Anthropologie

Tabelle 7

Forschungsrichtungen in Cyto- und Histobiologie
(Interdisziplinäre Erforschung der Zelle und der Gewebe)

1. Cyto- und Histomorphologie
2. Cyto- und Histochemie
3. Cyto- und Histophysik
4. Cyto- und Histophysiologie
5. Biochemie der Zelle und Gewebe
6. Biophysik der Zelle und Gewebe
7. Ontogenie der Zelle und Gewebe
8. Phylogenie der Zelle und Gewebe
   (Evolutionshistologie n. *Zavarzin*, *Chlopin* u. a., Evolutionsmorphologie n. *Severtzov*)
9. Quantitative Cytobiologie und Histobiologie
   (Ökologisch-mathemat.-kybernetische)
10. Experimentelle Cyto- und Histobiologie
11. Konditionelle Cyto- und Histobiologie
12. Aktino-(Radiations-) Cytobiologie und Histobiologie
13. Pathologische Cyto- und Histobiologie
    (v. v. Forschungsrichtung für die Pathologie)
14. Methodische Cyto- und Histobiologie
15. Historische Cyto- und Histobiologie
16. Theoretische (philosophische) Cytobiologie und Histobiologie

In den biologischen Wissenschaften und speziell in den morphologischen Disziplinen resp. Teilwissenschaften ist die Klassifikationsarbeit sehr wichtig. Da die Objekte und die Methoden und Forschungsrichtungen sehr zahlreich sind, sich durchflechten und ineinander übergehen, betone ich nochmals, daß die von mir zur Veranschaulichung gegebenen Materialien keineswegs als absolut betrachtet werden sollen. Für mich selbst kann und darf ich sie nicht als solche betrachten. Und obgleich sie doch nicht Gesetzmäßigkeiten wie jene von MENDELEEFFS Atomgewichtstabelle zeigen, veranschaulichen sie nach deren Forschungsmethoden die Wissenschaften und Wissenschaftszweige; dabei wird angedeutet, was unzulänglich oder gar nicht vertreten worden ist und sich erst zu einer Forschungsrichtung entwickelt. Andererseits besteht die Notwendigkeit einer Klassifikationsarbeit in den einzelnen Wissenschaften, wie z. B. beim Punkt 9 (Tabelle 6): Die Anthropobiologie zeigt in einer unserer Klassifikationen der Organsysteme 3 biologische Gruppen oder Suprasysteme und 10 Systeme. Es ist auch die Klassifikation von unserem Kollegen, dem hochverehrten Prof. W. BARGMANN in seinem ,,Lehrbuch der Histologie und mikroskopischen Anatomie des Menschen'', 5. Auflage, Thieme, 1964, interessant.

Die Zweigdisziplinen, inklusive die methodisch-morphologischen Forschungsdisziplinen, worüber wir auch sehr ausführlich von unserem Kollegen und Freund W. BARGMANN informiert wurden, sind in der letzten Tabelle enthalten. Diese Tabelle macht den Versuch, auch die methodologische Bedeutung der Morphologie (als Sammelbegriff), der allgemeinen Morphologie oder den Komplex der morphologischen Disziplinen hervorzuheben. Praktisch und historisch, auch organisatorisch, wie ich das in meiner historisch-kritischen Übersicht gezeigt habe, sind genug morphologische Disziplinen als getrennte Wissenschaften festgelegt. Die älteste ist die Anatomie: 1. Die deskriptive; 2. Die vergleichende; 3. Die topographische und chirurgische u. a. Sehr viele von den totalen, integralen Wissenschaften sind zuerst vorwiegend als morphologische Wissenschaften oder Disziplinen entstanden: die Embryologie, Histologie, Cytologie, Histochemie, Pathologie (siehe KETTLER); andere konnten sich nicht oder fast nicht behaupten resp. bewähren, so z. B. Ernst HAECKELS generelle Morphologie.

Wie aus allem leicht zu ersehen ist, habe ich mich bemüht die meisten neuen derzeitigen methodischen, vorwiegend morphologischen Forschungsrichtungen zu veranschaulichen. Einige sind schon sicher als Zweigdisziplinen festgesetzt, andere werden sicher ausfallen, wie früher die Gewebezüchtung, und die dritten haben eine gute Zukunft vor sich. Andererseits möchte ich Ihre Aufmerksamkeit auf einige Probleme der Morphologie (und der Biologie) der subzellulären und suprazellulären, geweblichen und gewebsorganoiden Gegebenheiten lenken.

Ich verteidige, wie schon einige von Ihnen wissen, eine Gewebe- und Gewebsorganoid-Theorie, in der die Zelltheorie absorbiert ist. Leider kann ich nicht die Auffassung meines hervorragenden, früh verstorbenen Freundes Professor Wilhelm von MÖLLENDORFF über die Gewebe als Bauelemente und Baumaterialien verteidigen und annehmen. Seine Auffassung wird von BARGMANN, BUCHER und vielen anderen angenommen. Von mir wird die Auffassung verteidigt, daß die Gewebe und insbesondere die Gewebsorganoide höhere biologische Einheiten als die Zellen darstellen und sehr wichtig für die Biologie und Medizin sind. Die Tendenzen einiger amerikanischer Cytologen und Biologen, die fast 200jährige Forschung und Forschungsarbeit, die wir Histologie nennen, einer Tabula rasa gleichzustellen, lehnen wir ab. Das bedeutet, alles auf die Zellen und die Zellentheorie zu beziehen und die Gewebe ganz zu vernachlässigen! (siehe Abbildung 2 und Tabelle 8).

Tabelle 8

Morphologische Teildisziplinen und methodische Richtungen
(methodologische Bedeutung der morphologischen Disziplinen)

1. Allgemeine Morphologie der Lebewesen (GOETHE, HAECKEL, HADJIOLOFF etc.)
2. Deskriptive Makromorphologie (Anatomie)
3. Vergleichende und evolutionäre Morphologie
4. Topographische Morphologie (Anatomie)
5. Vergleichende und evolutionäre Histomorphologie
6. Vergleichende und evolutionäre Embryomorphologie
7. Allgemeine und spezielle Cyto- und Histochemie
   (topisch-chemische Analyse)
8. Allgemeine und spezielle Cyto- und Histophysik
   (topisch-physikalische Analyse)
9. Morphologischer Metabolismus der Edukten (Lipide, insbes. Pigmente, Glycide und Proteide, insbes. Fermente)
10. Morphologische Physiologie der Zelle und der Gewebe
11. Cyto- und Histoautoradiographie, inkl. Röntgenhistographie
12. Licht-, Elektronen-, Lumineszenz-, Photometrische-, Interferenz- etc. Mikroskopie

13. Experimentelle allgemeine und spezielle Morphologie (Gewebe und Organzüchtung etc.)
14. Pathomorphologie (v. versa für pathomorphologische Forschungen)
15. Morphologische Methoden als Wissenschaft
16. Historisch-theoretische Biomorphologie (biomorphologische Teildisziplinen und Forschungsrichtungen)
17. Ultrastrukturelle und molekulare Morphologie (Röntgenspektroskopische Analyse)
18. Morphologie der Zellorganellen und Zellfraktionen (biochemische Cytologie)
19. Genetische Morphologie (Cytogenetik)
20. Spezielle Morphologie: oben erwähnte Methoden für Untersuchung der Zelle, der Mitochondrien, des Nukleus, des Fusorialapparates, der funktionellen Differentiationen (Sekretgranula, Myofibrillen, Nisslgranula, Dotterkugeln als funktionelle Differentiation des ovopoetischen Sexualgewebes), der Zellrhythmen, der 6 Gewebe (textus: epithelialis, conjunctivus, sanguinis, muskularis, nervosus und sexualis (arterhaltende) Gewebe) und der Organismen, Organe und insbesondere die Texto-organoide: Adenon, Nephron, Pneumon, Osteon, Chromatophoron, Rabdomyon, Kyneton, Neuron, Reflexon, Oophoron (ovopoetisches Organoid) etc.

Welche theoretischen und praktischen Schlußfolgerungen können mit Rücksicht auf die Organisation der Forschung, Lehre und Heiltätigkeit gezogen werden?

Zweifellos große. Aber das ist an sich eine große Aufgabe, die gemeinsam von den Morphologen oder wie wir mit Akademiemitglied Professor Kettler sagen würden, von Biomorphologen, Physiologen (Biophaenomenologen), Biochemikern, Biophysikern und Genetikern (Onto- und Phylo-Genetikern oder Biochronologen) mit erkenntnistheoretischem Profil für integral-biologische (allgemeine Biologie, Zellen- und Gewebs-Biologie, Ortho- und Pathoanthropobiologie) und klinisch-prophylaktische und spezialmedizinische Wissenschaften und Wissenszweige und Entwicklungsrichtungen, wie z. B. die Arbeits- oder die kosmische Biologie (alle Bereiche und Stufen), Pathologie (Pathobiologie im Sinne von Professor Kettler und als integrale Wissenschaft), Klinik und Prophylaxe getragen wird.

Wie ich an Professor Kettler geschrieben habe, soll möglichst noch jetzt bei der Division und der Sektion der Akademie der Wissenschaften ein internationaler Ausschuß (Komitee) errichtet werden, der den nächsten Kongreß vorzubereiten, wissenschaftliche und Organisations-Konferenzen und Arbeitsgruppen zusammenzurufen hat und mit staatlichen — wie UNESCO, OMS, halbstaatlichen — IKRO, IBRO, GOSPAR usw., wie auch mit nichtstaatlichen internationalen Organisationen und Räten (ICSU, CIOMS, anatomische, embryologische, histochemische und andere Gesellschaften) in Verbindung treten muß. Die Probleme (theoretische und organisatorische), die Aufgaben, die Bedeutung und die Stellung der Morphologie in Biologie, Medizin, Agronomie und industrieller Biologie, die uns interessieren, sind so zahlreich.

Aus meinen erkenntnistheoretischen und klassifikatorischen Versuchen bin ich zu folgenden Schlußfolgerungen gekommen:

Die morphologische Forschung ist die erste Ingredienz am Anfang jeder biologischen und medizinischen Forschung. Die biomorphologischen Disziplinen, Zweigdisziplinen, Richtungen und deren Vertreter sollen wenigstens immer gleichberechtigt mit den physiologischen, biochemischen, biophysischen und biochronologischen Disziplinen und mit deren Vertretern für die Entwicklung und praktische Anwendung der integralen (sogenannten interdisziplinären) Wissenschaften arbeiten oder dazu beitragen. Wie wir bis jetzt gesehen haben, sollen wir diese integralen Wissenschaften (oder biologischen [Ortho und Patho] Naturbereiche) so hierarchisieren: Allgemeine Biologie und Biogenese, Virologie, Mikrobiologie, Cytologie, Histo-Textoorganoide — Biologie, Anthropobiologie mit organsystematischer Biologie (Haematologie und Cardiologie, Neurologie, Sexologie, Endokrinologie, Pulmologie, Dermatologie, Gastroenterologie, Myologie und Arthroskelettologie etc.: für die Suprasysteme oder besondere Organe!), Organismenbiologie und ihre konditionellen Richtungen, wie Arbeits-, kosmische etc. Biologie und Medizin.

Riesig groß stehen vor uns die Aufgaben der Morphologie, der biomorphologischen Disziplinen, die sich in den biologischen und medizinischen Wissenschaften und im gesellschaftlichen Leben mit immer größerem spezifischen Gewicht integrieren, einheitlich einschließen! Riesige Aufgaben vor der Forschung! Riesige wissenschaftlich-organisatorische Arbeit und auch, wenn Sie wollen, riesige kämpferische wissenschaftlich-politische Aufgaben stehen vor uns! Meiner Meinung nach ist ein neues Forschungsorganon, eine neue Magna Charta der Wissenschaft unbedingt nötig! Das und noch vieles können wir Wissenschaftler verwirklichen, wenn wir alle um Frieden und Abrüstung kämpfen, um friedliche, freie und integrale wissenschaftliche Forschung auf unserem ganzen, zwar klein aussehenden, aber klugen und schönen Planeten.

Zusammenfassung

Der Verfasser verfolgt die geschichtliche Entwicklung der morphologischen Wissenschaften (der biomorphologischen Disziplinen) im Rahmen einer kurzen geschichtlich-kritischen Übersicht der Entwicklung unserer medizinischen, biologischen und naturwissenschaftlichen Kenntnisse und Auffassungen. Anatomie — beschreibende, vergleichende, topographische, mikroskopische, pathologische etc. Histologie und Cytologie, zuerst als texturale und zellulare, normale und pathologische Morphologie, Physiologie, Biochemie, Biophysik. Dynamische und funktionelle Morphologie. Embryologie, Phylogenetik, Genetik und evolutionelle Embryologie, Histologie und Morphologie. Kritik der Auffassung der sog. „Gesamten Anatomie". Allgemeine, einschl. molekulare und spezielle Morphologie. Klassifikation der morphologischen Wissenschaften (Disziplinen). Der Streit zwischen Morphologen, Biochemikern, Physiologen und Genetikern und die Unmöglichkeit, die lebendigen Wesen mit morphologischen, physiologischen, biochemischen oder genetischen (chronologischen) Methoden zu erforschen. Die Morphologie, Phänomenologie (Physiologie im Bereiche der Lebewesen) und Chronologie (Genetik und phylo- und ontogenetische Entwicklung im Bereiche der Lebewesen) als allgemeine erkenntnistheoretische Kategorien und Forschungsrichtungen im Jahre 1930 vom Verfasser anerkannt resp. vorgeschlagen. Die allgemeine Morphologie, zusammen mit der allgemeinen Physiologie, allgemeinen Biochemie (einschließlich molekularen Biologie), allgemeinen Evolutionslehre, Embryologie und Genetik werden als Teile und erkenntnistheoretische Forschungsrichtungen eines Ganzen, einer allgemeinen Biologie betrachtet. Weiter wird die erkenntnistheoretische Bedeutung der Morphologie (der klassischen und der neuen morphologischen Disziplinen, Teildisziplinen und Forschungsrichtungen) für die biologischen (ortho- und pathologischen) und medizinischen Wissenschaften erörtert, indem die verschiedenen Bereiche (von molekular- und zellularbiologischen bis organ- und organismenbiologischen) an Tabellen gezeigt werden.

Literatur

Бернал, Дж.: Наука в истории общества, Москва, 1956.

Бирюков, Д. А.: Основные философские проблемы эволюционной физиологии высшей нервной деятельности, Москва, 1962.

Давидовски, И. В.: Проблема причинности в медицине (этиология), Медгиз, 1962.

Опарин, А. И.: Философские проблемы современного эстествознания, АН СССР, 1959.

Попов, М.: Обща биология, София, 1919; 6 изд., 1947.

Попиванов, Р., и Б. Ботев: Обща биология, Медицина и физкултура, София, 1962.

Рудин, В. П.: К вопросу о класификации медицинских наук. В сб.: Некоторые философ. вопросы медицины и эстествознания, Киев, 1960.

Свидерский, В. И.: О диалектике элементов и структуры, Соцэкгиз, 1962.

Селье, Г.: Очерки об адаптационной синдроме, Медгиз, 1960. Вступительная лекция М. Г. Дурмишьян.

Уильямс, Р.: Биохимическая индивидуальность, Изд. Иностранной литерат., Москва, 1960.

Царегородцев, Г. И.: Диалектический материализм и медицина, 2 изд., изд. Медицина, Москва, 1966.

Энгельс, Ф.: Диалектика природи, Госполитиздат, 1955.

Bacon, Fr.: Works, 1898.

Bargmann, W.: Histologie und mikroskopische Anatomie, 5. Aufl., Stuttgart, Thieme, 1964.

Bernard, Cl.: Léçons sur les phénomènes de la vie communs aux animaux et aux végetaux, Paris, Baillière, t. I, 1878; t. II, 1879.

Bernard, Cl.: Introduction à l'étude de la médecin expérimentale, Bourguin, Génève, 1947.

Bichat, F. M. X.: Anatomie générale, 2ed., Paris, 1818.

Chlopine, N.: Les bases biologiques et expérimentales de l'histologie, Leningrad, 1946 (en russe).

Driesch, H.: Philosophie des Organischen, 4. Aufl., Leipzig, 1928.

Driesch, H.: Die Maschine und der Organismus. Bios: Abh. theor. Biologie, 4, Leipzig, 1935.

Ehrenberg, R.: Theoretische Biologie vom Standpunkt der Irreversibilität des elementaren Lebensvorganges, Springer, Berlin, 1923, 1—348.

Hadjioloff, A. I.: Le développement de l'étude sur la structure et l'organisation du corps de l'homme et des animaux. (L'histologie comme science). Leçon inaugurale fait par A. Hadjioloff comme docent régulier le 17. XI. 1930, Ann. Univ. Sofia, Med. fac., **10**, 1930—1931, 119—150 (en bulgare, résumé en français).

Hadjioloff, A. I.: Contribution à l'histologie théorique. I. Du tissu sanguin et sexuel, Ann. Univ. Sofia, Med. Fac., **11**, 1931—1932, 457—474 (en bulgare, résumé en français).

Hadjioloff, A. I.: Cours d'histologie, Sofia, 1945, 1—880 (en bulgare).

Hadjioloff, A. I.: Manuel d'histologie et d'anatomie microscopique de l'homme. T. I. Cytologie générale et histologie générale, Sofia, 1946, I—XIII, 1—396; T. II. Histologie des organes, Sofia, 1947, XII—XXVII, 396—1136, avec 532 figures et 3 planches en couleurs. Deuxième édition élargie (en bulgarie). Manuel d'Histologie et d'embryologie de l'homme, Sofia, 1967.

Hadjioloff, A. I.: Contributions à l'histologie théorique. II. Considérations historiques et théoriques sur le tissu sanguin, Ann. Univ. Sofia, Med. Fac., **21**, 1941—1942, 531—601 (en bulgare, résumé en français).

Hadjioloff, A. I.: Etude morphologique de métabolisme dans l'organisme (métabolisme morphologique). Rapport au Congrès scientifique de l'Union des médecins bulgares, 25—27 mai 1947, Plovdiv. Medizinski letopissi, **39**, 952—960 (en bulgare).

HADJIOLOFF, A. I.: Traité d'hématologie. Biologie et pathologie du tissu et du systeme sanguin, Edition d'état „Nauka i iskustvo", Sofia, 1950, I–XXVII, 1–868 (en bulgare).

HADJIOLOFF, A. I.: Beiträge zur theoretischen Histologie. III. Methodologische Bedeutung der Gewebs- und Organbiologie, Bull. Inst. de Morphologie, Acad. Bulg. Sci., **3**, 1959, 31–41 (en bulgare, résumé en allemand).

HADJIOLOFF, A. I.: Beiträge zur Biologie des Nervengewebes und Nervensystemes. I. Zur Morphogenese der Großhirnhämisphären bei menschlichen Embryonen, Bull. Inst. de Morphologie, Acad. Bulg. Sci., **3**, 1959, 55–73 plus 16 planches (en bulgare, résumé en allemand).

HADJIOLOFF, A. I.: Les problèmes de la biologie générale, Spissanie na Bulgarskata akademia na naukite, **1**, 1959, 38–49.

HAECKEL, E.: Generelle Morphologie, Berlin, 1866; Natürliche Schöpfungsgeschichte, Berlin, 1868.

HALDANE, J. S.: Die philosophischen Grundlagen der Biologie, Leipzig, 1932.

HARTMANN, M.: Biologie und Philosophie, Berlin, Springer, 1925.

HARTMANN, M.: Analyse, Synthese und Ganzheit in der Biologie, Sitzungsber. Akad. Wiss., Berlin, Mat.-Naturwiss. Kl., **20**, 1935.

HARTMANN, M.: Allgemeine Biologie, 1. Aufl. Jena, Fischer, 1925, 1927; 3. Aufl., Jena, VEB Fischer, 1947; 4. Aufl. Stuttgart, Fischer, 1953.

HARTMANN, N.: Philosophische Grundfragen der Biologie, Göttingen, Wanden Loeck u. Ruprecht, 1912.

HARTMANN, N.: Grundzüge einer Metaphysik der Erkenntnis, 2. Aufl., Berlin, 1925.

HEISENBERG, W., E. Schrödinger u. P. A. M. Dirak: Die moderne Atomtheorie, Leipzig, Hirzel, 1934.

HENLE, I.: Allgemeine Anatomie, Leipzig, 1841.

HERTWIG, O.: Der anatomische Unterricht, Jena Fischer, 1881, 1–25.

HERTWIG, R. v.: Über kausale Erklärung der tierischen Organisation, Rede beim Antritt des Rektorats der Ludwig-Maximilians-Universität am 26. XI. 1910, München, 1910, 1–34.

HERRLINGER, R.: Kurze Geschichte der Anatomischen Gesellschaft, Anat. Anzeiger, **117**, 1, 1965, 1–60.

HYRTL, J.: Lehrbuch der Anatomie des Menschen mit Rücksicht auf physiologische Begründung und praktische Anwendung, 4. Aufl., Wien, Baumüller, 1855.

JENSEN, P.: Die Physiologie als Wissenschaft und als Lehre, Fischer, Jena, 1910, 1–20.

KÖLLIKER, A. v.: Der jetzige Stand der morphologischen Disziplinen mit Bezug auf allgemeine Fragen, Rede des Vorsitzenden der Anatomischen Gesellschaft am 14. April 1887, Jena, Fischer, 1887, 1–25.

KETTLER, L. H.: Der Stand der pathologischen Morphologie, Forschen und Wirken, VEB Dtsch. Verl. der Wissensch. Bd. II, 1960, 535–549. Festschrift zur 150-Jahr-Feier der Humboldt-Univers., Berlin.

KLEIN, M., and G. MAYER: Aspects méthodologiques des recherches sur les bases endocriniennes du comportement, XX Congrès international de philosophie des sciences, Paris, 1949; Paris, Hermann, 1951, 81–94.

KRIES, J. v.: Immanuel KANT und seine Bedeutung für die Naturforschung der Gegenwart, Springer, Berlin, 1924 1–127.

LAMARCK, J. B.: Philosophie Zoologique, 1809, édition russe, 1935.

LEWIN, K.: Der Begriff der Genese in Physik, Biologie und Entwicklungsgeschichte. Eine Untersuchung zur vergleichenden Wissenschaftslehre, Springer, Berlin, 1922, 1–240.

LIPSCHÜTZ, A.: Physiologie und Entwicklungsgeschichte und über die Aufgaben des physiologischen Unterrichts an der Universität, Fischer, Jena, 1916, 1–24.

LOCKE, M.: (Editor), Cytodifferentiation and macromolecular Synthesis, 21st Symposium of the Society for the study of development and growth, Academic Press, 1965, N. Y.

LUBOSCH, W.: Das Problem der Form als Gegenstand der anatomischen Wissenschaft und die Aufgaben einer Reform des anatomischen Unterrichts, Fischer, Jena, 1920, 1–48.

MEYER, A.: Logik der Morphologie im Rahmen einer Logik der gesamten Biologie, Springer, Berlin, 1926, 1–290.

MEYER, A.: Kriesenepochen und Wendepunkte des biologischen Denkens, Fischer, Jena, 1935, 1–62.

MÜLLER, I.: Handbuch der Physiologie des Menschen, Koblenz, I, 1837; II, 1840.

NORDENSKIÖLD, E.: Die Geschichte der Biologie. Ein Überblick. Deutsch von Guido Schneider, Fischer, Jena, 1926.

PLANK, M.: Wege zur physikalischen Erkenntnis. Reden, Vorträge, Leipzig, Hirzel, 1933.

PRENANT, M.: Biologie and Marxisme, London, 1938.

RUYER, R.: Esquisse d'une philosophie de la structure Alean, Paris, 1930.

SCHAXEL, J.: Die allgemeine und experimentelle Biologie bei der Neuordnung des medizinischen Studiums, Fischer, Jena, 1921, 1–32.

SCHLATER, G. G.: Die Cellularpathologie und der gegenwärtige Stand der Histologie, Fischer, Jena, 1911, 1–29.

SCHRÖDINGER, E.: Über Indeterminismus in der Physik, Leipzig, I. Barth, 1932.

SCHUNTARO, I.: Biologische Erkenntnis und moderne Physik, Philos. Sci., 3, 1958.

SCHWANN, TH.: Mikroskopische Untersuchungen über die Uebereinstimmung in der Struktur und dem Wachstum der Thiere und Pflanzen, 1839 (auf russisch, 1939).

SHERRINGTON, C.: Man on his nature, Edinburg, 1945.

SEGAL, I.: Dialektische Methode in der Biologie, Berlin, 1958.

SELYE, H.: The stress of life, 1956.

SIGMUND, G.: Die Natur des Menschen, Würzburg, 1955.

ÜXKÜLL, v. I.: Theoretische Biologie, 2. Aufl., Berlin, Springer, 1928.

VERWORN, M.: Kausale und konditionale Weltanschauung; Allgemeine Physiologie, 1901, 1921.

VIRCHOW, R.: Die Cellularpathologie, Berlin, 1858.

WEIZSÄCKER und WYSS: Zwischen Medizin und Philosophie, Göttingen, 1957.

Institut der Morphologie des Menschen der Medizinischen Akademie der Wissenschaften der UdSSR, Moskau, UdSSR

Über die Grundprinzipien der Bewertung pathologischer Prozesse in der Zelle

von

A. P. Avtsyn

Herr Vorsitzender, meine Damen und Herren!

Ich danke für die Ehre, mit meinen Kollegen hier in Berlin persönlich Fühlung nehmen zu können. Ich möchte Sie auch im Namen der sowjetischen Pathologen begrüßen und Ihnen sagen, daß die Initiative der Deutschen Akademie zu Berlin, diesen internationalen Kongreß über die Rolle der Morphologie in Medizin und Biologie abzuhalten, von den Morphologen in meiner Heimat hoch geschätzt wird.

Was bedeutet eigentlich die Morphologie für Medizin und Biologie? Eine ganz kurze Antwort auf diese Frage möchte ich in folgenden Worten ausdrücken. Ohne die pathologische Anatomie werden die klinischen Beobachtungen in eine primitive Simplifizierung oder in eine Hexenmeisterheilkunde ausarten. Ohne Morphologie des Nervensystems verliert die Neuropathologie die Macht der topischen Diagnose. Ohne gründliche Kenntnisse in der normalen und topographischen Anatomie kann sich der chirurgische Eingriff ganz leicht in ein Verbrechen umwandeln. Ohne die histologische Untersuchung verliert die Onkologie das wichtigste objektive Kriterium zur Unterscheidung der gut- und bösartigen Tumoren. Ohne simultane und permanente Fortschritte in den morphologischen Untersuchungen würde sich die ganze Biologie dauernd disharmonisch entwickeln.

Anwendbarkeit der Hauptgesetzmäßigkeiten der allgemeinen Pathomorphologie beim Studium der Pathologie der Zelle

Die intensive Entwicklung der Zytologie, die zur Zeit den Charakter einer der aussichtsreichsten Richtungen auf verschiedenen Gebieten der Biologie und der Medizin gewinnt, stellt uns vor die unausweichliche Frage nach den Hauptprinzipien der Bewertung der verschiedenen Veränderungen der Zelle, die wir mit Hilfe vielfältiger Methoden beobachten können.

In dieser Mitteilung bleibt die Sphäre der Forschungen der Zytophysiologen, Zytochemiker und Zytophysiker unerwähnt, die solche wichtigen Probleme wie Zellenrezeption, Zellenreaktion auf Verletzung und Reizung, Irritation oder, umgekehrt, allgemeine oder partielle Depression, Störungen der Zellenbewegungen, der Sekretion, einfache Störungen des Stoffwechsels, der Reproduktion und der Autoregulation der Zelle umfassen. Wir können auch nicht auf die Betrachtung des Aufbewahrungs- und Umarbeitungsproblems sowie auf das Problem der Zellenfortpflanzung, des Wesens des Zellenerbganges eingehen. Das sei keinesfalls so zu verstehen, daß ein Morphologe auf diesen Gebieten der Zytologie nichts zu tun hat. Wir glauben im Gegenteil, daß alle diese Fragen in der nächsten Zukunft nicht nur in der Sphäre des rein Funktionellen, sondern unbedingt auch an Hand eines tiefgehenden Studiums der strukturellen Basis der verschiedenen Veränderungen des Zellenlebens gelöst werden.

Vom Standpunkt unseres Berufes aus wird die von uns gestellte Frage über die Entwicklung der Lehre vom sogenannten zytopathischen Effekt besonders akut, weil seine vielfältigen Erscheinungen tagtäglich nicht von Pathomorphologen, sondern von Histologen und Virologen beobachtet und zu bewerten versucht werden, sehr oft auch von ganz jungen Zytopathologen, die sich spontan aus den oben genannten Fachvertretern entwickeln.

Es ist gut bekannt, daß der zytophatische Effekt nicht nur durch Einflüsse der pathogenen Faktoren (z. B. die Viren), sondern auch in einer scheinbar „spontanen“ Weise auftreten kann. Das kann man nicht nur in den Gewebe- und den Zellkulturen beobachten, sondern auch im Organismus.

Zur Zeit werden intensiv Tatsachen gesammelt, wobei an der Entwicklung dieses vielversprechenden wissenschaftlichen Teilgebiets auch sowjetische Morphologen aktiv teilnehmen. Davon zeugte schon die erste Konferenz, die diesem Problem gewidmet war und die vom Institut für die Morphologie des Menschen der Akademie der medizinischen Wissenschaften der UdSSR 1963 organisiert wurde. Es ist klar, daß dieses große und noch vorwiegend empirische Material die Schaffung einer richtigen und einheitlichen Nomenklatur erfordert, später aber auch einer Präliminarklassifikation, deren Prinzipien noch nicht geklärt sind.

Das ist in gewissem Grad damit verbunden, daß in der experimentellen Zytologie längere Zeit ziemlich vereinfachte Vorstellungen von der Struktur der Zelle und ihren möglichen Reaktionen auf pathogene Einwirkungen geherrscht haben, die vor allem auf einigen physikalisch-chemischen oder, genauer gesagt, auf kolloidal-chemischen Angaben beruhten. Die Überbleibsel dieser Periode machen sich bis auf den heutigen Tag bemerkbar. Oft war das Experiment an der Zelle selbst noch ziemlich primitiv, und der Morphologe konnte nur die Erscheinungen einer schweren Destruktion registrieren oder den Tod einer Zelle feststellen. Die evolutionelle Deutung der Lehre von der Struktur der Zelle und ihren pathologischen Reaktionen wird dabei stark unterschätzt oder ist erst in der Entwicklung begriffen.

Es wurden dennoch mehrmals Versuche unternommen, diese Lage zu verändern. Erwähnenswert ist unter ihnen das originelle und umfangreiche Material über die reversiblen Veränderungen der Zelle, das der Konzeption der sogenannten *Paranekrose* (D. N. Nassonov und W. J. Alexandrov, 1940) zugrunde liegt. Sie strebten nach einer strukturellen Grundlage für die Theorie von W. J. Wwedenski über die *Parabiose* als einen eigenartigen Grenzzustand zwischen Leben und Tod des lebendigen Substrats. Im Rahmen der Lehre von der *Paranekrose* wurden viele wertvolle experimentelle Angaben über die nicht spezifischen Veränderungen der Zellen bei der Einwirkung verschiedener verletzender Faktoren angesammelt. Wenn man einige Vergleiche anstellt, so kann man sagen, daß diese Lehre für die Zytologie der vierziger Jahre keine geringere Bedeutung hatte als die Theorie von Hans Selye über die allgemeinen Adaptationsveränderungen des Organismus als Reaktion auf die Wirkung verschiedener Stressfaktoren. Die Stichhaltigkeit dieser Gegenüberstellung wird dadurch bestätigt, daß die Autoren der Konzeption der *Paranekrose* und der Schöpfer der Lehre vom allgemeinen *Adaptationssyndrom* gleichermaßen bestrebt waren, den *prinzipiell gleichen* Reaktionstyp des lebendigen Substrats als Reaktion auf die Einwirkung *höchst verschiedener Einflüsse* hervorzuheben.

Während man auf die für ihre Zeit progressive Rolle der Konzeption der Paranekrose hinweist, ist zu betonen, daß diese Konzeption im Grunde genommen die hundertjährige Erfahrung der allgemeinen pathologischen Morphologie und die von ihr geschaffenen terminologischen und Klassifikationsverhältnisse für die Bewertung der Verschiedenheit der pathologischen Prozesse ignoriert hat. Indem sie die prinzipiell gleichartigen Reaktionen einer Zelle auf die verschiedensten Einwirkungen postuliert, hat die Konzeption der Paranekrose das Problem der *spezifischen Zellschäden* nicht gehörig zu würdigen gewußt, deren Beispiele jedoch schon lange bekannt sind und eine wichtige Rolle bei der Feststellung bestimmter Krankheiten spielen.

Unter anderen großen Entwicklungsetappen derselben Frage ist das grundlegende Werk von Cameron „Pathology of the Cell“ (1952) zu nennen, das der erste Versuch ist, die Pathologie nicht nur der isolierten Tier- und Pflanzenzellen sowie der einzelligen Organismen, sondern auch die der zu Gewebekomplexen gehörigen Zellen systematisch zu beschreiben.

Der Aufstieg der Elektronenmikroskopie im letzten Jahrzehnt führte zu der noch größeren, wirklich kolossalen Ansammlung von Tatsachenmaterial nicht nur über die feine Struktur der Zelle, sondern auch über das Ausmaß ihrer pathologischen Rückwirkungen. Auf dem elektronenmikroskopischen Niveau der Erforschung wurden zahlreiche Beispiele der reversiblen und nicht reversiblen Veränderungen der Organellen der Zelle beschrieben, die unter dem Einfluß verschiedener Einwirkungen entstanden (Lit. siehe Ch. Oberling, 1957; A. Policard und Beau, 1958, 1962; A. L. Schabadasch, 1959; I. A. Alov und Mitarbeiter, 1966 und viele andere). Diese neuen Materialien waren entweder nur deskriptiv oder wurden auch für weitgehende Voraussagen über ihre mögliche funktionelle und sogar pathogenetische Bedeutung ausgenutzt. Aber auch auf diesem neuen Forschungsniveau ist die Erfahrung der klassischen Pathomorphologie bei der Systematisierung des angesammelten Materials noch nicht genügend ausgenutzt.

In diesem Vortrag beschränken wir uns auf die eine, von unserem Standpunkt aus wesentliche Frage, ob die Hauptgesetzmäßigkeiten der Gesamtpathomorphologie bei der Bewertung der verschiedenen pathologischen Veränderungen der Zelle angewandt werden können. Was unsere persönlichen und literarischen Materialien anbetrifft, so beantworten wir diese Frage bejahend. Ja, uns scheint die Anwendung dieser Gesetzmäßigkeiten zum Studium der Pathologie der Zelle, da sie historische Gesetzmäßigkeiten der Gesamtbiologie sind, nicht nur ersprießlich, sondern auch absolut notwendig. Die Anwendung der allgemeinen Pathologie auf die Pathologie der Zelle darf selbstverständlich nicht mechanisch geschehen und wird im Zusammenhang mit dem Spezifischen des zu studierenden Gegenstandes einen bestimmten Vorbehalt verlangen, vor allem aber eine weitere präzise Ausarbeitung.

Zur Zeit haben wir schon gute Gründe, folgende pathologische Prozesse in der Zelle auszusondern:

1. *Die akuten reversiblen Reaktionen der Zelle auf die Einwirkung verschiedener schädlicher Faktoren* (D. N. Nassonov und W. Y. Alexandrov, 1940). Diese Reaktionen sind im allgemeinen nicht spezifisch und äußern sich in den Veränderungen der Sorptionsfähigkeit, in einer diffusen Färbung der Zelle mit Neutralrot, in einer gewissen Säuerung und in einer Erhöhung der Zytoplasmaviskosität. Der Kern der lebenden Zelle bekommt eine eigenartige körnig-reticuläre Strukturierung.
2. *Die partielle Nekrose der Zelle* (K. Weigert, 1906; L.-H. Kettler, 1963). Dieser Vorgang kann in eine Absonderung (Mutilation), in eine eigenartige Demarkation (L. Cossel, 1966) oder in ein intrazelluläre Lysis des toten Materials auslaufen. Eine intrazelluläre Verkalkung als Folge der partiellen Zellnekrose ist wahrscheinlich.
3. *Die totale Nekrose der Zelle* mit den gut bekannten Kern- u. Zytoplasmaveränderungen ist eine sehr verbreitete Erscheinung in der Pathologie der Zelle. Das elektronenmikroskopische Studium gibt uns neue Beweise dafür, daß die Koagulations- und Kolliquationsformen der Zellennekrose auch auf diesem neuen Niveau des Mikroskopierens ziemlich gut abgesondert werden können (L. Cossel, 1966; B. B. Fuchs und L. W. Vanko, 1968). Die höchst interessante Frage nach der Rolle der Lysosomen bei der Entstehung der nekrotischen Vorgänge in der Zelle kann ich im Rahmen meines Vortrags noch nicht berühren.
4. *Die akuten und chronischen Störungen des intrazellulären Stoffwechsels* sind wahrscheinlich das komplizierteste Kapitel in der Pathologie der Zelle.
   Doch können wir morphologisch folgende Erscheinungen unterscheiden:
   a) Störungen der Zellatmung,
   b) Störungen des Eiweißstoffwechsels,
   c) Störungen des Kohlehydratstoffwechsels,
   d) Störungen des Lipidstoffwechsels.
   Jeder von den eben erwähnten Vorgängen verdient einen speziellen Vortrag, da auf diesen Gebieten schon viele Forscher ein umfangreiches Material angesammelt haben. Mir scheint, daß auch auf dem Gebiete e) *Störungen des Zellmineralstoffwechsels* in der nächsten Zukunft entsprechende Materialien gesammelt werden können. Man kann hier auch andere Stoffwechselerkrankungen der Zelle nennen, wie es Herr Dozent H. David (1966) in seinem wertvollen Buch gemacht hat.
5. *Die Permeabilitätstörungen der Kern- und Zytoplasmamembranen.*
6. *Störungen der Zirkulation der innerzellulären Flüssigkeiten*, die zu einem Gesamt- oder Partialödem (zum Beispiel einem isolierten Ödem des Kernes) oder zu ihrer Total- oder Partialdehydratation führen können. Es ist schwer, sich diese Erscheinungen ohne Zusammenhang mit der erhöhten Durchdringbarkeit der Zellmembranen und mit der Verletzung des Ionen- und Kolloidgleichgewichts des Zytoplasmas vorzustellen.
7. *Hypertrophische Veränderungen der Zellen* mit Totalgigantismus der letzteren oder mit Gigantismus einzelner Organellen; die Ursache dieser Prozesse sind einerseits die Hyperfunktion oder sogar die *vikariierenden* Reaktionen der Organellen und andererseits verschiedene Einflüsse auf die innerzellulären Mechanismen, die das Anwachsen der Zelle regulieren.
8. *Atrophische Veränderungen der Zellen* mit Bildung von Zwergzellen oder mit Zeichen einer ausgesprochenen Hypoplasie einzelner Organellen.
   Zu den sehr komplizierten pathologischen Reaktionen gehören auch:
9. *Die Regenerationsvorgänge der Zelle und die innerzelluläre Regeneration ihrer Organellen* (D. S. Sarkisov, 1962; Goss, 1963), die nach ihrer Verletzung oder als Folgen der Akkomodation der Zelle an neue Existenzbedingungen entstehen können.
10. *Die dysplastischen Veränderungen der Zellen*, die durch eine offenbare Disharmonie ihrer Struktur charakterisiert werden und die entweder unter dem Einfluß exogener Einflüsse oder durch endogene Verletzungen des Genoms entstehen. Diese Veränderungen sind den Prozessen der sogenannten Zytoteratogenese verwandt.
11. *Die Veränderungen der Zellen in den gut- und bösartigen Tumoren* sind ein selbständiges Kapitel der Zytopathologie, obwohl viele Forscher und vor allem Histologen eine offensichtliche Neigung haben, die morphologischen Eigenschaften der Geschwulstzellen zu ignorieren. Von meinem Standpunkt aus dürfen diese Ansichten von Seiten der Pathologen und Spezialisten auf dem Gebiete der exfoliativen Zytologie keine Unterstützung erhalten.

12. *Die Zytoagglomeration* (A. A. Avtsyn, 1963) *und die Bildung echter Symplasten.* Diese Vorgänge sind in den Frühstadien morphologisch ähnlich. Doch haben wir das Recht, diese beiden Prozesse zu trennen und sogar gegenüberzustellen. Die Zytoagglomeration ist ein degenerativer Vorgang, den wir sehr oft bei Viruserkrankungen beobachten können. Es handelt sich um eine Adhäsion der Zellen, welche zunächst die äußeren Zytoplasmamembranen verlieren und dann wie ein „Symplast" (oder z. B. wie eine Riesenzelle bei Masern) aussehen. Aber etwas später kommt es zur vollen Nekrobiose der agglomerierten Zellen. Dagegen ergibt eine echte Symplastenbildung auch eine vollständig lebensfähige Riesenzelle. Das kann man z. B. in den Gewebekulturen beobachten.
13. *Die Bildung der Zelleinschlußkörperchen bei Viruskrankheiten* gehört zu dem umfangreichen Gebiet der speziellen Pathologie der Zelle. Es ist klar, daß die pathologischen Vorgänge bei diesen Arten von Zellerkrankungen sehr kompliziert sind.
Die Existenz eines so eigenartigen Prozesses, wie die sogenannte „Zellentzündung", die André Lwow (1966) aussondert, scheint uns strittig. Es ist selbstverständlich, daß dieser Prozeß, wenn er in der Pathologie der Zelle wirklich vorhanden ist und richtig qualifiziert wird, in engem Zusammenhang mit den Erscheinungen der Zytoimmunogenese stehen muß.
Das oben Gesagte erschöpft in keiner Weise die ganze Vielfalt der pathologischen Prozesse, die in einer Zelle auftreten können, und erklärt ihre funktionelle Bedeutung nur in geringem Grade. Eine bewußte Abgrenzung dieser Prozesse aber scheint uns zweckmäßig zu sein, denn sie weist nicht nur auf eine gewisse Einheit der pathologischen Prozesse auf der Organ- und Zellebene hin, sondern trägt auch zum gegenseitigen Verständnis zwischen Pathomorphologen und Zytologen bei. Wenn es gelingen sollte, das zu erreichen, so wird die Ausarbeitung einer wissenschaftlichen Klassifikation der pathologischen Prozesse in der Zelle eine Frage der nächsten Zukunft sein.

Literatur

Alov, I. A., A. U. Braude und M. E. Aspis: Grundlagen der funktionellen Morphologie der Zelle (russisch), Moskau, 1966.
Avtsyn, A. P.: Mitteilungen der Akademie der Medizinischen Wissenschaften der UdSSR (Moskau) **1**, 3—5 (1968).
Besprosvany, B. K., und O. B. Šumkina: In: Die Pathologie der Zelle (russisch), Moskau, 1967.
Cameron, G. R.: Pathology of the Cell, Edinburgh, 1952.
Cossel, L.: Beitr. path. Anat. **133**, 156 (1966).
David, H.: Elektronenmikroskopische Organpathologie, Berlin, 1966.
Kettler, L.-H., und H. David: Acta biol. med. germ. **10**, 658 (1963).
Klima, J.: Zytologie, Stuttgart, 1967.
Nassonov, D. N., und W. J. Alexandrov: Die Reaktion der lebenden Substanz auf exogene Einwirkungen (russisch), Moskau und Leningrad, 1940.
Oberling, Ch., und W. Bernhard: In: Funktionelle Morphologie der Zelle (russisch), Moskau, 1963.
Policard, A., und C. Beau: Die submikroskopischen Strukturen der Zellen und Gewebe in der Orthologie und Pathologie (russisch), Leningrad, 1962.
Šabadaš, A. L.: Zitologija (Moskau) **1**, 15, 1959.
Šabadaš, A. L., L. P. Isakova und S. J. Salkind: Journal der Allgemeinen Biologie (Moskau) **4**, 480 (1967)
Selye, H.: The story of the Adaptation Syndrome, Montreal, 1952.
Sarkisov, D. S., und B. W. Wtjurin: Die Elektronenmikroskopie der destruktiven und regenerativen intrazellulären Prozesse (russisch), Moskau, 1967.
Weigert, C.: Gesammelte Abhandlungen, Bd. I und Bd. II, I. Springer, Berlin 1906.

Diskussionsredner:

Seitelberger (Österreich).

Anatomisches Institut der Martin-Luther-Universität Halle, Halle/Saale, DDR

Moderne Morphologie und höhere Analysis

von

Joachim-Herrmann SCHARF

Die Anatomie ist unter den „theoretischen" Fächern innerhalb der Medizin die Disziplin mit der ältesten Tradition. Jahrtausendelang sammelte sie rein empirisch Tatsachen, die zuerst zufällig und später systematisch zusammengestellt wurden. Die antike Anatomie beschrieb das, was den Anatomen bekannt geworden war so genau und so richtig, wie es eben auf Grund des Erfahrungsstandes möglich war. Die Scholastik des Mittelalters begnügte sich, das wiederzugeben, was aus der Antike überliefert war. Die alten Anatomen galten als Autoritäten, an deren richtiger Beschreibung der Verhältnisse nicht gezweifelt wurde. VESALIUS war insofern der wichtigste Revolutionär unter den Morphologen, als er erstmals bewußt und offen die unumstößliche Richtigkeit des Überlieferten anzuweifeln wagte. An Stelle der Autoritätsgläubigkeit forderte er Überprüfung des Wissensstandes und Korrektur traditioneller Fehler. Seine Anatomie blieb aber deskriptiv. Ebenso waren die folgenden Anatomengenerationen zwar aus aktiven Forschern zusammengesetzt, aber man begnügte sich mit der Beschreibung des Entdeckten. Wenn jemand kausale Zusammenhänge herausstellen wollte, geriet er gewöhnlich auf das Glatteis der Spekulation. HARVEYS Entdeckung des Blutkreislaufs ist daher nicht nur als große Forschertat ein Markstein in der Geschichte der Medizin überhaupt, sondern kennzeichnet den Zeitpunkt des Beginns der eigentlichen Moderne in der Anatomie: Den Anfang der funktionellen Anatomie. Es ist wenig sinnvoll, darüber zu streiten, ob HARVEY als Anatom oder als Physiologe zu gelten habe; denn diese beiden Fächer blieben an den meisten europäischen Hochschulen bis zum Beginn des XIX. Jahrhunderts in der Hand *eines* Lehrstuhlinhabers.
VESALIUS (31. XII. 1514—15. X. 1564) und HARVEY (1. IV. 1578—3. VI. 1657) wurden zu ihrer Zeit angefeindet oder anerkannt, je nach Einstellung ihrer Zeitgenossen. Beide setzten sich aber sehr rasch durch, allen Widerständen und Zweifeln ihrer wissenschaftlichen Widersacher zum Trotz. Anders war das beim dritten der großen Pioniere der modernen, funktionell ausgerichteten Morphologie: Der geniale Mathematiker Leonhard EULER (15. IV. 1707—18. IX. 1783) war der erste, der ein Problem der funktionellen Morphologie mathematisierte und mit den Mitteln der Mathematik löste, das Problem der Elastizität der Blutgefäßwände. Dies ist weder damals noch heute weithin bekannt geworden. Für die Mathematiker, die EULER mit Recht als einen ihrer ganz Großen betrachten, war diese Entdeckung zu uninteressant, um besonders beachtet zu werden, für die Anatomen war sie vermutlich unverständlich und blieb daher ohne Nachwirkung.

Der Fall EULER zeigt, daß es im allgemeinen nicht genügt, wenn ein Genie sich eines Problems eines Faches annimmt und es löst, sondern daß eine ganze Reihe von Voraussetzungen erfüllt sein müssen, wenn sich ein völlig neues Denken durchsetzen soll. Zu Lebzeiten EULERS waren die Morphologen so wenig der Mathematisierung ihres Faches aufgeschlossen, daß sie mit einer mathematischen Lösung eines ihrer Probleme nichts anfangen konnten. Es mußten noch viele Entwicklungsphasen durchlaufen werden, ehe die Zeit für den Beginn der Mathematisierung der Morphologie reif wurde.

Dieser Prozeß begann wahrscheinlich in Gießen, wo der junge Privatdozent WELCKER zuerst wirkte. Zu einer Konfrontation des alten mit dem neuen Denken kam es indes bald in Dresden. Hermann WELCKER (8. IV. 1822 — 11. IX. 1897), nunmehr junger, eben aus Gießen nach Halle berufener Prosektor unter A. W. VOLKMANN, besuchte 1862 die Schädelsammlung des berühmten Namenspatrons der Dresdener Medizinischen Akademie und damaligen (XIII.) Präsidenten der „Leopoldina", Carl Gustav CARUS. WELCKER begnügte sich nicht damit, die wertvollen Schädel zu betrachten, sondern begann zu messen. Carus ertappte ihn dabei und sagte kopfschüttelnd: „Die Schädel sind rund, sie wollen nicht gemessen sein". Welcker entgegnete herb: „Ich will sie aber messen!" (Scharf, 1964, 1965a, 1965b). Welcker, dem wir auch die erste brauchbare Zählkammer für Blutzellen verdanken und dessen Standardwerte für die Erythrocytengröße u. a. noch heute gelten, betrieb die Mathematisierung der Morphologie noch unter dem Blickwinkel einer rein beschreibenden quantitativen Morphologie, also mit der Methode der deskriptiven Statistik. Dieses Vorgehen führt auf deskriptiv-morphologisches Wissen mit quantitativen Aussagen, aber nicht auf die mathematische Fassung eines Problems im Sinne einer Theorie. Immerhin konnte W. His (1895) in Zusammenarbeit mit dem Bildhauer C. Seffner den fraglichen Bach-Schädel auf Grund der Pionierarbeit Welckers identifizieren. Die bekannte Bach-Büste von Seffner ist die Krönung dieser — im wesentlichen geometrischen — Analysen.

Auch heute noch werden in der Morphologie vorwiegend statistische Verfahren angewandt, wenn Versuche oder Meßreihen auszuwerten sind. Nur ganz spärlich wird versucht, allmählich mathematisch formulierbare Theorien zu finden. Im folgenden sollen einige Beispiele aufgezeigt werden, die in den letzten Jahren im Anatomischen Institut Halle bearbeitet wurden, um zu zeigen, daß der Weg einer „radikalen Mathematisierung" auch in der Morphologie zum Erfolg führen kann.

Vorher sei bemerkt, daß für die Herleitung der zunächst empirischen Differentialgleichungen teilweise neue Algorithmen gefunden werden mußten. Dabei wurde von dem Algorithmus von Prony (1796)

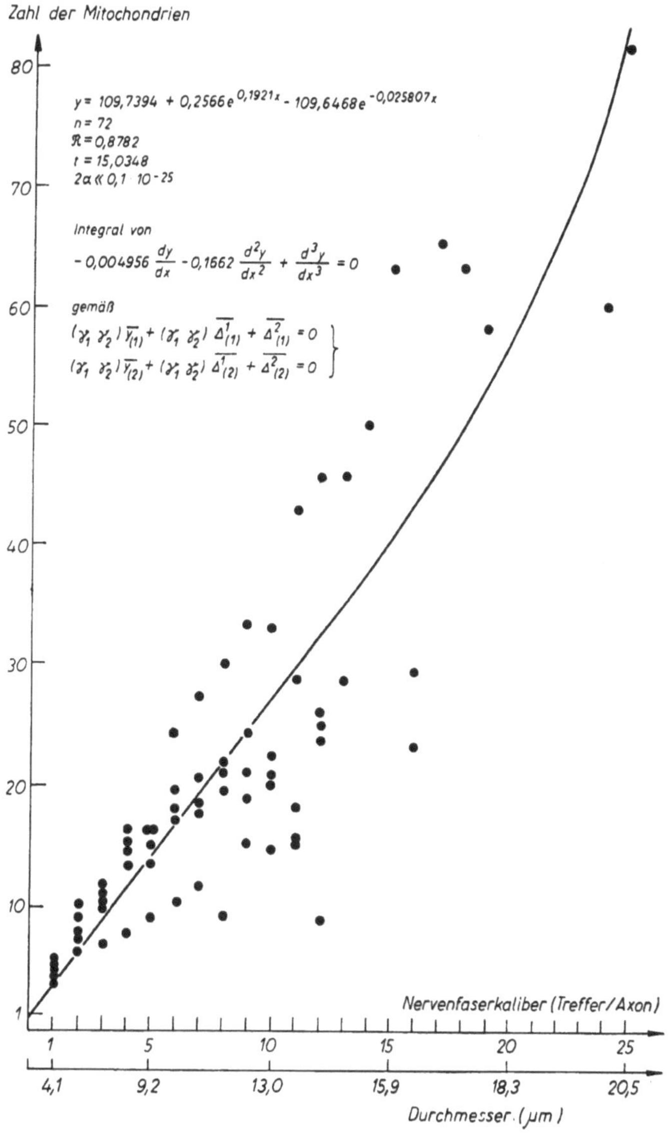

Abb. 1. Graphische Darstellung der 72 Klassenmittelwerte aus insgesamt 29566 Mitochondrien, die in 1818 Nervenfasern (Nn. intercostales, Stichproben von 20 Rindern) mit dem Trefferverfahren (modifiziertes Zählgitterverfahren nach Chalkley) ausgezählt worden waren. Die Klassen sind nicht willkürlich festgelegt, sondern ergeben sich zwangsläufig aus dem Trefferverfahren. Durch die Punktewolke ist die Kurve gelegt, die sich aus der Integration der Differentialgleichung [1] bei festgelegten Integrationsbedingungen ergibt. Der analytische Ausdruck enthält als Argument das Nervenfaserkaliber in Treffern pro Axon (Chalkley-Einheiten). Um dem Leser das Umrechnen zu ersparen ($D = 4{,}1\sqrt{K}$; D [μm], K [Treffer/Axon]), ist der Darstellung eine zweite Abszissenskala mit μm-Teilung angefügt. (Verändert aus Scharf und Blume 1966)

ausgegangen, der in der Fassung von WILLERS (1928) nach GAUSSscher Transformation der Matrix die ersten Erfolge brachte. Eine Neufassung mit erheblichen Veränderungen (Ersatz der versetzten Δ^1 durch Differenzen höherer Ordnung u. a.) führte dann auf ein leistungsfähiges Computer-Programm, das nun in wenigen Minuten früher Wochen in Anspruch nehmende Rechnungen abzuwickeln gestattet.

1. Abhängigkeit der Mitochondrienanzahl im Axon vom Nervenfaserdurchmesser

In lebensfrisch fixierten Nn. intercostales von 20 Rindern wurden 1818 Nervenfasern genauer untersucht und darin 29566 Mitochondrien gezählt und (in Längsschnitten) 5000 Mitochondrien zusätzlich gemessen. In ziemlich langwierigen Untersuchungen wurde gefunden, daß die Beziehung zwischen Nervenfaserkaliber (K) und Anzahl der Mitochondrien (Z) recht gut durch die lineare Differentialgleichung 3. Ordnung mit konstanten Koeffizienten

$$\frac{d^3Z}{dK^3} - 0{,}2\,\frac{d^2Z}{dK^2} - 0{,}005\,\frac{dZ}{dK} = 0 \qquad [1]$$

beschrieben werden kann (die Konstanten sind hier gerundet!). Integriert man [1] mit passenden Anfangswerten — eine Nervenfaser vom Kaliber Null gibt es nicht, also kann sie auch keine Mitochondrien enthalten! — bzw. beobachteten Zwischenwerten, dann befriedigt der Kurvenzug (Abb. 1) die Meßwerte in ausreichendem Maße (BLUME und SCHARF, 1964; SCHARF 1964a, 1965c, 1966a; SCHARF und Mitarbeiter, 1964; SCHARF und BLUME, 1964a, 1964b, 1964c, 1966).

2. Alterungsprozesse im Nervensystem

Es ist aus der deskriptiv-anatomischen und embryologischen Forschung am Nervensystem seit langem bekannt, daß nervöse Elemente nur intrauterin neugebildet werden. Nach der Geburt werden keine Neurone de novo mehr angelegt, sondern nur bereits vorhandene ausgereift. Messungen an Hinterwurzelfasern und Rückenmarksbahnen zeigen, daß bereits beim 35jährigen Menschen die Anzahl der Neurone geringer ist als beim Neugeborenen. Beim Greis hat die Dichte weiter abgenommen, ohne daß jedoch beim Gesunden ein völliger Verlust eintritt. Bezeichnet man nun die Anzahl der MEISSNERschen Tastkörperchen pro mm² Tastfläche der Haut mit y und setzt diese leicht bestimmbare

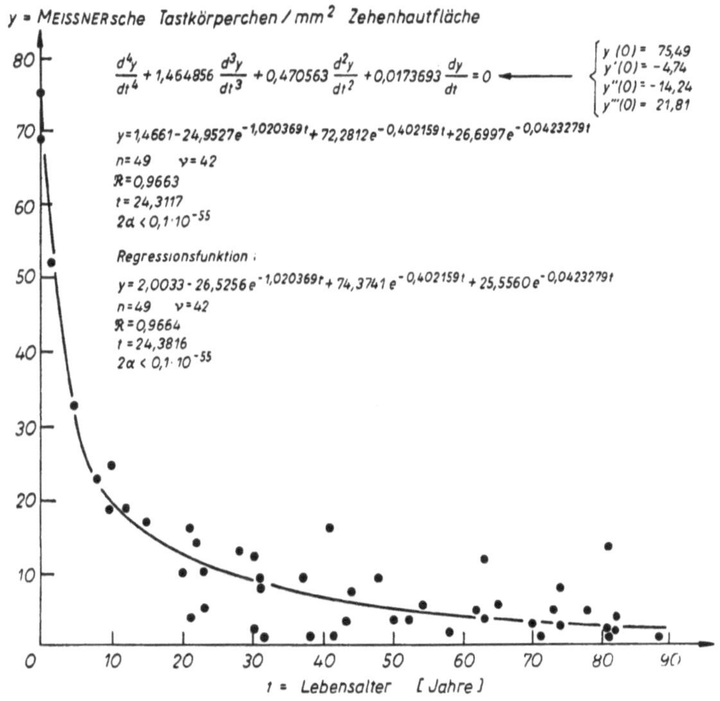

Abb. 2. MEISSNERsche Tastkörperchen/mm² Großzehenhaut als Funktion des Lebensalters. Werte nach BOLTON, WINKELMANN und DYCK (Neurology, Minneapolis 16, 1—9, 1966). Konstanten der Differentialgleichung nach einem Algorithmus von SCHARF berechnet. Integration einmal formelmäßig, zum anderen Mal durch Regressionsrechnung. Die Integrale lassen sich bei Zeichengenauigkeit nicht unterscheiden. Die Abklingfunktion 4. Ordnung ist vorzüglich angepaßt. (Aus SCHARF und BLUMENTHAL 1967)

Größe in Abhängigkeit vom Lebensalter (t), dann kann man die Involution der Tastkörperchen durch die Differentialgleichung

$$\frac{d^4y}{dt^4} + 1{,}5\,\frac{d^3y}{dt^3} + 0{,}5\,\frac{d^2y}{dt^2} + 0{,}02\,\frac{dy}{dt} = 0 \qquad [2]$$

beschreiben (die Konstanten sind wieder gerundet!). Da es sich um eine Differentialgleichung handelt, die einen zeitabhängigen Prozeß beschreibt, kann man sie anschaulich interpretieren: Zu jedem Zeitpunkt des menschlichen Lebens von der Geburt bis zum Senium ist die Summe aus einem Fünfzigstel der Involutionsgeschwindigkeit $\left(\frac{dy}{dt}\right)$ plus der Hälfte der Rückbildungsbeschleunigung $\left(\frac{d^2y}{dt^2}\right)$ plus dem Anderthalbfachen der Rückbildungsbeschleunigungsänderung $\left(\frac{d^3y}{dt^3}\right)$ plus der einfachen Änderung der Rückbildungsbeschleunigungsänderung $\left(\frac{d^4y}{dt^4}\right)$ gleich Null! Integriert man [2] mit passend gewählten Anfangsbedingungen, zieht die Kurve in vorzüglicher Anpassung durch die Meßpunktewolke (Abb. 2). Dies kann auch an der Fingerhaut gezeigt werden (Scharf, 1967b; Scharf und Blumenthal, 1967). Nun ist bemerkenswert, daß [2] auch für die anderen, bisher untersuchten Alterungsvorgänge im

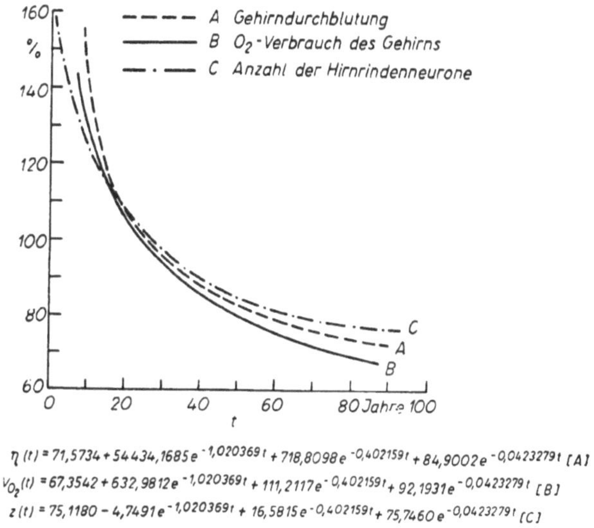

Abb. 3. Anwendung der Alterungsdifferentialgleichung des Nervensystems (s. Abb. 2) auf die Involution der Hirndurchblutung (A), des O_2-Verbrauchs des Gehirns (B) und der Zahl der Hirnrindenneurone (C). Messungen von Kety aus Bourlière (1966). Da die Differentialgleichung [2] ∞^4 partikuläre Integrale als Lösungen hat, ist sie wohl für alle altersabhängigen Änderungen im Nervensystem verwendbar. (Aus Scharf 1967)

Nervensystem gilt (Abb. 3). Die Differentialgleichung [2] ist also eine mathematische Theorie der Alterungsvorgänge des menschlichen Nervensystems, von der bisher keine Ausnahmen bekannt sind.

3. Wachstum der Fingertastflächen

Die Tastfläche wächst im Kindesalter, erreicht aber im allgemeinen ihre volle Größe erst in der Mitte des Lebens, weil die Einlagerung von Fettgewebe in der Subcutis nicht mit dem Aufhören des Körperwachstums ausläuft, sondern weitergeht. Im allgemeinen wird dann nach Überschreiten eines Maximums das Fettgewebe wieder reduziert, und im Alter kommt der senile Wasserverlust hinzu. Der Prozeß kann durch die Differentialgleichung (F = Fläche; t = Lebensalter)

$$\frac{d^4F}{dt^4} + 0{,}4\,\frac{d^3F}{dt^3} + 0{,}03\,\frac{d^2F}{dt^2} + 0{,}0002\,\frac{dF}{dt} = 0 \qquad [3]$$

(Konstanten gerundet!) ausgedrückt werden. Integration von [3] führt unter Verwendung empirischer Meßwerte auf den Kurvenzug der Abbildung 4. Die Funktion wird vermutlich in der Zukunft größere Beachtung in Gerichtsmedizin und Kriminalistik finden, gestattet sie doch, mit bisher nicht erreichter Genauigkeit die Identität von Daktylogrammen festzustellen, die von rückfälligen Kriminellen zu verschiedenen Lebensaltern am Tatort gefunden werden. Hierzu laufen noch größere Untersuchungsreihen (Ronge, 1944; Scharf, 1967b; Scharf und Blumenthal, 1967).

4. Abhängigkeit der Tastkörperchenanzahl/Flächeneinheit von Alter und Hautflächenwachstum

War oben vorausgesetzt worden, daß sich die Hautfläche in Abhängigkeit vom Lebensalter ändere, was der Erfahrung nach zutrifft, und war festgestellt worden, daß die Anzahl der Tastkörperchen pro Hautflächeneinheit ebenfalls vom Alter abhängt, so muß schon von der Logik her gefordert werden, daß

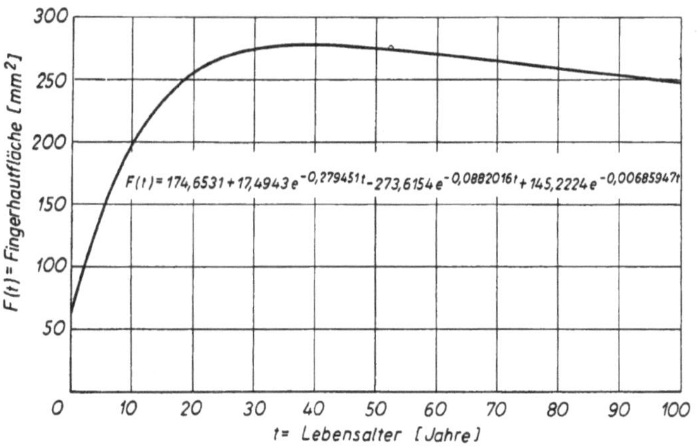

Abb. 4. Wachstum der Fingertastflächen des Menschen. Die Konstanten der Differentialgleichung wurden nach verschiedenen Angaben in der Literatur und unveröffentlichten Messungen bestimmt. (Aus SCHARF, 1967)

die Änderung der Anzahl der Tastorganellen in der Zeit kein reiner Involutionsprozeß ist, sondern von einem „Verdünnungseffekt" überlagert wird, der durch die zeitabhängige Flächenänderung der Haut hervorgerufen wird. Daß dies zutrifft, läßt sich sehr genau mit Hilfe der Differentialrechnung nachweisen (SCHARF und BLUMENTHAL 1967). Will man diese Wechselwirkung erfassen, kann die partielle Differentialgleichung (y_1 = Anzahl der Tastkörperchen pro mm^2 Tastfläche; t = Lebensalter [Jahre;] F = Fingerbeerenfläche [mm^2])

$$\frac{\partial^4 y_1}{\partial t^4} + 1{,}5\,\frac{\partial^3 y_1}{\partial t^3} + 0{,}5\,\frac{\partial^2 y_1}{\partial t^2} + 0{,}02\,\frac{\partial y_1}{\partial t} + \frac{\partial^4 y_1}{\partial F^4} + 0{,}01\,\frac{\partial^3 y_1}{\partial F^3} + 0{,}1 \cdot 10^{-5}\,\frac{\partial^2 y_1}{\partial F^2} + 0{,}4 \cdot 10^{-10}\,\frac{\partial y_1}{\partial F} = 0 \qquad [4]$$

angeschrieben werden. Integration von [3] führt auf das Raumkurvenintegral in Abbildung 5, dessen Projektionen auf die ty- bzw. tF-Ebene die Kurven aus Abbildung 3 bzw. 4 sind. Die Raumkurve gibt die empirischen Abhängigkeiten und die logisch zu fordernden gleich gut wieder (SCHARF 1967b).

5. Reizausnutzung in der Tastsinneshaut zu verschiedenen Lebensaltern

Befunde von RONGE (1943) haben gezeigt, daß die Empfindlichkeit gegenüber einem vorgegebenen Reizdruck vom Alter abhängt. Ähnliche Untersuchungen sind auch von anderen Autoren veröffentlicht worden (SCHARF, 1958, 1967b; SCHARF und BLUMENTHAL, 1967). Bezeichnet man mit y_2 den Reizerfolg [%], den Reizdruck mit P [$g \cdot mm^{-2}$] und das Lebensalter wieder mit t [Jahre], dann kann folgende Differentialgleichung angesetzt werden:

$$\frac{\partial^4 y_2}{\partial t^4} + 0{,}25\,\frac{\partial^3 y_2}{\partial t^3} + 0{,}02\,\frac{\partial^2 y_2}{\partial t^2} + 0{,}0002\,\frac{\partial y_2}{\partial t} + \frac{\partial^4 y_2}{\partial P^4} + 0{,}1\,\frac{\partial^3 y_2}{\partial P^3} + 0{,}003\,\frac{\partial^2 y_2}{\partial P^2} + 0{,}00001\,\frac{\partial y^2}{\partial P} = 0. \qquad [5]$$

Faßt man die Lösung von [5] als verallgemeinertes Zwischenwertproblem auf, und integriert man über die vorhandenen Meßwerte, erhält man das Integral der Abbildung 6, also eine transzendente Fläche 3. Ordnung. Man sieht, daß mit steigendem Druck in jedem Lebensalter auch die Empfindung zunimmt,

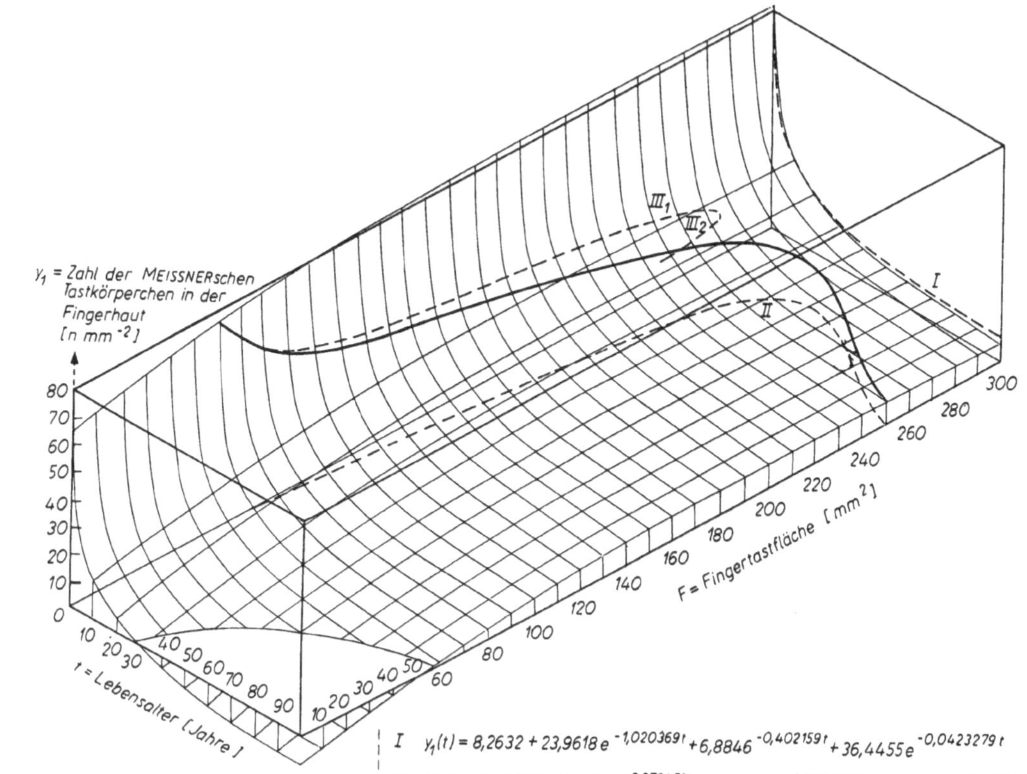

$$\text{I} \quad y_1(t) = 8{,}2632 + 23{,}9618\,e^{-1{,}020369t} + 6{,}8846^{-0{,}402159t} + 36{,}4455\,e^{-0{,}0423279t}$$

$$\text{II} \quad F(t) = 174{,}6531 + 17{,}4943\,e^{-0{,}279451t} - 273{,}6154\,e^{-0{,}0882016t} + 145{,}2224\,e^{-0{,}00685947t}$$

$$\text{III}_1 \quad y_1^{(1)}(F) = 75{,}49 + \int_a^b \frac{dy_1}{dt}\,\frac{dt}{dF}\,dF \qquad \begin{cases} a = 63{,}754\ [\mathrm{mm}^2] \\ b = 277{,}000\ [\mathrm{mm}^2] \end{cases}$$

$$\text{III}_2 \quad y_1^{(2)}(F) = 14{,}56 - \int_c^d \frac{dy_1}{dt}\,\frac{dt}{dF}\,dF \qquad \begin{cases} c = 277{,}012\ [\mathrm{mm}^2] \\ d = 247{,}749\ [\mathrm{mm}^2] \end{cases}$$

$$\left.\begin{matrix} y\,(t) \\ F\,(t) \end{matrix}\right\} \text{ Parameterdarstellung der Raumkurve}$$

$$y_1(t, F(t)) = -283{,}7890 + 20{,}2985\,e^{-1{,}0204t} + 19{,}0039\,e^{-0{,}4022t} + 35{,}5785\,e^{-0{,}04233t} - 31{,}9601\,e^{-0{,}009178\,F(t)} + 390{,}4287\,e^{-0{,}0001071\,F(t)} - 85{,}7930\,e^{-0{,}00004062\,F(t)}$$

$$\text{mit } F(t) = 174{,}6531 + 17{,}4943\,e^{-0{,}279451t} - 273{,}6154\,e^{-0{,}0882016t} + 145{,}2224\,e^{-0{,}00685947t}$$

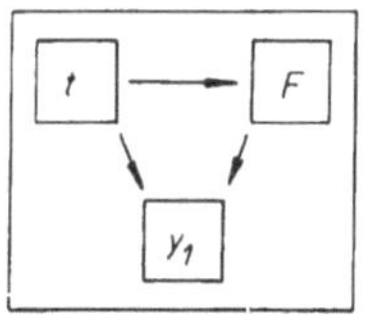

Abb. 5. Abhängigkeit der Tastkörperchenanzahl/mm² Fingertastfläche von Alter und Hautflächenwachstum. Da die mit steigendem Alter abnehmende Tastkörperchendichte von Involution und „Verdünnung" durch das Hautflächenwachstum bestimmt wird, kann als Modell die partielle Differentialgleichung [4] dienen. Die hier passende Lösung ist die dargestellte Raumkurve, durch die für jedes Alter und die zugeordnete mittlere Tastflächengröße die mittlere Anzahl der Tastkörperchen festlegbar ist. Für nicht dem Alter entsprechende zu kleine oder zu große Finger liegen die Werte nahe der Raumkurve in der Fläche. Projektion der Raumkurve in die y_1t-Ebene ergibt wieder das Kurvenbild (I) aus Abbildung 2, Projektion in die tF-Ebene das aus Abbildung 4 (II). Werden die Kurven I in F-Richtung und II in y_1-Richtung parallel verschoben, schneiden sie sich in der Raumkurve. Das kleine Flußbild gibt die berücksichtigten Abhängigkeiten wieder. (Aus Scharf 1967)

daß aber beim Kind eine Überempfindlichkeit normal ist — Kinder sind also nicht wehleidiger als Erwachsene, sondern sensibler, weil sie eine größere Dichte der Sinnesorganellen aufweisen —, während im mittleren Lebensalter ein Sensibilitätsdefizit eintritt. Praesenil steigt die Empfindlichkeit nochmals an, weil infolge der Umbauvorgänge in Cutis und Subcutis die Druckfortpflanzung im Gewebe abnorm begünstigt wird. Ein lokaler Reiz erregt daher auch Tastorganellen der Nachbarschaft. An diese Phase relativer Überempfindlichkeit schließt sich dann die Greisenindolenz an, die auf massiven Degenerationsvorgängen im Nervensystem beruht.

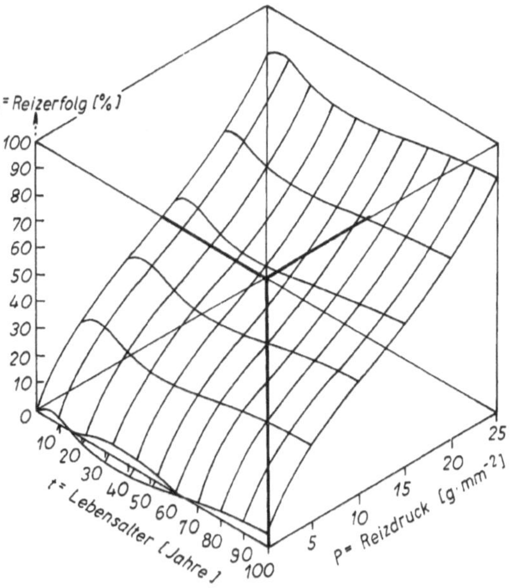

Abb. 6. Reizausnutzung in der Fingertasthaut bei verschiedenem Alter und verschiedenem Reizdruck. Messungen von RONGE (1943). „Normales“ Verhalten mit 18 und mit 60 Jahren, Kinder sind überempfindlich, Erwachsene im mittleren Lebensalter unterempfindlich. Die Fläche ist ein partikuläres Integral von [5]. (Aus SCHARF, 1967)

$$y_2(t,P) = 4052{,}8878 - 80{,}0584\,e^{-0{,}136025\,t} + 95{,}7825\,e^{-0{,}097984\,t} - 30{,}4471\,e^{-0{,}011760\,t}$$
$$- 269{,}9429\,e^{-0{,}085406\,P} + 2729{,}6624\,e^{-0{,}021859\,P} - 6498{,}0430\,e^{-0{,}006635\,P}$$

$n = 67$ $\nu = 54$
$\mathfrak{R} = 0{,}9082$
$t = 15{,}9430$
$2\alpha < 0{,}1 \cdot 10^{-33}$

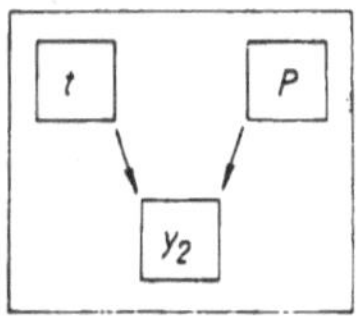

6. Nichtlineare Reduktionsrechnung: Abhängigkeit der Reizausnutzung vom Reizdruck und von der alters- und wachstumsbedingten Anzahl der Tastorganellen pro Flächeneinheit

Mittels eines besonderen Algorithmus, der vom Verfasser durch Verallgemeinerung der Pfadkoeffizientenrechnung für transzendente Funktionen entwickelt wurde, gelingt es, eine Differentialgleichung zu finden, die den Reizerfolg (y_2) in Abhängigkeit von der Anzahl der Tastorganellen pro Flächeneinheit (y_1) und vom Reizdruck (P [g · mm^{-2}]) auszudrücken gestattet:

$$\frac{\partial^4 y_2}{\partial y_1^4} + 0{,}7\,\frac{\partial^3 y_2}{\partial y_1^3} + 0{,}02\,\frac{\partial^2 y_2}{\partial y_1^2} + 0{,}00001\,\frac{\partial y_2}{\partial y_1} + \frac{\partial^4 y_2}{\partial P^4} + 0{,}1\,\frac{\partial^3 y_2}{\partial P^3} + 0{,}003\,\frac{\partial^2 y_2}{\partial P^2}$$
$$+ 0{,}00001\,\frac{\partial y_2}{\partial P} = 0. \qquad [6]$$

Das der biologischen Erfahrung genügende partikuläre Integral ist in Abbildung 7 dargestellt. Der steile Anstieg der Integral-Fläche ganz links ist ein Schönheitsfehler, der den Ansatz nicht entwertet: Sehr alte Menschen behalten doch noch 8 Tastkörperchen je mm² Fingerbeerenfläche. Der steile Anstieg gilt also für „Gespenster“, pathologische Veränderungen außerhalb der physiologischen Alterung sind nämlich nicht im Ansatz berücksichtigt! Der augenscheinlich einfache analytische Ausdruck für das Integral in Abbildung 7 ist aber eigentlich viel verwickelter als das hier zum Ausdruck kommt. Er hat die Struktur:

$$y_2(y_1, P) = E_0 + \sum_{j=1}^{3} \left\{ E_j \exp\left[-\gamma_j\left(C_0 + \sum_{i=1}^{3} C_i e^{-\alpha_n t} + \sum_{i=4}^{6} C_i \exp\left[-\lambda_p\left(B_0 + \sum_{k=1}^{3} B_k e^{-\beta_k t} \right) \right] \right) \right] \right\}$$
$$+ \sum_{j=4}^{6} E_j e^{-\mu_m P} \qquad [7]$$

[i = 1,2, ..., 6; j = 1,2, ..., 6; k = 1,2,3; m = 1,2,3; n = 1,2,3; p = 1,2,3]. Wie Abbildung 7 und der analytische Ausdruck zeigen, ist aber ein so verwickeltes Integral wie [7] heute mit einem funktionstüchtigen Computer und einem anständigen Programm ohne weiteres zu berechnen. In [7] ist ersichtlich, daß die Funktion $y_2 = t(y_1, P)$ durch die mehrstufige Reduktionsrechnung letzten Endes auf die Abhängigkeit $y_2 = f(y_1(t, F[t]), P)$, also Reizausnutzung als Funktion des Reizdruckes und der

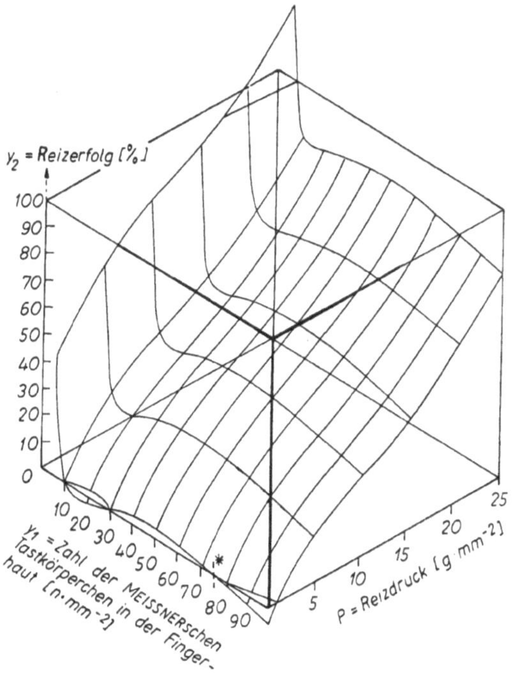

$$y_2(y_1, P) = 3455{,}5210 + 5056{,}1715\, e^{-0{,}642143\, y_1} - 47{,}5704\, e^{-0{,}030566\, y_1} + 528{,}1289\, e^{-0{,}000679\, y_1} - 264{,}2153\, e^{-0{,}085406\, P} + 2665{,}1776\, e^{-0{,}021859\, P} - 6353{,}4956\, e^{-0{,}006635\, P}$$

$n = 67 \quad \nu = 54$

$\mathfrak{R} = 0{,}9122$

$t = 16{,}3591$

$2\alpha < 0{,}1 \cdot 10^{-35}$

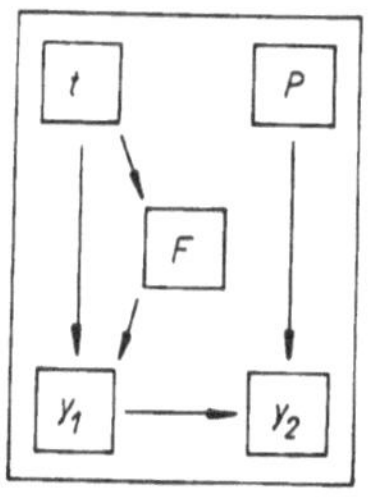

Abb. 7. Reizausnutzung in Abhängigkeit von Reizdruck als willkürlich veränderlichem Argument und Dichte der Meissnerschen Tastkörperchen. Wiederholtes Einsetzen einer Differentialgleichung in die andere führt auf [6]. Die Gleichung führt bei entsprechender Wahl der Integrationsbedingungen auf das hier gezeigte partikuläre Integral, das — siehe Flußbild — gleichzeitig Ergebnis der Reduktionsrechnung ist. Die eigentliche Strukturgleichung der Fläche ist durch [7] gegeben. Der Stern gibt den Zustand am Tage der Geburt beim Reizdruck P = 0 an. (Aus Scharf, 1967)

Tastkörperchendichte als vermittelnde Funktion des Lebensalters und als vermittelnde Funktion der Tastflächengröße, die ihrerseits vermittelnde Funktion der Zeit ist, zurückgeführt werden kann.

Hier könnte der Kritiker fragen: „Was hat das noch mit Morphologie zu tun?" Die Antwort ist einfach zu geben, weil die Mathematisierung alles vereinfacht: Wir wissen nun, wieso alte Menschen trotz des Verlustes an Tastorganellen nicht wesentlich weniger an Sensibilitätsleistung aufbringen als junge, wenn man von der Endphase der Greisenindolenz absieht. Das Defizit an Tastorganellen wird durch die altersbedingte Verkleinerung der Hautfläche an den Fingerbeeren *und* durch die Abbauvorgänge in der Cutis leidlich kompensiert (Scharf 1967b).

7. Wachstumsphasen beim Menschen

Untersuchungen von Daffner (1897), Martin und Saller (1959), Nowinski (1960) und Scharf (1968) haben in der anthropologischen und anatomischen Literatur zu der Annahme eines saisonabhängigen Schwankens des menschlichen Wachstums geführt. Der Nachweis aber ließ zu wünschen übrig, etwas krasser gesagt, es fehlte selbst eine einfache statistische Überprüfung. Eine Bearbeitung des vorliegenden Datenmaterials brachte erhebliche Schwierigkeiten mit sich, weil Daffner bei der Befunderhebung gegen alle Regeln der Biometrie verstieß. Moderne Rechentechnik unter Einsatz eines Computers geeigneter Leistungsfähigkeit führten aber schließlich doch zum Erfolg. Es dürfte wenig sinnvoll sein, hier den ganzen Rechengang wiederzugeben, denn er war sehr aufwendig. Die ausschlaggebenden Resultate wurden durch Fourier-Analyse, den Algorithmus von Whittaker und Robinson (1924) sowie aus Schwingungsdifferentialgleichungen gewonnen.

7.1. Fourier-Analyse

Dieser allgemein bekannte Algorithmus ist anwendbar, wenn die Wellen in rationalem Verhältnis zu einander gegeben sind. Für die Mittelwerte aus den 1697 Messungen Daffners war das in Abbildung 8 dargestellte Spektrum erhalten worden. Die Abbildung zeigt das Überwiegen der 2. Harmonischen, was

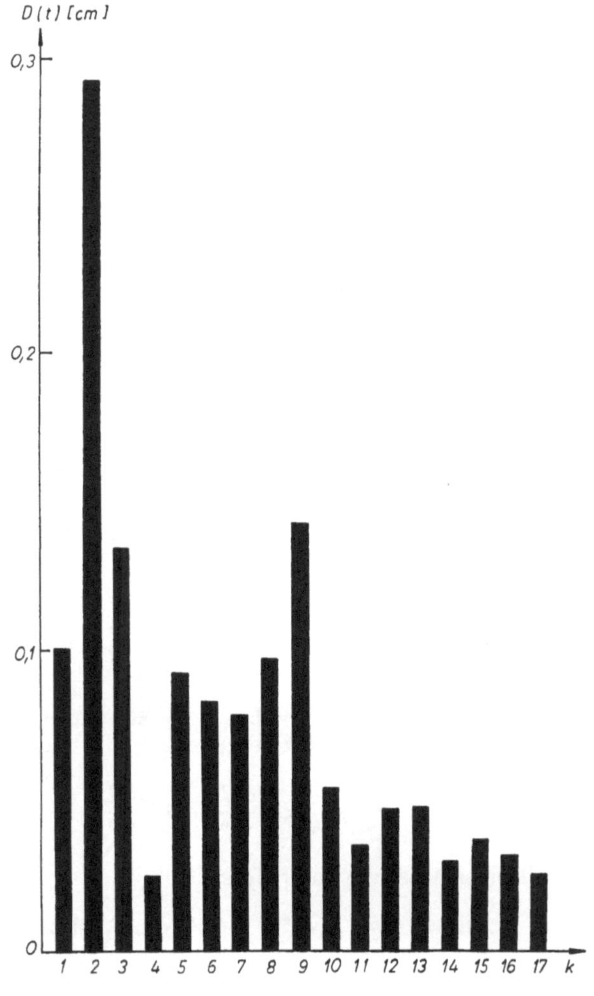

Abb. 8. Fourier-Spektrum für die Oscillationen des menschlichen Wachstums berechnet aus Messungen von Daffner (1897). Den wesentlichen Beitrag zum Ansatz leisten die 2. Harmonische (1. Oberwelle) mit $\lambda = 4{,}5$ [Jahre], die 9. Harmonische (8. Oberwelle) mit $\lambda = 1$ [Jahr] und die 3. Harmonische (2. Oberwelle) mit $\lambda = 3$ [Jahre]. Für die 1-Jahres-Periode gilt: Der Mensch wächst im Sommer schneller als im Winter. (Aus Scharf, 1968)

hier einer Periodenlänge von 4,5 Jahren entspricht. Die nächst bedeutsame Harmonische ist die 9., die eine 1-Jahres-Periodik greifbar werden läßt. Einen wesentlichen Beitrag zum Ansatz leistet schließlich noch die 3. Harmonische, die für die 3-Jahres-Periode steht. Die langen Perioden sind sicherlich klinisch interessant, lassen sie doch zu, einmal der Rezidivfrequenz chronischer Knochenerkrankungen nachzuspüren. Für die Theorie des Wachstums ist dagegen die Periode von 1 Jahr Länge besonders aufschlußreich. Die Körpergrößenzunahme ist beim Menschen bis zum Ende des Wachstums in den Sommermonaten eindeutig gegenüber dem Winterhalbjahr beschleunigt (Scharf, 1968).

7.2. Analyse nach Whittaker und Robinson (1924)

Dieser Algorithmus ist gleichzeitig eine moderne Weiterführung der klassischen FOURIER-Analyse wie des Algorithmus von PRONY. Der Rechengang gestattet es, auch solche Schwingungen zu analysieren, die nicht mehr harmonisch sind. Die Hauptanwendungsgebiete waren bisher Gezeitenforschung und Astrophysik (Fixsternzyklen). Für die Analyse des organismischen Wachstums scheint das Verfahren bisher nicht verwandt worden sein.

Für 2 gesuchte Perioden wird eine lineare Differenzengleichung 2. Ordnung zugrunde gelegt:

$$\Delta^1_{i+4,5} + \Delta^1_{i+0,5} + \alpha_1 \Delta^1_{i+3,5} + \alpha_1 \Delta^1_{i+1,5} + \alpha_2 \Delta^1_{i+2,5} = 0. \quad [8]$$

Die Konstanten α_1, α_2 erhält man aus einem besonders konstruierten System von 2 linearen Differentialgleichungen mit GAUSS-transformierten Koeffizienten. Hierauf kann an dieser Stelle nicht näher eingegangen werden. Aus [8] läßt sich das charakteristische reziproke Polynom 4. Grades

$$\xi^4 + \alpha_1 \xi^3 + \alpha_2 \xi^2 + \alpha_1 \xi + 1 = 0 \quad [9[$$

gewinnen, dessen Lösung auf die Antilogarithmen der gesuchten Exponenten der Funktion

$$y = A_1 e^{i\gamma_1 t} + A_2 e^{-i\gamma_1 t} + A_3 e^{i\gamma_2 t} + A_4 e^{-i\gamma_2 t} \quad [10]$$

führt. Hier waren (gerundet) die rein imaginären Exponenten

$$i\gamma_1 = \pm\, i\, 5{,}595$$

$$i\gamma_2 = \pm\, i\, 0{,}310.$$

Da e-Funktionspolynome mit rein imaginären Exponenten nach dem Satz von EULER auf einfache Weise in Sinus-Cosinus-Funktionen umgeformt werden können, ergeben sich aus dem Ansatz hier die Periodenlängen von 20,26 Jahren und 1,12 Jahren. Die lange Periode ist etwa der Gesamtwachstumsdauer des Menschen gleich, die Kurve gibt annähernd eine Jahresperiodik wieder (SCHARF, 1968).

7.3. Wachstumsdifferentialgleichung für die Körperhöhe von Homo sapiens

Mittels GAUSSscher Transformation nach Anwendung des Algorithmus von PRONY erhält man aus den Meßwerten DAFFNERS die Koeffizienten des linearen Differenzengleichungssystems (in Matrizenschreibweise)

$$(\Sigma\, \Delta^1_j\, \Delta^1_k) \begin{pmatrix} a_0 \\ \vdots \\ a_4 \end{pmatrix} = \begin{pmatrix} \Sigma\, \Delta^1_{i+5,5}\, \Delta^1_{i+0,5} \\ \vdots \\ \Sigma\, \Delta^1_{i+5,5}\, \Delta^1_{i+4,5} \end{pmatrix} \quad \begin{matrix} [i = 0,1,2, \ldots, n-4] \\ [j, k = i + 0{,}5;\ i + 1{,}5; \ldots; i + 4{,}5]. \end{matrix} \quad [11]$$

Nach Logarithmierung des Lösungsvektors a und einigen Umformungen führt [11] auf die lineare Differentialgleichung (L = Körperlänge, t = Alter)

$$\frac{d^6 L}{dt^6} + 2{,}5 \frac{d^5 L}{dt^5} + 12 \frac{d^4 L}{dt^4} + 8{,}2 \frac{d^3 L}{dt^3} + 19 \frac{d^2 L}{dt^2} + 2{,}4 \frac{dL}{dt} = 0. \quad [12]$$

Die allgemeine Lösung von [16] ist

$$L(t) = A_0 + A_1 e^{\gamma_1 t} + e^{\gamma_2 t}(A_2 \cos \omega_1 t + A_3 \sin \omega_1 t) + e^{\gamma_3 t}(A_4 \cos \omega_2 t + A_5 \cos \omega_2 t), \quad [13]$$

das hier passende spezielle Integral war mit dem Computer rasch zu erhalten.

Die oscillatorische Komponente des Wachstums der Organismen, die hier am Beispiel des menschlichen Längenwachstums aufgezeigt ist, ging früher im allgemeinen im großen Sammeltopf ,,biologische Streuung'' unter. DAFFNERS Versuch, diese Saisonschwankungen nachzuweisen, mußte ohne weitgreifende Wirkung bleiben, weil er mit ungeeigneten, fast naiv-laienhaft erhobenen Meßwerten und völlig unzulänglichem Rüstzeug vorging. Heute läßt sich zeigen, daß diese oscillatorische Komponente jedem Wachstumsprozeß eigen ist, auch dem von Tumoren. Um der Kausalmechanik des Geschehens nachzuspüren, sei später die Auswertung eines Tierversuches vorgestellt (v. BERTALANFFY, 1942, 1957, 1960, 1964; CLAUS, 1965; NOWINSKI, 1960; SCHARF, 1966c, 1967a, 1967b).

7.4. Embryonales und foetales Längenwachstum beim Menschen

Aus einigen Millionen Messungen, die in fast allen Frauenkliniken und Embryologischen Instituten der Welt erhoben wurden, sind wir recht gut über die Abhängigkeit der Körpergröße vom Schwangerschaftsalter informiert. Nun interessiert in der geburtshilflich-gynäkologischen Praxis aber meist die Umkehrung, also die Berechnung des Fruchtalters aus der Größe des Keimlings. Solchen Berechnungen wird gewöhnlich die HAASEsche Regel zugrunde gelegt, die in allen Lehrbüchern steht, obwohl längst bekannt ist, daß sie auf unsichere Werte führt. Eigene, hier erstmals veröffentlichte Untersuchungen zeigen, daß in der den Praktiker am meisten interessierenden zweiten Schwangerschaftshälfte der Fehler bis zu 30 Tagen betragen kann. Das ergibt einen Fehler von einem ganzen Monat oder 10% der Schwangerschaftsdauer!

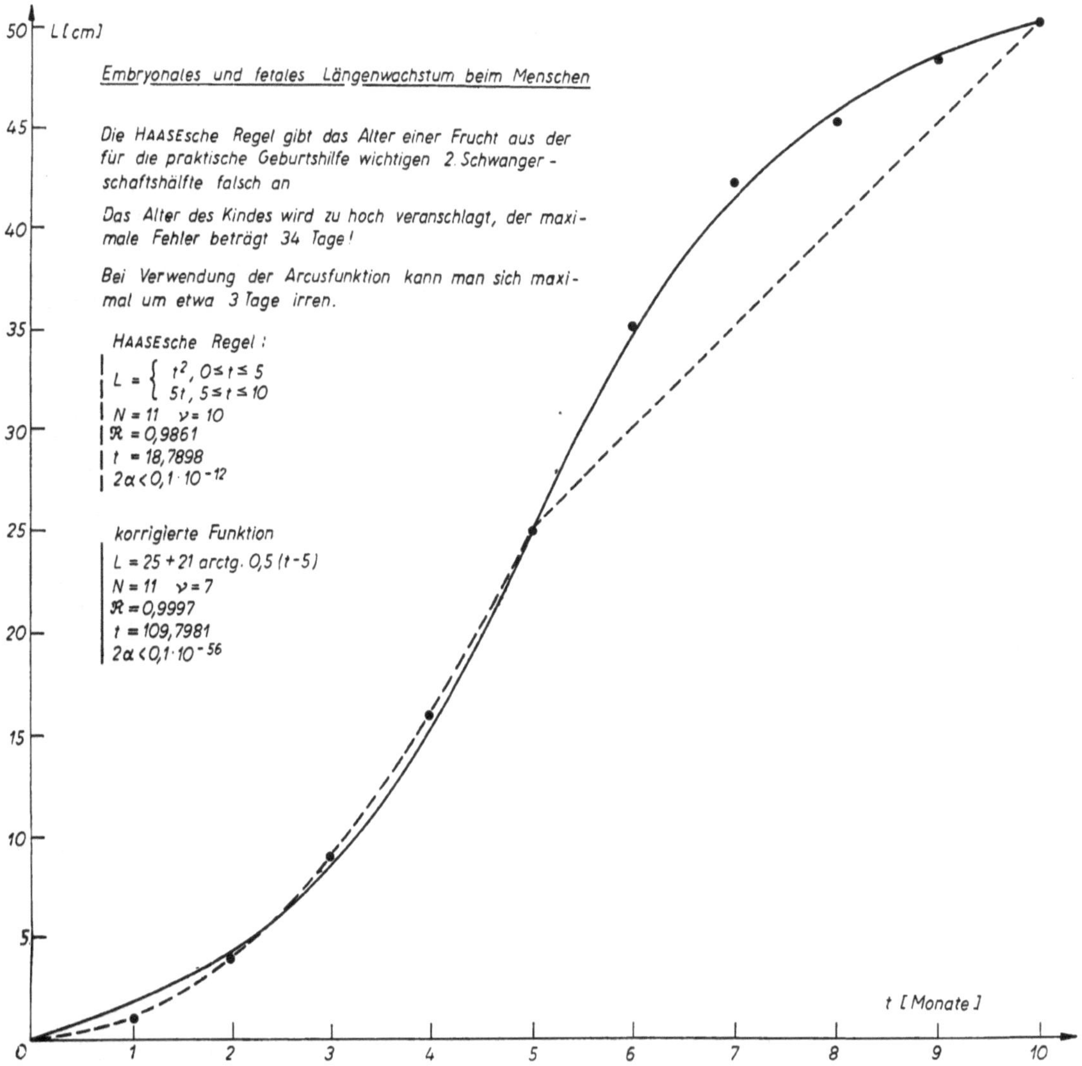

Abb. 9. Äquidistant aufgetragene Mittelwerte für die Länge (L [cm]) menschlicher Embryonen und Feten in Abhängigkeit der Zeit (t [Lunarmonate]) nach zahlreichen Angaben aus der Weltliteratur. Approximation a) durch die HAASEsche Regel (—) und b) durch den Arcus tangens. Beide Approximationen liefern im 1. Monat der Schwangerschaft zu große Werte, dann bis zur Mitte der Gravidität ziemlich genaue. In der 2. Schwangerschaftshälfte gibt die HAASEsche Regel falsche, die transzendente Funktion aber richtige Werte. In Schwangerschaftsmitte führt die HAASEsche Regel auf eine sinnlose Unstetigkeitsstelle, die transzendente Funktion dagegen auf einen Wendepunkt, der mit einem Umschlag des Gewebestoffwechsels zusammenhängen dürfte (vgl. KROMPECHER). Original nach unveröffentlichten Berechnungen von SCHARF

Der Grund für das Versagen der „Formel" ist darin zu sehen, daß es sich eigentlich um 2 Formeln, nämlich um je eine für jede Schwangerschaftshälfte handelt: Ein Parabelast approximiert gut die Meßdaten aus der 1. Hälfte, während der unstetige Übergang in die Gerade für die 2. Hälfte auf eine Unstetigkeitsstelle (Schwangerschaftsmitte) und auf sehr schlechte Approximation der Meßwerte zwischen Mitte und Ende der Gravidität führt. Der Kurvenzug nach Haase ist in Abbildung 9 gestrichelt.

Auf sinnvolle Formeln führt dagegen Anpassung an den Tangens hyperbolicus oder an den für den Mediziner leichter verständlichen, in der Schulmathematik gelehrten Arcus tangens. Die letztgenannte Funktion ist in Abbildung 9 ausgezogen. Das berechnete Alter — man kann es einfach aus der Zeichnung ablesen — hat dann einen Maximalfehler von nur noch ± 3 Tagen!

Wegen der Konsequenzen, die sich aus diesem charakteristischen Verlauf des Wachstumsprozesses für die aktuelle Forschung ergeben, sei auf den Beitrag von Krompecher in diesem Band hingewiesen.

8. Die Zunahme des Körpergewichtes in Abhängigkeit von der Umgebungstemperatur

Im Tierversuch als Modell läßt sich manches leichter nachweisen als bei Reihenuntersuchungen an Menschen. Man muß sich allerdings über den Modellcharakter des Ergebnisses im klaren sein. Imitiert man den jahreszeitlichen Temperaturzyklus im Laboratorium und wiegt man die Tiere (hier: Ratten) täglich bei ebenfalls täglicher Messung des Gasstoffwechsels, so gelingt es, genügend Meßwerte für eine subtile Analyse zu erhalten. In Abbildung 10 sind die Meßwerte aus einem solchen Versuch aufgetragen. Mittels eines vom Verfasser entwickelten Algorithmus, der von ihm und seinen Mitarbeitern für den programmgesteuerten Digitalrechner ZRA 1 programmiert wurde, kann man direkt die Koeffizienten der Differentialgleichungen bestimmen, die jeden der Einzelprozesse zu beschreiben gestatten. Durch einen ziemlich rechenaufwendigen Ansatz findet man dann die Koppelungskonstanten, die zur Aufstellung eines Systems simultaner Differentialgleichungen führen. Entwicklung der Systemdeterminante in der in der Analysis üblichen Weise ergibt schließlich die gemeinsame Differentialgleichung des Systems. Integriert man nun zunächst für die Temperatur über das Grundintervall, erhält man den analytischen Ausdruck für T (t). Die beiden anderen Funktionen ergeben sich sodann aus dem Koeffizientenvergleich. Man kann natürlich auch das ganze System durch simultane Regressionsrechnung integrieren, ein Verfahren, das sich in der Ingenieur-Mathematik vielfältig bewährt hat.

Abbildung 10 zeigt, daß der O_2-Verbrauch der Ratten die harmonischen Schwingungen der Umgebungstemperatur über 2 „künstliche Jahre" von je 28 Tagen Dauer imitiert, d. h. die periodischen Gasstoffwechsel-Oscillationen hängen deutlich von der Umwelttemperatur ab. Doch ist zu beachten, daß ein Langzeitanstieg der Umgebungstemperatur, der sich den Schwankungen auflagert, vom O_2-Stoffwechsel gegensinnig beantwortet wird: Er sinkt langzeitig ab (Gegenregelung). Der Gasstoffwechsel ist nun aber ein Maß für die im Organismus ablaufenden Verbrennungsprozesse: Ein niedriger Gasumsatz bei Fütterung ad libitum führt zu Auffüllung der Glykogen- und Fettdepots, ein erhöhter Gasumsatz aber stets zu Abgabe verbrennungsfähiger Substanzen aus den Depots. So läßt sich verstehen, warum die Gewichtskurve ebenso steigt, wie die Kurve der Umgebungstemperatur, während die O_2-Stoffwechselkurve sinkt. Bemerkenswert ist nun, daß der Gewichtszuwachs ebenfalls Oscillationen unterworfen ist, aber mit Lag, d. h. mit Zeitverzögerung. Der „Kalender des Körpergewichtes" geht etwa 6 Tage gegenüber der Zeitrechnung für den O_2-Verbrauch nach. Einem Stoffwechselminimum folgt 6 Tage später ein Körpergewichtsmaximum und umgekehrt. Es läßt sich also eine Erklärung für die Schwankungen des Körpergewichtes geben (Scharf, 1961, 1965c, 1966a, 1966b, 1966c, 1967a; Scharf und Mitarbeiter, 1965a, 1965b).

Rückblick und Ausblick

Gegenüber den etwa gleichaltrigen Disziplinen Physik und Astronomie hat die Anatomie sehr lange gebraucht, bis sich in den Köpfen ihrer Vertreter die Erkenntnis durchzusetzen begann, daß eine Wissenschaft erst dann eine wahre Wissenschaft im Sinne der Erkenntniskritik ist, wenn sie in der Lage ist, ihre Probleme in der Formelsprache der Mathematik abstrakt darzustellen. Die Anatomie hat aber zu allen Zeiten — das Mittelalter ausgenommen — gezeigt, daß sie willens und fähig ist, der praktisch-klinischen Medizin solides morphologisches Wissen in dem Maße zur Verfügung zu stellen, wie es benötigt wird. Meist hatte die Morphologie einen Vorlauf, d. h. ihr Wissensstand reichte für das klinische Morgen aus. Es scheint, als sei dieser Vorlauf auch im Zeitalter der Mathematisierung der gesamten Medizin zu garantieren.

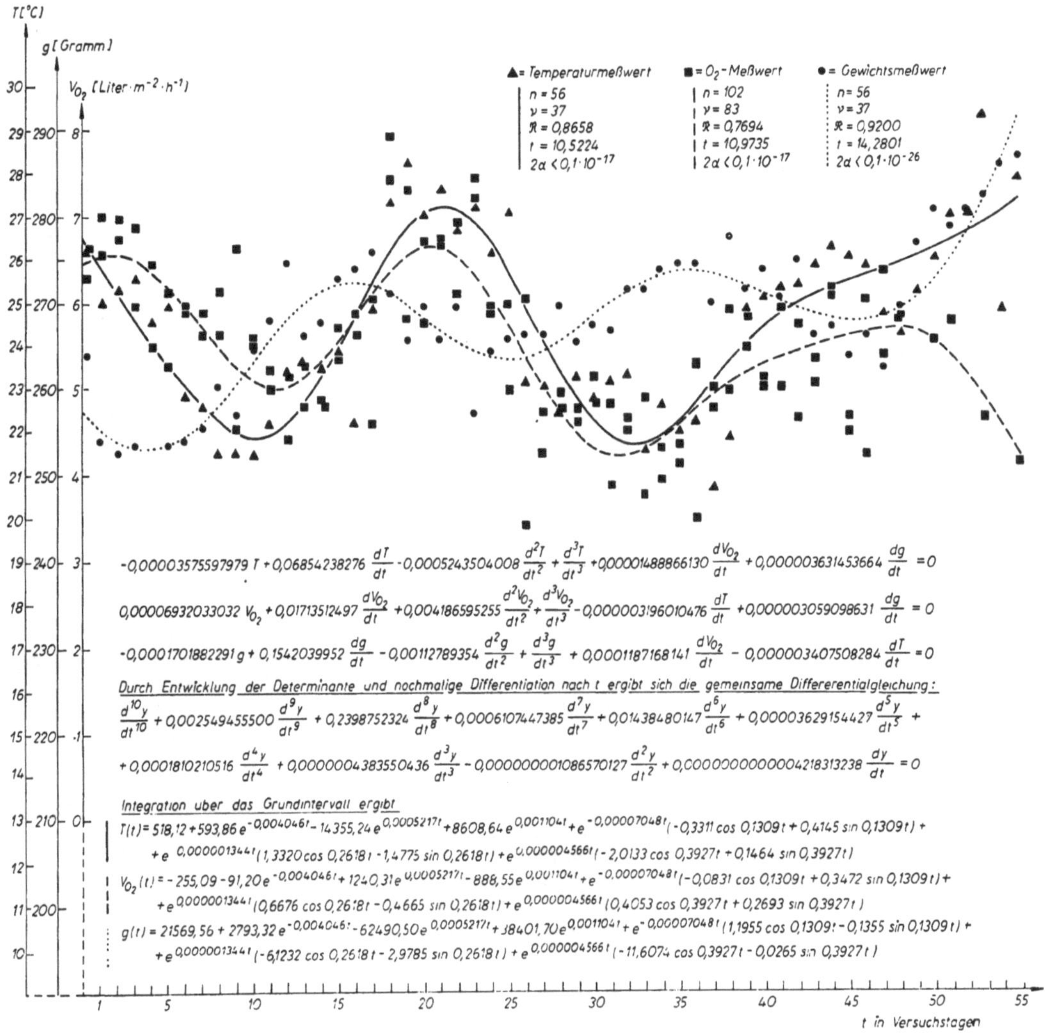

Abb. 10. **Auswertung eines Tierversuches (Ratten) zur Kausalanalyse der spontanen Körpergewichtsschwankungen. Im Laboratorium wurden willkürliche, programmierte Temperaturschwankungen erzeugt: 1 künstliches Jahr = 28 Tage. Der O_2-Verbrauch kopiert die Temperaturschwingungen, jedoch wird ein Langzeitanstieg der Temperatur durch einen Langzeitabfall des Gasstoffwechsels (Trendfunktion) beantwortet. Das Körpergewicht wird folgegeregelt (Nachlaufregelung), wobei ein Lag von 6 Tagen eintritt, aber gegensinnige Auslenkungen stattfinden. Beschreibung durch ein geschwindigkeitsgekoppeltes simultanes Differentialgleichungssystem 9. Ordnung. Das System der partikulären Integrale (der speziellen Lösungen) befriedigt die empirischen Meßwerte. (Aus Scharf, 1967)**

Zusammenfassung

An Hand einiger ausgewählter Beispiele aus eigenen Forschungsarbeiten und aus Untersuchungen des Kybernetik-Teams des Anatomischen Institutes Halle, das unter Leitung des Verfassers arbeitet, wird gezeigt, daß zahlreiche Probleme der modernen Morphologie mathematisch formulierbar und damit elegant lösbar sind. Es werden einige Differentialgleichungen und ihre Lösungen vorgestellt, die funktionale Abhängigkeit in der Morphologie in der Gestalt mathematischer Theorien faßbar machen. Im einzelnen wird auszugsweise auf das Problem der neuronalen Mitochondrien, das Alterungsproblem des Nervensystems, das Wachstum der Fingertastfläche, das Problem der Tastreizausnutzung in Abhängigkeit vom Alter, das Problem des Oscillierens von Wachstumskurven sowie den Zusammenhang zwischen Umwelttemperatur, O_2-Verbrauch und Körpergewicht (im Tierexperiment) eingegangen. Umfangreichere biokybernetische Probleme (Systemanalysen usw.) können nicht in Kürze dargestellt werden.

Literatur

Ashton, E. H., und S. Zuckerman: Maß und Zahl in der Morphologie. In: K. F. Bauer, (Ed.), Ergebnisse der Medizinischen Grundlagenforschung. Bd. **1**, S. 737—771. Stuttgart: G. Thieme 1956.

Bertalanffy, L. v.: Theoretische Biologie. Bd. **2**: Stoffwechsel, Wachstum, Berlin: Borntraeger 1942.

Bertalanffy, L. v.: In: Kükenthals Handbuch der Zoologie. Bd. 8, 4(6). Berlin: W. de Gruyter 1957.

Bertalanffy, L. v.: Principles and theory of growth. In: W. W. Nowinski (Ed.), Fundamental aspects of normal and malignant growth. pp. 137—259. Amsterdam: Elsevier 1960.

Bertalanffy, L. v.: Basic concepts in quantitative biology of metabolism. Helgol. Wiss. Meeresunters. **9**, 5—38 (1964).

Blume, R., und J. H. Scharf: Histologische, histotopochemische und statistische Untersuchungen über Länge und Verteilung der Mitochondrien in der peripheren segmentierten Nervenfaser und ihren Hüllzellen des N. intercostalis bei Bos taurus. Acta histochem. **19**, 24—66 (1964).

Bolton, C. F., R. K. Winkelmann and P. J. Dyck: A quantitative study of Meissner's corpuscles in man. Neurology (Minneapolis) **16**, 1—9 (1966).

Bourlière, F.: Das Altern. Der Mensch und das Leben. Eine Enzyklopädie der Biologischen Wissenschaften. Herausgeg. von R. Chauvin et al. Bd. **5**: Der menschliche Organismus. 1. Die Funktionen, S. 135—141. Leipzig, Jena, Berlin: Urania-Verlag 1966.

Claus, S.: Ein stochastischer Prozeß zur Beschreibung des Wachstums von Pflanzen in Abhängigkeit von Parametern der Umwelt. Vortrag 12. Biometr. Colloq., Biometr. Ges., Dtsch. Reg. Prag, 8.—10. IV. 1965.

Daffner, F.: Das Wachstum des Menschen — Anthropologische Studie. Leipzig: Engelmann 1897.

Gauss, C. F.: Theoria motus corporum coelestium in sectionibus conicis Solem ambientium. Hamburgi: F. Pertheset J. H. Besser 1809.

Gauss, C. F.: Theoria combinationis observationum erroribus minimis obnoxiae. Pars prior. Comm. soc. reg. sci. Gotting **5** (1823). Nachdruck in: Werke. Bd. **5**, S. 1—26. Göttingen: Gesellschaft der Wissenschaften 1873.

Gauss, C. F.: Theoria combinationis observationum erroribus minimis obnoxiae. Pars posterior. Comm. soc. reg. sci Gotting. **5** (1823). Nachdruck in: Werke. Bd. **5**, S. 27—53. Göttingen: Gesellschaft der Wissenschaften 1873.

Gauss, C. F.: Supplementum theoriae combinationis observationum erroribus minimis obnoxiae. Comm. soc. reg. sci. Gotting. **6** (1828). Nachdruck in: Werke. Bd. **5**, S. 55—93. Göttingen: Gesellschaft der Wissenschaften 1873.

His, W.: Johann Sebastian Bach, Forschungen über dessen Grabstätte, Gebeine und Antlitz. Bericht an den Rath der Stadt Leipzig im Auftrage einer Commission erstattet. Leipzig: Vogel 1895.

His, W.: Anatomische Forschungen über Johann Sebastian Bach's Gebeine und Antlitz nebst Bemerkungen über dessen Bilder. Abh. math.-phys. Kl. Sächs. Ges. Wiss. **22**, 379—420 (1895).

Martin, R., und K. Saller: Lehrbuch der Anthropologie. 3. Aufl., Bd. II. Stuttgart: G. Fischer 1959.

Nowinski, W. W. (Ed.): Fundamental aspects of normal and malignant growth. Amsterdam, London, New York, Princeton: Elsevier Publishing Co. 1960.

Prony, G. C. F. M. R. Baron de: Méthode d'interpolation applicable aux phenomènes qui dépendent des fluides élastiques. J. École Polytechn. (Paris) **2**, 28—33 (1796).

Ronge, H.: Alterveränderungen des Berührungssinnes. I. Druckpunktschwellen und Druckpunktfrequenz. Acta physiol. Scand. **6**, 343—352 (1943).

Ronge, H.: Altersveränderungen der Meissnerschen Körperchen in der Fingerhaut. Z. mikrosk.-anat. Forsch. **54**, 167—177 (1944).

Scharf, J. H.: Sensible Ganglien. In: v. Möllendorff-Bargmanns Handbuch der mikroskopischen Anatomie des Menschen. Bd. 4/3. Berlin, Göttingen, Heidelberg: Springer 1958.

Scharf, J. H.: Regelung des peripheren Stoffwechsels durch das Zwischenhirn-Hypophysenvorderlappen-Schilddrüsen-System. In: H. Mittelstaedt (Ed.), Regelungsvorgänge in lebenden Wesen, S. 105—125. München: R. Oldenbourg 1961.

Scharf, J. H.: Chemie und Anatomie des Neurons. Psychiatr., Neurol. u. med. Psychol. **16**, 357—373 (1964a).

Scharf, J. H.: Der Anatomenstreit um Schillers Schädel. Nova Acta Leopold. NF **29**, 179—194 (1964b).

Scharf, J. H.: Hermann Welcker 1822—1897. In: Freund-Bergs Geschichte der Mikroskopie. Bd. **2**, S. 483—493. Frankfurt (Main): Umschau-Verlag 1965a.

Scharf, J. H.: Hermann Welckers Bedeutung für die Identifizierung der Gebeine Johann Sebastian Bachs. Bach-Jb. **51**, 5—9 (1965b).

Scharf, J. H.: Zur Regressionsrechnung in der Morphologie: Funktionelle Anatomie und mathematische Funktion. Verh. anat. Ges. **60**, 481—499 (1965c).

Scharf, J. H.: Wachstums- und Abklingfunktionen als Beispiele mehrgliedriger Exponentialfunktionen. Morph. Jb. **108**, 283—343 (1966a).

Scharf, J. H.: Analysis der Basalstoffwechselregelung in Abhängigkeit von Umweltfaktoren und Körpergewicht. Helgol. wiss. Meeresunters. **14**, 230—270 (1966b).

Scharf, J. H.: Parameterfreie Verfahren als Hilfsmittel der Stoffwechselkybernetik. Studia biophysica (Berlin) **1**, Suppl. 1, 25—32 (1966c).

Scharf, J. H.: Analysis von Schwingungsvorgängen bei funktionell-anatomischen Fragestellungen. Verh. anat. Ges. **61**, 609—629 (1967a).

Scharf, J. H.: Strukturanalytische Untersuchungen zur Altersabhängigkeit der Sensibilität. Z. Zellforsch. **80**, 124—139 (1967b).

SCHARF, J. H.: Zum Problem der oscillatorischen Komponente menschlicher Wachstumskurven. Festschrift zum 65. Geburtstage von LUDWIG VON BERTALANFFY 1969 (im Druck).
SCHARF, J. H., J. ADAM und R. BLUME: Zur Frage der Berechtigung einer Klassifizierung histometrischer Daten, dargestellt an der Längenverteilung neuronaler Mitochondrien. Morph. Jb. **106**, 594—617 (1964).
SCHARF, J. H., und R. BLUME: Über die Abhängigkeit der axonalen Mitochondrienzahl vom Kaliber der segmentierten Nervenfaser auf Grund einer Regressionsanalyse. J. Hirnforsch. **6**, 361—376 (1964a).
SCHARF, J. H., und R. BLUME: Die nichtlineare Abhängigkeit der Mitochondrienzahl im Achsencylinder vom Kaliber der segmentierten peripheren Nervenfaser als Beispiel der Auswertung mikroskopischer Befunde mittels dreidimensionaler Regressionsanalyse. Z. wiss. Mikrosk. **66**, 146—163 (1964b).
SCHARF, J. H., und R. BLUME: Quantitativ-morphologische Befunde zur Hypothese des Mitochondrientransportes im Neuron. Z. Zellforsch. **62**, 454—467 (1964c).
SCHARF, J. H., und R. BLUME: Über das Problem der Mitochondrien im Neuron. Psychiatr., Neurol. u. med. Psychol. **18**, 41—59 (1966).
SCHARF, J. H., und H. J. BLUMENTHAL: Neue Aspekte zur altersabhängigen Involution des sensiblen peripheren Nervensystems. Z. Zellforsch. **78**, 280—302 (1967).
SCHARF, J. H., K. H. HERLING und K. SCHMUTZER: An analysis of the volume of thyroid nuclei following interventions in the endocrine system. Folia histochem. cytochem. (Kraków) **6**, 153—183 (1968).
SCHARF, J. H., R. KLEINE und H. ABESSER: Die Problematik der Photometereichkurve — statistisch gesehen. Histochemie **10**, 154—192 (1967).
SCHARF, J. H., J. PEIL, D. MARZOTKO und R. SCHMIDT: Vorstudien zu einer exakten Regelungstheorie des Zwischenhirn-Hypophysenvorderlappen-Schilddrüsen-Systems in Abhängigkeit von der Umwelttemperatur. Elektron. Inform. verarb. Kybernetik **1**, 99—125 (1965).
SCHARF, J. H., R. SCHMIDT und D. MARZOTKO: Zur Frage der Vermaschung des Zwischenhirn-Hypophysenvorderlappen-Schilddrüsen-Systems mit anderen Regelkreisen bei der weißen Ratte auf Grund einer multiplen Konkordanzanalyse. Biol. Rdsch. **3**, 193—198 (1965).
WHITTAKER, Sir E., and G. ROBINSON: The calculus of observations. A treatise on numerical mathematics. 4th ed., 10th reprint. London-Glasgow, Blackie & Son Ltd. 1965.
WILLERS, FR. A.: Methoden der praktischen Analysis. 3. Aufl. Berlin: W. de Gruyter 1957.

Diskussionsredner:

GRIMM (DDR), SEITELBERGER (Österreich).

Отдел патологической анатомии II. Московского Медицинского Института им. Н. И. Пирогова, Москва, СССР.

Методологические основы патологии

от

И. В. Давыдовского †

Патология как понятие имеет давность тысячилетий, и сейчас трудно сказать, что именно вкладывали в него древние греки. Очевидно, что это учение (logos) о страдании (pathos) причиняется ли оно какими-то внешними силами или возникает спонтанно. Но очевидно и то, что прежде чем возникло *учение*, было самое слово — страдание (боль, болезнь, недуг), отражавщее определенное чувство, противоположное нормальному состоянию эдоровья, Контрарность обоих понятий (болезни и здоровья, патологии и физиологии) с точки зрения формальной логики и сейчас не вызывает сомнений. Диалектическая логика, как мы увидим ниже, категорически отрицает такую контрарность, а, следовательно, и абсолютизацию этих понятий.

Прощли века, и вопросы — что такое болезнь и что такое патология, чем она отличается от физиологии, имеют ли они какую-то общую субординацию как понятия, — фактически остаются без убедительного ответа. Анализ определений болезни свидетельствует об одном: даваемые определения, как правило, за немногими исключениями исходят из чисто рассудочных представлений здравого смысла, продиктованных обыденным сознанием и эмпирической логикой. Чаще всего это отрицательные определения чего не допускает логика. *Очевидно*, что болезнь (как и здоровье) это процесс жизнедеятельности, а отнюдь не просто «нарушение» последней. Страдание часто окрашивает и здоровые состояния. Муки родов никогда не заставляют думать о смерти; наоборот, это «здоровая болезнь», необходимая, естественная; ее исход — счастье материнства, а биологически — это продление вида.

Процесс жизнедеятельности является общим *родовым* определением здоровья и болезни, поиски *видовой* (логической) дифференцировки требуют вычленения из этого широкого определения какой-то характерологической основы. Важнейшей биологической характеристикой процессов жизнедеятельности является *устойчивость*, т. е. гомеостаз, самообновление, приспособление. Формы последнего поистине безграничны и не только в аспекте обычных приспособительных реакции, болезнено уравновешивающих организм со средой, но и таких реакций, которые болезненно преодолевают конфликт со средой, которые создают субъективно-болезненную жизненную ситуацию, порождающую однако *в конечном итоге* новый задел на будущее. Такова регенерация после травмы, таков иммунитет после инфекции, такой сам инфекционный процесс как «биотехника» иммунитета. Из этого следует, что развивающиеся в организме процессы, называемые нами патологическими, нозологическими, отнюдь не являются *абсолютно* патологическими, хотя и бесспорно болезненными, в какой-то мере иногда инвалидирующими и даже угрожающими жизни. Они не являются просто гомеостатическим иили уравновешивающими; они непросто возвращают нас при своем заверщении к прежнему состоянию здоровья; фактически этого не бывает: всякое выздоровление — это *новое* здоровье и притом отнюдь не обязательно в отрицательную сторону. Несомненно, впрочем, что и сам патологический процесс (например, воспаление) можно рассматирвать как форму биологической активности, имеющей «спасительное» значение. Так именно писали о воспалении И. Мечников, Н. Пирогов, Гунтер и др. Речь в патологии часто идет о таких формах биологической активности, когда только *через* болезнь, (т. е. с ее помощью) приобретается здоровье на будущее.

Эмпирически это познано было около 200 лет назад, когда Дженнер предложил противооспенную вакцину для того, чтобы с помощью «малой» оспы, искусственно прививаемой, создать иммунитет, к оспе истинной, во всех отношениях опазной. Примером того же, как человек предотвращает стихийно возникающие инфекционные заболевания *через* малую болезнь, могут служить все предохранительные прививки у детей и взрослых. С одной стороны, они болезненны, с другой стороны, они иммуногенны; наконец они просто необходимы не только с индивидуальной, но и с государственной точки зрения. Вывод здесь очевиден: прививк ибиологически служат тем же целям, что и стихийно возникающие инфекционные заболевания, а именно иммуногенезу и иммунитету.

Самая постановка вопроса о радикальном разграничении понятий здоровья и болезни встречает непреодолимые трудности. Продолжим, однако, поиски границ между обоими понятиями. Делались попытки ответить на эти вопросы, прибегая к различным доводам как чисто философского, так и социологического порядка.

Философские доводы не помогли ответить на поставленные вопросы, поскольку принцип меры и мерность (в отношении меры здоровья) в биологических явлениях дает осечку. Философские категории вообще не могут быть отмычками при решении принципиальных вопросов биологии. Самый вопрос о возможности принципиального разграничения понятий здоровья и болезни (или физиологии и патологии) иногда решается очень упрощенно в виде указания, что во время болезни, самим организмом, выдвигаются особые «физиологические» меры против болезни, т. е. что в больном организме идет как бы борьба двух начал. В этой «борьбе» особенно видную роль приписывают центральной нервной системе, которая призвана эффективно регулировать, защищать, компенсировать, но сама никакого участия в организации болезни не принимает. Это безспорно идеализация нервной системы.

Принцип борьбы двух начал по ходу болезни, убеждение в реальности существования «физиологической меры» против болезни, и притом во время болезни, отражает остатки старых представлений не только дуалистических, но и мистических.

Итак, несмотря на житейскую очевидность казалось бы принципиального отличия болезни и здоровья, это не так очевидно с научной точки зрения. Оба понятия хорошо различает сам больной; наука же не дает четкого решения. Продолжим однако наши поиски. Для этого вернемся к характеристике патологических процессов, столь часто обнаруживаемой в трудах современных патологов и особенно клиницистов. Болезнь, иногда говорят они, это хаос, дезорганизация, дисгармония, беспорядок, словом-«нарушение». Философ Гольбах (1723—1789) на головур азбил эти измышления, доказав, что патология не беспорядок, что это *особый порядок*. Патолог и не может себе представить иного решения вопроса, поскольку он описывает типовые картины процессов, болезней, синдромов. Это логически исключает возможность говорить о «безспорядке». Да и в принципе существует ли в органической природе дисгармония или беспорядок? Очевидно такого рода высказывания отражают субъективизм, обыденное сознание их авторов, а фактически психологическую настроенность самих пациентов, которых действительно трудно убедить в том,что они «в порядке». Итак, патология — это учение об особых видах жизнедеятельности. В явлениях, относимых к патологии имеется свой порядок, и задача патологов заключается в том, чтобы искать порядок в кажущемся «беспорядке», искать законы и механизмы, определяю щиеформы деятельности функциональ. ных систем тела при болезни, их физиологическую направленность и биологическое значение.

Только в патологии (и в клинике) можно познать весь диапазон физиологических функций организма — таков смысл высказывания основоположников русской физиологии (М. М. Сеченова, И. П. Павлова, Н. Е. Введенского, А. А. Ухтомкого). И это глубокая правда! В ХУШ веке А. фон Галлер (1708—1778) выразил ее в афоризме: pathologia physiologiam illustrat. К сожалению эта правда не получила должного теоретического развития. Больше того, даже физиология, как таковая, раскололась на нормальную и патологическую. Та и другая стали *отдельными* дисциплинами будучи фактически одним и тем же, т. е . учением о жизни в любых ее состояниях. Перед нами пример того, как представление о научных дисциплинах иногда оказывается в конфликте с дисциплиной мышления.

Если патология не хаос, т. е. все та же физиология, то и весь вопрос о *патологии как науке* должен найти себе новое решение, оказывающееся в очевидном семантическом конфликте с установившимися понятиями; патология расширяет и углубляет физиологию, образуя *вместе с ней* мощную ветвь биологии. Предрассудок, по которому физиология относится к биологическим, а патология к медицинским дисциплинам, корнями своими уходят в те же суеверные представления о сущности болезни, что это хаос и беспорядок, что это *«ведомство» медицины*.

Какие принципиальные стороны жизни раскрываются в патологии?

1. Принцип единства организма и среды.
2. Принцип приспособления к среде.
3. Принцип целостности и индивидуальности.
4. Принцип саморегуляции, самодвижения.
5. Принцип биологической целесообразности.

Ни один патологический процесс не может быть понят в отрыве от внешней среды. Именно последняя является извечным измерителем функциональной и морфологической лабильности всех систем тела. В далекие исторические сроки эта внешняя среда была фактором, формирующим структуры и функции животного мира, становление и разнообразие его в ходе эволюции видов. С помощью той же среды испытывалась жизненность органического мира, а не выдержавшие этих испытаний виды и отдельные их представители болели и погибали; подчеркиваем: *сначала* болели, *потом* умирали. Другими словами, болезнь и патология возникали естественно-исторически в процессе самой жизни как ее естественная необходимость. Таковой является и смерть. Человеческая практика учит нас, что между жизнью и смертью в животном мире стоит болезнь. Поскольку болезнь почти всегда болезненна, люди назвали соответствующую область знаний патологией. Сюда же они склонны были отнести целый период жизни человека — старость, охватывающую целый ряд десятилетий. Senectus ipse morbus, сказал Цицерон, т. е. старость — это болезнь. Народы мира вышли из положения несколько иначе, они создали новое слово — недуг — косвенно этим сказав что между болезнью и здоровьем располагается еще что-то, что не является ни здоровьем, ни болезнью, а вернее тем и другим.

Принцип приспособления — один из важнейших в эволюции живых существ и в индивидуальной жизни. Казалось бы, что в патологии этот принцип или вообще не должен фигурировать, или фигурировать только в аспекте отрицательном: казалось бы только недостаточность приспособительных реакций порождает болезнь и смерть. Выяснилось, однако, что порождаемая болезнь отнюдь не обязательно смертельна, что болезнь — это тоже жизнь, что по ходу болезни возникает даже жизнь — утверждающие состояния, что в принципе это форма приспособления организма, характеризующаяся специфическими уровнями приспособительных реакций, страдательных субъективно, но часто спасительных объективно (воспаление-регенерация, инфекция-иммунитет, тканевой дефект-заживление). Разве вторичное заживление раны не является заживлением *через* нагноение? Разве это не *биологическая очистка* раны, идущая с помощью протеолитических ферментов лейкоцитов и микрофлоры раны?

Методологически важно отличать реакции *приспособительные и защитные*, а между тем многие физиологи и патологи не усматривают в них разницы по существу; это приводит к вульгаризации биологического понятия «приспособление». Последнее является выражением бессознательной, но органически целесообразной *биологической* активности, которая не только не отвергает объект внешней среды или защищается от него, но приспособляется к нему и даже делает его своим симбионтом, как это имеет место при инфекционных заболеваниях, при так называемом бактерионосительстве. Защитные реакции — это наоборот *сознательные* поведенческие акты, направленные против тех или иных объектов внешней среды. Приспособительные реакции текут *без* участия сознания; это сфера инстинктов, безусловных рефлексов, они утверждают принцип единства организма и среды. Защитные реакции, чаще всего, — это принадлежность обыденного словаря из области здравого смысла, где так сильны антропоморфные и антропоцентричные тенденции мышления.

Принцип целостности, взаимосвязь местного с общим — эти вопросы не сходят со страниц теоретических журналов. Все процессы, наблюдаемые в патологии, как мы уже видели, не являются ни хаосом, ни дисгармонией функций. Это целостные процессы, вызванные к жизни специальными обстоятельствами, которых не знает физиология. Брюшной тиф сопровождается бурным размножением брюшнотифозных палочек, особенно в системе желчных путей и кишечника, где возникают язвы по ходу лимфаденоидного аппарата. Размножение бацилл, выделение их кишечником во внешнюю среду вполне обеспечивает и «интересы» микробов. Разрастание лимфаденоидного аппарата обеспечивает ход иммуногенеза к брюшному тифу, т. е. интересы его носителя. Два биологических явления демонстративно выступают в одном целостном процессе, называемом брюшным тифом. Практическая медицина видит в инфекции «случай» заражения, патологоанатом констатирует «поражение» кишечника, клиницист — «нарушения» со стороны нервной системы и т. д. Такова эмпирическая сторона вопроса. За «случаем» не видно действия закона сосуществования макро-микромира.

Медицина, социология, антропология, биология образуют тесносомкнутый круг и в то же время ясное разделение труда. Врачу нужно знать историю *данной* болезни у *данного* индивидуума. Социал-гигиенисту нужно знать общественную сторону того же вопроса (условия труда, отдыха, уровень культуры, факторы внешней среды и быта). Антропологу, палеонтологу и биологу нужно знать тоже «историю» болезни, но уже в плане возникновения и развития ее не у отдельного человека, а в человечестве. В первом и втором случае речь идет о пациенте сегодняшнего дня. В последнем случае — о пациентах очень далекого прошлого, где даты антропогенеза и патогенеза будут приблизительно совпадать согласно вполне правильного положения, высказанного С. П. Боткиным: «болезни возникли с первыми признаками жизни на земле». Сюда же относится и положение В. В. Воронина, согласно которого «природа не считается с современным уровнем физиологических данных». Вывод отсюда только один: «болезнь-явление естественное» (Г. Соколовский, 1836), болезнь «законна» (Боткин), она следует «тем же законам эволюции, как и сам человек и высшие животные» (И. И. Мечников, 1892). Но ведь и эволюционная теория Дарвина косвенно утверждает то же самое, поскольку нет и не может быть «неизменной пригнанности» (организма) к условиям обитания (К. Ф. Рулье, 1945).

Если болезни действительно возникли «с первыми признаками жизни на земле», т. е. еще задолго до человека, а в этом невозможно сомневаться, если болезни естественны, т. е. необходимы, как и сама жизнь, и болезнь есть жизнедеятельность, то очевидно и весь вопрос о патологии; о патогенных факторах *нельзя* решать лишь на уровне современных эколого-социологических факторов; биологические факторы стоят здесь впереди. Патология и физиология раскрывают *все* многообразие природы человека, «биотехнику» этой природы в регуляции функций, их устойчивости, компенсации и декомпенсации.

Этиология, т. е. учение о причинно-следственных отношениях, о причинной (внешней) детерминации и *беспричинной/внутренней)* детерминации один из самых старых и теоретически самых важных разделов патологии.

Этиология в основном и прежде всего — это внешний мир, т. е. царство *случайностей*. Последние характеризуют экологию, социологию, быт. Случайностью является и индивидуальность, как специфический неповторимый генотип.

В противоположность этиологии, *патогенез*, отвечающий на вопрос: *как* развивается болезнь, — является *царством необходимости, закона*. Это внутренний мир организма, сложившаяся в эволюции видов «биотехника». Она и определяет характеристику любого процесса, его картину или стереотип. Индивидуальность вносит в этот стереотип те или иные модификации.

Патогенез — это *самодвижение*, *саморазвитие* ,самоограничение процессов во времени и в пространстве. Как бы сложны ни были биотехнические (т. е. патогенетические), по существу они всегда физиологические механизмы, они всегда гомеостатически направлены, отвечая общему закону приспособления.

Производя ожог кожи раскаленным предметом (являющимся «этиологией»), мы получаем с первых же секунд и дальше на протяжении многих часов, дней и недель саморазвивающийся процесс. Последний будет слагаться из практически неисчислимого количества морфологических, физиологических, биохимических реакций, следующих одна за другой с различной скоростью, но в определенном порядке. По ходу процесса, в интимной связи с ним, мы будем наблюдать возникновение особых веществ — стимуляторов самого процесса, детерминирующих все его течение и исход. Методологически самым важным является ответ на вопрос: что делает практическая медицина, принимая какие-то меры против возникшего процесса. Методологически важнейшим моментом в лечении патологических процессов следует считать воздействие не на этиологический фактор (в модели ожога и другой травмы этот фактор быстро теряет значение, а в модели инфекции он трудно устраним), а на фактор патогенетический, т. е. на самый механизм развития процесса, его биотехнику. Неудачи медицины связаны не с недостатком предложений соответствующих средств, а с недостаточностью теоретических знаний самых законов развития процесса (рака, инфекции, инфаркта и т .п.), то есть патогенеза. Только знание этих законов освободит медицину от ползучего эмпиризма, и позволит врачу сознательно и активно вмешиваться в механизм процесса, ломать его, переключать на путь «нормальной» физиологии.

Вопросы этиологии и патогенеза не исчерпывают теоретических основ патологии. Завершающим актом познания является вскрытие *сущности* процесса, т. е. ответ на вопрос о его биологицеском значении, *для чего* он существует в природе. Самый вопрос может казаться методологически порочным, поскольку природа всегда «равнодушна» (А. С. Пушкин) и не ставит себе целей. Однако законность поставленного вопроса очевидна, т. к. речь идет о проявлениях *биологической активности*, имеющей в своей основе законы самосохранения, сосуществования и приспособления. Представление о сущности биологических процессов является ничем иным, как представлением об этих законах. Предрассудки, однако, продолжают заслонять понимание действия этих законов. Здесь же имеет место и другой предрассудок, согласно которого представление о сущности будто бы противостоит мышлению. К специфическим предрассудкам медицины относится и «шаблон причины», когда эти «причины получают форму деятеля, напоминающего человека с его способностью к действиям» (И. М. Сеченов). Так именно и случилось с открытием мира бактерий, когда «бактерии стали всем, а животный организм, их хозяин, считается питательной средой для культуры бактерий» (Н. Ф. Гамалея). Согласно того же предрассудка, до настоящего времени существующего, и инфекционные болезни многим рисуются как борьба организма с «агрессором», что эта борьба трудна, т. к. «агрессор», т. е. микроб, «вирулентен», он не простой, а «чрезвычайно болезненный раздражитель» и т. д. Кажимость борьбы двух начал, организма и микроба, принимается за борьбу истунную. На самом деле речь идет о сосуществовании, о форме симбиоза, о биологической активности в макромире, т. е. в биологической или органической целесообразности всех процессов, подчиняющихся закону приспособительной эволюции видов и естественному отбору.

Увлечения бактериологов уводили медицину от правды. *Биологическая целесообразность* не имеет ничего общего с клинической или социологической целесообразностью, касающихся отдельных индивидуумов или их групп. Отдельные члены вида в целом имеют предельно ничтожное значение так же, как их болезни или смерть. Биологическая целесообразность познается лишь в плане исторического изучения таких процессов, как воспаление, тромбоз, инфекция, первичное и вторичное заживление ран, гипертрофия сердца и прочие виды компенсации. Неспособность организма к воспалению равнозначна смерти, как и неспособность ощущать боль. Без какой-то гипертрофии сердца нельзя стать настоящим спортсменом; без способности крови к свертыванию любая травма выглядит смертельной. Другими словами, воспаление, боль, гипертрофия, тромбоз и т. д. жизненно необходимы. Фактически это формы борьбы за существование и наблюдать их можно только в патологии. Этот закон осуществляется на самых высоких и самых низких уровнях.

Биологическая целесообразность не имеет ничего общего с машинной (внешней) целесообразностью. В машине доминирует принцип *точности*. В биологии этот принцип подчиняется принципу *устойчивости и лабильности*. Ими же определяется надежность биологических систем. В патологии принцип надежности, в смысле именно диапазонов устойчивости, лабильности, самокоррекции, самовосстановления предстаблен особо ярко и не может идти в сравнение с какой-либо машиной. Без этого принципа невозможно представить себе ни выздоровления, ни заживления, ни долголетия, не говоря о хирургической помощи.

Понятие «патология» возникло как некоторое обобщение рассудочного мышления, являясь неглубоким отражением действительности. По сути дела это понятие стало как бы синонимом всего необычного, ненормального. Обыденное сознание, обыденный язык, здравый смысл характеризуют это мышление. Все особенности рассудочного мышления и обыденного сознания можно обнаружить в представлениях медиков и патологов и не только в прошлом, но и в новейшее время, в учебниках и руководствах.

Если разум и теоретическое мышление ищут в новых фактах зародыш разрушения устаревших концепций, стремясь выйти за пределы сложившейся системы, то рассудок загоняет эти факты в эту устаревшую сустему. Рассудок, эмпирическое мышление не могут прорвать привычного круга представлений, даже если они стали «тесными башмаками». Рассудочное мышление поэтому консервативно, оно даже «аллергично» к новому, неожиданному. К отричательным сторонам обыденного относится ортодоксальность и нетерпимость к парадоксальному, хотя научные истины родятся всегда как парадоксальные положения (К. Маркс).

Рассудочное мышление инерционно и оперирует окостеневшими категориями. Оно «удобно»; оно вращается в кругу четко построенных схем, глав, разделов науки (конформизм); оно предпочитает общепринятые истины, а в то же время не отказывается от тех или иных теорий, поскольку требуется умственная опека, т. е. стена, чтобы «прислониться» (Писарев). Догматизм и недооценка новых решений имеют тот же источник. Предпочитая держаться у берега, иные научные работники охотнее подчиняются авторитету и званию, чем знанию.

Обыденное сознание склонно абсолютизировать истины; это загромождает память предрассудками и просто словами, утартившими смысл. Значение этого факта трудно переоценить, так как научные суеверия и предрассудки куда труднее искоренить, чем предрассудки народные (Н. И. Пирогов).

Обыденное сознание направлено к внешнему миру вещей и процессов, окружающих нас. Роль внешнего абсолютизируется, на самом же деле *роль внутренних факторов является решающей*, когда встает вопрос о причине и действии. Рассудочное мышление, будучи линейным, некаузальным, предпочитает упрощенные однозначные связи, выражая это в терминологии, в классификации.

Прошу, однако, понять меня правильно. Здравый смысл, рассудочное, формально логическое мышление, как и эмпирическая практика, *никогда* не исчезнут: они первый и необходимый этап в познании; они же и критерии истины, добытой абстрактным мышлением. Логика, в том числе и диалектическая, будут лишь умственной акробатикой, если соответствующие теории, гипотезы порождены всецело за пределами человеческой практики. С другой стороны, если опыт, как правило, предшествует теории, то неправильно полагать, что теория не может предшествовать новому опыту, проложить ему путь. Теоретические знания в принципе вообще должны обгонять темпы практики, пусть за этими знаниями стоят не только эвристически многообещающие, но и мнимые *теории*. Вернадский остроумно сравнивает эти мнимые (vermeintliche) теории с лесами вокруг строящегося здания. Медицина совершенствует, главным образом, *технику исследования*, дабы лучше обеспечить *технику диагностики* и *технику лечения*. Теоретический фронт оставляет желать лучшего, особенно если учесть, что медицина — это широкая *наука о человеке*. Неверно поэтому, что медицина имеет целью лечение и предупреждение болезней человека.

Пропагандируя необходимость общебиологического и философского осмысливания богатейшего эмпирического материала патологов, я отдаю отчет в том, что методология и философия сами по себе без новых фактических материалов не в состоянии «залатать» белые пятна в теоретической медицине. *Философия вообще никаких законов не решает*, это делает само естествознание. Никакие философские *мысли*, высказанные великими умами человечества, не в состоянии научить философски *мыслить*; это делает неустанная практика научного исследования. Эта практика автоматически порожает абстракции, столь необходимые для развития теории. «Шага в абстракцию не избежать», хорошо сказал Гейзенберг и сказалотлица всех физиков, «впавших» в философию (Планк, Эйнштейн, Н. Бор и др.). Такова *внутренняя* логика в развитии физических теорий, сломавшая классические представления Ньютона-Лапласа. Разве не то же самое мы имеем в патологии? Путь к философским заключениям и обратный путь к практике не должен порождать опасений в возврате старой натурфилософии.

Натурфилософия возникла как объективное отражение недостаточности опытных знаний. Она посильно пыталась восполнить эту недостаточность и потерпела крах. Это породило эпоху позитивизма и узкой *специализации*. Нам не хватает фактов, но так будет всегда. Нам не хватает логики, и именно новой *логики*, которая в противоположность традиционной логике могла бы быть нацелена не на привычные понятия, термины и схемы, а на *самые теории*; здесь очень важна роль свободного вымысла. Медицина как никогда нуждается в более глубоком изучении и во более глубоком понимании вещей; она должна стать выше своих привычных позиций, учитывая весь комплекс обстоятельств, которые так *изменили картину мира*, *нужен новый сплав идей*. Наш век это тот, когда кажущаяся непреложность так часто обнаруживает свою несостоятельность. Эмпиризм — это необходимый в громадном здании науки вестибюль, имеющий одно неудобство, что он выглядит лабиринтом, где можно надолго затеряться. Практика великих открытий в физике, математике, биологии подтверждает истину, согласно которой для *одной минуты синтеза* требуется *целый век анализа и океан фактов*. Этот океан у нас есть, и анализировать мы умеем. Не всегда, однако, хватает минуты для синтеза.

Anatomisches Institut der Medizinischen Universität Debrecen, VR Ungarn

Die Morphologie an sich und ihr Verhältnis zu anderen biologischen Disziplinen in der Forschung — Morphologie und Stoffwechsel einiger Gewebe

von

St. Krompecher

Die Geschichte der Biologie lehrt uns, daß die Teilung und Abgrenzung der Biologie in einzelne Disziplinen nicht nur positive Erfolge hatte, sondern auch Nachteile mit sich brachte. Als der unteilbare lebende Organismus, das Individuum — trotz des im Namen begriffenen Memento — willkürlich in Morphologie und Physiologie geteilt wurde, war es die Biologie, die zu kurz davon kam. Denn Form und Funktion bilden im *Leben* eine untrennbare Einheit; diese Einheit wird aber durch den Tod getrennt: Trennung von Form und Funktion bedeutet den Tod. Ein Morphologe muß sich dessen bewußt sein, daß er sich oft mit Formen befaßt, mit makroskopischen und mikroskopischen Formen, die früher gelebt haben, im Augenblick der Untersuchung aber nicht mehr leben. Er muß sich dessen bewußt sein, daß dieses einst lebende Material, das er unter seinem Mikroskop prüft, früher seine Funktion, seine Entwicklung, seine Vermehrung, sein Wachstum, seine biologische Bewegung innehatte und daß er im Laufe seiner Untersuchung diese bereits fehlenden Eigenschaften, diese Lebenserscheinungen in seinem Geiste rekonstruieren muß — soweit er sich über das *Leben* des einst gelebten Gewebes ein wenigstens annäherndes lebendiges Bild aufzubauen wünscht. So führt der Weg zur funktionellen Forschungsweise, die neben der möglichst exakten Forschung der *Morphé* auch den *Bios* zu erforschen sucht (Darwin, His, Roux und viele andere). So entwickelten sich *komplexe Forschungen,* wo ein Organ oder ein Gewebe embryologisch, histologisch, histochemisch, biochemisch, physiologisch, in seiner Pathologie, Klinik usw., d. h. in seiner biologischen Mannigfaltigkeit — unter Berücksichtigung der Prinzipien der Kausalität sowie mit Gebrauch experimenteller Verfahren — geprüft und erforscht wurde. So wurden das lebende Herz, die Leber, die Nieren, der Kreislauf, die Flimmerzellen, die sich teilenden Zellen usw. unter Inanspruchnahme mannigfaltiger biologischer Forschungsmethoden untersucht. Im Rahmen dieses Referates soll der innige Zusammenhang zwischen Struktur und geweblichem Stoffwechsel dargestellt werden, so wie sich das aus den Forschungen unserer Arbeitsgruppe im Laufe der letzten Jahre fortlaufend ergab.

Möge demnach über den Zusammenhang der *Struktur und des Kohlehydratstoffwechsels einiger Gewebe* gesprochen werden. Natürlich über den Stoffwechsel lebender (bzw. überlebender) Gewebe.

Der Stoffwechsel ist eine der grundlegendsten Eigenschaften der lebenden Materie.

Wir wissen, daß das Zentralnervensystem — wenn es seiner Blutversorgung beraubt wird, binnen einiger Minuten irreversibel zugrunde geht. Der Gelenkknorpel, die Hornhaut dagegen, sie entbehren jeweils einer Blutversorgung, können so den allgemeinen Sauerstoffmangel gut ertragen und lassen sich auch ohne immunosupressive Maßnahme gut homotransplantieren. Welche Stoffwechseleigenschaften liegen diesen verschiedenen Verhaltensweisen zugrunde und mit welchen morphologischen Strukturen sind diese geweblichen Stoffwechseleigenschaften verbunden?

Möge es gestattet sein, dieses Problem an konkreten Beispielen zu besprechen.

Vergleichende Daten über den Stoffwechsel der Gewebe

Vergleichen wir das histologische Bild einer Drüse, eines bindegewebigen Bandes und eines Gelenkknorpels, so wird der Unterschied hinsichtlich ihrer kapillären Blutversorgung sofort klar. Das Drüsengewebe ist mit Kapillaren reichlich durchwoben, das Band spärlich, der Gelenkknorpel enthält überhaupt keine Blutgefäße. Aus diesem Unterschied ergibt sich, daß diese Gewebe mit *Nährstoffen* und mit *Sauerstoff* verschieden versehen sind: die mit Blutkapillaren gut versehene Drüse reichlich, das Band nur mäßig und der Gelenkknorpel ärmlich. Die Art, durch die die Nährstoffe aufgebraucht werden, ist auch eine verschiedene.

Zum planmäßigen Vergleich verwendeten wir (Krompecher und László, 1967) drei verschieden vascularisierte Gewebe ein und desselben Organs desselben Tieres (*Bos taurus*), und zwar die mit Blutkapillaren reichlich versehene Retina, die spärlich versehene Sclera und die mit Blutkapillaren überhaupt nicht versehene Cornea. Wir versuchten uns über die qualitativen und quantitativen Verhältnisse des geweblichen Stoffwechsels zu orientieren: zur Schätzung der biologischen Oxydation bestimmten wir die Cytochromoxydase-Aktivität der Gewebe nach der Methode von Pearl, Cascarano und Zweifach (1963). Zur Orientierung über den *Gärungsvorgang* bedienten wir uns der Milchsäurebestimmung in den Geweben (Barker und Summerson, 1941) und zum Erkennen der Beteiligung des primitiven *Mukopolysaccharidstoffwechsels* bestimmten wir den Hexosamingehalt derselben Gewebe (Boas, 1953).

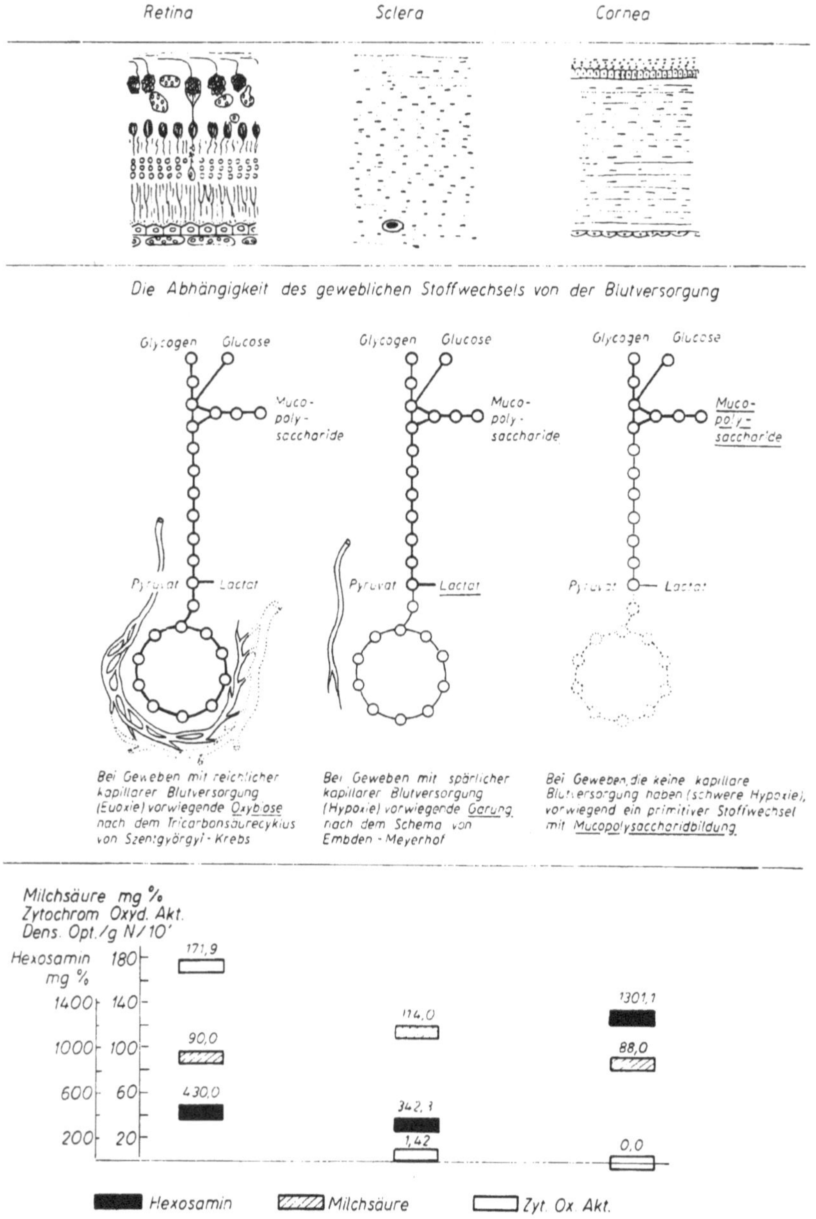

Abb. 1. Die Darstellung der Abhängigkeit des geweblichen Stoffwechsels von der Blutversorgung (nach Krompecher und László)

Bei der Prüfung des geweblichen Stoffwechsels der *Retina* ergab sich, daß der Abbau von Glycose und Glycogen durch eine Oxybiose nach dem SZENT-GYÖRGYI-KREBSschen Tricarbonsäure-Zyclus nur in solchen Geweben vor sich gehen kann, die mit einem Kapillarnetz gut versehen sind, mit einem Kapillarnetz, das mit einem respiratorischen System in Verbindung steht: nur derart ist die Zufuhr von Sauerstoff gesichert, eine Cytochromoxydase-Aktivität (zur Aktivierung des Sauerstoffs) und ein Succinatdehydrogenase-Ferment u. a. m. vorhanden. Aber auch bei solchen Geweben finden wir Merkmale der Gärung und Zeichen des primitiven Mucopolysaccharid-Stoffwechsels. Die numerischen Daten siehe in der Abbildung 1: Hohe Cytochromoxydase-Aktivität, mäßige Milchsäuregärung und ein niedriger Grad des primitiven mucopolysaccharidischen Stoffwechsels.

Dieser *vorwiegend oxybiotische* gewebliche Stoffwechsel ist aber nicht nur für die mit Blutkapillaren reichlich versehene *Retina* bezeichnend, sondern in ähnlicher Weise auch für das Hirn, für das Herz und für zahlreiche andere mit Blutkapillaren reichlich versehene Organe.

Betrachten wir — mit Hinsicht auf die spärliche Blutversorgung — die Stoffwechselmöglichkeiten der *Sclera*, so ergibt sich, daß die Bedingungen für eine Oxybiose stark reduziert sind. Demgegenüber tritt die *Milchsäuregärung* an die erste Stelle, und der Hexosamingehalt — als Charakteristikum für den primitiven Mucopolysaccharid-Stoffwechsel — behauptet eine Mittelstellung. Die numerischen Daten sind der Abbildung 1 zu entnehmen. Auf die Besprechung dieses vorwiegenden Gärungsstoffwechsels kommen wir an Hand der Besprechung des Muskel-Stoffwechsels noch zurück.

Der gewebliche Stoffwechsel der *Hornhaut* zeigt in seinen Indizien ein zu denen der Retina verkehrt stehendes Bild. Sowohl die Bedingungen (Blutgefäße), als auch die Kennzeichen (Cytochromoxydase-Aktivität) einer Oxybiose fehlen. Auch die Milchsäuregärung ist eine nur mäßige. Demgegenüber zeigt der Hexosamingehalt einen Maximalwert (siehe Abbildung 1), ein Befund, der mit dem hohen Chondroitinsulphat — und Keratosulphat-Gehalt der Hornhaut im Einklang steht. In diesem gefäßlosen Gewebe gelangt *der primitive Mucopolysaccharid-Stoffwechsel* an die erste Stelle, ähnlich, wie das im Fall des Glaskörpers und des Gelenkknorpels der Fall ist (Daten für den geweblichen Stoffwechsel verschiedener Gewebe des Auges siehe KROMPECHER und LÁSZLÓ, 1967).

Die Prüfung des geweblichen Stoffwechsels der verschiedenen *Muskelarten* — Herzmuskel, roter Muskel und weißer Muskel — ergab im Lichte der Einheit von Form und Funktion folgendes: der *Herzmuskel* (Gallus domesticus) hat ein dichtes, elektronenmikroskopisch gut darstellbares Kapillarnetz; sehr viele Mitochondrien, eine sehr hohe Cytochrom- und Succindehydrogenase-Aktivität — prominente Zeichen einer *vorwiegenden Oxybiose* (DE ROBERTIS, NOWINSKI und SAEZ, 1966) — demgegenüber aber einen mäßigen Milchsäuregehalt. Der *rote Muskel* (soleus) desselben Tieres hat ein weniger dichtes Kapillarnetz, wenige Mitochondrien, eine verminderte Cytochromoxydase- und Succinatdehydrogenase-Aktivität — Zeichen einer verminderten Oxybiose — dagegen eine wesentlich höhere *Milchsäuregärung.* Der *weiße Muskel* (pectoralis) desselben Tieres hat spärliche, über lange Strecken verlaufende Kapillaren, sehr wenige Mitochondrien, ihre Cytochromoxydase- und Succinatdehydrogenase-Aktivität sind minimal, ihr *Milchsäuregehalt* dagegen stark erhöht. Der Hexosamingehalt der Muskulatur ist nicht besonders hoch, er bevorzugt den Herzmuskel. Der weiße Muskel arbeitet demnach in stark vorwiegendem Maße mit einer Milchsäuregärung.

Die morphologischen, ultramikroskopischen, enzymologischen und biochemischen Daten stehen in völligem Einklang, ergänzen einander und liefern ein verständlicheres Bild über die Vorgänge des lebenden Gewebes (Kollektive Arbeit von KROMPECHER, LACZKÓ, LADÁNYI, LÁSZLÓ und LÉVAI).

Experimentelle Erfahrungen über die Adaptation der Struktur und des Stoffwechsels der Gewebe

Aus den Ergebnissen des früheren Abschnittes wurde es klar, daß Form und Funktion der Gewebe fest aneinander gebunden sind. Nun stellt sich die Frage, was geschieht dann, wenn wir die Form oder die Struktur eines Gewebes experimentell ändern?

Diesbezüglich ist seit ROUX bekannt, daß die Erhöhung der Funktion — soweit das binnen biologischer Grenzen erfolgt — die Stärkung der Struktur mit sich bringt; die Herabsetzung der Funktion dagegen zur Schwächung der Struktur führt. Das sind die Aktivitäts-Hypertrophie und die Inaktivitäts-Atrophie. Diese sind Änderungen quantitativer Natur.

Um zu erforschen, ob es möglich ist, auch eine *qualitative* Änderung der Struktur — durch eine qualitative Änderung der Funktion — zu erzielen, verwendeten wir undifferenzierte Zellen der Stützgewebsgruppe, in der Hoffnung, daß junge, im Stadium der Regeneration befindliche plastische Zellen eine erhöhte Adaptationsfähigkeit innehaben.

Die abgesägte Gelenkfläche des distalen Femurendes des Hundes diente als Untersuchungsobjekt. Mehr als eintausend sterile Kniegelenkoperationen dienten mir und meinen Mitarbeitern als Untersuchungsobjekt. Es ergab sich, daß das Granulationsgewebe — mit Blutgefäßen reichlich versehen —

binnen Tagen bis Wochen die innere Wundfläche bedeckt. In diesem Stadium sind die Bedingungen der Oxybiose vorhanden. Sobald aber die gegenüberliegenden Gewebe: die Tibia, die Patella, das Retinaculum auf das zunächst gefäßreiche Granulationsgewebe einen Druck ausüben, und dadurch die Blutgefäße zunehmend eine Einengung erfahren, schwinden die Bedingungen der Oxybiose (die Gefäßquerschnitte werden verengt, der Hämoglobingehalt sinkt), und der Gärungsstoffwechsel tritt in den Vordergrund. Morphologisch manifestiert sich das in der Ausbildung eines an kollagenen Fasern reichen Gewebes. Aber die Prädominanz des Gärungsstoffwechsels bleibt nicht lange erhalten. Mit der weiteren Einengung bzw. dem Verschluß der Kapillaren werden auch die Bedingungen des Gärungsstoffwechsels vermindert, und es gelangt der primitive Mukopolysaccharidstoffwechsel in den Vordergrund, demgemäß gelangt ein hyalines Knorpelgewebe — reich an Chondroitinsulphat — zur Entwicklung. Näheres diesbezüglich siehe Hadházy, Oláh, Krompecher (1963) und Krompecher (1966).

Experimentelle Erfahrungen lehrten uns, daß eine *qualitative Änderung der Gefäßversorgung* — wenn diese unter biologischen Verhältnissen ausgeführt wird, und namentlich, wenn durch die Änderung ein in Regeneration befindliches plastisches Gewebe betroffen wird — eine *qualitative Änderung der Grundstruktur des Gewebes* mit sich bringen kann. Im gegebenen Falle konnten wir den Organismus veranlassen, den fehlenden Gelenkknorpel, die fehlende Gelenkfläche neu zu bilden. Diese Experimente sind aber vorzüglicherweise dazu geeignet, die Ergebnisse des früheren Abschnittes zu bestärken, daß nämlich ein morphologisch an Gefäßen reiches Gewebe einen vorwiegend oxybiotischen Stoffwechsel aufweist, ein an Gefäßen armes Gewebe vorwiegend mit einem Gärungsstoffwechsel arbeitet und daß sich ein gefäßloses Gewebe mit dem primitiven Mucopolysaccharidstoffwechsel zu begnügen hat.

Durch die Studie über den Zusammenhang zwischen Struktur und Stoffwechsel der Gewebe konnten die Grundzüge eines biologischen Prinzips skizziert werden, wonach ein mit an Sauerstoff reichem Blute reichlich versehenes Gewebe vorwiegend oxybiotisch arbeitet, ein ärmlich versehenes vorwiegend mit Milchsäuregärung und daß gefäßlose Gewebe vorwiegend auf dem Mucopolysaccharid-Niveau arbeiten. Nun bot sich die Frage nach der Gültigkeit dieses Prinzips. In diesem Sinne stellten wir phylogenetische, pathologische und weitere experimentelle Untersuchungen, namentlich auf pathologischem Gebiete an.

Untersuchung an phylogenetischem Material

Lebewesen, die in der phylogenetischen Reihe eine tief stehende Position einnehmen, haben einen hohen Mucopolysaccharidgehalt, einen niedrigen Milchsäuregehalt und eine sehr niedrige Cytochromoxydase-Aktivität. Mögen, ihren Hexosamingehalt betreffend, einige Daten angeführt werden: Oláh und Allemand (1966) bestimmten die bezeichnenden Stoffwechselwerte von Meerestieren in der Bucht von Marseille: *Ciona intest.* Eingeweide 923 mg%, Mantel 1735 mg%; *Anemonia sulcata*: 1128 mg%, *Ircinia oros* 491 mg%; *Clathrina clathrus* 734 mg% (Weitere Daten sowie die niedrigen Milchsäure-Werte, Milchsäuregehalt und -produktion und die sehr niedrigen Cytochromoxydase-Werte siehe in der Originalarbeit). Von kontinentalen primitiven Lebewesen mögen folgende Durchschnittswerte angeführt werden: Regenwurm 1076 mg%, Krebs 1007 mg%, Schnecke 736 mg%, Frosch 760 mg%. Die dazu gehörigen Milchsäure- und Cytochromoxydase-Werte siehe in der Originalarbeit (Krompecher, Leray, Allemand, Oláh, László und Ladányi, 1966).

Histochemische Daten über den gut nachweisbaren, hohen Mukopolysaccharidgehalt finden sich eindeutig in den Arbeiten von Gabe (1962), Goreau (1956), Couteaux et Bargeton (1953). Und wenn Haller (1904) sowie Neal und Rand (1954) eindeutig schreiben, daß selbst beim *Amphioxus* das Herz noch nicht entwickelt ist, und daß ihm die Erythrocyten und das Hämoglobin fehlen (wo demnach die Vorbedingungen der Oxybiose fehlen), so ist verständlich, daß sich das Tier mit einem primitiveren Stoffwechsel auf einer primitiveren Stufe zu erhalten hat.

Tabelle 1 zeigt die phylogenetisch absteigend zunehmenden Werte des Mucopolysaccharidgehaltes verschiedener Organe (Herz, Haut und Muskel) phylogenetisch verschieden hoch stehender Tiere.

Tabelle 1

Vergleichende Daten über den Hexosamingehalt von Geweben (in mg%) verschiedener Tiere

	Ratte	Huhn	Karpfen	Schildkr.	Frosch	Muschel	Schnecke
Herz	250	223	315	246	411	740	
Haut	254	552	404		377	632	1687
Muskel	157	52	91	185	90	307	1436

Phylogenetisch absteigend nehmen die Hexosamin-Werte verschiedener Organe zu.

Tabelle 2 zeigt dagegen, daß die die Oxybiose repräsentierende Cytochromoxydase-Aktivität des Herzens — in der phylogenetischen Reihe ansteigend — der doppelten Größenordnung nach zunimmt.

Tabelle 2

Vergleichende Daten über die Cytochromoxydase-Aktivität von Organen verschiedener Tiere. (Relativwerte: Rattenleber = 1.0)

Rattenherz	3.50
Rattenleber	1.00
Fischherz	0.46
Froschherz	0.06
Schildkrötenherz	0.03

Die Cytochromoxydase-Aktivität des Herzens zeigt phylogenetisch ansteigend eine wesentliche Zunahme.

Diese wenigen hier angegebenen Daten deuten darauf hin, daß das Prinzip, wonach die Oxybiose an ein Kapillarsystem gebunden ist, das mit einem Respirationssystem im Zusammenhang steht, auch für die Phylogenese gültig zu sein scheint. Auch konnte der weitere Zusammenhang abgelesen werden, wonach Lebewesen, die noch kein geschlossenes Gefäßsystem haben und keine Zirkulation entwickeln konnten, sich mit einem primitiven Mucopolysaccharid-Stoffwechsel begnügen.

Ontogenetische Untersuchungen

Die in unseren phylogenetischen Untersuchungen erhaltenen Ergebnisse bewegten uns, auch den Stoffwechsel embryonaler Stadien zu prüfen. Die Angaben von Moog (1943) sowie von Boell und Weber (1955) brachten bereits das Ergebnis, daß die Cytochromoxydase-Aktivität embryonaler Organe mit dem Alter des Embryos ansteigt.

In unseren eigenen Untersuchungen (Krompecher, Ladányi, László und Oláh, 1966) prüften wir 9 verschiedene Stadien der *embryonalen* und *postembryonalen* Entwicklung von je 5 Organen des Huhnes sowohl auf die Oxybiose als auch auf die Gärung und auf den primitiven Mucopolycaccharid-Stoffwechsel. Insgesamt wurden 250 Eier und etwa 100 Hühner verschiedenen Alters verwendet. Unsere Ergebnisse sind in der Abbildung 2 dargestellt. Je eine Linie, wie „Cytochromoxydase-Aktivität“, „Milchsäure“ und „Hexosamin“ stellt einen Mittelwert der Linien der folgenden Organe dar: Herz, Leber, Niere, Hirn und Muskel. Jeder Wert repräsentiert den Mittelwert von 5 Daten. So repräsentiert die „Cytochromoxydase“-Linie das Ergebnis von 225 Bestimmungen (weitere Daten siehe in unserer zitierten Arbeit 1966).

Einen sehr bedeutenden Anstieg zeigt die Cytochromoxydase-Aktivität. Mit der perinatal nur noch geringen Aktivität könnte die in dieser Periode vorhandene auffallende Toleranz gegenüber einer andauernden Hypoxie erklärt werden. Zur richtigen Bewertung des scheinbar mäßigen Herabsinkens des Hexosaminwertes sei erwähnt, daß zwischen Anfangswert und Schlußwert funktionell kein geringerer Unterschied besteht, als zwischen den Hexosaminwerten von Myxoedem-Kranken (etwa 100 mg%), normalen Menschen (83 ± 4%) und von Hyperthyreose-Basedow-Kranken (etwa 65 mg%). Das Herabsinken des Hexosaminwertes muß demnach als bedeutend erachtet werden (1960).

Stoffwechsel-Untersuchungen an embryonalem und postembryonalem Material ergeben, daß das Prinzip, wonach die Oxybiose an ein Kapillarsystem gebunden ist, nur dann wirksam ist, wenn das Kapillar-System — wie schon früher betont — mit einem Respirationssystem in Zusammenhang steht. Da die Atmung und der Lungenkreislauf im Embryonalleben noch nicht eingeschaltet sind, finden wir einen Stoffwechsel, der für phylogenetisch niedrig stehende Tiere und bradytrophe Gewebe kennzeichnend ist.

Untersuchungen an pathologischem Material

Bei einer Reihe pathologischer Veränderungen entsteht — wohl aus verschiedenen Gründen — eine lokale, gewebliche Hypoxie. In Fällen, wo der plötzlich eintretende Abbruch der Blutversorgung nicht zu einer schnellen Desintegration des Gewebes führt, fanden wir eine histochemisch gut darstellbare Ansammlung vorzüglich neutraler Mucopolysaccharide.

So fand Berencsi (1961) in der Lunge experimentell mit Koch*schen Bazillen* infizierter Meerschweinchen eine starke Ansammlung neutraler Mucopolysaccharide. Ihr Abfluß die Lymphwege entlang konnte

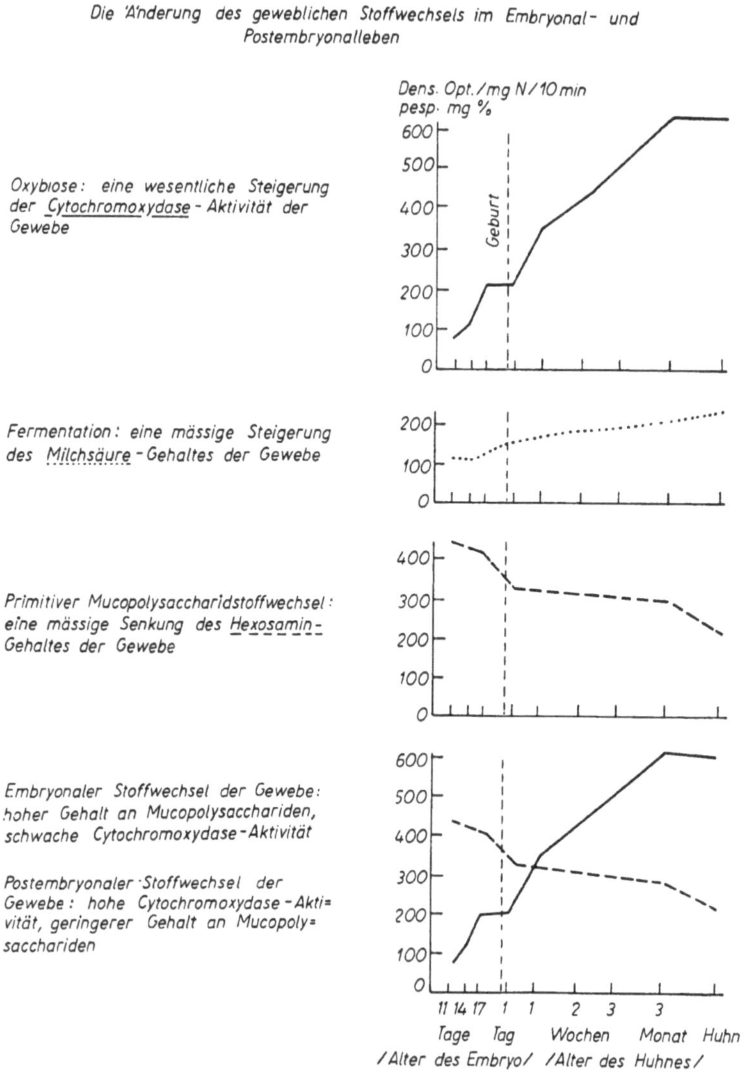

Abb. 2. Die Darstellung der Änderung des geweblichen Stoffwechsels im Embryonal- und Postembryonalleben

gut verfolgt werden (Krompecher, 1960), wodurch der Mechanismus des Anstieges des Hexosamin-Gehaltes im Serum erklärt werden konnte. „Dieser pathophysiologische Zusammenhang zwischen der Mucopolysaccharid-Bildung in entzündlich-nekrotischem Gewebe und dem Anstieg des Eiweißzuckergehaltes des Blutes wird als gesichert angesehen" (Kuntz, 1964).

Bei *Silico-Tuberculose* fanden Kardos und Mitarbeiter (1961) eine histochemisch sehr gut darstellbare Anreicherung an PAS-positiver Substanz.

In einem untersuchten Falle eines *Rheuma-Knotens* (siehe Abb. 3) konnte festgestellt werden, daß der mittlere Teil desselben *keine Blutkapillaren* enthält, dagegen besonders reich an einer vorzüglich *PAS-positiven Substanz* ist. Dieses Material verdanke ich der Freundlichkeit von Herrn Prof. Dr. K. Farkas, Direktor des Budapester Instituts für Rheuma- und Bäderforschung (Abb. 3).

Im Falle von *Ulcus cruris* — hiervon konnten wir in etwa einem Dutzend Fällen den geweblichen Stoffwechsel biochemisch untersuchen — ist die lokale gewebliche Hypoxie vorwiegend durch die Hinderung des venösen Abflusses bedingt. Nach den Untersuchungen von László und Oláh beträgt der Hexosamingehalt des dem Ulcus angrenzenden Gewebes 555,7 mg% (gegenüber dem Kontrollwert von 239,7 mg%). Es ist demnach auch hier eine numerisch gut faßbare Verschiebung des geweblichen Stoffwechsels zu verzeichnen. Auch die histochemischen Reaktionen lieferten ein eindeutiges Bild (Abb. 4). Weiteres siehe bei Krompecher und Szodoray (1964). In ähnlicher Weise konnte im Milchsäuregehalt des pathologisch veränderten Gewebes eine wesentliche Erhöhung festgehalten werden, und zwar 142,6 mg% gegenüber dem Kontrollwert von 51,6 mg%.

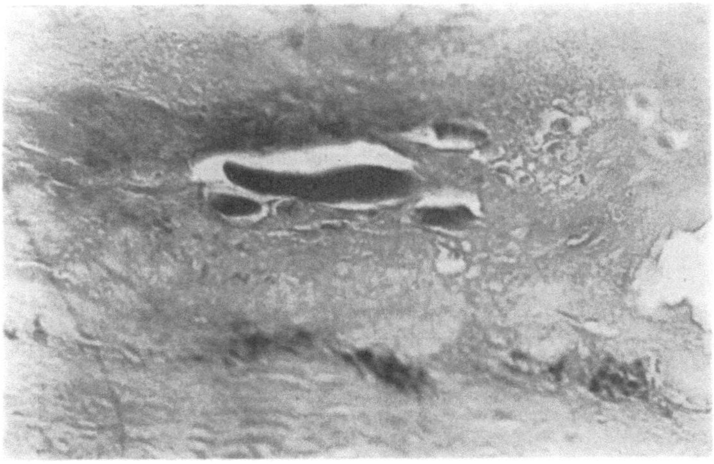

Abb. 3. Die Ansammlung einer PAS-positiven Substanz in einem periarticulären Rheumaknoten

Wir untersuchten auch Fälle von *C_3H-Mäusekarzinom*. Es ergab sich folgendes: Im Randgebiet des Tumors, das mit Blutkapillaren reichlich versorgt ist, ist der Mucopolysaccharidgehalt geringer; dort sind die Bedingungen einer Oxybiose noch vorhanden. Im zentralen Gebiet des Tumors jedoch, das gefäßarm bzw. bereits gefäßfrei ist, finden wir eine deutliche Ansammlung von neutralen Mucopolysacchariden. Auch fanden wir die Drainage der an neutralen Mucopolysacchariden reichen Lymphe durch die stark erweiterten Lymphgefäße.

Biochemische Untersuchungen über den Hexosamingehalt von carcinomatösen Organen menschlicher Herkunft konnten wir auch anstellen und verglichen diese mit dem Hexosamingehalt nicht car-

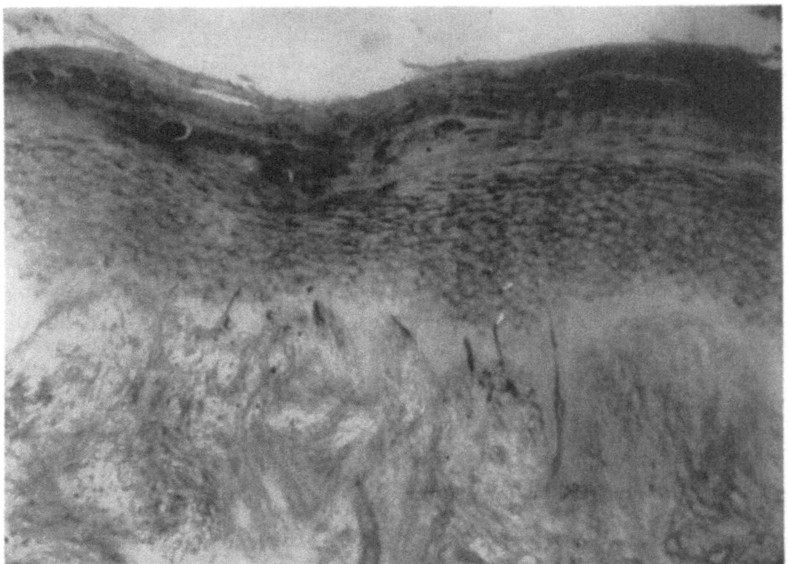

Abb. 4. Bildung und Ansammlung einer PAS-positiven Substanz an dem Grenzgebiet eines Ulcus cruris

cinomatöser analoger Organe, ebenfalls einem pathologisch-anatomischen Sektionsmaterial entstammend. Der Vergleich deutet dahin, daß der Hexosamingehalt carcinomatöser Organe (siehe Tabelle 3) bedeutend höher ist. Dieser Befund steht im Einklang mit jenen klinischen Erfahrungen, daß der Hexosamingehalt des Serums von Krebskranken eine sehr starke Erhöhung zeigt (weiteres siehe Krompecher und Berencsi, 1960; Krompecher, 1960).

Früher wurde angenommen, daß der primitivere (Gärungs-)stoffwechsel eine sui generis Eigenschaft des Krebses wäre. Im Gegensatz zu dem schreibt aber selbst O. Warburg (1961), „daß jeder Tumor einen aeroben Teil enthält, der soweit reicht, als der Sauerstoff des arteriellen Blutes reicht" und einen anderen anaeroben Teil. Auf Grund der hier angeführten Daten scheint es offensichtlich zu sein, daß die Umschaltung von der Oxybiose zur Gärung bzw. zum primitiven Mucopolysaccharid-Stoffwechsel eine *Adaptationserscheinung* ist, die sowohl bei der Gewebsdifferenzierung, als auch bei verschiedenen

Tabelle 3

Vergleichende Daten des Hexosamin-Gehaltes karzinomatöser und nicht karzinomatöser Organe

	Hexosamingehalt in mg%	
	Blastomatös	Normal
Lunge	1435	472
	662	868 (Pneumonie)
	1490	533
	1132	683
	867	
Leber	790	293
	548	213
	1697	418
	936	340
	1098	189
	963	
Magen	678	589
		472
Niere	695	279
	1132	
	703	
Mamma	833	650
	572	329
	703	
Lymphknoten	679	∅
Durchschnitt	925	422

hier angeführten pathologischen Vorgängen (TBC, Silicose, Rheumaknoten, Ulcus cruris) und so auch beim Krebs auftritt, wenn und wo sich — wohl aus verschiedenen Gründen — eine Hypoxie entwickelt.

Experimentell-pathologische Ergebnisse

Die pathologischen Ergebnisse bewogen uns, pathologische Veränderungen planmäßig, experimentell zu erzeugen. Wir gelangten zu einem ziemlich reichen Material, indem wir die Blutversorgung eines umschriebenen Hautgebietes durch thermische Schädigungen (Verbrühung, Verbrennung bzw. lokale Erfrierung mit Kohlensäureschnee) zerstörten (Berencsi und Krompecher, 1963; Berencsi, Krompecher und László, 1964).

Histochemisch konnte eine wesentliche Vermehrung neutraler Mucopolysaccharide nachgewiesen werden. Die Umschaltung bzw. Änderung des geweblichen Stoffwechsels infolge der Blutgefäßzerstörung wurde von M. B. László (1966) verfolgt. Es ergab sich, daß der Hexosamingehalt bzw. der Milchsäuregehalt sich bereits binnen einer halben Stunde verändert hat, daß diese Änderungen am 3. bzw. 5. Tag ihre Höhe erreichen, und dann etwa bis zum 14. Tag — parallel mit dem Einwachsen der Blutgefäße — ihre früheren Werte wieder erreichen können. Es kann lehrreich sein, den Parallelismus zwischen den morphologischen und den Stoffwechsel-Änderungen verfolgen zu können.

H. Schmidt, Hadházy und Oláh (1963) setzten eine inkomplette Strangulation eines Hautgebietes der Ratte an. Die daraufhin erfolgte lokale Hypoxie der Haut konnte binnen gewisser Zeiträume histochemisch verfolgt werden, worüber ausführlich berichtet wurde.

Auch diese zeitlich kontrollierten Veränderungen erwiesen, daß die Änderung der lokalen Blutversorgung unverzüglich die adaptive Änderung des lokalen Stoffwechsels mit sich bringt. Struktur und Stoffwechsel sind innig aneinander gebunden.

Neurohormonale Einflüsse auf die Struktur und den Stoffwechsel

Von der Fülle mehr oder weniger bekannter Daten über den Einfluß des Zwischenhirnes usw. und der innersekretorischen Drüsen auf die Regelung des Wachstums, der Form und der Struktur zahlreicher Organe (Szentágothai, 1967 u. a.) sollen hier im speziellen die Nebenniere und die Schilddrüse hervorgehoben werden. Um so mehr diese Organe, da wir über deren aktuelle Rolle in den letzten Jahren besondere Ergebnisse erzielen konnten.

Eine phylogenetische Verfolgung der Entwicklung der *Nebenniere* lehrt uns (BERKELBACH v. d. SPRENKEL (1934) u. a.) daß diese als komplettes Organ bei den Anuren erscheint; und daselbst finden wir auch die Entwicklung der Lungen, des blutbildenden roten Knochenmarkes (JACKSON, 1904; WEIDENREICH, 1933) und das Erscheinen der ersten Anlage des Cortex cerebri. Alle diese Manifestationen sind mit der besseren kapillären Vascularisation auf das engste verbunden.

KISS und KROMPECHER (1962) sowie KROMPECHER und KISS (1963) konnten nachweisen, daß ein wässeriger Extrakt der Gesamt-Nebenniere der Ratte — in ein gefäßloses Gewebe gespritzt — eine rege kapilläre Vascularisation zur Folge hat. So konnte veranlaßt werden, die Blutgefäße in die auf die Chorioallantois-Membran explantierte WHARTONsche Sulze einwachsen zu lassen. Auch konnte in ähnlicher Weise eine Vascularisation und eine konsekutive Verknöcherung des Rippenknorpels des Hundes erzielt werden (KISS, 1964) und ebenso konnten wir durch eine einmalige Injektion des Extraktes in den discus intervertebralis die knöcherne Vereinigung benachbarter Wirbelkörper erzielen.

Die hier angeführten phylogenetischen Daten und experimentellen Ergebnisse weisen eindeutig auf die *wesentliche Rolle der gesamten Nebenniere in der Kapillarisation und im Stoffwechsel* der Gewebe und des gesamten Organismus hin.

Daß die *Schilddrüse* den oxybiotischen Stoffwechsel fördert, ist längst bekannt. Möge hier, mit Bezugnahme auf die eben angeführten Daten, betreffend der Struktur und des Stoffwechsels der Gewebe, folgendes Ergebnis rekapituliert werden: infolge einer nahe 4 Wochen andauernden Verabreichung von *Thyroxin* bzw. *Methylthiouracyl* ergaben sich bei Ratten folgende Veränderungen:

Änderung des Schilddrüsengewichtes:

Gewicht von 10 Kontroll-Tieren im Durchschnitt 22,3 mg; normales histologisches Bild.

Thyroxinbehandelte: Durchschnitt 16,7 mg; flache Zellen, viel Kolloid gespeichert.

Methylthiouracylbehandelte: 89,1 mg; stark vergrößerte Zellen, Kolloid nur in Spuren.

Serumhexosamingehalt derselben Tiere:

Kontrolle: 108,7 mg%. Thyroxin: 90,4 mg%, Methylthiouracyl: 126,7 mg%. Ähnliche Veränderungen ergaben sich für den geweblichen Hexosamingehalt in Leber und Haut (KROMPECHER, LÁSZLÓ und OLÁH, 1966).

Von dem in dieser Arbeit hervorgehobenen Standpunkt aus soll hier wieder die Verbundenheit struktureller und funktioneller Veränderungen eine Betonung finden.

Die gewebliche Struktur der Gewebe — namentlich ob vaskularisiert oder nicht — bzw. ihre Beschaffenheit hinsichtlich des geweblichen Stoffwechsels, sind auch für ihre Homotransplantierbarkeit (ohne immunosuppressive Maßnahmen) von wesentlicher Bedeutung. Siehe diesbezüglich die kürzlich erschienene Arbeit: Beitr. Orthop. 14, 551—54 (1967).

Zusammenfassung

Einleitend wurde von dem Gedanken ausgegangen, daß Form und Funktion im Leben — aber nur im Leben — eine untrennbare Einheit bilden. Dieser Gedanke wurde hinsichtlich seiner Gültigkeit auch für das Verhältnis *Struktur und Stoffwechsel* geprüft.

Es ergab sich, daß die einzelnen Arten des Stoffwechsels an gut darstellbare Strukturen gebunden sind:

Ein vorwiegend *oxybiotisch* arbeitendes Gewebe ist an die Anwesenheit eines zur Sauerstoffzufuhr geeigneten Blutkapillar-Systems gebunden. Das Verhältnis ist natürlich gegenseitig: Gewebe, die mit Blutkapillaren reichlich versehen sind, arbeiten vorwiegend oxybiotisch.

Im Falle einer vorwiegenden *Milchsäuregärung* fanden wir wenige Kapillaren. Ein an Kapillaren armes Gewebe arbeitet vorwiegend mit Milchsäuregärung.

In Geweben, die keine Blutgefäßversorgung haben, fanden wir ein Maximum der Faktoren des primitiven *Mucopolysaccharid-Stoffwechsels*; d. h. Gewebe, die keine Blutversorgung haben, müssen sich mit einem primitiven Mucopolysaccharid-Stoffwechsel begnügen. In diesen Geweben fehlen die Vorbedingungen zu einem oxybiotischen Stoffwechsel.

Das ergab sich bei dem Vergleich von Struktur und Stoffwechsel verschiedener Gewebe der Warmblüter.

Dieser Zusammenhang konnte durch *phylogenetische* Untersuchungen bestärkt werden.

Eine Prüfung der Änderung der Stoffwechselverhältnisse während der embryonalen bzw. postembryonalen Entwicklung ergab, daß der oben geschilderte Zusammenhang auch für die *Ontogenese* gültig ist.

Experimentelle Untersuchungen ergaben, daß es möglich ist, durch eine successiv erzielte Gefäßverarmung den Organismus zu veranlassen, adaptiv ein gefäßloses Gewebe zur Ausbildung zu bringen.

Durch die Prüfung einiger *pathologischer Veränderungen* konnte ebenfalls festgestellt werden, daß eine Gefäßpauperisation, sei diese durch die Giftwirkung des KOCHschen Bazillus, durch das histotypische Wachstum des Krebses oder durch die Stauung des Blutes bei Ulcus cruris usw. bedingt, auch unter pathologischen Verhältnissen zu einer Änderung des geweblichen Stoffwechsels führt.

Es ist seit ROUX bekannt, daß eine Stärkung der Funktion die Stärkung der Struktur mit sich bringt. So sind Struktur und Stoffwechsel in der Biologie der Gewebe, in der Phylogenese, in der Ontogenese sowie unter pathologischen Verhältnissen innigst aneinander gebunden.

Zusätzlich kann gesagt werden: ändern wir in qualitativem Sinne die Struktur, so ändert sich dementsprechend auch die Funktion; und wenn wir bei einem plastischen Gewebe die Funktion qualitativ ändern, so kann gegebenenfalls auch eine qualitative Änderung der Struktur erzielt werden.

Die Veränderlichkeit, die Plastizität der Gewebe konnte unter einer einheitlichen Betrachtung der Biologie der Gewebe erforscht werden, wobei die Kausalität, das Experiment u. a. m. berücksichtigt und zur Hilfe herangezogen wurden.

Die Bedeutung der Morphologie wird durch ihre Zusammenarbeit mit anderen Disziplinen der Biologie nicht vermindert, sondern betont, wobei zu bedenken ist, daß es in der Biologie ohne Form keine Funktion gibt, daß Form und Funktion im Leben eine untrennbare Einheit bilden und daß somit die Form die Bedingung des Lebens ist: „forma dat esse rei."

Literatur

Barker, S. B., and W. H. Summerson: The colorimetric determination of lactic acid in biological material. J. Biol. Chem. **38**, 535—554 (1941).

Berencsi, G.: Mucopolysaccharide des tuberculösen Gewebes. Acta biol. med. germ. **6**, 441—446 (1961).

Berencsi, G., and St. Krompecher: Thermal injuries and formation of mucopolysaccharides in the skin. Nature, **197**, 191—192 (1963).

Berencsi, G., and St. Krompecher: Über die Entwicklung und histochemische Darstellung neutraler Mucopolysaccharide nach Brand- und Kälteschädigung der Haut. Acta biol. med. germ. **10**, 147—153 (1963).

Berencsi, G., St. Krompecher and M. B. László: Contribution to the correlation between the thyroid gland an mucopolysaccharide household. Acta Anat. **57**, 5—15 (1964).

Berkelbach v. d. Sprenkel, H.: Nebenniere und Paraganglien. In L. Bolk, E. Göppert, E. Kallius und W. Lubosch: Handbuch d. vergl. Anat. der Wirbeltiere. II. Urban und Schwarzenberg, Berlin—Wien, 1934.

Boas, N. F.: Method for determination of hexosamine in tissues. J. Biol. Chem. **204**, 553—563 (1953).

Boell, E. J., and R. Weber: Cytochrome oxydase activity in mitochondria during amphibian development. Exp. J. Cell. Res. **9**, 559—567 (1955).

Couteaux-Bargeton, M.: Contribution á l'étude de Mytilus edulis L. parasité par Myticola intestinales Steuer. Const. internat. exp. Mer. **19**, 80—84 (1953).

De Robertis, E. D. R., W. Nowinski and F. Saez: Cell Biology. Saunders Co. Philadelphia—London, 1966.

Gabe, M.: Résultats de l'histochimie de polysaccharides. Invertebrés. In: Graumann, W., und K. Neumann: Handbuch d. Histochemie 2/1. G. Fischer, Stuttgart, 1962.

Goreau, Th.: Histochemistry of mucopolysaccharide-like substances and alkaline phosphatase in Madreporaria. Nature, **177**, 1029 (1956).

Hadházy, C., É. H. Oláh and St. Krompecher: Adaptative shift of tissue metabolism in local hypoxia resulting in higher mucopolysaccharide content. Acta Biol. Hung. **14**, 67—75 (1963).

Haller, B.: Lehrbuch d. vergleichenden Anatomie der wirbellosen Tiere. Fischer, Jena, 1904.

His, W.: Die Häute und Höhlen des Körpers. Wiederabdruck eines akad. Programmes vom Jahre 1865. Arch. Anat. 368 (1903).

Jackson, C.: Cit. Weidenreich (A. Anat. Phys. Anat. Abt.) 1904.

Kardos, K., G. Berencsi and St. Krompecher: Neutral mucopolysaccharides and their role in the pathomechanism of silicosis and silicotuberculosis. Acta tuberc. scand. **41**, 129—136 (1961).

Kiss, A. F.: Osteogenesis in costal cartilage induced by local administration of adrenal extract. Acta morph. Hung. **13**, 25—34 (1964).

Krompecher, St.: Hypoxibiose und Mucopolysaccharid-Bildung in der Differenzierung und Pathologie der Gewebe sowie über den Zusammenhang zwischen Schilddrüsenfunktion und Mucopolysacchariden. Nova Acta Leopoldina **22** (146) 1—56 (1960).

Krompecher, St.: Form und Funktion in der Biologie. Akad. Verl. Geest und Portig K.-G., Leipzig, 1966.

Krompecher, St.: Local tissue metabolism and the quality of the callus. Symp. Biol. Hung. **7**, 275—300 (1967).

Krompecher, St., and G. Berencsi: Mucopolysaccharides in the histochemistry of cancer. Production of neutral mucopolysaccharides and their drainage through dilated lymphatics in mouse cancer C_3H. Acta Morph. Hung. **9**, 375—384 (1960).

Krompecher, St., and A. F. Kiss: Die Vascularisation bradytropher Gewebe im Chorioallantois Explantat. Verh. I. Europ. Anat. Kongr. Strasbourg 1960, Anat. Anzeiger Suppl. **109**, 120—135 (1962).

Krompecher, St., and A. F. Kiss: La stimulation de la vascularisation et de l'ossification locales par l'injection d'un extrait surrénal complet. Bull. Ass. Anat. II. Réunion Europ. d'Anat. Bruxelles. p. 192—199 (1963).

Krompecher, St., P. Ladányi and M. B. László: Cytochrome oxydase aktivitás histochemiai és biochemiai vizsgálata néhány alacsonyrendü állatnál. Morph. Ig. Orv. Szle, **6**, 81—84 (1966).

Krompecher, St., P. Ladányi, M. B. László and É. H. Oláh: Modification du métabolisme tissulaire dans la vie embryonnaire et postembryonnaire. Bull. Ass. Anat. 51. Réunion (Marseille), p. 552—558 (1966).

Krompecher, St., and M. B. László: Sur le métabolisme des différents tissus de l'oeil. Bull. Ass. Anat. 52. Réunion (Paris-Orsay) 720—727 (1967).

Krompecher, St., M. B. László and É. H. Oláh: A pajzsmirigy szerepe a vér hexosamin szintjének regulációjában. Kisérletes Orvostudomány **18**, 337—342 (1966).

Krompecher, St., C. Leray, B. Allemand, É. H. Oláh, M. B. László and P. Ladányi: Comparative study on the lactic acid and hexosamine content as well as on the glycolytic and cytochrome oxidase activities of some lower animals. Acta Biol. Hung. **16**, 389—396 (1966).

Krompecher, St., and L. Szodoray: Data to the histochemistry of ulcus cruris. Symp. Biol. Hung. **3**, 93—100 (1964).

Kuntz, E.: Die klinische Aktivitäts-Beurteilung der Lungentuberkulose. Thieme, Stuttgart, 1964.

László, M. B.: Studies on biochemical and metabolic changes of rat and guinea pig skin following congelation. Acta Biol. Hung. **16**, 227—236 (1966).

Moog, F.: Cytochrome oxidase in early chick embryos. J. Cell Comp. Physiol. **22**, 223—231 (1943).

Neal, H. and H. W. Rand: Chordate Anatomy, Blakiston, Philadelphia—Toronto, 1948.

Oláh, É. H. and B. H. Allemand: Metabolisme oxydatif de quelques organismes récoltés en Méditerranée. Rec. Trav. St. Mar. End. Bull. **41**, Fasc. 57 (1966).

Pearl, W., J. Cascarano and B. W. Zweifach: Microdetermination of cytochrome oxidase in rat tissues by the oxidation of N-Phenyl-p-phenylenediamine or ascorbic acid. J. Histochem. Cytochem. **11**, 102—107 (1963).

Roux, W.: Gesammelte Abhandlungen über Entwicklungsmechanik der Organismen. I—II. W. Engelmann, Leipzig, 1895.

Schmidt, H., Cs. Hadházy and É. H. Oláh: Die Bildung von Mucopolysacchariden in Rattenhaut nach thermischer Schädigung und lokaler Ischämie. Acta Histochem. **16**, 321—330 (1963).

Szentágothai, J., B. Flerkó, B. Mess and B. Halász: Hypothalamic control of the anterior pituitary. Akadémiai Kiadó, Budapest, 1967.

Warburg, O.: Über die fakultative Anaerobiose der Krebszellen und ihre Anwendung auf die Chemotherapie. Münch. Med. Wschr. **103**, 2504—2506 (1961).

Weidenreich, F.: Gefäß-System; In: L. Bolk, E. Göppert, E. Kallius und W. Lubosch: Handbuch d. vergl. Anatomie der Wirbeltiere. VI. Urban und Schwarzenberg, Berlin—Wien, 1933.

Diskussionsredner:

Scharf (DDR), Lindner (DBR), Mitschek (Frankreich), Schumacher (DDR).

Institute of Experimental Pathology, Polish Academy of Science, Warsaw, P. R. Poland

The experiment as a cognitive factor in histo- and cytochemistry

by

H. G. GODLEWSKI

I. Introduction

In an attempt to contribute to the discussion concerning the future of morphology in biological and medical sciences it makes it now impossible to neglect the endeavours of at least two disciplines arising from the morphology itself. These are the histochemistry and cytochemistry. Both may be named the daughters of microscopical morphology, whose contemporary position and prospective trends in connection with those of their neighbouring branches seem to be worthy of consideration.

It is obvious that the meaning and importance of histochemistry and cytochemistry in learning the mistery of metabolic processes running inside the tissues and cells resp., deserve here no explanation. We all understand this well, although there still exist discrepancies concerning the meaning of cytochemistry. To this day it bears a double meaning depending on who is talking about it. In the language of a micro-morphologist, let us say, a pure cytologist, cytochemistry occupies itself with the distribution of substances or enzyme activities in cellular structures visualized by a light or electron microscope inside the cell or tissue section. A biochemist, on the other hand, understands the task of cytochemistry as determinations of the content of substances or enzymic activity in cellular fractions previously prepared and separated. The same is true with regard to histochemistry in conformity with the view expressed by a morphologist or biochemist.

Once, I had been a witness of an amicable discussion taking place in the lobbies of an international meeting which was soon transferred into a fierce fight between two eager scientists, and the matter of this controversy was the problem who is more stupid: he who says that the mosaic distribution of substances among the cell fractions is not recognizable when cytochemical reactions are performed on the whole section, or he who does the chemical analysis of the cell dèbris, and then speaks about the whole cell metabolism whose entity had been completely destroyed before its examination. Substantial arguments strongly supporting the rightness of each side had been then mobilized.

The example of the above incident bases on the profound differences of the language used by both scientists intending to solve a common cytochemical puzzle. In reality, these languages originate from the difference in research methods which the investigators got accustomed to. In the case of a morphologist his tool is the microscope, in the case of a biochemist it is a test tube. As matter of fact, histo- or cytochemistry is emereged from a somewhat artificial twinning of morphological and chemical hybrids, which results in the creation of chimera manifesting in its body parts the tendency and features of their own source of origin. Thus, in dependence on the mode of investigation and interpretation the cytochemistry begins to face once more towards the intracellular morphology, at other times towards the chemistry of separated cellular fractions. As we know both directions are grounded, and have to supplement each other; therefore a dispute on the preponderance of one of them loses now its essentiality.

As regards the histochemistry itself, there were also tendencies to endow it with a purely chemical character in spite of the properties of the tissular material being frequently represented by a variety of structures even vesible in a single microscopical field. Here the ingenious micro-analyses applied by DOYLE (DOYLE and LIEBELT, 1955) to the intestine structures are to be stressed. Recently, however, thanks professors DALQUE and BRACHET (BRACHET, 1963; 1965) a general head has been introduced, namely the "molecular biology", supported, if necessary, by "molecular pathology". In this spacious sac all directions of the contemporary histo- and cytochemistry have found their comfortable sites.

II. Subjects of histo- and cytochemistry and limits of their correctness

a) Methodical histochemistry

One describes usually the history of histo- and cytochemistry starting from the method of RASPAIL, 1830 (cf. PEARSE, 1960). The subject of our interest of our discipline has changed according to the research methods introduced. Commonly known methods bound to the names of outstanding histo- or cytochemists constituded the mile stones on the way of advances in histochemistry. Let us recall: DADDI, CIACCIO, BEST, POLICARD, FEULGEN, VOIGT, CASSPERSON, TAKAMATSU, GOMORI, BRACHET and others who by introducing a new technique stimulated simultaneously various kinds of research. In the history of histochemistry one can easily perceive the periods of applying one new method to various biological and pathological material. Some of these methods, as for instance that for lipids became durable as a routine dignostic technique used by histopathologists. On the other hand, the other methods introduced gave rise to the development of a biological problem of principal importance. We remember the flowrish of the "thymonucleic acid" period after the FEULGEN reaction had been published 1924 (cf. PEARSE, 1960). Innumerable papers appeared then describing multiple kinds of cells, tissues and organs; these, however, did not reach any goal of general importance. Only when the thymonucleic acid FEULGEN reaction had been identified as that for DNA, and when the biochemical determinations had been confronted with the histochemical findings, a principal conclusion was established, namely that the nuclear DNA is a carrier of gentic information units. In a later enlargement of this action the contemporary theory of the gene-controlling intracellular feedback metabolism has been created. Now, it is hard to imagine modern progress in our knowledge of cellular metabolism and genetics without our previous possession of the Feulgen reaction.

The next fashions were those dealing with the PAS reaction (thanks to MACMANUS), RNA (introducing digestion with RNA-se by BRACHET), and phosphatase activity visualized by the TAKAMATSU-GOMORI technique. Here, some remarks arose. In the flood of papers in the course of this fashion referring to a given method it appears sometimes difficult to find the one of a real value.

Frequently the histochemical reaction is used by the author as a "staining technique" without any attempts to interpret his own findings in terms of the intracellular or intratissular matabolism. Applied histochemistry looks sometimes very badly in the hands of clinicists who do not always try to learn the chemical principles of the method used. It happens that the abreviation of the method's name is misunderstood. In order not to be proofless, let us read a phrase excerpted from the paper published in J. Clin. Invest. 38, 1959, 2052. All muscle specimen were found to contain large amounts of a granular material *which stains red with paraaminosalicylic acid (PAS) and Best carmine*. This material disappeared completely after incubating the tissue sections with diastase, whereas. . . .

In many cases the interpretation of histochemical findings exceds the allowed limits due to the ignorance of the limits restricting the correctness of histochemical reactions. This point has been strongly stressed by LINDERSTRØM, as we read in the introduction to the LISON's "Histochimie animale" (LISON, 1960).

As regards the interpretation of our histochemical findings we will have to bear in mind that in practice we do our best in order to secure the optimum conditions for the enzyme activity in order to obtain the best results, i.e. the strongest accumulation of the reaction products or their visible derivates. Thus, the pH of the incubation medium is mached to the optimal one checked from the chemical data established in vitro; then the duration and temperature of incubation, addition of some activators are so chosen that the reaction should be maximally enhanced. Selfevidently, according to our understanding we form the best, but actually artificial conditions for the reaction, which obviously do not exist in a living organism. The same is true concerning the biochemical determinations performed on tissue homogenates. This justifies the conclusion that direct the extrapolation of the results of our reactions carried out in vitro (histochemical or biochemical) to those in a living organism is not allowed: What we can only say is that in the conditions given the tissue (cell) has shown its maximal enzymic potentiality.

One cannot say anything about what happens in vivo, because of the reaction conditions remaining unknown in the living matter.

b) Applied histochemistry

If above reasoning is correct, the value of histochemical and biochemical findings becomes meaningless owing to the fact that they do not solve the problem for which the research was undertaken, namely for learning the topochemical and features of a living tissue. Notwithstanding the above reservation, and our inability of direct learning of the chemistry of living matter on the basis of our findings in vitro we have after all the possibility of indirect conclusions about chemistry, including metabolic phenomena, existing in vivo, provided some circumstanced factors are considered.

One of them is, let us call it: the comparative factor. The meaning of comparison may be emerged from a proverbial expression used by biochemists in the initial era of the enzymology: "give me a set of enzymes I will tell you the tissue they originated from". The specific differences in the chemical composition of the organ, in spite of their establishment in vitro, yet indicate the differences in chemical features of living organs. More difficulties arise when the metabolic passways are to be defined in the living tissue (cells). And here again the comparison of chemical features between different states of physiologic activity of the same tissue studied plays an important cognitive role. Histochemical investigations in this field belong to the comparative histo — or cytochemistry. Beside the comparison a second factor can be successfully inserted in the way of indirect learning of morphochemistry of the living matter. It is the experiment, labelling the so-called experimental histochemistry being tightly bound to the comparative histochemistry. Its cognitive value will substantiate the contents of the present lecture.

Before presenting examples of histochemical experiments let us review briefly the main directions of histochemistry in order to find a proper allotment for the experimental histochemistry.

The introduction of new methods, which has been already mentioned, forms a very essential branch of histochemistry named the methodical histochemistry. We can say at present that this branch lies chiefly in hands of Western histochemists, chiefly Americans. This is mainly due to expensive syntheses of new substrates requiring cooperation with chemists, which could be carried out in countries possessing well equipped industrial retreat of research laboratories. And that is probably why Eastern scientists participate to a rather small estent in the creation of new methods.

On the other hand, Eastern histochemists have reached a no mean position in the progress of the applied histochemistry. Here belong its comparative and experimental branches.

From very numerous researches done in the field of comparative histochemistry let us quote the studies of the oogenesis which comprises the basic biological processes, namely those of cell growth an cell maturation or differentiation, respectively. Very simple histochemical reactions when traced in various stages of the oocyte growth can bring very interesting and instructive results. Thus, for instance, the reactions for glycogen have revealed in my study of oogenesis in coelenterata (Godlewski, 1950) that this polysaccharide appears at certain already advanced stage of the oocyte growth when the formation of yolk pellets had been finished. Its localization is between the yolk pellets. The same phenomenon had been observed by Konopacki and Konopacka in the course of oogensis in frogs (Brachet, 1965) and by myself in frogs, too (unpublished). The appearance and peculiar distri-

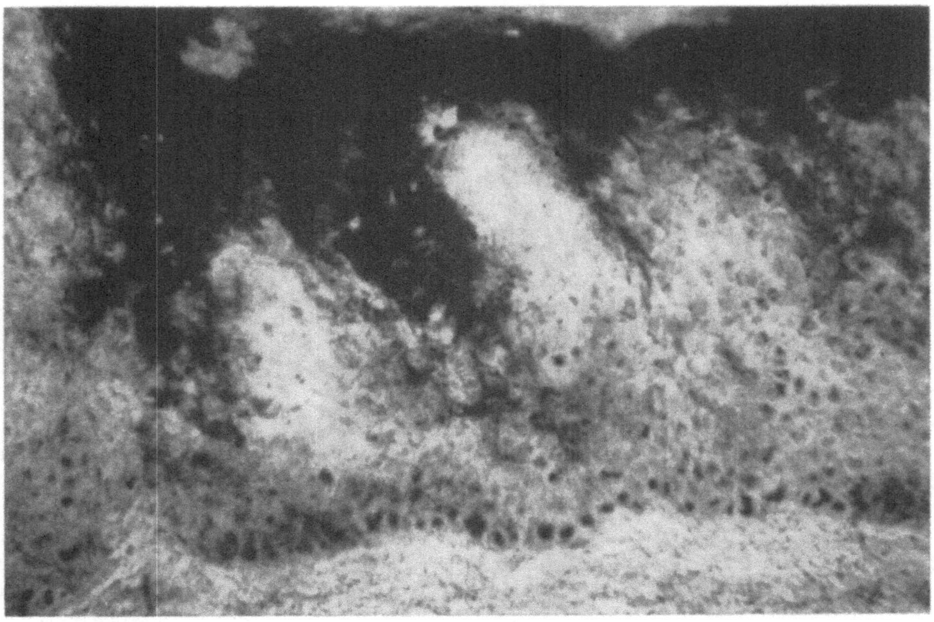

Fig. 1. The phosphorylase 'b'reaction in an advanced paratypia of the uterine cervix epithelium. Note the strongly positive reaction in the prickle cells (p.c.) and an evident reaction in nuclei of basal cells (b.c.). Magn.: Obj. 40 ×

bution of neutralmucopolysaccharides and lipids in bigger, maturating oocytes in insects has been reported by DUTKOWSKI et al. (1965), and others. The kind of research cited here does not solve the problem of metabolic turnover during the growth and differentiation of cells. Nevertheless, it indicates the main exponents of the metabolic passways and their site within the maturating cell, which deserve further, more detailed study. And this is the only role of the comparative histo- or cytochemistry.

Attempts to learn the morphochemical changes in the course of cancerogenesis, even in the human material, offers a suitable example which can demonstrate the meaning of comparative histochemistry. Let us discuss now the histochemical study of the conjectural stages of the carcinogenesis (so-called "precancerous lesions") in the female uterine cervix epithelium. The subject of this research is the distribution of the glycogen and of the phosphorylase activity. Comparing the histochemical pictures of reactions for the said compounds at given stages, already established by histopathologists previously, with those in both the pathologically unchanged epithelium and in cancer cells, one can learn some morphochemical properties of uterine epithelium undergoing neoplastic degeneration. The figures shown reveal that in pecancerous lesions in the cervical epithelium a gradual disappearance of epithelial cells normally rich in glycogen and phosphorylase reactive takes place, whereas the cancer cells appeared deprived both of glycogen and phosphorylase activity. These findings have ascertained some metabolic correlation between the glycogen and phosphorylase activity distribution during a specific process of epithelial degeneration, which owing to delicate and tiny tissue examined, could not be easily reached by use of other than histochemical methods. In these studies (GODLEWSKI, 1962, 1964) a quite unexpected and inconprehensible phenomenon has been, so to say "by the way", found, namely that the nuclei of the basal cells of the paratypical epithelium became phosphorylase reactive (unpublished), as shown in Fig. 1.

c) *Experimental histochemistry*

A separate section of the applied histochemistry, but each time tightly linked together with the comparative section, is the experimental histochemistry. The latter represents an ample field affecting now almost all disciplines of biology and theoretical medicine.

It makes it quite impossible in one lecture to review the results of so many papers dealing with experimental histochemistry. Therefore, I take the liberty to limit myself to several findings excerpted from the Polish histochemical literature, refering chiefly to the glycogen turnover and its localization, and on the basis of it to outline the cognitive role of the experiment in cases when the biochemical method are insufficient to solve the problem.

III. Experiments

a) *Skin scalding*

A simple experiment on the scalding of the epidermis in guinea-pigs and subsequent tracing of the behaviour of glycogen and one of its enzymes during the wound healing seems to introduce new data as regards the participation of glycogen in the formation of the maturating, i.e. cornifying layer of the epidermis. In order to assess te potentiality of the phosphorylase system to break down (in vivo) the epidermal glycogen we have to distinguish the behaviour of the active phosphorylase "a", the inactive phosphorylase "b" and the activity of the phosphorylase "b-kinase" being responsible for the conversion of the inactive form "b" to active "a" (BILSKI and GODLEWSKI, 1965). Thus, during the healing of the epidermis the young, still not cornified epithelium, contains glycogen in its superficial layer only. This epithelium, which will cornify later, does not show the phosphorylase "a" activity and is characterised by a low content of the phosphorylase "b"; also the phosphorylase-b-kinase is marked weakly there. One can say that the phosphorylase system seems to be ineffective, thus preserving the presence of glycogen in the young epidermis. In the next stage of maturation, i.e. in the cornifying epidermis the phosphorylase system begins to work. We observe a considerable activity of the phosphorylase "a", a high content of phosphorylase "b" and a strong reaction for the phosphorylase-b-kinase. At that time the glycogen disappears from the superficial layer of young epidermis being probably used for the formation of kreatine. In the matured (control) epidermis in guinea-pigs no glycogen is to be found; the whole phosphorylase system is efficient there. On the basis of this experiment in which the scalded epidermis was locally destroyed and forced to regenerate, a more general suggestion may be unwoven, namely that the storage of glycogen in the epidermis can induce the formation of the phosphorylase system. This hypothesis seems to be supported by the results of the comparative studies on the glycogen and phosphorylases in benign and malignant tumours (GODLEWSKI, 1962), as well as in the conjectural stages of cancerogenesis in cervical epithelium (GODLEWSKI, 1964).

b) Sound

Glycogen, phosphorylase and UDPG-transglucosidase offers a favourable field of histochemistry applied to experiments involving various biological and physiological phenomena. CHODYNICKI (1965), for instance, has been interested in the behaviour of glycogen in outer sensory cells of the CORTI's organ of the inner ear in guinea-pigs subjected to the action of sounds of 90 decibels in intensity (250, 1000, 4000 cycles per sec.) for 10 hours. It appears that the fours coil of the glycogen present normally in the outer hair cells of the fourth coil of the CORTI's apparatus decreases considerably during the experiment and regenerates again within 48 hours after the action of sounds had been stopped. It is a great pity that in this interesting experiment no histochemical studies of phosphorylase and UDPG-transferease activity were undertaken. Nevertheless, the author stresses that glycogenolysis occurs parallely with bioelectrical phenomena accompanying the sensitivity of the hair cells to acoustic stimuli.

As we see here, the problem of glycogen utilisation during the response of nerve endings to outer stimuli leads us directly to the question of carbohydrate metabolism in the nervous system, where the experiment seems to be a particularly suitable tool in histochemical investigations. In this respect the fundamental and commonly known experiments of HYDEN (1943), which elucidated the role of ribonucleic acids in the stimulation and involution of neurons, have to be stressed.

c) Hypoxia in CNS

Let us, however, tie the glycogen histochemistry in the central nervous system with the modern problem of hypoxia and anoxia as revealed in the experiments of MOSSAKOWSKI and his American collegues done on cats, rats and monkeys (LONG et al., MOSSAKOWSKI et al.).

In acute experiments on cats (MOSSAKOWSKI et al.) the spinal cord ischeamia was produced by ligation of the abdominal aorta just distal to the renal arteries. Following ligation, the animals were allowed to survive for various time-lapse (half hour to fourteen days) and then the sacral and lumbar spinal cord segments were removed for histochemical analysis. The thoracic segments served for control purposes. The cerebral ischaemia was produced in rats by ligation of both carotid arteries below their bifurcation. Animals were sacrificed at intervals of 2 hours to 7 days, and then several histochemical reactions for glycogen and glycogen-metabolizing enzymes in front of them were performed on brains.

In the spinal cord of the control animals or of the thoracic control segments (cats) the glycogen was found in small amounts only. Following ligation of the aorta, already one hour later an accumulation of glycogen granules in the peripheral portion of large motor neurons and in their dendrites was observed. Later on, a great increase in glycogen deposits in neurons, in perivascular and perineuronal aggregations, as well as in many motor neurons, occured and reached its peak at 24 hors following injury The distribution of perivascular accumulation of glycogen was sharply confined to the gray matter; it ceased abruptly as the blood vessel entered the white matter. After 24 hours after aorta ligation there began a progessive decrease of the eleveted glycogen content. At first glycogen disappeared from the perivascular spaces, then neuropile and finally from neurons and their processes. It is worthwhile to stress that the experimentally induced deposits of glycogen in neurons were not accompanied by any appreciable morphological abnormalities in them. In control animals a weak UDPG-transferase activity was found only in peripheral motor neurons of the anterior horns of the spinal cord, the neuropile and glia being practically unreactive. Within the first 24 hours after ligation the intensity of the glycogen synthetase activity increased and remained at a high level until 4 days following the ligation of the aorta, and then decreased gradually to the control values. That time the phosphorylase "a" and total phosphorylase activity, demonstrable in the control material both in gray and white matter, increased considerably beginning 3 hours after injury, that is at a time the UDPG-transferase had been increasing also. The most enhanced reaction for the active phosphorylase was sited in the perivascular and astrocytic areas within the anterior horns.

Similar results were obtained by MOSSAKOWSKI et al. in experiments on rats with ligated carotid arteries (LONG et al.). In the ischaemic brain 24 hours after ligation of arteries the subcortical white matter, fornix, corpus callosum, Ammon's horn, putamen, pallidum and areas of tissue rarefaction were the preferential sites of glycogen accumulation. It began to disappear 24 hours later and was accompanied by an increased phosphorylase activity.

A general conclusion from the experiments we are talking about, namely that glycogen accumulates spontaneously in the spinal cord and brain afflicted with anoxia, has been strongly supported by effects of perinatal asphyxia on the brain induced in the course of acute experiments performed on mature, newborn monkeys delivered by Ceasarean operation in the last few days of normal gestation.

Immediately after uterus had been opened the umbilical cord was clamped and the head of delivered animal was slipped into a rubber balloon containing physiological saline solution. Asphyxation took ca. 12 minutes. Then the animal was resuscitated by pulmonary insuflation with pressure of gas mixture containing oxygen and carbon dioxide until spontaneous respiration was recovered. Animals were allowed to survive for periods of 1 to 14 hours and a few days, the brain and spinal cord at these periods being examined.

As established both in histochemical and electron microscope examinations the glycogen deposits appeared in the early stages after asphyxation in glial cells of the gray and white matter, and disappeared between 1 and 4 days following the resuscitation. Glycogen accumulation was accompanied and preceded by an increased activity of UDPG-transferase, and at leat inactive phosphorylase b. The disappearance of glycogen was connected with a lowering of UDPG-transferase activity to the normal level, and later on with a weakening of the phosphorylase activity. An interesting finding of the authors is that the sites of glycogen accumulation are astrocytes not only of the gray matter (this was known concerning the ischaemic brain of adult animals), but also of the white matter. It appeared that in the deposition of glycogen in the white matter astrocytes glycogen falls to areas of the unmyelinated or actually myelinating white matter. The view is emphasized by the authors that deficit oxygenation during asphyxation leads to the inhibition of the glucose utilization in the process of myelin synthesis. Glucose, unutilized for myelin synthesis in conditions of an oxygen deficit, may be deposited again in the form of glycogen in astrocytes. Hence a more general hypothesis has been suggested that glycogen deposition is dependent on the state of maturity and the function of glial cells.

The authors' experimental findings of the temporary appearance of glycogen in the hypo- or unoxidized areas of the nervous system are not unique in the neurological literature (cf. Long et al.). But the interesting explanation of this phenomenon through the impairment of tissue capacity to utilize glucose for myelinization process seems to be an experimentally derived conclusion of general importance. Let us recall the experimentally forced new formation of young epidermis, already mentioned. There the glycogen was detected in the stage preceding keratinization process. A similarity between the remote tissues and processes seems to be selfevident. Let us add here another phenomenon, already mentioned also. There is the appearance of glycogen in the course of oogenesis exactly at the moment of the formation of definite yolk pellets; the latter process, as we know, is tightly bound with the yolk lecitinization. Thus, summarizing all the three kinds of glycogen accumulation in three entirely different tissues, we are justified in saying that in all three cases the lipidic in nature, or better the proteinolipidic in nature metabolic processes occur. It makes it probable that in the three tissues in question the synthesis and deposition of glycogen run in conditions of local hypoxia, although in the case of oogenesis and of the epidermal regeneration the occurence of hypoxia remains to be proved.

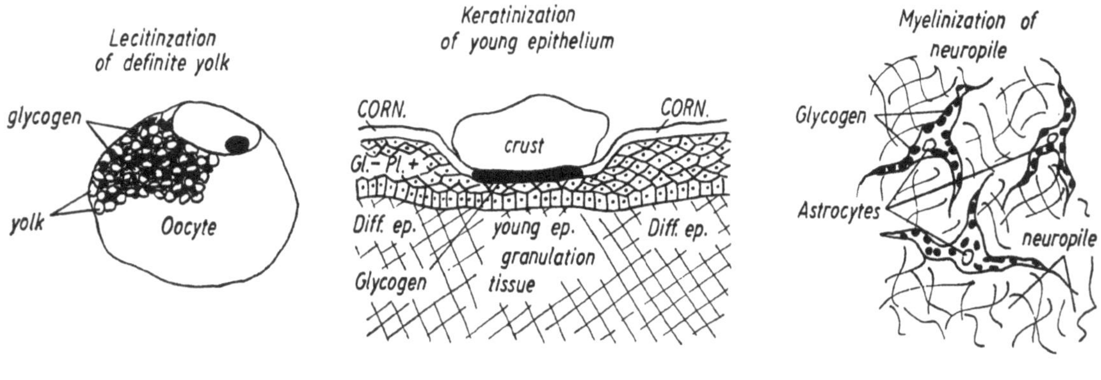

Fig. 2. Is hypoxia responsible of appearance of glycogen in above three different, metabolic processes as indicated by the comparative and experimental histochemistry?

The problem of the glycogen appearance and accumulation has arrested our attention in order to illustrate how the experimental and comparative histochemistry, when put together, may contribute to creation of a hypothesis of a general, biological significance. We are conscious that histochemistry alone is not capable to ground a general theory by its own findings, but is potent to form a hypothesis and to indicate the way of further studies which may substantiate it or throw it away.

d) Intracellular metabolism

The tissue and intracellular metabolism constitutes a favourable and large field for experimental histochemistry. Even simple experiments may supply very valuable data or give us an useful tool for inducing intimate morphochemical processes. A simple ligation of the bile duct leading to the massive formation of lysosomes in liver, exemplifies the usefulness of such procedure.

As regards the cellular metabolism, I would like to quote the experiments of VORBRODT (1958) who injected partially hepatomized rats with dinitrophenol, a known inhibitor of the oxidative phosphorylation, and studied the distribution of acid phosphatase activity in the regenerating liver, i.e. the tissue which grows fast and synthetizes proteins fast. Comparing the intensity of the histochemical reaction in normal and regenerating liver he was able to suggest a general hypothesis, namely that the acid phosphatase activity is a factor involved in the protein synthesis.

e) Varia and end remarks

Numerous biological disciplines with endocrinology, pharmacology and experimental oncology in front, supply many examples of successful applications of histochemistry to various experiments. The limited lecture time does not allow me to exemplify this statement. The cognitive factor which lies in the hands of an experimentator is that he usually can manage the direction and intensity of a stimulus influencing the the organism and/or its tissue. He can force the organ to a definite response and learn the histochemical features of responding tissue and compare it to that in an untreated animal. In order to exhaust the experiment and to obtain a maximum of information, the principle is that the response to a known stimulus has to be repeatedly the same.

There are, of course, cases when the researcher knows the histochemical features of a tissular response, but does not know which factor out of many possible stimuli acting simultaneously is in reality resposible for the effect observed. To avoid any misunderstanding, let us have an example. Professor v. MAYERSBACH has discovered by chance that the intensity of a simple reaction for the esterase activity in liver of one of the rodents examined appeared to be quite different in the morning and in the afternoon. It appeared further that such a diurnal effect is not due by any means to the behaviour of one enzyme only. Other enzymes and several native compounds of the liver exhibited analogical alterations. I do not want to enter into details here, presuming that Professor v. MAYERSBACH will be able to extend in the discussion my signal about his unexpected finding which gave him rise to subsequent, very interesting studies. In these circumstances the enzyme activity in liver is a known effect of the influence of day-time, which in turn becomes an "experimental" factor consisting of at least several subfactors. Among these subfactors one of them may be presumed as a conjectural, the most powerful one, responsible for the effect histochemically demonstrable. And now the experimental analysis is starting in order to discern between the uneffective and effective factors, as for instance: diet animal motility, light, temperature, magnetism, etc.

Since our reasoning has led us to the unexpected finding conditioned by the enigmatic day-time factor, let us finish this lecture with a fragment of an experiment in which the influencing factor was a direct current of low and known intensity passing through the mice kidney in vivo, and the conjectural effect derived from the histoenzymology applied in this research was the accumultation of electricity in the kidney forming either a type of a condensor or an accumulator. However, the leading idea of the experiment was initially to learn whether the current of low intensity is capable to change in vivo the viability of the tumour tissue (GODLEWSKI and PENAR, 1966). In the case of the kidney the scheme of the experiment was as follows:

The kidney of an anesthesised mice was exposed and inserted between two electrodes connected with an electrical set keeping the intensity of the current stable. 2 mA current was allowed to flow for 15 minuts through the kidney. The effect of that flow was manifested in the inhibition of the enzyme (succinate dehydrogenase and others) activity at the anodal and cathodal poles and in preserving its activity in the intermedial zone — as shown in one of our papers (GODLEWSKI et al., 1969). Some details of the current induced effects I will be honoured to present at the afternoon session. In another experiment the potential of the exposed kidney was measured before and after the flow of the current. The difference amounted to over 1,5 V. Then, performing a short-circuiting for about one hour the kidney had been discharged and the residual potential measured again. The shape of the curve, representing the dropping of the voltage as the function of the discharging time indicates undoubtedly that the charged kidney resembles not a condensor but an accumulator.

I have taken the liberty to draw your attention to this kind of study because it reflects properly how the previous problem posed, namely the influence of a current on the viability of tumours, which had initially nothing to do with the histochemistry, has been switched by the experiment to other organs, and through applied histochemistry to basal subjects of physics. And here in lies the cognitive role of the experiment.

References

BILSKI, R., and H. G. GODLEWSKI: Histochemistry of glycogen, phosphorylases and UDPG-dehydrogenase in the epidermis of healing scald wound in gwinea-pig. Folia Histochem. Cytochem. **3**, 225–232 (1965).

BRACHET, J.: The contribution of cytochemistry to molecular biology. Folia Histochem. Cytochem. **1**, 389–396 (1963).

BRACHET, J.: A synthetic survey of reports presented at the Vesalius Symposium and their evaluation. Folia Histochem. **3**, 177–189 (1965).

CHODYNICKI, S.: Regeneration of glycogen in the hair cells of the organ of Corti. Folia Histochem. Cytochem. **3**, 211–216 (1965).

DOYLE, W. L., and R. LIEBELT: Distribution of esterase in epithelial and lymphatic tissues of the rabbit appendix. J. Histochem.Cytochem. **3**, 50–60 (1955).

DUTKOWSKI, A., and B. GRZELAKOWSKA: Cytophysiological investigation of follicular Vesicles of *Carausius morosus*. The micromorphology and lokalization of nucleic acids, polysaccharides and lipids. Folia Histochem. Cytochem. **3**, 119–136 (1965).

GODLEWSKI, H.G.: Cytochemical studies on the micrometabolism of oocytas in *Aurelia aurita* L. Bull. Ac.Pol. des Sciences et des Lettres, Cl. Math-Nat., nr. 1–3 (1950).

GODLEWSKI, H. G.: Histochemical studies on phosphorylase distribution in various human and animal tumours. Acta Un.Intern.Cancr. **18**, 63–65 (1962).

GODLEWSKI, H. G.: Histochemical studies of phosphorylase in cancerous and precancerous lesions in the uterine cervix and mammary gland. Acta Union Intern.Cancr. **20**, 706–709 (1964).

GODLEWSKI, H. G., and B. PENAR: Further researches on transplantable tumours subjected to ionophoresis in vivo. Folia Histochem.Cytochem. **4**, 145–146 (1966).

GODLEWSKI, H. G., A. HUSZCZUK and B. PENAR: Mouse kidney as an induced accumulator of electricity. Acta Anatomica, Suppl. 1969 (in press).

HYDEN, H.: Protein metabolism in the nerve cell during growth and function. Acta Physiol.Scand. **6**, Suppl. 17, 1–136 (1943).

KONOPACKI, M., and B. KONOPACKA: La micromorphologie du metabolisme dans les periodes initiales du developpement de algrenouille (*Rana fusca*). Bull.Ac.Pol.Sc. et Let. **11**, 229–291 (1926).

LISON, L.: Histochimie et Cytochimie animales. Principles et methodes. Gauthier Villar, Paris 1960, **1**, XII, 397.

LONG, D. M., M. J. MOSSAKOWSKI and I. KLATZO: Early histochemical and ultrastructural changes in central nervous system ischemia. Acta Neuropath. (Berlin).

MOSSAKOWSKI, M. J., D. M. LONG, I. KLATZO, R. MYERS and H. RODRIGNEZ: Early histochemical and ultrastructural changes in perinatal asphyxia. J. Neuropathol. Exp.Neurol. **27**, 500–516 (1968).

PEARSE, A. G. E.: Histochemistry, theoretical and applied. Churchill Ltd, London, 1960.

VORBRODT, A.: Histochemically demonstrable phosphotases and protein synthesis. Exp.Cell.Res. **15**, 1–20 (1958).

Contributors to the discussion:

REPCIUC (Rumania), FRUNDER (GDR).

Institut für Pathologische Physiologie der Friedrich-Schiller-Universität Jena, DDR

Beziehungen zwischen Pathophysiologie und Pathomorphologie aus der Sicht des Pathophysiologen

von

E. Goetze

Ich bin nicht hierhergekommen, um über die Bedeutung der Morphologie für die medizinische und naturwissenschaftliche Forschung zu sprechen, es hieße Eulen nach Athen tragen. In unserem Institut beschäftigen wir uns seit 10 Jahren mit dem Stoffwechsel von Embryonen und Plazenten, in der letzten Zeit auch und zunehmend mit immunologischen Problemen am gleichen System. Sie werden Verständnis dafür haben, daß man sich bei diesen Organen und Organismen nicht mehr darauf beschränken kann — wie das bei der Erwachsenenleber noch einigermaßen geht — die Organe zu zerschneiden oder zu zerreiben und im Schnitt oder Homogenat oder den Fraktionen des Homogenats den normalen oder gestörten Stoffwechsel zu untersuchen. Gerade die Plazenta ist ein Organ, das mit seinem komplizierten Aufbau jede Auswertung von Stoffwechseluntersuchungen unmöglich macht, wenn man nicht die Frage nach den Strukturen stellen kann, die für bestimmte Prozesse verantwortlich sind. Wir erwarten deshalb auch sehr viel von den Zweigen der Morphologie, die hier die besten Aussagen machen können, von der Histo- und Zytochemie, der Immunhistologie- und -zytologie und von der submikroskopischen Zytochemie und Immunzytologie, die offensichtlich der Morphologie einen neuen Aufschwung gegeben haben, wobei ich ganz und gar der Ansicht bin, daß wir hier am Beginn einer Entwicklung stehen.

Die Entwicklung, die sich hier abzeichnet, wirft Fragen der Abgrenzung der Fächer gegeneinander in Forschung, Lehre und medizinischer Praxis, der Beziehungen zwischen experimenteller Forschung und medizinischer Praxis auf, die die Pathologische Morphologie ebenso betreffen wie mein Fach und deshalb zur Diskussion gestellt werden sollen.

Zunächst der Schwerpunkt der Forschung. Er ist in beiden Disziplinen — ich vereinfache hier und fasse Pathophysiologie und Pathobiochemie wie es der Tradition entspricht zusammen — also in Pathomorphologie und Pathophysiologie derselbe, die Erforschung der Pathogenese und Sanogenese letzten Endes der Erkrankungen des Menschen. Jede dieser Disziplinen hat dabei ihre allgemeinen und speziellen Fragestellungen, entsprechend gibt es eine allgemeine und spezielle Pathologie und allgemeine und spezielle Pathophysiologie. Ich möchte doch kurz dabei stehenbleiben, daß hier die Bezeichnungen schon beginnen, uns Streiche zu spielen. Wir sprechen in Deutschland von einer „Allgemeinen Pathologie“ aber von einer „Speziellen pathologischen Anatomie“. Grund dafür ist, daß es eine Pathologische Physiologie mit entsprechenden Institutionen in Deutschland nicht gab, daß speziell pathophysiologische Fragestellungen im Zusammenhang mit der Lehre in den Kliniken, selten in physiologischen Instituten behandelt wurden, damit aber eine „Allgemeine pathologische Physiologie“ nicht existierte. Sie war deshalb, da der Morphologe nicht über die Methodik zu ihrer Untersuchung verfügt, praktisch ausgeklammert. In einigen anderen Ländern, in Ungarn seit 200 Jahren, in Rußland bzw. Sowjetunion seit fast 100 Jahren, gab es Institute für „Allgemeine Pathologie“, die im allgemeinen von Physiologen geleitet wurden und ihrer ganzen Arbeit entsprechend nach und nach in „Institute für Pathophysiologie“ umgetauft wurden. Folge war in Deutschland eine ungenügende Abgrenzung der allgemeinen Pathomorphologie gegenüber der Pathophysiologie und Pathobiochemie, in den anderen genannten Ländern eine ungenügende Abgrenzung der Pathophysiologie gegenüber der Morphologie. Da erfahrungsgemäß ungenügende Abgrenzung leicht zu Streit und zu wissenschaftsschädlicher Machtpolitik führt, schneide ich das Problem an.

Das Problem ist natürlich nicht der historisch entstandene Name, das Problem ist, wie man sich abgrenzt. Der Inhalt der Forschung, Pathogenese und Sanogenese, ist für beide der gleiche, er kann also nicht gegenseitig abgrenzen. Die Abgrenzung muß offensichtlich nach den Methoden erfolgen. Wir sind deshalb der Ansicht, daß das gleiche Thema experimentell bearbeitet werden kann, so, um ein Beispiel der allgemeinen Pathologie zu nennen, die Pathogenese maligner Tumoren, in pathomorphologischen Einrichtungen mit morphologischen, in pathophysiologischen mit physiologischen und in pathobiochemischen Einrichtungen mit Methoden der Biochemie, und dasselbe für speziell-pathologische Probleme, z. B. Probleme des hämorrhagischen Schocks ebenso in den betreffenden Einrichtungen mit ihren Methoden. Ich möchte dabei nochmals bemerken, daß ich die Histo- und Zytochemie ebenso wie die Submikroskopie auch als Methoden des Morphologen ansehe.

Nun gibt es bei dieser Abgrenzung zwei Probleme, ein mehr subjektiv-historisches und ein eher objektiv-prognostisches, das erste verbunden mit den Begriffen „Funktionell" und „Experimentell", das zweite mit der Annäherung der morphologischen und im weiteren Sinne physiologischen Wissenschaften, hauptsächlich verursacht durch die moderne Entwicklung der Morphologie.

Die morphologischen Disziplinen des vorigen Jahrhunderts schalteten funktionelle Gesichtspunkte prinzipiell aus. Ich bin über die Geschichte Ihrer Fächer nicht so weit orientiert, um zu wissen, ob es Ausnahmen gab — es ist wahrscheinlich — aber es war ein Prinzip, das von den angesehensten Vertretern dieser Fächer verfochten wurde. Es sicherte diese Wissenschaften in einer Zeit, als die Physiologie in ihren Anfängen stand und eine Biochemie praktisch noch nicht existierte, gegen Spekulationen — in dieser Zeit hauptsächlich von seiten der Naturphilosophie her. Was aber im vorigen Jahrhundert notwendige Sicherung für die Entstehung exakter Wissenschaftszweige war, wurde in diesem Jahrhundert zu einem starken Hemmnis für die Anwendung der inzwischen entstandenen Erkenntnisse anderer Wissenschaftszweige, also vor allem der Physiologie und Biochemie, im eigenen Bereich. Damit entwickelte sich aber auch in den morphologischen Fächern der Wunsch nach einer „funktionellen Anatomie" und „funktionellen Pathologie". Ich glaube aber nicht, daß der Gegensatz: deskriptive und funktionelle Morphologie heute noch eine Rolle spielt, die Morphologie der heutigen Zeit strebt ganz offen an, eine funktionelle Morphologie zu sein. Damit aber, daß die Morphologie nicht bei der Aufklärung der Strukturen stehen bleibt, sondern beginnt, sich für die Funktionen zu interessieren, sprengt sie im Augenblick, wo sie sich nicht damit begnügt, sich die Forschungsergebnisse anderer, der physiologischen Fächer, lediglich anzueignen und mit den Ergebnissen ihrer Beobachtungen zu koordinieren, sondern nun selbst Funktionsabläufe erforschen will, ihren alten Rahmen. Dies ist auch der Augenblick, wo Physiologen und Biochemiker aufmerksam werden. Zum Glück beruht dies aber auf Gegenseitigkeit, weil das zunehmende Interesse dieser Wissenschaften für Strukturen im Zell- und Organbereich auch die Aufmerksamkeit des Morphologen erregt.

Die Aufmerksamkeit auf beiden Seiten entsteht mit Recht, da hier die Gefahr besteht, daß Grenzen der Methodik überschritten werden, die durch Entwicklung, Ausrüstung und Ausbildung gegeben sind und zum System einer vernünftigen Arbeitsteilung gehören.

Noch ein anderer Faktor ergibt die Möglichkeit des gefährlichen Verlassens der eigenen Grenzen. Dies hängt mit der Entwicklung der experimentellen Pathologie zusammen. Deskriptive und funktionelle Betrachtungen sind nicht verbunden mit empirischer und experimenteller Forschung, obwohl sich aus funktioneller Betrachtung eher der Wunsch nach experimenteller Forschung ergibt. Hier ist in den Fächern eine unterschiedliche Entwicklung festzustellen. Die Ergebnisse der Pathologie beruhten lange Zeit auf empirischer Forschung, darüber hinaus ist ein großer Teil der Pathologen ausschließlich mit der diagnostischen Tätigkeit im Dienste der Praxis, nicht aber mit Forschung beschäftigt. Der Physiologe und Pathophysiologe, ebenso wie der Biochemiker, ist aber fast ausschließlich mit experimenteller Forschung beschäftigt. Dadurch unterliegt der Morphologe leicht dem Trugschluß, besonders der jüngere Morphologe, daß „experimentelle Forschung" Anwendung physiologischer oder biochemischer Methoden bedeutet. Dies ist natürlich nicht der Fall. Auch der Kliniker unterliegt leicht einem ähnlichen Irrtum, der dadurch bedingt ist, daß das Experiment lange Zeit vorwiegend Aufgabe des Physiologen war — er meint, experimentelle Arbeit setzt Arbeit mit dem bevorzugten Versuchsobjekt des Physiologen, dem Versuchstier voraus. Experimentelle Untersuchungen z. B. der Pathogenese bestimmter Erkrankungen heißt aber Untersuchung mit physiologischen, biochemischen, morphologischen o. a. Methoden am Modell oder am Menschen, am Menschen selbstverständlich unter den Einschränkungen, über die hier nicht gesprochen werden muß.

Es kann also nicht Lösung des Problems sein, daß der Morphologe lediglich zu Methoden der Biochemie oder Physiologie greift, um „funktionell" und „experimentell" zu arbeiten, er muß seine Methoden so entwickeln, daß er mit ihnen zu funktionellen Aussagen kommt — dieser Kongreß zeigt aufs neue, daß die morphologischen Fächer dies auch können.

Die stärkere Verbindung der Erforschung von Struktur und Funktion bedingt eine stärkere Annäherung der Fächer, aber auch ein stärkeres Bedürfnis, Forschungsergebnisse im eigenen Bereich durch Ergebnisse, die mit Methoden fremder Bereiche erarbeitet wurden, abzusichern. Wenn wir z. B. nach Röntgenbestrahlung trächtiger Ratten feststellten, daß in der foetalen Leber die Proteinsynthese erlischt, wollten wir wissen, wie die Zellpopulationen, mit denen wir es hier zu tun haben, also vor allem Leberparenchymzellen und Erythroblasten, sich verhalten. Da solche Fragestellungen sich häufig ergaben, betrachteten wir es als einen glücklichen Zufall, einen vorzüglich in der Elektronenmikroskopie ausgebildeten und erfahrenen Naturwissenschaftler gewinnen zu können, der nun im Institut seit langem solche Fragen untersucht. Die Schaffung einer fakultätseigenen elektronenoptischen Untersuchungseinrichtung kam diesem Bestreben sehr entgegen. Dies Bedürfnis ist nicht einseitig — wir können feststellen, daß zunehmend in den letzten Jahren in den morphologischen Einrichtungen Naturwissenschaftler, aber auch Mediziner eingestellt werden, die biochemische oder auch physiologische Methoden anwenden. Wenn man im Institut gute Verhältnisse für gegenseitigen wissenschaftlichen Kontakt entwickelt, hat dies große Vorteile. Der Assistent aus dem fremden Fachgebiet bekommt sehr rasch guten Einblick in die Probleme, die das Institut beschäftigen und kann dadurch, daß er Überblick über die Literatur des Nachbargebietes hat, ständig die Beziehungen zwischen beiden Gebieten herstellen und festigen. Außerdem kann er die akutesten Fragen, die man ihm stellt, durch eigene Forschung beantworten. Nur sind auch hier einige Kautelen zu berücksichtigen:

1. Man muß aufpassen, nicht in die Interessengebiete anderer Institute einzubrechen. Die Arbeit der betreffenden sollte sich also ganz und gar auf die engeren Forschungsaufgaben beschränken, die das Institut beschäftigen. Er ist im Institut Hilfswissenschaftler.
2. Niemand sollte sich der Illusion hingeben, daß er in fachlicher Beziehung den Assistenten, der auf dem Nachbargebiet arbeitet, anleiten könnte. Es muß deshalb Vorsorge getroffen werden, daß der Morphologe, Chemiker o. a. auf seinem Gebiet mit der Entwicklung der Technik mitgeht, die neueste Literatur kennt, sauber arbeitet — also Kontrolle vorhanden ist, die man im allgemeinen als Institutsdirektor bei seinen Assistenten selbst anstrebt.

Der Morphologe, der in einer biochemischen oder physiologischen Einrichtung arbeitet, sieht sich gewöhnlich einem sehr kritischen Kollektiv gegenüber, weil seine meist qualitativen Aussagen Anlaß zu eindringlichen Fragen geben. Ich weiß nicht, wie es umgekehrt ist. Vor allem muß er aber Kontakt mit Einrichtungen seines Fachgebietes haben und seine Ergebnisse auf Tagungen seines Fachgebietes vortragen.

Lassen Sie mich jetzt über meine Vorstellungen zu den Beziehungen zur medizinischen Praxis sprechen. Der Pathomorphologe hat hier durch seine Routinetätigkeit viel engere und dauerhaftere Beziehungen als der Pathophysiologe. Auf der Gründungstagung unserer Gesellschaft im Herbst letzten Jahres hat mein Kollege Travnicek aus Prag von der notwendigen „Anthropologisierung“ der Pathophysiologie gesprochen. Er meinte damit die Herstellung engerer Beziehungen zur medizinischen Praxis, aber auch engere Beziehungen zur klinisch-experimentellen Medizin. Dies deckt sich mit unseren eigenen Vorstellungen. Die Arbeit am Modell kann nicht genügen, weil das Modell immer nur Teile eines Krankheitsprozesses, den wir beim Menschen finden, nachahmt. Selbst das elektronische Modell ist weit davon entfernt, einen Krankheitsprozeß in seiner Vielseitigkeit zu simulieren, wie wir ihn beim Menschen antreffen. Auf dem letzten Physiologenkongreß konnten wir zeigen, daß das Nachspielen eines pathologischen Prozesses wie der Leberverfettung mit einem größeren Analogrechner nur unter erheblicher Vereinfachung der einzelnen Stoffwechselwege möglich ist. Die Prozesse sind so vielfältig, daß die Grenze der Möglichkeiten, die das Gerät bietet, rasch erschöpft sind. Es ist also notwendig, die Ergebnisse der Untersuchungen am Modell den Verhältnissen am Menschen anzupassen. Dies scheint mir nur dort möglich, wo eine gute Laboratoriumsdiagnostik vorhanden und im Zusammenhang mit dieser eine klinisch-experimentelle Medizin entwickelt ist, die wieder mit der pathophysiologischen Forschung, die am Modell arbeitet, in enger Verbindung steht.

Eine ähnliche „Anthropologisierung“ sucht offenbar auch die Pathomorphologie, nur muß man jetzt darunter die Beschäftigung mit dem *lebenden* Menschen verstehen — mit dem toten Menschen hat der Pathologe schon immer zu tun. Die Verbindung ergibt sich zwangsläufig über die klinische Zytologie und Histologie. Da die technische Entwicklung auch hier fortschreitet und eine spezialisierte Ausbildung erfordert, wird ebenso wie in der klinischen Chemie und Pathophysiologie die Zukunft die Ausbildung von Spezialisten fordern — nach meiner Ansicht können dies Pathomorphologen sein. Die Histologie wurde ohnehin schon meist vom Morphologen betrieben, während die Zytologie fast ausschließlich in Händen des Klinikers lag und liegt, sehr zum Schaden der Zytologie, denn sie gewinnt in Verbindung mit der Histologie an Aussagekraft. Damit will ich nicht vorschlagen, daß die gesamte Zytologie der Klinik entrissen werden soll — ich bin auf allen Gebieten der klinisch-experimentellen Medizin und Diagnostik der Ansicht, daß der Arzt in der Klinik weitgehend beteiligt sein muß, wie dies auch in seinem Interesse ist, aber da, wo die Spezialisierung notwendig ist, muß sie auch durchgeführt werden. Ich möchte die an sich sehr interessanten Fragen der Organisation der klinisch-experimentellen Forschung, des Zusammenwirkens der verschiedenen Fächer nicht hier ausführlich diskutieren, wenn uns auch diese Fragen sehr bewegen. Ich möchte nur feststellen, daß wir hier auch die

Dreiteilung vor uns haben: klinische Morphologie, klinische Physiologie und klinische Biochemie, jedes dieser Bereiche ausgedehnt bis zur Routinediagnostik, und eng verbunden mit dem entsprechenden theoretisch-experimentellen Fach, also mit Pathomorphologie, Pathophysiologie und Pathobiochemie.

In diese klare Konzeption paßt nicht der Begriff der ,,klinischen Pathologie" hinein, der in den letzten Jahren bei einem Teil unserer Pathologen Anklang gefunden hat. Die klinische Pathologie hat sich in den 30er Jahren in England und Amerika entwickelt und entspricht dem, was wir bei uns im weitesten Sinne als ,,klinische Laboratoriumsdiagnostik" bezeichnen. Wenn wir uns die entsprechenden Zeitschriften oder die Kongresse der Gesellschaften für ,,klinische Pathologie" im internationalen Maßstab ansehen, so können wir feststellen, daß hierzu alles gehört, was wir als klinische Chemie, klinische Serologie, Mikrobiologie, Hämatologie, Zytologie bezeichnen und die Histologie, die bei uns meist vom Pathologen für den Kliniker betrieben wird. Wir sehen eine solche Zusammenfassung in einer Zeit, in der wir dazu übergehen, alle diese diagnostischen Tätigkeiten in die Hände von Spezialisten zu legen, als archaisch an, sie paßt einfach nicht in moderne Pläne und in eine moderne Prognose. Wir haben schon vor 10 Jahren, als wir zum erstenmal Pläne für einen Facharzt für Pathophysiologie aufstellten, die uns damals nahegelegte Konzeption eines ,,klinischen Pathologen" abgelehnt. Leider ist es uns damals nicht gelungen, zu verhindern, daß eine ,,Gesellschaft für klinische Pathologie und klinische Chemie" gegründet wurde — ein Zeichen dafür, daß diese Konzeption auch damals eine gewisse Rolle spielte. Diese Gesellschaft hat inzwischen ihren Namen geändert. Es ist aber interessant, daß bei der damaligen Namensgebung Pathologen nicht im Spiel waren.

Ich möchte das neue Interesse der pathologischen Anatomen für die ,,klinische Pathologie" darauf zurückführen, daß die Beziehungen der pathologischen Morphologie zur klinischen Diagnostik nicht geklärt sind — dies gilt besonders für die Zytologie — daß genau wie bei der Pathobiochemie und Pathophysiologie das Bestreben besteht, eine engere Verbindung mit klinisch-experimenteller Medizin zu erhalten. Sollte sich deshalb hinter der Bezeichnung ,,klinische Pathologie" in Ihrem Sinne nichts verbergen als ,,klinische Morphologie", so handelt es sich nur um eine irreführende Bezeichnung bei Absichten, die an sich vollständig in moderne Konzeptionen der Entwicklung der klinisch-experimentellen Medizin und Laboratoriumsdiagnostik passen. Die Diskussionen, die in Hinblick auf die Studienpläne an den medizinischen Fakultäten geführt werden, lassen allerdings Zweifel daran aufkommen, ob von den Betreffenden die Notwendigkeit der Arbeitsteilung zwischen Spezialfächern auch in der klinischen Forschung vollständig erkannt wurde. Wir Pathophysiologen sind der Ansicht, daß auch in der klinisch-experimentellen Medizin eine klare Abgrenzung vorhanden sein muß, die auf der Grundlage der Methoden aufbaut. ,,Pathologie" ist alles, was ,,Lehre über die Krankheit" beinhaltet, eine Lehre, zu der viele Fächer brüderlich ihren Beitrag leisten können, brüderlich, wenn sie ihre Grenzen respektieren, modern, wenn sie das Bestreben zeigen, die Probleme, die die praktische Medizin aufwirft, gemeinsam zu lösen.

Pathologisches Institut der Friedrich-Schiller-Universität Jena, DDR

Allgemeine Pathomorphologie von Organen. Ihre Bedeutung für die Lehre und Forschung

von

F. Bolck

Es ist eine merkwürdige Tatsache, daß die einzelnen Organe und Gewebsorte des menschlichen Organismus auch bei verschiedener äußerer oder innerer Ursache gleichartige oder sehr ähnliche Umformungen zeigen. Darin ist zweierlei enthalten: Die krankhafte Umgestaltung tritt — auch bei allgemein wirkender Ursache — meist *herdförmig* auf und besitzt an diesen Stellen eine ganz *bestimmte Form.* Natürlich geschieht das auch in einem gewissen *zeitlichen Ablauf*, der aber in dieser, von der Strukturforschung ausgehenden Darstellung außer acht bleiben soll. Zusammengefaßt sind es also die Fragen: Warum gerade hier und warum gerade so? Es zeigt sich, daß ihre Aufklärung zu dem führt, was man als allgemeine Pathologie von Organen und Geweben bezeichnen muß. Eine Antwort ist nur aus der Erkenntnis der strukturellen und funktionellen Einmaligkeit eines bestimmten Gewebsortes zu erwarten, und hierauf beruht also auch seine allgemeine Pathologie. Man hat wohl auch den Ausdruck „Pathoklise" dafür gewählt, d. h. die Neigung eines Organs, in einer örtlich und formal spezifischen Weise zu erkranken. Aber von der Feststellung, daß es eine solche Neigung gibt, bis zu ihrer Analyse im Einzelfall ist ein weiter Weg.

Über das Verhältnis von Struktur, Substruktur und Funktion habe ich die Meinung, daß sie in der Einheit einer naturwissenschaftlichen Gesamterkenntnis biologischer Erscheinungen als Gegensätze aufgehoben werden und sich als das äußern, was sie immer gewesen sind: Methodisch bedingte Formen der Anschauung, deren Inhalt und Verhältnis von der jeweils vorhandenen Genauigkeit und Vollständigkeit des Wissens bestimmt wird. Die Aufgabe der Strukturforschung ist es dabei, das Sichtbare zu sehen und das Nichtsichtbare sichtbar zu machen, mit dem Ziel, es in den gekennzeichneten Zusammenhang des Gesamtwissens einzufügen, wobei neue Fragestellungen entstehen.

Ich möchte das an einigen Beispielen erläutern. Das erste stammt aus der Pathologie des Verdauungskanals. Am menschlichen Zahnsystem gibt es eine häufige und daher praktisch wichtige Erkrankungsgruppe, die man als *Parodontopathien* bezeichnet hat. Das Parodontium ist also der Ort der Krankheit und die verschiedensten Ursachen können gerade hier und nur hier zu ganz charakteristischen Umgestaltungen am Halteapparat des Zahnes führen.

Am Beginn steht eine Gingivitis marginalis serosa, sie neigt zu Rezidiven oder ist ausgesprochen chronisch und bei den meisten Erwachsenen einer zivilisierten Bevölkerung heute mehr oder minder ausgeprägt vorhanden. Im chronischen Stadium findet man dann zahlreiche Lymphozyten, Plasmazellen und vermehrte ortsständige Bindegewebszellen in dem supraalveolären Halteapparat. Sodann kommt es zur Fibrillolyse, das innere Saumepithel verliert damit seine Stütze, hebt sich vom Schmelz ab und es entsteht eine Tasche. Mit ihrer Vertiefung wächst jedoch das innere Saumepithel über die Schmelz-Zementgrenze am Zahnhals auf die Wurzel zu, wodurch ein epithelialer Abschluß gegen die Mundhöhle erhalten bleibt. Die Bedingungen dafür, daß die Entzündung fortdauert, werden natürlich durch die Taschenbildung unterhalten und begünstigt. Auf Grund der anatomischen Gegebenheiten muß sich alsbald eine chronische Entzündung des angrenzenden Alveolarknochens mit Knochenabbau einstellen. Die Zähne gleichen dann Brückenpfeilern, die man in einem schmalen Bereich ringsum freischaufelt und ausschachtet.

Den gleichen Vorgang der Ausschachtung kann man aber auch beobachten, ohne daß Entzündungserscheinungen im Vordergrund stehen oder ursächlich angeschuldigt werden können: *Parodontosis.*

Das Wesen aller Parodontopathien liegt letztlich darin, daß die geordneten strukturellen und funktionellen Relationen des Zahnes zu seinem Halteapparat abgeändert werden. *Eine* Ursache ist die zuerst erwähnte, so häufige chronische marginale, in die Tiefe fortschreitende Entzündung. Aber auch zahlreiche andere Ursachen, die sich entweder direkt oder über das Gefäßnervensystem vermittelt auswirken, müssen zu den gleichen Folgen führen, z. B. Mangel gewisser Vitamine (A, C), Zahnsteinbildung, hormonale Störungen, Arteriosklerose und andere Gefäßkrankheiten. Toxine, fehlerhafte mechanische Beanspruchung und der große Kreis der vegetativ-nervösen Störungen.

Verschiedene Initialvorgänge führen also am gleichen Ort immer zu den nämlichen Umgestaltungen, die offenbar von der funktionellen Gewebsstruktur abhängen. Um das zu verstehen, gestatten Sie mir einen kurzen Blick auf die Phylogenese des Zahnsystems. Denn die mechanische Verankerung der Zähne sowie ihre nervale und stoffwechselmäßige Verbindung mit dem Organismus sind offenbar ein sehr schwieriges konstruktives Problem. Die Zähne sind eigentlich Schleimhautorgane, die sich durch Ausbildung von Hartsubstanzen um eine Bindegewebspapille bilden. Sie besitzen in der *Phylogenese unterschiedliche Beziehungen zu ihrer Umgebung*, worin sich ihre mechanische Befestigung ausdrückt und wovon der Stoffwechsel abhängt. Bei den Fischen, die bereits echte Zähne besitzen, sind sie durch eine einfache knöcherne oder fibröse Ankylose befestigt; sie sind also wurzellos und sitzen auf einem Sockel aus einer knöchernen Hartsubstanz. Nur bei *manchen Fischen*, z. B. Schellfisch, ist der Zahnsockel bereits *wurzelähnlich* umgestaltet, indem eine Fortsetzung der Zahnpulpa von ihm umschlossen wird.

Auch bei den *Amphibien* ist dieser Typus der Fische beibehalten; bei ihnen tritt lediglich eine ausgsprochene Einreihigkeit des Gebisses in den Vordergrund.

Das *Reptiliengebiß* zeigt bereits alle *Übergänge zu einer befestigenden Alveolenbildung*, z. B. bei den Krokodilen, und damit zur Ausbildung von Zementschichten, die dem Zement der Säuger unmittelbar zu vergleichen sind, nicht nur zu einem knöchernen Sockel, wie bei den Fischen und Amphibien.

Bei den *Säugetieren* sind *knöcherne Alveolen* ausgebildet, in denen die Zähne stecken, und infolgedessen ist das *Zement im Wurzelbereich* ein regelmäßiges Vorkommnis.

Die *Verbindung zwischen dem Zement der Wurzel und dem Alveolarknochen* wird durch das Bindegewebe des Periodontiums hergestellt; es bildet mit den Hartsubstanzen ein funktionelles System. Hinzu kommt, daß das Periodontium ohne scharfe Grenze in das Bindegewebe des Zahnfleisches übergeht. Es ist bekannt, daß man daher diese gesamte Zahnumgebung als Parodontium zusammenfaßt. — Auf den bekannten funktionell bestimmten Faserverlauf des Periodontiums gehe ich nicht ein.

Wir müssen uns nun sowohl den Knochen der Alveolen als auch die bindegewebigen Einrichtungen des Parodontiums in einem *ständigen Umbau* begriffen vorstellen. Dabei werden Lamellensysteme des Knochens abgebaut und durch anders angeordneten, neugebildeten Knochen, entsprechend der wechselnden funktionellen Beanspruchung ersetzt. Der Zahn muß beim Kauakt ständig Kippbewegungen ausführen, außerdem ist als Ausgleich der approximalen Abschliffe während des ganzen Lebens eine physiologische Horizontal- und auch Vertikalwanderung der Zähne nötig. Der Zahn muß sich also während der ganzen Existenz ständig eine neue Alveole bauen.

All das belehrt uns darüber, daß in dem Periodontium zwei entgegengesetzte funktionelle Prinzipien wirksam sind: Befestigung und Beweglichkeit. Das Problem wird dadurch gelöst, daß ein außerordentlich starres mechanisches Verbindungs- und Stützgewebe *umbaufähig* gehalten wird. Die ganze biologische Bedeutung des Parodontiums liegt darin, daß ein gewebliches System, das der Verknüpfung von Hartsubstanzen mit dem Gewebe dient, gleichzeitig der Ort starker Bewegungs-, d. h. Wachstums- und Umformungsvorgänge sein muß. Die Betrachtung der Phylogenese belehrt ferner darüber, daß es zweifellos *verschiedene Stufen* des Zahnorganes gibt, und daß die genannten funktionellen und morphologischen Gegensätzlichkeiten erst in dem Maß auftreten, wie es zu höheren Entwicklungsstufen kommt. Es liegt also förmlich eine Zwangsläufigkeit in dem Vorgang: Der hochentwickelte Zahn bringt automatisch ein funktionelles und morphologisches Problem der Befestigung, der Umgebungsbeziehungen mit sich, das nur durch Vereinigung von Gegensätzen, (Befestigung bei erhaltener Beweglichkeit) zu lösen ist, d. h. durch einen labilen Zustand ganz besonderer Art. Das bedeutet biologisch gesehen immer eine Gefährdung an dieser Stelle und ein Experiment. Die höhere Organisationsform gegenüber den Fischen ist mit zwei Nachteilen erkauft:

1. dem Verlust der Polyodontie, d. h. der unbeschränkten Ersatzzahnbildung, und
2. der Schaffung eines im ständigen Umbau befindlichen Gewebsortes, eben dem komplizierten Zahnhalteapparat, so daß hier gerade jene funktionellen Strukturen unter den verschiedensten Bedingungen angreifbar sind und abgebaut werden, wie das in dem Schlagwort: „Parodontopathie" ausgedrückt wird. Das sind die Grundlagen der allgemeinen Pathologie dieses Gewebsortes.

Als *zweites Beispiel* wähle ich eine eigenartige Veränderung der Herzinnenhaut, des parietalen Endokards, die vorwiegend im Säuglings- und Kleinkindesalter beobachtet wird. Es handelt sich um die sog. Fibroelastosis endocardica parietalis. Makroskopisch sieht man eine mächtige Verdickung des parietalen Endokards, die fast immer den linken Ventrikel betrifft. Mit wenigen Ausnahmen ist der Zustand angeboren. Die Krankheit führt entweder innerhalb weniger Stunden zum Tode des Neugeborenen unter dem Bilde der Herzinsuffizienz, oder der Tod tritt erst zwei Monate nach Beginn der ersten Symptome ein. Die klinischen Erscheinungen bestehen in Dyspnoe, motorischer Unruhe, Tachykardie, Stauungstracheobronchitis. Chronische Verläufe bis zu $1^1/_2$ Jahren kommen vor; dabei wird das Herz immer größer und füllt schließlich die ganze linke Thoraxseite aus. Die Prognose ist infaust; allein für die Säuglingszeit wird die Sterblichkeit mit 95% angegeben.

Seit der Erstbeschreibung durch Lancisi 1740 bestand lange, und zwar bis in unsere Zeit die Vorstellung, es handele sich um eine fetale parietale Endokarditis, wobei ätiologisch Infektionskrankheiten der Mutter während der Schwangerschaft angeschuldigt wurden. Seit der Jahrhundertwende traten hämodynamische Belastungsfaktoren mit Steigerung des Herzinnendruckes in den Vordergrund der Betrachtung, unter Umständen mit Organisation flacher parietaler Thromben. Die Verdickung der Herzinnenhaut wurde dabei als vikariierende Hypertrophie im Sinne einer funktionell-strukturellen Anpassung aufgefaßt. Die Vorstellung krankt aber daran, daß eine Zunahme der passiven Faserschichten der Herzinnenhaut nicht befriedigend als funktioneller Ausgleichsvorgang gedeutet werden kann. — Endlich hat man eine kongenitale Fehlbildung im Sinne einer Überschußbildung in Erwägung gezogen, weil die Fibroelastosis endocardica nicht selten mit Klappenfehlbildungen und Scheidewanddefekten verbunden ist. — Schließlich wurde an eine chronische Sauerstoffmangelversorgung des Endokards gedacht. Dem widerspricht, daß dieses Gewebe als relativ anspruchslose Schutz- und Gleitschicht schon unter physiologischen Bedingungen sowohl im rechten als auch im linken Ventrikel von der Herzlichtung her versorgt wird, also weitgehenden Unterschieden der Sauerstoffspannung ausgesetzt ist, somit deren Verminderung ihren Angriffsort nicht an der Herzinnenhaut allein haben kann. Daher haben weitere Untersucher ihre Aufmerksamkeit dem Myokard zugewandt und ursächlich Durchblutungsstörungen desselben namhaft gemacht, und zwar auf Grundlage von Gefäßfehlbildungen, entzündlichen Koronarerkrankungen oder neurovegetativen Fehlleistungen der terminalen Strombahn. — Ferner dachte man an Speicherkrankheiten und den Formenkreis der Kollagenosen.

Wir haben eine ganze Anzahl dieser Fälle untersucht, und ich möchte die Ergebnisse paradigmatisch an einem Fall erläutern:

Es handelt sich um einen mit 6 Monaten verstorbenen Säugling. Bei diesem Kind lag ein dysgenetischer Abgang der Arteria coronaria sinistra aus der Arteria pulmonalis vor. Es war sichtbar, daß die fibröselastische Hyperplasie des Endokards scharf auf das Versorgungsgebiet der linken Kranzarterie, nämlich auf den linken Ventrikel, den linken Vorhof und das linke Herzohr beschränkt war. Der linke hintere Papillarmuskel ist entsprechend seiner doppelten Versorgung durch beide Kranzgefäße nur teilweise einbezogen. Das von der normal angelegten Arteria coronaria dextra versorgte rechte Herz ist ohne jede Veränderung. Die Krankheit ist im vorliegenden Fall eindeutig auf Störungen der Blutversorgung des Myokards und nicht des Endokards im Versorgungsgebiet der Arteria coronaria sinistra zurückzuführen. Die Ernährung der Herzinnenhaut erfolgt trotz der vorhandenen Anomalie durch sauerstoffgesättigtes Blut aus der linken Herzlichtung. — Es handelt sich also wesentlich um eine chronische Koronarinsuffizienz. Da intrauterin beide Ventrikel — wenn auch graduell unterschiedlich Mischblut führen, vollzieht sich die Wendung zur Katastrophe zum Zeitpunkt der Geburt.

Dem entsprechen die *histologischen Befunde* am Myo- und Endokard: Zusammengefaßt findet man als Frühveränderungen ein Faserödem bis zur Vakuolenbildung in den subendokardialen Schichten des Myokards, schließlich Fibrillolysen und Umwandlung der Sarkolemmschläuche in optisch leere Hülsen und gelegentlich echte Koagulationsnekrosen. Dadurch kommt es zum Gerüstkollaps mit Kollagenisierung der Fibrillen in Form streifiger und flächenhafter Sklerosen. Granulationsgewebe kommt nicht vor. Topographisch sind die Veränderungen in den subendokardialen Myokardschichten der Trabekel und Papillarmuskel am stärksten ausgeprägt. Durch vereinzeltes Abbröckeln von Muskelfasern entstehen so in breiter Front, parallel zur äußeren Endokardschicht eine flächenhafte Sklerose und aus kleinen Koagulationsnekrosen in das Myokard einstrahlende Sklerosen. Die sklerotischen Felder und Schichten besitzen zunächst keine elastischen Fasern, diese entstehen unter dem Einfluß der von der Herzlichtung wirkenden Hämodynamik zuerst in den äußeren Schichten, naturgemäß in etwa paralleler Anordnung.

Ohne auf weitere Einzelheiten einzugehen, können wir mitteilen, daß auch die übrigen von uns beobachteten Fälle Sauerstoffmangelzustände des Myokards aus den verschiedensten Ursachen betreffen (kongenitale Fehlbildungen, Frühveränderungen auch bei langdauernden Geburten mit Fruchtwasseraspiration und anderen protrahierten Asphyxien der verschiedensten Ätiologie), und daß die Topographie und die geweblichen Charakteristika dem Geschilderten gänzlich entsprechen.

Es ist verständlich, daß auch bei anderen Sauerstoffmangelzuständen, z. B. beim Kollaps aus verschiedener Ursache, ganz entsprechende Faserveränderungen, besonders an der inneren Schale des

Myokards, bevorzugt des linken Ventrikels, zu beobachten sind. Ähnliche Störungen der Hämodynamik liegen ferner bei subakuter tödlicher Lungenembolie, bei Luft-, Fett- und Glasperlenembolie vor.

Selbstverständlich brauchen die Fehlbildungen nicht in *jedem Falle* mit Endokardfibrose einherzugehen. Ihre Entstehung ist vom Grad der Fehlbildung und den darauf basierenden Rückwirkungen auf die Kranzgefäßdurchblutung abhängig.

Insgesamt ist das Krankheitsbild also polyätiologisch.

In unserem Zusammenhang interessiert natürlich die Frage, wie die gesetzmäßige Lokalisation und Herdförmigkeit zustande kommt. Am Endokard besitzt die subendotheliale und die elastisch-muskulöse Schicht keine Blutgefäße. Die tiefere subendokardiale Schicht ist an das vorgebildete Kapillarsystem der inneren Myokardschicht angeschlossen. Daraus ergibt sich die spezifische Pathoklise der *endomyokardialen Grenzformation*, wobei folgende Gesichtspunkte maßgebend sind:

1. Die Ernährung des Endokards und des Myokards erfolgt auf verschiedenen Wegen.
2. Die Faserstrukturen des Endokards stehen hinsichtlich ihres Stoffwechsels hinter den funktionstragenden, über das Kranzsystem versorgten Schichten des Myokards zurück.
3. Infolge senkrechten Eintretens der Herzkranzgefäße von der Oberfläche liegt das terminale Strombahngebiet, d. h. der Übergang vom arteriellen zum venösen Kapillarschenkel an der inneren Schale des Myokards.
4. Es ist bekannt, daß im letzten Trimenon der Fetalperiode die Entwicklung des Myokards gegenüber anderen Organen verzögert und in den ersten 4 Monaten der Postnatalperiode beschleunigt ist. Das bedeutet in dieser Zeit natürlich einen vermehrten Bedarf an Sauerstoff und anderen Substanzen.

Als *drittes Beispiel* wähle ich aus der Pathologie der Geschwülste den Uterus myomatosus oder die Myomkrankheit. Überblickt man die Myomforschung, so zeichnen sich zwei große Linien ab: Einmal hat man die *allgemein* wirkenden Faktoren, besonders die neurohormonale Regulation, die Konstitution, die Vererbung untersucht und hier zweifellos bemerkenswerte Fortschritte erzielt; zum anderen hat man die *örtlichen*, also die am Uterus selbst gelegenen Bedingungen ins Auge gefaßt.

Die erstgenannte Forschungsrichtung, die sich also mit den allgemeinen Bedingungen beschäftigt, hat zweifellos Licht in die Pathogenese der Myomkrankheit gebracht. Die ursprüngliche Auffassung von der östrogenen Genese scheint hiernach vertieft werden zu müssen durch die Konzeption einer Stoffwechselstörung der Östrogene, wonach die Myomkranken eine Tendenz zur Retention oder einer langsameren und irregulären Ausscheidung dieser Stoffe haben. Von diesen Veränderungen können offenbar auch die Steroidhormone der Nebennierenrinde und das Cholesterin betroffen sein.

Weitere allgemeine Faktoren der Myompathogenese sind die Rasse, die Konstitution und die Vererbung. Nicht zu zweifeln ist z. B. an dem ungewöhnlich hohen Befall der amerikanischen farbigen Bevölkerung: Häufigkeitsverhältnis zur weißen Bevölkerung: 9:1 — 5:1 — 7,2:1 — 16:1 —.

Aus den Untersuchungen über Konstitutionstypen ist nichts Brauchbares zu entnehmen. Dagegen gibt es einige gute Beobachtungen über die Bedeutung der Erbfaktoren. Es dürfte sich wie bei anderen Tumoren aber wohl nur um die Vererbung einer gewissen allgemeinen Prädisposition handeln, also auch nur um einen *mitwirkenden* Faktor im Komplex der allgemeinen Bedingungen.

Es ist nicht zu bezweifeln, daß mit den allgemeinen Bedingungen Wichtiges für die Myompathogenese erkannt ist, kein Zweifel besteht aber auch, daß die Myomkrankheit als wesentlichste Erscheinung das *örtliche Wachstum von Knoten im Uterus* zeigt. Es bleibt also die Frage bestehen: Warum gerade hier und warum gerade in dieser Form? Das Uterusmyom ist nicht nur ein Problem der Pathologie neurohormonaler Regulationen und des Steroidstoffwechsels, der Vererbung oder der Konstitution, sondern auch ein Problem des menschlichen Uterus. Dazu ist es nötig, die *örtlichen Faktoren* aufzuklären, ohne die kein Myom am Uterus zustande kommen kann. Zunächst gibt es Hinweise auf *lokale Besonderheiten des Stoffwechsels und der Hormonwirkung am Uterus* selbst: Im Endometrium Myomatöser kommen z. B. hyperplastische neben atrophischen und normalen Bezirken vor. Nach experimenteller Östrogenzufuhr kann sich das fibrilläre Retikulum des Endometriums von einer Stelle zur anderen ganz verschieden verhalten. — Man hat daher von Orten unterschiedlicher Ansprechbarkeit oder Rezeptivität gesprochen. Man wolle die Verschiebung des Blickpunktes bemerken, der das Geschehen jetzt vom lokalen Stoffwechselmuster aus betrachtet. Der zu grunde liegende stoffliche Mechanismus ist jedoch noch unklar.

Die örtlichen Bedingungen sind aber nicht nur auf der Ebene des Chemismus zu suchen. Das Lebendige erscheint vielmehr in mehreren übereinander gelagerten Schichten, und so liegt z. B. weit über dem Stofflichen im physikalisch-chemischen Sinne die Realität der funktionellen Gewebsstruktur. Natürlich gehören diese Dinge letztlich im ganzen der lebenden Materie zusammen, aber sie erfordern aus kategorialen und methodischen Gründen zunächst eine getrennte Betrachtung. Es erhebt sich also die Frage, ob örtliche Besonderheiten der funktionellen Struktur am Myometrium bekannt sind, die als pathogenetische *Lokalbedingungen* in Frage kommen.

Der funktionelle Bauplan des Myometriums: Schematisch zusammengefaßt besteht er aus zwei flächenhaft sich kreuzenden Fasersystemen, Uhrfederspiralen vergleichbar, in die von außen die Fasern einstrahlen, die von den Haltebändern kommen.

Dieses Prinzip ist bereits für den einzelnen Müllerschen Gang und seine Derivate nachgewiesen worden. Die spiralige Anordnung, wohl eine Wachstumsfolge, scheint ein organisches Grundphänomen zu sein, das vielleicht auf einer primären Asymmetrie des inneren Zellaufbaues beruht. Jedenfalls ist die schraubige Struktur in der organischen Natur weit verbreitet; man findet sie schon bei Einzellern, aber auch in der inneren Architektur von Knochen, Nerven, Blutgefäßen und Sinnesorganen.

Die *Beziehungen zum spiraligen Bauprinzip* des Myometriums erkennt man, wenn man den *Beginn der Myombildung* ins Auge faßt. Man sieht zuerst umschriebene Hyperplasien, zelldichte spargelspitzenähnliche Knospen, Sprossungen einzelner Muskelbündel und Felder kleinster rundlicher Myomkeime. Dabei fällt von Anfang an die bekannte Spiralstruktur auf. Das Myom ist also nicht die Geschwulst einer oder mehrerer glatter Muskelzellen schlechthin, sondern es ist die unvollständige, aber in der Grundstruktur erhaltene Neubildung eines *Organs*, nämlich der Muskelwand der menschlichen Gebärmutter. Damit steht auch im Zusammenhang, daß man festgestellt hat, daß die muskulären Hyperplasien und Myomknoten in der *saggitalen Medianebene* des Uterus entstehen. Entwicklungsgeschichtlich greifen aber in dem kaudalen Abschnitt der Plica urogenitalis die Fasersysteme der beiden Müllerschen Gänge ineinander, und es können dort leicht gewebliche Verwerfungen entstehen. Diese sind, wenn sie unter hormonale Stimulation geraten, die örtliche Grundlage für die Myombildung. Es handelt sich also um eine Art von dysrhaphischem Vorgang. Die Lokalisation an den Tubenecken und der seitlichen Zervixwand ist auf Einstrahlungsgebiete der Ligamentfasern zu beziehen.

Aus dieser Betrachtungsweise ergeben sich somit einige Anhaltspunkte für ein Verständnis des Aufbaues, der Herdförmigkeit und des Sitzes der Myomknoten im menschlichen Uterus.

Im Rahmen der *allgemeinen Geschwulstpathologie* sind die Myome nach der hier vorgetragenen Darstellung keine autonomen Tumoren, sondern regulierte Anpassungshyperplasien. Es müssen also alles zusammengefaßt zwei Gruppen von Faktoren oder zwei Bedingungskomplexe für die Pathogenese eines Uterus myomatosus ins Auge gefaßt werden: Die eine Gruppe von Bedingungen umfaßt jene, die in einer allgemeinen Störung des neurohormonalen Gleichgewichtes und des Stoffwechsels der Steroidhormone ihren Ausdruck finden. Einiges davon ist uns heute bekannt, manches zu vermuten, vieles liegt noch im dunkeln. — Die andere Gruppe umfaßt die vielfältigen Bedingungen, die in der örtlichen funktionellen Gewebsstruktur und dem Muster des lokalen Gewebsstoffwechsels ihren Ausdruck finden.

In den unbekannten Einzelbedingungen beider Komplexe und in ihrem Zusammenwirken liegen die noch ungelösten Fragen der Myomkrankheit.

Meine verehrten Zuhörer, ich hoffe, daß es mir gelungen ist, Ihnen an einigen Beispielen einen Eindruck vermittelt zu haben, wie ich die geistigen Bewegungen sehe, die sich in der funktionell bezogenen Strukturforschung zwischen dem Speziellen und dem Allgemeinen vollziehen, und welche Wirkungen sich daraus für die Grundfragen weiterer wissenschaftlicher Forschung, nicht zuletzt unter heuristischem Gesichtspunkt ergeben.

Laboratorium für Pathologische Anatomie des Institutes für Therapie der Akademie der Medizinischen Wissenschaften der UdSSR Moskau, UdSSR

Die Veränderungen der Fermentaktivität und des Elektrolytgehalts des Myokards bei seiner im Experiment hervorgerufenen Hypertrophie und Insuffizienz

von

A. M. Wichert und N. M. Posdjunina

Die meisten Befunde, welche den Metabolismus des Myokards bei seiner Kompensation und Dekompensation charakterisieren, wurden mit Hilfe von biochemischen Methoden erhalten. In der Gesamtheit der diesen Fragen gewidmeten Untersuchungen nehmen histochemische bisher nur einen bescheidenen Raum ein.

Gegenwärtig liegen nur vereinzelte histochemische Untersuchungen vor, auf Grund derer es nicht möglich ist, die Dynamik der Veränderungen des Metabolismus bei Kompensation und Dekompensation der Herztätigkeit zu verfolgen. In unseren Arbeiten machten wir deshalb den Versuch, an einem experimentellen Material mit Hilfe von histochemischen Methoden die in den Fermentsystemen des Myokards vor sich gehenden Veränderungen zu charakterisieren. Mit der Methode der Flammenphotometrie wurde das Elektrolytgleichgewicht in verschiedenen Stadien dieser Zustände untersucht.

Die Experimente wurden an Männchen weißer Ratten durchgeführt, bei denen eine Hypertrophie des Myokards durch eine hoch angelegte Koarktation der Aorta hervorgerufen worden war. Untersucht wurde das Myokard von Ratten, die am ersten Tage nach der Operation an einer akuten Kreislaufstörung zugrunde gegangen waren, sowie das Myokard von Versuchstieren, welche 48 Stunden, 10—15 Tage oder 2—3 Monate nach der Aorten-Koarktation am Leben geblieben waren, und schließlich das Myokard von Ratten, die 2—3 Monate nach der Operation eine zusätzliche körperliche Belastung durch das Laufen in einer sich drehenden Trommel erhalten hatten und an einer Dekompensation der Herztätigkeit zugrunde gegangen waren.

Die histochemischen Untersuchungen waren auf die Darstellung folgender Fermente gerichtet: Sukzinatdehydrogenase, Malatdehydrogenase, Laktatdehydrogenase, Glukose-6-phosphatdehydrogenase, Zytochromoxydase, ATP-ase des Myosins, basische und saure Phosphatasen, 5-Nukleotidase, unspezifische Esterase, Leucin-Aminopeptidase; durch die Methode der Flammenphotometrie wurde der Natrium-, Kalium- und Kalziumgehalt untersucht.

Die Ergebnisse der vorliegenden Untersuchung weisen darauf hin, daß unter experimentellen Verhältnissen der Prozeß der Entwicklung einer Hypertrophie und Insuffizienz des Myokards mit erheblichen Veränderungen der Aktivität der Fermente sowie des Elektrolytgehalts verbunden ist.

Die Koarktation der Aorta führt zu einem plötzlichen, starken Ansteigen der mechanischen Belastung des Myokards und zu einer Vergrößerung der Kontraktionsfähigkeit der Herzmuskel. Zur Bewältigung der vermehrten Arbeit ist naturgemäß eine größere Energiemenge erforderlich, welche in der Hauptsache in den makroergischen Phosphatverbindungen der Adenosintriphosphorsäure akkumuliert ist.

Im Herzmuskel der am ersten Tag nach der Operation zugrundegegangenen Ratten sowie auch im Myokard derjenigen Versuchstiere, die im Verlauf der ersten zwei Tage am Leben geblieben waren, fanden wir jedoch eine Senkung der Aktivität aller von uns untersuchten Oxydations-Reduktionsfermente. Im Myokard der zugrundegegangenen Versuchstiere war diese Senkung erheblich ausgeprägter (Abb. 1a, b).

Diese Senkung der Aktivität der Oxydations-Reduktionsfermente läßt sich offenbar durch folgende Ursachen erklären: 1. hängt sie mit einer Erschöpfung der Fermentsysteme infolge des akuten Ansteigens des Bedarfes an ihnen zusammen; 2. die sich bildende Insuffizienz der Oxydations-Reduktionsprozesse im Gewebe führt zur Akkumulation von Milchsäure und zur Verschiebung des pH zur sauren

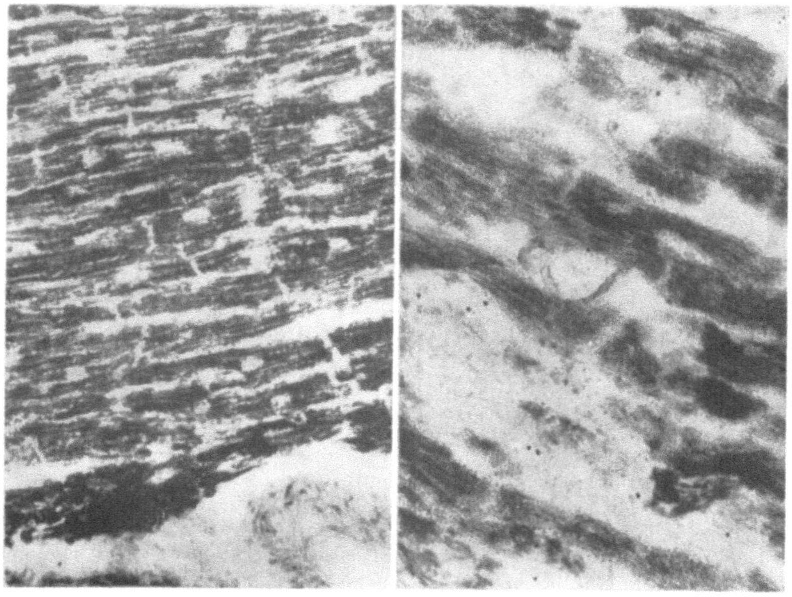

Abb. 1. a — Sukzinatdehydrogenese des Myokards in der Norm. Reaktion mit Nitro-ST. Vergr. 225. b — Aktivitätsabnahme der Sukzinatdehydrogenase in Muskelfasern des Myokards von Ratten bei akuter Herzinsuffizienz. Vergr. 225×

Seite hin. In einem sauren Milieu wird die Aktivität der spezifischen Dehydrogenasen inhibiert, was eine noch stärkere Senkung der Aktivität der Oxydationsprozesse in den Geweben hervorruft.

Offenbar sind die Oxydationsprozesse im Zyklus der Trikarbonsäuren in den ersten Tagen nach der Einengung der Aorta herabgesetzt, was zu einer Insuffizienz der Resynthese der makroergischen Phosphorverbindungen führt. BING (1959), SZEKERES u. SHEIN (1959), GERTLER (1961), SCHWARTZ u. LEE (1962), HOCHREIN et al. (1963), SCHEUER (1967) haben das auch bestätigt. Nach Meinung vieler Autoren ruft eine Insuffizienz der aeroben Energiebildung eine Aktivierung des anaeroben Weges mittels eines Zerfalls des Glykogens und des Kreatinphosphats oder eine Intensivierung der Ausnutzung der Energie der Lipoidverbindungen beim Myokard hervor, was offenbar auch im Myokard der Ratten nach der Aortenstenosierung vor sich geht. Es scheint so, daß diese Wege jedoch nicht ausreichend sind, da die Versuchstiere infolge der akuten Herzinsuffizienz in den ersten 24 Stunden nach der Operation zugrunde gehen. Diese Phase des Entwicklungsprozesses nannten wir die Phase der akuten Insuffizienz des Herzmuskels; sie wurde an Versuchstieren untersucht, die in den ersten 24 Stunden nach der Operation zugrunde gegangen waren. Wenn die Herabsetzung der Aktivität der Oxydations-Reduktionsfermente in Myokard weniger ausgeprägt ist, so kann die Energie der anaeroben Prozesse dieses Defizit ausfüllen, was zu einer Kompensation der Herztätigkeit und zum Beginn eines Prozesses der Hypertrophie des Myokards der übriggebliebenen Versuchstiere führt. Diese Phase bezeichneten wir als Phase der funktionellen Akkomodation des Herzmuskels. Auf Grund einer Reihe von Merkmalen vereinigten wir diese beiden Phasen im sogenannten „Havariestadium". Der Ausdruck „Havariestadium" für das erste Stadium wurde von MEERSOHN vorgeschlagen.

Die Aktivität der Adenosintriphosphatase im Myokard der Versuchstiere, welche an akuter Herzinsuffizienz zugrunde gegangen waren, blieb im Vergleich zur Norm unverändert. Aber 48 Stunden nach der Operation hatte sich diese Aktivität im Myokard leicht erhöht. Das ist ein Beweis dafür, daß es im „Havariestadium" offenbar zu keinen Veränderungen an den kontraktilen Eiweißstoffen des Myokards kommt und daß sich offenbar gegen Ende des ersten Stadiums im Myosin die Fähigkeit zur fermentativen Hydrolyse der Adenosintriphosphorsäure steigert.

Das plötzlich ansteigende Bedürfnis für eine verstärkte Kontraktionsfunktion des Myokards geht mit erheblichen Veränderungen im Metabolismus der Muskelfasern einher. Diese Veränderungen führen zur Entwicklung eines charakteristischen morphologischen Bildes. In erster Linie kommt es zu dystrophischen und nekrotischen Veränderungen in einem Teil der Muskelfasern.

In den dystrophisch veränderten Muskelfasern findet man eine Senkung und manchmal sogar ein völliges Verschwinden der Aktivität der Oxydations-Reduktionsfermente.

In den Muskelfasern, die von dystrophischen Veränderungen betroffen waren, beobachteten wir ein Verschwinden solcher Fermente, wie der Adenosintriphosphatase (Abb. 2) und der Alkaliphosphatase. Das zeugt offenbar davon, daß in diesen Fasern der Metabolismus der Kohlenwasserstoffe, Nukleinsäuren und fibrillären Eiweißstoffe Veränderungen erfahren hat und daß insbesondere das Myosin die Fähigkeit verloren hat, die ATP-säure zu hydrolysieren und ihre Energie für die Kontraktion auszu-

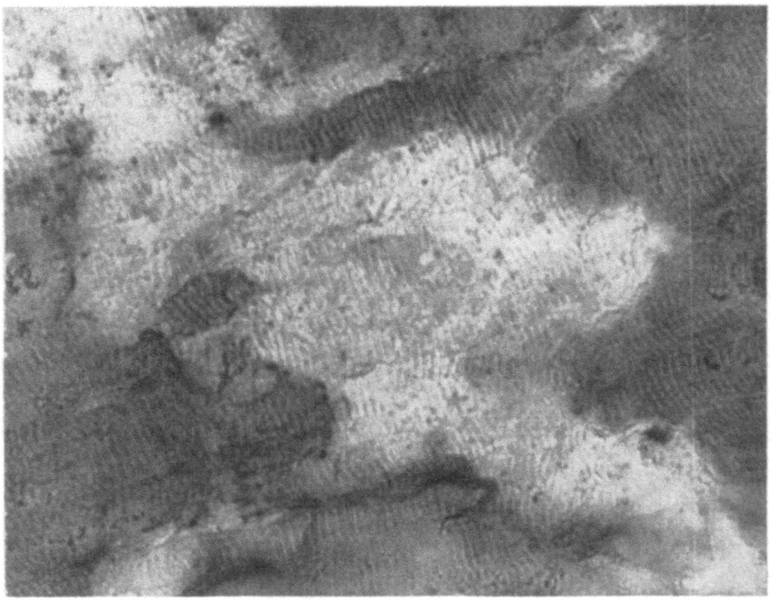

Abb. 2. Verminderung der ATP-ase-Aktivität in einem Teil der Muskelfasern des Myokards von an akuter Kreislaufinsuffizienz verstorbenen Ratten. Vergr. 587×

nutzen. Gleichzeitig hiermit beobachteten wir in den dystrophisch veränderten Muskelfasern eine Erhöhung der Aktivität der sauren Phosphatase und der 5-Nukleotidase, was für einen Zerfall der Nukleoproteide in diesen Strukturen spricht. Das Auftreten von Leucin-Aminopeptidase (Abb. 3a) und die verstärkte Aktivität der unspezifischen Esterase (Abb. 3b) in den veränderten Fasern stellen möglicherweise Anzeichen dafür dar, daß in ihnen eine Utilisierung und Aufspaltung der Eiweißmoleküle und anderer komplizierter Verbindungen vor sich geht.

Nach dem „Havariestadium" tritt das Herz allmählich in das zweite Stadium ein, das wir als Stadium der Hypertrophie mit stabiler Hyperfunktion bezeichnet haben.

Im Myokard dieser Versuchstiere stellten wir eine allmähliche Verstärkung der Aktivität der Oxydations-Reduktionsfermente fest, was zu einer steigenden Intensität der Oxydationsphosphorylierung führt (Abb. 4a, b), und zwar in Übereinstimmung mit den Arbeiten von Sobel u. Cochen (1958), Tobian et al. (1960), Meersohn u. Raichlin (1961), Meersohn (1965), Dallman (1966), Sarkisov et al. (1966) u. a.

In den hypertrophierten Muskelfasern fanden wir auch eine Verstärkung der ATP-ase-Aktivität, was offenbar mit der gesteigerten Fähigkeit des Myosins, die Energie der ATP-Säure auszunutzen, in

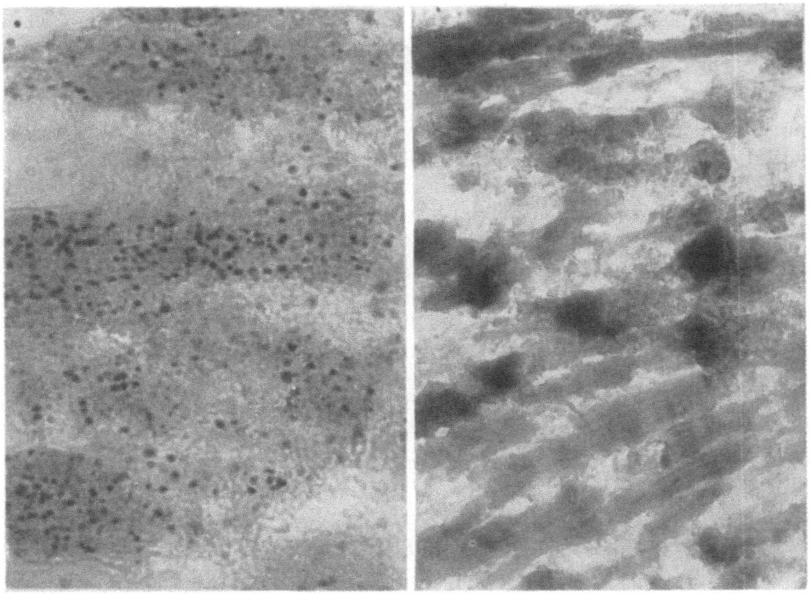

Abb. 3. Myokard einer Ratte, die 20 Std. nach Einengung der Aorta an akuter Kreislaufinsuffizienz verstarb. a — Auftreten der Aktivität von Leucin-Aminopeptidase in Muskelfasern, die körnigen Zerfall zeigen. Vergr. 620. b — Bedeutende Vermehrung der Esterase-Aktivität in einigen Fragmenten zerfallender Muskelfasern. Vergr. 245×

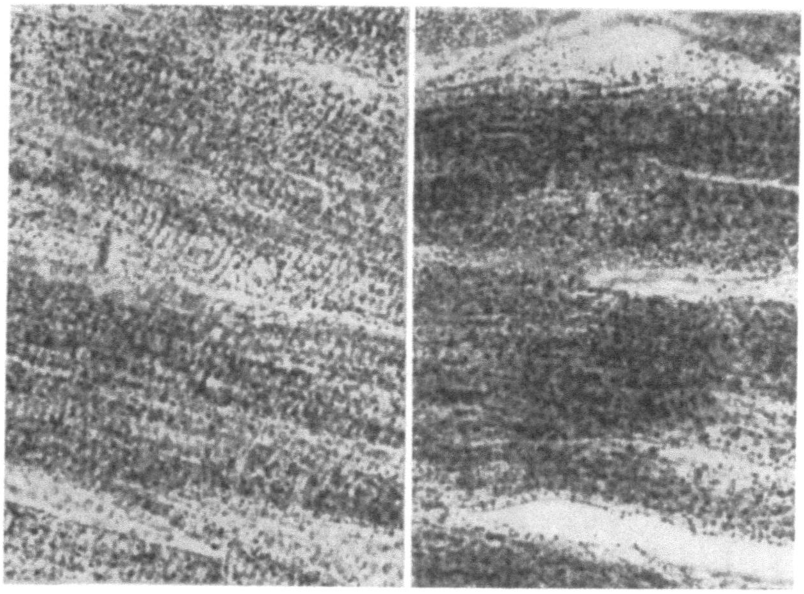

Abb. 4. Zytochromoxydase im Myokard von Ratten. a — Fermentaktivität in Muskelfasern des Kontroll-Myokards. Vergr. 625×. b — Erhöhte Fermentaktivität in hypertrophierten Muskelfasern. Vergr. 625×

Zusammenhang steht (Meersohn et al., 1961; Carney u. Brown, 1967). Die Stabilisierung des Gewebsmetabolismus auf einem höheren energetischen Niveau führt zu einer Steigerung der Aktivität anderer Fermente, insbesondere der Alkali-phosphatase, N-Esterase, 5-Nukleotidase sowie zum Auftreten von Leucin-Aminopeptidase.

Später entwickeln sich im hypertrophierten Myokard allmählich Erschöpfungsmerkmale. Dieses Spätstadium der Myokardhypertrophie bei Ratten, bei denen jedoch noch keine deutlichen Anzeichen einer Dekompensation zu beobachten sind, bezeichneten wir als Stadium der Hypertrophie mit latenter Herzinsuffizienz. Im Myokard solcher Versuchstiere findet man eine Senkung der ATP-asen sowie der Oxydations-Reduktionsfermente im Vergleich zum zweiten Stadium und in einem Teil der Fasern sogar im Vergleich zur Norm. Dieses sind Korrelationen mit den Arbeiten von Baar (1957), Kollin (1961), Wollenberger (1963), Wollenberger u. Schulze (1963), Meersohn et al. (1961, 1963, 1964) und Stein et al. (1962). Die Schwächung der Aktivität solcher Fermente, wie der sauren Phosphatase und 5-Nukleotidase, hängt offenbar ebenfalls mit einer Störung und Schwächung des allgemeinen Gewebsmetabolismus, insbesondere mit einer Störung und einem Schwächerwerden der Synthese der spezifischen Eiweißstoffe im Myokard zusammen.

In den Spätstadien der Hypertrophie des Herzens liegt also eine Störung der grundlegenden Prozesse im Metabolismus des Myokards vor. Das führt zu fortschreitenden dystrophischen und nekrotischen Veränderungen im Myokard und naturgemäß zu einer Verringerung der Menge der arbeitsfähigen Muskelmasse.

Ein solcher Zustand kann offenbar unbestimmte Zeit andauern. Es handelt sich um einen Zustand eines labilen Gleichgewichts, und eine beliebige zusätzliche Belastung, wie z. B. Laufen in der Trommel, ruft die Entwicklung einer chronischen Herzinsuffizienz hervor.

Bei der enzym-histochemischen Untersuchung der Aktivität der Oxydations-Reduktionsfermente im Dekompensationsstadium läßt sich eine starke Verminderung ihrer Aktivität im Vergleich zum zweiten und dritten Stadium feststellen (Abb. 5a, b). Das ist ein Beweis dafür, daß die Dekompensation mit einer weiteren, fortschreitenden Schwächung der biologischen Atmung der Gewebe des Myokards zusammenhängt und die individuellen Grenzen seiner energetischen Möglichkeiten erschöpft sind (Bing et al., 1964; Plechaty et al., 1966). Die Adenosintriphosphatase-Aktivität des Myosins bleibt unseren Befunden nach bei der chronischen Herzinsuffizienz herabgesetzt. Auf das Geringerwerden einiger Seiten des Myokardstoffwechsels bei chronischer Herzinsuffizienz weist auch die Verringerung der Aktivität der alkalischen Phosphatase und unspezifischen Esterase hin; Dystrophie, Nekrobiose und Nekrose der Muskelfasern mit Entwicklung des Bindegewebes schreiten besonders in den Spätstadien der Myokardhypertrophie fort.

Während des „Havariestadiums“ läßt sich im Myokard der linken Herzkammer eine Verminderung der Kaliummenge sowie eine Anhäufung von Natrium und Kalzium feststellen. Hochrein et al. (1963), Meersohn et al. (1963) und Wollheim (1963) haben diesen Befund auch begründet. Wir neigen zu der Annahme, daß die Ursache dieser Veränderungen in einer Insuffizienz des Gewebsmetabolismus

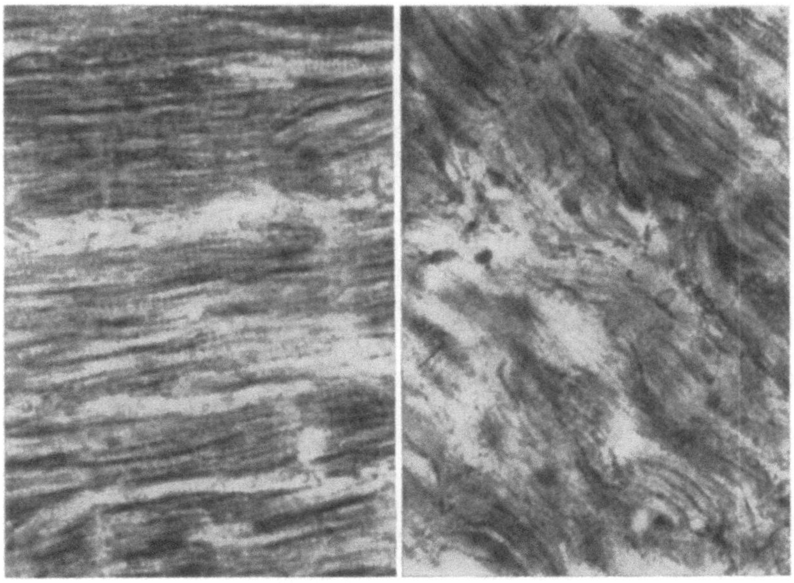

Abb. 5. a — Aktivität von Sukzinatdehydrogenase im Rattenmyokard im 3. Stadium der Entwicklung seiner Hypertrophie. Vergr. 620×. b — Verminderte Sukzinatdehydrogenase-Aktivität in Muskelfasern des Myokards bei chronischer Herzinsuffizienz. Vergr. 620×

und in erster Linie in einer Insuffizienz der biologischen Oxydationsprozesse zu suchen ist, wobei offenbar ein Teil der Kaliumionen von der Zelle nicht zurückgehalten werden kann. Gleichzeitig kommt es zu einer Änderung der Permeabilität der Zellmembran und die Ionen des Natriums und des Kalziums gelangen in die Zelle.

Der Natrium- und Kalziumgehalt bleibt während des gesamten Verlaufs des zweiten Stadiums auf dem Niveau der Norm. Die Kaliummenge steigt im Vergleich zur Norm um 5% an. Die Hypertrophie des Herzens sowie alle mit ihr zusammenhängenden Veränderungen der Stoffwechselprozesse und der Kontraktionstätigkeit des Myokards stehen demnach in enger Beziehung zum Kaliumstoffwechsel.

Im dritten Stadium kommt es zu einer Verringerung der Kaliummenge, was offenbar mit dem Zugrundegehen einer großen Menge von kaliumreichen, wichtigen Stoffwechselprozessen im Myokard

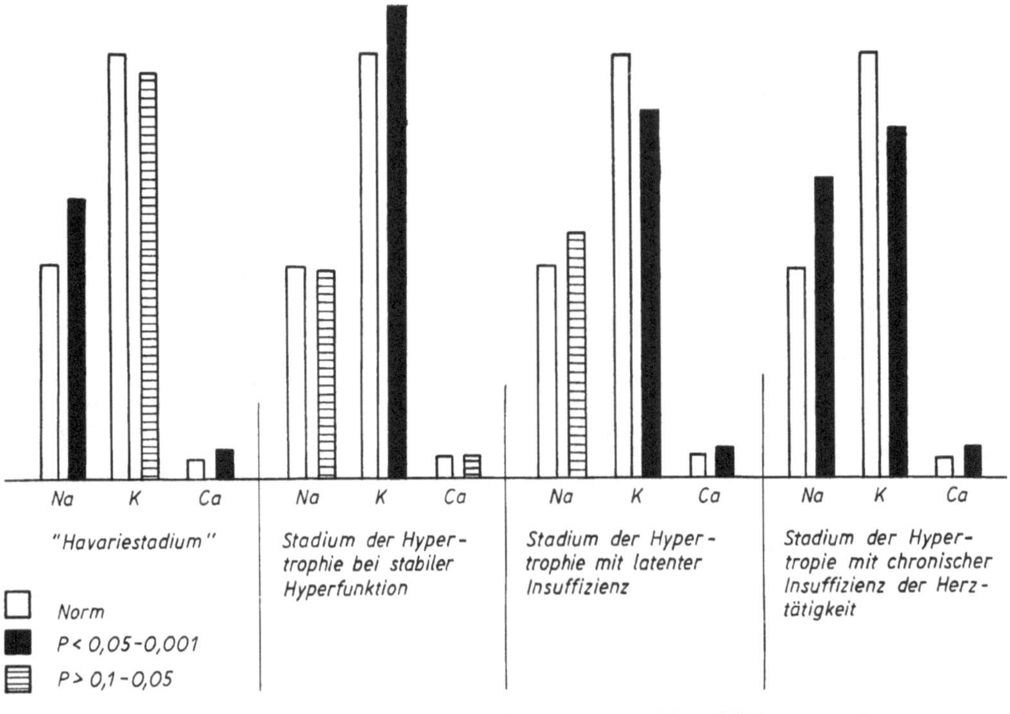

Abb. 6. Der Elektrolytgehalt des Myokards bei Hypertrophie und Dekompensation

zusammenhängt. Von neuem, wie schon im „Havariestadium", kommt es zu einem Ansteigen des Natrium- und Kalziumgehalts, was sich wohl durch die dystrophischen Prozesse erklären läßt, welche während dieses Stadiums im Myokard vor sich gehen.

Bei einer Dekompensation der Herztätigkeit kommt es zu einer weiteren Verringerung der Kaliummenge sowie Vermehrung der Natrium- und Kalziummenge im Myokard der Versuchstiere (Abb. 6). Dieses sind Korrelationen mit den Arbeiten von ALEXANDER et al. (1950), ISERY et al. (1952, 1955), ELSTER u. OTTO (1956), BLISS u. ADOLPH (1963) und SZCZEPANSKI (1967).

Im Prozeß der Entwicklung der Hypertrophie macht das Myokard der Versuchstiere also folgende Stadien durch: 1. das „Havariestadium", in welchem sich 2 Phasen, nämlich die Phase der akuten Insuffizienz des Herzmuskels und die Phase der funktionellen Akkomodation des Herzmuskels unterscheiden lassen; 2. das Stadium der Hypertrophie bei stabiler Hyperfunktion; 3. das Stadium der Hypertrophie mit latenter Insuffizienz und 4. das Stadium der Hypertrophie mit chronischer Herzinsuffizienz. Alle diese Stadien sind durch erhebliche und eigenartige Veränderungen der Fermentaktivität und des Elektrolytgleichgewichts des Myokards gekennzeichnet.

Literatur

ALEXANDER, L. C., A. I. BOYLE, L. T. ISERY, R. S. McCAUGHLEY and G. B. MYERS: Electrolyte and water content of cardiac and skeletal muscle in normals, ventricular hypertrophy and infarction. J. Lab. Clin. Med. **36**, 796, (1950).

BAAR, H.: Succinic dehydrogenase activity of normal and pathological tissue. Schweiz. Z. allg. Path. Bact. **20**, 164—191, (1957).

BING, R. I.: The heart in congestive failure. Tex. St. J. Med. **55**, 931—936, (1959).

BING, R. I., C. WU and S. GUDBJARNASON: Circulat. Res. **15**, 64—69, (1964).

BLISS, H. A. and R. I. ADOLPH: Effect of experimental congestive heart failure and acethyl-strophanthidin on myocardial electrolyte and water content. Circulat. Res. **13**, 3, 207—217, (1963).

CARNEY, I. A. and A. BROWN: The morphology of myosin in cardiac hypertrophy. Lab. Invest., **16**, 36—43, (1967).

DALLMAN, P. R.: Cytochrome c in normal and hypertrophied heart. Nature **212**, 608—609, (1966).

ELSTER, K. und H. OTTO: Der Kaliumgehalt menschlicher Leichenherzen bei energetischdynamischer Herzinsuffizienz. Klin. Wschr. **34**, 41—42, 1139—1147 (1956).

GERTLER, M.: Differences in efficiency of energy transfer in mitochondrial systems derived from normal and failing heart. Proc. Soc. exper. Biol. (N.Y.) **106**, 109—112 (1961).

HOCHREIN, H., M. NAGANO and E. WOLLHEIM: Intracellular myocardial energy enzyme and electrolyte metabolism in experimental heart failure. In: „Mem. 4. cong. mund. cardiol. Mexico", (Mexico) **5**, 230—233, (1963).

ISERY, L. T., L. C. ALEXANDER, R. S. McCAUGHLEY A. I. BOYLE and G. B. MYERS: Water and electrolyte content of cardiac and skeletal muscle in heart failure and myocardial infarction. Am. Heart J. **43**, 215—227 (1952).

ISERY, L. T., A. I. BOYLE, D. E. CHANDLER and G. B. MYERS: Electrolyte studies in heart failure. 1. Cellular factors in the pathogenesis of the edema of congestive heart failure. Circulat. **9**, 615—619 (1955).

KOLLIN, A.: Contribution to the problem of morphological evidence of hypoxic changes in the myocardium. Cardiologia (Basel) **39**, 114—122 (1961).

MEERSOHN, F. Z.: Miokard pri giperfunkzii, gipertrofii i nedostatočnosti serdza. Moskau, 1965.

MEERSOHN, F. Z., T. D. BELOSCHAPKINA, E. F. LUSCHNIKOW, E. M. LEIKINA, G. I. MARKOVSKAJA und G. V. CHERNJISCHOVA: Funkzija, struktura i belkovyi obmen gipertrofirovannogo miokarda. Vestnik AMN SSSR **7**, 27—37, (1963).

MEERSOHN, F. Z., G. V. CHERNJISCHOVA und L. S. ROSANOVA: Dinamika frakzionnogo sostava belkov miokarda i ego ATF-asnoi aktivnosti pri kompensatornoi giperfunkzii serdza. Vestnik AMN SSSR **5**, 32—37, (1961).

MEERSOHN, F. Z., I. I. EVNINA und A. V. POGOSOVA: Vlijanie giperfunkzii serdza na soderžanie natrija i kalija v miokarde. In: „Problema nervnoi trofiki v teorii i praktike mediziny." Moskau, 1963.

MEERSOHN, F. Z. und N. T. RAICHLIN: Nekotorye gistochimičeskie ismenenija v miokarde pri kompensatornoi giperfunkzii serdza. Archiv patologii **7**, 36—41, (1961).

MEERSOHN, F. Z., V. M. RUBEL und G. V. CHERNJISCHOVA: Belki i aktivnost' ATF-asy miokarda krolikov pri eksperimental' noi kompensatornoi giperfunkzii serdza. 5-yi Meždunarodnyi biochimičestkii kongress. Refaratyisekzionnych soobščenii (Moskau) **2**, 190, (1961).

MEERSOHN, F. Z., T. A. ZALETAEVA, S. S. LAGUCHEV und M. G. PSCHENNIKOVA: Dinamika ismenenija struktury i massy mitochondrii serdza v prozesse ego giperfunkzii i gipertrofii. Zitologija **6**, 559—566 (1964).

PLECHATY, M., M. GERTLER und R. G. GUTHRIE: Intramitochondrial uptake of 32P in adenine nucleotides in congestive heart failure. Biochem. Biophys. Acta **127**, 524—526 (1966).

SARKISOV, D. S., V. D. ARUTJUNOV, L. D. KRJIMSKIJ und L. S. RUBEZKOJ: Gipertrofija miokarda i ee obratimost'. Moskau, 1966.

SCHEUNER, I.: Myocardial metabolism in cardiac hypoxia. Amer. J. Cardiol. **19**, 385—392 (1967).

SCHWARTZ, A. and K. LEE: Study of heart mitochondrias and glycolitic metabolism in experimentally induced cardiac failure. Circulat. Res. **10**, 321 (1962).

SOBEL, H. and F. COCHEN: Proteins of heart in experimental cardiac hypertrophy in the rat. Proc. Soc. exper. Biol. (N.Y.) **99**, 656—658 (1958).

Stein, A. A., K. S. Chang, R. Alley and N. I. Albany: Histochemical observation on enzyme distribution in surgically resected human myocardium. Jama **182**, 534—537 (1962).

Szczepanski, L.: Electrolytes within cells of skeletal muscles and myocardium in congestive heart failure. Pol. Med. J. **6**, 13—18 (1967).

Szekeres, L. and M. Shein: Cell metabolism of the overloaded mammalian heart in situ. Cardiologia (Basel) **34**, 19—27 (1959).

Tobian, L., O. Severseike and I. Cich: Do mitochondria participate in general cardiac hypertrophy? Proc. Soc. exper. Biol. (N.Y.) **103**, 774—777 (1960).

Wollenberger, A.: Mitochondrii v gipertrofirovannom miokarde v period do rasvitija nedostatočnosti serdza. Materialy 2-oi Vsesojusnoi kardiologičeskoi konferenzii s ucastiem učënnych sozialističeskich stran po probleme „Nedostatočnost' sokratitel'noi funkzii miokarda pri priobretennych porokach serdza. Moskau, 1963.

Wollenberger, A. und W. Schulze: Massa i struktura mitochondrii v chroničeski peregružennom gipertrofirovannom serdze. In: „Fisiologija i patologija serdza". Moskau, 1963.

Wollheim, E.: Myocardial metabolism in congestive heart failure. In: "Mem. 4. Cong. mund. cardiol. Mexico" (Mexico) **5**, 339—344, (1963).

Diskussionsredner:

Korb (DBR), Hecht (DDR), Schumann (DBR), Frunder (DDR).

Histologisch-Embryologisches Institut der Medizinischen Universität Budapest, VR Ungarn

Funktionelle Morphologie der Lymphgewebe

von

I. Törő

In der Evolution der blutbildenden Organe sind die lymphopoetischen Gewebe die neuesten Gebilde. Ihr Erscheinen führt zur immer höheren Entwicklung der immunbiologischen Eigenschaften der Organismen und zur Vervollkommnung der humoralen und zellulären Regulation. Cytologisch betrachtet spielen die Lymphocyten in diesem Vorgang die wichtigste Rolle. Entstehung, Kreislauf und Potenz der Lymphocyten bilden eines der wichtigsten Probleme der modernen Biologie.

Es ist bereits seit langem bekannt, daß lymphoide Gewebe in den immunbiologischen Prozessen des Organismus eine wichtige Rolle spielen. Es ist auch bereits bekannt, daß dabei in diesen Prozessen der Thymus eine besonders hervorragende Rolle hat. Die frühzeitige Differenzierung des Thymus in der Ontogenese deutet auf eine primäre Bedeutung dieses Organs.

Untersucht man die Beziehungen zwischen Struktur und Funktion des Thymus, dann manifestiert sich sein doppelter, drüsen- und lymphatischer Charakter dadurch, daß seine Grundstruktur ein Epithelretikulum ist, von welchem der Drüsencharakter (Kohen und Weiss, 1964) abstammt, während die im Retikulum eingebauten Thymocyten dem Thymus einen lymphoiden Charakter geben.

Der Drüsencharakter des Thymus wird von den mit Epithel ausgekleideten Cysten und Röhrchen bestätigt, welche im Thymus häufig gefunden werden können und deren Auftreten in großer Zahl nach bestimmten Einwirkungen als Zeichen einer Thymusreaktion aufgefaßt werden darf. In manchen Tierarten reagiert das Epithel auf Einwirkungen nicht mit einer Cystenbildung, sondern mit einer vermehrten Bildung von Hassallschen Körperchen. Die Cysten enthalten eine PAS-positive Substanz, die sich mit Toluidin metachromatisch färbt, aber auch die Hassallschen Körperchen enthalten dieselbe Substanz. Die Hassallschen Körperchen entwickeln sich aus dem Epithelretikulum durch ein gruppenweises Aneinanderlegen der Zellen und ihr Erscheinen kann ebenfalls als Symptom einer Thymusreaktion aufgefaßt werden. Die Cysten und Röhrchen sind meist von einem prismatischen oder Flimmerepithel ausgekleidet und enthalten ebenfalls eine PAS-positive Substanz (Ito und Hoshino, 1966a; b). Wir konnten auch im Thymus Thymocyten beobachten, die mit PAS-positiver Substanz erfüllt sind. Diese Substanz enthält hauptsächlich Mucopolysaccharide und kann als Ergebnis der Sekretionstätigkeit des Thymus aufgefaßt werden. Sitz der Sekretbildung ist das Epithelretikulum. Im Laufe der elektronenmikroskopischen Untersuchungen des Epithelretikulums gelang es uns, die Sekretionstätigkeit der Epithelzellen zu bestätigen. Im Inneren der Epithelzellen fanden wir oft Sekretbläschen mit verschieden dicht angeordneten und langen Mikrovilli. Für die Sekretbildung spricht die aktive Golgi-Zone der Epithelzellen, der oft sichtbare Nebenkern, die Lipoidtröpfchen, die granulierten Körperchen und die mit amorpher Substanz gefüllten erweiterten Cysten des E. R. (Ernström, 1965a; Ernström und Mitarbeiter, 1965; Izard, 1964, 1966; Salinas und Badinez, 1966; Takaoka und Mitarbeiter 1965; Weakly und Mitarbeiter 1964). Eine Zunahme der Sekretbildung kann auch bei Immunisierungen beobachtet werden, in solchen Fällen kann das Sekret von einer Zelle in die andere, oder von der Zelle ins Interstitium gelangen. Das Sekret konnte sich beim Übergang von der Epithelzelle auf den Thymocyten in seiner Qualität ändern und die Trägerzelle beeinflussen. Es gelang uns auch mikrokinematographisch die intrazelluläre Sekretbildung des Thymus zu beobachten.

Die ganze Literatur spricht sich dafür aus, daß der Thymus einen humoralen Faktor enthält. Wird in thymektomierte Tiere Thymus in einer mit Milipor-Filter bedeckten Kammer transplantiert, so kann dieser Faktor den Thymus ersetzen (Law, 1966; Rose, 1964; Shermann, 1967; Trainin und Mitarbeiter, 1966) und das Auftreten einer „wasting desease" verhüten. Die Drüsenfunktion des Thymus kann von Stresswirkungen stimuliert werden und besonders Cortison und Röntgen-Strahlen führen zur Bildung neuer Cysten und vermehrten Sekrets. Mit Verabreichung von mit S^{35} markiertem Natriumsulfat konnte auch autoradiographisch der Einbau des Schwefels in die neutralen Mucopolysaccharide der Thymuscysten nachgewiesen werden.

Im allgemeinen werden in der Literatur zwei Thymusfaktoren erwähnt, von denen der eine für die Entwicklung des lymphoiden Gewebes und seiner Proliferation und dadurch für die immunbiologische Anpassung des Organismus verantwortlich ist (Levey und Mitarbeiter, 1963; Miller und Mitarbeiter, 1965; 1967; Tyan, 1964) während ein anderer Faktor die Lymphopoese beeinflußt. Die Untersuchungen gaben aber noch keine Antwort auf die Frage, welcher Faktor in dem vom Thymus gebildeten Sekret vorhanden ist. Die Thymus-Mucopolysaccharide haben aber auch eine andere Bedeutung, es besteht nämlich ein enger Zusammenhang damit, daß der Thymus sehr viele Mastzellen enthält. Die Untersuchungen zeigen, daß die Mastzellen, die im Thymus in großer Zahl gefunden werden können, in loco gebildet werden. Die Thymocyten, welche die Mucopolysaccharide aufnahmen und sulfatierten, werden während dieses Prozesses zu Mastzellen umgewandelt (Ginsburg, 1963). Besonders auffallend ist diese Umwandlung zur Zeit der Gravidität. Die Transformation wird von den Glycocorticoiden stimuliert. Es gelang, diese Umwandlung auch in der Gewebekultur zu beobachten (Törő, 1966). Es wurde zur Thymus-Kultur abgebautes Heparin zugegeben und in den Zellen wurde darauf eine sich metachromatisch färbende Substanz synthetisiert (Törő, 1960). Es ist möglich, daß die Mastzellen durch die Heparinbildung in der Induktion der Transformationsfähigkeit der Thymo-Lymphocyten eine Rolle spielen, wie man das z. B. an Lymphocyten, nach der Behandlung mit sulfatiertem Dextran beobachten konnte. Der direkte Nachweis aber, daß sich PAS-positive Zellen zu Mastzellen umwandeln, steht noch aus.

Die zweite Grunderscheinung im Thymus ist die Lympho-Cytopoese (Fichtelius, 1967; Miller und Mitarbeiter, 1965, 1967; Trainin, 1966), welche am intensivsten eben im Thymus erfolgt. Analysiert man die Reaktionen des Thymus, so kann festgestellt werden, daß der Thymus auf jede Einwirkung mit gleichen Erscheinungen reagiert (Törő, 1958). An erster Stelle steht von diesen Erscheinungen die Entleerung der Thymocyten aus dem Thymus, woran Lymph- und Blutgefäße gleichermaßen teilnehmen. Der Faktor, der die Entleerung der Thymocyten bewirkt, wirkt direkt oder indirekt entweder auf die Gefäße oder auf die Thymocyten, indem er ihre Mobilität fördert. Den Eintritt der Thymocyten in die Blutgefäße konnten wir elektronenmikroskopisch mit Sicherheit beobachten, wobei nicht nur der Durchtritt der Thymocyten durch die Gefäßwand, sondern auch die Richtung (Törő, 1967a, b) der Wanderung festgestellt werden konnte. Diese Untersuchungen zeigten, daß die Epithelzellen, welche die sogenannte Thymus-Blutbarriere bilden, auf Stresswirkungen ebenfalls mobiler werden, ihre Plasmafortsätze einziehen, wodurch die Wand der Kapillaren und kleinen Venen entblößt wird (Törő, 1967a, b). Die Barriere ist also kein stationäres Gebilde und kann dadurch auch das Eintreten eines Antigens in den Thymus nicht verhindern. Durch Injektion markierter Thymocyten in die Vene des Recipienten konnten wir auch die Wanderung der Lymphocyten in entgegengesetzter Richtung, nämlich vom Blut in den Thymus mit Sicherheit feststellen. Beobachtet man die Bewegung der Thymocyten in einem Thymusimplantat (Leuchars und Mitarbeiter, 1967), so kann festgestellt werden, daß sie in wenigen Tagen aus dem Implantat verschwinden und an ihrer Stelle die Lymphocyten des Recipienten erscheinen (Metcalf und Wakonig-Vaartaja, 1963). Dieser Vorgang spielt sich auch dann im gleichen Maße ab, wenn der Thymus in ein altes Tier implantiert wird. Die Repopulation spielt sich genau so ab, als wenn die Implantation in ein junges Tier erfolgt wäre. Die Repopulation kann so lange erfolgen, wie das Epithel-Retikulum vital ist. Diese Untersuchungen zeigen, daß im Thymus Lymphopoese und Repopulation — welche durch Teilung der Thymocyten oder durch Einwanderung aus dem Kreislauf erfolgen kann — von thymuseigenen Faktoren reguliert werden.

In der Thymus-Funktion gibt es also einen Mechanismus der Autoregulation und dieser kann durch äußere Hormone moduliert werden (Törő, 1967a, b). In der Gewebezüchtung konnten wir beobachten, daß, wenn Thymocyten und Epithelzellen voneinander getrennt gezüchtet werden, sie sehr bald zugrunde gehen (Pulvertaft, 1959; Pulvertaft und Pulvertaft, 1966). Die Thymocyten gehen binnen 7 Tagen zugrunde und bleiben nur dann am Leben, wenn sie mit Epithelzellen zusammen gezüchtet werden. In Anwesenheit des Epithels wird ein Teil von ihnen transformiert und bleibt längere Zeit vital. Das Epithel bleibt in Reinkulturen viel länger (2 Monate lang) am Leben, als die Thymocyten. Der Kontakt der isoliert nicht züchtbaren Zellarten kann als ein Organisationsfaktor des Thymus betrachtet werden. Dieser Faktor spielt von der frühen Entwicklung des Thymus bis zur Erhaltung der späteren Struktur eine wichtige Rolle.

Bei der Umwandlung des epithelialen Thymus in den Thymus lymphaticus kann beobachtet werden, daß die Thymocyten um die Epithelzellen gelagert sind, sozusagen einen Zellmantel bilden, ganz abgesehen davon, ob die Thymocyten im Thymus gebildet werden oder dorthin nur eingewandert sind. Auch war auffallend, daß Mitosen am häufigsten in Thymocyten erscheinen, die die Epithelzellen berühren. Wird die Lage der beiden Zellarten im adulten Thymus untersucht, sind ebenfalls Thymocytennester auffallend, welche von großen Epithelzellen mit Fortsätzen umgeben werden. Nach GROBSTEIN (1964) sollen die Kontrollmechanismen der Zelle von den Berührungsstellen der äußeren Zellmembranen ausgehen. All dies macht es verständlich, daß Thymus-Organ-Kulturen längere Zeit am Leben gehalten werden können.

Wir wollten die Wechselbeziehungen der beiden Zellarten untersuchen und deshalb haben wir Zellsuspensionen von reinen Thymocyten und reinen Epithelzellkulturen in derselben Kultur explantiert. Wir gaben zu reinen Epithelzellkulturen von menschlichen Embryonen und Meerschweinchen Thymocyten-Kulturen und beobachteten die Folgen der Konfrontierung. Das erste, was man beobachten kann, ist daß die Thymocyten die Mitosen der Epithelzellen hemmen. Werden durch das wiederholte Waschen, was wir jeden 2—3. Tag getan haben, die Thymocyten aus der Kultur entfernt, dann beginnt die Vermehrung der Epithelzellen und es entsteht eine einheitliche Monolayer-Kultur. Die Kultur bekommt später durch die Wirkung der von den Zellen gebildeten Enzyme eine netzartige Struktur. Wird zur Epithelkultur eine Thymocyten-Suspension hinzugegeben, so kann man beobachten, daß sich bereits wenige Stunden später die Thymocyten, unabhängig davon, ob es autologe oder homologe Zellen waren — um die Epithelzellen herum ansammeln (STANFIELD und Mitarbeiter, 1965) und sich auf der Oberfläche der Epithelzellen lebhaft bewegen, was wir mit Filmaufnahmen gut demonstrieren können. Wenn sich auch die Thymocyten von den Epithelzellen ein wenig entfernen, so bewegen sie sich doch immer wieder zu den Epithelzellen zurück. So leben also die beiden Zellarten eine gewisse Zeitlang in dichten Nestern in Symbiose. Je mehr Lymphocyten eine Epithelzelle umgeben, um so langsamer wird die Bewegung der Epithelzelle. Auch die Thymocyten, die nachträglich in die Kulturen gebracht wurden, verschwinden mit der Zeit, aber auch nach langer Zeit, wenn man schon meinen könnte, daß man wieder eine reine Epithelkultur erhalten hat, erscheinen immer wieder einzelne Thymocyten (TOMATIS und WANG, 1965). Die Erklärung dieser Erscheinung gibt die Emperipolese. Bereits einige Stunden nachdem von den beiden Zellarten eine gemischte Kultur hergestellt wurde, kann das Eindringen der Thymocyten in die Epithelzellen beobachtet werden (JOACHIM, 1965). Die in Epithelzellen eingedrungene Thymocyten können sich intrazellulär lebhaft bewegen und ihr Schicksal kann zweierlei sein: Die eine Möglichkeit ist, daß sich um die eingedrungene Zelle eine Vakuole bildet, und nach einem, kürzere oder längere Zeit dauerndem Kampf wird der Thymocyt von dem, in der Vakuole gebildeten Hydrolasen verdaut. Die Anwesenheit der Vakuole löst die Bildung der Enzyme aus (SHELTOM und DALTON, 1959). Infolge der Verdauung erscheinen Nucleoproteid-Abbauprodukte, welche nach dem Verschwinden der Vakuole ins Cytoplasma gelangen (NOSSAL, 1964). Die andere Möglichkeit ist, daß der in die Vakuole eingeschlossene Thymocyt Widerstand leistet oder die Enzymbildung hemmt und schließlich sich aus der Vakuole befreit und ins Cytoplasma gelangt. Hier bewegt er sich wieder frei und lebhaft, kann aber schließlich doch zugrunde gehen und zerfallen. In diesem Fall zerfallen aber die Zellen von dem Zeitpunkt an gerechnet, in dem sie unbeweglich wurden, ohne Bildung von Vakuolen viel schneller als in einer Verdauungsvakuole. Eine andere Möglichkeit ist, daß sich der Thymocyt eine Zeitlang intracytoplasmatisch bewegt, ohne daß sich eine Vakuole bilden würde und schließlich verläßt er wieder die Epithelzelle und wandert wieder weg.

Der enge Kontakt der beiden Zellarten bei der Peri- und Emperipolese ermöglicht es, daß zwischen den beiden Zellen ein Stoffwechsel erfolgt und Substanzen, sogar auch granuläre Elemente von den Epithelzellen in die Thymocyten übertreten. Der Thymocyt mit den aufgenommenen Substanzen erlangt dadurch neue Kompetenzen und verläßt die Epithelzelle mit Potenzen zur Teilung, Transformation und zur Synthese von Immun-Eiweißen, wie das in der Literatur oft angenommen wird (SHARP, 1966; WEBER, 1966, 1967). Diese Möglichkeit entsteht in der Emperipolese, wenn die erhalten gebliebenen Thymocyten die von den verdauten Zelltrümmern stammenden Nucleoproteide die Abbauprodukte, bzw. die von den Epithelzellen gebildeten Sekrete aufgenommen haben.

Es gelang, die Thymocyten in Epithelzellen auch elektronenmikroskopisch zu beobachten, wobei beide Zellen eine normale Struktur zeigten (SHELTOM und DALTON, 1959). Wie bereits erwähnt wurde, gelang es uns, einen intracytoplasmatischen Aufenthalt der Thymocyten auch beim Durchtritt durch die Gefäßwand zu beobachten. Wir konnten mit dem Elektronenmikroskop sämtliche Phasen der Verdauung der Thymocyten beobachten, wodurch die an Gewebekulturen gemachten Befunde bestätigt wurden.

Peripolese, Phagocytose und Emperipolese müssen eine wichtige Rolle in der Thymus-Funktion spielen. Der vom Epithel gebildete Faktor und die Stoffwechselumstände, die durch die Verdauung nach der Phagocytose entstehen, ermöglichen einerseits eine gewisse Selektion der mobilen Zellen des Thymus und ermöglichen andererseits, daß der Thymus die Baustoffe zur vermehrten Synthese der DNS nicht von außen aufnimmt, sondern aus dem eigenen Katabolismus stammende Stoffe verwendet werden, wobei der selbstregulierende Mechanismus des Thymus zur Bedeutung gelangt (Ernström, 1965a, 1965b; Kouvaleinen und Gitlin). Dafür spricht, daß die Aufnahme von P^{35} im Thymus (Törő, 1960) von sämtlichen Organen am bedeutendsten ist, gleichzeitig aber in der Aufnahme von H^3-Thymidin die Lymphknoten (von Gaudecker, 1966) vor dem Thymus stehen. Der Thymus erhält nämlich die zur DNS-Synthese notwendigen Baustoffe nicht von äußeren Quellen. Das Wandern des Sekretes von Zelle zu Zelle, oder der Abbauprodukte wird durch die interzellulären Plasmabrücken ermöglicht, die wir in unseren Versuchen beobachten konnten (Van Haelst, 1967; Sharp, 1966; Weakly und Mitarbeiter, 1964).

Eine andere eigenartige Erscheinung der Thymocyten ist das Verhalten des Zellkernes, wobei eine Kernsekretion bei der Synthese der spezifischen Zellprodukte angenommen wird. Im Zellkern kann die Bildung von plasmatischen Tunneln (Rose, 1964), oder Kernblasen „nuclear blebs" beobachtet werden (Izard, 1964, 1966; Latta, 1959; Weakly und Mitarbeiter, 1964). Im ersten Falle können in den Zellkern tief eindringende Plasmafortsätze beobachtet werden, im zweiten bildet die Kernmembran und die darunterliegende kortikale Kernzone eine Falte und nach dem Schließen dieser Falte entsteht eine von Kernsubstanz gebildete Röhre (Törő, 1966). Der abgeschnürte Teil des Kernes kann in den Stoffwechsel des Cytoplasmas eingeschaltet werden. Es wurde nachgewiesen (Gay, 1965), daß die Blasen DNS enthalten.

Die vorgetragenen Untersuchungen und die daran anknüpfenden Überlegungen möchten mit den Methoden der Morphologie neue Beiträge zum Thymusproblem leisten. Solange es nicht gelingt, die funktionelle Struktur des Thymus zu klären, wird es nicht möglich sein, die Probleme der Physiologie und der Pathologie des Thymus, aber auch der lymphatischen Organe und des lymphoiden Gewebes zu verstehen.

Literatur

Chatten, J.: The thymus in systemic desease: Am. J. Med. Sci. **248**, 127—139 (1964).

Csaba, G., I. Törő and E. Kapa: Provoked tissue reaction of the thymus in tissue culture. Acta Morph. Hung. **9**, 197—202 (1960).

Csaba, G., I. Törő and E. Kapa: New contributions to the heparinaffinity of the thymus I. Acta Morph. Hung. **9**, 291—295 (1960).

Csaba, G., I. Törő and M. Vatai: New contributions to the heparinaffinity of the thymus. II. Acta Morph. Hung. **9**, 297—300 (1960).

Ernström, U.: Studies on growth and cytomorphosis in the thymolymphatic system. With special reference to the influence of the thymus and the thyroid in guinea-pigs. Acta path. microbiol. scand. Suppl. **178** (1965a).

Ernström, U.: Influence of neonatal thymectomy on the lymphatic system and on its reaction to exogenous thyroxin in guinea-pigs. Acta path. microbiol. scand. **65**, 192—202 (1965b).

Ernström, U.: Influence of the thymus on thyroxin-induced lymphatic hyperplasia in young guinea-pigs. 2. Treatment with thyroxin shortly after thymectomy. Acta path. microbiol. scand. **64**, 90—94 (1965c).

Ernström, U. and L. Gyllensten: Influence of the thymus on normal and thyroxin-stimulated regeneration of lymphatic tissue after steroid-induced involution in guinea-pigs. Acta path. microbiol. scand. **64**, 193—202 (1965).

Ernström, U. and B. Larsson: Thymic and thoracic duct contributions to blood lymphocytes in normal and thyroxin-treated guinea-pigs. Acta physiol. scand. **66**, 189—195 (1966).

Ernström, U., L. Gyllensten and B. Larsson: Venous output of lymphocytes from the thymus. Nature **207**, 540—541 (1965).

Fichtelius, K. E.: The mammalian equivalent to Bursa Fabricii of birds. Exp. Cell Res. **46**, 231—234 (1967).

Gaudecker v.: Elektronenmikroskopische Autoradiographie mit H^3 Thymidin an der Thymusrinde der Maus. Z. Zellf. **72**, 281—294 (1966).

Gay, H.: Chromosome-nuclear membrane-cytoplasmic interrelations in Drosophila. J. Biophys. Biochem. Cytol. 2. Suppl. **407** (1965).

Ginsburg: The in vitro differentiation and culture of normal mast cells from the mouse thymus. Ann. New York Acad. Sci. **103**, 20—39 (1963).

Grégoire, Ch.: Über das Verhalten des Lymphocyten bei der lymphoepithelialen Symbiose in dem Thymus. Virchow's Arch. **303**, 457—480 (1939).

Grégoire, Ch.: The cultivation in the living organism of the thymus epithelium of the guinea pig and rat. Quart. J. of Microscopical Sci. **99**, 511—519.

Grégoire, Ch., and Gh. Duchateau: A study on lympho-epithelial symbiosis im thymus. Reactions on the lymphatic tissue to extracts and to implants of epithelial components of thymus. Arch. Biol. **67**, 269—296 (1956).

Grobstein C.: Interaction among cells in relation to cytodifferentiation. J. exp. Zool. **157**, 121—125 (1964).

van Haelst, U.: Light and electron microscopic study on the normal and pathological thymus of the rat. I. The normal thymus. Z. Zellf. **77**, 534—553 (1967).

Ito, T. and T. Hoshino: Light and electron microscopic observations on the vascular pattern of the thymus of the mouse. Arch. hist. japon. **27**, 352—361 (1966a).

Ito, T. and T. Hoshino: Fine structure of the epithelial reticular cells of the medulla of the thymus in the golden hamster. Z. Zellf. **69**, 311—318 (1966b).

IZARD, J.: Les caractéristiques ultrastructurales tu thymus a la période périnatale. Exp. Cell. Res. **37**, 488—490 (1964).
IZARD, J.: Ultrastructure of the thymic reticulum in guinea pig. Anat. Rec. **155**, 117—132 (1966).
JOACHIM, H. L.: Emperipolesis of lymphoid cells in mixed cultures. Lab. Invest. **14** (1965).
KOHEN, P. and L. WEISS: An electron microscopic study of thymic corpuscles in the guinea pig and the mouse. Anat. Rec. **148**, 29—57 (1964).
KOSTOWIECKI, M.: Variety of central cells in Hassall's corpuscles, of the human thymus. Z. mikr.-anat. Forsch. **71**, 1023 (1964).
KOSTOWIECKI, M.: Secretory component in thymus of the pregnant white rats. Z. mikr.-anat. Forsch. **76**, 141—183 (1967).
KOSTOWIECKI, M.: Does the poor immunological reactivity of the thymus really depend on the vasular barrier of Marshall and White? Z. mikr.-anat. Forsch. **76**, 320—342 (1967).
KOUVALEINEN, K.: Islet formation in the cortex of the human thymus. Nature. **213**, 1231 (1967).
KOUVALEINEN, K. and D. GITLIN: Passage of antigens across the vascular barriere of the thymus. Nature. **214**, 592—593.
LATTA, H.: A cellular reaction to antibody in tissue culture studied with electron microscopy. J. Biophys. Cyt. **5**, 405—410 (1959).
LAW, Ll. W.: Restoration of thymic function in neonatally thymectomized mice bearing xenogenic thymic grafts. Nature. **210**, 1118—1120 (1966).
LEUCHARS, E., A. MORGAN, A. J. S. DAVIES and V. J. WALLIS: Thymus grafts in thymectomized and normal mice. Nature. **214**, 801—802 (1967).
LEVEY, R. H., N. TRAINEN, L. W. LAW, P. H. BLACK and W. O. ROWE: Lymphocytic choriomeningitis infection in neonatally thymectomized mice bearing diffusion chambers containing thymus. Science. **142**, 483—485 (1963).
METCALF, D. and R. WAKONIG-VAARTAJA: Stem cell replacement in normal thymus grafts. Proc. Soc. exp. Biol., Med. **115**, 731—735 (1964).
MILLER, J. F. A. P., M. BLOCK, D. T. ROWLANDS jr. and Ph. KIND: Effect of thymectomy on hematopoetic organs of the opossum. Proc-Soc. exp. Biol. Med. **118**, 916—921 (1965).
MILLER, J. F. A. P., G. F. MITCHELL and N. S. WEISS: Cellular basis of the immunological defects in thymectomized mice. Nature, **214**, 992—997 (1967).
NOSSAL, G. J. V.: Studies on the rate of seeding of lymphocytes from the intact guinea pig thymus. Ann. New York Acad. Sci. **120**, 171—181 (1964).
PULVERTAFT, R. J. V.: Cellular assotiation in normal and abnormal lymphocytes. Proc. Soc. Med. **52**, 315—322 (1959).
PULVERTAFT, R. J. V. and I. PULVERTAFT: Spontaneous transformation of lymphocytes from the umbilical cord vein. The Lancet. **2**, 892—893 (1966).
REESE, A. J. M. and M. I. ISRAEL: Use of tissue culture to restore immunological competence fo the neonatally thymocytomized mouse. Nature. **215**, 1085—1086 (1967).
ROSE, G. G.: Nuclear folds versus intranuclear in tissue cultures. J. Roy. Micr. Soc. **83**, 377—390 (1964).
SALINAS, F. y Orlando Badinez: Contribution al desarrollo embrologico J. significado functional del timo. Biologica. Inst. Biol. „Juan Noe". **38**, 15—29 (1966).
SEBUWUJU, P. H.: Nuclear blebs in human foetal thymus. Nature. **212**, 1382—1383.
SHARP, J. A.: Adhesion of lymphocytes to large motile cells in cultures of rabbit thymus, Nature. **209**, 828—829 (1966).
SHELTOM, E. and A. J. DALTON: Electron microscopy of emperipolesis. J. Biophys. Biochem. Cyt. **6**, 513—516 (1959).
SHERMAN, J. D.: Thymus humoral factor. Demonstration and influence on homograft rejection in the hamster. Arch. Path. **83**, 251—257 (1967).
STANFIELD, A. B., C. A. STEPHENS, jr. and E. A. HETHORN: Lymphotaxis in cultures of human synovialis. Texas Rep. Biol.-Med. **23**, 110—121 (1965).
TAKAOKA, K. H. T., Y. AOYAMA, S. OKTA and M. MIYATA: Tissue culture studies in Japan. Ann. Biography. 47—48, 1965. (Rat thymus cells in culture).
TOMATIS, L. and L. WANG: The presence of lymphocytes in long term cultures of newborn mouse thymic epithelium. Proc. soc. exp. Biol.-Med. **120**, 472—480 (1965).
TÖRÖ, I., und B. AROS: Die Gewebsreaktion des Thymus auf verschiedene Einwirkungen. Acta Morph. Hung. **8**, 151—171 (1958).
TÖRŐ, I. und G. CSABA: Thymus und Mastzellen. Anat. Anz. Ergänzungsh., **106—107**, 357—394 (1960).
TÖRÖ, I. and I. OLÁH: Nuclear blebs in the thymus of the guinea pig. Nature **212** 315—317 (1966).
TÖRŐ, I. and I. OLÁH: Penetration of thymocytes in blood-circulation J. Ultrastr. Res. **17**, 439—451 (1967a).
TÖRÖ, I. and I. OLÁH: Studies on the blood-thymus barrier. Acta Biol. Hung. **18**, 135—150 (1967b).
TÖRŐ, I. Z. PÓSALAKI, G. TÓTH und L. CSÁKI: Összehasonlító vizsgálat a P^{32} beépülésére thymus, nyirokcsomó, mellékvese, here és máj nucleinsav frakcióiban patkányon. Kisérl. Orvostud. 271—275 (1960).
TRAININ, N., A. BEJERANO, M. STRAHILRVITCH, D. GOLDRING and M. SMALL: A thymic factor preventing wasting and influencing lymphopoiesis in mice. Israel J. Med. Sci. **2**, 549—559 (1966).
TYAN, M. L.: Thymus: Role in maturation of fetal lymphoid precursors. Science **145**, 934—935 (1964).
WEAKLY, B. S., D. I. PATT and D. HSEPRO: Ultrastructure of fetal thymus in the golden hamster. J. Morph. **115**, 319—354 (1964).
WEBER, W. T.: Difference between medullary and cortical thymic lymphocytes of the pig in their response to phytohemagglutinin. J. Cellular Physiol. **68**, 117—126 (1966).
WEBER, W. T.: The response to phytohemagglutinin by lymphocytes from the spleen, thymus and Bursa of Fabricius of chickens. Exp. Cell Res. **46**, 464—466 (1967).
WEBER, W. T.: The in vitro response of thymic lymphocytes of the pig to phytohemagglutinin. J. Cell Comp. Physiol. **67**, 285—300 (1966).

Embryologisches Institut der Karls-Universität Prag, ČSSR

Vergleichende Plazentationslehre im Lichte der Elektronenmikroskopie und Histochemie

von

Z. Vacek

Die Plazenta hat eine entscheidende Bedeutung im Prozeß des Stoffaustausches zwischen der Frucht und dem mütterlichen Organismus. Die Geschwindigkeit und die Art des Transportes durch die placentare Barriere sind durch ihre Struktur bestimmt, welche für einen bestimmten Placentatyp spezifisch sind. Im Zusammenhang mit den Veränderungen des Baues der Placenta ändert sich auch die Art der Ernährung des Keimes und der Charakter des Trophoblasten von einer rein zellulären Struktur bis zum echten Plasmodium. Was den Charakter des Trophoblasten betrifft, hat die Elektronenmikroskopie unsere Kenntnisse über den Bau und den Placentatyp sehr weitgehend korrigiert.

1. Den einfachsten Verhältnissen begegnen wir in der epitheliochorialen Placenta, wo das Chorion mehr oder weniger frei der Oberfläche der Gebärmutterschleimhaut anliegt. Das Chorion verläuft einerseits in niedrigen, kammartigen Falten, die sich in die Vertiefungen der Gebärmutterschleimhaut einlagern, andererseits formt es kleine rundliche Felder mit radiär angeordneten Falten, die Areolae genannt werden. Ein typischer Repräsentant dieses Placentatypes ist die Schweineplacenta.

Der Trophoblast, der die Chorionkämme und Falten bedeckt, weist eine zelluläre Struktur auf. Er besteht aus kubischen bis zylindrischen Zellen, die von einer deutlichen Zellmembran begrenzt sind; die Zellen haben runde bis ovale Kerne. Im Zytoplasma befinden sich Bläschen des endoplasmatischen Retikulums, Mitochondrien und freie Ribosomen.

Das Uterusepithel bleibt bis zum Ende der Gravidität erhalten und ist aus kubischen bis zylindrischen Zellen aufgebaut, die auf der Basalmembran aufsitzen. Die Zellgrenzen sind unregelmäßig und zeigen zahlreiche Indigitationen. Die submikroskopische Struktur des Epithels weist auf eine intensive sekretorische Aktivität hin. Die apikale Oberfläche der Epithelzellen ist in zahlreiche Mikrozotten gegliedert, die zwischen die Mikrozotten der apikalen Oberfläche der Trophoblastzellen greifen, so daß eine gegliederte, sehr große Oberfläche für den gegenseitigen Stoffaustausch entsteht.

2. Die intimere Beziehung des Chorion zu den Muttergeweben ist in der syndesmochorialen Placenta realisiert. Hier kommt es auf den Kontaktflächen des mütterlichen Gewebes mit dem Trophoblasten zum Abbau des Epithels der Gebärmutterschleimhaut, so daß der Trophoblast dann in direktem Kontakt mit dem Bindegewebsstroma steht. Der syndesmochoriale Typ der Placenta wurde bisher als charakteristisch für die Placenta der Wiederkäuer, z. B. des Rindes und der Cerviden angesehen. Die Elektronenmikroskopie aber hat gezeigt, daß diese Ansicht revidiert werden muß.

Bei den Cerviden sind die Placentome aus tiefen Krypten zusammengesetzt, in die lange Chorionzotten greifen, die vom Trophoblasten bedeckt sind. Zwischen den Trophoblastzellen befinden sich an manchen Stellen riesige zweikernige Zellen. Die Krypten sind mit einem kubischen Epithel mütterlicher Herkunft ausgekleidet, das bis zum Graviditätsende erhalten bleibt, mit der Ausnahme einer schmalen Zone gleich am fötalen Rand der Placentome. An diesen Stellen verändert sich das Epithel in synzytiale Formationen mit vielen Kernen, welche stellenweise zwischen Trophoblastzellen proliferieren und gleichzeitig von dem Trophoblasten resorbiert werden. Zu einer ganz ähnlichen Erscheinung kommt es auch in den Carnivorenplacenten, wie wir noch später zeigen werden. Gleich an der fötalen Oberfläche der Placentome sind die Epithelzellen vollständig zerstört oder es befinden sich hier ihre Fragmente, und an diesen Stellen kommt es zu einer echten syndesmochorialen Beziehung.

Vom Gesichtspunkt der Ultrastruktur befinden sich in dem Cytoplasma der Epithelzellen der Krypten verhältnismäßig zahlreiche Zytomembranen.

Der Trophoblast der Chorionzotten ist aus unregelmäßigen kubischen bis zylindrischen Zellen zusammengesetzt, zwischen denen sich stellenweise Riesenzellen mit zwei Kernen befinden. Die Trophoblastzellen sind durch eine deutliche Zellmembran begrenzt. Die apikale Oberfläche der Trophoblastzellen ist in zahlreiche Mikrozotten gegliedert, die zwischen die Mikrozotten der apikalen Oberfläche der Epithelzellen der Krypten greifen. So entsteht eine gegliederte Zone von analogem Charakter wie in der epitheliochorialen Placenta.

3. Ein typischer Vertreter der endotheliochorialen Placenta ist die Carnivorenplacenta. Das Placentarlabyrinth setzt sich aus Chorionlamellen zusammen, die die mütterlichen Gefäße zwischen sich einschließen, in denen das Endothel erhalten bleibt. Stellenweise findet man zwischen den Lamellen Deciduazellen mütterlicher Herkunft, in jüngeren Stadien kann man häufig noch Mitosen finden.

Der die Chorionlamellen bedeckende Trophoblast ist weder ein Synzytium noch ein Plasmodium, wie man bisher annahm, denn wir können beweisen, daß es aus Zellen besteht, die durch eine deutliche Zellmembran abgegrenzt sind. An vielen Stellen kann man an der Berührungsfläche der Zellen gut ausgebildete Desmosomen finden. Zwischen den Zellen des Trophoblasten sind mütterliche Gefäße eingeschlossen. Diese Gefäße sind vom Endothel, das einer dünnen Basalmembran aufsitzt, ausgekleidet. In der Umgebung der mütterlichen Kapillaren befinden sich stellenweise Deciduazellen. Sie sind von einer dünnen Schicht der Grundsubstanz, die eine intensiv positive Reaktion auf alkalische Phosphatase aufweist, umgeben. Auch alle Basalmembranen des Endothels und des Trophoblasten reagieren positiv.

In der endotheliochorialen Placenta spielt in der Ernährung des Keimes die Histiotrophie eine wichtige Rolle. Dieser Art von Ernährung ist besonders die marginale Zone der Placenta, die sogenannte Paraplacenta, angepaßt. Der Trophoblast des Allantochorions hat hier ein hohes zylindrisches Epithel mit zahlreichen Mikrozotten auf der apikalen Oberfläche. Im Kontakt mit dem Trophoblasten kommt es zu regressiven Veränderungen der Uterusschleimhaut. Das zytologische Bild dieser Veränderungen ist sehr mannigfaltig. Stellenweise zerfallen ganze oberflächliche Partien der Schleimhaut zu Detritus. An anderen Stellen fließen die Epithelzellen in Symplasmata zusammen, manchmal verändert sich das Epithel zu einem vielkernigen Plasmodium. Das Uterusepithel ist in einen Bürstensaum, der eine intensiv positive Reaktion auf alkalische Phosphatase aufweist, eingefaßt. Intensiv positiv reagieren auch die Symplasmata und Plasmodia, die auf der Oberfläche einen Bürstensaum besitzen. Die Plasmodiumausläufer können sich von der Oberfläche der Schleimhaut abtrennen, zwischen die Zellen des Trophoblasten einwachsen und gleichzeitig auch von Trophoblastzellen resorbiert werden.

Ein besonderes Kapitel in der Histiotrophie der Carnivoren stellt die Eisengewinnung dar. In der Paraplacenta entstehen zwischen der Uterusschleimhaut und dem Chorion mütterliche Blutextravasate. Die Blutkörperchen werden durch die Trophoblastzellen abgebaut und resorbiert. In der Hundeplacenta handelt es sich dabei vorwiegend um einen extrazellulären Prozeß, bei dem sich das grün gefärbte Pigment Hämochlorin bildet, das die grüne Verfärbung der Marginalzone der Placenta bedingt. In der Katzenplacenta werden die Erythrocyten von den zylindrischen Zellen des Trophoblasten phagozytiert, und erst nachher kommt es zum intrazellulären Abbau. Die Abbauprodukte finden wir im Zytoplasma als feine Körner eines gelblich verfärbten Pigments. Ein analoges Bild kann man auch im Elektronenmikroskop nachweisen. In dem Zytoplasma des Trophoblasten kann man intakte Erythrocyten und solche in den verschiedenen Phasen ihres Abbaus vorfinden.

Der Transport der resorbierten Stoffe wird in der Paraplacenta durch die reiche Vaskularisation des Allantochorions mittels besonders dünnwandiger Kapillaren erleichtert. Die Wanddicke einiger Kapillaren, die von einem Ausläufer einer Endothelzelle und der Basalmembran gebildet wird, kann dünner als 1000 Å sein.

4. Eine besondere Stellung nimmt vom Standpunkt der Phylogenese der Placenta, die Placenta der Chiropteren ein. Diese wurde bisher von einem Teil der Autoren als hämochorial klassifiziert, von einem kleineren Teil als endotheliochorial. Das Placentarlabyrinth besteht aus anastomosierenden Chorionlamellen, die die mütterlichen Bluträume zwischen sich einschließen.

Fraglich bleibt in der Placenta der Chiropteren die Auskleidung der mütterlichen Bluträume im Placentarlabyrinth. Im Lichtmikroskop kann man hier eine eosinophile Membran nachweisen, die sich beim Versilbern intensiv schwarz färbt. Manche Autoren schrieben ihr verschiedene Herkunft zu und klassifizierten daher die Placenta verschieden. Ich persönlich betrachte sie als einen Übergangstypus von der syndesmochorialen zur hämochorialen Placenta. Bei der Fledermaus *Myotis myotis* L. kann darüber kein Zweifel bestehen.

Im Elektronenmikroskop besteht die Membran, die die mütterlichen Bluträume auskleidet, aus der Basalmembran, auf der die Reste der degenerierenden Endothelzellen aufsitzen.

5. Die hämochoriale Placenta ist durch zwei Grundtypen vertreten, einerseits durch die Labyrinthplacenta der Nager, andererseits durch die olliforme Placenta der Affen und des Menschen.

Das Placentarlabyrinth der Nager baut sich aus vielfältig anastomosierenden Chorionlamellen auf, die die schlitzförmigen Bluträume zwischen sich einschließen, in denen das mütterliche Blut zirkuliert.

Die apikale Oberfläche des Trophoblasten ist durch eine hohe Aktivität der alkalischen Phosphatase charakterisiert. Bei ihrem Nachweis ist die ausgiebige Gliederung des Placentarlabyrinths besonders auffallend.

Die Chorionlamellen sind von einer bis drei Schichten des eine zelluläre Struktur aufweisenden Trophoblasten bedeckt. Die Zellen sind von einer deutlichen Zellmembran begrenzt. Auch hier hat der Trophoblast eine Zellstruktur, wodurch sich diese Placenta grundlegend von der hämochorialen menschlichen Placenta unterscheidet.

6. Die hämochoriale Placenta des Menschen stellt die vollendetste Placentaart vor. Die Chorionzotten sind von einem Plasmoditrophoblasten bedeckt, der, zum Unterschied von anderen Placentatypen, ein echtes Plasmodium vorstellt und keine Zeichen einer Zellbegrenzung aufweist. Das Zytoplasma des Plasmoditrophoblasten ist durch ein mächtig entwickeltes endoplasmatisches Reticulum charakterisiert, das dem Zytoplasma ein fast wabenartiges Gepräge gibt. Unter dem Plasmoditrophoblasten befinden sich Langhans-Zellen. Ihr Zytoplasma unterscheidet sich von dem Plasmoditrophoblasten durch die kleine Zahl der Bläschen des endoplasmatischen Retikulums. Um die Kerne des Plasmoditrophoblasten erkennt man einen deutlichen perinukleären Raum. Die apikale Oberfläche des Plasmoditrophoblasten ist in lange Mikrozotten gegliedert und in ebenfalls verzweigte zytoplasmatische Ausläufer mit Mikrozotten, die die apikale Oberfläche enorm vergrößern. Die Langhans-Zellen haben Zellstruktur, an der Zellgrenze zwischen ihnen und den Plasmoditrophoblasten sind Desmosomen ausgebildet. Zwischen den Langhans-Zellen befinden sich gegliederte Interzellularräume mit zahlreichen Indigitationen. Die Mitochondrien der Langhans-Zellen sind zahlreicher und größer. Im Zytoplasma der Langhans-Zellen befinden sich zahlreiche, aus Glykogenkörnchen zusammengesetzte Bezirke. Die Langhans-Zellen sitzen auf einer dicken Basalmembran auf, in die sie stellenweise mit fingerförmigen Ausläufern eingreifen.

Der Bürstensaum des Plasmoditrophoblasten zeichnet sich im enzymologischen Sinne durch eine hohe Aktivität der alkalischen Phosphatase aus, in der zweiten Hälfte der Schwangerschaft reagiert auch die unter ihm liegende Basalmembran positiv. Demgegenüber ist die Reaktion auf die nichtspezifische Esterase im Plasmoditrophoblasten negativ, in den Langhans-Zellen reagiert das Golgi-System positiv. Das Zytoplasma des Plasmoditrophoblasten reagiert mit einer hohen Aktivität von saurer Phosphatase, mit einem hohen Anstieg der Aktivität, dort wo der Plasmoditrophoblast in Form von knospenförmigen Ausläufern proliferiert.

Viel wurde über den Ursprung und die Bedeutung der Hofbauer-Zellen im Stroma der Zotten diskutiert. Die histochemische Reaktion und die submikroskopische Struktur sprechen für ihre Identität mit Makrophagen. Charakteristisch für das Zytoplasma der Hofbauer-Zellen sind Inklusionen und zahlreiche Bläschen. Das Zytoplasma der Hofbauer-Zellen gibt eine stark positive Reaktion auf saure Phosphatase und nichtspezifische Esterase, die sowohl durch Azokopulation als auch durch 5-o-Bromindoxylacetat nachweisbar sind.

Mit zunehmender Schwangerschaftsdauer nimmt die Zahl der Langhans-Zellen ab. Die einzelnen Zellen bleiben aber bis zum Schwangerschaftsende erhalten. Gleichzeitig ändert sich auch der Charakter des Plasmoditrophoblasten. Die Mikrozotten werden kürzer, im Zytoplasma des Plasmoditrophoblasten nehmen die Bläschen des endoplasmatischen Retikulums ab, es vermehren sich aber die Einschlüsse. Was für die letzten Schwangerschaftsmonate am auffallendsten ist, ist die Aufgliederung der Basalfläche des Plasmoditrophoblasten in zahlreiche Ausläufer und Lamellen , die zwischen der Basalmembran und dem Plasmoditrophoblasten einen gegliederten Raum mit einer sehr ausgedehnten Oberfläche bilden. Diese Veränderungen hängen sichtlich mit der wachsenden Intensität des Stoffwechsels zwischen den fötalen Kapillaren der Chorionzotten und dem intervillösen Raum zusammen.

Zusammenfassung

Die Elektronenmikroskopie hat uns viel Neues über Bau und Typus der Placenta gelehrt.

1. Es hat sich gezeigt, daß der Trophoblast in der Mehrzahl der Placenten eine Zellstruktur beibehält. Eine Ausnahme bildet nur der Plasmoditrophoblast in der menschlichen Placenta.

2. Die Placenta der Wiederkäuer ist nicht syndesmochorial sondern epitheliochorial. Eine Ausnahme bildet nur die Placenta der Cerviden, die zwar überwiegend dem epitheliochorialen Typ angehört, ausgenommen eine schmale Zone auf dem fötalen Rand der Placentome, wo eine syndesmochoriale Beziehung besteht.

3. Die Placenta der Carnivoren ist besonders zur Eisengewinnung adaptiert. In der Placenta der Caniden werden die Erythrocyten extrazellulär abgebaut, demgegenüber werden aber bei den Feliden die Erythrocyten zuerst phagozytiert und dann intrazellulär abgebaut. Dies geschieht sichtlich, weil Resorption und Transport des Eisens in dieser Placenta ein großes Problem darstellen.

4. Die Placenta der Nager ist nicht hämoendothelial, sondern hämochorial. Der Trophoblast weist hier einen zellulären Bau auf und bleibt bis zum Schwangerschaftsende erhalten. Die Placenta der Nager ist deshalb kein geeignetes

Modell für solche experimentell-physiologischen Studien, die nicht in der menschlichen Placenta durchgeführt werden können.

5. Die hämochoriale Placenta des Menschen stellt den am höchsten differenzierten Typus dar. Der Trophoblast hat hier den Charakter eines echten Plasmodiums ohne Zellgrenzen. Die submikroskopische Struktur des Trophoblasten und sein Enzymgehalt ändern sich im Zusammenhang mit der fortschreitenden Schwangerschaft.

Literatur

Vacek, Z.: Placenta nosála (*Nasua rufa* L.). Biol. listy, Suppl. II, 153—163 (1951).

Vacek, Z.: The development of the placenta of the cat. Čsl. morfol. **3**, 49—65 (1955).

Vacek, Z.: On the placenta of a platyrrhine monkey *Leontocebus rosalia* L. Čsl. morfol. **5**, 371—375 (1957).

Vacek, Z.: Placenta Carnivor. Thesis, Faculty of Med. Charles Univ. Prague 1957.

Vacek, Z.: Placenta of the bat, *Myotis myotis* Bork. Čsl. morfol. **7**, 44—53 (1959).

Vacek, Z.: Submicroscopical structure and cytochemistry of endometrium and placenta. Thesis, pp. 1—150. Charles University Prague 1961.

Vacek, Z. and K. Mazanec: Submicroscopical and cytochemical observations on the development of the decidua during first three months of gravidity. Čsl. morfol. **12**, 63—73 (1964).

Vacek, Z.: Submicroscopical structure of the human chorion till the 3rd month of gravidity. Čsl. morfol. **12**, 121—125 (1964).

Vacek, Z.: Submicroscopical structure of the placenta of the cat. Čsl. morfol. **12**, 126—134 (1964).

Vacek, Z.: Die Topochemie der Enzyme in der Sekretionsphase des Endometriums und in der Dezidua im 1. bis 3. Schwangerschaftsmonat. Acta histochem. **20**, 8—24 (1965).

Vacek, Z.: A contribution to the submicroscopical structure of the trophoblast in the mammals. Proceedings of the Third Europ. Reg. Conf. on Electron Microscopy Prague 1964. Publ. House of the Czech. Acad. Sc. Vol. B, pp. 471—472 (1964).

Vacek, Z.: Submicroscopic structure of the human chorion from third month of gestation to term. Folia morphol. (Prague), **13**, 104—114 (1965).

Vacek, Z.: A contribution to the comparative cytophysiology of the mammalian placenta. Acta Univ. Carolinae Medica, Suppl. **21**: 209—215 (1965).

Vacek, Z.: Submicroscopical structure of the placenta in the mammals. Lynx, ser. nova fasc. **6**, 173—178. Museum Nationale, Prague 1966.

Vacek, Z. and G. Ševčenko: On comparative morphology of placenta in mammals. Archiv Anat. Gistol. i Embriol. LII, **7**, 56—69 (1967).

Pathologisches und Gewerbepathologisches Institut Gelsenkirchen, DBR

Peptische Enzyme und infiltrierendes Tumorwachstum

von

H.-J. Mohr

Wendet man sich der Frage zu, wie das Tumorgewebe sein infiltrierendes und insbesondere destruierendes Wachstum z. B. innerhalb des Muskelgewebes vollziehen kann, so stellen sich folgende Möglichkeiten zur Diskussion:

1. Das Tumorgewebe führt durch seinen Wachstumsdruck zu einer Kompression des Muskelcapillarsystems. Dadurch wird das Muskelgewebe von der Blut- und Nährsubstanzzufuhr abgeschnitten, verfällt der Nekrose und wird dann sekundär durch die Tumorzellen infiltriert, destruiert und abgebaut.
2. Die Tumorzellen dringen im Sinne von Hamperl, Probst, David und Mangakis infiltrativ in die Maschen des Muskelgewebes ein, legen sich wie eine Barriere zwischen die Muskelfasern und ihre ernährenden Gefäße, drängen die Muskelfasern von den Blutgefäßen ab und führen sekundär zum Untergang und zur Destruktion des Muskelgewebes.
3. Wachstumsdruck und Grundsubstanz — auflösende Enzyme schaffen die Voraussetzungen zur infiltrativen Ausbreitung der Tumorzellen im Muskelgewebe, während dann im zweiten Schritt proteolytische Enzyme der Tumorzelle die Destruktion der Muskelfasern bedingen.

Zu diesen offenen Fragen sowie zu den Problemen der Synthese und der Cytotopochemie des proteolytischen Enzymes Leucinaminopeptidase (LAP) in der Tumorzelle und deren gewebszerstörender Wirkung wurden sowohl am Modell des soliden Ehrlich-Carcinoms als auch an menschlichen Rectum- und Mammacarcinomen lichtmikroskopische, elektronenoptische und histochemische Untersuchungen durchgeführt. Dabei wurde das Hauptaugenmerk dem Verhalten der Tumorzellen gegenüber den quergestreiften Muskelfasern zugewendet.

Material und Methode

Die experimentellen Untersuchungen wurden an 20 erwachsenen, mit einem soliden Ehrlich-Carcinom beimpften NMRI-Mäusen durchgeführt. Der Tumor wurde nach der von Mohr, Krauthause, Hartmann und Brumberg an anderer Stelle ausführlich dargestellten Methode transplantiert. Die biologischen, cytologischen und submikroskopischen Kriterien des Stammtumors haben Krauthause, Brumberg und Hartmann beschrieben. Die erzeugten Geschwülste wurden 8—13 Tage nach der Transplantation entnommen und lichtmikroskopisch, elektronenoptisch und histochemisch untersucht. Die Lichtmikroskopie erfolgt an in 4%igem Formalin fixiertem, in Paraffin eingebettetem Material, das H.E., PAS, v. Gieson und an Gefrierschnitten mit Sudan III gefärbt wurde. Zu Strukturvergleichen wurden auch H.E.-gefärbte Kryostatschnitte herangezogen.

Der histochemische und elektronenoptische LAP-Nachweis wurde zunächst nach der von Nachlas, Crawford und Seligman angegebenen Methode, später dann nach einer von Mohr, Otto und Hartmann beschriebenen Modifikation des Nachlasschen Verfahrens ausgeführt. Für die elektronenoptisch-histochemischen Untersuchungen wurde das von Mohr angegebene Verfahren angewandt. So wurden zum LAP-Nachweis native Gewebsblöckchen von 1—3 mm Kantenlänge nach Nachlas und der eigenen Modifikation bei 36 °C inkubiert sowie mit 0,9%iger NaCl-Lösung ausgewaschen und mit

0,1 mol $CuSO_4$-Lösung für 2 min nachbehandelt. Die Inkubationsdauer betrug zunächst 20, 40, 60, 80 und 100 min, zuletzt wurde nur noch 20 und 40 min lang inkubiert. Anschließend wurden die Gewebsblöckchen 120 min lang in einer 1%igen isotonischen OsO_4-Lösung (pH 7,2) fixiert und dann in üblicher Weise in Methacrylat eingebettet. Die Dünnschnitte wurden mit dem LKB-Ultrotom I, die elektronenmikroskopischen Aufnahmen mit dem Siemens-Elmiskop I und mit dem Zeiss EM9 hergestellt.

Die Untersuchungen an menschlichen Tumoren wurden an normalem Brustdrüsengewebe, 5 Mammafibrosen, einem Fibroadenom der Mamma, 2 scirrhösen Mammacarcinomen sowie 2 Rectum- und 2 Sigmacarcinomen durchgeführt. Die Herstellung der lichtmikroskopischen und histochemischen Präparate erfolgte in gleicher Weise wie bei den soliden Ehrlich-Carcinomen der Maus.

Ergebnisse

Nach den enzymhistochemischen Befunden sind die soliden Ehrlichcarcinome in drei Zonen verschiedener Enzymaktivität aufzugliedern, und zwar in die Nekrosezone im Tumorzentrum, in die Mittelzone mit LAP-positiven Tumorzellen und Muskeldestruktionen in deren Bereich und in die Tumorrandzone mit LAP-negativen Tumorzellen, in der auch jede Muskelfaserzerstörung fehlt. Der Nekrosebereich zeigte keine oder nur eine minimale LAP-Aktivität. Tumorzellen, die in der Mittelzone gelegen waren, zeigten dagegen eine signifikante Erhöhung und eine in ihrer Quantität gleichbleibend hohe Enzymmenge. Gleichzeitig bestand eine enge Beziehung zwischen den Muskelfasern und den Carcinomzellen, die der Faser dicht anlagen und sich durch Plasmafortsätze in sie zapfenförmig vorschoben. Das Muskelgewebe wies die Merkmale einer Auflösung und Destruktion auf. Die gleichen Befunde ergaben sich an im Tumorgebiet liegenden Nervenästen. Diejenigen Tumorzellen im Tumorrandgebiet, die sich zwischen den Muskelfasern infiltrativ ausbreiteten, besaßen demgegenüber keine wesentliche sichtbare Fermentaktivität und ließen keinen auffälligen Kontakt mit den Muskel- und Bindegewebsfasern erkennen. Letztere waren in ihrer Struktur, wie das auch DAVID und MANGAKIS beobachteten, unverändert.

In menschlichem Brustdrüsengewebe zeigten sowohl die Epithelien der Drüsen und Gänge als auch das Bindegewebe der normalen Mamma eine nur geringe Enzymaktivität. Krebsverdächtige Epithelien und die Carcinomzellen der Mammatumoren wiesen demgegenüber stets eine deutliche Zunahme der LAP-Aktivität auf. Es ist besonders bemerkenswert, daß stets proliferierende Zellen die höchsten Enzymaktivitäten aufwiesen. In gleicher Weise zeigten auch die epithelialen Anteile des Carcinoma scirrhosum einen deutlich erhöhten LAP-Gehalt. Dabei ist zwischen den in Strängen infiltrativ vorwachsenden Tumorzellen der Randzone und den destruierenden Tumorzellhaufen in der Tumormittelzone ein Aktivitätsunterschied zu bemerken, der mit dem beim Ehrlich-Tumor übereinstimmt. Die Enzymlokalisation war innerhalb der einzelnen proliferierenden Epithelzellen, wie auch in anderen untersuchten Tumorzellen, in der Zellperipherie besonders ausgeprägt. Diese intrazelluläre Lokalisation von Enzymen ist auch von EDER und WRBA (1960) beobachtet worden.

Die am Adenocarcinom des Rectum und des Sigma gewonnenen Befunde lassen ebenfalls erkennen, daß auch bei diesen Carcinomen die proteolytische Wirkung der LAP an der Gewebsdestruktion beteiligt sein dürfte. Diese Auffassung wird durch folgende spezielle Befunde gestützt: Die LAP-Aktivität war sowohl in den soliden Tumorzellsträngen (wenn auch hier geringer) als auch in den carcinomatösen Drüsen signifikant gegenüber den normalen Schleimhautdrüsen erhöht. Die in der Peripherie der drüsigen Tumorzellhaufen destruierend wachsenden Tumorzellen besaßen eine höhere Enzymaktivität als die mehr zentral gelegenen Zellen. Die zentralen nekrotischen Bezirke waren nur schwach LAP-positiv. In den besonders aktiven Zellen fand sich die charakteristische Enzymlokalisation in den der Zellmembran nahe gelegenen Teilen der Carcinomzelle. Das um die Krebszellverbände liegende tumoreigene Stroma war deutlich von mehr LAP-positiven Zellen durchsetzt als das übrige Bindegewebe. Eine weitgehende Übereinstimmung unserer Beobachtungen findet sich mit den Untersuchungsergebnissen von GLENNER und Mitarbeitern, welche an einem umfangreichen Untersuchungsmaterial eine unseren Ergebnissen entsprechende LAP-Aktivität in den Tumorzellen des Adenocarcinoms des Dickdarms feststellten.

Unter dem Einfluß der in der Zellperipherie konzentrierten Enzymgranula kommt es wahrscheinlich zur Auflösung der Zellmembranen an den Grenzflächen zwischen Tumorzelle und Muskelfaser, dadurch zum Übertritt der LAP-Granula in das Myoplasma und dann durch ihre Wirkung zur Depolymerisation, Vesikulierung, Homogenisierung und zur Resorption der hydrolysierten Plasmaanteile der Muskelfaser durch die Tumorzelle. Als auslösende Faktoren für das Ingangkommen und den Ablauf dieses destruierenden Mechanismus sind sehr wahrscheinlich sowohl eine ausreichende Kontaktzeit zwischen Tumorzelle und Muskelfaser in der Destruktionszone als auch die Ernährungsstörung der Muskelfaser durch die wie eine Barriere zwischen ihr und der zugehörigen Blutkapillare angeordneten

Tumorzellen erforderlich. Dies ergibt sich aus den Beobachtungen, daß in der Wachstumszone mangels dieser Voraussetzungen noch keine gleichartigen Destruktionen am präexistenten Gewebe nachzuweisen sind.

Ob die LAP auch für die Lockerung der Eiweiß-Mukopolysaccharidbindung und für die Depolymerisation der Grundsubstanz (Hamperl, Probst, David und Mangakis) verantwortlich zu machen ist, läßt sich aus den eigenen Befunden nicht sicher sagen und muß durch weitere Untersuchungen überprüft werden. Das Fehlen an LAP in der Wachstumszone läßt aber eher daran denken, daß ein weiteres, für die Grundsubstanzspaltung verantwortliches Enzymsystem in der Tumorzelle vorhanden sein dürfte. Myofilamente, wie sie David und Mangakis in vermehrtem Umfang in den Carcinomzellen als Ursachen möglicher amöboider Ausbreitung sahen, haben wir beim soliden Ehrlichtumor und auch bei spontanen Mammacarcinomen der Maus nicht feststellen können. Bei diesem Befund scheint es sich um eine Besonderheit des menschlichen Mammacarcinoms zu handeln, zumal wir an den Mäusetumoren und auch an menschlichen Rectumcarcinomen keine diesbezüglichen Befunde erheben konnten.

Diskussion

Zu den eingangs aufgeworfenen Problemen der infiltrativen Ausbreitung und des destruierenden Wachstums von Tumorzellen ergeben sich zunächst aus den Ergebnissen als besonders bemerkenswerte Befunde, daß in der Tumormittelzone allseitig von Tumorzellen umschlossene Muskelfasern zwar von ihren Gefäßen getrennt und auch in der Tumorperipherie zwischen den Muskelfasern und den interstitiellen Blutgefäßen Tumorzellen angeordnet waren, ohne daß dadurch jedoch generell eine Nekrose der Muskelfasern oder eine Aufhebung ihrer Querstreifung eintraten. Sowohl in der Tumorperipherie als auch in der Tumormittelzone fanden sich völlig intakte Muskelfasern, die — obwohl sie stellenweise wie von Motten angefressen aussahen — in ihren erhaltenen Anteilen keinerlei Zeichen einer Nekrose erkennen ließen. Die Querstreifung dieser Faserfragmente war erhalten und deutlich erkennbar. Auf Grund dieser Befunde ist entgegen anderer Auffassungen der destruierende Charakter bösartiger Geschwülste nicht allein mit ihrem Wachstumsdruck und der dadurch bedingten Kompressionsatrophie (Palmeiro und Wechsler), mit dem komprimierend-infiltrierenden Wachstum (Hamperl) und mit der sich aus dem Kompressionsdruck und der Barrierenfunktion der Tumorzellen herleitenden lokalen Zirkulations- und Ernährungsstörung zu erklären. Vielmehr scheinen die eigenen morphologischen und enzymhistochemischen Befunde und die Beobachtungen von David und Mangakis, Waldvogel und Krauthause — trotz der gegenteiligen Befunde von Taki und Mitarbeitern sowie Fischer und Gedigk — dafür zu sprechen, daß proteolytische Tumorzellenzyme an der Depolymerisation und an der Destruktion des präexisten Nachbargewebes einen entscheidenden Anteil haben (Mohr).

Somit scheinen die ermittelten Befunde einen Weg zum Ausgleich zwischen den derzeitigen gegensätzlichen Auffassungen über das maligne Tumorwachstum zu weisen. Die Differenzen lösen sich auf, wenn man den malignen Tumor als eine Einheit mit differenten Zellpopulationen und verschiedenen Funktionszonen ansieht. So lassen sich nach den eigenen Ergebnissen (Mohr, Hartmann, Krauthause, Waldvogel) und auch nach den Resultaten von Versmold, Eder und Wrba, David und Mangakis, Hamperl, Taki und Mitarbeiter, El-Fiky, Fischer und Gedigk, McCutcheon und Coman, Glenner und Mitarbeiter, Sylven und Malmgren, Holmberg, Palmeiro und Wechsler sowohl an Impftumoren als auch an spontanen tierischen und menschlichen bösartigen Geschwülsten sowie an deren Metastasen die periphere Wachstums- und Infiltrationszone, die mittlere Verdichtungs- und Destruktionszone und die zentrale Nekrosezone voneinander abgrenzen und im Hinblick auf die in ihnen unterschiedlichen Enzymmuster und Funktionszustände der Tumorzellen unterscheiden. In der Wachstums- und Infiltrationszone breiten sich die Tumorzellen unter dem Haupteinfluß des Wachstumsdruckes komprimierend, infiltrierend und interstitiell infiltrierend (Hamperl) unter Mitwirkung amöboiden Vorschiebens und enzymatischer Depolymerisation der Grundsubstanz bzw. der Basalmembranen (Probst, Hamperl, David und Mangakis) bevorzugt in den Gewebsspalten und dem Prinzip des geringsten Widerstandes folgend (Cowdry) aus, ohne jedoch hier bereits gröbere Zerstörungen an den Zellen des Nachbargewebes hervorzurufen. Erst nach der Infiltration erfolgt dann im zweiten Schritt die Zerstörung des Nachbargewebes in der Destruktionszone durch die proteolytischen Enzyme der dort lokalisierten Tumorzellen. Dabei kann die Proteolyse sowohl an zunächst durch Zirkulationsstörungen nekrobiotisch und nekrotisch gewordenen Wirtsgewebeanteilen, als auch an völlig intakten Zellen — wie in unserem Beispiel an den in ihrer Struktur erhaltenen Muskelfaserfragmenten — erfolgen. Die von uns und von Palmeiro und Wechsler beschriebenen Muskelfaserveränderungen — wie verwaschene Zellgrenzen, Vesiculierung des Myoplasmas, Muskelfaserschwellung, feinscholliger und feinkörniger Fibrillenzerfall, Homogenisierung und Hyalinisierung der Fibrillen sowie die komplexen regressiven Muskelfaserveränderungen und insbesondere die Aufhebung der Zellmembranstrukturen bei den Tumor- und Muskelzellen an den Kontaktstellen — sind nicht nur Zeichen einer ischämischen Nekrose, sondern in gleicher Weise als Erscheinungen der von den Tumorzellen ausgehenden enzymatischen Proteolyse und der dadurch bedingten Depolymerisation der Membran- und Cytoplasmaproteine der in der Destruktionszone gelegenen präexistenten Wirtszellen anzusehen.

An dieser Stelle begegnen sich nun wieder die gegensätzlichen Auffassungen mit ihren durchaus berechtigten Argumenten: So finden jetzt sowohl die von Hamperl wiederholt dargelegte Tatsache, daß die sich infiltrativ ausbreitenden Tumorzellen in der Tumorperipherie — also in der Wachstumszone — keine proteolytischen Enzyme enthalten und hier die Zellen des Nachbargewebes nicht enzymatisch angreifen als auch die von Berenblum, Sylven und Malmgren, Holmbreg, David und Mangakis, Mohr und Hartmann u. a. vertretende Auffassung, daß die Zerstörung des präexistenten Wirtsgewebes durch Exopeptidasen der Tumorzellen enzymatisch in der Destruktionszone durch Proteolyse erfolgt, ihre Bestätigung. Das infiltrierende und destruierende Wachstum eines bösartigen Tumorgewebes ist somit nicht ein einheitliches Geschehen, sondern stellt zwei verschiedene ineinandergreifende Phasen mit jeweils differenten, auch im Enzymmuster zum Ausdruck kommenden Tumorzellfunktionen in der Wachstums- und Destruktionszone dar.

Zusammenfassung

Es wird über enzymhistochemische und elektronenoptische Untersuchungen zum Verhalten der LAP am soliden Ehrlich-Carcinom auf der NMRI-Maus sowie an menschlichen Mamma- und Rectum-Carcinomen und an Mammafibrosen und Mastopathien berichtet. In den Tumoren sind die periphere Wachstums- und Infiltrationszone, die mittlere Destruktionszone und die zentrale Nekrosezone voneinander abgrenzbar. Die Tumorzellen der Wachstums- und Infiltrationszone weisen keine LAP-Aktivität auf, während in der Destruktionszone stets eine starke Enzymaktivität in den Tumorzellen vorhanden ist. In den Kontaktzonen zwischen Tumorzellen und Muskelfasern lösen sich unter dem Einfluß von LAP die Zellmembranen auf, es tritt eine feinblasige Umwandlung und eine Depolymerisation des Muskelcytoplasmas ein. Das depolymerisierte Myoplasma wird von den Tumorzellen aufgenommen und intracytoplasmatisch durch LAP weiter hydrolysiert. Die Untersuchungen bestätigen, daß neben dem Wachstumsdruck und grundsubstanzspaltenden Faktoren bei der infiltrativen Ausbreitung der Tumorzellen in der Infiltrationszone die LAP für die Proteolyse des präexistenten Gewebes in der Destruktionszone des Tumors verantwortlich ist. Demnach sind das infiltrierende und destruierende Wachstum eines bösartigen Tumorgewebes nicht als einheitlicher Vorgang, sondern als zwei verschiedene Phasen mit jeweils differenten, auch im Enzymmuster zum Ausdruck kommenden Tumorzellfunktionen (infiltrierendes Wachstum und Destruktion) aufzufassen.

Literatur

Berenblum, J.: General Pathology. P. 442—449. London: Lloyd-Lake 1958.

Cowdry, E. V.: Cancer cells. Philadelphia-London: W. B. Saunders 1955.

David, H., und N. Mangakis: Zur Frage des invasivinfiltrativen Wachstums von Krebszellen. Arch. Geschwulstforsch. **22**, 92—105 (1963).

Eder, M., und H. Wrba: Fermenthistochemische Untersuchungen zur Biologie von Ascitestumoren und ihrer Umwandlung in solide Geschwülste. Z. Krebsforsch. **64**, 353—365 (1960—1962).

El-Fiky, S. M.: Cytochemistry of a lysosomal enzyme in malignant cells of primary and secondary tumours. Acta histochem. (Jena) **22**, 215—222 (1965).

Fischer, R., und P. Gedigk: Über das Verhalten der Leucinaminopeptidaseaktivität in Carcinomen des Menschen. Naturwissenschaften **46**, 433—434 (1959).

Glenner, G. G., M. S. Burstone und D. B. Meyer: A study of aminopeptidase-activity in the stroma of neoplasmatic tissue with comparison of histochemical techniques. J. nat. Cancer Inst. **23**, 857—872 (1959).

Hamperl, H.: Ausbreitung und Wachstum der Tumoren. Langenbecks Arch. klin. Chir. (Kongreßberichte) **295**, 22—33 (1960). Über Gutartigkeit und Bösartigkeit von Geschwülsten. Verh. dtsch. Ges. Path. 35. Tagg. Hannover, 1951, S. 29. Stuttgart: Piscator 1952. Über das infiltrierende (invasive) Tumorwachstum. (Untersuchungen am Carcinom und am sog. Carcinoma in situ). Virchows Arch. path. Anat. **340**, 185—205 (1966).

Hartmann, J.: Die LAP im soliden Ehrlich-Carcinoma und in menschlichen Geschwülsten. Diss. Münster 1966.

Holmberg, B.: On the in vitro release of cytoplasmatic enzymes from ascites tumor cells as compared with strain cells. Cancer Res. **21**, 1386—1393 (1961).

Krauthause, M.: Die Struktur des soliden Ehrlich-Carcinoms bei NMRI-Mäusen. Diss. Münster 1965.

McCutcheon, M., und D. R. Coman: Spreading factor in human carcinomas. Cancer Res. **7**, 1947 (1947).

Mohr, H.-J.: Histochemische Darstellung und feincytologische Lokalisation der L-Leucinaminopeptidase (LAP) im Nierengewebe. Beitr. path. Anat. **134**, 52—64 (1966). Der Strukturwandel des spontanen Mammacarcinoms der NMRI-Maus im homologen Transplantat. Frankfurt. Z. Path. **73**, 67—96 (1963). Histochemische und submikroskopische Lokalisation der Aminopeptidase im Nierengewebe. Verh. dtsch. Ges. Path. **50**, 405—412 (1966). Über die Beziehungen zwischen der Aminopeptidase (LAP) und dem destruierenden Tumorwachstum. Krebsforsch. u. Krebsbekämpfung **6**, 110—120 (1967). Die L-Leucinaminopeptidase (LAP) in Tumorzellen und ihre Bedeutung beim destruierenden Tumorwachstum. Frankfurt. Z. Path. **77**, 107—124 (1967).

NACHLAS, M. M., D. T. CRAWFORD und A. M. SELIGMAN: The histochemical demonstration of Leucinaminopeptidase. J. Histochem. Cytochem. **5**, 264—278 (1957).

OTTO, H. F.: Über die LAP-Reaktion bei der Maus, insbesondere in der Mäuseniere. Diss. Münster (1966).

PALMEIRO, J. F., und W. WECHSLER: Elektronenmikroskopischer Beitrag zur Cytopathologie der Muskelfaserveränderungen bei Tumorinfiltration. Beitr. path. Anat. **133**, 347—380 (1966).

PROBST, A.: Über Stromaveränderungen in Hautgeschwülsten. Verh. dtsch. Ges. Path. **40**, 338—341 (1956).

SYLVEN, B., and H. MALMGREN: The histological distribution of proteinase and peptidase activity in solid tumor transplantats. Acta radiol. (Stockh.) **154**, 1—124 (1957). Topical distribution of proteolytic activities in some transplanted mice tumors. Exp. Cell. Res. **8**, 575—577 (1955).

TAKI, I., H. ILJIMA, T. ENOMOTO, Y. UETSUKI and M. MORI: Histochemical studies of hydrolytic and oxidative enzymes in experimental cervical carcinoma in the mouse. Amer. J. Obstet. Gynec. **92**, 766—776 (1965).

VASILIEV, J. M.: The role of connective tissue proliferation in invasive growth of normal and malignant tissues. Brit. J. Cancer **XII.**, 524—536 (1958).

VERSMOLD, H.: Histochemische Untersuchungen zur Verteilung von Dehydrogenasen in Ascites-Tumoren und ihren subcutanen Implantaten. Diss. München 1962.

WALDVOGEL, M.: Die Einschlüsse in den Tumorzellen des soliden Ehrlich-Carcinoms. Diss. Münster (1966).

Institut für Mikrobiologie und Experimentelle Therapie der Deutschen Akademie der Wissenschaften zu Berlin, Jena, DDR

Die Beeinflussung der Phagocytoseaktivität durch Antibiotica und Chemotherapeutica

von

W. ZSCHIESCHE, K. AUGSTEN und J. STRECKE

Die Phagocytose von Antigenen durch Makrophagen des reticulohistiocytären Systems (RHS) gilt als Voraussetzung für die Antikörperbildung im menschlichen und tierischen Organismus (Literatur siehe ROWLEY 1966). Der causalen Verknüpfung beider Prozesse liegen folgende Beobachtungen zugrunde:

1. Nach lichtoptischen, immunhistochemischen und autoradiographischen Untersuchungen werden inerte Partikel und Antigene durch Makrophagen des RHS aufgenommen.
2. Nicht phagocytierbare niedermolekulare Proteinfraktionen, z. B. hochtourig zentrifugiertes Rinder-γ-Globulin (DRESSER 1961) oder „biologisch filtriertes" Rinderserumalbumin (FREI u. a. 1965) verlieren ihre Antigenität.
3. Verminderung der Phagocytoseaktivität führt zu einer entsprechenden Senkung der Antikörperproduktion. Ein umgekehrter Effekt kann durch Phagocytosesteigerung hervorgerufen werden. Es besteht jedoch keine zwangsläufige Korrelation, da bei der häufig komplexen Wirkung von Pharmaka stimulierende Substanzen spätere Schritte im Immunprozeß und damit eine Erhöhung der Antikörperbildung blockieren können.

Der Versuch einer effektiven Therapie von Infektionen und Tumoren durch unspezifische Phagocytosesteigerung blieb bisher erfolglos und überschreitet nicht den Rahmen einer unspezifischen Reiztherapie. Demgegenüber hat die unerwünschte oder beabsichtigte Senkung der Phagocytoseaktivität größere klinische Bedeutung. Sie wurde bisher vor allem nach Applikation von Anticoagulantien (ADLERCREUTZ und PETTERSSON, 1963) und Glucocorticoiden (HELLER, 1957; WIENER u. a. 1967), hier auch in Verbindung mit einer Hemmung der Antikörperbildung (BERENBAUM, 1965) als immunsuppressiver Effekt beobachtet. In diesem Zusammenhang haben besonders Antibiotica und Cytostatica verstärktes Interesse gewonnen. Die immunsuppressive Wirkung dieser Verbindungen beruht im wesentlichen auf einer Hemmung der genetischen Transscription und Translation oder der Proliferation immunkompetenter Zellen. Über ihren Einfluß auf die Phagocytoseaktivität liegen relativ wenige, heterogene Befunde vor.

Phagocytosebestimmungen können nach 2 Methoden erfolgen:

1. Prüfung der Kinetik in vivo oder in vitro durch Messung der Elimination kolloiden oder partikulären Materials aus einem extrazellulären Medium (Blut, Gewebekulturflüssigkeit u. ä.). Die Konzentrationsabnahme folgt im allgemeinen der Funktion: $c_t = c_0 \cdot 10^{-Kt}$*. Die Phagocytoseaktivität wird als Index K oder Halbwertszeit $t/2$ angegeben.
2. Prüfung der Verteilung durch Rückbestimmung des applizierten Testmaterials aus einzelnen Organen. Diese Methode gibt vor allem Hinweise auf die vergleichende Phagocytosekapazität einzelner Gebiete des RHS.

---

* c_0 = Konzentration zu Beginn der Prüfung
c_t = Konzentration zur Zeit t
K = Phagocytoseindex (Specieskonstante)
t = Zeitintervall in Minuten

In den eigenen Untersuchungen wurde die Phagocytoseaktivität in vivo mittels der Tuscheclearance nach Biozzi u. a. (1953) bestimmt.

Die Heterogenität der bisherigen Befunde dürfte zum großen Teil methodische Gründe haben, da Applikationsweise der Antibiotica und Cytostatica sowie Natur und Dosierung des Testmaterials das Ergebnis der Phagocytosemessungen beeinflussen. In den eigenen vergleichenden Untersuchungen an Inzuchtmäusen (ABAF1-Hybriden) wurden die Substanzen in verschiedenen Dosen an 4 aufeinanderfolgenden Tagen appliziert und die Prüfung der Phagocytoseaktivität am 5. Tag einheitlich mit 16 mg Tusche/100 g Körpergewicht vorgenommen. Am Beispiel des 6-Mercaptopurin wird außerdem der Einfluß der Applikationsdauer sowie das Verhalten der Phagocytoseaktivität unter therapeutischen Bedingungen am Tumortier gezeigt.

1. Bacitracin und Polymyxin B
   Beide Antibiotica führen in der serumfreien Granulocytenkultur in einer Konzentration von 2 mg/ml zu einer Senkung der Phagocytoseaktivität (Downey und Pisano, 1965). Serumzusatz verhinderte die Wirkung weitgehend. Makrophagen wurden nicht beeinflußt. Die eigenen Versuche ergaben eine Steigerung der Phagocytoseaktivität ab einer Dosis von 200—300 mg/kg i. p. (Bacitracin) bzw. 30—60 mg/kg s. c. (Polymyxin B).

2. Oxytetracyclin (OTC)
   Sewell und Nicol (1958) und Snell (1960) fanden Tetracyclin und OTC nach p. o. und i. p. Applikation (10 mg/kg) ohne Einfluß auf die Phagocytose. Nach Altura u. a. (1966) führt Tetracyclin (ca. 60 mg/kg p. o.) zu einer mäßigen Senkung der Phagocytoseaktivität. Die eigenen Befunde sind in Abbildung 1 dargestellt. Die Tiere der höchsten Dosisgruppe zeigten histologisch toxische Lebernekrosen.

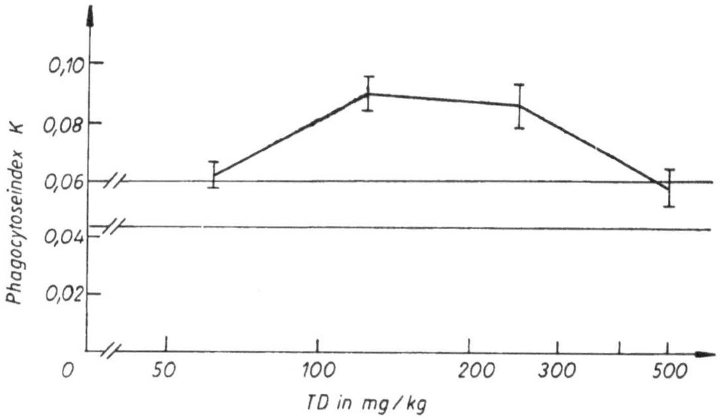

Abb. 1. Globale Phagocytoseaktivität der Maus nach s. c. Applikation verschiedener OTC-Dosen

3. Chloramphenicol
   In Übereinstimmung mit in vivo- (Sewell und Nicol, 1958) und in vitro-Befunden (Downey und Pisano, 1965) blieb Chloramphenicol in eigenen Versuchen bei einer Dosierung von 125—1 000 mg/kg i. p. ohne signifikanten Einfluß auf die Phagocytoseaktivität.

4. 6-Mercaptopurin (6-MP)
   Gordon und King (1960) fanden in der Fibroblastenkultur, Schwartz u. a. (1959) in vivo keine Beeinflussung der Phagocytose, Keene und Jandl (1965) in vivo nach kurzdauernder Applikation eine Erhöhung. In den eigenen Versuchen blieb 6-MP in einer Dosis von 12,5—100 mg/kg i. p. wirkungslos.

5. Cyclophosphamid
   Das Cytostaticum hatte in einer Dosis von 25—100 mg/kg i. p. keinen Einfluß auf die Phagocytoseaktivität.

Die Abbildung 2 zeigt am Beispiel des 6-MP den Einfluß der Applikationsdauer auf die Phagocytoseaktivität. Während eine 2malige Injektion zu einer Steigerung führt, bleibt eine längere Behandlung bis zu 2 Wochen ohne Wirkung (vgl. auch Keene und Jandl, 1965).

Das Verhalten der Phagocytose unter therapeutischen Bedingungen wurde an der Mäuseleukämie LAJ I (Fritsch und Heinecke, 1964) unter 6-MP-Behandlung geprüft (siehe Abb. 3). Die Phagocytoseaktivität ist bei den Tumortieren in der präleukämischen und leukämischen Phase im Vergleich zu normalen und 6-MP-behandelten Kontrollen signifikant erniedrigt. Diese Herabsetzung wird durch

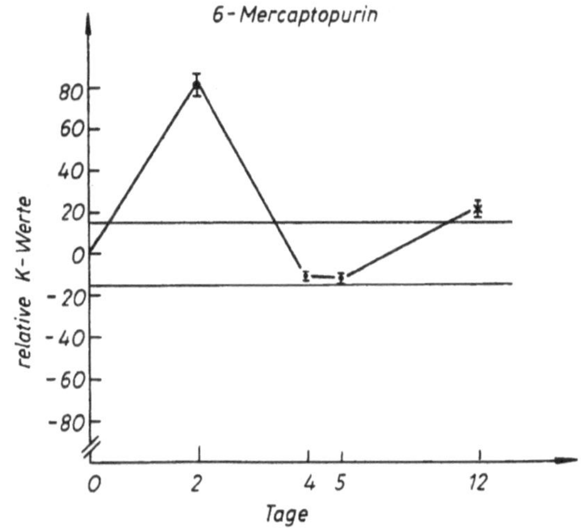

Abb. 2. Globale Phagocytoseaktivität der Maus nach täglicher i. p. Injektion von 100 mg 6-MP/kg in Abhängigkeit von der Applikationsdauer

6-MP trotz eindeutig verzögerter Leukämogenese nicht beeinflußt. Das Ergebnis entspricht Befunden bei menschlichen Tumorträgern nach Behandlung mit verschiedenen Cytostatica (SALKY, 1967).

Dem Wirkungsmechanismus phagocytoseaktiver Pharmaka können folgende Faktoren zugrundeliegen:

1. Beeinflussung der phagocytosefähigen Zelle durch Modifikation der physikalisch-chemischen Eigenschaften der Zelloberfläche, Änderung des Phagocytosestoffwechsels oder „Blockade" der Zelle.
2. Beeinflussung phagocytose-konditionierender extrazellulärer Faktoren durch Modifikation der Serumopsoninkonzentration oder der physikalisch-chemischen Eigenschaften der Oberfläche phagocytierbarer Partikel und Kolloide.
3. Änderung der Zahl phagocytosefähiger Zellen.
4. Indirekte Beeinflussung der Phagocytose durch Änderung der Durchblutung von Leber, Milz, Knochenmark u. a.

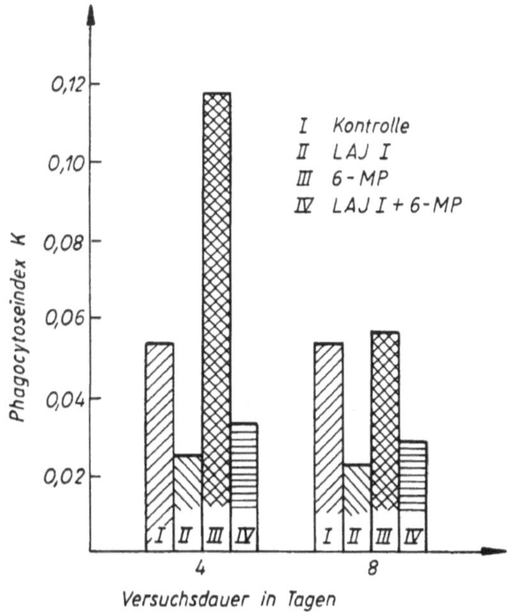

Abb. 3. Globale Phagocytoseaktivität der Maus während der Leukämogenese mit und ohne 6-MP-Behandlung

Bacitracin und Polymyxin B sind polymere amphotere Detergentien. Ihr Phagocytoseeffekt dürfte daher auf eine oberflächenaktive Wirkung zurückzuführen sein. Eine Erhöhung der Phagocytose konnte an der in situ durchströmten Rattenleber auch unter dem Einfluß einiger an- und nicht-ionischer Detergentien nachgewiesen werden (ASIDDAO u. a. 1964). Hierbei ergab sich für Tween 80 eine ausgesprochene Wirkungsambivalenz mit Phagocytosesteigerung durch niedrige und Phagocytosehemmung durch hohe Dosen. Der stimulierende Effekt von Detergentien soll auf einem Orientierungsverlust der bimolekularen Lipidschicht der Zellmembran, im Fall der beiden Antibiotica auf einer Bindung der die Stabilität dieser Schicht begünstigenden divalenten Kationen an Bacitracin und Polymyxin B beruhen. Die Unterschiede zwischen den eigenen in vivo- und den in vitro-Befunden von Downey und Pisano (1965, 1966) können infolge der differenten Methodik vorerst nicht erklärt werden.

Da OTC eine starke Bindungspotenz gegenüber di- und trivalenten Kationen besitzt, wäre auch bei dieser Substanz an eine oberflächenaktive Wirkung als Ursache der Phagocytosesteigerung zu denken.

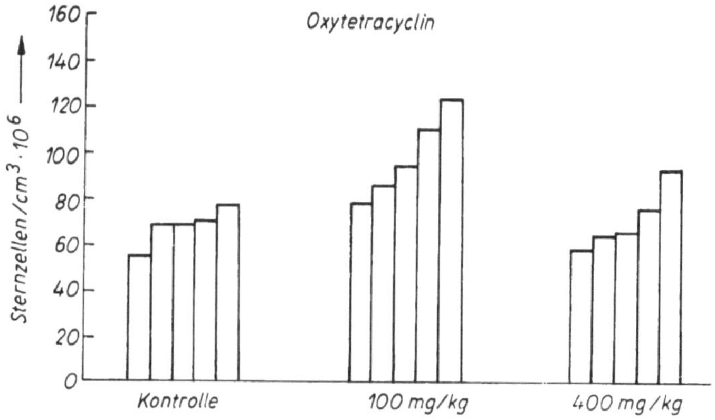

Abb. 4. Sternzellzahl der Leber nach s. c. Applikation verschiedener OTC-Dosen

Parallel hierzu konnte eine Erhöhung der Sternzellzahl in der Leber nachgewiesen werden (siehe Abb. 4). Die fehlende Phagocytosesteigerung bei höheren OTC-Dosen dürfte auf toxischen Effekten, z. B. einer Oxydationshemmung, beruhen, zumal die Makrophagen des RHS einen oxydativen Phagocytosestoffwechsel zeigen (Asiddao u. a., 1964).

Chloramphenicol, Cyclophosphamid und 6-MP, die elektiv den Protein- bzw. Nucleinsäurestoffwechsel beeinflussen, zeigen keine Phagocytosewirkung. Die nach kurzdauernder 6-MP-Behandlung auftretende Erhöhung der Phagocytoseaktivität wird von Keene und Jandl (1965) auf eine Durchblutungssteigerung des Knochenmarks mit verstärkter Tuscheaufnahme durch die Sinusendothelien zurückgeführt.

Eine Senkung der Phagocytoseaktivität war bei keiner der geprüften Substanzen zu beobachten. Die immunsuppressive Wirkung von OTC, Chloramphenicol, 6-MP und Cyclophosphamid wäre demnach ausschließlich auf einen der eingangs genannten Mechanismen zu beziehen. Die Beweiskraft der eigenen Untersuchungen ist jedoch aus methodischen Gründen begrenzt. Mit der Tuscheclearance wird der stimulierende Einfluß spezifischer Opsonine (Antikörper) auf die Phagocytoseaktivität gar nicht, der unspezifischer Opsonine nur in geringem Maße erfaßt. Die erwähnten Substanzen könnten daher in entsprechenden sensiblen Modellen (z. B. Bakterienclearance) infolge Hemmung der Proteinsynthese zur Senkung des Serumopsoninspiegels und damit der Phagocytoseaktivität führen. Hieraus würde eine Verstärkung der Immunsuppression resultieren. Auch der von Megirian und Leonardi (1965, 1966) unter Chlorambucil- und Methotrexate-Behandlung beobachteten verzögerten Erholungszeit der Phagocytoseaktivität nach „Tuscheblockade" des RHS liegt möglicherweise ein induzierter Mangel an unspezifischen Opsoninen zugrunde.

Literatur

Adlercreutz, E., and T. Pettersson: Reticuloendothelial system and anticoagulant therapy. Studies with radioactive colloidal gold. Lancet **1963**/I, 470–471.

Altura, B. M., S. G. Hershey, M. Ali and C. Thaw: Influence of tetracycline on phagocytosis, infection and resistance to experimental shock: Relationship to microcirculation. J. Reticuloend. Soc. **3**, 447–457 (1966).

Asiddao, C. B., J. P. Filkins and J. J. Smith: Metabolic and surface factors governing phagocytosis in the perfused rat liver. J. Reticuloend. Soc. **1**, 393–404 (1964).

Berenbaum, M. C.: Immunosuppressive agents. Brit. Med. Bull. **21**, 140–146 (1965).

Biozzi, G., B. Benacerraf and B. N. Halpern: Quantitative study of the granulopectic activity of the reticuloendothelial system. II. A study of the kinetics of the granulopectic activity of the R. E. S. in relation to the dose of carbon injected. Relationship between the weight of the organs and their activity. Brit. J. exp. Path. **34**, 441–457 (1953).

DOWNEY, R. J., and J. C. PISANO: Some effects of antimicrobial compounds on phagocytosis in vitro. J. Reticuloend. Soc. 2, 75–83 (1965).
DOWNEY, R. J., and J. C. PISANO: Effect of bacitracin on in vitro phagocytosis. Nature (London) **210**, 654–656 (1966).
DRESSER, D. W.: Effectiveness of lipid and lipidophilic substances as adjuvants. Nature (London) **191**, 1169–1171 (1961).
FREI, P. C., B. BENACERRAF and G. J. THORBECKE: Phagocytosis of the antigen, a crucial step in the induction of the primary response. Proc. Nat. Acad. Sci. **53**, 20–23 (1965).
FRITSCH, S., und H. HEINECKE: Verlaufsbeobachtungen zur Pathogenese einer spontanen transplantablen Mäuseleukämie (LAJ I). Oncologia (Basel) **18**, 133–148 (1964).
GORDON, G. B., and D. W. KING: Phagocytosis. Amer. J. Path. **37**, 279–292 (1960).
HELLER, J. H.: Physiologic stimulation and inhibition of the phagocytic function of the reticulo-endothelial system. In: Physiopathology of the reticulo-endothelial system, ed. by B. N. Halpern, B. Benacerraf and J. F. Delafresnaye, p. 43–51. Springfield/Ill., C. C. Thomas 1957.
KEENE, W. R., and H. JANDL: Studies of the reticuloendothelial mass and sequestering function of rat bone marrow. Blood **26**, 157–175 (1965).
MEGIRIAN, R.: Effect of chlorambucil on the blood clearances of injected particulate matter. J. Reticuloend. Soc. **2**, 238–248 (1965).
MEGIRIAN, R., and D. LEONARDI: Effect of methotrexate on the blood clearances of carbon after India ink. J. Reticuloend. Soc. **3**, 295–304 (1966).
ROWLEY, D.: Phagocytosis and immunity. Experientia **22**, 1–13 (1966).
SALKY, N. K., N. R. DILUZIO, A. G. LEVIN and H. S. GOLDSMITH: Phagocytic activity of the reticuloendothelial system in neoplastic disease. J. Labor. Clin. Med. **70**, 393–403 (1967).
SCHWARTZ, R., A. EISNER and W. DAMASHEK: The effect of 6-mercaptopurine on immune responses. Clin. Res. **7**, 39 (1959).
SEWELL, I. A., and T. NICOL: Effect of antibiotics on the phagocytic activity of the reticulo-endothelial system. Nature (London) **181**, 1662 (1958).
SNELL, J. F.: The reticuloendothelial system. I. Chemical methods of stimulation of the reticuloendothelial system. Ann. N. Y. Acad. Sci. **88**, 56–77 (1960).
WIENER, J., T. S. COTTRELL, W. MARGARETTEN and D. SPIRO: Electron microscopic study of steroid-induced reticuloendothelial blockade. Amer. J. Path. **50**, 187–201 (1967).

Institut für experimentelle Krebsforschung der Deutschen Akademie der Wissenschaften zu Berlin, Berlin-Buch, DDR

Zu einigen morphologischen Problemen der virologischen Onkologie: Über zwei neue Virustumoren beim Goldhamster

von

A. Graffi, E. Bender, I. Graffi, T. Schramm, D. Bierwolf und K.-H. Horn

Bekanntlich besitzt die Frage der Virusätiologie der Tumoren schon seit einer Reihe von Jahren besondere Aktualität, die auch in der Verleihung des Nobelpreises an den Pionier dieser Forschungsrichtung, Peyton Rous, zum Ausdruck kommt.

Der Nachweis von Viren als Geschwulstursache ist vor allem folgenden zwei sich gegenseitig ergänzenden Methoden zu verdanken: 1. Versuchen zellfreier Tumorübertragung im Tierexperiment und 2. dem elektronenmikroskopischen Nachweis von Viruspartikeln in den betreffenden Geschwulstgeweben.

Nachfolgend soll über zwei verschiedene Geschwulstformen des Goldhamsters berichtet werden, wobei es sich 1. um multiple epitheliale Hauttumoren und 2. um Leukosen und Retikulosen handelt, für die mit Hilfe der oben erwähnten Techniken Viren als wahrscheinliche Ursache nachgewiesen werden konnten. Diese Ergebnisse sollen gleichzeitig Zeugnis dafür ablegen, wie unentbehrlich die morphologische Methodik speziell auch im elektronenmikroskopischen Größenbereich für die ätiologische onkologische Forschung der Gegenwart ist.

Das erstmalige Auftreten der erwähnten virushaltigen epithelialen Hauttumoren des Goldhamsters beobachteten wir bei Tieren, denen in den Jahren 1966/1967 in vitro gezüchtetes Hamsterembryonalgewebe im neugeborenen Zustand s. c. transplantiert worden war (Graffi und Mitarbeiter, 1967; Graffi und Mitarbeiter, im Druck). Die meisten dieser Kulturen waren mit zellfreien Mitochondriensuspensionen aus verschiedenen chemisch induzierten transplantierten Hamstersarkomen beimpft worden. Die Tatsache jedoch, daß sich die gleichen Hauttumoren auch bei Tieren entwickelten, denen unbeimpfte Kontrollkulturen appliziert worden waren und außerdem später die gleichen pathologischen Erscheinungen auch bei völlig unbehandelten Hamstern unserer Zucht auftraten (bei ca. 5% der 6 Monate überlebenden Tiere) schloß einen direkten kausalen Zusammenhang zwischen Tumorbildung und der Mitochondrienbeimpfung der Kulturen bereits sicher aus, wenngleich in den geschilderten Mitochondrienversuchen die Tumorquote deutlich höher lag (ca. 20% der 6 Monate überlebenden Tiere). Es mußte vielmehr angenommen werden, daß es sich bei diesen Hauttumoren um einen in unserer Hamsterzucht spontan aufgetretenen neuen Tumortyp handelte, dessen Häufigkeit durch Applikation von Material aus embryonalen Hamsterkulturen an neugeborene Tiere wahrscheinlich in unspezifischer Weise gesteigert wurde.

Das voll ausgeprägte *makroskopische Bild* dieses Hamster-Hauttumors ist aus der Abbildung 1 ersichtlich. Über den ganzen Körper verstreut, vor allem jedoch in der Kinnpartie und in der Halsgegend, im Bereich der Brust- und Bauchhaut und besonders stark auf dem Schädeldach und der vorderen Rückenpartie finden sich multiple, maximal haselnußgroße, etwas abgeflachte Tumorknoten, die innerhalb der Haut liegen, gegenüber der Rumpfmuskulatur gut verschieblich sind und nur in seltenen Fällen bei größeren Tumorknoten leichte Exulcerationen und Borkenbildung an der Oberfläche erkennen lassen. Weitere Orte häufigeren Tumorbefalls sind die Augenlider, die Ohrmuscheln in der Nähe des Gehörganges und etwas seltener die Zehen. Durch das Konfluieren unabhängig voneinander entstandener Tumorknoten im Sinne einer multizentrischen Geschwulstbildung oft nach Art einer Systemerkrankung kommt es zu einer kompakten Infiltration, Verdickung und Starre der Haut, die zuweilen eine Schichtdicke von über $^1/_2$ cm erreichen kann und dann panzerartig den Rumpf und den Kopf des Tieres umschließt. Durch Infiltrationen im Bereich des Kopfes, die zu einer Verdickung des Gesichts-

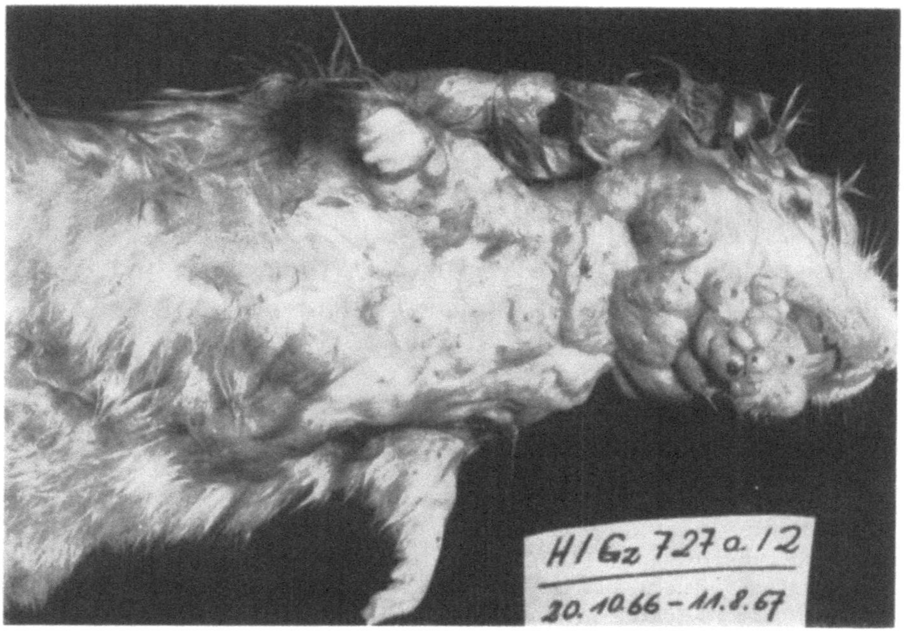

Abb. 1. Makroskopisches Bild der vorwiegend in der Halsregion und am Rumpf lokalisierten multiplen Hauttumoren (Papillome)

schädels führen, erhält das Tier ein löwenartiges Aussehen, wobei durch die wulstigen Infiltrationen der Lider die Augen schlitzartige Form annehmen. Ein großer Teil dieser Tumoren hat durch Melanineinlagerung vorwiegend in das Stroma den Charakter von Melanomen.

Die aus der Haut mit dem scharfen Löffel zum großen Teil leicht herauspräparierbaren Tumormassen betragen bei maximaler Ausprägung 10—15 g pro Tier. Die Entwicklung dieses Krankheitsbildes erfolgt allmählich, sich im Zeitraum von mehreren Monaten zunehmend steigernd in bezug auf Ausbreitungsgrad und Größe der Tumorknoten und die Dicke der Tumorschicht. Der Beginn der sichtbaren Hautveränderungen, die meist in der Kinnpartie in Form einzelner papillomatöser Warzen in Erscheinung treten, ist von uns bisher niemals früher als im Alter von 3 Monaten beobachtet worden, am häufigsten im Alter von ungefähr $^1/_2$ Jahr und seltener noch später. Der Verlauf des Krankheitsgeschehens bei den verschiedenen Tieren ist sowohl in bezug auf Ausbildungsgrad als auch den zeitlichen Verlauf etwas unterschiedlich. Im Frühstadium kann es sogar zu völligen Regressionen kommen. In anderen Fällen kommt die Erkrankung im Zustand mittlerer Ausprägung zum Stillstand. Wir nehmen an, daß hierfür die immunologische Reaktionslage und Abwehrbereitschaft der Tiere gegen den Tumor verantwortlich ist.

In den Abbildungen 2 und 3 ist die histologische Struktur dieses Hamster-Hauttumors wiedergegeben. Die Abbildung 2 zeigt bei Lupenvergrößerung die kompakten epithelialen Tumormassen in der Cutis bei intakter, praktisch normaler, d. h. 2- bis 3schichtiger Epidermis. Die Geschwulst geht überwiegend vom Epithel der Haarwurzelscheiden aus, die multizentrisch und multilokulär knotenförmig zu wuchern beginnen und im Zuge dieser Wucherung zu einer einheitlichen Tumormasse konfluieren. Innerhalb der einzelnen Tumorknoten sind oft zentrale Verhornungen mit Horncystenbildung anzutreffen. In den dem spärlichen bindegewebigen Stroma zugewandten basalen Zellagen der wuchernden Epithelschläuche und Zapfen sind Mitosen in wechselnder Zahl, aber deutlich vermehrt anzutreffen, während die unmittelbar unter der Verhornungszone liegenden Zellen in ihren Kernen oft stärker färbbare rundliche, tropfenförmige Granula nach Art von Einschlußkörpern erkennen lassen. Entzündliche Infiltrationen sind, mit Ausnahme nekrotischer Partien, nicht vorhanden, weder im Tumorstroma noch in der weiteren Tumorumgebung.

Der infiltrative Charakter des Tumors beschränkt sich auf die Haut selber (Corium und Subcutis), da eine Infiltration der Rumpf- oder Halsmuskulatur sowie des Knorpels im Bereich des Ohres bisher niemals nachgewiesen werden konnte, ebensowenig eine Metastasenbildung in inneren Organen und Lymphknoten. Die Schleimhäute, beispielsweise der Mundhöhle, waren niemals von Tumorbildung ähnlich der der Haut befallen. Der Tumor muß also als biologisch noch gutartige Wucherung angesehen werden.

Die Art der Entwicklung und das histologische Bild dieser Tumoren (multizentrische Entstehung; die auf Einschlußkörper verdächtigen Granulationen in den Epithelzellen unterhalb der Hornschicht in den wuchernden Tumormassen etc.) erregten von vornherein den Verdacht einer viralen Ätiologie dieser Geschwulstform.

Durch elektronenmikroskopische Untersuchungen konnte sehr bald und in allen untersuchten Fällen (> 20 Tiere) ein bestimmtes, sehr charakteristisches Virus in großen Mengen (bis zu 5 mg pro 1 g Tumorfrischgewicht) nachgewiesen werden. Bei den einzelnen Virionen handelt es sich um runde

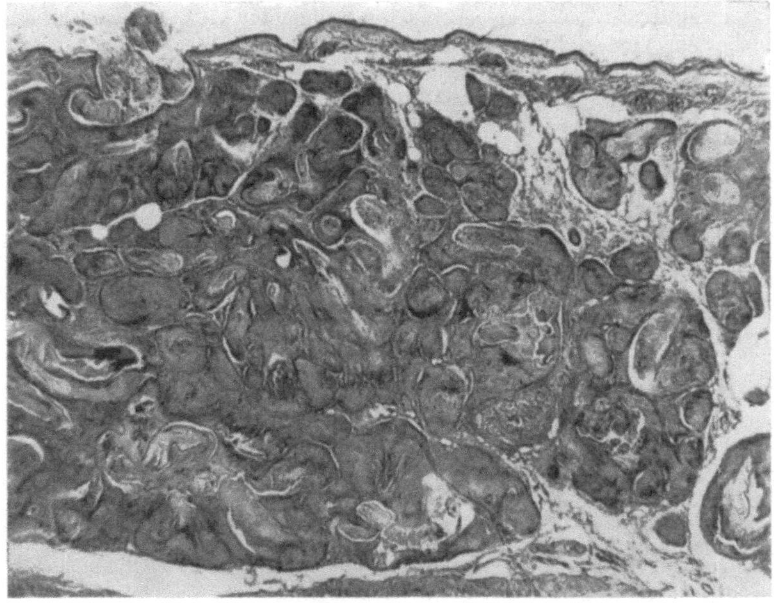

Abb. 2. Ausgedehnte konfluierende epitheliale Tumormassen in dem Corium und der Subcutis der Rückenhaut eines Goldhamsters. Lupenvergrößerung. Epidermis 1- bis 2schichtig

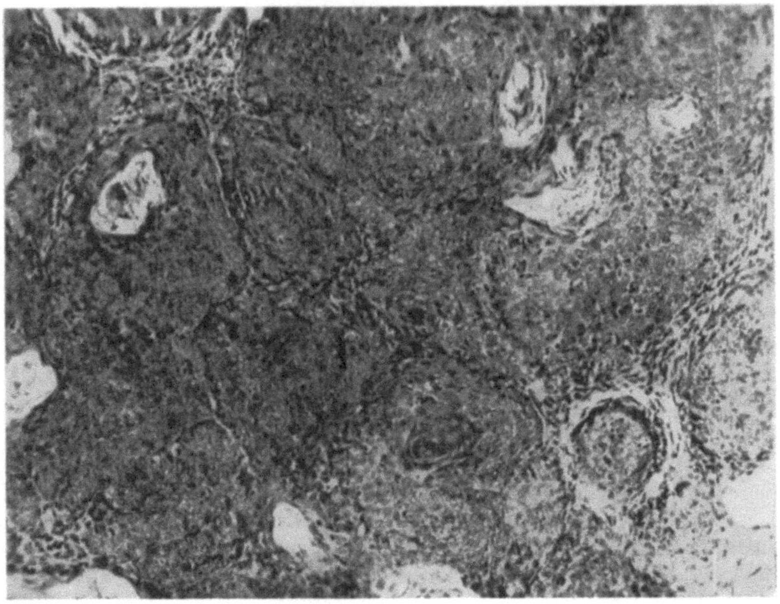

Abb. 3. Solide epitheliale Tumormassen in der Cutis der Rückenhaut des Goldhamsters. HE-Färbung; Vergrößerung 300 ×

Partikel, die nach Fixierung mit Glutaraldehyd und Osmiumsäure und Kontrastierung mit Uranylacetat und Bleiacetat im ultradünnen Schnitt kontrastreich zur Darstellung kommen (Abb. 4—6). Die Größe des Einzelpartikels beträgt 35—40 nm. Größenordnung, Form und das elektronenmikroskopische Bild von negativkontrastierten Ausstrichen von Virusanreicherungen weisen dieses Virus als zur Papova-Gruppe zugehörig aus. Die histologische Verteilung des Virus ist sehr charakteristisch und ähnelt derjenigen des Shopeschen Papillomvirus. Die Hauptmenge des Virus findet sich in pseudokristalliner Anordnung in der Hornschicht der Tumormassen (Abb. 4). Morphologisch erkennbares Virus wurde in den Basalzellen und den mittleren Lagen der wuchernden Epithelzapfen niemals angetroffen. Die Virusbildung scheint in den Kernen noch lebender Zellen unmittelbar unter der Hornschicht vonstatten zu gehen. In dieser Zellage werden nämlich in großer Zahl Kerne angetroffen, in denen Viruspartikel teils vereinzelt, teils bereits in großen Mengen entweder diffus über den ganzen Kernraum verteilt oder aber in einzelnen kleineren Herden nachweisbar sind (Abb. 5 u. 6).

Häufig ist das Chromatin dieser Kerne als Zeichen einer fortschreitenden Degeneration randständig im Sinne einer Kernwandhyperchromatose angehäuft.

Außer den runden Partikeln finden sich in diesen virusbildenden Kernen häufig noch fadenförmige oder tubuläre Strukturen (Abb. 6) von ungefähr gleichem Durchmesser wie die runden Partikel, die sicher zur Virusbildung Beziehungen aufweisen und wie sie auch bei anderen kleinen DNS-Viren, z. B.

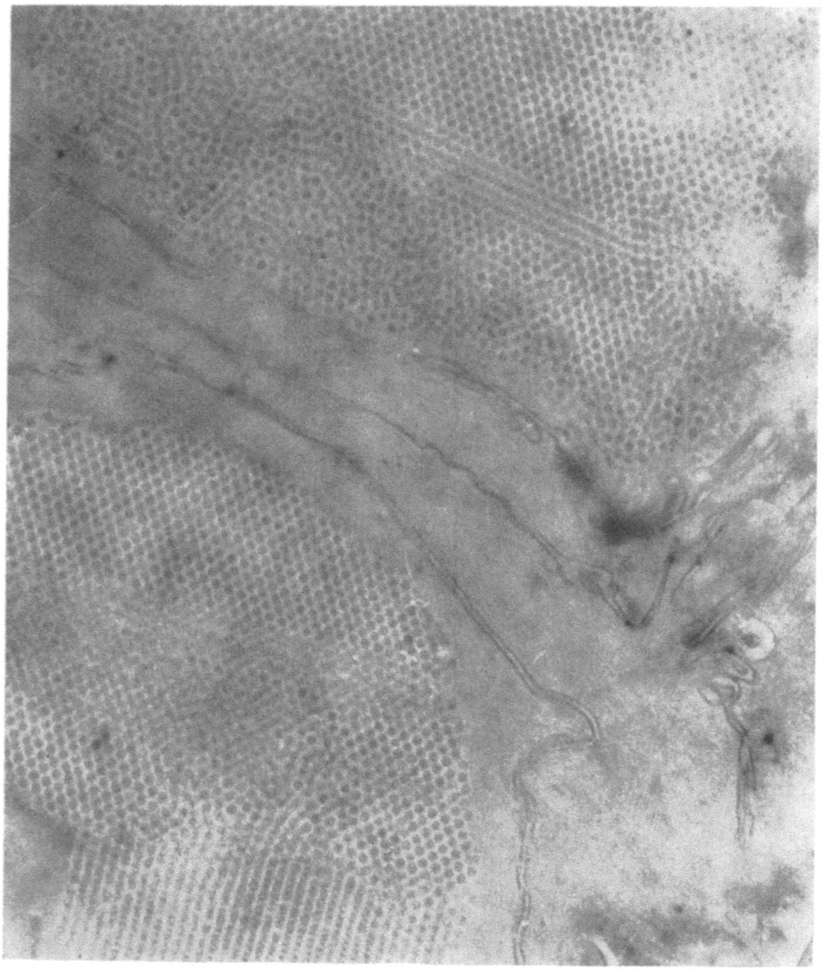

Abb. 4. Papova-Virus in pseudokristalliner Anordnung in der Hornschicht der epithelialen Hauttumoren des Goldhamsters im elektronenmikroskopischen Bild. Ultradünnschnitt; Vergrößerung 40000 ×

dem Polyomavirus nachweisbar sind. Zuweilen wird Virus in solchen Zellen auch außerhalb des Zellkerns im Cytoplasma und in den Interzellularräumen angetroffen. Vermutlich kommt dieses dadurch zustande, daß Virus aus zerfallenden Zellkernen freigesetzt wird. Für eine Virusbildung außerhalb des Zellkerns konnten wir bisher keine sicheren Hinweise gewinnen. Es ergibt sich die Frage nach der Natur dieses Virus und des sicheren kausalen Zusammenhanges mit den geschilderten Hauttumoren beim Goldhamster.

Für einen solchen Zusammenhang spricht der Umstand, daß wir in sämtlichen bisher untersuchten Hamstertumoren dieses Typs das Virus in großer Menge elektronenmikroskopisch nachweisen konnten. Als weiteren Hinweis für seine ätiologische Bedeutung betrachten wir die so typische histologische Virusverteilung, die wie erwähnt, derjenigen des Shopeschen Papillomvirus beim Kaninchen sehr ähnlich ist (Noyes und Mellors, 1957).

Schließlich ist die Frage zu stellen, ob es sich dabei um ein neues Virus der Papova-Gruppe handelt, oder ob es sich bei den Hamster-Hauttumoren eventuell bloß um einen neuen Tumortyp handelt, der durch ein bereits bekanntes Papova-Virus erzeugt wird.

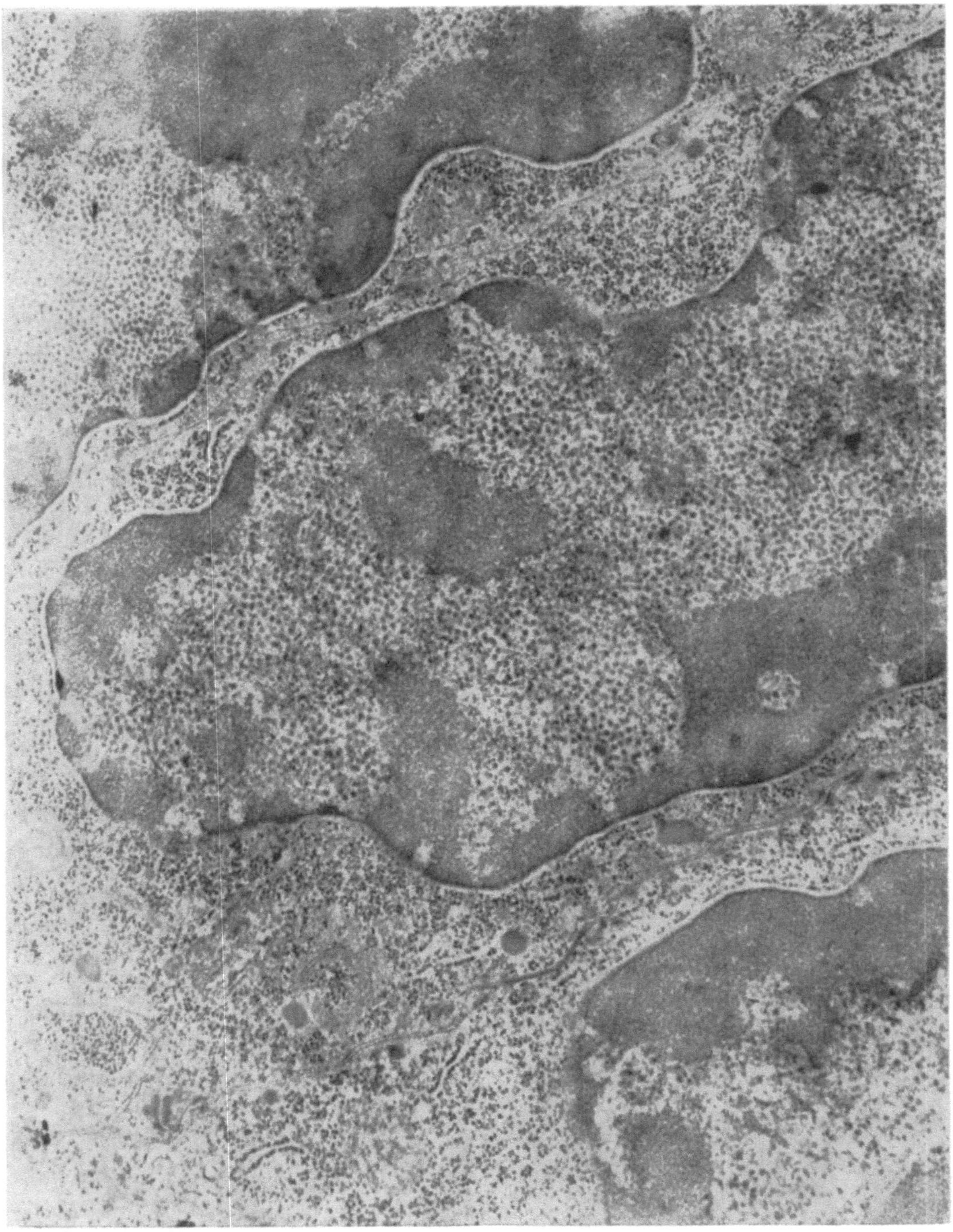

Abb. 5. Papova-Virusbildung in 3 Kernen epithelialer Tumorzellen der Hamsterhaut dicht unterhalb der Hornschicht, im Zellkern links oben beginnende pseudokristalline Anordnung. Ultradünnschnitt; Vergrößerung 25000 ×

Polyomavirus läßt sich mit ziemlicher Sicherheit ausschließen durch:

a) das Fehlen eines CPE nach Beimpfung von Mäuseembryonalkulturen mit unserem Hamster-Papova-Virus. Auch bei anderen Unterlagen (Hamster- und Rattenembryo; menschliche Embryonalzellen) war ein CPE nach Beimpfung nicht vorhanden.

b) Nach Injektion von zellfreiem Virusmaterial in neugeborene Mäuse, Hamster und Ratten traten bisher niemals die für Polyomavirus typischen Tumoren, wie z. B. Parotistumoren, Nieren-Sarkome,

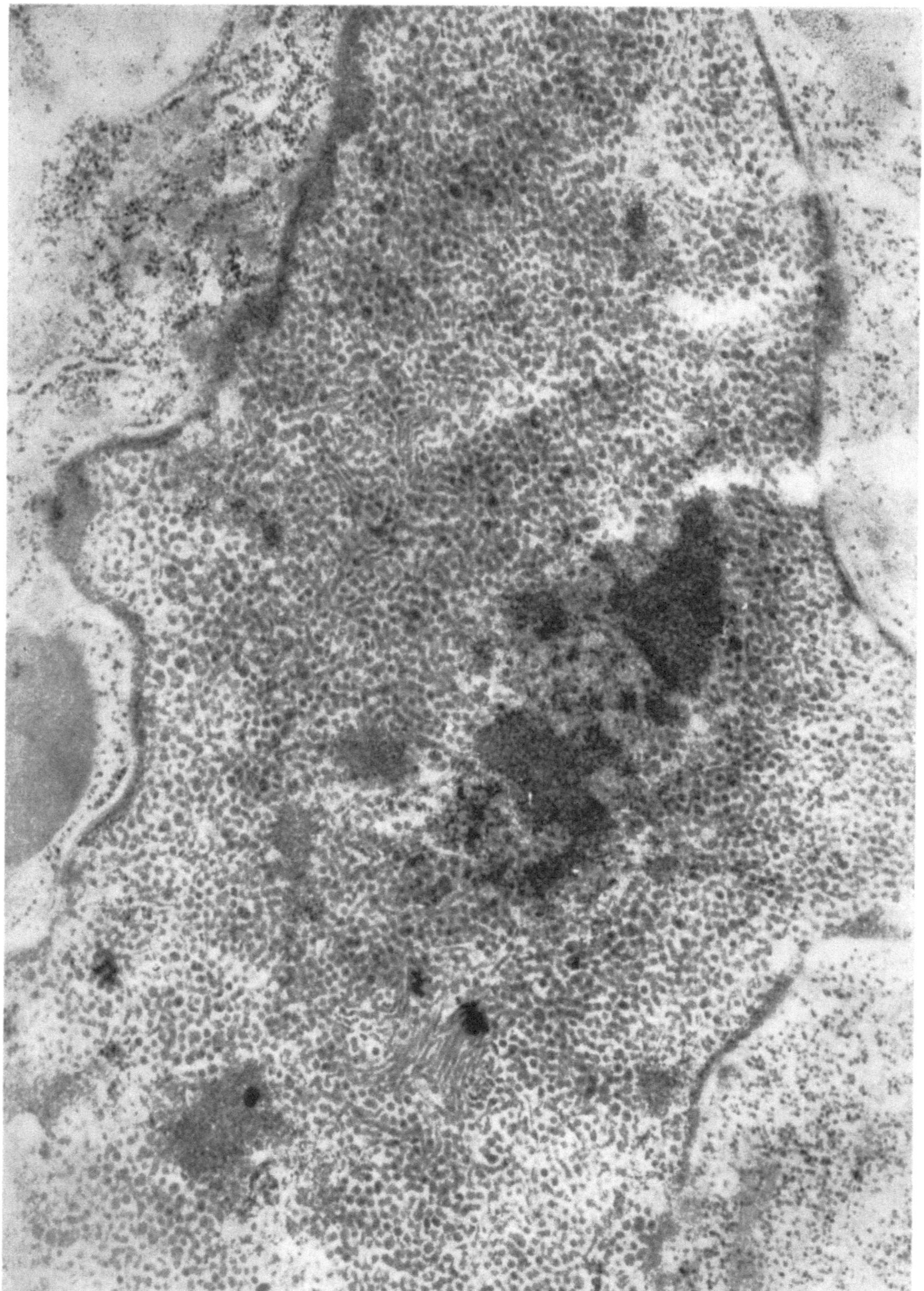

Abb. 6. Kern einer Zelle aus einem Hauttumor des Goldhamsters direkt unterhalb der Hornschicht. Der ganze Kernraum mit Papova-Virus gefüllt. Im unteren Teil des Kernes fadenförmige Strukturen. Ultradünnschnitt; Vergrößerung 40000 ×

Lipome, subcutane Sarkome, Knochentumoren etc. auf, sondern ausschließlich Leukosen und Reticulosen (siehe Tab. 1a und b), die im Spektrum der Polyomatumoren völlig fehlen. Auch der Mangel einer Agglutinationswirkung auf Hamstererythrocyten spricht gegen Polyomavirus.

Gegen Shopesches Papillomvirus spricht die fehlende tumorinduzierende Wirkung unseres Hamster-Papova-Virus nach Infektion der skarifizierten Kaninchenhaut.

SV 40-Virus glauben wir dadurch weitgehend ausschließen zu können, daß beim Hamster nach Applikation an neugeborene Tiere niemals die für SV 40 typischen s. c. Sarkome beobachtet wurden. Es sind immunologische Untersuchungen vorgesehen, durch die eine weitere Charakterisierung unseres Papova-Hamstervirus vorgenommen werden soll.

Zur Klärung der ätiologischen Bedeutung dieses Virus wurden von uns umfangreiche zellfreie Übertragungsversuche mit zellfreiem Material aus den beschriebenen Hamster-Papillomen an neugeborenen Hamstern, Ratten und Mäusen durchgeführt. Bis jetzt ist uns die Erzeugung des beschriebenen Haut-

Tabelle 1a

Leukosen bei Goldhamstern durch Applikation von doppelt filtrierten Extrakten aus Hamster-Hauttumoren

Versuch	Wurf	Applikation	überlebende Tiere/ Leukosen
HGZ 905	1	sc	5/2
HGZ 1001	1	ip	5/2
HGZ 1001	2	sc	5/1
HGZ 1001	3	sc	3/2
HGZ 1004	1	sc	6/4
HGZ 1004	2	sc	5/1
HGZ 1004	3	ip	7/1
HGZ 1004	4	sc	7/4
HGZ 1004	5	sc	3/2
HGZ 1004	6	ip	5/1
Summe			46/18 = ~40%

Tabelle 1b

Leukosen bei Goldhamstern durch zentrifugierte Extrakte aus Hamster-Hauttumoren

Wurf	Applikation	überlebende Tiere Leukosen
1—9	sc oder ip	80/23 = ~29%

tumorbefundes nicht gelungen. Vereinzelte Fälle mit Papillombildung beim Goldhamster können vom spontanen Auftreten dieser Geschwulstform in unserer Hamsterzucht nicht sicher abgegrenzt werden.

Es ergab sich jedoch in diesen Versuchen zellfreier Tumorübertragung ein neues unerwartetes Resultat, nämlich die Bildung von Leukosen und Retikulosen beim Goldhamster und bei der Ratte nach Applikation von zellfreien Papillom-Extrakten an neugeborene Tiere (Graffi und Mitarbeiter, im Druck). Die Extraktherstellung erfolgte nach sehr ausgiebiger Homogenisation des steril aus der Subcutis herausgeschälten Tumormaterials mit einem Glashomogenisator im Verhältnis 1:5 bis 1:10 in PBS- oder Hanks-Salzlösung bei pH 7,2—7,4 in der Kälte. In einem Teil der Versuche wurden die Zellen im Homogenat durch Zentrifugation bei ungefähr 3000 Upm abgetrennt und der Überstand für die Applikation an neugeborene Tiere benutzt. Überwiegend wurde das Homogenat jedoch bei 4000 bis 6000 Upm 2mal zentrifugiert und der Überstand 2mal hintereinander durch G4-Filter filtriert. In einzelnen Fällen wurde nach Verdünnung des doppelten G4-Filtrates mit 0,25 molarer Rohrzuckerlösung im Verhältnis 1:1, eine hochtourige Zentrifugation bei 100000 g (40—60 min) vorgenommen und das in physiologischer Salzlösung resuspendierte hochtourige Sediment für die Verimpfung an neugeborene Tiere verwendet. Die nachfolgend beschriebenen Leukosen des Goldhamsters wurden in gleicher Weise entweder als G4-Filtrat (2fach filtriert) oder als hochtouriges Sediment des Filtrates an neugeborene Tiere appliziert. Die Applikationen erfolgten meist subcutan, seltener i. p. in Mengen von 0,2—0,3 ml bei Goldhamstern und ca. 0,5 ml bei neugeborenen Ratten.

Diese *zellfreien Übertragungsversuche* führten zu folgendem Ergebnis. Bei Verwendung neugeborener Hamster aus *unserer eigenen* Zucht, die wie erwähnt, eine beträchtliche Spontantumorquote an Haut-Papillomen aufweist und bei der außerdem noch im Abdomen lokalisierte Lymphome, die vom Mesenterium ausgehen, in einem gewissen Prozentsatz spontan vorkommen (Horn und Siewert, 1968), ergaben diese zellfreien Übertragungsversuche im ganzen ein negatives Resultat. Vereinzelt auftretende, von der Leber ausgehende, meistens lymphatische tumorförmige Leukosen waren von dem in unserer Zucht spontanen Leukämievorkommen nicht sicher abzugrenzen. Das Bild änderte sich jedoch wesentlich bei Verwendung neugeborener Tiere aus einer *institutsfremden* Goldhamsterzucht, in der weder Lymphome noch die beschriebenen Hauttumoren spontan vorkommen. Bei Verwendung solcher Tiere für den Infektionsversuch resultierten auch in den Ansätzen mit den 2mal zentrifugierten und doppelt G4-filtrierten Papillom-Extrakten, also mit sicher zellfreiem Material in hohem Prozentsatz (30—40%) von der Leber ausgehende, zuweilen jedoch auch einzelne Lymphknoten und den Thymus sowie sekundär auch die Nieren befallende *Leukosen* (siehe Tab. 1 und 2). Die Haupttumormassen, die

Tabelle 2

Leukosen beim Goldhamster nach Applikation von doppelt zentrifugierten und filtrierten Homogenisaten aus zellfreiinduzierten Hamsterleukosen

Versuch	Wurf	Applikation	überlebende Tiere/Leukosen
HGZ 990	1	sc	5/1
HGZ 1000	1	sc	3/1
HGZ 1002	1	sc	7/4
HGZ 1002	2	ip	8/1
HGZ 1002	3	sc	3/3
Summe			26/10 = 40%

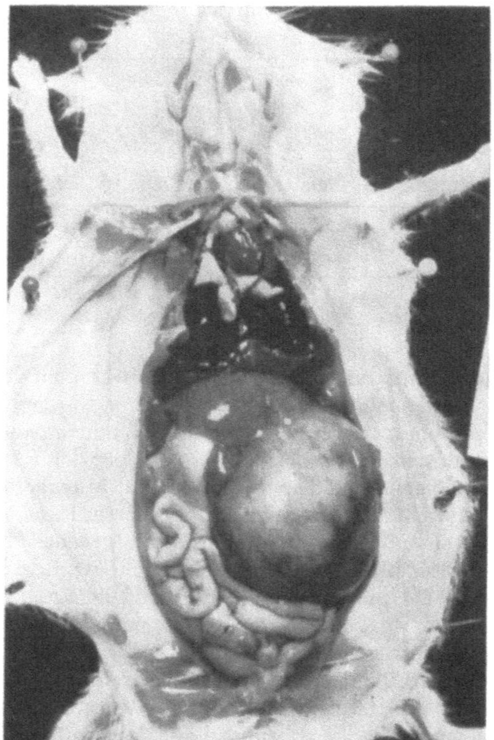

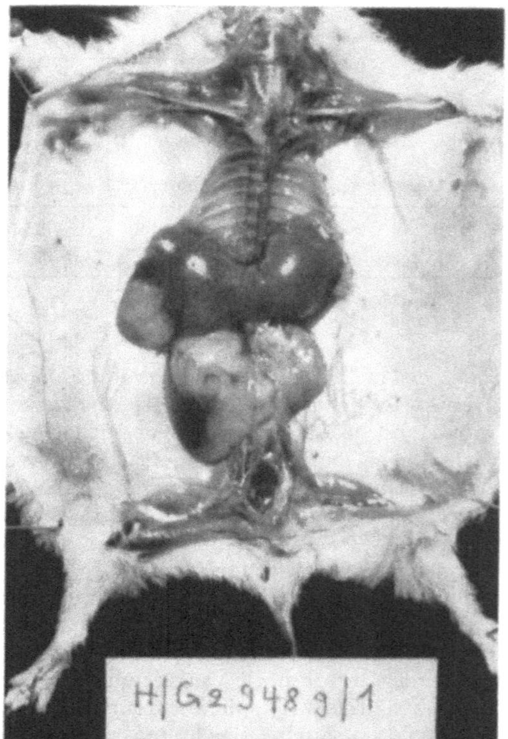

Abb. 7. und 8. Von dem Leberrand ausgehende, in die freie Bauchhöhle sich erstreckende tumorförmige Leukosen des Goldhamsters, nach Infektion mit zellfreien Hamsterpapillom- bzw. Leukosefiltrat an neugeborene Goldhamster. Das Tumorgewebe ist durch die helle Farbe vom dunkel erscheinenden Lebergewebe unterscheidbar

oft über Walnußgröße erreichten, gingen häufiger multipel von den freien Rändern der Leberlappen aus und erstreckten sich in die freie Bauchhöhle. Außerdem war das Lebergewebe oft von kleineren Tumorknoten durchsetzt, bzw. durch die leukämischen Infiltrationen gefeldert (siehe Abb. 7 u. 8). Die Leukosen besaßen meist eine relativ kurze Latenzzeit von 4—6 Wochen und führten zum Tode der Tiere. Gewisse Regressionserscheinungen konnten bei einzelnen Tieren beobachtet werden, die auf

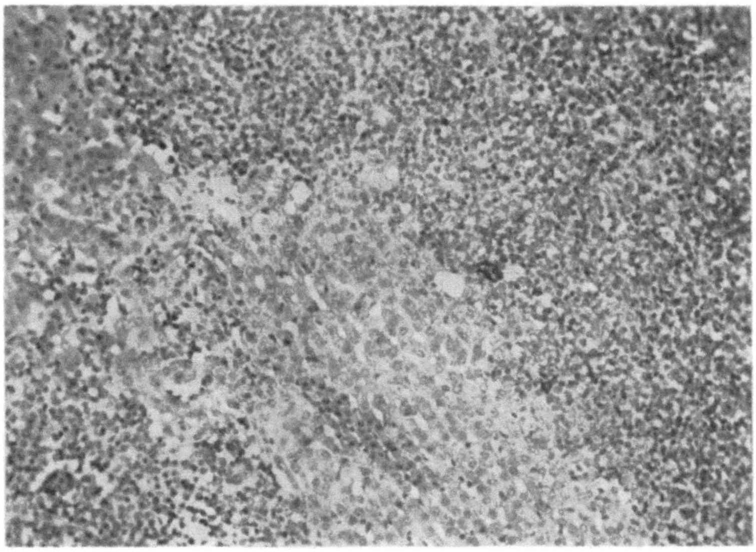

Abb. 9. Ausgedehnte lymphatisch-leukämische Infiltrationen in der Leber eines Goldhamsters nach Applikation von zellfreiem Extrakt aus Hamster-Hauttumorgewebe. HE-Färbung; Vergrößerung ca. 200 ×

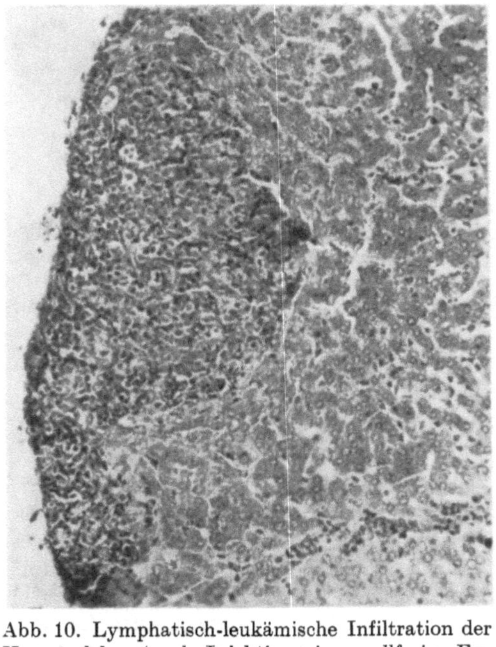

Abb. 10. Lymphatisch-leukämische Infiltration der Hamsterleber (nach Injektion eines zellfreien Extraktes) am freien Leberrand dicht unter der Kapsel. HE-Färbung

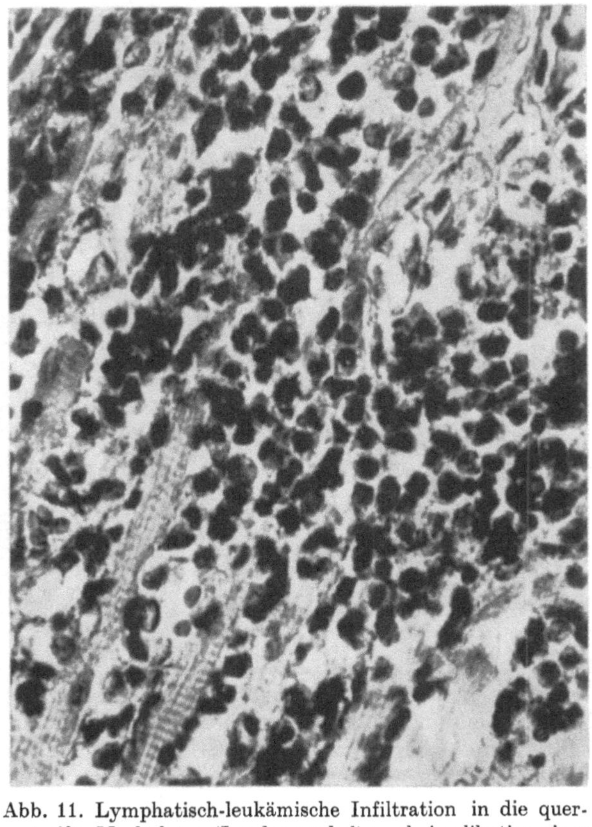

Abb. 11. Lymphatisch-leukämische Infiltration in die quergestreifte Muskulatur (Lendenmuskel) nach Applikation eines zellfreien Hamsterpapillomextraktes an neugeborene Hamster. HE-Färbung; Vergrößerung 800 ×

immunologische Abwehr schließen lassen. Die Leukosen waren leicht auf junge normale Hamster subcutan und i. p. transplantabel.

Die *histologische und hämatologische* Charakterisierung dieser Hamsterleukosen soll nachfolgend nur summarisch erfolgen, eine breitere Darstellung wird in einer späteren Arbeit stattfinden. In der Abbildung 9 ist die Infiltration und tumoröse Wucherung einer lymphatischen Leukose in der Leber eines

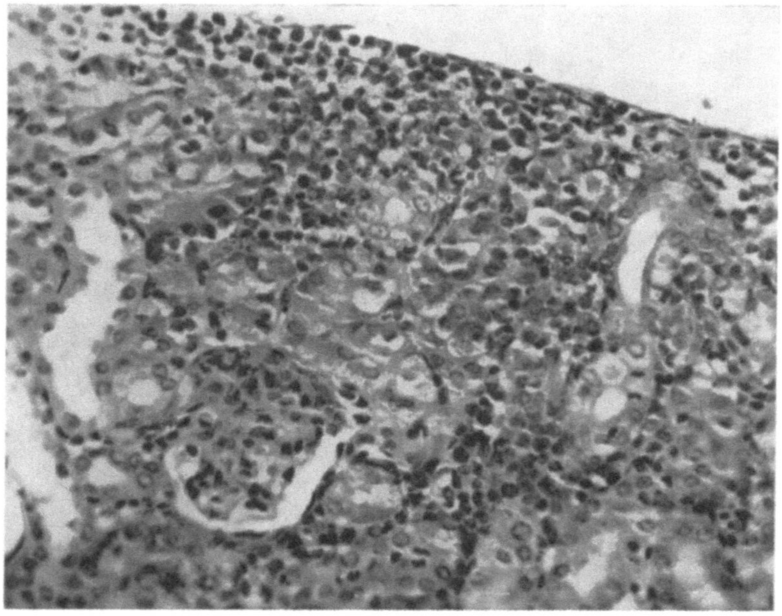

Abb. 12. Lymphatisch-leukämische Infiltration in der Nierenrinde eines mit zellfreiem Extrakt behandelten Goldhamsters. HE-Färbung; Vergrößerung 400 ×

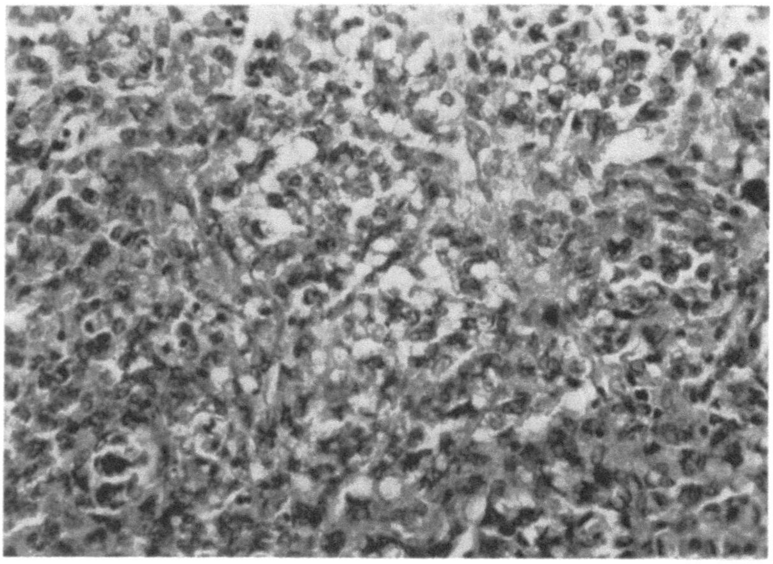

Abb. 13. Histologisches Bild eines Retothel-Sarkom-Knotens aus der Milz einer Ratte nach Applikation von zentrifugiertem Hamsterpapillomextrakt

Goldhamsters dargestellt. Zuweilen sind auch myeloische Zellen an den leukotischen Infiltrationen der Leber beteiligt. Myeloisch-leukämische Infiltrate finden sich zuweilen auch im vergrößerten Thymus. In der Abbildung 10 ist die Lokalisation der leukämischen Infiltrate am freien Leberrand dicht unterhalb der Leberkapsel zu erkennen. Von diesen subkapsulären Infiltrationen nehmen die erwähnten, sich in den Bauchraum erstreckenden tumorartigen Leukoseknoten ihren Ausgang. In der Abbildung 11 ist die Infiltration einer zellfrei induzierten lymphatischen Leukose in die quergestreifte Lendenmuskulatur zu erkennen und in der Abbildung 12 die von außen in die Niere erfolgte lymphatisch-leukämische Infiltration, die meist herdweise die Nierenrinde erfaßt. Durch zellfreie Filtrate aus diesen Hamster-Leukämien sowie durch Filtrate aus Transplantationsgenerationen dieser Leukosen lassen sich die völlig identischen pathologischen Erscheinungen nach Applikation an neugeborene Hamster aus der gleichen spontan-tumorfreien Hamsterzucht erzeugen (s. Tab. 2).

Bei *Ratten* wurde mit zentrifugiertem Homogenatüberstand aus den Hamster-Papillomen ein vom Hamster etwas unterschiedliches pathologisches Krankheitsbild induziert (GRAFFI und Mitarbeiter, im Druck). Nach einer Latenzzeit von 6—10 Wochen traten in hohem Prozentsatz (siehe Tab. 3)

Tabelle 3

Reticulosen und Retothelsarkome bei Ratten nach Applikation von zentrifugierten Extrakten aus Hamster-Hauttumoren

Versuch	Würfe	überlebende Tiere	Tiere mit Reticulosen
RGZ 890	1—6	50	29 = 58%
RGZ 937	1—5	41	27 = 68%

primär wahrscheinlich von der Milz ausgehende *Retikulosen* auf, die sich stets auch auf die Leber erstreckten und sich in einzelnen Fällen auch auf den Thymus und die Hals- und axillaren Lymphknoten ausdehnten, die alle eine starke Vergrößerung zeigten. Die Milz erreichte in einigen Fällen das 10fache ihres Normalgewichtes und war entweder von einzelnen größeren oder häufiger von sehr

Abb. 14. Rattenleukose nach Injektion von Zentrifugatüberstand aus Hamsterpapillomgewebe an eine neugeborene Wistar-Ratte. Starkvergrößerte Milz und Leber. In ersterer multiple weiße Tumorknötchen; Leber durch die retikulumzellulären Infiltrate gefleckt

kleinen weißen Knoten durchsetzt, wodurch deren Oberfläche höckerig gestaltet wurde (Abb. 14). Die Leber zeigte eine helle Musterung und vereinzelt auch Knotenbildung. Das häufigste histologische Bild dieser neoplastischen Veränderungen ist in der Abbildung 13 wiedergegeben. Es handelt sich dabei um Retothel-Sarkome bzw. um Reticulosen. Auch diese Rattenreticulosen sind auf normale junge Ratten weiter transplantierbar. In einigen Fällen wurden mit zellfreien Filtraten aus diesen Rattenreticulosen erneut Leberleukosen bei Hamstern nach Applikation an Neugeborene ausgelöst.

Elektronenmikroskopische Untersuchungen der *Hamsterleukosen*, wobei ultradünne Schnitte der intraperitonealen Tumoren der Leber sowie der tumorösen Infiltrate der Niere zur Untersuchung gelangten, führten zu folgendem Resultat: Das in den Hauttumoren des Hamsters konstant nachweisbare Papova-Virus konnte in keinem einzelnen Fall in diesen Geschwülsten des hämatopoetischen Systems, weder bei Hamstern noch bei Ratten gefunden werden. Dagegen fanden sich, wenn auch in relativ kleiner Zahl, eindeutige Viruspartikel im Leukämiematerial des Goldhamsters (Abb. 15a und b). Dieses Virus besaß einen Durchmesser von 90—100 nm und wies strukturell eine große Ähnlichkeit mit den murinen Leukämieviren sowie den Viren der Hühnerleukosen auf. An den Viruspartikeln läßt sich ein zentrales Nukleoid von ungefähr 60 nm ∅ und eine äußere doppeltkonturierte Hüllmembran (Envelope) unterscheiden. Das Nukleoid besitzt meist eine konstrastreiche, scharfe äußere Kontur und ist im Inneren entweder aufgehellt im Sinne eines unreifen C-Partikels oder es ist ein elektronendichtes Nukleoid vorhanden, wie es für reife Viruspartikel typisch ist. Die relativ spärlich vorhandenen Viruspartikel sind im Gegensatz zu den Papova-Viren aus den Hauttumoren ausschließlich im Cytoplasma anzutreffen. Ihre Bildungsweise in Form einer Abschnürung von den Membranen des endoplasmatischen Reticulums konnte in mehreren Fällen einwandfrei nachgewiesen werden (Abb. 15b). Eine Sprossung des Virus an der äußeren Zellmembran, wie dies bei den Mäuseleukämieviren überwiegend der Fall ist, wurde dagegen nicht beobachtet.

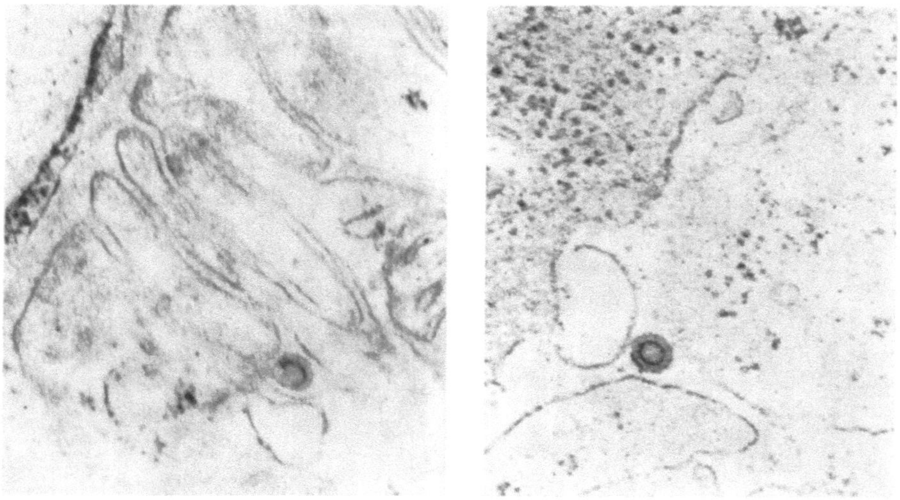

Abb. 15a und b: Abschnürungen der Viruspartikel in Hamsterleukämiezellen von Membranen des endoplasmatischen Retikulums. Vergr. 60000× bzw. 80000×

Auch in den beschriebenen Rattenreticulosen wurden vereinzelt ähnliche Partikel festgestellt. Da Abschnürungen hier jedoch noch nicht angetroffen wurden, können diese Befunde noch nicht als eindeutiger Virusnachweis angesehen werden.

Diskussion der Befunde

Die endgültige Deutung dieser Befunde ist z. Z. noch nicht möglich. Die Kardinalfrage besteht darin, welche kausalen Beziehungen zwischen beiden so verschiedenen Tumorarten (epithelialer Hauttumor einerseits und Leukosen bzw. Reticulosen andererseits) und den ebenfalls völlig differenten elektronenmikroskopischen Virusbefunden (Papova-Virus und der den murinen Leukämieviren ähnliche Virustyp) bestehen. Am wahrscheinlichsten dünkt uns die Annahme, daß das Papova-Virus für die Hauttumoren verantwortlich ist, während das größere mit Hülle versehene Virus die Entstehung der Leukosen und Reticulosen bedingt. Diese Interpretation stützt sich vor allem auf die Tatsache, daß das Papova-Virus regelmäßig, in großer Menge und in charakteristischer Anordnung in den Hauttumoren nachweisbar war, niemals jedoch in den Leukosen und Reticulosen vorkam, in letzteren andererseits die größere Virusform mit Hüllmembran angetroffen wurde. Eine weitere Untermauerung dieser Ansicht sehen wir in der Tatsache, daß a) Hauttumoren auch bei anderen Spezies von Viren der Papova-Gruppe induziert werden (Shope-Papillom, Warzen etc.); b) Leukosen bisher bei sämtlichen Spezies, bei denen Virusleukämien festgestellt wurden (Maus, Ratte, Huhn, Katze, Meerschweinchen) durch einen strukturell sehr ähnlichen Virustyp verursacht werden, wie wir ihn in unseren zellfrei übertragbaren Hamsterleukosen antrafen; c) eine Leukämieinduktion durch ein Papova-Virus bisher noch nicht beschrieben wurde. Es erscheint uns weiterhin auf Grund der ultrastrukturellen Besonderheiten ziemlich unwahrscheinlich, daß Beziehungen zwischen dem hier beschriebenen Virus aus den Hamsterleukosen und bestimmten ebenfalls ca. 100 nm großen mit Nukleoid und Hüllmembran versehenen Viren bestehen, die von verschiedenen Autoren (Bernhard und Tournier, 1964; Stenback und Mitarbeiter, 1966) und auch von uns (Graffi und Mitarbeiter, 1967) in einigen Hamstertumoren (z. B. in einem transplantablen Myxo-Sarkom etc.) als wahrscheinliche Passenger-Viren aufgefunden wurden. Letztere Hamsterviren haben erstens ein bedeutend kleineres Nukleoid und außerdem konnte für sie eine leukämogene Wirkung in Tierversuchen niemals festgestellt werden. Wir nehmen vorerst an, daß entsprechend dem spontanen Auftreten von Leukämien einerseits und Hautpapillomen andererseits, sich in unserer Hamsterkolonie während der nunmehr 7jährigen Random-Züchtung zwei verschiedene, zunächst latent vorhanden gewesene Virusarten — ein Papova-Virus und ein Leukämievirus — allmählich ausgebreitet und endemisch vermehrt und angereichert haben, bis derjenige Infektionsgrad erreicht wurde, der zum gehäuften Auftreten der beiden beschriebenen Tumorarten erforderlich war. Für die Tumorbildung scheint im Einzelfall der Zustand und Grad der Immunität des betreffenden Tieres entscheidend zu sein. Dieses resultiert ziemlich eindeutig aus der Tatsache, daß uns die zellfreie Leukämieerzeugung sowohl mit Leukämie- als auch Papillomfiltraten erst eindeutig gelang, nachdem wir neugeborene Hamster aus einer *fremden* Zucht benutzten, in der diese beiden Tumoren spontan nicht vorkamen. Bei der Verwendung von Tieren der *eigenen* Zucht blieb die Leukämiebildung vermutlich deshalb weitgehend aus, weil die Neugeborenen infolge der allgemeinen Durchseuchung und Immunität gegen das Virus von der Mutter entweder schon diaplazentar oder über die Milch mit den entsprechenden Immunglobulinen versehen werden.

Die beträchtliche leukämogene Wirkung zellfreier Papillomextrakte zwingt bei der Zugrundelegung obiger Anschauung von der differenten Wirkung beider elektronenmikroskopisch festgestellter Virustypen zur Annahme, daß die Papillome *beide* Viren gleichzeitig beherbergen, trotzdem bis jetzt in diesem Material nur das Papova-Virus elektronenoptisch aufgefunden wurde. Eine solche Vorstellung erscheint uns deshalb nicht völlig abwegig, weil z. B. bei den Mäuseleukämien häufig ähnliche Verhältnisse vorliegen. In den früheren Versuchen von L. Gross (Gross, 1953) wie auch bei unseren Experimenten (Graffi und Schmidt, 1954; Graffi, 1960) war im Leukämiegewebe das murine Leukämievirus ebenfalls mit einem Papova-Virus, und zwar in diesen Fällen mit Polyomastämmen vergesellschaftet. Man gewinnt den Eindruck, daß dieser Vergesellschaftung von verschiedenen onkogenen und eventuell auch nichtonkogenen Viren eine spezielle, sich gegenseitig unterstützende Bedeutung für die Virusvermehrung und eventuell auch die Entfaltung der onkogenen Wirkung zukommen könnte, abgesehen davon, daß das Tumorgewebe ganz allgemein eine gute Entwicklungsbasis für Viren im Sinne von Passengern darstellt. Die Möglichkeit eines derartigen Mechanismus wird eventuell auch dadurch untermauert, daß nach unseren Beobachtungen das gleichzeitige „spontane" Auftreten von Hautpapillomen und Leukämien in unserer Zucht ein viel häufigeres Ereignis zu sein scheint als auf Grund der separaten Spontanquoten beider Tumorarten zu erwarten wäre. Weitere Untersuchungen sind jedoch zur Abklärung dieses interessanten Fragenkomplexes erforderlich.

Nachtrag

Durch serienweise Transplantation (4 verschiedene Linien) wurde der echte Blastomcharakter der Papova-Hautepitheliome bewiesen. Zellfreie Filtrate aus den Hamster-Papova-Tumoren erzeugen nach Applikation an neugeborene Kaninchen lokale Fibrome und Fibrosarkome. DNS aus primären Hamster-Hauttumoren induzieren nach Applikation an neugeborene Hamster 30—40% Leukosen mit kurzer Latenzzeit. Die Wirkung wird durch DNase aufgehoben. DNS aus transplantierten virusfreien Hauttumoren und aus Hamsterleukosen waren bisher wirkungslos. Elektronenmikroskopisch konnte nach Applikation von Papova-Virus an neugeborene Hamster Virusvermehrung im Thymus schon 5—15 Tage nach der Applikation nachgewiesen werden. Diesem Umstand kommt beim Mechanismus der Leukämogenese eventuell eine zentrale Bedeutung zu. Nach Applikation von zellfreien Filtraten aus den Hautepitheliomen traten vereinzelt Spindelzell-Sarkome auf. In ihnen konnte ein Virus vom Typ der Leukämieviren elektronenmikroskopisch festgestellt werden, das sich an der Zelloberfläche bildet. Filtrate dieser Sarkome führten bei Hamstern bevorzugt erneut zu s.c. Sarkomen nach einer Latenzzeit von $\sim 1/2$ Jahr. Nach Applikation zellfreier Filtrate aus verschiedenen menschlichen Malignomen (Magen-, Lungen- und Ovarial-Ca.) an neugeborene Hamster des empfänglichen Stammes traten nach 6—8 Wochen in beträchtlicher Zahl ($\sim 30\%$) tumorartige Leukosen speziell in der Leber auf. Wir nehmen als Ursache eine Aktivierung eines latenten Hamster-Leukämievirus durch das menschliche Tumormaterial an.

Literatur

BERNHARD, W., und P. TOURNIER: Ann. Inst. Pasteur **107**, 447 (1964).
GRAFFI, A.: Progr. exp. Tumor Res. **1**, 112 (1960).
GRAFFI, A., und F. SCHMIDT: Dt. Gesundh. Wes. **9**, 1306 (1954).
GRAFFI, A., T. SCHRAMM, E. BENDER, D. BIERWOLF und I. GRAFFI: Arch. Geschwulstforsch. **30**, 277 (1967a).
GRAFFI, I., U. WALDEYER, D. BIERWOLF, T. SCHRAMM und A. GRAFFI: Acta biol. med. germ. **19**, 1017 (1967b).
GRAFFI, A., T. SCHRAMM, I. GRAFFI, D. BIERWOLF und E. BENDER: J. Nat. Cancer Inst. im Druck.
GROSS, L.: Proc. Soc. exp. Biol. N. Y. **83**, 414 (1953).
HORN, K.-H., und R. SIEWERT: Arch. Geschwulstforsch. **20**, 103 (1968).
NOYES, W. F., und R. C. MELLORS: J. exp. Med. **106**, 555 (1957).
STENBACK, W. A., G. L. VAN HOOSIER und J. J. TRENTIN: Proc. Soc. exp. Biol. N. Y. **122**, 1219 (1966).

Diskussionsredner:

BERNHARD (Frankreich), BIERWOLF (DDR).

Aus dem Institut für Ernährung in Potsdam-Rehbrücke der Deutschen Akademie der Wissenschaften zu Berlin (Bereich Physiologie und Soziologie der Ernährung) Potsdam-Rehbrücke, DDR

Morphologische Maße als Kriterien des Ernährungszustandes

von

M. Möhr

Art und Umfang der Ernährung korrelieren maßgeblich mit der physischen Entwicklung des Menschen und seinem Phaenotyp. Neben Hunger und Unterernährung in ausgedehnten Gebieten gibt es auch Regionen, in denen die Überernährung mit ihren Folgeerscheinungen das Bild der Ernährungssituation kennzeichnet (VII. Internationaler Ernährungskongreß, Hamburg, 1966, Wirths, 1964; Baade, 1960; Kühnau, 1964; Bourne, 1965). Solche Symptome der Überernährung und die damit im Zusammenhang stehenden Krankheitsbilder mehren sich auch in unserem Land (Möhr, 1967a; Klingler-Mandig, 1960; Eitner, 1965; Ries, 1963/64; Ries, 1964; Grimm, 1960; Ockel, 1966; Vetter, 1965; Krauss, 1957). Es ist daher notwendig, die effektiven Ernährungsverhältnisse so komplex wie möglich zu analysieren und dabei die Zusammenhänge zwischen Ernährung und Körperzustand auch morphologisch zu erfassen. Untersuchungen hierzu wurden am Institut für Ernährung im Rahmen individueller Ernährungserhebungen in Angriff genommen (Möhr, 1967b; Möhr und Milev, 1960a, b, 1967; Möhr, 1967c; Ketz und Maune, 1968; Maune und Ketz, 1967; Möhr, 1968).

Körperhöhe und Körpergewicht gelten nach wie vor als wesentliche Merkmale des physischen Entwicklungszustands. Für die Beurteilung der Ernährungsverhältnisse sind sie von besonderer Bedeutung, was durch eine Fülle von Tabellenwerken belegt wird (Eitner, 1965; Ries, 1963/64; Pokrowskij, 1964; Hejda und Hatle, 1960; Autorenkollektiv, 1965; Schall, 1962; Hellbrügge, 1961; Geigy, 1960). Allerdings sind in ihnen meist nur die Durchschnittswerte einer bestimmten Population angegeben, so daß sie weder eine allgemeine Gültigkeit haben noch den Anspruch auf eine „wünschenswerte Norm“ erheben können. Für eine „Gewichtsnorm“ scheint mehr und mehr das „Optimalgewicht“ geeignet (Ott, 1963; Holtmeier, 1964; Master u. a., 1960; Schott, 1966). Darunter ist nach Ott (1963) dasjenige Körpergewicht zu verstehen, das die größte Lebenserwartung aufweist oder dem die niedrigste Mortalitätsrate zugeordnet werden kann (Master u. a., 1960). Statistiken zeigen, daß die Lebenserwartung in dem Maße sinkt, in welchem die Übergewichtigkeit steigt (vgl. Abb. 1) (Holtmeier, 1964). Ähnliche Zusammenhänge bestehen vielfach bezüglich der Morbidität (Klingler-Mandig, 1960; Ries, 1964; Ockel, 1966; Krauss, 1957; Holtmeier, 1964; Diekmeier, 1960; Müller, 1963; Straube, 1964).

Eine optimale Gewichtsfestlegung ist daher sowohl unter dem Blickpunkt einer praktischen Ernährungsführung als auch unter dem Aspekt einer medizinischen Prophylaxe von größter Bedeutung. Der in der Praxis noch oft angewandte Broca-Index entspricht nicht den modernen Forderungen einer individuellen Gewichtsfestlegung. Die nach ihm berechneten Körpergewichte können durchweg als zu hoch angesehen werden (Ott, 1963). Die Abweichung vom Optimalen im Sinne einer Übergewichtigkeit wird dadurch verringert; wie es auch aus eigenen Untersuchungen belegt werden kann.

Ferner sollten die Berechnungen des Körpergewichts auch diejenigen Varianten erfassen, die sich aus unterschiedlichen körperbaulichen Veranlagungen ergeben. Nach Ott (1963) sind hierfür drei Typen vorgesehen, die bei den Berechnungen entsprechende Korrekturen erhalten. Bei gedrungenem Körperbau wird der allgemeine Formelwert des Optimalgewichts um 7% erhöht, während man beim Schlankwüchsigen 6% abzieht.

Optimalgewicht für Frauen: $A - 2/5\,(A - 52) \pm 4\%$ $\quad$ $A =$ Broca-Wert
Optimalgewicht für Männer: $A - 1/5\,(A - 52) \pm 4\%$

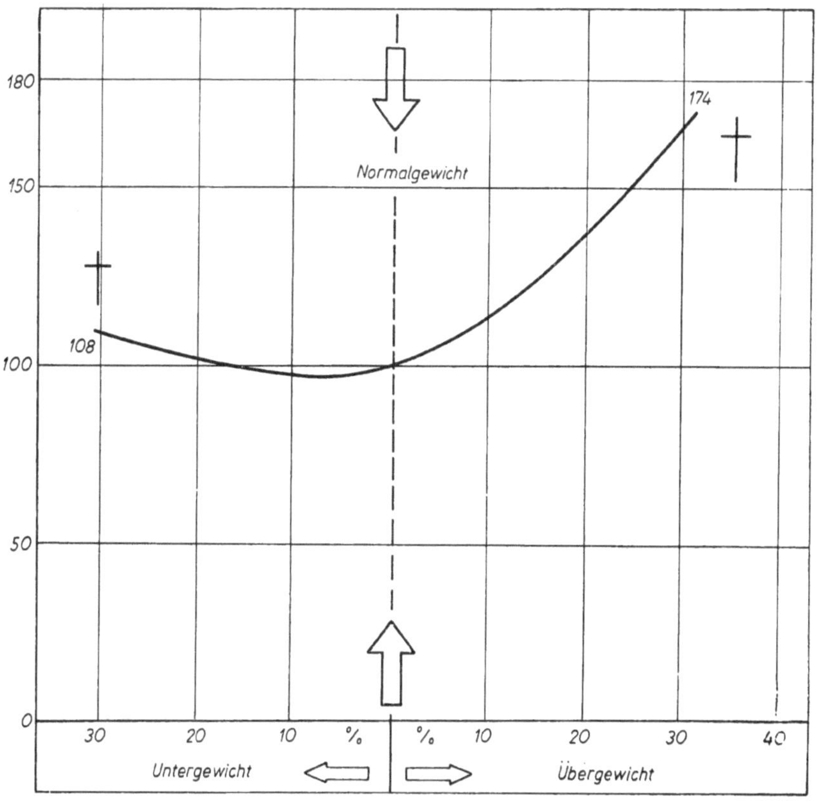

Abb. 1. Zunahme der Sterblichkeit bei Über- und Untergewicht in %
(nach Holtmeier)

Möhr und Milev (1960a, b, 1967) legen den individuellen Gewichtskorrekturen weniger die körperbaulichen Varianten als vielmehr den Anteil an „aktiver Masse" zugrunde. Damit berücksichtigen sie unter ernährungsbezogenen Aspekten vor allem diejenigen Körperanteile, die stoffwechselphysiologisch besonders aktiv sind. In Anlehnung an den bekannten Körperfülle-Index wird ein Index der „Lean body-Fülle" vorgeschlagen, der den Grad der Verteilung der „aktiven Masse" auf die Körperhöhe angibt. Der mathematische Ausdruck hierfür lautet:

$$\text{Lean body-Fülle-I}_x = \frac{\text{Körperhöhe (m}^3)}{\text{Lean body mass (kg)}} \cdot 100.$$

Für eine praktische Korrektur des Optimalgewichts werden die Werte des Lean body-Fülle-Index in Stufen gegliedert. Folgende Klassifikation war für Industriearbeiterinnen und -arbeiter unserer Untersuchungen angebracht (Tab. 1).

Tabelle 1

Aufgliederung der Werte des Lean body-Fülle-Index

Bezeichnung		Männer	Frauen
hyperplastisch	Ultra 9	0 — 6,49	0 — 6,99
	9	6,50— 6,99	7,00— 7,49
	8	7,00— 7,49	7,50— 7,99
	7	7,50— 7,99	8,00— 8,49
	6	8,00— 8,49	8,50— 8,99
euplastisch	5	8,50— 8,99	9,00— 9,49
	4	9,00— 9,49	9,50— 9,99
	3	9,50— 9,99	10,00—10,49
	2	10,00—10,49	10,50—10,99
	1	10,50—10,99	11,00—11,49
hypoplastisch	Ultra 1	11,00 u. darüber	11,50 u. darüber

An Hand dieser Einteilung ergeben sich die in der nachstehenden Tabelle (Tab. 2) vorgeschlagenen Korrekturen für das nach Ott (1963) berechnete Optimalgewicht.

Tabelle 2

Vorgeschlagene Korrekturen des nach Ott berechneten Optimalgewichts auf Grund der Klassifizierung nach der Lean body-Fülle

Bezeichnung des Lean body-Fülle-Index		Abweichung vom berechneten Optimalgewicht
	U 1	−12%
hypoplastisch	1	−10%
	2	− 7%
	3	− 4%
	4	− 2%
euplastisch	5	0%
	6	+ 2%
	7	+ 5%
	8	+ 8%
hyperplastisch	9	+11%
	U 9	+14%

Zweck und Vorteil dieser Korrektur liegen vor allem darin, daß die Ausdehnung des stoffwechselphysiologisch aktiven Körperanteils in Beziehung zur Körperdimension berücksichtigt wird. So steht z. B. ein Athletiker mit einer hohen Lean body-Fülle nicht wie bei Ott (1963) in der Mitte des Typensystems, sondern ihm werden entsprechend der Körperzusammensetzung die höchsten Zuschläge zum Optimalgewicht zugebilligt. Damit werden den Gewichtskorrekturen inhaltlich neue Aspekte gegeben, die auch in der Abweichung der effektiven Körpergewichte von den „Sollwerten" zum Ausdruck kommen (Abb. 2 und 3). Eine übertriebene Genauigkeit ist jedoch für theoretische Gewichtsvorherbestimmungen nicht angebracht, zumal im Bereich der biologisch gesteckten Grenzen nicht unerhebliche Schwankungen vorkommen können.

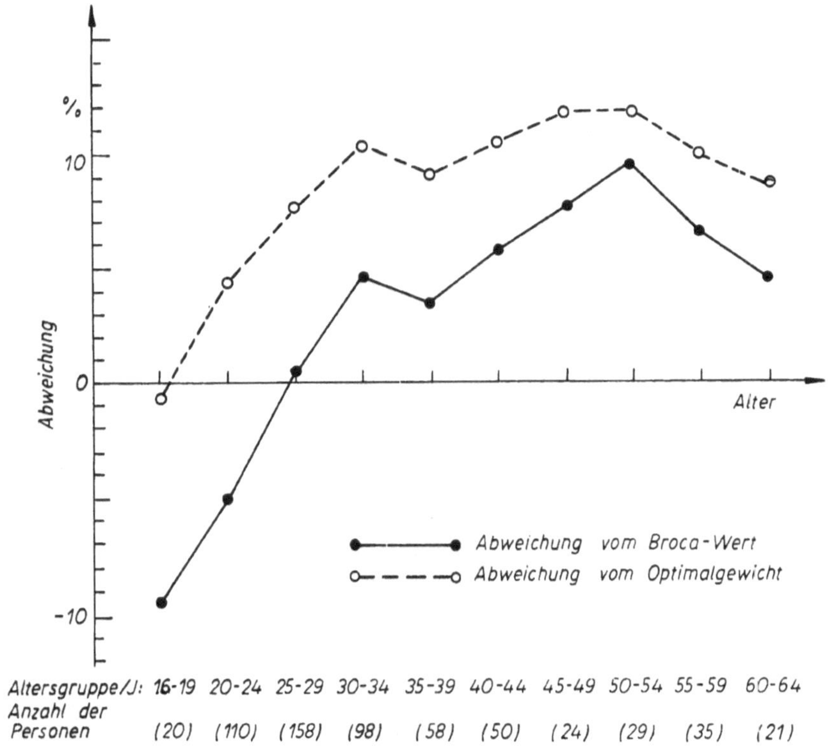

Abb. 2. Abweichungen des effektiven Körpergewichts vom Broca-Wert und Optimalgewicht in Abhängigkeit vom Alter. — Durchschnittswerte von 603 Industriearbeitern

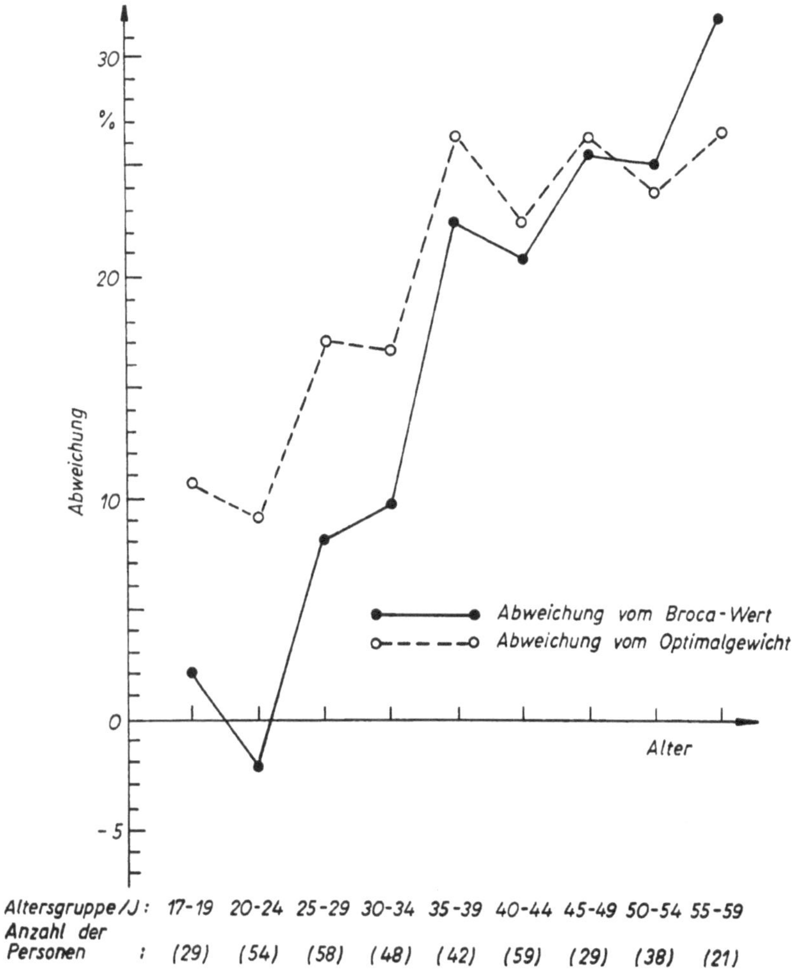

Abb. 3. Abweichungen des effektiven Körpergewichts vom Broca-Wert und Optimalgewicht in Abhängigkeit vom Alter. — Durchschnittswerte von 378 Industriearbeiterinnen

Aus dem bisher Gesagten geht hervor, daß die qualitative Zusammensetzung des Körpers und seine quantitativen Anteile sowohl für das effektive Körpergewicht als auch für die Bestimmung des Optimalgewichts von Bedeutung sind. In ihnen kommen ferner die Einflüsse der Ernährung und der physischen Aktivität besonders zum Ausdruck. Vor allem zeigt der Fettanteil im Körper eine enge Korrelation zur Höhe der Kalorienzufuhr und des Energieumsatzes. Bei der Beurteilung des Ernährungszustandes sind diese Komponenten maßgebend.

Die Menge des Gesamt-Körperfettes kann man nach verschiedenen Methoden ermitteln (z. B. anatomische Messungen, Messungen mit Röntgenstrahlen oder Ultraschall, elektrische Leitfähigkeit, Bestimmung des spezifischen Gewichts, somatometrische Verfahren) (Bugyi, 1965; Montoye, 1965; Parizkova, 1961; Keys und Brozek, 1953; Brozek, 1956; Brozek, 1961; Goldmann und Buskirk, 1961; Booth u. a., 1966; Brozek, 1966; Durnin und Rahaman, 1967).

Für Massenuntersuchungen ist wohl die kaliperimetrische Methode der Hautfaltendickenmessung am geeignetsten. Sie ist mehrfach erprobt und angewandt worden (Parizkova, 1961; Keys und Brozek, 1953; Brozek, 1961; Booth u. a., 1966; Durnin und Rahaman, 1967; Keller und Kopf, 1961; Novotny, 1964; Vamberova und Parizkova, 1960; Hejda, 1963; Cresta und Passarello, 1965; Crook u. a., 1966). Die Menge des Gesamt-Körperfettes kann aus regressiven Gleichungen berechnet werden, denen densitometrische Bestimmungen des Körperfettes zugrunde liegen (Brozek, 1956; Durnin und Rahaman, 1967; Parizkova, 1963). Je mehr Hautfalten in die Messungen einbezogen werden, um so gesicherter ist die Korrelation. Die Schwankungsbreite der auf diesem Wege ermittelten Körperfett-Werte liegt — bei Messungen an 4 Körperstellen — nach Crook und Mitarbeitern (1966) bei $\pm 6{,}3\%$, während sie nach Durnin und Rahaman (1967) nur $\pm 3{,}5\%$ beträgt. Der in Untersuchungen festgestellte Anteil des Fettes variiert im Mittel zwischen 5% bis 40% des Körpergewichts. Er liegt bei Frauen durchschnittlich höher als bei Männern und zeigt deutlich eine Abhängigkeit vom Alter und von der körperbaulichen Struktur. Nach Abzug des Fettanteils vom Körpergewicht läßt sich die

„Lean body mass" näherungsweise einschätzen. Dies ist zwar kein sehr exakter Weg, jedoch bei Massenuntersuchungen — bei denen eine präzisere Bestimmung der Körperzusammensetzung sonst kaum möglich ist — sowie für ernährungssoziologische Bearbeitungen ist er durchaus vertretbar. Diesbezügliche Untersuchungen bei ca. 1000 Werktätigen der Industriebevölkerung werden gegenwärtig von uns ausgewertet.

Im vorangegangenen wurde mehrfach darauf hingewiesen, daß auch die körperbaulichen Veranlagungen und Strukturen einen Einfluß auf die Körperzusammensetzung und die Ausbildung des Phaenotyps haben. Es scheinen ferner enge Zusammenhänge zu stoffwechselenergetischen Vorgängen und zur Ernährungsweise zu bestehen. Allerdings ist es nahezu unmöglich, ein relativ einfaches, praktisches Beurteilungsschema für den menschlichen Körperbau zu finden, das vielerlei Ansprüchen gerecht wird. Klarheit besteht darüber, daß es hierfür kein einheitliches Typenschema gibt, das die große Variabilität der menschlichen Körperformen erfassen kann. Es ist auch nicht ratsam, die Fülle der Formen nur nach zwei oder drei Typen zu gliedern. Wir haben daher unter dem Gesichtspunkt „Körperbau und Ernährung" versucht, ein Typensystem aufzustellen, das spezifische Indizes dieser Beziehung enthält. So simpel das klingt, so schwierig und umstritten ist auch dieses Unterfangen.

Die körperbaulichen Varianten bewegen sich im wesentlichen zwischen zwei extremen Typen, nämlich zwischen der stark gedrungenen und der betont hochwüchsigen Körperform. Dies wird durch die CONRADsche (1963) „primäre Wuchstendenz" ausgedrückt, in der die variablen Körpermaße wie Körperhöhe, Brustbreite und -tiefe als STRÖMGREN-Index erfaßt werden. Das auf den Indexwerten beruhende Klassifikationssystem sieht 11 verschiedene Stufen vor, nach denen sich die Primärvarianten von extremer Gedrungenheit bis zur extremen Langwüchsigkeit gliedern (vgl. Tab. 3).

Tabelle 3

Einteilung der Körperbautypen nach dem Strömgren-Index

Männer	Gruppe	Frauen	Gruppe
+1,1 und darüber	Ultra A	+0,9 und darüber	Ultra A
+1,0 +0,9 +0,8	A	+0,8 +0,7 +0,6	A
+0,7 +0,6 +0,5	B	+0,5 +0,4 +0,3	B
+0,4 +0,3 +0,2	C	+0,2 +0,1 ±0,0	C
+0,1 ±0,0 −0,1	D	−0,1 −0,2 −0,3	D
−0,2 −0,3 −0,4	E	−0,4 −0,5 −0,6	E
−0,5 −0,6 −0,7	F	−0,7 −0,8 −0,9	F
−0,8 −0,9 −1,0	G	−1,0 −1,1 −1,2	G
−1,1 −1,2 −1,3	H	−1,3 −1,4 −1,5	H
−1,4 −1,5 −1,6	I	−1,6 −1,7 −1,8	I
−1,7 und darunter	Ultra I	−1,9 und darunter	Ultra I

Die Vorteile des STRÖMGREN-Index liegen darin, daß seine Daten relativ einfach zu ermitteln sind und die objektive Faktorenanalyse einer subjektiven somatoskopischen Einschätzung vorgezogen wird; ungeachtet der Tatsache, daß gewisse Einwände erhoben werden können.

Abweichend von CONRAD (1963) wird für Ernährungsanalysen als weitere körperbauliche Wuchstendenz der Ausbildungsgrad der aktiven Masse vorgeschlagen. Er gilt für den Nahrungsbedarf und Energieumsatz als bestimmendes Element.

Dieser als Lean body-Fülle-Index bereits vorgestellte Ausdruck wird bipolar gegliedert (vgl. Tab. 1) und ergibt mit dem nach STRÖMGREN bezeichneten Metrik-Index ein Koordinatensystem mit 121 verschiedenen quantitativen Kennwerten für die körperbaulichen Varianten. Die praktischen Ergebnisse bei Anwendung dieser Klassifikation können den nachfolgenden Abbildungen (Abb. 4 bis 9) entnommen werden — wobei eine nähere Besprechung hier nicht möglich ist.

Aus diesen Darlegungen geht hervor, daß eine Reihe morphologischer Maße wichtige Kriterien für die Beurteilung des Ernährungszustandes sind. Das gilt vor allem für die näherungsweise Bestimmung des individuellen Optimalgewichts, für die qualitative Zusammensetzung des Körpers mit ihren Auswirkungen auf den Stoff- und Energiebedarf sowie für den Grad der Fettleibigkeit und deren Abhängigkeiten von körperbaulichen Proportionen und Wuchstendenzen.

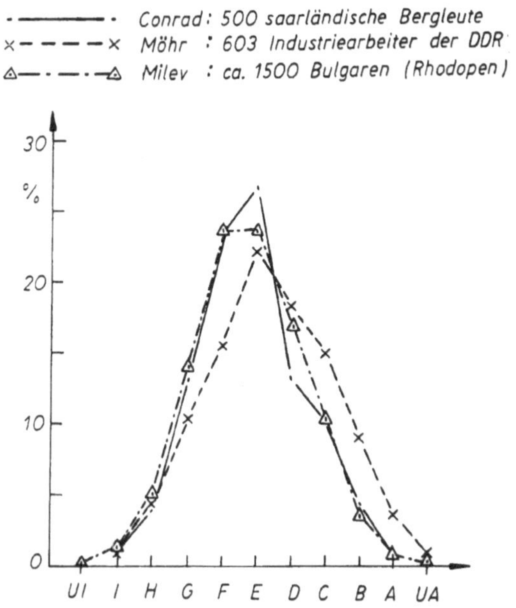

Abb. 4. Verteilungskurven des Körperbau-Index für Männer

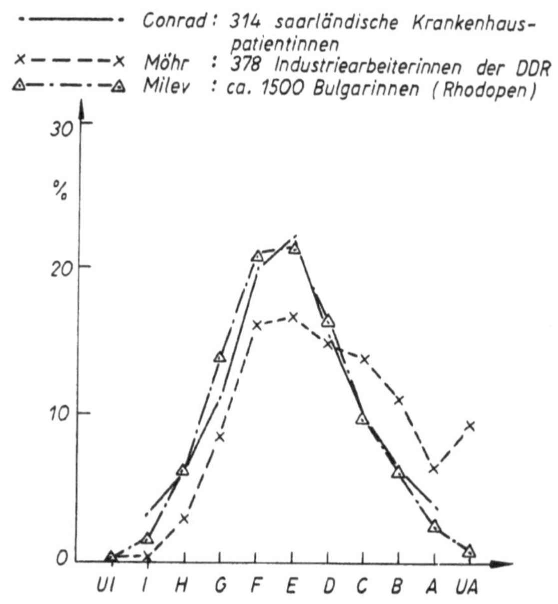

Abb. 5. Verteilungskurven des Körperbau-Index für Frauen

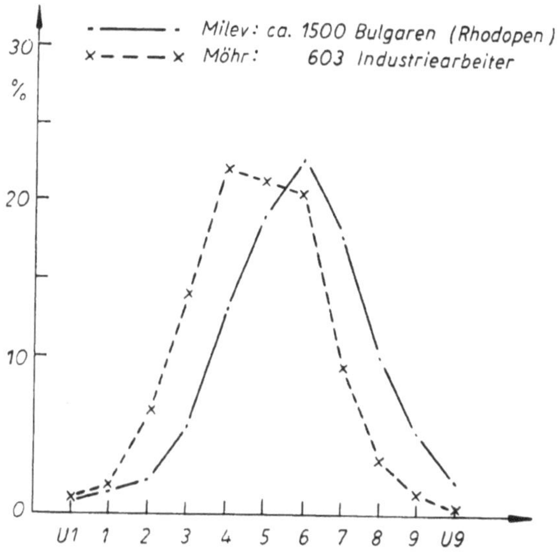

Abb. 6. Verteilungskurven des Leanbody-Fülle-Index für Männer

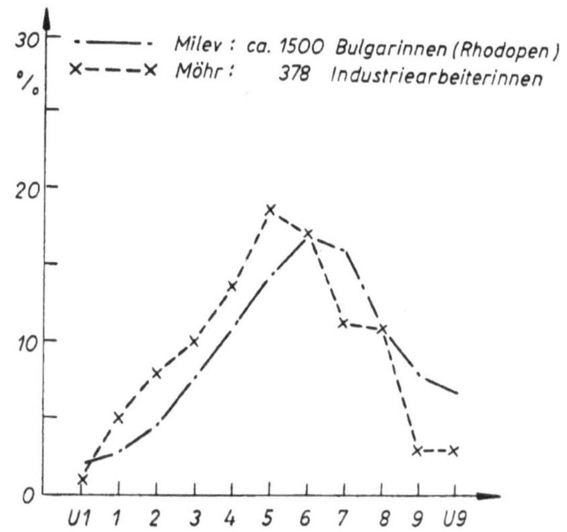

Abb. 7. Verteilungskurven des Leanbody-Fülle-Index für Frauen

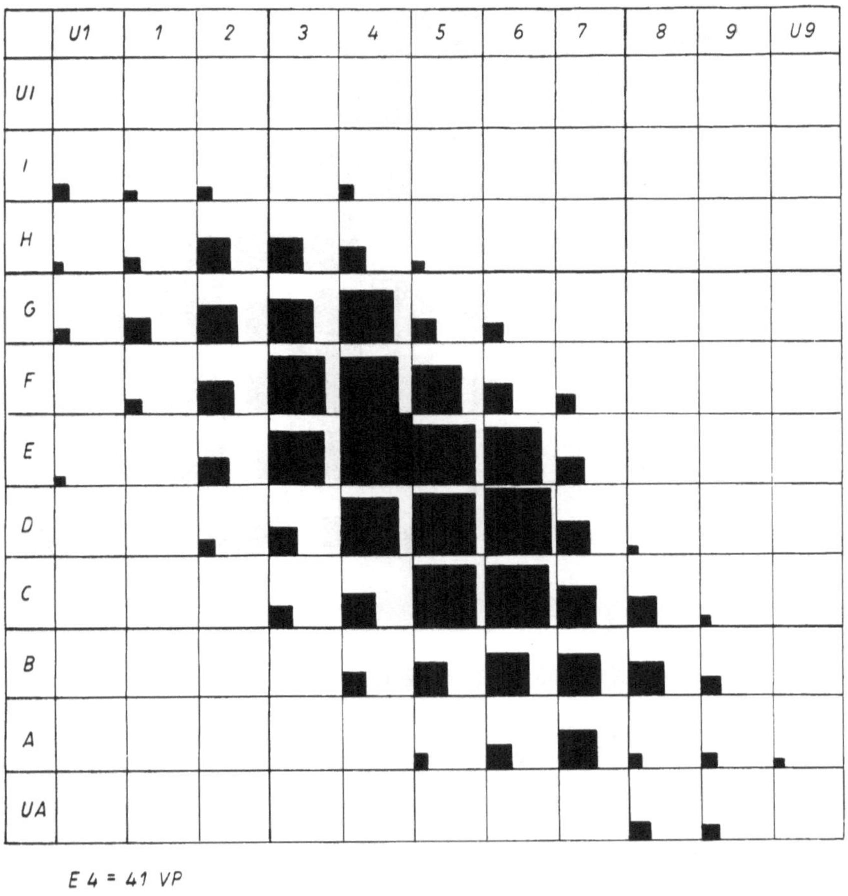

Abb. 8. Zugehörigkeit zu Konstitutionsgruppen entsprechend dem Metrik-I_x und Lean body-Fülle-I_x. — 603 Industriearbeiter der DDR, 1966

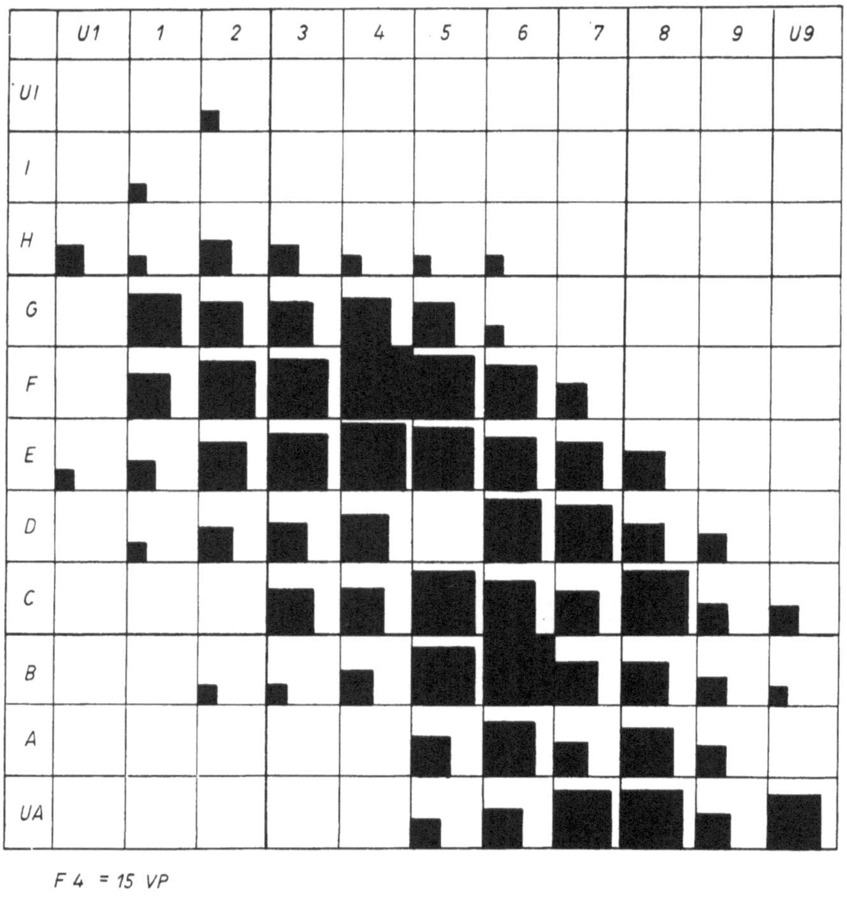

Abb. 9. Zugehörigkeit zu Konstitutionsgruppen entsprechend dem Metrik-I_x und Leon body-Fülle-I_x. — 378 Industriearbeiterinnen der DDR, 1966

Zusammenfassung

Die Nahrung hat einen maßgeblichen Einfluß auf die physische Entwicklung des Menschen. Ernährungserhebungen sollten daher neben der Bestimmung des effektiven Lebensmittelverzehrs auch quantitative Verfahren zur Einschätzung des Körperbaues und der Körperzusammensetzung einbeziehen. Anthropometrische Untersuchungen können die mit der Ernährungsweise korrelierenden morphologischen Merkmale aufzeigen. Neben Körperhöhe und effektivem Körpergewicht ist das „Optimalgewicht" für die Gewichtseinschätzung von Bedeutung. Ernährung und physische Aktivität wirken auch auf die qualitative Zusammensetzung des Körpers. Sein Fettanteil wird bei Massenuntersuchungen durch Messungen der Hautfaltendicke näherungsweise bestimmt und der Anteil der „aktiven Masse" errechnet. Beide Körperanteile stehen zum Energieumsatz des Organismus in enger Beziehung und lassen den Grad der Fettleibigkeit erkennen. Die Berücksichtigung des Körperbautyps geht von den morphologischen Proportionsverschiebungen zwischen gedrungener und gestreckter Wuchsform aus und wird anhand getrennter bipolarer Systeme (STRÖMGREN-Index, Lean body-Fülle-Index) eingeschätzt. Die körperbaulichen Varianten ermöglichen unter Ernährungsaspekten eine typologische Gliederung, die auch geeignet ist, die Bestimmung des Optimalgewichts zu korrigieren.

Literatur

Autorenkollektiv: Physical development and fitness of the Bulgarian people from the birth up to the age of twenty-six. Sofia. Bulg. Acad. Sciences Press 1965.

BAADE, F.: Weltbevölkerung und Welternährung, Öffentl. Gesundh.-Dienst **22**, 215 (1960).

World review of nutrition and dietetics. Bd. 6, Hrsg. v. G. H. BOURNE, Basel: S. Karger AG 1965.

BOOTH, R. A. D.: Measurement of fat thickness in man: a comparison of ultrasound, Harpenden calipers and electrical conductivity. Br. J. Nutr. **20**, 719 (1966).

BROZEK, J.: Body measurements and human nutrition, Wayne State University Press, Detroit, Michigan, 1956.

BROZEK, J.: Technique for meas. body comp., National Ac. of Science — Nation. Res. Council, Washington, D. C. 1961.

BROZEK, J.: Human body composition: models, methods, applications. Anthropologia **III/2**, 3 (1966).

BUGYI, B.: Röntgenologische Beurteilung der chemischen Zusammensetzung des menschlichen Körpers. Z. Ernährungswiss. 5, 187 (1965).
CRESTA, M.,und P. PASSARELLO: Körperzusammensetzung, Körperproportionen und Grundumsatz im postpuberalen Alter. Nutritio et Dieta 7, 255 (1965).
CONRAD, K.: Der Konstitutionstypus, Springer-Verlag, Berlin—Göttingen—Heidelberg, 2. Auflage, 1963.
CROOK, G. H. u. a.: Evaluation of skinfold measurements and weight chart to measure body fat. JAMA 198, 39 (1966).
DIEKMEIER, L.: Dietätische Möglichkeiten bei der Fettsucht. In: Ernährung und Diät in Klinik, Kurort und Betrieb. Schr.-R. Ärztl. Fortbildung X, Berlin: Volk und Gesundheit 1960.
DURNIN, J. V. G. A., und M. M. RAHAMAN: The assessment of the amount of fat in the human body from measurements of skinfold thickness. Br. J. Nutr. 21, 681 (1967).
EITNER, S.: Zum Problem des Über- und Untergewichts im Alter aus arbeitshygienischer Sicht. Dtsch. Gesundh.-wesen 20, 1240 (1965).
Documenta Geigy — Wissenschaftliche Tabellen. Hrsg. J. R. GEIGY AG, Basel 1960.
GOLDMANN, R. F., und E. R. BUSKIRK: The Technique for measuring body composition, National Academy of Sciences-National Research Council, S. 78, Washington, D. C. 1961.
GRIMM, H.: Die ersten 3500 Messungen der Hautfaltendicke in Bevölkerungsgruppen aus der DDR. Biolog. Rundschau 4, 160 (1960).
HELLBRÜGGE, T., und D. VOGT: Zur Beurteilung des Wachstumstandes mit Hilfe von Somatogrammen. Ärztl. Mitteilungen 46, 1275 (1961).
HEJDA, S., und J. HÅTLE: Body-weight and height of our adult population in relation to nutritional factors. Cs. Gastroenterologia Vŷz. 14, 557 (1960).
HEJDA, S.: Skinfold in old and longlived individuals. Gerontologia 3, 201 (1963).
HOLTMEIER, H.-J.: Diät bei Übergewicht und gesunde Ernährung. Georg Thieme Verlag, Stuttgart 1964.
KELLER, W. D., und H. KOPF: Die Beziehungen verschiedener Körpermaße zum Körpergewicht bei gesunden jungen Männern. Intern. Z. angew. Physiol. einschl. Arbeitsphysiol. 19, 96 (1961).
KETZ, H.-A., und R. MAUNE: Der Energieverbrauch von Industriearbeitern verschiedener Berufsgruppen. 1.—6. Mitteilung. Ernährungsforschung 13, 1 (1968).
KEYS, A., und J. BROZEK: Body fat in adult man. Physiol. Rev. 33, 245 (1953).
KLINGLER-MANDIG, H.: Ernährung und Pathenogenese, in: Ernährung und Diät in Klinik, Kurort und Betrieb. Berlin: Verlag Volk und Gesundheit 1960.
KRAUSS, H.: Zivilisationsschäden durch die Nahrung und Wege zu ihrer Überwindung. Dtsch. Gesundh.-wesen 12, 1455 (1957).
KÜHNAU, J.: Welternährungsprobleme, Dtsch. med. J. 15, 745 (1964).
MASTER, A., R. LASSER und G. BECKMAN: Tables of average weight and height of Americans aged 65 to 94 years. J. amer. med. assoc. 172, 658 (1960).
MAUNE, R., und H.-A. KETZ: Energieverbrauchsmessungen als Beitrag zum Problem der Ernährungsbilanzierung. Nahrung 11, 567 (1967).
MONTOYE u. a.: The measurement of body fatness. A study in a total community. Amer. J. clin. Nutrit. 16, 417 (1965).
MÖHR, M., und N. MILEV: Anthropometrische Untersuchungen und konstitutionsbiologische Einschätzungen als Grundlagen für die Charakterisierung des Zusammenhanges zwischen Ernährung und Körperzustand. 1. Mitt.: Einführung in die Problematik. Nahrung 10, 499 (1960a). 2. Mitt.: Methodologische und methodische Grundlagen. Nahrung 10, 529 (1960). 3. Mitt.: Praktische Durchführung der Körpermessungen und Bestimmung des Optimalgewichts unter Berücksichtigung des Körperbautyps. Nahrung 11, 107 (1967).
MÖHR, M.: Zur Veränderung und Beurteilung des Körpergewichts. Ztschr. f. d. ges. Hygiene u. ihre Grenzgebiete 13, 832 (1967a).
MÖHR, M.: Organisation und Durchführung von Ernährungserhebungen in Industriebetrieben der DDR nach der Protokoll-Gewichts-Methode. Ernährungsforschung 12, 363 (1967b).
MÖHR, M.: Anthropometrische Untersuchungen zur Kennzeichnung des Ernährungszustandes. Dtsch. Gesundh.-wesen 22, 1853 (1967c).
MÖHR, M.: Zur gegenwärtigen Situation der Gemeinschaftsverpflegung in Industriebetrieben — Organisatorisch-technischer Stand. Ernährungsforschung 13, 499 (1968).
MÜLLER, R.: Zur Adipositas und ihren Begleiterscheinungen. Dtsch. Gesundh.-wesen 18, 1907 (1963).
NOVOTNY, V.: Aktive Körpersubstanz und Depotfett bei Straßenradfahrern (Friedensfahrtteilnehmern). Med. und Sport 4, 61 (1964).
OCKEL, E.: Untersuchungen über den Einfluß der Schule auf das Körpergewicht und den Kreislauf bei Schulanfängern. Dtsch. Gesundh.-wesen 21, 1670 (1966).
OTT, H.: Normalgewicht und Optimalgewicht. Ernährungsumschau 10, 49 (1963).
PARIZKOVA, J.: Methods for measurement of total body fat and their clinical utilization, Vnitrni iekarstvi 7, 766 (1961).
PARIZKOVA, J.: Vyuziti metod k mereni telesneko slozeni v Ceskoslovensku. Anthropologia — Acta F. N. R. Univ. Comenianae — 8, 551 (1963).
POKROWSKIJ, A. A.: Über die Bedarfsdeckung des Organismus mit den wichtigsten Nährstoffen. Ernährungsforschung 9, 381 (1964).
RIES, W.: Das Körpergewicht unter Berücksichtigung von Alter und Geschlecht. Ztschr. f. Alternsforschung 17, 27 (1963/64).
RIES, W.: Beiträge zum Problem der Adipositas. Dtsch. Gesundh.-wesen 19, 1 (1964).
SCHALL, H.: Nahrungsmitteltabelle. 18. Aufl. Johann Ambrosius Barth Verlag, Leipzig 1962.

Schott, L.: Beziehungen zwischen Körperhöhe und Körpergewicht in einzelnen Altersklassen. Eine Mitteilung. Wiss. Z. Humboldt-Univ. Berlin, Math.-Nat. R. XV, 761 (1966).
Straube, K.-H.: Herzinfarkt und Lebensalter. Dtsch. Gesundh.-wesen **19**, 66 (1964).
Vamberova, M., und J. Parizkova: The evaluation of obesity on the basis of skinfold thickness measurement, Cs. Pediatrie **15**, 204 (1960).
Vetter, K.: Übergewicht und Leistung. Mitt. Sekt. Anthr. Biolog. Ges. i. d. DDR H. 13, 5 (1965).
Wirths, W.: Analyse einer Nährstoffbilanz für die Weltbevölkerung, Dtsch. med. J. **15**, 334 (1964).
VII. Internationaler Ernährungskongreß — Kurzfassung der Vorträge, Hamburg: Pergamos-Druck, 1966.

Diskussionsredner:

Repciuc (Rumänien), Möhr (DDR).

Institut für Pathologische Anatomie der Medizinischen Fakultät der Universität Cluj, S. R. Rumänien

Der gegenwärtige Stand der Forschung über die Morphopathologie der kleinen Gefäße

von

A. Muresan

Es steht fest, daß der Austausch von Gasen, Nähr- und Abbaustoffen zwischen dem Plasma und den interstitiellen Flüssigkeiten auf der Höhe der Gefäße kleinsten Kalibers vor sich geht.

Trotz der so großen Bedeutung dieses Abschnittes des Kreislaufapparates unter normalen wie pathologischen Bedingungen, konnte er bisher noch nicht hinreichend untersucht werden, wohl besonders wegen des Mangels an entsprechenden Erkundungsmitteln. Auf etliche Daten wurde aus dem Parameter der Gefäße größeren Kalibers geschlossen, doch birgt dieses Verfahren gewisse Beschränkungen und Unsicherheiten in sich.

Unter dem Begriff „Mikrokreislauf" versteht man gewöhnlich den Abschnitt der kleinsten Gefäße des Kreislaufapparates. Nach etlichen Verfassern gehören hierher nur die Gefäße von 1—20 Mikron Durchmesser, also vom anatomischen Standpunkte die Kapillaren, die kleinen präkapillären Arteriolen und die postkapillären Venolen.

Durch etliche moderne Erkundungsverfahren (Histochemie, Histoenzymologie, Elektronenmikroskopie, Polarographie usw.) wurden auch auf diesem Gebiete die Kenntnisse erweitert, so daß sich die Notwendigkeit ergab, ein neues Kapitel, das des „Mikrokreislaufes" aufzutun. In etlichen Ländern sind bereits Gesellschaften für „Mikrokreislauf", neben jenen für Kardiologie und Angiologie, entstanden.

Die zahlreichen Forschungen über diesen Abschnitt der Kreislaufgefäße haben zu etlichen neuen Auslegungen von Krankheiten und Krankheitssymptomen, zur tieferen Kenntnis etlicher essentieller Krankheitsprozesse, sowie zur Möglichkeit einer entsprechenden Therapie geführt.

Die Forschungen der letzten 15 Jahre haben eine Reihe von strukturellen Eigenheiten des Mikrokreislaufs unter normalen und pathologischen Zuständen aufgedeckt. Untersuchungen mit dem Elektronenmikroskop (Palade-Mayno, 1961) haben die Struktur der Kapillaren, das heißt die Diskontinuität der äußeren und die Kontinuität der inneren Gefäßwand erwiesen. Die Arbeiten von Copley (1964) haben die Bedeutung des endothelialen Fibrinfilms gezeigt, der den sogenannten „Fibrinzement" zustande bringt und sich auch auf die Basalmembran erstreckt.

Das Elektronenmikroskop hat auch die Bedeutung der amorphen Membran aus Mukopolysacchariden aufgedeckt, die den Zellelementen und den makromolekulären Gebilden gegenüber wie ein Filter wirkt.

Die Parameter des Mikrokreislaufs hängen zwar weitgehend vom Kreislauf in den Arteriolen ab, doch wurde festgestellt, daß Veränderungen im Kapillarkreislauf auch unabhängig vom Zustand der Arteriolen auftreten können. Die kontraktile Funktion der Gefäße wird von nervösen, chemischen, hormonalen und physikalischen (Temperatur und Druck) Faktoren beeinflußt.

Unter mannigfachen Bedingungen und unter der Einwirkung von verschiedenen pathogenen Faktoren treten Störungen auf dem Gebiete des Mikrokreislaufs auf, denen oft pathomorphologische Veränderungen folgen. Diese stehen häufig mit Dysfunktionen des Mikrokreislaufs in Verbindung und werden meist im Herzen, im Gehirn, in den Nieren und in der Retina beobachtet, und zwar infolge des funktionalen Typus der Arterien terminalen Charakters in den erwähnten Organen.

Die Pathologie der Gefäße des Mikrokreislaufs steht mit der Reaktion der Gefäßwand auf schädigende Einwirkungen im Zusammenhang. Die Veränderungen der Gefäßwand im Abschnitt des Mikrokreislaufs zeigen eine Besonderheit, die darin besteht, daß unabhängig von der Natur des schädigenden Faktors, das Gefäß auf ziemlich gleiche Art und Weise reagiert, was dazu führt, daß das Leiden seine ätiologischen Merkmale verliert.

Beim Zustandekommen der Reaktion auf eine Aggression beteiligen sich sämtliche vaskulären Strukturen (BERMAN, 1962; BOYD, 1961; KETTLER, 1966; MURESAN und VLAICU, 1967; VELICAN, 1964). Die Form der Endothelzellen ändert sich; sie werden rund, blasen sich auf oder erleiden dystrophische Schädigungen. Oft erscheinen Teilungen des Endothels, Veränderungen der Fibrinschicht, oder es bilden sich sogar Wandthromben.

Die Basalmembran zeigt Verdickungserscheinungen, so daß sie hervorragt (besonders bei diabetischer Glomerulosklerose, maligner Hypertension und erythematösem Lupus).

Das Muskelgewebe reagiert durch Hyperplasie und dystrophische Veränderungen, während das Bindegewebe ödematöse Veränderungen durch fibrinoide Intumeszenz, sowie Fragmentierungen der elastischen und Kollagenfasern zeigt. In späten Stadien treten Hyalinisierungserscheinungen und sogar Amyloidablagerungen auf.

Um die innere elastische Membran lassen sich Ansammlungen von Mukopolysacchariden feststellen, auf die Fibrose und Fragmentierung der Kollagenfasern folgen. Diese Läsionen treten in vielen Gefäßleiden frühzeitig auf (GILLMAN, 1959).

Die ätiologischen Faktoren der Pathologie der kleinen Gefäße sind sehr zahlreich (BERMAN, 1962; MURESAN und VLAICU, 1967). Ihre Wirkungsmechanismen sind sehr verschieden: sie wirken direkt, durch Veränderung der Hämodynamik, durch metabolische Störungen, durch Störungen der Reaktivität usw.

Je nach ihrer Natur, werden die ätiologischen Faktoren in Gruppen eingeteilt:

1. Infektiöse Faktoren (Mikroben, Viren, Rickettsien, Pararickettsien);
2. Toxische Faktoren (Tabak, Ergotismus, Kohlenoxyd usw.). In diese Gruppe können auch die „therapeutischen" Faktoren wie Bestrahlungen, Antibiotika, Zytostatika usw. eingereiht werden;
3. Faktoren und Bedingungen mit Wirkungen auf die Hämodynamik, wie endokrine und neuro-humorale Dysfunktionen;
4. Faktoren mit Wirkungen auf den Stoffwechsel der Gefäßwand, wie z. B. bei Diabetes mellitus, Hyperlipämie, Fettsucht usw.;
5. Faktoren mit Wirkungen auf den Reaktionszustand des Organismus, wie jene, die allergische und hyperergische Folgen zeitigen sowie die zahlreichen Leiden aus der Kategorie der Kollagenkrankheiten;
6. Hereditäre Faktoren; diese sind zwar noch nicht klargestellt, doch wird die Vererbung von Besonderheiten in der Reaktion auf gewisse Substanzen mit Wirkung auf die Gefäße anerkannt.

In bezug auf die Morphogenese der Läsionen kann gesagt werden, daß die Gefäßwand über verhältnismäßig wenige Möglichkeiten der Reaktion gegenüber den aggressiven Faktoren verfügt, und die Antwort ist nicht spezifisch für die Art der Schädigung. Im allgemeinen kommen die beiden fundamentalen Reaktionsprozesse vor: die Dystrophie und die inflammatorische Antwort. In den meisten Fällen verflechten sich diese beiden Prozesse, so daß nicht gesagt werden kann, welchem von ihnen der Vorrang zukommt, da Beweise für das Vorhandensein beider schon seit den ersten Phasen der Gefäßveränderungen als Antwort auf die Schädigung gefunden werden (MURESAN, 1959; MURESAN und VLAICU, 1967). Die Verflechtung beider Prozesse bewirkt, daß die morphologischen Merkmale der Dystrophie oder der Entzündung verschwinden. Doch kann in den verschiedenen Etappen der Entwicklung das Vorherrschen des einen oder des anderen dieser zwei Prozesse beobachtet werden. Die beiden Prozesse haben wechselseitige Rückwirkungen. In den späten Phasen der Gefäßveränderungen kommt es zum Fibrosierungs- oder Hyalinisierungsprozeß, so daß die ätiologischen und pathogenen Merkmale vollkommen verwischt werden. Nach den Worten BOYDS (1961) stehen wir vor „Ruinen", aus denen wir darauf schließen möchten, was sich dort früher abgespielt hat.

Eine ätiologische Diagnose wird in den späten sklerotischen Stadien erst durch eine Integrierung aller klinischen und Labordaten möglich.

Ein weiteres Problem auf dem Wege zum Verständnis der Pathologie des Mikrokreislaufs entsteht dadurch, daß es noch keine einheitliche Terminologie gibt (FULTON, 1954). So zum Beispiel wird oft der Begriff „Arteriolosklerose" benutzt, der aber der wahren Natur der Veränderungen in den kleinsten Gefäßen nicht entspricht, weil diese sich in Struktur und Funktion von den Arteriolen unterscheiden.

Bezeichnungen wie „Kapillaritis" oder „Kapillarose" entsprechen zwar dem betreffenden Abschnitt der Gefäße, doch erfassen sie das Wesen des pathomorphologischen Prozesses nicht. Während des evolutionären Prozesses könnte man eher von „Mikroangiopathien" sprechen, und in den tardiven Stadien von „Mikroangiosklerosen".

Von den Mikroangiopathien sind die Vorgänge im Verlaufe des Diabetes am besten erforscht. Die interkapilläre Glomerulosklerose (KIMMELSTIEL and WILSON, 1936) wird heute von vielen Verfassern als ein pathohistologischer und nicht als ein nosologischer Begriff aufgefaßt. Durch histochemische Untersuchungen und mit dem Elektronenmikroskop wurde festgestellt, daß die Hyalinablagerung nicht im interkapillären Raum erfolgt, und so macht ALLEN (1962) den Vorschlag, diese Schädigung „diabetische" und nicht „interkapilläre Glomerulosklerose" zu nennen. Die neueren Daten konnten dank der bioptischen Nierenpunktionen und der eigentlichen Biopsien erlangt werden.

Im Gegensatz zu den glomerulären Läsionen wird die diabetische Retinopathie heute als für diese Krankheit kennzeichnend betrachtet. Dies vor allem, weil die pathohistologischen Veränderungen auch bei jugendlichen Diabetikern ohne Hypertension oder Nierenleiden vorkommen und immer beidseitig sind. Die Läsion besteht in einer hyalinen Dystrophie, die zur Obliteration des Lumens führt.

Die Mikroangiopathien wurden in pathologischen Organen oder Geweben nur sporadisch untersucht. Doch sei erwähnt, daß bei gut- oder bösartigen tumorösen Prozessen einige Studien über die vaskulären Elemente in diesen pathologischen Geweben vorgenommen wurden. Im überwiegenden Teil der malignen Tumoren gibt es nur wenige Kapillaren, die durch eine Regeneration der Kapillaren aus den peripheren Gebieten des Tumors entstehen. In einigen experimentellen Untersuchungen wurde nachgewiesen, daß der Kreislauf in den Tumoren durch gewisse hormonale Substanzen, wie Adrenalin, Noradrenalin, Azetylcholin usw. verändert werden kann (CATER, 1966). Weitere Studien haben ergeben, daß unter Einwirkung etlicher chemischer Stoffe (Lysolezithin, Kallikrein) im Bereich der Kapillaren in den Tumoren entzündliche Prozesse auftreten. Wir sind der Ansicht, daß man im Kapillarnetz der Tumoren nicht von eigentlichen Mikroangiopathien sprechen kann, weil ja die Existenz der Geschwulst und ihrer Gefäße von kurzer Dauer ist (MURESAN und VLAICU, 1967).

Es gibt auch etliche Untersuchungen über die Pathologie des hepatischen Mikrokreislaufes, die durch Biopsien und bioptische Punktionen der Leber ermöglicht wurden. Die sinusoiden Leberkapillaren spielen dank ihrer Wechselbeziehungen zu den Hepatozyten und den DISSÉschen Räumen eine wichtige Rolle. Die Läsionen dieser Kapillargefäße konnten durch histo-enzymo-chemische Untersuchungen und mit Hilfe des Elektronenmikroskops festgestellt werden. Die Veränderungen der Kapillaren erfassen nicht simultan und gleichförmig das ganze System der Leber. Ein großer Teil der histochemischen und histoenzymatischen Veränderungen der sinusoiden Endothelien ist reversibel. Diese Veränderungen bedingen jedoch in einigen Abschnitten der Leberlappen Phänomene von Hypoxie und Anoxie, die zur Dystrophie und sogar zur Nekrose der Leberzellen führen, was in der Morphogenese einiger Zirrhosen eine wichtige Rolle spielt (VELICAN, 1964).

Im Zusammenhang mit den pathomorphologischen Prozessen im Bereiche des Mikrokreislaufs ergibt sich das Problem ihrer Reversibilität. Im Zusammenhang damit muß man zwei Aspekte in Betracht ziehen. Den ersten Aspekt bietet die strukturelle Reversibilität, die in den Anfangsstadien der Veränderungen und vor allem unter gewissen ätiologischen Voraussetzungen, wenn nämlich nicht allzu hochgradige dystrophische Läsionen vorherrschen, möglich ist. Den zweiten Aspekt bildet das Problem der funktionellen Reversibilität. Diese ist infolge von Veränderungen der Funktion der Gefäßwand und von Kompensationserscheinungen ziemlich häufig. Die erwähnten Tatsachen sprechen für eine klinische Anwendung der therapeutischen Mittel in möglichst frühen Stadien, in denen die Läsionen noch reversibel sind (MURESAN und VLAICU, 1967).

Das Kapitel über die Pathologie des Mikrokreislaufs befindet sich in voller Entwicklung, doch enthält es noch viele weiße Blätter. Zur Vertiefung dieser Probleme sind Untersuchungen sehr verschiedener Natur notwendig. Das Interesse in dieser Richtung und auch die zur Verfügung stehenden Erkundungsmittel sind leider noch immer nicht hinreichend.

Es ist notwendig, daß die Untersuchungen in vivo und in experimentellen Arbeiten fortgeführt werden. Die Strukturen müssen mit den modernsten Mitteln aufgedeckt werden. Allein auf diese Art können wir die Gewißheit haben, daß wir die Krankheitsprozesse auch auf diesem wichtigen Gebiete des Kreislaufs besser kennenlernen.

Literatur

ALLEN, A. C.: The kidney; Grune & Stratton, New York, 285—304 (1962).

BERMAN, H. J.: Pathology of the microcirculation; in: Abramson D. I.-Blood vessels and lymphatics; Academic Press, New-York—London, 170—181 (1962).

BOYD, W.: Textbook of Pathology; H. Kimpton, London, 500—523 (1961).

COPLEY, A. L.: Capillary permeability; in: Europäische Konferenz über Mikrozirkulation (Pavia 1962); S. Karger, Basel, 3—17 (1964).

FULTON, G. P.: Microcirculatory terminology; Angiology 8, 102—104 (1954).

GILLMAN, T.: A. M. A. Arch. Pathol. 67, 624 (1959).

KETTLER, L.-H.: Lehrbuch der speziellen Pathologie; G. Fischer, Jena; 71—90, 408, 417—419, 639 (1966).

KIMMELSTIEL, P., and C. WILSON: Intercapillary glomerulosclerosis; Amer. J. Pathol. 12, 83 (1936).

Majno, C., and G. E. Palade: Studies on inflamation; J. Biophys. Biochem. Cytol. **11,** 571–605 (1961).
Muresan, A.: Boala hipertonica-Leziuni neuro-distrofice cardiovasculare; in: Morfopatologia aparatului cardio-vascular; Edit. Academiei R. S. R., Bucuresti, 423–440 (1959).
Muresan, A., und R. Vlaicu: Probleme actuale ale patologiei vaselor mici; in: A VIII — a Consfatuire de Morfologie (U. S. S. M.)-Eforie Nord, 27–38 (1967).
Velican, C.: Problema interrelatiilor dintre capilarul sanguin si parenchimul hepatic; in: Probleme de hepatologie; Edit. Medicala-Bucuresti, 11–54 (1964).

Diskussionsredner:

Korb (DBR).

Aus der Hämatologischen Abteilung der 1. Medizinischen Universitätsklinik der Charité, Berlin, DDR

Zytomorphologische und zytochemische Befunde an Immunoblasten

von

H. STOBBE, K. M. HEINE und P. NEUMANN

Nach dem Eintritt eines Antigens in den Organismus laufen eine Reihe von Reaktionen ab, die heute unter der Bezeichnung „immunologische Abwehr“ zusammengefaßt werden.

Zu diesem komplexen Vorgang rechnen sowohl der „antibody response“, der mit der Bildung von Immunglobulinen einhergeht, der „transplantation response“, der die Ausbildung einer Allergie vom

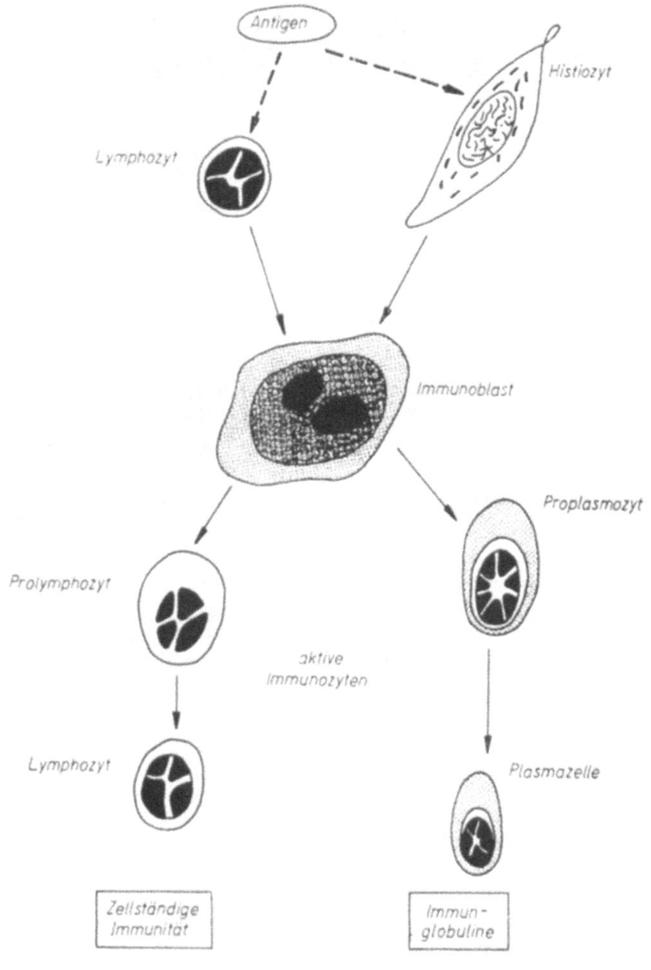

Abb. 1: Schema der immunkompetenten Zellen (nach DAMESHEK)

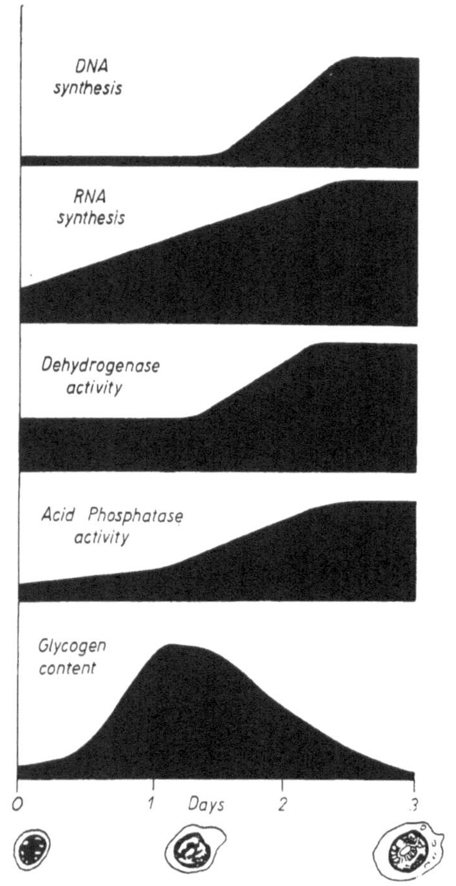

Abb. 2: Veränderungen des Stoffwechsels und der Enzymaktivitäten in stimulierten Lymphozyten der Kurzzeitkultur (nach Hayhoe)

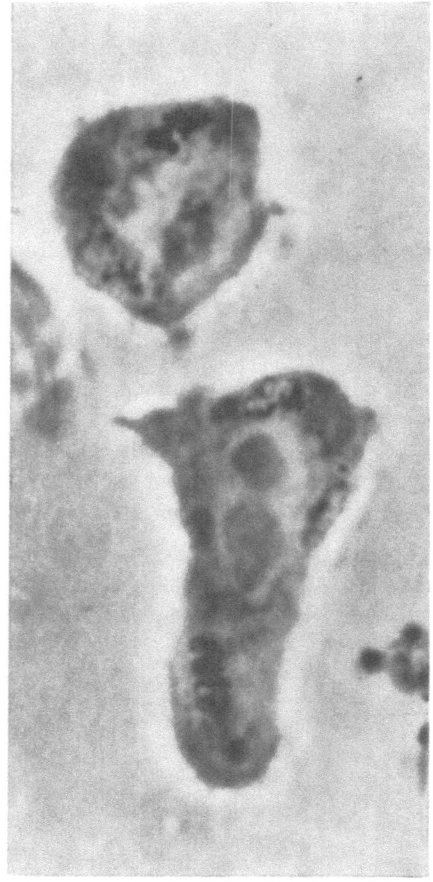

Abb. 3: Zwei Phythämagglutinin-stimulierte Lymphozyten (Immunoblasten) mit großen Kernkörperchen und zahlreichen „Glanzkörnern" im Zytoplasma in Kurzzeitkultur (72 h) (Nativpräparat, Phasenkontrastoptik)

zellständigen Typ beinhaltet und schließlich der „germinal centre response", durch welchen die Follikelzentren der Lymphknoten die Eigenschaften regelrechter Keimzentren erhalten.

Sowohl bei der Bildung von Antikörpern als auch der Entstehung einer Immunität vom verzögerten Typ nehmen große, blastenartige Zellen eine Schlüsselstellung ein. Diese Zellen, die selbst immunkompetent sind bzw. als Vorläufer der immunkompetenten Lymphozyten und Plasmazellen gelten können (Dameshek), werden auch Immunoblasten genannt (Abb. 1). Die bereits früher mehrfach angenommene Umwandlungsfähigkeit, die „Transformation", kleiner Lymphozyten zu derartigen blastenartigen Zellen, konnte durch die Entdeckung des Phytohämoglutinin-Effektes auf Lymphozyten schlüssig bewiesen werden (Li und Osgood, Nowell, Hungerford et al.).

Heute gilt es als gesichert, daß unter der Einwirkung von Phytohämagglutinin oder spezifischer Antigene, gegen welche der Lymphozytenspender sensibilisiert ist, in einer Lymphozytenkultur regelmäßig nach frühestens 24 Stunden bei einem mehr oder weniger großem Anteil der kleinen Lymphozyten eine Reihe zytomorphologisch und zytochemisch faßbarer Umwandlungsvorgänge einsetzen (Abb. 2).

1. Lockerung der Kernchromatinstruktur (in Übereinstimmung mit einer starken DNS-Synthese [Bender und Prescott]).
2. Auftreten zahlreicher Mitosen (48 Stunden nach Beginn der Phytohämagglutinin-Stimulierung mit einem Maximum am 3.—4. Tag).
3. Auftreten von einkernigen, seltener von zwei- und mehrkernigen, teilweise hochpolyploiden blastenartigen Zellen (Hirschhorn et al.).
4. Vergrößerung und Zunahme der Nukleolen (so daß die Immunoblasten Ähnlichkeit mit Hodgkin-Zellen erhalten) (Abb. 3).

5. Zunahme der Basophilie und Pyroninophilie des Zytoplasmas; (in Übereinstimmung mit einer gesteigerten RNS-Synthese [BENDER und PRESCOTT] und einer elektronenoptisch nachweisbaren Zunahme freier oder in Rosettenform gelegener Ribosomen).
6. Vergrößerung des juxtanukleären Aufhellungsbezirks, d. h. einer Ausweitung des Golgi-Feldes.
7. Vermehrung und Vergrößerung der Mitochondrien (wie dies phasenoptisch im Nativpräparat und elektronenoptisch erkennbar ist [TANAKA et al.; ELVES; INMAN und COOPER]).
8. Damit geht eine mit enzymzytochemischen Methoden faßbare Zunahme der oxydativen und glykolytischen Enzyme einher.
9. Zunahme PAS-positiver Substanzen, die schließlich im Zytoplasma in feingranulärer bis grobscholliger Form vorliegen (GOUGH und ELVES; QUAGLINO und COWLING). Während ELVES beim Immunoblasten bereits wieder eine eindrucksvolle Abnahme des Glykogens feststellte (und dies als Aufbrauch durch den Transformationsprozeß interpretierte), sahen wir noch am 4., 5. und 6. Tag in den Immunoblasten reichlich Glykogen.
10. Mit zunehmender Transformation kommt es zu einer bei phasenoptischer Beobachtung des Nativpräparats erkennbaren Intensivierung der Zellmotilität (Abb. 4).
11. Auftreten mit Pappenheim-Färbung darstellbarer azurophiler Granula bzw. Schollen in zahlreichen Immunoblasten.
12. Auftreten zahlreicher kugeliger, phasenpositiver Partikel von 0,25—0,5 μm Durchmesser, die den „Glanzkörnern" (NÖLLER, RIND) entsprechen und bei Pappenheim-Färbung auf Grund ihrer Lipoidlöslichkeit als Vakuolen in Erscheinung treten. Diese werden auf Grund des elektronenoptischen Befundes auch als „dense bodies" (NOVIKOFF et al.), bzw. als mit osmiophiler Membran umgebene „multivesicular bodies" (TANAKA et al.) bezeichnet (Abb. 5).

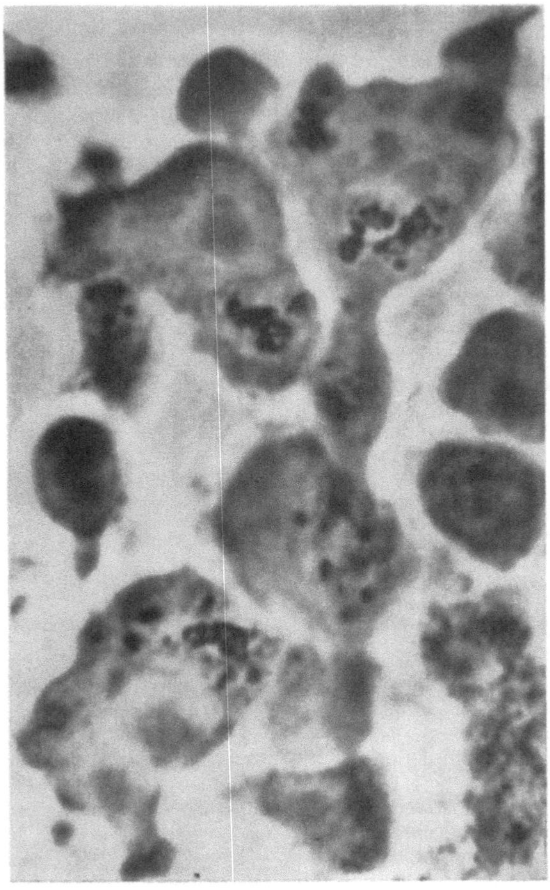

Abb. 4: Mehrere Phythämagglutinin-stimulierte Lymphozyten (Immunoblasten) neben zwei kleinen (nicht stimulierten) Lymphozyten in Kurzzeitkultur. Intensive Fortbewegung. (Nativpräparat, Phasenkonstrastoptik)

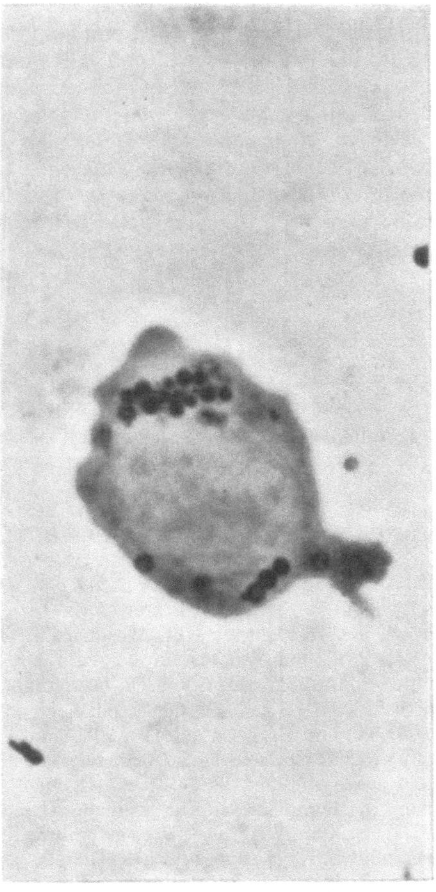

Abb. 5: Phythämagglutinin-stimulierter Lymphozyt (Immunoblast) in Kurzzeitkultur mit zahlreichen phasenpositiven „Glanzkörnern" und großem, unregelmäßig gestaltetem Nukleolus (Nativpräparat, Phasenoptik).

Die Vakuolen stellen sich teilweise gefärbt dar, wenn hydrolytische Enzyme zytochemisch dargestellt werden. So treten beim Nachweis der sauren Phosphatase gegenüber 1—6 Farbgranula in kleinen Lymphozyten mehr als 10 Farbgranula im Immunoblasten auf (Hirschhorn et al., Quaglino und Hayhoe, Gropp und Fischer).

Durch ihren Gehalt an sauren Hydrolasen, insbesondere an saurer Phosphatase, β-Glukuronidase und Naphthol-AS-acetat-Esterase, geben sich diese Zellorganellen als Lysosomen zu erkennen, die zytomorphologisch nicht so einheitlich in Größe und Aussehen (wie beispielsweise die Mitochondrien) und auch in ihren physikalischen Eigenschaften recht variabel sind. Ein Ansteigen der Lysosomen-Zahl ist allgemein für Zellen mit starker Proliferationsaktivität kennzeichnend. Eine Freisetzung lysosomaler Bestandteile kann Zellteilungen auslösen. Dabei fallen die Maxima freier Aktivitäten lysosomaler Enzyme mit den Maxima der Zellteilungen zusammen (Adams, Allison und Mallucci).

Histochemisch ist entsprechend der Zunahme der Lysosomen auch eine Zunahme der Anfärbbarkeit mit Sudanschwarz „B" bei den Immunoblasten festzustellen. Die Lysosomen weisen Glykolipoproteidmembranen bzw. Glykoproteidmembranen auf, zwischen denen Lipide eingelagert sind (Missmahl und Riethmüller). Dieser schalige Aufbau der Lysosomen wird bei der Sudanschwarz „B"-Färbung immer wieder deutlich.

Heute wird von vielen Seiten angenommen (u. a. Dameshek, Bach und Hirschhorn, Cooperband et al., Elves), daß sich aus den Immunoblasten wieder kleine Lymphozyten sowie Plasmazellen bilden können.

Es gilt als sicher, daß ein Teil des von den transformierten Lymphozyten produzierten Proteins Immunglobulin ist, wie immunoelektrophoretisch und fluoreszensmikroskopisch erwiesen wurde (Bach und Hirschhorn, Elves et al., Cooperband et al.).

Durch die Stimulierung der Lymphozyten mit Phytohämagglutinin in vitro besitzen wir ein vorteilhaftes Modell, das die verschiedenen Stadien der Entwicklung vom Lymphozyten zum Immunoblasten in zytomorphologischer und zytochemischer Hinsicht zu erfassen erlaubt. Dadurch ist es erst möglich geworden, auch in vivo zytomorphologisch und zytochemisch entsprechende Zellen zu erkennen, und beispielsweise die basophilen Stammzellen des lymphatischen Systems, die Germinoblasten (Lennert), die lymphatischen und lymphoblastischen Reaktionsformen (Klima) bzw. die Lymphoidzellen (Jorke) als immunkompetente Zellen einzuordnen. Bei der Ähnlichkeit der Hodgkin- bzw. Sternbergzellen stellt sich die Frage, ob ihre biologische Stellung etwa derjenigen eines Immunoblasten mit inerter Funktion entspricht.

Literatur

Adams, R. L.: Biochem. J. **87**, 532 (1963).
Allison, A. C., und L. Mallucci: Lancet II, 1371 (1964).
Bach, F., und K. Hirschhorn: Exp. Cell. Res. **32**, 592 (1963).
Bender, M. A., und D. M. Prescott: Exp. Cell. Res. **27**, 221 (1962).
Cooperband, S., A. Nahmias und S. Kibrick: Arthr. and Rheum. **7** (**3**), 303 (1964).
Dameshek, W.: Blood **21**, 243 (1963).
Elves, M. W.: The Lymphocytes, Lloyd-Luke, London (1966).
Fischer, R., und A. Gropp: Klin. Wschr. **44**, 733 (1966).
Gough, J., und M. W. Elves: Acta haemat. **36**, XX (1966).
Gough, J., und M. W. Elves: Acta haemat. **37**, 42 (1967).
Gropp, A., und R. Fischer: Virchows Arch. path. Anat. **338**, 64 (1964).
Gropp, A., und R. Fischer: Klin. Wschr. **44**, 665 (1966).
Hirschhorn, K., und R. Hirschhorn: Lancet I, 1046 (1965).
Hirschhorn, R., S. M. Kaplan, A. F. Goldberg, K. Hirschhorn und G. Weissmann: Science **147**, 55 (1965).
Hungerford, D. A., A. J. Donelly, P. C. Nowell and S. Beck: Amer. J. Imm. Genet. **11**, 215 (1959).
Inman, D. R., und E. H. Cooper: J. Cell. Biol. **19**, 441 (1963).
Jorke, D.: Die Lymphoidzellen. Akademie-Verlag, Berlin (1963).
Klima, R.: Wien. Z. inn. Med. **33**; 125 (1952).
Lennert, K.: Lymphknoten, Cytologie und Lymphadenitis. In: Handbuch der spez. path. Anatomie und Histologie Bd. I/3, Bandteil A. Springer-Verlag, Berlin—Göttingen—Heidelberg (1961).
Li, J. G., und E. E. Osgood: Blood **4**, 670 (1949).
Missmahl, H. P., und G. Riethmüller: Blut **15**, 198 (1967).
Nöller, H.: Ärztl. Forsch. **6**, 185 (1952).
Novikoff, A. B., H. Beaufay und C. deDuve: J. Biophys Biochem. Cytol. Suppl. **2**, 179 (1956).
Nowell, P. C.: Cancer Research **20**, 462 (1960).
Nowell, P. C.: Exp. Cell. Res. **19**, 267 (1960).
Quaglino, D., und D. C. Cowling: Brit. J. Haemat. **10**, 358 (1964).

QUAGLINO, D., and F. G. J. HAYHOE: Metabolic changes in short-term „in vitro" cultures of normal and leukaemic cells. Studies with cytochemistry autoradiography. In: Current research in Leukaemia (ed. F. G. J. HAYHOE) Cambridge University Press, Cambridge (1965).
RIND, H.: Klin. Wschr. **33**, 731 (1955).
TANAKA, Y., L. B. EPSTEIN, G. BRECHER and F. STOHLMAN: Blood **22**, 614 (1963).

Diskussionsredner:

REPCIUC (S. R. Rumänien), SANDOR (S. R. Rumänien).

Forschungszentrum für Normale und Pathologische Embryologie der Akademie der Wissenschaften der Sozialistischen Republik Rumänien, Timişoara, S. R. Rumänien

Eine neue Methode für in ovo Filmaufnahmen am Hühnerembryo

von

St. Sandor, H. Bender, C. Dumitrescu, T. Logofat, E. Oprendeck und B. Schlechta

Die Erforschung der normalen und pathologischen embryonalen Frühentwicklung benötigt — nebst mikroskopischer oder mikro-makroskopischer Beobachtung — auch kinematographische Untersuchungsmethoden, insbesondere die Anwendung der Zeit-Raffer-Methode. Diese Methode erlaubt — wie bekannt — die Entwicklungsvorgänge, die spontanen oder experimentell erzeugten embryopathologischen Vorgänge (d. h. die frühe Phänogenese der Mißbildungen), dynamisch zu verfolgen.

Im Falle des Hühnerembryos, der sehr häufig für Modellversuche in der experimentellen Embryologie und Teratologie verwendet wird, wurden die Filmaufnahmen bisher am explantierten, in vitro (kurzfristig) weiterlebenden Embryo vorgenommen. Da aber die Entwicklung des explantierten Embryos (auch während der maximal 48 Stunden!) keineswegs für völlig normal gelten kann, bestand die dringende Notwendigkeit, die Anwendung der kinematografischen Untersuchungsmethode auch an dem sich im Ei entwickelnden Keim zu ermöglichen. Im teratologischen Experiment ist es besonders wichtig, die im Versuch erzeugten Frühschädigungen möglichst lange in ihrer Entwicklung verfolgen zu können.

Wir haben in unserem Forschungszentrum für Embryologie zu Timişoara eine neue Methode ausgearbeitet, die nach unseren bisherigen Erfahrungen den oben genannten Notwendigkeiten entspricht und zwar gibt sie ein gutes, die Einzelheiten der Morphogenese hervorhebendes Bild und hat keinen wesentlichen Einfluß auf die Entwicklung des Keimes. Sie erlaubt, die Zeit-Raffer-Filmaufnahmen verhältnismäßig früh, bei 28—30stündigem Bebrütungsalter zu beginnen und sie dann — im günstigen Falle — bis zum dritten bis vierten Bebrütungstag weiterzuführen.

Die einfache Beobachtung des Hühnerembryos bis zum dritten Tag der Bebrütung ist — wegen des kontrastlosen Bildes — schwer möglich. Insbesondere beim teratologischen Experiment kann der Embryo wegen der nicht zu vernachlässigenden Toxizität der Farbstoffe nicht durch Vitalfärbung sichtbar gemacht werden. Um die Filmaufnahmen zu ermöglichen, muß ein künstlicher Kontrast geschaffen werden. Auf Grund früherer Beobachtungen Prof. Menkes haben Elias und Sandor eine durch subembryonale Tuscheinjektion erzeugte Kontrastierung für Serienphotographie ausgearbeitet. Da bei den Filmaufnahmen natürlich keine Tuscheinjektion verwendet werden kann (die Tusche übt einen toxischen Einfluß auf den Keim aus), benutzten wir zu diesem Zweck eine andere, von uns erprobte Kontrast-Mischung, und zwar eine Suspension reiner tierischer Kohle in einer physiologischen Agar-Agar-Lösung.

Das genaue Rezept lautet:

(1) Carbo animalis (feiner Staub)	1,5 g
(2) Agar-Agar (puriss.)	0,08 g
(3) Chick-Ringer Lösung	4 ml
(4) 3tägige subembryonale Flüssigkeit	16 ml

Man bereitet eine Agar-Lösung in Chick-Ringer (0,40 g zu 20 ml) durch Aufkochen zu. Nach Abkühlung bis etwa 38—39 °C werden 4 ml von dieser Lösung mit 16 ml frischer, zentrifugierter, 3tägiger Subembryonalflüssigkeit gemischt. Die Carbo animalis wird danach in diesem Gemisch suspendiert. Im Notfall kann auch eine einfachere Suspension benutzt werden: 1,5 g Carbo animalis in einer Agar-Agar—Lösung in Chick-Ringer (0,08 g auf 20 ml).

Die ständig bei 38—39 °C gehaltene Suspension wird mit Hilfe einer feinen Pasteur-Pipette (am „gefensterten" Ei) ins Cavum subembryonale eingespritzt. Es ergibt sich ein schönes Kontrastbild, der Embryo erscheint weiß auf schwarzem Grund (Abb. 1). Die Menge der eingespritzten Substanz hängt von der Variabilität der Keimscheibe ab, muß aber eine geschwärzte Oberfläche von etwa 1,5 cm ∅ sichern, damit das Kontrastbild beim Wachstum des Embryos erhalten bleibt. Nach der Injektion wird das gefensterte Ei durch ein großes Deckglas bedeckt und sorgfältig verdichtet. Das geschilderte Verfahren verlangt eine vollkommene Sterilität.

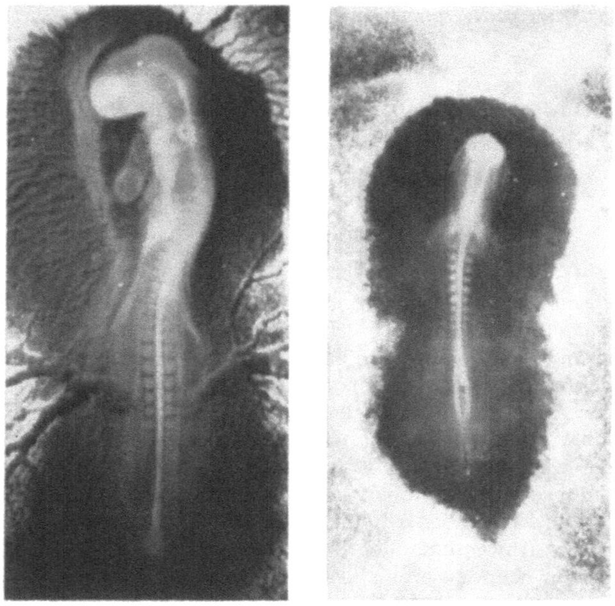

Abb. 1. Hühnerembryo in Aufsicht und Seitenansicht

Um die Entwicklung der mit dem Kontrastverfahren behandelten Embryonen zu prüfen, verwendeten wir die biostatistische Frühtest-Methode, die in unserem Forschungszentrum von Elias und Sandor ausgearbeitet wurde. Wir konnten feststellen, daß die Anwesenheit der Kontrastsubstanz die Morphogenese (sowohl das Wachstum, als auch die Differenzierungsvorgänge) im wesentlichen nicht beeinflußt.

Das so vorbereitete Ei wird in einer Termostatkammer gefilmt. Die verschiedenen Bedingungen der Filmaufnahme (Vergrößerung, Belichtungszeit, Belichtungsabstand usw.) sind durch die Besonderheiten des jeweiligen Versuches bedingt.

Die beschriebene Methode eignet sich für die Untersuchung der Frühentwicklung in der Zeitspanne der frühen Organogenese, die bekanntlich bei der Entstehung der Mißbildungen (wie übrigens auch in der Normogenese!) eine entscheidende Rolle spielt. Nach unserer bisherigen Erfahrung läßt sie besonders die Entwicklung des Zentralnervensystems (der Hirnbläschen und des Neuralrohres), des Augen- und Ohrbläschens, die Krümmungen des Embryos, das Erscheinen der Ursegmente, die „Regression" des Hensenschen Knotens, die Entwicklung der Amnionsfalten usw. erkennen. Naturgemäß ist die Filmaufnahme des in seiner normalen Stellung sich befindenden Embryos für Beobachtungen am Herzen und an der Kopffalte weniger geeignet. Am kontrastierten Embryo können verschiedene experimentelle Eingriffe durchgeführt werden, deren Ergebnisse bis in die zweite Hälfte der Bebrütungszeit verfolgt werden können.

Literatur

Menkes, B.: Cercetări de Embriologie Experimentală. vol. I. Ed. Acad. RPR. București (1958).

Elias, S., and S. Sandor: A biostatistical study of the early morphogenesis of the chick embryo and of its appendages. Revue Roumaine d'Embryologie et de Cytologie-Série d'Embryologie 2, 115—160 (1965).

Sandor, S., and S. Elias: The influence of aethyl-alcohol on the development of the chick embryo. Revue Roumaine d'Embryologie et de Cytologie-Série d'Embryologie 5, 51—76 (1968).

I. Medizinische Klinik und Pathologisches Institut der Humboldt-Universität zu Berlin, DDR

Die Bedeutung der intravitalen morphologischen Diagnostik für die Klinik der Nierenerkrankungen

von

R. Natusch, H. Dutz und L.-H. Kettler

Die intravitale Gewinnung von Nierengewebe mit der perkutanen Nierenbiopsie hat die Diagnostik der Nierenerkrankungen zweifellos bereichert. Der Kliniker bedient sich ihrer zur Routinediagnostik zahlreicher Nierenkrankheiten, von denen nach wie vor etwa 20% mit anderen Mitteln nicht geklärt werden können.

Darüber hinaus ist es besonders in Fällen aktiver Glomerulonephritiden vom Grad und Ausmaß der Floridität abhängig, welche therapeutischen Konsequenzen zu ziehen sind.

Die Mittel der klinischen Diagnostik erlauben es oft nicht, den Verlauf renaler Erkrankungen exakt zu beurteilen. Auch hierbei ist der histologische Befund ein wesentliches Kriterium für die Einschätzung der Entwicklung einer Erkrankung.

Einen wichtigen diagnostischen Beitrag leistet die Nierenbiopsie in der Beurteilung der kontralateralen Niere bei der Nierenarterienstenose mit den Konsequenzen einer strengen Operationsindikation.

Über den Rahmen der Routinediagnostik hinaus, erlaubt die intravitale histologische Untersuchung wissenschaftlichen Fragestellungen mit speziellen Methoden nachzugehen. Hierzu gehören besonders distale Tubulusschäden, Enzymdefekte und angeborene Syndrome, deren intravitale Untersuchung mit histochemischen, immunologischen und elektronenoptischen Verfahren vor allem in der paediatrischen Nephrologie von Bedeutung sind.

Die Nierenbiopsie hat aber auch ihre Grenzen, die besonders dadurch gegeben sind, daß sie uns nur Einblick in einen Bruchteil des vorhandenen Nierengewebes gestattet. Diese Tatsache muß bei den häufig herdförmig auftretenden Nierenerkrankungen berücksichtigt werden. Ein negativer histologischer Befund erlaubt daher nur selten den Ausschluß einer Nierenkrankheit. Dieser Einschränkung unterliegt auch die Reproduzierbarkeit eines Befundes durch Wiederholungsbiopsien, aus denen der Verlauf einer Erkrankung oder ein Therapieeffekt entnommen werden sollen. Eine optimale Ausnutzung der Methode ist daher nur möglich, wenn auch der histologische Befund sinnvoll in die klinischen Untersuchungsergebnisse eingeordnet wird, wie es überhaupt notwendig ist, daß Morphologe und Kliniker bei der Diagnosestellung eng zusammenarbeiten. Klinische Befunde und Histologie dürfen auf keinen Fall getrennt beurteilt werden oder gar konkurrieren. Wie fruchtbar andererseits eine solche Kooperation sein kann, haben wir in unseren gemeinsamen Bemühungen mit Herrn Prof. Dr. L.-H. Kettler (Direktor des Pathologischen Instituts der Charité) in einigen Jahren enger Zusammenarbeit wiederholt demonstrieren können.

In Zukunft wird die Biopsie trotz noch bestehender Vorurteile mehr und mehr Eingang in die Diagnostik der Nierenerkrankungen finden. Bei optimalen Voraussetzungen wird sie in der Hand des Geübten in vielen Fällen entscheidend zur Klärung eines Krankheitsbildes beitragen.

Klinische Anwendung und Ergebnisse

Wir haben in 5 Jahren über 1100 perkutane Nierenbiopsien mit der Technik nach Menghini vorgenommen und dabei folgende Erfahrungen sammeln können.

Chronische Pyelonephritis

Eine der häufigsten Nierenerkrankungen ist die chronische Pyelonephritis. Ihr primär-chronischer Beginn und ihre dezente und häufig wechselnde Symptomatik stellen den Kliniker vor besonders schwierige diagnostische Aufgaben.

Bei 50 histologisch sicheren Pyelonephritiden stellten wir in 20% eine andere klinische Diagnose (Abb. 1).

An spezifischen diagnostischen Befunden stehen uns hierzu neben der Anamnese, die Röntgenuntersuchung, der Konzentrationsversuch und die Sediment- und Keimdiagnostik zur Verfügung. Eine Überprüfung dieser Kriterien an Hand der histologisch sicheren Diagnose ergab folgendes prozentuale Verhalten (Abb. 2).

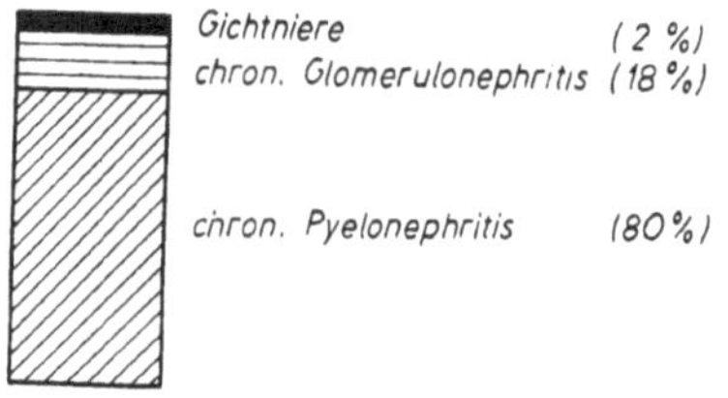

Abb. 1. Klinische Diagnosen bei 50 histologisch gesicherten Pyelonephritiden

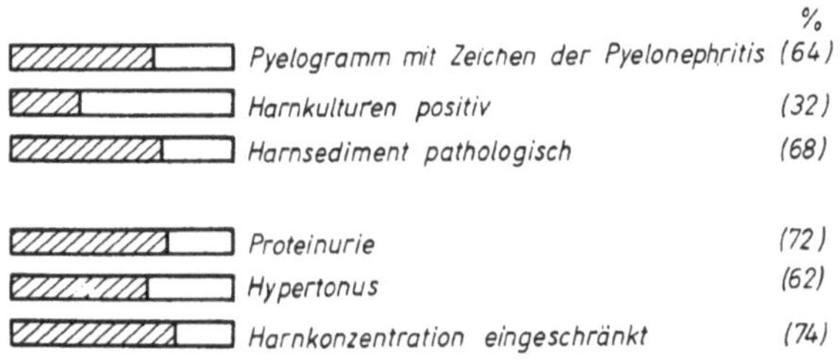

Abb. 2. Klinische Symptomatik bei 50 Fällen bioptisch gesicherter Pyelonephritis

Hierzu ist bemerkenswert, daß die Leucocyten im Harn lediglich in 44% führend vermehrt waren, während in 12% eine führende Vermehrung der Erythrocyten zu beobachten war und in 16% eine vermehrte Ausscheidung von Leucocyten und Erythrocyten in gleicher Höhe.

Chronische Glomerulonephritis

Bei der chronischen Glomerulonephritis sind die klinischen Parameter zuverlässiger und führten bei 60 histologisch gesicherten Glomerulonephritiden lediglich in 11,6% zu falschen klinischen Diagnosen (Abb. 3).

Eine kritische Betrachtung der klinischen Kriterien, von denen die Anamnese, eine frühzeitige Einschränkung der glomerulären Leistung, ein spezifisches Harnsediment und das Auftreten von granulierten Zylindern im Harn im Vordergrund stehen, ergab die in Abbildung 4 dargestellten Befunde.

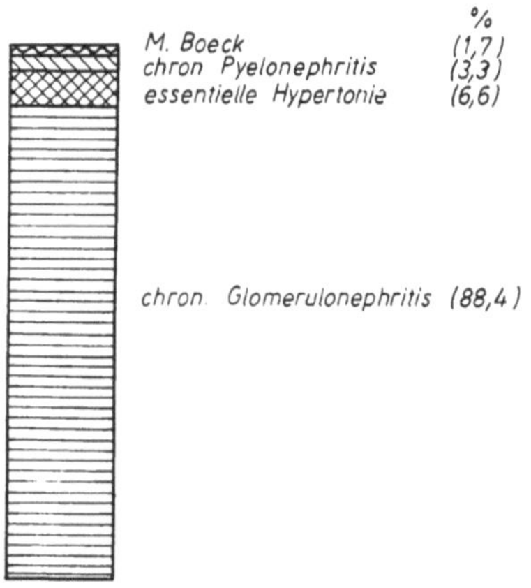

Abb. 3. Klinische Diagnosen bei 60 histologisch gesicherten Glomerulonephritiden

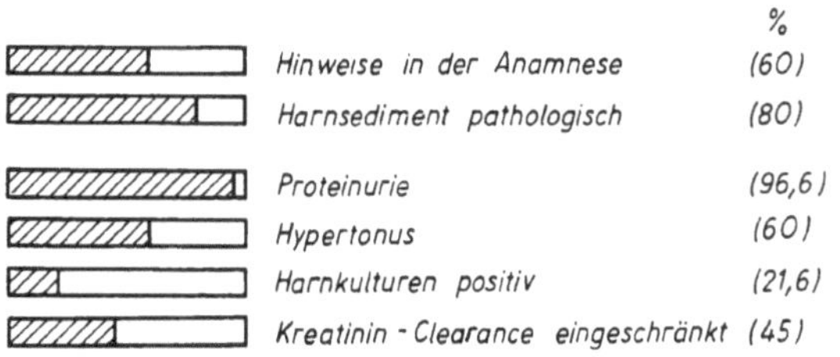

Abb. 4. Klinische Symptomatik bei 60 Fällen bioptisch gesicherter Glomerulonephritis

Eine führende Erythrocyturie als Hinweis auf eine Glomerulonephritis war in 28,3% vorhanden, während in 25% die Leucocyten vermehrt ausgeschieden wurden. In 26,6% waren Erythrocyten und Leucocyten in gleicher Höhe vermehrt, in 51,6% dagegen fanden sich granulierte Zylinder. Diese

Ergebnisse führen dazu, daß mehr und mehr bestimmte Symptomkombinationen zur Diagnose herangezogen werden müssen, die zwar nicht immer klassischen Lehrbuchvorstellungen entsprechen, durch die praktischen Erfahrungen aber begründet sind.

Glomerulonephritis und Pyelonephritis

Eine glomerulonephritisch geschädigte Niere ist ein Locus minoris resistentiae, der früher oder später das Entstehen einer sekundären Pyelonephritis begünstigt.

Die klinischen Befunde werden meist durch das Vorherrschen der einen oder anderen Symptomatik charakterisiert, so daß die Diagnose Glomerulonephritis und Pyelonephritis objektive Schwierigkeiten macht. Darüber hinaus gehört sie aber noch keineswegs zu den allgemein vorstellbaren Nierenkrankheiten. In 20 Fällen histologisch gesicherter Doppelerkrankungen (Glomerulonephritis und Pyelonephritis) wurde diese Kombination klinisch in 45% vermutet, während in 55% der Fälle nur eine Erkrankung diagnostiziert wurde (Abb. 5).

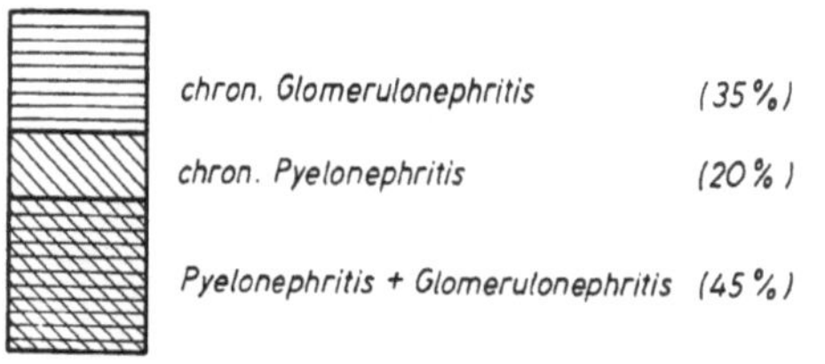

Abb. 5. Klinische Diagnosen bei 20 Fällen histologisch gesicherter Pyelonephritis und Glomerulonephritis

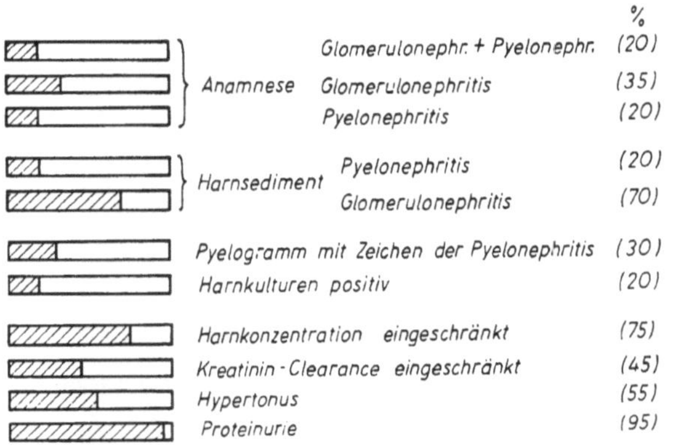

Abb. 6. Klinische Symptomatik bei 20 Fällen bioptisch gesicherter Pyelonephritis und Glomerulonephritis

Zu diesen 20 Fällen von Glomerulonephritis und Pyelonephritis gehörte das in Abbildung 6 dargestellte diagnostische Spektrum. Für die exakte Diagnostik solcher kombinierter Erkrankungen wird es besonders auf die zunehmende klinische Erfahrung und die Übung in der Interpretation der Befunde ankommen. Andererseits ist offensichtlich, daß hier die Bedeutung der intravitalen histologischen Untersuchung besonders groß ist.

Unklare Haematurie

Vor ähnliche Probleme sieht sich der Kliniker bei der sogenannten unklaren Haematurie gestellt. Hier gelingt es in Zusammenarbeit mit dem Urologen bestenfalls grobe Blutungsquellen im Bereich der abführenden Harnwege auszuschließen, die eigentliche Ursache der Haematurie in der Niere zu ermitteln ist ohne Nierenbiopsie nur äußerst selten möglich. Nach Literaturberichten der letzten Jahre sind

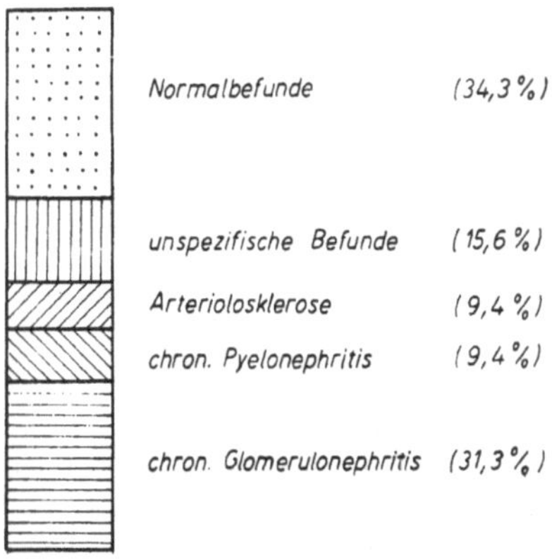

Abb. 7. Bioptische Befunde bei 32 Fällen mit unklarer Haematurie

häufige Ursachen von renalen Mikro- und Makrohaematurien Herdnephritiden, Restzustände nach durchgemachten Glomerulonephritiden, monosymptomatische Pyelonephritiden etc. Die exakte Klärung solcher Diagnosen gelingt praktisch nur mit der Nierenbiopsie.

In 32 Fällen unklarer Haematurie ergab die histologische Untersuchung noch in 50% der Fälle eine klar definierte Diagnose (Abb. 7).

Nephrotisches Syndrom

Ein Symptomkomplex, der uns heute die Biopsie unentbehrlich erscheinen läßt, ist das nephrotische Syndrom. Die exakte histologische Diagnose, möglichst mit Angaben über den Aktivitätsgrad der Erkrankung und das Ausmaß der Schädigung sind für die therapeutischen Konsequenzen von entscheidender Bedeutung. Selbst wenn es klinisch möglich wäre, die Diagnose einer Glomerulonephritis zu stellen, bleibt es der Biopsie vorbehalten, diesen Befund in der erforderlichen Weise zu präzisieren.

Zu 32 nephrotischen Syndromen gehörten folgende histologische Diagnosen (Abb. 8):

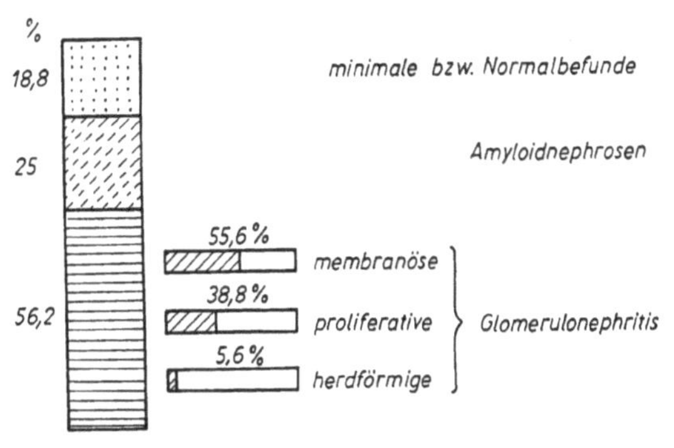

Abb. 8. Bioptische Befunde bei 32 Fällen mit nephrotischem Syndrom

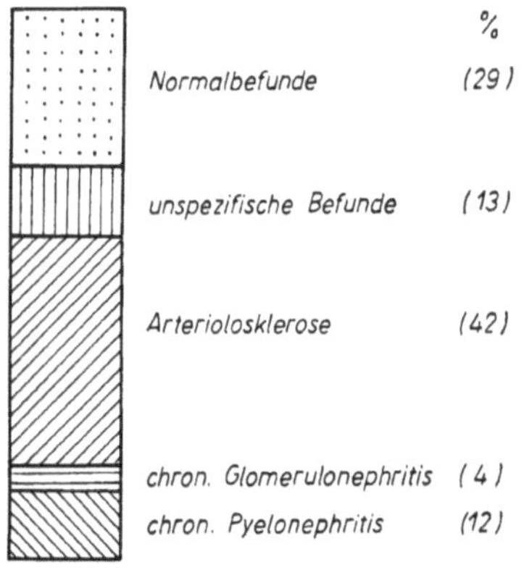

Abb. 9. Bioptische Befunde bei 100 Patienten mit essentieller Hypertonie

Hierzu scheint bemerkenswert, daß die Diagnose einer Amyloidniere mit Sicherheit nur histologisch gestellt werden kann. Von den 8 histologischen Amyloidnieren wurden nur 3 klinisch vermutet.

Essentielle Hypertonie

In zunehmendem Maße wird die sogenannte essentielle Hypertonie Hauptanwendungsgebiet der Nierenbiopsie. Es geht dabei um den Nachweis einer symptomlosen organischen Nierenerkrankung als Ursache des Hypertonus.

In einem Kollektiv von 100 essentiellen Hypertonien fanden sich histologisch die in Abbildung 9 dargestellten Befunde. Es ist beachtlich, daß in 16% durch die Biopsie eine Nierenerkrankung ermittelt werden konnte.

Zusammenfassung

An Hand von über 1100 perkutanen Nierenbiopsien wird eine Analyse des diagnostischen Wertes der Methode bei einigen wichtigen Nierenerkrankungen vorgenommen.

Besondere Bedeutung hat die intravitale histologische Untersuchung in der Diagnostik der chronischen Pyelonephritis, wo sie in etwa 20% klinische Diagnosen korrigiert und bei der chronischen Glomerulonephritis, die in 11,6% erst durch die Nierenbiopsie erkannt wird.

Beim gleichzeitigen Bestehen einer Glomerulonephritis und einer Pyelonephritis gelingt es nur in knapp 50% klinisch beide Erkrankungen zu vermuten.

Bei der unklaren Haematurie wird erst durch die Biopsie noch in 50% ein pathologisches Substrat erbracht. Das nephrotische Syndrom ist bei der Präzisierung der klinischen Diagnose besonders auf die Nierenbiopsie angewiesen, wobei es vor allem um die Aktivität und das Ausmaß der Nierenschädigung geht.

Die sogenannte essentielle Hypertonie läßt in 16% durch die Biopsie organische Nierenschäden erkennen.

Literatur

DAVID, H., P. GROSSMANN, I. MARX und R. NATUSCH: Elektronenmikroskopische Befunde an der Niere beim Alport-Syndrom. Frankfurt. Z. Path. **76**, 12–20 (1966).

DITSCHERLEIN, G., P. GROSSMANN, R. NATUSCH und I. MARX: Submikroskopische Befunde beim idiopathischen De Toni-Debré-Fanconi-Syndrom (im Druck).

DUNN, M. J.: Acute Glomerulonephritis with Normal Results from Urinalyses. J. A. M. A. **201**, 933 (1967).

FERRIS, Th. F., Ph. GORDON, M. KASHGARIAN and F. H. EPSTEIN: Recurrent Hematuria and Focal Nephritis. New Engl. J. Med. **276**, 770 (1967).

HARDWICKE, J., J. D. BLAINEY, D. B. BREWER and J. F. SOOTHILL: The Nephrotic Syndrome. Proc. 3rd int. Congr. Nephrol., Washington 1966, Vol. 3, pp. 69–82.

HEPTINSTALL, R. H. and A. M. JOEKES: Focal Glomerulonephritis. STRAUSS M. D. and L. G. WELT: Diseases of the Kidney, S. 306. J. & A. Churcill Ltd; London 1963.

KINCAID-SMITH, P.: The Clinical Value of Renal Biopsy. Proc. 3rd int. Congr. Nephrol., Washinton 1966. Vol. 2 pp 178–197,

KLEINSCHMIDT, A.: Die Mikrohaematurie. Pathogenese und diagnostische Bedeutung. Internist **1**, 112 (1960).

NATUSCH, R. und K. PRECHT: Diagnostische Probleme bei der chronischen Pyelonephritis. Dtsch. Gesundheitswesen **19**, 74 (1964).

NATUSCH, R. und F. MARX: Zur Methodik der perkutanen Nierenbiopsie. Zschr. ges. inn. Med. **20**, 571 (1965).

NATUSCH, R. und L.-H. KETTLER: Die perkutane Nierenbiopsie bei der chronischen Pyelonephritis. Zschr. ges. inn. Med. **20**, 126 (1965).

NATUSCH, R. und K. BUCHALI: Ergebnisse der Nierenbiopsie beim Hypertonus. Aktuelle Probleme der Nephrologie, Springer-Verlag, Berlin-Heidelberg-New-York 1966, S. 437.

SCHREINER, G. E.: The Nephrotic Syndrome. STRAUSS M. B. and L. G. WELT: Diseases of the Kidney, S. 335, J. & A. Churchill Ltd, London 1963.

Diskussionsredner:

TOST (DDR).

Институт Эпидемиологии и Микробиологии им. Н. Ф. Гамалея АМН СССР, Москва, СССР

Эволюция мембранных структур у микроорганизмов

А. А. Авакян

Современные прецизионные морфологические методы исследования вскрыли сложную мембранную и полостную организацию клетки. Установлено, что сложные, саморегулирующие, многоступенчатые биохимические и физиологические процессы осуществляются в определенных структурных элементах (органоидах) клетки. Можно думать, что изучение мембран у низших организмов, находящихся на разных ступенях эволюционного развития, может стать ключом к пониманию функций высокодифференцированных клеток и их органоидов, какими являются митохондрии, аппарат Гольджи, кинетопласт, эндоплазматический ретикулум и т. д.

Вопросы структуры и функции биологических мембран находятся в центре внимания современных исследователей — биофизиков, биохимиков, морфологов, физиологов и др.

Однако факты, добытые современными методами, пока еще не рассматривались с эволюционной точки зрения. Этот, оправдавший себя методологический подход, несомненно мог бы помочь решению многих биологических задач, не доступных физическим и химическим методам.

Из литературы нам уже известно, что сделаны первые успешные попытки изучения эволюции мембран в онтогенезе. Но никто еще не провёл сравнительного изучения мембран у организмов, находящихся на различных ступенях эволюционного развития. Это объясняется, во-первых, тем, что работы современных биологов, вооруженных новыми методами исследования, пока ещё находятся в стадии накопления фактов. В частности, до сих пор остаётся неисследованным строение многочисленных групп микроорганизмов. Во-вторых, многие современные биологи проводят резкую грань между различными группами живых организмов. Например, некоторые вирусологи до сих пор считают вирусы не живыми, или неполноценными организмами (Стенли, Львов и др.), а если и живыми, то решительно отделяют их от всего другого живого мира, утверждая, что «всё живое на земле делится на вирусы и не вирусы» (Жданов, В. М.).

На наш взгляд, в мире живых существ нет абсолютных разграничений: всегда имеются переходные формы как между растениями и животными, одноклеточными и многоклеточными, так и в равной степени - между бактериямии вирусами. К этому взгляду нас привели наши многолетние сравнительные исследования анатомии и онтогенеза вирусов, бактерий и простейших. На наш взгляд, уже накоплен достаточный материал для перехода от анализа частных вопросов к обобщению, к синтезу. Итак, наш доклад посвящен сравнительному экспериментальному изучению мембран и мембранных структур у микроорганизмов, находящихся на различных уровнях эволюционного развития.

Совместно с сотрудниками и аспирантами нашей лаборатории нами исследовано 30 различных видов вирусов, относящихся к различным систематическим группам (Авакян, Быковский, Кириллова), разные виды риккетсий (Авакян и Гулевская), бактерий: грамотрицательных и грамположительных, аэробов и анаэробов, патогенных и непатогенных, почвенных и др. (Авакян, Кац, Павлова, Овнанян, Высоцкий), а также протозоа: амёб и жгутиковых (патогенных и свободноживущих), спорозоа и др. (Авакян, Саркисян, Манукян).

До сих пор эволюцию и происхождение мембран исследовали у клеточных организмов (бактерий, простейших, многоклеточных организмов) именно на том уровне эволюции живого, на котором трёхслойная липопротеидная оболочка как структурная единица закрепилась эволюционно. Дальнейшее развитие мембран у клеточных организмов пошло в направление усложнения её функции, в формировании специализированных органоидов клетки; например: эндоплазматического ретикулума, митохондрии, кинетопласта, аппарата Гольджи и др.

Эволюция самой биологической мембраны, как будет видно из нашего доклада, берёт начало на доклеточном уровне. Именно у доклеточных организмов осуществилась эволюция самой мембраны — от белковой оболочки вирусов до элементарной мембраны Робертсона.

Мембрану доклеточных организмов мы называем протомембраной. Протомембрана, по сравнению с элементарной мембраной Робертсона, менее стойка, менее специализирована и приспособлена. Она возникает только в определенном отрезке цикла развития доклеточных организмов, а именно в стадии вироспоры (вириона). Согласно Робертсону, элементарная мембрана возникает из уже сформированных элементарных мембран, что обеспечивает материальную непрерывность и приемственность мембранных структур в клетке. Эта закономерность присуща только элементарным мембранам клетки. Что касается протомембран, мы показали, что у вирусов формирование оболочки происходит из фибрилл полигеномного виропласта в каждом новом поколении (Авакян и Быковский). Имеются и переходные формы между клеточными и доклеточными организмами, напр. представителями группы пситтакоз — трахома — лимфагранулёма. У них несколько раньше, аименно в вегетативной стадии синтезируются de novo менбраны. В последующих стадиях развития новое поколение вироспор уже унаследует мембрану от материнской полигеномной (вегетативной) стадии. У этих переходных форм имеется трёхслойное, как и у риккетсий или грамотрицательных бактерий.

Исходя из уровня развития мембран, можно считать, что близкими к группе пситтакоз-трахома-лимфагранулёма являются микоплазма и риккетсий.

Эти организмы уже имеют клеточное строение: тело микоплазм покрыто одной трёхслойной липопротеидной мембраной. Риккетсии же покрыты двумя трёхслойными оболочками — одной цитоплазматической (толщиной около 100 Å) и второй — оболочкой стенки. Важно отметить, что у этих микроорганизмов ещё не развита внутрицитоплазматическая мембранная система. Рибосомы размером 150 Å расположены группами в цитоплазме; иногда можно различать линейнорасположенные полирибосомы. В центре расположен нуклеоид — нити ДНК. Аналог ядра оболочки не имеет. По внутренней организации ближе всегок риккетсиям стоят представители рода Brucella u Pasteurella.

Так у грамотрицательных бактерий на поверхности клетки имеются две трёхслойные мембраны, разделённые поли-сахаридно-липопротеидным слоем. Наружная мембрана и подлежащий поли-сахаридно-мукополи-сахаридный слой составляют клеточную стенку. Внутренняя мембрана является цитоплазматической. Обе мембраны устроены по типу мембраны Робертсона.

В отличие от грамотрицательных бактерий клеточная стенка грамположительных бактерий не имеет наружной липопротеидной мембраны и обычно лишена слоистости. Однако у анаэробных бактерий, которые возможно являются более древней группой по сравнению с другими бактериями, клеточная стенка имеет трёхслойное строение, её наружный слой особенно отчётливо контурируется.

Цитоплазматическая мембрана у грамположительных и грамотрицательных бактерий имеет трёхслойное строение по типу мембраны Робертсона и образует инвагинаты внутрь цитоплазмы, т. е. элементарные мембранные структуры.

У грамположительных бактерий мембранные структуры нередко занимают значительную часть цитоплазмы и имеют вид сложно устроенных органоидов. В нашей лаборатории сложные мембранные ограноиды обнаружены у многих аэробных бактерий. Интересно отметить, что сложноустроенные мембранные структуры обнаружены также и у анаэробных бактерий. Иногда у одной и той же бактерии можно обнаружить несколько типов мембранных структур. Так у стафилоккока имеются внутриядерные мембранные структуры. Имеются мембранные структуры, связанные с формированием перегородок. Обнаружены также периферические инвагинаты цитоплазматической мембраны. Различное расположение в клетке мембранных структур трёх указанных типов у стафилококка позволили предположить их физиологическую гетерогенность. Однако, экспериментальные данные показали, что у стафилококка в мембранных органоидах всех трех типов содержится не только мембранный компонент, но и материал внутреннего слоя клеточной стенки. Таким образом, все мембранные органоиды принимают участие в делении клетки и все имеют единое происхождение. С помошью методов электронной цитохимии было показано, что мембранные структуры всех трёх типов содержат окислительные ферменты.

У большого числа других грамположительных бактерий как аэробных, так и анаэробных, было показано, что мембранные структуры принимают активное участие в спорообразовании, токсинообразовании. Как было показано экспериментальными исследованиями мембранные органоиды резко реагируют на изменение внешних условий, таких как изменение кислородного режима, действие антибиотиков и др. воздействий. Таким образом, мембранные структуры выполняют самые разнообразные физиологические функции в бактериальной клетке, тем самым заменяя отсутствующие у бактерий митохондрии, аппарат Гольджи и типичный эндоплазматический ретикулум. Так в настоящее время появляются первые данные о том, что на мембранах бактериальной клетки локализованы полирибосомы. Это говорит о том, что мембранный аппарат бактерий может выполнять функцию примитивного эндоплазматического ретикулума.

Спирохеты, подобно грамотрицательным бактериям, снабжены двумя мембранами: 1/трёхслойной мембраной покрова (40 Å—30 Å—30 Å) и 2/цитоплазматической мембраной (30 Å—25 Å—30 Å). Пространство между этими двумя мембранами заполнено осмиофобным материалом. В этом осмиофобном пространстве расположены фибриллы осевой нити. Количество и характер прикрепления осевых нитей имеет дифференциально-диагностическое значение.

Цитоплазма спирохет имеет гранулярное строение, размер гранул около 150 Å; по форме и величине они соответствуют рибосомам. По продольной оси цитоплазматического цилиндра расположены пучки ядерного материала. Аналог ядра у спирохет обочки не имеет. Как на негативно окрашенных препаратах, так и на ультратонких срезах обнаружены внутрицитоплазматические мамбранные образования различной формы и плотности. Эти мембраны трёхслойные и почти всегда удаётся установить морфологическую связь с цитоплазматической мембраной. Функция этих мембран точно не установлена. Установлен единый принцип построения спирохет, относящихся к различным родам. Спирохеты размножаются, подобно бактериям, поперечным делением.

Все перечисленные кардинальные признаки спирохет указывают на их близость к грамотрицательным бактериям. Нам известно, что среди простейших токсоплазмы имеют, подобно спирохетам, две трёхслойные липопротеидные оболочки, но без промежуточного мукопептидного слоя, ответственного за ригидный слой, характерный для стенки бактериальной клетки.

Вегетативные стадии исследованных нами простейших имели одну трёхслойную оболочку.

До электронномикроскопических исследований мы считали, что представители рода Entamoeba являются наиболее дифференцированными клетками среди класса ложноножковых. Оказалось, что более дифференцированными клетками являются свободноживущие амёбы типа лимакс.

Нами исследованы E. histolitica (патогенная), E. Svadens (паразитическая) и E. Maschkowski (свободноживущая). Все эти амебы покрыты трёхслойной цитоплазматической мембраной, эндоплазматический ретикулум развит слабо, однако ядро их имеет собственную оболочку. Митохондрии, аппарат Гольджи и сократительные вакуоли ещё отсутствуют. Правда, у свободноживущей E. Maschkowski обнаружена сократительная вакуоль.

Итак, у энтамёб с появлением эндоплазматического ретикулума возникает оболочка ядра. У свободноживущих амёб A. Vahlkampfia и A. Hartmanni эндоплазматический ретикулум хорошо развит, ядро имеет собственную оболочку, имеются митрохондрии со слабо развитыми кристами и хорошо развитым аппаратом Гольджи.

В онтогенезе указанные мембранные структуры у амёб претерпевают закономерные изменения.

По мере перехода вегетативной стадии в цисту, цитоплазма обезвоживается, уплотняется, исчезают рибосомы и митохондрии. Появляется хорошо развитый аппарат Гольджи. Ненужные структуры и остатки непереваренной пищи выталкиваются в пространство между цитоплазматической мембраной и оболочкой цисты. Оболочка цисты многослойная и она возникает из цитоплазматической мембраны. Таким образом нам удалось проследить последовательность развития мембранных структур у микроорганизмов. С развитием эндоплазматического ретикулума связано формирование оболочки ядра; позднее возникают и другие органоиды — сократительные вакуоли, митохондрии, аппарат Гольджи и др.

Взаимосвязь между мембранными структурами мы изучали у лейшманий.

Исследовано развитие мембранных структур у лейшманий патогенных для человека в лептомонадной стадии, а также лептомонады москитов, рептилий и растений.

Тело лептомонад состоит из поверхностных структур, протоплазмы, ядерного аппарата и двигательного устройства.

Поверхностные структуры лептомонад: тело лептомонад покрыто гладкоконтурной трёхслойной мембраной толщиной 100—120 Å, состоящей из двух осмиофильных слоёв по 25 Å каждый и одного среднего осмиофобного слоя толщиной 50 Å.

В непосредственной близости от внутренней осмиофильной мембраны расположены трубчатые структуры. На снимках с хорошим разрешением можно различить фибриллы, которые связывали цитоплазматическую мембрану с этими трубчатыми структурами. На строго поперечных срезах трубчатые структуры имеют вид двухконтурных колец диаметром 250 Å, расположенных под оболочкой клетки. В стенках трубок расположены девять продольных нитей диаметром 30—40 Å. На косых срезах они имеют вид трубок, которые располагаются по всей поверхности клетки. Они расположены на строго определенном расстоянии друг от друга и направлены от жгута к противоположному концу тела, при этом указанные структуры образуют сетчатый каркас под оболочкой. Эти структуры переходят с тела лейшманий на жгут, что указывает на их возможное участие в организации координированного движения клетки. Не исключено также, что одновременно они несут опорную функцию и позволяют совершать эластичные движения тела, что хорошо видно на кинокадрах.

У различных видов лептомонад эти трубчатые структуры имеют различный диаметр и находятся на различном расстоянии друг от друга. Следовательно трубчатые структуры у жгутиков имеют дифференциально-диагностическое значение. Например, у лептомонад рептилий они расположены на расстоянии 580—670 Å, а у лептомонад лейшмания тропика — на расстоянии 350—420 Å. У лептомонад расстений диаметр трубчатых структур ещё меньше и они располагаются группами. Группы разделены друг от друга митохондриями, которые у этих организмов также связаны с цитоплазматической оболочкой.

Организация цитоплазмы. Эндоплазматический ретикулум достаточно хорошо развит; имеются канальцы, цистерны. На мембранах цитоплазматического ретикулума расположены рибосомы размером 100—120 Å.

У лептомонад хорошо развиты митохондрии, которые встречаются в небольшом количестве. Они имеют различную величину и строение.

Аппарат Гольджи состоит из комплекса канальцев, уплощенных мешочков, цистерн и мелких пузырьков. Аппарат Гольджи расположен вблизи ядра — между ядром и кинетопластом.

У лептомонад ядро имеет оболочку, состоящую из двух листков толщиной по 75 Å каждый.

Размножение лептомонад начинается с деления кинетопласта и блефаропласта. Кинетопласт вытягивается в длину, затем путём врастания мембраны кинетопласта делится на две равные части .

Каков механизм деления блефаропласта пока ещё точно не установлено. Известно лишь, что у делящихся особей имеется два блефаропласта. Один из них связан с материнским жгутом, другой — лишён жгута. Ту клетку, которая уноследовала жгут, следует называть материнской клеткой, а особь, у которой de novo образуется жгут, следуетназывать дочерной. Это различие (Маркер) можно использовать при решении генетических задач.

Устройство двигательного аппарата лептомонад.

Строение кинетопласта: он имеет сложное строение. Кинетопласт трипаносом в лептомонадной стадии имеет форму продолговатого, слегка согнутого мешочка 1м в длину и 0,2м в ширину. Нередко от двух концов кинетопласта отходят рукавоподобные придатки.

Кинетопласт построен из мембран, гранул и фибрилл. Поверхностная двухконтурная мембрана имеет толщину 120—140 Å. От внутреннего листка мембраны задней стенки отходят внутрь кинетопласта — кристы. На продольных срезах кристы, аналогично кристам митохондрий, имеют вид гребешка. На поперечных срезах кристы идут в различных направлениях; они соединяются, образуя анастомозы и сложные лабиринты.

Передняя часть мембраны кинетопласта крист не имеет. Вдоль длинной оси кинетопласта в самой полости расположена фибриллярная структура. Фибриллы закручены в спирали (70 Å). Эти спиральные образования дают Фольген положительную реакцию. Кинетопласт вполне определенный, морфологически автономный органоид клетки, с соответственно сложной функцией.

Устройство блефаропласта: блефаропласт расположен перед кинетопластом в основании жгута. Он имеет форму цилиндра высотой 17 м и шириной 6 м. Блефаропласт состоит из двух отрезков (частей), дистального и проксимального, которые отличаются по размерам и по строению. В дистальной части обнаружено девять пучков фибрилл, в каждом пучке по три нити. В центре блефаропласта нет фибрилл и он заполнен неплотным материалом (формула $9 \times 3 + 0$). Центральные фибриллы появляются ниже, на границе перехода блефаропласта в жгут. Каким образом возникают средние фибриллы жгута, пока неизвестно.

Жгут начинается с блефаропласта девятью парами периферических фибрилл, и в центре жгута имеются ещё 2 жгута (формула $9 \times 2 + 2$). Цитоплазматическая мембрана переходит на жгут, покрывая его в виде чехла.

Наше описание тонкого строения лептомонад показывает, что лейшмании относятся к высоко дифференцированным клеткам. Изучена взаимозависимость сложных мембранных структур клетки.

По мнению **Ленинджер (1966)** митохондрии могут возникать из оболочки ядра клетки и наоборот, во время восстановления оболочки ядра принимают участие и близ-лежащие митохондрии. Имеется и общее в функции этих органелл: дыхание митохондрии и ядра во многом сходно, но имеется и отличие. Дыхание ядра не чувствительно к действию тех ингибиторов, которые влияют на дыхание митохондрий. Изолированные ядра, также как и митохондрии способны к переносу ионов.

Имеется морфологическая и генетическая связь между ядром и кинетопластом. Как было выше сказано, кинетопласт, подобно ядру содержит дезоксирибонуклеиновую кислоту. Деление кинетопласта предшествует делению ядра. В определенный период развития лейшманий кинетопласт близко подходит к оболочке ядра.

Имеет место не менее тесные взаимосвязи между кинетопластом и мотихондриями. Кинетопласт по своей организации совмещает как элементы строения ядра, так и элементы строения митохондрий. Выше описанные придатки кинетопласта могут отторгаться и таким образом возникать митохондрии.

Кинетопласт морфологически и функцинально тесно связан и с блефаропластом. Блефаропласт анатомически и функционально тесно связан с одной стороны с кинетопластом, а с другой-жгутом. Жгут, в свою очередь анатомически и функционально связан как с блефаропластом, так и с трубчатыми структурами клетки, которые расположены под оболочкой клетки.

Органоиды клеток параллельно с высокой специализацией являются полифункциональными, как это было показано нами на примере мезосом бактерий, кинетопласта, митохондрий высокоорганизованных клеток. Судя по сложности строения кинетопласта и многосторонним функциональным и морфологическим связям с другими важными органоидами клетки, можно предполагать, что он в клетке выполняет сложную и важную функцию, до конца нами ещё не раскрытую. Однако существование штамма Tr. Bruce, лишённого кинетопласта, указывает на то, что приспособительные механизмы в клетках высоко усовершенствованы; близкие по функции органоиды (ядро, митохондрии или блефаропласт) берут на себя функцию кинетопласта, следовательно, очень ёмки компенсаторные возможности клетки.

Изучение эволюции организации клеток на основании данных, полученных современными процезионными методами, является актуальной задачей современной биологии.

1. Итак, морфологическая автономность является важнейшим условием существования любого живого организма во внешей среде. Морфологическая автономность обнаруживается на всех ступенях эволюционного развития живых существ, начиная от вирусов и кончая самыии дифференцированными клетками. Эта автономность обеспечивается мембранами, например, белковой оболочкой у вирусов, мембраной клеточной стенки у грамотрицательных бактерий, липопротеидной мембраной у животной клетки. Следовательно, мембраны являются не только первичными материалами, но и первичными органоидами живых существ.

2. Эволюция биологической мембраны берёт начало на доклеточном уровне. Именно у доклеточных огранизмов осуществилась эволюция самой мембраны от белковой оболочки (протомембраны) до липопротеидной мембраны (элементарной мембраны Робертсона). Дальнейшее развитие мембран пошло в направлении осложнения её функции, в формировании органоидов клетки, например: эндоплазматический ретикулум, митохондрии, кинетопласт, аппарат Гольджи и др.

3. Закон, сформулированный Робертсоном «каждая мембрана от мембраны» на протомембраны не распространяется. Протомембраны в каждом поколении синтезируются de novo.

Прослежен переход протомембран в элементарную мембрану, что имеет принципиальное значение для общей биологии.

4. У тех микроорганизмов, у которых не развит эндоплазматический ретикулум, ядра не имеют оболочки, нет митохондрий, аппарата Гольджи и др. (например, у рикетсий, бактерий и спирохет). У представителей рода энтамёб эндоплазматический ретикулум слабо развит; у этих амёб ядра имеют оболочки, но не развиты внутрицитоплазматические органоиды, а у свободноживущих амёб A. Vahlkampfia и A. Hartmanni, а также у лейшманий эндоплазматический ретикулум развит хорошо; соответственно хорошо развиты и внутрицитоплазматические органоиды-митохондрии, аппарат Гольджи, сократительная вакуоль. У лептомонад также хорошо развит двигательный аппарат (кинетопласт, блефаропласт и др.).

5. Мембраны и мембранные органоиды у микроорганизмов в онтогенезе претерпевают закономерные изменения. Так, во время перехода вирусов и бактерий в стадию спор и протозоа — в стадию цисты.

По мере перехода вегетативных форм амёб в стадию цисты исчезают: гранулярный ретикулум, рибосомы, митохондрии и др. Развиваются покровные структуры у цист, протоплазма обезвоживается, появляются агранулярные мембранные структуры, аппарат Гольджи и др.

6. Такие важные функции как обмен веществ, размножение, движение клетки являются результатом координированного действия нескольких взаимосвязанных органоидов клетки, например:

движение осуществляют кинетопласт, блефаропласт, фибриллярный каркас клетки и фибриллы жгута. В акте размножения участвуют: ядро, кинетопласт, блефаропласт и возможно др. органоиды. Многоступенчатые, сложные обменные процессы происходят в многочисленных взаимосвязанных структурах клетки: ядре, рибосомах, митохондриях и др.

Взаимозависимость и взаимозамена, обусловительные и приспособительные компензаторные возможности клетки большие.

Изучение эволюции организации клеток на основе данных, полученых современными процезионными методами, является актуальной задачей современной биологии.

К дисскуссии говорил: *Vacek* (ЧССР)

Pathologisch-Anatomisches Institut der Medizinischen Akademie Warschau, VR Polen

Extraneous coat of the plasma membrane

by

J. Groniowski

A paper on the cell surface seems to be most justified at the conference dealing with the present state of morphology in biology and medicine. There are at least two important reasons for that. It is a well know fact, that the cell surface is most important in many functions of animal cells, however, our knowledge about plasmalemma in comparison with other structural elements of the cell is rather limited. Secondly, the research on the cell surface is a good example of general trends in fine structural morphology, which can be briefly characterized as functional morphology at the macro-molecular level.

It is a well know fact that the plasma membrane in many cells is enveloped by an external coating, so thick that it is recognisable within the limits of the light microscopy resolution. The most familiar examples are the capsules of bacteria, the cell walls of fungi and higher plants, the extraneous coats of the ova of many invertebrate and vertebrate species. Polysaccharides seem to be the main components of the extraneous coats. The term "extraneous coat" itself was introduced in 1940 by Robert Chambers who found by indirect studies their widespread occurrence and described them as "extraneous" in the sense that they are not absolutely necessary for cell integrity. Bennett (1963), who proposed the term "glycocalix" for the extracellular polysaccharide coating, presumed that it was common for many if not all the cell types. Generally, in animal cells, extraneous coats of the plasma membranes are so delicate and thin that they could not be, with some exceptions, demonstrated with the use of the light microscopy technique.

Concerning visualization of the extraneous coat in electron microscopy one can divide the animal cells in two groups. The first one is represented by the cells with the plasma membrane demonstrating a well developed extraneous coat closely attached to the membrane itself. In this group, phosphate-buffered osmium tetroxide preserved the surface coat satisfactorily and staining with uranyl acetate followed by lead citrate increased the density of the surface (Ito, 1965). The second, much larger group of cells, needs for visualization of their extraneous coats some special techniques or electron staining procedures. In relation to that, several approaches at the fine structural level have been attempted. Gasic and Berwick (1963) have used Mowry's modification of the Hale iron method to demonstrate acid mucous material. Curran et al. (1965) and Yardley and Brown (1965) reported that Mowry's modified colloidal iron solution without conversion to Prussian blue stained extra- and intracellular acid mucosubstances. Tice and Barrnet (1965) and Mercer and Goldacre (1966) have employed alcian blue, a derivate of copper phthalocyanine dye, for increasing the contrast of extra- and intracellular mucous. Revel (1964) has used colloidal thorium at a low pH, for staining sections of methacrylate embedded tissue. Rambourg and Leblond (1967) have used successfully the periodic acid -silver methenamine method, introduced previously by Suzuki and Sekiyama (1961), as a fairly specific technique for detection of glycoprotein in surface coats. Luft (1964) has developed a staining of tissue blocks with ruthenium red and its derivates (ruthenium violet). It is useful in electron microscopy for demonstration of a variety of extracellular materials, most of which seem to be acid mucopolysaccharides. With some exceptions, ruthenium red does not seem to cross the cell membranes, however, the extraneous coat stained by ruthenium could be traced easily.

The introduction of histochemical methods to electron microscopy has also permitted studies of localization of several enzymes in or on the plasma membrane (Leduc et al., 1967). Also fluorescent as

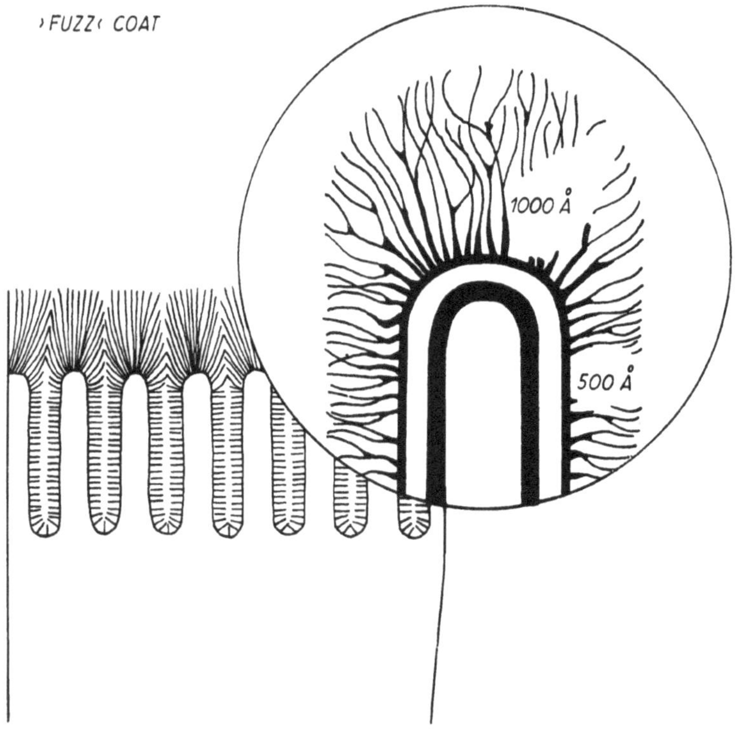

Fig. 1. "Fuzz" coat

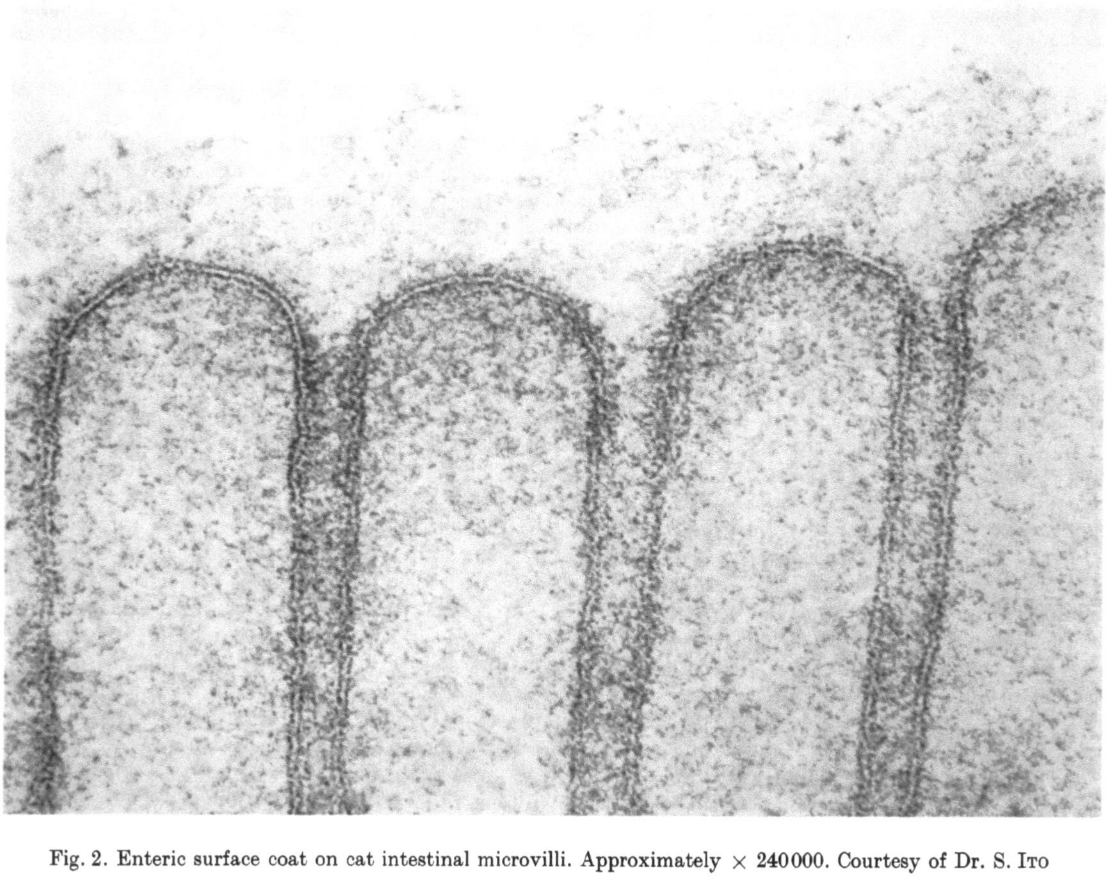

Fig. 2. Enteric surface coat on cat intestinal microvilli. Approximately × 240000. Courtesy of Dr. S. ITO

well as ferritin-labelled antibody technique of detecting specific antigens is now well proved, having been used for cell surface studies in various cells (GREEN, 1963, NAIRN et al., 1966).

The first fine structural observation of an extraneous coat of the plasma membrane was reported by YAMADA (1955). He noted on microvilli of the mouse gall bladder epithelium fine filaments that projected radially from the tips and lateral surfaces of microvilli and called them antennulae microvillares. At present, this type of the surface coat is widely know as "fuzz" since it gives a hirsute appearance to the cell membrane PEACHEY and RASMUSSEN (1961) described a similar coat on the free surface of the epithelial lining of the toad bladder. CHOI (1963) studying the same tissue further identified this coating by histochemical methods, as the substance rich in mucopolysaccharides. Similar filamentous coat is also well developed on the intestinal epithelium of cat and other species including human (ITO, 1965). lt has been also observed on the free surface of the gastric mucosa (ITO, 1963) and colonic epithelial lining (MUKHERJEE and WILLIAMS, 1967).

ITO (1965) described in detail the structure and some properties of this type of the surface coat on cat intestinal microvilli (see Fig. 2). The plasma membrane bordering the intestinal microvilli is relatively thick. The outer leaflet of the plasma membrane is thinner and has lower electron density in comparison with the inner leaflet. The whole system of radially oriented filaments appears to be an integral part of the plasmalemma. The filaments at their base are continous with the outer leaflet of the plasma membrane and they branch freely. With the use of special stainings it was demonstrated that the positive reaction for mucopolysaccharides was evenly distributed in the fuzz coat. The coat was resistant to enzymatic digestion (trypsin, hyaluronidase and others) as well as to chemical mucolytic agents. On the basis of its persistance after the treatment with the above mentioned procedures it was postulated that this surface coat must be an integral part of the cell membrane.

While some free living organisms, for example the amoebae, may be completely enfolded by a filamentous extraneous coat, only the free surface of some epithelial cells of higher organisms, seems to have the "fuzz" type of the layer. In some cell types, however, a material similar to fuzz forms only small patches or lines small invaginations of the free cell surface. BESSIS and BRETON (1957, 1959) and FAWCETT (1964, 1965) have described a mechanism for the uptake of ferritin by erythroblasts involving the attachement of ferritin particles to small plaques of the cell membrane having a filamentous coat, followed by micro-pinocytosis of those local areas.

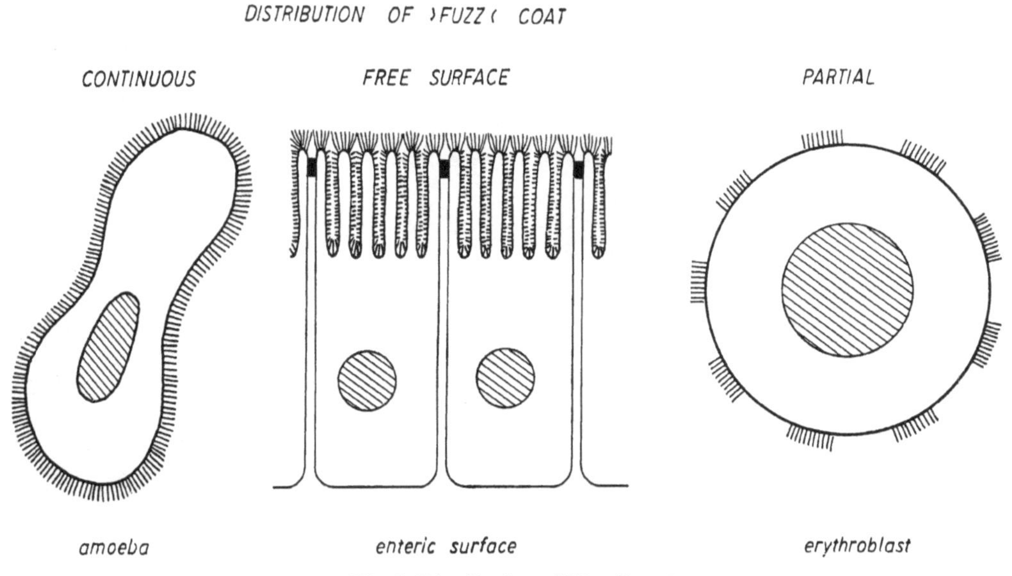

Fig. 3. Distribution of "fuzz" coat

It has been assumed that those structures may represent special sites for the uptake of specific metabolites and show a kind of structural and functional specialization of some circumscribed areas of the cell surface.

Another morphologically represented type of the extraneous coat is deprived of the "fuzz" and consequently could be named "trim". An instructive example of the latter type refers to the cell membrane limiting the free surface of the transitional epithelium-urothelium, in rats. It was identified by Marion HICKS (1965, 1966) as unusually thick, asymmetrical unit structure. The dense leaflet adjacent to the ureteric or the bladder lumen is approximately 60 Å thick, while the inner leaflet adjacent to the cytoplasm is about 25 Å. There is little doubt, that the surface coat representet here by a thick extraneous leaflet of the cell membrane is an integral part of the membrane. This structure presents a barrier preventing a free flow of water from the underlying blood capillaries through the epithelium into a hypertonic urine.

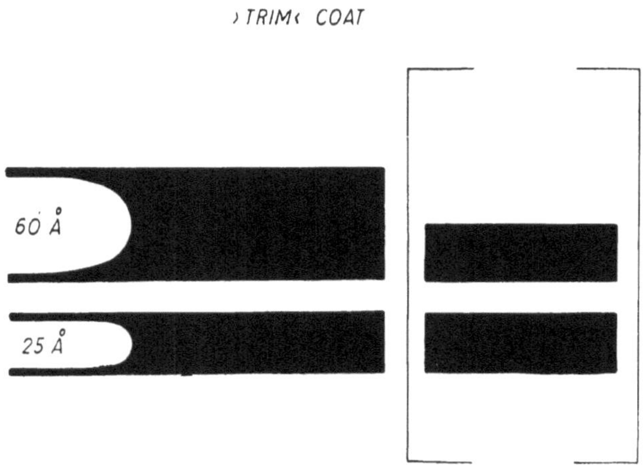

Fig. 4. "Trim" coat

The "fuzz" type as well as the "trim" type of the surface coat are demonstrated by a group of cells on which plasmalemma extraneous coat could be easily discerned even in light microscopy with the use of histochemical methods for mucopolysaccharides. For the most part, however, extraneous coats are invisible at least in the routine procedures. There are many reasons for that. The surface coats are generally so delicate and liable that they are easily extracted in the course of specimen preparation for electron microscopy. Besides, the chemical nature of their components makes that kind of surface coats transparent for electrons. As it was mentioned before, the visualization of this kind of extraneous coats needs some special procedures. Usually, the methods recommended for acid mucopolysaccharides are applied, as the element of such chemical nature seems to be a constant component of those "invisible" surface coats.

An interesting example of this kind of extraneous coat could be observed in the lung tissue. The existence of an amorphous coat of the surface epithelial lining of the alveoli in the lungs has been postulated by several authors (BOLANDE and KLAUS, 1964; CHASE, 1959; MACKLIN, 1954). It was

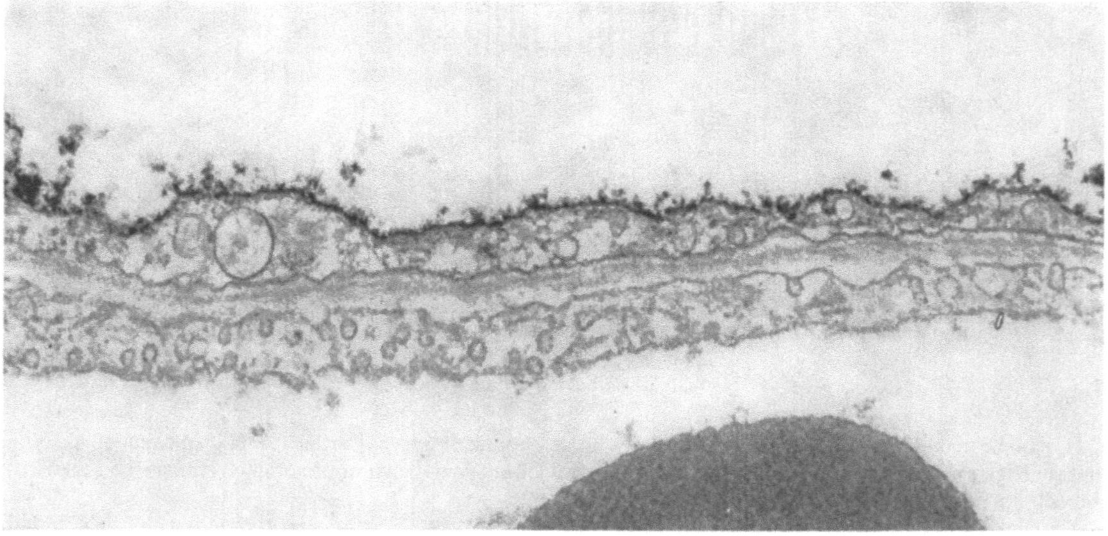

Fig. 5. Air-blood barrier, rabbit lung. Ruthenium red procedure, additional lead hydroxide staining. Ruthenium positive material continously coating the alveolar epithelium. The basement membrane complex and endothelial lining are visible. × 40000

proved that in normal lungs the stability of the air spaces was enabled by the presence of a substance with highly surface-active properties (CLEMENTS et al., 1958; PATTLE, 1958). The role of the surfactant in prevention of atelectasis is evident (AVERY and MEAD, 1959; GRONIOWSKI and BICZYSKOWA, 1966; PATTLE and al., 1962). The Hale colloidal iron technique as well as the ruthenium red procedure give good evidence of the existence of the extraneous coat of the lung alveoli (GRONIOWSKI and BICZYSKOWA, 1964; in print). That material appeared as a continous coat on the surface of alveoli closely attached to the epithelial lining. Even the microvilli were covered by the electron dense material. In higher magnifications, using sections stained additionally with alkaline lead the relation of the ruthenium marked material of the lining to the epithelial cell membrane was apparent. The outer leaflet of the unit membrane was in those sections much thicker and denser than the inner leaflet. The ruthenium positive substance seemed to arise from or to be closely attached to the outer leaflet of the unit membrane. Similar fact was previously noted by LUFT (1964) in other cell membranes.

In the reported investigations (GRONIOWSKI and BICZYSKOWA, in print) the Hale positive lining was significantly diminished or even abolished by neuraminidase digestion. Thus acyl-neuraminic acid

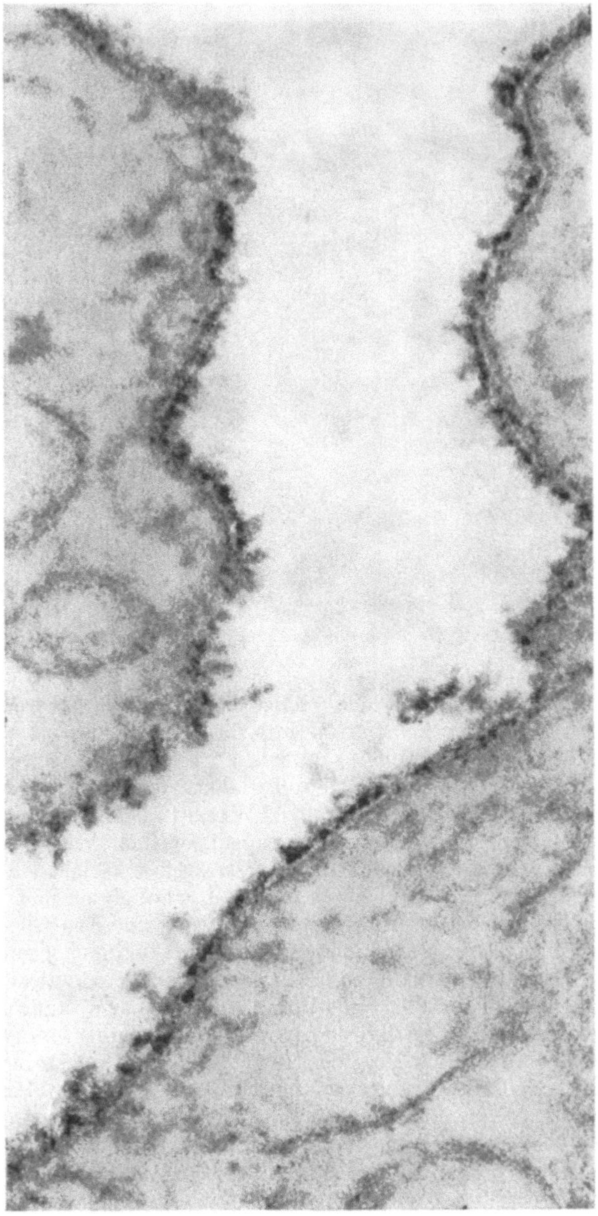

Fig. 6. Alveolar side of epithelial plasmalemma. Ruthenium red procedure, lead hydroxide staining. Ruthenium red marked material forming a unity with the outer leaflet of the cell membrane. × 250000.

(sialic acid) was shown to be associated with the extraneous coat marked by the Hale-positive substance.

It is generally accepted in the literature that the surface active substances in mammalian lungs are apparently of phospholipid or lipoprotein nature (PATTLE and THOMAS, 1961). The relation between the mucopolysaccharide compound represented by the iron-positive, neuraminidase digested and ruthenium red marked substance and the lipidic substance generally accepted as the surface-active agent is difficult for evaluation.

The above presented results and data from the literature suggest that in the alveolar lining film there is a lipidic substance in a complex with polysaccharide. In that complex the lipidic component controls the surface tension. The role of the non-lipidic component or even components still remains a subject of discussion. However, some relations between the iron-positive layer and the surface activity demonstrated by us in hyaline membrane disease of newborn (GRONIOWSKI and BICZYSKOWA, 1966) indicate

Fig. 7. Rabbit kidney. Hale's method. Iron positive material coating continously the surface of a glomerular podocyte. × 50000

that a component of acidic mucopolysaccharide nature also plays some role in regulation of the surface tension at the alveolar-air interface. Recent isolation of the surface active mucoid from the lungs (CLUTARIO et al., 1966) supports our above expressed belief.

With the use of the Hale colloidal iron technique as well as ruthenium red procedure we have observed (GRONIOWSKI, BICZYSKOWA and WALSKI in print) in rabbit kidney a continous, delicate coat situated on the foot processes, Bowman's capsule epithelium and on the luminal face of the epithelial lining of tubuli. Sections from the ruthenium treated material showed a filamentous pattern of the extraneous coat of renal epithelium. It was observed routinely on foot processes as well as on microvilli and especially on the brush border of the proximal convoluted tubule. RAMBOURG and LEBLOND (1967), using colloidal thorium also succeded in visualization of the lining of renal epithelium as well as endothelium.

It had been also noted in the literature (CHAMBERS and ZWEIFACH, 1947; COTRAN, 1962; LUFT, 1965), that the endothelial cells lining the vascular system are coated with a thin layer of filamentous or amorphous material. Studying the alveolar lining film, we have observed also in rabbit lungs in several sections a delicate Hale-positive or ruthenium red stained film coating the endothelial lining of alveolar wall capillaries (GRONIOWSKI et al., 1967). In rabbit kidney also both, the iron procedure and ruthenium red technique enabled to demonstrate some delicate granular material scattered on the luminal face of endothelial lining of the capillaries and larger blood vessels (GRONIOWSKI and BICZYSKOWA, in preparation).

Now a few words on the *origin of the extraneous coat and its relation to the cell membrane*. The problem is important not only from a theoretical point of view. Studies on incorporation of radioactive sulphate

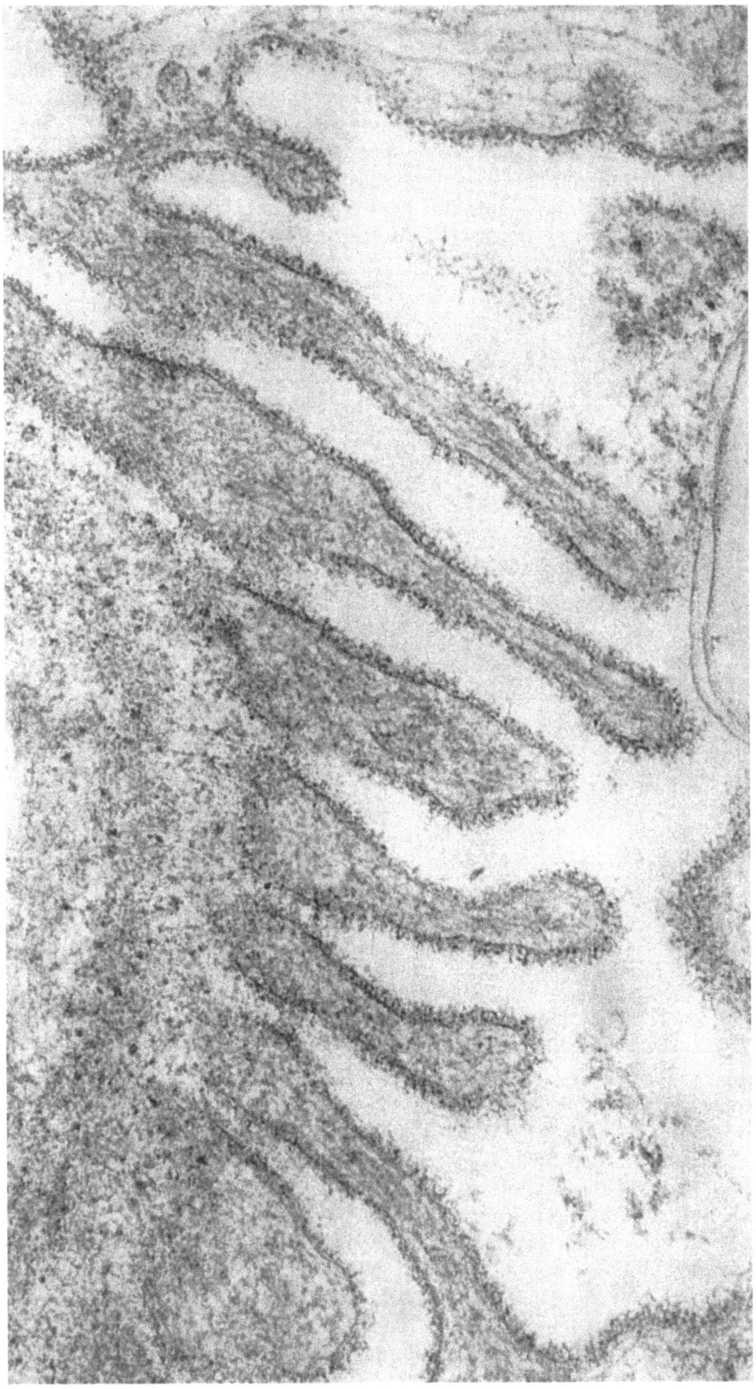

Fig. 8. Foot processes of glomerular podocytes. Rabbit kidney. Ruthenium red procedure and lead staining. Foot processes coated by a delicate down. × 110000

and glucose to the surface of enteric microvilli conducted by Ito and Revel (1966, 1967) seem to indicate that the fuzz enteric surface coat is synthetized by the particular cell on which it is found.

Electron microscope studies of the pancreas and other exocrine glands provide morphological evidence for the role of the Golgi area in this respect (Palade and Siekevitz, 1956; Palade, 1959). In the process of secretion of the cell product each zymogen granule is enveloped by a smooth surface membrane acquired in the Golgi complex. In this form the membrane is transported to the cell surface. In the mechanism of liberation of the cell product, the bordering membrane of the granule fuses with and becomes a part of the free cell membrane. The idea of circulation of the membrane particles between the surface and the interior of the cell, suggested by Palade, introduces a dynamic element to the ultra-structure of the cell membrane. The similarity between structural details of asymmetrically thickened membrane of the luminal face of the rat urothelial cells and some patches found in the membranes of the Golgi cisternae in the same cells is very striking (Hicks, 1966). Those findings support also the suggestion that the Golgi system is the site of assembly of the cell membrane.

Under such circumstances the question whether the surface coat represents a differentiation of plasmalemma, being an integral part of the membrane, or corresponds to the "extraneous" layer, at least referring to the discussed enteric and urothelial surface coats, is rather a semantological problem.

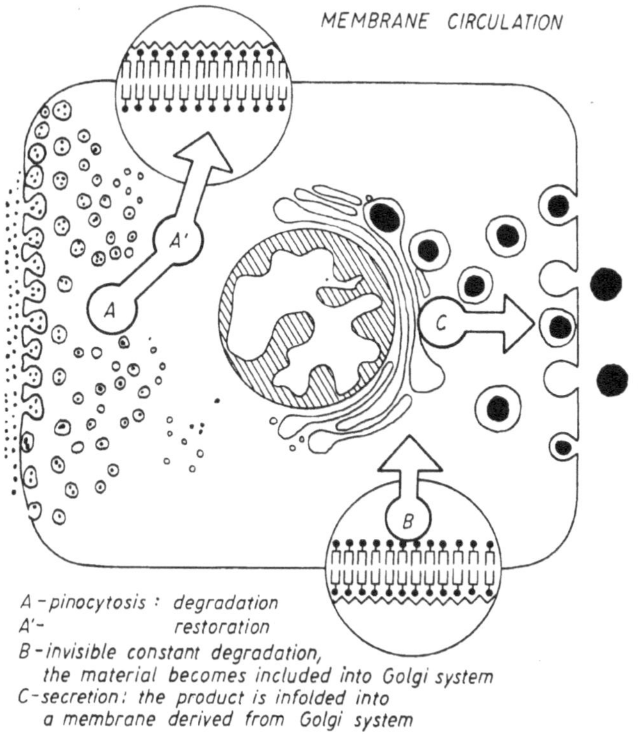

Fig. 9. Membrane circulation

In the discussions on the source of extraneous coats of the cell membrane, the alveolar lining film of the lungs has a separate position. The role of the type II alveolar epithelial cells or pneumonocytes in production of the lining film material is stressed. The appearance and maintaining of the surface activity in the lungs coincides closely with the presence of lamellar structures of pneumocytes (Groniowski and Biczyskowa, 1966; Klaus et al., 1962). It was mentioned before that at least phospholipids and acid mucopolysaccharides belong to the basic components of the coat. In this respect the possibility of two sources of the material of the extraneous coat in the lungs could be considered. In this speculation one could accept as the source of phospholipids the lamellar structures of the pneumocytes, and then acidic mucopolysaccharides could be attributed to the cell membrane itself as an integral part of the outer leaflet of the unit membrane of alveolar epithelium.

Regarding some *functional aspects of the surface coats* in a short space available, only some of the important features can be pointed out and some of the previously given examples may be commented.

It seems that our present concept of the cell membrane will have to be expanded to accomodate various surface components. Even from morphological point of view the extraneous coat represented by an elaborate fuzz or thick-trim superficial leaflet, and the unit membrane of plasmalemma establish a unity. Functionally the cell membrane and its extraneous coat represent a dynamic complex.

According to Kalckar (1965) a surface coat determines the so called "cell sociology". The "social characteristic of the cell surface" has been investigated in connection with the cell surface immunology. It was shown by means of ferritin-labelled antibody technique that the extraneous coat represents the antigenic sites which determine cellular interactions with the environment. The mechanisms by which a cell can "recognize" and aggregate with another of a similar type are closely connected with the surface coat of the cells. Although the exact nature of that ,,surface coding" is unknow, nevertheless, it seems to be conditioned by substances localized on the cell surfaces corresponding to extraneous coats. In that respect, as a theoretically related function to the cell surface, one could for example, consider the tissue transplantation antigenicity, or even a control of the cancer cells propagation.

In maintenance of the micro environment and preservation of cell economy, each cell membrane unity comprises besides its basic functional specificity also tissue functional specificity. The tissue functional specificity could be also observed in the presented examples of extraneous coats. The elaborate filamentous coat of the microvilli of intestinal absorbtive cells can be considered as localization of the terminal digestive processes prior to absorbtion of nutrients (CRANE, MILLER and BIHLER, 1961). The cell membrane unity of the luminal face of urothelium superficial cells according to M. HICKS (1966) acts as a passive barrier to water diffusion from blood capillaries into the hypertonic urine. Extraneous coat of the lung alveoli, as we know from the literature and our own studies, comprises the substance with highly surface-active properties. In normal lungs the stability of the air spaces is made possible by the presence of the surfactant. In the kidney, the mucoprotein coat covering the foot processes certainly represents an essential element in glomerular hydrodynamic regulation. The filamentous coat of the proximal convoluted tubules contributes to "miniaturization" of the integrated functions of the brush border.

All those data convince that the extraneous coat of the animal cell, as a component of the membrane unity, represents not only a very important localization of physiological processes at the ultra-structural level but may also play a leading role in the onset and the progress of diseases.

Although this lecture referred only to the free surface of the cell, it must be emphasized that the mucopolysaccharide coat of the surface belongs to a pericellular community of the same chemical nature including here the intercellular spaces and the basement lamina. In this respect, the statement that in many pathological conditions the fate of the cell as a whole is determined just at its pericellular coat, seems to be most justified.

A contribution of pictures for the lecture by Dr. Marion HICKS, the Bland-Sutton Institute of Pathology, London and Dr. Susumu ITO, the Harvard Medical School, Boston, Mass., is very kindly acknowledged.

References

AVERY, M. E. and J. MEAD: Surface properties in relation to atelectasis and hyaline membrane disease. Am. J. Dis. Child. **97**, 517—523 (1959).

BENNET, H. S.: Morphological aspects of extracellular polysaccharides J. Histochem. Cytochem. **11**, 14—23 (1963).

BESSIS, M. C. and J. BRETON-GORIUS: Iron particles in normal erythroblasts and normal and pathologic erythrocytes. J. Biophys. Biochem. Cytol. **3**, 503—504 (1957).

BESSIS, M. C. and J. BRETON-GORIUS: Ferritin and ferruginous micelles in normal erythroblasts and hypochromic hypersideric anemias. Blood **14**, 423—432 (1959).

BOLANDE, R. P. and M. H. KLAUS: The morphological demonstration of an alveolar lining layer and ist relationship to pulmonary surfactant. Am. J. Path. **45**, 449—463 (1964).

CHAMBERS, R.: The relation of the extraneous coats to the organization and permeability of cell membrane. Cold Spring Harbor Symposia. Quant. Biol. **8**, 144 (1940).

CHAMBERS, R. and B. W. ZWEIFACH: Intercellular cement and capillary permeability. Phys. Rev. **27**, 436 (1947).

CHASE, W. H.: The surface membrane of pulmonary alveolar walls. Exp. Cell. Res. **18**, 15—28 (1959).

CHOI, J. K.: The fine structure of the urinary bladder of the foad, Bufo marinus. J. Cell. Biol. **16**, 53 (1963).

CLEMENTS, J. A., E. S. BROWN and R. P. JOHNSON: Pulmonary surface tension and the mucous lining of the lungs: some theoretical consideration J. Appl. Physiology **12**, 262—268 (1958).

CLUTARIO, B. C., E. M. SCARPELLI and F. TAYLOR: Identification and source of surfactants of lung extracts. Fed. Proc. **25**, p. I, 565 (1966).

COTRAN, R. S.: On the presence of an amorphous layer lining vascular endothelium under abnormal conditions. Laborat. Investig. **14**, 1826—1833 (1965).

CRANE, R. K., D. MILLER and I. BIHLER: The restrictions on possible mechanism of intestinal active transport of sugars. In Membrane Transport and Metabolism. London, Academic Press, Inc. 1961, 439.

CURRAN, R. C., A. E. CLARK and D. LOVELL: Acid polysaccharides in electron microscopy, the use of the colloidal iron method. J. Anat. **99**, 527 (1965).

FAWCETT, D. W.: Local specialization on the plasmalemma in micropinocytosis vesicles of erythroblasts. Anat. Roc. **148**, 369 (1964).

FAWCETT, D. W.: Surface specialization of absorbing cells. J. Histochem. Cytochem. **13**, 75—91 (1965).

GASIC, G. and L. BERWICK: Hale staining for sialic acid — containing mucins. Adaptation to electron microscopy. J. Cell. Biol. **19**, 223—228 (1963).

GREEN, H.: Effect of antibodies on mammalian cells. Canadian Cancer Research Conference. Academic Press Inc. N. Y. **5**, 337 (1963).

Groniowski, J. and W. Biczyskowa: Structure of the alveolar lining film of the lungs. Nature **204**, 745—747 (1964).

Groniowski, J. and W. Biczyskowa: Alveolar lining film of the lungs in newborn infants with hyaline membrane disease. Biol. Neonat. **10**, 348—358 (1966).

Groniowski, J. and W. Biczyskowa: Electron microscopic studies on alveolar lining film of the lungs. Proc. Sixth International Congress for Electron Microscopy, vol. II, Kyoto 1966, Maruzen, 597—598.

Groniowski, J. and W. Biczyskowa: Surface acid mucopolysaccharides of lung alveoli. In print.

Groniowski, J., W. Biczyskowa and M. Walski: Structure and function of lung capillary endothelium. The Fourth Congress of Polish Society of Pathology, Łódź 1967 (Abstract, in Polish).

Groniowski, J. and W. Biczyskowa and M. Walski: The surface coat of the nephron. In print.

Hicks, R. M.: The fine structure of transitional epithelium of rat ureter. J. Cell. Biol. **26**, 25 (1965).

Hicks, R. M.: The permeability of rat transitional epithelium. Keratinization and the berrier to water. J. Cell. Biol. **28**, 21—31 (1966).

Hicks, R. M.: The function of the Golgi complex in transitional epithelium. Synthesis of the thick cell membrane. J. Cell. Biol. **30**, 623—643 (1966).

Ito, S. and R. J. Winchester: The fine structure of the gastric mucosa in the bat. J. Cell. Biol. **16**, 541 (1963).

Ito, S.: The enteric surface coat on cat intestinal microvilli. J. Cell. Biology **27**, 475—491 (1965).

Ito, S. and T. P. Revel: Autoradiography of intestinal epithelial cells. Proc. Sixth International Congress for Electron Microscopy, vol. II. Kyoto 1966, Maruzen, 585—586.

Kalckar, H. M.: Galactose metabolism and cell "sociology". Science **150**, 305—313 (1965).

Klaus, M., O. K. Reiss, W. H. Tooley, C. Piel and J. A. Clements: Alveolar epithelial cell mitochondria as source of the surface active lung lining. Science **137**, 750—751 (1962).

Leduc, E.H., W. Bernhard, S. J. Holt and J. P. Tranzer: Ultrathin frozen sections. II Demonstration of enzymatic activity, J. Cell. Biol. **34**, 773—786 (1967).

Luft, J. H.: Electron microscopy of cell extraneous coats as revealed by ruthenium red staining. J. Cell. Biol. **23**, 547 (1964).

Luft, H. J.: Fine structure of capillaries: the endocapillary layer. Anat. Rec. **151**, 380 (1965) (abstract).

Macklin, C. C.: The pulmonary alveolar mucoid film and the pneumonocytes. Lancet I; 1099—1104 (1954).

Mercer, E. H. and R. J. Goldacre: A technique for studying the behaviour of the cell membrane in the electron microscope using alcian blue as a label. Proc. Sixth International Congress for Electron Microscopy, Vol. II, Kyoto 1966, Maruzen 427—428.

Mukherjee, T. M. and W. Wynn: A comparative study of the ultrastructure of microvilli in the epithelium of small and large intestine of mice. J. Cell. Biol. **34**, 447—461 (1967).

Nairn, R. C. H. G., M. G. Richmond, McEntegart and J. E. Fothergill: Immunological differences between normal and malignant cells. Brit. Med. J. **2**, 1335 (1966).

Palade, G. E. and P. Siekevitz: Pancreatic microsomes. An integrated morphological and biochemical study. J. Biophys. Biochem. Cytol. **2**, 671—690 (1956).

Palade, G. E.: Functional changes in the structure of cell components. In Suscellular Particles. New York, Ronald Press Co. 64—83 (1959).

Pattle, R. E.: Properties, function and origin of the alveolar lining layer. Proc. Roy. Soc. London, S. B. **148**, 217—240 (1958).

Pattle, R. E. and L. C. Thomas: Lipoprotein composition of the film lining the lung. Nature **189**, 844 (1961).

Pattle, R. E., A. E. Claireaux, P. A. Davies and A. H. Cameron: Inability to form a lung lining film as a cause of the respiratory distress syndrome in the newborn. Lancet **11**, 469—472 (1962).

Paechey, L. D. and H. Rasmussen: Structure of the toad's urinary bladder as related to its physiology. J. Biophysic. and Biochem. Cytol. **10**, 529 (1961).

Rambourg, A. and C. P. Leblond: Electron microscope observations on the carbohydrate-rich cell coat present at the surface of cells in the rat. J. Cell. Biol. **32**, 27—53 (1967).

Revel, J. P.: A staining for the ultrastructural localization of the acid mucopolysaccharides. J. Microscopie **3**, 535—551 (1964).

Revel, J. P. and S. Ito: The surface components of cells. In The Specificity of Cell Surfaces (B. Davies, L. Warren, editors). Englewood Cliffs, N. J., Prentice-Hall, Inc. 211—234 (1967).

Susuki, T. and S. Sekiyama: Application of methenamine silver stain for electron microscopy (Tokyo) **10**, 36 (1961).

Tice, L. W. and R. J. Barrnet: Diazophthalocyanins as reagents for fine structural cytochemistry. J. Cell. Biol. **25**, no. 1, p. I, 23 (1965).

Yamada, E.: The fine structure of the gall bladder epithelium of the mouse, J. Biophysic. and Biochem. Cytol. **1**, 445 (1955).

Yardley, J. H. and G. D. Brown: Fibroblasts in tissue culture: use of colloidal iron for ultrastructural localization of acid mucopolysacharides. Lab. Investig. **14**, 501 (1965).

Contributors to the discussion:

Bernhard (France).

Отдел патологической анатомии Института Хирургии им. А. В. Вишневского АМН СССР, Москва, СССР

Внутриклеточные регенераторные процессы и устойчивость клетки к внешним воздействиям

Д. С. Саркисов, Б. В. Втюрин

Представление о регенерации морфолог ассоциирует с новообразованием клеток. На основании этого сложилось впечатление, что структурно-физиологический анализ компенсаторных процессов может быть осуществлен лишь на уровне межклеточных отношений. Глубже, т. е. внутриклеточно структурный компонент становится все более неопределенным и постепенно переходит в область так называемых чисто обменных процессов. Отсюда вывод: где-то на внутриклеточном уровне функциональные изменения перестают быть структурно обусловленными, иначе говоря, появляется вероятность каких-то «тончайших», «чисто функциональных» изменений. С развитием электронной микроскопии появилась возможность проверить эти представления.

Подавляющее большинство исследователей согласно со следующим определением понятия «регенерация»: *регенерация представляет собой воспроизведение новых структурных элементов тканей взамен погибших.* Каждый из этих элементов, естественно, должен отличаться от всех других, т. е. обладать морфологической и функциональной специфичностью. Каковы те *минимальные* структурные единицы тканей, которые уже обладают этой специфичностью? В свете данных электронной микроскопии такими наиболее элементарными структурами следует считать различные внутриклеточные образования — митохондрии, аппарат Гольджи, лизосомы, эндоплазматический ретикулум и т. д. Это следует из того, что в клетках различных органов эти органоиды существенно отличаются своим строением. Кроме того, в некоторых клетках, как известно, существуют структуры, которые характерны только для них (миофибриллы, тонофибриллы и т. д .). Таким образом, не только в самой клетке, как таковой, но уже в «мельчайших» ее структурных образованиях заложена морфологическая основа функционального свое образия органа.

В свете данных электронной микроскопии становится очевидным, что в клетках происходит не только так называемая биохимическая (молекулярная) регенерация, но, как естественное следствие ее — постоянное обновление и более крупных структур — митохондрий, эндоплазматического ретикулума, рибосом, аппарата Гольджи, мембран клеток и т. д. Это дает основание говорить о *физиологической внутриклеточной регенерации ультраструктур.* При различных патологических процессах, когда интенсивность функционирования структур резко возрастает, а некоторые из них оказываются поврежденными, на основе физиологической внутриклеточной регенерации развертывается *репаративная внутриклеточная регенерация.* Она выражается в двух формах. В клетках, которые по ходу патологического процесса оказались поврежденными, происходит восстановление их структуры вследствие нормализации строения органоидов и их новообразования (*собственно внутриклеточная репаративная регенерация*). Кроме того, происходит гиперплазия внутриклеточных структур в неповрежденных клетках, вызванная необходимостью усилить их функцию в связи с гибелью других клеток или повышенной функциональной нагрузкой органа (*внутриклеточная компенсаторная гиперплазия ультраструктур*).

Главное значение этих электронномикроскопических наблюдений состоит в открытии регенераторных и гиперпластических процессов, которые непрерывно совершаются внутри клеток в процессе их нормальной жизнедеятельности и в условиях патологии. Этим ставится принципиально важный вопрос о том, что регенерация может выражаться не только в новообразовании клеток, как это всегда было принято считать, но и в восстановлении и наращивании числа ультраструктур в пределах уже существующих клеток. В обоих случаях итог один — происходит увеличение общей массы специфических ультраструктур ткани, обеспечивающее или нормализаци или даже усиление ее выше нормы.

Обычно имеет место сочетание обоих этих процессов, но в одних органах тот или другой из них может преобладать, в то время как в других они принимают в обеспечении регенераторного процесса примерно одинаковое участие. В таких, например, органах как кожа, желудок, кишечник, кости, регенерация развертывается в форме образования новых клеток в результате чего дефект ткани, если он не слишком велик, обычно замещается тканью, идентичной погибшей. В других, например, в печени, поджелудочной железе, почках, нормализация нарушенной функции обеспечи-

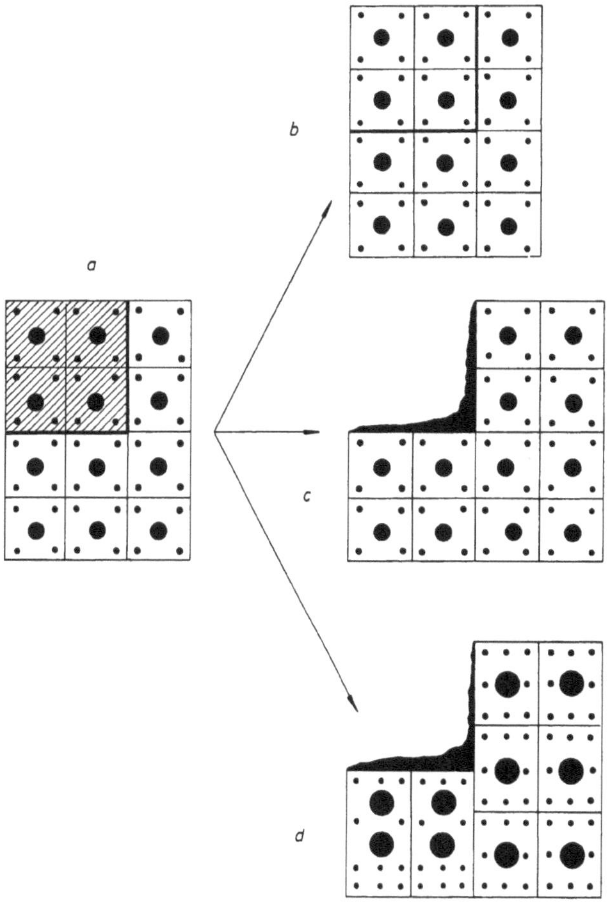

Рис. 1. Схематическое изображение различных форм репаративной регенерации у млекопитающих:

а) повреждение участка ткани
б) полная регенерация
в) регенерационная гипертрофия
г) внутриклеточная регенерация

вается не только путем образования новых клеток, но и в результате гипертрофии сохранившихся. Особенно важную роль последняя играет в ликвидации повреждения или усилении функции сердечной мышцы, где она, возможно, даже превалирует над новообразованием мышечных клеток. По-видимому, особенно преобладает внутриклеточная форма регенерации в некоторых отделах центральной нервной системы, клетки которых, как принято считать, вообще не способны делиться. Такое разнообразие форм регенераторной реакции определяется, по-видимому, тем, какая из них в том или ином органе является наиболее целесообразной для скорейшего и полного восстановления нарушенной функции. В самом деле, одного только воспроизведения пирамидной клетки коры мозга, идентичной погибшей, недостаточно для осуществления полноценной функции: для этого необходимо еще установить многочисленные связи ее с окружающими нервными клетками как на периферии, так и в центре. Учитывая необыкновенную сложность этих связей, можно понять нецелесообразность и «неэкономичность» такого способа регенерации по сравнению с внутриклеточным, состоящим в усилении функции сохранившихся соседних клеток путем гиперплазии их специфических микроструктур и повышения интенсивности их обновления.

Таким образом, электронномикроскопические исследования, в результате которых были обнаружены внутриклеточные гиперпластические и регенераторные процессы, показали, что различные органы млекопитающих и человека отличаются друг от друга не наличием или отсутствием способности к регенерации, а лишь формами, в которых преимущественно или исключительно развертывается в каждом из них этот процесс (рис. 1). Становится очевидной несостоятельность хорошо известного закона о прогрессирующем снижении способности к регенерации по мере усложнения строения организмов и об утрате этой способности некоторыми, так называемыми высокодифференцированными тканями у млекопитающих и у человека. Ошибочность этого закона обусловлена тем, что до недавнего времени изучение проблемы регенерации в эволюционном аспекте проводилось на основе учета только одной ее формы — клеточного размножения:

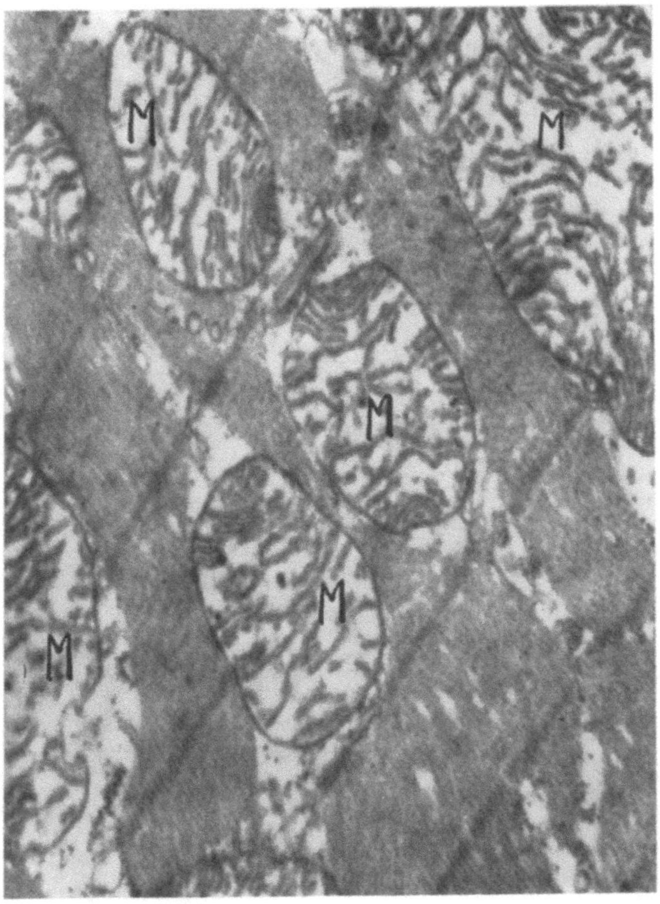

Рис. 2. Набухание митохондрий (М), просветление матрикса и дезорганизация крист в миокарде крысы после однократной физической нагрузки. Увел. 30000 ×

наличие или отсутствие его было единственным критерием оценки регенераторной способности ткани. В то же время совершенно выпала из поля зрения исследователей и не учитывалась вторая, еще более универсальная форма этой реакции — внутриклеточная регенерация ультраструктур. Сейчас пока трудно сказать, какая из этих двух форм репаративной реакции является более древней и в какой последовательности они развивались по ходу эволюции животного мира. Несомненно лишь то, что в некоторых органах в связи со своеобразием их строения и функции все более закреплялась и совершенствовалась одна из этих форм, в других — другая, а во многих остальных — разнообразные их сочетания. Это диктует совершенно отличную от общепринятой постановку вопроса о регенераторной способности органов млекопитающих: она в некоторых тканях *не исчезла и не снизилась, а приняла формы, соответствующие их структурным и функциональным особенностям*. Эта точка зрения, высказанная нами несколько лет тому назад (Д. С. Саркисов, 1962, 1963, 1964; Д. С. Саркисов и Б. В. Втюрин, 1964), получила подтверждение в теперь уже многочисленных электронномикроскопических исследованиях различных патологических процессов. В последнее время взгляды, принципиально сходные с нашими, были высказаны *Goss* (1966).

Несмотря на то, что многие детали физиологической регенерации ультраструктур клеток еще остаются неясными, уже сегодня с достаточной уверенностью можно утверждать, что появление, включение в работу и затем постепенное «угасание» отдельных органоидов и групп их происходит волнообразно, с определенной периодичностью. Установление *взаимоотношений между ритмом воздействия на организм и ритмом циклично протекающих внутриклеточных регенераторных процессов открывает новые перспективы разработки важнейших проблем патологии.* Поясним это следующим примером. Б. В. Втюриным, В. П. Тумановым и П. Я. Мульдияровым (1966) установлено, что при однократном утомлении животных изменения ультраструктур мышечных клеток сердца или отсутствуют или бывают незначительными (рис. 2). Они не становятся более выраженными, если каждое последующее воздействие наступает спустя достаточный период времени после предыдущего. В том же случае, когда очередные нагрузки следуют друг за другом

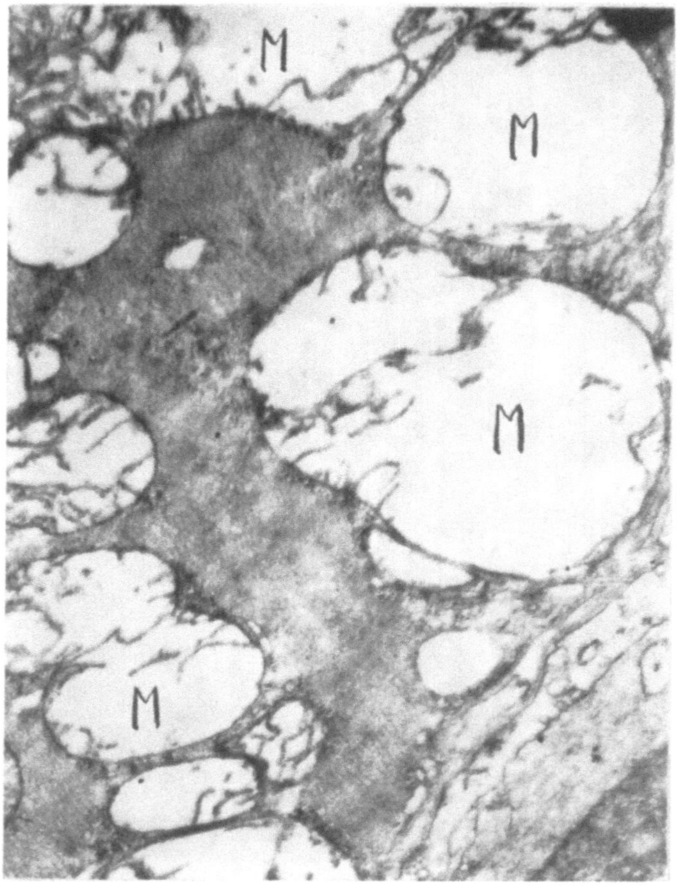

Рис. 3. Более выраженные, чем на рис. 2, изменения митохондрий (М) в миокарде крысы, подвергавшейся многократным физическим нагрузкам с короткими интервалами. Увел. 30000 ×

с короткими интервалами, изменения ультраструктур мышечных клеток становятся все более значительными (рис. 3). Что представляет собой в свете этих данных отдых или интервал между двумя воздействиями? Это — период времени, в течение которого происходит нормализация строения органоидов мышечной клетки и ее тонкой архитектоники в целом. Иначе говоря, это есть срок, необходимый для завершения внутриклеточного восстановительного процесса. Темп обновления ультраструктур, при котором в промежутках между воздействиями регенераторный процесс успевает полностью завершиться, может обеспечить практическую непоражаемость клетки. Если же функциональная нагрузка, сопровождающаяся срабатыванием части органоидов, повторяется чаще, чем успевает полностью восстановиться их состав, постепенно развивается истощение материальных ресурсов клетки, которое может закончиться ее гибелью. Схематическое изображение отмеченной закономерности представлено на (рис. 4). Темные кружки условно обозначают неизмененные ультраструктуры клетки, например, митохондрии, светлые — те из них, строение которых оказалось нарушенным. В результате каждого очередного воздействия (обозначено стрелкой) условно срабатывается три митохондрии, убыль которых затем постепенно восстанавливается. В верхнем ряду схемы (а) раздражитель действует с такой частотой и силой, что перед каждым очередным его воздействием в результате внутриклеточного регенераторного процесса исходное число митохондрий успевает восстановиться полностью. В этом случае, как видим, воздействие может продолжаться неопределенно долго, не выводя клетку из строя. В среднем ряду (в) схематически представлен результат более частого воздействия на клетку при той же его силе. Каждое очередное из них начинается при еще незавершенном регенераторном процессе, причем, от воздействия к воздействию дефицит ультраструктур постепенно возрастает и, наконец, наступает такой момент (четвертое воздействие), когда раздражитель действует на клетку, ультраструктура которой полностью дезорганизована. В нижнем ряду (с) показано, что при еще более частом воздействии эта дезорганизация наступает соответственно в более короткие сроки, причем, для этого требуется уже меньшее число воздействий.

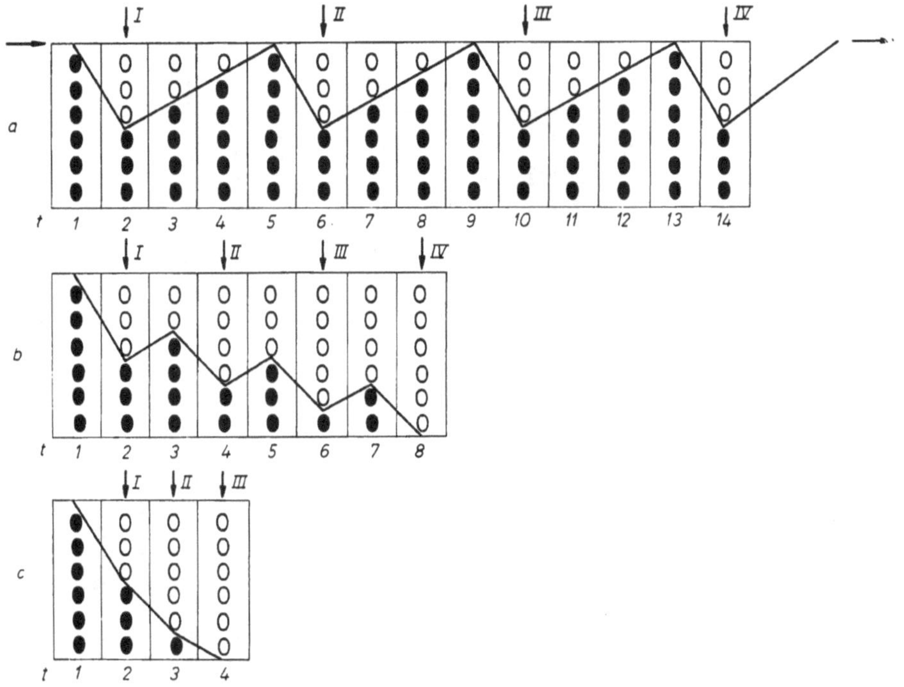

Рис. 4. Схематическое изображение соотношений между частотой воздействия и внутриклеточными регенераторными процессами.

Клетку, однако, не так легко вывести из состояния равновесия. В подобной ситуации конечный результат воздействия определяется не только исходным количеством ультраструктур, но и активированием компенсаторных реакций, повышающих устойчивость клетки к воздействию и препятствующих быстрому истощению ее материальных ресурсов. В настоящее время можно говорить о наличии трех таких приспособительных реакций. Две из них развертываются в условиях адекватных функциональных нагрузок (двигательная активность — для сердца и скелетной мускулатуры, пищевая нагрузка — для желудочно-кишечного тракта, сахарная — для инкреторного аппарата поджелудочной железы и т. д.) и состоят преимущественно в *количественных внутриклеточных изменениях*. Первая выражается в том, что клетки длительное время интенсивно функционирующие, увеличиваются в размерах, гипертрофируются, что обусловливается *увеличением числа их ультраструктур*. Схематически это представлено на (рис. 5). В верхнем ряду (а) изображен такой вариант взаимоотношения цикла внутриклеточного регенераторного процесса с ритмом действия раздражителя, при котором они соответствуют друг другу. В нижнем ряду (в) раздражитель действует с несколько большей силой (срабатывается не 3, а 4 митохондрии) и клетка перестраивает свою работу, мобилизует резервные силы, увеличивая запас ультраструктур, и, в том числе, митохондрий. При этом сама клетка увеличивается в размерах, гипертрофируется. Другим приспособлением, обеспечивающим длительную напряженную работу клетки, является *ускорение цикла обновления ее органоидов*, т. е. *интенсификация процесса физиологической внуртиклеточной регенерации*. Из схемы, представленной на (рис. 6), можно видеть, что при ускорении темпа обновления органоидов нормализация тонкой структуры клетки происходит быстрее, а, следовательно, она может выдержать и более частое и более сильное воздействие.

Обе эти реакции обеспечивают создание достаточного резерва структурнофункциональных единиц клеток и высокий темп их обновления, что и может свести до минимума степень повреждения органа в процессе его усиленной работы. Таким образом, одним из важнейших следствий систематических функциональных нагрузок органов, является, если так можно выразиться, тренировка внутриклеточного физиологического регенераторного процесса. Наиболее естественным и универзальным, т. е. действенным по отношению ко всем органам, стимулятором этого процесса является повышенная двигательная активность организма.

В противоположность этому, отсутствие систематических упражнений, снижение функциональных требований к органу и составляющим его клеткам, способствует замедлению этого процесса, затуханию регенерации ультраструктур, а затем и уменьшению их количества. Это хорошо показано в электронномикроскопических исследованиях органов животных, которых подвергали

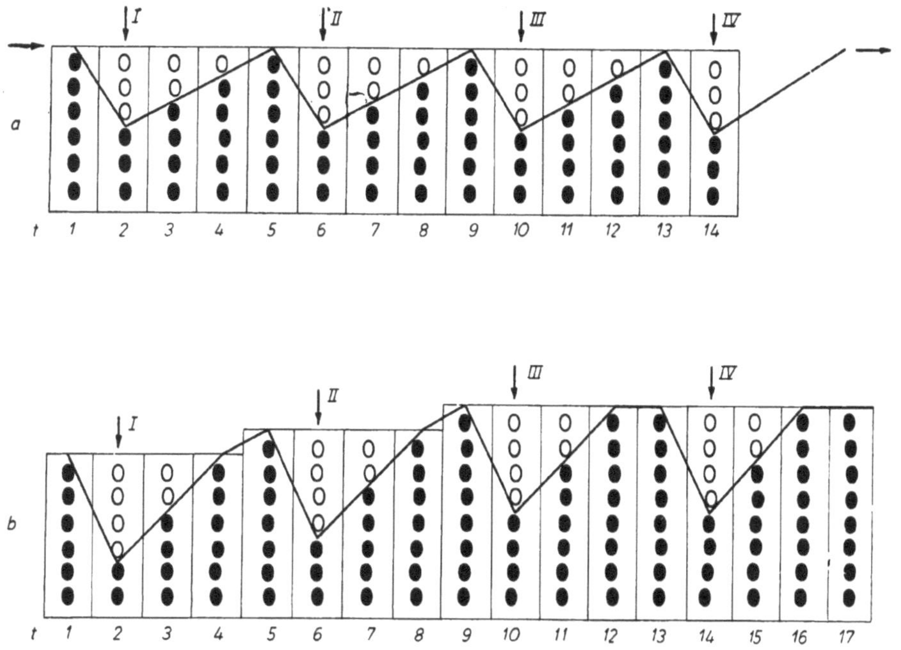

Рис. 5. Схематическое изображение повышения устойчивости клетки к внешнему воздействию путем увеличения количества ультраструктур.

голоданию или атрофии вследствие понижения функции (*Herdsoñ*, *Garviñ*, *Jeññiñgs*, 1964 ;Т. А. Залетаева, 1964). При внезапном возрастании функциональной нагрузки такие клетки быстро могут оказаться поврежденными. Можно с достаточным основанием предполагать, что в увеличении числа структурно-функциональных единиц клеток и в более высокой интенсивности их обновления и заключаются структурные основы повышения неспецифической резистентности организма, которым обычно сопровождаются систематические физические упражнения. Таким образом, появляется возможность морфологического анализа невосприимчивости и повышения устойчивости клеток к различным патогенным воздействиям.

По-видимому, те же обстоятельства лежат в основе большей чувствительности стареющего организма к функциональным нагрузкам: ритм обновления ультраструктур клеток при этом замедлен, растянут, а общее количество их уменьшено и того промежутка времени между очередными воздействиями, которого вполне достаточно для регенерации органоидов у молодого организма, здесь уже не хватает. Из схемы на (рис. 7) видно, что вследствие замедления внутриклеточного регенераторного процесса (восстановление ультраструктур в нижнем ряду (а) требует большего времени, чем в верхнем (в), клетка с таким замедленным темпом самообновления может сохранить устойчивость по отношению к раздражителю лишь при условии более редкого (или слабого) его воздействия. Ритм последнего, с которым вполне справляется клетка с интенсивно текущим процессом обновления ультраструктур, здесь приводит к их прогрессирующему дефициту и ослаблению функциональной активности.

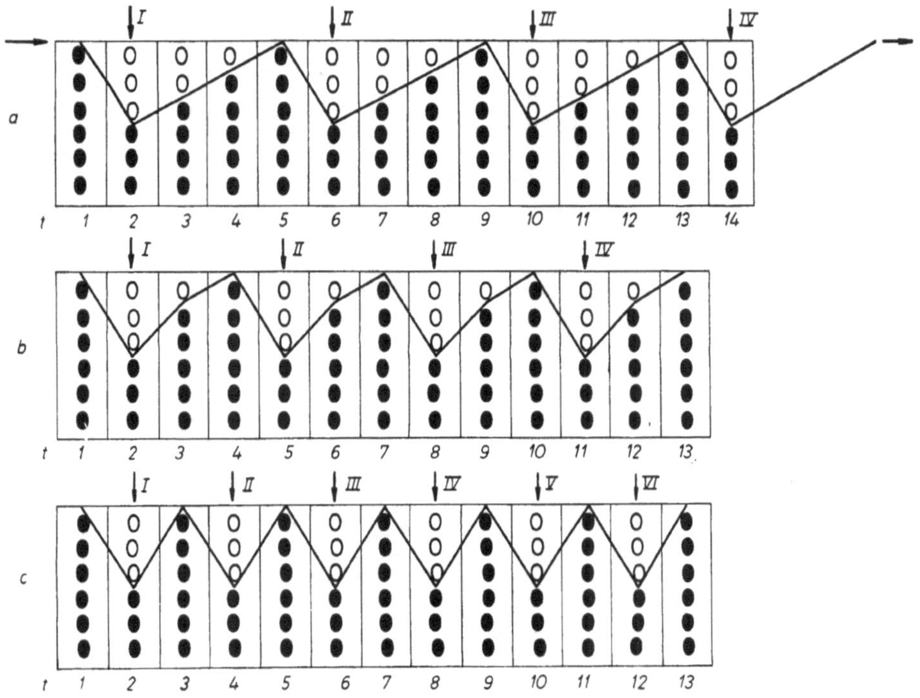

Рис. 6. Схематическое изображение повышения устойчивости клетки к внешнему воздействию путем ускорения обновления ультраструктур.

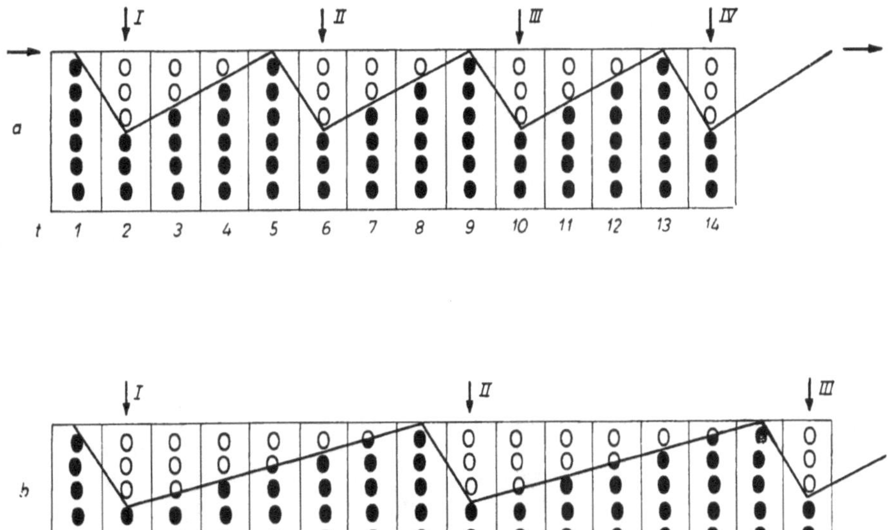

Рис. 7. Схематическое изображение понижения устойчивости клетки к внешнему воздействию в связи с замедлением внутриклеточного регенераторного процесса.

Третья приспособительная реакция развертывается при действии на клетку повреждающих агентов (яды, токсины микробов и т. д.) и состоит в преимущественно *качественных изменениях внутриклеточного метаболизма*. Эти изменения разнообразны и, по-видимому, специфичны для каждого агента или для определенных групп их. Основные взаимоотношения между ритмикой воздействия раздражителя и циклично текущими внутриклеточными регенераторными процессами здесь остаются принципиально теми же, что и при действии повышенных функциональных нагрузок. Известно, например, что под влиянием различных химических веществ происходят изменения ультраструктуры клеток, которая полностью восстанавливается перед очередным воздействием, если они повторяются достаточно редко, и прогрессируют в том случае, если промежуток между ними недостаточен для полной регенерации. Следовательно, отмеченное взаимоотношение между внутриклеточными регенераторными процессами и различными воздействиями на клетку представляет собой общебиологическую закономерность. В общей форме результаты взаимоотношений между ритмом того или иного воздействия на клетку и циклично совершающимися в ней регене-

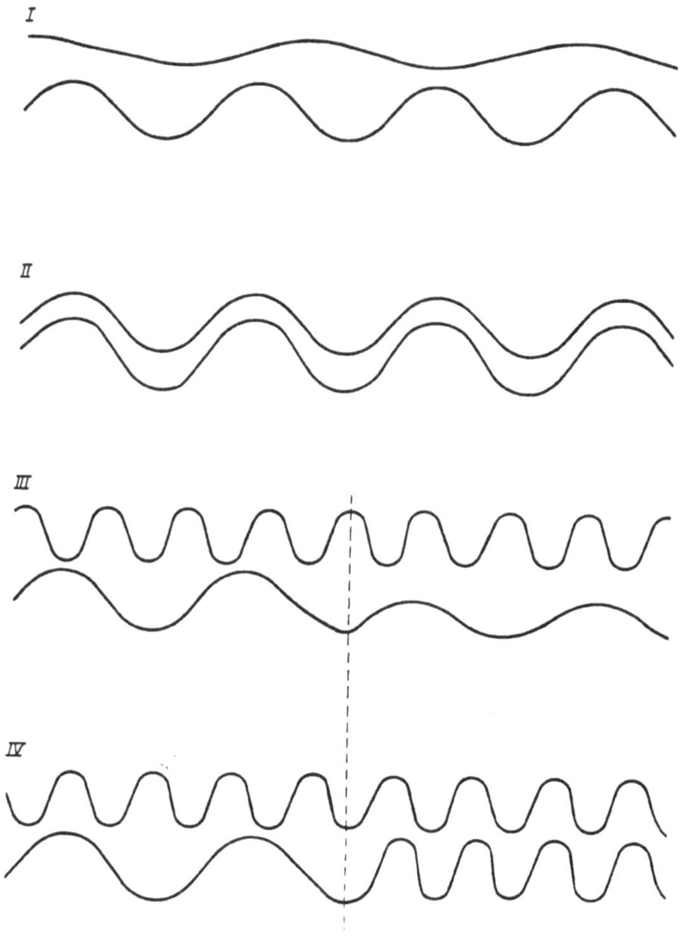

Рис. 8. Схематическое изображение различных вариантов взаимоотношения между ритмом воздействия на клетку и ритмом внутриклеточных регенераторных процессов.

раторными процессами схематически могут быть изображены так, как это представлено на (рис. 8). Верхняя из каждых двух парных линий изображает волнообразное действие раздражителя, нижняя — ритмику внутриклеточных процессов. В случае I и II, когда ритм воздействия на организм (клетку) реже или совпадает с ритмом обновления ее ультраструктур, дистрофических изменений не возникает. Если же соотношение ритмов таково, что внутриклеточный регенераторный процесс «отстает», возможны два исхода: или это отставание продолжается и клетка постпенно истощает свои материальные ресурсы и гибнет (III), или она перестраивает свою работу так, что ритм процесса обновления ее составных частей приходит в соответствие, начинает совпадать с ритмом действия раздражителя (IV).

Известно, что в процессе физических нагрузок постепенно повышается устойчивость организма не только к ним, но и к действию различных патогенных факторов. Сущность этого эффекта остается неясной. Мы отмечали, что систематическая двигательная активность сопровождается увеличением числа ультраструктур клеток и интенсивности их обновления. Возможно, что при этом устанавливается стабильный (доминантный) стереотип внутриклеточной работы, в цикле которой труднее, чем обычно, возникают качественные изменения, специфические для действия того или иного патогенного раздражителя.

На основании электронномикроскопических исследований, свидетельствующих о цикличности внутриклеточных регенераторных процессов и колебаниях их интенсивности в зависимости от различной степени функциональной нагрузки, можно приблизиться к выяснению структурных основ нервной трофики. Можно полагать, что одним из конкретных выражений нервно-трофического контроля жизнедеятельности тканей является регуляция интенсивности внутриклеточного цикла обновления ультраструктур. Последний одновременно и стабилен и изменчив. Стабильность его в клетках различных органов обусловлена эволюционно закрепленной спецификой их строения и деятельности. Однако такая прочность диапазона внутриклеточного обновления структур, его автономность, не может не быть в то же время и относительной, поскольку каждая клетка в ответ на непрерывное изменение функциональных требований к ней в рамках ткани и организма в целом, вынуждена постоянно менять его, то расширяя, то, наоборот, суживая. Выше мы уже отмечали, что усиление темпа обновления ультраструктур может являться одним из важных приспособительных механизмов в ответ на действие патогенных раздражителей. Именно это непрерывное приспособление режима обновления органоидов клеток к меняющимся условиям работы и обеспечивается соответствующими, то усиливающими, то ослабляющими нервными влияниями. Другими словами, конечным эффектом и структурным выражением этих влияний, мобилизующих так называемые компенсаторно-приспособительные реакции, является установка цикла внутриклеточных регенераторных процессов на уровне, необходимом для поддержания требуемой в данный момент степени функциональной активности органа. Регулируя интенсивность работы внутренних органов, центральная нервная система в процессе этой регуляции сама подвергается изменениям, стереотипным с теми, которые возникают в клетках работающих тканей (В. П. Туманов, Г. Н. Кривицкая, 1967). Чем интенсивнее функциональная активность органа, тем более резкими становятся внутриклеточные изменения не только в нем самом, но и в центральной нервной системе. Отсюда следует, что и восстановительный период не ограничивается внутриклеточными репаративными процессами в работающем органе, но и в равной мере затрагивает и соответствующие отделы нервной ткани. Важнейшим условием полноценного восстановления работоспособности организма является синхронность репаративных процессов в обоих системах — периферической (работающей) и центральной (регулирующей). В нарушении такой синхронности, разновременности регенераторных процессов в каждой из систем может лежать одна из причин возникновения патологических состояний.

Электронная микроскопия открыла новый этап в изучении структурных основ физиологических процессов в здоровом и больном организме. Ошибочность таких довольно широко распространенных представлений, как, например, «первичные функциональные нарушения и наступающие вслед за ними морфологические» или «чисто функциональные изменения», в свете данных электронномикроскопических исследований становится фактом. Мы видели, что даже такие динамичные процессы, как утомление, отдых — структуры и определяются степенью нарушения или, наоборот, сохранностью непрерывно протекающего цикла обновления клеточных органоидов. Следовательно, *нет функциональных изменений, не связанных и не обусловленных структурными сдвигами*. В основе феномена компенсации нарушенных функций всегда лежат регенераторные процессы, осуществляемые на разных уровнях (клеточном, внутриклеточном) и развертывающиеся или в месте повреждения, или в отдалении от него в той же ткани, или, наконец, за пределами пораженного органа. *Принцип сопоставления ритма воздействия на клетку с ритмом непрерывного обновления ее собственной архитектоники может оказаться универсальным ключом для расшифровки причин возникновения и прогрессирования патологических процессов различной этиологии*. Не меньшее значение он имеет для понимания механизма адаптации клеток к действию патогенных факторов и разработки методов ее стимуляции.

Важное значение электронной микроскопии определяется тем, что она позволяет наблюдать тонкие структурные основы физиологических процессов, видеть их динамику, а это, в свою очередь, делает для нас доступной и все более тонкую их количественную оценку в границах определенных тканевых, внутриклеточных и даже внутриорганоидных структур. В настоящее время мы пока можем говорить, главным образом, лишь о качественной стороне дела, поскольку методы оценки количества митохондрий, лизосом, специальных органоидов (миофибрилл), эндоплазматического ретикулума еще весьма несовершенны. Но разработка их ведется очень интенсивно и, по-видимому, в ближайшее время такие методы окажутся в руках исследователей. Тогда откроются новые перспективы количественной характеристики сложных биологических процессов, совершающихся в здоровом и больном организме.

Резюме

На основании обобщения результатов электронномикроскопических исследований внутриклеточных деструктивных и восстановительных процессов авторы выдвигают новые представления о диапазоне и формах проявления регенерации у млекопитающих и у человека. Обосновывается понятие о внутриклеточной форме регенераторной реакции, как о наиболее универсальной, свойственной всем без исключения органам. На основании этого сделан вывод о несостоятельности закона об утрате некоторыми органами способности к регенерации. Речь идет не о потере этой способности, а о своеобразии форм ее проявления в связи с особенностями строения и функции различных тканей. Авторы полагают, что на основе сопоставления ритмов разнообразных воздействий на клетку с ритмом обновления ее собственной архитектоники, может быть осуществлен структурный анализ таких явлений, как невосприимчивость организма к патогенным воздействиям, повышение его неспецифической резистентности, сущность нервно-трофических влияний и ряда других.

Литература

Втюрин, Б. В., В. П. Туманов и П. Я. Мульияров: Тезисы Всесоюзной конференции по мышечной биохимии. стр. 32, 1966.

Goss, R.: Science, **153**, 3744, 16151—620 (1966).

Herdson, P., P. Garvin und B. Jennings: J. Pathol. **45**, 2, 157 (1964).

Залетаева, Т. А.: Цитология, т. 6, № **3**, **344** (1964.)

Саркисов, Д. С.: Эксперим. хирургия и анестезиология, **2**, 3 (1962).

Саркисов, Д. С.: Архив анатомии, гистологии и эмбриологии, **10**, 3 (1963).

Саркисов, Д. С. и Б. В. Втюрин: Эксперим. хирургия и анестезиология. **5**, 3 (1964).

Саркисов, Д. С.: Human developmental biology (Excerpta Med.—Section XX), 4, Nr. 5, 1958 (1964). **4**, № 5, 1958 (1964).

Туманов, В. П. и Г. Н. Кривицкая: Бюлл. экспер. биол. и мед., № **5**, **42** (1967).

Disskussionsredner:

Neškovic (S. R. Jugoslawien), *Repciuc* (S. R. Rumänien).

Medizinische Klinik der Medizinischen Akademie „Carl Gustav Carus", Dresden, und II. Medizinische Klinik der Humboldt-Universität zu Berlin, DDR

Laparoskopie und Leberbiopsie — ihre Bedeutung, Grenzen und Gefahren

von

F. RENGER

Die Geschichte der Laparoskopie beginnt mit diesem Jahrhundert. 1901 gab G. KELLING die Konzeption der Coelioskopie — wie er es damals bezeichnete — bekannt und berichtete über die ersten Ergebnisse. An der weiteren Entwicklung haben sich H. C. JACOBAEUS (1910), W. UNVERRICHT (1925), H. KORBSCH (1927) und andere Autoren verdient gemacht. KALK und seine Schule erarbeiteten etwa ab 1930 die Methodik, Indikationen und Kontraindikationen, regten wesentliche technische Verbesserungen an und führten die Laparoskopie in die klinische Routine-Diagnostik ein.

Die Leberbiopsie stellt eine wesentliche Ergänzung dar. Bereits P. EHRLICH hat 1883 die Leber blind punktiert. Seit etwa 1943 haben KALK, BRÜHL und SIEDE gezielte Biopsien mit der Laparoskopie verbunden. Die blinde Biopsie war noch lange Zeit mit einem erheblichen Risiko verbunden. Erst die genialen technischen Verbesserungen durch MENGHINI haben der Methode den Weg in die diagnostische Routine geöffnet. Die entscheidenden Verbesserungen sind ein absolut luftdichtes Aspirationssystem, ein Stop-Mandrin, der die mechanische Zerstörung des Zylinders verhindert und variable Kanülenkaliber je nach zu erwartendem Gewebe bzw. Verdachtsdiagnose. Das Besteck erlaubt eine schmerzlose Punktion, die kaum eine Sekunde dauert.

Die Bedeutung der beiden diagnostischen Verfahren für die Entwicklung der Hepatologie wird am Beispiel der chronischen Hepatitis offensichtlich. Dieses Krankheitsbild wurde in Mitteleuropa seit 1948 erarbeitet und ist das Ergebnis laparoskopischer und bioptischer Verlaufskontrollen. Im angloamerikanischen Schrifttum erscheint diese Diagnose erst ab 1962. In diesen Ländern wurde von der Laparoskopie später als in Europa Gebrauch gemacht. Wissenschaftliche Erkenntnisse und die Prägung klinischer Begriffe können regional von den jeweils verfügbaren technischen und methodischen Voraussetzungen — in diesem Falle die Laparoskopie — erheblich beeinflußt werden.

Seit 1950 haben wir in der II. Medizinischen Klinik der Charité die Laparoskopie eingeführt. Die Beurteilung der Biopsien erfolgte vorwiegend durch Herrn Prof. KETTLER im benachbarten Pathologischen Institut.

Meinen weiteren Ausführungen liegt die Analyse von fast 2000 Laparoskopien aus den ersten Jahren zugrunde.

Eine Laparoskopie ist bei folgenden Indikationen erforderlich:

1. Pathologische Leberpalpationsbefunde, deren Ursache aus Anamnese und klinischem Bild nicht zu klären ist.
2. Pathologische laborklinische Befunde, die durch eine Leberkrankheit bedingt sein können. Das gilt vor allem für Abweichungen im Serumbilirubin, Spektrum der Bluteiweiße, Fermente und der hepatischen Farbstoff-Clearance.
3. Chronische Leberkrankheiten. Sie bedürfen zur genaueren Abgrenzung von Diagnose, Schweregrad, Verlaufstendenz und therapeutischen Möglichkeiten neben der Funktionsdiagnostik der morphologischen Beurteilung.
4. Unklare Systemerkrankungen: Vergrößerung von Lymphknoten und Milz sowie unklare Fieberschübe sind manchmal aus Blutstatus, Sternalmark und Lymphknotenpunktat nicht zu klären. Als Beispiel eine Patientin, bei der eine isolierte Vergrößerung der pulmonalen Hiluslymphknoten bestand. Die Laparoskopie deckte eine tuberkulöse Aussaat in der Leber auf. Somit wurde eine spezifische Therapie dank der laparoskopischen Diagnostik möglich.

5. Zur Entscheidung der operativen Indikation ist die Laparoskopie auch dem Chirurgen oft von Nutzen. Sie kann Belastung, Risiko und Aufwand einer Laparotomie oder einer chirurgischen Intervention überhaupt unnötig machen. Hierbei sind vor allem folgende Indikationen zu beachten:
   a) Die Differentialdiagnose zwischen intrahepatischer Cholostase und Verschlußikterus.
   b) Die Frage nach Metastasen in Leber oder Bauchraum vor der Radikaloperation eines Carcinoms.
   c) Das Gallenblasen-Carcinom kann laparoskopisch sehr früh diagnostiziert werden.
   d) Die portocavale Shuntoperation hat eine außerordentlich schlechte Prognose, wenn eine florid progrediente Lebererkrankung vorliegt. Sie muß zuvor laparoskopisch ausgeschlossen sein.
6. Schließlich kann eine Laparoskopie erforderlich werden bei der sog. Hepatophobie, wenn Angehörige medizinischer Berufe oder auch Laien von der Ausheilung nach einer überstandenen Lebererkrankung nicht auf andere Weise zu überzeugen sind.

Die im Thema gestellte Aufgabe soll an diesem Material geprüft werden.

Welches sind die Fragestellungen und Verdachtsdiagnosen, auf Grund deren vom Kliniker eine Laparoskopie veranlaßt wird:

Tabelle 1

Indikation zur Laparoskopie, Fragestellungen	
I. Sicherung der Diagnose und Beurteilung von Art und Schweregrad chronischer Lebererkrankungen	
protrahiert verlaufende Hepatitis	43 Fälle
chronische Hepatitis	487 Fälle
Zirrhosen	352 Fälle
Zirrhose cardiaque bei Herzinsuffizienz	15 Fälle
II. Klinische Befunde eines Leberparenchymschadens. Klärung der ursächlichen Erkrankung	83 Fälle
III. Pathologischer Palpationsbefund ohne sichere klin. Zuordnung	
Hepatomegalie .	130 Fälle
Hepatosplenomegalie	76 Fälle
Splenomegalie	42 Fälle
IV. Tumor in abdomine	87 Fälle
praeoperative Abklärung von Lebermetastasen	74 Fälle
Differentialdiagnose unklarer Aszitesformen	48 Fälle
V. Differentialdiagnose des Ikterus	
Hyperbilirubinaemien	23 Fälle
ungeklärter Ikterus	86 Fälle
parenchymatös/mechanisch z. B. partieller Verschluß	
retrograde Cholangiografie	40 Fälle
Cholangitiden	23 Fälle
Differentialdiagnose: Haemolytischer Ikterus + Parenchymschaden	9 Fälle
Beurteilung von Gallenblase und Choledochus	47 Fälle
VI. Systemerkrankungen mit Einbeziehung von Leber und Milz	
1. Leukosen	16 Fälle
2. Haematologische Erkrankungen	61 Fälle
3. Lymphogranulomatosen	13 Fälle
4. chronische generalisierte Infektionskrankheiten (Brucellose, Lues, Tbc. Listerose u. a.)	12 Fälle
5. Panmyelopathien	8 Fälle
6. Retikulosen	8 Fälle
7. Paraproteinaemien	5 Fälle
VII. Speicher- und Stoffwechselkrankheiten (Gaucher, Wilson, Fettstoffwechselstörungen u. a.)	7 Fälle
VIII. Intersexualität Beurteilung der inneren weiblichen Genitale	4 Fälle
IX. Verdacht auf Abdominal-Tuberkulose	26 Fälle
X. Leberbeurteilung vor Therapie mit Glucocorticoiden	25 Fälle
XI. Klärung ursächlich unklarer Symptome	
Fieber	8 Fälle
Oberbauchbeschwerden	5 Fälle
Verwachsungsbeschwerden	2 Fälle

Die Tabelle 1 zeigt die Verteilung der Verdachtsdiagnosen an unserem Patientengut. Am häufigsten ergibt sich die Notwendigkeit, eine auf Grund des klinischen Bildes gefundene chronische Lebererkrankung (897 Fälle) nach Art, Schweregrad und Verlaufstendenz genauer zu bestimmen. Die laborklinischen Daten vermitteln lediglich einen Eindruck von den Funktionseinschränkungen. Sie können durch verschiedenartige morphologische Veränderungen bedingt sein. Die chronische Hepatitis als Sammelbegriff ergibt die Indikation am häufigsten.

Die nächsten beiden Gruppen sind pathologische „Lebertests" und Palpationsbefunde, zu deren ursächlicher Abklärung eine morphologische Beurteilung der Leber erforderlich ist.

Auch die verschiedenen Ikterusformen ergeben relativ oft die Indikation zur Laparoskopie und Biopsie. Dabei fragt der Kliniker nach begleitenden morphologischen Veränderungen und erhofft differentialdiagnostische Entscheidung zwischen intrahepatischer Cholostase und Verschlußikterus.

Hier kann in schwierigen Fällen die röntgenanatomische Darstellung des Gallengangsystems durch retrograde Cholangiographie den einzig möglichen Weg darstellen. Wir haben sie in Verbindung mit der Laparoskopie in über 40 Fällen erfolgreich durchgeführt.

Im Verlaufe von Systemerkrankungen wird die Laparoskopie vorgenommen, um die Beteiligung von Leber und Milz abzuklären. In der Mehrzahl der Fälle war die Diagnose aus dem klinischen Bild und dem Befund von Blut- und Lymphpunktaten zu sichern. Die Häufigkeit der wesentlichsten laparoskopischen Leberbefunde ist in der Tabelle 2 zusammengestellt.

Tabelle 2

Häufigkeit laparoskopischer Befunde an der Leber

1. Kein pathologischer Befund	128 Fälle	6. Lebermetastasen	77 Fälle
2. Akute Virus-Hepatitis	33 Fälle	Lebermetastasen bei Zirrhose	3 Fälle
im Abklingen befindliche akute Virus-Hepatitis, residuelle Hepatitis	51 Fälle	7. Herzinsuffizienz mit Stauungsleber und Induration (Fibrose)	18 Fälle
3. Chronische Hepatitisformen	272 Fälle	8. Narbenleber	8 Fälle
chronische Hepatitis m. beginnender Zirrhose	190 Fälle	9. Cystenleber, isolierte Cysten	5 Fälle
chronische Hepatitis möglich	69 Fälle	10. Verschlußikterus, komplett	42 Fälle
chronische Hepatitis mit Zirrhose möglich	7 Fälle	intermittierender Verschluß	7 Fälle
4. Zirrhose	352 Fälle	11. Tbc der Leber	2 Fälle
biliäre Zirrhosen	15 Fälle	Lues der Leber (Hepar lobatum)	2 Fälle
Zirrhose möglich	17 Fälle	13. laparoskop. Hepatomegalie	
5. Fettleber, ausgeprägte	341 Fälle	ausgeprägt	504 Fälle
Fettleber, gering	61 Fälle	mäßig, gering	61 Fälle
Fettleber mit beginnender Zirrhose	13 Fälle	Hepato-splenomegalie	
		ausgeprägt	323 Fälle
		gering	14 Fälle

Am stärksten sind chronische Hepatitiden (382), Zirrhosen (367) und Fettlebern (415) vertreten. Die normale Leber (128) wurde vorwiegend bei Laparoskopien aus nichthepatischer Indikation beschrieben.

Für die Abschätzung des diagnostischen Wertes sind Laparoskopie und gezielte Biopsie gemeinsam zu bewerten (Tab. 3).

Tabelle 3

Diagnostischer Wert der Laparoskopie und Laparoskopie mit Biopsie

Klinische Diagnosen	durch die Laparoskopie allein	durch die Laparoskopie und Biopsie	Gesamt	%
bestätigt	435	697	1132	58,4
ergänzt	56	292	348	18,0
revidiert	56	297	353	18,2
keine Klärung	88	16	104	5,4
	635	1302	1937	

Sie bestätigen in 58% der Untersuchungen die klinische Diagnose. Eine Ergänzung und Präzisierung erfährt die klinische Diagnose in 18% der Untersuchungen. Ebenfalls in nahezu einem Fünftel der Fälle wurde die klinische Diagnose durch den morphologischen Befund revidiert.

Insgesamt hat die Untersuchung in nur 5,4% der Fälle keine diagnostische Klärung erbracht.

Den entscheidenden Beitrag leisten Laparoskopie und Biopsie durch Revision oder Präzisierung der Diagnose. In unserem Material sind es 36% aller Untersuchungen.

Für die weitere kritische Auswertung sind die Gruppen B und C geeignet, um die diagnostischen Möglichkeiten unter Berücksichtigung der klinischen Fragestellung genauer zu charakterisieren. Welches sind die Krankheitsgruppen, die morphologisch nicht bestätigt wurden (Tab. 4)? Eine chronische Hepatitis war in 168 Fällen klinisch angenommen worden. In 69 Fällen war das klinische Bild extrahepatisch bedingt und ohne morphologisches Äquivalent; 31mal lag eine Steatose vor. Bei den

Tabelle 4

Zu revidierende klinische Diagnosen		Häufigste bioptische Befunde	
Chronische Hepatitis	168 Fälle	Normale Leber	69 Fälle
		Steatosen	31 Fälle
Leberzirrhose	85 Fälle	Normale Leber	25 Fälle
		chronische Hepatitis	24 Fälle
		Steatosis hepatis	14 Fälle
		Metastasenleber	11 Fälle
Klin. Parenchymschaden	23 Fälle	ohne morphologische Korrelation extrahepathische Ursachen!	23 Fälle
Akute Virus-Hepatitis	16 Fälle	normal	6 Fälle
		Steatose	4 Fälle
		chronische Hepatitis	2 Fälle
		beginnende Hepatitis	2 Fälle

restlichen 68 ergaben sich teils akute Hepatitiden, teils Zirrhosen, Narbenleber, Haemosiderosen und Cystenleber.

Die klinische Diagnose einer Zirrhose wurde 85mal korrigiert. Auch hier lagen 25mal extrahepatische Erkrankungen vor, und die Leber war normal. Als häufigste revidierte Diagnose fanden sich chronische Hepatitis (24mal), schwere Steatosen (14) und Metastasenleber (11).

Eine klinisch angenommene protrahiert verlaufende akute Hepatitis erwies sich in 16 Fällen als falsch. Morphologisch ergaben sich zum Teil chronische Hepatitiden, 2 mal mit beginnender Zirrhose, 1 mal eine akute Hepatitis, eine Fibrose und 6mal eine normale Leber.

Eine Cholangiohepatitis konnte morphologisch 14mal nicht bestätigt werden. Eine vermutete Metastasenleber bei bekanntem Primärtumor 8mal.

Die Aussagen anderer Autoren zum Wert der Laparoskopie und gezielten Biopsie sind nicht unmittelbar mit unserem Material vergleichbar. Wildhirt stellte in 66,5% seiner Fälle die Diagnose ausschließlich morphologisch. Er verzichtet in der Mehrzahl seiner Fälle von vornherein auf eine genauere klinische Vordiagnostik. Entsprechend ist sein Anteil laparoskopisch-bioptisch bestätigter Diagnosen mit 25,7% wesentlich kleiner als bei uns mit 58,4%. Auch die Zahl der revidierten Diagnosen liegt bei ihm mit 5,7% sehr niedrig. Stiefel (1961) hingegen berichtet über 25%.

Der Anteil von Diagnosen, der laparoskopisch-bioptisch nicht zu klären ist, variiert in der Literatur zwischen 2,1–10%:

Wildhirt	2,1%
Stiefel	5,0%
im eigenen Material	5,4%
Kalk	9,0%
Böttner und Brühl	10,0%

Die Bedeutung der gezielten Biopsie im Vergleich zur alleinigen Laparoskopie bedarf noch einer Analyse (Tab. 5). Die Bestätigung der klinischen Diagnose erfolgte nur in 38% der Fälle durch die

Tabelle 5

Bedeutung des morphologischen Befundes für die klinische Diagnose

	jeweilige Fallzahl (= 100%) 1937 Pat.	Laparoskopie ohne Biopsie 635 Pat.	Laparoskopie mit Biopsie 1302 Pat.	Anteil am Gesamtpatientengut (1937 = 100%)
Diagnose				
bestätigt	1132	38%	62%	58,4%
ergänzt	348	16%	84%	18 %
revidiert	353	16%	84%	18 %
ungeklärt	104	85%	15%	5,4%

Laparoskopie, in 62% bioptisch. In je 84% der Laparoskopien erfolgt die exaktere Fassung der Diagnose oder ihre Revision durch die Kombination mit der gezielten Punktion, nur in je 16% konnte sich der Untersucher mit der alleinigen Laparoskopie begnügen.

Von 104 ungeklärten Fällen entfallen 85% auf die alleinige laparoskopische Untersuchung, lediglich in 15% konnte auch die zusätzliche Punktion nichts zur Klärung beitragen.

Prüft man das Kollektiv von 635 ohne Biopsie laparoskopierten Patienten, so blieben 88 = 13,9% ungeklärt, von den 1302 gezielt punktierten Patienten hingegen nur 16 Patienten = 1,3%. Damit wird die Insuffizienz der alleinigen Laparoskopie gegenüber der Kombination mit der gezielten Biopsie offensichtlich. Für die Praxis ergibt sich daraus die Konsequenz zu punktieren, wenn es sich nicht infolge einer Kontraindikation verbietet.

Welches sind die am häufigsten histologisch gestellte Diagnosen? (Tab. 6). An der Spitze stehen die chronischen Hepatitiden (360) und chronischen Hepatitiden mit Übergang in Zirrhose (112). Sie sind die Domäne der histologischen Diagnostik. Anamnese und Klinik variieren in initialen Fällen so stark, daß die Diagnose nur morphologisch gesichert werden kann.

Tabelle 6

Übersicht der häufigsten histologischen Gruppendiagnosen	
Chronische Hepatitiden	360 Fälle
Chronische Hepatitis mit beginnender Zirrhose	112 Fälle
Zirrhosen	142 Fälle
Steatosis hepatis	193 Fälle
mit Zirrhose	13 Fälle
Hämosiderose	56 Fälle
Parenchymikterus ohne Entzündung	20 Fälle
Metastasen	12 Fälle
Tuberkulose (miliare, der Leber)	9 Fälle
Stauungsleber	9 Fälle
postnekrotische Narbenleber	6 Fälle
Cholangiolitis	5 Fälle
Toxische Hepatose	4 Fälle
Leukose lymphatische	4 Fälle
myeloische	2 Fälle
Lues	2 Fälle
M. Boeck	3 Fälle
Amyloidose	2 Fälle
Ca der Leber	4 Fälle
Listeriose	1 Fall

Die nächste große Gruppe sind die Steatosen. Mit zunehmendem Lebensstandard und abnehmender körperlicher Belastung ist in den letzten Jahren die Fettleber an erste Stelle getreten. Vielfach zeigt sie das Vorstadium eines Diabetes an. Die Zirrhosen finden sich mit 142 an dritter Stelle. Für ihre Diagnose ist die Biopsie nur im Frühstadium erforderlich. Bei klinisch ausgeprägtem typischen Krankheitsbild nehmen wir weder eine Laparoskopie noch Biopsie vor.

Schließlich stellen noch die Thesaurismosen einen relativ hohen Anteil der bioptisch zu sichernden Krankheitsbilder.

Von Interesse ist weiterhin die Frage, welche endoskopisch gestellten Diagnosen histologisch korrigiert bzw. nicht bestätigt wurden. Die Überprüfung ergibt, daß es sich vor allem um die Differentialdiagnose zwischen chronischer Hepatitis, normaler Leber, Zirrhose und Fettleber handelt (Tab. 7).

Insgesamt erfährt aber die endoskopische Diagnose wesentlich seltener eine Korrektur als die klinische. Bei 1457 Laparoskopien mit gezielter Biopsie ergab sich:

Übereinstimmung von endoskopischer und histologischer Diagnose in	773 Fällen = 53 %
Ergänzung und Spezifizierung durch die Biopsie in	347 Fällen = 23,8%
Klärung durch die Biopsie bei endoskopisch unklar gebliebenen Fällen	165mal = 11,4%

(meist handelte es sich um Hepatomegalien, endoskopisch normale Lebern oder postserositische Trübungen, die eine Beurteilung unmöglich machten)

Der bioptische Befund entsprach *nicht* der klinischen und endoskopischen Diagnose in	166 Fällen = 11,4%

Tabelle 7

Endoskopische Fehldiagnosen bzw. histologisch nicht bestätigte Diagnosen			
endoskopisch		häufigste histologische Diagnosengruppen (ohne seltenere Einzeldiagnosen)	
1. Floride chronische Hepatitis	54 Fälle	Normale Leber	25 Fälle
		Steatose	12 Fälle
2. Normale Leber	27 Fälle	chronische Hepatitis	13 Fälle
		Steatose	6 Fälle
3. Zirrhosen	24 Fälle	Steatose	7 Fälle
		normale Leber	5 Fälle
		Tbc	
4. Chronische Hepatitis mit beginnender Zirrhose	22 Fälle	normale Leber	11 Fälle
		Tbc	1 Fall
5. Steatose	20 Fälle	chronische Hepatitis	9 Fälle
		normale Leber	4 Fälle
6. Akute Hepatitis	10 Fälle	normale Leber	4 Fälle
		chronische Hepatitis	4 Fälle
7. Postdystrophe Narbenleber	2 Fälle	chronische Hepatitis	1 Fall
		Lipofuscinose	1 Fall

Bei Zirrhosen und Narbenlebern sowie Fibrosen ist häufiger die klinische und laparoskopische Diagnose zutreffend. Der Punktionszylinder enthält in solchen Fällen nur normales Lebergewebe.

In 16 Fällen = 1,2% ergab sich ein histologischer Befund ohne Beziehung zur endoskopischen und klinischen Diagnose. Lindner (1967) berichtet über falsche Biopsieergebnisse in folgendem Verhältnis bei

36 Zirrhosen in	20%
71 chron. Hepatitis in	11%
166 akut. Hepatitis in	2%
50 Verschlußikterusfällen	16%
15 intrahepat. Cholostasen	19%

Die Biopsie erweist sich, wie zu erwarten, als ein entscheidendes diagnostisches Hilfsmittel. Es erscheint aber gerade deshalb von besonderer Bedeutung, ihre Fehlerquellen und Grenzen zu analysieren. Manche Kliniker und weniger erfahrene Morphologen neigen dazu, ihr unkritisch in allen Fällen die dominante Rolle für die diagnostische Entscheidung einzuräumen. Entsprechend dem gestellten Thema sollen uns nicht die rein technisch bedingten Grenzen der Methode beschäftigen.

Der Entnahmeort und seine Bedeutung für den Befund wurde von verschiedenen Autoren geprüft (Elster, K. u. Mitarb. 1966). Eindeutig ergibt sich, daß am Leberrand und in kapselnahen Schichten die Fibrosierung stärker und früher einsetzt. Der biesenartige Randsaum bei chronischer Hepatitis und Zirrhose ist oft schon endoskopisch erkennbar. Hier handelt es sich um Narbengewebe. Weiterhin findet sich bei Gallenstauung Ikterus in der Umgebung des Gallenblasenbettes ebenfalls stärker, und zwar sowohl endoskopisch wie histologisch.

Opitz (1960) fand bei 50 Lebergesunden am Leberrand in 80% eine Fibrose, zentral dagegen nur eine geringere Fibrosierung oder normale Leber.

Eine seitenvergleichende Biopsie im rechten und linken Leberlappen führten wir in 117 Fällen durch. Endoskopisch schien eine seitendifferente Ausprägung des Befundes möglich. Der Morphologe beschrieb in 92,2% völlig identische Bilder. In 6 Fällen handelt es sich lediglich um graduell seitenverschiedene Ausprägung des gleichen Befundes. In 1 Fall war die Zirrhose nur links erfaßt, rechts ein normaler Leberbezirk. Und in einem anderen Fall rechts ein Plattenepithel-Ca., links hingegen eine reaktive chronische Hepatitis.

Von überragender Bedeutung ist die Erfahrung des Morphologen und seine Nomenklatur. Herr Wepler hat die Frage nach der Streuungsbreite der morphologischen Deutung bioptischer Befunde geprüft. Er hat die Präparate von 17 Krankheitsbildern an eine Anzahl von Pathologen versandt. Angaben zur Anamnese, wichtigsten klinischen Daten und Fragestellung erfolgten in 3—7 Zeilen Text. 44 bis 54 Untersucher gaben jeweils eine Beurteilung. Herr Wepler hatte die große Freundlichkeit und stellte dankenswerter Weise sein Umfrageergebnis für diese Mitteilung zur Verfügung. Anhand einer Tabelle sei demonstriert, in welcher Weise die Diagnose der Morphologen bei verschiedenen Krankheitsbildern gestreut haben (Tab. 8 und Tab. 9).

Die Abgrenzung und Definition der Krankheitsbilder nach klinischen und morphologischen Gesichtspunkten ist erforderlich, um ein System als Grundlage für die Lehre und die Verständigung in der Klinik zu schaffen. In der Praxis sind die Befunde aber in vielen Fällen nicht typisch ausgeprägt.

Tabelle 8

Diagnose	akute Hepatitis	chronische Hepatitis	mit beginnender Zirrhose	Zirrhose	Verschluß-Ikterus	Cholangiohepatitis	Hyperbilirubinaemie	Dystrophie
1. Subakute Hepatitis mit Cholostase (6 Wochen)	10	—	—	—	11	1	1	—
2. Rezidivierende Hepatitis (8 Monate)	4	11	15	11	—	—	—	2
3. Chronische Hepatitis mit postnekrotischen Narben (> 2 Jahre krank)	—	3	14	27	—	—	—	—
4. Chronische Cholangitis mit Xanthomatose	Pericholangitis	Cholangitis	chronische Hepatitis	Cholangiohepatitis	Zirrhose biliäre	portal	Cholostase	
(> 3 Jahre)	3	13	15	3	13	1	2	
5. Chronische Cholangitis (> 5 Monate)	10	17	12	3	1		1	
6. Cholostatische Hepatose (Propaphenin)	toxischer Ikterus	toxische Hepatose	Cholostatische Hepatose	akute Hepatitis	Cholangitis	Cholangiolitis	Verschluß-Ikterus	
	13	9	17	5	1	2	2	
7. Primäre biliäre Zirrhose	Zirrhose				chronische Hepatitis		chronische Hepatitis mit beginnender Zirrhose	
(> 3 Jahre)	4	—	2	13	13	8		6
8. Dubin-Johnson-Syndrom	reines D.-J.-S.	mit Nebendiagnosen	Haemosiderose	andere Diagnosen				
	25	6	7		5			
9. Abklingende Virushepatitis bei Fettleber und latendem Diabetes	Fettleber	Fettleber mit beginnender Zirrhose	Hepatitis subakut oder abklingend	Hepatitis reaktive toxische	subchronisch-chronische Hepatit mit Verfettung	posthepatische Zirrhose mit Verfettung		
(5 Wochen)	10	8	7	8	6	1		
10. Primäre Siderophilie	Haemosiderose	Haemochromatose	Leberzirrhose	Dubin-Johnson-Syndrom	Porphyrie			
	8	11	21	1	1			

Tabelle 9

Vergleich der Befundung durch verschiedene Histologen (nach einer Erhebung von Prof. Wepler)

	richtige Befundung	falsche Diagnosen-gruppen	Anzahl der falschen Befunde
Subakute Hepatitis (6. Woche)	10	3	35
Rezidivierende Hepatitis (8. Monat)	16	4	33
Restzustand nach Hepatitis	31	3	13
Chronische Hepatitis mit postnekrotischen Narben	17	1	27
Zirrhose	31	2	11
Chronische Cholangitis mit Xanthomatose	20	4	34
Chronische Cholangitis	33	3	14
Zirrhose (cholangitische)	36	6	17
Cholostatische Hepatose	39	4	10
primäre biliäre Zirrhose	9	7	47
(beginnende)	(3)		
Dubin-Johnson	31	6	12
Latender Diabetes mellitus	15	6	24
(Verfettung)	(8)		
Alkoholische Fibrose + Steatose	12	4	31
primäre Siderophilie	19	3	23
toxische Lebernekrose (alkoholische)	18	8	24

Häufig bestehen Übergänge und Mischformen. Auch der erfahrene Morphologe kann überfordert sein, wenn die Hinweise auf dem Begleitschein oder das Gespräch mit dem klinischen Hepatologen ihm nicht die Problematik erschließen und die Zuordnung erleichtern. Das von Herrn Wepler gewonnene Ergebnis zeigt, wie entscheidend Erfahrung und die verwendete Terminologie in der histologischen Beurteilung sind.

Auch der morphologische Befund darf nur unter Berücksichtigung des gesamten klinischen Bildes verwertet werden.

Die Gefahren der beiden Eingriffe zur morphologischen intravitalen Diagnostik sind dank technischer Verbesserungen und Kenntnis der Kontraindikationen gering. Frühere Statistiken ergaben für die Laparoskopie eine Letalität bis zu 0,5% (Zittel und Beck), nach neueren Mitteilungen (Wildhirt und Kalk) nur noch 0,28—0,15 pro mille.

Die Blindbiopsie war früher mit einer Letalität von 0,19% (37 Todesfälle auf 19916 Punktionen) behaftet. Seit Menghinis technischer Verbesserung besteht nur noch eine Letalität von 0,015% (Lindner 1967), nämlich auf 79381 Menghini-Punktionen 12 Todesfälle, d. h., einer auf 6600 Punktionen. Thaler hat 0,017% gefunden. Die Komplikationsrate liegt bei 0,34% (Lindner 1967). Das heißt 1 Komplikation auf 249 Blindbiopsien.

Die Komplikationen bestehen vor allem in der Punktion von Gefäßen und Organen mit nachfolgender schwerer Blutung, bakterieller und galliger Peritonitis, Gallen- oder Gasembolie, ausgedehntem Emphysem, Herz-Kreislaufversagen, Schock, Hernienprolaps und Leberkoma.

Auf die Gefahr der Menghini-Biopsie sei noch hingewiesen. Sie betrifft sowohl den Arzt wie den Patienten. Die Einfachheit der Menghini-Punktion kann dazu verführen, daß die Indikation zur Laparoskopie vernachlässigt wird. In jedem Falle sollte nachfolgend laparoskopiert werden, wenn die Blindbiopsie ein normales Gewebe ergibt und das Ergebnis nicht mit dem klinischen Bild in Einklang zu bringen ist.

Zusammenfassung

Laparoskopie und Biopsie haben innerhalb von 30 Jahren einen entscheidenden Platz in der klinischen Diagnostik erlangt. Sie haben die Entwicklung moderner Erkenntnisse in der Hepatologie eingeleitet.

Ihre Bedeutung und Grenzen werden an eigenem Material und Mitteilungen in der Literatur analysiert.

Die Menghini-Punktion ist die Methode der Wahl zur Diagnostik und Verlaufskontrolle diffuser Leberkrankheiten. Wenn das histologische Ergebnis nicht mit dem klinischen Bild in Einklang zu bringen ist, muß nachfolgend laparoskopiert werden.

Die Laparoskopie ist bei allen Leberkrankheiten mit umschriebenen oder nicht gleichmäßigen Veränderungen indiziert: Zirrhosen, Narbenleber, Metastasen, Cysten, für die erste Diagnostik auch bei chronischen Hepatitiden.

Eine Gefahr ist die unkritische Überbewertung der morphologischen Diagnose. Sie ist immer nur unter Berücksichtigung des gesamten klinischen Bildes verwertbar, unklare Fälle bedürfen der Besprechung zwischen Kliniker und Morphologen. Erfahrung und Nomenklatur der Beurteilung sind bei der Bewertung des morphologischen Befundes zu beachten.

Literatur

Böttner, H. und W. Brühl: Med. Klinik **49**, 1242 (1954).
Brühl, W.: Dtsch. med. Wschr. **91**, 2297 (1966).
Elstner, K. und S. Hüttinger: DMW **91** (1966), H. 36, u. Med. Welt, S. 847 (1966).
Jacobaeus, H. C.: Münch. med. Wschr. **57**, 2090 (1910).
Kalk, H. und E. Wildhirt: Lehrbuch und Atlas der Laparoskopie und Leberpunktion, 2. Aufl., Thieme, Stuttgart 1951.
Kelling, G.: Münch. med. Wschr. **49**, 21 (1902).
Koelsch, K. A.: Z. ges. inn. Med. **10**, 205 (1955).
Lindner, H. und E. Wildhirt: Bedeutung und Wert der Laparoskopie und gezielten Leberpunktion, Georg Thieme, Stuttgart 1964
Lindner, H.: Dtsch. med. Wschr. **92**, 1751 (1967).
Opitz, K.: Chirurg **32**, 461 (1960).
Renger, F. und L. H. Kettler: Lehrbuch und Atlas der laparoskopischen Diagnostik. VEB Gustav Fischer Verlag Jena 1966.
Schmid, A.: Schweiz. med. Wschr. **91**, 617 (1961).
Thaler, H.: Wiener med. Wschr. **76**, 533 (1964).
Zamscheck, N. and O. Klausenstock: New Engl. J. Med. **249**, 1062 (1953).

Laboratorium für experimentelle Onkologie der Medizinischen Fakultät Belgrad, S. R. Jugoslavien

Korrelation zwischen Genaktivierung und Änderung der morphologischen Entwicklungsformen in der Intermitose

von

B. A. Nešković

Die sich teilende Zelle, die sich in Kultur auf Glas ausbreitet, ändert ihre Masse und dadurch ihre Formen, weil ja die Tochter-Zellen in der Intermitose bis zur Größe der Mutterzelle anwachsen sollen, um sich dann ebenfalls zu teilen (Nešković, 1965). Diese Änderung der Masse und Form ist nur eine grobe Manifestation aller jener Prozesse, die das Material für die mitotischen Organellen und Prozesse vorbereiten, einschließlich der Replikation des genetischen Apparates (Mazia, 1961). Da alle diese synthetischen Prozesse von der Genaktivität kontrolliert werden, darf erwartet werden, daß in der Intermitose eine Korrelation zwischen der Genaktivierung und den Änderungen der morphologischen

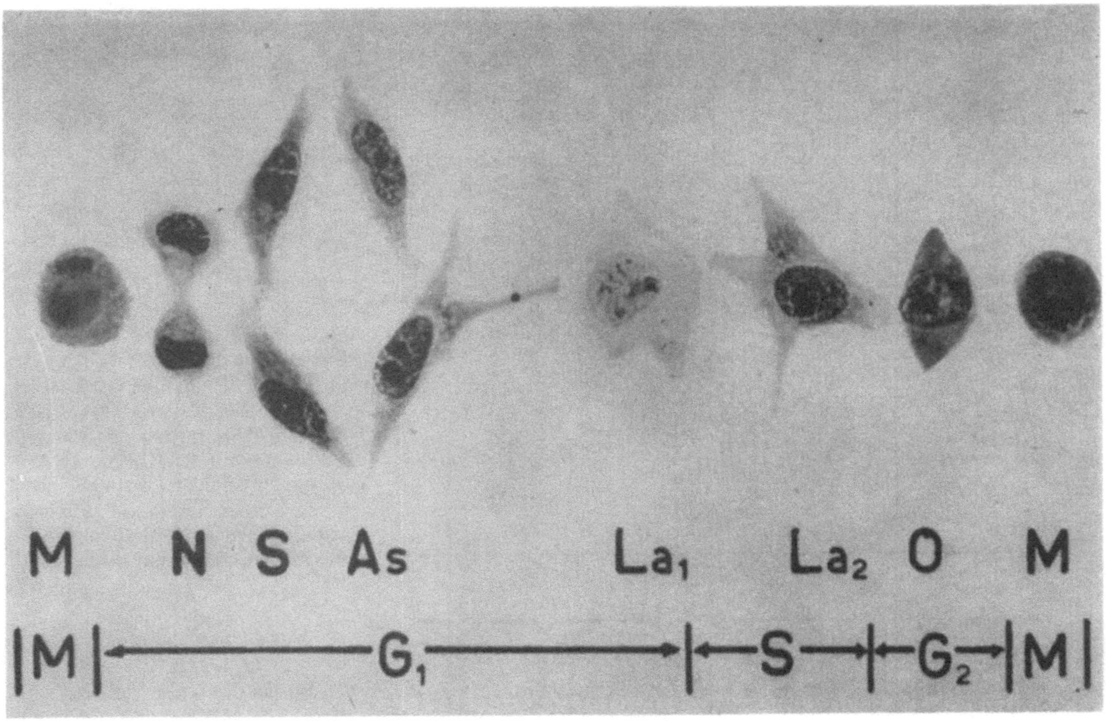

Abb. 1. Foto-Montage der Entwicklungsformen, durch die eine einkernige L-Zelle in der Intermitose zwischen der Teilung der Mutter-Zelle und ihrer Tochter-Zellen hindurchgeht. So entstehen aus der Zelle in der Mitose (M) zwei Tochter-Zellen (N), die im Laufe von 24 Stunden weiterwachsen und ihre Formen verändern (S, As, La_1 La_2, O und M). Die L-Zellen aus der Kultur auf Glas sind mit Haematoxylin und Eosin gefärbt. Die Bezeichnungen G_1, S und G_2: Einteilung der Intermitose nach Howard und Pelc; (Nešković et al., 1967a). Vergrößerung: 1350 ×

Entwicklungsformen besteht. In unserem Laboratorium haben wir gewisse indirekte Beweise für das Bestehen einer solchen Korrelation im Falle der L-Zellen, die in Einschichtkultur auf Glas wachsen, gefunden, was ich hier in Kürze zur Kenntnis bringen will.

Die Abbildung 1 zeigt eine Fotomontage der Entwicklungsformen, durch die eine einkernige L-Zelle in der Intermitose nach Teilung der Mutter-Zelle geht. So entstehen aus der Zelle in der Mitose (M-Phase) zwei Tochter-Zellen (N-Phase, neue Zellen), die im Laufe von 24 Stunden weiterwachsen und ihre Formen verändern: die Zellen wandeln sich aus der N- in die S-Phase (symmetrische Zellen), diese gehen wieder in die As-Phase über (asymmetrische Zellen), von hier in die La_1- (breite Zellen 1), La_2- (breite Zellen 2) und O-Phase (ovoide Zellen), die dann in die M- (= mitotische) Phase überleiten (Nešković et al., 1967d). G_1, S und G_2 zeigen die Unterteilung der Intermitose nach Howard und Pelc (1964).

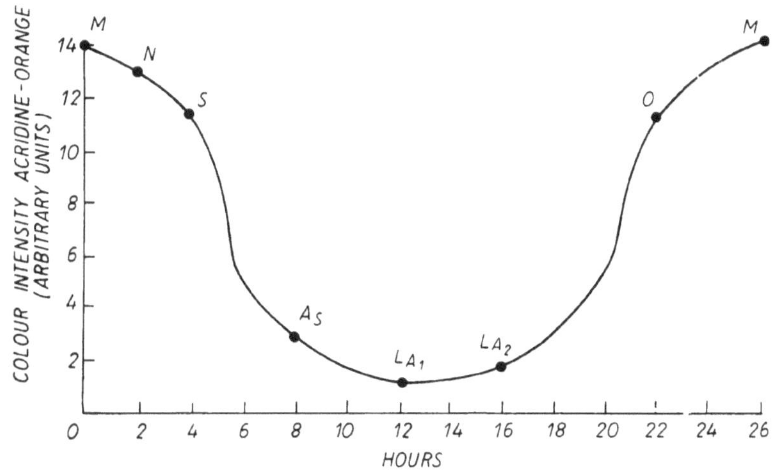

Abb. 2. Die idealisierte Kurve stellt die Intensität der Färbung des Cytoplasmas dar und wurde durch Mikrodensitometrie eines Films erhalten, auf dem die mit Acridin-Orange gefärbten Zellen in Woodschem Licht aufgenommen wurden. Die Ordinate gibt die Lichtintensität in beliebigen Einheiten der linearen Skala wieder. Die Abszisse stellt die Entwicklungsphasen dar (Nešković, 1965)

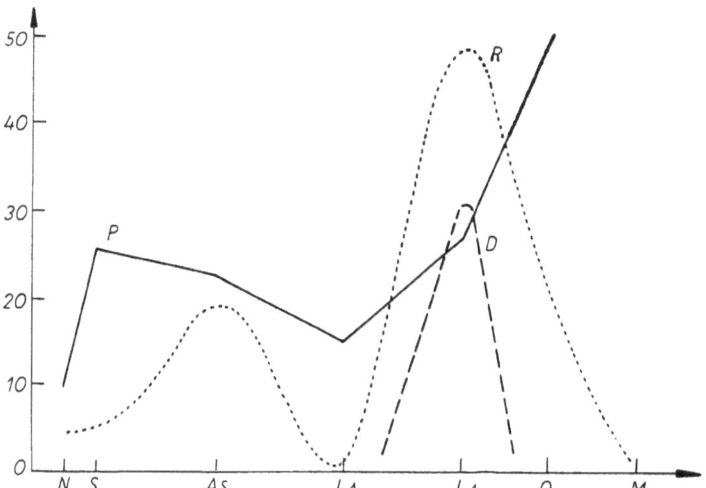

Abb. 3. Die Kurve der Synthesegeschwindigkeit der DNS (D), RNS (R) und Proteine (P) im Kern der L-Zellen in verschiedenen Entwicklungsphasen. DNS und RNS mittels ^{3}H-Adenosin die Proteine mit ^{3}H-Histidin als Precursoren untersucht. Ordinate: Zahl der Ag-Körner im Kern, Abszisse: Entwicklungsphasen. Methode: Autoradiographie, (Nešković et al., 1967d)

In der Abbildung 2 ist die Änderung der Färbungsintensität des Zytoplasmas der Zelle sichtbar, die von der M-Phase zur La_1-Phase abfällt, um dann wieder von der La_2-Phase zur M-Phase anzusteigen. Die Zellen wurden mit Akridin-Orange gefärbt und in Woodschem Licht aufgenommen — der Farbfilm ist mikrodensitometriert (Nešković, 1965).

Aus Abbildung 3 können Sie die Änderung der Geschwindigkeit, der DNS-D, RNS-R und der Protein-Synthese ersehen, die durch Autoradiographie nach kurzer Behandlung der Zellen mit Adenosin-H^3 und Histidin-H^3 erhalten wurden. Auf der Ordinate ist die Zahl der Silberkörner im Kern aufgetragen, auf der Abszisse die einzelnen Entwicklungsphasen. Es ist charakteristisch, daß sich die Maxima der Synthesegeschwindigkeit der DNS und RNS decken, daß die Synthesegeschwindigkeit der RNS in der La_1-Phase fast auf Null zurückgeht, wobei ein kleiner Anstieg in der As-Phase vorangegangen ist, und daß die Schnelligkeit der Proteinsynthese in der O-Phase am größten ist (Nešković et al., 1967d).

In der Abbildung 4 sieht man die Änderung der RNS-Menge im Laufe des Zellwachstums, die für die

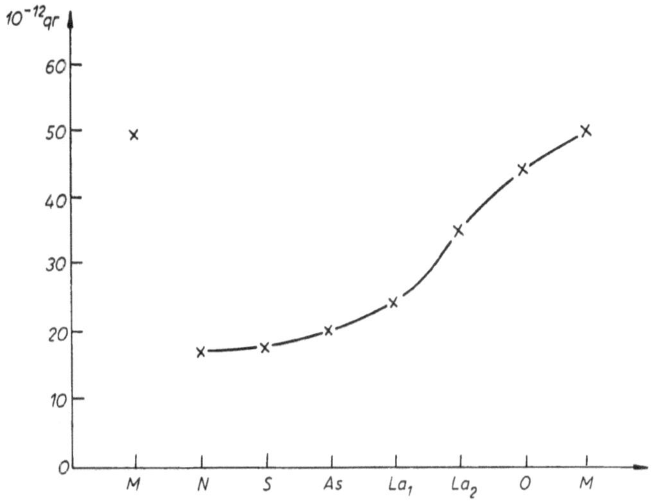

Abb. 4. Änderung der RNS-Menge in einer L-Zelle im Laufe ihres Wachstums und ihrer Entwicklung in der Intermitose. Ordinate: Pikogramm, Abszisse: Entwicklungsphasen der L-Zelle (Nešković et al., 1967b)

einzelne Zelle zwischen 16,5 Picogramm in der N-Phase bis 51 pgr in der M-Phase beträgt (Nešković et al., 1967b). Um die Syntheseprozesse in der Intermitose aufzugliedern, die scheinbar kontinuierlich ablaufen und um den Beginn der Genaktivierung im Ablauf der Entwicklungsphasen zu erkennen, haben wir unsere Zellen mit DNS-Synthese-Inhibitoren (Mitomycin C und Gammastrahlen), RNS-Synthese-Inhibitoren (Aktinomycin C und Daunomycin) und mit Inhibitoren der Proteinsynthese (Cycloheximid und Chloramphenicol) behandelt (Nešković, 1965; Nešković et al., 1967a, b, c). Um diese Effekte festzustellen, haben wir die Zellen stündlich über eine Zeit von 72—96 Stunden hindurch fotografiert und einige der oben genannten biochemischen Analysen durchgeführt.

In der Abbildung 5 sind die Ergebnisse der Einwirkung des alkaloiden Cytostatikums Sp-I auf die L-Zelle in Kultur dargestellt. Das Schema stellt unser Modell für die Analyse der biologischen Uhr dar, es besteht aus 8 horizontalen und 4 schiefen Linien. Jede horizontale Linie zwischen zwei schiefen

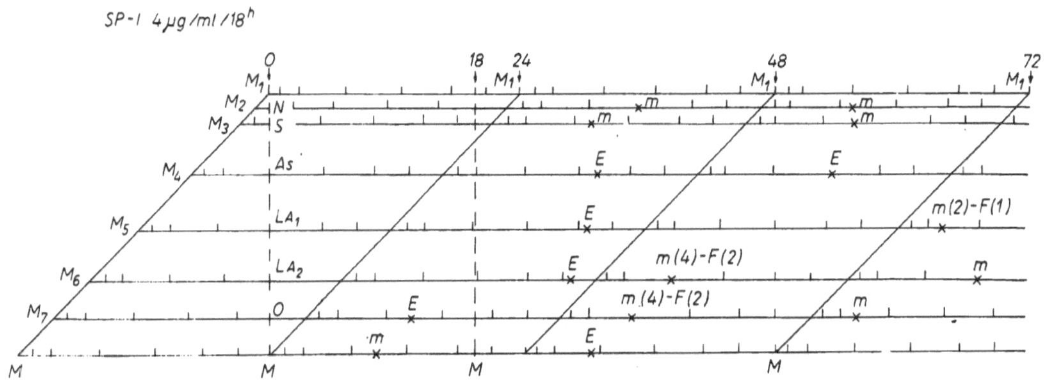

Abb. 5. Schema zur Analyse der „Biologischen Uhr" der Teilung der L-Zellen in einschichtiger Kultur, sowie für die Analyse der Störungen bei der Teilung nach Einwirkung des alkaloiden Cytostatikums Sp. -I in einer Dosierung von 5 µg auf 1 ml Nährmedium in einem Zeitraum von 18 Stunden. N, S, As usw. auf der ersten vertikalen, gepunkteten Linie sind die Anfangsbuchstaben der Bezeichnungen der Entwicklungsphasen (siehe Text) der L-Zelle in der Intermitose, in denen die Zellen sich im Augenblick des Einbringens des Cystostatikums in die Kultur befunden haben. (siehe Text). (Nešković et al., 1967b)

Linien stellt die durchschnittliche Generationszeit der Zelle dar, die sich im Augenblick des Einbringens des Agens in einer bestimmten Wachstumsphase befunden hat, was auf der ersten gepunkteten Vertikallinie dargestellt ist. Die zweite gepunktete Vertikallinie zeigt die Zeit des Ausscheidens des Agens aus der Kultur an. Wie aus dem Schema zu ersehen ist, ist der Effekt des Sp-I sehr verschieden und er ist davon abhängig, in welcher Phase sich die Zelle im Augenblick des Einbringens des Agens in die Kultur befindet. Einige Zellen haben sich verspätet geteilt (mit **m** bezeichnet), einige haben zuerst eine Endoreduplikation durchgeführt (E), dann haben sie sich in der nachfolgenden Generationszeit in 4 Zellen geteilt, die sich anschließend zu 2 Zellen zusammenschließen (fusionieren) (Bezeichnung m4 F2), das betrifft aber nur Zellen aus der La_2- und O-Phase, während sich einige überhaupt nicht geteilt, sondern nur die Kerne vermehrt haben (Zellen der As-Phase) (Nešković et al., 1967 d).

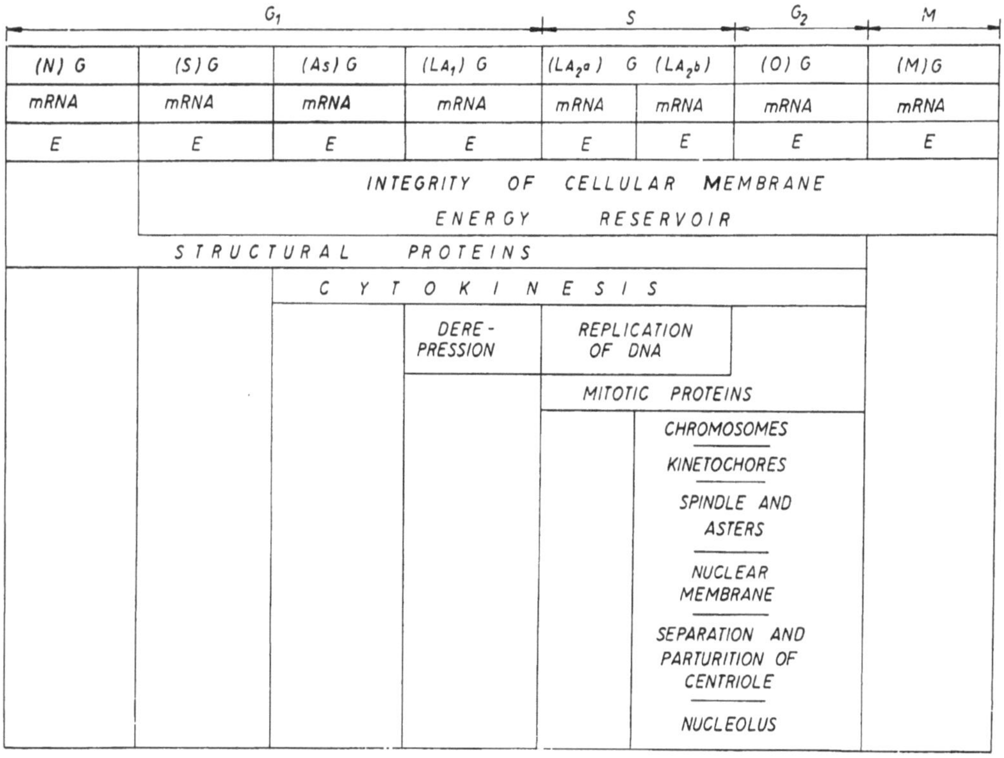

Abb. 6. Schematische Darstellung des Beginns der Aktivierung der Gene (G) in den einzelnen Entwicklungsphasen (N, S, As, usw.), die die Informationen (mRNS) für die Synthese der Enzyme (E), für die einzelnen mitotischen Organellen und Prozesse, wie sie im Schema bezeichnet sind, geben (Nešković et al., 1967 c)

Alle diese und andere Resultate sind veröffentlicht (Ajdaric et al., 1967; Nešković, 1965; Nešković et al., 1967 a, b, c, d; Nešković et al., 1968) und in der Abbildung 6 sind die Schlußfolgerungen aus diesen Resultaten gezogen worden, die sich auf die Bestimmung des Beginns der Aktivierung der Gene (G) in den einzelnen Entwicklungsphasen (N, S usw.) beziehen, die die Information (mRNS) für die Synthese der Enzyme (E) geben, die zur Vorbereitung der Zellteilung notwendig sind. Im Schema sind Beginn und Dauer der einzelnen Vorbereitungsprozesse eingetragen, die das Material für die mitotischen Organellen und Prozesse schaffen, die sich während der Mitose bilden (Nešković et al., 1967 c). Im Schema sieht man, daß wir die La_2-Phase in zwei Unterphasen **a** und **b** aufgeteilt haben, je nachdem, ob sich die Zelle dieser Phase am Beginn oder in der zweiten Hälfte der RNS-Synthese befindet (Něsković et al., 1968). Wie aus dem Schema zu ersehen ist, beginnt die Mehrzahl der Vorbereitungsprozesse in der La_{2b}- und O-Phase. Gestützt auf diese Angaben haben wir geschlossen, daß die „Entscheidung" darüber, ob sich die Zelle teilen wird oder nicht, nicht von einem „Trigger"-Mechanismus „gefällt" wird, sondern, daß an der Durchführung aller Vorbereitungsprozesse, die sich in der Intermitose und Mitose abspielen, wahrscheinlich einige Hundert Gruppen von Genen teilhaben. Außerdem kamen wir zu dem Schluß, daß die Aufbauprozesse für 22 mitotische Organellen und mitotische Prozesse voneinander unabhängig sind (Nešković et al., 1967 c).

Literatur

AJDARIĆ, Z.,I. SPUŽIC., M. BUGARSKI, S. NIKOLIĆ, A. MILOSAVLJEVIĆ, J. BOBERIĆ, M. PANTELIĆ, R. TOMIN, D. MARKOVIĆ, B. NEŠKOVIĆ and M. ĆIROVIĆ: Jugoslav. Physiol. et Pharmacol. Acta: **3**, 155—161 (1967).
EDSTRÖM, J.-E.: In: Methods in Cell Physiology, New York Acad. Press: I, 417 (1964).
HOWARD and PELC, quot. by E. J. SISKEN: Methods in Cell Physiology, New York Acad. Press: **388** (1964).
MAZIA, D.: The Cell III, 77 (1961).
NEŠKOVIĆ, B. A.: Nature **206**, 837 (1965).
NEŠKOVIĆ, B. A., S. S. NIKOLIĆ, M. PANTELIĆ, R. TOMIN, I. SPUŽIĆ, Z. AJDARIĆ, A. MILOSAVLJEVIĆ, J. BOBERIĆ, M. BUGARSKI and D. MARKOVIĆ: Jugoslav. Physiol. et Pharmacol. Acta **3**, 147—153 (1967a).
NEŠKOVIĆ, B. A., D. POLIĆ, J. BABIN and Z. AJDARIĆ: Jugoslav. Physiol. et Pharmacol. Acta **3**, 163—167 (1967b).
NEŠKOVIĆ, B. A.: Jugoslav. Physiol. et Pharmacol. Acta **3**, 169—175 (1967c).
NEŠKOVIĆ, B. A., A. MILOSAVLJEVIĆ, M. PANTELIĆ, M. BUGARSKI, Z. AJDARIĆ, R. TOMIN and S. NIKOLIĆ: Neoplasma **14**, 583—594 (1967d).
NEŠKOVIĆ, B. A., A. MILOSAVLJEVIĆ, M. BUGARSKI, M. PANTELIĆ and S. NIKOLIĆ: IV. Ungar. Konferenz für Therapie und pharmakol. Forsch., Budapest (1968).

Anatomisches Institut der Universität Greifswald, DDR

Topochemische Verteilungsmuster der Phosphorylase während der Skelettmuskelentwicklung im licht- und elektronenmikroskopischen Bereich

von

A. DORN

Nach Einführung neuer Forschungsmethoden in den letzten 15 Jahren hat sich besonders die jüngere Generation der Morphologen embryologischen Themen zugewandt. Mit Hilfe histochemischer und elektronenmikroskopischer Verfahren konnte eine ganze Reihe neuer Befunde erhoben werden, die es ermöglichen, die Genese einzelner Gewebe und Organe bzw. die Frühentwicklung ganzer Organismen in einem neuen, funktionell-anatomischen Sinne zu deuten.

Wir selbst haben in den vergangenen Jahren umfangreiche Studien zur Skelettmuskelentwicklung durchgeführt (DORN, 1967) und wollen hier nur über die Differenzierung des Verteilungsmusters eines Enzyms des Glykogen-Glucose-Metabolismus, nämlich der Gesamtphosphorylase (Pl; E. C. Nr. 2.4.1.1; α-1.4-D-Glucan: orthophosphat-Glycosyltransferase) berichten. Dieses Ferment eignet sich besonders gut zur Demonstration der Leistungsfähigkeit neuer morphologischer Techniken, da es möglich ist, die Phosphorylase im licht- und elektronenmikroskopischen Bereich darzustellen. Für den lichtmikroskopischen Phosphorylasenachweis standen uns zwei unterschiedliche Verfahren zur Verfügung: 1. nach TAKEUCHI und KURIAKI (1955) in der Modifikation nach ERÄNKÖ und PALKAMA (1961): Dabei wird mit Hilfe einer Jod-Jodkalium-Lösung das aus dem Substrat Glucose-1-phosphat neugebildete Glykogen als farbiger Glykogen-Jod-Komplex dargestellt (kurz: Jodverfahren). 2. nach HORI (1964): Nachweis des abgespaltenen Phosphates aus dem Glucose-1-phosphat mit Pb^{++} und Überführung des Pb-phosphates in das farbige Pb-sulfid (kurz: Bleimethode). Beide Methoden ergaben nahezu analoge Bilder. Eine spezifische Hemmung der Phosphorylase mit 2,4-Dichlorphenoxyacetat (HEENE, 1967 und DORN, 1968) zeigte bei beiden Verfahren ein negatives Resultat. Elektronenmikroskopisch wurde die Phosphorylase mit der Bleimethode nachgewiesen (DORN, 1965). Das Untersuchungsgut stammte aus der Becken- und Oberschenkelmuskulatur von Meerschweinchenembryonen (15 bis 100 mm SSL, das ist etwa der 20. bis 65. Tag p. c.), neugeborenen und bis zu 10 Tage alten Meerschweinchen. Außerdem stand uns Bauchmuskulatur eines 2 Wochen alten menschlichen Säuglings als Vergleich zur Verfügung. Dieses Material wurde gelegentlich einer Operation bioptisch gewonnen.

Bevor ich auf die histochemische Differenzierung der Phosphorylase im embryonalen Muskel eingehe, wenige Worte zum Verteilungsmuster dieses Schlüsselenzyms im ausdifferenzierten Skelettmuskel. Wir sehen sowohl nach Anwendung der Jod- als auch der Bleitechnik eine sehr starke histochemische Reaktion am Erwachsenenmuskel, wobei eine deutliche Faserdifferenzierung auffällt: dicke (sog. weiße) Muskelfasern zeigen häufig eine stärkere Pl-Aktivität als die dünnen (sog. roten) Fasern. Dazwischen gibt es Fasern mittleren Kalibers mit mittelstarker Aktivität. Farblich wird die Aktivität wie folgt dargestellt: Bei der Jodtechnik erscheinen die stark aktiven Fasern blau, die mittelstark aktiven rotbraun bis violett. Bei der Bleitechnik erscheinen die Fasern entsprechend dunkel- und hellbraun. Die Verteilung der histochemisch nachweisbaren Pl-Aktivität in den unterschiedlich dicken Muskelfasern kann aber von Muskel zu Muskel und von Spezies zu Spezies differieren. Innerhalb der Muskelfasern konnte die Pl mit beiden Methoden im Bereich der myofibrillären A-Streifen lokalisiert werden, was wir elektronenmikroskopisch bestätigen konnten (DORN, 1965), wobei eine Häufung der indizierenden Bleikristallite im Bereich der A-J-Bandengrenze nachgewiesen werden konnte.

Während der Skelettmuskelentwicklung geht die Differenzierung der Phosphorylase parallel mit einer strukturellen Ausbildung der Myofibrillen in den Myotuben einher. Somit lassen sich Aktivitäten dieses Enzyms histochemisch erst dann nachweisen, wenn Myotuben mit Fibrillen in den Muskelanlagen vorhanden sind, und das ist beim Meerschweinchen in der caudalen Körperregion bei ca. 20 mm langen Embryonen (etwa 25. bis 29. Tag p. c.). In diesen und wenig älteren Embryonen (bis etwa 50 mm SSL-40. Tag p. c.) lassen sich die Reaktionsprodukte des histochemischen Phosphorylasenachweises im peripheren Sarkoplasma lokalisieren, das sind nämlich die Orte der Myofibrillenbildung. Die zentralen Zellkerne bleiben stets negativ. Mit der Jodtechnik erkennen wir rötlich-braune bis schwach violette schollenartige Anhäufungen des Glykogen-Jod-Komplexes, die z. T. eine retikuläre Verteilung in Faserquerschnitten erkennen lassen (Abb. 1a). Mit der Bleitechnik lassen sich an Querschnitten die gleichen Befunde erheben. An Längsschnitten sind die Bleiniederschläge zu periodischen Querstreifen angeordnet (Abb. 1b). Elektronenmikroskopisch läßt sich eindeutig nachweisen, daß schon in dieser

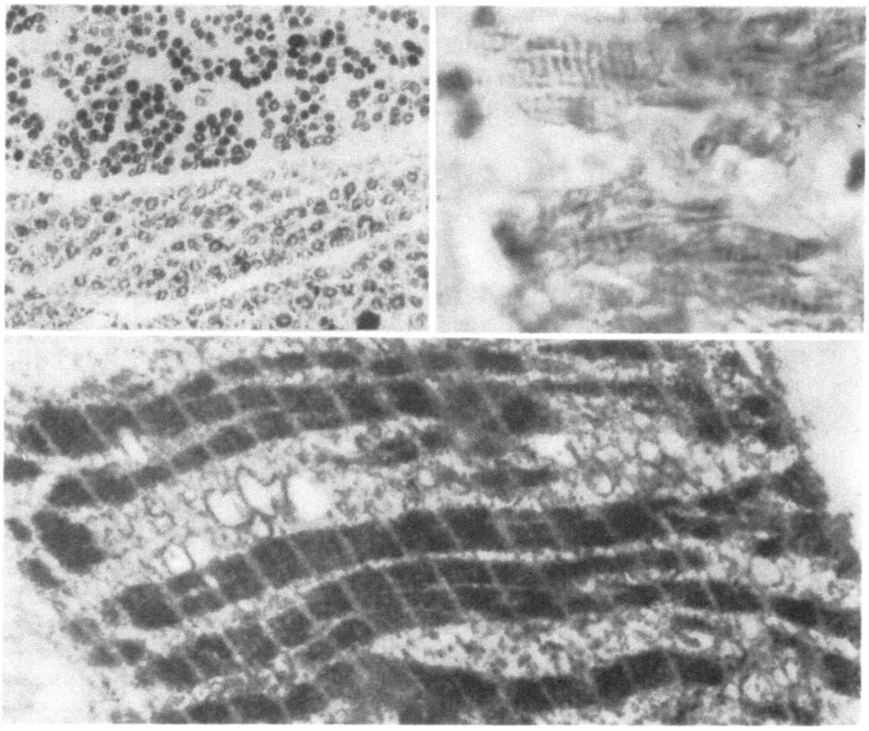

Abb. 1. Verteilung der Phosphorylase in Myotuben.
a) Jodtechnik, Meerschweinchenembryo, 50 mm SSL. 100:1
b) Bleitechnik, Meerschweinchenembryo, 30 mm SSL. 1600:1
c) Elektronenmikroskopisch, Embryo, 50 mm SSL. 11500:1

frühen Entwicklung der Muskelschläuche (Myotuben) die Phosphorylaseaktivität an die myofibrillären A-Banden gebunden ist. Die Bleikristallite sind ziemlich gleichmäßig auf die A-Bande verteilt und lassen den H-Streifen noch nicht deutlich erkennen (Abb. 1c).

Nach Ausbildung von embryonalen Muskelfasern im letzten Trächtigkeitsdrittel (60—100 mm lange Embryonen — 45. bis 65. Tag p. c.) kommt es zu einer erheblichen Vermehrung der histochemisch nachweisbaren Pl-aktivität. Die peripheren Zellkerne lassen sich in den embryonalen Muskelfasern nicht identifizieren. Sowohl bei der Jod- als auch bei der Bleitechnik erscheinen in Querschnitten die Reaktionsprodukte gleichmäßig retikulär in den Muskelfasern (Abb. 2a und b). In Längsschnitten sind die Glykogen-Jod-Komplexe entsprechend dem Myofibrillenverlauf strangförmig ausgerichtet. Noch vor der Geburt erscheinen auch bei Anwendung der Jodtechnik Querstreifenmuster, wie wir sie an Längsschnitten der mit dem Bleiverfahren inkubierten Präparate durchweg beobachtet haben. Zum Zeitpunkt der Geburt tritt eine Faserdifferenzierung der Pl-aktivität auf. Wir erkennen mit der Jodreaktion zwei unterschiedliche Fasertypen: die wenig dickeren Fasern reagieren blau, die dünneren dagegen rotbraun bis violett. Auch mit Hilfe der Bleitechnik sind analog weniger und stark reagierende Muskelfasern nachzuweisen. Elektronenoptisch ist die Phosphorylaseaktivität erneut in den A-Banden der Myofibrillen nachweisbar, wobei der H-Streifen deutlich erkennbar wird und eine Häufung der Bleikristallite im Bereich der A-J-Bandengrenze evident wird (Abb. 2c).

Unmittelbar nach der Geburt hat die Aktivität der Gesamtphosphorylase weiterhin zugenommen, und wir finden ein histochemisches Verteilungsmuster, das dem der Erwachsenenmuskulatur eigen ist. Die lichtmikroskopischen Techniken lassen neben der typischen Verteilung des Enzyms in den myofibrillären A-Banden (Abb. 3a und b) eine charakteristische Faserdifferenzierung erkennen, die mit der unterschiedlich hohen Aktivität des Fermentes zusammenhängt. Vornehmlich dicke Muskelfasern erscheinen blau resp. dunkelbraun, mittelstarke Fasern rötlichbraun und violett resp. hellbraun und dünne Fasern nach Ausführung beider Techniken negativ. Auch elektronenoptisch ist die myofibrilläre Lokalisation der Gesamtphosphorylase wie beim adulten Muskel zu erkennen (Abb. 3c). Submikroskopisch lassen sich ebenfalls Faserdifferenzen eruieren. Im Vergleich zu der typischen Anordnung der

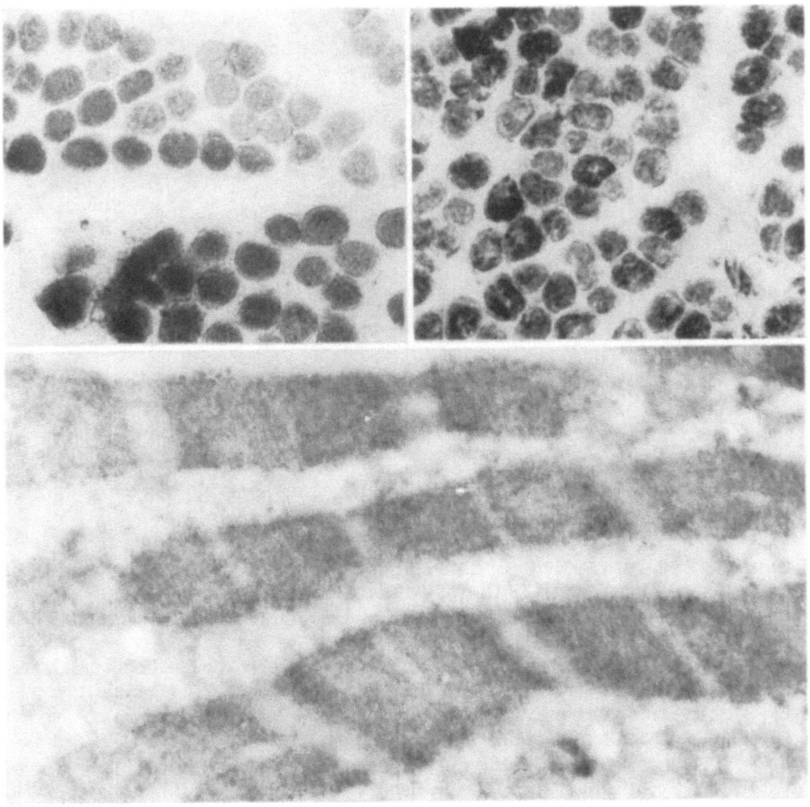

Abb. 2. Verteilung der Phosphorylase in embryonalen Muskelfasern beim Meerschweinchen.
a) Jodtechnik, 85 mm lange Feten, 250:1
b) Bleitechnik, wie a)
c) elektronenmikroskopisch Embryo 85 mm SSL. 34500:1

enzymatischen Reaktionsprodukte in Fasern mit hoher Aktivität, erscheinen in wenig aktiven Muskelfasern bedeutend weniger Bleikristallite, die im wesentlichen nur ein schwaches Reaktionsband im Bereich der A-J-Bandengrenze anzeigen. Beim jungen menschlichen Säugling entspricht die Fermentverteilung im Muskel dem Ergebnis des neugeborenen Meerschweinchens.

Die dargelegten Befunde, die wir mit der Jodtechnik erhielten, entsprechen im wesentlichen ähnlichen Ergebnissen, die Grillo (1961) und Cosmos (1966) bei Hühnchen sowie Dubowitz (1964 und 1966) bei einigen Tieren und dem Menschen gefunden haben. Untersuchungen mit der Bleitechnik im licht- und elektronenmikroskopischen Bereich während der Myogenese sind uns bisher nicht bekannt geworden.

Wir können zusammenfassend feststellen, daß beim Meerschweinchen die Aktivität der Gesamtmuskelphosphorylase bei Embryonen im zweiten Drittel der Trächtigkeitsperiode in der caudalen Körperregion histochemisch zuerst nachgewiesen wird. In der folgenden Entwicklung kommt es zu einer kontinuierlichen Zunahme der Aktivität des Enzyms, so daß z. Z. der Geburt und kurz danach ein Verteilungsmuster im Muskel wie beim adulten Tier vorliegt. Ich möchte hervorheben, daß durch die scharfe Lokalisierung der Fermentwirkung bei Anwendung der Bleitechnik im licht- und submikroskopischen Bereich ein Zusammenhang zwischen der Myofibrillenbildung und Aktivitätszunahme der Muskelphosphorylase zutage tritt, dessen Bedeutung uns aber noch unklar ist.

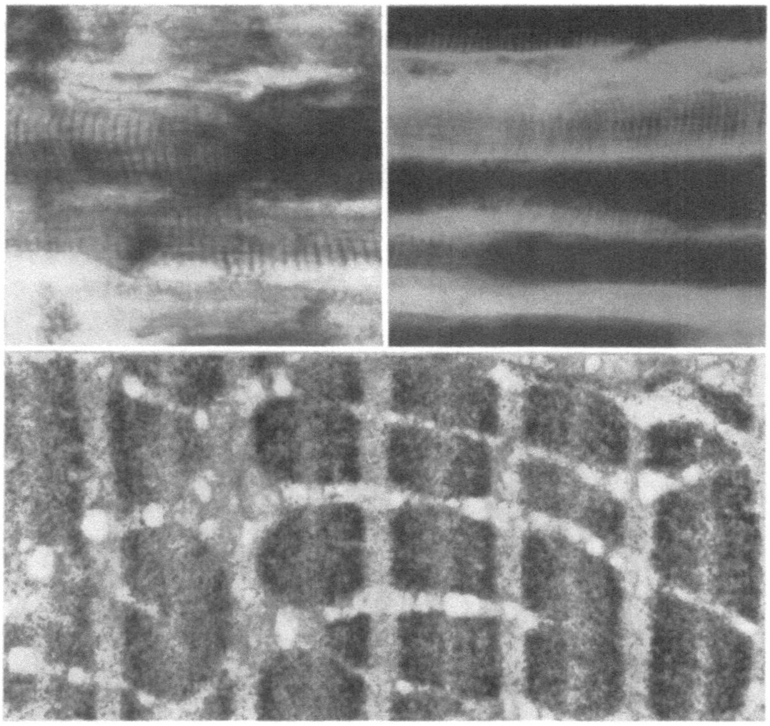

Abb. 3. Meerschweinchen, 10 Tage alt. Myofibrillengebundene Lokalisation der Phosphorylase.
a) Jodtechnik. 640:1
b) Bleimethode. 640:1
c) elektronenmikroskopisch. 19000:1

Literatur

Cosmos, E.: Enzymatic activity of differentiating muscle fibers. I. Development of phosphorylase in muscles of the domestic fowl. Developm. Biol. **13**, 163—181 (1966).

Dorn, A.: Versuche zur elektronenmikroskopischen Darstellung der Phosphorylase in Skeletmuskelfasern. Acta histochem. **21**, 406—411 (1965).

Dorn, A.: Untersuchungen zur Ultrastruktur und Enzymhistochemie des Skeletmuskels unter besonderer Berücksichtigung seiner Entwicklung. Habil.-Schrift, Greifswald 1967.

Dorn, A.: Die Hemmwirkung des 2,4-Dichlorphenoxyacetats auf den histochemischen Nachweis der Phosphorylase mit Hilfe der Bleifällungstechnik. Acta histochem.

Dubowitz, V.: Histochemical studies of developing human and animal muscle (Abstract). II. Internat. Kongr. für Histo- und Cytochemie. Hrsg. von Schiebler, Pearse und Wolff, Springer-Verlag, Berlin–Göttingen–Heidelberg 1964.

Dubowitz, V.: Enzyme histochemistry of developing human muscle. Nature **211**, 884—885 (1966).

Eränkö, O. and A. Palkama: Improved localization of phosphorylase by the use of polyvinyl pyrrolidone and high substrate concentration. J. Histochem. Cytochem. **9**, 585 (1961).

Grillo, T. A. J.: A histochemical study of phosphorylase in the tissues of the chick embryo. J. Histochem. Cytochem. **9**, 386—391 (1961).

Hori, S. H.: Cytological phosphorylase location in rat liver and muscle as shown by a lead precipitation method. Stain technol. **39**, 275—278 (1964).

Heene, R.: Hemmung glykogenbildender Enzyme durch 2,4-Dichlorphenoxyacetat (2,4-D) an Kryostatschnitten des Warmblüterskelettmuskels. Histochemie **8**, 45—53 (1967).

Takeuchi, T. and H. Kuriaki: Histochemical detection of phosphorylase in animal tiussue. J. Histochem. Cytochem. **3**, 153—160 (1955).

Pathologisches Institut der Universität Köln, Köln-Lindenthal, DBR

Die Feinstruktur der Zelle bei der sogenannten trüben Schwellung

von

G. Hübner

Der Begriff „trübe Schwellung" wurde erstmals von Virchow 1846 bei der mikroskopischen Beschreibung eines Nierenpräparates von einem Patienten mit Morbus Brightii verwendet. Die hierbei an den Epithelien der Harnkanälchen nachweisbare Anschwellung und körnige Durchsetzung der betroffenen Zellen deutete er später (1852) als „Hypertrophie mit Tendenz zur Degeneration". In der Folgezeit hat der Begriff trübe Schwellung als eine besonderer Foim der „zellulären Degeneration" eine wichtige Rolle in der allgemeinen Pathomorphologie gespielt. Die trübe Schwellung wird auf der einen Seite auch heute noch als eine morphologisch wohl definierte Form einer cytoplasmatischen Veränderung angesehen (Hamperl 1966; Zollinger 1966), während sie nach anderen Autoren (Majno 1964) eine „mythische Einheit" bzw. „ein verehrungswürdiges Relikt" darstellen soll. — Eine trübe Schwellung wird bei sehr verschiedenartigen Schädigungen an parenchymatösen Organen beschrieben: So soll sie vorkommen bei hoch fieberhaften Erkrankungen, bei Vergiftungen mit Chemikalien (Phosphor oder CCl_4), oder mit Bakteriengiften (insbesondere Diphtherietoxin); sie soll in Erscheinung treten bei exogenem oder endogenem Sauerstoffmangel, bei funktioneller Überbelastung eines Organs, bei Behandlung von Gewebe mit destilliertem Wasser und auch bei fortgeschrittener Autolyse. Virchow hatte seinerzeit seine Befunde an Nativpräparaten erhoben. Aber auch später, als man Dauerpräparate nach Fixierung des Gewebes herstellen konnte, wurden alle Zustände, bei denen ein Organ entweder makroskopisch eine Schwellung oder Trübung der Schnittfläche aufwies oder aber mikroskopisch geschwollene Zellen mit einem feinkörnig veränderten Cytoplasma zeigten, als trübe Schwellung bezeichnet. Bereits 1903 wies Albrecht darauf hin, daß bei der trüben Schwellung möglicherweise Eiweißtröpfchen, vielleicht auch Fetttröpfchen in den Epithelien abgelagert seien. Offenbar war die Definition der trüben Schwellung bereits zu Anfang dieses Jahrhunderts so unklar, daß Bell 1913 vorschlug, den Begriff der trüben Schwellung nur noch für die makroskopische Diagnose zuzulassen. Etwa zur gleichen Zeit wies Aschoff 1914 darauf hin, daß die trübe Schwellung möglicherweise durch eine Mitochondrienschwellung bedingt sei. Später hat dann Hoppe-Seyler (1928) auf eine absolute Eiweißzunahme in trüb geschwollenen Organen hingewiesen, sodaß man in der Folgezeit häufig von „albuminöser Trübung" des Organes sprach. Neue Impulse erhielten die Untersuchungen zur trüben Schwellung durch die von Zollinger erhobenen phasenmikroskopischen Befunde (1948, 1950), die eine zunächst reversible Mitochondrienschwellung bei verschiedenartigen Zellschädigungen zeigten. Insbesondere bei Behandlung mit hypotonischen Lösungen schwollen die Mitochondrien in einer eigenartigen Weise an, wobei ein Bläschen mit einem an der Zirkumferenz liegenden Restmitochondrium entstand (siehe auch Mühlethaler und Mitarbeiter, 1950). Die Reversibilität der Mitochondrienschwellung war gut mit der Tatsache in Einklang zu bringen, daß auch die sogenannte trübe Schwellung rückbildungsfähig ist. Als kurz darauf die ersten elektronenmikroskopischen histopathologischen Untersuchungen zeigten, daß bei zahlreichen Zuständen einer trüben Schwellung eine deutliche Mitochondrienschwellung vorzuliegen schien (z. B. Oberling und Mitarbeiter, 1956), galt das Problem des morphologischen Substrates der trüben Schwellung als gelöst.

In den letzten zehn Jahren sind eine Fülle von feinstrukturellen Untersuchungen über experimentelle Eingriffe an der Zelle und über die feinstrukturellen Veränderungen menschlicher Parenchymzellen bei den verschiedenartigsten Erkrankungen durchgeführt worden. Es scheint daher angezeigt, die heute vorliegenden Kenntnisse über die Feinstruktur der Zelle bei einer sog. trüben Schwellung zu sichten und zu prüfen, ob dabei tatsächlich ein einheitliches morphologisches Substrat nachweisbar ist. — Zunächst sollen einige Befunde zur *Feinstruktur der Mitochondrienschwellung* demonstriert werden, und zwar als erstes die Mitochondrienveränderungen bei osmotischer Schwellung; hatten doch diese Befunde seinerzeit dazu geführt, die „trübe Schwellung" als eine Mitochondrienschwellung zu definieren: Behandelt man Lebergewebsstücke oder Lebermitochondrien mit destilliertem Wasser, so erkennt man, daß bei

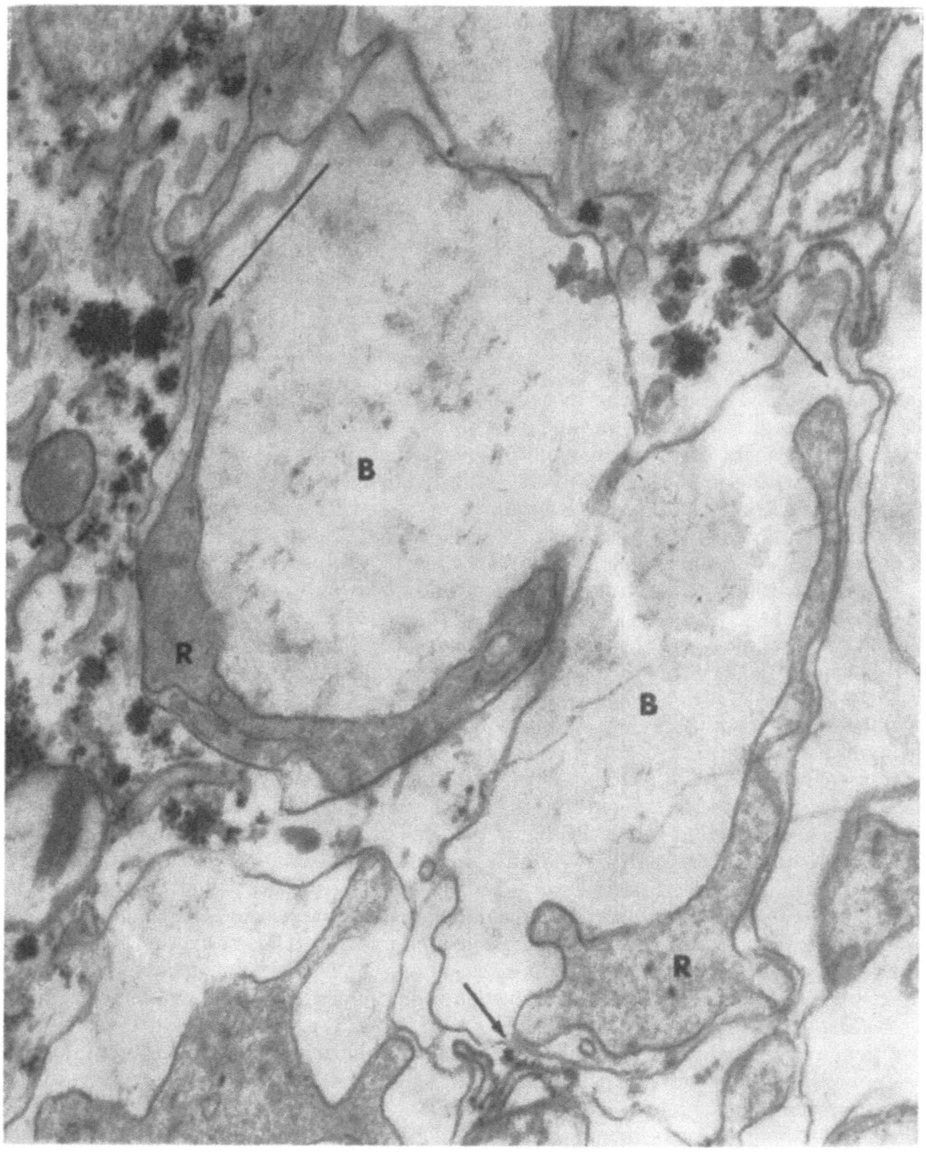

Abb. 1. Sog. osmotische Schwellung der Mitochondrien bei Behandlung mit Aq. dest.: Leber, Maus Die Außenmembranen dissoziieren (Pfeile) und lassen ein großes Bläschen B entstehen; an der Zirkumferenz ein Restmitochondrium R. Vergrößerung 32000 ×

dieser Form der Mitochondrienschwellung die beiden Außenmembranen dissoziieren, wobei das äußere Blatt ein großes, mit gering strahlendichtem Material erfülltes Bläschen umfaßt; an einer Seite liegt dann ein Restmitochondrium, welches zum Bläschen hin nur durch das innere Blatt der doppelten Außenmembran abgegrenzt ist (Abb. 1). Es handelt sich also bei dieser Schwellungsform der Mitochondrien um eine Flüssigkeitsaufnahme zwischen die beiden Blätter der Außenmembran. Der gleiche Schwellungstyp ist gelegentlich an Mitochondrien festzustellen, die für biochemische Untersuchungen isoliert werden; hierbei ist die eben beschriebene Mitochondrienschwellung manchmal mit einer Schwellung der intracristalen Räume (Schwellung vom Crista-Typ; Thoenes, 1964) vergesellschaftet. Diese osmotische

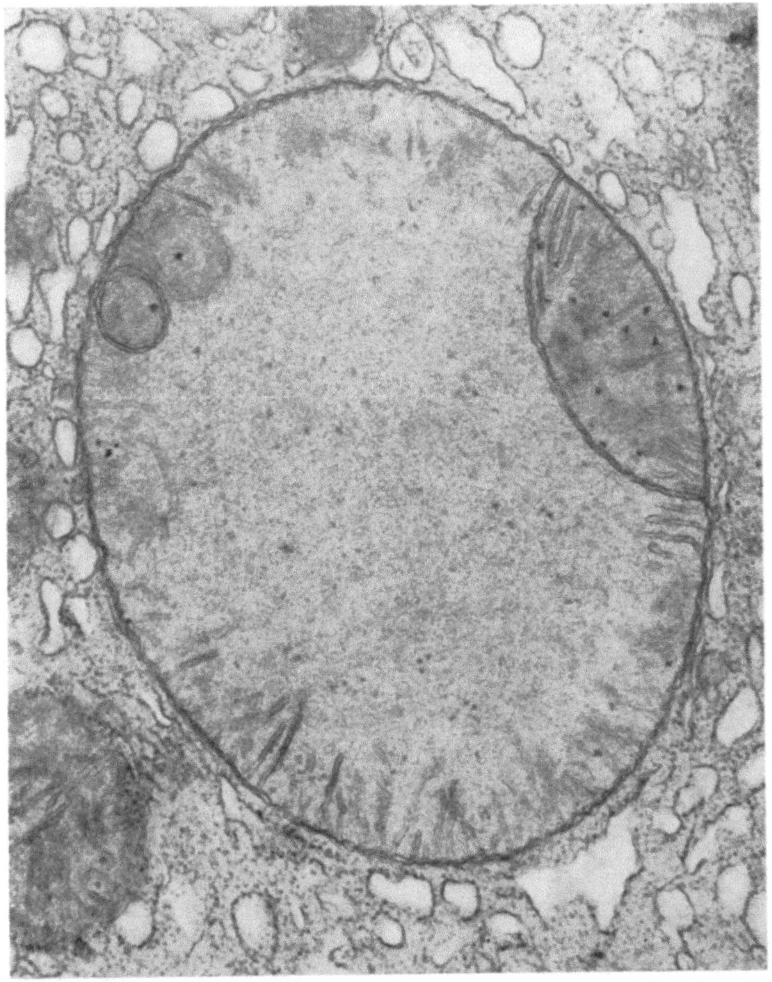

Abb. 2. Teilschwellung eines Mitochondrium: Maus, Leber, Allylalkoholvergiftung: Eine Crista grenzt ein links unten gelegenes Restmitochondrium von einem Mitochondrienteil ab, der hochgradig geschwollen ist. Vergrößerung 32000 ×

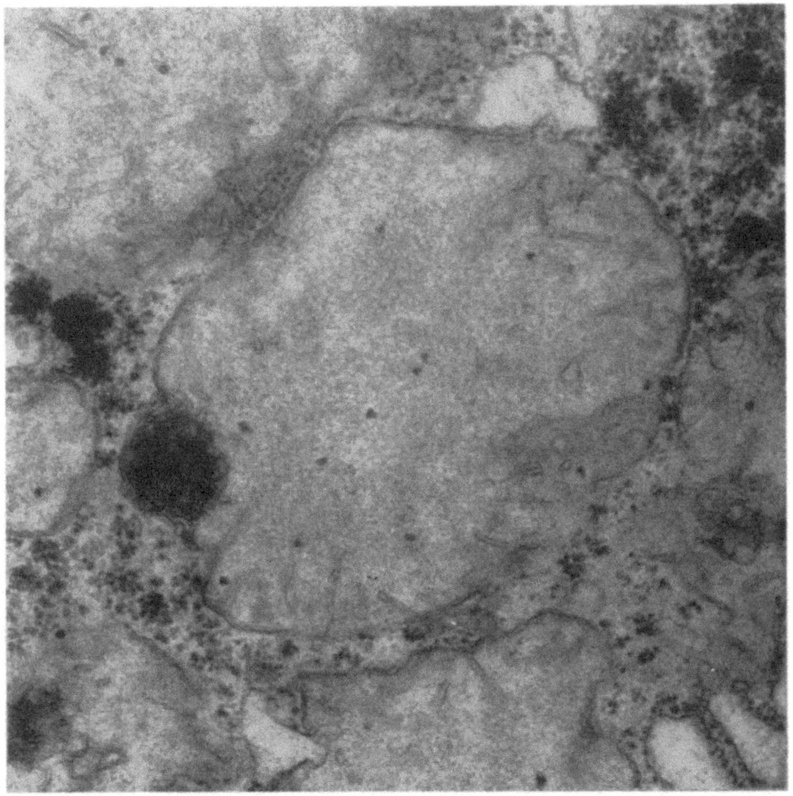

Abb. 3. Mitochondrienschwellung bei direkter Einwirkung von CCl_4: Maus, Leber; 2 Minuten nach Injektion von unverdünntem CCl_4 in die portale Zirkulation: Mitochondrienschwellung und Ansammlung neugebildeter strahlendichter Membranen in Form einer osmiophilen Kappe am rechten Rand des Mitochondrium. Vergrößerung 32000 ×

Mitochondrienschwellung ist nur in vitro, nie in vivo zu beobachten; sie kann demnach nicht als typisch für irgend eine Form der trüben Schwellung angesehen werden. — Eine gewisse Ähnlichkeit mit der osmotischen Mitochondrienschwellung hat die Teilschwellung von Mitochondrien, die bei einer Vergiftung der Leber mit Allylalkohol (HÜBNER, 1968) und Niere mit Viomycin (KLEIN und Mitarbeiter, 1966) gelegentlich beobachtet wird. Hierbei schwillt ein Teil eines Mitochondrium an; dieser ist

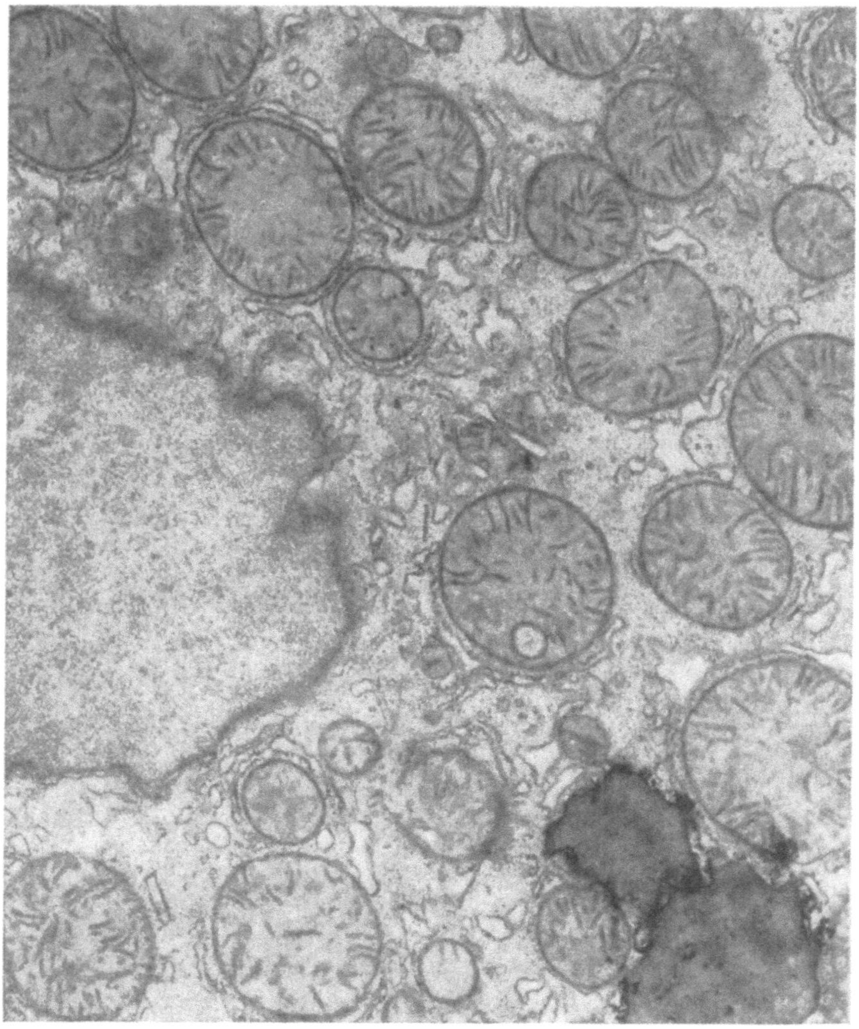

Abb. 4. Mitochondrienschwellung 24 Stunden nach Allylalkoholvergiftung der Leber, Maus, Geschwollene Mitochondrien neben einem Fetttropfen rechts unten. Am linken Bildrand Zellkern. Vergrößerung 13000 ×

durch eine als Septum querverlaufende Crista vom übrigen Mitochondrium abgegrenzt (Abb. 2): Es handelt sich also um eine Schwellung vom Matrixtyp (THONES, 1964), die nur einen Teil eines Mitochondrium erfaßt hat. Diese Form der Mitochondrium-Teilschwellung ist offenbar recht selten. — Eine gewisse formale Ähnlichkeit schließlich besitzt die nur in vitro vorkommende osmotische Mitochondrienschwellung mit den eigenartigen Schwellungszuständen der Mitochondrien, die durch direkte Tetrachlorkohlenstoffeinwirkung auf Leber- und Nierenmitochondrien hervorgerufen werden: Bringt man beispielsweise Tetrachlorkohlenstoff in die portale Zirkulation, oder inkubiert man kleine Leber- oder Nierenstückchen in unverdünntem Tetrachlorkohlenstoff, dann kommt es durch direkte Membranwirkung des Tetrachlorkohlenstoffes zu einer rapide eintretenden herdförmigen Transformation mitochondrialer Membranen, die nach kürzester Zeit die Mitochondrien zu exzessiver Schwellung bringen, wobei an der Zirkumferenz zusammengesintertes Membranmaterial angelagert ist (Abb. 3; HÜBNER 1965).

Sehr viel häufiger als die eben beschriebenen Mitochondrienschwellungen findet man die Schwellung vom Matrixtyp bei Einwirkung verschiedenartigster Einflüsse auf Zellen und Gewebe. Solche Mitochondrienschwellungen werden beispielsweise beschrieben bei Hypoxie oder Ischämie des Gewebes oder bei Vergiftungen (Abb. 4). Sie sind oft von einer feintropfigen Zellverfettung begleitet. Dabei schwillt das ganze Mitochondrium an, wobei meistens die Matrix, seltener die Cristae betroffen sind (THOENES,

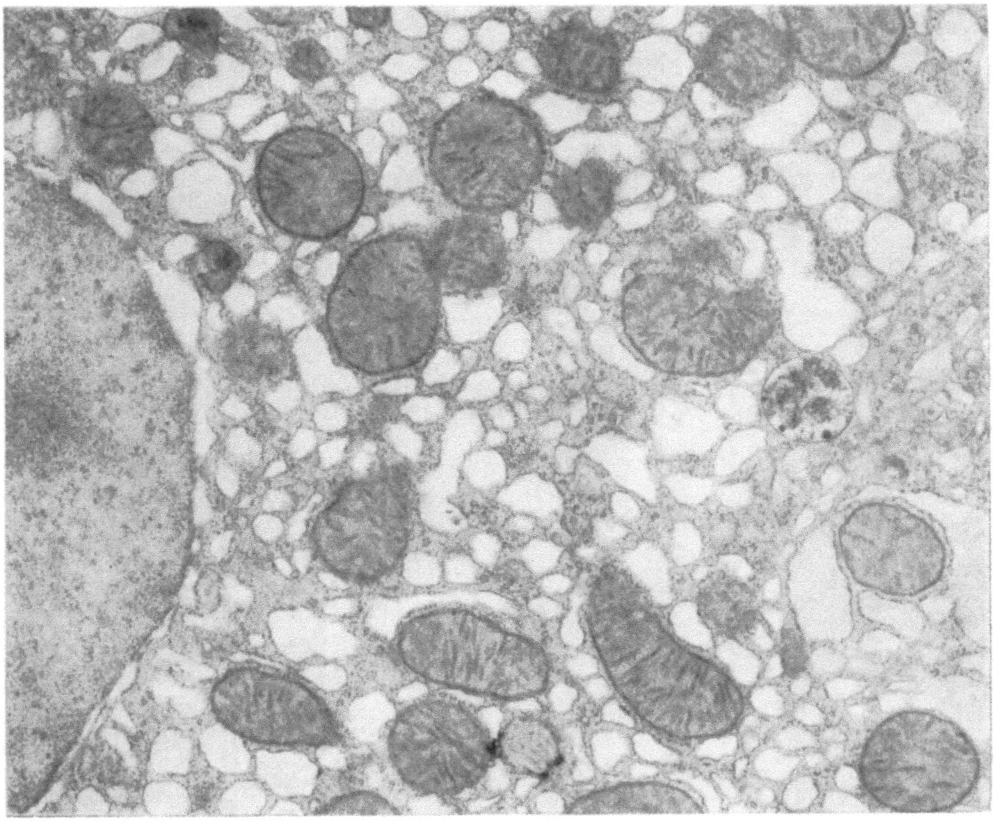

Abb. 5. Schwellung des endoplasmatischen Retikulum bei „trüber Schwellung": Leber, Maus: 6 Stunden Tetrachlorkohlenstoffvergiftung. Keine wesentliche Mitochondrienschwellung. Vergrößerung 11000 ×

1964; HÜBNER, 1968). Dabei führt eine hochgradige Mitochondrienschwellung zu einer Einschränkung der Mitochondrienfunktion, da die räumliche Anordnung der auf den Membranen angeordneten Enzymkomplexe gestört sein dürfte. Allerdings ist diese Mitochondrienschwellung, das sei hier ausdrücklich hervorgehoben, sehr viel seltener zu beobachten, als man dies nach älteren elektronenmikroskopischen Berichten annehmen mußte. So findet sich z. B. an den Nierenepithelien bei einem typischen Zustand von trüber Schwellung, nämlich der Eklampsieniere, praktisch keine Mitochondrienschwellung in den Zellen der Harnkanälchen (SPARGO, 1966). Dasselbe gilt für die durch Kollidon hervorgerufene osmotische Nephrose (HÜBNER, 1962) und andere Zustände, bei denen hyaline Eiweißtropfen im Harnkanälchensystem gespeichert werden (siehe Abb. 8). Bei einer Sublimatnephrose (Literatur bei DAVID, 1967) oder bei einer Viomycinnephrose an der Rattenniere (KLEIN und Mitarbeiter, 1966) tritt eine Schwellung der Mitochondrien erst dann in Erscheinung, wenn die Zellen bereits irreversibel geschädigt sind. Es ist dann nicht selten eine Einlagerung von strahlendichten, offenbar Calciumphosphat enthaltenden Einschlüssen in den Mitochondrien zu erkennen. Die Mitochondrienschwellung, die bei Autolyse eintritt, läßt sich bei guter Gewebspräparation ebenfalls erst relativ spät nachweisen. So finden sich beispielsweise in einem mit Sicherheit abgestorbenen Herzmuskel noch zahlreiche nicht geschwollene Mitochondrien (PAULUSSEN und Mitarbeiter, 1968).

Die Schwellung der Mitochondrien kann schließlich zu einer gewissen *Zellschwellung* führen; eine „Trübung" der Zelle ist allerdings hierbei nicht zu erwarten, weil die Mitochondrien Flüssigkeit aufgenommen haben, also transparenter geworden sind. Eine Zellschwellung wird bei der trüben Schwellung ferner hervorgerufen durch eine Anschwellung der Zisternen des endoplasmatischen Retikulum. Diese geht einer Mitochondrienschwellung fast immer voraus. Es handelt sich dabei um eine unspezifische cytoplasmatische Reaktion, die bei zahlreichen Eingriffen in den Zellstoffwechsel zu beobachten ist (Literatur bei Rouiller und Mitarbeiter, 1964; Hübner, 1968); sie kann zum lichtmikroskopisch nachweisbaren Zellödem führen. Der Flüssigkeitseintritt in die endoplasmatischen Hohlräume ist

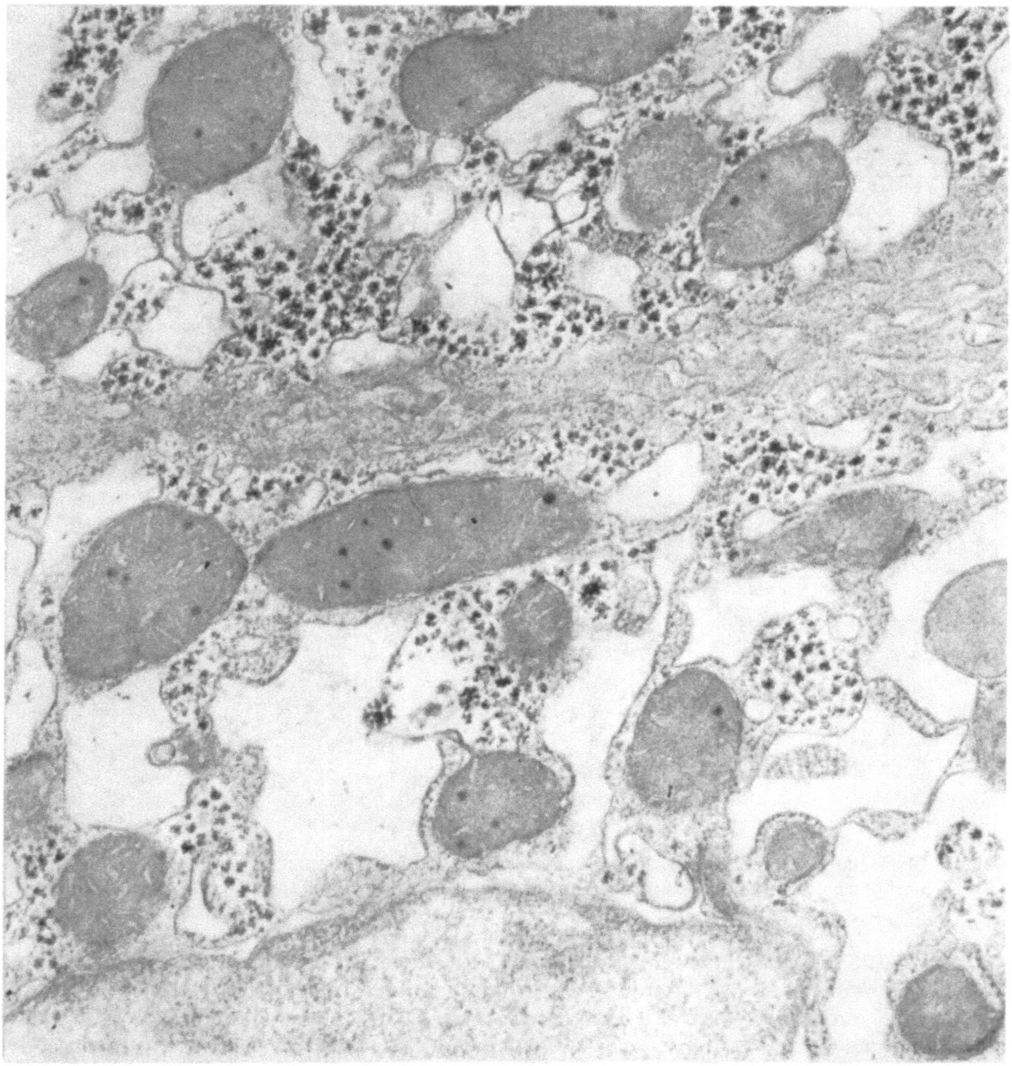

Abb. 6. Schwellung des endoplasmatischen Retikulum: Leber, Mensch, subakute Hepatitis. Keine Mitochondrienschwellung. Vergrößerung 32000 ×

dabei Ausdruck eines mittelschweren, länger anhaltenden Zellschadens (Altmann, 1955), welcher eine vermehrte Aufnahme von Na^{+}-Ionen in die Zelle und eine vermehrte Abgabe von K^{+}-Ionen aus der Zelle bewirkt (Burck, 1962). Nach Meinung einiger Untersucher soll die trübe Schwellung tatsächlich auf einem solchen Zellödem beruhen (Ashworth und Mitarbeiter, 1963; Schaffner, 1966); eine Entkopplung von Atmung und Phosphorylierung soll dabei in den Mitochondrien ursächlich wirksam sein (Ashworth und Mitarbeiter, 1963). Bei einer Dilatation der Zisternen des endoplasmatischen Retikulum sind allerdings die Mitochondrien vielfach nicht geschwollen, wie wir das häufig bei Vergiftungen (Abb. 5) und bei chronisch geschädigten menschlichen Leberzellen (Abb. 6) feststellen konnten (Hübner, 1968).

Die bei der trüben Schwellung nachweisbare *Trübung der Zelle* kann einmal hervorgerufen sein durch eine echte Vergrößerung der Mitochondrien: Hierbei kommt es nicht zur Aufnahme von Flüssigkeit in das Mitochondrium, sondern zu einer echten Vermehrung von mitochondrialer Substanz. Solche Riesenmitochondrien lassen sich z. B. bei experimenteller Vergiftung der Leber mit Tetrachlorkohlenstoff (Abb. 7; REYNOLDS, 1963; HÜBNER, 1968) oder Allylalkohol (HÜBNER, 1968) nachweisen. Ferner kann in Leber und Herzmuskel eine echte Mitochondrienvermehrung und Vergrößerung bei einem nutritiven Mangel an essentiellen Fettsäuren entstehen (WILSON und LEDUC, 1963; VITALI-MAZZA und

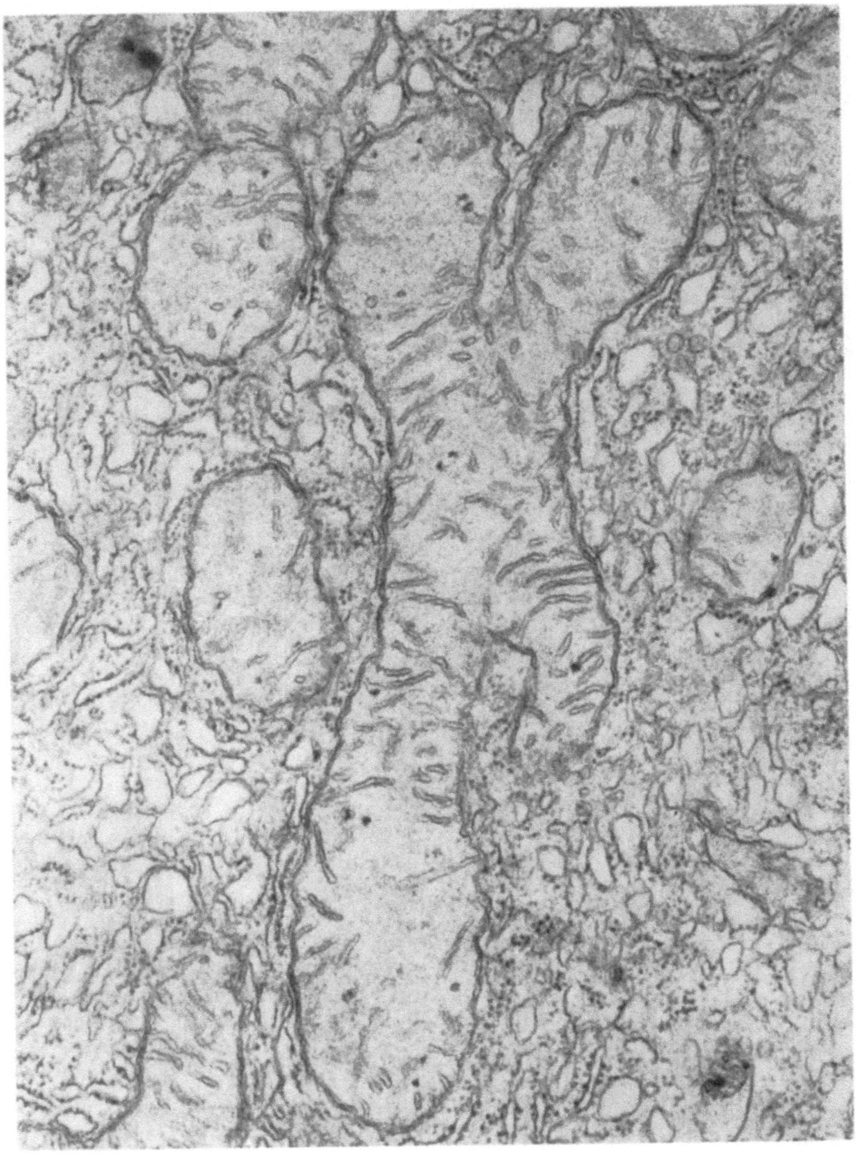

Abb. 7. Mitochondrienvergrößerung: Leber, Maus: 30 Minuten nach s. c. Vergiftung mit CCl_4. Vergrößerung eines einzelnen Mitochondrium, Desorganisation des endoplasmatischen Retikulum. Vergrößerung 32000 ×

Mitarbeiter, 1967). Das Auftreten von Riesenmitochondrien in der menschlichen Leberzelle (ALTMANN, 1955; JEZEQUEL, 1959) und am Hauptstückepithel der Niere (THOENES, 1966) sei in diesem Zusammenhang nur am Rande erwähnt.

Eine echte Hyperplasie und Hypertrophie der Mitochondrien findet sich schließlich in den Onkocyten, Zellen drüsiger Organe, die mit Mitochondrien vollgestopft sind. Die Zustände einer Mitochondrienvermehrung und -vergrößerung stellen somit möglicherweise den Versuch der Zelle dar, einen strukturbedingten (Fettsäuremangeldiät) oder enzymbedingten (Onkocytenmitochondrien?) Funktionsdefekt zu kompensieren (HAMPERL, 1961; HÜBNER und Mitarbeiter, 1967).

Zur Trübung der Zelle trägt ferner die Ablagerung von feintropfigem Material bei. Sehr häufig findet man bei „trüber Schwellung" in den Harnkanälchen der Niere eine feintropfige Ablagerung von Eiweiß (hyaline Tropfen). Diese hyalintropfige Eiweißspeicherung spielte bei der Trübung der Zellen in VIRCHOWS Erstbeobachtung sicher ebenfalls eine wichtige Rolle. Feinstrukturell lassen hierbei die Mitochondrien keine Veränderungen erkennen; sie sind vor allen Dingen nicht geschwollen (Abb. 8).

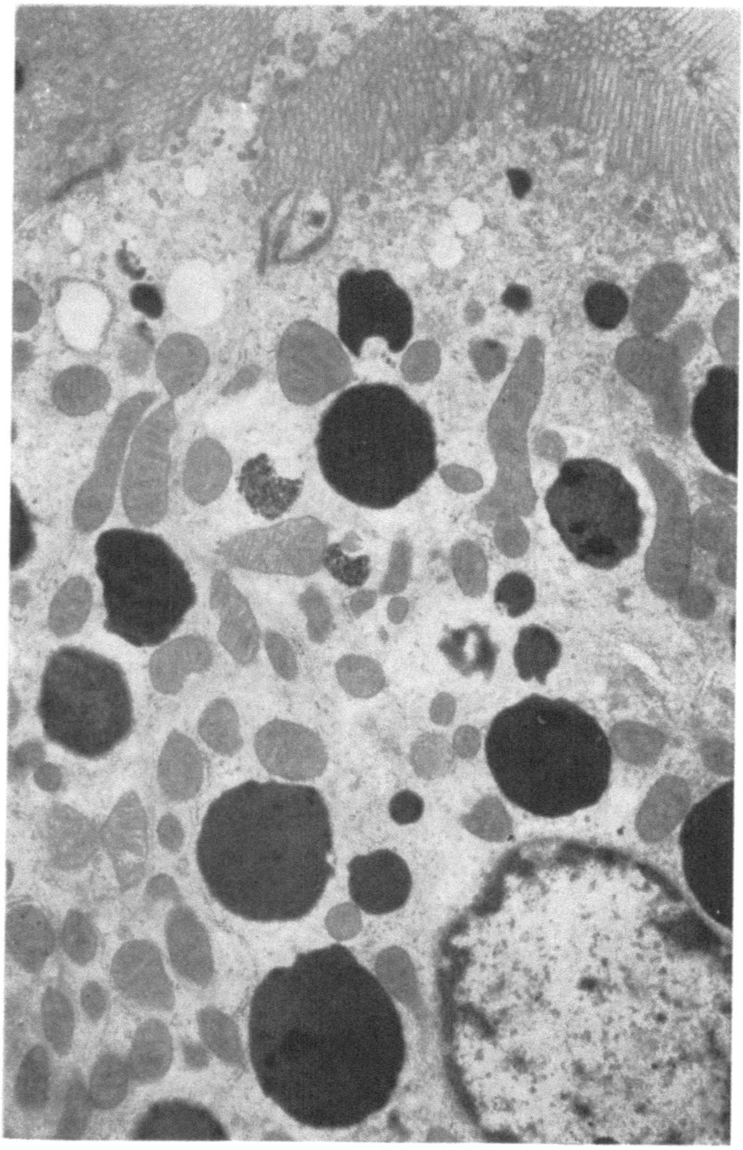

Abb. 8. Hyalintropfige Eiweißspeicherung der Niere bei „trüber Schwellung": Ratte, Niere, Viomycinnephrose. Keine Mitochondrienschwellung bei Ablagerung zahlreicher strahlendichter rundlicher Eiweißtropfen. Vergrößerung 10000 × (Herrn Dr. KLEIN danke ich für die Überlassung des Nierengewebes.)

An der Eiweißspeicherung sind sie ebenfalls nicht ursächlich beteiligt, wenn auch gelegentlich ein Einschluß von Mitochondrien in Eiweißspeicherungstropfen zu beobachten ist (MARX und Mitarbeiter, 1965, 1966). — Die feintropfige Fettablagerung bei der Zellschädigung haben wir bereits oben erwähnt.

Fassen wir unsere Befunde zusammen, so kann gesagt werden, daß eine genaue feinstrukturelle Untersuchung an Zellen im Zustande der „trüben Schwellung" verschiedenartige Schwellungszustände an den Mitochondrien vorgefunden werden können. Die seinerzeit so viel beachtete sogenannte osmotische Mitochondrienschwellung ist in vivo niemals anzutreffen. Statt einer Mitochondrienschwellung kann zudem eine echte Mitochondrienvergrößerung vorliegen. Andererseits ist bei bestimmten Zuständen, bei denen makroskopisch und lichtoptisch eine trübe Schwellung vorliegt, eine Mitochondrienschwellung nicht vorhanden, dagegen findet sich eine Dilatation der endoplasmatischen Zisternen. Was die Trübung der Zellen anbelangt, so kann sie sowohl durch eine Mitochondrienvergrößerung als auch durch eine feinsttropfige Fett- oder Eiweißeinlagerung in die Zelle bewirkt sein. Bei dieser Sachlage erscheint es angezeigt, den Begriff der trüben Schwellung in der mikroskopischen Diagnostik nicht mehr zu benutzen. Wenn man ihn bei der makroskopischen Beschreibung von Organen anwenden will, muß man sich vor Augen halten, daß diesem makroskopischen Befund sehr verschiedenartige feinstrukturelle Cytoplasmaveränderungen zugrunde liegen können, deren feinstrukturelle Analyse uns einen genaueren Einblick in den Funktionszustand der Zelle erlaubt, als dies bei Verwendung des Begriffes „trübe Schwellung" möglich war.

Literatur

ALBRECHT, E.: Verh. dt. Ges. Path. **6**, 63 (1903).

ALTMANN, H. W.: Handb. Allg. Path. Bd. II/1. Die Pathobiosen. S. 419 Berlin: Springer-Verlag 1955.

ASCHOFF, L. und N. ANITSCHKOW: Verh. dt. Ges. Path. **17**, 103 (1914).

ASHWORTH, C. T., F. J. LUIBEL, E. SANDERS und B. S. ARNOLD: Arch. Path. **75**, 121 (1963).

BELL, E. T.: J. Amer. med. Assoc. **61**, 455 (1913).

BURCK, H. C.: Klin. Wschr. **40**, 761 (1962).

DAVID, H.: Elektronenmikroskopische Organpathologie Berlin: VEB Verlag Volk u. Gesundheit 1967.

HAMPERL, H.: Verh. dt. Ges. Path. **45**, 227 (1961).

HAMPERL, H.: Lehrbuch der Allg. Pathologie u. d. spez. path. Anatomie Berlin: Springer-Verlag 1966. 27. Aufl.

HOPPE-SEYLER, G.: Krankheitsforsch. **6**, 323 (1928).

HÜBNER G : Beitr. path. Anat. **126**, 1 (1962).

HÜBNER, G.: Virch. Arch. path. Anat. **339**, 187 (1965).

HÜBNER, G.: Die pathischen Reaktionen des Lebergewebes. Veröff. Morph. Path. Heft 78. Stuttgart: G. Fischer Verlag (1968).

HÜBNER, G., F. PAULUSSEN und O. KLEINSASSER: Virch. Arch. path. Anat. **343**, 34 (1967).

JEZEQUEL, A. M.: J. ultrastruct. Res. **2**, 210 (1959).

KLEIN, H. J., E. STEINBACH und N. SCHÜMMELFEDER: Franf. Z. Path. **75**, 432 (1966).

MAJNO, G.: Death of liver tissue in: The Liver. Morphology, Biochemistry, Physiology Vol. II, p. 267 New York and London: Academic Press 1964.

MARX, R., E. MÖLBERT und H. U. ZOLLINGER: Verh. dt. Ges. Path. **49**, 167 (1965).

MARX, R. und E. MÖLBERT: Virchows Arch. path. Anat. **341**, 9 (1966).

MÜHLETHALER, K., A. F. MÜLLER und H. U. ZOLLINGER: Experientia **6**, 16 (1950).

PAULUSSEN, F., G. HÜBNER, H. J. BRETSCHNEIDER und D. GREBE: unveröff. Beobachtungen (1968).

OBERLING, Ch. und Ch. ROUILLER: Ann. Anat. Path. **1**, 401 (1956).

REYNOLDS, E. S.: J. Cell Biol. **19**, 139 (1963).

ROUILLER, Ch.: Experimental toxic injury of the liver in: The Liver, Morphology, Biochemistry, Physiology Vol. II, p. 335 New York and London: Academic Press 1964.

SCHAFFNER, F.: Medicine **45**, 547 (1966).

SPARGO, B.: in: HEPTINSTALL R. H.: Pathology of the Kidney. p. 685, Fig. 23—25 Boston: Little, Brown and Co. (1966).

THOENES, W.: Mikromorphologie des Nephron nach temporärer Ischämie Zwangl. Abh. Geb. norm. path. Anat. **15** Stuttgart: Thieme Verlag 1964.

THOENES, W.: Z. Zellforsch. **75**, 422 (1966).

VIRCHOW, R.: 1846 zit. bei Virchow 1852

VIRCHOW, R.: Virch. Arch. path. Anat. **4**, 261 (1852).

VITALI-MAZZA, L., P. ANVERSA und O. VISIOLI: Virch. Arch, path. Anat. **342**, 38 (1967).

WILSON, J. W. und E. H. LEDUC: J. Cell Biol. **16**, 281 (1963).

ZOLLINGER, H. U.: Schweiz. Z. allg. Path. **11**, 617 (1948).

ZOLLINGER, H. U.: Schweiz. Z. Path. Bact. **13**, 146 (1950).

ZOLLINGER, H. U.: Niere und ableitende Harnwege in: Spezielle pathologische Anatomie Bd. 3 Berlin: Springer-Verlag (1966).

Institut für Mikrobiologie und Experimentelle Therapie der DAdW zu Berlin, Jena, DDR

Molekulare Grundlagen der Amyloidosen

von

G. BRUNS

Die Amyloidosen sind ein Sammelbegriff. Ihre verschiedenen Formen werden als primäre und sekundäre sowie Alters- und hereditäre Amyloidosen unterschieden (MISSMAHL). Ohne genauere Kenntnis der Struktur schien es nach histochemischen Befunden gerechtfertigt, auch von qualitativ unterschiedlichen Amyloiden zu sprechen (HARMS). Erst die Analyse optimal gereinigter Amyloide ergab, daß sie einheitliche Fibroproteine sind (COHEN u. a.), die aus Retikulumzellen stammen (TEILUM). Sie lassen während der Amyloidbildung einen Phasenwechsel der histochemisch darstellbaren Zellproteine in Glykoproteine erkennen. Es sollte also die allgemeine Morphologie der Amyloidosen von dieser Protein-

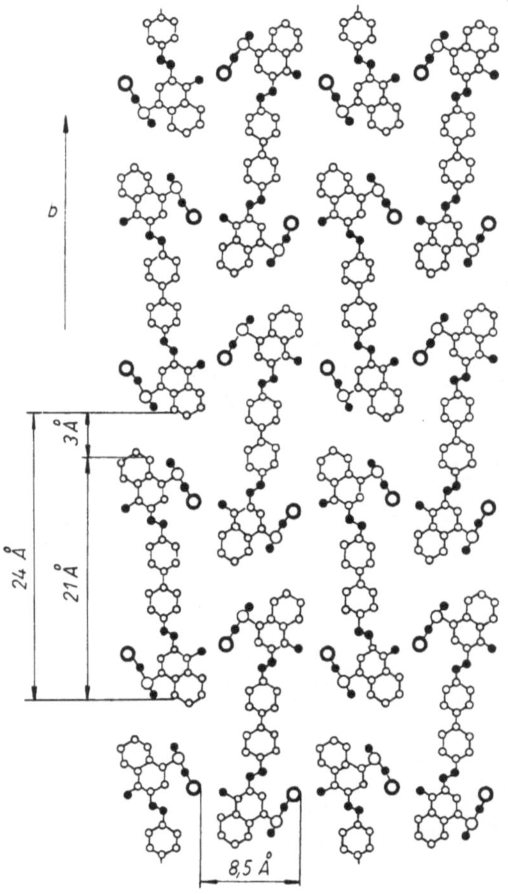

Abb. 1. Kristallgitter aus Kongorot (nach WÄLCHLI)

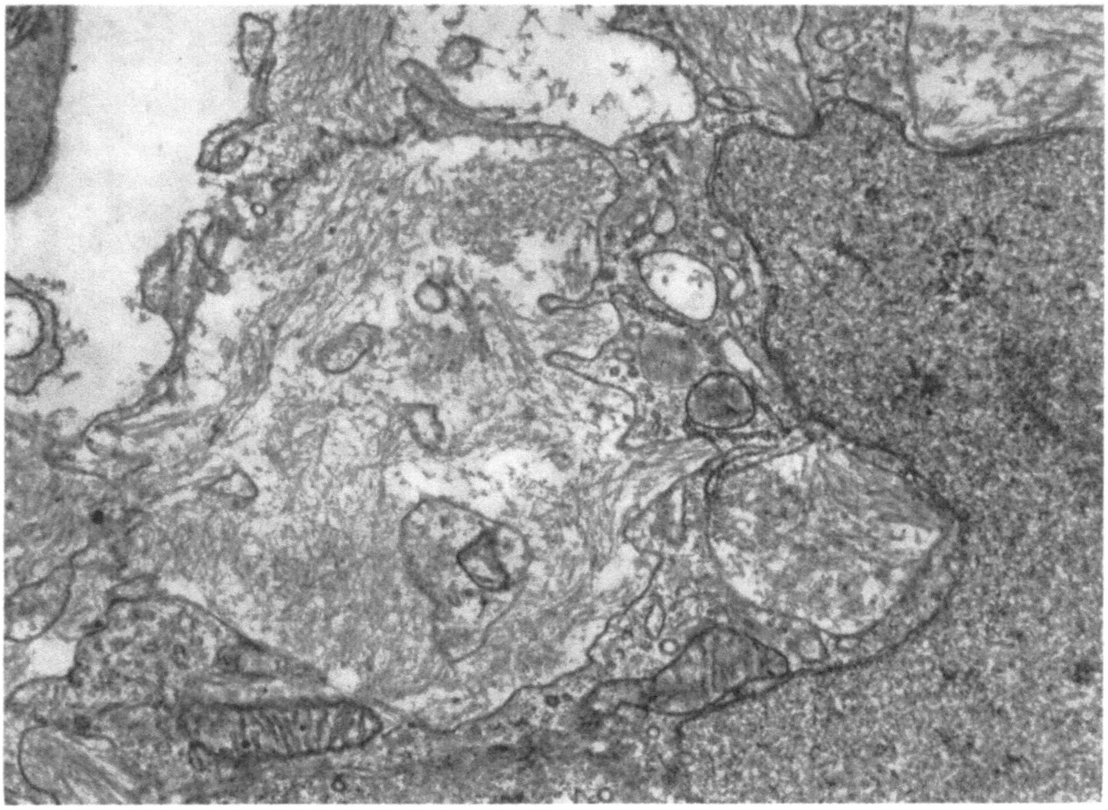

Abb. 2. Experimentelles Milzamyloid (Maus). E.-Nr. 2053/66; Fixierung nach Wohlfarth-Bottermann (1 Stunde), Blockkontrastierung mit 10% Phosphorwolframsäure und 0,5% Uranylacetat in 70% Aceton (1 Stunde); Einbettung in Vestopal. Vergrößerung 23000:1. Retikulumzelle, Amyloid-Faserbündel mit eingeschlossenen Mikrovilli

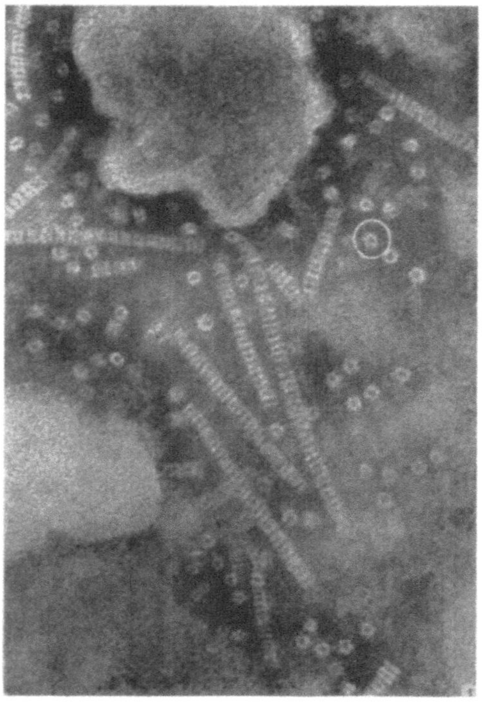

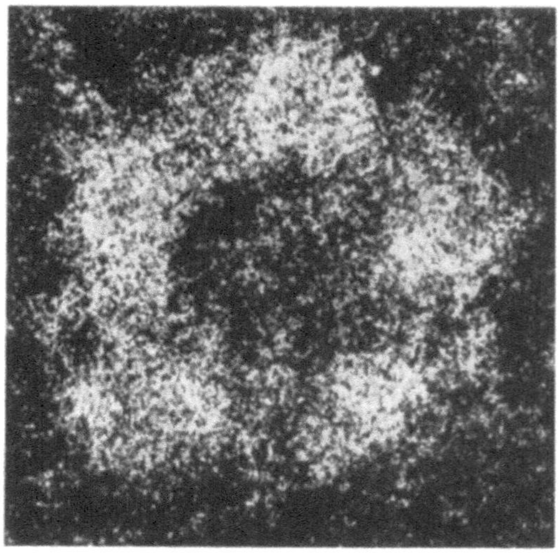

Abb. 4. Einzelnes Amyloidsegment bei stärkster Vergrößerung; siehe Legende zu Abbildung 3

← Abb. 3. Amyloidfibrillen und freie Amyloidsegmente nach Faserreinigung, Ultraschallbehandlung und Negativkontrast (siehe Bladen u. a.)

stoffwechselstörung der Retikulumzelle ausgehen. Sie wird in drei Forschungsrichtungen verfolgt: (1) einer Analyse der elementaren Faserstrukturen, (2) einer molekularbiologischen Analyse der Proteinstoffwechselstörung, (3) der strukturellen Genese der Fibroproteine.

Die Strukturanalyse: Hier war die Suche nach physikalisch-chemisch definierten Amyloidfärbungen von grundlegender Bedeutung. Durchgesetzt haben sich die Triphenylmethanfarbstoffe (Methylviolett) und Kongorot (BENNHOLD). Das Kristallgitter dieses Farbstoffs (Abb. 1) bildet zwischen den Amyloidfasern polare Molekülreihen, jede mit halber Phasenverschiebung von 12 Å (WÄLCHLI). Es resultieren eine anomale grüne Polarisationsfarbe (MISSMAHL) und Dichroismus (PFEIFFER), die beide auf gerichtete, fibrilläre Micellen im Amyloid schließen ließen. Als zuverlässig kann auch die DMAB-Nitrit-Reaktion nach ADAMS gelten (BENDITT u. a., GÖSSNER). Ihr Substrat, Tryptophan, ist aber nur eine und zwar die geringste der 18 in Amyloid nachgewiesenen Aminosäuren (COHEN u. a.). Elektronenmikroskopisch stellt sich Amyloid in Faserbündeln dar (COHEN u. a., CÄSAR). In typischer Weise schließen sie immer fingerförmige Fortsätze von Retikulumzellen oder deren Reste ein (Abb. 2). Gereinigte, negativ kontrastierte und zuvor mit Ultraschall behandelte Fasern enthalten folgende Elementarstrukturen: Gestreckte, durchweg starre Fibrillen (rods) mit Durchmessern um 100 Å, rhythmischer Querstreifung, seltener angedeuteten Schraubenwindungen (BLADEN u. a., EMESON u. a., GUEFT, GUEFT u. a., GLENNER) und pentagonale Einheiten (Abb. 3). Sie entsprechen den scheibenförmigen Querstreifen (Segmenten) der Fibrille. Bei höchster Auflösung setzen sie sich aus 5 elektronendichten Körpern zusammen (Abb. 4), die als globuläre Proteinstränge gedeutet werden (BLADEN u. a., GUEFT). Die folgende schematische Darstellung zeigt eine durchschnittliche Breite der Amyloidfibrille von 105 Å (Abb. 5), rhythmische, in Abständen von 25 Å angeordnete, ungleiche Segmentpaare als Elementarstrukturen, jeweils mit 19 Å und 22 Å Dicke und Zwischenräumen von 15 Å. Die größte Breite der pentagonalen Amyloidscheiben beträgt 75—85 Å, die Durchmesser ihrer Untereinheiten bis 30 Å, welche eine weitere Aufteilung in 3 Subunits vermuten lassen. Der Scheibenkern kann einen zentralen Hohlkörper mit Durchmessern von 7—9 Å einschließen.

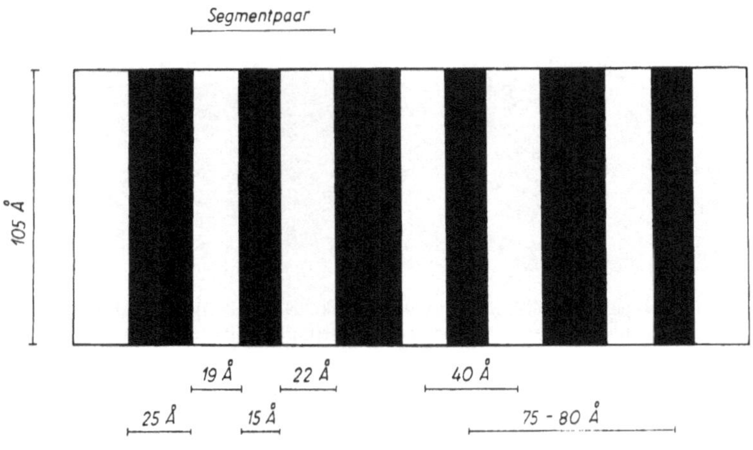

Abb. 5. Schema einer Amyloidfibrille im Negativkontrast (siehe Text)

Die Stoffwechselanalyse: Das morphologische und molekularbiologische Bindeglied bei der Stoffwechselanalyse ist die Beobachtung (TEILUM), daß die Retikulumzellen in der präamyloiden Phase stark pyroninophil sind und mit der amyloiden Phase in eine diffuse Aldehydreaktion (PAS) umschlagen. In der Milz decken sich die pyroninophilen Retikulum-Zellmäntel der Follikel vollständig mit dem dort später auftretenden Amyloid. Die Pyroninophilie betrifft vorwiegend basophile Stammzellen, weniger die undifferenzierten Retikulumzellen (BRUNS); aber sie allein verändern ihre Stoffwechsellage. Der Phasenwechsel läßt sich auch elektronenmikroskopisch verfolgen. Im frühen präamyloiden Stadium überwiegen in der Milz proteinaktive, nicht exportiv synthetisierende, also proliferierende Retikulumzellen (Abb. 6) mit dichten Ribosomenmustern und tubulärem, rauhem endoplasmatischem Retikulum (SIEKEVITZ u. a.). Eine zunehmende, quasi vertwistete Digitation der Mikrovilli und Auflockerung des Ribosomenbestandes leitet die Stoffwechseltransformation ein. Ihre Charakteristika sind: Hydratisiertes Hyaloplasma, glattwandige, leere Cysternen, spärliche Ribosomenverteilung, besonders in den praktisch leeren Zellmänteln und Reste von Polysomen. Der Befund gleicht dem in Fibroblasten bei Vitamin C-Mangel (ROSS u. a.). In der Amyloidphase wird die Retikulumzelle zunehmend dystrophisch (Abb. 7), teilweise nacktkernig. Ihre stark digitierten Kontakte mit benachbarten Zellen sind eng verzahnt oder sie liegen als freie Mikrovilli im Amyloid. Es ist unverkennbar, daß sie die Amyloide im ehemaligen Zellareal markieren (siehe Abb. 7) und ihnen eine wirbelförmige Ausrichtung geben. Trifft das zu, dann besitzen die Retikulumzellen für die Amyloide eine Art Matrizenfunktion. Das setzt eine stückweise Cytoplasmaabschmelzung infolge Dystrophie voraus, damit verbunden eine passive Freisetzung von Zellorganellen, z. B. Ribosomen, die immer, zumindest in der Kontaktzone, im Amyloid anzutreffen sind (Abb. 8). Ob auch eine aktive Ausschleusung von Ribosomen erfolgt, läßt sich wegen

Abb. 6. Experimentelles Milzamyloid (Maus). E.-Nr. 3451/67; technische Daten siehe Abbildung 2. Vergrößerung: 18000:1. Proliferierende Retikulumzelle (proteinaktiv)

möglicher technischer Artefakte nicht entscheiden (Fixierung in Glutaraldehyd). Es ist aber ein interstitieller Austritt von ribosomalen Purinbasen und Nukleosiden gesichert (Dagley u. a.) und ich frage mich, warum nicht auch intakte Ribosomen, ähnlich den Verhältnissen im Nirenberg-Modell, im Extrazellularraum funktionsfähig bleiben sollen?

In ihrer Gesamtheit entspricht den morphologischen Befunden ein charakteristisches Schadensmuster, in erster Linie eine Disaggregation der Polysomen (Goodman u. a., Freedman u. a.), funktionell eine qualitative und quantitative Verlagerung der normalen Polypeptidsynthese auf Di- und Tripeptide (Johnson u. a., Wettstein u. a., Talal u. a.). Jetzt ist es verständlich, warum bei Amyloidosen keine Hydroxylierung z. B. von Prolin zu Hydroxy-Prolin in den Retikulumzellen erfolgen kann, die besonders große Polysomen aus 400 S schweren Einheiten voraussetzt (Ross u. a., Kretsinger u. a.). Da Polysomenaggregate ein empfindlicher Parameter für intakte Membranfunktionen sind, kann für die beobachtete Hydratation der transformierten Retikulumzelle ein initialer Permeationsschaden und K-Verlust herangezogen werden (Freedman u. a.).

Es fragt sich ,wie die durch Polysomenverlust eingeschränkte Proteinsynthese weiter abläuft. Sie setzt eine Translation des mRNS-Code auf die sRNS voraus, die z. B. an dieser Stelle durch Chloramphenicol unterbrochen und damit eine weitere Proteinsynthese gehemmt werden kann. Dagegen läßt sich nach unseren experimentellen Befunden die Amyloidbildung mit Chloramphenicol beschleunigen (Abb. 9). Daraus ist zu schließen, daß die Amyloidsynthese der Retikulumzelle über einen 2. Weg, nämlich die Chloramphenicol resistente rRNS erfolgt. Die Endprodukte dieser ribosomalen Eiweiß-

bzw. Amyloidsynthese sind Strukturproteine und Nukleoproteine (OSAWA). Ihre einzelnen Syntheseschritte verlaufen nach dem Modell von JACOB und MONOT (Abb. 10) über folgende Regelkreise (KURLAND u. a.): Die Transkription der DNS-Cistrone von spezifischen Strukturgenen über die rRNS (OSAWA), die Translation für die definitive Nukleoproteinsynthese mit Hilfe einer spezifischen Syn-

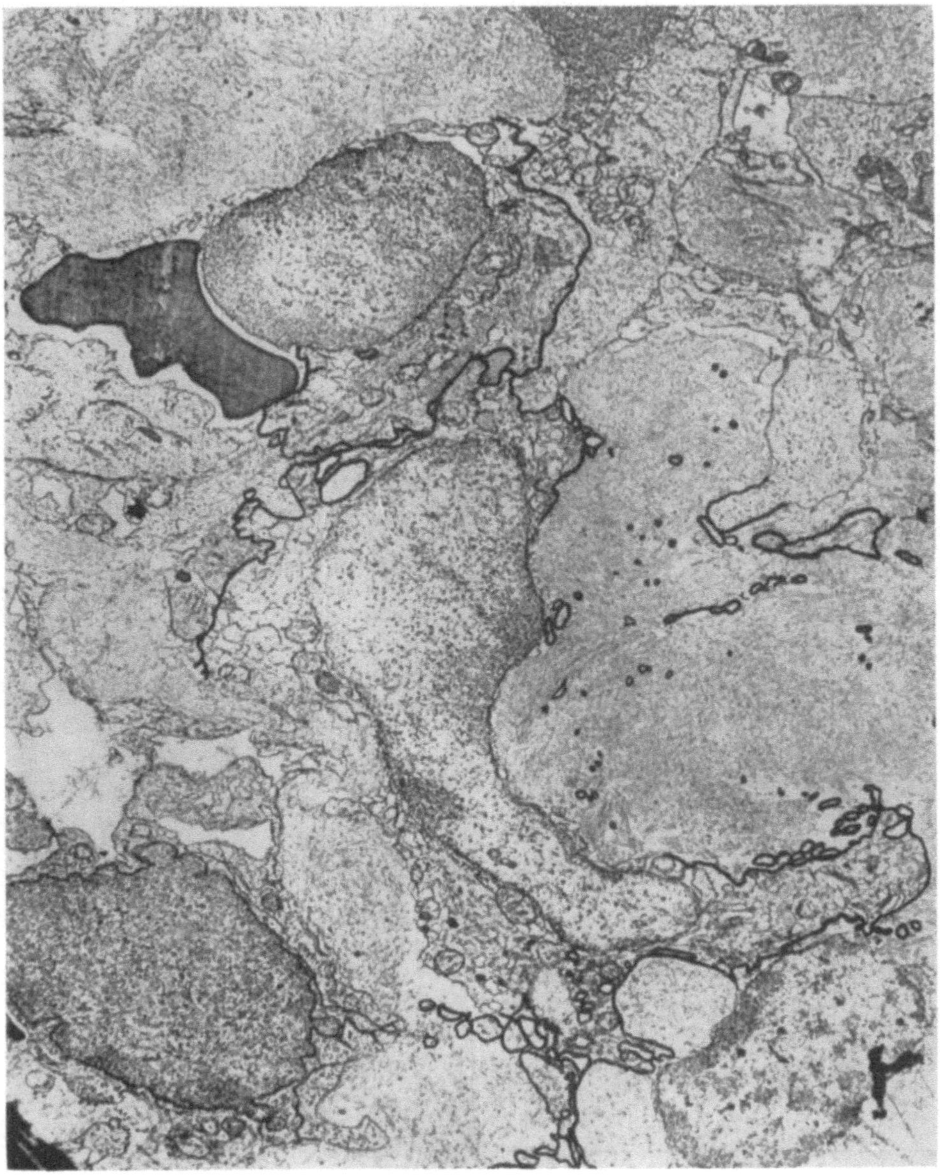

Abb. 7. Experimentelles Milzamyloid (Maus). Technische Daten siehe Abbildung 2. Vier eng miteinander verzahnte Retikulumzellen, dystrophisch und größtenteils nacktkernig (siehe eingezeichnete Grobkonturen). Direkter Kontakt zwischen wirbelförmigen Amyloidfasern und dem Kern. In Auflösung befindlicher Zellraster

thetase über Aminoacyl-sRNS. Dieser Induktionskreis beansprucht laufend Aminosäuren, setzt also einen konstanten Aminosäurepool voraus, während sRNS und rRNS nach Ablösung der Polypeptidketten wieder in den Nukleinsäurepool zurücktreten. Kann der Aminosäureverbrauch aus dem vorhandenen Proteinbestand der Zelle nicht laufend durch Degradation regeneriert werden wie unter Chloramphenicol (TALAL u. a., OSAWA), in defizienten Kulturen (OSAWA) oder dystrophischen Zellen, fehlen also die Aminosäuren als Regulator-Moleküle, dann wirkt die aktivierte sRNS als Repressor der Operatorgens. Die Folge dieses Regressionskreises ist eine Blockade der rRNS- und Nukleoproteinsynthese. Es ist also die Synthese von rRNS und Nukleoproteinen in den Ribosomen vom Bestand der aktivierten Aminosäuren abhängig. Andererseits können auch ausreichende Mengen von aktivierten Aminosäuren z. B. durch Puromycin abgeblockt werden (Freedman u. a., Bretscher u. a.) und der Regressionskreis in Aktion treten (siehe Abb. 10). An dieser Stelle des Regelkreises dürfte auch der amyloidogene Angriff des Caseins erfolgen. Nach dieser Analyse des ribosomalen Protein-Stoffwechsels sind für die Amyloidsynthese der transformierten dystrophischen Retikulumzelle die Ribosomen ver-

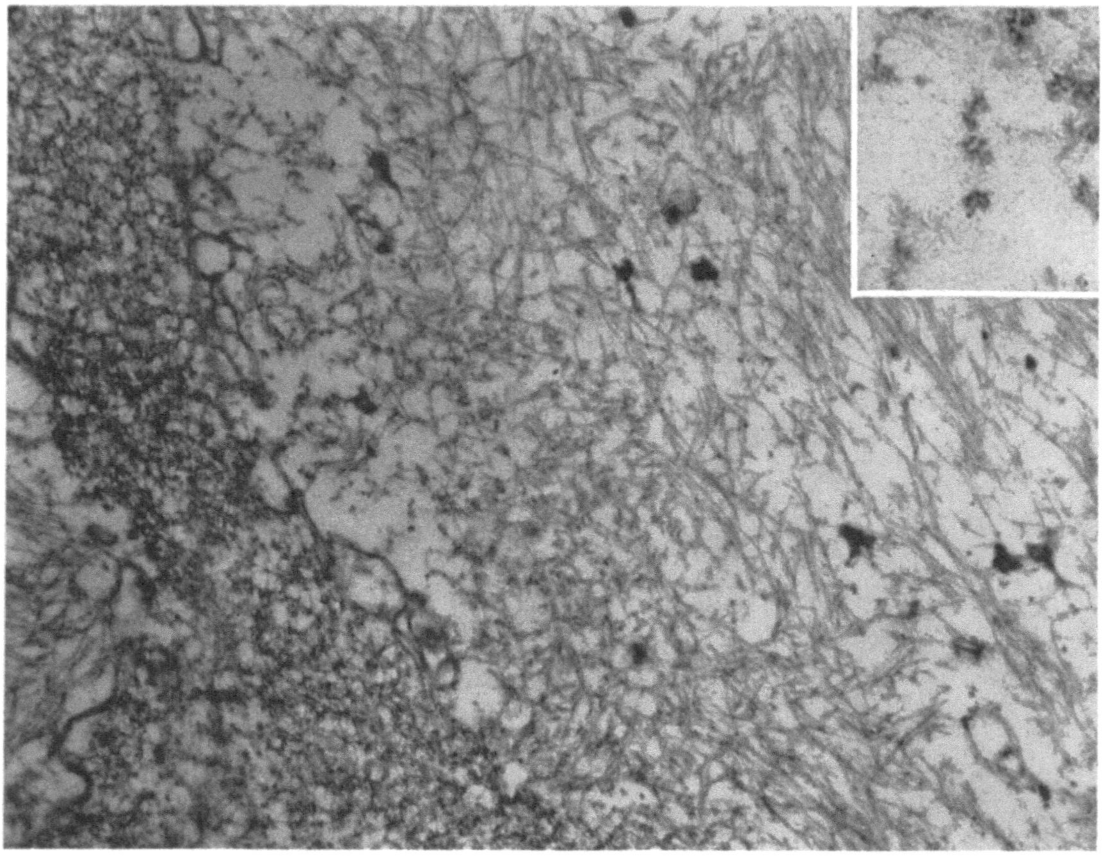

Abb. 8. Experimentelles Milzamyloid (Maus). E.-Nr. 3301/66; Vorfixierung mit Glutaraldehyd, sonstige technische Daten siehe Abbildung 2. Vergrößerung 51000:1 (Inlet 190000:1)
Dystrophische Retikulumzelle (Kernanschnitt); zwischen schmalem Cytoplasmarest und Amyloid freie Ribosomen

	Cas.+Chloronitrin/15mg/Wo.	Kontrollen (Cas.)
1.-5. Wo.	0/3	0/2
7.-9. Wo.	11/17 (s)	0/8
12. Wo.	8/9	8/9

Abb. 9. Amyloidrate nach Injektion von Casein-Na und Chloronitrin (15 mg/Woche) in AB-Mäuse (♀) im Alter von 6—8 Wochen; (s) hoch signifikant

antwortlich. Daß sie dazu befähigt sein können, beweist eine unter normalen Verhältnissen 30 Proteinspecies umfassende, fehlerfreie Syntheseleistung (Terao u. a., Hultin).

Die strukturelle Genese: Wir haben vorgeschlagen, die Elementarstrukturen der Amyloidfibrille formalgenetisch von rhythmisch aufgestockten Ribosomen-Einheiten abzuleiten (Bruns). Die strukturellen Parallelen sind verblüffend (Matthaei u. a., Beer u. a.), übrigens auch zum TM-Virus (Bladen u. a.). Ribosomenpartikel (S 50) von Escherichia coli haben wie die Amyloidsegmente eine pentagonale Form und die gleichen elektronendichten sphärischen Einheiten, offenbar Nukleoproteinstränge mit Durchmessern von 20 bis 25 Å (Beer u. a.). Ein Größenvergleich mit Ribosomen dystrophischer Retikulumzellen bei Amyloidose ist schwer möglich (Huxley u. a.), da es sich bei diesen um „defekte" Partikel unbekannter Größe, sog. Eosomen mit Sedimentationskonstanten von S 18 bis S 28 handelt, entsprechend CM-Partikeln (Osawa, Petermann). Ob sie sich elektronenmikroskopisch überhaupt differenzieren lassen, ist fraglich. Für unsere Betrachtung ist ihr für eine stabile Nukleoprotein-Synthese ungünstiger rRNS/Protein Quotient von 3:1 wichtiger (OSAWA), da er einen latenten Aminosäuremangel als Grundlage für die Zelldystrophie und Amyloidsynthese anzeigt (s. o.). Für die Strukturanalyse dieser ribosomalen Einheiten stehen nur wenige Daten aus Röntgendiagrammen intakter Ribosomen zur Verfügung (LANGRIDGE, LANGRIDGE u. a.). Danach sind rRNS und Ribonukleoproteine voneinander unabhängige Strukturen der Ribosomen (PETERMANN), aber doch so geordnet, daß 4—5 rRNS-

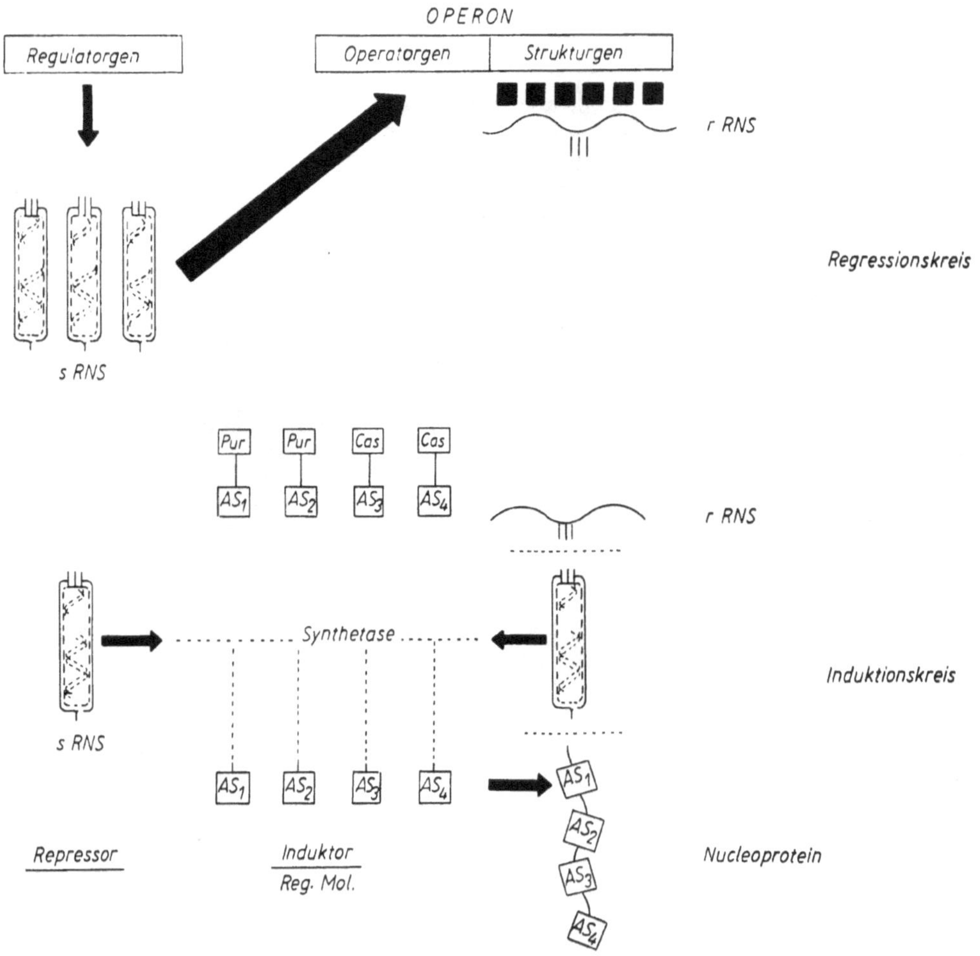

Abb. 10. Induktions- und Regressionskreis der Nukleoproteinsynthese (nach JAKOB und MONOD); siehe Text

Doppelhelices mit Einzeldurchmessern von 25 Å jeweils durch 45,5 Å breite Räume (Perioden) voneinander getrennt bleiben (LANGRIDGE, LANGRIDGE u. a., HUXLEY u. a.). Aus den verfügbaren Angaben läßt sich folgendes Modell einer Ribosomen-Einheit rekonstruieren (Abb. 11): Eine pentagonale Scheibe, bestehend aus 5 identischen Nukleoproteinsträngen (45,5 Å × 30 Å), zwischen denen eine bis 150 Å lange, 25 Å breite rRNS Doppelhelix (rod), Ganghöhe 30 Å, verläuft (SPIRIN u. a., KISSILEV u. a., BEER u. a.). Die Windung der Doppelhelix geht in regelmäßigen Perioden 5 mal zwischen den Nukleoproteinsträngen hindurch, wie es das Röntgendiagramm fordert. Ein Größenvergleich zwischen Amyloidsegmenten und Eosomen ergibt folgende angenäherte Werte, die mit unterschiedlichen Methoden bestimmt worden sind:

	Eosom (Å)	Segment (Å)
Höhe	30	19 u. 22
Breite	115,5	105
RNP-Stränge	45,5 × 30	25 — 30
RNS (ungefaltet)	12,5	9

Denkt man sich die Elementarstrukturen der Amyloidfibrille aus rhythmisch aufgestockten ribosomalen Einheiten zusammengesetzt, dann bleibt das elektronenmikroskopische Bauprinzip gewahrt. Ein entsprechendes Fibroprotein-Modell besteht aus Nukleoproteinsegmenten und Zwischengliedern, die wie in intakten Ribosomen kurzkettige Proteine sein können. Es ist jetzt gut zu erkennen, daß der Querstreifung in den Fibrillen eine helicale Struktur der Nukleoproteine mit einer Ganghöhe von 30 Å zugrunde liegt. Je nach Lage der 5 flachen Schraubenwindungen lassen sie sich im Negativkontrast als Quer- oder Schrägstreifen, aber auch als 5 parallele Filamente abbilden. Diese Modellvorstellung ist

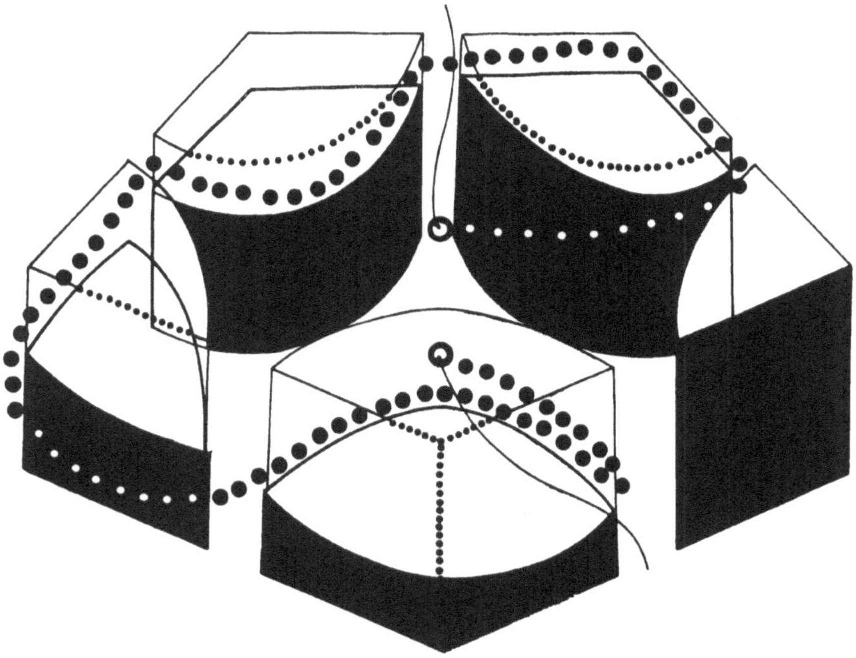

Abb. 11. Modell einer Ribosomen-Einheit aus 5 Nukleoproteinsträngen und rRNS-Doppelhelix; siehe Text

inzwischen bestätigt worden, nachdem in 75 Å breiten Amyloidfibrillen 5—6 parallele Filamente als Untereinheiten mit Durchmessern von 25 Å—35 Å nachgewiesen wurden (Cohen). Wie die rhythmische Anordnung der Ribosomen-Einheiten in der Amyloidfibrille eingehalten wird, läßt sich nur vermuten. Ähnlich dem Färbemechanismus der Amyloide müssen starke Dipolkräfte und formprägende Potenzen beigemischter saurer MPS mit im Spiele sein (Fritsch).

Ich fasse zusammen:

1. Amyloide sind einheitliche Fibroproteine.
2. Ihre Elementarstrukturen bestehen aus pentagonalen Segmenten, die am ehesten ribosomalen Einheiten entsprechen.
3. Vom Standpunkt der allgemeinen Morphologie sind die Amyloide das Produkt dystrophischer Retikulumzellen.
4. Nach unseren Vorstellungen gehören die Amyloidosen zu den Stoffwechselstörungen der Nukleoproteine.

Literatur

Beer, M., P. J. Highton and B. J. McCarthy: Structure of ribosome from Escherichia coli revealed by their disintegration. J. Mol. Biol. **2**, 447—449 (1960).

Benditt, E. P., D. Lagunoff, N. Eriksen and O. A. Iseri: Amyloid. Extraction and preliminary characterization of some proteins. Arch. Path. (Chicago) **74**, 323— 330 (1962).

Benditt, E. P., and N. Eriksen: Amyloid. II. Starch gel electrophoretic analysis of some proteins extracted from amyloid. Arch. Path. (Chicago) **78**, 325—330 (1964).

Bennhold, H.: Über die Ausscheidung intravenös einverleibten Kongorotes bei den verschiedensten Erkrankungen bei Amyloidosis. Dtsch. Arch. Klin. Med. **142**, 32 (1923).

Bladen, H. A., M. U. Nylen and G. G. Glenner: The ultrastructure of human amyloid as revealed by the negative staining technique. J. Ultrastruct. Res. **14**, 449—459 (1966).

Bretscher, M. S. and K. A. Marcker: Polypeptidyl-s-ribonucleic acid and aminoacyl-s-ribonucleic acid binding sites on ribosomes. Nature **211**. 380—384 (1966).

BRUNS, G.: Die Amyloidosen. Klin. Wschr. **45**, 868—874 (1967).
CAESAR, R.: Die Feinstruktur von Milz und Leber bei experimenteller Amyloidose. Z. Zellforsch. **52**, 653—673 (1960).
COHEN, A. S. and E. CALKINS: Electron microscopic observations on a fibrous component in amyloid of diverse origins. Nature **183**, 1202—1203 (1959).
COHEN, A. S. and P. SHIRAHAMA: Subunit structure of the human amyloid fibril. Fed. Proc. **26**, 300 (1967).
DAGLEY, S., A. E. WHITE and D. G. WILD: Synthesis of protein and ribosomes by bacteria. Nature **194**, 25—27 (1962).
EMESON, E. E., Y. KIKKAWA and B. GUEFT: New features of amyloid found after digestion with trypsin. J. Cell Biol. **28**, 570—577 (1966).
FREEDMAN, M. L., M. HORI and M. RABINOVITZ: Membranes in polyribosome, formation by rabbit reticulocytes. Science **157**, 323—324 (1967).
FRITSCH, S.: Elektronenmikroskopische Untersuchungen zur Eisenhydroxydsol-Reaktion. Gegenbaurs morph. Jb., im Druck.
GLENNER, G. G. and H. A. BLADEN: The relationship of the two fiber types characteristic of human amyloid deposits. Symposion on Amyloidosis. Groningen 24.—28. 9. 1967.
GÖSSNER, W.: Vergleichende histochemische Untersuchungen über die Proteinkomponente von Amyloid, Hyalin und Kollagen. Histochemie **2**, 199—216 (1961).
GOODMAN, H. M. and A. RICH: Mechanism of polyribosome action during protein synthesis. Nature **199**, 318—322 (1963).
GUEFT, B.: An electron microscopic study of amyloids from different species. Symposium on Amyloidosis. Groningen 24.—28. 9. 1967.
GUEFT, B. and J. J. GHIDONI: The site of formation and ultrastructure of amyloid. Amer. J. Path. **43**, 837—854 (1963).
HARMS, H.: In Fortschritte der Amyloidforschung. Nova Acta Leopoldina **175**, 43 (1966).
HULTIN, T.: Ribosomal functions related to protein synthesis. Int. Rev. Cyt. **16**, 1—36 (1964).
HUXLEY, H. E. and G. ZUBAY: Electron microscopic observations on the structure of microsomal particles from Escherichia coli. J. Mol. Biol. **2**, 10—18 (1960).
JOHNSON, H. A., H. SCHNAPPAUF, A. D. CHANANA and E. P. CRONKITE: Variability of ribosomal aggregation in lymphocytes. Nature **211**, 420 (1966).
KISSILEV, N. A., L. P. GAVRILOVA and A. S. SPIRIN: On configuration of high-polymer RNA macromolecules as revealed by electron microscopy. J. Mol. Biol. **3**, 778—783 (1961).
KRETSINGER, R. H., G. MANNER, B. S. GOLD and A. RICH: Synthesis of collagen on polyribosomes. Nature **202**, 438—441 (1964).
KURLAND, C. G. and O. MALLE: Regulation of ribosomal and transfer RNA synthesis. J. Mol. Biol. **4**, 193—210 (1961).
LANGRIDGE, R.: Ribosomes: a common structural feature. Science **140**, 1000 (1963).
LANGRIDGE, R. and K. C. HOLMES: X-ray diffraction studies of concentrated gels of ribosomes from Escherichia coli. J. Mol. Biol. **5**, 611—617 (1962).
MATTHAEI, H., F. AMELUNXEN, E. ECKERT und G. HELLER: Zum Mechanismus der Proteinbiosynthese. Ber. Bunsengesellsch. physik. Chemie **68**, 735—742 (1964).
MISSMAHL, H. P.: Die Beeinflussung des polarisierten Lichts durch die Amyloidsubstanz. Ann. Histochim., Suppl. **2**, 225—234 (1962).
MISSMAHL, H. P.: Rektumbiopsie zum Nachweis der Amyloidose. Dtsch. med. Wschr. **88**, 1783—1785 (1963).
OSAWA, S.: Biosynthesis of ribosomes in bacterial cells. In Progress in nucleic acid research and molecular biology. Ed. by I. N. Davidson and W. E. Cohn, Vol. **4**, S. 161—188. Academic Press, New York and London (1965).
PETERMANN, M. L.: The physical and chemical properties of ribosomes. Elsevier Publishing Comp. Amsterdam-London-New York (1964).
PFEIFFER, H. H.: Messungen der Doppelbrechung (Δn) und des Dichroismus (Δk) am Amyloid in Kulturen in vitro. Exp. Cell Res. **4**, 181—187 (1953).
ROSS, R. and E. P. BENDITT: Wound healing and collagen formation. IV. Distorsion of ribosomal patterns of fibroblasts in scurvy. J. Cell. Biol. **22**, 365—389 (1964).
SICKEVITZ, Ph. and G. E. PALADE: A cytochemical study on the pancreas of the guinea pig. V. In vivo incorporation of Leucine-l-C^{14}-into the chymotrypsinogen of various cell fractions. J. Biophysic. and Biochem. Cytol. **7**, 619—630 (1960).
SPIRIN, A. S.: Some aspects of macromolecular structure of high-polymer RNA in solution. Coll. internat. Centre Nat. Rech. Scien. **106**, 63—97 (1962).
TALAL, N. and E. D. EXUM: Two classes of spleen ribosomes with different sensitivities to chloramphenicol. Proc. Nat. Acad. Sci. **55**, 1288—1295 (1966).
TEILUM, G.: Pathogenesis of amyloidosis. Acta path. et microbiol. scand. **61**, 21—45 (1964).
TERAO, K., K. KATSUMI, H. SUGANO and K. OGATA: Studies on the biosynthesis of structural proteins of liver ribosomes. I. The incorporation of labelled amino acids into basic structural proteins of liver ribosomes in vivo. Biochim. Biophys. Acta **138**, 369—381 (1967).
WÄLCHLI, O.: Beitrag zur Kenntnis des Aufbaues der Zellulose. Schweiz. Arch. angew. Wiss. Techn. **11**, 129 (1945).
WETTSTEIN, F. O., T. STAEHELIN and H. NOLL: Ribosomal aggregate engaged in protein synthesis: characterization of the ergosome. Nature **197**, 430—435 (1963).

Diskussionsredner:

BIERWOLF (DDR), ROMHANYI (VR Ungarn).

Pathologisches Institut der Medizinischen Akademie „Carl Gustav Carus“ Dresden, DDR

Autoradiographische und immunhistologische Untersuchungen zur Reaktionstopik des für die Mäuseleber kanzerogenen o-Aminoazotoluol

von

M. Müller

Nach Verfütterung kanzerogener Azofarbstoffe, insbesondere Dimethylaminoazobenzol und seiner Derivate, entstehen bei Ratten Hepatome mit bevorzugt periportaler Läppchenlokalisation. Dies geht z. B. aus Untersuchungen von Grundmann (1954) sowie den Arbeiten von Molnar und Daoust (1964, 1965) hervor.

Demgegenüber induziert Diäthylnitrosamin bei Ratten zentrolobuläre Lebergeschwülste (Grundmann und Sieburg, 1962).

Deutungsversuche hinsichtlich des lokalisierenden Prinzips der Hepatokanzerogenese, die von der hämodynamischen Gliederung des Leberläppchens und speziell von der Rappaportschen (1963) Konzeption über die angioarchitektonische Ordnung des Azinus der Leber ausgehen, vermögen eine Erklärung für die bevorzugt periportale Hepatomentstehung unter Einfluß bestimmter Kanzerogene zu geben. Danach sind periportale Konzentrationsmaxima des hämatogen anflutenden Kanzerogens für die Lokalisation des onkogenen Effektes verantwortlich. Entsprechend dem von peripher nach zentral wirkenden Gradienten des Kanzerogens nimmt der kanzerogene Effekt in zentripetaler Richtung des Leberläppchens ab. Im Falle der Diäthylnitrosamineinwirkung kann ein solcher anzunehmender Gradient die zentrolobuläre Hepatomentstehung nicht deuten. Hier scheint eher die biochemische Ausstattung zentral im Läppchen gelegener Leberepithelien deren Alterabilität durch das Kanzerogen zu bestimmen. Möglicherweise erfolgt hauptsächlich in jenen Zellen die Umwandlung des Nitrosamins in die kanzerogene Wirkungsform, das entsprechende Diazoalkan (Weisburger und Weisburger 1962).

Unser Beitrag soll am Beispiel der Azofarbstoffkanzerogenese der Mäuseleber die genannte „Gradiententheorie“ mit morphologischen Mitteln überprüfen. Nach Verfütterung von o-Aminoazotoluol entstehen in der Mäuseleber bevorzugt periportale Hepatominseln, so daß hier die Wirksamkeit eines solchen läppchenperipheren Konzentrationsmaximum für den applizierten Azofarbstoff postuliert werden kann und somit ein der genannten Fragestellung adäquates Versuchssystem gegeben ist.

Material und Methode

Für die morphologische Verlaufsbeobachtung der Kanzerogenese erhielten weibliche Mäuse des Stammes CBA/Bln 12 Wochen lang eine Diät mit 0,05% o-Aminoazotoluol (OAT) und wurden anschließend wieder mit der Standard-Pellet-Diät ernährt. Zwischen 1. und 57. Woche erfolgte zu 11 Terminen die Tötung mehrerer OAT-Tiere und gleichaltriger Kontrollen. Die Lebern wurden histologisch und histochemisch aufgearbeitet.

Die Lokalisationsbestimmung des OAT in der Mäuseleber erfolgte fluoreszenzimmunologisch (Baldwin und Mitarbeiter, 1960; Darstellung von Dimethylaminoazobenzol) und autoradiographisch.

Nach mehreren erfolglosen Versuchen gelang uns bei einem Kaninchen die Induktion einer Antikörperbildung gegen ein OAT-Schweineserumeiweiß-Konjugat. Die gefällte und wieder in Lösung gebrachte Immunglobulinfraktion dieses Kaninchens reagierte bei Immunodiffusionsuntersuchungen spezifisch mit einer OAT-Mäuseserumeiweiß-Verbindung, nicht aber mit normalem Mäuseserum oder Mäuseleberextrakt. Diese Immunglobulinfraktion mit den gegen OAT als Hapten gerichteten Antikörpern wurde mit FITC in Anlehnung an die Methode von Riggs und Mitarbeiter (1958) gekuppelt.

Vor dem Gebrauch wurde das Konjugat 24 Stunden bei 4 °C mit frisch bereitetem Sediment aus Mäuseleber absorbiert.

Die Inkubation des Konjugates erfolgte mit Leberfrischschnitten von Mäusen, die 4 Wochen lang 3 mal wöchentlich 2 mg OAT per Magensonde erhalten hatten. Folgende Kontrollen wurden parallel inkubiert:

1. Normale Leber + Konjugat
2. OAT-Leber + konjugierte Globulinfraktion von normalen Kaninchen
3. OAT-Leber + unmarkiertes spezifisches Immunglobulin zur Rezeptorenabsättigung + anschließend markiertes Immunglobulin.

Für die autoradiographischen Untersuchungen erhielten weibliche Mäuse 4 Wochen 3 mal wöchentlich 2 mg Tritium-markiertes OAT mit einer spezifischen Aktivität von 250 μC/mg per Magensonde. Kontrolltiere bekamen inaktives OAT. Die Tötung erfolgte 24 Stunden, 1, 2, 3 und 4 Wochen nach Sondierungsbeginn sowie 3 und 8 Wochen nach Absetzen des OAT. Frischschnitte und Paraffinschnitte der Lebern wurden mit Emulsion ORWO K5 4—8 Wochen exponiert und mit Metatyl-Hydrochinon entwickelt.

Ergebnisse

Vor der 2. Woche nach Sondierungsbeginn sind spezifische Schwärzungen nur über Frischschnitten zu finden. Die Silbergranula liegen bevorzugt über dem Gefäßsystem einschließlich der Sinusoide, wobei die Periportalregionen etwas stärker betroffen sind. Eine Bindung der Aktivität an Zellbestandteile, als Kriterium hierfür ist die Schwärzung über Paraffinschnitten zu werten, tritt erst zwischen 3. und 4. Woche der Sondierungsbehandlung auf und läßt sich noch 3 Wochen nach Absetzen des OAT nachweisen, nicht mehr jedoch nach 8 Wochen. Die zellgebundene Aktivität beschränkt sich häufig auf einzelne Parenchymzellen in näherer oder weiterer Umgebung der Periportalfelder (Abb. 1). Seltener

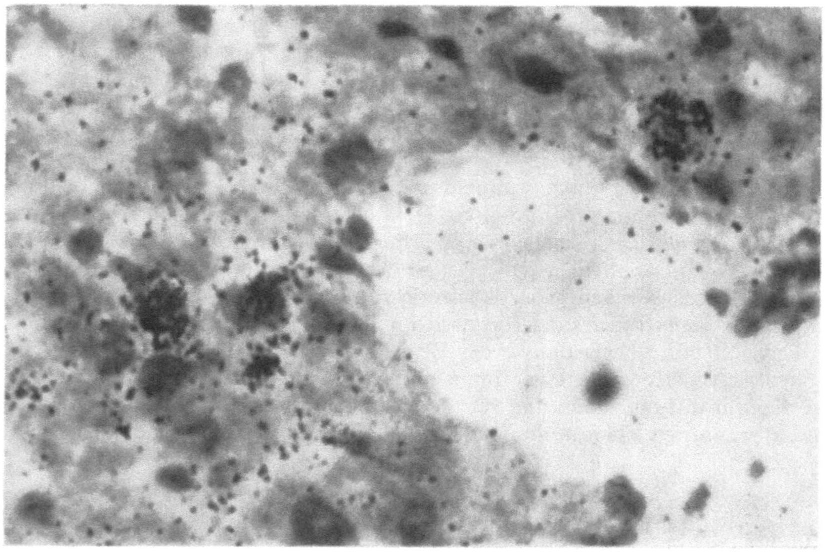

Abb. 1. Autoradiogramm 4 Wochen nach Sondierungsbeginn mit ^{3}H-OAT. Diffuse Aktivität über pfortadernahen Leberepithelien. Vergrößerung 750 ×

sind markierte Zellen auch in den anderen Abschnitten des Lobulus anzutreffen, wobei zumeist die Beziehung zum Gefäßsystem nachweisbar bleibt. Die Aktivität erstreckt sich auch angedeutet straßenartig von peripher in die Läppchen hinein. Außerdem sind Silbergranula über Zellgruppen nachzuweisen, die eine Beziehung zu proliferierenden Regeneratzellen besitzen. Diese kleinzellige Proliferation stellt selbst einen Indikator für die Lokalisation der unspezifischen OAT-bedingten Parenchymschädigung dar. Die Silberkörner liegen über den Zellen recht dicht, so daß eine Aufnahme der Aktivität in zytoplasmatische und nukleäre Strukturen zu vermuten ist. Es gibt aber auch Bilder mit deutlicher Kernaussparung. Ergänzend sei noch bemerkt, daß über Sternzellen, Endothelien und Adventitiazellen (Abb. 2) ebenfalls Silberkornansammlungen auftreten. Unter Einhaltung und bei negativem Ausfall der angeführten Kontrollen ist das OAT-spezifische Antigen immunhistologisch in granulärer Form ebenfalls bevorzugt perivasal in der Läppchenperipherie darzustellen. (Abb. 3). Bei stärkerer Vergrößerung ist die Fluoreszenz den Parenchymzellen, aber teilweise auch adventitiellen bzw. Endothelzellen zuzuordnen. Die fluoreszierenden Granula liegen offenbar im Zytoplasma und zum Teil dicht an der ebenfalls schwach tingierten Kernmembran. Andeutungsweise sind auch Nukleoli dargestellt. In HE gefärbten Frischschnitten von der gleichen Serie fallen eine starke zytoplasmatische Einwässerung und eine grobschollige Ergastoplasmastruktur gerade dieser periportalen Zellen mit dem OAT-spezifischen Antigen auf. 8 Wochen nach Beginn der OAT-Fütterung ist eine deutliche Aktivierung der

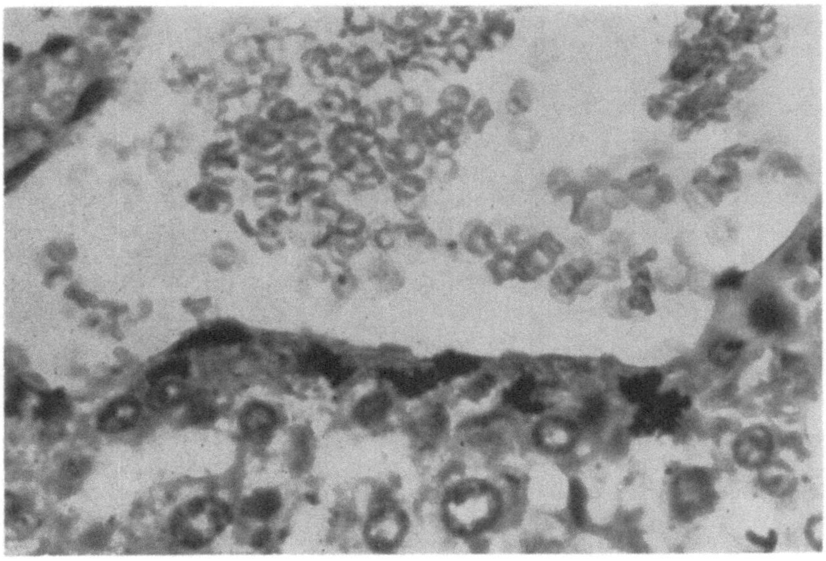

Abb. 2. Autoradiogramm 3 Wochen nach Sondierungsbeginn mit ^{3}H-OAT. Schwärzung über Endothelien und Adventitiazellen eines intrahepatischen Pfortaderastes. Vergrößerung 750 ×

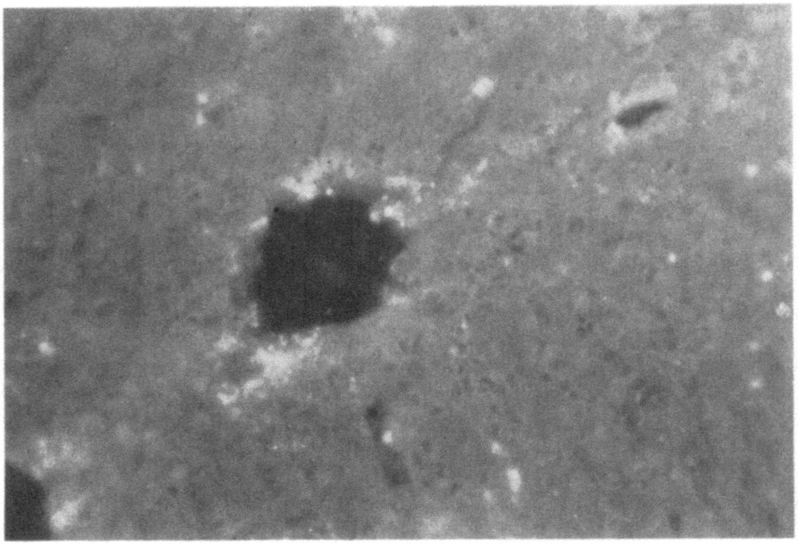

Abb. 3. Immunhistologischer OAT-Nachweis 4 Wochen nach Sondierungsbeginn mit OAT. Spezifische Fluoreszenz im Bereich eines Periportalfeldes. Vergrößerung 250 ×

alkalischen Phosphatase in der Läppchenperipherie zu beobachten. Dieses straßenartige Aktivierungsmuster ist Ausdruck unspezifischer Parenchymläsionen und zeichnet in grober Übereinstimmung mit den geführten Kanzerogennachweisen die bevorzugt lokalisierte unspezifisch-toxische Wirkung des OAT nach. Ein entsprechendes Schädigungsmuster ist aus der erheblichen läppchenperipheren Verfettung abzulesen. Etwa 37 Wochen nach Versuchsbeginn treten die ersten hyperbasophilen Zellnester auf. Diese sind ebenfalls vorwiegend in Nähe der Periportalfelder gelegen und zeigen die morphologische Manifestation der neoplastischen Transformation an. Auch die später aus diesen Zellnestern hervorgehenden Hepatominseln bzw. Mikrohepatome besitzen naturgemäß in der Mehrzahl eine Beziehung zur Läppchenperipherie (Abb. 4).

Zusammenfassend kann auf eine deutliche topographische Beziehung zwischen dem morphologischen OAT-Nachweis etwa 4 Wochen nach Beginn des Kanzerogeneseversuchs und den unspezifischen Früh-

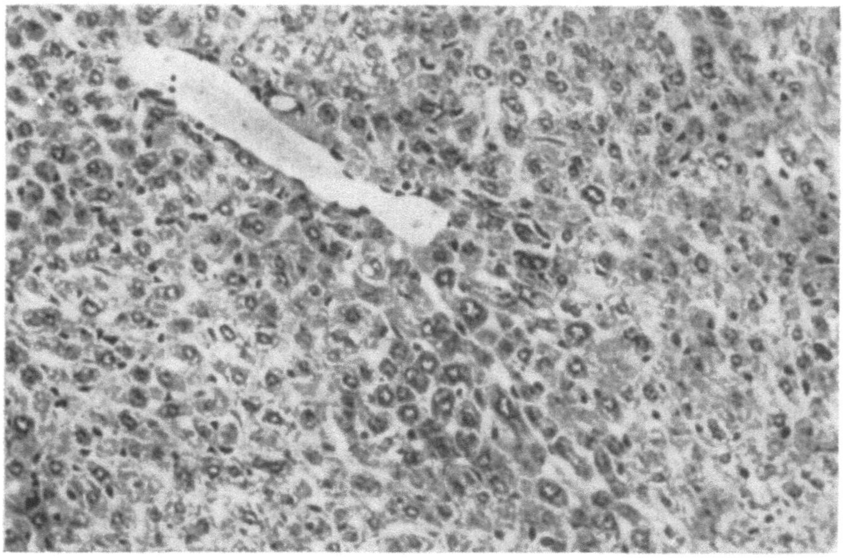

Abb. 4. Periportal gelegene primäre Hepatominsel mit hyperbasophilen Zellen. Toluidinblau. Vergrößerung 200 ×

veränderungen des Lebergewebes bzw. der späteren Hepatomentstehung hingewiesen werden. Da die Läppchenperipherie und gewisse straßenartige Bezirke der Leberläppchen sowohl Orte der bevorzugten OAT-Ablagerung als auch der kanzerogenbedingten Parenchymreaktionen sind und diese Orte offenbar der hämodynamisch günstig gelegenen Zone I des Rappaportschen Leberazinus entsprechen, scheint der intralobuläre Gradient des anflutenden Azofarbstoffs ein wesentlicher lokalisierender Faktor für die Kanzerogenese im genannten experimentellen System zu sein.

Literatur

Baldwin, R. W., J. Beswick, J. Chayen and G. J. Cunningham: Immunochemical studies of protein-carcinogen binding in rat liver during azo dye carcinogenesis. Acta Un. int. Cancr. **16**, 47 (1960).

Daoust, R. and F. Molnar: Cellular populations and mitotic activity in rat liver parenchyma during azo dye carcinogenesis. Cancer Res. **24**, 1898 (1964).

Grundmann, E.: Beiträge zur Krebsentstehung in der Rattenleber an Hand mikrophotometrischer DNS-Messungen. Verh. Dtsch. Ges. Path. **38**, 362 (1954).

Grundmann, E. und H. Sieburg: Die Histogenese und Cytogenese des Lebercarcinoms der Ratte durch Diäthylnitrosamin im lichtmikroskopischen Bild. Beitr. path. Anat. **126** 57 (1962).

Molnar, F. and R. Daoust: Nucleocytoplasmic ratios in different populations of rat liver parenchymal cells during azo dye carcinogenesis. Cancer Res. **25**, 1213 (1965).

Rappaport A. M.: Acinar units and the pathophysiology of the liver. In: The liver. Morphology biochemistry, physiology. Bd. I, S. 265. Von Ch. Rouiller, Academic Press. New York and London. 1963.

Weisburger, J. H. and E. K. Weisburger: Pharmacodynamics of carcinogenic azo dyes, aromatic amines, and nitrosamines, Clin. Pharmacol. Therap. **4**, 110 (1963).

Diskussionsredner: Bruns (DDR).

Pathologisches Institut der Medizinischen Akademie „Carl Gustav Carus" Dresden, DDR

Autoradiographische Untersuchungen zur subzellulären Verteilung von o-Aminoazotoluol

von

Ch. Kemmer und M. Müller

Über die Einwirkung kanzerogener Azofarbstoffe auf die Leberparenchymzelle liegen auf elektronenoptischem Gebiet für verschiedene Tierspezies bereits zahlreiche Arbeiten vor, die sich insbesondere mit den Initialstadien der Kanzerogenese befassen und in Zusammenhang mit biochemischen und histochemischen Befunden die Vorstellungen über den möglichen Wirkungsmechanismus kanzerogener Noxen erweiterten.

Porter und Bruni untersuchten 1959 die Einwirkung von Dimethylaminoazobenzol auf die Rattenleber. Emmelot und Benedetti (1960) verwendeten Dimethylnitrosamin als Karzinogen und Mölbert, Hill und Büchner (1960) beschrieben die Kanzerisierung der Leberzelle nach Applikation von Diäthylnitrosamin, um nur einige Autoren anzuführen.

In Verbindung mit längeren morphologischen Verlaufsbeobachtungen der durch o-Aminoazotoluol (OAAT) induzierten Hepatomentwicklung bei ♀ Mäusen erschien es uns wesentlich, etwas über den Verteilungsmodus des Azofarbstoffs innerhalb der elektronenoptisch erfaßbaren Struktureinheiten der Mäuseleber zu erfahren. Durch biochemische Untersuchungen von Miller und Miller (1947, 1952, 1955) konnte nachgewiesen werden, daß kanzerogene Azofarbstoffe bei entsprechend disponierten Spezies an Proteine der Leberepithelzelle gebunden werden. Der gebundene Farbstoff tritt nach fraktionierter Ultrazentrifugation in allen morphologisch definierten Zellfraktionen auf, ist jedoch zu ca. 50% in den löslichen Proteinen des Überstandes zu finden. Die Azofarbstoffe sollen durch eine elektrophoretisch definierte Fraktion (sogenannte h-Fraktion) löslicher Cytoplasmaproteine und des Leberzellsaftes gebunden werden. Ein frühzeitiger Nachweis des proteingebundenen Farbstoffes ist in der Mikrosomenfraktion möglich. Gleichwertige Informationen über die Farbstoffverteilung innerhalb der intakten Zelle in submikroskopischen Dimensionen fehlen unseres Wissens bisher.

Material und Methode

Für die Darstellung des OAAT im elektronenoptischen Bereich erwies sich eine radioaktive Markierung als geeignet. Wir verwendeten bei unseren Versuchen ^{3}H-markiertes OAAT, das eine spezifische Aktivität von 250 μC/mg aufwies.

Als Versuchstiere dienten Weibchen der Mäusestämme CBA/Bln und XVII/Bln. Die Applikationsbedingungen wurden bereits im vorangegangenen Vortrag geschildert (Müller).

Für die elektronenoptischen Untersuchungen wurden die Tiere nach 4 Wochen getötet, da entsprechend biochemischen Ergebnissen zu diesem Zeitpunkt eine maximale Bindung des Kanzerogens an die Leberzelle zu erwarten ist. Nach üblicher Fixierung in OsO_4 wurde das Lebergewebe für elektronenoptische Untersuchungen eingebettet.

Kontrastierung der Ultradünnschnitte erfolgte mit Bleizitrat. Anschließend Aufdampfung einer dünnen Carbonschutzschicht vor dem Aufbringen der Filmemulsion K6 (ORWO) mit der Drahtschlingentechnik nach Caro.

Herstellung der Aufnahmen mit dem Gerät SEM 3, VEB Fernsehelektronik Berlin.

Unsere mehrwöchigen morphologischen Beobachtungen an der Mäuseleber nach Applikation von OAAT hatten ergeben, daß sich die an den cytoplasmatischen Strukturen der Leberzellen in der

1. Woche nach Versuchsbeginn auftretenden Veränderungen im Verlaufe der folgenden 4 Wochen voll ausprägen und dann über einen längeren Zeitraum bestehen bleiben. Auch aus diesem Grunde erschien uns die Versuchsdauer von 4 Wochen für den autoradiographischen OAAT-Nachweis geeignet.

Eine hohe Farbstoffdosierung und die Durchmusterung zahlreicher Präparate waren notwendig, da wir nicht mit einer starken Markierung wie etwa beim Nachweis von Metaboliten rechnen konnten. Gleichaltrige Weibchen beider Stämme erhielten als Kontrolltiere unmarkiertes OAAT in gleicher Dosierung und Applikationsart. Nach 80tägiger Exposition im Kühlschrank bei 4 °C erfolgte die photographische Entwicklung.

Ergebnisse

Die Verteilung der Silberkörner innerhalb des Lebergewebes ist unregelmäßig. Während zahlreiche Leberzellen keine Aktivität zeigen, lassen sich in anderen mehrere Granula nachweisen. Diese sind jedoch nicht nur den Strukturelementen der Parenchymzelle zuzuordnen, sondern auch im Bereich der Sinusoide und in geformten Blutbestandteilen zu beobachten.

In markierten Leberzellen finden sich relativ häufig Silberkornfilamente in den Kernen. Fast immer sind chromatinreiche Bezirke markiert, nur gelegentlich treten Granula im Nukleolusgebiet auf. Häufig lassen sich Silberkörner in Beziehungen zur Kernmembran beobachten (Abb. 1). In markierten 2-kernigen Zellen zeigen immer beide Kerne eine Aktivität.

Nicht selten treten Schwärzungen im Bereich des endoplasmatischen Retikulums auf. Die Silberkörner finden sich sowohl über granulären Bezirken und liegen häufig im Lumen der zu diesem Zeitpunkt oftmals erweiterten Membrananteile.

Auffallend ist auch eine regelmäßige, wenn auch nicht sehr ausgeprägte Markierung von Mitochondrien in aktiven Zellen. Manchmal treten mehrere Silberkörner in einem Mitochondrion zugleich auf (Abb. 2). Unter der Einwirkung von OAAT weisen die Mitochondrien zu diesem Versuchszeitpunkt eine geringe bis mäßiggradige Schädigung auf, die sich in einem beginnenden Oedem der Matrix,

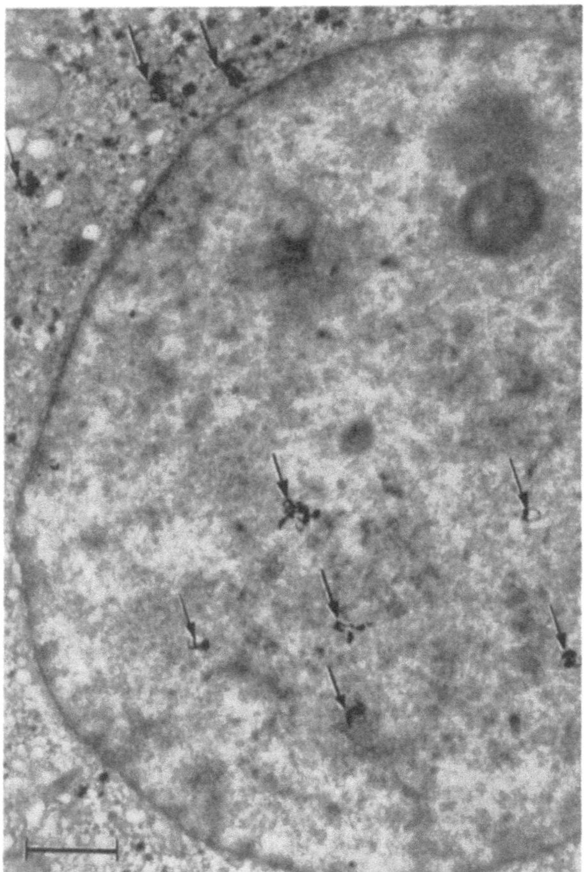

Abb. 1. Ausschnitt aus einer Leberepithelzelle, 4 Wochen nach ^{3}H-OAAT-Fütterung. In der Nähe von Chromatinansammlungen gelegene Silbergranula (↓) im Kern, sowie im umgebenden Cytoplasma. Gesamtvergrößerung 12000 ×

seltener Alterationen der Membranen äußert. Regelmäßig ließ sich eine etwas stärkere Markierung im Bereich der Sinusoide nachweisen. Markierte Zellorganellen finden sich sowohl in den angrenzenden Leberzellen als auch in den Endothelausläufern der Sinusoide.

Größere Granulaansammlungen lassen sich den Kupferzellen zuordnen, die zu diesem Zeitpunkt von größeren Cytosomen ausgefüllt sind, in denen sich auch Farbstoff aggregiert hat.

Aktivitäten in geringerem Ausmaße können auch über Sinusoidlichtungen und in angeschnittenen Erythrozyten und Granulozyten nachgewiesen werden.

Die stärkste Ansammlung kann über den unter der Behandlung vermehrt auftretenden Lysosomen und Cytolysomen in den Parenchymzellen beobachtet werden.

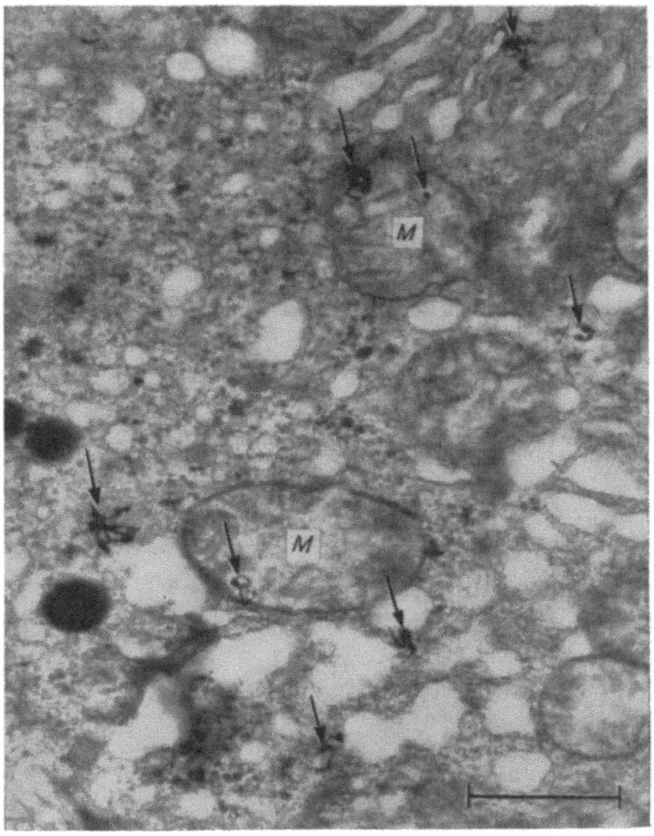

Abb. 2. Ausschnitt aus einer Leberepithelzelle nach Fütterung von ^{3}H-OAAT. In Mitochondrien (M) und in Anteilen des dilatierten endoplasmatischen Retikulums gelegene Silbergranula (↓). Gesamtvergrößerung 20000 ×

Die unter gleichen Bedingungen exponierten Kontrolltierleberschnitte ergaben keine Schwärzungsfiguren, was die Spezifität der geschilderten Befunde unterstreicht.

Mit der vorliegenden Untersuchung sollte versucht werden, durch elektronenoptische-autoradiographische Darstellung die zelluläre Verteilung des markierten OAAT nach 4 Wochen andauernder Applikation zu ermitteln und die Organellen darzustellen, an denen eine bevorzugte Bindung des Farbstoffes nachzuweisen ist.

Die Leberzelle lagert den Farbstoff sowohl in die Zellkerne als auch in andere cytoplasmatische Strukturen ein.

Die hauptsächlich an die Chromatinsubstanz der Kerne gebundene Aktivität unterstützt die Vorstellung, daß die kanzerogene Noxe direkt an der genetischen Zellsubstanz einzugreifen vermag. Der Nachweis des Farbstoffes im Ergastoplasma könnte mit der von Büchner (1961) entwickelten Vorstellung von der Bedeutung alterierter Strukturproteine mit Steuerfunktion für die Einleitung der neoplastischen Transformation in Einklang gebracht werden.

Größere Mengen des Farbstoffes werden offensichtlich von der Zelle auch abgefangen und auf üblichem Wege abgebaut, wie die verstärkte Aktivität über Cytolysomenansammlungen und Autophagocytosevakuolen vermuten läßt.

Der Nachweis von OAAT in den Mitochondrien räumt die Möglichkeit einer Beteiligung des Chondrioms bei der chemischen Kanzerogenese ein, worauf in letzter Zeit erneut von Graffi (1967) hingewiesen wurde.

Der biochemische und elektronenoptische Nachweis vermehrungsfähiger Nukleinsäuren in den Mitochondrien könnte zumindest als Voraussetzung für eine kanzerogene Informationsbildung in diesen Organellen angesehen werden.

Literatur

BÜCHNER, F.: Die experimentelle Kanzerisierung der Parenchymzelle in der Synopsis klassischer und moderner morphologischer Methoden Verh. Dtsch. Ges. Path., 45. Tgg., **37** (1961).

CARO, L. G., R. T. TUBERGEN and J. A. KOLB: High-resolution autoradiography J. Cell Biol. **15**, 173 (1962).

EMMELOT, P. and E. L. BENEDETTI: Changes in the fine structure of rat liver cells brought about by dimethylnitrosamine. J. biophys. biochem. Cytol. **7**, 393 (1960).

GRAFFI, A.: Untersuchungen zur Frage der Bedeutung der Mitochondrien bei der Kanzerisierung Dtsch. Ges. Wesen **22**, 2305 (1967).

MILLER, E. C. and J. A. MILLER: The presence and significance of bound aminoazo dyes in the liver of rats fed p-dimethylaminoazobenzene Cancer Res. **7**, 468 (1947).

MILLER, E. C. and J. A. MILLER: In vivo combination between carcinogene and tissue consistents and their possible role in carcinogenesis Cancer Res. **12**, 547 (1952).

MILLER, E. C. and J. A. MILLER: Biochemical investigations on hepatic carcinogenesis J. nat. Cancer Inst. **15** (Suppl.) 1571 (1955).

MÖLBERT, E., K. HILL und F. BÜCHNER: Die Kanzerisierung der Leberparenchymzelle durch Diäthylnitrosamin im elektronenmikroskopischen Bild. Beitr. path. Anat. **126**, 218 (1962).

PORTER, K. R. and C. BRUNI: An electronmicroscopic study of early effects of 3'-Me-DAB on rat liver cells. Cancer Res. **19**, 997 (1959).

Diskussionsredner:

OEHLERT (DBR), REPCIUC (S. R. Rumänien), AMLACHER (DDR).

Robert-Rössle-Klinik der Deutschen Akademie der Wissenschaften zu Berlin, Berlin-Buch, DDR

Über die Benutzung von in vitro Kulturen menschlicher Tumoren als Hilfsmittel bei Planung und Kontrolle der Therapie maligner Erkrankungen

von

St. Tanneberger

Zell- und Gewebekulturen werden in vielen Bereichen der Medizin *als Modell* verwendet. Dabei hängt der Wert des Modells jeweils davon ab, inwieweit es gelingt, typische repräsentative Kulturen anzulegen. Nur bei solchen Kulturen sind die vitro Ergebnisse auf die Verhältnisse in vivo übertragbar, und die Arbeit mit der Zellkulturmethode bringt Nutzen.

Bei der Vielzahl von schwierigen Problemen der klinischen und experimentellen Onkologie ist die ständige Suche nach neuen Modellen und Methoden gut zu verstehen. Dieses ständige Suchen hat auch zur zunehmenden Anwendung von Zell- und Gewebekulturen in der Krebsforschung geführt. Diese Entwicklung ist insbesondere deshalb zu begrüßen, weil auf diese Weise neben den bisher üblichen transplantablen Tiertumoren menschliche Tumoren der Untersuchung zugängig werden.

Durch die Vervollkommnung der in vitro Techniken ist es gegenwärtig möglich, repräsentative, typische Zellkulturen menschlicher Tumoren mit guter Angangsrate anzulegen. So konnten *wir aus 158 soliden Tumoren und 42 neoplastischen Exsudaten in 56% der Fälle gut wachsende Tumorzellkulturen gewinnen.*

Im folgenden werden 2 Bereiche diskutiert, in denen gegenwärtig versucht wird, *Tumorzellkulturen für die Lösung klinisch wichtiger Fragen* heranzuziehen.

1. Diagnostik neoplastischer Erkrankungen

Neben Versuchen, aus der Wachstumscharakteristik von Tumorzellen unter Patientenserum Rückschlüsse auf Vorhandensein oder Nichtvorhandensein einer malignen Erkrankung zu ziehen (Parthenis 1967), sind hier vor allem Studien über die Erweiterung der morphologischen *Diagnostik bei Hirntumoren und malignen Systemerkrankungen* zu nennen (Murray et al., 1958; Kersting, 1961; English, 1965; Broadfoot, 1966).

Darüber hinaus gibt es eine Reihe von Studien über eine Erweiterung der *Zytodiagnostik bei malignen Exsudaten* durch Zellkulturen. (Bence, 1960; Gurevich, 1964; Tanneberger et al., 1968).

Wir haben von 42 Exsudaten Zellkulturen angelegt und konnten dabei in 35 Fällen die Tumordiagnose stellen. In 9 von diesen 35 Fällen wurde dabei die richtige Tumordiagnose bei negativem Befund durch den Zytologen gestellt.

Gegenwärtig ist nicht abzusehen, ob und welche praktische Bedeutung die einzelnen Verfahren erlangen werden. Bei sinnvollem Einsatz der in vitro Methoden in Kliniken mit entsprechenden experimentellen Abteilungen könnten die klassischen diagnostischen Maßnahmen eine gute Ergänzung erfahren.

2. Prätherapeutische Zytostatika-Sensibilitätsprüfung (Onkobiogramm)

Die *Chemotherapie maligner Erkrankungen* bringt *schwierige klinische Probleme* mit sich. So steht bei jedem Patienten zunächst die Frage, ist die Chemotherapie indiziert oder nicht. Wird doch immer wieder absolute Zytostatikaresistenz beobachtet und in solchen Fällen stellt die Chemotherapie, insbesondere der Nebeneffekte wegen, eine nutzlose Belastung des Kranken dar. Weiterhin ist bekannt, daß selbst histologisch identische Tumoren oft sehr unterschiedlich auf die einzelnen Zytostatika reagieren. Dadurch ist die Auswahl des jeweils günstigsten Präparates schwierig. So entstand der Wunsch nach einer prätherapeutischen Zytostatika-Sensibilitätsprüfung, ähnlich der seit langem bekannten Antibiotika-Sensibilitätsprüfung.

Seit einiger Zeit wird versucht, *Zellkulturen* aus menschlichem Tumormaterial auf ihre *Zytostatika-Sensibilität* zu prüfen und an Hand solcher Befunde eine *individuelle Chemotherapie* maligner Erkrankungen durchzuführen. Die ersten Versuche dieser Art stammen von Coob, 1955 und Coob et al., 1961. Später beschäftigten sich Ambrose et al., 1962; Di Paolo, 1964 und vor allem Limburg et al., 1964 mit dieser Frage.

Wir führen seit 1964 ebenfalls Versuche in dieser Richtung durch (Tanneberger et al., 1967) und haben deutliche unterschiedliche Reaktionen der Tumoren auf die einzelnen Zytostatika in vitro beobachtet. *Bei über 100 Onkobiogrammen fanden wir in ca. 20% der Fälle absolute Resistenz gegen alle geprüften Zytostatika. Die sensiblen Tumoren waren bevorzugt (etwa 70%) gegen Vinblastin und in etwa 50% der Fälle gegen Trenimon und Proresid empfindlich.* Insgesamt ergab sich eine gewisse Einheitlichkeit in der Reaktion der sensiblen Tumoren gegenüber Zytostatika. Dennoch waren deutliche Sensibilitätsdifferenzen, insbesondere in der Reaktion auf Antimetaboliten nicht zu übersehen.

Wichtig ist nun die *Frage nach der Korrelation der in vitro Befunde mit der klinischen Praxis*, d. h. nach der Aussagekraft des Onkobiogramms. Für eine vorläufige Auswertung stehen uns hier *22 Fälle* zur Verfügung, die wir hinreichend lange beobachten und bei denen wir eindeutig festlegen können, ob eine objektive Remission erzielt wurde oder nicht. *Wir fanden bei 4 von 5 in vitro resistenten Fällen hohe Malignität in vivo und bei 12 von den 17 in vitro sensiblen Fällen eine objektive Remission in vivo.*

Das vorliegende Zahlenmaterial ist zu klein, um eine sichere Auswertung zuzulassen. Die folgenden Schlußfolgerungen mögen deshalb als vorläufige Deutung aufgefaßt werden.

Es scheint eine hohe Korrelation zwischen Resistenz in vitro und ausgeprägter Malignität in vivo zu geben. Sollte sich dieser Befund an größerem Material bestätigen, würde sich die klinisch wichtige Konsequenz ergeben, daß man solche Patienten nicht zytostatisch behandelt, da erfahrungsgemäß die sehr progredienten Fälle chemotherapeutisch nicht mehr zu beeinflussen sind.

Bei 12 von 17 Fällen wurde mit dem vorausgesagten Präparat ein guter Therapieerfolg erzielt (70%). Insgesamt erhielten wir damit bei 12 von 22 Fällen fortgeschrittener Malignome mittels individueller Chemotherapie eine objektive Remission (55%).

Im Vergleich mit den im Schrifttum angegebenen und auch in unserer Klinik beobachteten Remissionsquoten bei ungezielter Chemotherapie ist dieser Wert günstig.

Zusammenfassend kann gesagt werden, daß es sinnvoll scheint, die Methode der Zell- und Gewebekultur nicht nur in der experimentellen Onkologie, sondern auch in der Praxis der Krebsbehandlung einzusetzen. In diesem Sinne bemühen wir uns, mit dem Modell Tumorzellkultur einen Beitrag zur besseren Krebsbehandlung zu leisten.

Literatur

Ambrose, E. J. and D. M. Easty: Cancer Progress 190 (1963).
Bence, G.: Z. Krebsforsch. **63**, 259 (1960).
Broadfoot, M.: British Empire Cancer Camp. Res. 44. Ann. Rep. 1966 (II) S. 306.
Coob, J. F.: Trans. N. Y. Acad. Sci. Series II, **17**, 237 (1955).
Coob, J. P. and J. C. Wright: Cancer Res. **21**, 583 (1961).
English, A.: Canad. med. Assoc. J. **92**, 7 (1965).
Gurevich, B. S. Akush. Ginek.: **40**, 50 (1964).
Kersting, G.: Monographien aus dem Gesamtgebiet der Neurologie u. Psychiatrie Herausg. M. Müller, H. Spatz, P. Vogel, Heft 90, Springer Verlag (1961).
Limburg, H. und M. Krahe: Dtsch. med. Wschr. **89**, 1938 (1964).
Murray, M. R. and A. P. Stout: Treatment of Cancer and Allied Diseases; Ed. Pack and Oriel, N. Y. Hoeber Inc. 1958, S. 124.
Di Paolo, J. A.: Cancer **17**, 391 (1964).
Parthenis, A. and D. Stone: Brit. J. Cancer **21**, 218 (1967).
Tanneberger, St. and G. Bacigalupo: Dtsch. Ges.Wesen **22**, 11 (1967).
Tanneberger, St. and G. Bacigalupo: Zschr. f. exp. Chirurg. In Vorbereitung.

Diskussionsredner:

Bruns (DDR), Oehlert (DBR), Zschiesche (DDR).

Institut für Mikrobiologie und Experimentelle Therapie der Deutschen Akademie der Wissenschaften zu Berlin, Jena, DDR

Dynamik der Leukämogenese virogener und zellulär transplantierter myeloischer Leukosen der Maus

von

S. Fritsch

Gegenüber der klassischen statischen Morphologie gewinnt eine dynamische morphologische Analyse besonders in der Tumorforschung zunehmend an Bedeutung. Ihr Aussagewert soll im folgenden am Beispiel experimenteller Leukosen geprüft werden, die in zweifacher Hinsicht als Tumormodelle der analogen menschlichen Erkrankungen dienen können:

1. nach Virusinokulation als Modelle der primären Leukämogenese und
2. nach zellulärer Transplantation zur morphologischen Analyse der leukotischen Kolonisation.

1. Virogene Leukämogenese

Alle cytogenetisch möglichen Leukoseformen können virogen induziert werden (Abb. 1, oben) bis auf Megakaryocytenleukämien, die bei der Maus auch spontan nicht vorkommen (Dunn, 1954). Zu Mischformen (assoziierte Leukosen bzw. Retikulosen, Fresen, 1953) können sich einerseits Lymphadenosen, andererseits Myelosen und Erythroblastosen mit Retikulosen in einem Tier kombinieren. Dagegen

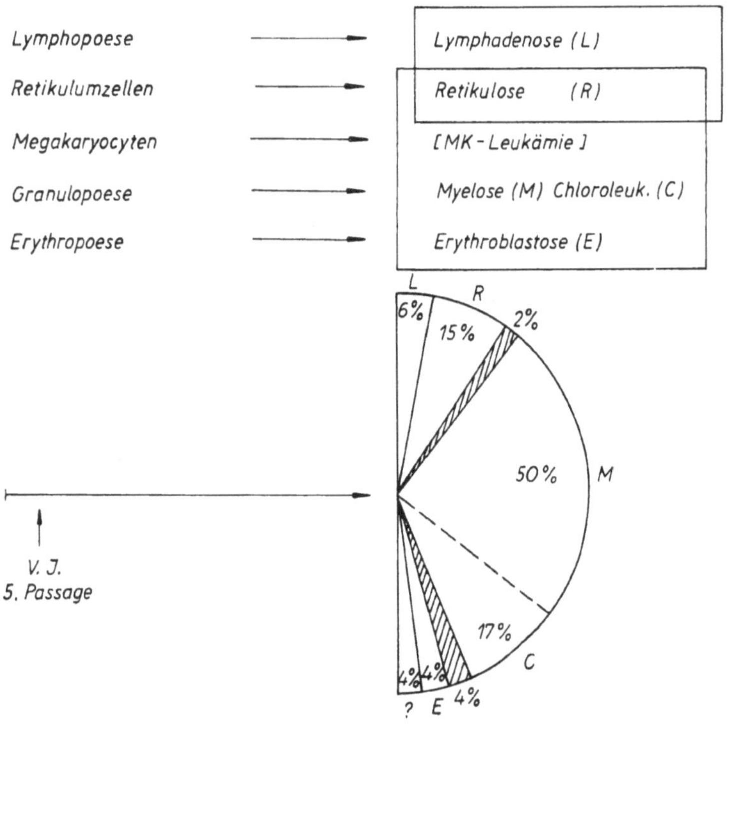

Abb. 1. Oben: Cytogentische Ableitung virogen induzierbarer Leukosen der Maus. Mögliche Kombinationsformen (Mischleukosen) umrandet. Unten: Realisierte Leukosen (48 Tiere) nach Virusinjektion (V. I.) in der 5. Filtratpassage. Mischformen schraffiert. ? = nicht differenzierbare Leukosen

sollen sich wie beim Menschen Lymphadenosen und Myelosen-Erythroblastosen gegenseitig ausschließen (Fey und Graffi, 1965).

Für vorliegende Untersuchungen diente ein mit dem Graffi-Virus identischer Virusstamm aus dem Ascitessarkom RAB I der Maus (Fritsch u. a., 1969), der in der 5. Filtratpassage 96% Leukosen, überwiegend Myelosen (z. T. als Chloroleukämien) und Retikulosen sowie einige Lymphadenosen, Erythroblastosen und Mischformen erzeugte (Abb. 1, unten). Die hohe Leukoserate und die Aufsplitterung in verschiedene Leukosetypen und Mischformen (siehe Graffi und Fey, 1966) ermöglichen eine gleichzeitige Untersuchung der Histogenese mehrerer Leukosetypen. Sie erfolgte im Zeitlängsschnitt in etwa 3wöchigen Intervallen bis zum 152. Tag nach Infektion neugeborener Tiere. Im folgenden werden nur die für die Leukämogenese wesentlichen Befunde mitgeteilt. Die Leukämogenese verläuft morphologisch in zwei Phasen: einer präleukotischen (präneoplastischen) und einer leukotischen (neoplastischen) Phase.

Präleukotische Phase

Nach initialer Pancytopenie im Knochenmark (3., z. T. noch 6. Woche) kommt es unter gleichzeitiger Restitution des Markorgans zu einer kontinuierlich zunehmenden extramedullären Hämatopoese in der roten Milzpulpa (ab 6. Woche) mit Myeloblastennestern, teilweise ausreifender Granulopoese, Erythroblastenhaufen und starker Megakaryocytenvermehrung (Extremwert 110 Megakaryocyten pro 10 Blickfelder Milz, s. u.).

Gleichzeitig beginnt ab 3. Woche bei allen Tieren eine Wucherung großer hellkerniger lymphoider pyroninophiler Zellen in den subkapsulären Rindenabschnitten des Thymus, die um den 60. Versuchs-

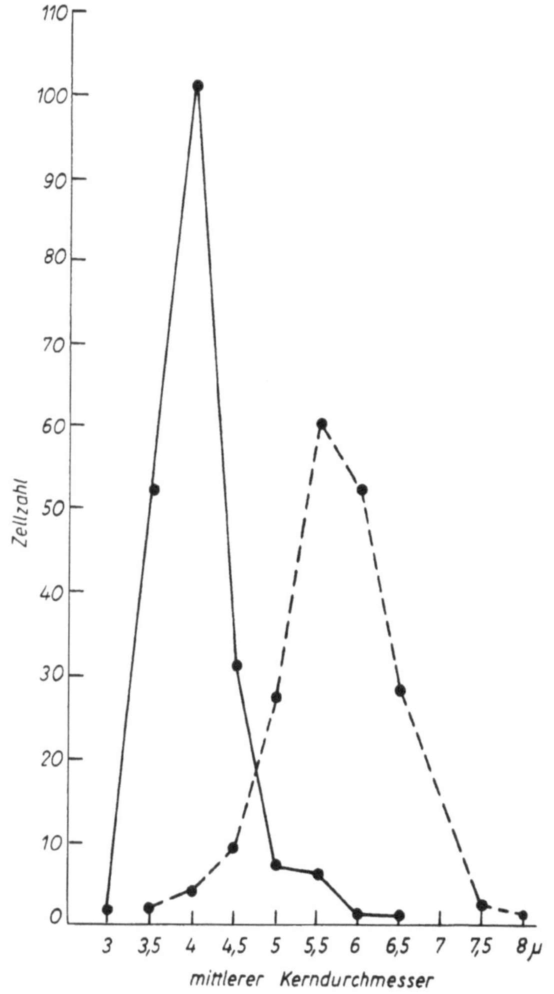

Abb. 2. Mittlere Kerndurchmesser von je 200 Thymusrindenzellen einer ca. 60 Tage alten unbehandelten (—) und einer präleukotischen Maus (- - -) 63 Tage nach Virusinokulation

tag zumeist die gesamte Thymusrinde, nach dem 80. Versuchstag auch das Mark einnehmen. Während beim GROSS- und MOLONEY-Virus der Thymuslymphombildung eine Rindenatrophie vorangeht (KAPLAN, 1957; GOODMAN and BLOCK, 1953; DUNN und MOLONEY, 1963), kommt es beim GRAFFI-Virus erst im Gefolge der zunehmenden großzelligen Transformation der Rinde zum Zerfall der regulären kleinen Thymuslymphocyten mit vermehrter Kerntrümmerphagocytose in Rindenretikulumzellen.

Lichtoptisch ist die Differentialdiagnose der lymphoiden Rindenzellen schwierig. Ein Vergleich der mittleren Kerndurchmesser von Rindenzellen in einem präleukotischen gegenüber einem normalen Thymus (Abb. 2) verdeutlicht den Schwund der regulären kleinen Thymuslymphocyten zugunsten einer präleukotischen Zellpopulation, die mittelgroßen und großen Lymphocyten (Lymphoblasten) entspricht. Elektronenoptisch finden sich darüber hinaus aber Übergangsformen zu großen undifferenzierten Retikulumzellen (siehe BERNHARD und LEPLUS, 1964), möglicherweise als Hinweis auf cytogenetische Beziehungen zwischen unreifen lymphatischen und retikulären Zellen (siehe SAINTE-MARIE und LEBLOND, 1964), so daß der präleukotische Befund des Thymus als extreme „Linksverschiebung" der lymphatischen und retikulären Reihe bis zu undifferenzierten Stammzellen charakterisiert werden kann.

Leukotische Phase

Die leukotische Phase beginnt am vorliegenden Modell bei einer mittleren Überlebenszeit von 119 Tagen meist zwischen dem 80. und 100. Versuchstag, morphologisch also relativ lange vor der hämatologischen Endphase (FEY 1958). Der leukotische Umschlag ist cytologisch an einer zunehmenden Atypie und Polymorphie, histologisch an einem infiltrativen und destruktiven Wachstum erkennbar und vollzieht sich offenbar unizentrisch (siehe RAPPAPORT und BARONI, 1962) an den präleukotisch präformierten Stammzellen („dependent stem cells" nach MCCULLOCH u. a., 1965), bei Myelosen in der Milz, bei lymphatischen und retikulären Leukosen im Thymus (CHIECO-BIANCHI u. a., 1965) (Abb. 3a und b als Beispiele für Myelose bzw. myeloisch-retikuläre Mischleukose). Die Generalisation erfolgt explosionsartig mit gewissen Unterschieden im Histotropismus der leukotischen Zellen; in der Milz infiltrieren z. B. myeloische Zellen zuerst die rote Pulpa, lymphatische und retikuläre die Follikel (DUNN, 1963).

Unabhängig vom realisierten Leukosetyp bestehen die präleukotischen Zellproliferate im Thymus und in der Milz in der leukotischen Phase noch fort, was sich an den Megakaryocytenzahlen der Milz ablesen läßt:

	durchschnittliche Megakaryocytenzahl pro 10 Blickfelder Milz
Normaltiere	14
präleukotisches Stadium	35
leukotisches Endstadium	22

Obwohl Megakaryocyten bei der Maus keine Leukosen bilden, kommt diesen Zellen wie bei anderen leukämogenen Viren (Literatur siehe FRITSCH, 1967a) eine besondere Bedeutung für die Virusmultiplikation zu.

2. Zelluläre Transplantation

Längsschnittuntersuchungen der Histogenese nach i. p. Transplantation leukämischer Zellsuspensionen wurden vergleichend an einer unreifzelligen leukämischen Myelose (FRITSCH und HEINECKE, 1964) in der 3. und 6. (A/3 bzw. A/6) sowie an einer ehemals virusinduzierten Chloroleukämie in der 17. Passage (B/17) durchgeführt (Abb. 4).

Nach lymphangischer Ausbreitung in die abdominalen und über den Ductus thoracicus in die thorakalen Lymphknoten erfolgt bei allen Versuchen eine hämatogene Generalisation. Danach unterscheiden sich die Leukosen A und B in der Zeitfolge der leukotischen Thymus- und Knochenmarkinfiltration. Während bei der Myelose A sowohl in der 3. als auch in der 6. Phase (trotz höherer Avidität) das Knochenmark früher und massiver befallen wird als der Thymus, ist bei der Chloroleukämie B eine Prävalenz des Thymus gegenüber dem Knochenmark ausgeprägt.

Es ergibt sich für jede Leukose ein typisches Kolonisationsmuster als Zeichen eines spezifischen Histotropismus der leukotischen Zellen, der gewisse morphologische Verteilungstypen spontaner oder virogener Leukosen in der Generalisationsphase bestimmen dürfte. Auf diese Weise können z. B. bevorzugt thorakal lokalisierte virogene Myeloseformen (GRAFFI und GIMMY, 1957; FEY, 1958) eine Erklärung finden.

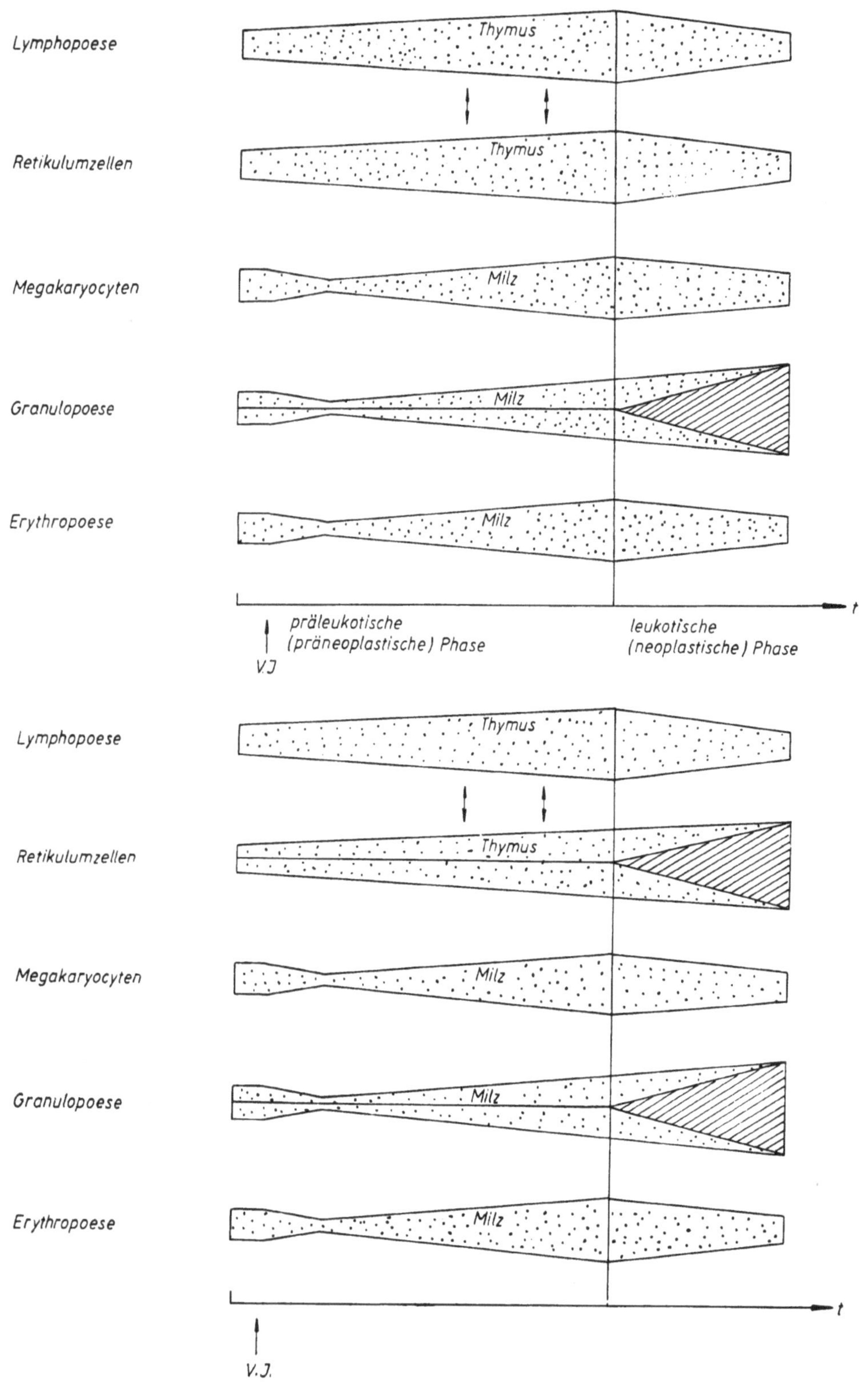

Abb. 3. Schema der Leukogenese einer Myelose (a) und einer myeloisch-retikulären Mischleukose (b). V.I. = Virusinokulation, Präneoplastische hypo- bzw. hyperplastische Hämatopoese (durch die Breite der punktierten Säulen versinnbildlicht) bis in die leukotische Phase reichend. Ausgang der Leukosen (schraffiert) offenbar von präformierten Stammzellen (durchgezogene Linien). Mögliche cytogenetische Beziehungen der präleukotischen lymphatischen und retikulären Zellen im Thymus (↕)

Zur Beantwortung der eingangs aufgeworfenen Frage nach der Aussagefähigkeit dynamischer morphologischer Untersuchungen ergibt sich zusammenfassend:

Der morphologische Längsschnitt der virogenen Leukämogenese zeigt eine bereits kurzfristig nach Virusinokulation beginnende Proliferation aller Blutzellrassen, die am vorliegenden Modell nach Beobachtungen bis zum Spontantod potentiell leukotisch werden können. Die im biologischen Test

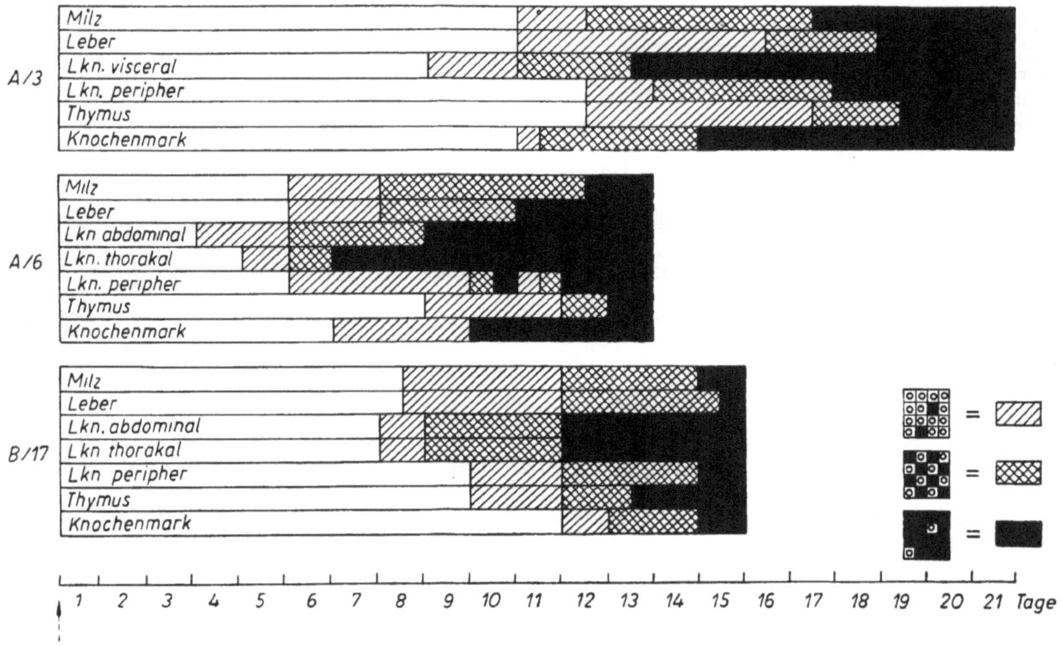

Abb. 4. Histogenese der leukotischen Kolonisation nach zellulärer Transplantation einer unreifzelligen Myelose in der 3. und 6. Passage (A/3 und A/6) und einer Chloroleukämie in der 17. Passage (B/17). Leukotischer Infiltrationsgrad (siehe rechts unten):

I = beginnende leukotische Infiltration (leukotische Zellen schwarz)

II = leukotische Infiltrate: Organparenchym ≈ 1:1

III = (sub-)totale leukotische Infiltration

erschlossene zentrale Rolle der Milz für die myeloische, des Thymus für die lymphatische und retikuläre Leukämogenese (Fey, 1960; Fey und Graffi, 1966; Siegler und Rich, 1967) wird durch den Zeitversuch morphologisch bestätigt. Die Ursache einer bisher nur von Chieco-Bianchi u. a. (1965) beschriebenen gleichzeitigen Proliferation mehrerer hämatopoetischer Zellinien dürfte in einer gesteigerten Virulenz und einem polyvalenten Histotropismus des Virus infolge mehrfacher Passagen zu suchen sein.

Differentialdiagnostisch ist das Gewebsbild des Thymus bereits sehr frühzeitig (etwa ab 6. Woche) als präleukotisch einzuordnen, während das der Milz im präleukotischen Stadium qualitativ nicht von einer unspezifischen extramedullären Hämopoese zu unterscheiden ist. Erst die manifeste Myelose ist diagnostisch faßbar. Eine morphologische Abgrenzung der präleukotischen von unspezifischen myeloischen Proliferaten könnte nur durch methodisch neue quantitative (morphometrische) Verfahren möglich werden (siehe Fritsch, 1967 b), die auch für eine Frühdiagnose menschlicher Leukosen bedeutungsvoll sein dürften.

Morphologische Untersuchungen im Zeitlängsschnitt nach zellulärer Transplantation experimenteller Leukosen ergeben eine für jede Leukose typisches Kolonisationsmuster als Zeichen eines spezifischen Histotropismus der leukotischen Zellen.

Literatur

Bernhard, W., et R. Leplus: Structure fine du ganglion humain normal et malin. Paris: Gauthier-Villars 1964

Chieco-Bianchi, L., L. Fiore-Donati, G. Tridente and N. Penelli: Lymphatic neoplastic transformation of thymus in mice with myeloid virus-induced leukaemia. Nature 208, 697—698 (1965).

Dunn, T. B.: Normal and pathologic anatomy of the reticular tissue in laboratory mice, with a classification and discussion of neoplasms. J. nat. Cancer Inst. 14, 1281—1433 (1954).

Dunn, T. B.: Morphologic changes preceding virus-induced leukemia in rodents. Acta Unio int. Canr. **19**, 665—667 (1963).
Dunn, T. B. and J. B. Monoley: Pathogenesis of a virus-induced leukemia in rats. Proc. Int. Conf.: The morphological precursors of cancer, Perugia 1961 S. 259—268.
Fey, F.: Untersuchungen zur Pathogenese der durch zellfreie Tumorfiltrate erzeugten Leukämien der Maus. Acta biol. med. germ. **1**, 2—14 (1958).
Fey, F.: Die Bedeutung der Milz für die Genese der myeloischen Leukämie der Maus. Proc. 7th Congr. europ. Soc. Haemat., part II, London 1960, S. 293—295.
Fey, F. und A. Graffi: Untersuchungen zur hämatologischen Aufsplitterung der durch das Virus der myeloischen Leukämie der Maus induzierten Leukosen. Acta haemat. **33**, 139—158 (1965).
Fresen, O.: Die retothelialen Hämoblastosen. Virchows Arch. path. Anat. **323**, 312—350 (1953).
Fritsch, S.: Histologie und Feinstruktur virusinduzierter Chloroleukämien der Maus. Beitr. path. Anat. **136**, 209—228 (1967a).
Fritsch, S.: Die myeloische Zellreifung bei virusinduzierten und zellulär transplantierten Chloroleukämien der Maus. IV. Tagung der Arbeitsgemeinschaft für Hämatologie und Blutspendewesen der DDR, Berlin 1967b.
Fritsch, S. und H. Heinecke: Verlaufsbeobachtungen zur Pathogenese einer spontanen transplantablen Mäuseleukämie (LAJ I). Oncologia **18**, 133—148 (1964).
Fritsch, S., H. Heinecke und W. Jungstand: Die Morphologie des Ascitessarkoms RAB I der Maus. Neoplasma 1969 (im Druck).
Goodman, S. B., and M. H. Block: The histogenesis of Gross's viral induced mouse leukemia. Cancer Res. **23**, 1634—1640 (1963).
Gräffi, A. und F. Fey: Zur Frage der hämatologischen Aufsplitterung virusinduzierter Leukämien. Folia haemat. **85**, 9—17 (1966).
Graffi, A., und J. Gimmy: Erzeugung von Leukosen bei der Ratte durch ein leukämogenes Agens der Maus. Naturwissenschaften **44**, 518 (1957).
Kaplan, H. S.: The pathogenesis of experimental lymphoid tumors in mice. Canadian Cancer Conf. **2**, 127—141 (1957).
McCulloch, E. A., J. E. Till and L. Siminovitch: The role of independent and dependent stem cells in the control of hemopoietic and immunologic responses. In: Methodological approaches to the study of leukemias, edit. V. Defendi, Wistar Inst. Symp. Monograph **4**, 61—66 (1965).
Rappaport, H., and C. Baroni: A study of the pathogenesis of malignant lymphoma induced in the Swiss mouse by 7, 12-diamethylbenz(a)anthracene injected at birth. Cancer Res. **22**, 1067—1074 (1962).
Sainte-Marie, G., and C. P. Leblond: Cytologic features and cellular migration in the cortex and medulla of thymus in the young adult rat. Blood **23**, 275—299 (1964).
Siegler, R., and M. A. Rich: Pathogenesis of virus-induced myeloid leukemia in mice. J. nat. Cancer Inst. **38**, 31—50 (1967).

Diskussionsredner:

Bruns (DDR), Fey (DDR).

Pathologisches Institut der Martin-Luther-Universität Halle-Wittenberg, Halle, DDR

Zytogenetische Untersuchungen an Obduktionsmaterial als Beitrag zur pathologisch-anatomischen Diagnostik

von

H. WALLER und M. WALLER

Es wird über Chromosomenstudien an Leichenmaterial berichtet. Zur Anzüchtung der Zellen wurden die Kurzzeitkultivierung lymphatischer Organe sowie zwei Methoden der Langzeitkultivierung (Monolayer-Kulturen nach Trypsinierung und Explantatkultur) angewandt.

Folgende Fälle werden vorgestellt:

1. Sirenoide Fehlbildung mit Fehlen der Urogenitalorgane, dysplastischem Becken, von dem rechtsseitig ein Strahl abgeht (vollständiger Femur, einzelner rudimentärer Unterschenkelknochen). Die Chromosomenuntersuchungen ergaben trotz der schweren Fehlbildungen mehrerer Organsysteme ein normales Karyogramm (44 Autosomen + XX), das Geschlecht konnte eindeutig als weiblich bestimmt werden.
2. Ein seltenes Chromosomenmosaik (XXY/XX) aus dem Klinefelter-Syndrom wurde bei einem $3^1/_2$ Stunden nach der Geburt an einer generalisierten connatalen Listeriose verstorbenen Jungen gefunden. Chromosomenschäden, die auf die bakterielle Infektion zurückgeführt werden könnten, waren nicht zu beobachten.
3. Von vier in einem Zeitraum von etwa einem Jahr beobachteten Fällen des Patau-Syndroms wurden zwei chromosomal untersucht. Bei beiden bestand eine reine Trisomie D 13, obwohl einmal die an sich obligate Spaltbildung im Gesichtsbereich fehlte.
4. Bei zwei Fällen eines E 18-Syndroms (EDWARDS) fanden sich übereinstimmend für dieses Syndrom seltene bzw. atypische Fehlbildungen. Im Vordergrund standen zahlreiche Knochenanomalien in Verbindung mit einer Ösophagusatresie und Ösophago-Trachealfistel. Chromosomenuntersuchungen ergaben ein Mosaik normal/Trisomie E 18.
5. Ein seltener Fall einer multiplen Aneuploidie in einem Individuum konnte bei einem 7 Tage nach der Geburt verstorbenen Mädchen gefunden werden.
   Die Chromosomenuntersuchungen zeigten ein Mosaik: In etwa 80% der untersuchten Zellen fanden sich 48 Chromosomen mit einer Doppeltrisomie E 18/X, der Rest der Zellen zeigte 47 Chromosomen, dabei eine einfache Trisome E 18 bei normalen weiblichen Geschlechtschromosomen. Die Befunde wurden durch die Autoradiographie und den Nachweis zweier Barr-Körper in der Gewebekultur unterstützt.
6. Bei einem 7 Wochen alt gewordenen Jungen bestand klinisch ein Down-Syndrom. Chromosomenanalysen und -zählungen zeigten schon nach der ersten Passage das Vorhandensein diploider und polyploider Chromosomensätze. In den angefertigten Karyogrammen wurde bei den Zellen mit 46 Chromosomen eine Translokation G 21/D gesehen, bei den polyploiden Zellen in der Mehrzahl tetraploide Chromosomensätze mit zwei Translokationschromosomen.
   Ob es sich um eine Mosaik diploid/tetraploid oder um eine frühe Transformation durch die Bedingungen der in vitro-Kultivierung handelt, wird diskutiert und muß an weiteren Karyotypuntersuchungen der über sechs Passagen in Kultur gehaltenen Zellen geprüft werden.

Diskussionsredner:

IWIG (DDR), WITTWER (DDR), KUNZE (DDR).

Hautklinik der Humboldt-Universität zu Berlin, DDR

Sichtbare Chromosomenanomalien des Menschen und ihre phänotypischen Auswirkungen

von

R. Witkowski

Von den bisher beim Menschen bekannten mikroskopisch feststellbaren Chromosomenanomalien sind die einzelnen Chromosomen recht unterschiedlich häufig betroffen. Die meisten derartigen Erkrankungen, Fehlbildungen und Fehlleistungen stehen mit Aberrationen der Chromosomen 5, 13, 18, 21, X und Y im Zusammenhang. Die Gründe dafür sind unterschiedlicher Art.

1. Strukturelle Anomalien sind bei den kleinen und gut identifizierbaren Chromosomen leichter zu erkennen, während sie bei großen Chromosomen oder Chromosomen der Gruppe C oft unerkannt bleiben.
2. Vor allem kleine Chromosomen und Chromosomenabschnitte (mit Ausnahme des X-Chromosoms) sind betroffen. Anomalien größerer Chromosomen kommen zwar, wie aus der zytogenetischen Untersuchung von Abortmaterial bekannt ist, vor, wirken jedoch bereits intrauterin letal.
3. Auf Grund ihrer Morphologie und ihres Verhaltens während Mitose und Meiose neigen manche Chromosomen zu Anomalien, besonders zu Translokationen und Nondisjunction (Eberle, 1966).
4. Die entsprechenden Chromosomen oder Chromosomenabschnitte sind fast alle reich an heterochromatischem, spät replizierendem Material. Von solchen Abschnitten ist anzunehmen, daß sie arm an mendelnden Genen und deshalb für den Organismus weniger essentiell sind. Der Grad der Schädigung, den ein Organismus erfährt, ist also nicht nur von der Quantität, sondern auch von der Qualität des aberrierten Chromosomenmaterials abhängig. Besonders deutlich wird das bei den X-Chromosomen. Während sich ein X-Chromosom in seinem Synthese- und Färbeverhalten kaum von den anderen Chromosomen unterscheidet, verhält sich jedes weitere X-Chromosom im Kern typisch spätreplizierend und heterochromatisch. Damit ist eine funktionelle Inaktivierung verbunden; d. h., in seiner Funktion als zweites, drittes oder viertes X-Chromosom der Zelle bleibt es zum großen Teil in bestimmten Phasen des Kernzyklus und der Individualentwicklung inaktiv. Die Autosomen und das Y-Chromosom weisen dagegen unabhängig von der Anzahl der in der Zelle vorhandenen homologen Chromosomen und ungeachtet dessen, aus welcher Phase der Individualentwicklung die Zelle stammt, Konstanz in ihrem Replikationsverhalten auf. Die vermutete Aktivitätsminderung in autosomalen oder Y-chromosomalen spätreplizierenden Abschnitten dürfte somit konstitutioneller Natur sein.

Aus dem bisher Gesagten kann also die Schlußfolgerung gezogen werden, daß die mit den heutigen Mitteln mikroskopisch feststellbaren Chromosomenaberrationen zum großen Teil eine Entwicklung des Keimlings bis zur Geburt gestatten. Bei den wenigen Aberrationen, die wir vom klinischen Material her kennen, handelt es sich entweder um quantitativ nur geringe Anomalien, die vorwiegend an kleinen Chromosomen oder kurzen Chromosomenarmen erkennbar sind, oder um solche, die funktionell oder konstitutionell relativ wenig aktives Chromosomenmaterial betreffen.

Phänotypische Auswirkung der häufigsten Chromosomenanomalien: Es fällt auf, daß die durch sichtbare Chromosomenanomalien bedingten Krankheitsbilder bei aller Variabilität untereinander viel Ähnlichkeit in ihrer Symptomatik aufweisen. Mit Ausnahme der X-chromosomalen Syndrome weisen sie alle eine starke Schädigung des Zentralnervensystems mit sehr schweren geistigen und körperlichen Entwicklungsstörungen sowie meistens angeborene Herzfehler und Anomalien der Muskeltonizität auf, ferner weniger komplexe Merkmale wie Epicanthus, Hypertelorismus und abnormalen

Lidachsenverlauf, tiefsitzende, meist deformierte Ohrmuscheln, Mikrognathie und Besonderheiten im Handfurchen- und Papillarleistensystem. Solche bei Anomalien verschiedener Chromosomen auftretenden Symptome können nicht in direktem Zusammenhang mit den Genen des jeweils betroffenen Chromosoms stehen und erlauben keinerlei Rückschlüsse dieser Art. Außerdem handelt es sich mit Sicherheit um polygen bedingte Merkmale, für die man die Gene nicht auf nur einem einzigen Chromosom suchen kann. Zu ähnlichen Ergebnissen ist man inzwischen mit den Enzymuntersuchungen bei Chromosomenanomalien gekommen, die zunächst insofern erfolgversprechender erschienen, als bei Enzymen ja immerhin monogene Steuerung vorkommt. Die 50%ige Erhöhung des Titers einer Reihe von Enzymen bei der Trisomie 21 legte zunächst die Vermutung einer direkten Gen-Dosiswirkung und einer Lokalisation der betreffenden Gene auf dem Chromosom 21 nahe. Inzwischen wurden jedoch die gleichen Enzyme auch bei Anomalien anderer Chromosomen quantitativ vermehrt gefunden, oder die bei der Trisomie 21 festgestellte Erhöhung des Enzymspiegels ließ sich anders erklären (Zusammenfassung bei BENDER und Mitarbeiter, 1967). Für alle diese Symptome und Verschiebungen muß vielmehr angenommen werden, daß sie Ausdruck einer durch die Chromosomenaberration bedingten Gleichgewichtsverschiebung bereits im Genom selbst, in der Zelle oder im Organismus sind, die ganz allgemein ein Hindernis für eine normale Differenzierung und Entwicklung darstellen, auf die der Organismus schon in einer sehr frühen Entwicklungsperiode in wenig spezifischer Weise reagiert. Deshalb überschneiden sich die durch sichtbare Chromosomenanomalien bedingten Syndrome auch sehr häufig in ihrer Symptomatik mit anderen, durch ebenfalls sehr früh in der Kyematogenese angreifende Noxen (Virosen, Thalidomide, Anoxien, Erbfaktoren) verursachten Krankheitsbilder. Und deshalb ist es auch so sehr schwer, rein vom klinischen oder pathologischen Befund her auf den Karyotyp und bestimmte Anomalien zu schließen. Selbst bei einem klinisch schon so lange umrissenen Syndrom wie dem M. LANGDON-DOWN zeigt es sich in der Praxis immer wieder, wie schwer rein vom Phänotyp her eine Trisomie 21 zu diagnostizieren ist, ganz abgesehen von den verschiedenen Variationsformen dieser Trisomie, die nur an Hand der Karyogramme zu unterscheiden sind. Die durch Chromosomenanomalien bedingten Krankheitsbilder haben also viele Symptome untereinander und mit anderen angeborenen multiplen Mißbildungsformen gemeinsam. Trotzdem gibt es Merkmale, die vorzugsweise mit Anomalien eines bestimmten Chromosoms im Zusammenhang stehen, wie z. B. das charakteristische Schreien bei der partiellen Monosomie 5, die Spaltbildungen bei der Trisomie 13 oder der Kleinwuchs bzw. das Pterygium colli beim XO-Typ. Das sind jedoch alles Symptome, die auch ohne sichtbare Chromosomenanomalien vorkommen. Der Schluß von diesen Symptomen auf spezifische Gene des betroffenen Chromosoms ist deshalb abzulehnen. Bei einigen Chromosomen kann man lediglich auf Grund der bisher bekannten strukturellen und numerischen Aberrationen feststellen, welcher Chromosomenabschnitt bei welcher Anomalie an der Ausbildung der Mißbildungen beteiligt ist. So besteht z. B. der Verdacht, daß die charakteristischen Symptome des TURNER-Syndroms besonders durch das Fehlen des kurzen Armes des zweiten X-Chromosoms bei der Frau entstehen. In ähnlicher Weise ist beim Chromosom Nr. 13 zu vermuten, daß die spezifischen Symptome des PATAU-Syndroms vorzugsweise durch die Trisome des distalen langen Armes entstehen, während sich Anomalien des kurzen Armes phänotypisch nicht in Mißbildungen äußern. Trotzdem hat gerade dieser Abschnitt in letzter Zeit besonderes Interesse gewonnen: Bei Deletion des kurzen Armes 13 wurden in einigen Fällen Anomalien in der Haptoglobinvererbung beobachtet, die mit einiger Vorsicht dahingehend gedeutet werden können, daß ein entsprechendes Gen auf dem kurzen Arm des Chromosoms 13 lokalisiert ist (GERALD et al., 1964, 1967; DE GROUCHY et al., 1966). Die Bestätigung dieser Vermutung dürfte insofern für die Humangenetik von Wichtigkeit sein, als damit beim Menschen zum ersten Mal die Zuordnung eines bestimmten Genortes zu einem Autosom gelingen könnte.

Literatur

BENDER, K., H. RITTER und U. WOLF: Zur Frage der Zuordnung von Genen zu bestimmten Autosomen des Menschen mit Hilfe von Chromosomenaberrationen. — Humangenetik 4, 85 (1967).

EBERLE, P.: Die Chromosomenstruktur des Menschen in Mitosis und Meiosis. Jena: Fischer 1966.

GERALD, P. S., S. WARNER, J. D. SINGER, P. A. CORLORAN und I. UMANSKI: Possible identification of the chromosome bearing the haptoglobin locus. J. clin. Invest. 43, 1267 (1964).

GERALD, P. S., S. WARNER, J. D. SINGER, P. A. CORLORAN und I. UMANSKI: A ring D chromosome and anomalous inheritance of haptoglobin type. J. Ped. 70, 172 (1967).

GROUCHY, J. de, Ch. SALMON, D. SALMON und P. MAROTEAUX: Délétion du bras court d'un chromosome 13—15, hypertélorisme et phénotype haptoglobine HpO dans une même famille. Ann. Génét. 9, 80 (1966).

Forschungslaboratorium für Humangenetik und Medizinische Genetik der Medizinischen Akademie Magdeburg, DDR

Syndrombegriff und multifaktorielle Vererbung

von

B. WITTWER

In der *Mißbildungsforschung* haben wir es vorwiegend mit polygenen oder *multifaktoriellen Systemen* zu tun (vgl. FUHRMANN, 1965 — CARTER, FRASER-ROBERTS, WILKINSON —, WITTWER, 1967). Nur primäre Genprodukte haben im traditionellen Sinne „monogenen Merkmalscharakter". Polygenie und *multifaktorielle Systeme führen zu gleitenden Abstufungen von Merkmalen,* wo Monogenie nur wenige von einander trennbare Phänotypen ergibt (KEITER, 1963). Gerade *diese* Abstufungen oder *unterschiedlichen Ausprägungsgrade eines Merkmals erschweren eine lückenlose Erfassung und systematische Zuordnung* bestimmter Symptome zum entsprechenden nosologischen Komplex. Hier verlangt die Syndromatologie den Einsatz weiterer Erfassungstechniken und Analysemethoden um den Grad der Abhängigkeit von Merkmalen und die Wechselbeziehungen in bestimmten Systemebenen des Organismus aufklären zu können.

Auf Grund der bekannten *Zusammenhänge zwischen Weichteil- und Skleroblastem* (PLIESS, 1966; WITTWER, 1967) erlaubt der dermatoglyphische Befund bei der Aufklärung von Extremitätenmißbildungen eine außerordentliche Feindiagnostik (LOEFFLER, 1967; WITTWER, 1967). Die *umwelt- und altersstabilen dermatoglyphischen Merkmale* (mit Ausnahme von Teilen des Furchensystems) ermöglichen bei Sicherung von Korrelationen auch Aussagen über bestimmte Faktoren, die in gewissen hereditären und/oder intrauterin-peristatischen Situationen im Erscheinungsbild nicht oder nur geringfügig realisiert werden. Bei bestimmten Extremitätenmißbildungen — von denen hier ein Modellfall demonstriert werden soll — erlaubt die *dermatoglyphische Diagnostik* die *Erfassung genetischer Störungen auch wenn* durch Gen-Balancen (Modifikatoreffekte etc.) *die hauptsächlichen phänischen Wirkungen verdeckt werden* und nur „Neben"wirkungen oder Mikrosymptome zur Ausprägung gelangen. *Gerade diese Zustände genetischer Balance führen oft dazu, daß* Anlagenträger oder gar Merkmalsträger mit Mikrosymptomatik noch nicht in allen Fällen erkannt und *Individualbefunde* in Familien demzufolge *als sporadisch gedeutet werden.* Ein derartiger von Pädiatern und Orthopäden als *„sporadische atypische Spalthand"* geführter Fall aus unserer Genetik-Beratung soll hier — allerdings nur vom Lokalbefund her — demonstriert werden. Wenn auch der Formenkreis der Spalthand-Spaltfuß-Bildungen eine eindeutige Fallzuordnung anerkanntermaßen wegen zahlreicher morphologischer Übergänge erschwert (SCHATZKI, 1934; LEWIS und EMBLETON, 1908; MCKENZIE und PENROSE, 1951 — siehe WITTWER, 1967), so muß doch zumindest eine *vollständige Analyse des phänischen Realisierungsfeldes* in unmittelbarer Nähe des Mißbildungsdefektes bei Rechts-Links-Vergleich erfolgen. Dazu gehört selbstverständlich die Hautleisten- und- Hautfurchenstruktur an Palma und Planta.

Lokalbefund: *Rechte Hand:* Deutliche Weichteilkerbung zwischen II. und III. Fingerstrahl. Syndaktylie des III. und IV. Strahles. Klinodaktylie des V. Strahles. *Linke Hand*: Hohe Teilung (Schwimmhautbildung) zwischen III. und IV. Strahl. Klinodaktylie des III. und V. Strahles.

Röntgenbefund: Spalthand rechts (Weichteildefekt zwischen II. und III. Strahl) mit ossärer Syndaktylie* III./IV. Strahl (im Grund-, Mittel- und Endglied). Brachymesophalangie des III. Strahles links und des V. Strahles beidseits.

Trotz grobmorphologischer Unterschiede zwischen rechter und linker Hand sehen wir uns wegen der auffallenden *Übereinstimmung der dermatoglyphischen Befunde beider Palmae* (siehe Abbildung 1) —

* *Syndaktylie* als nosologisches Element einer komplexen Mißbildung zeigt *unterschiedliche Ausprägungsgrade* (Manifestationsstufen) von der totalen *Verschmelzung von Strahlen* über die *fibröse* oder *kutane Form* der Weichteilsyndaktylie bis zur *hohen Teilung* sowie der *Reduktion* bestimmter *dermatoglyphischer Strukturen* (!).

und der Befunde beim Vater des Propositus (siehe Tabelle 1) — veranlaßt, eine *symmetrische Störung aus gleicher-wahrscheinlich genetischer Ursache* (multifaktorielles genetisches System mit Schwellenwerteffekt nach VOGEL) *mit seitendifferenter Manifestation* anzunehmen. Die oben erwähnten morphologischen *Unterschiede des Mißbildungsdefektes*, die zur Aufstellung der klinischen Diagnose „nicht erbliche atypische Spalthand" geführt haben, sind *damit nicht grundsätzlicher, sondern nur quantitativer Natur.*

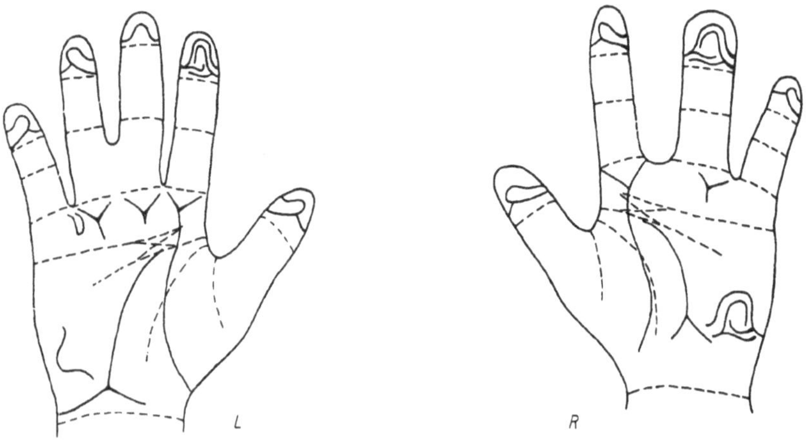

Abb. 1. Schematische Zeichnung: Rechts-Links-Vergleich der wichtigsten palmaren (pathologisch veränderten) dermatoglyphischen Strukturen

Allein aus dem klinischen Befund ist auch bei Unterstützung durch das Röntgenbild eine exakte Aufklärung des Umfanges der Blastemstörzone sowie die Entscheidung, ob es sich nur um eine einseitige Spalthand mit Syndaktylie oder um ein symmetrisches Geschehen aus gleicher genetischer Ursache handelt, nicht möglich. Hier vermag eine Analyse des Hautleisten-und-furchensystems tiefgreifende *Veränderungen der Blasteme* an Hand von *Muster- und Triradiendislokationen bzw. -aplasien sowie Hauptradiantenreduktionen* (vgl. Normalbefund bei WITTWER, 1967) in vollem Umfang aufzudecken. Wir betonen, daß es sich hierbei um Veränderungen von *dermatoglyphischen Strukturen* handelt, *die als außerordentlich konstante Bildungen bekannt sind* und die demzufolge eine starke Aussagekraft besitzen!

Tabelle 1

Genealogischer und populationsgenetischer Merkmalvergleich

Linke Palma Muster mit P_{xn}			Merkmal	Rechte Palma Muster mit P_{xn}		
S 0,52	S 0,52	S 0,52	Digit I	S 0,54	S 0,54	S 0,54
W 0,26	S 0,56	W 0,26	Digit II	S 0,46	S 0,46	B 0,18
B 0,14	S 0,72	B 0,14	Digit III	W 0,14	S 0,74	B 0,12
S 0,52	S 0,52	S 0,52	Digit IV	0,48	W 0,48	B 0,02
S 0,78	S 0,78	B 0,04	Digit V	S 0,80	S 0,80	S 0,80
	L 0,02		IDF II		L 0,06	
			IDF III		L 0,12	
L 0,24	L 0,24	L 0,24	IDF IV	L 0,18		L 0,18
+	+[2]	+	TR a	+	+	+
+	+	+	TR b	0	+	+
+	+	+	TR c	+	+	+
0	0	+	TR d	0	+	+
1	11/4	2	HR A	1	5″	7
x	5	5″	HR B	0	7	9
x	9	5	HR C	x	9	5
0	0	7	HR D	0	11	4
+	—	—	VFF	—	—	—
—	+	—	ÜF	+	—	—
Proband	Vater	Mutter		Proband	Vater	Mutter

Dermatoglyphisher Befund: Die phänische Störungszone auf beiden Palmae (siehe Abbildung 1) wird nach ulnar jeweils durch Klinodaktylie des V. Strahles und Aplasie des zugehörigen distalen palmaren Triradius d abgegrenzt, radialwärts durch den syndaktylen Strahl (IV/III) rechts bzw. Klinodaktylie (Brachymesophalangie) des III. Strahles links bei Aplasie der zugehörigen Triradien oder Reduktion der von diesen Triradien ausgehenden Hauptradianten, nach mediopalmar durch Übergangsformen der Vierfingerfurche (Brückenbildung). Weiterhin ist der beidseitige longitudinale Endfeldauslauf des Hauptradianten A — der rechts durch die vorausgehende Weichteilkerbung erzwungen sein könnte — außerordentlich auffällig.

Beim Vater des Propositus sehen wir die Klinodaktylie des V. Strahles verbunden mit Aplasie des zugehörigen distalen palmaren Triradius d auf der linken Palma als *ausbalancierte genetische Störung* an, die *beim Sohn durch synteratogene Faktoren über den Schwellenbereich hinausgehoben* und nun beidseits — mit seitendifferenter Ausprägung — manifest wird. Für den stärkeren Ausprägungsgrad bei unserem Propositus können anamnestisch synteratogen wirkende Faktoren wahrscheinlich gemacht werden.

Die *Bewertung der dermatoglyphischen Befunde* des Propositus wurde sowohl *im genealogischen Zusammenhang* als auch *unter Heranziehung differentialdiagnostischer Befunde* jeweils *unter Zugrundelegung der Merkmalsfrequenzen der Normalbevölkerung* vorgenommen. Die Kenntnis der wichtigsten Merkmalfrequenzen des dermatoglyphischen Systems in der entsprechenden Grundbevölkerung ist eine der wichtigsten populationsgenetischen Voraussetzungen für derartige Befundwertungen. Die Häufigkeit, in der ein Merkmal (oder Symptom) in der entsprechenden Grundbevölkerung unabhängig von einem bestimmten Syndrom auftritt, muß bei der exakten Einschätzung der Wertigkeit dieses Merkmals in einem nosologischen Komplex unbedingt berücksichtigt werden. Diese Forderung gewinnt insbesondere im Hinblick auf künftige Computer-Diagnostik an Bedeutung, da hierbei die Häufigkeit des Symptoms in der Normalbevölkerung als Grundfrequenz in das Programm hineingegeben werden muß. Je geringer die Frequenz eines Merkmals in der Grundbevölkerung ist, desto aussagekräftiger ist es bei fester Korrelation mit anderen Faktoren innerhalb eines umschriebenen Syndroms. Je häufiger ein Symptom in der Bevölkerung unabhängig von einem bestimmten Merkmalskomplex vorkommt, desto geringer ist sein nosologischer Informationsgehalt beim Auftreten innerhalb eines bestimmten Syndroms. Derartige methodologische Kriterien bei der Wertung nosologischer Elemente dürfen — wie wir hier an einem Beispiel zeigen konnten — künftig nicht mehr unbeachtet bleiben, wenn die Syndromatologie echte kausalgenetische Bezüge erfassen und aufklären soll.

Zusammenfassung

Phänogenetik und Populationsgenetik bieten Hinweise für eine bessere Erfassung und Bewertung multifaktorieller oder pleiotroper Systeme. Diese *multifaktoriellen Systeme* — demonstriert an einem Beispiel aus der Mißbildungsforschung — *führen zu gleitenden Abstufungen von Merkmalen*, wo Monogenie nur wenige voneinander trennbare Phänotypen ergibt. Gerade diese Abstufungen oder unterschiedlichen Ausprägungsgrade eines Merkmals *erschweren eine lückenlose Erfassung und systematische Zuordnung* zum entsprechenden nosologischen Komplex. Hier verlangt die Untersuchung den *Einsatz* möglichst *vielfältiger Erfassungstechniken* und *Analysemethoden* um den Grad der Abhängigkeit von Merkmalen und die Wechselbeziehungen in bestimmten Systemebenen des Organismus aufklären zu können. Art der Kombination der Mißbildungen, Merkmalsdichte und topographische Verteilung müssen neben der *Kenntnis der Merkmalsfrequenz in der Grundbevölkerung* Grundlage der genetischen und diagnostischen Erwägungen sein. Ob es sich jeweils um echte nosologische, d. h. kausalgenetisch begründete Einheiten handelt ist nur durch umfassende Untersuchungen verifizierbar, die sowohl den Syndromträger und dessen genealogische Konstellation als auch die Merkmalsfrequenzen in der Grundbevölkerung erfassen.

Literatur

FUHRMANN, W.: Taschenbuch der allgemeinen und klinischen Humangenetik. Wiss. Verlagsgesellsch. Stuttgart 1965.
KEITER, K.: Naturwiss. Rdsch. **16**, 187—194 (1963).
LOEFFLER, L.: Forschung-Praxis-Fortbildung **18**, 445—467 (1967).
PLIESS, G.: In: H. ESSBACH: Plazenta und Eihäute. Fischer, Jena 1966.
WITTWER, B.: Forsch. Fortschr. dtsch. Wiss. **41**, 201—204 (1967). The Lancet (London) Vol. II No. 7515, 559 (1967). The Lancet (London) Vol. II No. 7516, 617 (1967). Dtsch. Ges.wesen XXII 2370—2377 u. 2384—2392 (1967).

Pathologische Abteilung im Institut für Ärztliche Fortbildung Budapest, VR Ungarn

The significance of ultrastructural studies in cancer chemotherapy

by

K. LAPIS

In our knowledge concerning the mechanism of effect of cytostatic agents a great progress has been achieved by introducing biochemical methods into the studies on their effect (GEORGE et al., 1965; KARNOFSKY and CLARKSON, 1963). It became soon evident, however, that the modern methods of morphology are also badly needed in these investigations (HAGUENAU, 1961).

In view of this, we carried out systematic and comparative electron microscopic studies concerning the effect of various chemotherapeutic agents (BOLLA et al., 1967; KELLNER et al., 1966; LAPIS and BENEDECZKY, 1966a, 1966b; 1967; LAPIS et al., 1967; LAPIS and BERNHARD, 1965; LAPIS and GUBA, 1964; LAPIS and MERCER, 1963).

Firstly some problems concerning the methods applied will be dealt with, then, by demonstrating some of our observations and results. I should like to point out what part the ultrastructural investigations may play in the research concerning the cancer chemotherapy. Finally, I would refer to some practical aspects of these investigations.

In our studies as test objects the NK/Ly ascites lymphoma (NÉMETH and KELLNER, 1960, 1961), the Shay chloroleukemia (SHAY et al., 1952). and the monolayer culture of KB cell line of human origin (EAGLE, 1955; LAPIS, 1966; LAPIS and BENEDECZKY, 1967c; LAPIS and BERNHARD, 1965) were used. The subcellular alterations induced by the agents were followed till the 6th—8th day after treatment. On the first day the samples were taken in every 2nd hr, and later daily.

In the ultrastructural pharmacopathology the choice of the suitable dosis is of basic importance (LAPIS, 1966). If, namely, large doses are used, the fine structural alterations which might be considered as primary changes, will be concealed by general toxic cell injuries. We kept this in mind in the choice of the doses administered. In this way it was possible to demonstrate, that not only quantitative but qualitative differences do appear on the effect of a particular agent, depending on the size of doses (BÖRZSÖNYI et al., in print; LAPIS and BENEDECZKY, in print).

On the effect of large doses of sugar alcohol derivatives the electron density of nuclei considerably decreased. The chromatin substance conglutinated into rough electron dense clusters, and condensed along the nuclear membrane and around the nucleolus. These nuclear damages were followed by rapid cell necrosis. On the contrary, when using small doses of the same agents only cytoplasmic alterations were produced, as the damages of mitochondria, appearance of lysosomelike bodies and lipid droplets (BÖRZSÖNYI et al., in print).

The electron microscopist might describe the alterations of various cell organelles and establish relationships among the altered cell organelles. Doing so, he might reveal previously unknown phenomena which might be important concerning the mechanism of effect of the agents examined and might reveal the morphological substrate of more or less clarified biochemical processes. Furthermore, when applying the methods of enzyme digestion on ultrathin sections even a detailed chemical analysis of the altered cell organelles can be performed, that could not be achieved by the available methods of biochemistry.

It was well established that the inhibition of the DNA synthesis forms the basis of the tumour growth inhibiting effect of certain alkylating agents: Degranol, Endoxan, Sarcolysin (HIDVÉGI et al., 1960; HOLZER and KRÖGER, 1958; LARIONOV, 1962; LAMKE et al., 1959; LISS et al., 1966). Following treatment with various agents as R-74, Degranol, Endoxan and sugar-alcohol derivatives the manifestation of the inhibition of DNA synthesis was preceded by heavy mitochondrial damages (BÖRZSÖNYI et al., 1967; LAPIS et al., 1967; LAPIS and GUBA, 1964). This fact might indicate that in the tumour growth inhibiting effect of these agents the induced disturbances of the energy household of the cells might act as a prime factor.

In the case of cytostatic agents that might produce cell division disturbances, fine details of the disturbed processes of cell division might be revealed by ultrastructural studies, and these findings might prove to be important in the cognition of the mechanism of effect of the agents (GEORGE et al., 1965; LAPIS, in print; LAPIS and BENEDECZKY, 1967d).

It has been observed that upon the effect of vinblastine treatment the accumulation of lysosomelike formations, and their aggregation into groups of 8—10 takes place in most of the interphase cells. In the case of normal cell division this phenomenon came about only in the preprophase. It has been established that not only organized spindle failed to develop following treatment, a phenomenon known already from light microscopic studies (CARDINALI et al., 1961; DUSTIN, 1949), but even oriented spindle filaments were missing in the cells arrested in division. No alterations were observed in the fine structure of the kinetochores and centrioles. The orientation and the migration of the centrioles toward the poles, however, seemed to be essentially disturbed. The reduplication of the centrioles has been, on the other hand, not inhibited, they were seen in the number to be expected or even in greater number in the multinucleated giant cells arising following treatment with vinblastine (LAPIS, in print; LAPIS and BENEDECZKY, 1967d).

In the cells disturbed in mitosis mitochondria and also other cell organelles were found in the area of the mitotic apparatus which in the normally dividing cells was devoid of such organelles except for the spindle filaments. On basis of this observation we could call attention to the fact that the disturbances of the gelation process connected with the formation of the mitotic apparatus might play a principal role in the effect of this agent. As signs of the disturbances occurring in the reconstruction of the nuclear envelope following vinblastine treatment, in certain cells accumulation of layered concentric reticulum membranes around the heaped up chromosomes, in other cells the appearance of typical annulate lamellae in the perinuclear region and again in others particular quadrilamellar membranes were observed (LAPIS, in print; LAPIS and BENEDECZKY, 1967d). Similar alterations were also seen after treatment with Degranol, Endoxan and sugar-alcohol derivatives.

In 1960 DE DUVE advanced the theory that the lysosomes might be utilized for the enhancement of the effect of chemotherapeutics (DE DUVE, 1959). Recent publications (AOSHIMA et al., 1966; BRANDES et al., 1966, 1967) and our own observations too (BOLLA et al., 1967; LAPIS and BENEDECZKY, in print; LAPIS et al., 1967) support this assumption. It has been brought to light by our electron microscopic studies that in the effect of R-74 and sugar-alcohol derivatives the lysosomal alterations are prominent phenomena important also concerning the mechanism of effect of these agents.

Within the first 24 hr, following treatment with small doses of sugar-alcohols, an increase in the number of lysosomes, their congestive enlargement and the appearance in increasing number of autophagic vacuoles were observed in the tumour cells. In these altered cell organelles intensive acid phosphatase activity was demonstrable. These changes persisted for several days following treatment. At later periods a gradually increasing proportion of the cell volume was occupied by autophagic vacuoles, in which digestion products and myelin figures accumulated. In our opinion these phenomena are indicative of an enhanced, abnormal autophagia leading to serious cell injuries and cell death (LAPIS and BENEDECZKY, in print).

Taking into account the reactions arising during the interaction between the drug in question and the cell constituents, we may assume that the above described alterations might be linked up with processes such as intensive intracellular release of acids (methionic acid or bromhydric acid), the temporary shift of the local pH into the acid range, induction of an optimum pH for the lysosomal enzymes and the modifications of permeability of intracellular membranes (LAPIS and BENEDECZKY, in print).

On the effect of X-ray irradiation (MONTGOMERY et al., 1964) and certain antibiotics (JEZEQUEL and BERNHARD, 1964; SCHOEFL, 1964; SIMARD, 1966) a particular segregation of the components of nucleoli has been observed that as suggested by SIMARD and BERNHARD (SIMARD, 1966; SIMARD and BERNHARD, 1966) is perhaps due to the disturbance of the DNA-RNA transcription system. The same phenomenon did we observe together with BERNHARD following Mitomycin C treatment (LAPIS and BERNHARD, 1965), and the same has been observed also recently by us following with R-74 (LAPIS et al., 1967).

Three zones of different electron density (zones A, B, C) may be distinguished inside the altered nucleoli.

Applying the methods of enzyme digestion on ultrathin sections a detailed cytochemical analysis of these altered nucleoli could be performed. By applying pepsin and RNAse digestion separately and combined we could ascertain with BERNHARD that the granules inside the zones A and B of the segregated nucleoli induced by Mitomycin C consist of ribonucleoproteids embedded into a protein matrix. The zone C as a whole proved to be of protein nature. A substance resistant even to combined digestion was also present inside zone B (LAPIS and BERNHARD, 1965).

Subsequent to treatment with 5-FU a rapid and long lasting decrease in the chromatin content of the nuclei, the persistency or even the increase in the amount of free ribosomes and of endoplasmic reticulum, and the appearance of the so called "spotted nucleoli" were observed (LAPIS and BENEDECZKY, 1966b).

These observations are in conformity with biochemical and quantitative histochemical findings (LINDNER, 1959; LINDNER et al., 1963; SCHOEFL, 1964) concerning the effect of this agent, and the observed alterations might be evaluated as ultrastructural substrate of the so called "unbalanced growth" (COHEN et al., 1958; LINDNER, 1959; LINDNER et al., 1963) characterized by an unaffected or even increased RNA and protein synthesis proceding simultaneously with inhibited DNA synthesis. According to biochemical investigations abnormal RNA is formed upon the effect of 5-FU (CHAUDHURI et al., 1958; GORDON and STAEHELIN, 1959; HOROWITZ et al., 1958). It is assumable that the "spotted nucleoli" constitute the morphological manifestation of the accumulated abnormal RNA.

In case a given amount of certain drugs (R-74 and sugar-alcohol derivatives) was applied in repeated small dosages, i. e. fractionatedly, more serious alterations were seen than administering the same amount in one single dose (LAPIS and BENEDECZKY, in print; LAPIS et al., 1967). It follows from this and similar observations that the ultrastructural studies might aid in the selection of the most advantageous form of treatment.

In the survived and regenerated cells the increased number of lysosomes and the increased amount of rough surfaced endoplasmic reticulum was a common finding (BOLLA et al., 1967; LAPIS, 1966; LAPIS and BENEDECZKY, in print; LAPIS et al., 1967). The increased number of lysosomes might be an indicator of the enhanced vulnerability of the renewed cell population and as such might help in deciding at which intervals the treatment has to be repeated. On the other hand, according to our experiences, the increased amount of rough surfaced endoplasmic reticulum in the survived or regenerative cell population might be considered as a sign of enhanced adaptability of this cell population and may in some extent indicate the resistance (JOURNEY and GOLDSTEIN, 1961; SHINOZAWA, 1964) developing against the drug administered. It is assumable that the electron microscopic examination of tissue samples taken in the course of chemotherapeutic treatment might help in the detection of the developing resistance of tumour cells to the given chemotherapeutic agent before it manifests itself in the clinical picture, calling the attention to the necessity of applying another agent. The combined administration of cytostatics in the treatment of tumours gains ground rapidly. The ultrastructural studies might also help in the selection of the proper agents to be used in the course of combined treatment. In the rational selection of the agents, namely, the knowledge of the alterations of every organelle, the sequence and the relationships of these alterations, that is to say the "patterns" considered to be characteristic of the effect of every individual agent might be of practical importance.

References

AOSHIMA, M., S. TSUKAGOSHI and Y. SAKURAI: Biochemical changes in tumor cells caused by antitumor agents. II. Effect of several antitumor agents in vivo and in vitro on β-glucuronidase and two other lysosomal enzymes of Yoshida sarcoma cells. Gann **57**, 279–286 (1966).

BOLLA, K., K. LAPIS and I. BENEDECZKY: Studies on lysosomal activity in tumour cells following treatment with R-74 1,5-bis-(2′-mesyloxy-ethylamino)-1,4-dideoxymesoerythritol. In: Abstracta. 5th International Congress of Chemotherapy. 1967. June 26-July 1. Vienna. pp. 175–178 (1967).

BÖRZSÖNYI, M., K. LAPIS, L. VARGA und V. VÁRTERÉSZ: Autoradiographische Untersuchung der Wirkung des Cytostaticums 1,4-Bis-(2′-mesyloxy-äthylamino)-1,4-didesoxy-mesoerythritol auf den Desoxy-ribonucleinsäure-Stoffwechsel in NK/Ly-Ascitestumorzellen. Arzneimittel-Forsch. **17**, 1596–1598 (1967).

BÖRZSÖNYI, M., K. LAPIS, V. VÁRTERÉSZ and L. VARGA: Autoradiographic examination of the effect produced by R-74 cytostatic agent on DNA metabolism of NK/Ly ascites tumour cells. In: Fourth Hungarian Conference for Therapy and Pharmacological Research (in print).

BRANDES, D., E. ANTON, B. SCHOFIELD and S. BARNARD: Role of lysosomes in treatment of mammary gland carcinomas with cyclophosphamide (NSC-26271). Preliminary report. Cancer Chemother. Rept. **50**, 47–53 (1966).

BRANDES, D., K. W. SLOAN, E. ANTON and F. BLOEDORN: The effect of X-irradiation on the lysosomes of mouse mammary gland carcinomas. Cancer Res. **27**, 731–746 (1967).

CARDINALI, G., G. CARDINALI and J. BLAIR: The stathmokinetic effect of vincaleukoblastine of normal bone marrow and leukemic cells. Cancer Res. **21**, 1542–1544 (1961).

CCHAUDHURI, N. K., B. J. MONTAG and C. HEIDELBERGER: Studies on fluorinated pyrimidines. III. The metabolism of 5-fluorouracil-2-C^{14} and 5-fluoroorotic-2-C^{14} acid in vivo. Cancer Res. **18**, 318–328 (1958).

COHEN, S. S., J. G. FLAKS, H. G. BARNER, M. R. LOEB and J. LICHTENSTEIN: The mode of action of 5.-fluouracil and its derivates. Proc. nat. Acad. sci. (Wash.) **44**, 1004–1012 (1958).

DE DUVE, C.: Lysosomes, a new group of cytoplasmic particles. In: Subcellular particles, Hayashi, R. (ed.) pp. 128—159. New York: Ronald Press (1959).

DUSTIN, P. jr.: Mitotic poisons in the chemotherapy of malignant growth. Acta Un. int. Cancr., **6**, 466—477 (1949).

EAGLE, H.: Propagation in a fluid medium of a human epidermoid carcinoma, strain KB (21811). Proc. Soc. exp. Biol. (N. Y.) **89**, 362—364 (1955).

GEORGE, PH., L. J. JOURNEY and M. N. GOLDSTEIN: Effect of vincristine on the fine structure of HeLa cells during mitosis. J. nat. Cancer Inst. **35**, 355—375 (1965).

GORDON, M. P., and M. STAEHELIN: Studies on the incorporation of 5-fluorouracil into a virus nucleic acid. Biochim. biophys. Acta (Amst.), **36**, 351—361 (1959).

HAGUENAU, FR.: The possible role of electron microscopy in the study of the biological aspects of cancer chemotherapy. In: Harris, R. J. C. Biological approaches to cancer chemotherapy. pp. 295—315. London, New York: Academic Press (1961).

HEIDELBERGER, CH.: Biochemistry of 5-fluorouracil. In: Chemotherapy of cancer. Ed. Plattner, Pl. A. pp. 88—98. Amsterdam, London, New York: Elsevier Publ. Comp. (1964).

HIDVÉGI, E. J., F. ANTONI and K. LAPIS: Effect of chemotherapeutics on the nucleic acid metabolism of tumours (Incorporation of 32P into nucleic acids following treatment with Degranol) Brit. J. Cancer **14**, 139—146 (1960).

HOLZER, H., and H. KRÖGER: Zum Mechanismus der Wirkung von B 518 (Endoxan-Asta) auf das Jensen-Sarkom und zur Hemmung der Chemotherapie von Tumoren durch das Vitamin Nicotinsäureamid. Klin. Wschr. **36**, 677—678 (1958).

HOROWITZ, J., J. J. SAUKKONEN and E. CHARGAFF: Effect of 5-fluorouracil on a uracil-requiring mutant of Escherichia coli. Biochim. biophys. Acta (Amst.) **29**, 222—223 (1958).

JÉZÉQUEL, A. M., et W. BERNHARD: Modifications ultrastructurales du pancreas exocrine de rat sous l'effet de l'actinomycine D. J. Microscopie **3**, 279—296 (1964).

JOURNEY, L. J., and M. N. GOLDSTEIN: Electron microscope studies on HeLa cell lines sensitive and resistant to actinomycin-D. Cancer Res. **21**, 929—932 (1961).

KARNOFSKY, A. D., and B. D. CLARKSON: Cellular effects of anticancer drugs. In: Ann. Rev. Pharmacol. **3**, 357—428 (1963).

KELLNER, B., L. LAPIS and S. ECKHARDT: Lymphknotengeschwülste. Budapest: Akademischer Verlag, 1966.

LAPIS, K.: Ultrastructural changes due to chemotherapeutic agents in ascites lymphoma cells. In: Twenty-five years in the fight against cancer. State Oncological Institute. pp. 357—370. Budapest (1966).

LAPIS, K.: Fine structural alterations in ascites tumor cells after treatment with vincaleukoblastin. Acta morph. Acad. Sci. hung. (in print).

LAPIS, K., and I. BENEDECZKY: Comparative studies of subcellular alterations caused by different chemotherapeutics in Shay tumour of rats. In: Abstracts of papers. IXth International Cancer Congress, Tokyo, pp. 387 (1966a).

LAPIS, K., and I. BENEDECZKY: Antimetabolite-induced changes in the fine structure of tumour cells. Acta biol. acad. Sci. hung. **17**, 199—215 (1966b).

LAPIS, K., and I. BENEDECZKY: Electron microscopic study of the Shay chloroleukemia. Cancer Res. **27**, 1544—1564 (1967c).

LAPIS, K., and I. BENEDECZKY: Electron microscopic and electron histochemical studies on NK/Ly ascites tumour cells after treatment with vinblastine. In: Abstracta. Vth International Congress of Chemotherapy, Vienna, 1967. June 26—July 1. pp. 237—240 (1967d).

LAPIS, K., and I. BENEDECZKY: Examination of cytostatic sugar-alcohol derivatives on ultrastructural level. M. T. A. V. Oszt. Közl. (in print).

LAPIS, K., I. BENEDECZKY and K. BOLLA: Ultrastructural alterations induced by alkylating agent (R-74) in tumour cells. Acta biol. Acad. Sci. hung. **18**, 303—322 (1967).

LAPIS, K., and W. BERNHARD: The effect of mitomycin-C on the nucleolar fine structure of KB cells in cell culture. Cancer Res. **25**, 628—645 (1965).

LAPIS, K., and F. GUBA: Electron microscopic studies of ascites lymphoma cells treated with different chemotherapeutics. Acta Un. int. Cancr. **20**, 180—184 (1964).

LAPIS, K., and E. H. MERCER: An electron microscope study of NK/Lymphoma cells and the changes produced by two cytostatic drugs. Cancer Res. **23**, 676—681 (1963).

LARIONOV, L. F.: Chemotherapy of malignant tumours. Moscow: State Medical Publishing House. 1962.

LAMKE, J., H. STANGE and R. RUMPHORST: Klinische Erfahrungen mit dem Zytostatikum Endoxan bei gynaekologischen Karzinomen, Landarzt **35**, 724 (1959).

LINDNER, A.: Cytochemical effects of 5-fluorouracil on sensitive Ehrlich ascites tumor cells. Cancer Res. **19**, 189—194 (1959).

LINDNER, A., T. KUTKAM, K. SANKARANARAYANAN, R. RUCKER and J. ARRANDONO: Inhibition of Ehrlich ascites tumor with 5-Fluorouracil and other agents. Exp. Cell Res. Suppl. **9**, 485—508 (1963).

LISS, E., F. KLINKE and G. PALME: Biochemische Untersuchungen über den Einfluß von Umwandlungsprodukten des Endoxans auf isolierte Ascitestumorzellen. Z. Krebsforschung **68**, 73—86 (1966).

MONTGOMERY, P. O'B., D. KARNEY, R. C. REYNOLDS and D. MC. CLENDON: Cellular and subcellular effects of ionizing radiations. Amer. J. Path. **44**, 727—746 (1964).

NÉMETH, L., and B. KELLNER: In Form von Ascites transplantierbare leukämische Lymphadenose bei Mäusen. Naturwissenschaften **47**, 544—545 (1960).

NÉMETH, L., and B. KELLNER: A new mouse ascites tumour to be used as a screening tool. Neoplasma 8, 337—343 (1961).

PLATTNER, PL. A.: Chemotherapy of cancer. Proceedings of an international symposium. Lugano. 1964. Amsterdam, London, New York: Ed. Elsevier 1964.

SCHOEFL, G. I.: The effect of actinomycin D on the fine structure of the nucleolus. J. Ultrastruct. Res. **10**, 224–243 (1964).

SHAY, H., M. GRUENSTEIN, CH. HARRIS and L. GLAZER: Transfer of myelogenous leukemia induced by gastric instillation of methylcholanthrene in Wistar rats. Blood **7**, 613–622 (1952).

SHINOZAWA, S.: Electron and light microskopic studies on the effect of nitromin an ascites tumor. Gann **55**, 1–8 (1964).

SIMARD, R.: Specific nuclear and nucleolar fine structural lesions induced by Proflavine in tussue culture. Cancer Res. **26**, 2316–2328 (1966).

SIMARD, R., and W. BERNHARD: Le phénomene de la ségrégation nucléolaire: Spécificité d'action de certains antimétabolites. Int. J. Cancer **1**, 463–479 (1966).

Contributors to the discussion:

BERNHARD (France).

Pathologische Abteilung im Institut für Ärztliche Fortbildung Budapest, VR Ungarn

Beitrag zum Problem der Mittelspezifität der durch tumorchemotherapeutische Agentien verursachten ultrastrukturellen Alterationen

von

K. Bolla und K. Lapis

Eine selektive Wirkung zu erreichen, gehört auch bei der Geschwulstchemotherapie zu den wichtigsten Zielen. Unseren gegenwärtigen Erkenntnissen zufolge gibt es keinen solchen spezifischen Stoffwechselvorgang oder solche strukturelle Besonderheit, welche nur für die Geschwulstzellen charakteristisch wäre und demzufolge können uns auch keine selektiv wirkenden Mittel zur Geschwulstbekämpfung zur Verfügung stehen. Die Aufdeckung mittelspezifischer Alterationen kann ein Weg zur Annäherung an die selektive Wirkung sein, weil durch ihre Kenntnis die zielgerichtete Anwendung der zur Verfügung stehenden Mittel zu erwarten ist.

Wir untersuchten und verglichen die ultrastrukturelle Wirkung von 10, teilweise zu verschiedenen Gruppen gehörenden Cytostatika (Lapis and Mercer, 1963; Lapis and Guba, 1964; Lapis and Bernhard, 1965; Kellner und Mitarbeiter, 1965; Lapis and Benedeczky, 1966a; Lapis and Benedeczky, 1966b; Lapis and Benedeczky, 1967; Lapis und Mitarbeiter, 1967; Bolla und Mitarbeiter, 1967). Auf Grund dessen möchten wir unsere Erfahrungen in Verbindung zu diesem Problem zusammenfassen, ob man in den ultrastrukturellen Veränderungen, die durch die Wirkung der cytostatischen Mittel entstanden, mittelspezifische Eigenschaften feststellen kann.

Die isolierte Untersuchung einzelner Organellenveränderungen ergab, daß die in den Organellen wahrgenommenen Alterationen nicht irgendwelche, durch das fragliche Mittel hervorgerufene mittelspezifische Veränderungen sind. Sie entsprechen vielmehr einer oder anderer der typischen Antwortreaktionen von limitierter Zahl, die durch das betreffende Organellum auf die verschiedensten Einwirkungen gegeben werden können. So bemerkten wir z. B. nach Anwendung von verschiedenen Alkylisierungsmitteln und von Zuckeralkoholderivaten gleicherweise Mitochondrienschwellung und Aufbrechen oder vollkommenes Verschwinden ihrer Cristae (Lapis and Mercer, 1963; Lapis and Guba, 1964; Lapis und Mitarbeiter, 1967). Sowohl R-74 als auch die bromierten Zuckeralkoholderivate riefen Lysosomenvermehrung, deren Congestion und Autophagenvakuolen-Ausbildung hervor (Lapis und Mitarbeiter, 1967; Lapis and Benedeczky, 1968). So könnte man eigentlich die Aufzählung auch im Falle der anderen ultrastrukturellen Alterationen fortführen. Man kann also feststellen, daß es mittelspezifische ultrastrukturelle Veränderungen hinsichtlich einzelner Organellen nicht gibt.

Ein bestimmter Typ von Spezifität dagegen ist auch bei isoliert untersuchten Organellen zu erkennen. Die Erscheinung der nukleolären Segregation hervorzurufen sind nach Simard und Bernhard nur solche Mittel und Einwirkungen fähig, welche eine Störung der DNS-RNS-Transcription zur Folge haben (Simard, 1966; Simard and Bernhard, 1966). Neben dieser Darlegung kann eine Alteration in solchem Sinne spezifisch sein, daß sie als morphologische Projektion die Störung irgendeines gut definierten biochemischen Vorganges widerspiegelt. In ähnlichem Sinne könnte man von einer Spezifität auch bei dem sogenannten „spotted nucleolus" sprechen, den wir nach der 5-Fluorouracyl-Behandlung beobachteten (Lapis and Benedeczky, 1966b).

Nach der Behandlung mit Alkylisierungsmitteln und Zuckeralkoholderivaten haben wir andererseits nachgewiesen, daß die Störung des mit der Zellteilung verknüpften Gelierungsprozesses und das Fehlen der Ausbildung einer Teilungsspindel gleichfalls, wenn auch seltener vorkommen (Lapis and Benedeczky, 1968), obgleich man früher diese Erscheinungen für eine spezifische Wirkung der Spindelgifte hielt.

Nachdem sich auf diese Art herausgestellt hatte, daß auch diese, mehrere Alterationen umfassende

Wirkung der Spindelgifte nur als charakteristisch, nicht aber als spezifisch zu betrachten ist, mußten wir zur Aufklärung mittelspezifischer Wirkungen nach anderen Methoden suchen. Es schien uns geeignet, dazu die einzelnen Alterationen in Abhängigkeit zur nach der Behandlung verstrichenen Zeit zu betrachten. Wir konnten nach den verschiedenen Behandlungen feststellen, daß ein Unterschied besteht im Zeitpunkt der Ausbildung der Veränderungen, ihrer Aufeinanderfolge und ihrer persistierenden Zeitdauer. Unterschiede bemerkten wir sowohl im Zeitpunkt des Zustandekommens einer Regeneration als auch hinsichtlich des gleichzeitigen Auftretens der verschiedenen Alterationen. Anstelle der isolierten Untersuchung einzelner Organellenveränderungen interpretierten wir deshalb die verschiedenen Alterationen auf Grund ihres Zusammenhanges in Form intergrierter Bilder als die Projektionen der einzelnen Zellfunktionsstörungen.

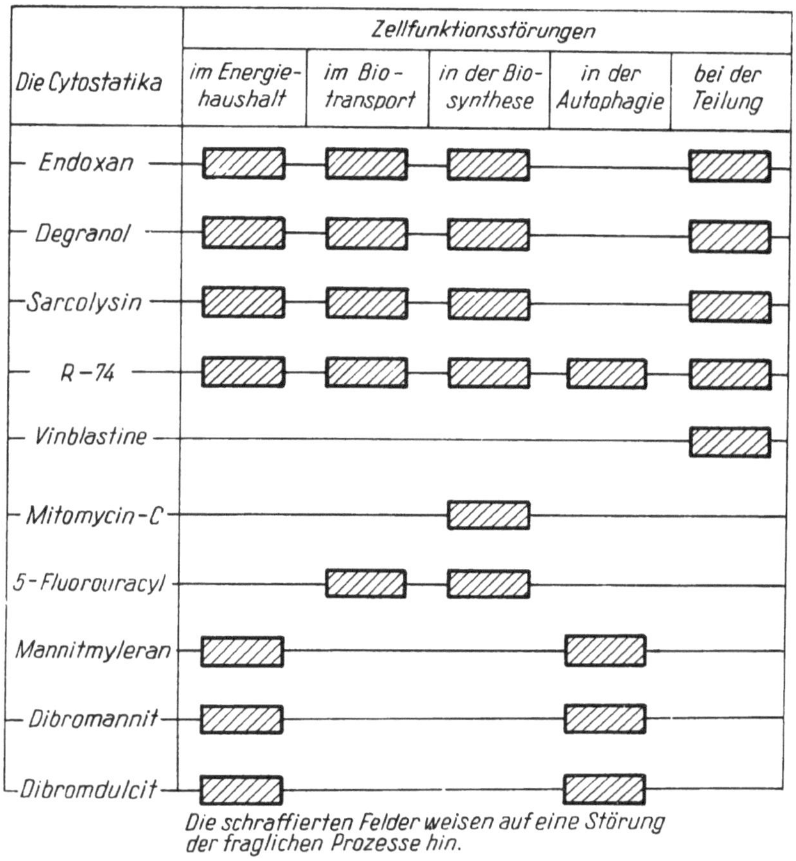

Abb. 1. Die anzunehmenden Funktionsstörungen, die auf Grund der ultrastrukturellen Alterationen bei den untersuchten Mitteln entstanden

Aus den Schädigungen der Mitochondrien verschiedener Grade, aus dem Erscheinen der Lipidtropfen und aus ihrer Vermehrung kann man auf die Beeinflussung bzw. auf die Störung des Energiehaushaltes der Zellen schließen. Die zu Zellschädigungen und zum Zellzerfall führende Kette der biosynthetischen Vorgangsstörungen spiegelt sich am besten in der Veränderungs-Reihe wider, die wir nach R-74-Behandlung beobachteten (Lapis und Mitarbeiter, 1967). Nach der Verminderung der Kerndensität entwickelte sich im Verlauf der Wirkung dieses Mittels die Nukleolussegregation, die Steigerung der Zahl der in den Kern einbrechenden cytoplasmatischen Invaginationen, die Vermehrung des grobgranulierten endoplasmatischen Retikulum und nur danach bildeten sich schwerere cytoplasmatische Veränderungen, Mitochondrienschädigungen und auf die Steigerung der Autophagie hinweisende Alterationen. Ein charakteristisches Beispiel der Zellschädigung, das durch die induzierte Steigerung der Autophagie entstand, beobachteten wir nach der mit verschiedenen Zuckeralkoholderivaten durchgeführten Behandlung (Lapis and Benedeczky, 1968). In solchem Falle vermehrte sich in den Zellen ohne schwerere Schädigungen das grobgranulierte endoplasmatische Retikulum, bald danach beobachteten wir eine Lysosomenvermehrung, darauf folgend ihre Congestion, schließlich die Ausbildung einer größeren Zahl von Autophagen-Vakuolen und Myelinfiguren enthaltende Residualkörpern.

Neben einer solchen Betrachtung der Wirkung chemotherapeutischer Mittel, wurde eine Gruppierung der fraglichen Agentien auf Grund der morphologischen Alterationen nach dem funktionellen Charakter möglich (Abb. 1). In dieser Gruppierung kann man Überschneidungen in der Wirkung einzelner Chemikalien erkennen, andere wiederum sind gut zu unterscheiden. Die auf Grund der morphologischen Alterationen angenommenen Funktionsstörungen können zum Beispiel einerseits im Falle des Endoxan, des Degranol und des Sarcolysin, andererseits in bezug auf die verschiedenen Zuckeralkoholderivate als gleich angesehen werden. Wenn wir jedoch diese 2 Gruppen vergleichen, so können wir in ihrer Wirkung schon mit Hilfe der Tabelle Unterschiede feststellen, obgleich hier die Unterschiede im zeitlichen Ablauf noch nicht in Betracht gezogen wurden. Wenn unser Ziel aber nicht allein in der Entwicklung einer neuen Gruppierung, sondern in der Entdeckung der mittelspezifischen Erscheinungen liegt, so müssen

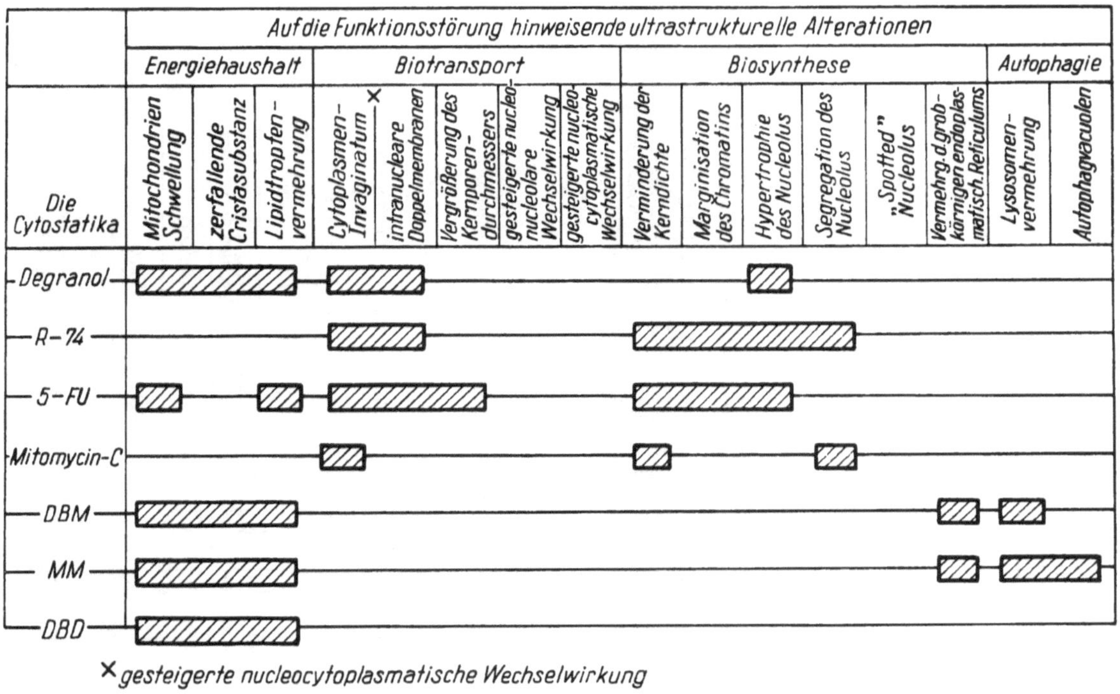

Abb. 2. Gesamtbilder zu den durch die verschiedenen Cytostatika verursachten Frühalterationen (1—12 Stunden)

wir bei dieser Betrachtungsweise einen Schritt weiter gehen. Zu einem bestimmten Zeitpunkt treten in der Population der behandelten Geschwulstzellen und sogar auch in einzelnen Zellen bei den auf die verschiedenen Zellfunktionsstörungen hinweisenden Alterationen nebeneinander mildere und fortgeschrittenere Veränderungsformen auf. Im Falle einer gegebenen Dosis kann man aus den im Vordergrund stehenden und charakteristischen Veränderungen ein Gesamtbild, ein sogenanntes „Pattern" zusammenstellen, das für das angewendete Mittel bei dem gegebenen Zeitpunkt spezifisch ist.

In der Abbildung 2 kann man beobachten, daß in dem Abschnitt der ersten zwölf Stunden nach der Behandlung, z. B. mit verschiedenen Zuckeralkoholderivaten, ein gut definierbarer Unterschied in dem „Pattern" der ultrastrukturellen Veränderungen vorliegt, obwohl diese Agentien chemisch der gleichen Gruppe angehören. Nach Dibromdulcit-Behandlung kann man z. B. zu diesem Zeitpunkt nur Mitochondrienschädigungen beobachten. In Verbindung mit der Wirkung des Mannitmylerans kann dagegen neben den Mitochondrienschädigungen nicht nur die grobkörnige endoplasmatische Retikulum- und Lysosomenvermehrung wahrgenommen werden wie im Falle von Dibrommannit, sondern auch das Erscheinen von autophagen Vakuolen. Das gleiche erscheint auch im Falle von DBD und DBM, nur Stunden später. Gut sichtbare Unterschiede kann man auf diese Art auch in bezug auf die übrigen Mittel entdecken. Das Gesamtbild der Alterationen, die durch ein gegebenes Mittel zustandegekommen sind, zeigt zu einem späteren Zeitpunkt nicht nur im Verhältnis zum Gesamtbild der durch andere Mittel verursachten Alterationen einen Unterschied, sondern auch zu dem für das fragliche Mittel charakteristischen Gesamtbild eines früheren Zeitpunktes (Abb. 3). Nach einer Behandlung mit R-74 sind zu früheren Zeitpunkten (in der 6.—12. Stunde) die auf Störungen des Biotransportes und der Biosynthese hinweisenden Veränderungen charakteristisch (Lapis und Mitarbeiter, 1967). In der 24. Stunde nach der Behandlung tritt zu den früher wahrgenommenen Zeichen der Biotransportstörungen noch die sogenannte „nucleolar channel"-Ausbildung hinzu. Auf Grund der Mitochondrienalterationen kann man zu diesem Zeitpunkt auch auf die Störung des Energiehaushaltes schließen und mit der Vermehrung des grobgranulierten endoplasmatischen Retikulums setzt gleichzeitig auch die Steigerung der Autophagie ein. In einzelnen Zellen kann man als Zeichen einer fortgeschrittenen Teilungsstörung quadrilamelläre Membranen beobachten. Am 2.—3. Tag nach der Behandlung sind die auf die Biotransportstörungen hinweisenden Alterationen nicht mehr sichtbar, jedoch unverändert bestehen die Alterationen, die auf die Störungen des Energiehaushaltes und auf die Steigerung der Autophagie hinweisen. Auch diese Alterationen sind bei späteren Zeitpunkten nicht mehr zu sehen und nur noch einige, eher als restitutives Zeichen bewertete Veränderungen können beobachtet werden.

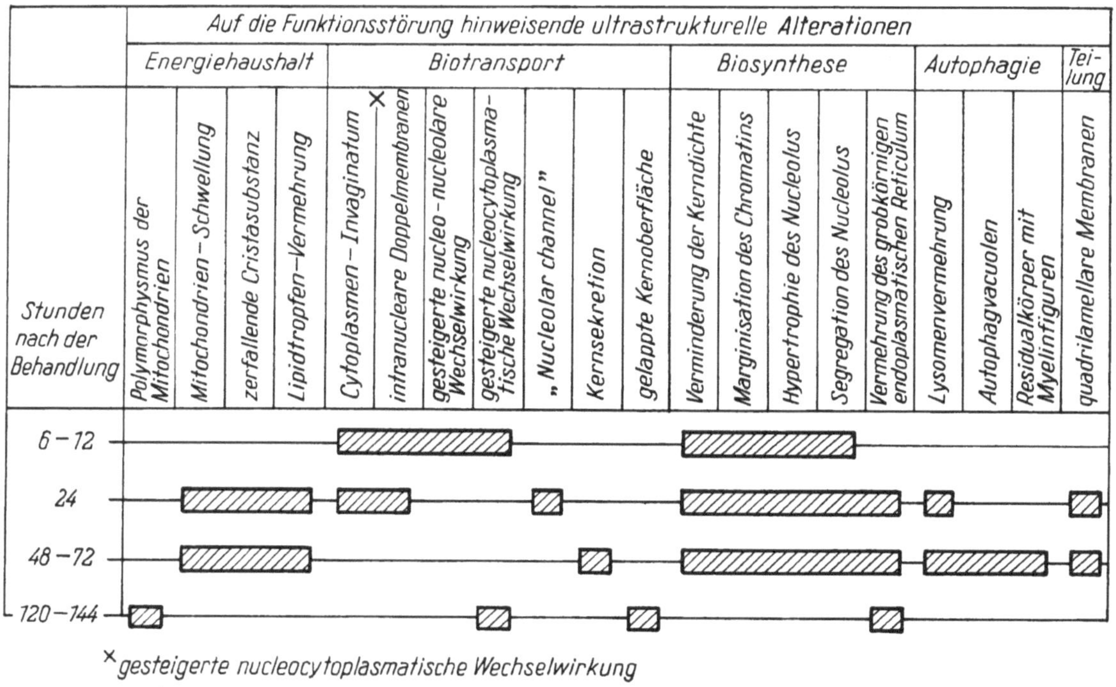

Abb. 3. Die Gesamtbilder der durch die Wirkung des R-74 verursachten ultrastrukturellen Alterationen in Abhängigkeit von der Zeit

Mit Hilfe der für eine gegebene Dosis und für einen Zeitpunkt charakteristischen Gesamtbilder oder Pattern kann man also im Falle einzelner chemotherapeutischer Mittel im Niveau der ultrastrukturellen Alterationen mittelspezifische Eigenschaften aufdecken. Bei der klinischen Anwendung der geschwulsttherapeutischen Mittel kann unserer Meinung nach die oben dargelegte Betrachtungsweise, die Zusammenstellung der Pattern durch die Versicherung der zielgerichteten Selektion der in den kombinierten Behandlungsmethoden angewendeten Mittel schon in sich eine Hilfe leisten, obwohl ihre Ergänzung mit anderen Methoden unbedingt erstrebenswert ist.

Literatur

Bolla, K., K. Lapis and I. Benedeczky: Studies on lysosomal activity in tumour cells following treatment with R-74 (1,5-bis-(2′-mesyloxy-ethylamino-)1,4-dideoxy-mesoerythritol). In: Abstracta. Vth International Congress of Chemotherapy. Vienna. 1967. June 26-July 1. pp. 175—178 (1967).

Cardinali, G., G. Cardinali and J. Blair: The stathmokinetic effect of vincaleukoblastine of normal bone marrow and leukemic cells. Cancer Res. **21**, 1542—1544 (1961).

Dustin, P. jr.: Mitotic poisons in the chemotherpy of malignant growth. Acta Un. int. Cancr. **6**, 466—477 (1959).

Karnofsky, A. D., and B. D. Clarkson: Cellular effects of anticancer drugs. Ann. Rev. Pharmacol. **3**, 357—428 (1963).

Kellner, B., K. Lapis and S. Eckhardt: Lymphknotengeschwülste. Akademischer Verlag, Budapest 1966.

Lapis, K., and E. H. Mercer: An electron microscope study of NK/Lymphoma cells and the changes produced by two cytostatic drugs. Cancer Res. **23**, 676—681 (1963).

Lapis, K., and F. Guba: Electron microscopic studies of ascites lymphoma cells treated with different chemothera peutics. Acta Un. int. Cancr. **20**, 180—184 (1964).

Lapis, K., and W. Bernhard: The effect of mitomycin-C on the nucleolar fine structure of KB cells in cell culture. Cancer Res. **25**, 628—645 (1965).

Lapis, K., and I. Benedeczky: Comparative studies of subcellular alterations caused by different chemotherapeutics in Shay tumour of rats. In: Abstracts of papers. IXth International Cancer Congress. Tokyo 1966. pp. 387 (1966a).

Lapis, K., and I. Benedeczky: Antimetabolite-induced changes in the fine structure of tumour cells. Acta biol. Acad. Sci. hung. **17**, 199—215 (1966b).

Lapis, K., and I. Benedeczky: Electron microscopic and electron histochemical studies on NK/Ly ascites tumour cells after treatment with vinblastine. In: Abstracta. Vth International Congress of Chemotherapy, Vienna 1967. June 26-July 1. pp. 237—240 (1967).

Lapis, K., I. Benedeczky and K. Bolla: Ultrastructural alterations induced by alkylating agent (R-74) in tumour cells. Acta biol. Acad. Sci. hung. **18**, 303—322 (1967).

Lapis, K., and I. Benedeczky: Ultrastructural investigation of the effect cytostatic sugar-alcohol derivatives. M. T. A. V. Oszt. Közl. **19**, 65—100 (1968).

Simard, R.: Specific nuclear and nucleolar fine structural lesions induced by Proflavine in tissue culture. Cancer Res. **26**, 2316—2328 (1966).

Simard, R., and W. Bernhard: Le phenomene de la ségrégation nucléolaire: Spécificité d'action de certains anti-métabolites. Int. J. Cancer **1**, 463—479 (1966).

Anatomisches Institut der Universität Budapest, VR Ungarn

Die Bedeutung der Morphologie in der neurobiologischen Grundlagenforschung

von

J. Szentágothai

In den letzten etwa anderthalb Jahrzehnten haben sich die Anforderungen an die Neuromorphologie durch die mittels Ableitung von einzelnen Nervenzellen eingeleitete revolutionäre Entwicklung in der Neurophysiologie vervielfacht. Es genügt heute keineswegs allgemeine Feststellungen über den Aufbau gewisser Nervenzellgruppen und ihre Verbindungen zu machen. Vom Neuromorphologen erwartet die Physiologie heute mit Recht genaue quantitative Angaben über die geometrischen und topologischen Eigenschaften der verschiedensten Neuronennetze, Angaben über die licht- und elektronenmikroskopischen Strukturverhältnisse aller synaptischen Verknüpfungen mit genauer Feststellung der Herkunft der verschiedenen synaptischen Endigungen, und endlich — aber nicht an letzter Stelle — Aufschlüsse über spezifische chemische Eigenschaften verschiedener Nervenzellen und Nervenendigungen.

Die Grundbedingungen für eine Beantwortung aller dieser Fragen sind heute im Prinzip gesichert. Die Elektronenmikroskopie hat ein für allemal mit den Widerständen — die sich leider auch in maßgeblichen histologischen Kreisen der Neuronenkonzeption entgegenstellten — aufgeräumt, so daß nunmehr der Weg zu einer rationellen Fragestellung für alle neuromorphologischen Forschungsrichtungen geebnet ist.

Um die „Moral" aus der wechselvollen Geschichte der Neuronenkonzeption zu ziehen, ist es vielleicht das Richtige, hier einen Augenblick zu verweilen. Heute, im Besitze der elektronenmikroskopischen Bilder von Synapsen — die nun in jedem Lehrbuch der Histologie zu finden sind — ist es natürlich sonnenklar, daß es sich lediglich um eine Apposition von zwei Zellmembranen handelt.

Abgesehen von der relativ selten — bei elektrischen Synapsen — vorkommenden Verschmelzung der äußeren Zellmembranen ist es nicht einmal ein echter Kontakt. Andererseits zeigen die stets vorhandenen sogenannten synaptischen strukturellen Differenzierungen (Ansammlungen synaptischer Vesikel, hexagonale Strukturen der präsynaptischen Membran, Verdickungen der postsynaptischen Membran, subsynaptische Cysternen, Granula — bzw. Vesikelreihen, usw.) nur zu deutlich, daß die spezifischen Übertragungsstellen der Erregung und Hemmung auch strukturell spezifisch differenzierte Gebiete der Zellmembran sind. Eine einfache Apposition zweier Zellmembranen auf 150—200 Å Distanz hat offenbar keine Bedeutung. Recht unklar ist die Rolle und auch die Struktur der vielfach beschriebenen intersynaptischen filamentösen Gebilde (Gray, 1966). Eines ist sicher, es sind nicht Neurofilamente. Ähnliche Gebilde kommen bei anderen Membrankontakten der verschiedensten Zellen vor.

Für den heutigen Betrachter mag es eigentümlich erscheinen, aber es ist doch Tatsache, daß vor eben dreißig Jahren, auf der Versammlung der Anatomischen Gesellschaft 1937 die Hauptreferate den ausgesprochenen Zweck hatten, der Neuronenlehre den Todesstoß zu geben. Es wäre „unfair", nicht zuzugestehen, daß die damals in höchster Mode stehenden Forschungen der Endverzweigungen vegetativer Nerven, mit den bestechend schönen Imprägnationspräparaten, sehr leicht zu „retikularistischen" Vorstellungen führen konnten. Es mag aber zugleich auch eine Lehre für die Zukunft sein, daß trotz allen Respektes gegenüber direkten Beobachtungen und Beweisführungen, eben auch indirekte Beweisgründe entscheidend zu Rate gezogen werden müssen. Für eine kleine Gruppe der Autoren, an erster Stelle B. J. Lawrentjew (1934), denen ich mich als Anfänger selbst anzuschließen das Glück hatte, (Schimert [Szentágothai], 1936, 1937, 1938), war es klar, daß die sekundäre Degeneration der Axone als sehr wichtiges, damals indirektes Beweisverfahren herangezogen werden konnte. Wenn ich meine damaligen Ausführungen heute nachlese, so muß ich bei aller nostalgisch-kritischer Betrachtung eines jugendlich-naiven Draufgängertums doch immer die Wichtigkeit der indirekten Beweisführung gegenüber dem durch eine bestimmte Technik hervorgerufenen Schein erkennen. Interessanterweise hat die elektronenmikroskopische Analyse der vegetativen Endverzweigungen die frühere Annahme (Schimert, 1938) bestätigt, daß Endzweige der vegetativen Nervenfasern aus dem Leitgewebe der Schwannschen Zellen heraustreten. Ein unmittelbarer Kontakt jedoch mit den innervierten Gewebeelementen, z. B. glatten oder Herzmuskelzellen, scheint nicht nötig zu sein. Abbildung 1 dürfte als elektronenmikroskopisches Vergleichsbild dienen, das zeigt, wie genau die seinerzeitigen lichtmikroskopischen Degenerationsbefunde die tatsächlichen Verhältnisse wiedergaben (siehe Abb. 1).

Um jedoch einen Überblick über die gegenwärtige Bedeutung der klassischen Arbeitsrichtungen der Neuromorphologie zu gewinnen, ist es wohl zweckmäßig, einen Blick auf die verschiedenen methodisch festgelegten Forschungsrichtungen zu werfen und nachzusehen, wie weit sie heute noch zur Weiterentwicklung unserer Kenntnisse beitragen.

Die klassische — mit dem Nisslverfahren geübte — Zytoarchitektonik hat sich, abgesehen von einigen vergleichend anatomischen und rein lokalisatorischen Fragestellungen (Laesionen, mit Mikroelektroden markierte Zellen usw.), größtenteils überlebt. Eine erneute Bedeutung kann sie jedoch als Grundlage genauer quantitativer Erhebungen bilden. Da die Nervenzellkörper einen verschwindend geringen Bruchteil des Nervengewebes darstellen, wäre es offenbar verfehlt, aus noch so genauen, auf Grund von Nisslpräparaten gemachten Zählungen oder Messungen, direkt etwas Wesentliches aus solchen Feststellungen ableiten zu wollen. Das Zellpräparat kann nur dazu dienen — und ist gleichzeitig auch das allein hierzu geeignete Verfahren — genaue Information über absolute oder relative Zellzahlen und ihre Dichten zu geben. Alles Weitere muß sich auf genaue, mittels der Golgiverfahren gewonnene dendroarchitektonische Befunde gründen. Wegen der großen und unberechenbaren Selektivität der Golgiverfahren sind diese prinzipiell ungeeignet, um zu irgendwelchen zahlenmäßigen Schlüssen zu gelangen, abgesehen jene über das eben erfolgreich dargestellte Element. Reale Vorstellungen über die Ausfüllung des zentralnervösen Gewebsraumes können deshalb allein auf eine rechnerische Verarbeitung der auf die aus dem Zellbild gewonnenen Zahlen verschiedener Zelltypen und auf die aus dem Golgibild erhobenen dendroarchitektonischen Messungen gründen. Ein empfindlicher Mangel haftet diesem Vorgehen noch an, nämlich die Unkenntnis der Zahl der in das untersuchte Gebiet einstrahlenden afferenten Fasern. Diese läßt sich bei Rindengebieten ermitteln, wenn man von der auf Grund von auf die Rindenoberfläche umgerechneten Zahl der im Markscheidenpräparat bestimmten Faserzahl die Zahl jener Zellen des Rindengebietes subtrahiert, welche ihre Axonen aus der Rinde wegsenden. Dasselbe Verfahren könnte,um Irrtümer infolge markloser Fasern auszuschließen, auch auf das Achsenzylinderpräparat ausgedehnt werden. Das Verzweigungsmuster verschiedener, für das untersuchte Gebiet afferenter Fasern läßt sich wieder für einige repräsentative Fälle aus dem Golgibild auswerten. Es besteht somit theoretisch zweifellos die Möglichkeit, die Ausfüllung des zentral-nervösen Raumes (in der grauen Substanz) in statistischer Weise zu beschreiben. Gewisse grundlegende Ansätze zu dieser unerläßlichen Arbeit wurden durch Sholl (1953) unternommen, aber bisher noch an keinem Zentralorgan konsequent durchgeführt. Eine Gruppe meiner Mitarbeiter unter der Leitung von M. Palkovits ist dabei, diese Arbeit zunächst einmal an der Kleinhirnrinde, sowohl auf licht- als auch elektronenmikroskopischer Grundlage auszuführen. Eine brauchbare und zugleich auch im Arbeitsaufwand realistische Ausmessung von dendritischen oder axonalen Verzweigungen benötigt ein Hilfsinstrument, nämlich ein Meß-Mikroskop, dessen Bewegungen sowohl des Tubus als auch jene des Objekttisches in einen einfachen Zweck-Computer laufend eingespeist und nach dem Lehrsatz des Pythagoras in wirkliche Astlängen convertiert, in digitaler Form ausgeschrieben werden. Ein solches Instrument wurde unter Mitwirkung von H. van der Loos in Baltimore entwickelt, seine Herstellung dürfte technisch und in bezug auf Geldmittel nicht auf unüberwindliche Schwierigkeiten stoßen. — Auf nicht unbeträchtliche Schwierigkeiten stieß dagegen unsere Arbeitsgruppe in der Kleinhirnrinde bei der Bestimmung der Zellzahl bestimmter Zelltypen, z. B. Korbzellen, Golgizellen, da die Größe der Zellkörper und der Kerne nicht eine einwandfreie subjektive Identifizierung gestatten. Es zeigte sich, daß dies mit kernvariationsstatistischen Verfahren ohne weiteres gelingt. — Aus diesen Beispielen dürfte es zu erkennen sein, daß ein einzelnes histologisches Verfahren heute kaum mehr auch den bescheidensten architektonischen Ansprüchen genügen kann, dagegen eine entsprechende Kombination verschiedener Verfahren und die nötigen modernen Gesichtspunkte sehr viel bieten und für die nahe Zukunft noch mehr versprechen.

Die wegen ihrer angeblichen „Unzuverlässigkeit" von vielen schon seit Jahrzehnten geschmähte Golgimethode erwies sich im Lichte der elektronenmikroskopischen Erkenntnisse als eine Methode einzigartiger Informationswerte. Wer die neueren Arbeiten von Scheibel und Scheibel (1966, 1967) über die inneren Verbindungen des Thalamus studiert, wird erkennen, daß diese Methode auch in ihrer klassischen Anwendung noch bei weitem nicht alles geboten hat was sie vermag. Eine wesentliche Erweiterung ihres Anwendungsbereiches bieten die in verschiedenen Instituten etwa gleichzeitig entwickelten Perfusionsverfahren, meistens nicht die Originalmethode selbst, sondern die Modifikation von Kopsch. Das Entscheidende allerdings ist die große Zuversicht, die wir heute auf Grund der elek-

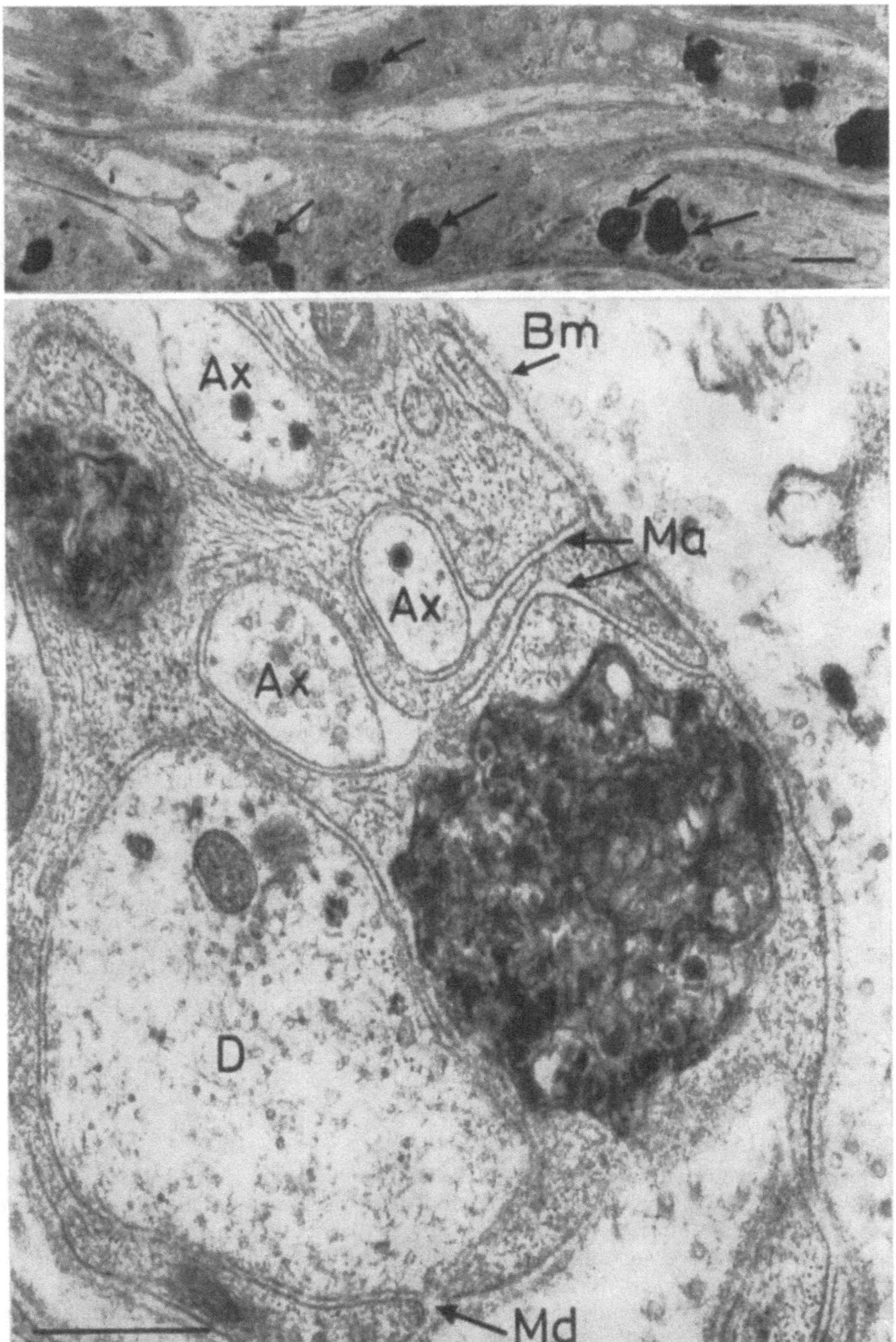

Abb. 1. Elektronenmikroskopisches Degenerationsbild präganglionärer Endverzweigungen im Ggl. cervicale superius der Katze anderthalb Tage nach Durchschneidung des Halssympathicus. Man vergleiche die sich infolge ihrer Osmiophilie schwarz abzeichnenden Degenerationsfragmente (Bild oben, mit Pfeilen angezeigt) markloser Endfasern innerhalb des Plasmas der SCHWANNschen Scheidenzellen mit den lichtmikroskopischen Degenerationsbildern der dreißiger Jahre. — Bild unten zeigt die Degeneration der vorwiegend axodendritischen Synapsen im Ganglion selbst. Unversehrte Axone (Ax) mit ihren Mesaxonen (Ma) liegen teils tief in das Plasma SCHWANNscher Zellen eingebettet, teils (oben) nur in deren Oberfläche eingedrückt. Osmiophile Fragmente degenerierter Endfasern haben sich schon von den Querschnittprofilen der Dendriten (D) abgetrennt. Unten ein kurzer Mesodendrit (Md). (Vgl. SZENTÁGOTHAI, Acta Neuroveget. (Wien) **26, 1964,** 338—359). Eine Basalmembran (Bm) trennt den interzellulären Bindegewebsraum des Ganglions von den Ausläufern der SCHWANNschen Zellen, in denen der synaptische Kontakt eingebettet ist. Strecke = 0.5 μm

tronenmikroskopischen Parallelbefunde der Golgimethode auch bei den feinsten Einzelheiten der synaptischen Schaltungenentgegen bringen können. Wie oft hat man vieles im Golgipräparat Gesehene als wertloses Kunstprodukt, grobe Inkrustation durch Chromsilberniederschläge usw. verschrieen, (wie z. B. die Dendritendornen, glomeruläre Synapsen, das peripherische Golginetz der Nervenzellen, die Formen und Beziehungen der Gliazellen) von denen wir heute durch das Elektronenmikroskop wissen, daß sie alle reale, richtig deutbare Strukturen sind. Allerdings hat die Golgimethode ihre Grenzen wie jede andere Methode, aber in entsprechender Kombination mit elektronenmikroskopischen Beobachtungen ist sie unerläßlich für die richtige Deutung des ultrastrukturellen Bildes und der wirklichen Beziehung zwischen Nervenelementen schlechthin. Eine ganz besondere Möglichkeit bietet zur ultrastrukturellen Identifikation der verschiedensten Nervenelemente die nachträgliche Einbettung für elektronenmikroskopische Zwecke des Golgipräparats (Blackstad, 1965).

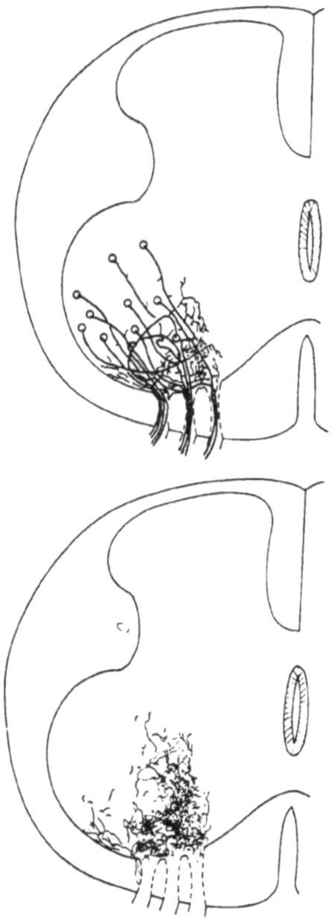

Abb. 2. Beispiel der Auswertung des Golgiverfahrens zur Identifikation des Verzweigungsgebietes bestimmter Axonenkollateralen mit der Lokalisation bestimmter Nervenzellen (Szentágothai, 1967). Bild oben zeigt die Ursprungsstellen von zehn sicher identifizierten motorischen Axonen im Rückenmarkssegment L_7 und ihre sämtlichen initialen Kollateralen. Das untere Bild zeigt sämtliche initialen Kollateralen von 50 auf gleiche Weise identifizierten motorischen Axonen, der Übersicht halber unter Weglassung des Stammaxon selbst. Das durch die Verzweigungen dicht besiedelte Gebiet unmittelbar ventromedial vom Lokalisationsgebiet der motorischen Zellen entspricht genau dem Gebiet, wo die Renshawschen Zellen durch physiologische Befunde lokalisiert werden. Somit gewinnt die sogenannte rückläufige Hemmung mittels Renshawscher Zwischenneuronen eine deutliche anatomische Grundlage. Gleichzeitig wird die verbreitete Annahme, daß initiale motorische Kollateralen an motorischen Neuronen selbst endigen, weitgehend widerlegt

Dies ist jedoch noch bei weitem nicht alles, was die Golgimethode zu leisten vermag. In jüngster Zeit haben wir begonnen, ganze Populationen auf Grund gewisser gemeinsamer Kriterien ausgewählter Axonen-Verzweigungen zu untersuchen. Mit Hilfe dieses Verfahrens gelang es uns, z. B. das Verzweigungsgebiet der initialen Axonkollateralen motorischer Rückenmarksneuronen genau mit dem angenommenen Lokalisationsgebiet der sogenannten Renshawschen Zellen zu identifizieren (Abb. 2. Szentágothai, 1967). Es war mit dem gleichen Verfahren ohne weiteres möglich, die nicht motorischen Verzweigungsgebiete der zentralen Kollateralen der (I a) Muskelspindelafferenten zu definieren. Neuerdings ist es mit meinem Mitarbeiter M. Réthelyi (1968) gelungen, die zentralen (Rückenmarks-) Kollateralen der (I b) Golgi-Spindelafferenten einwandfrei zu identifizieren. Die Beweisführung in diesen Fällen ist selten rein histologisch zu begründen. In den meisten Fällen ist eine kombinierte physiologisch-histologische Beweisführung notwendig und die sich ergänzenden physiologischen und histologischen Befunde gestatten so weitgehende Schlüsse wie sie auf Grund von rein histologischen oder rein physiologischen Methoden nie möglich wären. — Eine Neubearbeitung des gesamten Zentralnervensystems mittels Golgimethoden von diesen Gesichtspunkten aus würde unsere neurobiologischen Erkenntnisse in heute noch ungeahnter Weise bereichern.

Die in den 20—40er Jahren durch die Mehrzahl der Neurohistologen in ihrer Bedeutung ziemlich überschätzten „neurofibrillären Methoden" haben durch die Elektronenmikroskopie sehr viel von ihrer früheren Anziehungskraft eingebüßt. Dies dürfte in erster Linie darauf beruhen, daß neurofilamentöse oder neurotubuläre Gebilde, die offenbar das ultrastrukturelle Substrat der Neurofibrillen sind, eben nicht in allen Nervenelementen in gleicher Dichte oder gar überhaupt vorkommen. Auf Grund des Vergleiches mit elektronenmikroskopischen Befunden müssen wir in der Tat annehmen, daß nur ein verhältnismäßig geringer Teil der synaptischen Endkolben den charakteristischen, von Boycott et al. (1961) beschriebenen, neurofilamentären Ring enthält, der im Lichtmikroskop die bekannten Endringe hervorruft. Deswegen ist, was wir im Neurofibrillenpräparat sehen, nur ein unbedeutender Teil der Endigung, wenn wir überhaupt etwas zu sehen bekommen. Trotz unserer gegenüber neurofibrillären Präparaten erheblich verringerten Zuversicht, wäre es durchaus verfehlt, dieses wichtigen Mittels vollkommen entsagen zu wollen. Eine richtige Kombination des lichtmikroskopischen Verfahrens mittels neurofibrillärer Methoden und ergänzenden Beobachtungen am gleichen Material mittels des Elektronenmikroskops ist ein äußerst wertvolles Mittel, besonders um komplexe synaptische Gebilde zu analysieren. Allerdings ist die Auswahl des entsprechenden Silberreduktionsverfahrens entscheidend. Für viele Nervenendigungen sind nicht die besonders schöne Fibrillenbilder liefernden Bielschowsky-Methoden, sondern in den meisten Fällen mehr die Cajalschen Methoden oder die neueren Silberkarbonat- oder Silber-Protein Verfahren als wertvoller zu bewerten. Eine Kombination dieser Untersuchungsmethoden führte zur Entdeckung der für den Thalamus und Corpora geniculata so charakteristischen glomerulären Synapsen (Abb. 3) (Szentágothai, 1962, 1963, 1965; Majorossy et al., 1965).

Bei der elektronenmikroskopischen Forschung der Zentralorgane, vor allem der synaptischen Zusammenhänge, kann es nicht scharf genug hervorgehoben werden, daß es durchaus verfehlt ist auf gutes Glück auszugehen. Diese Vorstufe der Forschung ist ein für allemal überwunden und nur gezielte Untersuchungen auf Grund entsprechender lichtmikroskopischer Vorarbeiten haben einen Sinn und können wesentlichere Erfolge versprechen.

Die Erforschung von Leitungsbahnen und ihrer synaptischen Schaltungen mittels der sekundären Degeneration erhielt durch die Entwicklung des spezifischen Imprägnationsverfahrens von Nauta-Gygax einen bedeutenden Vorschub. Nahe 50% aller neuromorphologischen Arbeiten sind heute praktisch auf dieses Verfahren gegründet. Eine nicht unbedeutende Schwierigkeit ergab sich aus der Tatsache, daß besonders feine marklose Endstrecken der Axonen-Endverzweigungen mit der Originalmethode sich im Zustand der Degeneration nicht oder nur schwer darstellen lassen. Das Verfahren zeigte sich als höchst leistungsfähig bei allen Leitungssystemen, deren Fasern bis hart an die synaptischen Enden markhaltig sind; bei vorwiegend marklosen Systemen, wie z. B. die inneren Verbindungen der Großhirnrinde, Kleinhirnrinde, Hypothalamus, Substantia gelatinosa versagt das Verfahren fast vollständig. In jüngster Zeit haben nun Heimer und Fink (1967) im Laboratorium von Nauta einige neuere Modifikationen entwickelt, die auch auf Grund elektronenmikroskopischer Kontrolle einwandfrei in der Lage sind, die feinsten synaptischen Endigungen auch markloser Systeme darzustellen. — Die tatsächlichen synaptischen Beziehungen der degenerierten Elemente zu den Nervenzellen des Endgebietes sind lichtmikroskopisch nicht zu bewerten. Es ist deshalb heute eine absolute Forderung in jedem Falle, wenn solche Fragen entschieden werden sollen, die elektronenmikroskopische Untersuchung der Degeneration heranzuziehen. Die in Degeneration begriffenen axonalen und synaptischen Strukturen können ohne weiteres auf Grund ihres, zuerst von Walberg (1964) beschriebenen, osmiophilen Schrumpfungsstadiums erkannt werden (Abb. 4). Die Kombination der experimentellen sekundären Degeneration mit elektronenmikroskopischer Beobachtung ist heute in einigen Laboratorien (Walbergs in Oslo, Gray in London und unserem in Budapest) zu einem Routineverfahren entwickelt worden. Nicht unbeträchtliche Schwierigkeiten ergeben sich allerdings aus der, für verschiedene Leitungssysteme, Axonlängen und Endigungsgebiete sehr unterschiedlichen Degenerationszeit und der ungemein raschen Aktivität der Glia, mit der die Fragmente der synaptischen Enden sehr rasch einverleibt und von den entscheidenden Stellen abtransportiert werden.

Immerhin ist mit diesen technischen Möglichkeiten der Ring geschlossen. Es ist dadurch heute im Prinzip möglich, sämtliche Verbindungen jedes beliebigen Neurons unzweideutig festzulegen. Dies allerdings mit gewissen Einschränkungen, in erster Linie wegen der großen Zahl der Nervenelemente. Dies erfordert eine Behandlung der Neuronenverbindungen mittels komplizierter statistischer und mathematischer Verfahren, die zum Teil noch gar nicht entwickelt sind. Ich denke hier vor allem an eine Definition im statistischen Sinne der synaptischen Verschaltung zwischen komplizierten Dendritenverzweigungen von Nervenzellgruppen und Axonenverzweigungen zur Ermittlung der Wahrscheinlichkeit von Kontakten zwischen solchen Elementen, wenn sie sich im gleichen Raume verzweigen. Dies ist aber zweifellos durchaus möglich, wenn auch sicher sehr mühsam. — Eine andere, aber durchaus überwindliche Schwierigkeit ergibt sich aus Neuronen mit kurzen Axonen, oder anderenfalls initialen Kollateralen längerer Axonen, die lokale Verbindungen herstellen. Wir haben uns seit Jahren mit der Analyse solch lokaler Verbindungen beschäftigt (Szentágothai, 1958, 1964, 1965; Hámori und Szent-

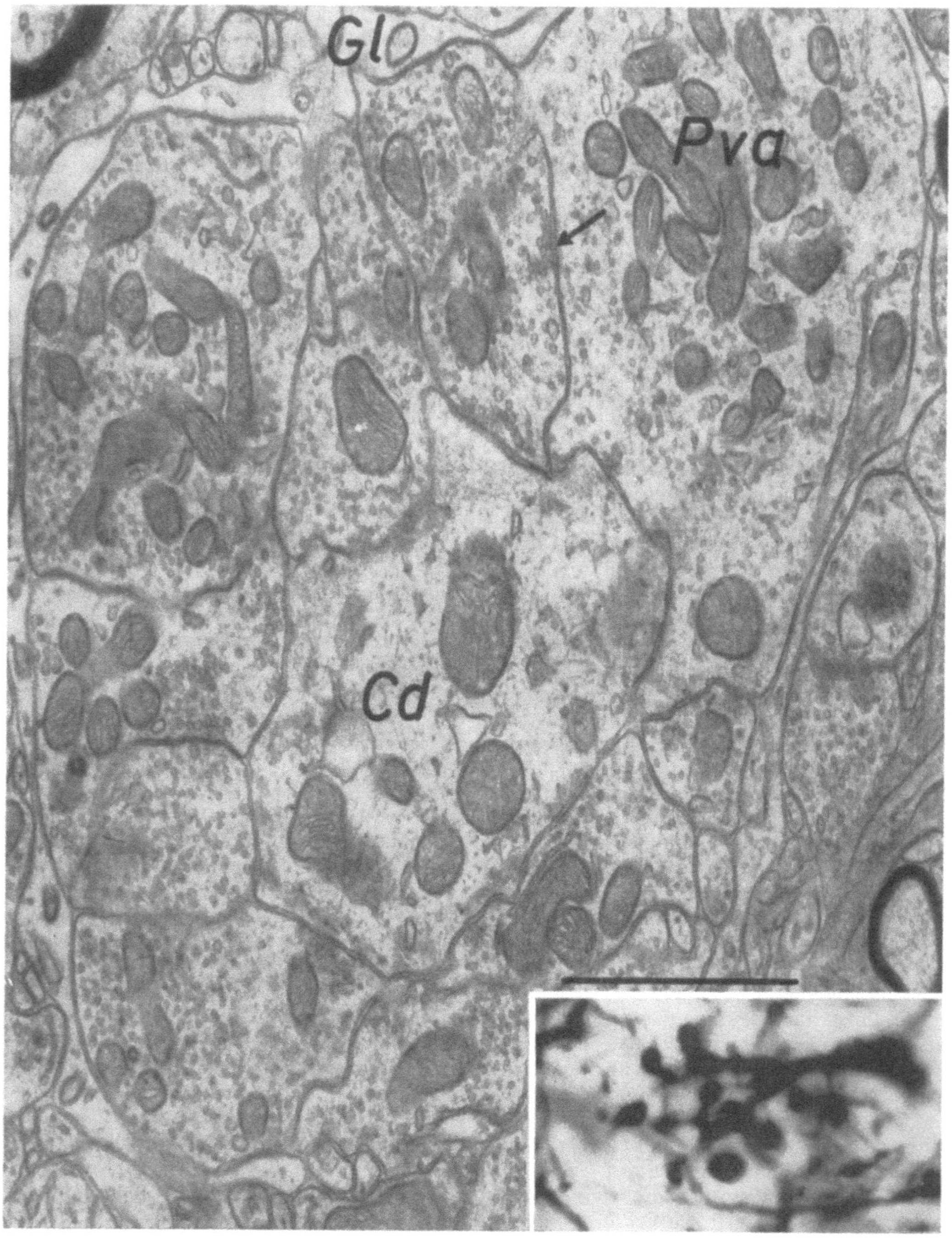

Abb. 3. Charakteristische glomeruläre Synapse aus dem Pulvinar thalami der Katze (nach MAJOROSSY et al., 1965). Jedes dieser Glomeruli hat einen kolbenförmigen zentralen Dendriten (Cd), der ringsum mit den Enden verschiedener Axonen umgeben ist. Einige Axonenendigungen sind schon auf Grund ihrer Struktur als besondere Typen zu erkennen, wie z. B. das große Querschnittsprofil (Pva) mit größeren unregelmäßigen und ungewöhnlich kleinen synaptischen Vesikeln. Die Axone gehen auch Synapsen untereinander ein (Pfeil). Jeder Glomerulus ist durch eine gliöse Kapsel (Gl) deutlich gegen die Umgebung abgesondert. — Strecke = 1 μm. Das lichtmikroskopische Bild unten rechts zeigt die eigentümlichen Dendritenkolben, die das zentrale postsynaptische Glied der Synapse bilden, im Imprägnationspräparat. Dieses Bild lenkte die Aufmerksamkeit auf das mutmaßliche Vorkommen ganz speziell gebauter Synapsen

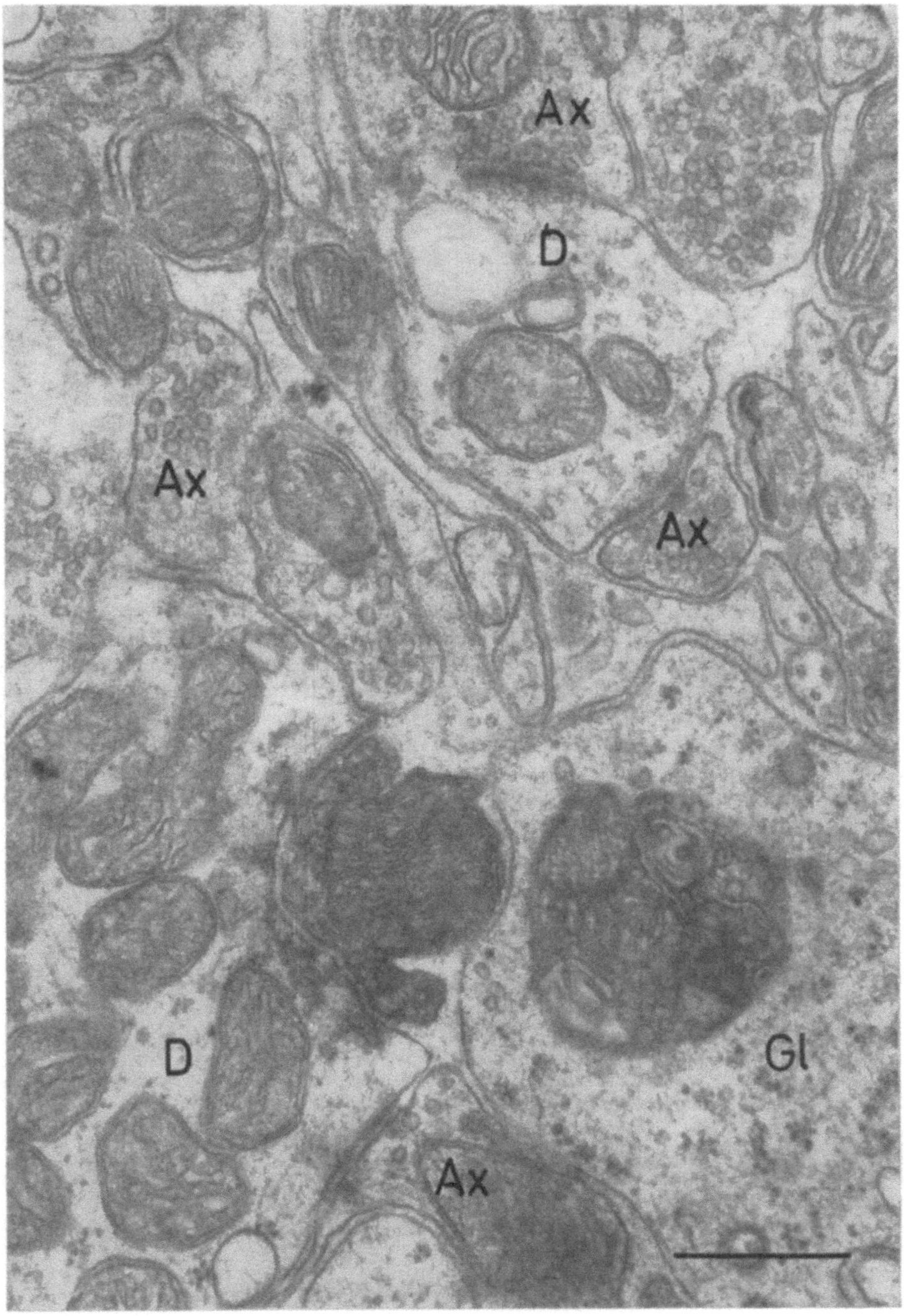

Abb. 4. Teil einer glomerulären Synapse im Corpus geniculatum laterale der Katze, vier Tage nach Durchtrennung der Nervi optici. Die dunkeln osmiophilen Fragmente eines in Degeneration begriffenen optischen Axons werden in einen aktivierten Gliafortsatz (Gl) einverleibt. Der mit dem dendritischen Teil (D) der Synapse in unmittelbarem Kontakt stehende Teil der optischen Endfaser ist noch außerhalb des Gliazellausläufers. Andere nicht optische Axonenenden (Ax) bleiben unverändert

Ágothai, 1966) und haben zu ihrem Studium — neben der für diese Fragestellungen klassisch gebrauchten Golgimethode — experimentelle Verfahren mit chronisch neural isolierten Gewebsblöcken (unter Erhaltung der Gefäßverbindungen) der verschiedensten Zentralorgane entwickelt. In solchen chronisch isolierten Gewebsblöcken degenerieren alle Nervenelemente, die von außen her in dieses Gebiet hereinkommen, dagegen bleibt alles erhalten, was zu Nervenzellen gehört, die im isolierten

Gewebsstück überleben. Dank der überaus raschen Degeneration und Einverleibung in die Glia der präsynaptischen Endigungen in der elektronenmikroskopischen Größenordnung, konnte die postoperative Lebensdauer dieser isolierten Gewebsblöcke auf einige Tage herabgesetzt werden, was sehr wichtig zur Vermeidung eventueller Komplikationen durch Sprossung der überlebenden Nervenelemente ist.

Diese Ergänzung des Repertoirs an experimentellen Untersuchungsmethoden ist um so wichtiger, als man heute immer mehr erkennen muß, daß die spezifischen Leistungen der nervösen Zentralorgane nicht einfache im Rahmen des klassischen Reflexbogen-Prinzips verlaufende einfache Funktionsabläufe und Schaltungen sind, sondern in neuronalen Netzen mit zahlreichen inneren und rückläufigen oder reziproken Verbindungen ablaufende Vorgänge. Modellversuche mittels künstlicher Neurone (sogenannter Neuromimen) haben gezeigt (Harmon, 1964; Székely, 1965), daß Netzwerke aus nur 3—4 untereinander wechselseitig verbundenen Neuromimen unglaublich vielseitige Funktionszustände hervorbringen können. Ohne ein wirkliches Verständnis des neuronalen Netzwerks kann es deshalb prinzipiell kein Verständnis der nervösen Leistung geben. Und zwar ebensowenig bei den einfachsten Neuronennetzen der niederen Zentren, wie bei den komplizierten Neuronennetzen der höheren Zentren, vor allem der Großhirnrinde. Eine enge Zusammenarbeit zwischen Physiologen und Morphologen, ja Kommunikationswissenschaftlern und Mathematikern ist zum Verständnis der Leistung jedes Zentralorgans oder auch seiner einzelnen Teile unerläßlich.

Ich habe in diesem Bericht ganz bewußt ein ziemlich eng umrissenes Teilgebiet der neurohistologischen Grundlagenforschung herausgegriffen, und zwar jenes der Analyse der neuronalen Schaltschemata. Dies tat ich einesteils, weil dies mein eigenes Spezialgebiet ist, und auch weil ich von der entscheidenden Bedeutung dieses Arbeitsgebietes für die Neurobiologie überzeugt bin. Trotzdem möchte ich keineswegs den Eindruck erwecken, als ob dies das einzige, oder gar auch das wichtigste Gebiet sei, auf dem die Morphologie entscheidend an der Entwicklung dieser Wissenschaft beteiligt wäre. — Ganz im Gegenteil: Die modernen histochemischen, autoradiographischen, Gewebsfraktionierungs-Methoden, die an einzelnen isolierten Nerven- und Gliazellen ausgeführten biochemischen, photometrischen usw. Verfahren eröffnen fast täglich neue Perspektiven der Forschung für den molekularen, ja sogar submolekularen Aufbau der Nervenelemente und die im Rahmen ihrer spezifischen Funktion in dieser Größenordnung ablaufenden Prozesse. Obwohl sich in diesen Größenbereichen die Grenzen der klassischen Disziplinen der Morphologie und Physiologie, aber auch vor allem der Biochemie und Biophysik notgedrungenerweise verwischen, werden die Morphologen mit ihrem wohl verfeinerten, aber doch in ihren letzten Grundlagen klassischen Methoden auch weiterhin entscheidend mitreden können.

Literatur

Blackstad, T. W. : Z. Zellforsch. **67**, 819 (1965).
Boycott, B. B., E. G. Gray und R. W. Guillery: Proc. Roy. Soc. B **154**, 151 (1961).
Fink, R. P., und L. Heimer: Brain Res. **4**, 369 (1967).
Gray, E. G.: Internat. Rev. gen. and exp. Zool. **2**, 139 (1966).
Hámori, J., und H. Szentágothai: Exp. Brain Res. **2**, 35 (1966).
Harmon, L. D.: In „Neural Theory and Modeling“ Hrsg. R. F. Reiss, Stanford Univ. Press, Stanford, 1964.
Lawrentjew, B. J.: Ztschr. mikr.-anat. Forsch. **35**, 71 (1934).
Majorossy, K., M. Réthelyi und J. Szentágothai: J. Hirnforsch. **7**, 415 (1965).
Réthelyi, M.: Acta morph. Acad. Sci. Hung. **16**, 311 (1968)
Scheibel, M. E., und A. B. Scheibel: In „The Thalamus“, Hrsg. D. P. Purpura u . M. Yahr, Columbia Univ. Press, New York, p. 13, 1966.
Scheibel, M. E., und A. B. Scheibel: Brain Res. **1**, 43, 250 (1966).
Scheibel, M. E., und A. B. Scheibel: Brain Res. **6**, 60 (1967).
Schimert [Szentágothai], J.: Z. Zellforsch. **25**, 247 (1936).
Schimert [Szentágothai], J.: Z. Zellforsch. **27**, 296 (1937).
Schimert [Szentágothai], J.: Z. mirk.-anat. Forsch. **44**, 85 (1938).
Sholl, D. A.: J. Anat. (Lond.) **87**, 387 (1953).
Székely, Gy: Acta morph. Acad. Sci. hung. **27**, 285 (1965).
Szentágothai, J.: Acta morph. Acad. Sci. hung. 8, 287 (1958).
Szentágothai, J.: Excerpta Med. Congr. Ser. **49**, 119 (1962).
Szentágothai, J.: Acta Anat. (Basel) **35**, 166 (1963).
Szentágothai, J.: J. comp. Neurol. **122**, 219 (1964).
Szentágothai, J.: Progr. Brain Res. **14**, 1 (1965).
Walberg, F.: J. comp. Neurol. **122**, 113 (1967).

Diskussionsredner:

Seitelberger (Österreich), Scharf (DDR).

Physiologisches Institut der Tschechoslowakischen Akademie der Wissenschaften Prag, ČSSR

Beiträge der funktionellen Morphologie für das Studium der neuromuskulären Physiologie

von

E. Gutmann

Die entscheidenden Ergebnisse der neuro-muskulären Physiologie sind eng gebunden an Fortschritte der funktionellen Morphologie. Diese Fortschritte bedeuten allerdings eine qualitativ neue Entwicklung der funktionellen Morphologie mit neuen methodologischen Einstellungen. Ihr Ziel ist nicht nur die enge Korrelation der Struktur mit Veränderung der Funktion, sondern auch die enge Korrelation der Strukturveränderungen mit Änderungen von biochemischen und biophysikalischen Prozessen, die letzten Endes zur Interpretation auf molekularer Basis führt. Alle diese neuen Einstellungen verlangen 1. eine quantitative Analyse und 2. eine synchrone Beobachtung der Beziehungen von strukturellen, biophysikalischen und biochemischen Veränderungen während der Funktion, resp. während der experimentellen Analyse. Diese Einstellung, d. h. die quantitative Analyse der Beziehungen von strukturellen, biophysikalischen und biochemischen Veränderungen entspricht den perspektiven Aufgaben der molekularen Biologie, und kaum ein anderes Gebiet ist auf diesem Wege weiter vorgedrungen als gerade die funktionelle Morphologie des Nerv-Muskel-Systems. In meinem Bericht möchte ich erstens auf einige entscheidende Etappen der funktionellen Morphologie des neuromuskulären System hinweisen und dann einige offene Fragen, die mein enges Arbeitsgebiet betreffen, besprechen.

1. Der elektronenmikroskopische Nachweis der synaptischen Spalte zwischen den Membranen der Nervenendigungen und des Muskels bestätigte Cajals Annahme des neuronalen Kontaktes gegenüber den Vorstellungen Helds und Boeckes von syncytialen Verbindungen (Katz, 1966).
2. Der Nachweis der synaptischen Bläschen in den Nervenendigungen, in denen wahrscheinlich der Mediator Acetylcholin (ACh) aufgespeichert ist, der Nachweis der neuro-muskulären synaptischen Verzögerung, der Nachweis der Miniaturendplattenpotentiale (MEPP), die der Freisetzung von Mikroquanten von ACh (Castillo und Katz, 1956) entsprechen, verbunden mit dem Nachweis der „Detektor"-Sensitivität zur lokalen iontophoretischen Applikation von ACh, bilden die Grundlage der chemischen Mediatortheorie.
3. Der Nachweis des sarcoplasmatischen Retikulum (SR), besonders des transversal orientierten Systems der Triaden (Bennet, 1956; Porter und Palade, 1957); der Nachweis von lokalisierten Kontraktionen bei streng lokalisierter Depolarisation der Muskelmembranen in der Triadengegend (Huxley und Taylor, 1958) und der Nachweis der Kontinuität des zentralen Tubulus der Triade mit dem extracellulären Raum sind Voraussetzungen für ein „inneres Reizleitungssystem" zwischen Muskelmembranen und den kontraktilen Proteinen des Muskels, wobei noch die Bedeutung der Freisetzung von Ca für diese „Membran-Kontraktionsverbindung" berücksichtigt werden muß. Damit sind die alten Beobachtungen von Veratti (1901) bestätigt, die morphologisch dieses „Reizleitungssystem" voraussetzen; eine genaue Analyse wurde nach Anwendung des Elektronenmikroskops mit höherer Resolution ermöglicht.
4. Der elektronenmikroskopische Nachweis von einander überlagernden dicken und dünnen Myosin- und Aktin-Filamenten, die durch Querbrücken verbunden sind, konkretisierte unsere Vorstellung von der „Querstreifung" des Muskels. ATP wird wahrscheinlich gespalten an den aktiven Stellen der Querverbindungen durch den Zweig des Myosinmoleküls, das das Enzym ATPase enthält, und dieser Vorgang ist offensichtlich verbunden mit der Freisetzung der mechano-chemischen Energie, die die Filamente aneinander vorbeigleiten läßt (Huxley, 1963).

Die bisherigen Beispiele (wenn auch fragmentär) zeigen nicht nur die grundsätzliche Bedeutung der funktionellen Morphologie für die neuro-muskuläre Physiologie, sondern auch die qualitativ neue Entwicklung, die in der synchronen Beobachtung und in der Verschmelzung von morphologischen, biochemischen und biophysikalischen Angaben besteht.

Die bisherigen Beispiele betrafen vor allem Fragen der Reizleitung, die der schnellen Signalübermittlung in neuro-muskulären Systemen dienen. Die Funktion der Neurone ist aber nicht nur die Kommunikation, sondern auch die Strukturerhaltung, eine Funktion, die allgemein als die trophische Funktion des Neurons betrachtet werden kann. Die Bedeutung des ACh als Übermittler der Signalleitung von Nerven zur Muskelzelle ist eindeutig bewiesen. Welche chemischen Systeme sind aber verantwortlich für die Strukturerhaltung von Neuron und Muskel? Ist auch für diese Funktion die ständige Sekretion von ACh verantwortlich, die mit der Produktion von MEPP verbunden ist? Diese Frage der „trophischen Funktion des Neurons" wollen wir untersuchen. Wenn wir vor allem Denervations- und Reinnervationsstudien wählen, so geschieht dies aus zwei Gründen:

1. die chemische Substanz, verantwortlich für die „Strukturerhaltung", ist ein unbekanntes x, deswegen sind vorläufig indirekte Methoden unausweichbar.
2. Die Denervation unterbricht die metabolische Verbindung zwischen Neuron und Muskel und führt letzten Endes zum Strukturverlust, die Reinnervation baut diese metabolisch-interzelluläre Verbindung wieder auf. Beide Experimente sollten also gute Modelle für das Studium der trophischen Funktion des Neurons darstellen.

Denervations- und Reinnervationsstudien zeigen weiterhin, daß die metabolischen intercellulären Beziehungen eine „Doppel-Abhängigkeit" („double dependence" nach YOUNG, 1946) aufbauen, daß sie also die Strukturaufrechterhaltung von Neuron und innerviertem Organ (von prae- und postsynaptischer Struktur) gewährleisten. Die Strukturaufrechterhaltung von Neuron und Muskel soll hier gesondert betrachtet werden.

Nach Nervendurchtrennung vergrößert sich das Zellvolumen und die Eiweißkonzentration der Nervenzelle (BRATTGÅRD, EDSTRÖM und HYDÉN, 1958) und eine erhöhte Inkorporation von S^{35}-Methionin ist schon 3 Tage nach Nervendurchtrennung (GUTMANN, JAKOUBEK, HÁJEK, ROHLÍČEK und ŠKALOUD 1962), festzustellen. Diese erhöhte Eiweißsynthese ist unabhängig von afferenter Nervenaktivität, sie erfolgt nach Durchschneidung der Vorderwurzeln allein und unabhängig von der Nervenimpulsrichtung und auch nach Durchschneidung des peripheren Zellfortsatzes der dorsalen Ganglienzellen (SCOTT, GUTMANN und HORSKÝ, 1966) (Abb. 1). In Nervenzellen von alten Tieren fehlt diese Erhöhung der Eiweißsynthese noch 6 Tage nach Nervendurchtrennung (GUTMANN u. Mitarb. 1962), und diese Erscheinung ist offensichtlich verbunden mit der Verzögerung der Regeneration von Nervenfasern im peripheren Nervenstumpf (DRAHOTA und GUTMANN, 1961). Nach Durchschneidung der Nerven sinkt im zentralen Nervenstumpf in späteren Stadien die Proteinsynthese in der Nervenzelle, Atrophie des zentralen Nervenstumpfes und Verlangsamung der Reizleitungsgeschwindigkeit setzen ein. Nur die Regeneration kann diesen Prozeß beeinflussen. Eine Nervenquetschung im zentralen Nervenstumpf provoziert diese (wenn auch natürlich ungenügende) Regeneration mit erhöhter Eiweißsynthese; die Atrophie ist geringer und die Erregungsleitung sinkt weniger ab als im zentralen Nervenstumpf der Kontrollseite (GUTMANN und HOLUBÁŘ, 1955). Die trophische Funktion im Neuron ist also verbunden mit einer ständigen Erneuerung von Proteinen, die während des Regenerationsprozesses akzentuiert ist.

Eiweißerneuerungsprozesse, der axoplasmatische Transport (YOUNG, 1945; WEISS und HISCOE, 1948; LUBIŃSKA, 1952 u. a.) erhalten also die Integrität des Neurons, obzwar die physiologische Bedeutung des axoplasmatischen Transportes noch unklar ist. Wir werden an die Vorstellungen von der neurosekretorischen Funktion des Neurons erinnert, die an die Arbeiten BARGMANNS (1949) anknüpfen und der wir eine allgemeine trophische Bedeutung zuschreiben möchten. Diese Funktion des Neurons ist im Alter erniedrigt, und dies kann gezeigt werden durch die verzögerte Erhöhung der Eiweißsynthese nach Nervendurchtrennung (Abb. 1) und durch die reduzierte Anhäufung der ChE an der Stelle der Nervenläsion (GUTMANN, HANZLÍKOVÁ und JAKOUBEK, 1967), die normalerweise beobachtet wird (ZELENÁ und LUBIŃSKA, 1962).

Wir können feststellen, daß die trophische Funktion des Neurons selbst mit den Prozessen der dauernden Eiweißerneuerung und dem axoplasmatischen Transport verbunden ist. Wie beeinflußt aber das Neuron die Strukturerhaltung der postsynaptischen Struktur, in unserem Falle den Muskel? Gewiß, Denervation führt letzten Endes zum Verlust der „trophischen", d. h. der strukturerhaltenden Prozesse, Reinnervation zur Erneuerung dieser Prozesse. Allerdings nehmen autoregulative und hormonale Regulationen ebenfalls teil, und eine Elimination dieser Faktoren ist notwendig, falls die „trophische Funktion des Neurons auf die postsynaptische Struktur, den Muskel studiert werden soll. Die trophische Funktion von Hormonen ist am augenfälligsten bei hormonsensitiven Muskeln, z. B. dem Levator ani, der maximal empfindlich auf Verlust oder Zuführung von androgenen Steroiden reagiert (WAINMAN und SHIPOUNOFF, 1941). Dieser Muskel war nur bei männlichen Ratten beobachtet worden. Er ist aber heterosexual angelegt und erfährt vor der Geburt eine schnelle Involution (ČIHÁK, GUTMANN, HANZLÍKOVÁ, 1967). Perinatale Testosteroninjektion erhält den Muskel (GUTMANN, HANZLÍKOVÁ und ČIHÁK) und diese trophische Funktion des Muskels erfolgt, wenn auch beschränkt, auch nach perinataler Denervation. Androgene Steroide können also als relativ unabhängige trophische Hormone wirken. Ihr Angriffspunkt ist aber ein anderer als der des neurotrophischen Mediators. Dies ist z. B. angezeigt durch Vergleich der Veränderungen nach Denervation und „Desandrogenisation". Denervation verlängert die Kontraktionsdauer; Kastration hat aber nur geringe Folgen, obzwar die Atrophie maximal sein kann. Denervation führt zur Erhöhung des Desoxyribonukleinsäuregehaltes (DNK) (GUTMANN und ŽÁK, 1961), nicht aber die Kastration (VENABLE, 1966).

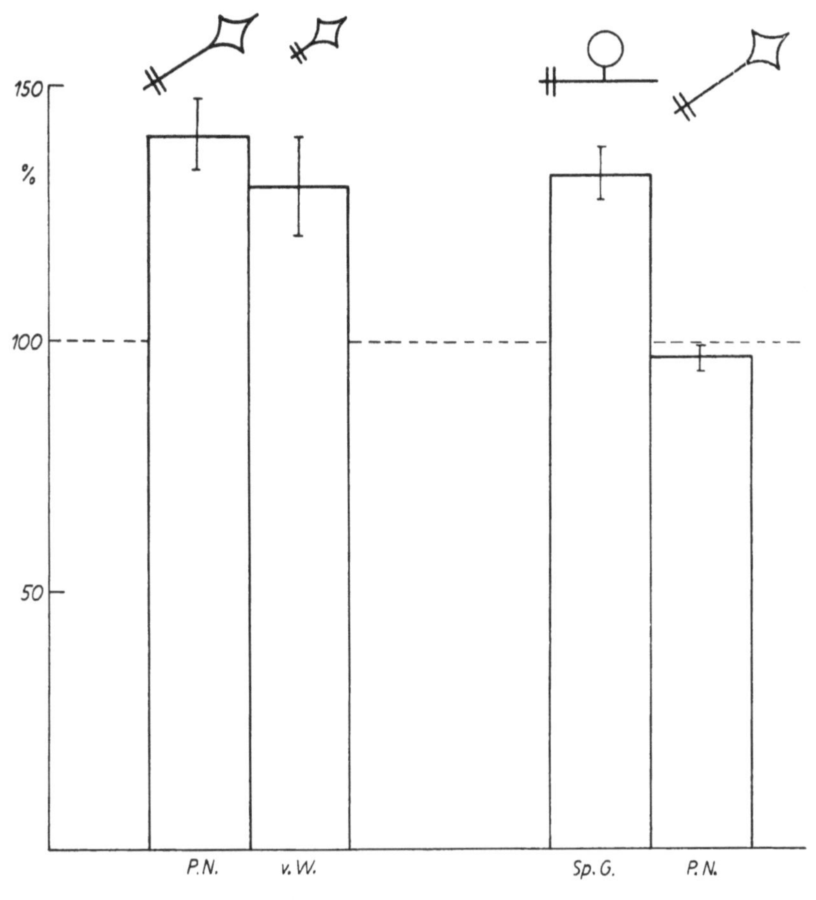

Abb. 1. Prozentuale Veränderungen der Körnchenzahl (dargestellt durch Histoautoradiographie) in motorischen Nervenzellen des Rückenmarks junger Ratten, 3 Tage nach Durchschneidung des peripheren Nerven (P. N.), 3 Tage nach Durchschneidung der motorischen Vorderwurzel (v. W.), in Spinalganglienzellen 3 Tage nach Durchschneidung des peripheren Zellfortsatzes des Spinalganglions (Sp. G.) und in motorischen Nervenzellen 6 Tage nach Durchschneidung des peripheren Nerven bei alten Ratten (100 = Kontrollwerte der normalen Zelle)

Wenden wir uns wieder der Frage der trophischen Funktion der Nervenzelle zu. Welches sind die Mechanismen, mittels derer die Nervenzelle die Struktur und Funktionskapazität der postsynaptischen Struktur aufrechterhält?

Offensichtlich ist nicht die Impulsaktivität des Nerven verantwortlich; langdauernde Blockade der Nervenimpulsaktivität führt nicht zum Verlust der Kontinuität der Nervenendigungen in der Endplatte und reproduziert nicht wesentliche intrazelluläre Störungen, die für die Denervation charakteristisch sind, z. B. den Anstieg der Konzentration von DNA, der synchron mit dem Verlust der Muskelerregbarkeit auftritt (GUTMANN und ŽÁK, 1961). Ich möchte auch daran erinnern, daß wesentliche Unterschiede zwischen Denervations- und Inaktivitätsatrophie bestehen. Fibrillationsaktivität, Verbreiterung der Empfindlichkeitszone auf ACh, die Verlangsamung der Kontraktionsgeschwindigkeit und das Sinken der Membranruhepotentiale weisen auf einen Verlust von Nerveneinflüssen auf die Membranstabilität des denervierten Muskels hin und diese sind nicht durch Inaktivität reproduzierbar. Wichtiges Beweismaterial ergeben weiterhin Versuche, in denen der Nerv verschieden weit vom Muskel durchschnitten wird. Die Struktur der Endplatten (GUTMANN, VODIČKA und ZELENÁ, 1955), die

Erhöhung der proteolytischen Aktivität im Muskel (HÁJEK, GUTMANN und SYROVÝ, 1963) (Abb. 2), die Senkung der ChE setzen umso früher ein, je kleiner der periphere Nervenstumpf ist. Weder Nervenimpulsaktivität noch vasomotorische Einflüsse, sondern der Einfluß chemischer Systeme, die im Muskel mit kleinem Nervenstumpf sich eher erschöpfen, sind also maßgebend.

Die Denervationsatrophie ist vor allem dadurch charakterisiert, daß der Muskel ein fehlreguliertes System wird. Diese Regulationsstörung betrifft den Membran- und intrazellulären Metabolismus. Wir möchten hier hervorheben den Anstieg der DNA und den Anstieg der Proteinsynthese, die aber im Gegensatz zum reinnervierten Muskel nur dem Anstieg des Substratangebotes zuzuschreiben ist. Warum atrophiert also der denervierte Muskel? Vor allem deswegen, weil die erhöhte Proteinsynthese um-

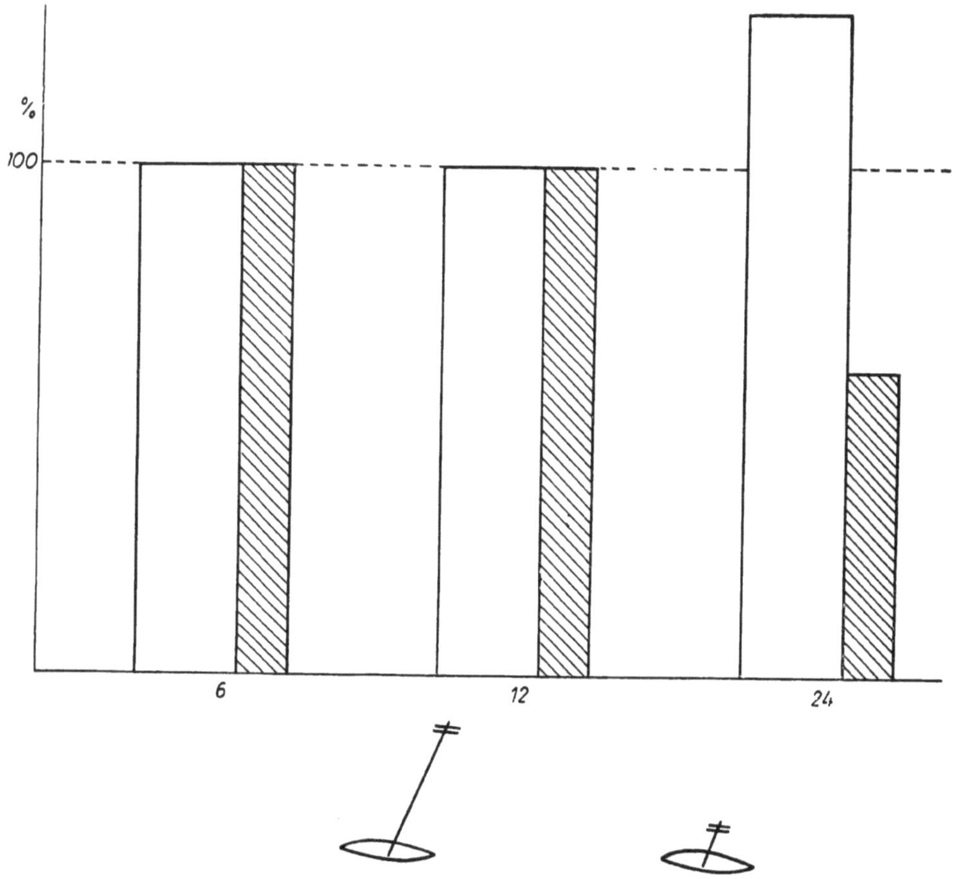

Abb. 2. Proteolytische Aktivität im M. extensor digitorum longus der Ratte (weiße Säulen) 6, 12 und 24 Stunden nach Durchschneidung des N. ischiadicus vor Eintritt in den Muskel prozentual verglichen mit den Werten der proteolytischen Aktivität im Muskel nach Durchschneidung weit vom Muskel. Die schraffierten Säulen entsprechen den Werten der degenerierten Endplatten, verglichen mit den Kontrollwerten im Muskel mit langen Nervenstumpf (100 = Kontrollwerte im Muskel mit langen Nervenstumpf)

gesteuert ist von den kontraktilen zu den sarkoplasmatischen Proteinen (MUSKATELLO, MARGARETH and ALOISI, 1965; HÁJEK, GUTMANN, KLICPERA und SYROVÝ, 1966) und weil gleichzeitig eine Erhöhung der Aktivität der proteolytischen Enzyme, wahrscheinlich aber auch eine Erhöhung der Synthese der proteolytischen Enzyme erfolgt. Erhöhung der Eiweißsynthese auf Grund von erhöhtem Substratangebot, erhöhte Degradation der Proteine auf Grund der erhöhten Aktivität der proteolytischen Enzyme und die Verschiebung der Eiweißsynthese zu den sarkoplasmatischen Proteinen charakterisieren wesentlich das „Muster“ der Stoffwechselstörung im denervierten Muskel. Eine gewisse Ausnahme scheint das denervierte Zwerchfell zu sein, in dem eine vorübergehende Synthese auch der kontraktilen Proteine beobachtet wird. Diese Proteine sind aber funktionell minderwertig. Die tetanische Spannung sinkt herab, wahrscheinlich auf Grund der herabgesetzten ATPase-Aktivität der kontraktilen Proteine. Auch die Aktivität der ChE ist vermindert, die Aktivität der proteolytischen Enzyme erhöht wie in anderen denervierten Muskeln. Die Verschiebung der Eiweißsynthese zu den sarkoplasmatischen

Proteinen ist auch im denervierten Zwerchfellmuskel im elektronenmikroskopischen Bild charakteristisch und gehört also zum Grundbild der Stoffwechselstörung im denervierten Muskel (HÁJEK, HANÍKOVÁ und GUTMANN, 1967).

Um die Mechanismen der neurotrophischen Wirkung der Nervenzelle besser zu verstehen, müssen wir also vor allem auf den Einfluß auf die Enzymausstattung zurückgreifen, d. h. auf die Kontrolle der Synthese von spezifischen Eiweißen durch die Nervenzelle, wahrscheinlich auf Grund genetischer Mechanismen.

Die „Induktion" der subneuralen ChE während der Entwicklung und während der Reinnervation (FILOGAMO und GABELLA, 1967, ZELENÁ und SZENTÁGOTHAI, 1957 u. a.) zeigt wohl am besten den

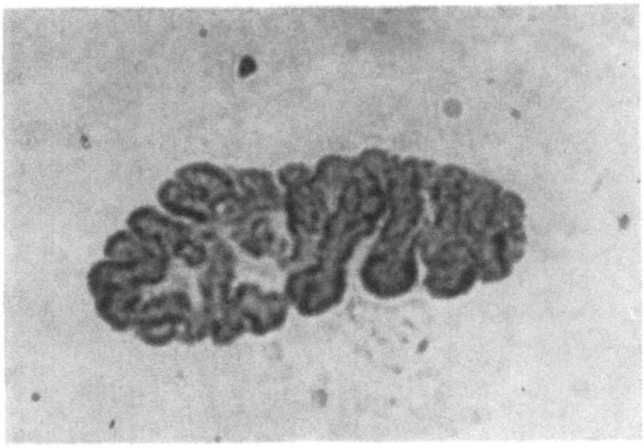

Abb. 3a. Normale Endplatte mit Darstellung des subneuralen Apparates im M. levator ani bei 7 Monate alten Ratten

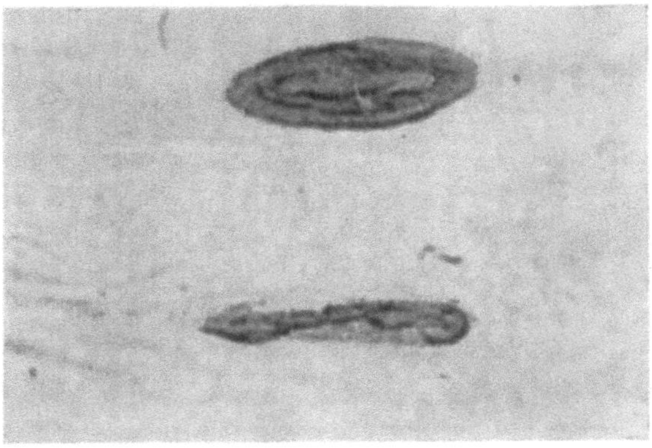

Abb. 3b. Endplatten mit verkleinerter synaptischer Oberfläche (Aufglättung des subneuralen Apparates) im M. levator ani, 7 Monate nach Kastration (Acetylthiocholinjodidmethode)

Einfluß des Neurons auf Enzymdifferenzierung und Lokalisation und ist offensichtlich dem ACh in den praesynaptischen Strukturen zuzuschreiben. Diese Induktion zeigt anscheinend eine hohe Spezifität. Sensible Nervenfasern, in einen Muskelnerv geleitet, bilden plexusähnliche Formationen entsprechend der normalen Hautinnervation (GUTMANN, 1945). Der schnelle M. latissimus dorsi posterior des Huhnes hat eine fokale, der langsame M. latissimus dorsi anterior eine multiple Innervation. Der schnelle Muskel zeigt aber eine multiple ("en grappe") Innervation, falls er nach Kreuznervenverbindung durch den langsamen Muskelnerv innerviert wird (HNÍK, JIRMANOVÁ, VYKLICKÝ und ZELENÁ, 1967).

Die Variationsbreite dieser „Induktion" des Neurons ist außerordentlich groß. Eine gewisse Gesetzmäßigkeit ist aber darin zu sehen, daß die ChE-Aktivität, berechnet auf mg Eiweiß des Muskels, stets höher im langsamen als im schnellen Muskel ist. Andererseits erfolgt in Muskeln alter Tiere und im M. levator ani nach Kastration eine Erniedrigung der ChE und eine Verkleinerung des subneuralen Apparates (Abb. 3), die wir mit einer Reduktion der Induktionswirkung des Neurons in Verbindung bringen. Wir werden fragen müssen, ob ähnliche „Induktionswirkungen" und -änderungen auch andere postsynaiptsche Enzyme betreffen oder ob ACh eine Schlüsselstellung in diesen Induktionsprozessen hat.

Jedenfalls scheint die relative Spezifität des neuralen Metabolismus die Voraussetzung zu bilden für die Veränderung der Kontraktionsgeschwindigkeit (BULLER, ECCLES und ECCLES, 1960) und des Stoffwechsels im Muskel (DRAHOTA und GUTMANN, 1963) der von einem „fremden" Nerven innerviert wird. Gewiß, diese Funktion des Neurons ist nicht an die Nervenimpulsaktivität gebunden, aber die spontane Mikrosekretion des Mediators in den Nervenendigungen könnte genügen, um die „trophische" Funktion zu erhalten, mittels derer die motorische Nervenzelle die postsynaptischen Strukturen beeinflußt. Die Freisetzung des ACh, verbunden mit der Produktion der Miniaturendplattenpotentiale, könnte das Schlüsselsystem sein, das für die trophische Funktion der Nervenzelle verantwortlich wäre.

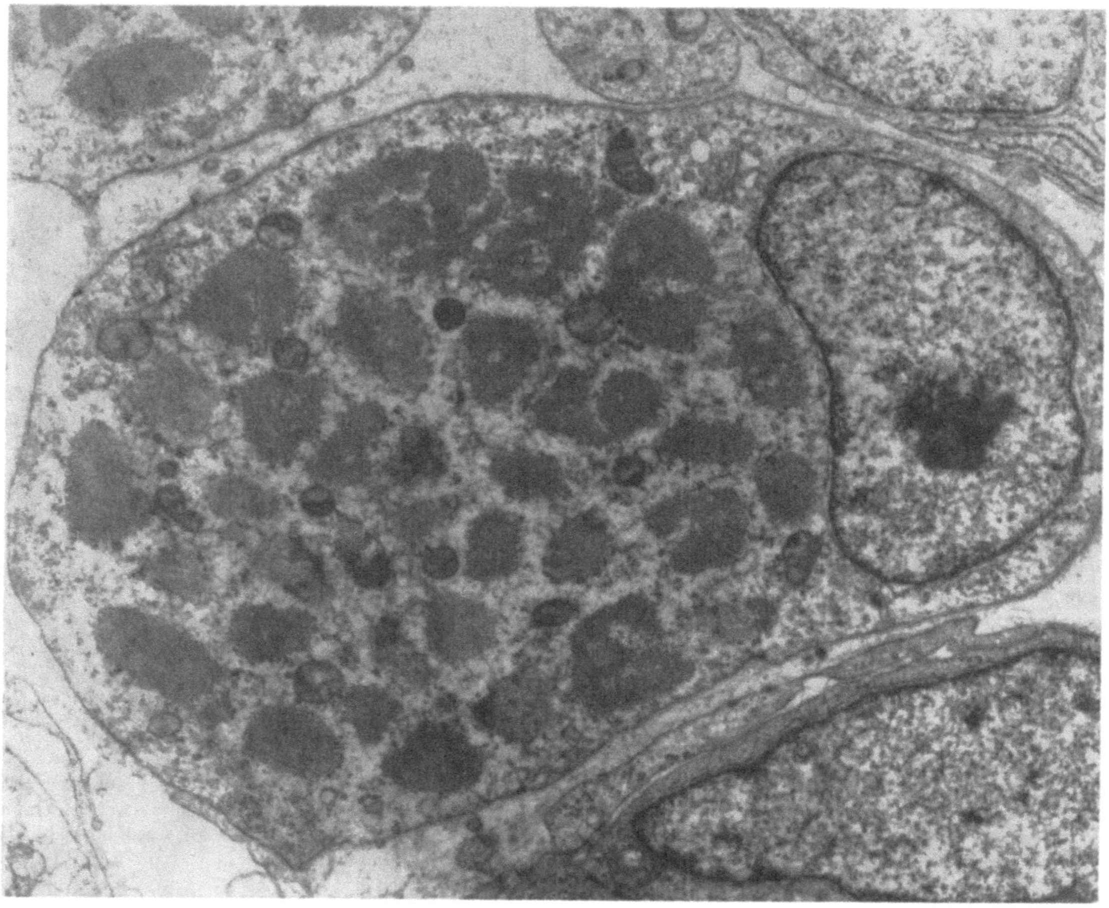

Abb. 4a. Querschnitt durch eine Muskelfaser des langsamen, tonischen M. latissimus dorsi anterior. Fortgeschrittene Synthese der Myofilamente mit peripherer Lokalisation des Kerns (Vergrößerung 13500 ×)

Da chemisch eine „trophische" Substanz außer ACh bisher nicht identifiziert werden konnte, sind wir nur auf negative Evidenz einer von der ACh-Sekretion relativ unabhängigen „trophischen" Funktion der Nervenzelle angewiesen. Einiges von dieser Evidenz wollen wir hier zitieren:

1. Blockade der ACh-Freisetzung durch Botulinustoxin reproduziert in vielen Aspekten die Denervationsatrophie (DRACHMANN, 1964), wobei die Möglichkeit aber nicht ausgeschlossen worden ist, daß bei dieser „pharmakologischen Denervation" auch die Freisetzung anderer, nicht identifizierter chemischer Systeme erfolgt ist. Der Einfluß auf die trophische Funktion des Neurons selbst ist jedenfalls nicht unterbrochen worden, da Extremitätenwachstum bei Urodelen und kollaterale Regeneration bei Botulinusintoxikation beobachtet werden kann.
2. Dauernde Applikation von ACh verhindert nicht die Verbreiterung der ACh-empfindlichen Zone, die charakteristisch für die Denervation ist (MILEDI, 1960).
3. Während früher Muskelreinnervation wurde normale Frequenz der MEPP beobachtet, noch nicht aber eine Retraktion der ACh-empfindlichen Zone (MILEDI, 1962), für die der „trophische" Einfluß des ACh verantwortlich gemacht wurde (THESSLEFF, 1960).
4. ChE in den Endplatten von langsamen (A. L. D.) und schnellen (P. L. D.) Muskeln des Huhnes wird praktisch gleichzeitig (d. h. am 12.—14. Tag der Embryonalentwicklung) beobachtet. Eine weit schnellere Differenzierung der Myofilamente im langsamen Muskel ist aber viel früher (8. Tag der Embryonalentwicklung) nachweisbar. Dieser Unterschied in der Differenzierungsgeschwindig-

keit zwischen langsamen und schnellen Muskeln (GUTMANN, HANZLÍKOVÁ und HOLEČKOVÁ, 1967) (Abb. 4) fehlt in Gewebekulturen, d. h. ohne Einfluß des Nervensystems.

5. Langsame und schnelle Muskeln haben einen verschiedenen Stoffwechsel und unterscheiden sich in Enzymaktivitäten, z. B. der proteolytischen Enzyme. Ein Einfluß von ACh auf die Aktivität

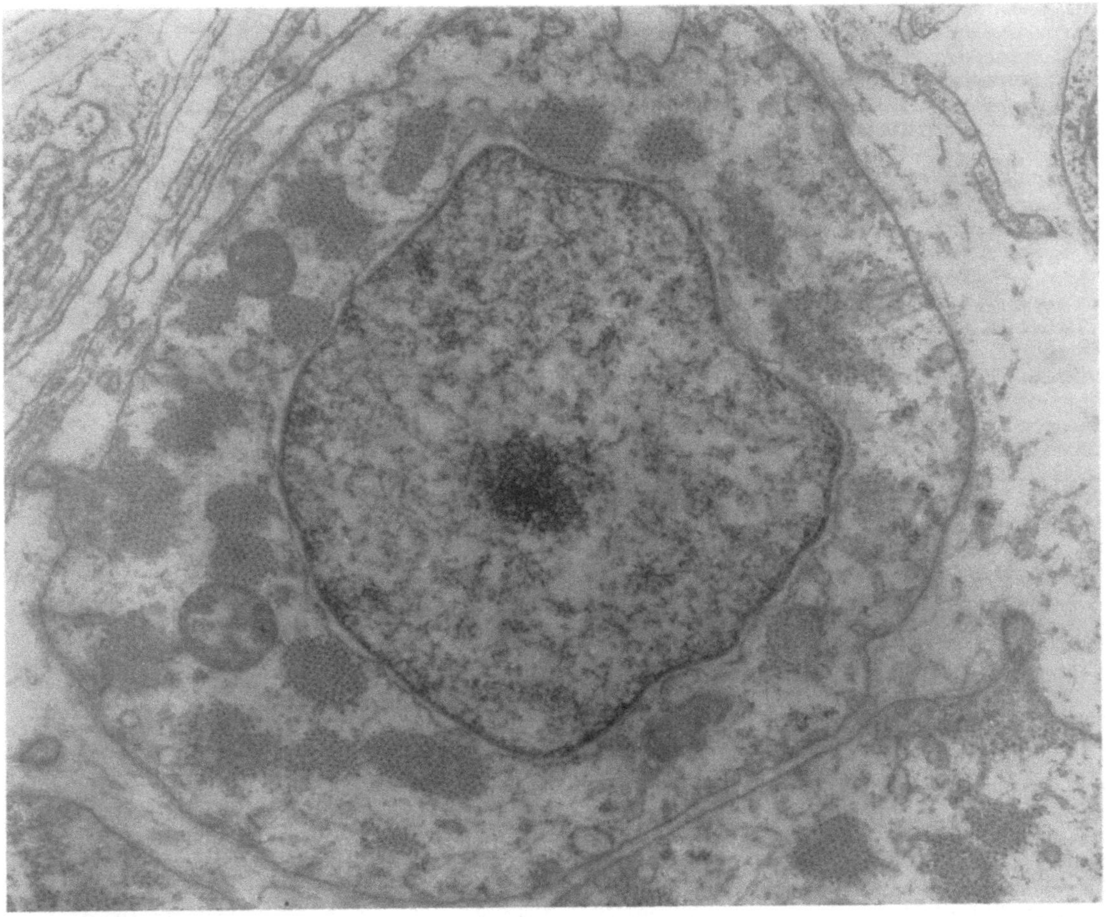

Abb. 4b. Querschnitt durch eine Muskelfaser des schnellen, phasischen M. latissimus dorsi. Wenig fortgeschrittene Synthese der Myofilamente mit zentraler Lokalisation des Kerns (Vergrößerung 23 000 ×). 15. Tag der Embryonalentwicklung des Huhnes.
Elektronmikroskopische Bilder untersucht mit Tesla BS 413 A, Fixation in 2,5% Glutaraldehyd, Weiterbehandlung mit 1% OsO_4 und Nachfärbung mit Uranylacetat und Bleicitrat

der proteolytischen Enzyme ist nicht nachgewiesen worden. Bei Kreuzverbindung von Nerven ändert sich entsprechend der ursprünglichen Unterscheidung die Aktivität der proteolytischen Enzyme im Muskel, d. h. der hetero-innervierte Muskel verändert unter dem Einfluß der „fremden" Innervation die Aktivität der Enzyme (GUTMANN, HÁJEK und SYROVÝ, 1960).

6. Langsame und schnelle Muskeln unterscheiden sich im Typ der Membran-Kontraktionsverbindung. Coffein z. B. ruft in langsamen Muskeln eine Kontraktur hervor, die aber im schnellen Muskel fehlt. Zusatzinnervation des langsamen Muskels mit einem „schnellen" Nerv hat gewisse trophische Wirkungen (GUTMANN und HANZLÍKOVÁ, 1967) und die Kontrakturreaktion auf Coffein sinkt herab. Dieser Einfluß des „schnellen Nerven" auf die Coffeinkontraktur verläuft aber ohne Depolarisation der Muskelmembran, kann also nicht gut mit einer ACh-Wirkung in Verbindung gebracht werden.

Gewiß, wir sind vorläufig auf indirekte Evidenz angewiesen. Die Grundfrage über den Mechanismus der „trophischen" Funktion der Nervenzelle ist also offen geblieben. Die indirekte Evidenz spricht aber dafür, daß der Einfluß der Nervenzelle auf die Synthese und Degradation der Proteine, die ja für die Strukturerhaltung maßgebend sind, auch durch andere chemische Systeme als durch ACh-Quanten gewährleistet wird. Die Grundfrage ist offen, sie kann aber nicht ohne funktionelle Morphologie gelöst werden.

Literatur

BARGMANN, W.: Z. Zellforsch. **34**, 600 (1949).
BENNETT, H. S.: J. Biophys. Biochem. Cytol. **2**, 171, Suppl. (1956).
BULLER, A. J., I. C. ECCLES und R. M. ECCLES: J. Physiol. (Lond.) **140**, 417 (1960).
BRATTGÅRD, S. O., J. E. EDSTRÖM und H. HYDÉN: Exp. Cell Res., Suppl. **5**, 185 (1958).
DEL CASTILLO, J., and B. KATZ: Progr. Biophys. **6**, 121 (1956).
ČIHÁK, R., GUTMANN, E., und V. HANZLÍKOVÁ: Anat. Anz. **120**, 492 (1967).
DRACHMANN, D. B.: Science **145**, 719 (1964).
DRAHOTA, Z., und E. GUTMANN: Gerontologia (Basel) **6**, 181 (1961).
DRAHOTA, Z., und E. GUTMANN: Physiol. bohemoslov. **12**, 339 (1963).
FILOGAMO, G., und G. GABELLA: Arch. Biol. **78**, 9 (1967).
GUTMANN, E., und J. HOLUBÁŘ: Arch. Int. Stud. Neurol. **1**, 1 (1951).
GUTMANN, E., V. HANZLÍKOVÁ und B. JAKOUBEK: Changes in the Neuro-muscular system during old age. Gerontologie-Symposium Liblice, 1967.
GUTMANN, E., V. HANZLÍKOVÁ und R. ČIHÁK: Experientia **23**, 852 (1967).
GUTMANN, E.: J. Anat. **79**, 1 (1945).
GUTMANN, E., Z. VODIČKA und J. ZELENÁ: Physiol. bohemosl. **4**, 200 (1955).
GUTMANN, E., und R. ŽÁK: Physiol. bohemosl., **10**, 493 (1961).
GUTMANN, E., B. JAKOUBEK, I. HÁJEK, V. ROHLÍČEK und J. ŠKALOUD: Physiol. bohemoslov. **11**, 437 (1962).
GUTMANN, E., und V. HANZLÍKOVÁ: Physiol. bohemoslov. **16**, 244 (1967).
GUTMANN, E., V. HANZLÍKOVÁ und E. HOLEČKOVÁ: Exp. Cell Res. (im Druck).
HÁJEK, I., E. GUTMANN und I. SYROVÝ: Physiol. bohemoslov. **11**, 32 (1964).
HÁJEK, I., E. GUTMANN, M. KLICPERA und I. SYROVÝ: Physiol. bohemoslov. **15**, 148 (1966).
HÁJEK, I., M. HANÍKOVÁ und E. GUTMANN: Physiol. bohemoslov. **16**, 515 (1967).
HNÍK, P., I. JIRMANOVÁ, L. VYKLICKY und J. ZELENÁ: J. Physiol. **193**, 309 (1967).
HUXLEY, A. F., and R. E. TAYLOR: J. Physiol. **144**, 426 (1958).
HUXLEY, H. E.: J. Mol. Biol. **7**, 281 (1963).
KATZ, B.: Nerve, muscle and Synapse, McGraw Hill Series in the New Biology, 1966.
LUBIŃSKA, L.: Acta Biol. exp. (Łodz) **16**, 73 (1952).
MILEDI, R.: J. Physiol (Lond.), **151**, 1 (1960).
MILEDI, R.: Ciba Fdn Symp. Enzymes and Drug Actiom, pp. 220–235, London: Churchill, 1962.
MUSCATELLO, U., A. MARGRETH and M. ALOISI: J. Cell. Biol. **27**, 1 (1965).
PORTER, K. R., and G. E. PALADE: J. Biophys. Biochem. Cytol. **3**, 269 (1957).
SCOTT, D., E. GUTMANN und P. HORSKÝ: Science, **152**, 787 (1966).
THESLEFF. S.: Physiol. Rev. **40**, 734 (1960).
VENABLE, J. H.: Amer. J. Anat. **119**, 263 (1966).
WAINMANN, P., und G. G. SHIPOUNOFF: Endocrinology, **29**, 975 (1941).
VERATTI E.: Mem. del R. Inst. Lomb. di Sc. **6**, 19 (1901).
WEISS P. und A. B. HISCOE: J. Exptl. Zool. **107**, 315 (1948).
YOUNG, J. Z.: Lancet, **2**, 109 (1946).
YOUNG, J. Z.: In: Essays on Growth and Form, pp. 41–94, ed. LE GROS CLARK and P. B. MEDAWAR, Oxford: University Press, 1945.
ZELENÁ, J., und J. SZENTÁGOTHAI: Acta histochem. **3**, 284 (1957).
ZELENÁ, J., und L. LUBIŃSKA: Physiol. bohemoslov. **11**, 261 (1962).

Diskussionsredner:

SZENTÁGOTHAI (VR Ungarn), SCHARF (DDR), SCHIEBLER (DBR).

Neurologisches Institut der Universität Wien, Österreich

Allgemeine Neuropathologie der degenerativen Prozesse des Nervensystems

von

F. Seitelberger

Einleitung

In der Auffassung der *degenerativen Erkrankungen* des Nervensystems sind im Laufe der jüngsten Eigenentwicklung der Neuropathologie und im Lichte der Fortschritte der biologischen Naturwissenschaften bemerkenswerte Änderungen eingetreten. Die Ursachen dafür liegen sowohl in dem Gewicht und dem Aussagewert neuerer Befunde als auch im Wandel der relevanten Gesichtspunkte. Es wäre reizvoll, eine Analyse dieser Vorgänge anzustellen, weil sich in ihr die tiefgreifende allgemeine Positionsänderung der zeitgenössischen Wissenschaft offenbart. Auf eine solche historische Erörterung wird aber in diesem Rahmen verzichtet und die Ausführungen auf eine Darstellung von Resultaten beschränkt.

Zuerst ist es aber nötig, eine *Definition der Begriffe* vorzunehmen. Das ist umso nötiger, als der Degenerationsbegriff in Pathologie und Biologie unter sehr verschiedener Bedeutung angewendet wird. *Degeneration*, Entartung, bedeutet zunächst einen Vorgang, einen Prozeß oder ein Prozeßgefüge krankhafter Natur, das lebendige Strukturen betrifft und morphologisch mit entstellenden und zerstörenden Veränderungen verbunden ist und über die Nekrobiose schließlich zum Untergang und Verlust der betreffenden Struktur: Organismus, Organ, Zelle, Organellen führt. In diesem Sinn wird in der allgemeinen Pathologie von fettiger oder schleimiger usw. Degeneration gesprochen und unter degenerativer Krankheit ein Prozeß verstanden, der durch das Auftreten solcher degenerativer Veränderungen gekennzeichnet ist. In der *Neuropathologie* wurde aber bis in die jüngste Zeit der Degenerationsbegriff zumeist in einer verschiedenen Bedeutung angewandt. Man dachte nur an die degenerativen Veränderungen der Nervenzelle und da wieder vorwiegend des Nervenzellsomas und engte weiterhin die Verwendung des Begriffes auf die endogen-erbbedingten degenerativen Veränderungen der Nervenzellen ein. Unter *degenerativen Krankheiten des Nervensystems* verstand man somit nur die genetisch-bedingten neuronalen Prozesse. Die fast ausschließliche Berücksichtigung der Nervenzelle und ihrer Veränderungen erklärt sich aus der historischen Entwicklung der Neuroanatomie und ihrer Methoden. Mittels der Nisslfärbung, die den entscheidenden Aufbruch der Neuropathologie als Wissenschaft methodisch ermöglichte, werden bekanntlich die Nervenzelleiber detailreich dargestellt, während die Gliazellen und alle Zellfortsätze völlig zurücktreten. Mit der Weigertfärbung ließen sich hingegen die bemarkten Nervenzellfortsätze bzw. ihr Fehlen deutlich darstellen. Daher waren zunächst solche Prozesse analysierbar, die zu Läsionen des Nervenzellperikaryons und zum Verlust bemarkter Neuriten führen: Die systematischen Atrophien („atrophisierender Prozeß", Spatz) und Prozesse mit auffallender Zellveränderung wie die Blähung durch granuläre Substanzen („amaurotische Zellveränderung", Schaffer-Spielmeyerscher Zellprozeß). Daneben wuchs allmählich die Zahl sogenannter unklassifizierbarer Prozesse, zu denen noch z. B. bis vor kurzem die Hallervorden-Spatzsche Krankheit gerechnet wurde, bei denen andersartige Zell- und Gewebsveränderungen gefunden wurden. Erst durch die Einführung der Silberimprägnationsmethoden konnte von Braunmühl eine weitere degenerative Läsionsform als „synäretische" Nervengewebsveränderung herausheben, die durch Ablagerung argyrophiler Formationen (senile Plaques, fibrillary tangles) gekennzeichnet ist. Die degenerativen Markläsionen (Leukodystrophien) erfuhren schließlich mit der Anwendung histochemischer Methoden eine fortschreitende Differenzierung. Von einer durchgehenden Klassifikation der degenerativen Prozesse, zu der morphologische Studien letztlich führen sollen, waren diese Erkenntnisse aber noch weit entfernt.

Es leuchtet ein, daß diese zu enge Begriffsfassung der „Degeneration“, die zugleich die damals praktizierte Betrachtung und Deutung neuropathologischer Syndrome widerspiegelt, der Fülle und Vielfalt der möglichen und realiter angetroffenen degenerativen Prozesse nicht gerecht wurde. Die weitgehende Vernachlässigung der exogen-bedingten Veränderungen degenerativer Art benahm zumindest der Einsicht in wesentliche pathogenetische Bedingungen, die auch im Rahmen endogener Prozesse wirksam sein können. Die Beschränkung auf die Nervenzelle allein bedeutete vollends eine ungerechtfertigte und verzerrende Isolierung des Forschungsgebietes und der oft sehr diffizilen erhobenen Befunde.

Von vornherein ist es nicht begründbar, warum unter den zentralnervösen Gewebselementen nur die Nervenzelle degenerative Veränderungen erleiden sollte und die unleugbaren degenerativen Läsionen der anderen Nervengewebselemente nur als reaktive sekundäre Geschehnisse abwertend zu klassifizieren und keiner weiteren Beachtung wert zu halten wären. Zwar hatten die spanischen Neurohistologen (Cajal, Hortega) Methoden zur elektiven Gliadarstellung entwickelt und auch die pathologischen Gliaveränderungen studiert; auf die Lehre von den degenerativen Krankheiten des Nervensystems blieb dies aber zunächst ohne Einfluß. Nach dem Gesagten erscheint es daher angebracht, 1. den weiteren Begriffsumfang der Degeneration auch in der Neuropathologie in Anwendung zu bringen und 2. in die Erforschung der degenerativen Veränderungen gleichrangig nicht nur die ganze Nervenzelle mit Soma, Fortsätzen und Kontaktorganen, sondern auch die anderen Nervengewebselemente, insbesondere aber die Gliazellen miteinzubeziehen. Bis vor kurzem existierten in der Literatur nur wenige Ansätze und Vorarbeiten für ein derartiges Vorhaben.

Zur Realisierung der genannten Absichten sind bestimmte *Voraussetzungen* erfordert: Einmal eine *suffiziente histologische Technik*, die eine komplette Darstellung der Neurone und Gliazellen in allen zytologischen Details ermöglicht, was jeweils nur mit einer Serie verschiedener elektiver Darstellungsmethoden gewährleistet werden kann. Das gewonnene integrierte zytologische Bild erst ist die Voraussetzung für einen erfolgreichen Einsatz des Elektronenmikroskops zur *Feinstrukturaufklärung*. Sinngemäß werden weiters in die morphologische Deskription der degenerativen Veränderungen auch *histochemische und histophysikalische Befunde* einzubeziehen sein, da die in Rede stehende morphologische Aufgabe mit funktionell gestaffelten Strukturen zu tun hat, deren erfassende Beschreibung die Funktionsmerkmale der jeweiligen Schicht in gleicher Weise wie formale Kriterien berücksichtigen muß. Ferner kann die Beurteilung eines degenerativen Geschehens im Nervensystem, sonderlich im zentralen Nervensystem, nicht an der Testung der einen oder anderen Nervenzelle oder eines beliebigen individuellen Gewebsbezirkes vorgenommen werden: Sowohl die Nervenzellpopulationen, aus denen die zahlreichen verschiedenen Grisea aufgebaut sind, weisen weitgehende formale, konstitutiv-chemische wie auch funktionelle und metabolische Unterschiede auf als auch die Organisation der einzelnen Grisea, d. h. das numerische und topische Zusammensein von Nervenzellen, Gliazellen und Gefäßen, wie bes. die Verbindungsart der nervösen Elemente, ihre Synaptologie, und die Gefäßparenchymbeziehung, kurz die *komplexe regionale Gewebs- und Zellarchitektonik* von Griseum zu Griseum ist verschieden und individuell geprägt. Diese Umstände machen auch bei erscheinungsmäßig sehr begrenzten degenerativen Veränderungen *weiträumige detaillierte* Studien nötig, um die lokalen Veränderungscharakteristika und das topische Verteilungsmuster einer Läsionsart erfassen zu können. In diesem Sinne kann von einer *regionalen Pathologie des ZNS* gesprochen werden, die auch oder sogar gerade bei degenerativen Veränderungen und Prozessen besonders deutlich wird.

Dies ist mit ein Grund dafür, daß in vielen Hand- und Lehrbüchern der speziellen Pathologie des Nervensystems die degenerativen Prozesse nach den bevorzugt betroffenen Regionen des ZNS gegliedert abgehandelt werden, z. B. degenerative Prozesse des Kleinhirns, der extrapyramidalen Kerne, des Rückenmarks usw. Das trifft sich mit dem diagnostischen Interesse und der Gewohnheit der Neurologen, Krankheiten nach Regionalsyndromen zu ordnen (Kleinhirnsyndrome, extrapyramidale Syndrome, Rückenmarkssyndrome usw.).

Als Beispiel für *regionale pathologische Eigenarten* und ihre biologischen Konditionen möchte ich das Ammonshorn anführen. Dieses phylogenetisch sehr alte, dem Allocortex zugehörige Rindengebiet ist durch ein sehr differentes Verhalten in seinen einzelnen zytoarchitektonisch zu unterscheidenden Abschnitten ausgezeichnet. Allgemein bekannt ist z. B. die Anfälligkeit der Nervenzellen des sog. ventrikelnahen Anteils der Pyramidenzellschicht, auch Sektor H_1 oder „Sommerscher Sektor“ genannt, gegen akute hypoxisch-hypoxämische Ereignisse. Eben dieselbe Region wird von einem degenerativen Geschehen, der sog. Alzheimerschen Fibrillenveränderung in den Nervenzellen und der Bildung seniler Plaques, regelhaft intensiv befallen, während sie von der zellulären Lipoidspeicherung im Rahmen der sog. amaurotischen Idiotien elektiv verschont bleibt (Abb. 1). Dagegen wird die Nachbarregion, das Feld H_2 oder „resistenter Sektor“ mit hoher Intensität von der „amaurotischen Zellveränderung“ betroffen (Abb. 2). Maske hat zuerst auf ein chemisches Merkmal dieser Region aufmerksam gemacht, nämlich auf den hohen Gehalt des Sektors H_2 und H_3 an dem Spurenmetall Zink. Von Zink weiß man, daß es in verschiedenen Fermenten, vor allem in der Carboanhydrase, aber auch in der Milchsäuredehydrogenase vorhanden ist. Enzymhistochemische Studien von FRIEDE demonstrierten die topisch begrenzte hohe Aktivität der Fermente saure Phosphatase, Bernsteinsäuredehydrogenase, Cytochrom-oxydase, Acetylcholinesterase und Milchsäuredehydrogenase. Daraus geht hervor, daß sich cyto- und chemoarchitektonisch differente Gehirnregionen im Verlaufe degenerativer Prozesse (aber auch unter exogenen Schädigungsbedingungen) different und mitunter lokal-pathognomonisch verhalten können. In den

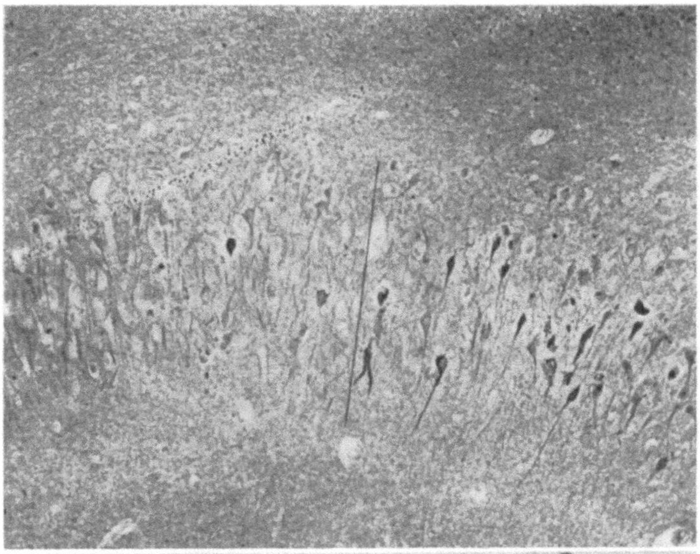

Abb. 1. Präsenile Demenz
Ammonshorn
Formol, Paraffin, Bodian 60 ×.
Alzheimersche Fibrillenveränderungen sind elektiv gehäuft im Sektor h 1 (re im Bild); der Sektor h 2 ist davon verschont

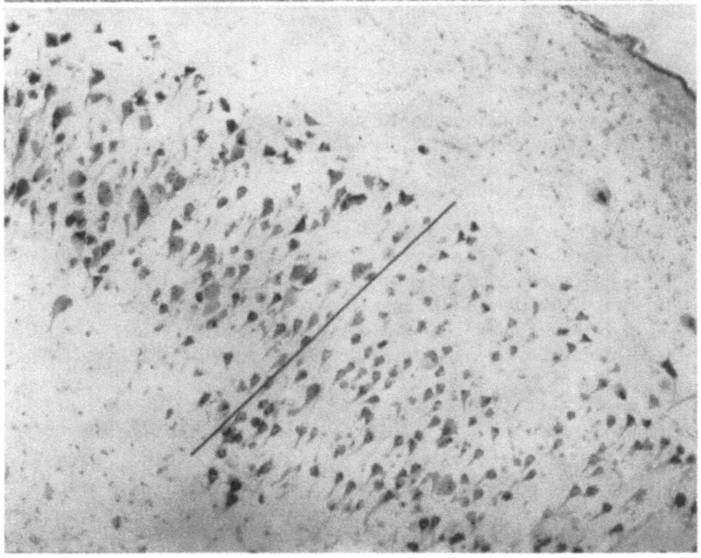

Abb. 2. Spätinfantile amaurotische Idiotie
Ammonshorn
Formol, Paraffin, Kresylviolett, 85 ×.
Die Grenze zwischen Sektor h 2 und h 1 betrifft zugleich die neuronale Lipoidspeicherung: nur in h 2

genannten Befunden liegen sicherlich wichtige Hinweise auf die strukturell-funktionellen Zusammenhänge enthalten, die wir heute aber noch nicht entschlüsseln können. Sie sind morphologische Richtungsweiser der neurobiologischen Forschung.

Im folgenden ist jedoch weder beabsichtigt, auf die Regionalpathologie des ZNS systematisch einzugehen noch eine umfassende Darstellung der degenerativen Veränderungen der einzelnen zentralnervösen Gewebselemente zu geben. Dies ist eine noch nicht vollendete Aufgabe der *allgemeinen Zytopathologie des Nervensystems.* Vielmehr soll von den *allgemeinen formalen Grundlagen der degenerativen Prozesse des Nervensystems gehandelt werden,* worunter Krankheiten zu verstehen sind, deren Wesensmerkmale primär degenerative Veränderungen ausmachen. Es wird dabei nicht nur von degenerativen Veränderungen des Neurons, sondern auch von solchen der glialen Gewebskomponente des Nervengewebes zu handeln sein, die im zentralnervösen Gewebsbild degenerativer Krankheiten als pathognomonische und formalgenetisch bestimmende Primärläsion fungieren. Trotz dieser thematischen Bescheidung handelt es sich um eine große Zahl histomorphologisch sehr vielgestaltiger Gewebsbilder. Es ist ein weiteres Ziel dieser Untersuchungen, mit der formalen Analyse zugleich eine *morphologisch fundierte, natürliche Klassifikation dieser Krankheiten* im Vorausgriff auf eine endgültige ätiologische Klassifikation zu liefern, um die *nosologische Ordnung der degenerativen Prozesse* des Nervensystems zu erreichen.

In den folgenden Darlegungen sind die Chromosomenkrankheiten wie die mongoloide Idiotie, die „degenerativen Prozesse mit blastomatösem Einschlag" (Syringomyelie, von Recklinghausensche Krankheit, tuberöse Sklerose) nicht berücksichtigt. Die degenerativen Prozesse des peripheren Nervensystems und der quergestreiften Muskulatur erfordern wegen ihrer anatomischen Besonderheiten und ihres Umfanges eine spezielle getrennte Behandlung.

Es wäre logisch, in einer Übersicht der degenerativen Prozesse des Nervensystems neben den neuroektodermalen auch die mesodermalen Bauelemente des Nervensystems zu berücksichtigen, die einen integralen Faktor im Stoffwechselgeschehen darstellen. So erweist es sich bei mehreren Prozeßformen notwendig, auch die Gefäßwand als Störfeld anzuführen, z. B. bei den argyrophilen Dystrophien der Gruppe I und bei den glio-vasalen Dystrophien der Gruppe IV. Von einer systematischen Darstellung der *systemeigenen degenerativen Prozesse der Gefäße des Nervensystems* wird aber in diesem Zusammenhang abgesehen, da sie eine breite allgemein-pathologische Diskussion erfordern würde.

Es sei lediglich betont, daß in der Fahr'schen Krankheit (idiopathische nichtarteriosklerotische intracerebrale Gefäßverkalkung) ein dem Zentralnervensystem vorbehaltener vaskulärer Prozeß degenerativer Natur vorliegt, der die pathologische Steigerung eines physiologischen regional-gebundenen Verhaltens darstellt, nämlich des Befundes verkalkter Gefäße im Pallidum internum in allen Lebensaltersstufen (KUCSKO und SEITELBERGER). — Weiters kann auch die „kongophile cerebrale Angiopathie", die als „drusige Gefäßentartung" im Rahmen der „argyrophilen Dystrophie" auftreten kann, auch als selbständiger Gefäßprozeß in Erscheinung treten. — Die Fibrose der intracerebralen und intraspinalen Gefäße schließlich dürfte eine organeigene Variante des generellen degenerativen Prozesses der Gefäße repräsentieren.

Tabelle 1

Metabolische Krankheiten des Zentralnervensystems

I. Exogene
   1. Toxische
      Nutritive
      Andere: Zirkulatorische, entzündliche etc.
   2. Beteiligung des ZNS bei Erkrankungen stoffwechselaktiver innerer Organe oder Systeme (Leber, Nieren, RES, endokrine Drüsen)

II. Endogene
   1. Generalisierte Enzymopathien mit obligater oder fakultativer Manifestation im ZNS
   2. Organgebundene Enzymopathien gehirneigener Stoffwechselabläufe (gewisse Leukodystrophien, Gehirnmineralstörungen, Gehirnpigmentstörungen)
   3. Komplexe Dysmetabolien neuroektodermaler Strukturen (atrophisierende, argyrophil-dystrophische, neuroaxonale Prozesse, gewisse gliale Dystrophien)
   4. Alternsveränderungen des ZNS: Physiologische metabolische Grenzphänomene mit bes. Bezug auf II. 3.

Pathogenetisch liegen den degenerativen Krankheiten wohl genetisch-bedingte Stoffwechselstörungen zugrunde. In einer Übersicht der *metabolischen Krankheiten des Nervensystems* nehmen daher die degenerativen Prozesse einen bedeutenden Rang ein (Tab. 1). Ihre ätiologische Aufklärung wird letztlich in der Hand des Biochemikers bzw. des Molekularpathologen liegen, dem der Morphologe dazu die Untersuchungsgrundlagen zu liefern und den zielgerechten Weg zu weisen hat. Erst bei wenigen Enzymopathien, insb. aus den Glykogenosen und Aminosäurestoffwechselstörungen ist die biochemische Definition gelungen. Aber auch in diesen Fällen sind wir von der angemessenen Kenntnis der Krankheitsprozesse, für die der ursächliche Enzymdefekt nur *eine* Determinante bedeutet, als dem eigentlichen Ziel unserer Forschung, noch weit entfernt.

Aus diesen Vorbemerkungen, die für ein derart vielschichtiges Forschungsgebiet notwendig erschienen, geht auch hervor, daß in einzelnen Sparten des rein morphologisch fundierten Klassifikationsversuches degenerativer Prozesse des Nervensystems, der im folgenden vorgelegt wird, in den Bezeichnungen auch ätiologische und pathogenetische Bezüge aufscheinen müssen, da die Urteile und Einteilungen, die in der Krankheitsdefinition vorgenommen werden, ihren vollen Wert erst in der Integration mit den anderen Befundschichten, z. B. der biochemischen, gewinnen. Der *morphologische Anteil an dieser Aufgabe* bedeutet nicht nur eine beschreibende Abbildung gestaltlicher Phänomene, sondern er gewinnt zugleich eine Beziehungen stiftende kategoriale Funktion. Das gibt zugleich einen Hinweis auf die morphologische *Forschungsmethode* im allgemeinen, die als „philosophy of morphological science" von der morphologischen *Forschungstechnik* wohl zu unterscheiden ist; jene betrifft die Art des Erkenntnisgewinnes, diese die dazu erforderlichen Werkzeuge.

Arten der degenerativen Veränderungen des ZNS

Wenn wir uns nun zunächst weiter fragen, welche Arten von *degenerativen Veränderungen der Nervenzellen* bei den degenerativen Prozessen angetroffen werden, so sind die folgenden zu nennen: Atrophie, verschiedene Formen von Dystrophie, Nekrobiose. *Die Atrophie* wurde frühzeitig als formales Prozeßmerkmal erkannt. Sie charakterisiert vor allem die sog. Systematrophien, bei denen die Neurone bestimmter symmetrischer Grisea der progredienten Atrophie bis zum Zelluntergang verfallen. SPATZ prägte in seiner grundlegenden Untersuchung dafür die Bezeichnung des „atrophisierenden Prozesses". Mit *Dystrophien* bezeichnen wir degenerative Veränderungen, die in ihrem Endstadium ebenfalls in die Nekrobiose einmünden und zum Zelluntergang führen, aber dahin nicht auf dem Wege der einfachen Atrophie gelangen, sondern über qualitativ sehr verschiedengestaltige, z. T. ausgesprochen produktive Zellveränderungen. Zu den Dystrophien zählen die Phänomene der Anhäufung von Metaboliten oder fehlerhaften Stoffwechselprodukten: Speicherung, aber auch der pathologischen Bildung und Stapelung von Strukturen, z. B. die Filamentaggregate der Alzheimerschen Fibrillenveränderung und die bunte Strukturproduktion im Rahmen der neuro-axonalen Dystrophie. Die *Nekrobiose* ist Endphase der degenerativ-atrophisierenden und dystrophischen Veränderungen, die früher oder später erreicht wird. Primär-nekrobiotische Vorgänge gibt es im normalen Gehirnaltern nicht. Es ist aber nicht von der Hand zu weisen, daß es sehr akut verlaufende und daher primär nekrotisierende degenerative Prozesse gibt: Bei diesen handelt es sich nach den bisherigen Kenntnissen vorwiegend um Verlaufsvarianten andersartig definierter Dystrophien bzw. der Atrophie. Lediglich der elektive Markscheidenverlust bei einer Form von Leukodystrophie, der Pelizaeus-Merzbacherschen Krankheit, könnte als primär-nekrobiotisches Degenerationsphänomen bezeichnet werden.

Morphologische Typen degenerativer Prozesse des ZNS

Im folgenden soll nunmehr die *Ordnung degenerativer Prozesse*, gegliedert in die morphologisch unterscheidbaren Gruppen, kurz dargelegt werden. Es handelt sich nicht um die Klassifizierungstafel der bekannten degenerativen Krankheiten bzw. Veränderungen des Nervensystems, sondern um die *Auffindung der den degenerativen Krankheiten zugrundeliegenden morphologischen Prozeßtypen.* Die Typenbezeichnungen sind nicht Krankheitsnamen, sondern versuchen den bestimmten Prozeßcharakter zu markieren, wobei jedoch oft auf repräsentative Krankheiten bzw. Veränderungen Bezug genommen wird (Tab. 2). Diese Ordnung dient ferner der Absicht, jeder einzelnen aus der ständig wachsenden Zahl der bekannten degenerativen Krankheiten ihren natürlichen Platz im pathogenetischen Gefüge anzuweisen und damit auch der ätiologischen Forschung Grundlagen und Richtung zu geben.

Tabelle 2

Morphologische Ordnung endogener metabolischer Prozesse des ZNS

I. Prozesse mit Beziehung zu physiologischen Grenzphänomenen (Altern).

Komplexe Dysmetabolien

1. atrophisierender Prozeß
   Picksche Atrophie
2. argyrophile Dystrophie
   Alzheimersche Krankheit
3. neuro-axonale Dystrophie
   Hallervorden-Spatzsche Krankheit

II. Prozesse im Rahmen von Enzymopathien des Lipoid- und Kohlenhydratstoffwechsels.

A. Neuronale Speicherungsdystrophien

1. „amaurotische" Form
   Tay-Sachssche Krankheit
2. „myoklonische" Form
   Myoklonuskörperkrankheit
3. „Gaucher"-Form
   Infantile Gauchersche Krankheit

Tabelle 2 (Fortsetzung)

B. Leukodystrophien

1. speicherungsdystrophische Form
   metachromatische Form
2. elektiv-entmarkende Form
   Pelizaeus-Merzbachersche Krankheit
3. globoid-zellige Form
   Krabbesche Krankheit

III. Prozesse mit Beziehung zu dysgenetischen Störungen.

Atypische Leukodystrophien

IV. Dystrophien der Transportstrukturen.

Enzymopathien des Proteinstoffwechsels

1. gliale Dystrophie
   infantile spongiöse Dystrophie
2. glio-neuronale Dystrophie
   Jakob-Creutzfeldtsche Krankheit
3. glio-vasale Dystrophie
   Wilsonsche Krankheit

I. Prozesse mit Beziehung zum Altern

I. Die in der ersten Gruppe zusammengefaßten Prozesse haben gemeinsam, daß es sich um *degenerative Veränderungen an den Neuronen* handelt und daß ihre geweblichen Symptome auch in physiologischen Grenzsitutationen, nämlich im Rahmen der Alterungsvorgänge auftreten. Es handelt sich um a) den atrophisierenden Prozeß, b) die neuro-axonale Dystrophie und c) die argyrophile Dystrophie (Tab. 3).

Tabelle 3

I. Prozesse mit Beziehung zu physiologischen Grenzphänomenen

Prozesse	atrophisierender Prozeß	neuro-axonale Dystrophie	argyrophile Dystrophie
Störungsfeld	Neuron Soma + Neurit	Neuron Neurit + Soma	Neuron Soma + Dendriten Gefäßwand
Pathochemismus	Komplexe Insuffizienz: Funktionsproteine?	Komplexe Insuffizienz: cyanresistente Zellatmung?	Komplexe Insuffizienz: Strukturproteine?
Pathomorphologie	cellulo-distale Degeneration einfache Atrophie bzw. Pigmentatrophie	cellulo-proximale Degeneration Status globosus evtl. regionale Pigmentstörung	produktive Degeneration: a) Alzheimersche Fibrillenveränderung b) senile Plaques c) drusige Gefäßentartung
experimentelles Modell	retrograde und transneuronale Reaktion	chronischer Vitamin E-Mangel	Aluminiumphosphatapplikation
Typus	Systematrophien	Hallervorden-Spatzsche Krankheit	Alzheimersche Krankheit
physiologische Grenzsituation		Alterung	
Ätiologie		Desäquilibrium in Grundvorgängen des Zellstoffwechsels	

ad a) Das morphologische Hauptmerkmal des *atrophisierenden Prozesses* ist die einfache, langsam progrediente Atrophie von Neuronenverbänden. Wie erwähnt, betrifft sie symmetrische Grisea und Neuritenbahnen: *Systematrophien.* Das in morphologischer Hinsicht primäre Störfeld liegt bei diesen Prozessen im Neuron. Nach Spatz beginnt die regressive Umwandlung in Neuriten zellulodistal, schreitet zentripetalwärts fort und führt über Atrophie, Schrumpfung und evtl. *Pigmentatrophie* zum Zelltod. Ultrastrukturell liegt der Schrumpfung eine Verdichtung des Grundcytoplasmas bei Erweiterung des endoplasmatischen Retikulums zugrunde. Die Lipofuszinvermehrung, die in Kombination mit der Schrumpfung als „Pigmentatrophie" bezeichnet wird, stellt an sich ein physiologisches Grenzphänomen dar, da sie an einigen Orten normal vorhanden ist (lipophile Grisea, Obersteiner), in anderen allmählich mit zunehmendem Lebensalter ansteigt, in anderen wieder so gut wie nie angetroffen wird (lipophobe Grisea). Da die Lipofuszinbeladung ein in der Cytochemie breit diskutiertes Problem darstellt, soll sie hier nicht erörtert werden. Wichtig erscheint der Zusammenhang mit der intensiven Eiweißsynthese, die eine metabolische Sonderleistung der Nervenzellen darstellt und als deren Nebenprodukt (Synthesemüll) das Lipofuszin bzw. dessen Proteinanteil auftritt. Manifester Fettabbau der atrophisierenden Markfasern und zelluläre Abbaureaktionen fehlen zumeist. Die Defektorganisation besteht in gliöser Narbenbildung. Die große Familie der symmetrischen Atrophien oder Systemdegenerationen repräsentiert diesen Läsionstyp, der in einigen Parametern experimentell durch die mittels Durchschneidung von Neuritverbänden produzierten retrograden und transneuronalen atrophisierenden Reaktionen reproduzierbar ist. Häufig ist nicht nur *eine* Neuronenpopulation elektiv von der Atrophie betroffen, sondern zwei oder mehrere. Bei der myatrophischen Lateralsklerose z. B. das zentrale und das periphere motorische Neuron: *kombinierte Systematrophien.* Wenn die betroffenen Neurone in einer Leitungskette liegen, erhebt sich die Frage, ob primär zwei oder mehrere benachbarte Systeme vom atrophisierenden Prozeß befallen sind oder ob das einem betroffenen System nachgeschaltete System einer reaktiven transneuronalen Degeneration anheimfiel, die keine sicheren formalen Unterschiede

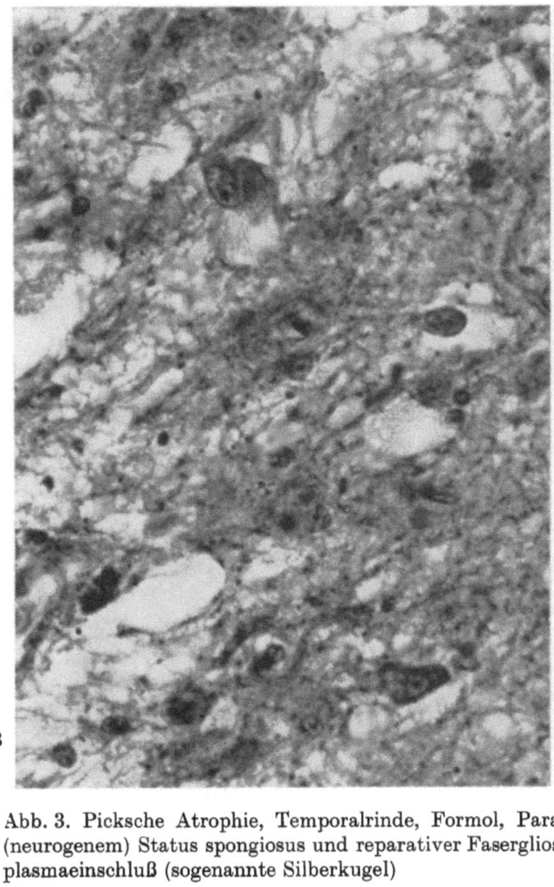
3

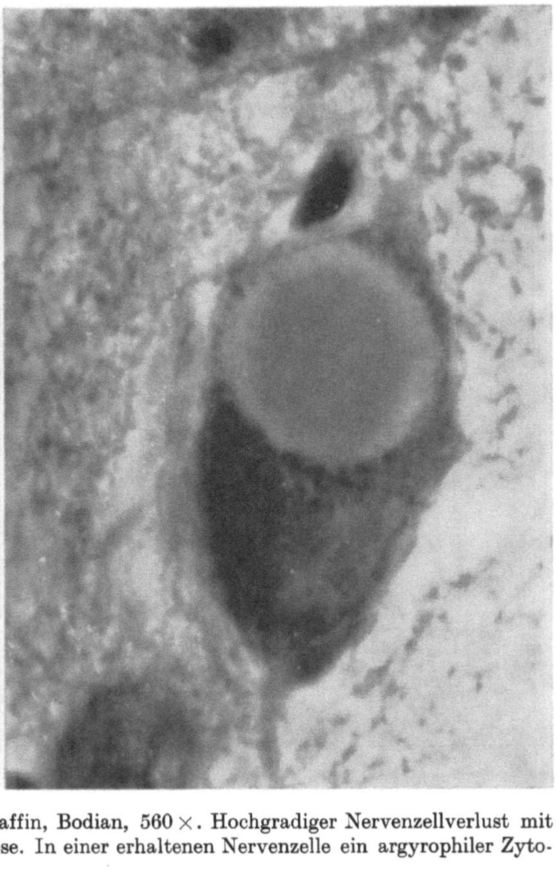
4

Abb. 3. Picksche Atrophie, Temporalrinde, Formol, Paraffin, Bodian, 560 ×. Hochgradiger Nervenzellverlust mit (neurogenem) Status spongiosus und reparativer Fasergliose. In einer erhaltenen Nervenzelle ein argyrophiler Zytoplasmaeinschluß (sogenannte Silberkugel)

Abb. 4. Paralysis agitans, Subst. nigra, Zona nigra, Formol, Paraffin, Kresylviolett, 800 ×. In der Nervenzelle ein großer, sphärischer, schwach basophiler Zytoplasmaeinschluß, der den Zellkern und das Melaninpigment verdrängt

zum atrophisierenden Prozeß aufweist. Die Kenntnis der Systeme, die zu transneuronaler Degeneration inklinieren, und die zeitlichen Degenerationsdaten erlauben zumeist eine klare Entscheidung.

Beim Befall mehrerer Neuronensysteme bestehen in der Regel regionale Unterschiede im Intensitätsgrad der Atrophie z. B. im Grad der Degeneration der corticospinalen Bahnen beim Syndrom der Marieschen Heredoataxie. Man spricht in solchen Fällen von *Hauptlokalisation* (hier Purkinjezellsystem der Kleinhirnrinde) und von *Nebenlokalisationen* des atrophisierenden Prozesses.

Die *Pigmentatrophie*, d. h. das vermehrte Auftreten von Lipofuszin im Verlauf des atrophisierenden Prozesses wird nicht nur bei Systematrophien gefunden, sondern kann auch *diffus-atrophisierende Prozesse* kennzeichnen: In geringerem Maße ist dies bei der senilen Atrophie des ZNS der Fall. Es gibt aber auch *präsenile Prozesse*, bei denen die neuronale Lipofuszinvermehrung akzentuiert im Rahmen einer diffusen, vor allem corticalen Atrophie auftritt. Der kürzlich kreierte Terminus „Lipofuszinose" (PALLIS et al.) erweckt aber die falsche Assoziation eines enzymopathischen Speicherungsprozesses, der bei der Pigmentatrophie im Sinne der Definition nicht vorliegt, dessen Abgrenzung von einer adulten Lipoidspeicherungsdystrophie jedoch im Einzelfall schwierig sein kann.

Eine kurze Erörterung verdienen die *sphärischen Nervenzelleinschlüsse*, die im Rahmen systematischer Atrophien vorkommen: Die „argyrophilen Kugeln" der Pick'schen Atrophie (Abb. 3) und die „Lewyschen Körperchen" bei der Paralysis agitans (Abb. 4). In beiden Fällen handelt es sich um vorwiegend filamentöse Proteinaggregate, die keine geordnete submikroskopische Struktur aufweisen und daher keine Doppelbrechung zeigen. Die beiden formal und histochemisch unterscheidbaren Einlagerungstypen treten in den vom atrophisierenden Prozeß befallenen Neuronen auf (die Lewyschen Körperchen ausschließlich in Melaninpigment tragenden Nervenzellen). Beide können in den betreffenden Regionen mitunter auch im Verlauf der *senilen Atrophie*, also in einer physiologischen Grenzsituation, gefunden werden.

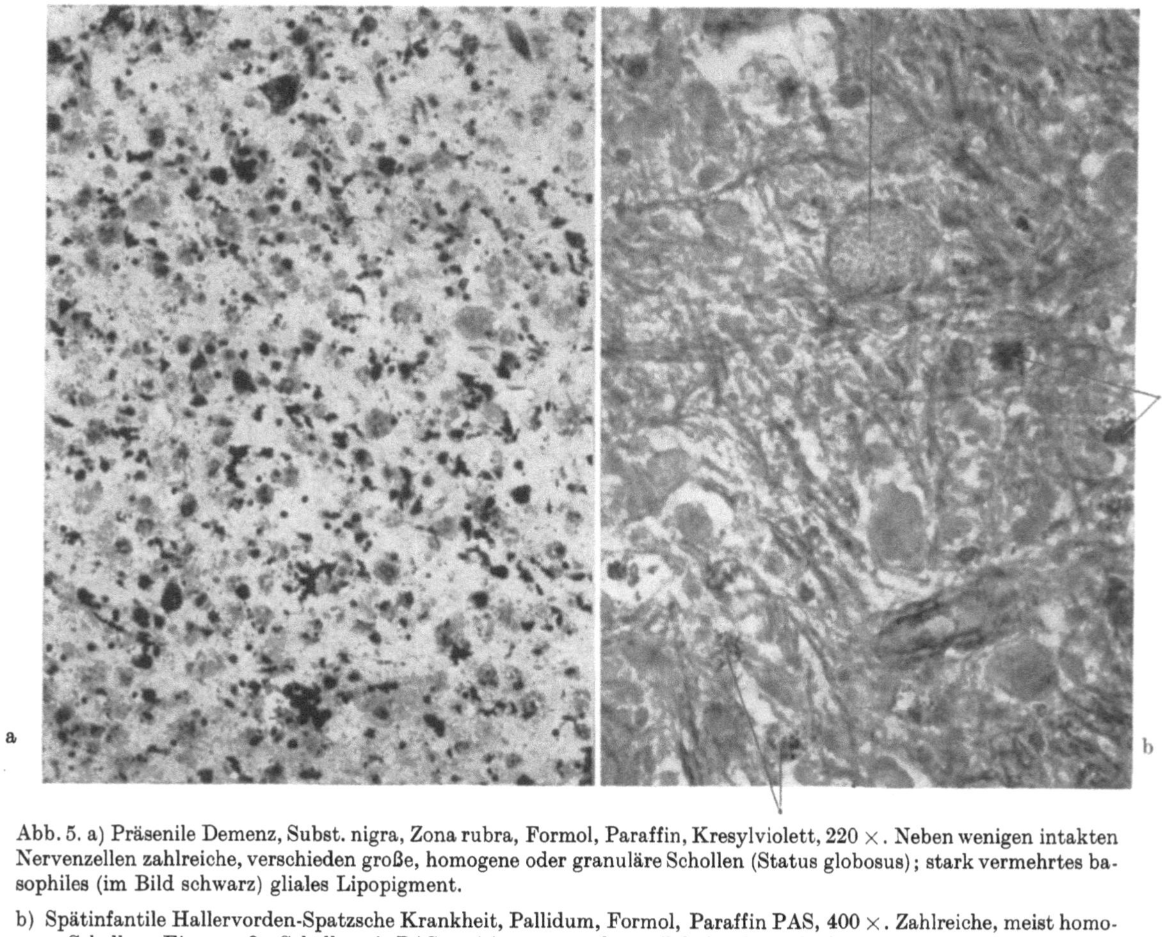

Abb. 5. a) Präsenile Demenz, Subst. nigra, Zona rubra, Formol, Paraffin, Kresylviolett, 220 ×. Neben wenigen intakten Nervenzellen zahlreiche, verschieden große, homogene oder granuläre Schollen (Status globosus); stark vermehrtes basophiles (im Bild schwarz) gliales Lipopigment.

b) Spätinfantile Hallervorden-Spatzsche Krankheit, Pallidum, Formol, Paraffin PAS, 400 ×. Zahlreiche, meist homogene Schollen. Eine große Scholle mit PAS-positivem granulären Inhalt. Dunkelgefärbtes Pigment in Zellen und rundlichen Schollenresten (×)

Nach formalen Kriterien könnten argyrophile Kugeln und Lewysche Körperchen der später zu besprechenden „myoklonischen Form“ der Speicherungsdystrophien zugerechnet werden; nach pathogenetischen Gesichtspunkten müssen sie aber, ähnlich wie die Pigmentatrophie, als formale Varianten des atrophisierenden Prozesses aufgefaßt werden. Es ist zu bemerken, daß im Verlauf der experimentellen retrograden Nervenzellreaktion im Perikaryon vorübergehend formal ähnliche Proteinaggregationen auftreten können. Wenn der Vergleich, den Spatz zwischen den Zellreaktionen nach Neuritläsion und dem atrophisierenden Prozeß zog, zurecht besteht, erklärt sich das Auftreten der argyrophilen Kugeln als Folge einer chronischen degenerativen Neuritveränderung.

ad b) Die charakteristischen Veränderungen der *neuro-axonalen Dystrophie* betreffen proximale Axonabschnitte sowie das Perikaryon und bestehen in voluminösen Auftreibungen und evtl. diskontinuierlichem Axonzerfall mit Schollenbildung. Für ein betroffenes Griseum resultiert daraus der *Status globusus* (Abb. 5). Die zirkumskripten Axonauftreibungen bzw. die nach dem Verlust der Kontinuität des Axons auftretenden Axonschollen bestehen histologisch aus Gebilden mit randständigen Neurofibrillen und in ihrer Hauptmasse aus ungeordnetem, granulär-scholligen und auch faserigen Material. Offenbar als Sekundärveränderung kommt es in den Schollen zur Zystenbildung, zu basophilen Kondensationen, schließlich zur humoralen Lyse, manchmal auch zum glialzelligen Abbau der Schollen (Spheroidophagie). Histochemisch verhält sich der Scholleninhalt wie Protein mit Kohlenhydratanteilen, die manchmal positive Mukopolysaccharidreaktionen geben. Lipoidbestandteile sind nur in Schollen von infantilen Krankheitsfällen nachweisbar. Enzymhistochemisch wurde im chronischen Vitamin-E-Mangelexperiment in den Schollen das Fehlen der Bernsteinsäuredehydrogenase konstatiert (Carpenter).

Ultrastrukturell finden sich in den Schollen neben reichlichen Neurofilamenten, normalen Zellorganellen, Vesikeln und Vacuolen atypische Strukturen wie geschichtete Membranschlingen, tubular

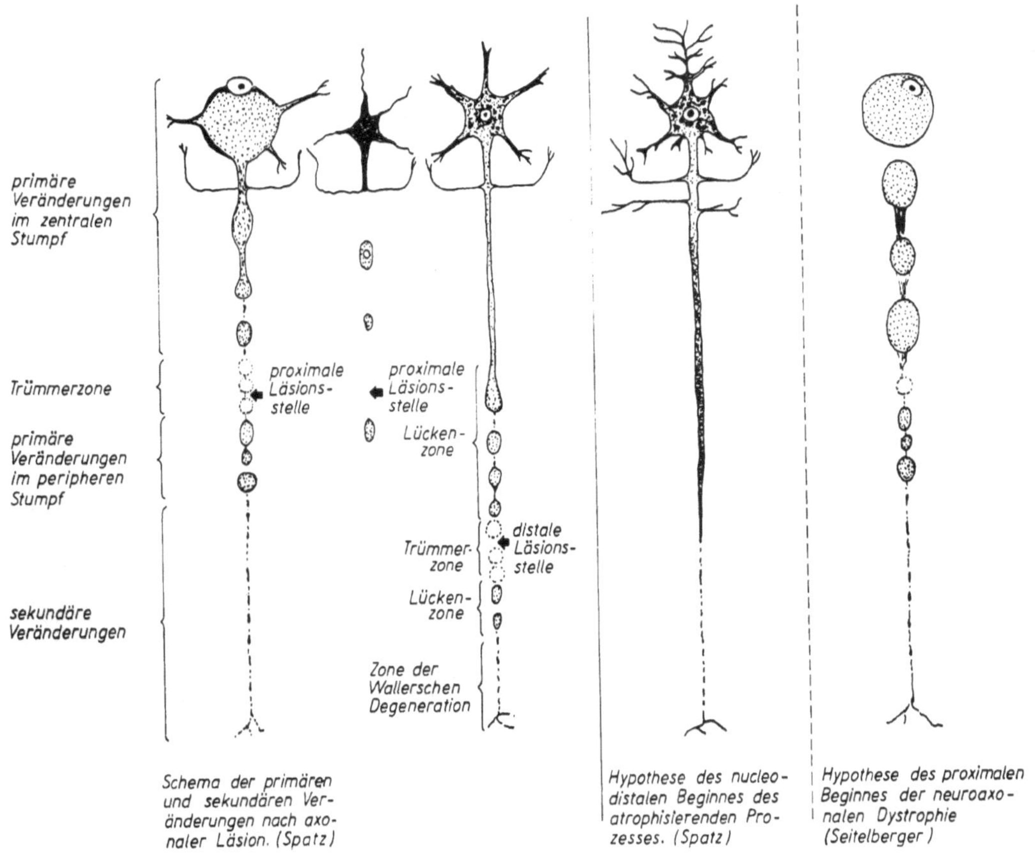

Schema 1: Gegenüberstellung der physiologischen primären und sekundären Veränderungen nach Axonläsionen mit den beiden Haupttypen der neuronalen Degeneration bei degenerativen Prozessen. Der Typ des atrophisierenden Prozesses nach Spatz ist mit den Folgen einer distalen Axonläsion vergleichbar, der Typ der neuro-axonalen Dystrophie mit den Folgen einer proximalen Axonläsion

rings, multi-granular bodies und amorphe strahlendichte Ablagerungen. Diese dystrophischen Axonveränderungen unterscheiden sich somit deutlich von reaktiven, degenerativen und regenerativen Axonreaktionsprodukten (Lampert). Während die atrophisierenden Vorgänge auch mit den Folgen von zellulodistaler Neuritdurchschneidung vergleichbar sind (Spatz), kann die neuro-axonale Dystrophie (wieder nur in gewisser Hinsicht) mit den Folgen einer zelluloproximalen Neuritläsion formal verglichen werden (Seitelberger) (Schema 1). Auffallend ist, daß damit assoziiert Veränderungen im physiologischen Pigmentbestand bestimmter betroffener Grisea auftreten (Zona rubra der Subst. nigra, Pallidum). Als primäres Störungsfeld im Nervengewebe erscheint auch hier das Neuron. Hergehörige Krankheiten sind die „Hallervorden-Spatzsche Krankheit“ und die „infantile neuro-axonale Dystrophie“ (Seitelbergersche Krankheit) (Tab. 4).

Tabelle 4

Die neuro-axonalen Dystrophien (naD)

Formen		Subst. nigra, Zona rubra	Symptone
infantile neuro-axonale Dystrophie (Seitelbergersche Krankheit)	infantil	unpigmentiert (unter 4 Jahren)	naD generalisiert *mit* Lipoid in den Schollen Pallidum: Status dysmyelinisatus kein Lipopigment massenhaft Neutralfett
	spätinfantil		
Hallervorden-Spatzsche Krankheit	juvenil und adult	pigmentiert (über 4 Jahren)	naD lokalisiert: Pallidum, Nigra, Hinterstrangskerne *ohne* Lipoid in den Schollen Pallidum: Status dysmyelinisatus massenhaft Pigment physiologisches Pallidum-(Neutral)fett
senile neuro-axonale Dystrophie	senil		naD lokalisiert: Nigra, Hinterstrangskerne, evtl. Pallidum *ohne* Lipoid in den Schollen Pallidum: *kein* Status dysmyelinisatus

Die Beschreibung der neuro-axonalen Dystrophie bezeichnet einen morphologischen Fortschritt, da in ihr eine eigengesetzliche spezielle Degenerationsform des nervösen Parenchyms erkannt wurde und davon abhängig die Bedeutung dieser Veränderungen im Gehirnaltern sowohl als auch im Rahmen verschiedener endo- und exogener neuropathologischer Syndrome ans Licht gehoben werden konnte. Es ist zu erwähnen, daß die neuro-axonale Dystrophie im Experiment durch chronischen Vitamin-E-Mangel in bestimmter topischer Verteilung produzierbar ist. Das weist zusammen mit anderen Momenten auf die pathogene Wirkung einer Störung im cyanresistenten Bereich der Zellatmung hin.

ad c) Bei der *argyrophilen Dystrophie* treten als kennzeichnende Vorgänge *argyrophile Ablagerungen* auf, die im Nervenzellsoma (Alzheimersche Fibrillenveränderung) (Abb. 6), in den Nervenzelldendriten (senile Plaques) sowie perivasal (drusige Gefäßerkrankung) lokalisiert sein können und von einer zumeist diffusen Parenchymatrophie begleitet sind. Mit der Degeneration verbindet sich hier der produktive Vorgang einer *Ablagerung von neuronalem Amyloid.* Histochemische und elektronenoptische Studien zeigten, daß die Alzheimersche Zellveränderung nicht in einer Vermehrung der normalen neuronalen Filamente besteht, sondern in der Anhäufung pathologischer filamentöser Strukturen von Protein- und Polysaccharid-Natur (Fadenmoleküle), die von gewöhnlichen Amyloid verschieden sind, deren histophysikalische Qualität und Anordnung aber in gewisser Hinsicht dem Amyloid entspricht und für die Polarisationseigenschaften (Doppelbrechung, Dichroismus, Farbanomalie) verantwortlich ist. Bei den senilen Plaques handelt es sich um ein strukturell andersartiges Amyloid, das in den Nervenzellfortsätzen massenhaft abgelagert wird; durch Verlust der Grenzmembranen kommt es sekundär zum Zusammensintern der Amyloidmassen und unter Umständen zur Formation eines zentralen Amyloidkristalloids, des stark doppelbrechenden Kernes der sogenannten Kokardenplaques. Die selteneren Amyloidablagerungen in der Wand kleinkalibriger Hirngefäße scheinen darauf hinzudeuten, daß ein fehlerhaftes Stoffwechselprodukt bei diesen Störungen auch intermediär in der Zirkulation vorhanden sein kann.

Wichtig erscheint der Hinweis, daß die in den subcorticalen Grisea und im Hirnstamm, in der Substantia nigra, Zona innominata, in geringer Dichte auftretenden Alzheimerschen Fibrillenveränderungen histologisch und histochemisch verschieden von den geschilderten corticalen Veränderungen sind. Es handelt sich um runde, wollknäuelartige, große Fibrillenkonvolute, die nur schwache Amyloidreaktionen geben. Ultrastrukturanalysen liegen bisher noch nocht vor. Primärer Störungsort ist das Neuron, in zweiter Linie das Gefäßsystem. Die wichtigste Krankheit in dieser Gruppe stellt die Alzheimersche präsenile Demenz dar. In der Aluminiumphosphatapplikation auf das Zentralnerensystem wurde ein experimentelles Modell gefunden, durch welches Alzheimersche Fibrillenveränderungen hervorgerufen werden, die sich jedoch feinstrukturell von den spontanen humanen Veränderungen unterscheiden lassen.

Pathogenetisch scheint es sich bei diesen Syndromen um *konstitutionelle Insuffizienzerscheinungen* bestimmter Stoffwechselbereiche zu handeln, die, wenn sie höheren Grades sind, vielleicht bereits in der Organentwicklung zu regionalen Hypoplasien führen können, anderenfalls aber sich unter der physiologischen Leistungsbelastung als schleichende Degeneration manifestieren. Wenn es erlaubt ist, den für diese Leiden verantwortlichen Pathomechanismus hypothetisch zu bezeichnen, kann bei den „atrophisierenden Prozessen" ein Desäquilibrium im enzymatischen Umsatz von Funktionsproteinen des Zytoplasmas, bei der „argyrophilen Dystrophie" eine solche von Strukturproteinen, evtl. im Rahmen einer generellen Paraproteinose, und bei der „neuroaxonalen Dystrophie" eine Störung der zyanresistenten Atmung und spezieller intrazellulärer Synthesemechanismen im Dienste des sog. „axonal flow" vermutet werden.

Die mit den genannten Prozeßtypen vergleichbaren Veränderungen, die im Rahmen der *Alterung des Gehirns* auftreten, haben einen begrenzten Umfang und geringere Intensität. Hierbei ist auch anzumerken, daß der „atrophisierende Prozeß" im Rahmen des Alterns nicht systematisch gebunden ist, daß die „argyrophile Dystrophie" im normalen Alter nur fakultativ auftritt und daß die „neuroaxonale Dystrophie" im gesunden Alter nur lokal gebunden in der roten Zone der Subst. nigra, im Pallidum internum und in den Hinterstrangskernen der Medulla oblongata gefunden wird. Man muß annehmen, daß gewisse neurologische Alterserscheinungen (Kleinschrittigkeit, fehlende Mitbewegungen, Tremor, Ataxie, Sensibilitätsstörungen vom Hinterstrangtyp) durch die quasi physiologische „senile neuro-axonale Dystrophie" dieser Zonen zumindest mitbedingt sind.

An dieser Stelle sind auch neuere Befunde von Untersuchungen am sog. *Alters-Parkinson* beim Menschen zu erwähnen, als dessen anatomisches Substrat entweder vasculär-zirkulatorische Läsionen der Subst. nigra oder altersabhängige atrophisierende Veränderungen der schwarzen melaninhaltigen Nigrazone angenommen wurden. Beide Läsionstypen kommen vor und überlagern sich in vielen Fällen. Es fand sich aber auch, daß in einem beträchtlichen Anteil des Altersparkinson eine markante Läsion in Form einer pathologischen Steigerung der senilen neuro-axonalen Dystrophie in der roten Zone der Subst. nigra vorhanden war, die sich mit Alterungsveränderungen der schwarzen Zone sowie mit vasculären Schäden der Nigra kombinieren kann. Die Subst. nigra zeigt in diesen Fällen makroskopisch und mikroskopisch das von der Hallervorden-Spatzschen Krankheit bekannte Bild, d. h. dunkelbraun-rote Pigmentierung durch gliales Lipo- und Eisenpigment sowie Axonauftreibungen und zahlreiche große Axonschollen.

II. Die folgenden Degenerationssyndrome zeigen praktisch keine formale Beziehung zu Befunden, die im Rahmen von physiologischen Konstellationen angetroffen werden, und weisen auf definierte Stoffwechselfehler im Sinne von *Enzymopathien* hin.

II. Prozesse im Rahmen von Enzymopathien des Lipoid- und Kohlenhydratstoffwechsels

A. *Speicherungsdystrophien*

In der Gruppe der *neuronalen Speicherungsdystrophien* sind formal und wohl auch formalgenetisch drei Formen zu unterscheiden: a) die „amaurotische", b) die „myoklonische" und c) die „Gaucher"-Form.

a) Bei der „*amaurotischen*" Form besteht die pathologische Veränderung in der Anhäufung granulären Materials im Nervenzellsoma, in Axon und Dendriten, was zur Ballonierung des Perikaryons und zur Fortsatzauftreibung führt (Abb. 7). Der Zelluntergang erfolgt in Form der „Speicherungsneuronophagie" (Seitelberger und Mitarb.). Das Speicherungsmaterial kann lipoider Natur sein oder aus Polysacchariden (Glykogen) bestehen. Es gibt auch Prozesse, bei denen die chemische Definition der gespeicherten granulären Substanzen bisher noch nicht gelang, z. B. die sog. „Pseudolipoidose der Rinder". Der Gehirnbefall dürfte ein Teilsymptom einer generellen Stoffwechselkrankheit mit oft multipler Organmanifestation sein. Das primäre Störungsfeld ist das Neuron mit seinen Fortsätzen. Typische Repräsentanten sind die „Tay-Sachssche Krankheit" und die „von Gierckesche Krankheit".

b) Bei der „*myoklonischen*“ Form treten homogene kugelige Einlagerungen auf, die physiko-chemische Besonderheiten und Sekundärstrukturen aufweisen: Schichtung, Adsorptionsphänomene. Sie liegen im Soma und in Nervenzellfortsätzen (Abb. 8). Beim Zelluntergang kommen zelluläre Phagie und humorale Lyse der Einschlußgebilde vor. Das Speicherungsmaterial besteht aus hochpolymeren abnormen Polysacchariden oder Polysaccharid-Protein-Gemengen. Den entscheidenden Unterschied

Tabelle 5

II. Prozesse im Rahmen von Enzymopathien des Lipoid- und Kohlenhydratstoffwechsels (A)

Prozesse	Speicherungsdystrophien		
	„amaurotische Form“	„myoklonische“ Form	„Gaucher“ Form
Störungsfeld	Neuron	Neuron	Neuron Gefäßwand
Pathochemismus	Enzymdefekt: passive Speicherung	Enzymmißbildung: malproduction	Enzymstörung mit genereller RES-Speicherung
Pathomorphologie	Speicherung in: Soma + Axon + Dendriten Ballonierung	Speicherung in: Soma + Dendriten Einschlußkörper	Speicherungsneuronophagie (Speicherung in: Soma) Speicherungshistiozytose adventitiell + interstitiell
Typus	amaurotische Idiotie	Myoklonuskörperkrankheit	infantile Gauchersche Krankheit
Ätiologie	generelle Enzymopathie des Lipoid- oder Kohlenhydratstoffwechsels		

gegenüber der amaurotischen Form machen die histopathologischen Qualitäten des gespeicherten Materials aus, das sich hier zu größeren tropfigen Aggregaten zusammenschließt, in denen unter gewissen quantitativen Bedingungen sekundäre Entmischungsvorgänge und Biokristallisationen ablaufen können. Mitunter treten in einer Nervenzelle mehrere typische Myoklonuskörperchen mit Außenzone (Mucoproteid) und Innenzone (saures Polysaccharid) auf, die als „*Myoklonuskörperchen vom Polysaccharidtyp*“ charakterisiert wurden. Die Verteilung der Myoklonuskörperchen folgt in der Regel einem topischen Muster insofern, als die schwarze Zone der Subst. nigra, Pallidum, Thalamus und Nucl. dentatus Läsionsschwerpunkte sind. Eine regionalpathologische Besonderheit besteht darin, daß die Myoklonuskörperchen der meist sehr schwer betroffenen schwarzen Zone der Subst. nigra eine formale und histochemische Variante darstellen: Sie sind nicht geschichtet, eine basophile zentrale Zone ist nicht vorhanden, da die histochemische Differenzierung zwischen Außenzone und Innenzone nicht vollzogen wurde.

Ausnahmsweise können aber auch andere Systeme als die genannten Hauptläsionsorte sein, woraus abweichende klinische Syndrome resultieren. Einmal war eine progressive Hyperkinese mit elektivem Myoklonuskörperbefall der atrophisierenden Pallida einhergegangen. Ein anderes Mal zeigte eine familiäre myatrophische Lateralsklerose akzentuierten Myoklonuskörperbefall des corticospinalen Systems.

Die Gehirnbefunde dürften Teilmanifestationen einer allgemeinen Stoffwechselkrankheit sein. Der primäre Störungsherd ist das Neuron mit seinen Fortsätzen. Diese Form ist verwirklicht in der progressiven Myoklonusepilepsie mit Lafora-Körperchen, der sog. „Myoklonuskörperkrankheit“ (SEITELBERGER und Mitarbeiter). Wie erwähnt, weisen „argyrophile Kugeln“ und die „Lewy-Körperchen“ formale Übereinstimmungen mit den Myoklonuskörperchen (bei deutlichen histochemischen Differen-

→

Abb. 6. a) Parkinsonismus, Subst. nigra, Zona nigra, Formol, Paraffin, Kresylviolett, 1400 ×. Großes knäuelartiges Fibrillenkonvolut im Zytoplasma der Melaninpigment-führenden Nervenzelle

b) wie 6.a) Bodian 1400 ×. Mäßigstark imprägniertes Fibrillenkonvolut in der Melaninpigmentführenden Nervenzelle

Abb. 7. Pseudolipoidose, Rinde, Kleinhirnrinde, Formol, Paraffin, PAS, 560 ×. Die Purkinjezellen sind durch eine reichliche granuläre Zytoplasmaeinlagerung balloniert. Das Speichermaterial ist PAS-(und Lipoid-) negativ

Abb. 8. Myoklonuskörperkrankheit, Thalamus, Formol, Paraffin, Kresylviolett, 1000 ×. Großer, sphärischer Zytoplasmaeinschluß in einer Nervenzelle. Stark basophiles Zentrum; blasse, radiär gestreifte Außenzone. Zellkern in Zytoplasmakappe

Abb. 9. Infantile Gauchersche Krankheit, Occipitalrinde, Formol, Paraffin, Gomori, 720 ×. An den Gefäßwänden liegen spindelige oder sternförmige histiozytäre Elemente mit deutlich imprägniertem Inhalt. An einer Stelle eine größere, runde Speicherzelle: Gaucherzelle.

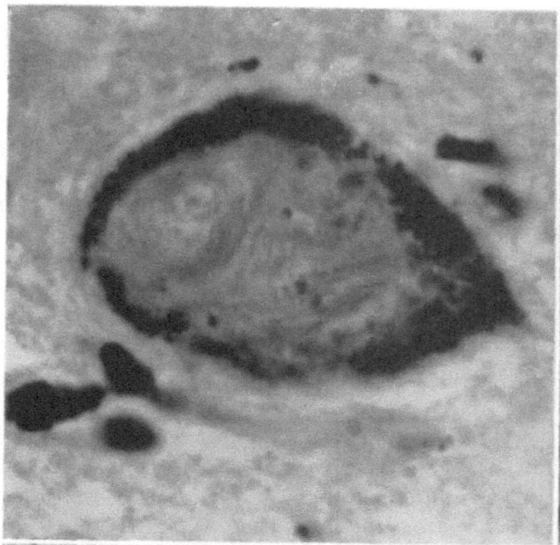

6a

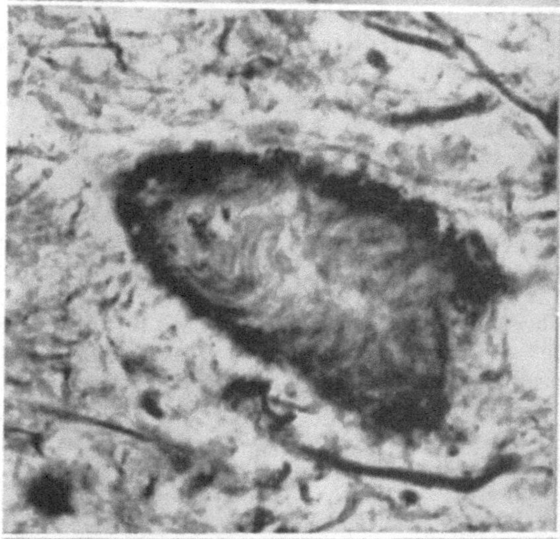

6b

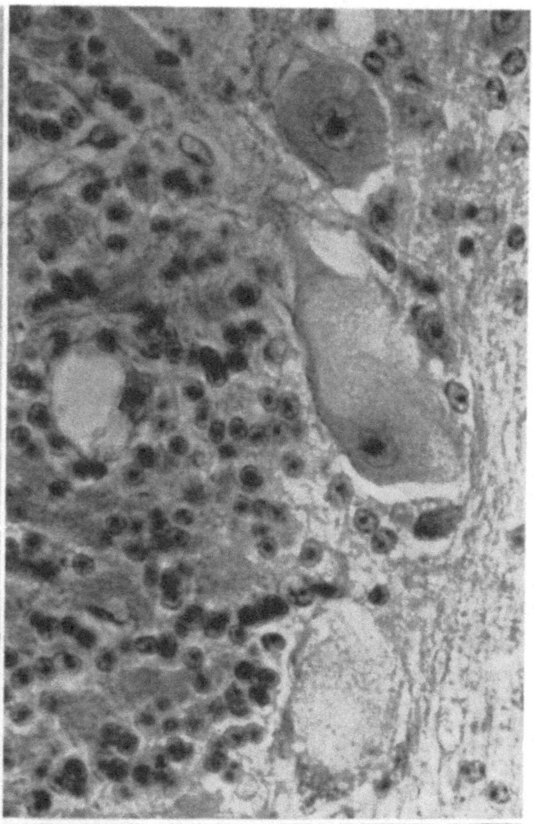

7

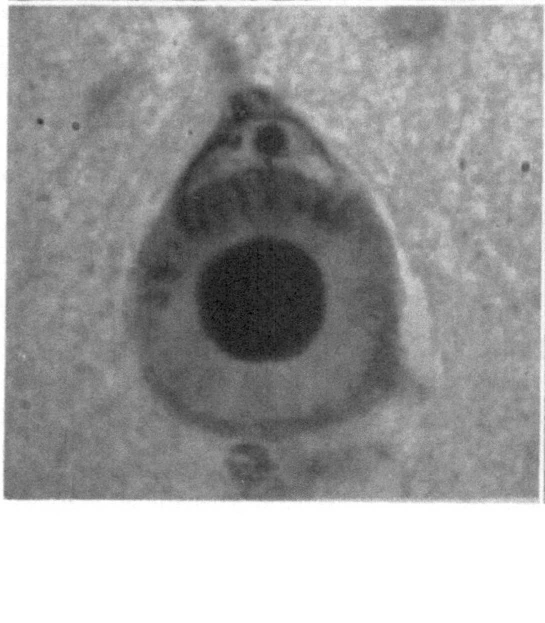

8

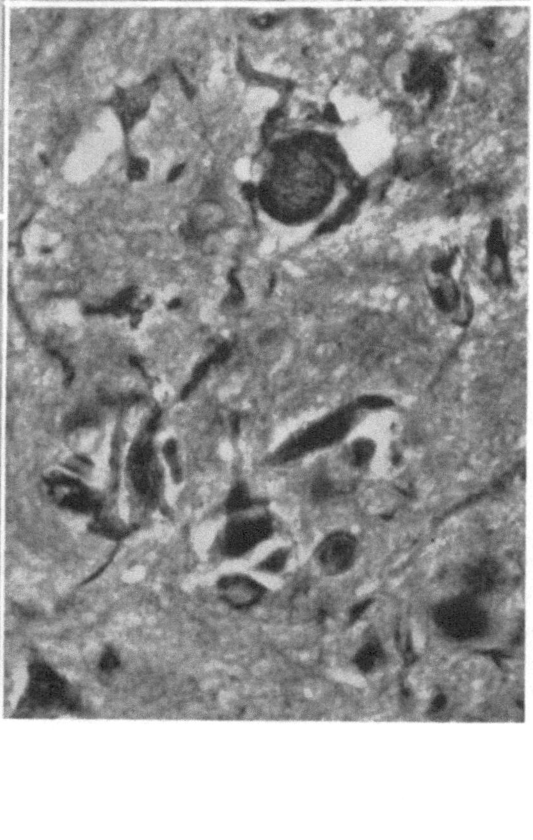

9

zen) auf; jedoch sind sie nicht Produkte einer generellen Speicherungsdystrophie, sondern Begleiterscheinungen systematisch atrophisierender Prozesse.

Es ist darauf hinzuweisen, daß es bei einer Spielart von ,,amaurotischer" Lipoidspeicherungsdystrophie außer der Anhäufung granulären Materials im Nervenzellperikaryon auch zur Ablagerung scholliger Lipoproteinmassen in bestimmten Nervenzellpopulationen kommt. Diese Schollen wurden von einigen Autoren als Myoklonuskörperchen bezeichnet, zumal sie wie diese die Subst. nigra, den Nucl. dentatus, Pallidum und Thalamus bevorzugen. Bei diesen Einschlüssen handelt es sich aber um formal und stofflich wohl zu unterscheidende Gebilde, die nur im Rahmen der sog. ,,*myoklonischen Variante der cerebralen Lipoidose*" auftreten. Zu ihrer Kennzeichnung wurde die Bezeichnung ,,*Myoklonuskörperchen vom Proteintyp*" vorgeschlagen. Bemerkenswert ist die Ähnlichkeit der topischen Prädilektionsmuster, die auch für die Parallelen in der klinischen Symptomatik (Myoklonismen) verantwortlich sein dürfte. Das Auftreten eines zweiten Typs von Speichermaterial, eben der ,,Myoklonuskörper vom Proteintyp", bei einer granulären Lipoidspeicherungsdystrophie liefert ein Beispiel für das Vorkommen von *Kombinationen* der einzelnen, nach formalen Kriterien differenzierten degenerativen Prozeßformen, im gegenständlichen Fall des amaurotischen und des myoklonischen Typs der neuronalen Speicherungsdystrophie.

c) Die Veränderungen der ,,*Gaucher*" Form sind charakterisiert durch primäre Affektionen sowohl des Neurons, das nach Art der ,,amaurotischen" Form erkrankt und bald einer Speicherungsneuronophagie verfällt, als auch des Gefäßmesenchyms, das sich in der proliferativen Form einer ,,*Speicherungshistiozytose*" verändert (Abb. 9). Störfelder sind das Neuron und der vasale Apparat. Die Gehirnläsion erfolgt eigengesetzlich in Verbindung mit einer generellen Erkrankung des reticulo-endothelialen Systems. Repräsentant dieser Läsion ist die ,,infantile Gauchersche Krankheit", bei der das Speichermaterial aus Cerebrosiden besteht. Die elektive Nekrobiose der corticalen etc. Nervenzellen erweist sich hier als eine Akzentuierung des speicherungsdystrophischen Prozesses. Genau betrachtet liegt in der Gaucher-Form somit kein reiner Degenerationstyp, sondern eine Kombination von ,,amaurotischer" Form von neuronaler Speicherungsdystrophie (mit Tendenz zur Nekrobiose, vielleicht durch eine chemische Qualität des Speichermaterials bedingt) mit vasaler ,,Speicherungshistiozytose" vor.

Eine etwas verschiedene Situation besteht beim Gehirnbefall des *Gargoylismus*, nämlich die Kombination einer nicht-nekrobiotischen ,,amaurotischen" Speicherungsdystrophie der Nervenzellen mit einer formal und chemisch verschiedenen ,,*Speicherungsfibrozytose*" in den mesenchymalen Anteilen des Gehirns (Gefäßwandzellen) und seiner Hüllen (Pachymeninx). Die Beladung der Fibrozyten mit dem kleintropfigen Speicherungsmaterial, einem Mucopolysaccharid-Lipoidkomplex, und ihre Proliferation bedingt eine Verbreiterung der Adventitia der mittelgroßen Hirngefäße. Das neuroektodermale Kompartment wird von der Speicherungsfibrozytose aber, zum Unterschied von der Speicherungshistiozytose, streng respektiert.

B. Leukodystrophien

Kennzeichnend für die Gruppe der *degenerativen Entmarkungsprozesse* oder *Leukodystrophien* ist der protrahierte Markscheiden- bzw. Markfaseruntergang mit Auftreten abnormer Myelinabbauprodukte oder mit abnormer Verweildauer physiologischer Abbauzwischenprodukte. Die Organisation der Defekte führt zum uniformen Bild der diffusen Marksklerose. Die Markscheidenlipoidumsatz-Störung erscheint als Teil einer generellen Stoffwechselstörung; die Kombination mit neuronalen Speicherungsphänomenen kommt vor. Der Hauptangriffspunkt liegt aber in den zentralnervösen Markscheiden bzw. in der Oligodendroglia.

Drei Formen von Gewebsbildern sind herauszuheben: a) die ,,speicherungsdystrophische", b) die ,,elektiv-entmarkende" und c) die ,,globoidzellige" Form (Tab. 6 s. S. 301).

a) Beim Markscheidenzerfall der ,,*speicherungsdystrophischen*" Form treten, verbunden mit Neuritverlust, große Mengen von lipoiden Produkten in Phagenzellen (,,Myelophagie") und interstitiell auf; evtl. ist eine celluläre Speicherung gleicher Qualität in glialen Elementen, in Nervenzellen und in Körperorganen zu beobachten.

Die ,,metachromatische" wie auch die ,,sudanophile" Leukodystrophie repräsentieren diese Prozeßform.

b) Bei der ,,*elektiv-entmarkenden*" Form werden Speicherungsvorgänge vermißt. Pathogenetisch steht die Desintegration der submikroskopischen Markscheiden-Strukturen durch einen oberflächenaktiven Effekt im Vordergrund. Die Markscheiden gehen elektiv verloren, die Axone behalten eine lipoide Membran und bleiben erhalten. Nur an Stellen frischerer Veränderungen trifft man Myelinabbauvorgänge in Form des ,,mobilen Fettabbaues" an. Die pathogene Wirkung dürfte in den Phosphatiden der Markscheiden angreifen. Repräsentant ist die Pelizaeus-Merzbachersche Krankheit.

Tabelle 6

II. Prozesse im Rahmen von Enzymopathien des Lipoid- und Kohlenhydratstoffwechsels (B)

Prozesse	Leukodystrophien		
	„speicherungsdystrophische" Form	„Pelizaeus-Merzbacher" Form	„globoidzellige" Form
Störungsfeld	Neurit Markscheide + Oligodendroglia	Neurit Markscheide	Neurit Markscheide + vasaler Apparat
Pathomechanismus	Enzymdefekt	Enzymstörung Oberflächenaktivitäts-Effekt	Enzymstörung RES-Beteiligung?
Pathomorphologie	Speicherungsmyelophagie Somaspeicherung in Oligodendroglia + Neuron	formale Desintegration der Markscheiden elektive Entmarkung	Speicherungshistiozytose Neuritdesintegration
Typus	metachromatische Leukodystrophie	Pelizaeus-Merzbachersche Krankheit	Krabbesche Krankheit
Ätiologie	Enzymopathie des Lipoidstoffwechsels des Nervengewebes		

c) Bei der „*globoid-zelligen*" Form werden im Entmarkungsbereich pathologische Lipoidsubstanzen in großen mehrkernigen Zellen, den „Gaucher"zellen ähnlich und vermutlich mesenchymaler Herkunft, angehäuft. Der Axonverlust ist dem der Markscheiden proportional (Abb. 10). Eine allgemeine Affektion des reticuloendothelialen Systems ist nicht erwiesen. Man kann also von einer „*cerebralen Speicherungshistiozytose, verbunden mit Neuritdesintegration*" sprechen. Diese Form von Histiozytose unterscheidet sich von der früher beschriebenen Gaucher-Form der Speicherungsdystrophie dadurch, daß a) keine Zeichen einer generellen RES-Erkrankung vorliegen, sondern die Veränderungen auf das Nervensystem beschränkt sind, b) nicht die graue, sondern die weiße Hirnsubstanz die Hauptläsionsstätte ist. Bei der Gaucher-Form treten im Mark höchstens intraadventitielle Speicherungsprodukte (Gaucher-Zellen) auf, die das neuroektodermale Kompartment respektieren und daher nicht von Entmarkung begleitet sind. Diese Form wird durch die Krabbesche Krankheit repräsentiert. Wenn man genau definieren will, besteht auch hier eine Kombination, und zwar einer „nekrotisierenden Neuritdystrophie" mit einer „Speicherungshistiozytose", wobei die ursächliche Verknüpfung beider Phänomene nach neuesten experimentellen Befunden darin gegeben ist, daß die chemische Qualität eines durch den Markscheidenabbau angehäuften Metaboliten den formativen Reiz für die Produktion der Globoidzellen abgibt.

Bei den unter II A behandelten Prozessen, den *Speicherungsdystrophien*, bestehen, wie erwähnt, die Merkmale von generellen Stoffwechselstörungen. Die morphologische Folgeerscheinung der Speicherung im Falle der *amaurotischen Zellveränderung* kann pathogenetisch als Resultat einer Enzymblockade bzw. Enzymschwäche in einer Stoffwechselkette aufgefaßt werden. Das bestimmte Zwischenprodukt ist nicht weiter metabolisierbar und wird passiv angehäuft. Bei der *myoklonischen Zellveränderung* darf nach dem heutigen Wissen ein anderer Vorgang angenommen werden: Das Speicherungsmaterial dürfte Produkt einer enzymatisch fehlgeleiteten Synthese, d. h. ein tatsächlich unphysiologisches Stoffwechselprodukt sein, das schließlich in einer Stoffwechselsackgasse liegenbleibt. Hier würde demnach eine aktive Fehlproduktion (malproduction) vorliegen.

Von der Gruppe II B, den *Leukodystrophien*, weiß man noch nicht, ob generelle oder organeigene (gehirnspezifische) Enzymopathien vorliegen; nur wenige begründete pathogenetische Vorstellungen können derzeit präsentiert werden. Bei der „metachromatischen Leukodystrophie", dem typischen Repräsentanten der speicherungsdystrophischen Form, besteht nach JATZKEWITZ und Mitarbeitern eine Störung des Sulfatidabbaus durch das Fehlen des Enzyms Cerebrosid-Sulfatase. Das führt zu einer exzessiven Anhäufung von Cerebrosid-Schwefelsäureester, was mit der Aufrechterhaltung der normalen Markscheidenstruktur nicht vereinbar ist. Ähnliche Bedingungen in anderen Lipoidstoffwechselbereichen dürften für die „globoidzellige" Form Geltung besitzen.

III. Prozesse mit Beziehung zu dysgenetischen Störungen

Diese Gruppe umfaßt ätiologisch heterogene Prozesse, die als Leukodystrophien, d. h. als Markkrankheiten in Erscheinung treten und denen gemeinsam ist, daß sie *dysgenetische Stigmata* aufweisen (Tab. 7). Drei Formen können nach formalen Gesichtspunkten unterschieden werden: 1. die „myelodysgenetische Leukodystrophie", 2. die „fibrinoide" Form und 3. die „blastomatöse" Form.

Tabelle 7

III. Prozesse mit Beziehung zu dysgenetischen Störungen

Prozesse	atypische Leukodystrophien		
	„myelodysgenetische" Form	„fibrinoide" Form	„blastomatöse" Form
Störungsfeld	Markscheide Oligodendroglia	Makroglia Neurit, Markscheide	Makroglia Neurit, Markscheide
Pathomechanismus	dysgenetische Insuffizienz: Markscheidenbildungsstörung	dysgenetische Störung: produktive Degeneration	dysgenetische Gliadysmorphie: Störung trophischer Funktionen
Pathomorphologie	elektiver Markscheidenmangel	abnorme Astroglia mit Rosenthal'schen Fasern Neuritdesintegration	abnorme Makroglia (evtl. mit patholog. Pigment) Neuritdesintegration
Typus	Sondertyp der Pelizaeus-Merzbacher'schen Krankheit	Alexander'sche Krankheit	Hallervorden's Fall
Ätiologie	Störung des Markscheidenbildungsstoffwechsels	Störung des Proteinstoffwechsels der Makroglia	Störung des Makrogliastoffwechsels

1. Der *myelodysgenetischen Leukodystrophie* liegt nach morphologischen und biochemischen Befunden ein Sistieren der Markscheidenbildung zugrunde: daraus resultiert eine ausgebreitete Marklosigkeit der normal gebildeten Axone mit isomorpher diffuser Gliafasersklerose. Dieses Bild ist für *eine* Gruppe des als Pelizaeus-Merzbacher'sche Krankheit bezeichneten Syndroms charakteristisch. Es gibt noch keine Hinweise auf die Art der verantwortlichen Störung, die im Biochemismus der Markscheidenbildung zu suchen ist.

2. Die *„fibrinoide" Form* ist dadurch gekennzeichnet, daß in den Marklagern die Neuriten samt der Oligodendroglia völlig verlorengehen und abnorme Astrogliazellen mit großen unregelmäßigen Kernen auftreten, die zum Unterschied von den bekannten reaktiven Astrozytenformen einen spindeligen, flüssigkeitsarmen Zelleib besitzen, in dem nicht nur Gliafasern, sondern auch grobe wurst- oder zopfartig geformte homogene Gebilde in Masse auftreten. Sie finden sich gehäuft in den astrozytären Strukturen der Bluthirnschranke um die Gefäße sowie an den Gehirnoberflächen (Abb. 11) und entsprechen formal wie histochemisch den sog. „Rosenthal'schen Fasern" in Spongioblastomen etc. Das als „Alexander'sche Krankheit" geläufige Syndrom offenbart eine dysgenetisch bedingte Fehlleistung der mit der Gliafaserproduktion befaßten zellulären Mechanismen.

3. In der *„blastomatösen" Form* schließlich liegt eine im Marklager etablierte profuse Proliferation eines dysmorphen Oligodendrogliaelementes vor, die mit einer diffusen Neuritdesintegration einhergeht. Die Prozeßstruktur entspricht jener der dysgenetischen Prozesse mit blastomatösem Einschlag.

Die Beobachtung von HALLERVORDEN ist Repräsentant dieser Form.

Vom Standpunkt der *Definition degenerativer Prozesse* steht die Zugehörigkeit der Prozesse dieser Gruppe zur Diskussion. Sie wurden hier aber angeführt, weil bei ihnen die Degeneration der Markscheiden bzw. der Nervenzellfortsätze unbeschadet der verschiedenartigen Prozeßstrukturen im Mittelpunkt des Krankheitsgeschehens steht. Mit gewissem Recht könnte die „fibrilläre" Form der Leukodystrophie auch bei den unten zu besprechenden „glialen Dystrophien" und die „blastomatöse Leukodystrophie" überhaupt an anderer Stelle unter den „glialen Syndromen" des Nervensystems abgehandelt werden.

→

Abb. 10. Leukodystrophie, Großhirnmark, Formol, Paraffin, Bodian, 280 ×. An den Gefäßwänden und scheinbar frei im Gewebe liegen große runde Elemente mit homogen bis granulärem Zellinhalt: Globoidzellen. Proliferierte Astrozyten sind schwarz imprägniert. Starke Desintegration der Neurofibrillen (Axone)

Abb. 11. Leukodystrophie, Kleinhirnmark, Formol, Paraffin, Klüver-Barrera, 560 ×. Perivaskuläre, dichtliegende, starkgefärbte, kolben- oder wurstförmige Gebilde; solche finden sich auch zerstreut in der umgebenden Marksubstanz. Unregelmäßige große Gliakerne. Fibrilläre Form der Leukodystrophie

Abb. 12. a) Infantile Ödemkrankheit des Gehirns, Großhirnmark, Formol, Paraffin, HE, 280 ×. Vermehrte hypertrophe Astrozyten mit homogenem Zytoplasma. Mäßige Auflockerung der Grundsubstanz

b) wie 12. a) Cajal, 280 ×. Luxurierende Hypertrophie proliferierender Astrozyten. Laminär akzentuierter Status spongiosus: Gliogener Status spongiosus

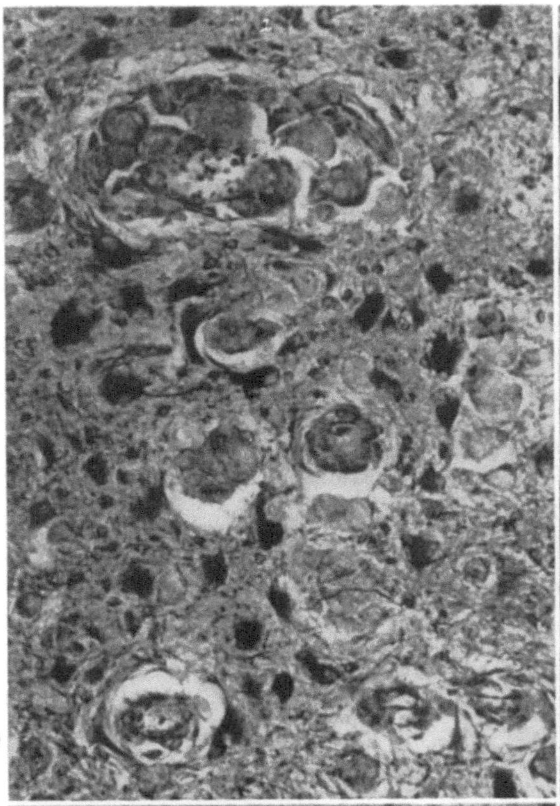

10

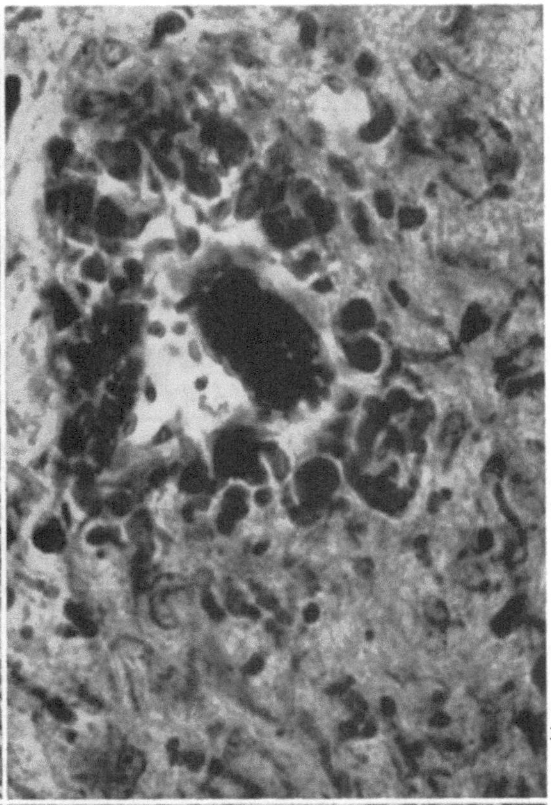

11

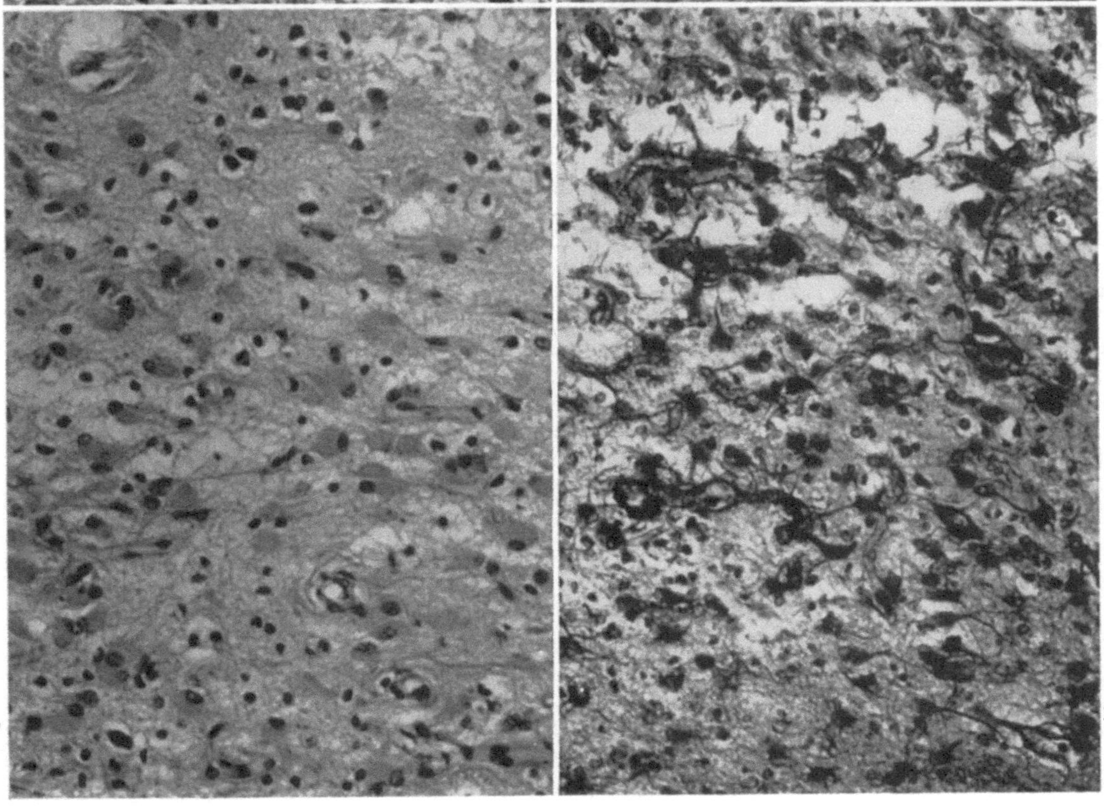

12a

12b

IV. Dystrophien der Transportstrukturen

Bei der folgenden Gruppe von degenerativen Prozessen, den *Dystrophien der Transportstrukturen* besteht das Merkmal der Materialspeicherung im Gewebe nicht und das nervenzellige Parenchym erscheint nicht primär vom Prozeß betroffen. Die Transportstrecke des Zentralnervensystems besteht aus den morphologischen Strukturen der Blut-Hirn-Schranke, der Astrogliazelle und dem Zielelement, der Nervenzelle. Wir unterscheiden daher a) gliale, b) glioneuronale und c) glio-vasale Dystrophien (Tab. 8).

Tabelle 8

IV. Prozesse im Rahmen von Enzymopathien der Aminosäuren und Störungen des Proteinstoffwechsels

Prozesse	Dystrophien der Transportstrukturen		
	gliale Dystrophien	glio-neuronale Dystrophien	glio-vasale Dystrophien
Störungsfeld	glialer Apparat	glio-neuronaler Komplex	glio-vasaler Komplex
Pathochemismus		pathogener intermediärer Metabolit	
Pathomorphologie	progressiv-regressive Astrogliareaktion, Status spongiosus sek. Nervenzellde-. generation	Nervenzellschwellung, progressiv-regressive Astrogliareaktion evt. Status spongiosus	progressiv-regressive Astrogliareaktion proliferative Gefäßreaktion, spongiöse Partialnekrose sek. Nervenzelldegeneration
Typus	spongiöse Dystrophie	Jakob-Creutzfeldtsche Krankheit	hepato-lenticuläre Degeneration
Ätiologie	generelle Enzymopathien des Aminosäurestoffwechsels komplexe Dysmetabolien des Proteinstoffwechsels; Alterung		
experimentelles Modell	INH-Intoxikation	Vitamin B_2-Mangel	chronische Alkohol-Intoxikation

a) Bei diesen *glialen Dystrophien* betreffen die Veränderungen die Astroglia, die hypertrophiert, um darauf der Klasmatodendrose zu erliegen und einen gliogenen ,,Status spongiosus" zu hinterlassen, während die Nervenzellen erst sekundär in Mitleidenschaft gezogen erscheinen (Abb. 12). Zelluläre Abbaureaktionen werden vermißt, die Organisation leitet zu einer spongiösen Sklerose. Histologisches Störfeld ist allein der Astroglia-Apparat. Die spongiöse Degeneration der grauen Substanz (auch ,,Ödemkrankheit des Gehirns") und die gliogene ,,spongiöse Leukodystrophie" sind Beispiele für diese Degenerationsform. Es sei daran erinnert, daß bei der senilen Form die Proliferation der Astroglia über die regressiv-spongiösen Veränderungen vorherrscht. Die ,,präsenile gliale Dystrophie" wurde bis vor kurzer Zeit auch als Sonderform der PICKschen Atrophie verkannt. NEUMANN und COHN, die ebenfalls die Eigenständigkeit des Läsionsbildes erkannten, sprechen von: ,,progressive subcortical gliosis". Die *spongiösen Dystrophien* umfassen nicht nur die Formen des gliogenen Status spongiosus, sondern auch den sog. neurogenen Status spongiosus, der durch massiven Verlust von Nervenzellen zustande kommt. Diese Art von Veränderung ist im Rahmen degenerativer Prozesse nicht selten und liegt u. a. der corticalen Spongiose bei Systematrophien (Picksche Atrophie) wie bei Speicherungsdystrophien (myoklonische Form der cerebralen Lipoidose) pathogenetisch zugrunde. Im Markbereich kann ein Status spongiosus auch durch Flüssigkeitsansammlungen innerhalb der Markscheiden und im interstitiellen Raum entstehen.

b) Bei den *glio-neuronalen Dystrophien* werden Veränderungen in den Neuronen wie in der Astroglia vorgefunden. Die Nervenzellveränderung besteht häufig in einer Zytoplasmaschwellung mit Chromatolyse, ähnlich der akuten Zellerkrankung Nissls oder dem bei Pellagra gefundenen Bild. Damit verbunden ist eine progressive Gliareaktion in Form einer Astrogliahypertrophie, die über regressive Transformation (Klasmatodendrose) einen Status spongiosus der grauen Substanz hervorrufen kann. Das primäre Gewebsstörfeld ist somit der glio-neuronale Komplex. Repräsentant dieser Form ist die Jakob-Creutzfeldtsche Krankheit.

c) Die *glio-vasalen Dystrophien* lassen histologisch neben progressiv-regressiven Gliaveränderungen auch die Zeichen pathologischer Permeabilitätsverhältnisse und Reaktionen des Gefäßmesenchyms erkennen. Die Gliareaktion liefert außer hyperplastischen auch definiert pathologische Zellformen: Alzheimer-Glia. Die Gefäßreaktionen bestehen in Kapillarsprossung und zelligen Wandproliferationsvorgängen. Das Parenchym verfällt sekundär dem Untergang. Das End- bzw. Reparationsstadium ist ein glial-fibröser Status spongiosus. Primäres Störfeld ist der glio-vasale Komplex des Nervengewebes. Das klassische Beispiel liefert die Wilsonsche hepatolentikuläre Degeneration.

Die letzten drei Formen sind offensichtlich pathogenetisch miteinander verwandt und weisen Übergangsphänomene auf, was begreiflich erscheint, da bei ihnen die Apparate des geweblichen Stofftransportes zwischen Blutgefäß und Parenchymelement affiziert erscheinen, wobei die Nervenzelle selbst erst sekundär getroffen wird. Auf Grund der ätiologischen Identifizierung einiger hierhergehöriger Syndrome (Morbus Wilson, Ahornsirup-Krankheit) darf angenommen werden, daß *enzymatische Störungen des Aminosäurestoffwechsels* auf dieser Plattform ihre gewebsverändernde Wirkung erzielen, indem histotoxische intermediäre Metaboliten die Membran- und Schrankenfunktionen stören und pathologische Proliferationsreize auf das gliale Element ausüben. Die damit verbundene mehr oder minder elektive Schädigung der astroglialen Gewebselemente bedingt die Desintegration des Neuropils der grauen Substanz und in der Folge das uniforme Endstadium des *Status spongiosus* (gliogener Typ). Gliale Dystrophien treten aber nicht nur bei den genannten Enzymopathien, sondern auch bei anderen *Eiweißstoffwechselstörungen,* bei komplexen Dysmetabolien sowie bei verschiedenen endogenen und exogenen toxischen Störungen auf. Als Beispiele seien nur die hepatogenen glialen Encephalopathien (bei Zirrhose, portocavaler Hypertension, Leberkoma) mit dem Auftreten der sog. „Leberglia" (reaktive Astroglia mit bläschenförmigem Kern und histologisch nicht faßbarem Zytoplasma), die urämische Encephalopathie und die Manganencephalopathie genannt. Die glialen Dystrophien besitzen also ein weites ätiogenetisches Spektrum, ihre spezifische Formalgenese ist derzeit noch nicht aufgeklärt.

Eine banale degenerative Veränderung der Astroglia stellen die *Corpora amylacea* dar, sphärische Gebilde, die im höheren Lebensalter gehäuft an Grenzflächen (subpial, perivasal) und mit Vorliebe in bestimmten Regionen (basales Rindengrau, Ammonshorn) auftreten; bei cerebrovaskulären Störungen sind sie vermehrt. Stofflich handelt es sich um filamentöse saure Mucopolysaccharide in submikroskopischer Ordnung (Doppelbrechung). Diese Anhäufung strukturierten Materials erscheint ebenfalls als Folge der Störung einer glialen Stofftransportfunktion, d. h. einer *glialen Dystrophie,* die sich obligat mit dem Gehirnaltern verbindet.

Syndrome der Gliapathologie

Die dystrophischen Veränderungen der Astroglia, die im Mittelpunkt des Gewebsbildes der zuletzt erörterten degenerativen Prozesse stehen, stellen nur einen Teil von *Syndromen der Gliapathologie* dar, mit welcher sich die neuropathologische Forschung erst seit kurzem systematisch beschäftigt. Es scheint daher nützlich, einen Überblick der Gliakrankheiten zu geben, in dem auch degenerative Syndrome, die im Vorhergehenden nicht berücksichtigt wurden, ihrer pathogenetischen Position nach aufgezeigt werden können (Tab. 9 s. S. 306).

Die glialen Syndrome können nach der Art des affizierten Gliazelltyps und nach der Art der vorherrschenden Zellveränderung geordnet werden. Als Läsionstypen wurden solche der Zellintegrität (z. B. auch physikochemische Wirkungen), des Zellwachstums und der Zytogenese sowie solche des Zellstoffwechsels unterschieden. Es geht aus der gewonnenen Einteilung hervor, daß außer den als gliale Dystrophien abgehandelten degenerativen Prozessen eine Reihe von weiteren Syndromen durch mehr oder minder pathognomonische und elektive Gliaveränderungen charakterisiert sind. Auf die oligodendrogliale Ödemnekrose (Jacob) der Marksubstanz und auf die wichtige Gruppe der astroglialen hepatogenen Encephalopathien sei hier vor allem hingewiesen. Gross beobachtete eine kindliche Schwachsinnsform, deren anatomisches Substrat allein in einer starken vorwiegend cerebello-truncalen Fasergliose besteht, der eine proliferative Astrogliaveränderung zugrundeliegt: *fibrilläre gliale Dystrophie.* Diese Form scheint mit den dysgenetischen Prozessen in Beziehung zu stehen. Die Veränderungen der Mikroglia scheinen keine syndrombildende Potenz, sondern ausschließlich reaktives Gepräge zu besitzen. Besondere in ihrer Komplexität noch nicht entschlüsselte Verhältnisse liegen beim viralen Kerneinschlußkörperchenbefall bes. der Oligodendroglia vor, indem reproduktive und reaktive Zelltätigkeiten zu einer eigenartigen viralen Dystrophie zusammenwirken. Auch die diffusen Veränderungen der Astroglia im Rahmen chronischer viraler Affektionen, die histologisch als Hypertrophie oder als Status spongiosus imponieren, sind in ihrer zytologischen Qualität und Dynamik noch nicht aufgeklärt.

Auch mit dieser Tabelle ist keine Klassifikationstafel, sondern ein pathogenetischer Ordnungsentwurf gemeint, der einer weiteren morphologischen und biologischen Erforschung glialer Syndrome als Leitwerk dienen soll.

Wie kürzlich dargelegt (Seitelberger, 1967), kommen in dem physiologischen Grenzzustand des Alterns nicht nur neuronale, sondern auch gliale Dystrophien zur Ausprägung, und zwar in Form einer diffusen astroglialen Hypertrophie und Proliferation mit evtl. Produktion spongiöser Veränderungen: „senile gliale Dystrophie".

Tabelle 9

Gliale Syndrome des ZNS

ZELLTYP / LÄSIONSART	OLIGODENDROGLIA	ASTROGLIA	MIKROGLIA
ZELLINTEGRITÄT	elektive Entmarkung Triäthylzinn- Leukodystrophie	primär-traumatisches Hirnödem?	
WACHSTUM und ZYTOGENESE	Tumore Dysmorphien: Fall HALLERVORDEN PELIZAEUS- MERZBACHER Kh.?	Tumore Dysmorphien: fibrilläre gl. D. GROSS ALEXANDER Kh.	Tumore?
METABOLISMUS und TROPHIK	Dystrophien: O_2-Mangel-D. Mark-Ödemnekrose JACOB Speicherungs-D.: Sulfatid D. = meta- chrom Ld.	gliale, gliovasale, glioneuronale Dystophien u. Status spong.: Ödem (graue Substanz) endogen: Proteinstoffw.- stör., präsenile spongiöse D. JAKOB-CREUTZ- FELDT Kh. hepatogene Encephalo- pathien: endogen: WILSON Kh. exogen: Alkohol-Ep.	reaktive Phänomene: Proliferation Hypertrophie: Stäbchenzellen Phagozytose: Gitterzellen
	virale Einschluß- körper-Affektion	virale D.: Kuru? Scrapie?	

Altern und degenerative Prozesse

Da an mehreren Stellen dieser Ausführungen auf Vorgänge Bezug genommen wurde, die beim Altern auftreten und in einzelnen Fällen sogar Übereinstimmung der Prozeßqualitäten von Alternsveränderungen und bestimmten degenerativen Krankheiten festgestellt wurde, sollen einige Beziehungen zwischen den degenerativen Prozeßtypen und den beim Gehirnaltern anzutreffenden Gewebssyndromen dargelegt werden. Das Altern des Gehirns kann vom morphologischen Standpunkt als komplexes degeneratives Geschehen betrachtet werden, dessen Eintreten im höheren Lebensalter normalerweise zu erwarten und das daher als ein im individuellen Gehirnorgan physiologisch-lebenszeitlich bedingtes Geschehen anzusprechen ist. Das Gehirnaltern ist ein Teilphänomen des biologischen Alterns, das aber der morphischen Besonderheit des Hirnorgans entsprechend besonders geartete Altersveränderungen erwarten läßt und de facto aufweist. Zunächst ist das Gehirn den allgemeinen Alternsveränderungen (diffuser Massenschwund, relative Erhöhung des Trockengewichtes durch Wasserverarmung, Verfestigung durch Zunahme struktureller gegenüber funktioneller Stoffwechselprodukte) ausgesetzt. Ausgedehnte Gewichts- und Volumensmessungen einschließlich der quantitativen Beziehungen zum Innenraum der Schädelkapsel liegen dazu vor. In geweblicher Hinsicht konstatierte man beim Gehirnaltern bis vor kurzem vornehmlich die diffuse Parenchymatrophie mit neuronaler Lipofuscinvermehrung und die sog. synäretischen Veränderungen nach BRAUNMÜHL (senile Plaques, Alzheimersche Fibrillenveränderung). Die Vielfalt und die unterschiedliche Differenzierung der Bauelemente des Gehirns läßt aber von vornherein ein buntes Bild verschieden strukturierter degenerativer Altersveränderungen erwarten. In den neuropathologischen Studien der letzten Zeit wurde das eindrucksvoll bestätigt. Das Gehirnaltern kann daher morphologisch als die Summe der individuellen Alternsveränderungen der diversen zentralnervösen Strukturelemente bzw. der regional differenzierten Hirngewebsanteile bezeichnet werden. Dabei ist von vornherein mit der Kombination, dem Zusammentreten der einzelnen degenerativen Phänomenreihen zu komplexen, in ihrer Intensität und topischen Verteilung überaus variablen Veränderungsbildern (Alternssyndromen) zu rechnen. Die Einzelphänomene (Altern der Nervenzellpopulationen, der Gliazelltypen etc.) haben auch verschiedene lebensgeschichtliche Linien; manche treten im früheren, manche im späteren Alter auf. Aus den vorstehenden Ausführungen ergibt sich, daß neben den atrophisierenden und argyrophil-dystrophischen Alternsveränderungen der neuroaxonalen Dystrophie besondere Bedeutung zukommt. Weiter erscheint es wichtig, daß auch die Glia einer Alternsveränderung unterliegt, die als „senile gliale Dystrophie" bezeichnet wurde. Die differentielle Pathogenese dieser Alternsprozesse ist noch weitgehend ungeklärt, es ist aber zweckmäßig, der Vielzahl der verschiedenartigen und pathogenetisch eigenständigen Prozeßtypen ansichtig zu werden, bevor man an ihre intime Erforschung schreitet.

Vom Standpunkt der gegenwärtigen Kenntnis der Gehirnalternssyndrome erweisen sich eine große Zahl der degenerativen Krankheiten des Nervensystems als wesensverwandt mit dem physiologischen Gehirnaltern. Durch eine Intensitätssteigerung, durch die zeitliche Anteposition und Prozeßakzeleration einzelner normaler Gehirnalternsphänomene werden bestimmte degenerative Krankheiten des Präseniums und der früheren Lebensaltersstufen konstituiert. Es sei an die Alzheimersche Krankheit, die Parkinsonsche Krankheit und die Hallervorden-Spatzsche Krankheit erinnert; bei den glialen Prozessen an die „präsenile gliale Dystrophie". Diese Tatsachen sind für die Kenntnis der degenerativen Prozesse des Nervensystems wie für die biologische Betrachtung des Alterns von gleich großer Wichtigkeit. Sie beinhalten auch die Forderung nach einer Revision der üblichen Krankheitsdefinition in der Medizin (Tab. 10).

Tabelle 10

Lebenszeitliche Manifestationen neuronaler und glialer Dystrophien

Syndrom / Lebensalter	Atrophisierender Prozeß	Argyrophile Dystrophie	Neuro-axonale Dystrophie	Gliale Dystrophie
Senium	senile Demenz mit systembezogenen Läsionen	senile Demenz mit argyrophilen Veränderungen	senile naD mit Parkinsonismus und Ataxie	senile glD Demenz, Hyperkinesen
Präsenium	Picksche Atrophie	Alzheimersche Krankheit	präsenile naD	präsenile glD
Medievium	Systematrophie		Hallervorden-Spatz Krankheit	

Zusammenfassung

Unter degenerativen Prozessen des Nervensystems werden jene verstanden, in denen das nervöse Gewebe aus endogenen Ursachen primären degenerativen Veränderungen (Atrophie, Dystrophie, Nekrobiose) unterliegt. Außer neuronalen Prozessen fallen auch gliale Prozesse unter diesen Begriff. Den Gewebsveränderungen liegen pathogenetisch zelluläre Stoffwechselstörungen zugrunde, so daß sie als Dystrophien von degenerativen Läsionen anderer Art unterschieden werden können. Man kann die pathognomonischen Veränderungen nach morphologischen Kriterien einteilen in 1. Dystrophien des Neurons, wobei wieder zwischen solchen des Perikaryons und des bemarkten Neuriten zu unterscheiden ist, sowie 2. in Dystrophien des Astroglia- und Oligodendroglialementes. Die Analyse der *neuronalen Dystrophien* legt eine Gruppierung wie folgt nahe: Speicherungsdystrophien, atrophisierende Veränderungen, neuro-axonale Dystrophien und argyrophile Dystrophien. Diese vorläufigen deskriptiven Bezeichnungen sollen der verständlichen Markierung der Typen dienen, da eine Wesensbezeichnung noch nicht möglich ist. Die zytologischen Merkmale der genannten Typen und ihrer Unterformen werden geschildert und in ihrer formalen wie pathophysiologischen Genese exponiert; repräsentative Krankheitsbilder werden zusammenfassend dargelegt. Die 3 Formen: atrophisierender Prozeß, neuro-axonale und argyrophile Dystrophie entsprechen zugleich Veränderungen, die in der physiologischen Grenzsituation des Alterns quasi normal auftreten. Bei der Korrelation der dargelegten morphologischen Gruppierung mit den bisherigen biochemischen Befunden ergibt sich eine gute Entsprechung der morphologischen und biochemischen Kategorien. Vor allem kann zwischen den Enzymopathien des Lipoid- und Kohlenhydratstoffwechsels (entsprechend den Speicherungsdystrophien) und zwischen komplexen Dysmetabolien (den 2 anderen Veränderungstypen entsprechend) unterschieden werden. Einige experimentelle Modelle enthalten Ansätze zur Aufklärung der ätiologisch verantwortlichen Konstellationen. — Von den Dystrophien des Markscheidenanteils der Neuriten (Leukodystrophien) stellen einige Speicherungsdystrophien dar. Unter den anderen ist eine nichtneuronale *gliale Dystrophie* des Oligodendrogliaelementes abgrenzbar. Die *Dystrophien des Astrogliaapparates* werden in ihren histologischen und ultrastrukturellen Merkmalen einschließlich des gliogenen Status spongiosus und Störungen der Gliafaserbildung beschrieben. Die Unterscheidung einzelner Formen beruht auf den zytologischen Merkmalen, der fehlenden oder bestehenden Mitaffektion des Gefäßapparates und/oder des nervösen Zellparenchyms sowie der Ausbreitung in grauer oder weißer Hirnsubstanz. Ätiologisch entspricht ein Teil der hergehörigen Krankheiten (spongiöse Dystrophien) Enzymopathien des Eiweißstoffwechsels, während für mehrere andere noch ungeklärte komplexe Dysmetabolien als verantwortlich anzusehen sind. Abschließend werden die Beziehungen zwischen den morphologischen Syndromen des Gehirnalterns und den degenerativen Prozeßtypen erörtert.

Literatur

Braunmühl, A. v.: Alterskrankheiten des Zentralnervensystems. Hdbch. spez. pathol. Anat. u. Histol. Bd. XIII, 1. Teil, Bandteil A, Springer Verlag Berlin-Göttingen-Heidelberg, S. 337—539 (1957).

Cajal, S. and Y. Ramon: Histology. Balliere, Tindall & Cox, London 1933.

Carpenter, S.: A histochemical study of oxidative enzymes in the nervous systems of vitamin E-deficient rats. Neurology **15**, 328—332 (1965).

Friede, R. L.: The histochemical architecture of the Ammon's horn as related to its selective vulnerability. Acta Neuropath. **6**, 1—13 (1966).

Gross, H.: Personal communication.

Hallervorden, J.: Eigenartige und nicht rubrizierbare Prozesse. Hdbch. Geisteskrankh. Bd. XI., Berlin-Springer, 1063—1107 (1930).

Hortega, P. and Del Rio: Microglia. In Cytology and cellular pathology of the Nervous System. Bd. II, Herausg. Penfield, 483—534 (1932).

Jacob, H.: Über diffuse Markdestruktion im Gefolge eines Hirnödems. (Diffuse Ödemnekrose des Hemisphärenmarkes). Z. f. d. g. Neur. u. Psych. **168**, 382—395 (1940).

Jatzkewitz, H.: Über Sphingolipoidosen. 16. Coll. Ges. physiol. Chem., Mosbach, Springer-Verlag, Berlin-Heidelberg-New York S. 112—123 (1965).

Kucsko, L. und F. Seitelberger: Zur Kenntnis der diffusen symmetrischen Kalkablagerung in Gehirn („Idiopathische nicht-arteriosklerotische intrazerebrale Gefäßverkalkungen" nach Fahr) Wr. Z. Nervenheilk. **5**, 228—251 (1952).

Lampert, P. W.: A Comparative electron microscopic study of reactive, degenerating, regenerating, and dystrophic axons. J. Neuropath. expr. Neurol. **28**, 345—368 (1967).

Maske, H.: Über den topochemischen Nachweis von Zink im Ammonshorn verschiedener Säugetiere. Naturwissenschaften **42**, 424 (1955).

Mehl, E. and H. Jatzkewitz: Evidence for the Genetic Block in Metachromatic Leucodystrophy (ML). Biochem. Biophys. Res. Comm. **19**, 407—411 (1965).

Neumann, M. A. and R. Cohn: Progressive Subcortical Gliosis. A Rare Form of Presenile Dementia. Brain **90**, 405—418 (1967).

Obersteiner, H.: Anleitung beim Studium des Baues der nervösen Zentralorgane. Wien, Franz Deuticke (1912).

Pallis, C. A., S. Duckett and A. G. E. Pearse: Diffuse Lipofuscinosis of the Central Nervous System. Neurology **17**, 381—394 (1967).

Schaffer, K.: Über das morphologische Wesen und die Histopathologie der hereditär-systematischen Nervenkrankheiten. Monographien Neur. **46** (1926).

Seitelberger, F.: Zur Morphologie und Histochemie der degenerativen Axonveränderungen im Zentralnervensystem.
Ier Congrès International des Sciences Neurologiques; IIIe Congrès International de Neuropath. Bruxelles, Rapports, p. 127—147 (1957).

Seitelberger, F. und H. Gross: Über eine spätinfantile Form der Hallervorden-Spatz'schen Krankheit. II. Mitteilung: Histochemische Befunde, Erörterung der Nosologie. Dtsch. Z. Nervenheilk. **176**, 104—125 (1957).

Seitelberger, F.: Über die Gehirnbeteiligung bei der Gaucherschen Krankheit im Kindesalter. Arch. Psych. Z. Neurol. **206**, 419—440 (1964).

Seitelberger, F., H. Jacob, J. Peiffer und H. J. Colmant: Die Myklonuskörperkrankheit. Eine angeborene Störung des Kohlenhydratstoffwechsels. Klinisch-pathologische Studie an fünf Fällen. Fortschr. Neurol. Psychiat. **32**, 305—345 (1964).

Seitelberger, F.: Zur allgemeinen Histopathologie degenerativer Prozesse des Nervensystems. Acta Med. Acad. Scient. Hungar. **21**, 450—459 (1965).

Seitelberger, F., H. Jacob and R. Schnabel: The Myoclonic Variant of Cerebral Lipidosis.
In: Inborn Disorders of Sphingolipid Metabolism. Proc. of the Third Internat. Symp. on the Cerebral Sphingolipidoses. Pergamon Press, Oxford & New York, p. 43—47 (1966).

Seitelberger, F.: Die neuro-axonale Dystrophie. Ein neues Syndrom der Altersveränderungen des Gehirns. 7th Internat. Congr. Gerontology, Vienna, June—July Proc. Vol. **3**, p. 169—173 (nr. 406) (1966).

Seitelbergee, F.: Die Hallervorden-Spatzsche Krankheit. Der Nervenarzt **37**, 482—493 (1966).

Seitelberger, F.: Problem of status spongiosus. In: Brain Edema. Symposium 1965, Vienna. Ed. by I. Klatzo and F. Seitelberger. Wien—New York: Springer pp. 152—169 (1967).

Spatz, H.: Über „Pickscheʼ Krankheit". Zbl. f. d. g. Neur. u. Psych. **47**, 873—874 (1927).

Spatz, H.: Die „systematischen Atrophien". Eine wohlgekennzeichnete Gruppe der Erbkrankheit des Nervensystems. Arch. Psychiat. u. Nervenkrkh. **108**, 1—18 (1938).

Spielmeyer, W.: Histopathologie des Nervensystems. I. Allgemeiner Teil. Berlin Springer (1922).

Diskussionsredner: Quandt (DDR).

Queen Marys Hospital for Children Carshalton, Surrey, England

The morphology of neurometabolic diseases

by

L. Crome

Neurometabolic diseases are caused by inborn errors of metabolism which interfere with the functioning of the central nervous system. As far as is known, most of these are transmitted as Mendelian recessive traits. A definite enzymopathy has been identified in a number but not all oft these conditions. Study of these disorders has been pursued by workers in a variety disciplines: psychiatrists, paediatricians, neurologists, geneticists, chemists and pathologists. General progress is made as these different specialists leapfrog in turn ahead of each other. I shall attempt to illustrate this by reference to a few diseases.

Phenylketonuria is an example of a disease in which advances were made almost entirely by chemical methods. It was discovered by Fölling, a Norwegian biochemist, who in 1934 found a large excess of phenylpyruvic acid in the urine of some mentally retarded patients.

A number of workers have since elucidated the metabolic pathways of the precursor of phenylpyruvic acid — phenylalanine — and as a result the chemical pathology of the condition is probably the best understood of all the neurometabolic diseases. The error is an inborn deficiency of phenylalanine hydroxylase, which leads to an abnormal accumulation of phenylalanine and its metabolites in the tissue fluids of the patients and their overflow excretion in the urine and, on the other, to a lowered level of tyrosine. These anomalies have a number of secondary effects, such as disturbance of tryptophan metabolism, with a deficiency of serotonin in the brain. Untreated patients suffer from epilepsy, eczema, and retardation of growth. They are almost always mentally retarded. The condition is transmitted as a Mendelian autosomal recessive trait, and the heterozygotes can mostly be identified by their lowered phenylalanine tolerance. An important advance has been the introduction of a phenylalanine-low diet for the treatment of affected infants. There is good evidence that infants maintained on such a diet from early infancy suffer less from epilepsy and attain higher intelligence, although the precise amount of benefit to be attributed to the actual treatment is still being debated.

Although phenylketonuria has been, as stated above, the most studied of all neurometabolic diseases, it is still unknown how the brain damage is caused. There is no precise correlation between the degree of phenylalaninaemia and impaired intelligence, and some untreated phenylalaninaemic individuals may have normal intelligence.

What is known is that irreversible changes have been demonstrated in the brains of many untreated phenylketonuric patients who had suffered from the disease for a number of years. The brains of most of these are small, and the white matter often shows astrocytic overgrowth and fibrous gliosis. The myelin sheaths usually stain normally, but chemically there may be an excess of water in the white matter, while the cerebrosides and cholesterol are diminished.

Older patients are prone to develop large symmetrical areas of demyelination in the white matter of the cerebrum and cerebellum, changes which are indistinguishable from sudanophil leucodystrophy.

Some workers have reported, however, that they could find no significant neuropathological changes in the material examined by them (Foote, Allen and Agranoff, 1965), but this is difficult to reconcile with the well-established incidence of microcephaly confirmed by most other workers.

Of the still outstanding problems associated with this condition the most important one is improvement of treatment. No one can be entirely satisfied with the present one, which is elaborate, costly, tiresome and uncertain in its result. Improved treatment may well be related to the way in which the brain is damaged and the time when this occurs. Neuropathology has an obvious role to play in such further studies. So has experimental neuropathology, since it appears that animals, like monkeys, can be rendered 'phenylketonuric' by appropriate diet. Thus, the brain of a monkey reared on a diet containing an excess of phenylalanine showed at 140 days a reduction in weight and, when it was examined neurochemically, a deficiency in cerebroside (O'BRIEN and IBBOTT, 1966).

In contrast to phenylketonuria, almost all that we know about *Leigh's encephalomyelopathy* (subacute necrotizing encephalopathy) has been learned by morphological study. Since LEIGH described the condition in 1951 about 40 cases have been reported in different parts of the world, but the disorder is probably much commoner than these figures indicate. I have seen, for example, 6 cases in my own laboratory.

The disease usually starts in infancy and ends fatally within a few months or years. The chief signs are failure to thrive, immobility, hypotonia and, in some cases, later spasticity, absent reflexes, occasional optic atrophy, nystagmus, deafness and, occasionally, epilepsy. Mental retardation is severe and progressive.

Morphologically, the lesions are bilateral, symmetrical areas of incomplete necrosis with different gradations of cellularity. They are situated in the tectum and tegmentum of the brainstem, the substantia nigra and basal ganglia. The optic nerves may show central demyelination. Less frequently lesions may be present in the red nuclei, inferior olives, the cerebellar dentate nuclei and anterior horns of the spinal cord. A characteristic feature is the sparseness of glial response in and around the lesions. Capillaries often proliferate. A few neurones tend to be presserved even in severely affected areas. The spinal cord may show loss of myelin in the posterior, lateral and anterior columns in a manner similar to subacute combined degeneration. Foci of myelin loss were demonstrated in the peripheral nerves by REYE (1960). I have recently seen a case with acidosis, showing after death associated renal tubular necrosis.

Microscopically the changes are very reminiscent of Wernicke's encephalopathy and also, apparently, of thiamine deficiency in infants (DAVIS and WOLF, 1958), but unlike Wernicke's encephalopathy the mamillary bodies and other periventricular parts of the hypothalamus are seldom affected.

This histological similarity to thiamine deficiency has suggested to all workers that the condition might be caused by an enzymopathy disturbing carbohydrate metabolism. A few reported cases have shown lactic acidosis (WORSLEY et al., 1965; PROCOPIS, TURNER and SELBY, 1967). At present the condition can only be diagnosed with certainty in children whose siblings had died from the same disease and have had the diagnosis established pathologically. Thus CLAYTON, DOBBS and PATRICK (1967) were able to study two such cases in a family where 3 out of 4 siblings had suffered from this disease. They found the pyruvate and lactate to be elevated. The raised pyruvates were thiamine resistant. However, administration of lipoic acid lowered the level of pyruvate in one of the cases and resulted in some clinical improvement. The patient died later aged $6^1/_2$ after a relatively prolonged survival.

The morphological picture in one of the personally examined cases is also similar to that produced by hypoglycaemia, inasmuch as necrotic lesions were present in the basal ganglia, while the cerebral cortex showed cortical necrosis with preservation of the striate area. But this case, in spite of the presence of otherwise typical lesions, may not have been of pure Leigh's encephalomyelopathy. Alternatively, it may be possible that Leigh's encephalomyelopathy is produced in several ways.

Thus, practically all that we know about Leigh's encephalomyelopathy has been learned by morphological methods. It is now the turn of clinicians and chemists to identify the underlying biochemical lesion (or lesions), and their first task will be to devise an accurate method of diagnosing the condition during life.

For obvious reasons it is impossible for me to examine here in greater detail contributions made by different techniques to our understanding of the neurometabolic disorders. In our monograph Dr. STERN and myself have listed 47 of known or suspected inherited neurometabolic diseases in which mental retardation is a prominent feature (CROME and STERN, 1967). Some, like phenylketonuria, are identified almost entirely by their clinical and biochemical features, others, like Leigh's encephalopathy, by their morphology.

The first type of disorder is listed in Table 1. It will be seen form this table that in all of the listed disorders biochemical knowledge is well in advance of the morphological one. The position is reversed with the disorders listed in Table 2.

I hope I have shown how unprofitable it would be to favour one discipline at the expense of another, and this applies particularly to morphology *vice* chemistry. The real problem would seem to be how to combine all methods to the best advantage. This is straightfoward and almost self-evident.

Table 1

	Main clinical features	*Main chemical features*	*Morphology*
1. Abetalipoproteinaemia	Steatorrhoea. Retinitis pigmentosa. Acanthocytosis, cerebellar ataxia and mental retardation.	Absent betalipoprotein	Intestinal mucosal cells have unusually clear cytoplasm
2. Alphalipoproteinaemia	Mental retardation	Increase of triglycerides, phospholipids, free cholesterol and a-lipoprotein	Nothing known
3. Acyldehydrogenase deficiency	Epilepsy, lethargy, hepatomegaly	Deficiency of green acyldehydrogenase, acidosis	Nothing known
4. Argininosuccinic-aciduria	Mental retardation. Friability of hair. Epilepsy	Excess of argininosuccinic acid. Deficiency in argininosuccinase	Nothing known
5. Cephalin lipidosis	Mental deterioration. Epilepsy. Spenomegaly	Excessive storage of cephalins in tissue	Nothing known
6. Citrullinuria	Mental retardation	Excess of L-citrulline. Deficiency in argininosuccinate synthetase	Nothing known
7. Congenital familial non-haemolytic jaundice (Crigler-Najjar syndrome)	Severe non-haemolytic neonatal jaundice. Ataxia	Deficiency in glucuronic acid transferase	Nothing known
8. Cystathioninuria	Mental retardation	Cystathionine present in urine. Deficiency in cystathioninase	Nothing known
9. Familial infantile lactic acidosis	Hypotonia, mental retardation.	Acidosis. High lactate level.	In one case changes as in Leigh's encephalomyelopathy
10. Fructosaemia	Failure to thrive. Transient jaundice. Hetatomegaly. Mild mental retardation.	Lack of liver aldolase activity to fructose-1-phosphate and fructose-1:6 diphosphate. Fructosaemia. Hypoglycaemia.	Nothing known
11. Galactosaemia	Neonatal jaundice. Cirrhosis. Cataracts. Mental retardation.	Lack of galactose-1-phosphate uridyl transferase.	Gliotic cencephalopathy. Slight micrencephaly.
12. Generalised glycogenosis	Hypotonia. Cardiomegaly. Glossomegaly.	Lack of lysosomal a (1—4) Glucosidase. Excess of glycogen.	Lysosomal and cytoplasmic deposition of glycogen.
13. Hartnup disease	Mental retardation. Emotional instability. Light-sensitive rash. Ataxia.	Aminoaciduria. Disorder of amino acid transport.	Nothing known
14. Wilson's disease	Progressive athetoid dementia with hepatic cirrhosis. Kaiser Fleischer ring.	Aminoaciduria. Excess of Cu in urine and tissues. Low serum copper. Low caeruloplasmin.	Changes well known in brain and liver.
15. Homocystinuria	Mental retardation. Spasticity. Dislocation of the lenses. Hepatomegaly.	Excess of homocystine in urine. Deficiency of cystathionine synthetase.	Thromboembolic phenomena. Focal necrosis in basal ganglia and brainstem.
16. Hydroxyprolinaemia	Haematuria. Mental retardation.	Excess of hydroxyproline. Deficiency of hydroxyproline oxidase.	Nothing known

Table 1

	Main clinical features	*Main chemical features*	*Morphology*
17. Hyperammonaemia	Vomiting. Stupor. Mental retardation. Microcephaly.	Aminoaciduria. Ammonaemia. Lack of ornithine-transcarboxylase.	Nothing known
18. Severe hypercalcaemia of infancy	Characteristic facies. Hypotonia. Polyuria. Osteosclerosis. Mental retardation.	Hypercalcaemia. Azotaemia. Abnormal vitamin A tolerance.	Nephrocalcinosis. Glomerular fibrosis. Microcephaly. Neuronal loss.
19. Hyperglycinaemia	Vomiting..Convulsions. Mental retardation. Thrombocytopenia. Osteoporosis.	Glycinuria. Ketonuria. Hyperglycinaemia. General aminoacidaemia. Increase of globulins. Ketosis.	Spongiform encephalopathy.
20. Histidinaemia	Speech defect. Mental retardation.	Lack of histidase. Histidinaemia. Excess of histidine and imidazole-pyruvic acid.	Hepatic cirrhosis in some cases. Other changes marginal.
21. Hyperlysinaemia I and II	Mental deficiency.	Excess of lysine and arginine.	Nothing known
22. Hyperprolinaemia	Renal disease. Photogenic epilepsy. Mental retardation.	Excess of proline in urine and blood. Deficiency of proline oxidase in type I. Deficiency of delta pyrroline-5-carboxylate dehydrogenase in type II.	Nothing known
23. Hyperuricaemia	Mental retardation. Spasticity. Choreoathetosis. Biting of lips and fingers.	Excess of uric acid in blood and urine.	Slight micrencephaly. Neuronal loss. Focal necrosis of cerebellum. Perivascular rarefaction and demyelination.
24. Hypervalinaemia	Vomiting. Blindess. Hyperkinesia.	? lack of valine transaminase. Excess of valine in urine and blood.	Nothing known
25. Leucine-induced hypoglycaemia	Mental retardation. Epilepsy.	Marked hypoglycaemia after administration of casein hydrolysates, leucine and *iso*valeric acid.	Acute degenerative neuronal change.
26. Lowe's syndrome (cerebroocular-renal disease)	Mental retardation. Glaucoma. Cataracts. Osteoporosis. Rickets. Hypotonia. ? sex-linked.	Aminoaciduria. Acidosis. Azotaemia.	Insufficient knowledge
27. Maple syrup urine disease	Failure to thrive. Opisthotonos. Mental retardation. Spasticity. Characteristic smell of urine. Convulsions.	Lack of oxidative co-carboxylation of branched chain amino acids. Excess of leucine, *iso*leucine, valine and allo*iso*leucine in blood.	Spongiform encephalopathy and, later, gliotic change.
28. Nephrogenic diabetes insipidus	Polydypsia, polyuria, dehydration. Occasional mental retardation. ? sex-linked.	Failure of renal tubules to respond to pitressin. Hyperelectrolytaemic azotaemia.	No specific changes found.
29. Non-endemic familial cretinism	Mental retardation. Goitre. Hypothyroidism. Five types	Localised errors in iodine metabolism.	Goitre. Neuropathological data inadequate.
30. Oast-house disease	Mental retardation. Recurrent pyrexia. Flaccidity. Specific smell of urine.	In urine excess of methionine, a-hydroxybutyric acid, tyrosine, p-hydroxyphenylpyruvic acid, phenyllactic acid.	Nothing known

Table 1

	Main clinical features	*Main chemical features*	*Morphology*
31. Phenylketonuria	Mental retardation. Epilepsy. Dilution of pigment. Eczema. Frequent microcephaly.	Lack of liver phenylalanine hydroxylate.	Neuropathological data considered in text.
32. Pseudohypoparathyroidism	Mental retardation. Facial and skeletal changes. Widespread calcification. Cataracts. No effect of parathyroid hormone.	Hypocalcaemia. Hyperphosphataemia.	Neuropathological data inadequate.
33. Tyrosinosis	Neurological disturbances. Evidence of hepatic cirrhosis and renal tubular damage.	Deficiency in p-hydroxyphenyl-pyruvic acid oxidase. Excess of tyrosine in blood and urine.	Nothing known
34. Undesignated steroid syndrome	Mental retardation. Deafmutism.	In urine reduction of oestrogen, pregnandiol and total 17-neutral-ketosteroids.	Nothing known
35. Kinky hair disease	Mental and physical retardation. Lack of pigmentation. Trichorrhexis nodosa.	General slight aminoaciduria. In blood, excess of glutamic acid.	Degeneration of cerebral grey matter with secondary changes in white matter. Cerebellar atrophy.

Table 2

	Main clinical features	*Main chemical features*	*Morphology*
1. Alpers' disease	Mental retardation. Epilepsy. Choreothetosis. Paralysis.	Occasional aminoaciduria. Condition may accompany Addison's diasease, Cockayne's syndrome and diabetes mellitus.	Primary degeneration of the cerebral cortex.
2. Gargoylism	Mental retardation. Hepatosplenomegaly. Characteristic skeletal and cranial changes.	Disturbance of mucopolyccacharide metabolism. Excess of chondroitin sulphate B and heparitin sulphate.	Neuronal lipidosis. Storage of mucopolysaccharides in connective tissue cells.
3. Gaucher's disease (infantile form)	Physical and mental retardation. Hepatosplenomegaly. Hypotonia. Bulbar palsy.	Deficiency in cerebrosidase. Excess of cerebrosides.	
4. Leigh's encephalomyelopathy	Lack of movement. Severe mental retardation. Hypotonia. Spasticity. Epilepsy.	High pyruvate level. Occasional acidosis.	Subacute necrotizing changes in basal ganglia, brainstem and optic nerves. Sometimes involvement of spinal cord and peripheral nerves.
5. Leucodystrophies	Progressive mental deterioration. Paralysis and epilepsy.	Almost nothing known. Probably end result of different metabolic causes.	Degeneration of myelin of characteristic distribution.
6. Marinesco-Sjögren syndrome	Mental retardation. Spasticity and signs of cerebellar dysfunction.	Nothing known	Little knowledge. Probably not a homogeneous group.
7. Metachromatic leucodystrophy	Mental retardation. Hypotonia. Paralysis. Epilepsy.	Sulphatides increased in urine and tissues. Possibly low arylsulphate A.	Characteristic morphological changes in white matter.

Table 2

	Main clinical features	*Mvin chemical features*	*Morphologie*
8. Niemann-Pick disease	Progressive mental retardation and paralysis. Splenohepatomegaly. Lymphadenopathy.	Increase of sphingomyelin in brain.	Morphological changes characteristic in brain and reticuloendothelial system.
9. Spongiform encephalopathy	Hypotonia. Paralysis. Mental retardation.	Nothing known. Possibly diverse metabolic aberrations.	Characteristic vacuolation of the grey and white matter of the brain.
10. Tay-Sachs disease and variants	Progressive mental deterioration and paralysis. Retinal atrophy.	Storage of gangliosides and other unknown adventitious material.	Characteristic changes in the brain.

Literatur

CLAYTON, B. E., R. H. DOBBS and A. D. PATRICK: Arch. Dis. Childh., **42**, 467 (1967).
CROME, L., and J. STERN: The Pathology of Mental Retardation. London, Churchill Ltd. (1967).
DAVIS, R. A., and A. WOLF: Pediatrics, **21**, 409 (1958).
FOOTE, J. L., R. J. ALLEN and B. W. AGRANOFF: J. Lipid Res., **6**, 518 (1965).
LEIGH, D.: J. Neurol. Neurosurg. Psychiat., **14**, 216 (1951).
O'BRIEN, D., and F. A. IBBOTT: Develop. Med. Child Neurol., **8**, 724 (1966).
PROCOPIS, P. G., B. TURNER and G. SELBY: J. Neurol. Neurosurg. Psychiat., **30**, 349 (1967).
WORSLEY, H. E., R. W. BROCKFIELD, J. S. ELWOOD, R. L. NOBLE and W. H. TAYLOR: Arch. Dis. Childh., **40**, 492 (1965).

Contribution to the discussion:

SEITELBERGER (Austria).

Hirnforschungsinstitut der Karl-Marx-Universität Leipzig, DDR

Zur Bedeutung der Neuropathologie für die Nervenheilkunde

von

K. Jänicke und W. Wünscher

Die modernen biophysikalischen und histochemischen Untersuchungsmethoden eröffnen auch der Neuropathologie neue Wege der Erforschung von Strukturen und Krankheiten des Nervensystems. Seitelberger hat darauf hingewiesen, daß eine Integration neurochemischer Studien mit morphologischen Befunden mittels der Histochemie verwirklicht werden kann. Der Histochemie kommt dabei gegenüber den biochemischen Methoden in der Regel der Vorteil einer feineren Lokalisierbarkeit histochemisch nachweisbarer Substanzen zu. Mit der Elektronenmikroskopie verfügt die Morphologie über eine Methode, die den besten biochemischen und physiologischen Verfahren ebenbürtig ist und die bereits Ergebnisse erbracht hat, die von der biochemischen Forschung bislang noch nicht erreicht wurden (Holle). Ein breites Spektrum biophysikalischer Strukturforschungsmethoden hat Hager 1965 eingehender dargelegt und dabei festgestellt, daß in der Neuropathologie die Vereinigung biologischer und physikalischer Methoden einer der vielversprechendsten Wege bei der Entwicklung einer zukünftigen molekularen Biologie darstellt.

Zu den neueren Methoden in der Morphologie gehören neben der Elektronenmikroskopie, der Histochemie, der Gewebezüchtung und vielen anderen, auch die auf exakter mathematischer Grundlage beruhenden quantitativen Auswertungsmethoden, wie sie insbesondere auch von Haug mitgeteilt wurden. Die Neuropathologie muß über die eindrucksmäßige Beurteilung des histologischen Bildes hinwegkommen. Von der Erarbeitung und Anwendung exakter und wenig zeitaufwendiger quantitativer morphologischer Forschungsmethoden darf erwartet werden, daß die Neuropathologie, die bekanntermaßen einen maßgeblichen Anteil an der systematischen Ordnung neuropsychiatrischer Krankheitsbilder hat, weitere Fortschritte in dieser Richtung ermöglicht. Dieses Aufgabengebiet ist keineswegs als abgeschlossen zu betrachten. Noch gibt es eine Reihe klinischer Sammelbegriffe, unter denen formal- und kausalpathogenetisch differente und zum Teil noch nicht aufgeklärte Krankheitsbilder subsummiert werden. Es sei in diesem Zusammenhang nur an die von Spatz unter der Bezeichnung Systematrophien zusammengefaßten Krankheitsbilder erinnert oder an das in letzter Zeit immer mehr Aufmerksamkeit findende Gewebssyndrom des Status spongiosus, welches bei zahlreichen Krankheiten des ZNS eine noch nicht in allen Folgerungen überschaubare Rolle spielt. Auch die frühkindlichen Hirnschädigungen müssen in diesem Rahmen erwähnt werden.

Es sei gestattet, im folgenden einen Fall zu demonstrieren, der auf Grund seiner Seltenheit mitteilenswert erscheint und der neben gewissen Schwierigkeiten bei der systematischen Einordnung eine Reihe anderer Probleme aufwirft.

Die klinischen Unterlagen sind leider nicht sehr ausführlich gehalten, offenbar fand auch keine nervenärztliche Untersuchung statt. Aus der Familiengeschichte ist bekannt, daß der Vater an Lungenentzündung und die Mutter an Zuckerkrankheit verstorben seien. Über den Geburtsverlauf der Patientin ist nichts bekannt. Mit $1^1/_2$ Jahren soll sie eine Poliomyelitis mit Lähmung des rechten Armes und Beines durchgemacht haben. Mit 38 Jahren erfolgte eine Appendektomie und gleichzeitig eine Unterleibsoperation wegen starker Blutungen. Als die Patientin 50 Jahre alt war, sei ein Rentenantrag gestellt worden.

Im 64. Lebensjahr wurde die Patientin, nachdem sie bereits einige Jahre wegen Herzbeschwerden in ambulanter ärztlicher Behandlung stand, in eine interne Klinik aufgenommen. Im Vordergrund ihrer Beschwerden standen damals stark geschwollene Füße, Beklemmungsgefühl in der Brust, Schmerzen in der Herzgegend, starkes Herzklopfen, Schwindelanfälle sowie Schlaf- und Appetitsstörungen. Im Aufnahmebefund ist erwähnt, daß die rechte Hand und der rechte Fuß eine Verkürzung und Atrophie zeigten. Die Extremitäten der linken Körperseite waren unauffällig und die Reflexe an den linken Extremitäten normal auslösbar.

Daneben bestand eine Cholecystitis bei Cholelithiasis, die nach Vorbehandlung mit Albucid und Penicillin durch eine Cholezystektomie auf der chirurgischen Abteilung behandelt wurde. Der Verlauf war durch eine zweimalige pneumonische Anschoppung kompliziert. Patientin erholte sich sehr langsam. Kurz vor der Entlassung ist im Verlaufsbericht notiert: Patientin läuft herum, fühlt sich wohl, Appetit ist gut. Entlassung in weitere ambulante Behandlung.

Drei Jahre später wurde die Patientin wiederum wegen Herzbeschwerden auf die gleiche Abteilung aufgenommen.

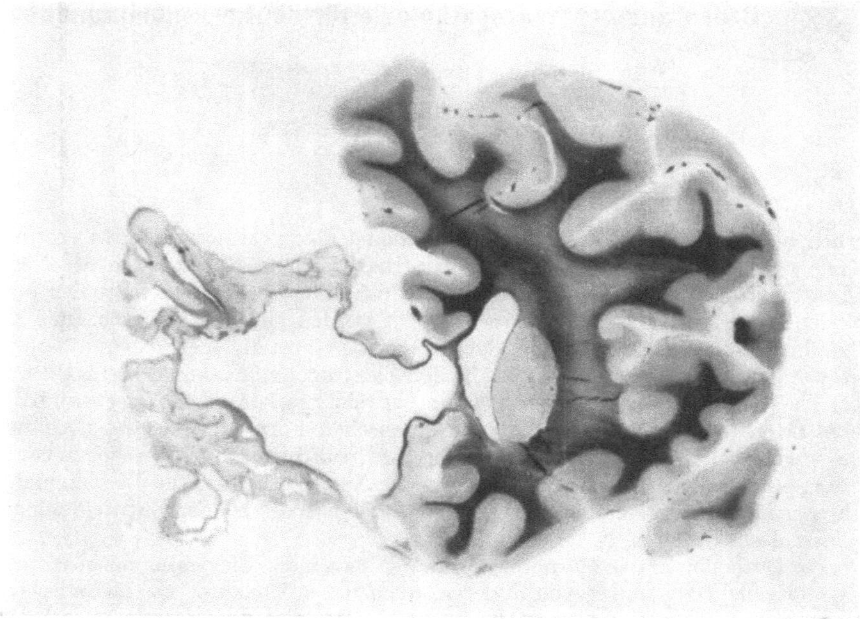

Abb. 1. Weitestgehende Zerstörung der linken Großhirnhemisphäre. Extreme Ausweitung des linken Seitenventrikelsystems. Färbung: van Gieson, Abbildungsmaßstab: 1,1:1

Die 67jährige Patientin befand sich jetzt in einem sehr hinfälligen Zustand, der Gedankengang sei verlangsamt gewesen. Im Aufnahmebefund werden Paresen, Kontraktionen sowie Atrophien der rechtsseitigen Extremitäten erwähnt.

Die bei der Aufnahme gestellten Diagnosen lauteten: Cerebralsklerose, Myokardschädigung, Arthrosis deformans, Zustand nach Poliomyelitis mit Lähmung, Kontraktion und Atrophien der rechten Extremitäten.

Nach Einleitung einer Herz-Kreislauf-Behandlung habe sich die Patientin auffallend rasch erholt, sei geistig frischer und beweglicher geworden.

Wegen Ascitesbildung war eine Punktion mit anschließender Laparoskopie vorgesehen, dabei Darmperforation. Sofortige chirurgische Versorgung. Obgleich klinisch kein Anhalt für einen Ileus vorlag (Flatulenz vorhanden), wurde ein hohes Darmrohr sowie Hypophysin gegeben. Antibiotika und Chemotherapeutikagaben sowie intensive Kreislaufstützung konnten den Exitus letalis nicht aufhalten. Als Todesursache wurde klinischerseits Herz- und Kreislaufversagen infolge schwerer Lebercirrhose mit Ascites und paralytischem Ileus angeführt.

Auszug aus dem Protokoll der Allgemeinsektion.*

Atrophische Laennec-Lebercirrhose (Gewicht 800 g). Hochgradige Stauung und beginnende Sklerose der Milz. 950 ml Ascites. Schwere hämorrhagische Gastritis und Enteritis. Zustand nach Bauchpunktion. Regelrechte Operationsverhältnisse der chirurgisch versorgten Perforationsverletzung des Coecum.

* Herrn Prof. Dr. W. Dürwald, Direktor des Institutes für Gerichtliche Medizin und Kriminalistik sind wir für die freundliche Überlassung des Sektionsbefundes zu Dank verpflichtet.

Zeichen des paralytischen Ileus. Zeichen der chronischen Herz- und Kreislaufinsuffizienz (Mitralinsuffizienz infolge abgelaufener, stärkerer Endokarditis). Zustand nach älterer Cholezystektomie mit starken lokalen Adhäsionen im rechten Oberbauch. Zustand nach älterer Unterleibsoperation (Entfernung der Adnexe), starke lokale Adhäsionen im Unterbauch. Appendektomie. Schlaffe Lähmung und Atrophie der rechtsseitigen Extremitäten. Arthrosis deformans beider Kniegelenke.

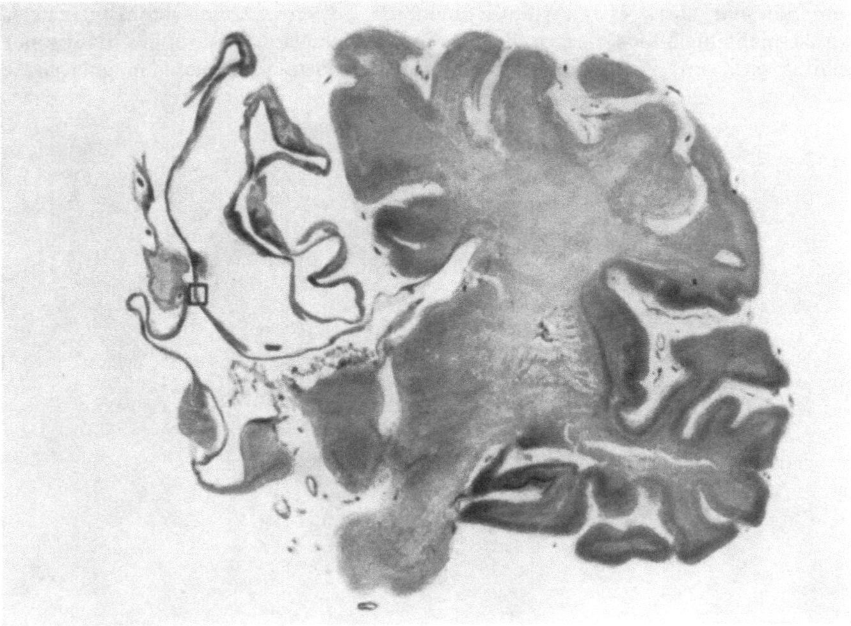

Abb. 2a. Zerstörung der linken Großhirnhemisphäre mit Ausnahme der linken Ammonshornformation. Balken lamellenartig verdünnt. Gute Pigmentation der Substantia nigra bds. Färbung: Nissl, Abbildungsmaßstab: 1:1

Allgemeine mäßige Arteriosklerose der Coronargefäße und der Aorta.

Die Hirnsektion erfolgte im Hirnforschungsinstitut.

Makroskopisch: Gehirngewicht 729 g. Re. Großhirnhemisphäre o. B. Die linke Hemisphäre ist nur ein häutiger Sack, der stellenweise, besonders an der Basis, papierdünn ist. Das Windungsrelief ist noch zu erkennen, es ist occipito-medio-basal am besten erhalten. Die linke Kleinhirnhemisphäre ist gut ausgebildet, die rechte ist atrophisch. An der Basis der linken Kleinhirnhemisphäre sind Zeichen stark

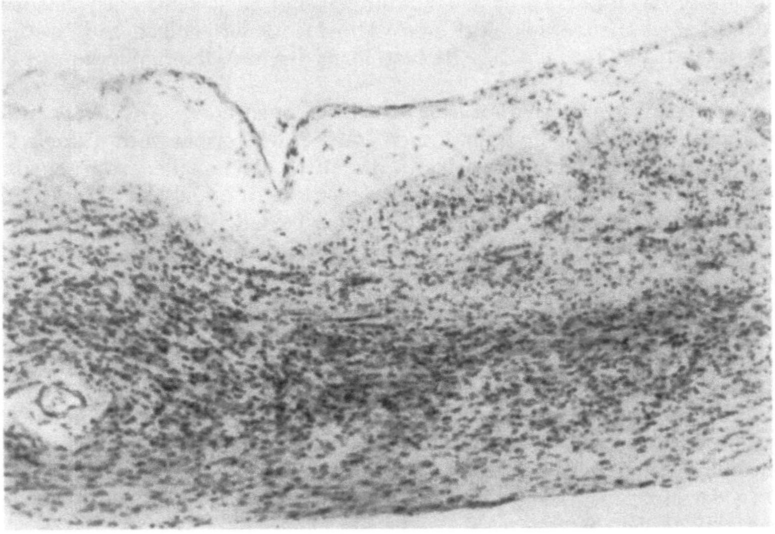

Abb. 2b. Stärkere Vergrößerung der in Abbildung 2a gekennzeichneten Stelle. Gliazellvermehrung. Nervenzellen in diesem Abschnitt nicht erhalten. Färbung: Nissl, Abbildungsmaßstab: 98:1

erhöhten Hirndrucks vorhanden. Die Basisgefäße sind zart und unauffällig. Auf den Frontalschnitten stellen Rinde und Mark der linken Großhirnhemisphäre nur einen saumartigen Gewebsstreifen dar. Verhältnismäßig gut erhalten sind Stammganglienanteile und das Ammonshorn. Der Balken besteht aus einer dünnen häutigen Lamelle. Die vordere Kommissur ist gut ausgebildet. Der rechte Seitenventrikel sowie der 3. und 4. Ventrikel zeigen keine Besonderheiten.

Histologischer Befund: Windungen der linken Großhirnhemisphäre stark verkleinert und verschmälert, umsäumen die sehr stark erweiterten Höhlen des Seitenventrikelsystems (siehe Abb. 1). Der Ependymbelag ist nicht lückenlos dargestellt. In den verkleinerten Windungen ist die normale Zyto- und Myeloarchitektonik mit Ausnahme der Ammonshornformation nicht mehr erhalten. In dem

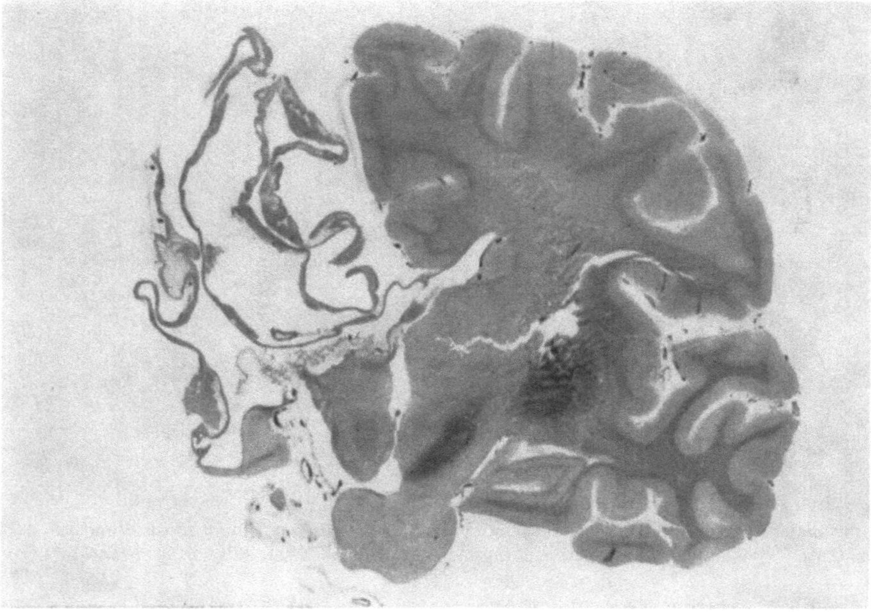

Abb. 3. Stärkere Eisenablagerung im Bereich der Subst. nigra, im Nucl. subthalamicus und im Pallidum rechts, fehlende Eisenablagerung im Bereich der linken Subst. nigra. Färbung: Berliner-Blau-Reaktion, Abbildungsmaßstab: 1:1

saumartigen Rindengewebe sind nur einzelne Nervenzellen in lockeren Gruppen, mitunter schichtenähnlich geordnet, feststellbar. Die erhaltenen Nervenzellen weisen oft krankhafte Veränderungen, wie Sklerosierungen auf. In vielen Windungen sind auch keine Nervenzellen mehr zu beobachten. In dem verbliebenen Hirngewebe liegt eine Vermehrung der zelligen und faserigen Glia wechselnder Intensität vor (siehe Abb. 2a und 2b). Oft besteht in den verödeten Windungen eine spongiöse Gewebsauflockerung.

Die Markfasern verhalten sich wie die Nervenzellen. An vielen Stellen sind die Markfasern völlig geschwunden, an anderen sind noch Reste nachweisbar. Ein dünnes Bündel von Balkenfasern zieht von der rechten Hemisphäre bis in die Mitte des lamellenartig abgeflachten Balkens. Die noch vorhandenen Thalamusanteile sind weitestgehend frei von Nervenzellen. Die zellige Glia ist hier stark vermehrt. Substantia nigra und Nucl. ruber beider Seiten zeigen vom Zellbild her keine Abweichungen. Insbesondere ist das Pigment in den Nervenzellen der Substantia nigra auf beiden Seiten gleichmäßig ausgebildet. Im Gegensatz zur rechten Hemisphäre ist in der linken Substantia nigra und ihrer unmittelbaren Umgebung kein Eisen abgelagert (siehe Abb. 3). Die linke Hemistele der Brücke ist verkleinert. Das Pyramidenbahnareal ist links geschwunden.

Im Kleinhirn sind die Windungen der rechten Hemisphäre verkleinert. In manchen Windungen sind Rinde und Mark sonst unauffällig. In anderen hingegen sind Rinde und Mark verschmälert, die Körnerschicht ist hier dünn und locker, die Purkinje-Zellen sind gemindert. Gliazellen und -fasern sind stellenweise vermehrt. Die Markfasern in der rechten Kleinhirnhemisphäre sind örtlich stark reduziert. Im linken Nucleus caudatus ist Eisen abgelagert, im rechten dagegen nicht.

In der Medulla oblongata ist die rechte Hemistele verkleinert. Die Hirnnervenkerne sind regelrecht ausgebildet. Die Strangareale sind rechts kleiner als links bei völligem linksseitigem Fehlen der Pyramidenbahnen (siehe Abb. 4). Beide Olivenkerngebiete weisen eine dichte Fasergliose auf (siehe Abb. 5).

Zyto- und Myeloarchitektonik der rechten Großhirnhemisphäre sind bis auf sehr vereinzelte kleine Rindenverödungsherde unauffällig. Im Pallidum ist eine stärkere Eisenablagerung zu beobachten. Geringe Zeichen der Rückbildung und des Ödems sind ausgeprägt. Die größeren extra- und intrazerebralen Gefäße beider Hemisphären weisen keine nennenswerten Veränderungen auf.

Histologische Diagnose: Hochgradige hydrocephale Hemiatrophia cerebri links mit entsprechender kontralateraler transneuraler Atrophie der rechten Kleinhirnhemisphäre. Zeichen der Rückbildung und des Ödems.

Ein dem unseren vergleichbarer Fall ist 1935 von LIEBERS unter der Bezeichnung hydrocephalische Hemiatrophia cerebri beschrieben worden. 1963 wies LANG auf diesen bisher einmaligen Fall mit

Abb. 4. Atrophie der rechten Kleinhirnhemisphäre. Fehlendes Pyramidenbahnareal der linken Hemistele der Medulla oblongata. Färbung: Markscheiden, Abbildungsmaßstab: 1,3:1

praktisch vollständiger Einschmelzung der li. Hirnhälfte bei unauffälliger Gegenseite hin und stellte fest, daß eine Einordnung dieses Befundes nicht möglich sei.

Bei dem Fall von LIEBERS handelt es sich um einen 46jährigen Mann, der klinisch neben dem typischen Bild einer rechtsseitigen cerebralen Hemiplegie epileptische Krampfanfälle zeigte.

Es ist hier nicht genügend Raum, um einen ausführlichen Vergleich der beiden Fälle durchzuführen. Es seien daher nur die wichtigsten Gedanken LIEBERS zur Frage der Pathogenese in die Diskussion einbezogen.

Eine Antwort auf die Frage nach der Ursache dieser Störung wird durch den Umstand, daß es sich um einen abgelaufenen Prozeß handelt, erschwert. Mitunter ist es eben kaum möglich, ohne Kenntnis genauer klinischer, insbesondere auch anamnestischer Angaben, allein von den pathologisch-anatomischen Veränderungen her, eine bindende Aussage über die Genese zu treffen, zumal grundsätzlich verschiedenartige kausale Faktoren, wie Entzündungen oder arterielle bzw. venöse Zirkulationsstörungen imstande sind, einen derartigen Krankheitsprozeß zu erzeugen. Die große Bedeutung der engen Zusammenarbeit zwischen Kliniker und Neuropathologen wird an diesem Beispiel deutlich.

Ebenso wie LIEBERS möchten wir auch für unseren Fall eine entzündliche Genese ablehnen, da es schlecht zu erklären ist, warum der Entzündungsvorgang nur eine Großhirnhemisphäre erfaßt haben soll. LIEBERS zieht als mögliche Ursache eine Blutung aus der V. thalamo-striata (V. terminalis) in Betracht und bezieht sich dabei auf P. SCHWARZ, der Erweichungen des Hemisphärenmarkes nach geburtstraumatisch bedingten Blutungen aus dieser Vene beobachtet hatte. Abgesehen von dem Umstand, daß derartige Blutungen in der Regel nicht überlebt werden, beschränkt sich ihre Ausdehnung mehr auf das Stammgangliengebiet, meist in enger Beziehung zum Ventrikelsystem. Auch folgen die Ausfälle nicht den unlängst von STOCHDORPH mitgeteilten Verteilungsmustern von venösen Kreislaufstörungen des Gehirns. Eine größere Blutung, arterieller oder venöser Art, möchten wir im vorliegenden Fall nicht als Ursache annehmen, dafür erscheinen uns die Eisenablagerungen in dem Gewebe der zerstörten linken Großhirnhemisphäre zu geringfügig. Das Erhaltenbleiben des Kleinhirns, mediobasaler Anteile des Occipitalhirns und der, wenn auch sklerosierten, linken Ammonshornformation sprechen bei der Annahme von Zirkulationsstörungen dafür, daß die Durchblutung im Versorgungsbereich der linken A. cerebri caudalis erhalten geblieben ist.

Das gut erhaltene Mittelhirn wird ebenso wie die noch vorhandenen Stammganglienanteile von Ästen der A. cerebri caudalis versorgt. Wir sind geneigt, die weitgehende Zerstörung der li. Großhirnhemisphäre in unserem Fall auf eine anämische Zirkulationsstörung im Versorgungsgebiet der linken A. carotis interna zu beziehen. Ob diese temporärer oder permanenter Natur war, muß dahingestellt bleiben. Auch läßt sich nicht sicher erklären, warum der Kollateralkreislauf über den Circulus arteriosus

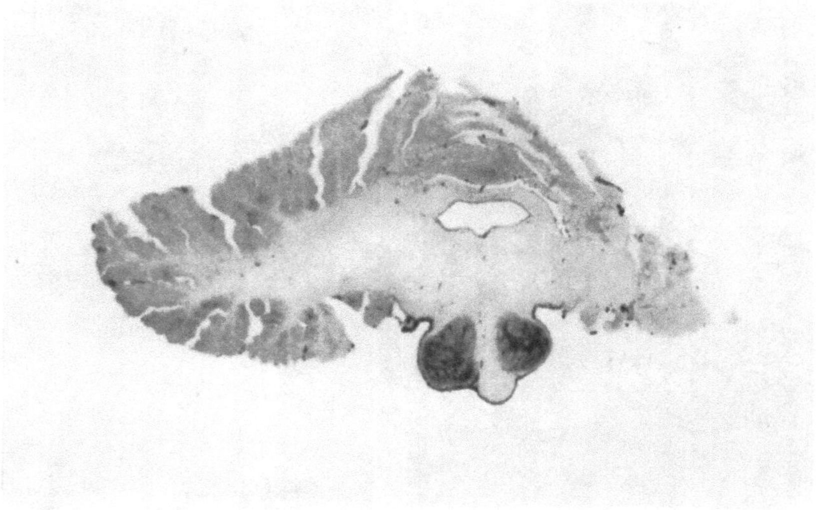

Abb. 5. Dichte Fasergliose in beiden Olivenkerngebieten. Färbung: Gliafasern nach Kanzler. Abbildungsmaßstab: 1,3:1

nicht vikariierend die Durchblutung übernommen hat. Diese Tatsache spricht mehr für eine akute als für eine chronische Durchblutungsstörung, wenngleich vorwiegend aus dem HNO-Fachgebiet bekannt ist, daß Resektionen der A. carotis interna beim erwachsenen Menschen folgenlos überstanden werden können. Es sind aber auch Fälle beschrieben worden, in denen eine solche Maßnahme zu ausgedehnten Erweichungen geführt hat.

Die in unserem Fall beobachtete beidseitige Olivensklerose findet u. E. ihre Erklärung dadurch, daß normalerweise senso-motorische Rindenanteile, der Nucl. caudatus und das Pallidum der li. Hemisphäre afferente Fasern nach beiden Olivenkerngebieten entsenden.

Liebers nimmt für seinen Fall an, daß die extrapyramidalen Funktionen der li. Stammganglien, da sie fast vollkommen fehlen, von der anderen Seite übernommen worden sind. Wir möchten das für unseren Fall auch annehmen und die fehlende Eisenablagerung z. B. in der linken Substantia nigra in einem funktionellen Zusammenhang deuten. Da Seitelberger aus der Übereinstimmung im Verteilungsmuster des Eisens mit der Topik von zerebralen Sauerstoffmangelschäden eine funktionelle Bedeutung des Gehirneisens in der „zyanempfindlichen Zellatmung" folgert, nehmen wir an, daß der Sauerstoffbedarf in diesem Gebiet auf Grund der nicht vorhandenen Funktionstüchtigkeit nicht so groß war, daß dort größere Mengen von Funktionseisen notwendig waren.

Es ist nicht möglich, alle Probleme, die dieser Fall aufwirft, wie die Frage der Hemisphärendominanz, der Funktion der Sinnesanalysatoren und dergleichen hier eingehend zu erörtern. Es ist vorgesehen, in einem anderen Rahmen auf die hier mitgeteilte Beobachtung noch einmal ausführlicher einzugehen.

Dieser Fall verdeutlicht auch die uns immer wieder rätselhaft erscheinende mitunter ungeheure funktionelle Kompensationsfähigkeit des Gehirns, während auf der anderen Seite oftmals sehr umschriebene Läsionen erhebliche klinische Ausfallserscheinungen bedingen und daran erinnern, daß das ZNS in Wirklichkeit ein System von Organen bildet und die topische Diagnostik von krankhaften Hirnveränderungen zur Deutung des Verlaufes und der Symptomatologie klinischer Syndrome von wesentlicher Bedeutung ist. Der Wert der Neuropathologie für die Sicherung der klinischen Diagnose am Operationsmaterial, aber auch am Sektionsgut, ist so relevant, daß er nur der Vollständigkeit halber erwähnt werden soll. Gleiches gilt für die wachsende Bedeutung der Erforschung von Biopsie-Material. Hier ist neben zahlreichen anderen Anwendungsgebieten im besonderen Maße an die ätiologisch und pathogenetisch noch weitgehend ungeklärten neuromuskulären Erkrankungen zu denken.

Die Sprache in ihrer hochentwickelten Form ist nur dem Menschen eigen. Experimente am Menschen sind aus naheliegenden Gründen unmöglich. Weitere Erkenntnisse hinsichtlich der normalen und krankhaft gestörten Sprachfunktion bedingen daher eine enge Zusammenarbeit zwischen Klinik und Neuropathologie, wobei von morphologischer Seite subtile Untersuchungen im Sinne einer Pan- bzw. Pathoarchitektonik am geeignetsten erscheinen, unser Wissen auf diesem Gebiet zu vertiefen.

Die Fortschritte der Therapie, insbesondere auf dem Gebiet der Psychopharmaka, werfen für die Neuropathologie neue Probleme auf, sei es, daß Neuroleptika zu hyperkinetisch extrapyramidalen Störungen führen, sei es, daß Hydantoinintoxikationen Kleinhirnschädigungen hervorrufen oder sei es, daß morphologisch vielgestaltige Bilder als Spätfolgen nach Röntgentherapie zu beurteilen sind (H. H. Meyer, Friedel, Scheidegger). Die Klinik darf hier bedeutsame Hinweise von der Neuropathologie zum Nutzen des kranken Menschen erwarten.

Literatur

Friedel, B.: Überdosierungsfolgen bei der Epilepsiebehandlung. Therapiewoche **17**, 129—133 (1967).

Hager, H.: Biophysikalische Strukturforschungsmethoden in Neurocytologie und Neurocytopathologie. Acta neuropath. (Berl.) **4**, 571—589 (1965).

Haug, H.: Bedeutung und Grenzen der quantitativen Meßmethoden in der Histologie. Medizinische Grundlagenforschung **4**, 302—344 (1962).

Holle, G.: Das Problem der Methode in der gegenwärtigen morphologischen Forschung. Wiss. Z. Karl-Marx-Universität Leipzig, Math.-Naturwiss. Reihe **10**, 159—164 (1961).

Lang, W.: Zur Morphologie der infantilen Hemiplegie. Dtsch. Z. Nervenhk. **185**, 339—356 (1963).

Liebers, M.: Über hydrocephalische Hemiatrophia cerebri. Arch. Psychiat. Nervenkr. **103**, 323—334 (1935).

Meyer, H. H.: Gibt es irreversible Störungen nach Psychopharmakotherapie? Med. Klin. **61**, 1711—1713 (1966).

Scheidegger, S.: Spätschädigung des Rückenmarkes bei Röntgenbestrahlung. Radiol. clin. **29**, 65—70 (1960).

Seitelberger, F.: Die Bedeutung der Neurochemie für Neuropathologie und Klinik. Ref. in Zbl. Neurol. **178**, 97 (1964).

Seitelberger, F.: Eisenstoffwechselstörungen des Zentralnervensystems. Wien. Z. inn. Med. **45**, 420—429 (1964).

Stochdorph, O.: Über Verteilungsmuster von venösen Kreislaufstörungen des Gehirns. Arch. Psychiat. Nervenkr. **208**, 285—298 (1966).

Diskussionsredner:

Lahl (DDR).

Lehrstuhl für Neurologie des Institutes für ärztliche Fortbildung Sofia, VR Bulgarien

Über einige Probleme der Histophysiologie und Histochemie des Nervensystems

von

T. GENTSCHEV

Bei der Betrachtung der historischen Entwicklung unserer Kenntnisse über die Beziehungen zwischen Funktion und Morphologie im Gebiet des Nervensystems könnte man wahrnehmen, daß es in vielen Fällen die Physiologie war, die zuerst ein Problem zur Erschließung gestellt und damit der Morphologie Richtung und Aufgaben gegeben hat.

In den letzten 20 Jahren aber haben sich diese Verhältnisse geändert. Mit der Heranziehung der Elektronenmikroskopie zur Untersuchung der Ultrastrukturen des Nervengewebes haben sich so viele morphologische Angaben angehäuft, über deren Funktion zur Zeit nur ganz hypothetische Vermutungen geäußert werden. Sie erwarten also noch eine sichere physiologische Interpretation. Jetzt wie noch nie zuvor stellt man den verschiedenen Spezialgebieten der Physiologie und Morphologie die Aufgabe, solche morpho-physiologischen Korrelationen auszuarbeiten, auf denen man später eine umfassendere Lehre über die Histophysiologie des Nervengewebes aufbauen könnte, und das sollte eine Lehre nicht nur allgemeiner und oberflächlicher, sondern konkreter, streng zusammenhängender und elementarer morpho-physiologischer Korrelationen sein. In dieser Hinsicht könnte man sagen, daß die Synthese zwischen Morphologie und Funktion nicht in dem Maße aufgebaut ist, wie das eigentlich das heutige Entwicklungsstadium beider Wissenschaften erlaubt. Der Grund dafür ist vielleicht darin zu suchen, daß die letzteren dennoch den leichteren Weg einer selbständigen Entwicklung bevorzugen. Je mehr Licht ins Bereich zweier benachbarter Wissenschaften geworfen wird, desto schwerer ist es, den Abgrund zu überbrücken, der der Erschließung ihrer gegenseitigen Verhältnisse im Wege steht. Hindernisse nicht nur technischer sondern auch organisatorischer Natur erschweren noch eine schnelle und erfolgreiche Entwicklung in dieser Richtung. — Wenn nun die Aufgabe für eine morpho-physiologische Erforschung des Nervengewebes gestellt und angenommen ist, sollte man sich zunächst entschließen, auf welcher Ebene man die aussichtsreichsten Korrelationen suchen und finden könnte. Die Literaturübersicht zeigt (BLASIUS und ZIMMERMANN, 1958; BÖRGER, 1965; CHAN-NAO-LIU und Mitarbeiter, 1950; DOLLEY, 1913; 1909; 1911; EDSTRÖM, 1957; FRIEDE, 1965; HÖPKER, 1954; HYDEN, 1943; INGERSOLL, 1934; KLOSSOWSKIJ und KOSMARSKAJA, 1961; KULENKAMPF, 1951; KULENKAMPF und WÜSTENFELD, 1954; KUNTZ und SULKIN, 1947; LUGARO, 1895; MANN, 1894; SCEVOLA, 1951; SCHABADASCH, 1949; 1957; SULKIN und KUNTZ, 1948; 1950), daß Versuche für morpho-physiologische Synthesen auf verschiedenen Ebenen unternommen werden und den ganzen Bereich von den elementaren Strukturen bis zur integralen Tätigkeit des Nervensystems ausfüllen. In dieser Vielfalt kann man aber 3 Hauptrichtungen erblicken, aus denen besondere Erfolge der Medizin auf dem Gebiete des Nervensystems zu erwarten sind. Das sind: 1. Untersuchungen auf molekularem Niveau, 2. auf zellulärem Niveau und 3. auf dem Niveau der integralen Tätigkeit des zentralen Nervensystems. Von den Punkten 1 und 3, d. h. von den molekularen und integralen Untersuchungen, sind kaum schnelle Erfolge zu erwarten. Ihre Zeit scheint noch nicht gekommen zu sein.

Besonders hinsichtlich der so berühmt gewordenen molekularen Untersuchungen werde ich mir eine persönliche Bemerkung erlauben. Ohne Zweifel hat die molekulare Biologie grundlegende und weittragende, doch auch nur allgemein theoretische Konzeptionen ins Leben gerufen. Ohne dieser Tendenz der modernen Biologie entgegenzutreten, könnte man doch die Frage stellen, wohin uns eigentlich dieser unüberwindliche Drang nach einer sich immer vertiefenden Zerkleinerung der lebenden Materie führen soll? Und werden wir nicht einmal — immer tiefer in die lebenden Strukturen eindringend — zu gegebener Zeit in die Lage kommen, „*Alles über das Nichts zu wissen*"?

Die zweite Möglichkeit, daß man die morpho-physiologischen Korrelationen auf zellulärer Ebene durchführt, verspricht mehr. Die klassische Morphologie und der morphologische Metabolismus der Nervenzelle sind so gut erforscht, daß sie ihrerseits keine Hindernisse in dieser Richtung stellen würden. Dasselbe gilt auch für unsere Kenntnisse über die Physiologie der Nervenzelle, die in letzter Zeit so erfolgreich und ausgiebig erschlossen wurde. So scheint es, als ob alles vorhanden sei, um eine strenge, direkt korrelative, funktionelle Morphologie der Nervenzelle und des Nervengewebes zu gründen. Die heutige Sachlage zeigt aber, daß wir von so einer Einsicht in die Morphologie der Nervenzelle noch ziemlich entfernt sind. In der Tat ist seit der Zeit, als die ersten Versuche unternommen wurden (Dolley, 1909, 1911, 1913; Lugaro, 1895; Mann, 1894; Vas, 1892), die Morphologie und Physiologie des Neurons gemeinsam zu studieren, bisher nicht etwas prinzipiell Neues hinzugefügt worden. Unsere Auffassungen über die funktionelle Morphologie sind ganz allgemein und unsicher. Dabei ist die morphologische Komponente das solide Element des Parallels, während die physiologische Komponente ziemlich unsicher bleibt. Es ist auch wahrzunehmen, daß die morphologische Analyse meistens auf zellulärer Ebene durchgeführt wird, während die physiologische Analyse der Korrelation gewöhnlich die totale motorische Tätigkeit des Versuchstieres, meistens die des Rückenmarks, berücksichtigt. Man könnte das folgende Beispiel anführen:

Man läßt das Versuchstier laufen oder schwimmen und danach werden die Motoneurone des Rückenmarks morphologisch untersucht. Wie bekannt, findet man dabei ein sehr buntes Bild von sozusagen „entsprechend" reagierenden, doch auch „widersprechend" reagierenden Zellen. Dann aber ist es sehr schwer zu entscheiden, welche von diesen verschieden reagierenden Zellen mit dem Einfluß der integralen motorischen Tätigkeit in Zusammenhang gebracht werden sollen.

Es wäre am besten, wenn wir die Struktur einer einzelnen Zelle ihrem Funktionszustand gegenüberstellen könnten — das aber wird sicher noch lange unmöglich bleiben. Auf elektrophysiologischem Wege können wir ganz genau den Funktionszustand der Nervengewebe kontrollieren, doch das unüberwindliche Hindernis besteht darin, daß es rein technisch unmöglich ist, danach dieselbe Zelle zu finden und mit morphologischen Methoden zu untersuchen. So weit mir bekannt ist, steht bisher keine anwendbare Methode zur Verfügung, welche ebenso wertvoll für die funktionelle Morphologie wie auch für die Elektrophysiologie der Nervenzelle sein könnte. Doch wäre auch das möglich, so würden die Hindernisse dennoch nicht völlig beseitigt sein. Die sich immer abwechselnden elementaren Perioden von Reizzustand und Ruhe eines Neurons dauern so kurz (das sind nur Bruchteile einer Sekunde), daß eine Fixation der Zellstrukturen während einer so kurzen Zeit nicht zu erreichen ist. Demgegenüber besteht aber die Möglichkeit, experimentell so langdauernde und einseitig gerichtete Funktionsänderungen bestimmter Formationen und der darin enthaltenen Nervenzellen herbeizuführen, wie z. B. pharmakologischen Schlaf, körperliche Belastung u. a., deren morphologische Korrelationen so stabil sein können, daß sie nicht im Prozeß der histologischen Bearbeitung verwischt werden.

Man muß aber berücksichtigen, daß eine Funktionsänderung, sogar eine sehr langdauernde, sich nur auf Kosten beschleunigter metabolischer wie auch morphologischer Rhythmen abspielen könnte, ohne daß dabei qualitative Veränderungen der morphologischen Merkmale eintreten. Hier findet also nur eine Frequenzzunahme statt, wie z. B. im Falle einer pulsatorischen Bewegung, die sich normalerweise 10mal pro Sekunde und bei Belastung 50mal pro Sekunde kontrahiert. Der Unterschied zwischen beiden Frequenzen ist nur ein physiologisches und kein morphologisches Merkmal. Es kann sein, daß solche Umstände die Ursache gewesen sind, daß manche Autoren keine Veränderungen der Nervenzellen nach funktionellen Belastungen finden konnten. Überhaupt könnte man bei Betrachtung dieser Probleme zu der Überzeugung gelangen, daß für das Zustandekommen einer funktionell bedingten morphologischen Reaktion die physiologische Belastung so dosiert sein soll, daß sie eine sehr kleine, in gewissem Sinne „optimale" Dekompensation der Funktion herbeiführt. Das bedeutet, daß die experimentelle Meisterschaft, die Kunst in der experimentellen Forschung darin besteht, diese Dekompensation genau zu dosieren.

Beim Anstellen von morpho-physiologischen Korrelationen sollen auch zwei andere Momente berücksichtigt werden; das sind: 1. die Gleichwertigkeit der Partner der Korrelation und 2. der Gewebstod als störender, parasitärer Faktor. Unter Gleichwertigkeit verstehen wir die Forderung, daß das morphophysiologische Paar aus zwei gleichwertigen Komponenten zusammengesetzt ist. Wenn wir z. B. Veränderungen der integralen Tätigkeit des Rückenmarks vor Augen haben, sind wir nicht ohne weiteres berechtigt, diese Veränderungen nur mit bestimmten Nervenzellgattungen oder sogar mit der ganzen Population der Neuronen im Rückenmark zu verknüpfen. Dieser integralen Tätigkeit kann nur das ganze Rückenmark als morphologischer Partner gegenüberstehen. Bei so einer Betrachtung ist zu ersehen, daß wir schon unser zelluläres Niveau verlassen haben, um ein bißchen höher zu rücken — und das ist tatsächlich der Fall. Trotzdem muß man annehmen, daß wir eine solche Fehlerquelle zulassen dürfen, um unsere Aufmerksamkeit doch auf die Nervenzelle als Korrelationspartner einer komplexeren funktionellen Aktivität zu konzentrieren. Die Nervenzelle nimmt eine Schlüsselstellung im Nervensystem ein und man kann mit größter Wahrscheinlichkeit annehmen, daß sie kaum vom Schwerpunkt einer funktionellen Einwirkung verschont bleiben könnte, doch nicht die einzelne oder wenige Nervenzellen, sondern das ganze Kollektiv von Neuronen. Es wird also klar, daß wir doch gezwungen sind, das zelluläre Niveau vorübergehend zu verlassen und zum Niveau des Nervenkernes (Kern als eine Ansammlung von Nervenzellen) zu gelangen.

Und wenn ich meinen Gedanken besser formulieren soll, möchte ich sagen, daß das geeignetste Modell, an dem man direkte Zusammenhänge zwischen Funktion und Morphologie der nervalen Strukturen suchen kann, auf dem Niveau des Nervenkernes stehen soll. Das ist die kleinste Einheit, wo man zuerst den Funktionszustand feststellen und danach das Objekt finden und mit morphologischen Methoden untersuchen kann. Da aber die morphologischen Schwankungen quantitativ und qualitativ sehr groß sind, soll man das ganze Kollektiv der Nervenzellen des Kernes erfassen, und wenn möglich, statistisch auswerten. Erst dann können wir die registrierte funktionelle Veränderung zu dem ermittelten, in gewissem Sinne abstrakten morphologischen Mittelwert der gefundenen zellulären Reaktionen beziehen. So werden wir eine elementare, morpho-physiologische Korrelation auf zellulärem Niveau haben, die man später als Grundlage für eine morphologisch durchgeführte funktionelle Analyse größerer anatomischer Formationen verwenden könnte.

Unter einem anderen Aspekt sollte man die Bedeutung des einsetzenden Todes betrachten, als einen Faktor, der seinen mächtigen Einfluß auf den Metabolismus des Gewebes ausübt. Als funktionelle Einwirkung auf das Versuchstier ist das Eintreten des Todes stärker als jede andere experimentelle Einwirkung. Infolgedessen sollte man die Frage stellen, ob der Gewebstod durch seine Eigenschaft als zusätzliches, parasitäres und störendes Moment nicht imstande ist, die verhältnismäßig schwache funktionelle Einwirkung (und die Folgen) der wirklichen experimentellen Versuchsanstellung zu übertreffen und zu verwischen. Diese Frage kann verschieden beantwortet werden.

Was die lichtoptische Morphologie des Nervengewebes anbetrifft, nimmt man an, daß die Nervenstrukturen so inert sind, daß sie vom Tode (abgesehen von den Fixationsartefakten) morphologisch unbeeinflußt bleiben. Veränderungen solcher Art sind als präexistent anzusehen.

Was die verschiedenen Metaboliten im Bereich der Histochemie anbelangt, so hängt es von ihrer morphologischen Labilität und der Geschwindigkeit ihres Metabolismus ab. Auf die lipoproteiden Strukturen scheint der Tod keinen störenden lichtoptischen Einfluß zu haben. Umgekehrt steht es mit den Kohlehydraten, z. B. mit dem Glykogen, dessen Konzentration im Gewebe sich im Verlauf von Sekunden und Minuten verändern kann. Es ist klar, daß hier die Art der Tötung des Tieres, d. h. die Geschwindigkeit der Einstellung des Stoffwechsels im Gewebe, von ausschlaggebender Bedeutung ist. Im Falle des Glykogens kann man das sehr gut demonstrieren. Nach Dekapitation und Fixation durch Eintauchen ist kein Glykogen in der Kleinhirnrinde zu finden. Wenn man aber den Kopf des Tieres sehr schnell in flüssiger Luft einfriert, sieht man zahlreiche Glykogengranula, die dicht um die Purkinjezellen gelagert sind. Die schnelle Einfrierung hat also nicht nur die histochemische Erfassung dieser Gebilde, sondern auch ihre experimentell bedingten Verschiebungen möglich gemacht; beispielsweise verschwinden sie während einer Insulinhypoglykämie, vermehren sich im Schlaf usw. Die schnelle Einfrierung des ganzen Kopfes ist sehr wertvoll auch für die gute Darstellung der enzymatischen Aktivität besonders der intrazellulären Organellen. Bei diesem Verfahren vereinigen sich die morphologische Klarheit der histochemischen Reaktion mit einer verkürzten Inkubationszeit. Die Hauptsache dafür scheint die verkürzte Zeit zu sein, während der das Gewebe der Hypoxie (und einer Autocombustio) ausgesetzt ist. Bei der Einfrierung von Hirnscheiben, die gewöhnlich angewendet wird, dauert diese Periode ziemlich lange.

Bei diesem Verfahren begegnet man auch gewissen Schwierigkeiten, denn es ist nicht leicht, kleine Nervenkerne im Gehirn zu finden. Die Freilegung des Hirns vom Schädelknochen ist leicht, schwierig hingegen ist die Herstellung von genau orientierten Hirnscheiben. Früher haben (GENTSCHEV, 1961) wir das gefrorene Hirn mit einem Meißel zerlegen müssen. Für eine allgemeine Untersuchung, z. B. der Hirnrinde, des Kleinhirns usw. ist das schnell und leicht zu machen. Um orientierte Scheiben zu erhalten, muß man den ganzen Kopf mit einer tiefgekühlten Säge in der gewünschten Ebene durchsägen und nachher den Knochen beseitigen. Der günstige Einfluß des schnell einsetzenden Absterbens beruht auf der besseren Erhaltung der subzellulären Räume, wo auch gewisse Mengen von endogenen makroergischen Verbindungen und Koenzymen zur Verfügung stehen. Da aber auch endogene Substrate dabei sind, muß man die Spezifität der Reaktionen mit sorgfältigen histochemischen Kontrollen beweisen.

Es ist interessant, daß von einer ganz diametralen Technik auch vielversprechende Ergebnisse zu erwarten sind. Man kann diese technische Richtung als Histochemie des frischen, nicht gefrorenen Schnittes bezeichnen. Hier wird also das Gewebe überhaupt nicht eingefroren und die Inkubation beginnt unmittelbar nach der Herstellung des Schnittes. Wegen technischer Einschränkungen muß man zur Zeit nur mit sehr dicken Schnitten arbeiten. Das sind eigentlich dünne, 200—300 μm starke

Gewebescheiben. Die Vorteile dieser Technik können damit erklärt werden, daß hier in vollem Ausmaß die Grenzmembranen und überhaupt die ganze Strukturorganisation der Zellen erhalten bleiben und dem Zustand in vivo am nächsten stehen. Es sei gleich betont, daß — wenn auch seit langem bekannt — diese Richtung in der Histochemie sehr ungenügend entwickelt ist. Trotzdem erlaube ich mir, die Vermutung zu äußern, daß sie sich als eine sehr fruchtbare Richtung der Histochemie erweisen könnte, besonders in bezug auf die intrazelluläre Lokalisation der löslichen Enzyme. So z. B. ergibt der histochemische Nachweis der Phosphorylase im Nervengewebe auf Kryostatschnitten unbefriedigende Resultate. Wenn aber dieselbe Reaktion am dicken, nicht eingefrorenen Schnitt durchgeführt wird, erhält man sehr instruktive Bilder, die neue Einzelheiten über die intrazelluläre Verteilung dieses Enzymes in der Nervenzelle zur Schau bringen können (Gentschev, 1967). Das ist z. B. eine Purkinjezelle, in welcher sich Phosphorylaseaktivität in Form von zwei Arten Glykogengranula präsentiert: kleine Glykogen- und große Glykogengranula. Die großen scheinen auf der Zelloberfläche gelegen zu sein; vielleicht eine synaptische Lokalisation. Die kleinen befinden sich im Zellinneren (mitochondriale Lokalisation?). Der Kern ist positiv, doch das Kernkörperchen negativ.

Einer breiteren Anwendung einer solchen Technik stehen aber beträchtliche Schwierigkeiten im Wege. Die Schnittdicke soll vermindert werden, d. h. man muß eine Technik für Herstellung von sehr dünnen, nicht eingefrorenen Schnitten entwickeln. Da der eigene Stoffwechsel der dicken Schnitte sehr aktiv ist, ist die Anwendung von Tetrazoliumsalzen nicht erlaubt. Die erhaltenen Bilder sind schön, aber nicht spezifisch. So wird auch die Frage über die Durchdringung der verschiedenen Substrate durch die Grenzmembranen gestellt usw. Doch wenn wir, von dem Wunsch geleitet, neue und präzisere Angaben über die histochemische Verteilung der Enzyme zu erhalten, in jedem Einzelfall diese Hindernisse überwinden können, dann würde das die Errichtung eines neuen Kapitels in der Histochemie bedeuten (nicht nur des Nervensystems, sondern überhaupt). Und das soll die Histochemie des frischen Gewebes sein.

Die funktionelle Morphologie des Nervengewebes ist ein Repräsentant der synthetischen Tendenzen der heutigen Wissenschaft, dieser synthetischen Tendenzen, die einen, wenn auch relativen, doch zugleich unberechtigten Rückstand im Vergleich zu den äußerst analytischen Tendenzen in der Entwicklung der modernen Biologie zeigen. Wie schon gesagt, ist das faktische Material für die erstrebten Korrelationen vorhanden, und man könnte vermuten, daß die Organisierung von komplexen, multidisziplinellen Forschungsgruppen, die gerade eine strenge funktionelle Morphologie zum Ziel haben werden, eine schnellere Erschließung dieses schwierigen interdisziplinellen Gebietes sichern werden.

Literatur

Blasius, W., und H. Zimmermann: Physiologie und Histochemie der Ganglienzelle unter Ischämiebedingungen. Acta histochem., **5**, 283—293 (1958).

Börger, G.: Funktion und Morphologie im peripheren vegetativen Nervensystem unter experimentellen Bedingungen. Acta neuroveget., **13**, 485—581 (1956).

Chan-Nao-Liu, H. Bailey and W. Windle: J. comp. Neurol., **92**, 169—181 (1950).

Dolley, D. H.: The neurocytological reaction in muscular exertion. Amer. J. Physiol., **25**, 151—171 (1909).

Dolley, D. H.: Studies on the recuperation of nerve cells after functional activity fron youth to senility. J. med. Res., **24**, 309—343 (1911).

Dolley, D. H.: The relation between functional activity and depression in nerve cells from anatomic analysis. Sec. Path. and Physiol., 1—13 (1913).

Edström, J.-E.: Effects of increased motor activity on the dimensions and the staining properties of the neuron soma. J. Comp. Neurol., **107**, 295—304 (1957).

Friede, R.: Glykogenbefunde und Hirnwellenfrequenz im EEG. Arch. Psychiat. Nervenkr., **194**, 213—237 (1956).

Gentschev, T.: Histochemische Untersuchungen über das Glykogen im Zentralnervensystem. Glykogenhaltige Synapsen um die Purkinjezellen. Acta histochem., **12**, 330—336 (1961).

Gentschev, T.: Histochemischer Nachweis der Phosphorylase im Kleinhirn. Brain Res., **5**, 350—365 (1967).

Höpker, W.: Die Wirkung des Glukosemangels auf das Gehirn. Georg Thieme, Leipzig (1954).

Hyden, H.: Protein metabolism in the nerve cell during growth and function, Acta Physiol. Scand., suppl. 17, **6**, 1—136 (1943).

Ingersoll, E. H.: The effect of stimulation upon the coeliac ganglion cells of the albino rat. J. comp. Neurol., **59**, 267—284 (1934).

Klossowskij, B. N., und E. N. Kosmarskaja: Gehemmter und leistender Zustand des Hirns. Medgis, Moskau, 1961 (russisch).

Kulenkampff, H., und E. Wüstenfeld: Funktionsbedingte Veränderungen der Kerngröße von Gliazellen in Grau des Rückenmarkes der weißen Maus. Z. Anat. Entw., **118**, 97—101 (1954).

Kulenkampff, H.: Die Chromatolyse bei physiologischer Arbeit, Verh. d. Anat. Ges. in Heidelberg, 1951, zit. nach Kulenkampff und Wüstenfeld (1954).

KUNTZ, A., and N. M. SULKIN: The neuroglia in the autonomic ganglia; cytologic structure and reaction to stimulation, J. comp. Neurol., **86**, 467—478 (1947).

LUGARO, E.: Sur les modifications des cellules nerveuses dans les divers états fonctionnels. Arch. ital. de biol., **24**, 258—281 (1895), zit. nach No 7.

MANN, G.: Histological changes induced in sympathetic, motor and sensory nerve cells by functional activity. J. Anat. and Physiol., London, **29**, 100—108 (1894), zit. nach EDSTRÖM (1957).

SCEVOLA, P.: Sul significato della tigrolisi delle cellulae nervosae. Arch. ital. Otol., **62**, 553—558 (1951).

SCHABADASCH, A. L.: Probleme der histochemischen Untersuchung des Glykogens des normalen Nervensystems. Medgis, Moskau, 1949 (russisch).

SCHABADASCH, A. L.: Die Ribonukleoproteide der Nervenzelle als histochemischer Anzeiger des funktionellen Zustandes der Neurone, in „Probleme der Biochemie des Nervensystems", Kiev, S. 231—243 (1957) (russisch).

SULKIN, N. M., and A. KUNTZ: The Golgi apparatus in autonomic ganglion cells and peripheral neuroglia and its modification following stimulation and induced hypertension. J. Neuropath. and Exp. Neurol., **7**, 154—161 (1948).

SULKIN, N. M., and A. KUNTZ: A histochemical study of the autonomic ganglia of the cat following prolonged preganglionic stimulation. Anat. Rec., **108**, 255—278 (1950).

VAS, F.: Studien über den Bau des Chromatins in der sympatischen Ganglienzelle. Arch. f. mikr. Anat., **40**, 375—389 (1892), zit. nach EDSTRÖM (1957).

Diskussionsredner:

HADJIOLOFF (VR Bulgarien), LUPPA (DDR).

Physiologisches Institut der Tschechoslowakischen Akademie der Wissenschaften Prag, ČSSR

Über eine experimentelle fokale Epilepsie. Ein Versuch einer Korrelation neuropathologischer, histochemischer, elektronenmikroskopischer und elektrophysiologischer Befunde

von

J. FISCHER

An einer anderen Stelle beschrieben wir eine neue experimentelle Methode, mittels welcher bei Ratten ein konstanter epileptogener Fokus hervorgerufen werden kann (FISCHER et al., 1967). Wir verwenden hierbei nicht-aktives Kobaltpulver, eingebettet in Gelatine. Aus diesem Gemisch werden kleine Stifte von einem Durchmesser von etwa $^3/_4$ mm und einer Länge von $1-1^1/_2$ mm hergestellt, die unter sterilen Bedingungen an Standardstellen in den Cortex der Versuchstiere eingestochen werden. Unsere Methode hat den Vorteil, absolut standardisiert zu arbeiten, und zwar im sowohl histologischen als auch im elektro-physiologischen Sinn. Standardisiert ist die Dynamik der Ausbildung elektrophysiologischer Abnormalitäten, standardisiert ist die Größe und die histologische Entwicklung des Fokus (HOLUBAŘ und FISCHER, 1967; FISCHER et al.). Die letztere ist subakut. Wir haben also hier die Möglichkeit, das morphologische Bild der epileptogenen Läsion mit elektrophysiologischen Befunden gut zu korrelieren, und das ist das Problem, das uns hier interessiert.

Besprechen wir zunächst die Dynamik des neurohistologischen und elektrophysiologischen Bildes unserer Ratten. Histologisch entwickeln sich in der Umgebung des Kobalt-Gelatine-Stiftes 3 Zonen. Um den Kobalt-Gelatine-Stift eine Koagulationsnekrosezone, die sich vom 2. Tage nach der Operation nicht weiter verändert. Die 2. Zone, welche die erste umhüllt, macht zwei Phasen durch. Zuerst entsteht hier ein schweres Oedem; dieses flaut binnen 6 Tagen nach der Operation ganz ab. Von diesem Tage an entwickelt sich hier vom subpialen Rand eine glio-mesenchymale, pio-cerebrale Narbe, welche allmählich die Zone der Nekrose umwächst. Die dritte Zone, die Übergangszone, ist neurohistologisch durch verschieden intensiv geschädigte Nervenzellen charakterisiert. Ihr histologisches Bild ist für keinen bestimmten Zeitabschnitt charakteristisch.

Den elektrophysiologischen Befund möchten wir kurz folgenderweise charakterisieren: Die Kobalt-Gelatine-Laesion bewirkt das Bild einer typischen, epileptischen elektrophysiologischen Aktivität. Die ersten Anzeichen dieser Veränderungen finden wir zwischen dem 6.—8. Tage nach der Operation in Form von spontanen Spike-Salven. Diese Veränderungen sind 14 Tage nach der Operation typisch und stark ausgeprägt, 21 Tage nach der Operation sind die elektrophysiologischen pathologischen Veränderungen manchmal etwas abgeschwächt.

Erlauben Sie uns nun, die Dynamik der neurohistologischen Veränderungen mit dem elektrophysiologischen Bild zu korrelieren. Unter unseren Versuchsbedingungen können wir eine zeitliche Koinzidenz der pathologischen elektrophysiologischen Aktivität und der Entwicklung der glio-mesenchymalen, pio-cerebralen Narbe feststellen. Wir können also unter unseren Versuchsbedingungen annehmen, daß der Faktor der glio-mesenchymalen, pio-cerebralen Narbe bei der Entstehung unserer experimentellen Epilepsie eine gewisse Rolle spielt.

Den echten elektrophysiologischen Fokus, das Gebiet der primären, pathologischen elektrophysiologischen Aktivität müssen wir aber in der Zone suchen, in der sich lebendige, beschädigte und daher elektrophysiologisch pathologisch reagierende Nervenelemente befinden. Dies ist unsere 3. Zone, die Übergangszone. Darauf wurde seit FOERSTER (1930) schon überaus oft hingewiesen. Im neurohistologischen Routine-Bild fanden wir aber für die Zeit der pathologischen Aktivität oder für den morphologischen Prozeß keine charakteristischen Veränderungen. Und so ist dieses Gebiet mit weiteren morphologischen Methoden zu analysieren, elektronenmikroskopisch und histochemisch.

Zunächst die elektronenmikroskopischen Bilder. Nur einige kurze Worte zur Technik. Für elektronenmikroskopische Zwecke verwendeten wir bei allen Tieren eine Perfusionsfixation des Gehirns mit Glutaraldehyd, eine Nachfixierung kleiner Gewebsstücke in Osmiumtetroxyd, Eponeinbettung und Nachkontrastierung der Dünnschnitte mit Bleiazetat.

Und nun die Befunde. Am ersten Tag nach der Operation ist das elektronenmikroskopische Bild durch oedematöse Veränderungen charakterisiert. Die Astrozytenfortsätze sind stark gequollen, die Perikarya der Nervenzellen zeigen Schwellungen, einen fast völligen Verlust an Ribonukleinpartikeln, die intraplasmatischen Organellen erscheinen schwer verändert. Ein Teil dieser Nervenzellen scheint zugrundezugehen.

Die weiteren Veränderungen sind durch eine bisher ultrastrukturell nicht beschriebene, massive plasmatische Infiltration und durch die mit diesem Prozeß verbundenen Veränderungen an den Gewebselementen charakterisiert.

Die an den Basalmembranen der Kapillaren inserierenden Astrozytenfortsätze erscheinen auseinandergedrängt und in Auflösung begriffen. Die so entstehenden breiten, interzellulären Lücken füllen sich mit einem feinflockigen, ziemlich dichten Material, einen eiweißhaltigem Exsudat, aus. Die die größeren Blutgefäße umgebenden, echten perivaskulären Räume können prall mit diesem Exsudat ausgefüllt sein. Bald kann man ausgedehnte Plasmaseen auch in weiterer Entfernung von den Gefäßen feststellen: zwischen den noch erhaltenen Komponenten des Neuropils kommt es zu massiven Lückenbildungen, die mit dem eiweißhaltigen Exsudat ausgefüllt sind. Hier trifft man häufig Anschnitte von Astrozytenfortsätzen, deren begrenzende Membranen fragmentiert oder in Auflösung begriffen sind, hin und wieder sieht man zerfallende feine Dendritenfortsätze. Die Lücken scheinen also auf ein Absterben zahlreicher Astrozytenfortsätze und einzelner feiner Dentritenfortsätze zurückzuführen zu sein.

Dafür, daß das Exsudat haematogener, plasmatischer Natur ist, sprechen weitere Befunde. Zunächst ist festzustellen, daß die Endothelzellen der Kapillaren an manchen Stellen geschwollen sind, es kommt zu einer massiven Lippenbildung; im Plasma der Zellen ist eine auffällig große Anzahl membranbegrenzter, kleiner Vesikel nachzuweisen. Tracerversuche, bei denen den Versuchstieren eine halbe Stunde vor der en block-Fixation Ferritin intravenös eingespritzt wurde, geben weiteren Aufschluß über das Durchdringen des Exsudats durch die Gefäßwand. So konnte festgestellt werden, daß die Ferritinpartikel zunächst massiv in den Blutplasma enthaltenden Einbuchtungen der Endothelzellen nachzuweisen sind, Ferritin ist häufig in den Vesikeln des Endothelplasmas zu finden. Weiterhin kommt es zu einer Anhäufung des Ferritins in der Basalmembran der Gefäße, zuletzt können auch Ferritinpartikelchen im Bereich der plasmatischen Massen in den Interzellularfugen des Neuropils nachgewiesen werden. So konnten wir also den Weg des Exsudats durch die kapilläre Gefäßwand verfolgen. Unsere Befunde sprechen für einen aktiven Transport des Exsudats durch die Gefäßwand.

Nun sind die Veränderungen an den Nervenzellen im Zeitraum der plasmatischen Infiltration zu besprechen. Die zu beobachtenden neuralen Elemente weisen im Vergleich zu den anderen zentralnervösen Grundelementen eine auffallend gute Strukturerhaltung auf. Sie schwimmen, wenn man so sagen darf, in den plasmatischen Seen, oft teils von Satelliten umgeben, sonst aber teilweise, später völlig von den sie umgebenden feinen Zellfortsätzen neuraler und astrozytärer Natur entblößt. Vielfach liegen diese neuralen Strukturelemente völlig isoliert in weiten, leer erscheinenden Räumen.

28 Tage nach der Operation können wir eine nicht allzu intensive Vermehrung astrozytärer Faserbildner feststellen. Dann findet man Nervenzellen, deren Perikarya weitgehend von synaptischen Endigungen entblößt und größtenteils von Filamente enthaltenden Astrozytenfortsätzen umgeben und umschlungen sind.

Das eben beschriebene elektronenmikroskopische Bild erscheint uns sowohl vom allgemeinen als auch speziell neuropathologischen Standpunkt von Interesse. Es gibt die Möglichkeit, den Begriff des Oedems und der Exsudation im Grau des Zentralnervensystems elektronenmikroskopisch klar zu trennen, es beschreibt den feinstrukturellen Vorgang der Scholzschen plasmatischen Infiltration (Scholz, 1949) und erscheint uns aber auch vom Standpunkt der Epilepsie von Interesse. Es bringt nämlich eine klare feinstrukturelle Evidenz einer fast totalen somatischen Deafferentation der Nervenzellen in den medialen Partien der Übergangszone.

Nun möchten wir auf unsere histochemischen Befunde im Gebiete der Übergangszone übergehen.

Wir können hier wegen Zeitmangels nicht auf technische Details eingehen, ich möchte nur unterstreichen, daß alle Tiere vor der Dekapitation elektrophysiologisch untersucht wurden, daß wir histochemisch mit Kryostatschnitten arbeiteten und daß wir gleichzeitig immer das Gehirn eines Versuchs- und Kontrolltieres in Serienschnitten verarbeiteten, so daß wir unter gleichen Bedingungen gleich dicke und gleich lang inkubierte sowie topisch identische Gehirnschnitte auf einem Präparat erhielten. Wir untersuchten die Glyc-3-P-DH, LDH, SucDH, MDH, die NAD-dependente Diaphorase, die Gluc-6-P-DH und die GlutDH. Aus den vorhergehenden Versuchen wußten wir, daß die maximale elektrophysiologische Aktivität 14 Tage nach der Operation entwickelt ist. Wir verwendeten daher für unsere weiteren Versuche Tiere dieses Zeitintervalles.

Und nun die histochemischen Befunde. Den Kobalt-Gelatine-Stift umgibt die Zone der Koagulationsnekrose. Hier sind logischerweise auch keine Dehydrogenasen festzustellen. Diese Zone umgibt die Narbe, in der verhältnismäßig große Granula von Formazan ausfallen, und zwar in allen durchgeführten Enzymreaktionen. In der weiteren Zone, der Übergangszone, ist das Bild folgendermaßen zu charakterisieren: in allen durchgeführten Enzymreaktionen ist das Bild am Neuropil und den Ganglienzellen gleich. Es kommt zu einer Entfärbung, das heißt also zu einem starken Abfall der enzymatischen Aktivität im Neuropil in den Gebieten, die in der Nähe der Nekrose liegen; in der Richtung zur Peripherie steigt die Aktivität aller untersuchten Enzyme allmählich an. An den Nervenzellen sehen wir in den zentralen Partien erstens Elemente mit stark abgeschwächter Aktivität im Perikaryon, zweitens Gruppen von Nervenzellen, in denen die histochemische Aktivität stark angestiegen ist. In der Richtung zur Peripherie normalisiert sich allmählich der Befund, und zwar so, daß sowohl die histochemisch hyperaktiven Zellen, als auch die Zellen mit einem erniedrigten Gehalt an Enzymen an Zahl allmählich abnehmen, und daß die histochemische Aktivität aller Nervenzellen und des Neuropils allmählich in das Niveau der epileptischen Hemisphaere übergeht. Außerdem finden wir in der Übergangszone eine starke enzymatische Aktivität aller untersuchten Dehydrogenasen — außer der SucDH — in den aktivierten Gliazellen, hauptsächlich der Makroglia.

Wäre es nun möglich, die histochemischen und elektronenmikroskopischen Befunde in bezug auf die Veränderungen an den Nervenzellen und am Neuropil auf den gleichen Nenner zu bringen und eventuell zu versuchen, die pathologische elektrophysiologische Aktivität in unserem Versuchsmodell morphologisch zu unterbauen?

Elektronenmikroskopisch finden wir in den medialen Partien der Übergangszone in Plasmaseen schwimmende Nervenzellen; Nervenzellen, die sich in einem fremden Milieu befinden; Zellen, die größtenteils oder völlig ihrer somatischen Synapsen beraubt sind; Nervenzellen, deren dendritisches Netz teilweise beschädigt ist.

Histochemisch können wir gruppenweise angeordnete Neurone mit einer erhöhten Aktivität der untersuchten Enzyme in den medialen Partien der Übergangszone feststellen, in anderen Neuronen einen starken Abfall der enzymatischen Aktivität. Im Neuropil kommt es zu einer massiven Verminderung der untersuchten enzymatischen Aktivität, die auf einen Abfall der enzymatischen Aktivität des Dendritennetzes und ihrer Synapsen zurückgeführt werden kann. Diese Veränderungen scheinen weitere Partien der Übergangszone einzuschließen, zeigen ihr Maximum in den medialen Partien und normalisieren sich in den lateralen Partien der Übergangszone.

Nun sprechen einige elektrophysiologische Befunde für eine eventuelle Rolle der Deafferentation bei der Entstehung des epileptischen Fokus (Westrum et al., 1964; Loeser und Ward, 1967).

Und unsere morphologischen Befunde? Elektronenmikroskopisch sehen wir in den medialen Partien der Übergangszone völlig somatisch deafferentierte Nervenzellen, weiterhin einen teilweisen Untergang des Dendritennetzes, also eine teilweise Deafferentation des dendritischen Netzes. Dabei befinden sich die Somata der Nervenzellen in einem pathologischen Medium. Histochemisch finden wir in einem weiteren Umkreis der Übergangszone eine maximale enzymatische Verminderung des Dendritennetzes des Neuropils, was wiederum für eine schwere funktionelle Beeinflussung der Nervenzellen sprechen dürfte.

Und so ist nicht auszuschließen, daß die beschriebenen Veränderungen einen der wichtigen Faktoren darstellen, der unter unseren Versuchsbedingungen zur epileptischen Episode führen könnte.

Literatur

Fischer, J., J. Holubář und V. Malík: Physiol. Bohemoslov. **16**, 272 (1967).

Fischer, J., J. Holubář und V. Malík: Acta neuropath. **11**, 45 (1968).

Foerster, O., und W. Penfield: Z. ges. Neurol. Psychiat. **125**, 475 (1930).

Holubář, J., und J. Fischer: Physiol. Bohemoslov. **16**, 278 (1967).

Loeser, J. D., und A. A. Ward: Arch. Neurol. **17**, 629 (1967).

Scholz, W.: Arch. Psychiatr. Nervenkr. **181**, 621 (1949).

Westrum, L. E., S. E. White jr., and A. A. Ward jr.: J. Neurosurg. **21**, 1033 (1964).

Diskussionsredner:

Quandt (DDR), Goebel (Westberlin).

Pathologisches Institut der Martin-Luther-Universität Halle—Wittenberg, DDR
und Robert-Rössle-Klinik der Deutschen Akademie Berlin-Buch, DDR

Vergleichende licht- und elektronenoptische sowie histo- und biochemische Untersuchungen zum infiltrierenden Tumorwachstum

von

C. und R. Coutelle, U. Bonk, D. Felicetti,
F. W. Rath und F. Traub

Als Modell invasiven Tumorwachstums wählten wir das in die Großhirnrinde der Maus implantierte Ascites-Karzinom, weil der direkte Kontakt und damit die Einwirkung des Tumors auf das umgebende Gewebe des Wirtes weder durch eine „Basalmembran" noch durch eine nennenswerte lymphoplasmazelluläre „Stromareaktion" des Wirtsgewebes gestört oder verschleiert wird. Ehrlich-Karzinomzellen und Hirngewebe sind histologisch und elektronenmikroskopisch gut charakterisiert, so daß sie in ihren Beziehungen zueinander leicht verfolgt werden können.

12—14 Tage nach Injektion von Tumor-Ascites in die rechte Großhirnhälfte der Maus mit Hilfe einer einfachen Standardtechnik entwickeln sich etwa 1—3 mm i. D. haltende rundliche Tumoren, die das Material für biochemische, histologische, histochemische und elektronenmikroskopische Untersuchungen bilden. Innerhalb der Rinde wächst der Tumor etwa kugelförmig. Sobald die Karzinomzellen die Markstrahlung erreichen, breiten sie sich entsprechend dem Faserverlauf aus, durchbrechen diese unter Ausnutzung von Kapillaren und dringen in das Ammonshorn vor. Als Kontrolle dient die entsprechende, im Frontal- oder Horizontalschnitt stets miterfaßte Hirnregion der linken tumorfreien Seite.

1. Biochemische Untersuchungen

Zur fermentchemischen Untersuchung werden die Gehirne mit einem Gefriermikrotom unter Messertiefkühlung in 100 µm dicke Schnitte zerlegt, die auf dem Objektträger bei Zimmertemperatur luftgetrocknet werden. Der sich gut abzeichnende Tumor wird unter dem Stereomikroskop bei 16facher Vergrößerung mit einer Präpariernadel umrissen. Durch eine zur Umrißlinie parallel verlaufende zweite Linie wird eine etwa 0,7 mm breite ringförmige Umgebungszone abgezeichnet. Sichtbare Tumorinfiltrate in dieser Zone werden herausgekratzt.

Ein entsprechender Ring wird in der korrespondierenden Hirnregion der Gegenseite als „Normalgewebe" abgegrenzt. Die drei so markierten Gewebsbezirke „Tumor", „Umgebung", „Normalgewebe" werden unter dem Stereomikroskop mit augenchirurgischen Lanzetten vom Objektträger abgenommen, in Piacryl-Gefäßen homogenisiert und zentrifugiert. Der Überstand wird für die quantitative Bestimmung der Gesamtaktivität verwendet.

Ingesamt wurden die Aktivitäten von 17 Enzymen in den angegebenen drei Regionen an 600 Mäusegehirnen untersucht. Die pro Einzelbestimmung angesetzte Eiweißmenge bewegte sich zwischen 25 bis 100 µg. Für einen Versuch mit doppelter Bestimmung, mit Kontroll- und Eiweißwert, mußte Material von jeweils 2—3 Gehirnen zu einem Homogenat verarbeitet werden.

Bei den geprüften Fermenten handelt es sich um 8 proteolytische Enzyme, 6 Fermente aus dem Nukleinsäurestoffwechsel, 1 glykolytisches Ferment und 2 typische lysosomale Hydrolasen. Von den 17 untersuchten Fermenten zeigten 11 eine statistisch gesicherte (Wilcoxon-Test) Differenz in der Aktivität von Tumorumgebung und Normalgewebe und 4 eine Korrelation (Rang-Test) zwischen Höhe der Aktivität im Tumor und Höhe dieser Differenz (vgl. Tabelle 1). Die Xanthinoxydase und Dihydro-Uracildehydrogenase waren in keiner der drei Regionen nachweisbar. Prolinase und Prolidase sind nicht in der Tabelle aufgeführt, da unsere Zahlen noch zu klein sind.

Tabelle 1

Vergleich der Enzymaktivitäten in der Tumorumgebung (U) und im normalen Hirngewebe (N)

1. U > N		2. U < N	
Arylamidase		Saure Phosphatase	⊖
Glycylglycindipeptidase		γ-Glutamyltranspeptidase	
Glycyl-L-Leucindipeptidase		Aminotripeptidase	
Leucinaminopeptidase	⊕		
β-Glukuronidase	⊕	3. U = N	
Uridinphosphorylase	⊕		
Phosphoribomutase		Lactatdehydrogenase	
Inosinphosphorylase		Thymidinphosphorylase (= 0)	

Signifikanzprüfung nach Wilcoxon.
⊕ ⊖ Korrelation zwischen Tumoraktivität u. Aktivitätsänderung in der Umgebung.

Um sicherzugehen, daß nicht
1. während der Lufttrocknung Fermente von Orten höherer Konzentration zu solchen niedrigerer Konzentration abdiffundieren und 2. bei der Präparation übersehene kleine Krebszell- oder Rundzellinfiltrate durch ihre Fermentaktivität das Ergebnis verfälschen, wurden 20 μm dicke Gefrierschnitte auf dem Objektträger im Vakuum gefriergetrocknet. Nach üblicher Markierung wurde die ,,Umgebung" bei 200facher Vergrößerung und Phasenkontrast mit Hilfe eines Mikromanipulators von kleinsten Tumorinfiltraten befreit. Die fermentchemische Untersuchung auf β-Glukuronidase ergab die gleiche Relation in der Aktivität der drei Regionen wie die Routinepräparation.

Zusätzlich wurde durch einen Modellversuch mit einer Hämoglobinlösung (MG = 67000 entspricht etwa dem geringsten Mol-Gewicht der untersuchten Fermente) im Kontakt mit Hirnsubstanz die Diffusion von Fermenten während der Lufttrocknung des zu untersuchenden Schnittes unwahrscheinlich gemacht.

Zur Feststellung, wie hoch die restliche Verunreinigung mit Tumorzellen und Rundzellinfiltraten nach Routinepräparation verglichen mit Mikromanipulation ist, wurden je 10 Schnitte von 20 μm Dicke nach beiden Verfahren hergestellt, mit HE gefärbt und planimetrisch ausgewertet. Die Verunreinigung nach gewöhnlicher Präparation betrug 4,5% durch Tumorzellen und 0,3% durch Rundzellinfiltrate, nach Mikromanipulation 0,1% durch Tumorzellen und 0,2% durch Rundzellinfiltrate. Die Aktivitätsunterschiede bei der Routinepräparation liegen aber weit außerhalb dieser 4,5% Fehlergrenze.

Das wichtigste Ergebnis dieses Untersuchungsteiles ist der Nachweis einer signifikanten Aktivitätsänderung zahlreicher Fermente in der Tumorumgebung, meist im Sinne einer Erhöhung.

Damit werden die Befunde von Sylven u. a. bestätigt und erweitert. In der Frage ihrer Deutung stehen sich zwei Anschauungen gegenüber: nämlich, daß die in der Tumorumgebung mit verstärkter Aktivität auftretenden Fermente Produkte der Tumorzelle sind (abnorme Membrandurchlässigkeit oder Sekretion) oder daß sie aus dem in der Umgebung infolge unspezifischer Tumoreinwirkung (Druck, Zirkulationsstörung, Blutstauung, Ödem) zugrunde gehenden Gewebes stammen.

Im Folgenden soll versucht werden, durch morphologische Methoden zu einer Lösung dieser Frage zu kommen.

2. Histologische Untersuchungen

Zur Untersuchung gelangte mit Formol oder Bromformol fixiertes Material, das mit Hämatoxylin-Eosin und neurohistologischen Spezialmethoden (Nissl, Heidenhain, Holzer, Jabonero, Cajal für Glia) bearbeitet wurde.

Der Tumor bildet einen kompakten stromafreien Verband von polymorphen, in lebhafter Teilung befindlichen Zellen. Im Zentrum findet sich häufig eine Nekrose mit Leukozyten. Eine weitere morphologische Untergliederung des Tumors läßt sich nicht sicher durchführen. An seinem Rande sind wie erwartet Tumorzellen und Nervengewebe in direktem Kontakt. Nur ganz vereinzelt erscheinen um Gefäße kleine Rundzellinfiltrate.

An ein- und demselben Tumor lassen sich die von Hamperl herausgearbeiteten Typen des komprimierend-infiltrierenden Wachstums — mit glattem Tumorrand — und das interstitiell infiltrierende Wachstum sehr gut beobachten. Letzteres folgt den Blutgefäßen, an denen entlang die Karzinomzellen zuerst einzeln, dann in vielschichtigen Zellmänteln vordringen. Dadurch wird das Hirngewebe der unmittelbaren Tumorumgebung zunehmend von Krebszapfen durchsetzt. Solange kein perifokales Ödem nachweisbar ist, erscheinen die Nervenzellen lichtoptisch weitgehend unverändert und selbst direkter Kontakt mit Tumorzellen scheint ihnen nicht zu schaden. Durch Umwachsung werden Teile des Nervengewebes abgesprengt und gehen im Innern des Tumors zugrunde. Aufgequollene Zellkerne und Faserstrukturen bleiben im Tumorinnern deutlich nachweisbar. Die Karzinomzellen schieben sich an den markhaltigen Nervenfasern der Markstrahlung entlang vor, ohne daß ihr Kontakt einen erkennbaren Einfluß auf deren Struktur ausübt. Dagegen reagiert die Astroglia frühzeitig mit erheblich gesteigerter Argyrophilie. Ihre Fortsätze sind vermehrt, vergröbert und unregelmäßig aufgetrieben (Klasmatodentrose). Gliafasern lassen sich im Unterschied zum elektronenmikroskopischen Bild mit der Holzer-Färbung nicht nachweisen.

Das Bild ändert sich aber, sobald mit zunehmendem Wachstum ein perifokales Ödem in der Tumorumgebung entsteht. Dann läßt sich an der Gefügelockerung des Nervengewebes, am Kernödem der Glia- und Nervenzellen, an der Auftreibung und dem Zerfall der Nervenfasern eine erhebliche Schädigung der Tumorumgebung ablesen. Nur bei größeren Ödemlücken nehmen die Tumorzellen amöboide Formen bei der Infiltration der Umgebung an. Meistens scheint ihr Vordringen mehr durch den „Wachstumsdruck“ bewerkstelligt zu werden.

Das Ödem möchten wir durch Druckwirkung mit Störung der Blutzirkulation und durch Blockierung des Stoffaustausches zwischen Kapillaren und Gewebe durch Karzinomzellen, also unspezifisch erklären. Mit lichtoptischen Methoden läßt sich kein Anhalt für eine spezifische lytische Einwirkung der Karzinomzellen auf das von ihnen infiltrierte Gewebe erkennen.

3. Histochemische Untersuchungen

Die histochemische Untersuchung erfolgte an 20 μm dicken, mit Messertiefkühlung gewonnenen, teils frontalen, teils horizontalen Gefrierschnitten durch das Gehirn, wobei die entsprechende Region der linken tumorfreien Hirnhälfte jeweils als Kontrolle diente.

Die Tabelle 2 zeigt eine Aufstellung der dargestellten Fermente. Die Ergebnisse sind folgende:

Tabelle 2

Histochemisch dargestellte Enzyme

Hydrolasen:	Oxydo-Reduktasen:
unspezif. saure Phosphatase	Succinodehydrogenase
unspezif. alkal. Phosphatase	Lactatdehydrogenase
Adenosintriphosphatase (pH 7,2)	Isocitronensäuredehydrogenase
Glukose-6-Phosphatase	$NHDH_2$-Tetrazoliumreduktase
β-Glukuronidase	Glukose-6-Phosphatdehydrogenase
Arylamidase	Cytochromoxydase
γ-Glutamyltranspeptidase	β-Glycerophosphatdehydrogenase
unspezif. Esterase	

1. Innerhalb des Tumors finden sich zwar geringe Aktivitätsunterschiede, die aber keine zonale Aufgliederung des Tumors nach Aktivitätsgraden ermöglichen.
2. Die frischen Tumorzellnekrosen zeigen in der Regel eine Aktivitätssteigerung der Hydrolasen. Die der Nekrose anliegenden Tumorzellen weisen eine erhöhte Aktivität aller Fermente mit Ausnahme der Glukose-6-Phosphatase, der alkalischen Phosphatase und Zytochromoxydase auf.
3. Die am Infiltrationsrand in Kontakt mit dem Hirngewebe befindlichen Tumorzellen zeigen keine nachweisbare Aktivitätserhöhung, insbesondere auch nicht der Arylamidase im Gegensatz zu den Befunden von SYLVEN.
4. Das an den Tumor grenzende Hirngewebe zeigt dort, wo der Tumor mit glattem Rand komprimierend vorwächst oder in einzelnen Zapfen in das Hirngewebe vordringt, keine histochemisch nachweisbare Veränderung.

Wo dagegen Hirngewebe von Tumorzapfen umwachsen und vollständig eingeschlossen wird, ist in diesen eine Erhöhung der Aktivität hydrolytischer Enzyme vor allem der sauren Phosphatase, der β-Glukuronidase, weniger der Esterase und Arylamidase nachweisbar. Die Dehydrogenasen scheinen in diesem Gebiet deutlich vermindert oder negativ. Im Gegensatz zu MOHR zeigen aber die diesen Bereichen anliegenden Tumorzellen keine sichere Aktivitätserhöhung.

Die bei den biochemischen Untersuchungen bei der Mehrzahl der Hydrolasen in der Tumorumgebung regelmäßig nachweisbare Aktivitätserhöhung ist histochemisch nur um einzelne kleine Tumoren erkennbar (saure Phosphatase, β-Glukuronidase). Das kann damit zusammenhängen, daß freiwerdende Enzyme in die Flüssigkeit des bei größeren Tumoren ausgedehnten perifokalen Ödems übertreten und bei der Durchführung der histochemischen Reaktion von der Inkubationslösung ausgewaschen werden, so daß sie dem histochemischen Nachweis entgehen, während sie für die biochemische Untersuchung erfaßbar bleiben.

Die Befunde Sylvens einer Aktivitätssteigerung von Hydrolasen in der Tumorumgebung lassen sich also histochemisch nur bedingt bestätigen. Da die Zellen des Tumorrandes keine Aktivitätssteigerung der Hydrolasen aufweisen, ist es wahrscheinlicher, daß diese biochemisch dort festgestellten Fermente dem ödemgeschädigten Hirngewebe entstammen und nicht den Tumorzellen.

4. Elektronenmikroskopische Untersuchungen

Im elektronenmikroskopischen Bild tritt eine Besonderheit unseres Modells klar hervor. In dem festen Gefüge des Neuropils fehlt ein interstitieller Raum und in der Marksubstanz ist er auf minimale Spalten zwischen den Markscheiden reduziert, so daß primär kaum Möglichkeiten für ein interstitielles Wachstum von Karzinomzellen bestehen. Das elektronenmikroskopische Bild zeigt jedoch wesentlich deutlicher als das lichtoptische schon in der tumorzellfreien Umgebung des Implantats eine erhebliche ödematöse Auflockerung dieses Gefüges, im Neuropil zunächst durch Quellung, später durch Zerfall der Gliafortsätze, im Mark zusätzlich noch durch Weitung der Spalträume. Dadurch bilden sich zahlreiche, von Ödemflüssigkeit gefüllte elektronenmikroskopisch leere Räume, in die sich Karzinomzellen vorschieben können. Dabei lassen sich schon in dieser Ödemzone Aufquellungen der Markscheiden sowie eine Deformierung der Axone erkennen. Am Tumorrand wird häufig in den geschwollenen Gliafortsätzen eine Neubildung deutlicher Gliafilamente sichtbar. Sie ist Ausdruck chronischen Ödems und beginnender reparativer Reaktion auf Gewebsdefekte.

Die Tumorzellen dringen mit vielfach amöboid erscheinenden Fortsätzen verschiedener Größe zwischen die erhalten gebliebenen Strukturen, drängen sie zur Seite und schieben sie vor sich her. Wie es scheint, ermöglicht das *extrazelluläre Marködem* ein besonders schnelles Tumorwachstum, im Gegensatz zum *intrazytoplasmatischen* Rindenödem, wo es letztlich zwar auch zum Zerfall der Gliafortsatzmembranen kommt, jedoch gleichzeitig eine reparative Gliafilamentebildung, oft in unmittelbarer Nähe der Krebszellen, erfolgt. Das spricht gegen die Annahme einer lytischen Aktivität dieser Zellen.

Weiter im Innern des Tumors werden Nervenfasern und Teile des Neuropils immer mehr von Tumorzellen umschlossen und komprimiert. Schließlich liegen die Karzinomzellen dicht beieinander und passen sich gegenseitig in ihrer Form an. Dabei bleiben zwischen ihnen Reste der ursprünglichen Strukturelemente liegen. An den Markscheiden sehen wir eine Aufquellung und bei stärkeren Vergrößerungen Aufsplitterungen der Marklamellen, ohne daß aber an ihnen eine besondere lytische Einwirkung von Seiten der Tumorzellen etwa in Form von Aushöhlungen der Kontur zu erkennen ist. Auch am Zytoplasma und den Membranen vitaler Karzinomzellen lassen sich keine morphologischen Zeichen für eine aktive Sekretion oder erhöhte Membrandurchlässigkeit erkennen.

Relativ selten finden sich im Inneren von Karzinomzellen Querschnitte deutlich geschädigter Nervenfasern, ohne daß zwischen ihnen und dem Zytoplasma der Zellen eine Membranbildung zu erkennen ist. Wir halten eine Phagozytose für möglich, aber nicht eindeutig beweisbar.

Zusammenfassung

Aus allen Untersuchungen ergibt sich, daß im vorliegenden Modell die Karzinomzellen nach den bekannten Typen des komprimierend-infiltrierenden und interstitiell-infiltrierenden Wachstums in das Wirtsgewebe vordringen. Sie benutzen dabei praeexistente Strukturen wie Kapillaren und parallel verlaufende Nervenfaserbündel. Ihre Infiltration wird erleichtert durch das mit Zerstörung des Gewebes einhergehende, von uns aber als unspezifisch gedeutete perifokale Ödem des Nervengewebes. Die in der Tumorumgebung nachgewiesenen Enzymverschiebungen sind nach den morphologischen und histochemischen Ergebnissen eher auf das zugrunde gehende Nervengewebe zu beziehen, als auf eine Produktion durch die Tumorzellen.

Die Untersuchungen erscheinen als Einzelarbeiten, in denen die Literatur angegeben ist.

Diskussionsredner:

Lojda (ČSSR).

Pathologisches Institut der Universität Hamburg, DBR

Vergleichende morphologische, biochemische und radiochemische Untersuchungen der Invasionszone bösartiger Geschwülste*)

von

J. Lindner

Die Wechselbeziehungen zwischen bösartigen Geschwülsten und dem unmittelbar angrenzenden Bindegewebe sind von besonderem Interesse.

Die Einzelzellen infiltrierend wachsender Tumoren stehen im Bereich der sog. Geschwulstinvasionszone in engstem Kontakt mit dem ortsständigen Bindegewebe. Beide Reaktionspartner, Geschwulst und Bindegewebe, beeinflussen sich gegenseitig. Von den bisher bekannten Wechselwirkungen sind im Bindegewebe der Geschwulstinvasionszone in erster Linie katabole und anabole Prozesse zu unterscheiden.

Die *katabolen Prozesse* wurden bisher mehr als die anabolen untersucht. Das ist methodisch bedingt. Nach Einführung moderner morphologischer Verfahren (Histochemie, Autoradiographie, Elektronenmikroskopie) und ihrer Ergänzung durch mikrochemische und radiochemische, quantitative Methoden sind viele, auf Grund der früheren morphologischen Ergebnisse nur postulierbare oder vermutbare katabole und anabole Stoffwechselprozesse in der Geschwulstinvasionszone bewiesen worden. Dazu haben schließlich auch schnittchromatographische und schnittelektrophoretische, also in der Größenordnung einzelner nativer Gewebsschnitte gewonnene Analysen beigetragen, die heute auch im Rahmen immunologischer Untersuchungen verwendet werden.

Mit diesen Methoden von den verschiedenen Arbeitsgruppen mitgeteilte histochemische Befunde am parablastomatösen Bindegewebe menschlicher und tierexperimenteller maligner Tumoren zeigen zusammengefaßt die charakteristischen Auflösungen der Bindegewebsstrukturen in der Invasionszone durch bösartige Tumoren, in erster Linie durch *mucolytische* und *proteolytische Enzyme* der Geschwulstzellen selbst (Simpson 1950, 1954; Ozaki, 1952; Lindner, 1956, 1957, 1959, 1961, 1966; Lindner et al., 1957, 1960, 1963, 1964, 1965, 1966; Schallock et al., 1957; v. Schweinitz et al., 1958; Schmidt-Matthiesen, 1958, 1959; Gusek et al., 1959 u. a.).

Die primäre Folge der Geschwulstzelleinwirkung auf das Bindegewebe der Invasionsfront ist die sog. unspezifische Grundsubstanz-Entmischung (Lindner et al., 1957; Schallock, 1957 u. a.). Darunter werden alle Vorgänge zusammengefaßt, welche zu einer Störung des makromolekularen, kolloidchemischen Gleichgewichtszustandes der Bindegewebsgrundsubstanz führen und als solche mit verschiedenen modernen Verfahren erfaßbar sind. Im Verlauf dieser Zustandsänderung kommt es zu einer Lösung der unterschiedlich festen Mucopolysaccharid-Protein-Verbindungen und damit zu einer vermehrten Freisetzung und Reaktionsfähigkeit der sauren Gruppen der Mucopolysaccharide (MPS). Nach den bisher vorliegenden Kenntnissen ist dadurch im wesentlichen der Ausfall der verschiedenen klassischen Färbeverfahren und der primäre histochemische Nachweis reaktionsfreier MPS im peritumoralen Bindegewebe zu erklären. Am bekanntesten ist davon der Ausfall der sog. klassischen Metachromasieverfahren, der seit langer Zeit dem Pathologen besonders in der Schnellschnittpraxis bei der Geschwulstdiagnose wie bei der histotopologischen Geschwulstsuche und -begrenzung hilft.

Außer den bereits genannten hydrolytischen Enzymen ist auch eine *spezifische kollagenolytische Aktivität* in der Invasionszone bösartiger Geschwülste wirksam, die wir zusammen mit Gries durch biochemische Untersuchungen an tierischen und menschlichen Tumoren nachgewiesen haben.

Abbildung 1 zeigt ein Beispiel aus diesen Untersuchungen:

Das gezeigte Beispiel dieser Untersuchungen über die kollagenolytische Aktivität menschlicher Carcinome und experimenteller Tumoren in vitro auf natives Kollagen wurde unter Verwendung von

*) Mit dankenswerter Unterstützung der Deutschen Forschungsgemeinschaft (DBR)

Tumorascites bzw. Tumorhomogenaten durchgeführt: Inkubation mit nativem Kollagen allein, zusammen mit Trypsin und nach Zugabe des Trypsin-Inhibitors Trasylol. Dabei ergibt sich, daß der Kollagenabbau bei gemeinsamer Einwirkung von Tumorhomogenaten *und* Trypsin größer ist, als durch ihre getrennte Wirkung und ebenfalls größer, als der errechneten Summe der beiden getrennten Einwirkungen entsprach. Entsprechende Befunde wurden am mikropräparatorisch isolierten (Lindner et al., 1963, 1964, 1965; Köhler, 1964) parablastomatösen Bindegewebe erhoben (Gries et al., 1962/63; Gries, 1965). Bestimmt wurde jeweils die Freisetzung der kollagenspezifischen Aminosäure Hydroxyprolin nach der Methode von Stegemann. Es ergibt sich demnach, daß durch Geschwulst- und Binde-

Art des Tumorgewebes	Anzahl der Versuche	Mittelwerte des in Lösung gegangenen Hydroxyprolins in mg
Yoshida-Ascitestumor der Ratte	20	0,51
Menschliche Carzinome	17	0,73
Kontroll-Bindegewebe (Cutis)	21	0,13

Abb. 1. Nachweis der spezifischen kollagenolytischen Aktivität experimenteller Tumoren und menschlicher Carcinomgewebe (weiteres siehe Text)

gewebszellen in der Invasionsfront bösartiger Tumoren wie bei Entzündung und Wundheilung ein ***echter Abbau nativen Kollagens*** stattfindet, der von Gries et al. (1960, 1961, 1963) als sogenannter Zwei-Schritt-Mechanismus bezeichnet wurde:

1. Denaturierung des nativen Kollagens (= Zerfall der Tertiärstruktur),
2. unspezifischer, proteolytischer Abbau des denaturierten Kollagens durch unspezifische Proteasen (mit Spaltung der intermolekularen Bindungen).

Unsere Befunde weisen darüberhinaus auf die Existenz eines zweiten Kollagenabbaumechanismus hin, nämlich durch *spezifische Kollagenasen*, die bis vor kurzem im menschlichen wie im Säugetierorganismus nicht nachweisbar, durch diese Untersuchungen und weitere Ergebnisse aber wahrscheinlich gemacht wurden, von Strauch et al. (1968) mit synthetischen Substraten, von unserer Arbeitsgruppe unter Verwendung von nativem Kollagen als Substrat. Danach spalten Zellen menschlicher und experimenteller Geschwülste im parablastomatösen Bindegewebe, zusammen mit den proliferierten Bindegewebszellen, mit Hilfe einer spezifischen Kollagenase Tropokollagen-Molekül in den apolaren Bereichen ihrer Primärstruktur mit folgendem unspezifischen, proteolytischen Endabbau.

Wie aus Abbildung 1 hervorgeht, findet im parablastomatösen Bindegewebe ein signifikant größerer Kollagenabbau als in der nicht-geschwulstinfiltrierten Kontrollhaut statt.

In ähnlicher Weise wurden die proteolytischen Fähigkeiten von Geschwulstzellen zusammen mit unseren Mitarbeitern schon früher eingehend dargestellt, speziell durch papierchromatographische und UV-spektrophotometrische Nachweise der proteolytischen Abbauprodukte (Lindner, 1957; Lindner et al., 1958; v. Schweinitz et al., 1958 u. a.). Entsprechendes gilt für die mucolytische Aktivität von Tumorzellen in der Geschwulstinvasionszone, wie oben angegeben (siehe auch Simpson, 1950, 1954; Ozaki, 1955 u. a.).

Durch diese mucolytischen und proteolytischen Abbauvorgänge in der Invasionsfront bösartiger Tumoren kommt es zu einer *lokalen, stationären Konzentrationserhöhung von Abbauprodukten der Interzellularsubstanz*, speziell von Aminozuckern, neben Uronsäuren, anderen Zuckern und den ebenfalls in der Abbildung 2 angeführten Aminosäuren, einschließlich den kollagenspezifischen Hydroxyaminosäuren: Prolin und Hydroxyprolin.

Die stationäre Konzentrationserhöhung von *Aminozuckern* in der Invasionsfront bösartiger Tumoren ist für die weiteren Forschungen am parablastomatösen Bindegewebe von ganz besonderem Interesse und zwar aus folgendem Grunde: Wie Schallock zusammen mit Schmidt-Matthiesen und Lindner (1957) auf Grund vergleichender histologischer, histochemischer und biochemischer Untersuchungen feststellte, sind im Granulationsgewebe in etwa synchron mit dem quantitativ stärksten Nachweis an freien Aminozuckern Faserbildungsvorgänge besonders deutlich nachzuweisen. Das gehört jedoch zum 2. Abschnitt, nämlich den anabolen Prozessen im parablastomatösen Bindegewebe (siehe oben und unten!). Zunächst aber werden die Folgen der katabolen Prozesse im parablastomatösen Bindegewebe weiter besprochen:

Wir prüften in mehrjährigen Untersuchungen die Frage, ob die im Rahmen der Abbauvorgänge in der Invasionszone stationär angereicherten Grundsubstanz-Bestandteile eine *cytostatische Wirkung* auf die hier vorwachsenden Geschwulstzellen ausüben (LINDNER et al., 1958—1964; BECKER et al., 1961). Dabei wurden 1. niedermolekulare Bausteine der Grundsubstanz geprüft (Glukosamin, N-Acetylglukosamin, Galaktosamin, Glukuronsäure, Glukose sowie Glutamin und Glutaminsäure (zur Wirkung dieser Aminosäuren — s. a. JÜHLING et al., 1958); 2. höhermolekulare Bausteine (Hyaluronsäure, Chondroitinschwefelsäuren, Heparin sowie das Kollagen-Hydrolysat Gelatine) sowie 3. Grundsubstanz-Gesamtextrakte aus parablastomatösem und aus entzündlichem Bindegewebe.

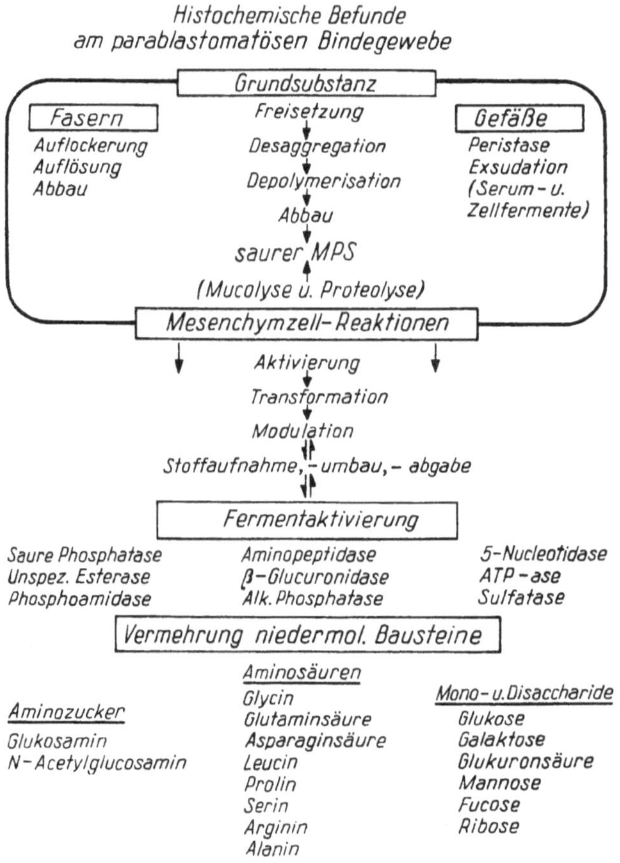

Abb. 2. Zusammenfassung der histochemischen Befunde über katabole Prozesse im parablastomatösen Bindegewebe (weiteres siehe Text)

Besonders eingehend haben wir uns mit der Frage der Wirkung der durch Geschwulstzellen im parablastomatösen Bindegewebe freigesetzten Aminozucker auf die Geschwulstzellen selbst befaßt (im Sinne der eingangs genannten Wechselwirkungen).

Über den *Einfluß von Aminozuckern auf Geschwulstzellen* liegen zahlreiche Befunde vor (HARPUR et al., 1949; LETTRÉ, 1953; QUASTEL et al., 1953; RUBIN et al., 1954; FJELDE et al., 1956; BALL et al., 1957; LÜHRS, 1957; SPIRO, 1958; v. SCHWEINITZ et al., 1958, 1959; GÜNTHER et al., 1960; LINDNER et al., 1960, 1962, 1963/1964; BECKER et al., 1961 u. a.).

Als *Material* dienten uns folgende tierexperimentelle Tumoren: der YOSHIDA-Ascitestumor der Ratte, der EHRLICH-Ascitestumor der Maus und der aus einem Lymphosarkom von KELLNER und NEMETH im Onkopathologischen Institut in Budapest gewonnene Ascites-Tumor der Maus. Denn Ascitestumoren sind das optimale Modell für die Prüfung der fraglichen cytostatischen Wirkung von Grundsubstanz-Bestandteilen, speziell von Aminozuckern auf Geschwulstzellen, wie früher im Einzelnen gezeigt und begründet wurde (v. SCHWEINITZ et al., 1958, 1959; LINDNER et al., 1960—1964; BECKER et al., 1961). Nach den genannten Untersuchungen ergibt sich folgender wahrscheinlicher *Wirkungsmechanismus* der stationär in der Invasionsfront bösartiger Tumoren durch die beschriebene Wirkung der infiltrierend vorwachsenden Geschwulstzellen angereicherten Aminozucker (siehe auch Abb. 3).

Die Aminozucker werden weiter abgebaut, aber auch zu Aminozucker-Phosphat phosphoryliert (Glukose zu Glukose-6-Phosphat), wobei ATP verbraucht wird. Da aber gegenüber dem Glukose-6-

Phosphat-Abbau, bei welchem ATP wieder regeneriert wird, der weitere Aminozucker-Phosphat-Abbau offenbar gestört ist, kann dadurch eine ATP-Verarmung entstehen. Ferner führen die katabol freigesetzten und in der Invasionszone angereicherten Aminozucker zu einer direkten kompetitiven Hexokinasehemmung. Durch die genannte, nachgewiesene ATP-Verarmung (BECKER et al., 1961; LINDNER et al., 1962, 1963, 1964) wird die Hexokinase-Reaktion der Glukose weiter gehemmt, mit entsprechend nachgewiesener Abnahme der Tumorzellglykolyse. ATP wird zur limitierenden Größe der Glukose-Phosphorylierung. Dieser Einfluß der Aminozucker kann zusätzlich durch die im parablastomatösen Bindegewebe nachgewiesene Wasserstoffionenkonzentrationserhöhung potenziert werden (BECKER et al., 1961). Im parablastomatösen Bindegewebe findet also nicht nur durch Anreicherung der beim Abbau der Grundsubstanz frei werdenden Aminozucker eine Hemmung der Atmung und Gärung

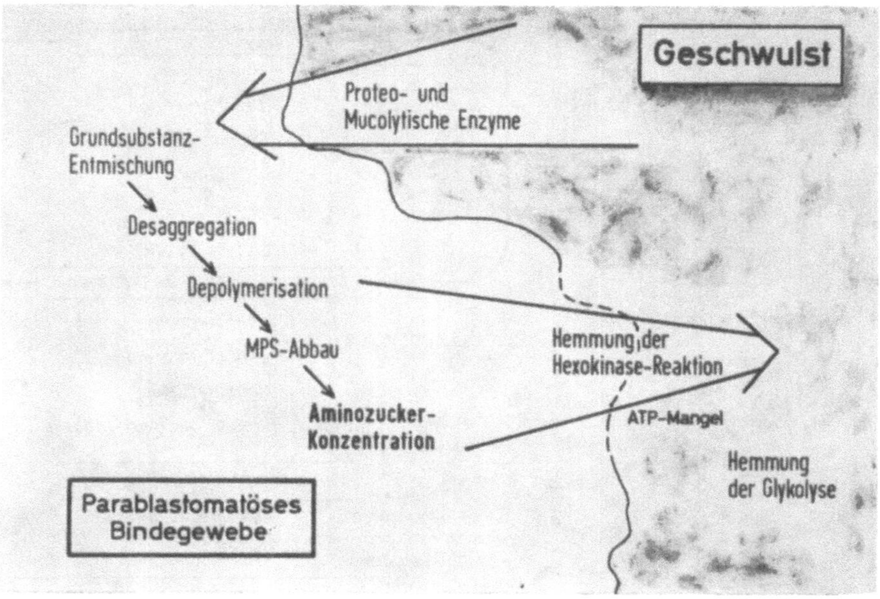

Abb. 3: Schematische Zusammenfassung der besonders geprüften Stoffwechselprozesse in der Invasionszone bösartiger Tumoren (weiteres siehe Text)

statt, sondern es wird bereits durch die tumorbedingte Erhöhung der Wasserstoffionenkonzentration der Tumorzellstoffwechsel gehemmt. Das Ergebnis ist schließlich die *kompetitive Hemmung der Glukosephosphorylierung durch Aminozucker* und damit die *Tumorstoffwechselhemmung*.

Die Folgen sind (geprüft an den genannten, verschiedenen experimentellen Tumoren): Verlängerungen der Überlebens- und Absterberaten, cytologisch und cytochemisch erfaßbare, toxische und nekrobiotische Veränderungen der Geschwulstzellen, Proliferationshemmungen mit Senkung der Mitoserate der Geschwulstzellen, einschließlich einer Abnahme der biochemisch sowie autoradiographisch und radiochemisch nachgewiesenen DNS-Synthese der Geschwulstzellen, Zunahmen der Cytolysen, Abnahme der Milchsäure- und Brenztraubensäurebildung, jeweils unter dem Einfluß von Aminozuckern im Vergleich zum Glukoseeinfluß bei den geprüften Ascitestumoren, ferner die genannte Abnahme der ATP-Konzentration bei Zunahme der ADP- und AMP-Konzentrationen etc.

Dieser Teilbefund ist in der Abbildung 3 schematisch zusammengefaßt. Damit soll keineswegs eine Vereinfachung der überaus komplizierten Stoffwechselsituation in der Invasionsfront bösartiger Geschwülste erfolgen, sondern nur eine übersichtliche Darstellung der von uns besonders geprüften Teil-Aspekte aus dem umfangreichen Gesamtkomplex.

In Abbildung 3 werden die bisherigen Befunde zusammengefaßt: durch proteolytische und mucolytische Enzyme der Tumorzellen erfolgt (wie angegeben) über den Abbau der Grundsubstanz eine Anreicherung ihrer Abbauprodukte, darunter besonders freier Aminozucker. Diese freigesetzten Aminozucker hemmen ihrerseits kompetitiv direkt die Hexokinase, zum anderen verbrauchen sie bei ihrer eigenen Phosphorylierung ATP.

Durch die entstehende ATP-Verarmung wird die Hexokinasereaktion der Glukose weiter gehemmt. Dadurch erfolgt konsekutiv eine Verminderung der Glykolyse. Die *Tumorzellen hemmen* also durch ihre Wirkung auf das parablastomatöse Bindegewebe bei Infiltration desselben *praktisch ihren eigenen Stoffwechsel.*

Das sind die katabolen Prozesse in der Invasionsfront bösartiger Tumoren und ihre Folgen. Wie eingangs gesagt, sind die katabolen Stoffwechselprozesse weit mehr als der *Anabolismus des parablastomatösen Bindegewebes* untersucht. Selbstverständlich sind auch in diesem Gewebe beide Prozesse im Sinne eines *Rückkopplungsmechanismus* miteinander verbunden und voneinander abhängig. Ein gesteigerter Anabolismus ist nach dem zuvor Gesagten anzunehmen, war aber (wie einleitend erwähnt) mit den früheren morphologischen Methoden schlecht beweisbar. Die bekannten, unterschiedlichen Zellzunahmen sind in der Invasionszone cytologisch mehr vom beschriebenen Katabolismus bestimmt: also Makrophagen, Lymphocyten, Plasmazellen etc. (letztere wahrscheinlich auch durch heterogene immunologische Prozesse in der Invasionszone bedingt). Der Mastzellengehalt in der Invasionsfront wie im Geschwulststroma ist wechselnd, vieldeutig und unklar (SYLVEN, 1938; HOLMGREN, 1940; v. NUMERS et al. 1953; HIERONYMI, 1954; LINDNER, 1957 u. a.). Die gegenüber den Histocyten-, Makrophagen- und Lymphocyten-Proliferaten meist quantitativ geringeren Fibroblastenproliferationen sind lange bekannt, führen auch zur Geschwulststromaentwicklung, sind jedoch erst durch die eingangs genannten modernen morphologischen Verfahren qualitativ und quantitativ auswertbar geworden. Das gilt im besonderen Maße für ihre Grundsubstanz- und Faser-*Synthese*, auch bei dem bekannten, stärkeren Grundsubstanz- und Faser-*Gehalt* um gutartige und um langsamer wachsende Partien bösartiger Tumoren. Das gleiche gilt schließlich für das Geschwulststroma. Die daran nachweisbare, bekannte Intensitätssteigerung histochemischer Grundsubstanzreaktionen (HOLMGREN, 1940; MANCINI et al., 1951; v. NUMERS et al., 1953; HIERONYMI, 1954; LINDNER, 1957; SCHMIDT-MATTHIESEN, 1959 u. a.) entspricht den Befunden in embryonal- oder postembryonal wachsenden Geweben (SYLVEN, 1938, 1941; MANCINI et al., 1951; LINDNER, 1957, 1959, 1961, 1962, 1966), kann aber (ohne ausreichende färberische Unterscheidbarkeit) durch anabole *wie* durch katabole Prozesse bedingt sein, und zwar im einzelnen (siehe auch oben):

1. durch eine echte quantitative Zunahme des Gesamtgehaltes an MPS,
2. durch eine Änderung ihrer chemischen Zusammensetzung,
3. durch Veränderungen ihres Polymerisationsgrades,
4. durch qualitative Zustandsänderungen der MPS mit erhöhter Verfügbarkeit ihrer anionischen Gruppen für die Bindung mit kationischen Farbstoffen oder durch den Abfall ihrer Bindung an Eiweiße und Phospholipide (SCHALLOCK et al., 1957; LINDNER, 1957, 1962; FREYTAG et al., 1966).

Deswegen reichen histochemische Befunde für qualitative und erst recht für quantitative Aussagen zur Klärung der entscheidenden Frage nicht aus, der Frage also, ob und gegebenenfalls in welchem Maße — bzw. mit welchen Abhängigkeiten — der Anabolismus des Bindegewebes der Geschwulstinvasionsfront gesteigert ist.

Da eine exakte Lokalisation die primäre Voraussetzung dieser Untersuchungen ist, wurden von uns vergleichende autoradiographische und radiochemische Untersuchungen mit verschiedenen markierten Vorläufern, besonders mit ^{35}S-Sulfat und ^{3}H-Prolin durchgeführt. Die Inkorporationsrate von ^{35}S-Sulfat wurde als Maß für die Neubildung saurer MPS verwendet, die Inkorporationsrate von ^{3}H-Prolin als Maß der Kollagen-Synthese. Die Voraussetzungen dafür sind folgende:

Durch Untersuchungen verschiedener Autoren (LAYTON, 1950; BOSTRÖM, 1952, 1954; BOSTRÖM et al., 1952, 1954; GOTTSCHALK et al., 1953; DUNPHY et al., 1955; DZIEWIATKOWSKI, 1956, 1962; SCHILLER et al., 1956; HILZ, 1960; HAUSS et al., 1961; JUNGE-HÜLSING, 1963/1965 u. a.) sowie unserer eigenen Arbeitsgruppe (LINDNER, 1962, 1966; BECKER et al., 1963/1965; v. SCHLIEBEN, 1964; KÖHLER, 1964; GRASEDYCK, 1965; KRÖGER, 1965; LINDNER et al., 1965, 1966, 1967 etc.) ist nachgewiesen worden, daß ^{35}S-Sulfat entweder ausschließlich oder überwiegend in die sauren MPS der Grundsubstanz und nicht in andere schwefelhaltige organische Verbindungen unter den gegebenen Versuchsbedingungen eingebaut wird (also auch nicht in Taurin). Der Einbau des markierten Sulfates findet nach diesen Ergebnissen nur im Rahmen der Neu-Synthese saurer MPS bzw. der Grundsubstanz statt. Das markierte Sulfat wird nicht für den Austausch von Sulfatgruppen schon vorhandener saurer MPS verwendet. Es ist weitgehend ausgeschlossen, daß die ^{35}S-Sulfat-Inkorporation in bereits sulfatierte Polysaccharide it niederem Sulfatierungsgrad oder in bereits synthetisierte Polysaccharide aus einem sog. intrazellulären Polysaccharid-Pool erfolgt. Ferner ist die in diesem Zusammenhang wichtige Voraussetzung geklärt, daß die ^{35}S-Sulfat-Inkorporation in 1. Linie in Chondroitinsulfate erfolgt, die den überwiegenden Anteil sulfatierter MPS der hier in Frage kommenden (bei unseren Untersuchungen benutzten) Bindegewebe darstellen. Nur ein verschwindend kleiner Teil wird für die Synthese von Heparin in Mastzellen verwendet. Hyaluronsäuren, die in unterschiedlicher Menge in den verschiedenen Bindegeweben, speziell in der hier vorwiegend benutzten Haut, vorkommen, enthalten keinen Schwefel, kommen also für die ^{35}S-Sulfat-Inkorporation nicht in Frage. Jedoch hat ein Vergleich der Umsatzraten von Hyaluronsäuren und Chondroitinsulfaten ergeben, daß die Synthese der Chondroitinsulfate jeweils der Synthese der Hyaluronsäuren in etwa parallel geht. Schließlich sind die Keratosulfate als sulfatierte

MPS zu erwähnen. Sie kommen aber in den von vorwachsenden Geschwülsten getroffenen Bindegeweben bei unseren eigenen Versuchen nur im geringeren Maße vor und werden bei unserer Methodik mit erfaßt (s. u.). Schließlich ist als Voraussetzung für die Verwendung der Sulfat-Inkorporation als Maß der Grundsubstanzsynthese die zeitliche Koinzidenz zwischen Sulfatierung und Synthese saurer MPS zu nennen: Sie ist vor allem durch parallele Untersuchungen mit ^{35}S-Sulfat, ^{14}C-markierter Glukose und ^{14}C-markiertem Acetat erwiesen (SCHILLER et al., 1956).

Schließlich ist von den verschiedenen Arbeitsgruppen (besonders von HILZ, 1960) nachgewiesen, daß unter normalen und unter beeinflußten Bedingungen die Synthese des Gesamtpolysaccharid-Protein-Komplexes gleichzeitig sowie gleichmäßig stattfindet. Somit gibt die Bestimmung der ^{35}S-Sulfat-Inkorporation zugleich die Synthese des gesamten Polysaccharid-Proteinkomplexes wieder.

Wir benutzten diese ^{35}S-Sulfat-Inkorporationsrate deswegen, weil damit bei kurzfristigen Versuchen im wesentlichen die *Synthese* sulfatierter MPS im parablastomatösen Bindegewebe erfaßt wird. Dagegen

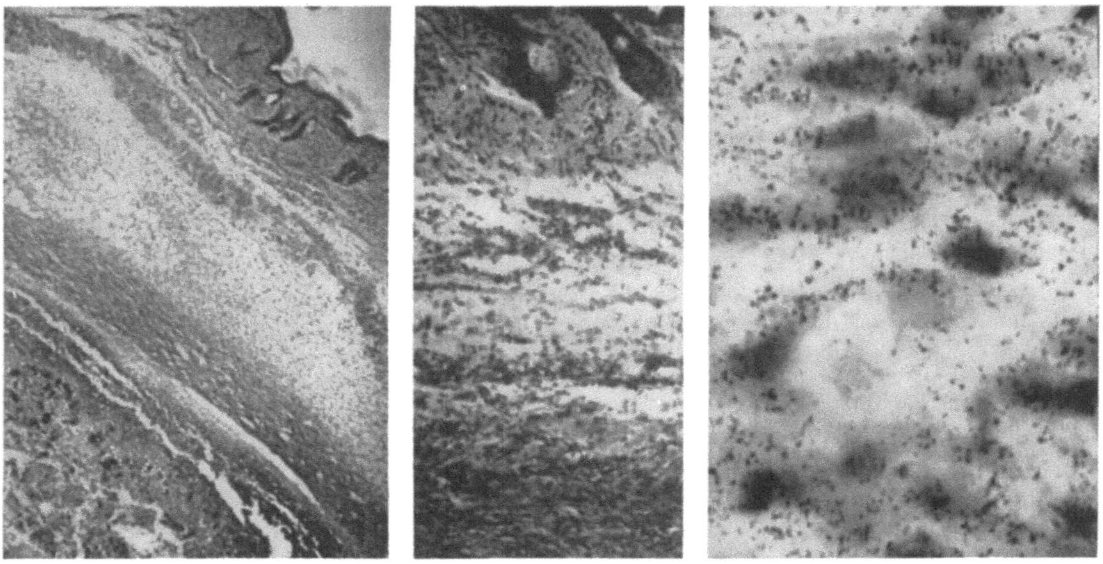

Abb. 4. Invasionszone eines solid gewachsenen YOSHIDA-Tumors in der Rattenkutis: linke Bildseite: Übersicht mit deutlicher Abhebung der ^{35}S-Sulfat-markierten parablastomatösen Invasionszone im Autoradiogramm; Mitte: entsprechender Befund bei mittlerer Vergrößerung; rechte Bildseite: stärkere Vergrößerung der Einzelzellen im parablastomatösen Bindegewebe: neben der Markierung über den Fibroblasten ist eine Zunahme der Markierung der interzellulären Grundsubstanz im Autoradiogramm durch Ausschleusung (beginnend 2 Stunden nach ^{35}S-Sulfat-Applikation) der intrazellulär markierten und synthetisierten MPS zur weiteren Polymerisation in der interzellulären Grundsubstanz. Bei der quantitativen radiochemischen Messung (s. u.) werden alle Bildungsschritte durch Bestimmung aller markierten MPS zusammen erfaßt, weiteres siehe Text

bestimmten wir die *spezifische Aktivität* des elektrophoretisch abgetrennten Chondroitinsulfates nur zur Kontrolle und nicht systematisch bei diesen und entsprechenden anderen Untersuchungen (siehe auch LINDNER et al., 1967), weil damit nicht die reine Synthese, sondern der *Gesamtumsatz des Chondroitinsulfates* erfaßt wird. Das ergaben vergleichende Untersuchungen zusammen mit BECKER et al. (1963/1965). Ferner ist die bei diesem Verfahren notwendige Anfärbung des abgetrennten Chondroitinsulfates (nach DITTMANN und CREMER) kritisch. Denn wir haben zusammen mit FREYTAG et al. (1966) gezeigt, daß die *Farbstoffbindung* selbst *an reine MPS* in vitro *nicht stöchiometrisch* erfolgt. Schließlich gestattet dieses Verfahren keine quantitative, also vollständige Abtrennung des im Gewebe vorliegenden Chondroitinsulfates. Somit bestimmten wir die Einbaurate von ^{35}S-Sulfat, bezogen auf die Menge an Gewebe, also auf mg/Trockengewicht.

Um für statistische Auswertungen ein möglichst homogenes und ausreichend großes Material zu erhalten, wurde tierexperimentell gearbeitet, zur Klärung von Spezies- und Tumor-Unterschieden, auch in größeren Serien an verschiedenen Tumoren (2 verschiedene YOSHIDA-Tumoren, WALKER-Tumoren, jeweils der Ratte, sowie die bereits bei den katabolen Untersuchungen genannten EHRLICH- und Budapester-Ascitestumoren der Maus).

Die Versuchsanordnung war gleichmäßig (aus meßtechnischen Gründen): Subkutane Applikation der Ascitesform des betreffenden Tumors bei institutseigenen Inzuchtstämmen mit Ausbildung einer soliden Geschwulst und Infiltration derselben in die Haut ,deren morphologische, biochemische und radiochemische Zusammensetzung sowie Stoffwechselgrößen wohl bekannt sind. 24 Stunden vor der Gewebsentnahme wurden intraperitoneal 1- bzw. 3 μCi/g Körpergewicht ^{35}S-Sulfat injiziert.

Zunächst werden Beispiele der morphologischen Vergleichsuntersuchungen zu den radiochemischen Analysen vorgewiesen (siehe Abb. 4).

Die autoradiographisch nachgewiesene (Abb. 4), an Beispielen dargestellte, geschwulstbedingte, primäre Stimulierung der Fibroblastenproliferation in der Geschwulstinvasionszone ist natürlich in Abhängigkeit von Tumorart, -lokalisation und -alter sowie weiteren Faktoren unterschiedlich.

Eingehend wurde die Frage geprüft, in wieweit die einzelnen Geschwülste selbst, also die Geschwulstzellen als solche, MPS produzieren können. Nach den vorliegenden autoradiographischen, radiochemischen und biochemischen Untersuchungen können Tumorzellen unter bestimmten Bedingungen und in sehr geringem Maße MPS produzieren; das gilt in dieser Einschränkung auch für echte Sarkome (menschliche wie experimentelle). Denn Qualität und Quantität der von Sarkomzellen synthetisierten Differenzierungsprodukte: Grundsubstanz und Fasern — sind auch bei morphologisch gleicher Differenzierung durchaus verschieden (siehe besonders Lindner et al., 1966).

Radiochemisch wird auch bei Mikropräparation natürlich der gesamte Zellpool und dessen Synthesematerial erfaßt. Autoradiographisch ist eine cytologische Klärung des in Frage stehenden Punktes (Synthese durch Elemente des ortsständigen Bindegewebes der Invasionszone einerseits sowie durch darin vorwachsenden Geschwulstzellen andererseits) — in der Regel möglich. Die oben genannten, hier nicht weiter interessierenden Fragen des geschwulsteigenen Stroma sind natürlich bei morphologischen und radiochemischen Aufarbeitungen der Geschwülste selbst zu berücksichtigen. Dabei ergab sich für die hier vorliegenden Untersuchungen, daß stromaarme oder stromafreie zentrale Tumoranteile (auch von Yoshida-Tumoren) autoradiographisch und radiochemisch keine nennenswerte ^{35}S-Sulfat-Inkorporation aufweisen, die peripheren Tumoranteile dann jeweils in Abhängigkeit von dem Anteil des zum Geschwulststroma werdenden, parablastomatösen Bindegewebes mehr oder weniger.

Aus den morphologischen (autoradiographischen) Untersuchungen ergibt sich als wesentlich für die Beurteilung der radiochemischen Ergebnisse, daß dabei überwiegend die *Syntheseleistung des parablastomatösen Bindegewebes* erfaßt ist. Es zeigt morphologisch verblüffende Ähnlichkeiten mit einem entzündlichen Granulationsgewebe, besonders bei posttraumatischer Entzündung oder Wundheilung. Interessanterweise ist es nach unseren neueren Untersuchungen, speziell zur Frage der Beeinflußbarkeit der katabolen und besonders der anabolen Prozesse im parablastomatösen Bindegewebe durch verschiedene Substanzen, jedoch von der Stoffwechselantwort eines morphologisch vergleichbaren Entzündungs- oder Wundheilungsgranulationsgewebes durchaus zu unterscheiden. Derartige, für theoretische und praktische Fragen eminent wichtige Untersuchungen sind von unserer Arbeitsgruppe zunächst in großen Versuchsserien am Ganztier vorgenommen worden und werden jetzt nach Klärung aller technischen Details überwiegend anhand von in vitro-Inkubationen und -Inkorporationen vorgenommen. Dadurch ist das Ausmaß der Prüfmöglichkeiten selbstverständlich wesentlich erhöht. Bei diesen in vitro-Versuchen läßt sich nicht nur der bindegewebseigene Stoffwechsel der Invasionszone, sondern selbstverständlich auch das Tumorgewebe selbst testen. In diesem Zusammenhang werden auch DNS-Synthese-Vorgänge nach in vitro-Inkorporation von markierten Vorläufern, besonders von ^{3}H-Thymidin durchgeführt (siehe auch Oehlert et al., 1963 u. ff; Lindner et al., 1965, 1966, 1967).

Abbildung 4 zeigt an einem Beispiel die Möglichkeit der in vitro-Inkorporation mit ^{3}H-Thymidin. Dieses Material ist in üblicher Weise durch Bestimmung der Markierungs- und Mitose-Indices ausgewertet worden, ferner durch Feststellung von Ploidieverschiebungen anhand auflichtphotometrischer quantitativer automatischer Silberkornbestimmungen, aber auch durch ein von uns besonders entwickeltes Verfahren: Es besteht darin, parallele, vergleichende autoradiographische und radiochemische Untersuchungen nacheinander (oder wechselnd) an ein und demselben histologischen Schnittpräparat oder an Folge- bzw. Serienschnitten eines Gewebsblockes durchzuführen (z. B. gerade im Falle der sehr stark ^{3}H-Thymidin-markierten Geschwulstteile, wie in Abbildung 5: Durchführung von Impulsratenmessungen in einem Flüssigkeitsszintillationsspektrometer am Schnittpräparat mit anschließendem Auswaschen des Szintillators, folgender Filmbelegung oder Emulsionsbeschichtung und anschließender autoradiographischer Auswertung am gleichen Schnitt).

Das oben genannte Verfahren paralleler autoradiographischer und radiochemischer Untersuchungen in der Größenordnung histologischer Schnittpräparate ist besonders zur Prüfung der hier besprochenen Stoffwechselprozesse im parablastomatösen Bindegewebe deswegen vorteilhaft, weil in der Regel nur schmale, sich in ihren Stoffwechselgrößen stark unterscheidende und zu differenzierende Areale vorliegen. Unsere Arbeitsgruppe hat nachgewiesen, daß es mit diesem Verfahren möglich ist, die *zentrifugale Zu- oder Abnahme von Inkorporationsraten in der Größenordnung von Gewebsschnitten* am parablastomatösen Bindegewebe nachzuweisen, wie bei entsprechenden anderen Modellen (z. B. Wundheilung, Entzündung oder an anderen schmalen Gewebszonen mit räumlichen Aktivitätsunterschieden,

z. B. zur Klärung schichtenabhängiger Unterschiede von Syntheseprozessen an der Gefäßwand, dem Knorpel etc.).

Nach den in Abbildung 4 beispielhaft gezeigten und im Text besprochenen Ergebnissen der autoradiographischen Untersuchungen ist festzustellen, daß die Zunahme der Fibroblasten-Zahl und -Markierung in der Invasionszone experimenteller (wie menschlicher) Geschwülste (im Vergleich zur Fibroblasten-Zahl und -Markierung der Kontrollhaut — in unseren Versuchen —) die *morphologische Grundlage der parablastomatösen Grundsubstanz-Synthese* darstellt. Diese wurde erstrangig untersucht, weil heute klar erwiesen ist, daß die zur Frage stehenden Synthesevorgänge dieser Grundsubstanz-Polysaccharid-Protein-Komplexe im lockeren Bindegewebe ausschließlich in Fibroblasten stattfinden (im Knorpel in Chondroblasten etc.). Ferner ist besonders durch die gemeinsam mit GRIES und unseren Mitarbeitern in größerem Maße durchgeführten, vergleichenden Untersuchungen zur embryonalen und postembryonalen Bindegewebsneubildung gesichert, daß unter normalen und unter beeinflußten Bedingungen *stets die Grundsubstanzbildung vor der Faserbildung* stattfindet, diese einleitet und dirigiert, weshalb die Grundsubstanz-Synthese mit der angegebenen ^{35}S-Sulfat-Inkorporations-Methode (nach den zuvor geklärten Voraussetzungen) die günstigste quantitative Bestimmungsmethode darstellt (daher an dieser Stelle auch keine weiteren Angaben über die entsprechenden Untersuchungen mit 3H-Prolin). Für die radiochemische Erfassung dieser Grundsubstanz- und damit der Bindegewebs-Synthese überhaupt in der Invasionszone benutzten wir nach entsprechenden Vor-Versuchen eine sog. Schießscheiben-Präparation und zwar in folgender Weise: Trennung der parablastomatösen Haut in 3 Zonen:

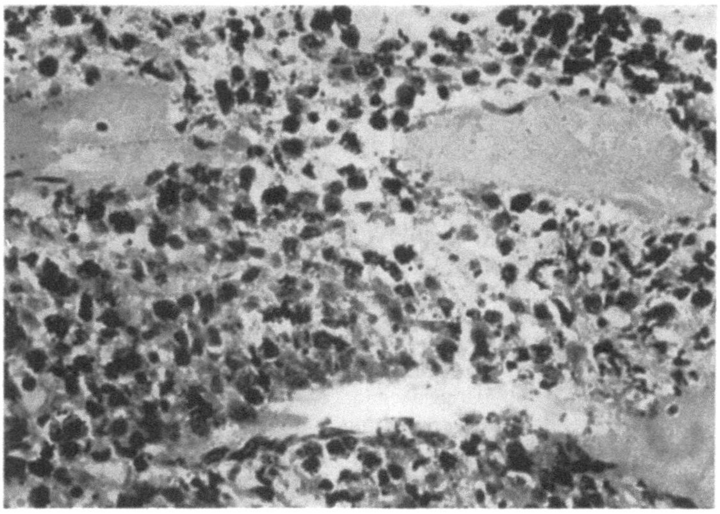

Abb. 5. ^{3}H - Thymidin - Autoradiogramm nach in vitro-Inkubation und -Inkorporation von ^{3}H-Thymidin in Stücke (Schichtdicke beachten!) eines solid gewachsenen, in die Muskulatur infiltrierten YOSHIDA-Ascitestumors der Ratte, als Beispiel für entsprechende Untersuchungsmöglichkeiten an menschlichem Geschwulstbiopsiematerial (weiteres siehe Text)

Zone a (siehe auch Abb. 6): ist der direkt über dem Tumorzentrum gelegene Hautbezirk, in dem (siehe Abb. 6) die stärkste Bindegewebsneubildung nachweisbar ist.
Zone b ist der peripher von der Zone a gelegene und
Zone c der an die Zone b unmittelbar anschließende Hautring, mit jeweils abnehmender MPS-Synthese und schließlich nur noch vereinzeltem, mikroskopisch festgestelltem Tumorzellgehalt.

Die radiochemische Aufarbeitung (weitere methodische Einzelheiten s. o.) erfolgte in üblicher Weise: 24-Stunden-Dialyse zur Entfernung des nicht-eingebauten, anorganischen Sulfates, Trockengewichtsbestimmung, Naßveraschung, Fällung als Bariumsulfat und Zählung der Radioaktivität im Methandurchflußzähler der Firma FRIESEKE & HÖPFNER, bzw. bei entsprechender Aufarbeitung in einem Flüssigkeitsszintillationsspektrometer (Tricarb/Packard). In den Abbildungen 6 und 7 sind die Inkorporationsraten von ^{35}S-Sulfat jeweils als Impulsratenmessung pro Minute/mg Trockengewicht aufgetragen.

In Abbildung 6 wird zunächst ein Beispiel von den Ergebnissen dieser quantitativen radiochemischen Untersuchungen des Anabolismus in der Geschwulstinvasionszone dargestellt. Dabei wird klar erkennbar, daß von allen 3 Zonen die unmittelbar der Geschwulst benachbarte jeweils die stärkste ^{35}S-Sulfat-Inkorporation und damit die stärkste MPS-Synthese aufweist, mit entsprechendem Abfall zu den darauffolgenden Zonen b und c.

Es wird weiter deutlich, daß auch in der peripheren Zone c noch eine stärkere Bindegewebsneubildung als in der nicht-tumorinfiltrierten Kontrollhaut des gleichen (tumortragenden) Tieres besteht (die nicht-tumorinfiltrierte Kontrollhaut ist jeweils als weiße Säule rechts neben „c" eingetragen).

Wenn die Zone a durch den zuerst geschilderten, tumorbedingten Abbau nekrotisch wird, ist darin der Bindegewebsaufbau vermindert, wie an einem Beispiel eines entsprechenden Tumors auf der rechten Seite der Abb. 6 aufgeführt ist. In diesem Falle besitzt die Zone b die stärkste, oft die Mittelwerte der Zone a übertreffende Syntheserate.

Die MPS-Syntheseraten sind in der Geschwulstinvasionszone durchschnittlich doppelt so groß wie in der tumorfreien und vom Tumor entfernten Kontrollhaut des gleichen Tieres.

Dagegen ist die Syntheserate der Kontrollhaut tumortragender Tiere gegenüber der Kontrollhaut nicht-tumortragender, also gesunder Kontrolltiere nicht erhöht. Eine sog. unspezifische generalisierte

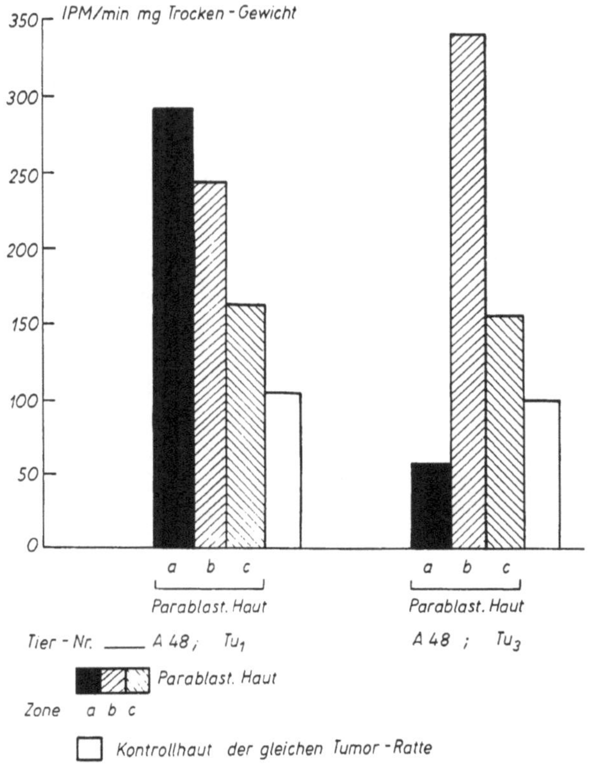

Abb. 6. Einzelheiten siehe Beschriftung und Erklärungen im Text!

Mesenchymreaktion ist also an diesem Modell nicht nachzuweisen (Einzelheiten dazu siehe: Hauss et al., 1961; Junge-Hülsing, 1963/1965).

Die Ergebnisse der quantitativen radiochemischen Untersuchungen wurden hinsichtlich ihrer Signifikanz mit Hilfe des t-Testes für verbundene Stichproben und des t-Testes für unverbundene Stichproben geprüft.

Die in Abbildung 6 dargestellten Abbildungs-Beispiele sind ebenfalls Mittelwerte von Mehrfachbestimmungen.

In Abbildung 7 ist dargestellt, daß die ^{35}S-Sulfat-Inkorporationsrate und damit die parablastomatöse Bindegewebsneubildung in der tumorinfiltrierten Haut (obere Kurve) gegenüber der nicht-tumorinfiltrierten Kontrollhaut der gleichen Tiere (untere Kurve) erhöht ist und daß Syntheseraten-Unterschiede in Abhängigkeit vom Tumoralter bestehen. Dieses Ergebnis ist nicht nur an den beiden von uns geprüften Yoshida-Tumoren der Ratte, sondern auch am Walker-Tumor sowie an den oben genannten Mäusetumoren festgestellt worden. Dabei war eine hochsignifikante Steigerung der parablastomatösen Grundsubstanzneubildung gegenüber den zugehörigen Normalhautbezirken beim Budapester Tumor (0,1% Zufallswahrscheinlichkeit) festzustellen, während die entsprechenden Unterschiede beim Ehrlich-Tumor signifikant waren (1% Zufallswahrscheinlichkeit). Bei dem in Abbildung 7 gezeigten Beispiel liegen die Impulsratenmessungen und damit die Sulfat-Inkorporation, die Grundsubstanz- und damit die Bindegewebsneubildung für die tumorinfiltrierte Haut signifikant über den Werten der sog. Normalhaut. Diese Unterschiede waren bei einem Yoshida-Tumoralter unter dem 10. Tag und über dem 14. Tag signifikant (1% Zufallswahrscheinlichkeit) und bei dem Tumoralter vom 10.—14. Tag hochsignifikant (0,1% Zufallswahrscheinlichkeit).

Die Zusammenfassung dieser Ergebnisse über anabole Prozesse im parablastomatösen Bindegewebe zeigt, daß die Verhältnisse bei tumortragenden Mäusen denen bei tumortragenden Ratten vergleichbar sind und daß

1. die ^{35}S-Sulfat-Inkorporationsrate in parablastomatöse Hautbezirke gegenüber der Einbaurate in normale Hautbezirke desselben Tieres signifikant bis hochsignifikant erhöht ist;
2. die ^{35}S-Einbaurate in tumorinfiltrierte Hautbezirke mit dem Tumoralter bis zu einem Maximum etwa am 13. Tag zunimmt, mit folgendem Abfall auf niedrigere Werte;
3. die ^{35}S-Inkorporationsrate in die Normalhaut tumortragender Tiere gegenüber der Einbaurate in die Normalhaut gesunder Kontrolltiere nicht erhöht ist.

Ohne auf weitere Details speziell der oben genannten pharmakologischen Beeinflussungen dieser anabolen Prozesse einzugehen, ist zunächst als wesentliches Ergebnis dieser Untersuchungen hiermit zusammenfassend festzustellen:

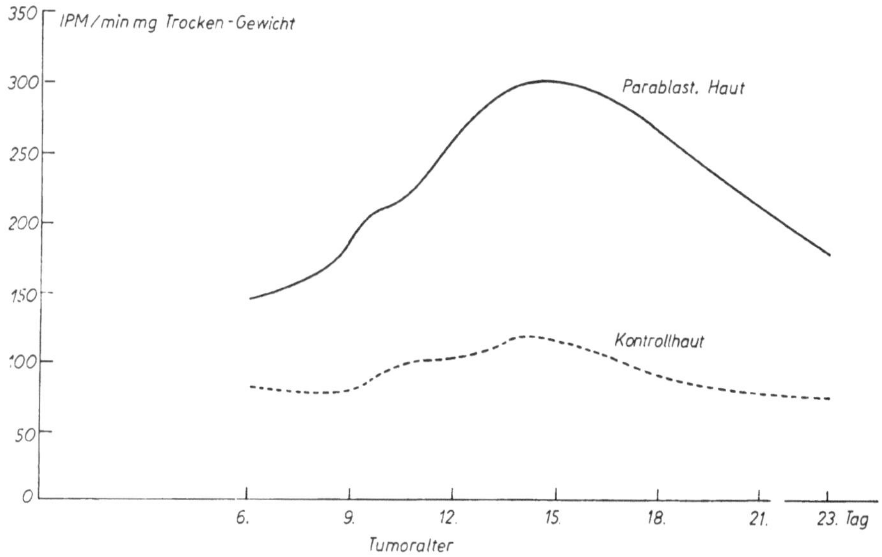

Abb. 7. ^{35}S-Sulfat-Einbau in die Invasionsfront (Haut), Yoshida-Tumor, Ratte, Abhängigkeit vom Tumoralter

Mit modernen vergleichenden Methoden ist es gelungen, die Klärung der klassischen Frage nach echten Neubildungsprozessen in der Invasionsfront bösartiger Tumoren zu klären: *neben den zuerst geschilderten katabolen Prozessen finden in der Geschwulstinvasionszone auch echte Bindegewebsneubildungen statt.*

Die bisher vorliegenden, mit den oben genannten Techniken der in vitro-Inkubation und -Inkorporation an menschlichen Geschwülsten gewonnenen Ergebnisse zur Frage der Bindegewebsneubildung in ihrer Invasionszone entsprechen den in systematischen Tierversuchen gewonnenen Befunden.

An Stelle einer weiteren Diskussion ist jedoch abschließend vor Verallgemeinerungen und teleologischen Kurzschlüssen zu warnen:

Die von uns erwiesene, parablastomatöse Bindegewebsneubildung darf nicht ohne weiteres oder etwa allein als gewissermaßen begrüßenswerte Abwehrreaktion des Organismus gegenüber den vorwachsenden Geschwulstzellen angesehen werden. Ihr immunologischer Teilaspekt wird z. Z. untersucht.

Die hier dargestellten katabolen und anabolen Prozesse im parablastomatösen Bindegewebe sind gesichert, jedoch ist damit noch keineswegs der gesamte, sehr umfangreiche Komplex der einleitend genannten Wechselbeziehungen zwischen Geschwulst und angrenzendem Bindegewebe erfaßt.

Es handelt sich um Teil-Befunde eines komplexen Ganzen, dessen weitere Klärung durch die eingangs genannten modernen vergleichenden, morphologischen, biochemischen und radiochemischen Untersuchungen voran zu treiben ist.

Zusammenfassung

1. Es wurde im einzelnen dargestellt, in welcher Weise Teil-Vorgänge des Katabolismus und Anabolismus in der Invasionszone bösartiger Tumoren anhand tierexperimenteller Untersuchungen zu prüfen und zu sichern sind.

2. Die bisher gewonnenen, zusammengefaßten Ergebnisse vermitteln eine Vorstellung vom Umfang der einleitend aufgeführten Wechselbeziehungen zwischen bösartigen Geschwülsten und den davon infiltrierten und angrenzenden parablastomatösen Bindegeweben.

3. Infiltrierend wachsende Geschwulstzellen lösen das angrenzende Bindegewebe bei ihrer Infiltration auf und werden andererseits durch die dabei freigesetzten Bindegewebsbestandteile in ihrem Stoffwechsel und damit bei ihrer weiteren Infiltration gehemmt.

4. Durch die vergleichenden morphologischen und quantitativen radiochemischen Untersuchungen ist für die geprüften Tier-Tumoren eindeutig erwiesen (und für menschliche Tumoren, ohne die Möglichkeit entsprechender systematischer Untersuchungen ebenfalls nachgewiesen), daß in der Invasionsfront dieser Geschwülste echte Neubildungen von Bindegewebe durch die infiltrierend vorwachsenden Tumoren hervorgerufen werden.

Literatur

Ball, A. H., A. N. Wick and C. Sanders: Influence of glucose antimetabolites on the Walker-Tumor. Cancer Res. **17**, 235–241 (1957).

Becker, J., und J. Lindner: Über die geschwulsthemmende Wirkung von Grundsubstanzbestandteilen. IV. Mitt.: Der Einfluß des Glukosamin auf Atmung und Gärung von Ascites-Tumorzellen in Abhängigkeit von der Wasserstoffionenkonzentration. Biochem. a. Biol. Sper. **1**, 55–60 (1961).

Becker, K., J. Lindner und M. Schmidt: Neue radiochemische Untersuchungsbefunde bei der Atherosklerose. In: Emmrich u. Perlick: Gefäßwand und Blutplasma, II. Symposion 8.–9. Okt. 1963, Leipzig, S. 59–63, 1965, Fischer-Verlag/Jena.

Boström, H., and S. Aquist: Utilization of ^{35}S-labelled sodium sulphate in the synthesis of chondroitin sulphuric acid, taurine, methionin and cystin. Acta chem. Scand. **6**, 1557–1559 (1952).

Boström, H.: On the metabolism of the sulfate group of chondroitin acid. J. Biol. Chem. **196**, 477–481 (1952).

Boström, H.: On the sulfate exchange of sulfo-mucopolysaccharides. An enzymatic reaction in mesenchymal tissues. In: Connective tissue in health and disease. Ed. by Asboe-Hansen, Munksgaard, Copenhagen 1954, 97–102.

Boström, H., U. Friberg, E. Odeblad and N. Ringertz: Uptake of labelled sulphate by experimental skin tumours in the rat and the mouse. Acta path. microbiol. scand. **35**, 1–7 (1954).

Dziewiatkowski, D. D.: Some aspects of the metabolism of chondroitin sulfate-S^{35} in the rat. J. Biol. Chem. **223**, 239–250 (1956).

Dziewiatkowski, D. D.: Intracellular synthesis of chondroitin sulfate. J. Cell. Biol. **13**, 359–364 (1962).

Dunphy, J. E., and K. N. Udupa: Chemical and histochemical sequences in the normal healing of wounds. New England J. Med. **253**, 847–851 (1955).

Fjelde, A., E. Sorkin and J. M. Rhodes: The effect of glucosamine on human epidermoid carcinoma cells in tissue culture. Exp. Cell. Res. **10**, 88–91 (1956).

Freytag, G., G. Boos, R. Diederich und J. Lindner: Photometrische Untersuchungen zur Validität qualitativer und quantitativer MPS-Nachweisfärbungen. Morph. Jb., Leipzig, **109**, 189–194 (1966).

Gottschalk, H. G., and H. C. Allen: Uptake of radioactive sulfur by chondrosarcomas in man. Proc. Soc. exp. Biol. (N. Y.) **80**, 334–339 (1953).

Grasedyck, K.: Tierexperimentelle radiochemische und autoradiographische Untersuchungen der Wundheilung und ihrer Beeinflussung. Inaugural-Diss., Univ. Hamburg 1965.

Gries, G., und J. Lindner: Zur Frage des Abbaues von Kollagen. Klin. Wschr. **38**, 406–407 (1960).

Gries, G., und J. Lindner: Untersuchungen über den Kollagenabbau bei akuten Entzündungen. Zschr. Rheumaforsch. **20**, 122–125 (1961).

Gries, G., and J. Lindner: On the problem of the collagen catabolism in animals. I. Intern. Congr. Histochem. Cytochem., Paris 1960, Ann. Histochim. Suppl. 1, 8, 205–209 (1963).

Gries, G., and J. Lindner: Zur Frage des Kollagenabbaues bei verschiedenen Formen experimenteller Entzündungen. Tagung d. Schweiz-Österr. und Dtsch. Ges. Rheum. 1962, Bad Ragaz, Zschr. Rheumaforsch. **22**, 439–443 (1963).

Gries, G.: Biochemische Untersuchungen über die Physiologie, Pathologie und therapeutische Beeinflussung des Stoffwechsels von Kollagen im Rahmen des Bindegewebsstoffwechsels. Habil. Schrift, Freie Univ. Berlin, 1965.

Gusek, W., und J. Lindner: Elektronenmikroskopische Untersuchungen intravitaler Fermentdarstellungen an Ascites-Tumorzellen. Frankf. Zschr. Path. **69**, 633–643 (1959).

Günther, Th., und H. Greiling: Zum Stoffwechsel des Glucosamins in Ascites-Tumorzellen. I. Der Crabtree-Effekt des Glucosamins. Hoppe-Seylers Z. physiol. Chemie **318**, 234–241 (1960).

Harpur, R. P., and J. H. Quastel: Phosphorylation of D-glucosamine by brain extracts. Nature (Lond.) **164**, 693 bis 701 (1949).

Hauss, W. H., und G. Junge-Hülsing: Über die universelle unspezifische Mesenchymreaktion. Dtsch. med. Wschr. 86, 763–768 (1961)

Hieronymi, G.: Über Vorkommen und Verteilung saurer Mucopolysaccharide in Geschwülsten. Frankf. Z. Path. **65**, 409–434 (1954).

HILZ, H.: Neue Erkenntnisse zur Biochemie und Klinik des Polysaccharid-Stoffwechsels. Habil.-Schrift Univ. Hamburg (1960).
HOLMGREN, HJ.: Studien über Verbreitung und Bedeutung der chromotropen Substanz. Z. mikr.-anat. Forsch. **47**, 489–521 (1940).
JÜHLING, J. und J. PÜTTER: Über das Verhalten von freiem l-Glutamin und freier l-Glutaminsäure bei der Chemotherapie experimenteller Tumoren. Verh. Dtsch. Ges. Path. **41**, 365–371 (1958).
JUNGE-HÜLSING, G.: Untersuchungen zur Pathophysiologie des Bindegewebes. Habil.-Schrift Univ. Münster 1963, Band 24, Theoret. u. Klin. Med. in Einzeldarstellungen, Hüthig-Verlag, Heidelberg (1965).
KÖHLER, J.: Quantitative radiochemische Bestimmungen von ^{35}S-Inkorporationsraten bei der durch experimentelle Tumoren hervorgerufenen peritumoralen Grundsubstanz-Neubildung. Inaugural-Diss., Univ. Hamburg, 1964.
KRÖGER, K.: Radiochemische Untersuchungen über den Einfluß bindegewebswirksamer Substanzen auf die Knorpelentwicklung bei Hühnerembryonen unter Verwendung von ^{35}S-Sulfat. Inaugural-Diss., Univ. Hamburg, 1965.
LAYTON, L. L.: In vitro sulfate fixation by granulation tissue and injured muscle tissue from healing wounds. Proc. Soc. exp. Biol. (N. Y.) **73**, 570–572 (1950).
LETTRÉ, H.: Zur Frage der tumorhemmenden Wirkung des Glukosamins. Naturwissenschaften **40**, 513–514 (1953).
LINDNER, J.: Eine einfache Methode zur Analyse von Gewebsschnitten. Naturwissenschaften **43**, 201–202 (1956).
LINDNER, J.: Vergleichende histochemische und papierchromatographische Untersuchungen bei Entzündungsvorgängen an der Haut. 23. Tgg. Dtsch. Dermat. Ges. 1956; Arch. klin. exper. Dermat. **206**, 379–394 (1957).
LINDNER, J.: Untersuchungen am Bindegewebe. Habil.-Schrift, Univ. Hamburg 1957.
LINDNER, J. und H. A. v. SCHWEINITZ: Histochemische und fermenthistochemische Untersuchungen am Geschwulstgewebe. Verh. Dtsch. Ges. Path. **42**, 439–448 (1958).
LINDNER, J., H. A. v. SCHWEINITZ und K. BECKER: Über die geschwulsthemmende Wirkung von Grundsubstanzbestandteilen. II. Mitt.: Stoffwechseluntersuchungen. Klin. Wschr. **38**, 763–768 (1960).
LINDNER, J.: Ricerche istochimiche sul tessuto connettivale parablastomatoso. II. Congr. Nat. della Soc. Ital. Istochim., Firence 1959. Riv. Istochim. Vol. **5**, Fasc VI.
LINDNER, J.: Ricerche istochimiche, enzimoistochimiche e chromatografiche su carta sul tessuto connettivale parablastomatoso. Riv. Istochim. **7**, 267–280 (1961).
LINDNER, J. und G. GRIES: Comparative evalution of antirheumatics with the cotton pellet test. Atti d. X. Congr. d. Lega Internat. c. i. Rheum., Vol. II, 1363–1366 (1961).
LINDNER, J.: Die Morphologie der Wundheilung. Einleitungsreferat Kongr. Dtsch. Ges. Chirurgie 1962, Langenbecks Arch. klin. Chir. **301**, 39–70 (1962).
LINDNER, J., K. BECKER, A. LLOMBART jr. y A. HADHANYO: Estudio sobre la accion bioquimica y morfopathologica de la glucosamina y 2-amino-d-glucopodofilotoxina on los tumores experimentales. Rev. Clin. Espan. **23**, 178–193(1962).
LINDNER, J., K. BECKER und H. VOSS: Morphologische und biochemische Untersuchungen über die Beziehungen zwischen Geschwulst und parablastomatösem Bindegewebe. I. Teil: Biochem. Biol. Sper. Vol. II, 395–416 (1963); II. Teil: Biochem. e Biol. Sper. Vol. III, 64–78 (1964).
LINDNER, J., J. KÖHLER, K. BECKER und G. FREYTAG: Morphologische und radiochemische Untersuchungen der Bindegewebsneubildung in der Invasionsfront bösartiger Geschwülste. Verh. Dtsch. Ges. Path. **49**, 232–240 (1965).
LINDNER, J.: Die unbeeinflußte und die beeinflußte Reaktion des parablastomatösen Bindegewebes auf die Infiltration maligner Tumoren. In: J. Lindner und E. Wilhelmi: Beeinflussung von Strahlenreaktionen durch entzündungshemmende Substanzen; Karger-Verlag, Basel/New York, pp. 1–24 (1966).
LINDNER, J., K. BECKER, H. VOSS and G. FREYTAG: Histochemistry of Parablastomatous Connective Tissue. Folia Histochem. Cytochem. **4**, 119–132 (1966).
LINDNER, J., G. GRIES, G. FREYTAG, W. J. BRACK und J. HOLZ: Morphologische und biochemische Untersuchungen zur Geschwulstbildung. 5. Tgg. A. G. Morphologie 1964, Morph. Jb., Leipzig **109**, 37–42 (1966).
LINDNER, J., G. FREYTAG, Z. YUROKOWA, G. BESTE und G. GRIES: Quantitative und qualitative Bestimmungen der Regeneration von Bindegewebe. Verh. Dtsch. Ges. Path. **50**, 286–293 (1966).
LINDNER, J., G. GRIES, G. FREYTAG und J. KIND: Stoffwechseluntersuchungen an der atherosklerotischen Gefäßwand. Verh. Dtsch. Ges. Path. **51**, 228–236 (1967).
LÜHRS, W.: A contribution to the question glucosamine on the growth retardation of tumors. Acta Un. inter. Cancer **13**(3), 480–485 (1957).
MANCINI, R. E., y E. BACARINI: Mucoproteinas des tejido conectivo adulto y embryonario. Rev. Soc. argent. Biol. **27**, 27–37 (1951).
NUMERS, C. v. und P. FORTELIUS: Untersuchungen über den Gehalt des Tumorgewebes an freier chromotroper Substanz und Mastzellen bei verschiedenen Formen von Cystadenoma serosum ovarii. Ann. Med. exp. Fenn. **31**, 313–319 (1953).
OEHLERT, W., R. LESCH und P. DÖRMER: Autoradiographische Untersuchungen des DNS- und RNS-Stoffwechsels am menschlichen Excisionsmaterial. Naturwiss. **23**, 713–714 (1963).
OEHLERT, W., P. DÖRMER und R. LESCH: Autoradiographische Untersuchungen über die DNS-Synthese im überlebenden Tumorgewebe. (im Druck).
OZAKI, M.: Malignant tumours and spreading factor. Kumamoto med. J. **4**, 119–126 (1952).
QUASTEL, J.-J. and A. CANTERO: Inhibition of tumorgrowth by D-glucosamin. Nature (Lond.) **171**, 252–253 (1953).
RUBIN, A., G. F. SPRINGER and M. J. HOGUE: The effect of D-glucosamine and related compounds on tissue cultures of the solid form of mouse sarcoma 37. Cancer Res. **14**, 456–461 (1954).
SCHALLOCK, G. und J. LINDNER: Beitrag zur Frage der Entmischungszustände in den Grundsubstanzen des Bindegewebes. Medizinische **1**, 12–20 (1957).

SCHILLER, S., M. B. MATHEWS, J. A. CIFONELLI and A. DORFMANN: The metabolism of mucopolysaccharides in animals. III. Further studies on skin utilizing C^{14}-glucose, C^{14}-acetate and S^{35}-sodium-sulfate. J. Biol. Chem. **218**, 139—145 (1956).

SCHLIEBEN, I. GRÄFIN V.: Radiochemische und autoradiographische Untersuchungen der embryonalen Bindegewebsentwicklung am bebrüteten Hühnerei (mit ^{35}S-Sulfat). Inaugural-Dissertation, Univ. Hamburg 1964.

SCHMIDT-MATTHIESEN, H.: Das Kollumkarzinom und sein Bindegewebe. Morphologie, Histochemie und Systematik als Grundlage klinischer Bewertung. Zschr. Geburtsh. Gynäk. **151**, 155—170 (1958).

SCHMIDT-MATTHIESEN, H.: Adenosintriphosphatase, 5-Nucleotidase und alkalische Phosphatase im Carcinombindegewebe. Arch. Geschwulstforsch. **14**, 265—281 (1959).

SCHMIDT-MATTHIESEN, H.: Die Bedeutung des Bindegewebes für das Carcinomwachstum, für Prognose und Therapie. Krebsarzt **14**, 161—171 (1959).

SCHWEINITZ, H. A. V. und J. LINDNER: Histochemische und fermenthistochemische Untersuchungen am Geschwulstgewebe. II. Mitt.: Untersuchungen der Ascitestumor-Proteolyse. Frankf. Zschr. Path. **69**, 667—678 (1958).

SCHWEINITZ, H. A. V., J. LINDNER und G. FREYTAG: Über die geschwulsthemmende Wirkung von Grundsubstanzbestandteilen (insbesondere von Glukosaminhydrochlorid). Klin. Wschr. **37**, 610—612 (1959).

SIMPSON, W. L.: Mucolytic enzymes and invasion by carcinoma. Ann. (N. Y.) Acad. Sci. **52**, 1125—1132 (1950).

SIMPSON, W. L.: Connective tissue and cancer. In: Asboe-Hansen, G., Connective Tissue in Health and Disease, Munksgaard, Kopenhagen, pp. 225—238 (1954).

SPIRO, R. G.: The effect of N-acetylglucosamine on carbohydrate metabolism in rat liver slices. J. biol. Chem. **233**, 546—551 (1958).

STOLL, P., H. EBNER und W. LINDENSCHMIDT: Die Bedeutung histochemischer Methoden für die gynäkologische Histo- und Zytodiagnostik. Geburtsh. u. Frauenheilk. **14**, 1065-1080 (1954).

STRAUCH, L.: persönliche Mitteilung (1968).

SYLVÉN, B.: Über das Vorkommen metachromatischer Substanz in wachsendem Gewebe und ihre Bedeutung. Klin. Wschr. **1938**, 1545—1547

SYLVÉN, B.: Über das Vorkommen von hochmolekularen Esterschwefelsäuren im Granulationsgewebe und bei der Epithelregeneration. Acta chir. scand. **86**, (Suppl. 66), 5—151 (1941).

Institut für Endokrinologie der Akademie der Wissenschaften der Sozialistischen Republik Rumänien Bukarest, SR Rumänien

Ergebnisse und Aussichten der Gewebekulturen in der Endokrinologie

von

S. M. Milcu, R. Petrescu, C. Tasca und E. Ghinea

Den deskriptiven morphologischen Verfahren sind, trotz ihres Beitrags zur Kenntnis der Zellstruktur, gewisse Grenzen gesetzt, da Funktionsänderungen nicht immer mit Strukturänderungen einhergehen. Daher fällt neuen Verfahren, wie z. B. der Gewebekultur, eine bedeutende Rolle zu, da sie einerseits die Plastizität und die Eigenschaften der Zellen zum Vorschein bringen und andererseits auf eine beschränkte Anzahl fundamentaler, doch äußerst bezeichnender Zellreaktionen hinweisen. Der Umfang der endokrinen Wechselwirkungen kann in vitro leichter ermessen werden, da es durch Gewebekulturen möglich wird, primäre Hormonwirkungen auf die Zielorgane außerhalb des Organismus zu beobachten. Ein erschöpfender, den gesamten Bereich umfassender Bericht ist praktisch unmöglich, da die in den letzten Jahren sich anhäufenden Ergebnisse der Zusammenarbeit vielerlei biologischer Arbeitsgebiete zu verdanken sind. Wir werden uns daher darauf beschränken, einige bezeichnende Einzelheiten hervorheben, die aus unseren Untersuchungen hinsichtlich des Beitrags und der Aussichten der Gewebekulturen in der Endokrinologie hervorgingen. Die Möglichkeiten für die metabolischen, ultrastrukturellen und zytophysiologischen Beobachtungen wurden neuerdings mit Hilfe der Histoenzymologie, Elektronenmikroskopie und Mikrokinematographie bedeutend erweitert. Dadurch entstand die endokrine Biozytologie in vitro mit den ihr eigenen Besonderheiten.

In durch Trypsinzusatz gewonnenen Schilddrüsenkulturen nehmen die in Monolayer angeordneten Thyreozyten ein polyedrisches, epithelartiges, seltener spindelförmiges Aussehen an, mit reichhaltigem Zytoplasma und rundem oder ovalem, 1—3 Nukleolen enthaltendem Zellkern. Anstelle der follikulären Struktur treten flächen- oder wirbelförmige Zellordnungen auf. Ein ausgeprägterer Polymorphismus ist in sekundären Zellkulturen zu beobachten sowie auch in Schilddrüsenkarzinom-Kulturen, wo des öfteren Anisokarie, Kernauswüchse, mitotische und amitotische Teilungen vorkommen. Das Auftreten follikulärer Zwischenräume in mit TSH behandelten Kulturen wurde als spezifische morphogenetische Reaktion auf die thyreotrope Stimulation gedeutet (Kalderon und Wittner).

Für die Erforschung der Epiphyse, einer Drüse mit vielfältiger Hormonabsonderung, mit der sich die rumänischen Endokrinologen eingehend befassen, ist das Gewebekulturverfahren hinsichtlich mancher Fragen der Zellgenetik, Zelldifferenzierung und Hormonentstehung von großem Nutzen. So wurden neuerdings in von neugeborenen Ratten stammenden Zirbeldrüsenkulturen bestimmte Zellarten (Hungerford und Pomerat; Milcu und Mitarbeiter) mit deutlich unterscheidbaren histologischen und enzymatischen Merkmalen identifiziert. Die morphologische Untersuchung erwies das Bestehen zweier Zellformen: 1. polyedrische, längliche oder sternförmige, oft vakuolenhaltige Zellen mit ovalen oder runden Kernen mit feinkörnigem Chromatingehalt (Hauptzellen, Hungerford-Pomerat); 2. runde Zellen, kleiner als die ersten, mit tachychromatischem Zytoplasma und rundem oder ovalem Kern (basophile Zellen, Hungerford-Pomerat). Die morphologischen Merkmale der basophilen Zellen, die eine gewisse Ähnlichkeit mit Mastzellen aufweisen, ließen die Vermutung zu, daß es sich tatsächlich um dieselben, ubiquitär verbreiteten Zellen handle. Das Toluidinblau-Färbeverfahren bei verschiedenem pH förderte jedoch keinerlei metachromatisches Material zutage. Es handelt sich folglich nicht um Mastzellen, sondern, wie auch von Hungerford und Pomerat behauptet wurde, um Pinealzellen. Beim heutigen Stand unserer Forschungsarbeit ist es vorderhand unmöglich, den histogenetischen Ursprung der in den Kulturen vorkommenden Zelltypen zu bestimmen. Es soll jedoch darauf hingewiesen werden, daß Thyroxinzugabe zum Kulturnährboden eine deutliche Proliferation der basophilen Elemente bewirkt, gleichzeitig mit einer Stimulation der Aktivität der zum Krebs- und Embden-Meyerhoff-Zyklus gehörenden Enzyme und der ATP-ase.

Nilblaufärbung bringt Fette in Tröpfchenform, mit häufigerem Vorkommen in den basophilen Zellen, zum Vorschein. Eine nicht unbedeutende Tatsache ist, daß Lipide schon vor langer Zeit von RUGGERI in Rattenzirbeldrüsen entdeckt wurden, und daß QUAI hinsichtlich des Lipidgehalts zweierlei Zelltypen unterschied: 1. Zellen mit zahlreichen Fetttröpfchen und 2. solche mit fettarmem Inhalt. Das Hotchkiss-McManus-Verfahren fördert, besonders in den basophilen Zellen, große Mengen PAS-positiven Materials zutage. Im Fluoreszenzmikroskop erscheint (mit Akridin-Orange) das Zytoplasma der Hauptzellen grünfluoreszierend mit orangefarbenen Tröpfchen, während das der basophilen Zellen leuchtend orangerot fluoresziert, was auf eine Anhäufung von Ribonukleinsäure hinweist. Die Zellkerne fluoreszieren grün.

In der Epiphyse ist eine gesteigerte Tätigkeit der Enzyme der aeroben und anaeroben Glykolyse, Diaphorasen, ATP-ase und einiger Lysosomenzyme zu beobachten. Die Aktivität des Pentose-Shunts ist aber geringer. Die basophilen Zellen sind enzymatisch bedeutend besser ausgestattet, was vermutlich auf einen gesteigerten Energiestoffwechsel zurückzuführen ist.

Die funktionelle Aktivität der Epiphyse wurde durch die antimorphogene Wirkung auf Froschembryonen ermittelt, die sowohl in einer Hemmung der Darmverkürzung (Kabakscher Test) als auch im Melatonin-like Effekt, d. h. der Melanophorenretraktion, zum Ausdruck kam (HOLBAN und Mitarbeiter).

Die charakteristischen Zellmerkmale des Hypophysenvorderlappens bleiben in vitro bis zu 5 Monaten erhalten (MARTINOVITCH). Die Eosinophilen bestehen, mit teilweisem Granulationsverlust, die ganze Kulturperiode hindurch; chromophobe Elemente sind während der ersten zwei Monate zu beobachten.

Ein nicht minder wichtiges Kapitel, das ein weites Forschungsgebiet eröffnet, ist die Beobachtung der Hormonwirkungen in vitro auf nichtendokrine Empfangsorgane. Unsere eigenen Beobachtungen erwiesen, daß 1000 μg/ml Hydrocortison schwere degenerative Läsionen verursachen können und die Enzyme des Krebszyklus in Kulturen embryonalen Herzmuskelgewebes fast gänzlich inhibieren. In anderen Versuchen konnten wir beobachten, daß Thyroxin nach einer anfänglichen Stimulationsphase degenerative Veränderungen in Nierenepithelkulturen verursacht, und zwar eine deutliche Verringerung der Zelldichte, Pyknose und Zytolyse, die zu einem viel früheren Zeitpunkt eintreten als in Kontrollkulturen (in unseren Versuchen bereits am 20. Kulturtag). Dies weist darauf hin, daß Thyroxin das „Altern" der gezüchteten Zellen beschleunigt und betont, was wohl durch die Erschöpfung der Energiereserven und Blockierung der Enzymtätigkeit erklärlich ist.

Ein weiteres, noch ungenügend erforschtes Gebiet, auf dem schon vielversprechende Teilergebnisse erzielt wurden, ist die Erforschung der Hormonwirkungen auf neoplastische Gewebekulturen. Der Nachweis gewisser antiblastischer Hormoneffekte in vitro bietet Anhaltspunkte für die Ausdehnung der Ergebnisse auf Versuchstiere und den menschlichen Organismus. In diesem Sinn wurde in unserem Laboratorium die Wirkung des Thyroxins und einiger Thymusextrakte auf die Tumorproliferation untersucht. In trypsinbehandelten Zellkulturen, die viererlei Tumorarten entstammten (Adenokarzinom der Mamma bei Mäusen, Fibrosarkom bei Ratten, menschliches Schilddrüsenkarzinom, KB-Zellstammtumor), bewirkte Thyroxin eine Inhibition der Tumorproliferation. Dies ist eine um so bedeutendere Feststellung, als Thyroxin bei normalen Zellen die Proliferation stimuliert (MILCU und Mitarbeiter). Wir konnten ferner beobachten, daß gewisse protein- und lipidhaltige Thymusextrakte eine antitumorale Wirkung ausüben, die am KB-Tumorzellstamm beobachtet werden konnte und, je nach der verwendeten Dosis, in Proliferationshemmung, zytotoxischen Läsionen oder Zytolyse besteht. Muskelextrakte bewirken dagegen einen leichten zahlenmäßigen Anstieg der neoplastischen Zellen. In Versuchen an Kulturen von embryonalen menschlichen Fibroblasten beobachteten wir, daß das somatotrope Hormon Zellproliferation verursacht, und zwar vorwiegend in Dosen zwischen 10 und 100 μg/ml.

Aus dem obigen zusammenfassenden Tatsachenbericht geht hervor, daß die Verwendung von Gewebekulturen als hochsensible Forschungsmethode vollauf berechtigt ist, wobei jedoch bei der Deutung der Ergebnisse eine gewisse Zurückhaltung geübt werden muß. Tatsächlich hängt das Verhalten der in der Kultur befindlichen Zellen zum großen Teil von der verwendeten Methode ab. Daraus ergeben sich manche Dissonanzen zwischen den Ergebnissen der morphologischen Untersuchungen und den von Biochemikern, Physiologen und Endokrinologen vertretenen Ansichten. Wenn auch manche allgemeine Erscheinungen, wie Zellwachstum und Bildung der Grundsubstanz oder Wirkungen, die keine polarisierten Zellen beanspruchen, durch das Verfahren der isolierten Zellen erforscht werden können, so erheischt die Beobachtung spezialisierter Zellfunktionen vorwiegend Organkulturverfahren. Die Isolierung der Zellen in der Kultur hebt sowohl die normalen Nachbarbeziehungen als auch die üblichen Zell-Gewebegradienten auf und setzt die Zellen einem nichtphysiologischen Milieu aus. Die Zellen überleben zwar und können sogar funktionieren, doch reagieren sie anders als ihre Gegenstücke im lebenden Organismus.

Besonders in der Endokrinologie ist die Verwendung von Gewebekulturen unter Bedingungen, die dem Normalzustand so nahe als möglich gebracht werden sollen, für die Erforschung geweblicher Wechselwirkungen und verschiedener Hormonwirkungen nicht nur von theoretischer, sondern auch von weitgehend praktischer Bedeutung.

Literatur

BAKKER-SAUËR, E. K.: Schildklierweefsel en thyreotroop hormon. Thesis, Leiden 1957.

CARREL, A., and M. T. BURROWS: Cultivation of adult tissues and organs outside of the body. J. Amer. med. Assoc. **55**, 1379–1381 (1910).

DAEMS, W. Th., and C. W. THESINGH: Electron microscopy of the TSH stimulated embryonic chick thyroids. In: Proceed. V. Intern. Congress for Electron Microscopy. (S. S. Breese ed.) Acad. Press New-York (1962).

DEMUTH, F.: Über die Züchtung von Schilddrüsenzellen in vitro. Arch. exp. Zellforsch. **13**, 329 (1932).

FELL, H. B.: The influence of hydrocortisone on the metaplastic action of vitamine A on the epidermis of the embryonic chicken skin in organ culture. J. Embryol. exp. Morphol. **10**, 389 (1962).

FORTELIUS, P.: Enzyme activity in cultured cells under various influences. Acta Path. Microbiol. Scand. Suppl. **164** (1963).

GAILLARD, P. J., und W. W. VAROSSIEU: Der Einfluß des Hypohysenvorderlappens auf die morphologische Entwicklung des Hodens. Arch. exp. Zellforsch. **24**, 141 (1940).

GAILLARD, P. J.: The influence of parathormone in the explanted radius of albino mouse embryos. Proc. Acad. Sci. Amst. 63, 25 (1961).

GUILLEMIN, R., and B. ROSENBERG: Humoral hypothalamic control of anterior pituitary. Endocrinology **57**, 599 (1955).

HAFFEN, K.: La culture in vitro de l'épithélium germinatif isolé des gonades mâles et femelles de l'embryon de canard. J. Embryol. exp. Morphol. **8**, 414 (1960).

HOLBAN, R., V. SAHLEANU, L. SIMIONESCU und E. GHINEA: Influenta hormonului somatotrop uman asupra culturilor de celule. In: Volum omagial C. I. Parhon, Ed. Acad. R. S. R., p. 243–249 (1966).

HOLBAN, R., V. SAHLEANU und E. GHINEA: Acţiuni hormonale specifice in cultura de ţesut pineal. Congr. Naţional Endocrinol. 30 mai— 2 iunie 1967, Bucureşti, vol. Rezumate, p. 26.

HUNGERFORD, G. D., and C. M. POMERAT: Rat pineal parenchimal cells as observed in tissue culture. Z. Zellforsch. **57**, 809–817 (1962).

KAHRI, A.: Histochemical and electron microscopic studies on the cells of the rat adrenal cortex in tissue culture. Acta Endocrin. Suppl. **108** (1966).

LOSTROH, A. J.: The response of ovarian explants from posnatal mice to gonads tropins. Endocrinology **65**, 124 (1959).

MARTINIVITCH, P. N.: The pituitary of infantile rats by the glassrod technique and the influence of grafted explants on the growth of hypophysectomised hosts. J. Embryol. **2**, 14 (1954).

MILCU, S. M., R. HOLBAN, V. SAHLEANU and E. GHINEA: Influenta tiroxinei asupra imbătrinirii unei culturi de tesut epitelial., St. Cercet. Endocrinol. **15**, 379–380 (1964).

MILCU, S. M., R. HOLBAN, V. SAHLEANU und E. GHINEA: Actiunea tiroxinei asupra culturilor de celule tumorale, Conf. Naţ. Oncol. Bucuresti, 4–6 nov. 1965, p. 52.

MILCU, S. M., I. POTOP, R. HOLBAN-PETRESCU et E. GHINEA: Effet d'un extrait lipidique de thymus (fraction II B) sur la prolifération des cellules tumorales KB in vitro. C. R. Soc. Biol. Paris. **160**, 1362 (1966).

MILCU, S. M., G. MREANA, J. POTOP, R. HOLBAN, E. GHINEA und V. BOERU: Action de certains extraits isolés du thymus sur la prolifération des cultures des cellules cultivés in vitro. Acta biol. med. german. **16**, 606 (1966).

MILCU, S. M., R. HOLBAN und E. GHINEA: Studiul morfologic al pinealei cultivate in vitro. Congr. naţ. endocrinol. 30 mai — 2 iunie, 1967, Bucureşti, vol. Rezumate p. 27.

MOSZKOWSKA, A.: Activité gonadotrope de l'antéhypophyse d'embryon du poulet. Arch. Anat. micr. Morphol. exp. **45**, 65 (1956).

OHTANI, I.: The influence of cortisone acetate on the growth of tissues cultivated in vitro. Jap. J. Bact. **10**, 145 (1955).

PASTEELS, J. L.: Secretion de prolactine par l'hypophyse en culture de tissus. C. R., Acad. Sci. Paris **253**, 2140 (1961).

PETROVIC, A.: Etude cytologique au microscope électronique d'explants préhypophysaires cultivés in vitro. C. R. Acad. Sci. Paris **249**, 1270 (1959).

PETROVIC, A., et A. PORTE: Sur la formation en culture organotypique de lacunes intercellulaires dans la thyroide d'embryon de poulet de six jours et demi sous l'influence de la thyréostimuline. C. R. Soc. Biol. Paris **155**, 1848 (1961).

PETROVIC, A., et A. PORTE: Etude an microscope élécronique de fragments de corticosurrénale de foetus de cobaye associés à des explants préhypophysaires en culture organotypique. C. R. Soc. Biol. Paris **155**, 2013 (1961).

QUAY, W. B.: Histological Structure and Cytology of the Pineal Organ in Birds and Mammals. In: Progress in Brain Research. Structure and function of the Epiphysis Cerebri. (Kappers and Schadé eds). Elsevier Publ. 1965, Amsterdam. pp. 49–86

SAHLEANU, V., R. HOLBAN und E. GHINEA: Cercetări privind condiţionarea metabolică a acţiunii tiroxinei. St. Cercet. Endocrinol. **16**, 353 (1963).

SCHABERG, A., und C. A. DE GROOT: The influence of the anterior hypophysis on the morphology and function of the adrenal cortex in vitro. Exp. Cell. Res. **15**, 475 (1958).

Schrek, R.: Cytotoxic action of hormones of the adrenal cortex according to the method of unstained cell counts. Endocrinology **45**, 317 (1949).

Tasca, C., E. Ghinea and O. Stanescu: Histoenzymologic investigations of in vitro cultivated rat pineal gland. (Im Druck.)

Tata, J. R.: Thyroid hormones and regulation of protein synthesis. In: „Mechanisms of hormone action" Ed. P. Karlson, G. Thieme, Stuttgart 1965.

Tixier-Vidal, A.: Autodifférenciation in vitro sur milieu anhormonal de la fonction thyréotrope de l'hypophyse embryonnaire de poulet. C. R. Soc. Biol. Paris **151**, 40 (1957).

Willmer, E. N.: Cells and Tissues in culture. Vol. I, Acad. Press. New York 1965.

Institut für Endokrinologie der Akademie der Wissenschaften der Sozialistischen Republik Rumänien
Bukarest, SR Rumänien

Beitrag der Gewebekulturen zur hormonalen und histologisch-enzymologischen Erforschung der Schilddrüse

von

S. M. MILCU, C. TASCA, R. PETRESCU und E. GHINEA

Die Schilddrüse bietet dank ihres komplizierten zellulären Aufbaus und ihrer verschiedenartigen funktionellen Wirkungen im Rahmen vielfacher hormoneller Wechselbeziehungen einen Bereich, in dem die theoretische Forschung jederzeit praktische Anwendungsmöglichkeiten findet. In diesem Sinn dienen die Gewebekulturen als wertvolle Anhaltspunkte für die biologische Erforschung der Schilddrüse im Normal- wie auch im Krankheitszustand.

Wir wollen uns nicht bei den bereits erörterten morphologischen Merkmalen der Thyreozyten in den Kulturen aufhalten, sondern zu einer eingehenderen Beschreibung unserer Beobachtungen hinsichtlich der histoenzymologischen und chemischen Besonderheiten und des funktionellen Wertes des Schilddrüsengewebes in vitro übergehen.

Unsere Untersuchungen erwiesen eine intensive histoenzymatische Aktivität der Thyreozyten, besonders hinsichtlich der aeroben und anaeroben Glykolyse, ausgedrückt in der Anwesenheit schwarzer, das ganze Zytoplasma durchsetzender Granula. Weniger stark vertreten sind die zum Pentose-Shunt gehörenden Enzyme, Diaphorasen und Lysosomenenzyme. Im Zusammenhang mit den pathologisch-anatomischen Schilddrüsenveränderungen fanden wir die stärksten enzymatischen Reaktionen bei polynodulärem Kropf. Mäßig starke Reaktionen kamen in solitären Knotenbildungen mit den mikroskopischen Merkmalen von makro- und mesofollikulärem Adenom, wie auch bei follikulärem Adenokarzinom zur Beobachtung. Die geringste Enzymtätigkeit wurde in Kulturen aus embryofoetalen Adenomata festgestellt. Bemerkenswert ist die Oxydasenarmut der Kretinschilddrüse.

Es ist bemerkenswert, daß bei Schilddrüsenerkrankungen, in welchen die histologische Struktur der Drüse wenig vom Normalbild abweicht, die Stoffwechseltätigkeit in vitro etwas reger ist als bei solchen, in denen diese sich allmählich immer mehr vom Normalbild unterscheidet. Es ist daher nicht ausgeschlossen, daß die Verringerung der enzymatischen Ausrüstung mit der unvollständigen Differenzierung der Schilddrüsenläsionen im Zusammenhang steht. Dann wären die in den Kulturen festgestellten enzymatischen Unterschiede eigentlich als pathobiotischer Ausdruck der Schilddrüsenerkrankungen zu betrachten. Auch dann, wenn die gezüchteten Zellen dazu neigen, einen gemeinsamen zytochemischen und morphologischen Typus anzunehmen, der durch metabolische Einförmigkeit gekennzeichnet ist, behalten sie, zumindest in primären Kulturen, eine gewisse, besondere enzymatische Eigenart bei.

Der erstmalig von DEMUTH (1932) beobachtete und durch zahlreiche spätere Untersuchungen bestätigte funktionelle Wert der Schilddrüse in vitro findet in einer selektiven und intensiven Absorption des Radiojods und in der Bildung spezifischer jodhaltiger Hormone seinen Ausdruck, was durch radiochemische, chromatographische und biologische Verfahren nachgewiesen werden konnte. Eines der empfindlichsten biologischen Verfahren besteht in der Untersuchung des metamorphogenen Einflusses des Nährbodens, auf dem Schilddrüsengewebe gezüchtet wurde (MILCU und Mitarbeiter). Die Reaktivität des Schilddrüsengewebes in vitro wurde besonders hinsichtlich der Stimulierung durch TSH geprüft. Wie von BOTTARI nachgewiesen wurde, sind Schilddrüsenfragmente, die auf radiojodhaltigen Nährböden gezüchtet wurden, imstande, das Jod zu konzentrieren und so dem Nährboden Radioisotope zu entziehen. Unter dem Einfluß des TSH wurde eine Steigerung der organischen Jodverbindungen in der Schilddrüse beobachtet; folglich ist die endgültige Anreicherung des Nährbodens mit Radiojod um so geringer, als die thyreotrope Stimulierung stärker war. Es ist ersichtlich, daß die Radioaktivität des Nährbodens (nach der Anzahl der Impulse zu schätzen) bei steigenden

TSH-Dosen abnimmt, was auf die Fähigkeit zur Hormonbildung des Schilddrüsengewebes in vitro, unter der Wirkung von TSH, hinweist. Das Schilddrüsengewebe ist in vitro äußerst empfindlich auf kleinste TSH-Konzentration (bis zu 0,005—0,01m μm/ml), bei denen sich noch Jodaufnahme und Organifizierung des aufgenommenen Jods verstärken können. Derart wird die Verwendung der Gewebekulturen als praktische Methode für die Dosierung von TSH möglich. Weitere Untersuchungen hinsichtlich der Hormonbiosynthese erwiesen eine differenzierte Reaktion seitens der Schilddrüsenknoten und bzw. des perinodulären Gewebes auf Stimulation durch STH (DRAFTA und Mitarbeiter).

Zur Veranschaulichung der obigen Ergebnisse dient das hier gezeigte Radio-Autochromatogramm, ausgeführt an organotypischen Kulturen aus einem nichtentzündlichen Schilddrüsenknoten, verglichen mit aus dem perinodulären Gewebe gewonnenen Kulturen, beide auf radiojodhaltigen Nährböden gezüchtet und mit steigenden Dosen von thyreotropem Hormon behandelt. Sowohl im Nodulus als auch in dem betreffenden Nährboden ist die Anwesenheit spezifischer jodhaltiger Stoffe (Monojodthyrosin, Dijodthyrosin und Thyronin) zu beobachten, deren Menge in direktem Verhältnis zum der Kultur beigefügten thyreotropen Hormon steht. Das perinoduläre Gewebe und der betreffende Nährboden enthalten, in Abwesenheit des thyreotropen Hormons, bedeutende Mengen von Jodverbindungen, die jedoch nach Beifügung des obigen Hormons absinken. Dies weist darauf hin, daß die Fähigkeit der Schilddrüse, aus markierten Jodverbindungen ihr Hormon herzustellen, auch in vitro erhalten bleibt. Die fundamentale hormogenetische Aktivität ist in den Noduli geringer als im perinodulären Gewebe.

Besonders ergebnisreich waren die in vitro-Verfahren bei der Aufklärung autoimmuner Entstehungsmechanismen bei gewissen Schilddrüsenerkrankungen. In einer Reihe von Versuchen wurden die morphologischen und funktionellen Veränderungen des Schilddrüsengewebes in vitro nach Beifügung heteroimmuner Sera verfolgt. Die Zellen, die nach Trypsinbehandlung beobachtet werden konnten, stammten von Patienten mit Basedowscher Krankheit. In einigen Teströhrchen wurde heterologes Immunserum dem Nährboden beigefügt. Die Immunsera stammten von mit menschlichen Antigenen (Schilddrüsengewebe von Basedowkranken) immunisierten Kaninchen. Das reagierende Gewebe war von der gleichen Herkunft. Die Titer der Immunsera, nach Hämagglutinationstesten mit tannierten Erythrozyten beurteilt, lagen zwischen 1/312000 und 1/560000.

Die Beifügung von immunem Antischilddrüsen-Kaninchenserum zum Nährboden bewirkt nach drei Tagen eine bezeichnende zahlenmäßige Verringerung der Zellen, die in direktem Verhältnis zur Dosis des Immunserums steht. Gleichzeitig ist auch die Lebensfähigkeit der Zellen bedeutend geschwächt.

Die mikroskopische Untersuchung der mit Antischilddrüsen-Immunserum behandelten Zellen erwies, im Vergleich zu unbehandelten Zellen, bei den ersteren eine Verringerung der Zelldichte, Tachychromasie des Zytoplasmas, inselförmige Anhäufung, Kernpyknose bis zu fortgeschrittener Zytolyse, sowie äußerste Zellenarmut. Die Intensität der Veränderungen steht in direktem Verhältnis zu der verwendeten Dosis von Immunserum.

In weiteren Versuchen wurde die Wirkung von Schilddrüsenantikörpern auf die Organifizierung des I^{131} in Teilchen von menschlichem Schilddrüsengewebe untersucht. Dem Nährboden wurde immunes Kaninchenserum (gewonnen durch Verabreichung menschlichen Thyreoglobulins oder menschlichen Schilddrüsen-Ganzextrakts) ferner I^{131} und Kaliumthiozyanid (das nichtorganifiziertes Jod aus den Schilddrüsenzellen freisetzt) beigefügt. Die Menge des freigesetzten Jods steht im umgekehrten Verhältnis zur Funktionsfähigkeit der Thyreozyten. Bei der Kontrollgruppe betrug der Prozentsatz des freigesetzten Jods +8,4, mit einem Standardfehler von $\pm 8,7\%$. Bei der dem Schilddrüsenantiserum ausgesetzten Gruppe betrug das freigesetzte Jod $+2,0 \pm 10\%$. Bei der dem Thyreoglobulinantiserum ausgesetzten Gruppe betrug das freigesetzte Jod $+42,8 \pm 12,5\%$. Der Unterschied zwischen den Durchschnittsziffern der letzteren Gruppe und denen der Kontrollgruppe ist statistisch bedeutsam. Daraus kann gefolgert werden, daß die immunologische Aggression die Organifizierung des Jods in den Schilddrüsenzellen verhindert, was das Auftreten des sogenannten „immunologischen Kropfs" erklären könnte (MILCU und Mitarbeiter), sowie auch die Selbsterhaltung mancher Kropfarten auf Grund immunologischer Mechanismen. Löst doch die teilweise Blockierung der Hormonbiosynthese eine „kompensatorische" Reaktion seitens der Hypophyse aus, mit gesteigerter Absonderung des thyreotropen Hormons — des Hauptfaktors für die Anregung der Proliferation der Schilddrüsenzellen. Die Tatsache, daß wir in diesem Versuch nur mit Thyreoglobulin-Antiserum Reaktionen erzielten, scheidet die Wirkungsfähigkeit des Schilddrüsenantiserums keineswegs aus.

Die Mitwirkung von Mononukleären in den Immunitätsvorgängen gab zu Untersuchungen Anlaß, die erwiesen, daß in vitro eine immunologische Aggression, durch unmittelbare Berührung immuner Lymphozyten mit trypsinbehandelten Schilddrüsenkulturen von Basedowpatienten, stattfindet. Die von mit Schilddrüsen-Ganzextrakt bzw. Thyreoglobulinextrakt immunisierten Kaninchen stammenden Lymphozyten übten, je nach ihrer Anzahl, eine Proliferationshemmung aus mit degenerativen Zellschäden als Begleiterscheinung. Die histochemischen Veränderungen (betreffend Fette, Nukleinsäuren, Enzyme) sind gleichlaufend mit dem zytolytischen Effekt.

Aus den obigen Ausführungen geht die Bedeutung der in vitro-Techniken für die Entzifferung der allerfeinsten Sekretions-, Übertragungs- und Verbrauchsvorgänge der Schilddrüsenhormone unzweideutig hervor. In der Endokrinologie ist, beim Übergang vom beschreibenden zum erklärenden Stadium, eine Anhäufung und Systematisierung der Kenntnisse notwendig, wobei der Beitrag der Gewebekulturen von großem Nutzen sein kann, da die durch diese Technik verfügbar gemachten Parameter wesentlich zur Aufklärung der normalen und pathologischen Aspekte in der Endokrinologie beitragen.

Literatur

Bottari, P.: The concentration of thyrotrophic hormone in the blood of the rabbit under different experimental conditions. Ciba Found. Coll. Endocrinol. **11**, 52–69 (1957).

Carpenter, E., J. Beattie and R. D. Chambers: Physiological activity of chick embryo thyroids grown in vitro as indicated by uptake of radioactive iodine. Anat. Rec. **118**, 446 (1954).

Drafta, D., M. Opresco, R. Holban, C. Ciocirdia und H. Opran: La biosynthèse des hormones thyrodiennes in vitro (methodes radiochimiques). Rev. Roum. Endocrinol. **3**, 273 (1966).

Fortelius, P.: Enzyme activity in cultured cells under various influences. Acta Path. Microbiol. Scand. Suppl. **164**, 1963.

Gaillard, P. J.: Differentiation phenomena in explants of the embryonic chick thyroid gland. Acta physiol. pharm. neerl. **3**, 439 (1954).

Gonzales, F.: Evidence of the functional differentiation of the embryonic chick thyroid in tissue culture. Texas Rep. Biol. Med. **12**, 828 (1954).

Hilfer, R.: The stability of embryonic chick thyroid cells in vitro as judged by morphological and physiological criteria. Dev. Biol. **4**, 1 (1962).

Holban, R., V. Sahleanu und E. Ghinea: Acţiunea trofică a iodurei de potasiu asupra culturilor de celule tirodiene. Com. Inst. de Endocrinologie, IV, 10 (1965).

Kalderon, A. E., und M. Wittner: Histochemical studies of thyroid cells in Long Term Tissue Culture. Endocrinology **80**, 797–807 (1967).

Milcu, S. M., R. Holban, L. Simionescu, V. Sahleanu, E. Ghinea und R. Stamatescu: Inhibitia culturilor de celule tiroidiene prin limfocite imune. Com. Inst. Endocrinol. 5 martie 1966.

Milcu, S. M., R. Holban, V. Sahleanu, L. Simionescu und E. Ghinea: In vitro immunological antithyroid aggression. Rev. Roum. Endocrin. **3**, 117 (1966).

Tata, J. R.: Thyroid hormones and regulation of protein synthesis. In: „Mechanisms of hormone action" Ed. P. Karlson, G. Thieme, Stuttgart 1965.

Willmer, E. N.: Cells and Tissues in culture. vol. I., Acad. Press. New-York, 1965.

Wolff, E. C., and J. Wolff: The mechanism of action of the thyroid hormones. In: The Thyroid Gland. (Rivers and Trotters eds). London, Butterworth (1964).

C. u. O. Vogt-Institut für Hirnforschung der Universität Düsseldorf in Neustadt/Schwarzwald und Senckenbergisches Anatomisches Institut der Universität Frankfurt/Main, DBR

Die Bedeutung quantitativer und statistischer Untersuchungen in der vergleichenden Neuroanatomie

von

A. Hopf und H.-J. Kretschmann

Die vergleichende Neuroanatomie war lange Zeit ein Forschungszweig, der sich vorwiegend der Deskription bediente. Einen wesentlichen Fortschritt bedeutete die Einführung quantitativer Methoden. Zunächst handelte es sich dabei um die Bestimmung von Gesamthirngewichten und ihrer Beziehung zum Körpergewicht. Mit wenigen Ausnahmen, wozu etwa die Untersuchungen von Donaldson (1908) an der Ratte gehören, war und ist auch heute noch die Zahl der untersuchten Tiere einer Art meist klein, so daß die Ergebnisse einer statistischen Sicherung entbehren. Auch vermittelt das Gesamthirngewicht nur einen groben Anhaltspunkt über die Leistungshöhe. Diese drückt sich sinnfältiger in der Entwicklung phylogenetisch junger Hirnteile, vor allem des Neocortex aus. Beziehungen zu der Leistung bestimmter Funktionssysteme sind nur auf Grund von Untersuchungen der einzelnen Hirnstrukturen möglich, die sich oft ganz verschiedenartig verhalten können.

Da die Anfertigung von Schnittserien durch große Gehirne, wie das menschliche, mit einem sehr hohen Zeitaufwand verbunden sind, wurde eine neue Methode der Nativmakrotomie entwickelt, mit deren Hilfe in kurzer Zeit eine größere Zahl von Gehirnen zerlegt werden kann. Damit läßt sich der eingangs angedeutete Fehler der zu kleinen Zahl vermeiden. Die Gehirne werden, wie der Ausdruck Nativmakrotomie besagt, in unfixiertem Zustand geschnitten. Eine Formalinquellung wird dadurch ebenso vermieden wie ein Abblassen der in frischem Zustand kräftig hervortretenden grauen Kerngebiete. Das Frischhirn wird in Gelatine eingefroren und in einer Kühlkammer geschnitten. Nach jedem Schnitt wird die Schnittfläche des Gehirn-Gelatine-Eisblockes mit einer Robotkamera, die einen 30 m langen Kleinbildfilm enthält, fotografiert. Dadurch wird der mit dem Einlegen und der Herausnahme der Filme verbundene Zeitverlust vermieden. Mit einem Schnellkopierverfahren können etwa 150 Bilder in einer Stunde angefertigt werden. Eine weitere Rationalisierung bedeutet die Ausmessung der Flächen der zu untersuchenden Hirngebiete mittels eines elektronischen Planimeters, das die Werte gleich ausdruckt und summiert. Durch Multiplikation mit der Schnittdicke erhält man den Volumenwert. Die gewonnenen Werte werden dann in der Großrechenanlage IBM 7094 des deutschen Rechenzentrums in Darmstadt berechnet. Das ermöglicht ohne großen Zeitaufwand die Anwendung mehrerer statistischer Verfahren und die Auswertung in verschiedenen Richtungen. Die Funktionen werden anschließend von einem Plotter auf elektronischem Wege aufgezeichnet.

Mit dieser Methode wurden von Paul (1968) und Wessely (1968) aus unserem Arbeitskreis zunächst 31 Gehirne geistig normaler Männer und Frauen untersucht. Sind die Volumenwerte der Großhirnrinde gegen die Volumenwerte des Gesamthirns in bilinearem Maßstab aufgetragen, so läßt sich der Punkteschwarm einer Regressionsgeraden zuordnen, die einen a-Wert von 0,46 besitzt. Der Korrelationskoeffizient beträgt 0,92. Für die Beziehung der Großhirnrinde zum Gesamthirn kann eine lineare, proportionale Funktion angenommen werden. Ein im Rechenzentrum vorgenommener Linearitätstest hat dies bestätigt.

Zwischen Prosencephalon und Gesamthirn ist die Korrelation noch eine höhere, der Korrelationskoeffizient beträgt 0,99. Die Einschränkung der Aussagemöglichkeiten, die bei solchen Untersuchungen in der Enge des ontogenetischen Ausschnittes liegt, konnte bisher nur bei kleinen Tiergehirnen vermieden werden. Bei der Albinomaus wurden deshalb unter Mitwirkung von Emele (1967) und Wingert alle Altersklassen von der Embryonalzeit bis in das adulte Stadium untersucht.

Das sogenannte „ideale" Volumen der Hippocampusformation der erwachsenen Albinomaus liegt bei etwa 23,5 mm^3. Im Ganzen ordnen sich die Punkte bei Auftragung der Volumina der Hippocampusformation der verschiedenen Ontogenesealter (in mm^3) einer S-förmigen Kurve zu. Diese Kurve kann sehr gut durch die logistische Wachstumskurve approximiert werden. Der Wendepunkt dieser S-Kurve läßt sich berechnen. Es ist der Punkt, an dem die Hälfte des C-Wertes erreicht ist. Der Abszissenwert kann in Analogie zu dem in der Physik in vergleichbarem Sinne verwendeten Begriff als Halbwertszeit bezeichnet werden. Er beträgt bei der Hippocampusformation der Albinomaus 25 Ontogenesetage. Zwischen Hippocampusformation und Gesamthirnvolumen besteht eine strenge Korrelation. Der Korrelationskoeffizient beträgt bei bilinearer Darstellung 0,998.

Auch die übrigen bisher untersuchten Hirnteile ermöglichen gute Zuordnungen zu der logistischen Wachstumsfunktion und weisen ähnlich strenge Korrelationen auf. Die einzelnen Hirnteile besitzen teilweise unterschiedliche Halbwertszeiten. Nachdem durch zahlreiche Untersuchungen eine Zunahme des relativen Hirnvolumens in Beziehung zum Körpergewicht in der aufsteigenden Tierreihe festgestellt wurde, ergab sich die Frage, welche feingeweblichen Veränderungen, vor allem architektonischer Art, sich in der Evolution vollziehen. Die Zahl der Untersuchungen auf diesem Gebiet ist gegenüber den Volumenbestimmungen sehr gering. Wir haben in systematischen Studien versucht, über eine vergleichende quantitative Neuroanatomie hinaus, zu einer vergleichenden quantitativen Architektonik zu gelangen. Diese Untersuchungen wurden an Primatengehirnen und zwar von Tupaiiden, Lemuren, Cercopitheciden, Pongiden (Pongo, Gorilla, Pan) und Menschen vorgenommen. Bisher wurden die Thalamuskerne (Hopf, 1965; Kraus und Gihr, 1965; Hopf, Gihr und Kraus, 1967), das Corpus subthalamicum (Füssenich, 1967), das Pallidum (Mielke, 1968) und das Corpus mamillare (Burgsmüller, 1968) untersucht. Dabei zeigte sich, daß durchaus nicht alle Kerngebiete den gleichen Gesetzmäßigkeiten folgen. Im allgemeinen kommt es in den untersuchten Kernen zu einer Größenzunahme der Nervenzellen. Die Volumenzelldichte nimmt dagegen ab, d. h. der relative Anteil eines Griseum, der von den Perikarya der Nervenzellen eingenommen wird, verringert sich. Infolge einer Vermehrung der Fortsätze rücken die Nervenzellen weiter auseinander.

Unmittelbar benachbarte Kerne, wie beispielsweise der Nucleus anterior principalis und der Nucleus anterodorsalis des Thalamus zeigen in der aufsteigenden Primatenreihe ein gegensätzliches Verhalten. Unter Nucleus anterior principalis verstehen wir den Nucleus anteroventralis + anteromedialis zusammen, da diese sich bei den Pongiden und Menschen architektonisch nicht mehr trennen lassen. Während der Nucleus anterior principalis eine stark progressive Entwicklung zeigt und sein relativer Volumenanteil am Thalamus zunimmt, ist beim Nucleus anterodorsalis das Gegenteil der Fall. Auf cytologischer Ebene ist eine Vergrößerung der Nervenzellen des Nucleus anterior principalis in der aufsteigenden Primatenreihe zu verzeichnen. Eine Größenzunahme der Nervenzellen des Nucleus anterodorsalis fehlt dagegen. Im Vergleich zu niedrigeren Ordnungen wie Rodentia und Carnivora sind die Zellen des Nucleus anterodorsalis viel kleiner (Hopf und Kraus, 1964). Über solche feingeweblichen Veränderungen liegen bisher noch sehr wenig Befunde vor, so daß man nicht behaupten kann, relative Rückbildungen von Grisea seien etwa regelmäßig mit derartigen Veränderungen verbunden.

Uns hat besonders die Frage interessiert, in welchem Maße die verschiedenen Faktoren an der absoluten Volumenzunahme eines Griseum in der aufsteigenden Primatenreihe beteiligt sind. Beim Corpus subthalamicum ergab sich beispielsweise ganz grob folgendes: Das Volumen dieses Kernes ist beim Menschen rund dreihundertmal größer als bei Tupaia, dem niedrigsten Vertreter der Primaten. Die Nervenzellzahl ist beim Menschen aber nur etwa dreißigmal größer. Die Nervenzellvolumendichte nimmt von rund 7% bei Tupaia auf etwa 2% beim Menschen ab. Die Nervenzellen werden größer. Das Durchschnittsvolumen der Nervenzellen bei Menschen ist etwa dreimal höher als bei Tupaia. Die enorme Volumenzunahme des Corpus subthalamicum beruht demzufolge nur zu einem Zehntel auf der Vermehrung der Nervenzellzahl, zu einem Drittel auf der Vergrößerung der Nervenzellen, im übrigen aber auf einer Vergrößerung des sogenannten zwischenzelligen Graus, also im wesentlichen der Zahl der Fortsätze.

Ganz entsprechende Verhältnisse ergaben sich auch beim Corpus mamillare. Die Volumenvermehrung dieser Kerngruppe beim Menschen im Vergleich zu Tupaia ist ebenfalls zehnmal größer als die Zunahme der Nervenzellzahl.

Diese Befunde zeigen, in welcher Weise das evolutionäre Geschehen, das am sinnfälligsten in der Entwicklung des Gehirns zum Ausdruck kommt, durch quantitative und statistische Daten objektiv erfaßt werden kann. Detaillierte Untersuchungen der einzelnen architektonischen Einheiten ermöglichen wahrscheinlich auch eine bessere Erfassung der morphologischen Korrelate der unterschiedlichen Leistungshöhe.

Literatur

Burgsmüller, D.: Quantitative und statistische Untersuchungen am Corpus mamillare bei Primaten. Inaug. Diss. Düsseldorf, 1968.

Donaldson, H. H.: A comparison of the albino rat with man in respect to the growth of the brain and of the spinal cord. J. Comp. Neurol. **18**, 345–393 (1908).

Emele, B.: Biometrische Analyse der Regressionen des Rhombencephalons und des Cerebellum der Albinomaus. Inaug. Diss. Frankfurt/M., 1967.

Füssenich, M.: Vergleichend anatomische Studien über den Nucleus subthalamicus (Corpus Luysi) bei Primaten. Inaug. Diss. Freiburg/Br., 1967.

Hopf, A.: Volumetrische Untersuchungen zur vergleichenden Anatomie des Thalamus. J. Hirnforsch. **8**, 25–38 (1965).

Hopf, A., M. Gihr und C. Kraus: Vergleichende Anatomie des Primatenthalamus. In: Neue Ergebnisse der Primatologie. Hrsg. D. Starck, R. Schneider, H. J. Kuhn, Gustav Fischer, Stuttgart, 1967.

Hopf, A., und C. Kraus: Studien zur vergleichenden Architektonik des Thalamus. Progress in Brain Research **5**, 88–99 (1964).

Kraus, C., und M. Gihr: Statistischer Beitrag zur Gliederung des Nucleus anterior thalami. J. Hirnforsch. **8**, 39–45 (1965).

Kretschmann, H.-J., und F. Wingert: Über die quantitative Entwicklung der Hippocampusformation der Albinomaus. J. Hirnforsch. **10**, 471–486 (1968).

Kretschmann, H.-J., und H. Vossius: Die Nativmakrotomie, eine schnelle und genaue Methode zur Volumenbestimmung von Hirn- und Rückenmarkszentren. J. Hirnforsch. **10**, 373–378 (1968).

Mielke, B.: Quantitative und statistische Untersuchungen am Pallidum von Primaten. Inaug. Diss. Düsseldorf, 1968.

Paul, F.: Biometrische Analyse der Volumina der Großhirnrinde und des Prosencephalons von 31 menschlichen, adulten Gehirnen. Inaug. Diss. Frankfurt/M., 1968.

Wessely, W.: Biometrische Analyse der Volumina des Rhombencephalons, des Cerbellum und der Ventrikel von 31 menschlichen, adulten Gehirnen. Inaug. Diss. Frankfurt/M. 1968.

Wingert, F.: Biometrische Analyse der Wachstumsfunktionen von Hirnteilen und Körpergewicht der Albinomaus. J. Hirnforsch. (im Druck).

Institut für Veterinär-Histologie und -Embryologie der Humboldt-Universität Berlin, DDR

Die Mastzellpopulation als Regler im System „lockeres Bindegewebe“

von

D. Lindner und V. Dietsch

Der im Vortragsthema formulierte Gedanke, daß die Mastzellen als Regler im System „lockeres Bindegewebe“ fungieren, ist ein hypothetischer Gedanke. Seine Grundlage bilden einerseits die zahlreichen, uns aus dem Schrifttum bekannten Daten (Selye, 1965) und andererseits eigene quantitativ-morphologische und histochemische Studien des lockeren Bindegewebes aus der Subcutis. Beim Aufstellen unserer Hypothese wird, soweit es möglich ist, die Gesamtleistung der Mastzellen berücksichtigt.

Da das lockere Bindegewebe der Hauptort des Vorkommens von Mastzellen ist, wollen wir zunächst die Aufgaben dieses Gewebes und ihre strukturellen Träger kurz skizzieren. Als verbindende Schicht übt das lockere Bindegewebe mechanische (Binde- und Gleit-)Funktionen aus, die eine Verformbarkeit des Gewebes erfordern. Diese Verformbarkeit wird durch den stark gewellten unregelmäßigen Verlauf der Kollagenfasern sowie durch die weiche Konsistenz der Grundsubstanz bedingt. Die zweite wichtige Aufgabe des lockeren Bindegewebes stellt die Abwehr dar, deren Hauptträger die Histiozyten und Blutzellen sind. Eine wichtige Rolle für die Abwehrreaktionen spielt die amorphe Grundsubstanz mit ihrer Eigenschaft der selektiven Permeabilität. Die Permeabilität wird durch die chemische Zusammensetzung der Grundsubstanz bedingt, da die Hauptbestandteile dieser Substanz — die Mukopolysaccharide und ihre Proteinkomplexe — eine starke Neigung zur Polymerisation und Wasserbindung besitzen (Policard u. Collet, 1961). Die permeable Grundsubstanz spielt im lokalen Stoffwechsel ebenfalls eine wichtige Rolle.

Die Fibroblasten sind mit allen Aufgaben des lockeren Bindegewebes verbunden. Sie fördern die mechanische Funktion durch Fibrillogenese (Gieseking, 1966), den Stoffwechsel durch die Produktion von einigen Bestandteilen der Grundsubstanz, die Abwehr durch die Bildung eines Schutzwalls.

Nun wollen wir zur Charakteristik der Mastzellen übergehen, wobei gleichzeitig auf ihre wesentlichen Merkmale hingewiesen wird, die sie von allen anderen Bindegewebszellen unterscheiden. Das erste Merkmal ist ihre unter allen Bindegewebszellen größte biochemische und morphologische Variabilität. Die Mastzellen enthalten neutrale und saure Mukopolysaccharide wie Heparin, Chondroitinschwefelsäure A, B und C, Hyaluronsäure (Černyšova u. Chruščov, 1967), Histamin und viele Fermente, deren Anzahl der von Mitochondrien nahekommt (Lindner, 1961). Die einzelnen Mastzellen befinden sich in verschiedenen Phasen der Synthese und Abgabe der genannten Stoffe und zeigen daher morphologisch ein sehr heterogenes Bild (Lindner, 1967). Die einzelnen morphologischen Mastzellvarianten stehen in einer bestimmten Relation zueinander, wobei diese Relation leicht verschiebbar ist. Das bedingt eine große Reaktionsfähigkeit und Labilität der Mastzellpopulation (Lindner, 1968). Welchen Anteil haben die Mastzellen am Geschehen im lockeren Bindegewebe?

Zunächst wollen wir die Frage beantworten, welche Zusammenhänge zwischen einigen Eigenschaften der sauren MPS und des Histamins als Hauptbestandteile der Mastzellen einerseits und der wichtigsten Aufgaben des lockeren Bindegewebes andererseits bestehen. Die für die Abwehrfunktion und den Stoffwechsel ausschlaggebende Permeabilität der Grundsubstanz wird durch saure MPS und ihre Proteinkomplexe als hochmolekulare Stoffe herabgesetzt (Policard u. Collet, 1961). Außerdem wirkt das Heparin durch die Hemmung von proteolytischen Fermenten in die gleiche Richtung (Burkl, 1952). Das Histamin verursacht dagegen durch seine Fähigkeit, die Depolymerisation anzuregen, eine Erhöhung der Permeabilität (Kasatkina, 1963). Die Abwehrfunktion wird von den sauren MPS durch

Verminderung der Permeabilität, Hemmung der Zellbewegung, Hemmung der proteolytischen Fermente, lokale Entgiftung (CASELI und SCHUMACHER, 1958) sowie Bindung von Histamin herabgesetzt (WERLE und AMANN, 1955). Das Histamin fördert dagegen die Abwehr durch Vasodilatation und Ödembildung (LAPIÈRE, 1961), durch Erhöhung der Permeabilität der Grundsubstanz sowie durch Anregung des RES (RILEY, 1955; REMY, 1961). Die mechanische Funktion wird von den sauren MPS dadurch begünstigt, daß diese selbst die notwendigen Bausteine der Kittsubstanz darstellen und die Fibrillogenese aktivieren (MORRIONE, 1952). Das Histamin wirkt wiederum durch seine Anregung der Depolymerisation auf die Faserbildung hemmend.

Die Wirkung der sauren MPS und des Histamins ist in Tabelle 1 zusammenfassend dargestellt.

Tabelle 1

Wirkung der sauren MPS und des Histamins auf das Geschehen im Bindegewebe

	saure MPS	Histamin
Permeabilität	Verminderung	Erhöhung
Abwehr	Hemmung	Förderung
Faserbildung	Aktivierung	Hemmung

Aus dieser Tabelle ist zu ersehen, daß die Mastzellen durch die Ausscheidung der genannten Substanzen im Stande sind, an allen Funktionen des lockeren Bindegewebes teilzunehmen und dabei entgegengesetzte Wirkungen zu entfalten. Somit haben wir das zweite wesentliche Merkmal der Mastzellen, denn, wie die Tabelle 2 zeigt, beteiligen sich außer den Mastzellen nur die Fibroblasten an allen Bindegewebsfunktionen, wobei ihre Wirkung im Unterschied zu den Mastzellen nur einseitig ist.

Tabelle 2

Beteiligung der Bindegewebszellen an den einzelnen Funktionen des lockeren Bindegewebes

	mechanische Funktion		Abwehrfunktion		Stoffwechsel	
	Förderung	Hemmung	Förderung	Hemmung	Förderung	Hemmung
Fibroblasten	+	−	+	−	+	−
Histiozyten	−	−	+	−	−	−
Mastzellen	+	+	+	+	+	+
Blutzellen	−	−	+	−	−	−

Das dritte für unsere Hypothese wesentliche Merkmal ist die geringe Anzahl der Mastzellen: sie sind die dritthäufigste Zellart nach den Fibroblasten und Histiozyten.

Die geringe Größe der Mastzellpopulation, ihre sehr große Variabilität (Vielfalt) und ihre Besonderheit, in alle Funktionen des Gewebes sowohl fördernd als auch hemmend eingreifen zu können, berechtigt uns zur Annahme, daß die Mastzellen die Rolle eines Reglers im System lockeres Bindegewebe spielen. Bekanntlich sind die biologischen Regler kleiner als das zu regelnde System. Aus diesem Grunde spielt höchstwahrscheinlich das kybernetische Gesetz der notwendigen Vielfalt bei biologischen Regelvorgängen die Hauptrolle (ASHBY, 1956). Jedes System ist koordiniert und homöostatisch und zeigt bestimmte Invarianten. Die Invarianten zeigen den Grad der Regulierung an. Ist diese gut, wird die Vielfalt innerhalb des Systems klein. Ein gestörtes, schlecht reguliertes System zeigt eine große Vielfalt. Um diese Vielfalt einzuschränken, bedarf es nach dem Gesetz der notwendigen Vielfalt eines Reglers, der selbst eine noch größere Vielfalt aufweist. Die Verringerung oder Einschränkung der Vielfalt ist für die Existenz notwendig, da eine zu große Variabilität zum Chaos führt.

Das lockere Bindegewebe der Subcutis zeigt bestimmte Invarianten. Dazu gehört eine recht konstante relative Häufigkeit der Zellarten, die wir bei mehreren Tierarten festgestellt haben (LINDNER, 1962, 1963, 1964 und unveröffentlicht). Bei den meisten untersuchten klinisch gesunden Tieren stellen die Fibroblasten die häufigste (bis 70%) und die Histiozyten die zweithäufigste (bis 30%) Zellart dar. Der Anteil von Mastzellen kann 10% erreichen. Die Blutzellen sind sehr selten (bis 2%).

Trotz einer gewissen tierartlich oder individuell bedingten Schwankung der prozentualen Häufigkeiten bleibt die mengenmäßige Reihenfolge der Bindegewebszellen stets die gleiche. Ein kleiner Teil der untersuchten Tiere zeigt eine andere Relation der Zellarten. Meist handelt es sich um eine erhöhte Anzahl von Blutzellen und Histiozyten und um das Erscheinen der Plasmazellen. Dies wird stets von einer Histiozytenaktivierung (häufige Phagozytosebilder) begleitet, was für eine gewisse Reizung des Bindegewebes spricht. In diesen Fällen liegt also eine größere Vielfalt vor.

Die meist vorhandene Ordnung der Teile, die auch eine Ordnung der Prozesse vermuten läßt, zeugt vom Zustand des Fließgleichgewichtes, das ständig vom lockeren Bindegewebe angestrebt wird und in dem es auch verharren kann. Dieser Zustand ist jedoch kein Dauerzustand, da er selbst bei klinisch gesunden Tieren von anderen Zuständen abgelöst wird, um dann wieder das Fließgleichgewicht anzustreben. Beim Wechsel der Zustände treten die Mastzellen als Regler in Aktion. Versuchen wir die regulierende Rolle der Mastzellen an einem pathologischen Beispiel zu verfolgen, und zwar am Verhalten des lockeren Bindegewebes bei der Hypodermose des Rindes (Dietsch und Lindner, 1966; Dietsch und Lindner, im Druck; Dietsch, 1968). Bei der Hypodermose wirken das Hypodermatoxin (HDT), das von den im subcutanen Bindegewebe wandernden Dassellarven ausgeschieden wird, sowie der

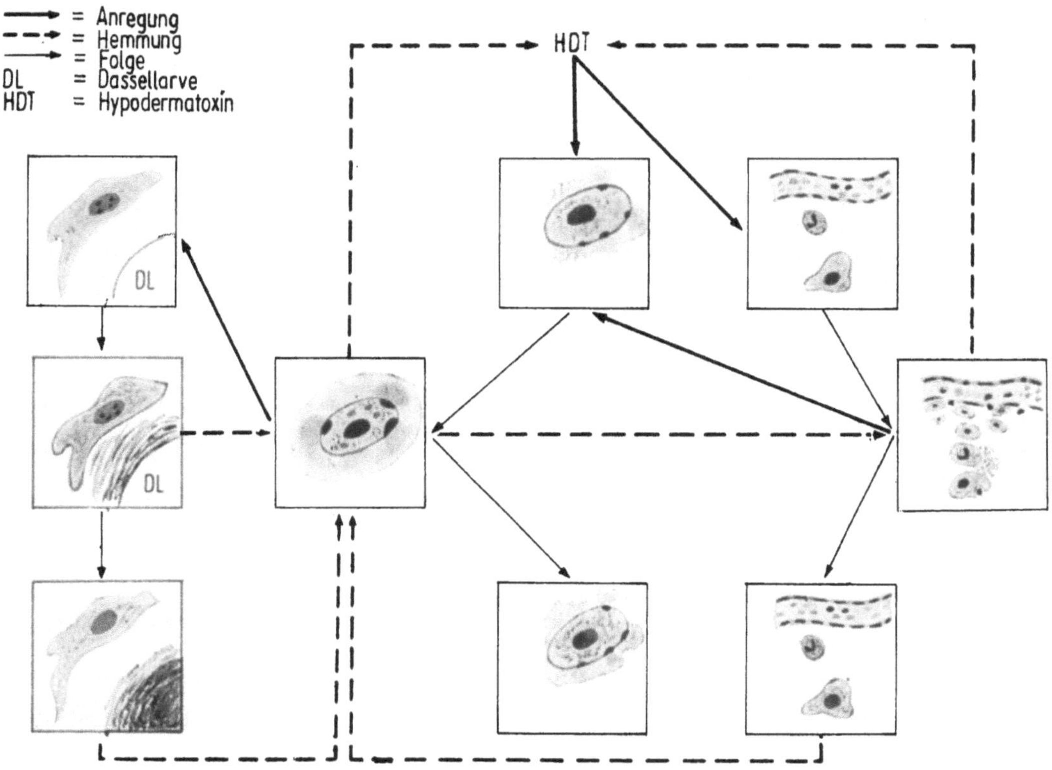

Abb. 1. Das Verhalten der Bindegewebszellen in der Subcutis bei der Hypodermose des Rindes

mechanische Reiz der Larven als auslösende Faktoren der Entzündung. Das Hypodermatoxin erhöht die Permeabilität des Gewebes und verursacht dadurch ein Ödem und die Auswanderung von Blutzellen (Abb. 1). Höchstwahrscheinlich regt es auch die Histiozyten und Adventitialzellen an und führt damit zur Bildung von Makrophagen und Plasmazellen. Infolge dieses Reizes unterscheidet sich das Zellbild der Subcutis in der Phase der Reife von Dassellarven von dem der gesunden Rinder beträchtlich. Es erscheinen hier zwei Zellarten, die in der Subcutis gesunder Tiere völlig fehlen: die eosinophilen Granulozyten und Plasmazellen. Die Anzahl der hier aktivierten Histiozyten und die Anzahl der Lymphozyten wird erhöht. Die Fibroblasten erscheinen nicht nur vermindert, sondern auch in einer anderen qualitativen Zusammensetzung: Es überwiegt die monoplasmatische Form. Diese statistisch gesicherten Angaben beweisen, daß bei der Hypodermose eine größere Vielfalt des Zellbildes vorliegt. Das Hypodermatoxin und die Anreicherung sekundärer basischer Reaktionsprodukte verursachen die Verschiebung der biochemischen Zusammensetzung der Grundsubstanz ebenfalls in Richtung einer größeren Vielfalt. Die Mastzellen zeigen eine signifikante Verschiebung der relativen Häufigkeit ihrer Varianten und scheiden vermehrt amorphe metachromatische Substanz aus, was für eine erhöhte Sekretion von sauren MPS spricht. Diese Reaktion der Mastzellen ist höchstwahrscheinlich die Folge sowohl des direkten Einflusses von HDT sowie des im Gewebe bereits entwickelten Entzündungsprozesses.

Wie wird nun dieser Zustand überwunden?

Alle durch HDT provozierten Abwehrkräfte (Plasmazellen mit AAR, eosinophile Granulozyten mit einem Histaminikum und Makrophagen) wirken entgiftend auf HDT zurück. Die zentrale Stellung beim Überwinden des krankhaften Zustandes nehmen jedoch die Mastzellen ein, da ihre Wirkung sich nicht nur gegen Krankheitsursachen sondern auch einschränkend auf die durch Krankheit entstandene Vielfalt des lockeren Bindegewebes richtet. Die Wirkung auf die Krankheitsursachen besteht in der Entgiftung der HDT und in der Anregung der Kapselbildung um die Dassellarven. Die die Vielfalt einschränkende Wirkung, die durch vermehrte Ausscheidung von sauren MPS bedingt wird, beruht auf der Herabsetzung der Permeabilität sowohl der Basalmembran als auch der Grundsubstanz, auf dem hemmenden Einfluß auf das RES und auf der Entgiftung sekundärer basischer Reaktionsprodukte. Die Beseitigung der Krankheitsursachen und das allmähliche Abklingen der Abwehrreaktionen schaffen Bedingungen, bei denen ein Überschuß an MPS nicht mehr benötigt wird. Das führt zur Rückkehr der Mastzellpopulation in den Zustand des Fließgleichgewichtes.

Das lockere Bindegewebe ist ein kompliziertes System und die Funktion der Mastzellen als Regler dieses Systems läßt sich in mehrere Reglerkreise auflösen, deren Anzahl und wahrscheinliche Vermaschung zunehmen wird, wenn man sich in die Biochemie dieser Vorgänge vertieft.

Literatur

ASHBY, W. R.: An introduction to cybernetics. Chapman & Hall Ltd, London (1956).

BURKL, W.: Über Mastzellen und ihre Aufgaben. Wiener klin. Wschr. **64**, 411 (1952).

CASELLI, P. B., und H. SCHUMACHER: Die Pufferfunktion der Mastzellen gegenüber basischen Proteinen. Z. ges. exp. Med. **130**, 265 (1958).

ČERNYŠOVA, Z. B., und N. G. CHRUŠČOV: Mukopolysaccharide der Mastzellen des lockeren Bindegewebes. Archiv anatomii, gistologii i embriologii **53**/10, 79 (1967).

DIETSCH, V.: Zum Zellbild der Subcutis bei der Hypodermose des Rindes (Zytologische, zytochemische und quantitativ-morphologische Studien). Vet.-med. Diss., Berlin (1968).

DIETSCH, V., und D. LINDNER: Die Sekretionsmorphologie der Mastzellen gesunder und mit Dassellarven befallener Rinder. Mh. Vet.-med. **17**, 649 (1966).

DIETSCH, V., und D. LINDNER: Zum Zellbild der Subcutis bei der Hypodermose des Rindes. Wiss. Z. Karl-Marx-Univ. Leipzig (im Druck).

GIESEKING, R.: Mesenchymale Gewebe und ihre Reaktionsformen im elektronenoptischen Bild. Veröff. morph. Path. **72** (1966).

KASATKINA, L. V.: Die Wirkung des Histamins auf die Entwicklung einer experimentellen Atherosklerose. Kardiologija **3**, 45 (1963).

LAPIÈRE, C. M.: Wirkung von Histamin auf das Bindegewebe. Biol. Filiales **155**, 942 (1961).

LINDNER, D.: Zur vergleichenden Zellmorphologie des lockeren Bindegewebes. I. Das Zellbild der Subcutis des Rindes. Z. mikr.-anat. Forsch. **69**, 153 (1962).

LINDNER, D.: Zur vergleichenden Zellmorphologie des lockeren Bindegewebes. II. Das Zellbild der Subcutis des Schafes. Z. mikr.-anat. Forsch. **69**, 456 (1963).

LINDNER, D.: Zur vergleichenden Zellmorphologie des lockeren Bindegewebes. III. Das Zellbild der Subcutis des Schweines. Z. mikr-anat. Forsch. **71**, 121 (1964).

LINDNER, D.: Zur quantitativ-morphologischen Methode in der Mastzellforschung. Ein Beitrag zum Begriff „normale Mastzelle". Z. mikr.-anat. Forsch. **76**, 466 (1967).

LINDNER, D.: Zytologische, zytochemische und quantitativ-morphologische Untersuchungen der Mastzellen der Subcutis experimentell belasteter Meerschweinchen. Z. mikr.-anat. Forsch. **78**, 35 (1968).

LINDNER, J.: Die Mastzelle (ein Diskussionsbeitrag). Arch. klin. exp. Derm. **213**, 588 (1961).

MORRIONE, Th. G.: The formation of collagen fibers by the action of heparin on soluble collagen: an electron microscope study. J. exp. med. **96**, 107 (1952).

POLICARD, A., et A. COLLET: Physiologie du tissu conjonctif normal et pathologique. Masson et Cie, éditeurs libraires de l'académie de medicine, Paris (1961).

REMY, D.: Die Physiologie der Mastzelle. Arch. Klin. exp. Derm. **213**, 545 (1961).

RILEY, J. F.: Pharmacology and functions of the mast cells. Pharm. Rev. **7**, 267 (1955).

SELYE, H.: The mast cell. (1965).

WERLE, H., und R. AMANN: Über eine Bindung des Histamins an Heparin. Naturw. **42**, 583 (1955).

Diskussionsredner:

BARGMANN (DBR), DAWIDOWSKI (UdSSR), KORB (DBR).

Forschungszentrum für normale und pathologische Embryologie Timişoara, SR Rumänien

Genaue Wachstumsbestimmung in Frühstadien der embryonalen Entwicklung. II.: Vorschlag zu einer einheitlichen Wachstumsbestimmung des Hühnerembryos

von

St. Elias

Da genaue, statistisch auswertbare Wachstumsbestimmungen in embryonalen Stadien mehr und mehr an Bedeutung zunehmen, schien es notwendig, eine kritische Bewertung der üblichen Größenmasse des Hühnerembryos vorzunehmen.

Da der Embryo ein dreidimensionales Gebilde ist, muß man für die globale Charakterisierung seiner Größe, Längen-, Flächen- bzw. Volummasse anwenden, wie das auch üblich ist (Elias und Sandor, 1965; Elias, 1967).

Weil während der Frühentwicklung Form und Größe einem bedeutenden Wechsel unterliegen, bewegten uns rein praktische Gründe zu untersuchen und zu entscheiden, in welchem Stadium der Entwicklung welche Abmessung am genauesten als repräsentatives Maß für die Größe (Wachstum) verwendet werden sollte.

Da aber die Entwicklung ein stetiger Prozeß mit ineinanderfließenden Formänderungen ist, ist es weiterhin von Wichtigkeit die Kontiguität der verschiedenen Wachstumsmassen zu sichern, um eine lückenlose quantitative Erfassung des ganzen Wachstumsprozesses zu erhalten (in unserem Falle vom Primitivstreifen angefangen).

In einer früheren Arbeit (Elias und Sandor, 1965) haben wir unter vielen anderen Charakteristiken auch die Länge des Hühnerembryos statistisch beschrieben, in der Periode von der 16.—59. Bebrütungsstunde.

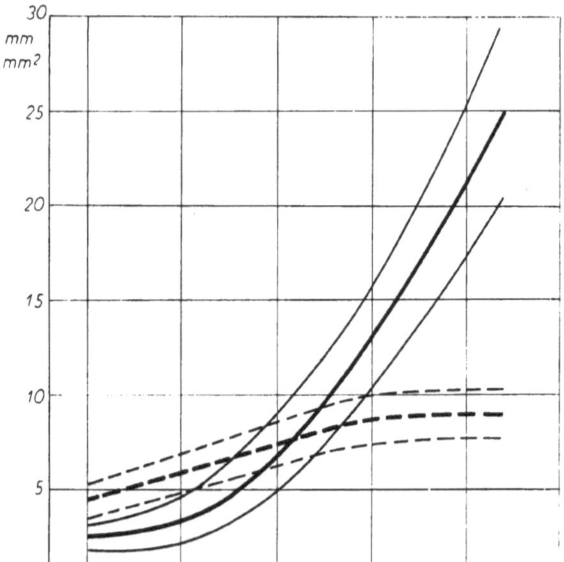

Fig. 1. Evolution of the embryonic length and area as a function of the incubation age: L = Length of the embryo; A = Embryonic area; h = hours of incubation; —— Arithmetical mean of the area; —— ± 2s (s = standard deviation); — — — Arithmetical mean of the length; — — — ± 2s (s = standard deviation) (2)

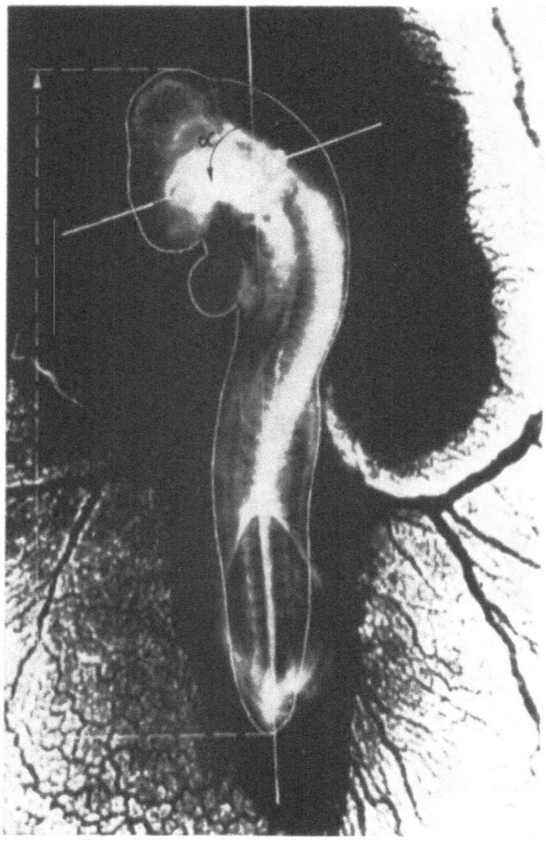

Fig. 2. Conventional embryonic area. L = Lenght of the embryo; α = angle measuring cervical flexion (2)

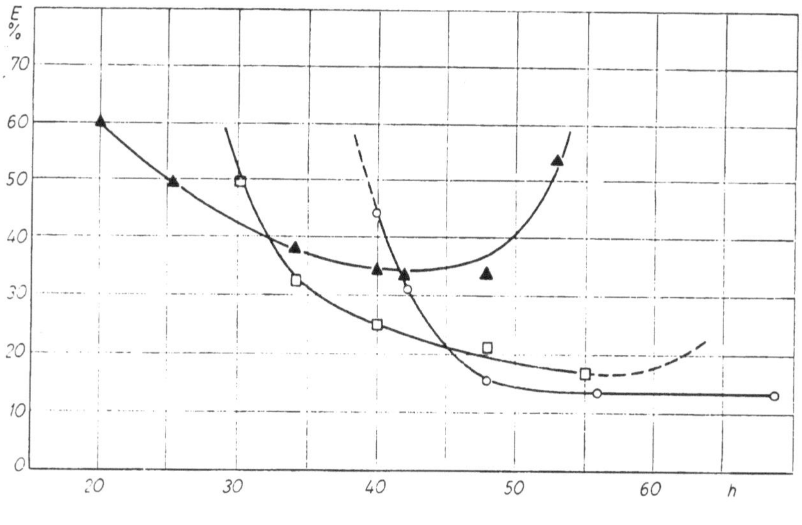

Fig. 3. The error made by age determination of a single individual based on: ▲ the length; □ the area; ○ the number of somites. Ordinate: maximum relative error made by age determination at the P = 5%. Abscissa: Incubation age (2)

Es stellte sich bei genaueren Untersuchungen und Anwendungen (Sandor und Elias, 1967) jedoch heraus, daß gegen Ende des 2. Bebrütungstages wegen der cervikalen Flexion und Krümmung der embryonalen Axis dieses Maß an Präzision verliert. So haben wir für die Periode von der 42.—72. Bebrütungsstunde die „Fläche" (orthogonale Projektion) als repräsentatives Maß für das Wachstum vorgeschlagen und durch mehrere biostatistische Tests an normalem und experimentell beeinflußtem Material nachgewiesen, daß in der oben genannten Periode die „Fläche" von allen uns bekannten Größenmaßen am genauesten und mit relativ wenig Arbeitsaufwand das Wachstum beschreiben kann (Elias, 1967).

In weiteren Versuchen, die noch nicht endgültig abgeschlossen sind, sind wir um die 72. Bebrütungsstunde zu klassischen Gewichtsbestimmungen übergegangen, um nunmehr auch die Kontiguität (Korrelation) zwischen „Fläche" und Gewicht festzulegen.

Da die Verbindung (Korrelation) zwischen Länge und „Fläche" schon in der genannten Arbeit (Elias, 1967) durchgeführt worden war, sind wir nun im Besitze einer lückenlosen Meßmethode, die in

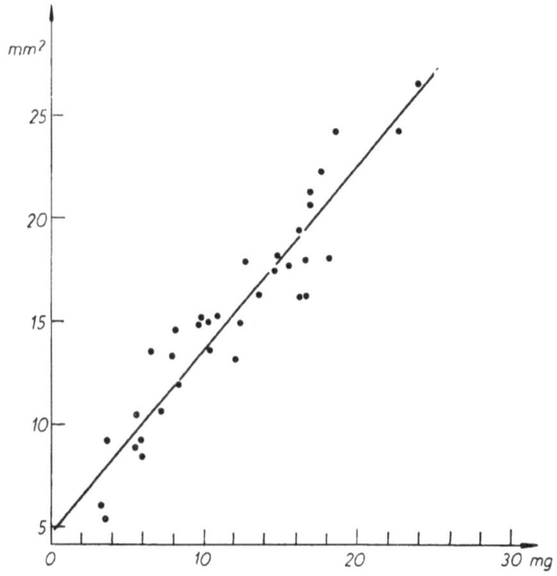

Fig. 4. Correlation between area and weight. Abscissa: mg wet weight. Ordinate: Area expressed as mm² (See also Fig. 2)

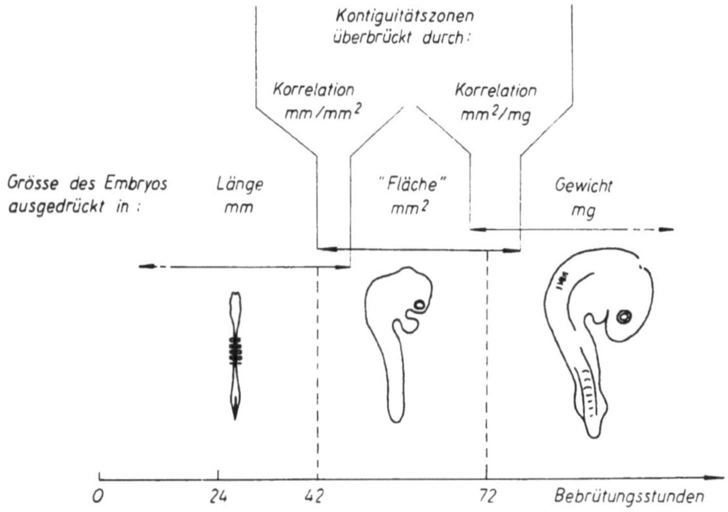

Fig. 5. The sequence of the various size characteristics of the chick embryo. Abscissa: hours of incubation

der jeweiligen Entwicklungsperiode am präzisesten arbeitet — mit bekannter Fehlerbreite — und auch die qualitative Maßänderung lückenlos überbrückt.

Wir sind uns dessen durchaus bewußt, daß der Beitrag nur die äußerlich-morphologische Seite des sehr komplizierten Wachstumsvorganges einer näheren quantitativen Beschreibung zugänglich macht und weiterhin unbedingt auch mit üblichen biochemischen Wachstumsgrößen ergänzt bzw. in Verbindung gebracht werden muß (Needham, 1950; Nowinski, 1961; Romanoff, 1960).

Abschließend sei noch ein Vorteil unserer Methodik erwähnt: sie erlaubt Wachstumsvorgänge in Frühstadien zu verfolgen, ohne die Hühnerembryonen abtöten zu müssen (siehe auch die Methode von

Dr. S. Sandor, 1968), wobei nähere Kenntnisse über die biokybernetische Regelung des Wachstums in dieser, vom teratologischen Standpunkt aus wichtigen Periode gewonnen werden könnten: kausale Zusammenhänge im embryonalen Komplex (B. Menkes, 1958), Einfluß von Noxen auf das Wachstum (Menkes, 1966; Miclea und Arcan, 1965; 1966).

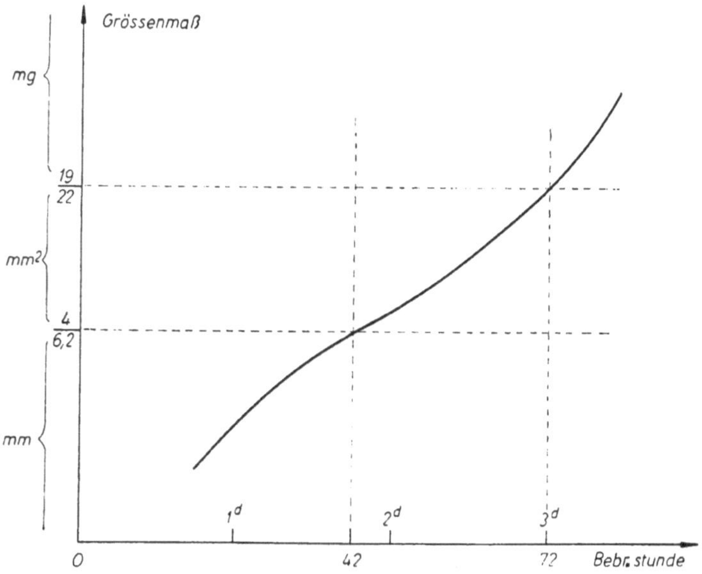

Fig. 6. Unitary growth curve of the chick embryo. Abscissa: hours of incubation. Ordinate: Size characteristics

Literatur

Elias, St., and St. Sandor: A Biostatistical Study of the Early Morphogenesis of the Chick Embryo and its Appendages. Rev. Rom. d'Embryol. et Cytol.-Serie d'Embryol. 2, 115—160 (1965).

Elias, St.: A Method for Precise Growth Measurements of the Embryo in Early Developmental Stages. Rev. Rom. d'Embryol. et Cytol.-Serie d'Embryol. 4, 193—200 (1967).

Menkes, B.: Cercetări de embriologie experimentală. I. Ed. Acad. R. P. R. București, 1958.

Menkes, B., C. Alexandru, A. Pavkov, O. Mircov and O. Tudose: The action of Janus Green B injected into the pharynx upon vascular arch and viscerobranchial primordia differentiation in the Chick embryo. Rev. Roum. d'Embryol. et Cytol.-Serie d'Embryol. 3, 87—110 (1966).

Miclea, C., and A. Arcan: Effects produced by Tretamine (TEM) injected into the Neural Lumen of Chick Embryo. Rev. Roum. d'Embryol. et Cytol.-Serie d'Embr. 2, 37—44 (1965).

Miclea, C., and A. Arcan: Effects of intraependymal injections with Janus Green B and Tretamine upon Chick Embryo development. Rev. Roum. d'Embryol. et Cytol.-Serie d'embryologie 3, 75—86 (1966).

Needham, J.: Biochemistry and Morphogenesis, Cambridge, Univ. Press, 1950.

Nowinski, W. W.: Fundamental Aspects of Normal and Malignant Growth. Elsevier Publishing Co., 1961.

Romanoff, A. L.: The Avian Embryo, Mc Millan Co New York (1960).

Sandor, St., and St. Elias: The Influence of Aethyl-Alcohol on the Development of the Chick Embryo. Rev. Roum. d'Embryol. et Cytol.-Serie d'embryologie 4, 1 (1967).

Sandor, St.: A new method for filming a chicken embryo in ovo. Intern. Congr. The Present State of Morphology in Biology and Medicine. Berlin 1968.

Diskussionsredner:

Hopf (DBR).

Institut für Medizin Timişoara, SR Rumänien

Über einige aktuelle Fragen der makroskopischen morphologischen Forschung

von

N. Diaconescu und Th. Porsche

Es mag wenig interessant erscheinen heutzutage, in der Ära der Elektronenmikroskopie, der Histoenzymologie und der Molekulargenetik, über Fragen der makroskopischen anatomischen Forschung zu diskutieren und es scheint, daß diese Forschungsrichtung immer mehr an Bedeutung verliert; man ist versucht die Frage zu stellen, ob es in der makroskopischen Anatomie überhaupt noch lohnende Forschungsthemen geben kann. Bei genauerer Betrachtung kann man aber feststellen, daß noch manche Fragen bisher unbeantwortet geblieben sind.

Eine der wesentlichsten dieser Fragen bezieht sich auf den kausalen Zusammenhang zwischen Form und Funktion, d. h. durch die Funktion zu verstehen, warum ein Organ die Gestalt hat, die ihm eigentümlich ist. In dieser Hinsicht scheint es, daß — wie auch Kummer, 1959 meint — der Begriff „funktionelle Anatomie" oft ohne eigentliche Kenntnis der wahren Zusammenhänge zwischen Gestalt und Funktion verwendet wird.

Die mikroskopische Morphologie beweist die Existenz eines eindeutigen Zusammenhangs zwischen der Struktur eines Organs und seiner Funktion und zeigt, daß sich die Struktur von Spezies zu Spezies sogar von Klasse zu Klasse sehr wenig verändert; so ist z. B. die Struktur der Leberzelle und des Lebergewebes prinzipiell bei allen Tieren, die dieses Organ besitzen, sehr ähnlich.

Die äußere Form bzw. Gestalt eines Organs, wie z. B. der Leber, kann hingegen von Spezies zu Spezies sehr verschieden sein, und ein klarer kausaler morphologischer Zusammenhang zwischen *Gestalt und Funktion* ist nicht erkennbar, ebensowenig wie zwischen Parenchymquantität und Funktion. Es kann wohl heute von einer funktionellen Struktur, d. h. von einer funktionellen Histologie oder Cytologie die Rede sein, aber noch fehlen hinreichende Kenntnisse für eine Lehre von der „funktionellen" makroskopischen Gestalt (bzw. Form), d. h. für eine *funktionelle Anatomie* (ausgenommen vielleicht den Bewegungsapparat). Die Faktoren, die die Gestalt und die „quantitativen Parameter" (Volumen, Gewicht, Größe, Anzahl usw.) der Organe bestimmen sind bisher wenig erforscht und wenig bekannt.

In vorausgegangenen Arbeiten haben wir versucht (Diaconescu, 1963, 1965, 1967; Diaconescu und Mitarbeiter, 1966), die Kausalität der Gestalt bei einigen Organen zu ergründen, wie z. B. die Ursachen der Lappung des Leber-, Lungen- und Nierenparenchyms (Diaconescu, 1964, 1967). Aus den Schlußfolgerungen geht hervor, daß die Gestalt oder Form dieser Organe von den funktionellen Charakteristika des Gesamtorganismus und auch von den Wechselbeziehungen zwischen den verschiedenen Organen der Gesamtheit bestimmt wird. Die gelappte oder ungelappte Gestalt der Leber oder der Lunge wird zum Beispiel bedingt durch die Zugbeanspruchungen, denen das Parenchym dieser Organe während der Bewegungen der Wirbelsäule, vor allem bei der Dorsalflexion, ausgesetzt ist. Innerhalb dieser Wechselbeziehungen zwischen der Dynamik des Gesamtorganismus und der Lappung seiner Organe spielt die Dynamik des Stammes die Hauptrolle und die Eigentümlichkeiten des Organs und dessen Beziehungen mit den Nachbarorganen haben eine sekundäre Bedeutung.

Die quantitative Entwicklung eines Organs geschieht in der Ontogenese nach einem bestimmten genetischen Programm und die oft großen individuellen Unterschiede erscheinen als phänotypische Äußerungen innerhalb der Grenzen des Genotypus (Milcu und Maximilian, 1967).

Im Determinismus der Parenchymquantität scheint das Verhältnis zwischen der funktionellen Leistungsfähigkeit des Organs und seiner, vom Gesamtorganismus geforderten Leistung eine wichtige Rolle zu spielen. In diesem Sinne bestehen zwischen der Muskelmasse und der Leber- oder Nierenquantität determinierende funktionelle Wechselbeziehungen, die sich dadurch äußern, daß bei Tieren, die experimentell längere Zeit großen Anstrengungen ausgesetzt sind, die Quantität des Leber- und Nierenparenchyms ab-, die Muskelmasse hingegen zunimmt (HEARN, 1965). Dasselbe zeigen auch eigene Untersuchungen bei Wirbeltieren, bei denen es sich erwiesen hat, daß mit der evolutiven Zunahme der Muskelmasse eine Abnahme des Leberparenchyms parallel geht (DIACONESCU, 1964).

In engem Zusammenhang mit der erwähnten Problematik steht die Erkenntnis, daß in der Gesamtheit des Organismus eine bestimmte hierarchische strukturelle und funktionelle Ordnung existiert, die schon von CUVIER als Prinzip der Unterordnung der Organe erkannt wurde. In den letzten zwei Jahrzehnten haben sich verschiedene Autoren mit diesem Problem im biologischen und ökologischen Rahmen auseinandergesetzt (BERTALANFFY, 1960; BOTNARIUC, 1967; DIACONESCU und VELEANU, 1965, STUGREN, 1965; WEISZ, 1961). Die neueren Ansichten unterscheiden ,,Strukturniveaus" und ,,Strukturstufen" in der lebenden Materie. Jedes Strukturniveau (Individuum, Spezies, Population, Biozönose) umschließt für sich charakteristische funktionelle bzw. strukturelle Organisationsstufen.

Im menschlichen Organismus könnte man eine Stufe der Zelle, des Gewebes, des Organs, des Apparats und des Systems unterscheiden. Jede dieser Stufen hat eigene morphologisch-funktionelle Charakteristika und einen besonderen Platz in der morphologischen und physiologischen Hierarchie (BERTALANFFY, 1960). Jede höhere Einheit wird durch Vereinigung untergeordneter Einheiten gebildet und auf jeder Stufe erscheinen Eigenschaften, die in den einzelnen untergeordneten Stufen nicht existieren. BERNAL bezeichnet daher die Reihe der Struktureinheiten in der Biologie als diskontinuierliche Serie.

Es scheint, daß die Kausalität der quantitativen Parameter der makroskopischen Morphologie (Gestalt, Quantität, Anzahl usw.) leichter erkannt werden kann, wenn von der Interrelation zwischen den verschiedenen hierarchischen Organisationsstufen des Organismus ausgegangen wird. Werden die Organe im Rahmen ihrer Organisationsstufen als Einheiten aufgefaßt, so können folgende Wechselbeziehungen vorausgesetzt werden:

1. Beziehungen der ,,vertikalen" (hierarchischen) Unterordnung,
2. ,,horizontale" Beziehungen der Organe untereinander und
3. Beziehungen, die in der Einheit selbst existieren (z. B. zwischen den einzelnen Geweben eines Organs).

Der Rahmen der vertikalen und horizontalen Wechselbeziehungen ist wesentlich weiter und umfassender als derjenige der Wechselbeziehungen im Organ selbst; die Untersuchung und das Studium der ersteren könnte dazu beitragen, den kausalen Zusammenhang zwischen Gestalt und Funktion zu erkennen, während letztere nur über den Zusammenhang zwischen Struktur und Funktion des Gewebes etwas aussagen.

Man könnte sagen, daß sich die Physiologie im allgemeinen mit denjenigen dynamischen Phänomenen beschäftigt, deren materieller Support von der Struktur gebildet wird und in weit geringerem Ausmaß mit den dynamischen Phänomenen, deren materieller Support die Gestalt ist. Diese letzteren Phänomene scheinen im Determinismus der äußeren Form und Gestalt benachbarter Organe sowie im Determinismus der äußeren Form, der Größe und der inneren räumlichen Anordnung der Körperteile die entscheidende Rolle zu spielen, wie die Arbeiten von PAUWELS und KUMMER über den Bewegungsapparat zeigen.

In der Fundamentierung der funktionellen Anatomie müßten in größerem Maße nicht nur die Ergebnisse des morphologischen Experiments, sondern auch diejenigen der pathomorphologischen Veränderungen und vor allem des ,,natürlichen Experiments" der phylogenetischen Entwicklung verwendet werden. Die vergleichende Anatomie zeigt, daß Gestalt und Quantität die veränderlichsten Eigenschaften eines Organs sind, die Struktur hingegen stabil, d. h. der genetische Determinismus der Gestalt und der Quantität sind aleatorisch, derjenige der Struktur hingegen präzis (DIACONESCU und VELEANU, 1965). Die kausalen Faktoren der Veränderungen der Gestalt und Quantität sind auch in der vergleichenden Anatomie unbekannt.

Die Erkenntnis der Kausalität der Form und der quantitativen Parameter der Organe hätte sowohl eine theoretisch-biologische als auch praktisch-medizinische Bedeutung, denn erstens würden sich die Kenntnisse von den allgemeinen Mechanismen der Organisation und Funktion der belebten Materie erweitern und zweitens würde sich in weiterer Perspektive die Möglichkeit ergeben, die quantitativen Parameter der Organe therapeutisch zu beeinflussen.

Literatur

BERNAL, J. D.: L'échelle des unites de structure en biopoiese. La Pensée, S. 84 (1959).
BERTALANFFY, L.: Problems of life, Harper Torch Books, New York 1960.
BOTNARIUC, N.: Principii de biologie generala, Editura Acad. RSR, Bukarest 1967.

DIACONESCU, N.: Anat. Anz. **113**, 214–220 (1963).
DIACONESCU, N.: Anat. Anz. **121**, 327–335 (1967).
DIACONESCU, N.: Timişoara Medicala **9**, 183–187 (1964).
DIACONESCU, N., und C. VELEANU: Anat. Anz. **117**, 96–108 (1965).
DIACONESCU, N.: Anat. Anz. **120**, 522–528 (1967).
DIACONESCU, N., I. NITESCU und C. VELEANU: Anat. Anz. **118**, 185–190 (1966).
HEARN, G. R.: Int. Z. Angew. Physiol. **21**, 190–194 (1965).
KUMMER, B.: Bauprinzipien des Säugetierskeletts, G. Thieme, Stuttgart 1959.
MILCU, St., und C. MAXIMILIAN: Introducere in antropologie, Edit. Stiintif., Bukarest 1967.
PAUWELS, F.: Z. Anat. **114**, 129–166 (1948).
ROUX, W.: Gesammelte Abhandlungen über Entwicklungsmechanik der Organismen, Leipzig 1895.
STUGREN, E.: Ecologie generala, Edit. didact. pedag., Bukarest 1965.
WEISZ, P.: The science of Biology, New York 1961.

Diskussionsredner:

Moscov (VR Bulgarien).

Institut für Morphologie des Menschen der Akademie der Medizinischen Wissenschaften der UdSSR, Moskau, UdSSR

Einige Angaben über die submikroskopische Morphologie des Myokardinfarkts

von

A. I. Strukow und K. S. Mitin

In diesem Vortrag führen wir einige Angaben bezüglich der submikroskopischen Morphologie des Myokardinfarkts auf, die wir mit Hilfe der modernen Methoden gewonnen haben.

Die Fragen der Pathogenese, Klinik und Morphologie des Myokardinfarkts sind immer im Mittelpunkt der Erforschung. Einen besonderen Platz nimmt die Erforschung des Stoffwechsels im Myokard bei einer akuten Ischämie und in der Dynamik der Nekrosenentwicklung ein. Eine nicht geringere Bedeutung wird den Störungen beigemessen, die sich im fermentativen System entwickeln, und in erster Linie in denjenigen fermentativen Systemen, die die energetische Bilanz einer muskulären Zelle sichern. Die größte Bedeutung dabei hat die Klärung der Gesetzmäßigkeiten des pathologischen Vorgangs in früheren Fristen, das heißt in den ersten Stunden und sogar Minuten nach der Unterbrechung des Blutkreislaufes und dem Beginn der akuten Ischämie. Gerade diese ersten Stunden nach der Verstopfung des Lumens der Koronararterien haben oft die größte Bedeutung für Diagnostik und Therapie.

Im Laufe der letzten Jahre wird in unserem Laboratorium eine elektronenmikroskopische Erforschung des Myokards in Verbindung mit gewöhnlichen morphologischen und histochemischen Methoden durchgeführt.

Frühe Stufen der akuten Ischämie wurden am experimentellen Modell des Myokardinfarkts beobachtet und die darauffolgende Nekrose wurde bei Unterbindung des herabsteigenden Zweigs der linken Koronararterie erforscht. Dabei konnte man die Veränderungen der Ultrastruktur in verschiedenen Fristen von 20 Minuten bis einigen Tagen beobachten.

In der Anfangszeit (von 30 Minuten bis 2 Stunden) der Ischämieentwicklung sind hauptsächlich ausgeprägte Veränderungen der Mitochondrien festzustellen (Abb. 1). Anschwellende Mitochondrien sind ein wenig deformiert und stoßen eng aneinander an. Die Cristae sind chaotisch angeordnet und zerstört. Zwischen den Mitochondrienbündeln werden Ödemerscheinungen, Absonderung einzelner Myofilamente und Ablagerung der Sarkolemme festgestellt.

Beim Vergleichen dieser Beobachtungen mit den Angaben einer histochemischen Untersuchung kann man vermuten, daß es in dieser Periode noch keine großen irreversiblen Schädigungen in der Ultrastruktur und in den Stoffwechselvorgängen gibt. Durch biochemische und histochemische Methoden wird das Verschwinden des Glykogens festgestellt, aber es ist nicht gelungen, die Veränderung der fermentativen Aktivität zu beobachten.

Es ist bekannt, daß Mitochondrien in einem Lebenstätigkeitsvorgang ihre Form unter Einfluß verschiedener Wirkungen zu verändern vermögen.

Anscheinend soll man in diesem Fall vermuten, daß sich in den festgestellten Veränderungen physiologische Veränderungen äußern und die Anpassung einer Zelle an neue Bedingungen, wie bei unerwarteter Hypoxie, widerspiegeln. Das wird auch durch ein mosaikartiges Bild der Veränderungen bestätigt, was als eine verschiedene Reaktion der Mitochondrien auf die Hypoxie, abhängig von ihrer funktionellen Spannung im Augenblick der Entstehung des Sauerstoffmangels zu betrachten ist.

Bei 3- bis 4stündiger Ischämie kann man größere Veränderungen der Mitochondrien erkennen. In vielen Fällen sind eine volle oder partielle Zerstörung der Hüllen, die Vakuolisierung der Cristae zu beobachten, es entstehen die Gestalten der sogenannten Myelinisation. Die Myofibrillen befinden sich im Zustand der Relaxation mit partieller Zerstörung der dünnen Fäden. Diese Veränderungen können die in dieser Periode festzustellende Herabsetzung der fermentativen Aktivität in den Mitochondrien erklären sowie die Bildung großer Formazangranula und eine diffuse Färbung des Sarkoplasmas.

Bei einer Ischämie von 6 bis 8 Stunden beobachtet man eine starke Destruktion der Mitochondrien. Viele sind im Zerfallszustand (Abb. 2). Die Cristae sind völlig zerstört, die Matrix ist ausgewaschen oder tritt in Form von Schollen einer amorphen Substanz auf. Es ist eine große Menge von Membranbruch-

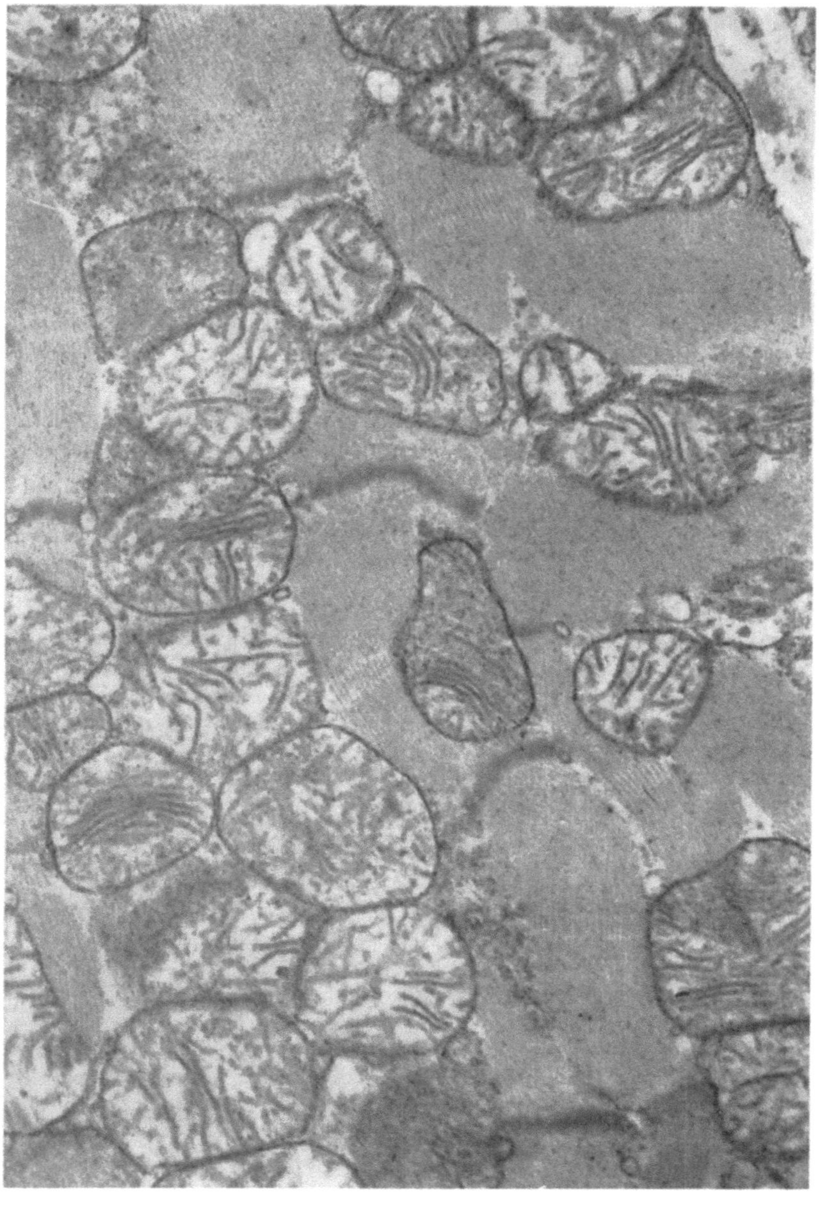

Abb. 1. Myokard des Kaninchens mit akuter Ischämie. Schwellung der Mitochondrien und partielle Cristaezerstörung. Ödem

stücken zu treffen. Die Myofibrillenstruktur ist verwischt, die Discus sind nicht zu beobachten, die Myofilamente sind teilweise zerstört. Das sarkoplasmatische Retikulum ist durch erweiterte Höhlungen vertreten, die eine Substanz vom Typ lipoproteiner Komplexe enthalten.

Histochemische Methoden stellen in dieser Periode eine starke Veränderung der Aktivität der Fermentsysteme fest; stark sinkt die Aktivität der Succindehydrogenase. Durch die Methode der elektronenmikroskopischen Histochemie konnte man auch die Aktivität der Adenosintriphosphatase (ATP) feststellen. Gleichzeitig beobachtete man die Ansammlung von Lipiden.

Die komplexe Benutzung verschiedener Methoden, insbesondere der Elektronenmikroskopie und Histochemie ermöglicht also einen wichtigen Augenblick in der Dynamik des pathologischen Vorgangs einzufangen, und zwar den Augenblick der Zerstörung der Mitochondrien und Unterbrechung ihrer fermentativen Aktivität, was die Einheit von Struktur und Funktion in jedem lebendigen System nochmals unterstreicht. Innerhalb der Ischämie mit einer Dauer von 2—4 bis 6—8 Stunden geschehen augenscheinlich in den Muskelzellen des Myokards irreversible Veränderungen wichtigster intrazellulärer Strukturen, die die energetische Bilanz sichern. Die Zerstörung der Mitochondrien, Einstellung

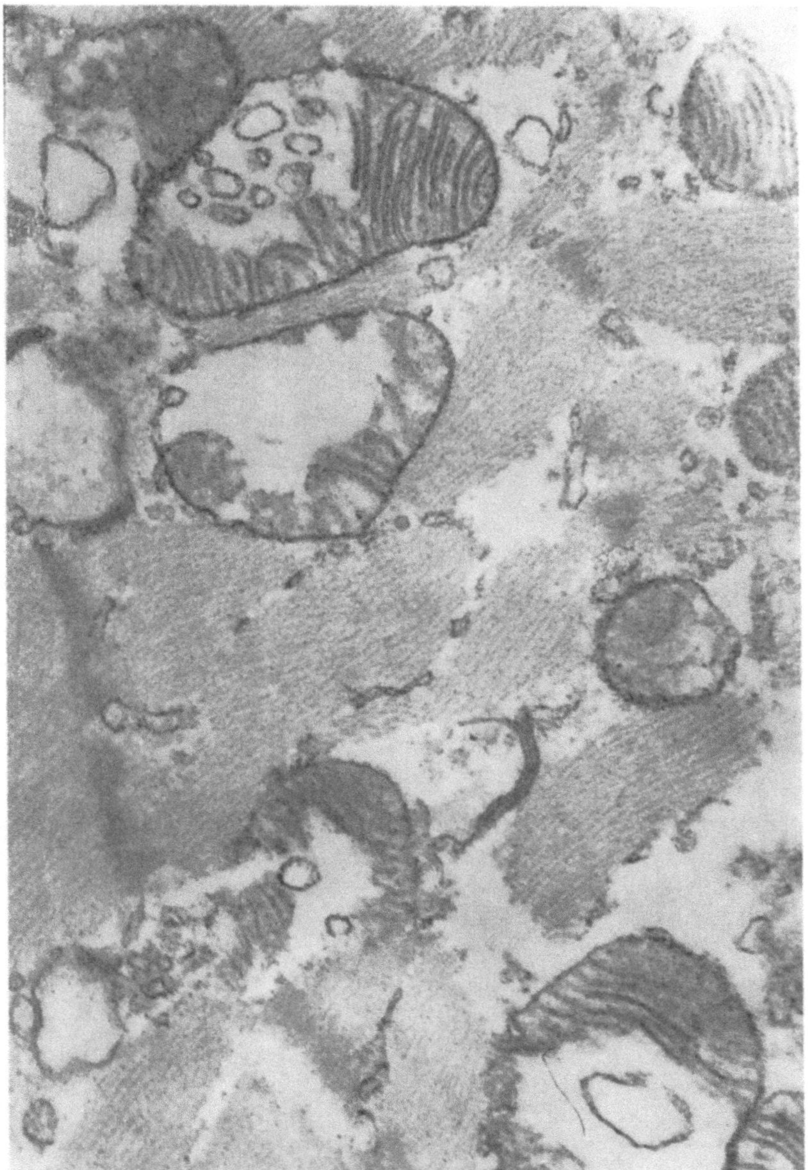

Abb. 2. Myokard des Kaninchens. Sieben Stunden nach Unterbindung einer Koronararterie. Mitochondrienzerstörung, Myofibrillenödem

der Resynthese der Phosphatverbindungen sowie Störung in der Beseitigung von Metabolismusprodukten die in Form von Lipoprotein-Komplexe angesammelt sind, bedingen den nachfolgenden Untergang der ganzen Zelle.

Es ist aber die Möglichkeit einer zeitweiligen, relativen intrazellulären Kompensation zum Nachteil von Organellen mit größerer Lebensfähigkeit nicht ausgeschlossen. Davon zeugt die Ungleichzeitigkeit ihrer Schädigung. Es sind scheinbar auch intrazelluläre regenatorische Prozesse möglich (D. Sarkissov), die hauptsächlich im endoplasmatischen Retikulum zu beobachten sind.

Die experimentelle Modellierung ermöglichte auf diese Weise, die Grundetappen in der Schädigung der submikroskopischen Strukturen innerhalb der frühen Perioden der akuten Ischämie des Myokards vor der Entwicklung sichtbarer nekrotischer Veränderungen festzustellen. Aber wie vollkommen ein experimentelles Modell sein möge, der Tierversuch kann dem pathologischen Vorgang beim Menschen nie völlig entsprechen. Darum wird immer nachdrücklicher die Notwendigkeit der Erforschung des menschlichen Materials hervorgehoben. Aber hier stoßen die Forscher auf eine Reihe von Schwierigkeiten, die schwer zu überwinden sind.

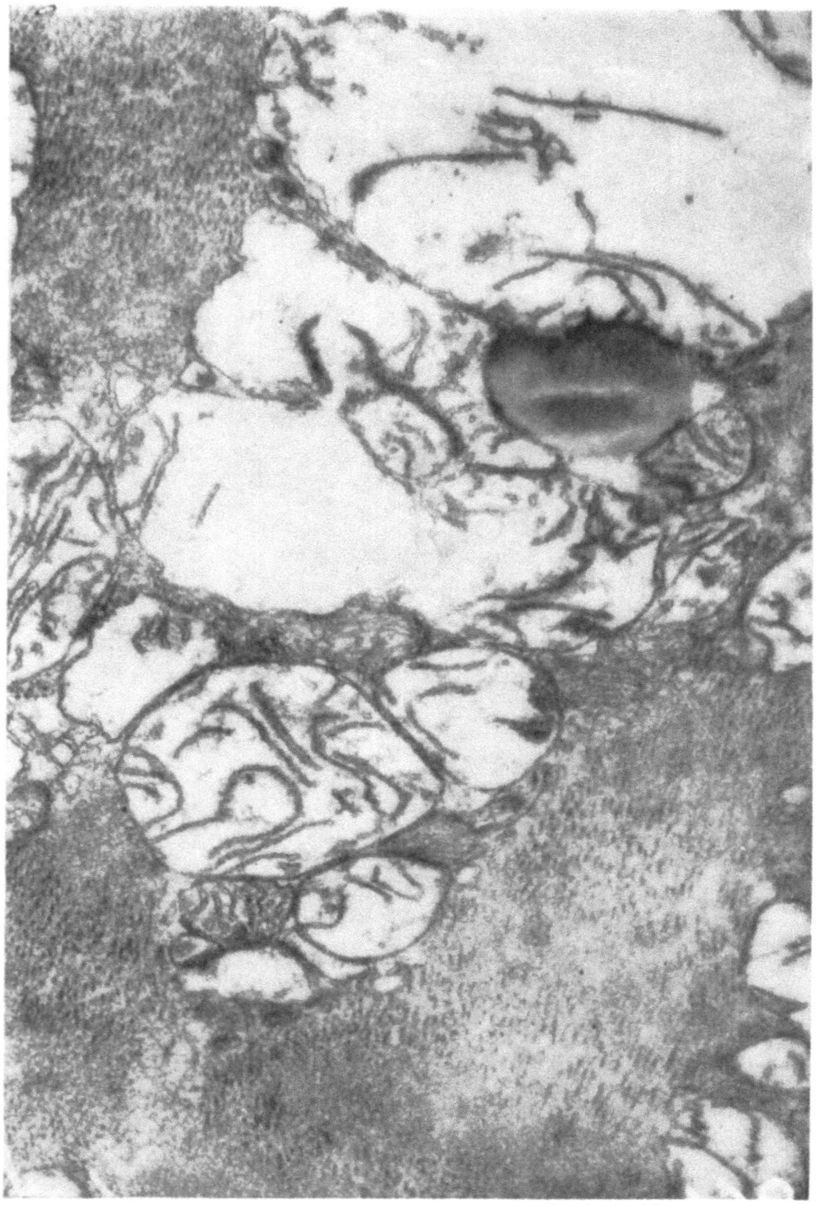

Abb. 3. Infarkt des Myokards beim Menschen. Tod drei Stunden nach Beginn der Herzschmerzen. Schwellung der Mitochondrien mit Cristaezerstörung. Matrix durchscheinend

Strenge Forderungen, die zum Forschungsmaterial für das Elektronenmikroskop aufgestellt werden, beschränken in bedeutendem Maße die Möglichkeit einer breiten Erforschung der pathologischen Vorgänge beim Menschen (an Leichen). Die Methodik der Abnahme und Bearbeitung des Materials für die Elektronenmikroskopie beschränkt die Periode vom Augenblick der Unterbrechung des Blutkreislaufs (Tod) bis zur Zeit der Materialabnahme auf gezählte Minuten, um die Entwicklung der autolytischen Vorgänge zu vermeiden. Darum war die Erforschung des menschlichen Materials bis zur letzten Zeit nur auf das Material beschränkt, das bei Biopsien und Operationen gewonnen wird.

Die von uns ausgearbeitete Methodik einer schnellen, postmortalen, transthorakalen Punktion des Herzens mit Hilfe einer speziellen Nadel ermöglichte es, zur Erforschung der Ultrastruktur des Herzens beim Myokardinfarkt des Menschen überzugehen. Die an Atherosklerose und hypertonischer Krankheit Leidenden wurden in der Infarktabteilung einer Klinik in den ersten Stunden der Entwicklung des Myokardinfarkts untergebracht. Die Zeit der Ischämie wurde vom Beginn des Schmerzanfalls gezählt.

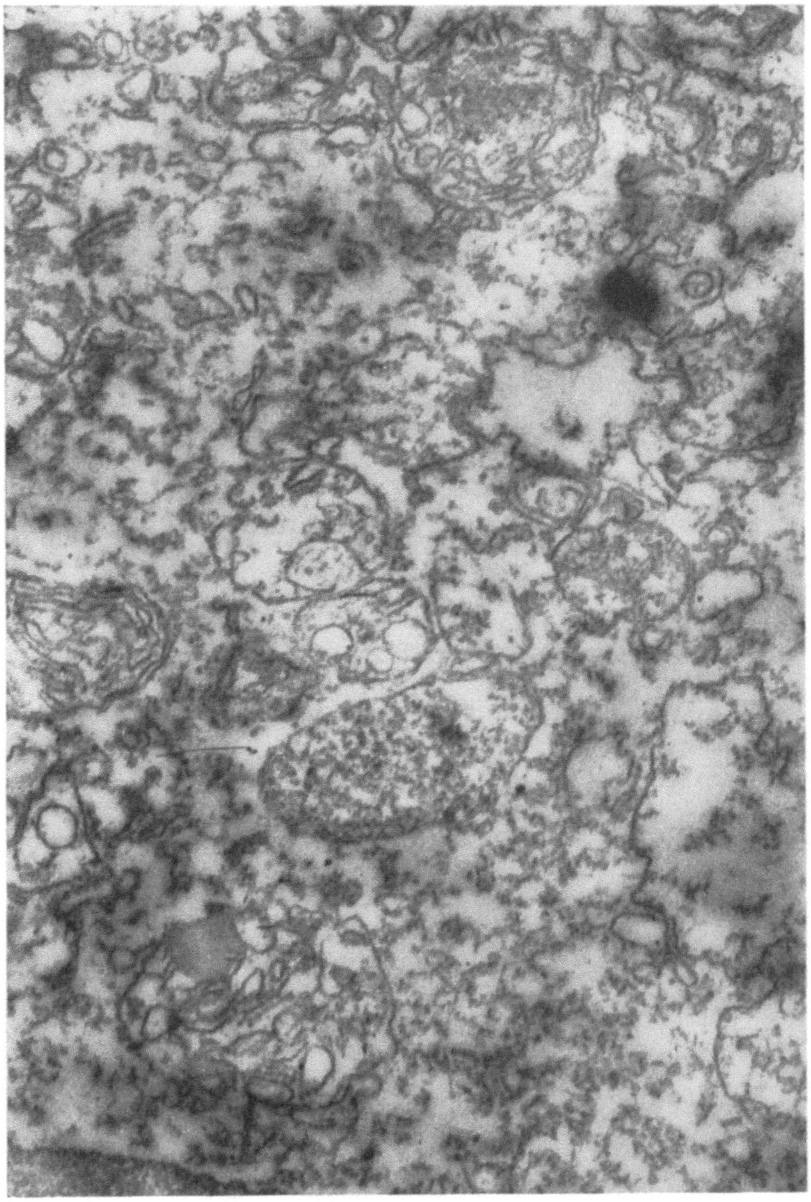

Abb. 4. Infarkt des Myokards beim Menschen. Tod 20 Stunden nach Beginn der Herzschmerzen. Volle Zerstörung intrazellulärer Strukturen. Nekrose

Bei den Kranken, die in den ersten 3—8 Stunden nach Beginn des Anfalls gestorben sind, ist bei der elektronenmikroskopischen Untersuchung des Ischämieherdes ein starkes Ödem des muskulären Gewebes mit Auflockerung des Interstitiums und bedeutender Absonderung der Myofibrillenbündel festgestellt worden.

Die Mitochondrien sind sehr geschwollen, die Cristae vakuolisiert und oft zerstört, die Matrix ist durchscheinend. In vielen Mitochondrien ist die Zerstörung der Membranen zu sehen. Man beobachtet eine bedeutende Vergrößerung der Lysosomenmenge. Das allgemeine Bild ist den Beobachtungen am experimentellen Material sehr ähnlich.

Charakteristisch ist eine deutliche Kapillarverengung mit Zerstörung einzelner endothelialer Zellen.

In den erweiterten Höhlungen des sarkoplasmatischen Retikulums beobachtet man eine Ansammlung der Stoffe vom Typ der Lipoproteine. Das stellt scheinbar eine Folge der Störungen der intrazellulären Zirkulation dar (Abb. 3).

Es sei hervorgehoben, daß bei wiederholten Infarkten die Veränderungen in diesem Stadium deutlicher ausgeprägt sind als bei den ersten, was sich in der Regel mit einem schwereren klinischen Verlauf des Vorgangs verbindet.

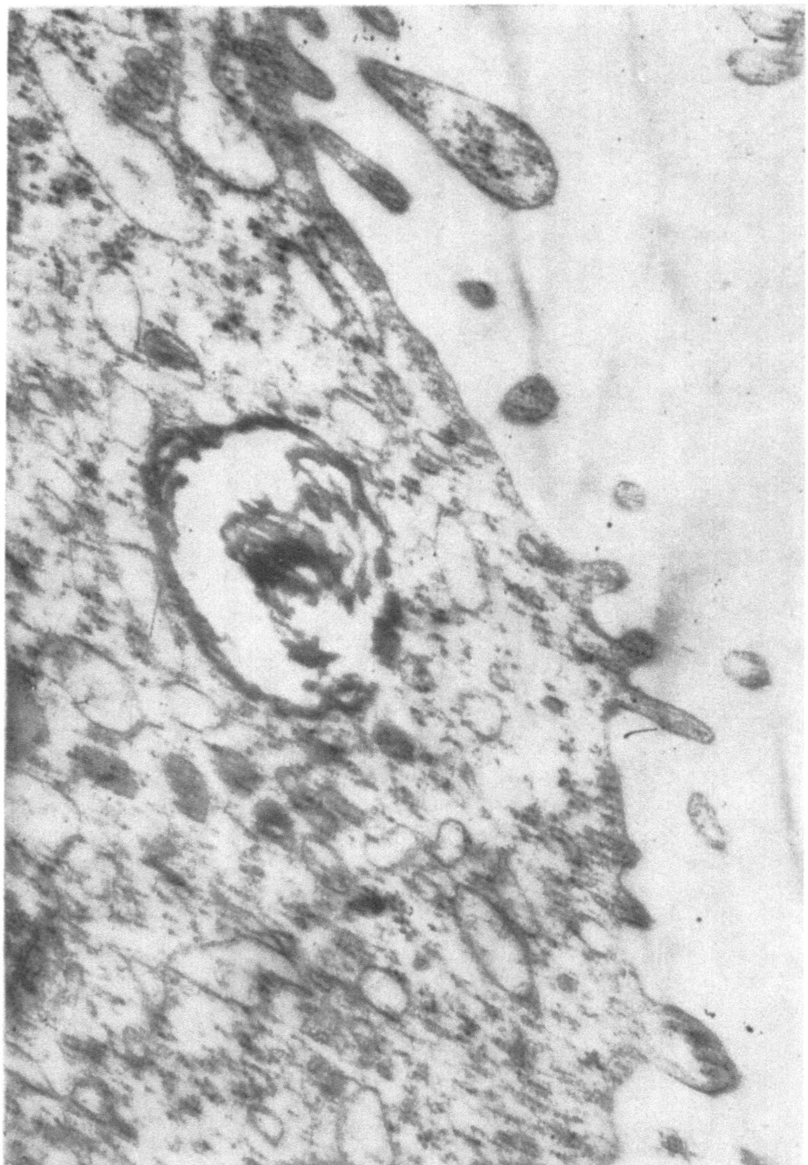

Abb. 5. Infarkt des Myokards beim Menschen. Tod 22 Stunden nach Beginn der Herzschmerzen. Periphere Infarktzone. Sichtbar ist ein Makrophage mit einem vakuolisierten Zytoplasma und Zytoplasmaschollen

In der Gruppe von Beobachtungen mit einer Ischämiedauer von 20—24 Stunden kann man die Veränderungen im Ischämieherd als einen vollen Zerfall aller intrazellulären Strukturen charakterisieren. Auf den Elektronogrammen sind nur Bruchstücke der Membranen und Fragmente der Myofilamente zu sehen (Abb. 4).

Diese Beobachtungen stimmen mit den Angaben der histochemischen Untersuchung überein, die die stärkste Dystrophie der Zellen und die Nekrose zeigen. Gleichzeitig beobachtet man eine ausgeprägte makrophagale Reaktion. Die Makrophagen enthalten große Höhlungen, Vakuolen, die von einer amorphen oder kleinkörnigen Substanz angefüllt sind (Abb. 5).

In den späteren Stadien — 20 Tage nach Beginn des Infarkts — kann man auf den Elektronogrammen die Entwicklung des jungen Bindegewebs beobachten. Es ist eine große Menge von aktiven Fibroblasten zu sehen, in deren Nähe in verschiedenen Richtungen Bündel von kollagenen Fasern verschiedener Dicke gelegen sind. An einigen Stellen sind schon breite Zwischenschichten des Bindegewebes entstanden, die die Stellen der untergegangenen muskulären Fasern ersetzen (Abb. 6).

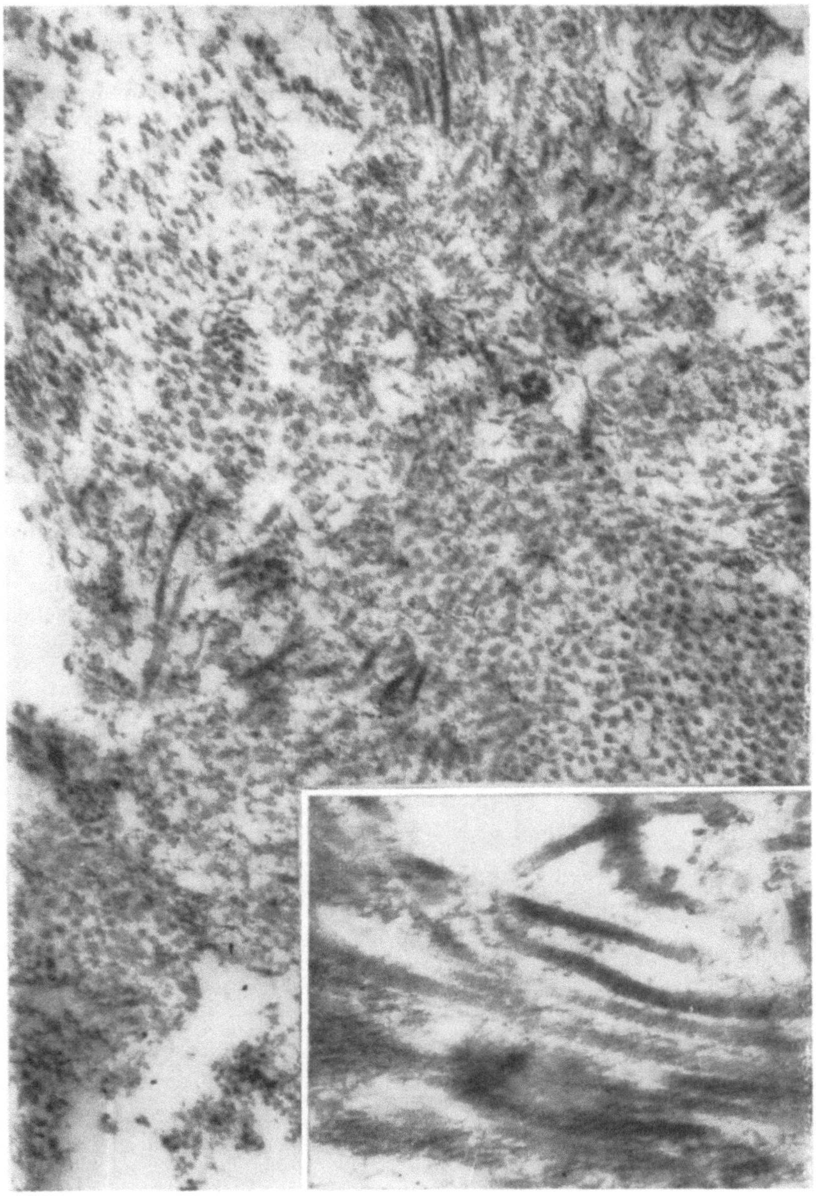

Abb. 6. Infarkt des Myokards beim Menschen. Tod 20 Tage nach Beginn der Herzschmerzen. Sichtbar sind fibroblastische Zellen. Das Zytoplasma enthält einige polypeptidische Ketten, die für die Kollagenbildung wichtig sind. Die typischen Bindegewebsbündel weisen Querstreifung auf

Die Beobachtungen, die wir bei der akuten Ischämie des Myokards im Experiment und beim Infarkt des Menschen gemacht haben, erlauben die Behauptung, daß die Veränderungen intrazellulärer Strukturen 4 Entwicklungsphasen durchlaufen und mit Nekrose enden.

Die erste Phase der Veränderungen intrazellulärer Strukturen beim Myokardinfarkt dauert 20 Minuten bis 2 Stunden und wird durch Mitochondrienanschwellung und Myofibrillenödem gekennzeichnet. Aus den muskulären Zellen verschwindet das Glykogen, die fermentative Aktivität der Zellen bleibt erhalten. Wir halten diese Veränderungen für rückgängig.

Die zweite Phase der Veränderungen intrazellulärer Strukturen umfaßt die Dauer von 3—5 Stunden nach dem Beginn der Ischämie. Diese Phase wird durch Mitochondrienschwellung und Hüllen- und Cristaezerstörung charakterisiert, man beobachtet eine partielle Zerstörung dünner Fäden der Myofilamente und Lysosomenvermehrung. Durch rein chemische Methoden wird die Herabsetzung der fermentativen Aktivität bestimmt; es erscheinen grobe Schollen von Formazan, eine diffuse Färbung des Sarkoplasmas. Diese Veränderungen sind irreversibel.

In der 3. und 4. Phase, die nach 6 Stunden eintreten, finden der Mitochondrien- und Myofibrillenzerfall, die Ansammlung von Lipoprotein-Komplexen und das Verschwinden der fermentativen Aktivität statt. Diese Veränderungen entsprechen der Nekrobiose und Nekrose.

Zum Schluß meines Vortrags möchte ich folgendes zusammenfassen:

Die in diesem Vortrag dargelegten Angaben stellen eine gewisse Verallgemeinerung der Untersuchungsergebnisse der submikroskopischen Morphologie der akuten Ischämie des Myokardinfarkts dar. Beim Vergleich der elektronenmikroskopischen Angaben, die am experimentellen Modell der Ischämie des Myokards bei kurzer Ischämiedauer erworben wurden, sowie der Ergebnisse der elektronenmikroskopischen Untersuchung des Myokardinfarkts beim Menschen mit den Angaben der histochemischen Untersuchung ist es gelungen, einige Gesetzmäßigkeiten und die Reihenfolge der Veränderungen intrazellulärer Strukturen in der Dynamik des pathologischen Vorgangs festzustellen.

Als höchst verletzbare Organellen in einer muskulären Zelle unter den Bedingungen der Hypoxie sind die Mitochondrien zu betrachten. Im Laufe der ersten 6—8 Stunden nach Unterbrechung des Blutkreislaufs beobachtet man aufeinanderfolgende Phasen ihrer Schädigung — von Anschwellung bis zum Zerfall.

Gleichzeitig geht die Herabsetzung der fermentativen Aktivität bis zum völligen Verschwinden vor sich. Die Myofibrillen stellen ziemlich stabile Strukturen dar, ihre Zerstörung ist erst in den späteren Phasen zu beobachten.

Die elektronenmikroskopische Erforschung der akuten Ischämie und des Myokardinfarkts erlaubt also eine sogenannte pränekrotische Phase der Infarktformierung zu klären.

Dadurch wird noch einmal bekräftigt, daß es keine funktionellen Störungen in den Geweben des Organismus gibt, die nicht durch morphologische Veränderungen begleitet werden. Eine beliebige, sogar die kleinste Störung der Zellfunktion ist mit strukturellen Veränderungen untrennbar verbunden. Sie sind oft für das Auge und im Lichtmikroskop nicht sichtbar, aber sie können submikroskopisch festgestellt werden und betreffen den Bau kleinster intrazellulärer Organellen und der Makromoleküle. Das ist ein allgemeines Gesetz der Einheit von Struktur und Funktion.

Diskussionsredner:

Bernhard (Frankreich), Heber (DDR), Sandor (S. R. Rumänien).

Институт Высшей Нервной Деятельности и Нейрофизиологии АН СССР, Москва, СССР

Электронно-микроскопическое изучение нервных центров

Г. Д. Смирнов

Не будет преувеличением утверждение, что нет другой естественно-научной проблемы, при исследовании которой кооперация различных наук и методических подходов была столь же необходима, как при изучении мозга. Подобно любому процессу жизнедеятельности, работа мозга зиждется на определенной молекулярной организации составляющих его веществ, кинетике ионных и ферментативных реакций, порядок и последовательность которых обусловлены сложным строением клеток, субклеточных структур и мембран. Эти процессы исследуются физическими и химическими методами, поскольку действующие силы не выходят за пределы этих наук.

Однако ни одна физиологическая система, использующая те же принципы синтеза белка и энергетического обмена не достигла в своем развитии той исключительной сложности выполняемых функций и обеспечивающих их механизмов, которая характерна для центральной нервной системы высших животных. В настоящее время приобретает особое значение изучение структурной и функциональной организации микроструктур нервной системы, поскольку стало очевидным, что именно на этом уровне могут быть поняты основные процессы распространения возбуждения, переработки и хранения информации в нервной системе.

Действительно, строение нейрона, основные биохимические процессы, свойства мембран и схема синаптических связей принципиально не отличаются у животных находящихся на самом разном уровне развития. Возбуждение и торможение в нейронах моллюсков и высших позвоночных имеют одну и ту же ионно-мембранную основу. Часто одни и те же химические вещества участвуют в синаптической передаче у отдаленных видов животных. Одинаковый набор субмикроскопических и других клеточных органелл осуществляет те же, в своей основе метаболические процессы.

Из этого следует, что все те признаки, которые характеризуют высокоразвитую нервную систему, не являются результатом изменения отдельных элементарных структур, а результатом усложнения нейронных ансамблей и совершенствования аппарата центральной интеграции.

Именно по сложности и разнообразию нейронных ансамблей можно судить о прогрессивном развитии данного вида. Существующие методы, даже самые утонченные, оказываются большей частью слишком грубыми, когда речь идет об анализе природы процессов, происходящих в нервных центрах; недостаточны также сведения о синаптической организации конкретных нейронных ансамблей.

В связи с этим все чаще исследователи вынуждены обращаться красмотрению фило- или онтогентического развития той или иной структуры или функции, поскольку ответ на то, как работает данная система, может быть получен лишь когда выясняются отдельные этапы ее создания и те солы, под влиянием которых она усложнялась.

Сравнительные исследования, на основе которых главным образом делаются выводы о путях исторического развития, ставят своей целью выяснение функционального значения различий в структуре нейронных ансамблей, понимание значения тех или иных характеристик в общем контексте анализаторой системы и в конечном счете — в поведении животных.

Задача настоящего сообщения, само собою разумеется, гораздо более скромна и ограничивается вопросами, связанными с основными, элементарными представлениями о функциональной организации нейронных ансамблей у некоторых позвоночных животных в той мере, в какой они раскрываются сопоставлением деталей ультраструктуры нервной ткани с результатами микроэлектродного анализа.

Несколько слов об общем направлении морфо-физиологического развития нервной системы, а именно о процессе цефализации, увеличения массы нервной ткани и гетерогенности ее элементов.

Как хорошо известно, в основе этих процессов лежит по терминологии А. А. Заварзина «поперечное расщепление», т. е. увеличение количества синаптических реле в рефлекторной дуге, и «продольное расщепление», ведущее к увеличению количества каналов связи.

Возрастающая специализация рецепторов сопровождается развитием возможности анализа в пределах данной модальности. С другой стороны увеличивается взаимодействие между афферентными потоками разной модальности и складывающееся образное восприятие включает сочетание информации, имеющее разную модальность.

Вся ЦНС, по образному выражению Т. Буллока, превращается в иерархию конвергенций. От восприятия шума животное переходит к различению звуков, от ощущения света — к восприятию движенний объекта, а затем и его формы. Одновременно происходит развитие сенсомоторной координации и движения становятся все более дифференцированными и контролируемыми.

Примером подобной закономерности развития может служить зрительная система в ряду позвоночных животных. Как это было показано Рамон и Кахалом, а в последнее время подтверждено на уровне ультраструктуры Шестрандом, периферическая часть зрительного анализатора, сетчатка, сохраняет у всех позвоночных животных один и тот же план строения. Соответственно этому одни и те же детекторы обнаружены в сетчатках, например, лягушки и кролика.

Развитие функции зрения происходит таким образом благодаря созданию все более сложных центральных механизмов переработки зрительной информации.

Обращает на себя внимание, что у рептилий одновременно со значительным усложнением строения первичного зрительного центра — крыши среднего мозга, возникает новая проекционная область в той части паллиальний пластинки, которую некоторые сравнительные анатомы считают зачатком новой коры млекопитающих.

Важно отметить, что по данным микроэлектродного исследования, на нейронах этой области осуществляется конвергенция основных афферентных систем. Одновременно, этому уровню развития соответствует появление образного видения, которого лишены амфибии, воспринимающие только движение объекта.

Вместе с тем, кора больших полушарий и у черепахи и у кролика является не только областью зрительной проекции, но и источником обратных влияний на первое синаптическое реле зрительного пути, т. е. крышу среднего мозга или наружное коленчатое тело. В нашей лаборатории было показано, что это влияние, во всяком случае у кролика, осуществляетля путем пресинаптического торможения.

Под влиянием каких сил создаются и развиваются сложные нейронные ансамбли? Почему в одних случаях растет комплекс нейронов внутри данного центра, а в других — появляются топографически изолированные ядра?

Весь ход эволюционного развития показывает, что та или иная структура нейронного ансамбля диктуется в первую очередь функциональными моментами, а именно обеспечением специфической для данного центра трансформацией возбуждения, связей с другими центрами и с периферическими аппаратами, входящими в соответствующую функциональную систему.

Есть все основания утвержать, что в структуре нервного центра кристаллизуются динамические свойства и возможности происходящих в нем процессов, подобно тому, как в структуре любой клетки отражена внутренняя организация происходящих в ней обменных процессов.

Развиваемая точка зрения значительно отличается от распространенного представления о вероятностном, пробалистическом принципе якобы лежащим в основе межнейронных связей и определяющем судьбу возбуждения в нервном центре. В сочетании с концепцией «формального нейрона» и представлением о нейронных популяциях, как о «нервном газе», такой подход явился в значительной степени результатом ограниченности тех сведений, которые давала для понимания функции нервного центра световая микроскопия.

Электронно-микроскопическое исследование позволило значительно углубить этот анализ и обнаружило существование сложной внутренней организации нервных центров и выявило новые возможности межнейронного взаимодействия.

Таким новым элементом в организации нейронных ансамблей в первую очередь явились обособленные структуры — гломерулы, обеспечивающие не только синаптическую передачу, но и ее регуляцию. Они были описаны в мозжечке, наружном коленчатом теле и в обонятельных долях ряда млекопитающих.

Исследования, проведенные в нашей лаборатории, показали, что аналогичные или близкие структуры обнаруживаются в разных отделах мозга амфибий и рептилий, что позволяет считать наличие подобных структур одним из важных принципов внутренней организации нервных центров.

Окончание волокна в крыше среднего мозла лягушки образует типичные аксодендритные синапсы на дендритах нейронов КСМ. Однако на той же терминальной части волокна оканчиваются другие аксоны, образующие аксо-аксональные и по аналогии с другими структурами, тормозные синапсы. Подобный комплекс чрезвычайно похож на гломерулы, описанные Сентаготаи в наружном коленчатом теле.

Другим более распространенном типом организации синаптических связей является образование сплошных аксональных муфт вокруг конечных ветвей дендритов.

Не только аксон с аксоном, но и дендрит с дендритом могут образовывать синаптичесские контакты. Подобные дендро-дендритные контакты существуют по данным Ролла в обонятельной доли крысы.

Аксо-соматические синапсы в сензорных центрах низших позвоночных встречаются редко (в отличие от эффекторных нейронов, находящихся на выходе системы). Однако наиболее поразительно то, что в КСМ были обнаружены у нас в лаборатории и почти одновременно д-ром Сейкей в Пече обратные сомато-дендритные синапсы.

Основной формой организации синаптических полей в примитивной коре черепахи, в области зрительной проекции, являются сложные комплексы аксонных окончаний вокруг дендритных терминалей. Среди оканчивающихся на терминальном окончании аксонов можно различить два типа, отличающиеся по осмиофильности и по форме. Обращает на себя внимание отсутсвие глиальных элементов.

Но синаптические муфты обнаруживаются и на очень тонких ветвлениях дендритов, имеющих в диаметре несколько десятых долей микрона.

Функционально синаптические комплексы на толстых и на тонких ветвлениях дендритов должны значительно отличаться друг от друга, при чем не только из-за разного расстояния от аксонного бугорка, но и по другим причинам. Наиболее важным является то, что в тонких дендритах сопровождающий возбуждение обмен ионов должен вызывать относительно более значительные, а следовательно и более длительные изменения в ионной концентрации внутри дендрита.

Еще один тип специфических межнейронных связей в корковой пластинке черепахи, впервые обнаруженный у немлекопитающих позвоночных в нашей лаборатории — так называемые дендритные шипики.

Большое количество разнообразных включенний, которые обнаруживаются в инвагинированной в аксон головке шипика и в его шейке (мультивезикулярные тела, митохондрии, вакуоли), повышенная осмиофильность протоплазмы, свидетельствуют об активном обмене веществ в этих образованиях, а следовательно об их активной деятельности.

Наличие таких шипиков отражает высокое развитие нервной системы, поскольку они не были найдены у низших позвоночных, а у беспозвоночных найдены только у осьминога, отличающегося, как известно, высоким развитием мозга. Однако, кроме этого нам ничего не известно о функции этих очень своеобразных синаптических структур. Более того, строение шипиков противоречит существующим представлениям об электротоническом проведении возбуждения по дендритным мембранам.

Шипики млекопитающих, например коры больших полушарий у обезьяны, обладают еще более специфической внутренней организацией — рядом плоских, разделенных осмиофильными прослойками вакуоль, названных Греем шипиковым аппаратом.

Хотя элекронномикроскопическое исследование далеко не всегда дает представление о количественной характеристике той или иной структуры, однако обращает на себя внимание частота и постоянство обнаружения в различных отделах мозга аксоаксональных синапсов. Большое их количество обнаруживается так же в корковой пластинке черепахи.

Функциональное значение этого типа связей по-видимому очень велико и состоит в том, что в отличие от постсинаптического торможения пресинаптическое торможение в зонах конвергенции может выключать отдельные входы и тем самым более тонко изменать результат последующей интеграции.

Таким образом, данные электронной микроскопии вынуждают полностью отказаться от представлений о формальном нейроне нейрокибернетиков и одновременно от тех схем, которые существовали в дни нашей молодости!

В нервных центрах существуют неограниченные возможности образования нейронных комплексов и межнейронных связей в соответствии с теми задачами, которые данный нейронный ансамбль выполняет.

Две основные закономерности, которые прослеживаются на уровне так нервного центра, так и на уровне мозга в целом — это сочетание возможности к неограниченному распространению возбуждения с четкой идивидуализацией каналов и регулируемостью передачи во всех ее звеньях. Структурно эти процессы обеспечиваются с одной стороны дивергенцией и конвергенцией связей, существованием нейропильной сети, а с другой — выделением относительно изолированных передаточных элементов — гломерул.

На вопрос о том, как создается эта сложная структура, ответ может дать изучение тех изменений, которые возникают в центре под влиянием тех или иных функциональных условий.

Есть ряд оснований считать, что не только функционально, но и морфологически структура нервного центра не является постоянной. Генетически обусловленная структура видоизменяется в процессе индивидуального опыта, обогащается новыми связями и соответственно новыми программами выполняемых ею процессов.

После того, как в середине 30-х годов Б. И. Лаврентьев описал прижизненные изменения синапсов при возбуждении и тем самым положил начало новому направлению в гистологии нервной системы, которое можно назвать «морфологией возбуждения», накоплено много данных, касающихся химических и структурных изменений нейронов при разных функциональных состояниях.

Наиболее четкие данные были получены в условиях афферентной депривации. Так при выключении зрительной функции обнаружено значительное уменьшение количества шипиковых синапсов на пирамидных клетках зрительной коры (Вальверде, 1967).

Другое важное соображение состоит в том, что нервные элементы, которые при микроскопировании дают неподвижную, статическую картину, на самом деле не являются неподвижными. Рост и миграция нейронов, происходящая в процессе эмбриогенеза под влиянием таинственных сил биотаксиса, в той или иной мере сохраняется и в нервной системе взрослых животных. Об этом свидетельствуют опыты Гайгера на культуре ткани мозга, не только показавшие подвижность разных частей нейрона, но и регулирующие влияние физиологически активных веществ.

Электронномикроскопические наблюдения дали пока противоречивые результаты. Однако, проведенные в нашей лаборатории исследования при постоянном электрофизиологическом контроле за состоянием синаптической передачи, позволили получить некоторые интересные результаты.

Изменения, обнаруживаемые в крыше среднего мозга лягушки при длительной (5 мин 20 имп. в сек) стимуляции зрительного нерва: Мозг моментально фиксировался орошением тетроксидом осмия, когда значительно снижались отводимые от поверхности КСМ постсинаптические потенциалы. Отчетливо видно обилие синаптических пузырьков, создающих картину как бы вспенивания аксоплазмы.

После введения лягушке пикротоксина, вызвавшего появление в КСМ длительных (до 20 сек) спонтанных судорожных разрядов, наблюдались изменения совершенно иного характера: появление пузырьков разного диаметра и формы, неравномерное их распределение, повышение осмиофильности мембран.

Известно, что такие пузырьки появляются в регенерирующей культе аксона, а в процессе онтогенетического развития синапсов, которое у нас было прослежено на примере цилиарного ганглия цыпленка, появление в пресинаптической части пузырьков — это первый признак становления поляризованной структуры синапса.

Таким образом, появление или увеличение количества синаптических пузырьков может рассматриваттся как симптом пластического возбуждения, связанного с ростом или образованием синаптических связей.

Приведенные ранее наблюдения, касающиеся электронно-микроскопической организации нейронных ансамблей дают основания считать, что функционально значимыми могут быть очень небольшие по абсолютной величине изменения в локализации синапсов. Если допустить, что рост аксонных ветвлений в нервном центре происходит с той же скоростью, что и рост регенерирующего нерва, т. е. 4 мм в сутки, то это соответствует перемещению на 30 мк за 10 мин, а это уже очень солидная величина, если учесть масштабы нейронных ансамблей.

Таким образом, синтетическое функционально-морфологическое представление о нервном центре, то, что Херрик называет представлением о функционирующей структуре, должно включать и структурную пластичность нейронных ансамблей.

Нервный центр, подобно нервной системе в целом представляет собой форму памяти, котороя отражает эволюционное развитие и приспособленность данного вида. Однако наряду с наследственной структурой, врожденными программами, в результате эволюции создается наиболее важное свойство — способность все более обширного дополнения и видоизменения этих программ в процессе обучения. Понимание природы этих процессов возможно лишь путем комплексного изучения строения, химизма и функциональных характеристик на основе эволюционного, биологического подхода к развитию нервной системы и ее свойств.

„V. Babes" Institut für Pathologische Anatomie und Institut für Endokrinologie der Akademie der Sozialistischen Republik Rumänien, Bukarest, S. R. Rumänien

Karyo-Interkaryometrie und phathologische Diagnose

von

E. C. Craciun und C. Tasca

Für den Pathologen, in Mitarbeit am Krankenbett mit dem Kliniker, ist wie bekannt, das Werden von sämtlichen Gewebsveränderungen an die Anpassungsfähigkeit der betreffenden Zellen gebunden. Je mehr eine bestimmte Zellart sich reaktiv bewähren kann, desto wichtiger ist ihre Stoffumwandlung und infolgedessen ihr qualitativer und quantitativer struktureller Wechsel. Diese letzteren werden dadurch gesteigert, daß die zyklischen Phasen nicht synchron für alle Zellen eines Parenchyms verlaufen und somit besonders empfindliche Zustände gegen verschieden starke Noxen für manche Zellen eintreten können. Somit entstehen bunte Bilder, welche oft im heutigen bioptischen Material bzw. in Punktaten, Desquamations- und Aspirationsmaterial zu finden sind.

Rein deskriptiv lassen sich solche Zustände weniger gut analysieren im Vergleich mit einer kombinierten deskriptiv-metrischen Methode. Qualität und Quantität in einer Zellpopulation ist auf diese letzte Weise viel schärfer erfaßt. Von den zur Verfügung stehenden metrischen Methoden ist es wohl aus praktischen Gründen derzeit angezeigt, mit solchen anzufangen, welche keinen Anspruch auf hochspezialisierte Geräte und Techniken erheben.

Unsere Beobachtungen waren anfänglich an Nadelbiopsien für Fälle von Hepatitis epidemica und nachträglich an experimentellen Hepatosen angestellt worden. Besonders lehrreich waren die Bilder an Nadelbiopsien, welche von Fällen mit protrahiertem Verlauf gewonnen wurden und die praktisch zu einer vollkommenen Regeneration gelangten, weil die milde virogene bzw. die chemische Noxe nachgelassen hatte. Dadurch war nur eine Minderzahl von Leberzellen nekrotisch geworden, während sich die anderen Zellen entweder als ganz normal oder regenerationsfähig erwiesen. Die Bilder des serienweise aufgenommenen Probematerials waren in Paraffin-Präparaten ganz augenfällig. Doch schien uns eine deskriptiv-quantitative Methode notwendig.

Anfang kann dem intensiv tätigen Pathologen in einer Sektionsabteilung und in einer Biopsie-Abteilung die Methode behilflich sein, welche von uns seit mehr als zehn Jahren geübt wird, das heißt die Karyo-Interkaryometrie. Für ihre Durchführung reicht die gewöhnliche Ausrüstung vollkommen aus. Man stellt eine geeichte Mikrometerglasscheibe im Okular ein und mit einem Kreuztisch werden gleichmäßige 4—5 µm dünne Paraffinschnitte hin und her geführt. Indessen hilft die Vernier-Markierung, dieselbe Gegend eines signifikanten Präparates am nächsten Tag leicht wiederzufinden und zu messen. Für sphäroide und elliptoide Kerne genügt es, den Durchmesser in µm zu messen, um deren Volumen nach Puff (1953) zu errechnen: $\frac{8\,S^2}{3\,A}$, wobei (S) die Fläche und (A) der Maximaldurchmesser bedeuten. An denselben Kernen mißt man in µm auch das Intervall zwischen dem Rand zweier naheliegender Parenchymkerne. Zur Orientierung sind fünfzig solcher Messungen schon hinreichend, wogegen unsere Messungen an eintausend Kernen durchgeführt wurden. Aus den tausend Messungen wurden bloß hundert Werte tabellarisch eingereiht, welche signifikant die Reihe der nachfolgenden Schwankungen wiedergeben und graphisch besonders prägnant erscheinen.

Es ist unbedingt notwendig, während der Messungen die verschiedenen Gewebschädigungen im histologischen Präparat genau zu notieren, um dieselben mit den graphischen Schwankungen zu vergleichen. So kommen Qualität und Quantität der untersuchten Zellen statistisch klar zum Vorschein, z. B. hydropische oder noch nicht zur Diurese gelangte Zellen können wichtige Volumenunterschiede der Kerne und des Zytoplasmas zeigen. Wenn Dystrophien nicht zu weit entwickelt sind, sind dieselben auch am raschesten zurückgebildet, beides im Einklang mit der klinisch festgestellten Organgröße.

Für diese Untersuchungen hat sich die Interkaryometrie als unvermeidlich aufgedrängt, weil nur auf diese Weise in Krankenhauslaboratorien Wechselwirkungen zwischen Kern und Zytoplasma quantitativ untersucht werden können. Auch interstitielle Gewebsschädigungen sind dadurch einfacher wiederzugeben.

Neuerdings haben wir diese Karyo-Interkaryometrie in zwei verschiedene Richtungen zu entwickeln versucht. Erstens ist es möglich, auch Zytoplasmavolumen zu bestimmen, wenn vom ganzen Zellvolumen das Kernvolumen substrahiert wird. Es ist zweckmäßig, dazu solche Färbemethoden anzuwenden und zu entwickeln, welche die Zellränder scharf genug sichtbar machen. Deckepithelien und besonders Portioepithelien, exo- und endokrine Epithelien sowie einige mesenchymale Elemente sind dafür besonders geeignet. Zweitens kann man histochemische Vorgänge näher untersuchen, wenn Karyo-Interkaryometrie mit Histopathologie und DNS-Bestimmung am Lison-Histophotometer für dieselben Kerne in Zusammenhang gebracht werden. Große Kerne sind, wie bekannt, nicht unbedingt reicher an DNS als kleine Kerne, weil sie manchmal Glykogen enthalten oder hydropisch gebläht bzw. pyknotisch geschrumpft sind, oder sie zeigen abnorme Chromatinverteilung, Variationen bezüglich Volumen und Beschaffenheit des Nukleolus, Virus-Einschlüsse usw. Mit dieser Methode sind solche Veränderungen planimetrisch meßbar und graphisch darstellbar.

Für die klinische Pathologie waren unsere Befunde bei Nadelbiopsien aus dem Grunde ganz überzeugend, weil günstig verlaufende Fälle von Hepatitis epidemica drei bis sechs Monate nach Beginn des Ikterus eine praktisch normale Leberzellarchitektonik zeigten. In vollem Einklang damit standen die meisten Funktionsproben und der klinische Verlauf. Auch andere Erkrankungen wurden untersucht: Struma, Grawitz-Tumor, maligne Retikulose, verschiedene Nervenkrankheiten, maligne Geschwülste der Lymphknoten, Erkrankungen des Knochenmarks und der Portio. Es ist immer nützlich, eine solche deskriptiv-metrische Methode anzuwenden, weil jedes Organ sein Spezifikum hat und für verschiedene Stadien derselben Krankheit und desselben Kranken nennenswerte Unterschiede zeigen kann, z. B. ebenso wie Temperatur, Haemogramm, Myelogramm und BSG bei infektiösen Prozessen.

Caspersson (1964) hat seine früheren Untersuchungen mittels Interferometrie, mit der Kernvolumen, DNS und Proteingehalt simultan gemessen und automatisch registriert wurden, weiter entwickelt. In groß angelegten Versuchen an normalem sowie pathologischem Material haben Sandritter (1964) sowie Schiemer (1967) und deren Mitarbeiter (1963, 1964, 1965) wichtige Beobachtungen gewonnen. Für die Lunge hat Weibel (1965) ausführlich die Morphometrie untersucht. Solche fundamentalen Untersuchungen sind der technisch höchstentwickelten Morphometrie zu verdanken. Elias (1967), Weibel und Elias (1967) haben neuerdings dieses Feld im Sinne der quantitativen Methoden in der Morphologie erweitert.

Indessen kann die praktische Arbeit in Krankenhauslaboratorien sich mit den geläufigen Möglichkeiten durch die Zyto-Karyointerkaryometrie mit quantitativen Untersuchungen vertraut machen und für eine noch feinere pathologische Diagnose und Prognose bereitstellen.

Zyto-Karyointerkaryometrie kann auch einigen histophysiologischen Beziehungen näher kommen, z. B. solchen zwischen Parenchym und Stroma. Normalerweise verhalten sich beide synergisch, indem angenommen wird, daß Anaboliten und Kataboliten für das Parenchym durch das Stroma besorgt werden. Unsere Beobachtungen an Seneszenten zeigen, daß mit einem abgeschwächten Transit die Stromazellen atrophisch und die Interzellularsubstanz dünnflüssiger werden. Im Gegenteil, eine Hyperplasie des Bindegewebes tritt jederzeit ein, wenn die argyrophilen Grenzstrukturen (Fasern und Basalmembranen) unterbrochen und infolgedessen Drüsenepithel, gestreifte Muskelfasern, Nervenfasern oder Fettzellen durch Granulationsgewebe narbig ersetzt wurden.

Zusammenfassung

Raum und Massenverhältnisse in einer Zellpopulation sind insofern für die quantitative Pathologie wichtig, weil dadurch die Qualität einer gewissen Zellart durch optische Methoden indirekt eruiert werden kann.

Was die Raumverhältnisse anbelangt, verhalten sich, wie bekannt, Parenchym und Stroma für den normalen Stoffumsatz synergisch, vorausgesetzt, daß die argyrophilen Grenzstrukturen vollkommen erhalten bleiben. Im Gegenteil, wenn solche Strukturen unterbrochen sind, entsteht dadurch die Möglichkeit für die schneller wachsenden Bindegewebszellen aller Art, das Parenchym narbig zu ersetzen.

In bezug auf die Massenverhältnisse soll man erstens die verschiedenen Etappen jeder Zelle des Parenchyms als einen individuell zyklischen Vorgang betrachten. Dann muß man auch etwaige Gewebsschädigungen in Betracht ziehen. Die algebraische Summierung dieser verschiedenen Gestaltsänderungen soll am besten quantitativ bestimmt und graphisch ausgedrückt werden. Nur auf diese Weise können feinere Unterschiede wahrgenommen werden. Solche Veränderungen sind besonders wichtig, wenn es darauf ankommt, Genesungs- oder Verschlechterungstendenzen womöglich rechtzeitig zu erkennen.

Literatur

ALEKSEEV, V. P.: Roentgen-planimetric methods applied to the study of atherosclerotic changes in the aorta and coronary arteries in the Yakutsk population. Arhiv Patol. **29**, 63—67 (1967).

ARUTYUNOV, V. D. and A. L. SHNAPER: The phenomenon of true hypertrophy of the nucleoli in the muscle fibers of the heart in acute overstrain of the left ventricle. Arhiv Patol. Moscow, **29**, 17—22 (1967).

BUCHER, O.: Das Karyogramm („Kernbild") als Ausdruck der Zellaktivität. Verhandl. Anat. Gesell. 55. Versamml. Frankfurt/Main, 119—129 (1958).

CASPERSSON, T.: Photoelectric ultramicrospectrophotometry, especially rapid procedures. II. Intern. Congr. Histo- and Cytochemistry. Frankfurt/Main, 16.—21. Aug. 1964.

CASPERSSON, T., G. LOMAKKA and L. CARLSON: Eine Instrumentausrüstung für quantitative Cytochemie, Acta histochem. (Jena). **9**, 139—156 (1960).

CRACIUN, E. C.: Variabilitatea nucleara (histocariograma) in hepatita epidemica. Sez. St. II. IMF, Bucuresti, 35,1956.

CRACIUN, E. C.: Probleme de morfopatogeneza in raport cu biomorfologia, biometria si histo-fiziologia. Raport Conf. Nat. Morf. Patol. Bucuresti, 147—176 (1957).

CRACIUN, E. C.: Anizocariotopia fibrocitara in miocardita reumatismala Med. Int., **11**, 1645—49 (1960).

CRACIUN, E. C.: Le périnormal trait d'union entre le normal et le pathologique. Rev. Path. Gén. **64**/755, 99—102 (1964).

CRACIUN, E. C.: Régénération orthoplasique (monotissulaire, intraparenchymateuse) ou métaplasique (pluritissulaire) en relation avec la méthode bioptique de prélèvement et l'enzymochimie. Ann. Anat. pathol., **11**/415—430 (1966).

CRACIUN, E. C.: Rez. Congr. Intern. II Histo- and Cytochemistry. Frankfurt/Main 1964.

CRACIUN, E. C., H. V. VELCIU si C. TASCA: Cario si citometria hepatica in intoxicatia experimentala cu Cl_4C. Conf. Nat. Morf. Bucuresti, 33 (1957).

CRACIUN, E. C., H. V. VELCIU and C. TASCA: Cario-citometrie in sarcom. St. Cerc. med. Int. Bucuresti. **2/3**,231—340 (1961).

CRACIUN, E. C., H. V. VELCIU and C. TASCA: Histometrie in distrofia endemica tireopata. St. Cerc. Endocrin., **14**, 593—599 (1963).

CRACIUN, E. C., F. MOTOC, SM. CONSTANTINESCU and C. TASCA: Quantitative variations of DNA in hyperoxygenated Guérin tumor rats. Congr. II Histo-cytochem. Frankfurt/Main, 198—199 (1964).

CRACIUN, E. C., P. SERBAN si C. TASCA: Cariometrie si intercariometrie in sistem nervos. St. Cerc. Neurol. 105—106; 576—582 (1965).

CRACIUN, E. C.: Cycles cellulaires arythmiques traduisant l'adaptation périnormale et prépathologique. C. r. Assoc. Anat.; **138**, 357—365 (1967).

DAVYDOVSKI, I. V.: A problem of modelling in pathology and medicine. Arhiv. Patol. Moscow, **29**, 7—14 (1967).

ELIAS, St.: A method for precise growth measurements of the embryo in early developmental stages. Rev. Roum. Embr. Cyt. Embr. **4**, **2**, 193—200 (1967).

ELIAS, H. (edited by): Stereology. Proceedings of the Second International Congress for Stereology. Springer-Verlag. Berlin-Heidelberg-New York, 1967.

GOLDBERG, E. D., D. I. GOLDBERG and I. V. GOLUBEV: Disturbance of the mitotic activity of bone marrow hemocytoblastes in acute radiation sickness and the action of chemical mutagenic agents. Arhiv. Patol., **29**, 23—30 (1967).

GRUNDMANN, E., H. G. HILLEMANNS und K. RHA: Cytophotometrische Untersuchungen am menschlichen Portioepithel während der Krebsentwicklung. I. Das Verhalten von Kernvolumen und Desoxyribonucleinsäure. Z. Krebsforsch. **64**, 390—402 (1961).

HELVIG-LARSEN, F.: Nuclear class series. Ed. Munksgaard, 1952, Copenhaga.

HÜBNER, K. und H. G. SCHIEMER: Über den Eiweiß- und Wassergehalt von menschlichen Plasmazellen. Verh. dtsch. Ges. Path.; **46**, 232—238 (1962).

HILLER, G.: Theoretische und methodische Grundlagen der Kernmessungen. Z. Mikr. Anat. Forsch., **72**, 317—343 (1965).

JACOBI, W.: Die Zellkerngröße beim Menschen. Ein Beitrag zur quantitativen Cytologie. Z. Mikr. Anat. Forsch. **38**, 161—240 (1935).

KLACZKO-RYNDZIUM, SCHIEMER, H. G.: A border recognition procedure for electronic data procession in cell microscopy (catophotometry). IV. Cong. Internat. Cybernétique (Namur) 21 oct. 1964.

KLEIN, E. G. and A. YA. KRISHTUL: Weight of the human stomach. Arhiv Patol. **29**, 53—58 (1967).

LENNERT, K.: Classification caryométrique des cellules lymphoides. C. R. Assoc. Anat. **119**, 912—920 (1962).

LINZBACH, A. J.: Quantitative Biologie und Morphologie des Wachstums einschließlich Hypertrophie und Riesenzellen. In: Handbuch der allgemeinen Pathologie, Bd. 6/I: 180. Berlin-Göttingen-Heidelberg, Springer, 1955.

LIVSHITZ, A. M., YU. I. ZINENKO, G. G. AVTANDILOV and O. V. PONOMARENKO: Visual and planimetric methods of assessing the extent of atherosclerosis. A comparative trial of reproductibility of the results. Arhiv Patol. Moscova, **28**, 72—77 (1966).

MÜLLER, D., W. SANDRITTER, H. G. SCHIEMER und K. ENDRES: Röntgenhistoradiographische und interferenzmikroskopische Trockengewichtsuntersuchung an Zellausstrichen. Histochem. **1**, 438—444 (1959).

OEHLERT, W.: A comparison of results obtained by Feulgen-Photometry and autoradiography. II Intern. Congr. Histo- and Cytochemistry. Frankfurt/M., 16.—21. Aug. 1964.

POLLISTER, A. W.: Quelques méthodes de cytologie clinique quantitative. Rev. Hémat. **5**, 527—554 (1950).

RÖSSLE, R. und F. ROULET: Maß und Zahl in der Pathologie. Berlin und Wien, Springer, 1932.

SANDRITTER, W.: Comparison of measuring results: UV-photometry-biochemical determinations. II Congr. Internat. Histo-cytochem. Frankfurt/M., 16.—21. Aug. 1964.

SANDRITTER, W.: Interference microscopic investigations of the growth of individual cells (HeLa-cells) in tissue cultures. II Intern. Congr. Histo-cytochem, Frankfurt/M, 16—21 Aug. 1964.
SANDRITTER, W. und D. KLEINHANS: Über das Trockengewicht, den DNS- und Histongehalt von menschlichen Tumoren. Z. Krebsforsch. **66**, 333—348 (1964).
SANDRITTER, W., W. MONDORF, H. G. SCHIEMER und D. MÜLLER: Beschreibung eines Cytophotometers für sichtbares Licht. Mikroskopie, **14**, 25—33 (1959).
SANDRITTER, W., D. MÜLLER, H. SCHÄFER und H. G. SCHIEMER: Histochemie von Sputumzellen. II. Quantitative ultraviolettmikrospektrophotometrische Nukleinsäurebestimmung. Frankfurt Z. Path. **68**, 710—727 (1958).
SANDRITTER, W., H. G. SCHIEMER, W. ALT und BEHROUZI: Histochemie von Sputumzellen. III. Interferenzmikroskopische Trockengewichtsbestimmungen. Frankfurt Z. Path., **69**, 167—193 (1958).
SANDRITTER, W., H. G. SCHIEMER, H. KRAUS und U. DÖRIEN: Interferenzmikroskopische Untersuchungen über das Wachstum von Einzelzellen (HeLa-Zellen) in der Gewebekultur. Frankfurt. Z. Path., **70**, 271—299 (1960).
SCHAAB, E.: Über Untersuchungen des Trockengewichts und des Volumens von Kern und Cytoplasma bei Leberzellen von Neugeborenen mit unterschiedlichem Lebergewicht. Inaug-Diss. Frankfurt/M., 1966.
SCHIEMER, H. F.: Vergleichende Trockengewichtsbestimmungen an Kern und Cytoplasma verschiedener Carcinome. Verh. dtsch. Ges. Path. **43**, 359—365 (1959).
SCHIEMER, H. G.: Neue Wege der Cytometrie auf dem Gebiete der Krebsforschung, der allgemeinen Biologie und Pathologie. Klin. Wschr. **45**, 393—399 (1967).
SCHIEMER, H. G. und M. GROSSMANN: Über menstruationszyklusabhängige Trockengewichts- und Wassergehaltsveränderungen an menschlichen Mundschleimhautepithelien. Verh. dtsch. Ges. Path. **47**, 237—241 (1963).
SCHIEMER, H. G. und K. HÜBNER: Cytophotometrische Untersuchungen an HeLa-Zellen. II. Intern. Kongr. für Histocytochemie, Springer, 201 (1964).
SCHIEMER, H. G. and KLACZKO-RYMDZIUM: Quantitative cytologische Untersuchungen mit dem Universalmikrospektrophotometer UMSPI der Fa. C. Zeiss, Ein Beitrag zur schnellen Auswertung analog-digital gewonnener Werte mit Hilfe eines elektronischen Rechners (LPG 30). UMSP-Einweihungskolloquium. München, 5. Febr. 1965.
SCHREIBER, G.: Ricerche di citologia quantitativa. Z. Mikr. Anat. Forsch., **66**, 301—328 (1961).
WEIBEL, E. R. and H. ELIAS (edited by): Quantitative methods in morphology. Springer-Verlag. Berlin-Heidelberg-New York, 1967.

Anatomisches Institut der Universität Hamburg, DBR, und Anatomisches Institut der Universität Gothenburg, Göteborg, Schweden

Korrelation von Form und intrazellulären Veränderungen in der neuralen Ontogenese. Eine elektronenmikroskopische Studie über die Stratum zonale-Entwicklung im Neuralrohr beim Küken

von

H. Bergquist

Durch Induktion aus dem Urdarmdach verdickt sich das Neuralepithel und bildet eine Neuralrinne. Die Auffassung dieser meist frühzeitigen ZNS-Ontogenese hat sich während Jahrzehnten erstaunlich gut gegen die Kritik gehalten. Man kann daran glauben, daß diese frühzeitigen Phasen der Entwicklung morphologisch klargelegt sind. Leider ist aber die Kenntnis der Mechanismen der Induktion äußerst lückenhaft.

Während der Neuralrinnenphase entsteht eine Querbandung mit einer zunehmenden und fallenden Sequenz einer Mitoseaktivität. Die erste Querbandung, die Proneuromeri, wird beendet, wenn die Neuralwände sich schnell zusammenklappen und damit das Neuralrohr gebildet wird. Während der Proneuromerie und anfangs der Neuromerie sind die Neuralwälle beziehungsweise die Neuralrohrwand noch von Matrixzellen ausgefüllt. Nach einer ersten Abtönung der Mitosefrequenz folgt eine sehr intensive Aktivität der Zellenbildung am Neuralrohrlumen. Die Neuromerie wächst aus. Noch ist das Neuralepithel einschichtig, aber „pseudostratifiziert" wie Sauer (1935) u. a. festgestellt haben.

Nach ca. 50 Stunden Bebrütung von Hühnereiern entsteht eine zellkernfreie Zone im Bereich des basalen Neuralepithels. Diese Zone ist von verschiedenen Verfassern jeweils anders benannt worden. His (1883) benutzte den Namen „Randschleier", der in den deutschsprachigen Ländern angewendet wird, während in den angelsächsischen Ländern gewöhnlich der Begriff „marginal layer" gebraucht wird. Schließlich wird der Name „Stratum zonale" verwandt.

Diese äußere Schicht des Neuralrohres ist von mehreren Autoren Gegenstand verschiedenartiger Auslegung geworden. In späteren Zeiten ist auch das Problem elektronenmikroskopisch angegriffen worden (Sotelo-Cenóz, 1958; Bellairs, 1959; Tennyson und Pappas, 1962; Klika und Jelinek, 1963; Fuijita und Fujita, 1963; Wechsler, 1966; Vasauez-Nin und Sotelo, 1966 u. a.). Rüdeberg hat saure Phosphatase und ein intensiv positives Stratum zonale gefunden.

Meine Untersuchungen gründen sich auf Küken-Material von 40 Stunden bis 9 Tagen Bebrütung. Am Ende dieser Embryonalserie sind die Verhältnisse im Stratum zonale prinzipiell stabilisiert. Fixation in 3% Glutaraldehyd mit Veronalacetat gepuffert. Danach in kaltes 1%iges OsO_4. Einbettung hauptsächlich in Epon. Schnitte mit LKB-Ultratom. Meistens Kontrast-Behandlung. Elektronenmikroskop: Siemens I.

Eine Analyse der Neuroepithelzelle

Im 40-Stunden-Stadium sind die neuroepithelialen Matrixzellen noch sehr indifferent. Sie besitzen keine Mikrovilli, nur kleine apikale Ausbuchtungen. Die apikal gelegenen Centriolen bilden Anfänge von Cilien. Die Matrixzellen sind auch dadurch charakterisiert, daß sie auffallend wenige Vakuolen und nur kleine Stücke von endoplasmatischem Retikulum, nicht selten agranulär, enthalten.

Bemerkenswert sind die verschiedenen Formen der Einschlüsse (Palay und Palade, 1955; Helander, 1962 u. a.). Veränderte Mitochondrien sind vielleicht Vorstufen (Novikoff, 1961) von Mitochondrien oder Mitochondrien in Umwandlungsprozessen. Die embryonal früh auftretenden Bläschenaggregationen und Lipid-Ansammlungen müssen auch notiert werden. Die supranukleär liegenden Golgi-Felder enthalten viele Sekretgranula. Vor allem fällt die gleichmäßige Verteilung von massenhaften, stark osmiophilen Mengen von Ribosomen und Polyribosomen ins Auge, von denen die schraubenförmigen sehr interessant sind (BERGQUIST und HORSTMANN, 1967).

Dieser Umwandlungsprozeß der embryonalen Zellen, der Zelltod genannt wird, ist gewöhnlich im Stadium von ca. 50 Std. (vgl. FORSBERG und KALLÉN, 1967) zu finden.

Die Matrixzellen sind offenbar äußerst metabolisch aktiv. Für diese Aktivität werden oxydative Prozesse in den Mitochondrien durch nicht-oxydative Energiequellen komplettiert. Vielleicht werden die noch ziemlich spärlich vorkommenden Mitochondrien „überanstrengt" und gehen dann zugrunde. Durch erneute genetische Informationen werden aber immer neue Mitochondrien gebildet. Die Ursachen des Zelltodes, die Umwandlungsprozesse der Mitochondrien in dem Stadium, wo das Neuralrohr sich bildet, sind aber noch ganz verborgen.

Grenzfragen des Neuralrohrs

Basal steht das Plasmolemm der Matrixzellen mehr oder weniger in Verbindung mit einer lockeren Basalmembran. Ob diese als Sekretprodukt von Basalteilen der Matrixzelle oder nicht gebildet wird, ist eine offene Frage.

Zusammen mit Glioblastenelementen entsteht eine basale Abgrenzung des jetzt mehrschichtigen Neuralrohrs. Diese Abgrenzung entspricht der Membrana limitans externa. Apikal gegen das Neuralrohrlumen finde ich wie WECHSLER (1966) gar keine subgliöse Schicht und keine entsprechende Membrana limitans interna.

Apikal werden im späteren Embryonalstadium sowohl die Kittleisten (Desmosomen) als auch die Interdigitationen im Interzellularraum komplizierter gebaut.

Stratum zonale-Entwicklung

Durch den gekrümmten Basalteil der Matrixzellen (von 50 Stunden) und deren Fortsätze entsteht eine sehr dünne zellkernfreie Schicht, der Anfang des Stratum zonale. Jetzt sind Mikrovilli und ER mit Vesikeln besser ausgebildet. Die Fortsätze enthalten von 4 Tagen (HH 23) an Mikrotubuli oder Filamente. Gewöhnlich scheint es, daß diese Elemente embryonal in diesen Stadien hauptsächlich voneinander getrennt sind. Die Einschlüsse der Zellen treten nicht mehr so oft auf. Im Stadium 62 Stunden wachsen apikal Dendritenfortsätze aus.

Wenn die Fortsätze weiter auswachsen, gehen sie vor allem in tangentialer Richtung. Nach 3 Tagen ändert sich die Hauptrichtung nach radiär, um in 5—6 Tagen (HH 29) die mehr endgültige axiale Richtung zu bekommen. Die Fortsätze bilden jetzt ein verwirrtes Flechtwerk (ein Neuropil), das oft als „weiße Substanz" gegen die mehr apikal gelegenen Teile des ZNS, die zellkernreicher sind und „graue Substanz" (mantle layer) genannt werden, abgegrenzt wird.

Glioblastenbildung

Gleichzeitig mit der Entwicklung der Fortsätze der neuroepithelialen Zellen entsteht von 6 Tagen (HH 29) an eine Differenzierung der Matrixzellen in Neuroblasten und Glioblasten. Von den Glioblasten sind die Astrocytoblasten ganz durch stark osmiophile Ribosomen, Glykogen und periphere Füßchen identifiziert. Im Stratum zonale können sie nicht entdeckt werden, aber vielleicht dringen einzelne Fortsätze ein.

Zusammenfassung

Die Formveränderung der Matrixzellen zeigt sowohl extern als intern eine auffallende Korrelation mit Änderungen des Inhaltes der neuroepithelialen Zellen. Anfangs sind die Zellen hauptsächlich von Ribosomen- und besonders Polyribosomen-Material und mit wenigen Vakuolen ausgefüllt. Die äußere Form der Zellen ist wenig ausgebildet. Einschlüsse und degenerative Bilder von Mitochondrien und Zelltod charakterisieren auch diese primitiven Zellen.

Die basale Grenze der neuroepithelialen Zellen besteht aus einer Membrana limitans externa mit einer expressiven subgliösen Schicht. Eine vergleichbare Bildung apikal ist nicht eingetreten.

Die Fortsätze der Matrixzellen beginnen in tangentialer Richtung auszuwachsen. Dann wird die Richtung hauptsächlich radiär und schließlich axial. Bemerkenswert ist, daß die Fortsätze gewöhnlich entweder Mikrotubuli oder Filamente enthalten.

Die Astrocytoblastenbildung tritt ziemlich spät (6 Tage, HH 29) auf.

Es wurde beobachtet, daß der Basalteil des Neuralrohrs ein offenbar aktiveres Gebiet als die anderen Teile ist.

Literatur

BELLAIRS, R.: The devolopment of the nervous system in chick embryos, studies by electron microscopy. J. Embryol. exp. Morph. 7, 94—115 (1959).

BERGQUIST, H.: Über die Differenzierung des Neuralrohres, besonders des Stratum zonale. Zschr. Zellforschg. 86, 401—421 (1968).

BERGQUIST, H., und E. HORSTMANN: Polyribosomen mit Schraubenstruktur im Zentralnervensystem junger Hühnerkeime. Naturwissenschaften 54, 544—545 (1967).

ELIAS, S., and S. SANDOR: A biostatical study of the early morphogenesis of the chick embryo and of its appendages. Rev. roum. embryol. cytol. Ser. embryol. 2, 115—160 (1965).

FORSBERG, J. G., and B. KÄLLÉN: Cell death during embryogenesis. Im Druck (1967).

FUIJTA, H., and S. FUIJTA: Electron microscopic studies on neuroblast differentiation in the central nervous system of domestic fowl. Z. Zellforsch. 60, 463—478 (1963).

HAMBURGER, V., and H. L. HAMILTON: A series of normal stages in the development of the chick embryo. J. Morph. 88, 49—92 (1951).

HELANDER, H.: Ultrastructure of fundus glands of the mouse gastric mucosa. J. Ultrastruct. Res. Suppl. 4, 1—123 (1962).

HIS, W.: Über das Auftreten der weißen Substanz und der Wurzelfasern am Rückenmark menschlicher Embryonen. Arch. Anat. Entwickl.-Gesch. 163—170 (1883).

KLIKA, E., and R. JELINEK: The question of the internal limiting membrane of developing CNS, its structure and meaning. Z. mikr.-anat. Forsch. 70, 282—297 (1963).

NOVIKOFF, A.: Lysosomes and related particles. In: J. BRACHET and A. E. MIRSKY (edit.) The cell, vol. II, p. 423—488. New York and London: Academic Press 1961.

PALAY, S. L., and G. E. PALADE: The fine structure of neurons. J. biophys. biochem. Cytol. 1, 69—88 (1955).

RÜDEBERG, S.: Noch nicht publiziert.

SAUER, F. G.: Mitosis in the neutral tube. J. comp. Neurol. 62, 377—405 (1935).

SOTELO, J. R., and O. TRUJILLO-CENÓZ: Electron microscope study on the development of ciliary components of the neural epithelium of the chick embryo. Z. Zellforsch. 49, 1—12 (1958).

TENNYSON, V. M., and G. D. PAPPAS: An electron microscope study of ependymal cells of the fetal, early postnatal and adult rabbit. Z. Zellforsch. 56, 595—618 (1962).

VAZQUEZ-NIN, G. H., and J. R. SOTELO: Die Feinstruktur des Neuralrohres und der neuralektodermalen Matrixzellen am Zentralnervensystem von Hühnerembryonen. Z. Zellforsch. 70, 240—268 (1966).

WECHSLER, W.: Elektronenmikroskopischer Beitrag zur Histogenese der weißen Substanz des Rückenmarks von Hühnerembryonen. Z. Zellforsch. 74, 232—251 (1966).

WECHSLER, W. und K. MELLER: Elektronenmikroskopische Befunde am Neuralrohr von Hühnerembryonen. Acta Neuropath. 2, 491—496 (1963).

Diskussionsredner:

MÜLLER (DDR).

Pharmakologisches Institut der Humboldt-Universität Berlin, DDR

Pharmakologie und Morphologie

von

F. JUNG

Die Pharmakologie sieht ihre Aufgabe darin, die Veränderungen physiologischer und pathophysiologischer Prozesse unter dem Einfluß körperfremder und in gewissem Umfang auch körpereigner chemischer Agentien zu studieren und aus den Ergebnissen neue Möglichkeiten zur Lenkung und Steuerung des Lebensprozesses abzuleiten.

Für den Gesundheitsschutz des Menschen bedeutet dies die Entwicklung neuer Therapeutika oder Prophylaktika wie die Ausarbeitung rationeller Einsatzmethoden solcher Arzneimittel. Sie liefert damit ferner die Grundlagen für den Schutz des Menschen vor chemischen Schadstoffen aus der natürlichen wie technisierten Umwelt. Durch Anwendung ihrer Ergebnisse auf unsere Nutztiere wird sie in der Veterinär-Pharmakologie auch für die Sicherung unserer tierischen Produktion wirksam.

Formulieren wir dem gegenüber die Aufgabe der *Morphologie* entsprechend der semantischen Bedeutung dieses Wortes, so ist es etwa „die erfahrbare Wirklichkeit" auf „Gestalten" zu befragen. Gestalt wird bereits von GOETHE als der Komplex des Daseins eines wirklichen Wesens definiert, dabei wird von der Bewegung, vom Stoffwechsel, vom Werden und Vergehen abstrahiert und versucht, das was im steten Wechsel konstant ist, auch für die Betrachtung zugänglich zu machen. In seinen Schriften zur *Morphologie*, unter denen die Metamorphose der Pflanzen die bekannteste ist, weist er zudem mehrfach darauf hin, daß man dabei den primitivem Nützlichkeitsstandpunkt als Naturforscher überwinden sollte: „Der Botanik als Wissenschaft sind die buntesten und gefülltesten Blumen, die eßbarsten und schönsten Früchte nicht mehr, ja im gewissen Sinne nicht einmal soviel Wert, als ein verachtetes Unkraut im natürlichen Zustand, als eine trockene unbrauchbare Samenkapsel." Und sein Freund von der medizinischen Fakultät, der ehemalige Militärarzt SCHILLER sieht in seinem Gedicht, „das Ideal und das Leben" schließlich: — „frei von jeder Zeitgewalt, göttlich unter Göttern, die *Gestalt*" — bzw. weiterhin — „und im Staube bleibt die Schwere mit dem Stoff, den sie beherrscht zurück . . . ausgestoßen hat es jeden Zeugen menschlicher Bedürftigkeit." Hinter diesem hohen Gedankenflug einer reinen Morphologie verbirgt sich eine Philosophie, die ich in keiner Weise mit einer Philosophie meines Fachs in Einklang bringen kann. Wir sind ein experimentell-empirisches Fach, unser Ziel ist die Gewinnung von Gesetzmäßigkeiten im Funktionellen, d. h. gerade im Werden, Vergehen und Zusammenwirken der einzelnen Elemente, um daraus schließlich Maximen für das praktische Handeln abzuleiten. Philosophisch sind wir Anhänger des Brechtschen GALILEI, der das einzige Ziel der Wissenschaft darin sieht, die Mühsal der menschlichen Existenz zu erleichtern. Gestalten und Formen sind für uns praktische Mittel, um Funktionsstände zu erfassen, die Festlegung eines Typus hilft uns also seine Modifikationen zu erkennen und nicht Gestalten zu betrachten und uns über die Betrachtung zu erheben und zu erbauen. Konstanz eines bestimmten Typus oder einer bestimmten Struktur führt uns zu Überlegungen über Strukturoptimierung im Zusammenhang mit den vorhandenen inneren und äußeren Funktionalbeziehungen. Studieren wir also eine Zelle oder einen Zellverband in seinem morphologischen Gefüge unter den Einfluß irgend einer Alteration und stellen wir dabei bei bestimmten Dosen der Alteration ein Weiterbestehen der Gestalt fest, bei höheren Dosen eine Gestaltsänderung und bei höchsten schließlich den Zerfall fest, so zielt unsere Betrachtung nicht auf das Wunder der Gestaltkonstanz, sondern auf das innere, wenn Sie wollen, kybernetische Gefüge, das die Alteration zunächst kompensiert, dann ihr nachgibt und schließlich unterliegt: d. h. wir suchen das Wesen des Ganzen nicht in der äußeren Form, sondern in den Prinzipien der inneren Steuerung und Regelung, deren Gesetze wir durch Applikation von Störgrößen zu erfassen suchen. Definitionen solcher Störgrößen sind im eben genannten Sinn dann etwa eine ED 50 — also eine effektive Dosis — oder die letale Dosis LD 50.

Reine Morphologie als solche ist dagegen für uns bedeutungsleer und bezogen auf unseren Aufgabenkreis auch bedeutungslos. Die Morphologie hat indessen eine Reihe von Untersuchungsmethoden entwickelt, deren Bedeutung für uns unbestreitbar ist. Sie sind dadurch ausgezeichnet, daß das Objekt direkt — evtl. unter Verwendung von dimensionsverändernden oder kontrastierenden Verfahren — einer visuellen Betrachtung zugeführt wird. Wir verwenden diese Verfahren ohne prinzipielle Überlegungen über das Verhältnis von Morphologie, Physiologie und Biochemie neben den anderen Methoden, bei welchem meist durch physikalische oder chemische Praktiken aus dem Objekt mehr oder minder abgeleitete Meßgrößen extrahiert werden (chemische Komponenten, elektrische Daten, mechanische Meßgrößen wie Kräfte, Drücke oder Bewegungen, Temperaturunterschiede usw.).

Im Hinblick auf einige spezifische Probleme der Pharmakologie sind einige solcher morphologischen Methoden auch innerhalb unseres Fachbereichs erstmalig entwickelt worden. Dazu gehören speziell einige radiochemische Verfahren, und wenn Sie Paul Ehrlich zu den Arzneimittelforschern rechnen wollen, auch die Begründung der sogenannten Histochemie.

Wenn eine Droge in einen Organismus eingebracht wird, so interessiert uns zunächst sein kinetisches Verhalten im Organismus, also etwa der Ablauf der Resorption, der Verteilung über den Organismus, der Speicherung in den einzelnen Organen, die folgenden Umsetzungen bzw. die spätere Elimination. Recht früh wurden — zunächst unter Verwendung natürlicher Isotope — von pharmakologischer Seite autoradiographische Methoden eingesetzt, ich erwähne hier eine vor über 4 Jahrzehnten durchgeführte Studie von Behrens in unserem Berliner Institut über die Verteilung von Blei im Organismus — durchgeführt mit einem Radium-Spaltprodukt. Derzeit spielt für solche Probleme eine von Ullberg entwickelte morphologische Methode eine sehr große Rolle, bei der ganze Tiere geschnitten werden und die Konzentration bzw. Konzentrationsveränderungen in solchen Schnitten autoradiographisch verfolgt werden.

Morphologische Methoden erlauben auch von solchen allgemeinen Verteilungsproblemen auf recht spezielle Fragen der spezifischen Bindung eines Pharmakons am Rezeptor überzugehen. Der histochemische Nachweis von Transmittern im ZNS, das Auffinden dieser Körper (Acetylcholin, Adrenalin, Serotonin, Histamin) am Ort der Reizübertragung, ihr Weg zu diesem, die Beeinflussung ihrer Biosynthese, Speicherung und Abgabe, ihrer schließlichen Zerstörung unter Verwendung von radiochemischen Methoden, normaler Histochemie und auch Fluoreszenzmethoden füllt gegenwärtig unsere internationalen Archive. Als besonders hübsches und wiederum makromorphologisches Beispiel möchte ich die Studien von Waser über die Bindung von myorelaxierenden Körpern an den Synapsen des Zwerchfelles demonstrieren. Die Synapsen des Rattenzwerchfelles lassen sich zunächst sehr klar mit den Koelleschen Methoden des Cholinesterasenachweises lokalisieren. Waser zeigt nun, daß diese Lokalisation Punkt für Punkt übereinstimmt mit der Einlagerung von markiertem Curarin oder markiertem Dekamethonium. Auch in diesem Fall erlaubt die morphologische Methodik eine zusätzliche Analyse der Bindungskinetik und schließlich eine quantitative Auswertung auf die synaptisch gebundenen Mengen. Das sehr überzeugende und elegante Verfahren hat zwar im wesentlichen bekanntes reproduziert, aber es geht mir selbst so, daß die Demonstration ad oculus gefühlsmäßig für den Gewinn an Einsicht und Erkenntnis wesentlich besser eingeht, als etwa eine Serie biochemischer Isolationsverfahren unter Zerstörung des Objekts.

Ich möchte nun nicht weiterhin die selbstverständliche Tatsache im einzelnen ausführen, daß die klassischen makroskopischen und mikroskopischen morphologischen Verfahren für uns als Pharmakologen für die Erkennung normaler und pathophysiologischer Prozesse genau so bedeutsam sind, wie etwa für den Pathologen, sondern noch auf eine Methode eingehen, mit deren Nutzung für die toxikologische und pharmakologische Probleme ich mich bereits zu einem Zeitpunkt beschäftigt habe, als sie noch von den meisten Morphologen abgelehnt wurde — ich meine die Elektronenmikroskopie. Auf Grund des von ihr erschlossenen Auflösungsbereiches schlägt sie ja eine Brücke zwischen den von der Morphologie betrachteten Dimensionsbereich hinüber zu den vom Biochemiker erfaßten Strukturen. Als wir vor fast 30 Jahren im Laboratorium von Ernst Ruska dieses Instrument in die Hand bekamen, einige Internisten wie Helmut Ruska, Wolpers, Lindemann und etwas später auch ich als Pharmakologe, standen wir tatsächlich vor einer ganz neuen Welt von Phänomenen. Helmut Ruska und seine Mitarbeiter haben damals in schneller Folge eine Fülle von mehr oder minder systematischen Ergebnisse erarbeitet, die für uns heute so selbstverständlich sind, daß wir die Autoren längst vergessen haben: ich erwähne nur die Sichtbarmachung der Bakteriophagen als strukturierte Elemente, die Querstreifung des Kollagens und Fibrins, isolierte Blutfarbstoffmoleküle (Hämozyanin).

Es war eine Periode des wissenschaftlichen Sturmes und Drangs, die mich sicherlich zum Morphologen gemacht hätte, wenn nicht die faschistische Kriegsmisere uns die Flügel absolut beschnitten und jede systematische Ausarbeitung gründlich verhindert hätte. Für mich war faszinierend, daß wir eine Reihe unklarer morphologischer Phänomene an den roten Blutzellen nun in ihrem Wesen packen konnten. Die rote Blutzelle war kein Schwämmchen, sondern hatte eine eindeutig strukturierte und mehrschichtige Membran — die sogar artspezifisch differenzierbar war. Es gelang uns die verschiedenartigen Innenstrukturen an toxisch geschädigten Blutzellen zu differenzieren und analysieren, und zwar in einem Umfang, das manches von dem was wir gesehen und in den heute recht schwer zugänglichen Zeitschriften während des Krieges publiziert haben, noch immer nicht von den Amerikanern nachentdeckt wurde. Die Anerkennung der Ergebnisse erfolgte aber sehr zögernd. Mit meiner „Schreckenskammer der Erythrozyten, mit meinem verkohlten und im Hochvakuum vertrockneten Objekten" (das ist ein Diskussionszitat zu einem Vortrag von mir auf dem Wiesbadener Internistenkongreß 1941, durch den damals profiliertesten deutschen Hämatologen morphologischer Orientierung) setzten wir uns nicht durch. Andererseits konnten wir gewisse Grenzen der Methodik nicht überwinden, — vielleicht weil wir zu wenig klassisch morphologische Technik beherrschten. Es hat weit mehr als ein Jahrzehnt gedauert, bis die Methode gewisse Fachgrenzen überwand.

Natürlich war eines der ersten Probleme wiederum die Frage der Bindung von Pharmaka an den neuentdeckten Strukturen. So zeigte sich etwa, daß die bekannte argyrotische Silberablagerung an den Kollagenfasern abhängig war von deren Querstreifung. Die Pb-Ablagerung in Membranen, welche für Gerbeffekte bzw. Permeabilitätsänderungen verantwortlich ist, ließ sich an Erythrozytenmembranen gut nachweisen, dabei wies das Auftreten eines Ablagerungsmusters an der Zellmembran auf biochemische Strukturinhomogenitäten hin. Sehr großen Gewinn haben wir bei der Analyse und Differenzierung der verschiedenartigen hämolytischen Prozesse aus der Methodik gezogen. Ein entscheidendes Problem konnten wir indessen nicht klären, zu ihm hat erst Seaman in jüngster Zeit den Schlüssel geliefert. Gleichgültig ob die Hämolyse durch Hypotonie, durch Netzmittel, durch Metallsalze oder auf anderem Wege herbeigeführt wurde, die Blutkörperchenmembran zeigte sich nach Isolierung stets unverletzt d. h. ohne Risse oder Löcher aus, denen der Zellinhalt ausgetreten sein konnte.

Seaman gelang der Nachweis, daß dieser Inhalt durch recht große Löcher oder Risse austritt, die sich aber sofort wieder schließen: wurde sofort mit Beginn der Lyse fixiert, so waren diese Löcher im Schnittbild der Membran vorhanden, später nicht mehr. Gleichzeitig belegte er mit Hilfe von Ferritin-Partikeln, daß in dieser Phase auch Elemente von außen in die Zelle eintreten können und anschließend in der Zelle gefangen sind. Diese Eigenschaft der Zellmembran macht übrigens auch verständlich, daß etwa bei der Zellinfektion mit Malaria-Parasiten die Zelle nicht lysiert.

Rätselhaft war uns auch lange Zeit, warum Innenkörperchen tragende Erythrozyten, wie sie bei zahlreichen Vergiftungen auftreten, in der Milz retiniert werden, obwohl sich Membranveränderungen nicht nachweisen lassen. Das elektronenoptische Bild zeigt sehr klar, daß zwar der äußerst flexible Zellkörper durch die Poren der Venensinuswand durchtreten kann, aber nicht das rigide Innenköperchen — die Zelle wird daher während des Durchtretens wie ein Beutel ausgestrichen und bleibt schließlich mit einem das Innenkörperchen enthaltenen Zipfel hängen. Wir haben das vor 10 Jahren publiziert, es dürfte aber wohl erst mit einer Nachentdeckung durch Rifkind in den USA allgemeiner bekannt geworden sein.

Ein in den letzten Jahren eingehend diskutiertes Phänomen des Arzneimittelstoffwechsels wurde gleichfalls durch elektronenoptische Studien wesentlich erhellt: Werden bestimmte Arzneimittel wiederholt gegeben, so stellt sich eine veränderte Empfindlichkeit ein; es sinkt etwa nach mehrfacher Phenobarbitalgabe die Schlafzeit auf Hexobarbital erheblich ab. Die Ursache ist die Bildung von hexobarbitalabbauenden Enzymsystemen in der Leber. Sie findet sehr regelmäßig ihr morphologisches Korrelat, in der Ausbildung ergastoplasmatischer Membranen. Im Rahmen einer andersartigen Zielstellung haben wir zufällig gefunden, daß sich solche morphologischen Veränderungen und damit die Vorbereitung funktioneller Umstellungen innerhalb von 10—20 Minuten bei Bebrütung von Leberschnitten in geeignetem Milieu erhalten lassen. Es kommt in Gegenwart von Dinitrophenol oder Malonat bereits in dieser kurzen Zeit zu einer Vermehrung der Membranen. Wird der Versuch bei Leberschnitten aus normalen Tieren durchgeführt, so sind diese Membranen ribosomenbesetzt, wird er an Leberschnitten von Actinomycin vorbehandelten Tieren vorgenommen, so überwiegen glatte Membranen. Da unsere Versuchsbedingungen wesentliche biosynthetische Prozesse während der Inkubation ausschließen, muß es sich um eine Umstrukturierung präformierter Materialien handeln: Der funktionelle Eingriff führt also zunächst zu einer Strukturveränderung, auf dessen Grundlage dann die Synthese neuer Enzyme möglich werden kann. Der Versuch scheint uns sehr hübsch, das Wechselverhältnis zwischen funktionellen und morphologischen Prozessen zu demonstrieren.

Ich komme damit auf meinen Ausgangspunkt zurück. Gestalten und Strukturen als solche beinhalten nicht automatisch Funktionen. Umgekehrt sind aber Funktionen in biologischen Systemen immer an Strukturen geknüpft — sei es im makroskopischen, im mikroskopischen oder gar im molekularen

Bereich. Wer sich — wie etwa wir Pharmakologen — um funktionelle Veränderungen bemüht, wird daher zwangsläufig mit den Problemen der Morphologie vertraut sein und morphologische Betrachtungen wie Methoden verwenden müssen. Wer aber Morphologie betreibt, wird immer mit der Möglichkeit konfrontiert, Strukturen zu studieren, deren funktioneller Inhalt fraglich oder gar leer ist; sinnvoll wird er daher nur arbeiten, wenn nicht die Morphe, sondern die Funktion ihn bei seiner Arbeit führt.

Diskussionsredner:

Avtsyn (UdSSR), Ernst (DDR).

Pathologisch-Anatomisches Institut der Universität Bologna, Italien

Histochemical and histoimmunochemical approaches to the study of some pathogenetical aspects of diabetes mellitus

by

A. M. Mancini, G. Frizzera and A. Vecchi

Up to now the pathogenesis of diabetes mellitus is a much controverted point. Many students of the subject still assert that this disease depends on the deficient production of insulin or that — at least at a certain stage — it is connected with insular exhaustion; others prefer to define diabetes as "a metabolic state induced by deficient insulin activity" (Best, 1962).

Since the beginning, research on the pathogenesis of the disease was mainly concerned with investigating if such deficiency depended on the production of abnormal insulin or on other intra- or extra-pancreatic factors.

The problem is still far from being solved; in fact, according to some authors, the insulin produced by diabetic subjects is normal; while others ascribe the abnormal insulin activity, typical of these patients, to the altered structure of the hormone. The former students ground their opinion on findings of various kinds: morphological, in that electron microscope revealed specific granules, in the β-cells of diabetic subjects, to be quite similar to the normal ones (Kawanishi et al., 1966; Lacy, 1967); immunological, in that crystallized insulin of diabetics behaves in respect of radioimmunoassays just as the hormone of healthy subjects does (Deckert et al., 1966); and, quite recently, biochemical, in that aminoacid sequence in the molecule of insulin produced by diabetics seems to be the same as in the hormone of normal subjects (Lacy, 1967); this last observation, however, has not been confirmed by Kimmel et al. (1967).

The evidence produced by the latter students to assert the altered structure of insulin in diabetes is based on metabolic (therefore indirect), or on immunologic and biochemical criteria, such as: the probable presence in these patients of autoimmunity against insulin (Gepts, 1965; Ungar et al., 1967); a different resistance to insulinase (Elliott et al., 1965; Roy et al., 1966) and a reduced glycogenosynthetic activity in vitro of this insulin with respect to the norm (O'Brien et al., 1967); a different behavior of insulin-like activity (ILA) in diabetics in comparison with healthy subjects (Power et al., 1964).

Of all these arguments only those based on the findings of Elliott et al. (1965), Roy et al. (1966), O'Brien et al. (1967) and on the recent investigations of Kimmel et al. (1967) seem to prove the existence of abnormal insulin. In fact, it is well known that autoimmunologic processes can depend, as well as on the primary production of endoantigens, on modifications of immunocompetent cells; as for the ILA, the latest findings of Power et al. (1967) would suggest that its characters are, partly at least, different from those of insulin, although it is probably due to substances produced by the pancreatic islets.

At any rate, there is not yet any direct morpho-functional evidence (based on histochemical, histoimmunological or ultrastructural criteria) of the existence of abnormal insulin in the pancreas of diabetic individuals; the present paper deals precisely with the research we have recently carried out on this problem.

A) Histochemical investigations

Among the methods available to detect insulin present in the tissues, three are most commonly used: the oxidation-aldehydefuchsin (OAF) technique, which Kvistberg et al. (1966) consider specific for tissular insulin; the oxidation-pseudoisocyanin reaction of Schiebler and Schiesser (1953) and the immunologic technique by fluorescent antibodies to insulin (Lacy, 1959). The first two, according to the above quoted authors, make it possible to reveal the disulphide groups, especially the lateral one of the A chain of the hormone. The demonstration of insulin by means of immunofluorescence would be due to its antigenic properties and, according to Lacy et al. (1959), would be species-aspecific; on the contrary, judging from our findings as well as from other people's, it would have a high species-specificity, if the technique is applied to pancreases lyophilized in a given way (Mancini et al., 1964; Mancini, 1965; Costanzi et al., 1967).

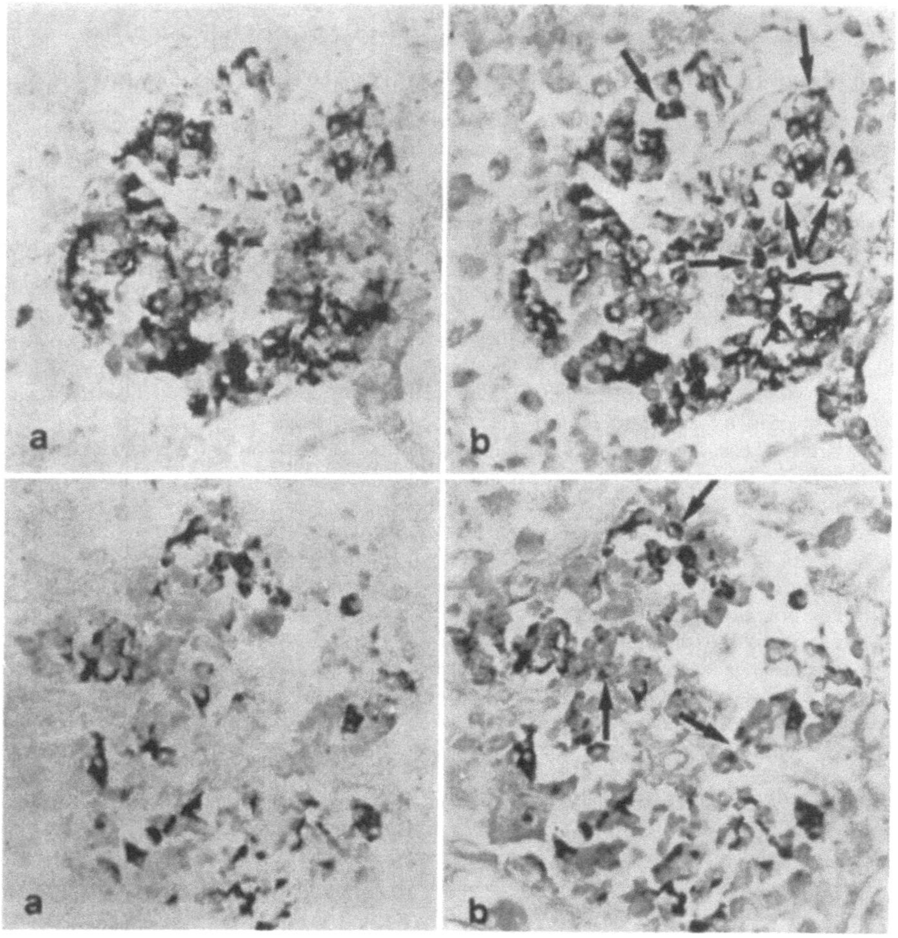

Fig. 1. Pancreas of diabetic subject. In two islets, stained with TAF (a) and OAF (b) methods, abnormal well granulated β-cells (arrows), not coloured by TAF, are revealed by OAF. (400 ×, slightly reduced)

We have recently proposed a fourth method which seems to put in evidence insulin in tissue sections (Mancini et al., 1966) and in vitro (Mancini) with good specificity: it is based on a short tryptic digestion of substrate, by which, in the larger fragment resulting from proteasic hydrolysis of the insulin molecule, two carboxyl end-groups are obtained (Su-Sun Wang et al., 1967), which are at a fit interchange distance for them to combine with some basic dyes within definite pH ranges. By this method (TAF), therefore, it is possible to detect insulin owing to the reactivity of molecular sites different from those intervening in other techniques. Carrying out TAF and OAF methods successively on the same sections and comparing the results of either by photograph (Mancini et al., 1967), it is possible to ascertain if the insulin molecule present in the β-cells in different pathologic conditions and especially in diabetes, is in conformity with certain structural characteristics typical of the normal hormone.

By means of this comparative method, we have observed (Mancini et al., 1966) in pancreases of juvenile and adult-onset diabetics the presence of β-cells that are coloured only by OAF reaction, not by TAF (Fig. 1), which indicates an altered structure of specific granules and therefore of the insulin contained there as well. In pancreases of non diabetic subjects, on the contrary, there exists a perfect correspondence between staining effects of TAF and OAF reactions on insular tissue (Fig. 2).

β-cells containing granules with abnormal histochemical behavior are constantly found in the pancreases of all diabetic subjects examined, irrespective of their age, of the type and stability of the

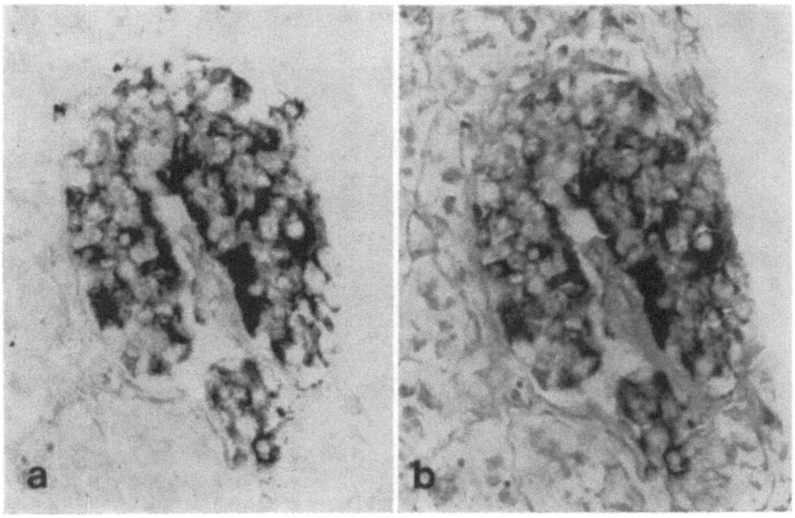

Fig. 2. Pancreas of normal subject, stained with TAF (a) and OAF (b) methods. The staining results of two methods are identical. (400 ×, slightly reduced)

disease, of blood glucose levels, of antidiabetic treatment employed, and of morphologic features whether of the islets or of the β-cells with normal characteristics.

The absolute and relative frequency of abnormal β-cells seems to be connected with some of these conditions, such as the type of diabetes: there is, in fact, a higher frequency in young subjects than in aged ones, and in poorly controlled diabetics than in stabilized ones, irrespective of treatment employed and blood glucose values during fasting.

Besides, abnormal β-cells often appear well granulated, even when most of the normal ones contain scanty granules: therefore these elements do not seem to be affected — at least within certain limits — by functional stimuli on the insular secretion.

B) Histoimmunological investigations

In 1963, Pav et al. noticed that the serum of diabetic patients, whether treated with insulin or not, can ,,consume" — in a high percentage of cases — the complement, if it is challenged with the hormone.

Chetty et al. (1965) subsequently confirmed this observation, but they considered that complement consumption might not be dependent on immunologic factors, and consequently that it could not prove the presence of anti-insulin antibodies in patients not treated with hormone. Quite recently, Pencev et al. (1966) observed in a large number of diabetics never treated with insulin, the presence of antibodies precipitating the hormone: therefore they consider it likely that, in these patients, there exist autoimmunologic processes against insulin.

To deal with the problem we have employed histoimmunological rather than serological techniques (Mancini et al., 1965), with reference to the fact, just pointed out, that the insulin contained in the islet cells of pancreatic specimes lyophilized in a given way, is characterized by a high species-specificity. Using fragments of human pancreases, prepared according to our technique, as substrate in this research, we have observed that γ-globulins of a high percentage of diabetic patients, whether or not treated with insulin, react specifically with insular β-cells. This result, which never occurs with γ-globulins of non diabetic controls, can be obtained by various histoimmunological methods: direct ones, which consist in employing serum γ-globulins conjugated with fluorescein isothiocyanate (FITC) (Fig. 3); indirect ones, by means of γ-globulins of diabetic subjects and fluorescent antihuman globulin serum, or of the same γ-globulins plus complement and labelled anti-complement serum (Fig. 4); by using complement, moreover, fluorescent reactions are remarkably increased.

We have showed by various methods the good specificity of the above findings: they are observed only when human pancreases, not bovine or porcine, are employed as substrate; they are not obtained by extracting the insulin present in the sections by means of acid solutions, nor by testing the sections first with unconjugated, then with fluorescent γ-globulins of diabetic patients. Lastly, the absorption of sera of diabetics with various commercial kinds of insulin, fixed on tanned erythrocytes, can diminish but not annul the capacity of γ-globulins to be fixed to insular β-cells of human pancreases.

It would then appear, from our findings and from the research of various students quoted above, that in many diabetic patients there exists a condition of iso- (and probably auto-) immunity to human insulin: consequently, the problem rises whether the eventual abnormal insulin, whose existence is recognized by histochemical methods, might account for that condition.

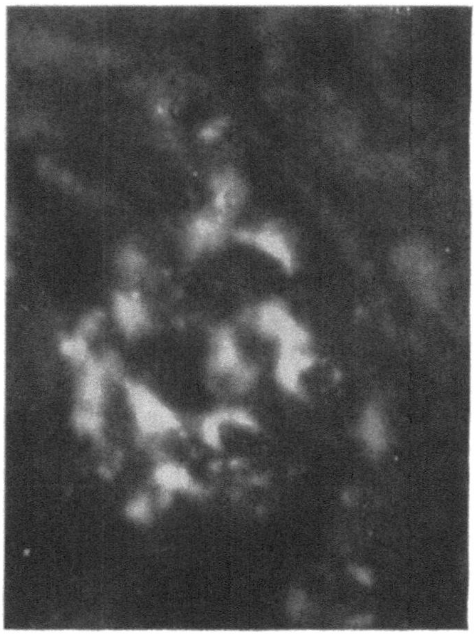

Fig. 3. Normal human pancreas. Islet stained by fluorescein labelled γ-globulis from microangiopathic diabetic patient. Brilliant fluorescence of the β-cells. (600 ×)

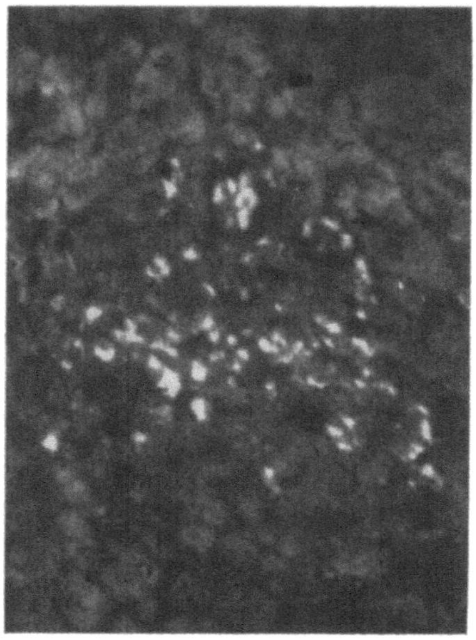

Fig. 4. Normal human pancreas. Section was treated with γ-globulins from a diabetic patient, bound to fresh rabbit serum (complement), and coloured by fluorescent anti-complement serum from sheep. Distinct fluorescence of numerous β-cells. (200 ×)

This problem could be solved only by employing successively, on the same sections of pancreatic specimens of diabetic and control subjects, the histoimmunological and histochemical techniques mentioned above: first, labelled antibodies against human insulin, or fluorescent γ-globulins of diabetics; second, the TAF and OAF reactions; and by comparing the results by photograph. Such research is in progress in our laboratory and we expect to publish the results in future. On the basis of what we have observed up to now, we can only state, in a preliminary way, that in pancreatic substrates coming from diabetic subjects there is no exact correspondence between the morphological pictures obtained by means of fluorescent γ-globulins of diabetics, and those resulting from the TAF staining method.

It is therefore likely that β-cells of diabetics, which show an abnormal histochemical behavior, not being coloured by TAF, secrete abnormal insulin, which would account for the (auto-) immunization to the hormone observed in these patients.

Nevertneless γ-globulins of diabetics, coupled with FITC, react also with insular β-cells of normal human pancreases; so it must be assumed that the eventual anti-insulin fraction present in the serum of these patients, is directed also against the normal hormone and, therefore, that abnormal insulin, as far as antigenic properties are concerned, is not greatly different from the normal one (see also Renold et al., 1966).

Discussion

Once one could demonstrate the existence, in the pancreatic islets of diabetic subjects, of β-cells with abnormal histochemical characters, and therefore very probably secreting altered insulin, the question rises if such a finding can account for some pathogenetic aspects of diabetes.

1. It is known that in diabetes mellitus the insular response to glucose loading is slower than in normal subjects, although blood insulin levels (IRI), reached after this stimulus, often approach the norm (GRABER et al., 1967).

The latter phenomenon, in other words, seems to be connected in several cases with a decreased sensitivity of β-cells to glucose stimulation, rather than with insular exhaustion (FELBER et al., 1967).

The meaning of these facts is still obscure, but we believe that our findings can give a useful contribution to solving the problem. In fact, we have observed that abnormal β-cells do not seem to be affected — at least within certain limits — by strong functional stimulations on the insular secretion; in other words, degranulation of, and therefore release of insulin by, these cells would occur under stimuli more intense than the normal ones, or would be delayed with respect to the cells which secrete normal insulin.

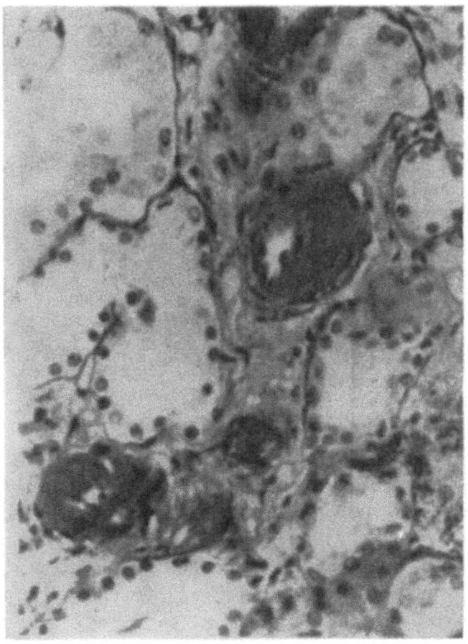

Fig. 5. Human diabetic kidney. Periodic acid — Schiff. The walls of two small arteries, almost entirely hyalinized, are strongly PAS-positive. (400 ×)

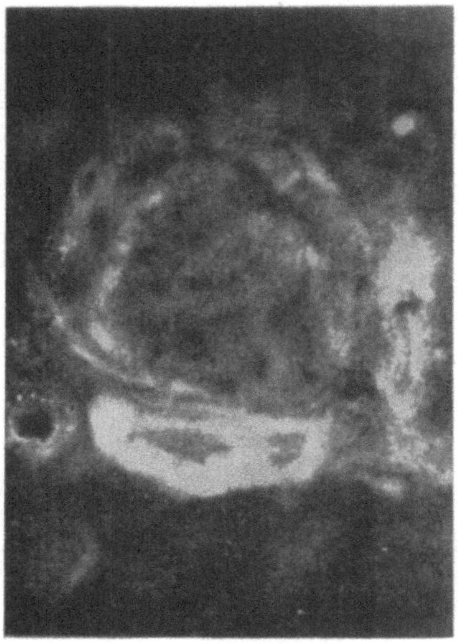

Fig. 6. Human diabetic kidney, treated by fluorescent γ-globulins from the same patient. Marked fluorescence of the hyalinized walls of two small arteries. (300 ×)

2. Besides, there exists — within certain limits — a good positive correlation between frequency of abnormal β-cells and severity of diabetes; therefore it might be assumed that the hormone produced by these elements displays a lower, or in any case a different, metabolic activity with respect to the normal insulin, thereby accounting for the latest findings of O'BRIEN et al. (1967) about the altered activity in vitro of insulin secreted by diabetics.

3. Last, if abnormal insulin can give rise to a condition of autoimmunity against the normal hormone as well, such a mechanism might explain the origin of some cases of primary insulino-resistance in diabetes.

As regards the presence of antihuman insulin antibodies in several diabetic patients, whether or not treated with insulin, we have observed that such a finding constantly occurs in subjects affected by microangiopathy in general, and by renal microangiopathy in particular, with exsudative lesions.

That diabetic microangiopathy is connected with immunopathic factors seems now to be confirmed by many other studies, as well as by ours (FREEDMAN et al., 1960 and 1962; BERNS et al., 1961 and 1962; COLEMAN et al., 1962 and 1963; BURSTEIN et al., 1963; BURKHOLDER, 1965; OPPTL, 1966; MANCINI et al., 1961 and 1964; COSTANZI et al., 1966), but demonstration of the antigen responsible for that remains still uncertain. BERNS et al. (1962) on the basis of investigations carried out by the help of techniques which we think questionable, consider that the same is constituted by insulin (exogenous and endogenous).

By means of histoimmunologic methods we have observed, in cases of diabetic microangiopathy, the presence of γ-globulins and the fixation of complement in the injured renal and retinic small vessels, in recent glomerular hyaline nodules, and in fibrinoid caps. γ-globulins of these and of other diabetic patients fix to these sites (Figs. 5—6) and, at the same time, also to the β-cells of human pancreases, whereas they do not fix to the walls of vessels nor to glomeruli, whether unimpaired or altered, coming from healthy subjects.

On the basis of these findings, it could be suggested that the antigen responsible for immunopathic features, typical of diabetic microangiopathy, might be constituted either by exogenous insulin, introduced into the organism for therapeutic purposes, or, in some cases, by endogenous hormone, which, in diabetic patients, may be abnormally structured.

The hypothesis of an altered structure in diabetic insulin, although based on biochemical and histochemical results not yet verified, seems more useful than others to explain some pathogenetic aspects of this disease and of its complications. More refined histochemical techniques, especially in ultrastructural and enzymological fields (IHARA, 1965; SCHWARTZ et al., 1966), will perhaps make it possible to support this hypothesis by new elements and to define better the cellular disorder, probably under genetic control, on which the production of altered hormone depends.

From recent investigations (MIRSKY et al., 1966), it would seem that also normal subjects, belonging to the same species, can produce heterogenous insulins, that is to say insulins structurally different from one individual to another, with no differences intervening in the metabolic behavior of the hormone. Such heterogeneity and the production of anti-insulin autoantibodies would be connected with individual genetic differences (ARQUILLA et al., 1966).

On the basis of these reports, it might be assumed that, in several cases of diabetes, peculiar genetic conditions give rise to the production of insulins, whose structural alteration could account for some metabolic defects typical of this disease.

References

ARQUILLA, E. R., H. OOMS and J. FINN: Genetic differences of combining sites of insulin antibodies and importance of C terminal portion of the A chain to biological and immunological activity of insulin. Diabetologia **2**, 1—13 (1966).

BERNS, A. W., and H. T. BLUMENTHAL: Fluorescence microscopy study of diabetic glomerulosclerosis. Fed. Proc. **20**, 17 (1961).

BERNS, A. W., Y. HIRATA and H. T. BLUMENTHAL: Application of fluorescence microscopy to the study of possible insulin-binding reactions in formalin-fixed material. J. Lab. Clin. Med. **60**, 535—551 (1962).

BERNS, A. W., C. T. OWENS, Y. HIRATA and H. T. BLUMENTHAL: The pathogenesis of diabetic glomerulosclerosis. II. A demonstration of insulinbinding capacity of the various histopathological components of the disease by fluorescence microscopy. Diabetes **11**, 308—317 (1962).

BEST, C. H.: Some thoughts on the etiology of human diabetes. Canad. Med. Ass. J. **87**, 731—734 (1962).

BURCKHOLDER, P. M.: Immunohistopathologic study of localized plasma proteins and fixation of guinea-pig complement in renal lesions of diabetic glomerulosclerosis. Diabetes **14**, 755—770 (1965).

BURSTEIN, R., A. W. BERNS, Y. HIRATA and H. T. BLUMENTHAL: A comparative histo- and immuno-pathological study of the placenta in diabetes mellitus and in erythroblastosis fetalis. Amer. J. Obstet. Gynec. **86**, 66—76 (1963).

CHETTY, M. P., and K. C. WATSON: Antibody-like activity in diabetic and normal serum, measured by complement consumption. Lancet **I**, 67—69 (1965).

COLEMAN, S. L., B. BECKER, S. CANAAN and L. ROSENBAUM: Fluorescent insulin staining of the diabetic eye. Diabetes **11**, 375—377 (1962).

COLEMAN, S. L., and B. BECKER: Localization of gamma globulin in the human diabetic eye. Amer. J. Ophthal. **55**, 239—241 (1963).

COSTANZI, G., A. M. MANCINI, G. A. ZAMPA and G. KELESCIAN: Recenti studi e acquisizioni sulle lesioni microvascolari in corso di diabete mellito. Recenti Progr. Med. (Roma) **40**, 89—138 (1966).

COSTANZI, G., and R. POZZUOLI: Evidenziazione istoimmunologica delle cellule β dell'insula pancreatica umana. Boll. Soc. It. Biol. Sperim. **43**, 372—374 (1967).

DECKERT, T., and K. R. JORGENSEN: Immunological reactivity of insulin in human serum. Acta Endocr. **53**, 673—680 (1966).

ELLIOTT, R. B., D. O'BRIEN and C. C. ROY: An abnormal insulin in juvenile diabetes mellitus. Diabetes **14**, 780—787 (1965).

FELBER, J. P., A. J. MOODY, N. ZARAGOZA, L. GRASSI and A. VANNOTTI: Importance de la mésure radioimmunologique de l'insuline dans l'étude de la pathogénèse du diabète. Acta Diabet. Lat. **4**, 45—56 (1967).

FREEDMAN, P., J. H. PETERS and R. M. KARK: Localization of gamma-globulin in the diseased kidney. Arch. Intern. Med. **105**, 524—535 (1960).

FREEDMAN, P., and A. S. MARKOWITZ: Gamma-globulin and complement in the diseased kidney. J. Clin. Invest. **41**, 328—334 (1962).

GEPTS, W.: Pathologic anatomy of the pancreas in juvenile diabetes mellitus. Diabetes **14**, 619—633 (1965).

GRABER, A. L., F. C. WOOD jr. and R. H. WILLIAMS: Serum immunoreactive insulin response during prolonged glucose infusions in non diabetic and diabetic humans. Diabetes **16**, 145—149 (1967).

IHARA, N.: Enzyme histochemistry in experimental diabetes mellitus. I. The histochemical findings in the pancreatic islet cells at successive intervals following the administration of diabetogenic substances. Endocr. Jap. **12**, 215–235 (1965).

KAWANISHI, H., Y. AKAZAWA and B. MACHII: Islets of Langerhans in normal and diabetic humans. Ultrastructure and histochemistry, with special reference to hyalinosis. Acta Path. Jap. **16**, 177–197 (1966).

KIMMEL, J. R., and H. G. POLLOCK: Studies of human insulin from non diabetic and diabetic pancreas. Diabetes **16**, 687–694 (1967).

KVISTBERG, D., G. LESTER and A. LAZAROW: Staining of insulin with aldehyde-fuchsin. J. Histochem. Cytochem. **14**, 609–611 (1966).

LACY, P. E.: Electron microscopic and fluorescent antibody studies on islets of Langerhans. Exp. Cell Res. Suppl. **7**, 296–308 (1959).

LACY, P. E., and J. DAVIES: Demonstration of insulin in mammalian pancreas by the fluorescent antibody method. Stain Technol. **34**, 85–89 (1959).

LACY, P. E.: The pancreatic beta cell. Structure and function. New Engl. J. Med. **276**, 187–195 (1967).

MANCINI, A. M., and G. COTANZI: Histoimmunologie du rein diabétique. Actes de la 23me Session du Congrès Français de Médicine, Paris 1961, 31–39.

MANCINI, A. M., G. COSTANZI and G. A. ZAMPA: Immunological differences between pancreatic and circulating insulin. Lancet **II**, 44 (1964).

MANCINI, A. M., G. A. ZAMPA and G. COSTANZI: Immunological aspects of lesions of diabetic microangiopathy. Proc. 2nd Intern. Congr. Endocrinol., London 1964, 893–899.

MANCINI, A. M., G. A. ZAMPA, A. VECCHI and G. COSTANZI: Histoimmunological techniques for detecting anti-insulin antibodies in human sera. Lancet **I**, 1189–1191 (1965).

MANCINI, A. M.: Hohe Species-Spezifität des Insulin-Antigens im gefriergetrockneten Pankreas. 6. Gefriertrocknungstagung, Köln 1965, 45–49.

MANCINI, A. M., G. FRIZZERA and A. VECCHI: Histochemical properties of insular β-cells after short tryptic digestion. Histochemie **6**, 301–304 (1966).

MANCINI, A. M., A. VECCHI, G. FRIZZERA and C. PALLOTTI: Contributo allo studio anatomo-patologico del diabete mellito. Arch. It. Anat. Pat. **40**, 471–506 (1966).

MANCINI, A. M., G. FRIZZERA and A. VECCHI: Staining of insular β-cells. Lancet **I**, 212–213 (1967).

MANCINI, A. M.: Unpublished data.

MIRSKY, I. A., and K. KAWAMURA: Heterogeneity of crystalline insulin. Endocrinology **78**, 1115–1119 (1966).

O'BRIEN, D., D. SHAPCOTT and C. C. ROY: Further studies on an abnormal insulin of diabetes melitus. Diabetes **16**, 572–575 (1967).

OPPTL, J.: Serum proteins in diabetic angiopathies. Čas. Lék. Cés. **105**, 799–805 (1966).

PAV, J., Z. JEZKOVA and F. SKRHA: Insulin antibodies. Landet **II**, 221–222 (1963).

PENCEV, I., D. ANDREEV and S. DICOV: Insulin-precipitating antibodies in diabetic patients treated and non-treated with insulin. Vátrechni Bol. **5/6**, 665–674 (1966) (quoted in Exc. Med. **3**, Endocr. **21**, no. 3235 (1967).

POWER, L., B. REYES-LEAL and J. W. CONN: Serum insulin-like activity in genetic and experimental diabetes mellitus. Metabolism **13**, 1297–1309 (1964).

POWER, L., G. R. ROJAS and J. H. LONDONO: New evidence for islet-cell origin of insulin-like activity in serum. Lancet **I**, 1123–1125 (1967).

POWER, L.: Insulin-like activity as a third islet-cell hormone. Lancet **I**, 1138–1140 (1967).

RENOLD, A. E., J. STEINKE, J. S. SOELDNER, H. N. ANTONIADES and R. E. SMITH: Immunological response to the prolonged administration of heterologous and homologous insulin in cattle. J. Clin. Invest. **45**, 702–713 (1966).

ROY, C. C., R. B. ELLIOTT, D. J. SHAPCOTT and D. O'BRIEN: Resistance of insulin to insulinase. A genetic discriminant in diabetes mellitus. Lancet **II**, 1433–1435 (1966).

SCHIEBLER, T. H., and S. SCHIESSER: Über den Nachweis von Insulin mit den metachromatisch regierenden Pseudoisocyaninen, Histochemie **1**, 445–465 (1959).

SCHWARTZ, I. L., and O. HECHTER: Insulin structure and function. Reflections on the present state of the problem. Amer. J. Med. **40**, 765–772 (1966).

SU-SUN, WANG, and F. H. CARPENTER: Kinetics of the tryptic hydrolysis of the oxidized B chain of bovine insulin. Biochemistry **6**, 215–224 (1967).

UNGAR, B., A. E. STOKES, F. I. R. MARTIN, S. WHITTINGHAM and I. R. MACKAY: Intrinsic-factor antibody in diabetes mellitus. Lancet **II**, 77–78 (1967).

Institut für Vergleichende Pathologie der Deutschen Akademie der Wissenschaften zu Berlin, DDR

Die Bedeutung der Pathomorphologie des Skelettsystems der Haustiere für die Klinik und die vergleichende Krankheitsforschung

von

H.-J. HERRMANN

Die pathomorphologische Forschung am Skelettsystem der Tiere dient sowohl der veterinär- als auch der humanmedizinischen Klinik. Für die Tiermedizin besitzen in erster Linie die Untersuchungsergebnisse Bedeutung, die über ökonomisch wichtige Osteopathien gewonnen und die in Zusammenarbeit mit der Ernährungswissenschaft bei der experimentellen Ermittlung des Bedarfs an bestimmten Nährstoffen erzielt werden. Demgegenüber dürfen für die Humanmedizin vor allem solche Ergebnisse Interesse beanspruchen, die sich aus Untersuchungen über Knochenkrankheiten ergeben, bei denen ein Vergleich mit entsprechenden Erkrankungen des Menschen möglich ist. Das wird besonders dann der Fall sein, wenn diese Osteopathien beim Menschen eine eingehende pathomorphologische Bearbeitung nicht erfahren können, was aus naheliegenden Gründen für eine große Zahl orthopädischer Leiden zutrifft. Der Veterinärpathologie sind *diese* Grenzen nicht gesetzt. Das Tier kann in jedem Erkrankungsstadium umfassend untersucht werden. Aus diesem Grunde ist der Pathomorphologie des Knochensystems der Tiere die Aufgabe gestellt, gleichzeitig mit der systematischen Erforschung der bei verschiedenen Spezies auftretenden Knochenkrankheiten die Voraussetzungen zu schaffen für eine vergleichende Krankheitsforschung. Wie auch auf anderen Gebieten der Pathologie, so erlaubt diese Forschungsmethode auch bei der Bearbeitung der Skelettkrankheiten tiefere Einblicke in das Wesen einer Erkrankung und gibt der medizinischen Forschung eine Möglichkeit in die Hand, das über vergleichbare Erkrankungen des Menschen existierende Wissen zu vertiefen und zu erweitern. Diese Feststellungen sollen anhand einiger eigener Untersuchungsergebnisse verdeutlicht werden.

Wir hatten die Möglichkeit, das Skelett von 37 Schweinen, 2 Jungrindern und 1 Fohlen zu untersuchen, bei denen am Femurkopf, am Metatarsus und -carpus sowie an den Wirbelkörpern eine Epiphyseolysis eingetreten war (HERRMANN, 1968, 1969). Am häufigsten beobachteten wir sie am Caput femoris. Im Schrifttum wurde von seiten der Klinik und der Pathologie wiederholt auf das Fehlen pathomorphologischer Untersuchungsergebnisse hingewiesen, die zur Klärung der Ursachen und Entwicklung der Hüftkopfablösung des Menschen und der Tiere beizutragen in der Lage wären. Es ist weiterhin festgestellt worden, daß die bisher praktizierte Untersuchung der koxalen Epi- und Metaphyse nach der Ablösung des Caput durch die inzwischen eingetretenen reparativen Vorgänge und sekundären Alterationen nichts zur Klärung der kausalen und formalen Pathogenese dieser Erkrankung beitragen kann, wenn man von den Fällen absieht, in denen das histologische Material unmittelbar nach dem Eintritt der Epiphyseolysis entnommen wird (s. bei WALTER, 1930; PUTSCHAR, 1937; LINDEMANN, 1949; HÄUPTLI, 1954; RÜTHER, 1954; SCHLÜTER und PETER, 1956; VUKELIČ und RAPIČ, 1960; LEGER, 1961; LANG und THURNER, 1965). Wir schließen uns dieser Auffassung nicht nur an, sondern möchten sie dahingehend erweitern, daß auch die Untersuchung der Frakturenden bei einer gerade eingetretenen Hüftkopfablösung nicht ausreicht, eine Systemerkrankung festzustellen. Nach den Untersuchungen von W. MÜLLER (1924) können nämlich mechanische Einwirkungen auf die Epiphysenfuge Veränderungen verursachen, wie sie auch bei generalisierten Osteopathien gesehen werden. Andererseits gehört nach unseren Erfahrungen das proximale Femurende durch seine besondere Belastung zu den Knochenbereichen, die auf eine Störung des Knochenstoffwechsels weniger empfindlich reagieren als andere, wie z. B. die Darmbeinschaufel. Die Forderung der klassischen Knochenpathologie nach einer systematischen Untersuchung des Skeletts für den Nachweis oder Ausschluß einer Knochensystemerkrankung behält somit auch für die Epiphyseolysis ihre volle Berechtigung. Da dieses Erfordernis von humanmedizinischer Seite nicht erfüllt werden kann, glauben wir, daß die von uns beim Studium der Hüftkopfablösung bei Tieren gewonnenen Ergebnisse zum Verständnis der in wesentlichen Gesichtspunkten gleichen Erkrankung des Menschen beitragen können, denn Ätiologie und Pathogenese sind sowohl in der Veterinär- als auch in der Humanmedizin bis zum heutigen Tage umstritten. So dürfte z. B. für die vergleichende Krankheitsforschung und die Klinik die Feststellung interessant sein, daß beim Schwein Hüftkopfablösungen vorkommen, die durch eine mechanische Alteration der Epiphysenfuge ohne nachweisbare zusätzliche Faktoren verursacht werden. Diese mechanischen Einflüsse beruhen nach unseren Untersuchungen auf statisch-dynamischen Störungen, auf einem hohen Körpergewicht und einer dem Ausreifungsgrad des Skeletts nicht angepaßten Gewichtszunahme. Weiterhin erscheint uns die Feststellung bedeutsam, daß in mehr als Dreiviertel unserer Fälle eine die Entstehung der Epiphyseolysis förderliche Knochensystemerkrankung vorlag, als deren Ursache ein Kalzium- oder ein Phosphordefizit oder ein Mangel an diesen beiden Mineralstoffen verantwortlich zu machen ist, während bei 5 Tieren der Verdacht auf ein zusätzliches Proteindefizit bestand. Genetische Faktoren dürften von nicht unwesentlicher Bedeutung insofern sein, als Stellungsanomalien bzw. die diese verursachenden Abweichungen der Knochenform und Bemuskelung und damit Störungen der Statik und Dynamik vererbt werden. Für Klinik und vergleichende Krankheitsforschung ist ferner interessant, daß die gerade in den letzten Jahren häufig geäußerten Vorstellungen über die kausale Beteiligung einer Wachstumshormon-Überproduktion und eines Androgenmangels für das Schwein nicht zutreffen, obwohl der STH-Spiegel gerade bei diesen schnellwüchsigen Tieren sicher wesentlich höher liegen dürfte als beim Menschen und ein Fehlen von Androgenen im Hinblick auf das seltene Vorkommen der Epiphyseolysis bei kastrierten Tieren bedeutungslos zu sein scheint. Ein Überangebot von somatotropem Hormon könnte ursächlich nur insofern beteiligt sein, als es eine dem Reifungsgrad des Skeletts nicht entsprechende, forcierte Körpergewichtsentwicklung auslöst und möglicherweise die Ausreifung der Interzellularsubstanz nicht den Grad erreichen läßt, wie es bei einer geringeren Wachstumsintensität der Fall ist. Von entscheidender Bedeutung kann dieses pathogenetische Prinzip im Falle seines Bestehens jedoch nicht sein, da bei den Schweinen alter Zuchtrichtungen Epiphysenablösungen deutlich weniger häufig auftreten.

Zur formalen Pathogenese ist als wesentlichstes festzustellen, daß in erster Linie die am Epiphysenfugenknorpelgewebe erhobenen Befunde verantwortlich zu machen sind, während der Insuffizienz des fugenknorpelnahen Knochengewebes und damit der häufig für die Hüftkopfablösung des Menschen beschuldigten „Erweichung" der Metaphyse nur eine untergeordnete Bedeutung zukommt.

Als Ergebnis unserer Studien über die vergleichende Pathologie der Epiphyseolysis ergab sich, daß am Epiphysenfugenknorpel der uns aus dem Schrifttum bekannt gewordenen Fälle und unserer eigenen Beobachtungen neben der Destrukturierung und Nekrose eine Alteration der Interzellularsubstanz im Vordergrund stand, gleichgültig, ob es sich um Ratten, Kaninchen, Rinder, Schweine oder um das Pferd handelte, oder ob mechanische Einflüsse, Mineralstoffwechselstörungen, ein Vitamin-D-Defizit oder eine Lathyrus- bzw. Papainintoxikation vorlagen. Wesentlichste Merkmale dieser Schädigung waren eine Verminderung oder ein Fehlen anionischer Gruppen, eine Kollagenfaserdemaskierung und das Auftreten von Zusammenhangstrennungen. Nach unseren bisherigen Untersuchungen ist zu vermuten, daß diese Veränderungen durch einen Verlust, durch eine gestörte Synthese oder eine Umwandlung der amorphen Grundsubstanz verursacht werden. Das für die Pathogenese wesentlichste Geschehen liegt bei der Mehrzahl der Epiphyseolysis-Erkrankungen somit im Epiphysenfugenknorpel und hier wiederum in der Degeneration der Interzellularsubstanz.

Ablösungen von Apophysen des Menschen und der Tiere haben eine eingehende pathomorphologische Bearbeitung bisher ebenfalls nicht erfahren können. Wir beobachteten sie bisher am Sitzbeinhöcker des Schweines als Folge von Veränderungen, wie sie auch bei der Epiphyseolysis auftraten, am Kalkaneus des Rindes, bedingt durch eine umfangreiche Fibroosteoklasie im Bereich der primären Spongiosabälkchen und am Beckenkamm, verursacht durch aseptische Mark- und Knochennekrosen. Die Skelettuntersuchung der mit einer Apophyseolysis behafteten Tiere führte zum Nachweis einer Rachitis oder einer Osteoblastenosteoporose. In einigen Fällen waren Erscheinungen einer generalisierten Osteopathie nicht festzustellen.

Wir hatten weiterhin Gelegenheit, die kausale und formale Pathogenese von Achillessehnenabrissen zu bearbeiten, und zwar bei Rindern, die an einer P-Mangelrachitis erkrankt waren. Ihre Morphogenese konnten wir an Calcanei von Jungrindern verfolgen, denen von Fix, Bernburg, eine P- bzw. eine P- und Vitamin-D-Mangeldiät verabreicht wurde. Die Ergebnisse unserer auf das gesamte Knochensystem ausgedehnten Untersuchungen dürften das Interesse der Orthopädie deshalb finden, weil bei dieser nach Detzel (1950), Schönbauer (1964), Riede (1966) sowie Tönnis und Mitarbeiter (1967) in den letzten Jahren in zunehmendem Maße beobachteten und beim Menschen einer systematischen Skelettuntersuchung ebenfalls nicht zugängigen Erkrankung nachzuweisen war, daß eine an der Insertionsfläche des Tendo achillis auftretende Fibroosteoklasie die Verankerung der Sharpeyschen Fasern löst und zur Ursache des Abrisses wird, wenn außerdem stärkere Zugkräfte wirksam werden. Dieser Ausriß beschränkt sich meist auf eine umschriebene Stelle und geht zum Teil mit einer nur sehr oberflächlich gelegenen, röntgenologisch wohl kaum feststellbaren Knocheneinschmelzung einher. Ihm folgt dann der vollständige Riß der Sehne selbst dicht oberhalb ihres Ansatzes. Es fanden sich an diesem Material auch umfangreichere fibroosteoklastische Einschmelzungen am Kalkaneus. Sie gleichen weitgehend dem beim Menschen als Apophysitis calcanei, Calcaneopathia posterior adolescentium oder Osteochondropathie des Kalkaneus beschriebenen Krankheitsbild und weisen darauf hin, daß diese Erkrankung so lange nicht generell als aseptische Knochennekrose aufgefaßt werden kann, wie eine ausreichende Bestätigung durch die pathomorphologische Untersuchung noch aussteht; für eine aseptische Nekrose waren zumindest in den von uns untersuchten 26 Fällen keine Beweise zu erbringen. Weitere Erkrankungen, bei denen auf Grund unserer bisher am Haustier gewonnenen Untersuchungsergebnisse eine vergleichend-pathologische Betrachtung ebenfalls sehr interessant erscheint, auf die aber an dieser Stelle nicht näher eingegangen werden kann, wären die partielle Hüftkopfnekrose, die aseptischen Knochennekrosen der Wirbelkörper, die Hüftgelenksdysplasie und die Vara-Deformität des Femur und Humerus.

Bei der Mehrzahl der von uns untersuchten Tiere mit derartigen Krankheitsprozessen am Skelettsystem lagen generalisierte Osteopathien vor. Ihnen bzw. ihren Ursachen muß neben der mechanischen Alteration für die formale und kausale Pathogenese wesentliche Bedeutung zuerkannt werden, und wir vermuten, daß dies zumindestens für einen Teil der Erkrankungsfälle des Menschen ebenfalls zutrifft. Dieser gelegentlich auch schon von der Klinik geäußerte Verdacht wird durch die Erfahrungen von SMITH (1951) über Mangelerkrankungen in der Adoleszenz sowie die von GRÄFE (1967) über die qualitative Unterernährung des Menschen gemachten Beobachtungen bekräftigt. Ihm könnte auch beim Menschen mit pathomorphologischen Methoden nachgegangen werden, wenn die Veränderungen des der Biopsie zugänglichen Beckenkamms als repräsentativ für das gesamte Skelett zu betrachten wären. Da diese wichtige Frage im Schrifttum (siehe bei LANG, 1931; BARTELHEIMER, 1963; OTTO, zit. bei BARTELHEIMER, 1963; KUHLENCORDT, 1963) unterschiedlich beantwortet wurde und der Knochenbiopsie von seiten der Klinik große Bedeutung beigemessen wird (siehe BARTELHEIMER und SCHMITT-RHODE, 1956; NITSCHKE und GIEGLER, 1962; BARTELHEIMER, 1963; WAGNER, 1965), haben wir das Knochensystem von insgesamt 44 Schweinen, 28 Schafen, 33 Rindern und 2 Pferden mit einer Osteoporose, einer Rachitis, einer Osteodystrophia fibrosa generalisata oder ohne Erscheinungen einer generalisierten Osteopathie untersucht (HERRMANN, im Druck) und sind zu folgenden Ergebnissen gekommen. Beim Vorliegen einer Knochensystemerkrankung ist der Beckenkamm stets mitbetroffen, das Fehlen pathologischer Befunde am Knorpel-, Mark- und Knochengewebe schließt somit eine als Folge von Störungen des Mineral,- Vitamin-, Eiweiß- und Kohlenhydratstoffwechsels entstandene generalisierte Osteopathie aus. Es kann jedoch der Beckenkamm pathologische Veränderungen aufweisen, ohne daß eine generalisierte Knochenerkrankung im üblichen Sinn anzutreffen ist, nämlich dann, wenn er mechanischen Einflüssen ausgesetzt ist. Im Hinblick darauf, daß auch beim Menschen Apophyseolysen im Bereiche der Crista iliaca beobachtet werden, die durch die plötzliche Einwirkung eines Traumes nicht zu erklären sind (s. b. WASCHULEWSKI, 1967 sowie ZSEDÉNYI und ARATO, 1967), müssen solche als Folge statisch-dynamischer Störungen auftretende mechanische Alterationen auch am wachsenden Becken des Menschen erwartet werden. Die hieraus resultierenden pathomorphologischen Erscheinungen lassen sich jedoch in einem Teil der Fälle als mechanisch bedingte Veränderungen mit einiger Sicherheit charakterisieren. Dies macht allerdings die Untersuchung eines Schnittpräparates erforderlich, das die gesamte Knorpelkappe, den lateralen und medialen Kortex sowie einen guten Teil des Spongiosabälkchengeflechtes enthält. Eine weitere Einschränkung der Aussagefähigkeit einer Beckenkammbiopsie ergibt sich aus der nicht regelmäßigen Koinzidenz des Auftretens osteoider Säume am Beckenkamm und den übrigen Knochenteilchen, insbesondere den Röhrenknochen und der 8. Rippe. Dies ist offensichtlich in der geringeren Wachstumsintensität und -dauer dieser Beckenapophyse begründet. Wird die histologische Untersuchung auf den Beckenkamm beschränkt, dann läßt sich somit nicht bei allen Tieren, bei denen eine Mineralstoffwechselstörung vorliegt, eine Osteoidvermehrung als eindeutiges morphologisches Substrat dieser Störung nachweisen. Dies ist zwar bei einer systematischen Skelettuntersuchung viel eher, aber auch nicht immer möglich. Es waren jedoch bei allen von uns untersuchten Tieren mit einem Mineralstoff- bzw. Vitamin-D-Defizit eine Störung der Chondrogenese, der Vaskularisation und bzw. oder eine Fasergewebevermehrung in den primären Markräumen festzustellen, so daß nach Ausschluß der rein mechanisch bedingten Faktoren die Diagnose Knochenstoffwechselstörung möglich war. Schließlich muß darauf hingewiesen werden, daß es die Untersuchung des Beckenkammes nicht immer gestattet, eine generalisierte fibröse Osteodystrophie in ihren verschiedenen Erscheinungsformen von der Rachitis zu differenzieren, so daß man häufig auf eine derartige Diagnose verzichten und sich darauf beschränken muß, unter Betonung der im Vordergrund stehenden Störung von einer Osteopathie mit Mineralisationsstörungen und, sofern vorhanden, gesteigerter Osteoklasie zu sprechen.

Bei der Untersuchung des Beckenkammes einiger Schweine mit einer Osteopathie haben wir den Eindruck gehabt, daß das Spongiosageflecht dieses Knochens stärker vermindert war als das der Röhrenknochen, speziell des proximalen Femurendes. Diese mit dem Wolffschen Gesetz erklärbare und die Auffassung von der besonderen Stoffwechselaktivität der Beckenkammspongiosa unterstützende Beobachtung erfordert jedoch noch eine Bestätigung durch quantitativ-histologische Untersuchungen.

Zusammenfassend ist somit festzustellen, daß die Beckenkammbiopsie bei Beachtung der ihr gesetzten Grenzen durchaus in der Lage ist, eine Antwort auf die Frage nach dem Vorliegen einer Knochenstoffwechselstörung zu geben, obwohl sie die systematische Skelettuntersuchung häufig nicht zu ersetzen vermag. Sie liefert nicht nur beim Erwachsenen sondern in besonderem Maße auch beim Wachsenden verwertbare Ergebnisse, denn die Untersuchung des Knorpelgewebes vermittelt zusätzliche Informationen.

Abschließend sei auf die Gefahren hingewiesen, die in einer ausschließlich den pathologischen Prozeß berücksichtigenden vergleichenden Betrachtung liegen, wenn nicht die weiteren Begleitumstände, z. B. Alter, Geschlecht, Gewicht, statisch-dynamische Einwirkungen, Zweitkrankheiten und dgl. hierin einbezogen werden. Bei einer nicht vollständigen Übereinstimmung der bei Tier und Mensch bestehenden Verhältnisse darf allerdings nicht, wie das gelegentlich empfohlen worden ist, ein Verzicht auf derartige Untersuchungen die einzige Konsequenz sein, vielmehr sollten erst einmal die Bemühungen um die Aufklärung der Ursachen der bestehenden Unterschiede und deren Folgen in enger Zusammenarbeit zwischen der Klinik und Pathomorphologie der Human- und Veterinärmedizin intensiviert werden. Trotz der gebotenen Zurückhaltung bei der Übertragung der am Tier gewonnenen Untersuchungsergebnisse auf den Menschen glauben wir in Übereinstimmung mit den Humanorthopäden RÜTT und v. SCHMOLLER (1967) feststellen zu dürfen, daß vergleichende Untersuchungen auch auf dem Gebiete der Knochenpathologie eine reale Möglichkeit darstellen, neue Erkenntnisse über Erkrankungen des Skelettsystems des Menschen und der Tiere zu gewinnen.

Zusammenfassung

Die Veterinärpathologie hat gleichzeitig mit der systematischen Erforschung der bei verschiedenen Spezies auftretenden Knochenkrankheiten die Aufgabe, die Voraussetzung für eine vergleichende Krankheitsforschung zu schaffen. Hierdurch ist der medizinischen Forschung eine Möglichkeit in die Hand gegeben, das über vergleichbare Erkrankungen existierende Wissen zu vertiefen und zu erweitern sowie tiefere Einblicke in das Wesen einer Krankheit zu erhalten. Diese Feststellungen werden an den wesentlichsten Ergebnissen eigener Untersuchungen über die Epi- und Apophyseolysis, die Abrisse der Achillessehne vom Kalkaneus und die Osteochondropathia calcanei verdeutlicht, auf weitere Beispiele wird hingewiesen. Ferner werden die Möglichkeiten und Grenzen der Beckenkammbiopsie zur Diagnostik von Knochenerkrankungen dargestellt und auf die Gefahren einer die weiteren Begleitumstände nicht einbeziehenden Betrachtung zur vergleichenden Pathologie einer Erkrankung aufmerksam gemacht.

Literatur

BARTELHEIMER, H., und J. M. SCHMITT-RHODE: Osteoporose als Krankheitsgeschehen. Erg. inn. Med. Kinderheilk. **7**, 455—585 (1956).

BARTELHEIMER, H.: Die klinische Bedeutung der Knochenbiopsie. Verh. Dtsch. Ges. Path. **47**, 129—137 (1963).

DETZEL, H.: Beitrag zur Ätiologie der Achillessehnenruptur. Arch. orthop. Unfallchir. **44**, 306—312 (1950).

GRÄFE, K.-H.: Ernährung der werktätigen Bevölkerung unter ernährungsphysiologischem Blickpunkt. Dt. Ges. Wesen **22**, 2431—2436 (1967).

HÄUPTLI, O.: Die aseptischen Chondro-Osteonekrosen. W. Gruyter, Berlin 1954.

HERRMANN, H.-J.: Pathomorphologische Untersuchungen zur Epiphyseolysis bei Pferd und Rind. Schweizer Arch. Tierheilk. **110**, 234—242 (1968).

HERRMANN, H.-J.: Zur Pathologie, Pathogenese und Ätiologie der Epiphyseolysis capitis femoris des Schweines. Arch. exp. Vetmed. **23**, 19—47 (1969).

HERRMANN, H.-J.: Möglichkeiten und Grenzen der histologischen Untersuchung bioptisch gewonnenen Knochens aus dem Beckenkamm für die Diagnose von Osteopathien. Arch. exp. Vetmed., im Druck.

KUHLENCORDT, E.: Diskussionsbemerkung zum Vortrag Kuhlencordt, E. u. Lozano-Tonkin, C.: Kritische Gegenüberstellung bioptischer und klinischer Befunde bei atypischen Osteomalazien. Verh. Dtsch. Ges. Path. **47**, 176—178 (1963).

LANG, F. J.: Ostitis fibrosa in ihren genetischen Beziehungen zur Osteomalazie und Rachitis. Beitr. path. Anat. **87**, 142—160 (1931).

LANG, F. J., und J. THURNER: Arthropathia deformans coxae (Coxarthrose, Malum coxae). Erg. allg. Path. path. Anat. **46**, 1—80 (1965).

LEGER, W.: Die Valgus- und Varusdeformitäten der Hüfte in: Hohmann, G., Hackenbroch, M. und Lindemann, K.: Handbuch der Orthopädie, Bd. IV, T. 1, 403—439, Thieme-Verlag Stuttgart 1961.

LINDEMANN, K.: Zur Morphologie der Coxa vara congenita. Z. Orthop. 78, 47—62 (1949).

MÜLLER, W.: Neue Experimente zur Frage des Einflusses der mechanischen Beanspruchung auf Knochen und Wachstumszonen. Bruns' Beitr. klin. Chir. **130**, 459—472 (1924).

NITSCHKE, M., und GIEGLER, J.: Die Beckenkammbiopsie in der internistischen Diagnostik. Med. Welt 1962, 639—644.

PUTSCHAR, W.: Der funktionelle Skelettumbau und die sogenannten Belastungsdeformitäten in: Lubarsch, O., u. Henke, F.: Handbuch der speziellen pathologischen Anatomie und Histologie. Bd. IX, T. 3, 617—787, Springer-Verlag Berlin 1937.

RIEDE, D.: Ätiologie, Diagnose und Therapie der subkutanen Achillessehnenrisse. Beitr. Orthop. Traum. **13**, 97—105 (1966).

RÜTT, A., und G. v. SCHMOLLER: Vergleichende Orthopädie, eine neue Möglichkeit in der Forschung. Z. Orthop. **103**, 404—408 (1967).

RÜTHER, H.: Ursachen und Behandlung der jugendlichen Hüftkopflösung. Z. Orthop. (Beil.-H.) **84**, 1—87 (1954).

SCHLÜTER, K., und E. PETER: Epiphyseolysis capitis femoris bei einem 46jährigen hypophysären Zwerg. Arch. Orthopäd. Unfallchir. **48**, 270—278 (1956).

SCHÖNBAUER, H. R.: Gedeckte Achillessehnenrisse. Wiederherst. Chir. Traum. **8**, 160—185 (1964).

SMITH, J. M.: Adolescent deficiency disease. Report of a case. J. Bone Jt. Surg. **33**-A, 230—234 (1951).

TÖNNIS, D., K. WALCHER und P. HIRSCH: Funktionelle Ergebnisse operativ versorgter Achillessehnenrupturen. Arch. orthop. Chir. **62**, 171—180 (1967).

VUKELIĆ, E., und S. RAPIĆ: Beitrag zur Kenntnis der Epiphysenlösungen bei Haustieren. Schweizer Arch. Tierheilk. **102**, 607—623 (1960).

WAGNER, H.: Präsenile Osteoporose. Georg. Thieme-Verlag Stuttgart 1965.

WALTER, H.: Die Pathologie und Klinik der Coxa vara Z. Orthop. Chir. **52**, Beil.-H., 8—39 (1930).

WASCHULEWSKI, H.: Über azetabuläre Ossifikationsstörungen und periartikuläre Verkalkungen bzw. Verknöcherungen, ihre Entstehung und ihre Bedeutung. Pfannendysplasie, Os acetabuli, Os ad acetabuli, Periarthrosis coxae, Apophysenlösung und Osteochondropathie der Spina il. ant. inf. Arch. orthop. Unfallchir. **62**, 273—290 (1967).

ZSEDÉNYI, G., und K. ARATO: Traumatische Apophyseolysen der Hüft- und Kniegegend. Z. Orthop. **102**, 558—569 (1967).

Orthopädische Klinik der Humboldt-Universität Berlin, DDR

Klinischer Beitrag zur Pathogenese seltener Skeletterkrankungen: Melorheostose, Osteopoikilie, Dyschondroplasie, fibröse Dysplasie

von

G. Wellmitz

Die im folgenden vorzustellenden Krankheitsbilder, deren Klassifizierung noch diskutiert wird, sind besonders interessant durch ihre kombinierten Merkmale und eine ähnliche Symptomatik.

Das Schema (Abb. 1) zeigt im Dreieck gleichartige Symptome zwischen den unterschiedlichen Krankheitsbildern, und in den Kreisen die gemeinsamen Fakten, die Anlaß gaben, die Krankheitsbilder zu analysieren und sie zusammen abzuhandeln.

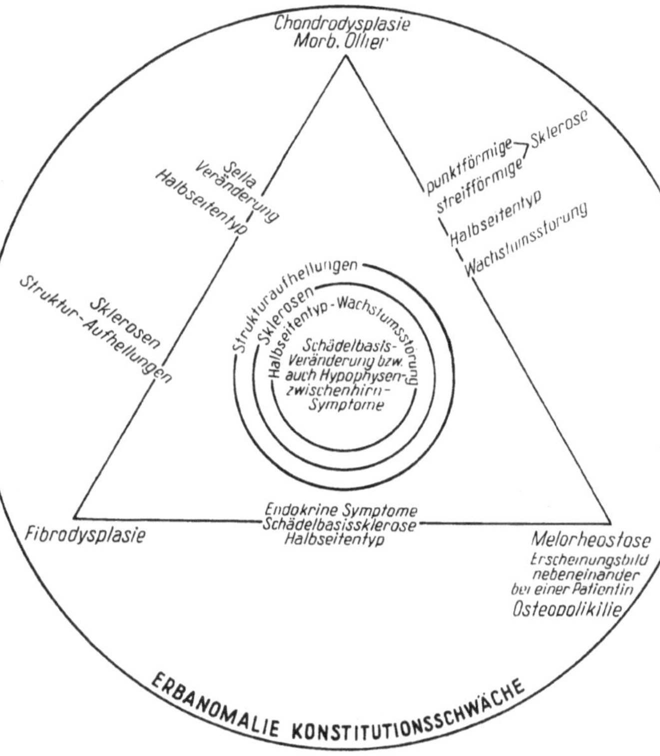

Abb. 1.

Tabelle 1
Klassifikation der Melorheostose, Osteopoikilie Dyschondroplasie, Fibrösen Dysplasie

Mesoblasten-Proliferation nach Brailsford	Osteopoikilie Melorheostose Fibröse Dysplasie Dyschondroplasie
Kongenitale Entwicklungsstörungen nach Fairbank	Osteopoikilie Melorheostose Dysostosis cleidocranialis (s. Sippenbefund Fall 5: Fibröse Dysplasie)
Defekt in der Ossifikation nach Jackson	Osteopoikilie Melorheostose Osteopathia Striata (s. Fall 3: Differentialdiagnose Dyschondroplasie) Dysostosis cleidocranialis (s. Sippenbefund Fall 5: Fibröse Dysplasie)
Dysplasie nach Rubin	Osteopoikilie Melorheostose Dyschondroplasie
Fehlerhafte Mesenchymanlage	Osteopoikilie Melorheostose Fibröse Dysplasie

Obwohl verschiedenartig in ihrem Erscheinungsbild, werden sie dennoch, wie es die Tab. 2 zeigt, von einigen Autoren gemeinsam einer Entstehungsursache untergeordnet.

Unser *erstes Beispiel* (Abb. 2), eine Melorheostose und Osteopoikilie nebeneinander an einem Patienten, ist in der Prägnanz aller Merkmale beider Krankheitsbilder ebenso wie in der gleichzeitigen Abgrenzung voneinander in der zur Verfügung stehenden Literatur von 152 Fällen der Melorheostose bisher nicht beschrieben. Besondere Merkmale sind: Hypomenorrhoe, Kinderlosigkeit, hypoplastisches Genitale sowie mimikarme Facies. Diese diencephale Symptomatik wird ergänzt durch den lokalen elektromyographischen Befund einer Neuromyositis im Abschnitt der Melorheostose.

Mischformen von punktförmigen und streifenartigen Veränderungen sind mehrfach beschrieben (Bernuth, Brailsford, Caffey, Gherman und Fazakas, Gonet und Wright, Herpers, Hirsch, Hurt, Lindbom, Moreau, Nichols und Shiflett, Sutherland, Thörmer und Weber, Voorhoeve, Walker, Windholz) und gaben Anlaß, eine Verwandtschaft beider Krankheitsbilder zu diskutieren (Adorjan, Györgyi und Rona, Albers — Schönberg, Boecker, Caffey, Gherman und Fazakas, Hurt, Walker, Quenu, Sorrel), wenn auch Erscheinungsbild, Lokalisation, Entwicklungsstadium und Wachstumsstörungen ebenso wie die Histologie und Erbfolge die Melorheostose von der Osteopoikilie abgrenzen.

Eine kritische Auswertung der Literatur auf ätiologische Gemeinsamkeiten zeigt eine auffällige Häufung vegetativ nervöser Merkmale (Tab. 2).

In Ergänzung der in der Tabelle (Tab. 3) festgehaltenen Kombinationsbilder und der Sippenbefunde der Osteopoikilie ist unser *2. Fall*, eine generalisierte Osteopoikilie mit einem proportionierten Minderwuchs (152 cm), von Interesse (Abb. 3), der auch als Merkmalsträger einer enchondralen Dysostose angesehen werden kann.

Die Osteopoikilia punctata wird in den einschlägigen Handbüchern gemeinsam mit der Osteopoikilia striata abgehandelt, die von Voorhoeve der Dyschondroplasie zugeordnet wird. Fairbank, Caffey, Elöd und Rossmann befürworten zwar eine Abgrenzung dieser Streifenform als selbständiges Krankheitsbild, ordnen sie aber entsprechend der Einstufung von Voorhoeve ebenso wie Viviani der Dyschondroplasie zu, während im Gegensatz hierzu Schulte eine Differenzierung von der Dyschondroplasie fordert.

Einen Beitrag in dieser Diskussion um die Verwandtschaft der unterschiedlichen Erscheinungsbilder bietet das Beispiel unseres *Falles 3* (Abb. 4). Eine halbseitige Osteopathia striata am Femur- und

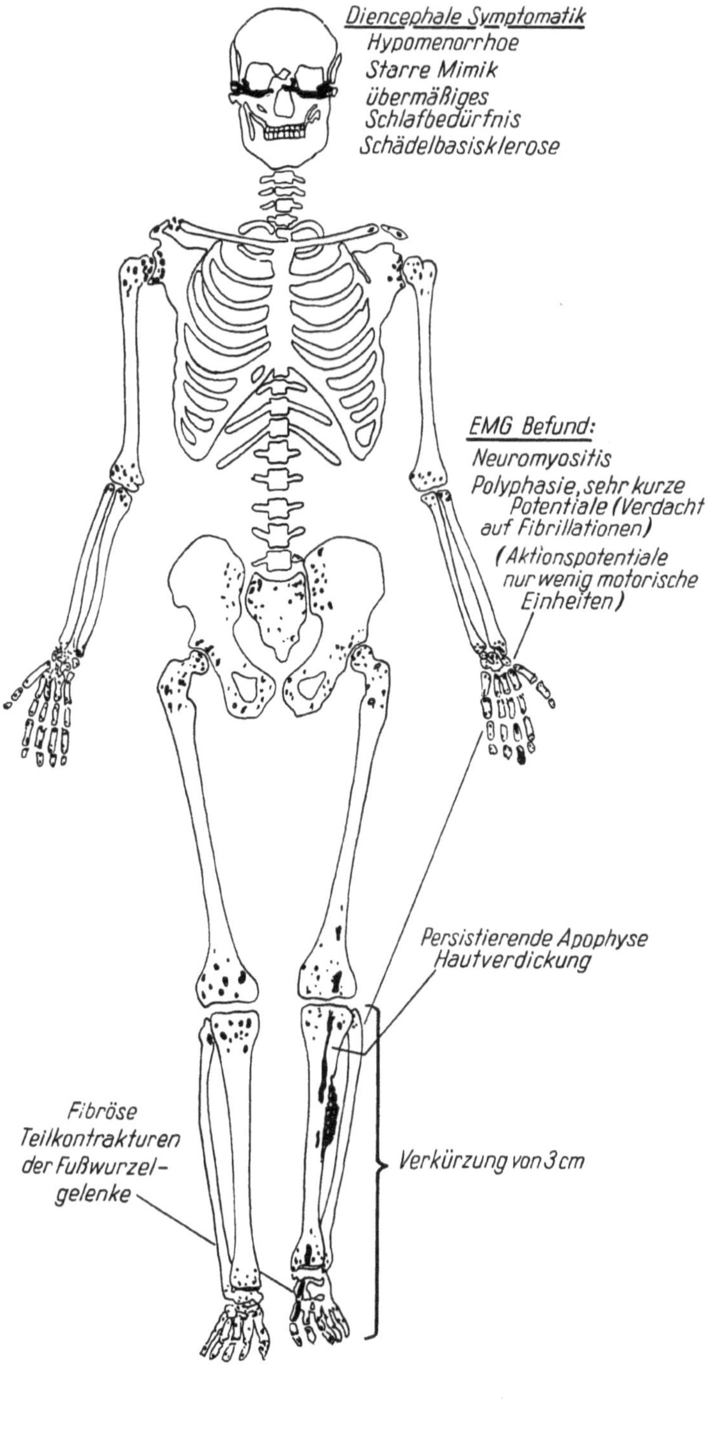
Diencephale Symptomatik
Hypomenorrhoe
Starre Mimik
übermäßiges
Schlafbedürfnis
Schädelbasisklerose
EMG Befund:
Neuromyositis
Polyphasie, sehr kurze Potentiale (Verdacht auf Fibrillationen)
(Aktionspotentiale nur wenig motorische Einheiten)
Persistierende Apophyse
Hautverdickung
Fibröse Teilkontrakturen der Fußwurzelgelenke
Verkürzung von 3 cm

Abb. 2.

Tabelle 2
Neurovegetative Symptome

Osteopoikilie	Melorheostose
Gürtelförmige Neuralgien (Anabischwili)	Trophische Störungen durch Erkrankung der Spinalganglien (Lewin, McLeod, Sidney)
Übereregbarkeit des vegetativen Nervensystems (Dengel)	Veränderungen der neurovegetativen Fasern (Rampoldi und Perugia)
Trophische Störungen durch Störfelder in den Übergangssegmenten C_8, L_2, S_2 (Vogel, Nabavi)	Nervensegmentgebundene Störung der Osteoblastentätigkeit (Zsebök, Müller-Alberti)
Neurovegetative Gefäßveränderungen (Haack)	Traumatische Störungen des zentralen Nervensystems (Franklin und Matheson)
Facialisparese, Sklerodermie (Bernuth)	Neuromyositis EMG-Befund (Wellmitz)

Tabelle 3
Sippenbefunde und Begleitkrankheiten

Osteopoikilie	Melorheostose
Gaumenspalte (Härtig)	Ischämie (Putti)
Wolfsrachen (Meischke)	Neurofibromatose (Lievre, McCaroll, Weismann-Netter
Innenohrschwerhörigkeit, Hüftluxation, Exostosen, Genitalmißbildungen (Becker, Höhne)	Sklerodermie (Dillehut-Elden, Clement Combes-Hamelle, Gillespie und Siegling)
Albers-Schönberg (Adorjan, Györgyi und Rona, Hurt)	Endokrine Störungen (Fejer, Goldschlag, Kraft, Meisels, Wellmitz)
Leontiasis (Wilcox)	Gefäßanomalien (Hall, deLorimier, Moore, Morris und Mitarbeiter)
Sklerodermie, Kalkgicht (Bernuth)	Kartilaginäre Exostosen (Hubenstorf)
Dermatofibrosis lenticularis (Buschke und Ollendorf, Voorhoeve u. a.	Chondrodysplasie (Hilton)
Debilität und Infantilismus (Buschke und Ollendorf)	
Sexus anceps, Zahnmißbildungen (Windholz)	
Vl. Lendenwirbel und Kryptorchismus (Voorhoeve)	
Chondrodystrophischer Zwergwuchs (Guillain und Mollaret)	
Palmo-Plantarkeratose (Aigner, Jonasch)	
Chondrodysplasie (unsere Fälle III und IV, Voorhoeve)	
Gefäßveränderungen (Funstein-Kotschiew, Haack, Stecken und Opitz	
Pneumopathia osteoplastica racemosa (Herpers)	
Blaue Skleren, verspätete Pubertät, gehäufte Keloidbildung (Jonasch)	
Proportionierter Minderwuchs (Wellmitz)	

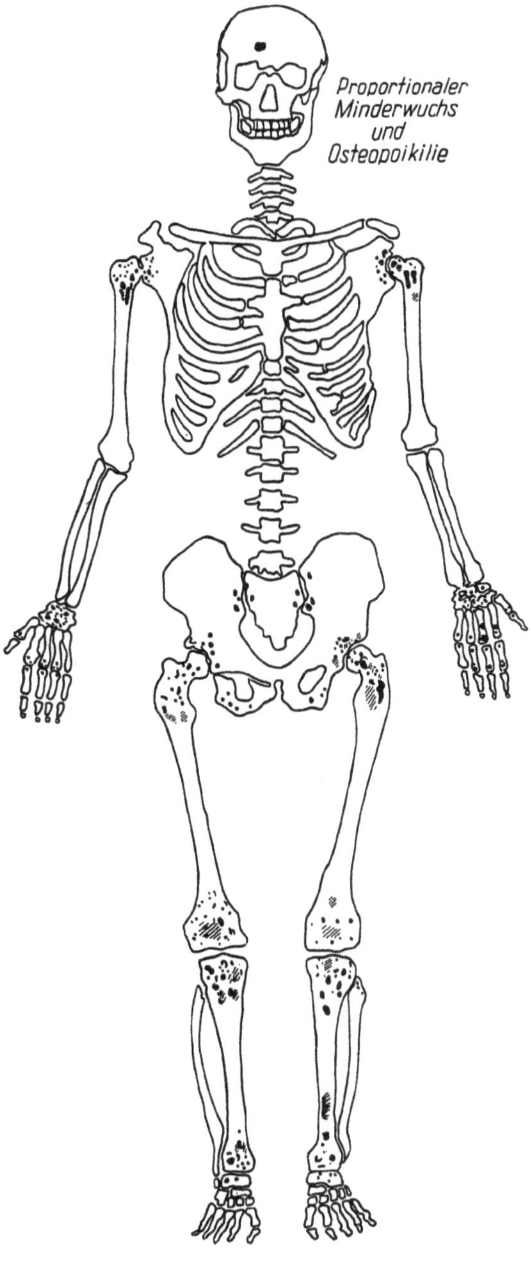

Abb. 3.

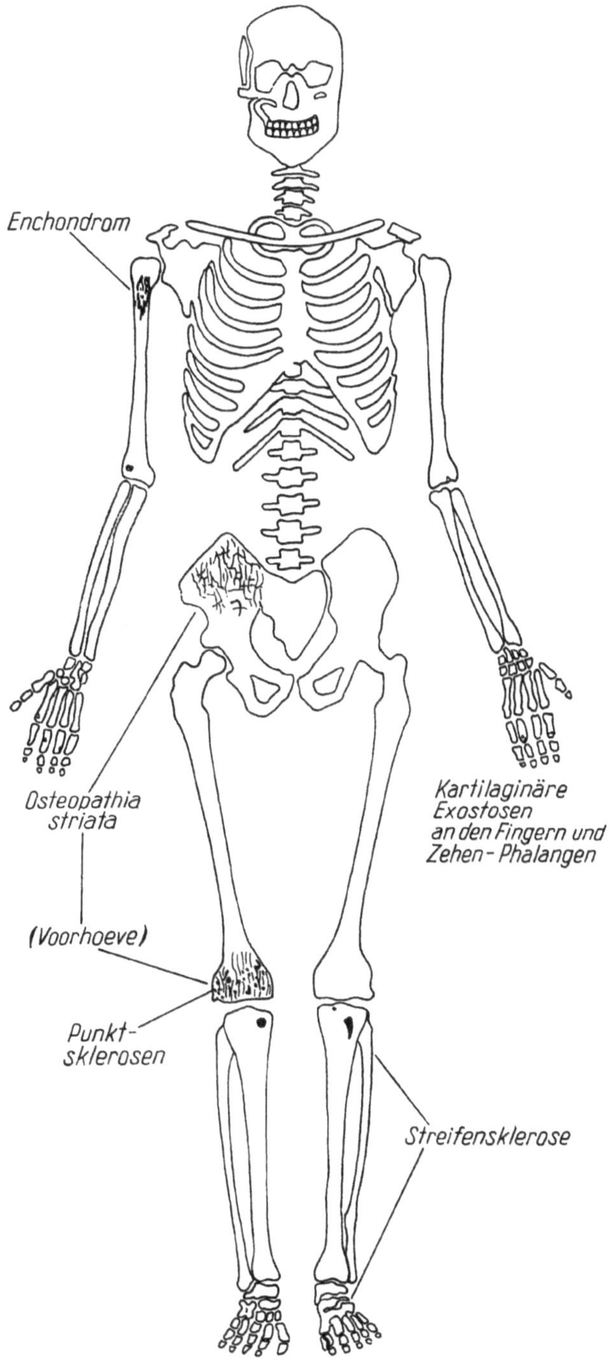
Enchondrom
Osteopathia striata
(Voorhoeve)
Punkt-sklerosen
Kartilaginäre Exostosen an den Fingern und Zehen-Phalangen
Streifensklerose

Abb. 4.a)

Beckenknochen rechts zeigt, besonders im Bereich der distalen Femurepiphyse, gleichzeitige Punktsklerosen — ähnlich der Osteopoikilia punctata — eine Streifensklerose am rechten Fuß sowie Merkmale einer Dyschondroplasie an den Zehen- und Fingerphalangen und ein Enchondrom am rechten Oberarm. Dieses Kombinationsbild weist auf eine Verwandtschaft zwischen der Osteopathia striata und der Osteopoikilia punctata hin und rechtfertigt die von VOORHOEVE geprägte Bezeichnung der Osteopoikilie für die striäre Form. Gleichzeitig wird die Zuordnung zur Dyschondroplasie bestätigt.

In Weiterführung dieser Betrachtung ist der *nächste Fall* anzuführen (Abb. 5): eine halbseitige Dyschondroplasie vom Typ des Morbus Ollier. Umgekehrt zeigen sich hier auf der Basis der typischen Dyschondroplasie Streifensklerosen und — generalisiert verteilt — einzelen Punktsklerosen sowie periostale Auflagerungen.

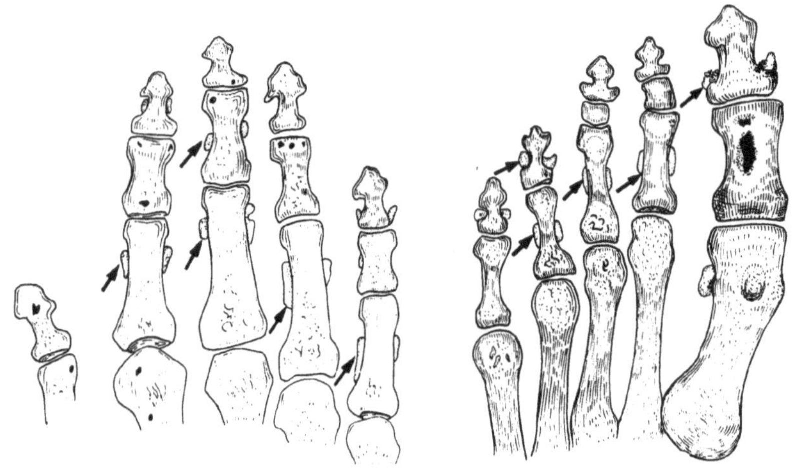

Abb. 4. b)

Das gleichzeitige Auftreten der sklerotischen Veränderungen ist zu diskutieren. SCHINZ sieht im solitären Vorkommen einzelner enostotischer Kompaktainseln nichts anderes als eine extreme Variante der Osteopoikilie. Andererseits sehen wir Streifensklerosen, Wachstumsstörungen, Schmerzsyndrome und Periostauflagerung als typische Merkmale der Melorheostose.

CLEVELAND und FIELDING beschreiben aber auch bei 38jähriger Beobachtung einen Ersatz der pseudocystischen Veränderungen der Dyschondroplasie durch reifen Knochen, der sich als Streifeneffekt darstellte. Auch WEIL sowie MURRAY beobachteten derartige Umwandlungen. Im Hinblick auf die Punktsklerosen ist ein Fall von MARQUARD zu erwähnen, und die Chondrodystrophia calcificans zu betrachten. MAU führt aus, daß zur Chondrodystrophia calcificans sicher mehrere Krankheitsbilder gehören, aber in der sich darstellenden Abortivform nicht mehr erkannt werden.

Gelegentlich treten im Spätstadium auch streifig-strähnige Strukturen auf (COCCHI) sowie Perioststreifen und Verkalkungsherde. Bei überlebenden Kranken verschwinden die Kalkherde im Verlaufe der Entwicklung nach dem 4. Lebensjahr, wobei nach MOSEKILDE, ELÖD und ROSSMANN die Abortivformen dann Merkmale der Chondrodysplasie bzw. einer Hemichondrodystrophie mit Gliedmaßenverkürzungen zeigen.

Für die Nosologie interessant ist ein Craniopharyngiom (Erdheim-Tumor) sowie ziehende, z. T. unerträgliche Schmerzen, lokalisiert im Bereich der stärksten Knochenveränderungen.

BODECHTEL beschreibt, daß Erdheim-Tumoren, die schon in der Kindheit die Funktion des diencephal-hypophysären Systems beeinträchtigen, zu Wachstumsstörungen führen und vielfältige weitere Symptome zur Folge haben. Es liegt hier nahe, eine causale Verbindung zu knüpfen zwischen dem zentralen Prozeß und der halbseitigen Wachstumsstörung mit den gemischten, teils sklerotischen und im besonderen dyschondroplastischen Veränderungen.

Fall 5 (Abb. 6) zeigt ebenfalls einen Tumor am Planum sphenoidale, der eine Deformierung der Sella verursacht. Die halbseitige Schädelbasis-Sklerose bzw. die sogenannte symptomatische Leontiasis ossea wird sowohl bei der fibrösen Dysplasie als auch bei der Melorheostose und anderen sklerosierenden Knochenerkrankungen beschrieben.

Hier finden wir die hyperostotische Neubildung cranial zusammen mit der pseudocystischen Osteodystrophie der fibrösen Dysplasie. Die Veränderungen einschließlich der Gesichtshyperplasie sind halbseitig und stellen sich peripher — besonders am Becken und an der rechten unteren Extremität — sowohl in der Epiphyse als auch in der Diaphyse dar.

MOGENSEN gibt an, daß alle Fälle der fibrösen Dysplasie mit endokriner Dysfunktion auch Schädelveränderungen aufweisen, wie es in anderer Form auch beim MORGAGNI-STEWART-MORELL-Syndrom beobachtet wird. In unserem besprochenen Fall zeigte sich ebenfalls eine frühzeitige Körperreife mit ausgeprägten sekundären Geschlechtsmerkmalen.

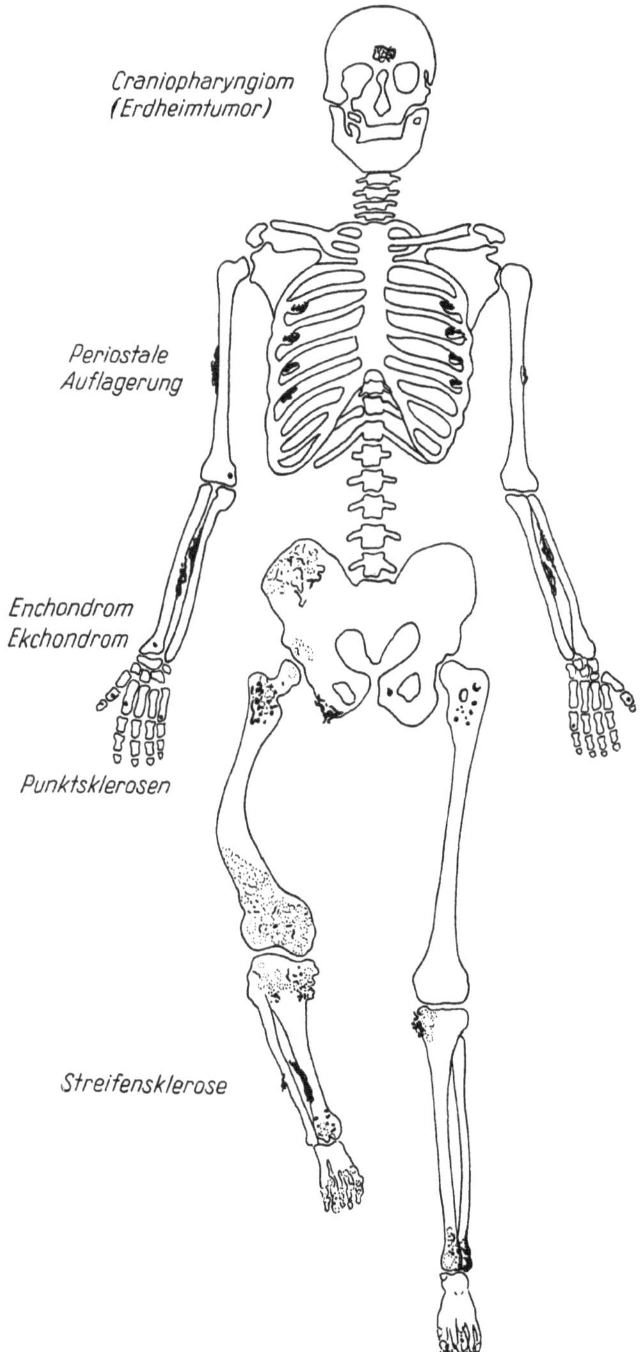
Craniopharyngiom
(Erdheimtumor)
Periostale
Auflagerung
Enchondrom
Ekchondrom
Punktsklerosen
Streifensklerose

Abb. 5.

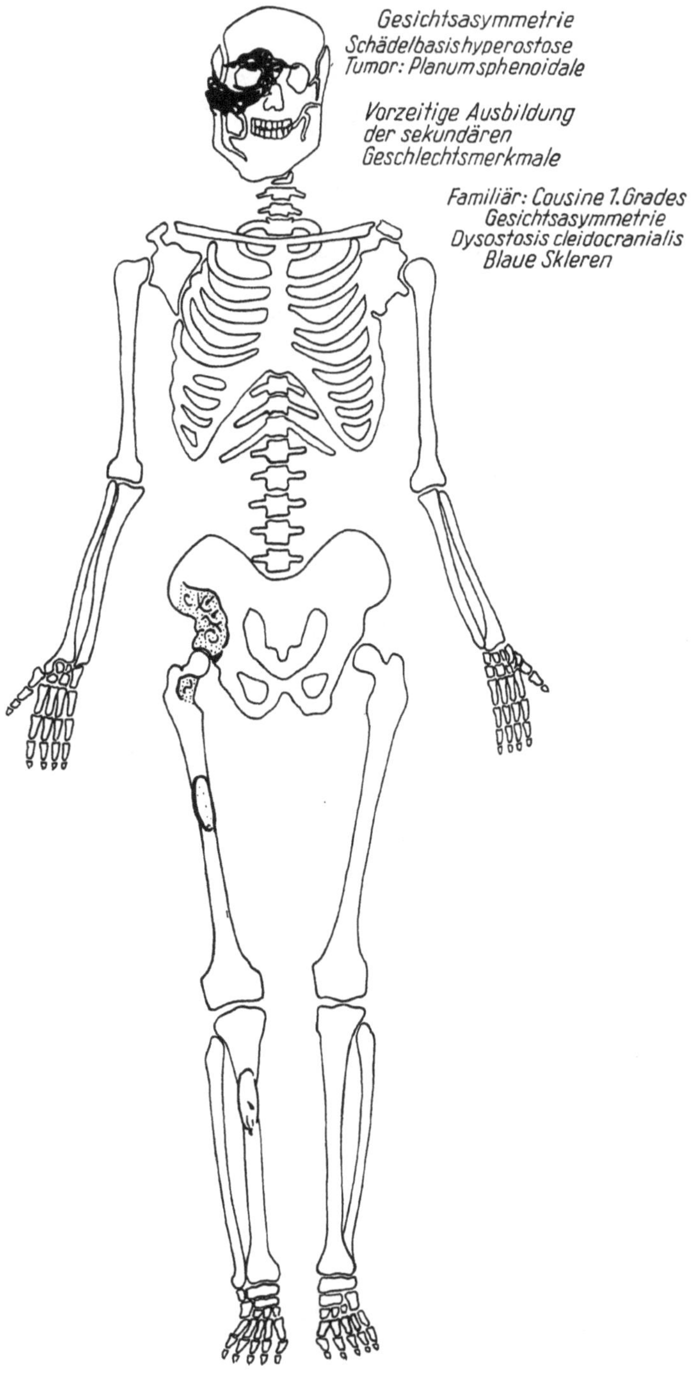
Gesichtsasymmetrie
Schädelbasishyperostose
Tumor: Planum sphenoidale
Vorzeitige Ausbildung
der sekundären
Geschlechtsmerkmale
Familiär: Cousine 1. Grades
Gesichtsasymmetrie
Dysostosis cleidocranialis
Blaue Skleren

Abb. 6.

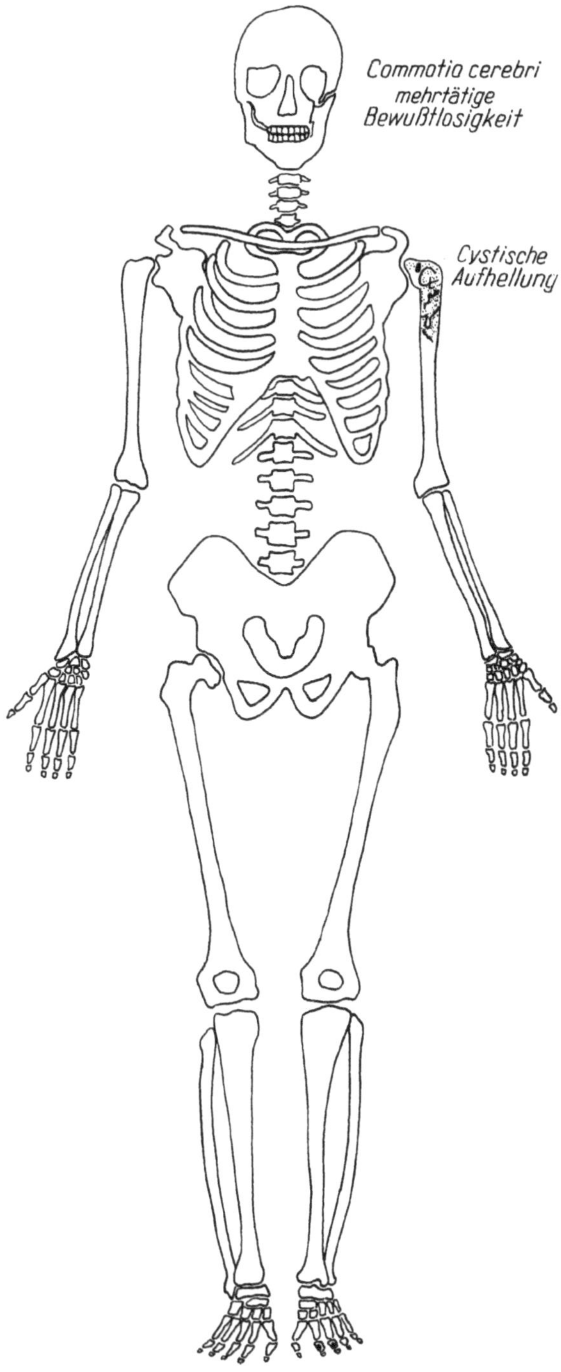
Commotio cerebri
mehrtätige
Bewußtlosigkeit
Cystische
Aufhellung

Abb. 7.

Bei einer Kusine 1. Grades mütterlicherseits findet sich gleichfalls eine halbseitige Gesichtshyperplasie mit Merkmalen des Cherubismus sowie einer Hypoplasie der Schlüsselbeine. Diese Dysostosis cleidocranialis geht einher mit vermehrter Knochenbrüchigkeit bei blauen Skleren.

Den Einfluß zentraler Störungen zeigt auch der *Fall 6* (Abb. 7). Hier handelt es sich um pseudocystische Veränderungen am linken Oberarm, die erstmals 4 Jahre nach einer schweren Commotio cerebri mit 3-wöchiger Bewußtlosigkeit festgestellt wurden. In der Literatur wurden von GENOVESI, DAVES und YARDLEY und WELLS auf eine ursächliche Verknüpfung von monostotischer fibröser Dysplasie und Trauma hingewiesen.

Einen Zusammenhang von Schädeltraumen und peripherer Knochenveränderung zeigt auch CAFFEY, der in 6 Fällen von subduralen Hämatomen Veränderungen an langen Röhrenknochen beobachtete.

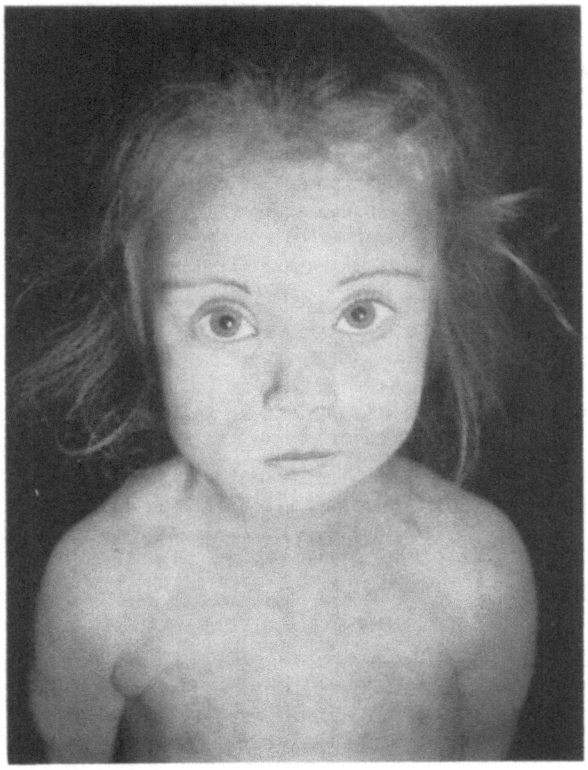

Abb. 8.

KLÜMPER und Mitarbeiter beschrieben andererseits auch in Verbindung mit der Melorheostose ein frühkindliches Hirntrauma mit bleibendem EEG-Befund.

In bezug auf die Erblichkeit der genannten Skeletterkrankungen ist die Osteopoikilie in mehreren Sippen (COCCHI, MCKUSICK) beschrieben. Bei der Dyschondroplasie wird von ROSSBERG über den analogen Befall zweier Geschwister und des Großvaters mütterlicherseits berichtet sowie von CARBONELL und VIÑETA, LAMY und AUSSANNAIRE und Mitarbeiter, QUEIPO de LLANO ebenfalls das Vorkommen bei Geschwistern aufgezeigt. Das gemeinsame Auftreten mit dem genbedingten Krankheitsbild der multiplen kartilaginären Exostose (BAUER und BODE, DAHL, GRUBER und BRANDT, v. VERSCHUER, VIRCHOW), wie es die Veränderungen an den Hand- und Zehenphalangen (Fall 3 und 4) andeuten und wie es die Fälle von JUNGE, BOGESEN und CHRYSOSPATHES demonstrieren, weist ebenfalls auf eine anlagebedingte Störung hin (COCCHI, MCKUSICK).

Im Hinblick auf die fibröse Dysplasie ist unsere familiäre Beobachtung einer Kusine 1. Grades mütterlicherseits (Fall 5) mit Cherubismus, Dysostosis cleidocranialis und Knochenbrüchigkeit auszuwerten (Abb. 8). Der Cherubismus wird von SCHULZE als eine spezifisch lokalisierte, erbliche Form der fibrösen Knochendysplasie bezeichnet (ABBEY und REECE, BRUCE - BROWER und Mitarbeiter, CAFFEY und WILLIAMS, RILEY - STUTEVILLE und Mitarbeiter, ROTTER und LAPP, THOMAS zitiert bei JONES, WALDRON). Ebenfalls ist die Dysostosis cleidocranialis von LASKER (zitiert bei DEGENHARDT) bei 73 Familien in 369 Fällen beobachet.

Bei der Knochenbrüchigkeit mitt blauen Skleren ist ebenfalls ein dominanter Erbgang bekannt (COCCHI, HOLCOMB) bzw. eine rezessive Vererbung von HANHART beschrieben. Im Zusammenhang mit der fibrösen Dysplasie werden auch von Boenheim und McGavack über das gehäufte Auftreten von kongenitalen Abnormitäten mit blauen Skleren berichtet.

In einem Vergleich zwischen der Osteopsathyrosis (Holcomb) und der fibrösen Dysplasie ist festzustellen, daß in beiden Fällen nach der Pubertät die Krankheit zum Stillstand kommen kann.

Das eröffnet die Diskussion um die substituierenden Realisationsfaktoren. Ebenso wie die Literaturübersicht (Tab. 4) über die Entwicklung und Rückbildung der Krankheitssymptome bei längerer Beobachtungszeit entsprechende Schlußfolgerungen zuläßt.

Tabelle 4

Befundänderungen im Erscheinungsbild während Langzeitbeobachtung und Wachstum

Chondrodysplasie: . . .	Cleveland und Fielding, Conradi-Hünerman-Syndrom (Zit. n. Mosekilde), Drehmann, Fritsch, Hultén-Lovén-Junge, Leu, Murray, Nehrkorn, Sanderson und Smyth, Stark, Thomson, Weil, Weiss (experimentell: Bentzon, Urist)
Tumoröse Entartung:	Bockenheimer, Charmanderjan, Canigiani, Draudt, Geschickter und Copeland, Hellner, König, Nehrkorn, Payr, Rodenacker, Steudel
Melorheostose: . . .	Bury, Ellswood, Green und Collins Kibby, Kraft, Léri und Joanny, Morris-Samilson-Corley, Müller-Alberti, Piergrossi, Schinz, Wakeley, Weil
Osteopoikilie: . . .	Chapchal, Grilli, Holly und Jonasch, Junghans, Stubenrauch
Fibröse Dysplasie: . . .	Boenheim und McGavack, Coley und Stewart, Cooke und Powers, Daves und Yardley, Dustin und Ley, Hellner, Herzog, Jäger, Jesserer, Lewin, Mogensen, Morton, Perkinson und Higinbotham, Pritchard (zitiert nach Mogensen), Schulte und Pardey, Sutro, Swoboda, Turner, Vinogradowa, Wachurkina, Wells, Will

In Verbindung mit unserem Fall der Osteopoikilie und dem proportionalen Minderwuchs wird daher auch der von Mau geprägte Begriff der ‚dysostotischen Konstitution' bedeutsam, der besagt, daß konstitutionelle Dispositionsfaktoren sich manifestieren durch Realisationsfaktoren (Fall 1, 2, 3, 4, 5).

Daß mehrere Faktoren verschiedener Funktionskreise wirksam sind, wird auch deutlich daran, daß neben einem lokalen Befund allgemeine bzw. generalisierte Veränderungen auftreten.

Ein einfacher substituierender Effekt kann aber ausgeschlossen werden, wie es die Restituio ad integrum nach operativer Entfernung von Enchondromen und Herden der fibrösen Dysplasie zeigen, und wie es Muralt am Beispiel des Einbaues von Implantatmaterial nach Resektion der Sklerose bei der Melorheostose beschreibt. Ein Rezidiv wird häufig nur beobachtet, wenn das pathologische Zellgewebe operativ nicht restlos entfernt wird.

Wenn auch die experimentellen Ergebnisse von Urist bei oestrogen behandelten Mäusen im Hinblick auf die Osteopathia striata und die Arbeit Bentzons — bezogen auf die sympathische Innervation der ernährenden Gefäße bei der Chondrodystrophie — Beachtung verdienen, so betont jedoch Rubin, daß es noch nicht gelungen ist, im Laborexperiment wiederholbar, d. h. also beweisend, spezifische Krankheitsbilder durch hormonelle oder neurotrophische Einflüsse auszulösen bzw. zu kompensieren.

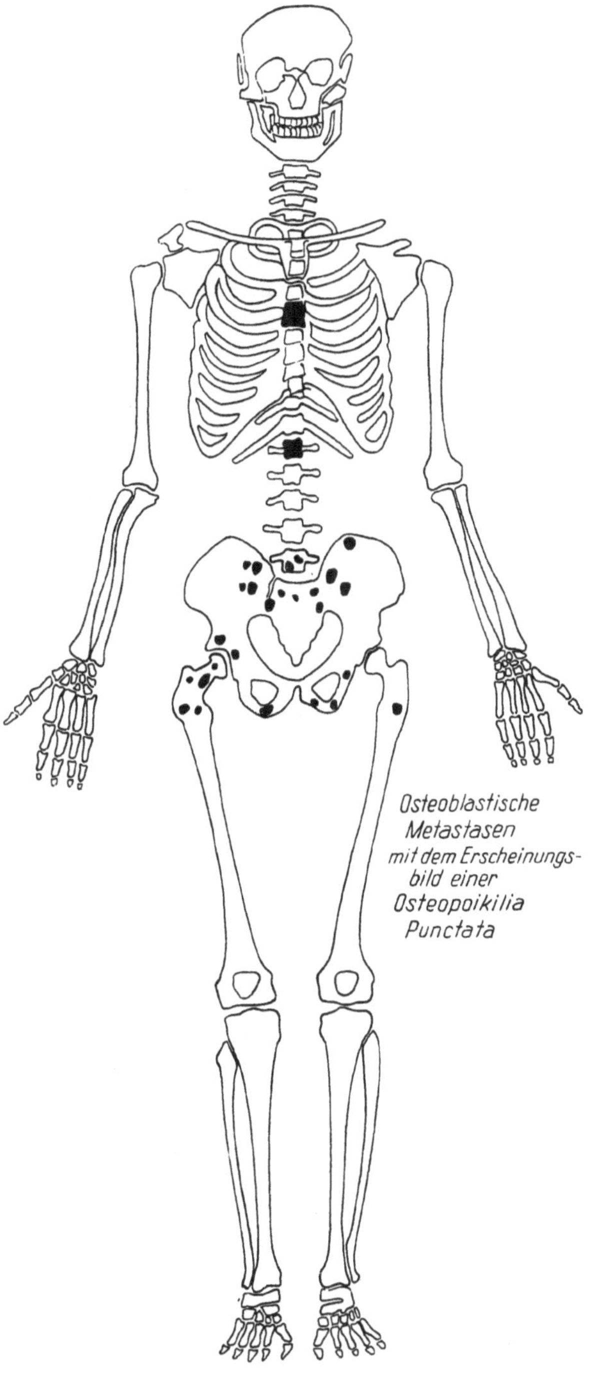

Abb. 9.

Während einerseits aus den Operationsergebnissen eine topische Bindung der krankheitsspezifischen Merkmale imponiert, kann sich andererseits durch die anders geartete Stoffwechselsituation des Neoplasmas ein krankheitstypisches Erscheinungsbild zeigen, wie es beispielsweise in der Abbildung 9 zu sehen ist (siehe auch RITTERHOFF und OSCHERWITZ). Hier sind Punktsklerosen in Form und Lokalisation — ähnlich der Osteopoikilie, im Gefolge eines Bronchial-Neoplasmas zu beobachten.

In der Auswertung unserer Beobachtungen über die einflußnehmenden Faktoren ist besonders auf die zentralen Veränderungen bzw. die diencephalen Symptome einzugehen und auf die enge Verflechtung des Zwischenhirns mit dem Nervensystem und den endokrinen Regulationskreisen hinzu-

Tabelle 5

	Osteopoikilie	Melorheostose	Morbus Ollier	Fibröse Dysplasie
Gefäßveränderungen bzw. Durchblutungsstörungen	Funstein und Kotschiew; Haack; Stecken und Opitz Opitz	Hall; Hess und Strett; Moore und de Lorimier; Morris, Samilson und Corley; Müller-Alberti; Putti	Bentzon; Fränkel; Hellner; Hultén-Lorén; Kast und v. Recklinghausen; v. Kryger; Kummer; Leiber und Olbrich; Nehrkorn; Rocher; Stark; Steudel; Thiemann; Trueta; Viviani	Freund; Hatcher
Neurologische bzw. neurotrophische Störungen	Anabischwili; Bernuth; Dengel; Haack; Nabavi; Vogel	Caffey; Franklin und Matheson; Hess und Strett; Lewin und McLeod; Lièvre; McCarroll; Müller-Alberti; Rampoldi und Perugia; Weismann-Netter; Wellmitz	Bentzon; Bonola; Chrysospathes; Junge; Leiber und Olbrich; Wittek	Albright und Mitarbeiter; Boenheim und McGavack; Caffey; Goldscheider; Lassmann und Poth; Rütt; **Neurohumorale Zellen:** Hillenbrand; Sunder-Plassmann zitiert nach Schulte und Pardey
Diencephale bzw. zentrale Veränderungen	Hurt; Wellmitz; Wilcox	Evans; Sear; Wellmitz; Woytek	Beuing; Dahle; Leu; Viviani; Wellmitz	Albright, Fuller, Allan, Butler, Hampton und Smith; Hellner; Hoff; Jesserer; McCune und Bruch; McRae; Önne; Wachs; Wellmitz; de Witte und Thys
Erbanomalien auch in Kombination mit anderen Skelettanomalien	Adorjan, Györgyi und Rona; Becker, Höhne und Stehl; Busch; Grilli; Härtig; Herpers; Hinson; Holly; Jonasch; Kadrnka und Hirlemann, Marques, Bru und Mitarbeiter Meischke; Melnik; Risseeuw;	Bertelsen; Hilton, zitiert bei Ernsting	Baur-Fischer-Lenz; Bojesen; Boyer, zitiert bei Stocks-Barrington; Carbonell und Viñeta; Chrysospathes; Dälrymple-Cobbold, zitiert bei Stocks-Barrington; Elöd und Rossmann; Gurevic und Kogon; Junge; Kienböck; Lamy,	Agazzi und Belloni; Daves und Yardley; Hellner; Jervis und Schein; Leenders; Lichtenstein; Lichtenstein und Jaffe; Payan; Vinogradowa; Wachs, zitiert bei Schulte und Pardey; **Angeborene Fehlbildung:** Boenheim und McGavack,

	Osteopoikilie	Melorheostose	Morbus Ollier	Fibröse Dysplasie
	ROCHLIN und FINKELSTEIN; SVAB; THYES; de VULPIAN, KIRSCH u. a. VOORHOEVE; WILCOX ZERBO, BOLLI u. a.		AUSSANNAIRE u. a. QUEIPO de LLANO; OLLIER; PEPPER-LANDMEAD; RICHARD und DUPIS u. a. STEUDEL; WEBER; STOCKS und BARRINGTON	WELLMITZ
Kombinierte Krankheiten bzw. auch in der Sippe beobachtete Krankheitsbilder	Hauterscheinungen; Fleckige und streifige Form; Mischformen; Innenohrschwerhörigkeit; kongen. Hüftluxation; Multiple Exostosen; Gaumenspalte; Exostosen; Genitalmißbildungen; Sexus anceps; Chondrodystrophie; Debilität; Albers-Schönberg	Ischämie; Neurofibromatose; Sklerodermie; Endokrine Störungen; Gefäßanomalien; Kartilaginäre Exostosen; Chondrodysplasie	Dysostosen; Kartilaginäre Exostosen; Chondrodystrophie calcificans; Diabetes Mellitus; Fettsucht; Knochenbrüchigkeit Gefäßanomalien	Blaue Skleren; Cherubismus; Leontiasis ossea; Dysostosen cleidocranialis; Endokrine Störungen

weisen (HESS, HOFF, KARPLUS und KREIDEL u. a.), während andererseits die Verknüpfungen jeder Zelle des Organismus mit dem vegetativen Nervensystem (SUNDER-PLASSMANN, STÖHR jr. u. a.) von Bedeutung sind.

Beim Formenkreis der Dyschondroplasie sprechen LEIBER und OLBRICH von einer erblichen Dysplasie, die durch neurotrophische Störungen in der fetalen Entwicklung realisiert wird. Beziehungsweise wird angenommen, daß eine primäre Störung der sympathischen Ganglien oder des Tractus intermedio lateralis der entsprechenden Rückenmarkabschnitte vorliegt, wodurch die Bildung der sympathischen Zellen ausbleibt, aus denen die Vasomotorenbahnen hervorgehen, und in der Peripherie Gefäßaplasien mit Gewebshypertrophien als Sekundärfolgen auftreten.

Ein Vergleich drängt sich hier auf mit den in der Tabelle (Tab. 5) zusammengefaßten Literaturangaben über Gefäßveränderungen, u. a. von TRUETA für die Dyschondroplasie, STECKEN und OPITZ für die Osteopoikilie, FREUND und HATCHER bei der fibrösen Dysplasie sowie besonders auch bei der Melorheostose mit neurovegetativer Symptomatik von MORRIS und Mitarbeitern.

Unser Krankengut und die Analyse der Literatur (Tab. 5) bestätigen uns, daß Faktoren verschiedener Funktionskreise wirksam werden, wobei neurotrophische und endokrine bzw. diencephale und genetische Einflüsse in der Pathogenese von Bedeutung sind.

Die Therapie ist z. Zt. noch überwiegend symptomatisch und auf die operative Ausräumung, die Schmerzausschaltung und kompensatorische Stabilisierung der Knochenweichheit ausgerichtet. Wir wissen aber heute, daß der Enzympathologie mehr und mehr Bedeutung zukommt auch im Hinblick auf die Erblichkeit, da komplizierte chemisch-enzymatische Reaktionsketten die Entwicklung vom Gen zur phenotypischen Eigenschaft steuern bzw. ein biochemischer Mangel gen-gebunden ist (McKUSICK). Die konstitutionelle Abartigkeit scheint die Anfälligkeit der chemischen Reaktionsketten gegenüber Noxen zu erhöhen.

Wenn sich auch bis heute noch keine therapeutischen Konsequenzen abzeichnen, so ist für die Aufhellung der Pathogenese dem Wechselspiel zwischen Erbfaktoren und determinierenden Faktoren besondere Aufmerksamkeit zu widmen (BRANDT, HADORN, JUST, KAUFMANN, MAU, NUSCHNER, RUBIN, TIMOFEEFF, WIEDEMANN, v. VERSCHUER).

Literatur

ABBEY, F. S., und C. H. REECE: J. Oral Surg. **19**, 63 (1961).
ADORJAN, GYÖRGYI und RONA: Magy. Radiol. **8**, 1, 23 (1956).
AGAZZI, C., und L. BELLONI: Arch. Ohr.-Nas.-Kehlk.hk. **165**, 428–437 (1954).
AGAZZI, C., und L. BELLONI: Arch. ital. Otol. **66** (Suppl. 21) 1–95 (1955).
ALBERS-SCHÖNBERG, H.: Fortschr. Röntgenstr. **11**, 261 (1907).
ALBERS-SCHÖNBERG, H.: Fortschr. Röntgenstr. **33**, 174 (1915).
ALBRIGHT, FULLER und Mitarbeiter: New England, J. Med. **216**, 727 (1937).
ANABISCHWILI, G.: Roentgenprax. **2** (1930).
MERLE D'AUBIGNÉ, R.: Zit. b. Calandriello.
BARTA, O., und A. CSEREY-PECHANY: Zbl. Chir. **87**, 757–761 (1962).
BAUER, K. H., und W. BODE: Berlin, Springer 1940, Bd. I Erbpathologie der Stützgewebe beim Menschen.
BAUER, H.: Bruns Beitr. klin. Chir. **75**, 175 (1943).
BAUR, FISCHER, Lenz: Menschliche Erblehre, München 1936.
BECKER, R., W. HÖHNE und W. STEHL: Ärztl. Wschr. **13**, 412 (1958).
BENTZON, P. G. K.: Acta radiol. Stockh. **3**, 89 (1924).
BERTELSEN, A.: Acta chir. scand. **83**, 561–570 (1940).
BERNUTH v., F.: Z. Kinderhk. **54**, 103 (1932).
BEUING: Inaug.-Diss., Frankfurt/M., 1932.
BOECKER, W.: Fortschr. Röntgenstr. **74**, 299 (1959).
BOENHEIM, F., MC GAVACK und TH. HODGE: Ergebn. Inn. Med. u. Kinderhk., Bd. 3, 1952, N. F., 157–184.
BOJESEN: Fortschr. Röntgenstr. **24**, 113 (1916/17).
BONOLA, A.: Chir. Organi Mov. **19**, 101 (1934).
BORAK, J., und B. DOLL: Wien. klin. Wschr. **47**, 540 (1934).
BOYER: Zit. bei Stocks-Barrington.
BRAILSFORD, J. F.: Radiology of Bones and Joints. 5th Ed., Baltimore: Williams & Wilkins Comp., 1953.
BRANDT, W.: Die Entstehungsursachen d. Gliedmaßenmißbildungen und ihre Bedeutung für das Vererbungsproblem beim Menschen. Leipzig: J. Barth **1937**.
BRUCE, K. W., A. BROWER und Mitarbeiter: Oral Surg. **6**, 995 (1953).
BUSCH, K. F. B.: Acta Radiol., Stockh. **18**, 693 (1937).
BUSCHKE, A., und H. OLLENDORFF: Derm. Wschr. **86**, 257 (1928).
BURY, K. J.: Röntgenprax. **5**, 292 (1939).
CAFFEY, J.: X-Ray Diagnosis. Chicago: Year Book Medical Publ. Inc. 4th Ed., 1961, 925.
CAFFEY, J., und J. L. WILLIAMS: Radiology **56**, 1 (1951).
CALANDRIELLO, B.: Z. Orth. Grzgeb. **100**, 21–25 (1965).
CANIGIANI, TH.: Röntgenprax. **10**, 271–274 (1938).
CARBONELL, J. M., und VINETA, J. TEIXIDO: Rev. Expan. Ped. **18**, 91 (1962).
CHAPCHAL, G.: Verh. Dt. Orth. Ges., 40. Kgr., 1960, S. 79.
CHARMADERSAN: Ref. Zbl. Chir. **51**, 661 (1930).
CHRYSOSPATHES: Z. orth. Chir. **51** (1929).
CLÉMENT, R., und COMBES-HAMELLE: Presse méd. **51**, 311 (1943).
CLEVELAND, M., und J. W. FIELDING: J. Bone Jt. Surg. **41-A**, 1341 (1959).
COCCHI, U.: in: Schinz, Baensch, Friedl, Uehlinger: Lehrbuch d. Röntgendiagnstik, G. Thieme, Stuttgart, 1952.
COLEY, B. L., und F. W. STEWART: Ann. Surg. **121**, 827 (1945).
COOKE, S. L., und W. H. POWERS: Arch. Otol. **50**, 319–429 (1949).
CURTH, H. O.: Arch. Derm. Syph. **30**, 552 (1934).
CURTH, H. O.: J. Invest. Derm. **13**, 233 (1949).
DAHL, B.: Acta orthop. scand. **1**, 127 (1930).
DAHLE, M.: Acta chir. scand. **83**, 329 (1939).
DALRYMPLE-COBBOLD: zit. bei Stocks-Barrington.
DAVES, M. L., und J. H. YARDLEY: Am. J. Med. Sci. **234**, 590–606 (1955).
DEGENHARDT, K.-H.: Verh. 9. Tag. Ges. f. Konstitutionsforschg. G. Fischer Stuttgart, 1966, S. 35.
DENGEL, J.: Diss. Köln. 1394.
DILLEHUNT, R. B., und E. B. CHUINARD: J. Bone Jt. Surg. **18**, 991–996 (1936).
DILLEHUNT, R. B., und E. B. CHUINARD: Zbl. Radiol. **25**, 19 (1937).
DRAUDT: Dtsch. med. Wschr. **26**, 1165 (1908).
DREHMANN: Zbl. Chir. **63**, 1734 (1936).
DUSTIN, P. J,. und R. A. LEY: Rev. belg. pathol et med. exper. **20**, 52–72 (1950).
DUVOIR-POLLET: Bull. Soc. méd. Hôp. Paris **49**, 1346–1351 (1933).
ELÖD, J., und B. ROSSMANN: Radiol. diagn. **3**, 517 (1962).
ERNSTING, W.: Z. Orth. Grzgeb. **102**, 126–138 (1966).
EVANS, J.: J. Bone Jt. Surg. **35**-B, 229–243 (1953).
FAIRBANK, H. A. T.: An Atlas of General Affections of the Skeleton. Edinburgh/London: Livingstone Ltd., 1951.
FAIRBANK, H. A. T.: J. Bone Jt. Surg. **32**-B 117 (1950).
FEJÉR, E.: Acta Radiol. **29**, 112–116 (1948).

FRÄNKEL, B.: Berlin. klin. Wschr. 8, 418 (1871).
FREUND, H.: Arch. Surg. **28**, 849—866 (1934).
FUNSTEIN, L., und K. KOTSCHIEW: Fortschr. Röntgenstr. **54**, 595 (1936).
GAEDE: Z. Orth. Grzgeb. **67** 321 (1938).
GARDELLA, G.: Radiol. Roma **9**, 151—182 (1953).
GATES, R. R.: Human Genetics. New York: The Mc Millan Comp., Vol. II, 1946, S. 781.
GENOVESI, A.: Arch. Putti Chir. **3**, 166—171 (1953).
GHERMAN, E., und FAZAKAS: Z. Orth. Grzgeb. **90**, 260 (1958).
GILLESPIE, J. B., und J. A. SIEGLING: Am. J. Dis. Child. **55**, 1273—1279 (1938).
GOLDSCHEIDER: Z. klin. Med. **1**, 60 (1906).
GOLDSCHLAG, F.: Derm. Wschr. **89**, 1761—1766 (1929).
GONET, L. C. L., und M. J. WRIGHT: Brit. J. Radiol. **32**, 818 (1959).
GREEN, A. E., W. H. ELLSWOOD und J. R. COLLINS: Am. J. Roentgenol. **87**, 1096—1110 (1962).
GRILLI, A.: Nuntius radiol. Roma **10** (1942).
GRUBER, G. B.: Virchow Arch. path. Anat. **260**, 457 (1926).
GUILLAIN und MOLLARET: Bull. et mém. Hôp. Paris **46**, 214 (1930).
GUREVIČ-KOGON: Vestn. Rentgenol. **6**, 523—526 (1928). — Ref.: Zbl. Radiol., **7**, 303 (1930).
HAACK, E.: Röntgenprax. **3**, 611 (1931).
HADORN, E.: Letalfaktoren in ihrer Bedeutung für Erbpathologie u. Genphysiologie der Entwicklung. Stuttgart: G. Thieme 1953.
HÄRTIG, H.: Fortschr. Röntgenstr. **82**, 353 (1955).
HALL, G. S.: Quart. J. Med. **12**, 77 (1943) dto. **9**, 1 (1940).
HATCHER, C. H.: Ann. Surg. **122** 1016—1030 (1945).
HELLNER, H.: Langenbecks Arch. klin. Chir. **198**, 243 (1940).
HELLNER, H., und H. POPPE: Röntgenologische Differentialdiagnose der Knochenerkrankungen. Stuttgart: G. Thieme 1956.
HERPERS, F.: Fortschr. Röntgenstr. **91**, 522 (1959).
HERZOG, G.: Die primären Knochengeschwülste in: Hdb. d. speziellen pathologischen Anatomie u. Histologie. Hrsg, v. Henke, Lubarsch, Rössle Berlin: Springer 1944, 5. Teil, IX.
HESS, W.: Helvet. physiol. et pharmacol. Acta Suppl. IV, 1947.
HESS, W.: Fortschr. Röntgenstr. **72**, 252 (1940).
HESS, W. E., und D. M. STREET: J. Bone Jt. Surg. **32**-A, 422—427 (1950).
HILLENBRANDT: Zbl. Chir. **74**, 52 (1949).
HINSON, A.: Amer. J. Surg. **45**, 566 (1939).
HILTON, G.: Lancet **I**, 122 (1934).
HOFF, F.: Dtsch. med. Wschr. **74**, 595 (1949).
HOLCOMB, D. V.: J. Hered. **22**, 105 (1931).
HOLLY, L.E.: Amer. J. Roentgenol. **36**, 512)1936).
HUBENSTORF, H.: Wien. med. Wschr. **107**, 1028—1029 (1957).
HULTÉN-LOVÉN: Acta radiol. **10**, 173, (1929)
HURT, R. L.: J. Bone Jt. Surg. **35**-B, 89—96 (1953).
JÄGER, M.: Zbl. Allg. Pathol. **103**, 291 (1962).
JAFFE, H. L.: Arch., ‚Putti' Chir. (Firence) **4**, 33—43 (1954).
JAFFE, H. L.: Arch.Path. **36**, 335 (1943).
JERVIS, G. A., und H. Schein: Arch. Path. **51**, 640—650 (1951).
JESSERER, H.: Med. Klin. **55**, 225—230 (1960).
JONASCH, E.: Fortschr. Röntgenstr. **82**, 344 (1955).
JONES, W. A., J. GERRIE und J. PRITCHARD: J. Bone Jt. Surg. **32**-B, 334 (1950).
JUNGE, H.: Z. Orth. Grzgeb. **78**, 130—143 (1949).
JUNGHANNS. H.: Klin. Med. **16**, 177 (1961).
JUST: in: Hdb. d. Erbbiologie des Menschen. Berlin, Springer 1940, Bd. I, S. 443.
KADRNKA, S., und A. HIRLEMANN: Rev. Orthop. **20**, 29 (1933).
KARPLUS, J. P., und A. KREIDL: Pflügers Arch. **171**, 192 (1918).
KAST und v. RECKLINGHAUSEN: Virchows Arch. **118**, 1 (1889).
KAUFMANN, H.: Untersuchungen über die sog. fötale Rachitis (Chondrodystrophia foetalis). Berlin, Reimer 1892.
KAUFMANN, H. J.: Radiol. diagn. Berlin **3**, 371—378 (1962).
KAUFFMANN, H.: Erg. Chir. u. Orth. **22**, 463 (1929).
KIBBY, S. V.: Radiology **37**, 62—67 (1941).
KIBBY, S. V.: Zbl. ges. Radiol. **34**, 671 (1942).
KIENBÖCK, R.: Röntgendiagnostik der Knochen- und Gelenkkrankheiten. Berlin/Wien, Urban & Schwarzenberg, 1933, H. 3.
KLÜMPER, A., H. WENDT, S. WELLER und E. PLÖTNER: Fortschr. Röntgenstr. **103**, 572 (1965).
KRAFT, E.: Radiology **20**, 47 (1933).
LAMY, M., M. AUSSANNAIRE und Mitarbeiter: Bull. Soc. Méd. Hop. Paris **70**, 62 (1954).
LAMY, M., und P. MAROTEAUX: L'Expans. scient. franç. Paris, 1960.
LASSMANN, F., und A. POTH: Fortschr. Röntgenstr. **72**, 197 (1949).

Leenders, G.: Acta paediatr. belg. 9, 81—100 (1955).
Leiber, B., und G. Obrich: Wörterbuch d. klinischen Syndrome. München: Urban & Schwarzenberg 1959.
Léri, A., und J. A. Lièvre: Bull. Acad. Méd. Paris 99, 737 (1928).
Leu: Frankf. Z. f. Path. 37, 336 (1929).
Lewin, Ph., und S. B. Mc Leod: J. Bone Jt. Surg. 7, 969—979 (1925).
Lièvre, J. A.: Rev. du Rhumatisme 20, 788 (1953).
Lichtenstein, L., und H. L. Jaffe: Arch. Path. 33, 777—816 (1942).
Lindström: Acta Chir. Scand., 58 Bd., 6.
Queipo de Llano, A.: Chirurg. Apar. locom. 8, 269 (1951).
McCaroll, H. R.: J. Bone Jt. Surg. 32-A, 601—617 (1950).
McCune, D. S., und H. Bruch: Amer. J. Dis. Child. 54, 287—291 (1937).
McKusick, V.: Vererbbare Störungen des Bindegewebes. Stuttgart: G. Thieme 1959.
McRae: Z. org. ges. Chir. 117, 371 (1951).
Marquardt, W.: Fortschr. Röntgenstr. 71, 511 (1949).
Marquès, P., A. Bru und Mitarbeiter: J. Radiol. Electrol. 29, 75 (1948).
Mau, H.: Wesen und Bedeutung der enchondralen Dysostosen. Stuttgart: G. Thieme 1958.
Melnik, J. C.: Amer. J. Roentgenol. 82, 229 (1959).
Mogensen, E. F.: Acta med. scand. 161, 453—458 (1958).
Moore, J., und A. Lorimier: Amer. J. Roentgenology 29, 161 (1933).
Morris, J. M., R. L. Samilson und C. L. Corley: J. Bone Jt. Surg. 45-A, 191 (1963).
Morton, K. S.: Canad. Med. Assn. J. 77, 590—592 (1957).
Mosekilde, E.: Acta Radiol. 37, 291—307 (1952).
Müller-Alberti, W.: Z. Orth. Grzgeb. 72, 194 (1941).
Müller-Alberti, W.: dto. 76, 203 (1947).
Muralt v., R. H.: Z. Orth. Grzgeb. 84, 88 (1953).
Murray, R. O.: Proc. Roy. Soc. Med. 44, 473—75 (1951).
Nehrkorn: Beitr. klin. Chir. 22, (1898).
Nabavi, M. H.: Med. Klin. 59, 1312 (1964).
Önne, L.: zit. bei Turner.
Ollier: Bull. Soc. Chir. de Lyon 3, 23 (1899).
Payan, H.: Arch. Anat. path. 8, 231—242 (1960).
Pepper und Langmead: zit. bei Turner.
Perkinson, N. G., und N. L. Higinbotham: Cancer 8, 396—402 (1955).
Piergrossi, A.: Arch. Radiol. Napoli 7, 20—50 (1931).
Pokorny, A.-L.: Dermat. Wschr. 88, H. 5 (1929).
Putti, V.: Chir. Organi Mov. 11, 335 (1927).
Rampoldi, A., und L. Perugia: Ortop. Traumatol. 21, 375—401 (1953).
Richard, A., P. V. Dupius und Mitarbeiter: Rev. Orth. 23, 490 (1936).
Riley, P., O. Stuteville und R. C. Brown: Radiology 67, 742 (1956).
Ring, P. A.: J. Bone Surg. 43-B, 121 (1961).
Risseeuw, J.: Ned. T. Geneesk. 80, 3827 (1936).
Ritterhoff, R. G., und D. Oscherwitz: Amer. J. Roentgenol. 48, 34 (1942).
Rocher, A.: Acta orthop. scand. 3, 241 (1933).
Rochlin, D. G., und M. A. Finkelstein: Ref. in: Zentr.-Org. ges. Chir. 100, 520 (1940).
Rossberg, A.: Fortschr. Röntgenstr. 19, 138 (1959).
Rotter, W., und H. Lapp: In: Zahn-, Mund- u. Kieferheilkunde, Bd. I. Hersg.: Häupl, Meyer u. Schuchardt, München: Urban & Schwarzenberg 1958.
Rütt, A.: Z. org. Chir. 130, 389 (1953).
Rubin, P.: Year Book Med. Publ. Inc., Chicago 1964.
Sanderson, G. H., und F. S. Smith: J. Bone Jt. Surg. 20, 61 (1938).
Schinz, H. R.: Radiol. Klin. (Basel) 22, 57 (1953).
Schinz, Baensch, Friedl und Uehlinger: Lehrb. der Röntgendiagnostik, Bd. I. Stuttgart: G. Thieme, 1951, 5. Aufl., 879.
Schulte, E.: Fortschr. Röntgenstr. 88, 455—571 (1958).
Schulte, K., und H. Pardey: Zur fibrösen Dysplasie des Skelettsystems. VEB G. Thieme, Leipzig 1955, H. IX, 91—118.
Sear, H. R.: J. Fac. Radiologists 45, 221 (1952/54).
Sorrel, E., und L. Quénu: Rev. d' Orthop. 34, 3—16 (1948).
Stark: Röntgenprax. 2, 717 (1891).
Stecken und Opitz: zit. n. Herpers.
Steudel: Bruns Beitr. klin. Chir. 8, 503 (1891).
Stocks, P.: Hereditary Disorders of Bone Development. Treasury of Human Inheritance. London: Cambridge Univ. Press, 1925, Vol. 3, part. 1.
Stöhr, jr.: Z. Zellforsch. 29, 569 (1939).
Stöhr, jr.: Erg. Anat. 33, 135 (1941).
Stubenrauch v., L.: Dtsch. Z. Chir. 250, 586 (1938).

SUNDER-PLASSMANN: Klin. Wchschr. **22**, 484 (1943).
SUTRO, C. J.: Bull. Hosp. Joint. Dis. **12**, 217 (1951).
SVÁB, V.: J. radiol. electrol. **16**, 405 (1932).
SWOBODA, W.: Das Skelett des Kindes. Stuttgart: Thieme 1956.
THÖRMER, H. J., und K. A. WEBER: Zbl. Chir. **83**, 1258 (1958).
THOMPSON, M.: Brit. J. plast. Surg. **12**, 89 (1959).
THOMSON: Brit. J. Surg. **16**, 160 (1928/29).
THYES, A.: Rev. Orthop. **34**, 43 (1948).
TIMOFÉEFF: zit. bei Cocchi.
TRUETA, J.: Trauma and bone growth. Soc. Intern. Chir. Orthop/Traum. Rapports VII, Impr. des Sciences Bruxelles 1957.
TURNER, O. A.: Yale, J. Biol. and Med. **23**, 501–504 (1951).
UEHLINGER, E.: Virchows Arch. path. Anat. Physiol. **506**, 255–299 (1940).
VERSCHUER v., O.: Genetik des Menschen. München/Berlin: Urban & Schwarzenberg 1959.
VINOGRADOWA, T. P.: Arch. Pat. **12**, H. 12, 77–80, zit. b. Heber (1950).
VIVIANI: Radiol. med. **16**, 737–775 (1928).
VOORHOEVE, N.: Acta radiol. (Stockh.) **3**, 407 (1924).
VULPIAN, P. DE, J. KIRSCH und P. LEVEL: J. Radiol. Elektrol. **32**, 465 (1951).
WACHURKINA, A. M.: Arch. Pat. **20**, H. 4, 18–24 (1958), zit. b. Heber.
WACHS: zit. b. Schulte und Pardey.
WAKELEY, C. P. G.: Proc. Roy. Soc. Med. **25**, 145–149 (1931).
WALDRON, C. A.: Oral. Surg. **6**, 1055 (1953).
WALKER, G. F.: J. Bone Jt. Surg. **46-B**, 546–552 (1964).
WEBER, F. P.: Brit. J. Child. Dis. London 1920.
WEBER, C. O.: Die Exostosen u. Enchondrome in anatomischer und praktischer Beziehung. Bonn 1856.
WEIL, S.: in: Hdb. der Orthopädie, Bd. I. Stuttgart: G. Thieme 1957.
WEISMANN-NETTER, R.: Sem Hôp. Paris **32**, 2719–2725 (1956).
WEISS, K.: Fortschr. Röntgenstr. **31**, 615 (1923/24).
WELLS, P. O.: Radiology **52**, 642–654 (1949).
WELLS, H. G., und S. W. HOLLY: Arch. Path. **34**, 435 (1942).
WILCOX, L. F.: Amer. J. Roentgenol. **27**, 580 (1932).
WILL, I.: Münchn. med. Wschr. **101**, 2206–2208 (1959).
WINDHOLZ, F.: Fortschr. Röntgenstr. **45**, 566 (1932).
DE WITTE und L. THYS: J. belge Radiol. **36**, 69–92.
WITTEK: Bibliogr. inn. Med. (Berlin) **7** (1906), Erg.-Bd.
WOYTEK, G.: Dtsch. Z. Chir. **239**, 565–579 (1933).
WOYTEK, G.: Hrsg. Wiedemann. Dysostosen generalisierte u. lokalisierte Knochenentwicklungsstörungen. Stuttgart: G. Fischer 1966.
ZERBO, O. E., R. BOLLI und M. GOYENECHEA: Acta radiol. interamer. **7**, 122 (1957).

Institut f. Vergleichende Pathologie der Deutschen Akademie der Wissenschaften zu Berlin, DDR

Beiträge der vergleichenden Morphologie zum heutigen Bild der Arteriosklerose

von

K. Krieg

Das Anliegen einer vergleichenden Krankheitsforschung ist die Aufdeckung der den pathischen Prozessen zugrunde liegenden biologischen Gesetzmäßigkeiten. Die morphologisch orientierten Disziplinen haben hieran einen nicht geringen Anteil, da Struktur und Funktion sowohl im gesunden als auch im kranken Organismus sich wechselseitig bedingen und beeinflussen.

Losgelöst von einer anthropozentrischen Betrachtungsweise gelangte die vergleichende Morphologie so zu wertvollen Erkenntnissen auch auf dem Gebiet der Arterioskleroseforschung. Die umfangreichen Untersuchungen von Fox (1920, 1923, 1933, 1939) am Gefäßorgan des Tieres können hierbei als der Beginn einer modernen vergleichenden Gefäßpathologie angesehen werden (vgl. Vastesaeger, Mortelmans und Grünberg, 1966).

In neuerer Zeit ließen vielfältige Untersuchungen an zahlreichen Wild-, Zoo-, Haus- und Laboratoriumstierarten entgegen älteren Vorstellungen erkennen, daß arteriosklerotische Angiopathien im Tierreich sehr verbreitet sind. Ihre Teil- und Vollbilder, wie Gefäßwandödeme, Hyalinosen, Lipoidosen, einfache sowie durch Neutralfettabscheidungen komplizierte Intimasklerosen, Mediaverkalkungen vom Typ der Mönckebergschen Sklerose und schließlich Atherosklerosen, finden sich als Spontanveränderungen in allen Wirbeltierklassen (vgl. Grünberg, 1965; Krieg, 1964, 1966a, b, 1967a; Roberts und Straus, 1965; u. a.).

So sind bei einer Reihe von Fischarten, u. a. bei Lachsen und Thunfischen, zumeist in den Koronararterien lokalisierte Intimaödeme (Robertson, Wexler und Miller, 1961), fibroelastische Intimaproliferationen sowie intra- und extrazelluläre Lipidansammlungen bekannt geworden (Vastesaeger, Delcourt und Gillot, 1965).

Während bei Amphibien derartige Veränderungen bisher nur in wenigen Fällen nachgewiesen werden konnten, stellen im Gegensatz hierzu die Reptilien ein interessantes Untersuchungsgut dar; denn in dieser Tierklasse finden sich verhältnismäßig häufig Mediaverkalkungen, Aorten- und Koronarsklerosen

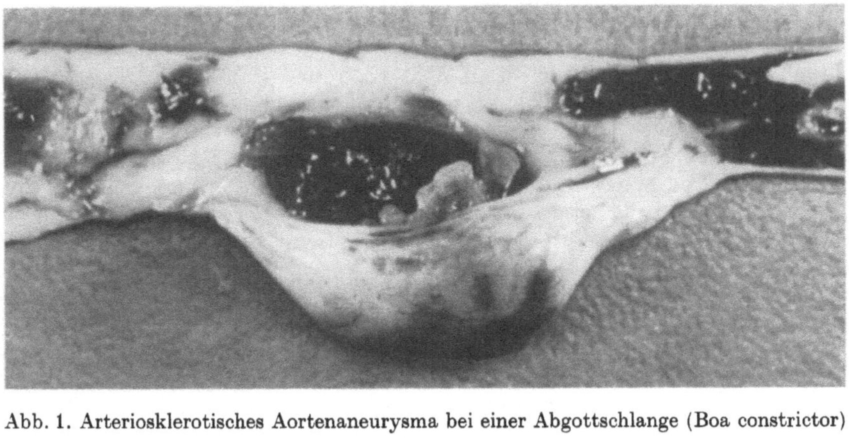

Abb. 1. Arteriosklerotisches Aortenaneurysma bei einer Abgottschlange (Boa constrictor)

sowie auch atheromatöse Plaquebildungen (Vastesaeger, Delcourt und Gillot, 1965). Wir selbst beobachteten bei einem Grünen Leguan (Iguana iguana) in der Aortenmedia eine Verkalkung vom Mönckebergschen Typ. Insbesondere die Aorta abdominalis war durch zahlreiche, bis linsengroße, grauweiße, harte, knoten- und plattenförmige Kalkherde inkrustiert. In einem anderen Fall fand sich bei einer Abgottschlange (Boa constrictor) der seltene Befund eines arteriosklerotischen Aortenaneurysmas (Abb. 1).

Bei Vögeln und Säugern steigt die Inzidenz derartiger Angiopathien sprunghaft an.

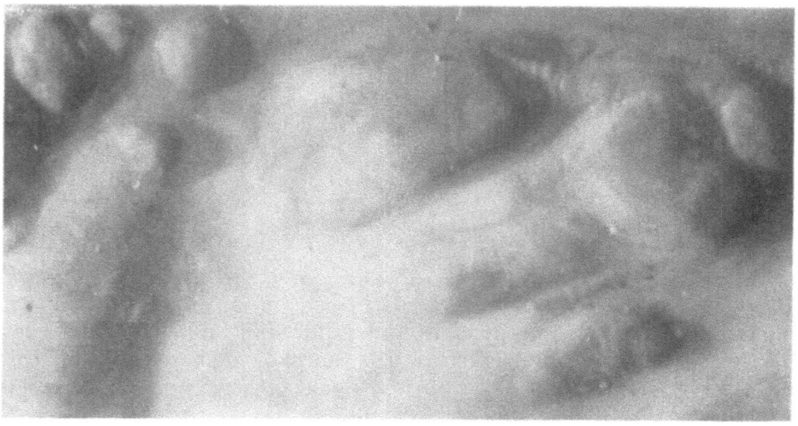

Abb. 2. Atherosklerotische Plaques in der A. brachiocephalica eines Blauhals straußes (Struthio camelus molybdophanes). Lupenvergrößerung

Abb. 3. Atherosklerotische Plaquebildung in der Aortenintima eines Nandu (Rhea americana). Darstellung der umfangreichen Cholesterinablagerungen im polarisierten Licht. Obj. 20; Ok. 10

So konnten umfangreiche Untersuchungen an Wild-, Zoo- und Hausvögeln zeigen, daß die Arteriosklerose in dieser Tierklasse ein überaus häufiger Befund am Gefäßorgan ist (Grünberg, 1964, 1965; Krieg, 1966a), wobei Papageien, Raubvogel- und Taubenartige besonders betroffen sind. Mit großer Regelmäßigkeit finden sich atherosklerotische Plaques aber auch bei straußenartigen Vögeln (vgl. Krieg, 1966a). Hierbei handelt es sich um flächenhafte oder knotenförmige, gelbliche Intimaplaques mit ausgeprägter Sudanophilie, die bereits makroskopisch insbesondere in der Aorta und in den großen arteriellen Gefäßstämmen auffallen (Abb. 2) und die histologisch charakteristische Bilder einer Atherosklerose aufweisen (Abb. 3).

Im Verlaufe des Krankheitsgeschehens kann es auch zu einer stationären Phase mit anschließender Rezidivbildung kommen (Grünberg, 1965), so daß derartige Veränderungen dann einen geschichteten Aufbau zeigen.

Im Gegensatz zu den genannten Arten treten beispielsweise bei Pinguinen, Möven und Wattvögeln — also bei Fischfressern — derartige Veränderungen nur selten in Erscheinung. Diese Beobachtung darf als ein Hinweis auf die inhibierende Wirkung der von diesen Tieren reichlich mit der Nahrung aufgenommenen ungesättigten Fettsäuren auf eine Atherogenese gewertet werden (vgl. GRÜNBERG 1964).

Neben den in der Aortenintima und in den großen arteriellen Gefäßstämmen lokalisierten Atherosklerosen kommen beim Vogel auch Koronar- und Cerebralsklerosen vor. So ist beispielsweise bekannt,

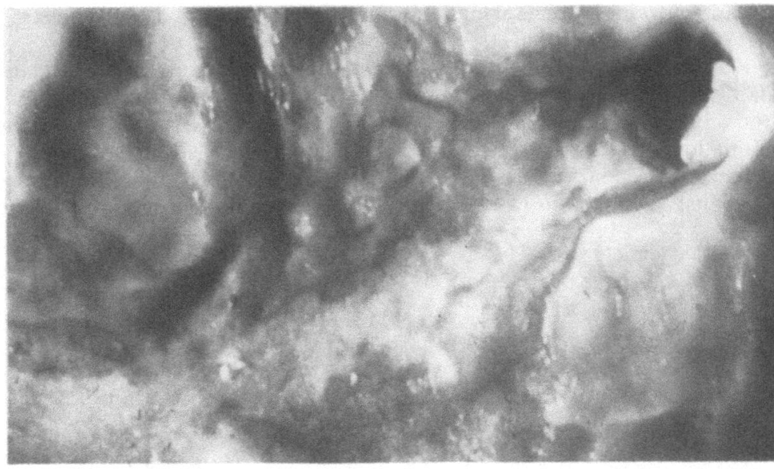

Abb. 4. Atherosklerotische Plaques in der Aorta abdominalis eines 18jährigen Wildschweines (Sus scrofa scrofa). Sudan III Färbung, Lupenvergrößerung

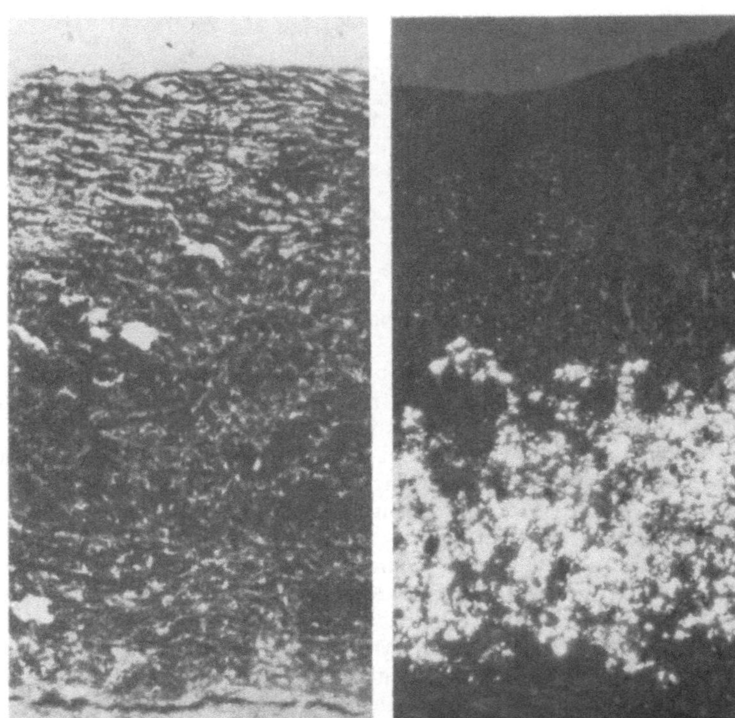

Abb. 5. Hochgradige Lipidablagerung in der sklerosierten Intima mit feintropfiger Umscheidung der Membrana elastica interna (a) sowie Anreicherung doppeltbrechender Substanzen (Cholesterin) im basalen Plaquebereich (b) bei Atherosklerose der Aorta abdominalis eines 18jährigen Wildschweines (Sus scrofa scrofa). Sudanschwarz-Färbung und Polarisation. Obj. 10; Ok. 10

daß erwachsene White Carneau-Tauben regelmäßig an einer Atherosklerose der Herzkranzgefäße erkranken und an spontanen Myokardinfarkten sterben können (PRICHARD et al., 1963).

Die Vogelatherosklerose ist also in zahlreichen Teilbildern der menschlichen Arteriosklerose ähnlich.

Von wesentlich größerer Bedeutung im Hinblick auf die Arteriosklerose des Menschen sind jedoch derartige Gefäßwandprozesse bei Säugetieren, bei denen sie in ausgeprägter Form zumeist im fortgeschrittenen Lebensalter vorkommen können. Sie sind bisher bei einer großen Zahl verschiedenster Haus-, Zoo- und Wildtierarten nachgewiesen worden (vgl. FOX, 1920—1939; DAHME, 1962; GRÜNBERG, 1965; KRIEG, 1964—1968; ROBERTS und STRAUS, 1965). Selbst wasserbewohnende Säuger, wie Wale und Delphine, weisen derartige Veränderungen ihres arteriellen Gefäßorgans auf (ROBERTS, BOICE, BROWNELL und BROWN, 1965).

Eine größere Bedeutung für die Forschung haben die Primaten erlangt. In den letzten Jahren sind weiterhin die Suiden zunehmend in das Blickfeld der vergleichenden Arterioskleroseforschung gerückt (vgl. KRIEG, 1968). Die Ursache hierfür ist in der auffälligen Neigung dieser Tiergruppe — insbesondere der Hausschweine — zur Ausbildung spontaner Gefäßveränderungen vom Typ der menschlichen Arteriosklerose zu suchen.

So laufen bereits in einem verhältnismäßig frühen Lebensabschnitt des Schweines in der arteriellen Gefäßwand degenerative und proliferative Prozesse ab, deren Umfang und Schweregrad mit steigendem Alter signifikant zunehmen und die in Form schwerer Arterio- bzw. Atherosklerosen großer Teile der Strombahn ihre stärkste Ausbildung erfahren können (Abb. 4 und 5). Von der Aorta dehnen sich die atherosklerotischen Plaques auf nahezu alle arteriellen Hauptstämme aus. Im peripheren Stromgebiet sind es insbesondere die Koronar- und Cerebralarterien (Abb. 6), die — ähnlich wie beim Menschen —

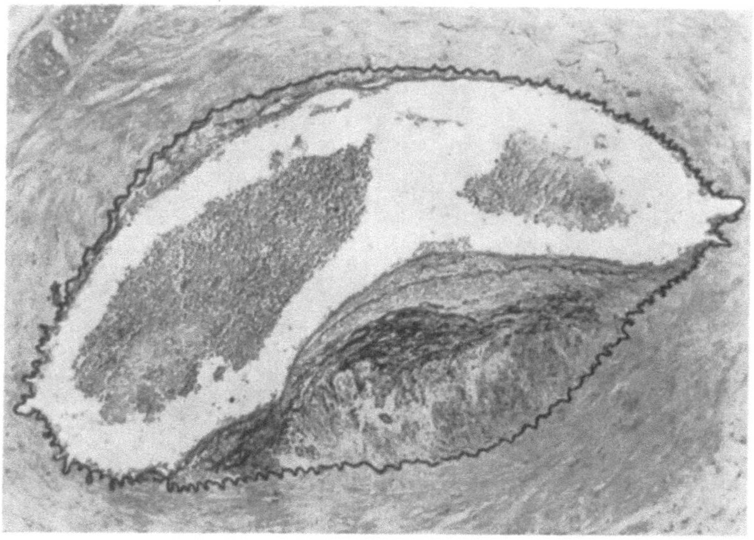

Abb. 6. Atherosklerose der A. basialis cerebri bei einem etwa 12- bis 14jährigen Wildschwein (Sus scrofa scrofa). Elastika-Färbung, Obj. 10; Ok. 10

umfangreiche Sklerosierungen sowie atheromatöse Prozesse aufweisen können. Darüber hinaus finden sich Arteriosklerosen in einer Reihe anderer Organe.

Von den zahlreichen Säugetierarten mit spontanen Arteriosklerosen bilden die Schweine — insbesondere die domestizierten Formen — am regelmäßigsten und wohl auch am häufigsten derartige Erkrankungen ihres Gefäßorgans aus (KRIEG, 1967b, 1968).

Überblickt man die Fülle der in den verschiedenen Wirbeltierklassen auftretenden arteriosklerotischen Angiopathien, dann drängt sich dem Betrachter zwangsläufig die Erkenntnis auf, daß die Arteriosklerose ein biologisches Phänomen darstellt. Über das medizinische Interesse hinaus ist sie von allgemeinbiologischer Bedeutung.

Das arterielle Gefäßorgan scheint über Reaktionsweisen und -möglichkeiten zu verfügen, die — phylogenetisch gesehen — außerordentlich alt sind und bereits auf einer frühen Stufe der Entwicklung ausgebildet wurden. Die im Verlaufe der Phylogenese erfolgte Weiterentwicklung und Leistungssteigerung des Kreislaufsystems hat zu einer erhöhten Belastung der in ihrer Feinstruktur nur relativ wenig veränderten Gefäßwand geführt, wodurch möglicherweise bei den höheren Wirbeltierarten einschließlich des Menschen eine wesentliche Voraussetzung für die steigende Inzidenz der verschiedenen Angiopathien geschaffen wurde.

Im Gegensatz zum Menschen, für den die Herz- und Kreislauferkrankungen größte Bedeutung erlangt haben, wobei die Arteriosklerose mit ihren Folgen eine vorrangige Stellung einnimmt, überschreitet sie beim Tier jedoch nur selten einmal den klinischen Horizont.

Eine nähere Charakterisierung dieser Prozesse beim Tier wurde durch die Anwendung der verschiedenen Methoden der modernen Strukturforschung, so insbesondere durch die Polarisations- und Elektronenmikroskopie, durch die quantitative und qualitative Baustein- und Enzymhistochemie einschließlich der Histophotometrie, und durch biochemische sowie autoradiographische Verfahren möglich.

Mit histochemischer Methodik können beispielsweise die für den Gefäßwandstoffwechsel wichtigen Substrate auf zellulärer Ebene lokalisiert werden (vgl. HOLLE, 1965; LOJDA, 1966). Sie gestattet nähere Einblicke auch in das Verhalten der Gefäßgrundsubstanz, die für die strukturelle und funktionelle

Integrität der Wandstrukturen wichtig ist (Graumann, 1964) und deren quantitative und qualitative Veränderungen für die Gefäßpathologie daher von besonderem Interesse sind.

In gleicher Weise tragen auch die anderen modernen morphologischen Methoden zu einer weiteren Abklärung derartiger Probleme bei, wobei sich solche Untersuchungen bereits bis in den molekularen Bereich erstrecken. Auf diese Weise erfolgt auch auf diesem Gebiet zwischen der Morphologie und der Biochemie eine sich immer deutlicher abzeichnende Annäherung (Holle, 1965).

Vielschichtige Untersuchungen dieser Art an einem unterschiedlichen Tiermaterial ließen erkennen, daß hierbei im Vergleich zum Menschen die arterielle Gefäßwand vielfach das gleiche Funktionsmuster zeigt und daß in zahlreichen Fällen die arteriosklerotischen Veränderungen denen des Menschen homolog sind. Unter den Säugetieren trifft diese Feststellung vor allem für die bereits genannten Primaten und Suiden zu. Diese Erkenntnisse dürften auch für die experimentelle Forschung außerordentlich wertvoll sein, denn das Tierexperiment nimmt bei der Erforschung menschlicher Angiopathien einen bedeutenden Platz ein. Es steht als Modell zum Studium kausalgenetischer und pathogenetischer Zusammenhänge schon seit langem im Blickpunkt des wissenschaftlichen Interesses. Nahezu unübersehbar sind die Versuche, das Krankheitsbild der menschlichen Arteriosklerose bei Tieren zu reproduzieren, wobei allerdings — und diese Tatsache darf keinesfalls übersehen werden — hinsichtlich des benutzten Tiermaterials keineswegs immer die geeignetsten Voraussetzungen vorhanden waren. Es gilt also, und daran haben die skizzierten Untersuchungsergebnisse über die arteriosklerotischen Spontanveränderungen bei zahlreichen Wirbeltierarten einen nicht geringen Anteil, für experimentelle Zwecke Tierarten zu finden, die in der Ausbildung derartiger Angiopathien sowohl morphologisch als auch biochemisch Parallelen zu den entsprechenden Veränderungen des menschlichen Gefäßorgans erkennen lassen — die ihnen also homolog sind.

Aus diesem Grunde wird — und damit schließt sich der Kreis unserer Betrachtungen — der Arteriosklerose des Schweines gegenwärtig eine besondere Aufmerksamkeit geschenkt. Diese Gefäßerkrankung erreicht bei der genannten Tierart nicht nur ein dem Schweregrad menschlicher Veränderungen gleichzusetzendes Ausmaß, sondern — und diese Feststellung dürfte von nicht geringer Bedeutung sein — sie entwickelt sich in dieser Form bei einer Tierspezies, die auf Grund ihrer omnivoren Ernährungsweise dem Menschen ernährungsphysiologisch wesentlich nähersteht als zahlreiche Laboratoriumstiere, namentlich Nagetiere und Fleischfresser. Darüber hinaus zeigen Herz und Kreislauf bei Mensch und Schwein Parallelen, die sich bis in die feineren strukturellen Bereiche — Herzmuskelbrücken, rechtskoronare Variante der Blutgefäßverzweigung, Beschaffenheit der Gefäßinnenhaut (Berg, 1965, 1966) — verfolgen lassen.

Abschließend muß jedoch darauf hingewiesen werden, daß es trotz der stammesgeschichtlichen Konstanz in Struktur und Stoffwechsel des Gefäßorgans und der damit gegebenen günstigen Voraussetzungen für eine vergleichende Betrachtung (Grünberg, 1965) falsch wäre, eine völlige Kongruenz derartiger spontaner Prozesse bei Mensch und Tier zu erwarten, da neben artbedingten Unterschieden für die Genese arteriosklerotischer Gefäßerkrankungen des Menschen Faktoren mitbestimmend sind, die beim Tier nicht oder nur bedingt in Erscheinung treten (Krieg, 1966b). Es ist jedoch zu hoffen und auch zu erwarten, daß derartige Bemühungen im Rahmen einer vergleichenden Betrachtungsweise, die sowohl den spontan entstehenden Veränderungen beim Tier als auch den experimentellen Möglichkeiten unter Beachtung der aufgezeigten Probleme gleichermaßen Aufmerksamkeit schenken, schließlich auch die unmittelbar den Menschen betreffenden Fragen einer Klärung näherbringen werden.

Zusammenfassung

Im Rahmen der vergleichenden Krankheitsbetrachtung wurden auch auf dem Gebiet der Arterioskleroseforschung wertvolle Ergebnisse erzielt. Morphologische Untersuchungen an zahlreichen Spezies ließen erkennen, daß arteriosklerotische Gefäßwandprozesse in allen Wirbeltierklassen vorkommen. Die Arteriosklerose ist also ein biologisches Phänomen. Durch die Anwendung der verschiedenen Methoden einer modernen Strukturforschung, aber auch durch biochemische Untersuchungen, wurde die Erkenntnis gewonnen, daß in zahlreichen Fällen derartige Arteriopathien beim Tier denen des Menschen homolog sind. Diese Erkenntnisse sind für die experimentelle Forschung wertvoll, da bei der Erforschung der Herz- und Kreislauferkrankungen des Menschen das Tierexperiment einen bedeutenden Platz einnimmt. Als Ergebnis dieser Bemühungen wurde in den letzten Jahren den Schweinen als Versuchstiere im Rahmen der Arterioskleroseforschung eine besondere Aufmerksamkeit geschenkt.

Literatur

Berg, R.: Zur Morphologie der Koronargefäße des Schweines unter besonderer Berücksichtigung ihres Verhaltens zum Myokard. Arch. exper. Vet. Med. **19**, 1145—1307 (1965).

Berg, R.: Zur Mikromorphologie der Aa. coronariae cordis beim Wildschwein (Sus scrofa ferus). Arch. exper. Vet. Med. **20**, 1007—1019 (1966).

Dahme, E.: Blutgefäße. In: Hdb. d. spez. pathol. Anat. d. Haustiere v. E. Joest. Paul Parey Verlag, Berlin und Hamburg 1962.

Fox, H.: Arteriosclerosis in wild animals. Amer. J. Med. Sci. **159**, 821—825 (1920).

Fox, H.: Diseases in captive wild mammals and birds. Lippincott, Philadelphia 1923.

Fox, H.: Arteriosclerosis in lower mammals and birds; its relation to disease in man; a survey of the problem. In: Arteriosclerosis. Edit. E. V. Cowdry. McMillan, New York 1933.

Fox, H.: Some comments on arteriosclerosis in wild mammals and birds. Bull. N. Y. Acad. Med., Ser. 2, **15**, 748—756 (1939).

Graumann, W.: In: Hdb. d. Histochemie. Bd. II: Polysaccharide. 2. Teil: Ergebnisse der Polysaccharidhistochemie: Mensch und Säugetiere. Gustav Fischer Verlag, Stuttgart 1964.

Grünberg, W.: Spontane Arteriosklerose beim Vogel. Bull. Soc. Roy. Zool. d'Anvers 1964, 21—48.

Grünberg, W.: Arteriosklerose bei Wildtieren. Ergebnisse und Probleme der vergleichenden Arterioskleroseforschung. Klin. Wschr. **43**, 479—488 (1965).

Holle, G.: Methodische Probleme der modernen Morphologie. Dtsch. Ges.-wesen **36**, 1659—1665 (1965).

Krieg, K.: Mediaxanthomatose und Atherosklerose bei einem Hund. Arch. exper. Vet. Med. 18, 251—266 (1964).

Krieg, K.: Zum Vorkommen nichtentzündlicher Arteriopathien bei Zootieren. Abh. Dtsch. Akad. Wiss. 1966 (a), Nr. 1, 43—61.

Krieg, K.: Zur vergleichenden Pathologie der Atherosklerose des Tieres. Morphol. Jahrb. **109**, 19—21 (1966b).

Krieg, K.: Zur Bedeutung der Wild- und Zootiere für die vergleichende Arterioskleroseforschung. Ber. d. IX. Internat. Symp. Erkrankungen Zootiere Prag 1967. Berlin: Akademie-Verlag, 279—284, 1967.

Krieg, K.: Atherosklerose der Vena cava caudalis bei einem Wildschwein (Sus scrofa scrofa). Acta biol. med. german. **19**, 1029—1035 (1967b).

Krieg, K.: Vorkommen und Morphologie der spontanen Arteriosklerose bei Haus- und Wildschweinen. Zbl. Vet. Med., Reihe A, **15**, 386—400 (1968).

Lojda, Z.: Histochemistry of the vascular wall. In: Morphologie und Histochemie der Gefäßwand. Herausg. M. Gomel und L. Laszt. Verlag S. Karger, Basel, New York 1966, 364—398.

Prichard, R. W., T. B. Clarkson, H. B. Lofland und H. O. Goodman: Amer. J. Path. **49**, 651—652 (1963). Zit. n. Grünberg (1965).

Roberts jr., J. C., und R. Straus: Comparative atherosclerosis. Harper and Row, Publ., New York, Evanston, London 1965, 37—42.

Roberts jr., J. C., R. C. Boice, R. L. Brownell jr. und D. H. Brown: Spontaneous atherosclerosis in Pacific toothed an baleen whales. In: Comparative atherosclerosis. Edit. J. C. Roberts jr. and R. Straus. Harper and Row, Publ., New York, Evanston und London 1965, 151—155.

Robertson, O. H., B. C. Wexler und B. F. Miller: Degenerative changes in the cardiovascular system of the spawning Pacific salmon (Oncorhynchus tschawytscha). Circulat. Res. **9**, 826—834 (1961).

Vastesaeger, M. M., R. Delcourt und P. H. Gillot: Spontaneous atherosclerosis in fishes and reptiles. In: Comparative atherosclerosis. Edit. J. C. Roberts jr. and R. Straus. Harper and Row, Publ., New York, Evanston, London 1965, 129—149.

Vastesaeger, M. M., J. Mortelmans und W. Grünberg: Comparative pathology as a tool in atherosclerosis research. Ber. d. VIII. Internat. Symp. Erkrankungen Zootiere Leipzig 1966, 293—299.

Diskussionsredner:

Avtsyn (UdSSR), Burck (DBR).

Pathologische Abteilung im Institut für ärztliche Fortbildung Budapest, VR Ungarn

The importance of ultrastructural studies concerning the secretion of the adrenal medulla

by

I. Benedeczky

The adrenaline and noradrenaline secretion of the adrenal is relatively well-known due to comprehensive physiological, pharmacological and biochemical investigations; in spite of this many such problems remained unsolved upon which no definite explanation could be obtained, even by applying the above methods. Thus, e. g. concerning the intracellular localization of the hormone substances, morphologic viz. electron microscopic examinations are those that have proved that they get accumulated in the so-called secretory or storage granules. In the course of detailed electron microscopic or electron histochemical studies on the secretion granules, it also became possible to separate the adrenaline and noradrenaline producing cells, respectively, on ultrastructural level. This problem was not satisfactorily solved even after the light microscopic and histochemical examinations carried out throughout decades. Coupland (1964) applied glutaraldehyde pre-fixation in the course of which the secretion granules containing noradrenaline, showed higher electron density than the granules of adrenaline content. Applying this method, it was possible to separate the sorts of adrenaline and noradrenaline producing cells in the adrenal medulla of numerous species (frog, tortoise, rat, human adrenal medulla and pheochromocytoma). Beside the catecholamine granules we observed (Benedeczky, 1967a) the presence of numerous electron dense "microbodies", 0,3—0,5 μm in diameter, in several species. On the ultrastructural characteristics we could not decide whether the particles in question are unusually large catecholamine granules or lysosomes. On the basis of the strong acid phosphatase activity of these "dense bodies" we think that those are lysosomes and they have an important role in the rapid autolytic process of the adrenal medulla.

The ultrastructural method is suitable for the elucidation of not only "fine structural" problems, but for the approach of some individual cell physiological processes too.

Comparing the form of the storage granules, it can be established that in the adrenal of the inferior frog the occurrence of the globular granules is typical, while in the adrenal medulla of the rat and man these are of the form of a rod, a finger-biscuit or a bar-bell. On the basis of geometrical and volumentrical measurements it has been stated, that the latter forms of granules ensure the release of the hormone content on a larger surface than is done by the globular granules. Having a knowledge on the difference of intensity in the metabolism of the frog and the rat, that peculiarity seems to be entirely plausible. When applying the morphological method we were sometimes confronted with a new physiological problem too.

In the course of our comparative electron microscopic investigations such special "cortico medullary" cells were observed (Benedeczky, 1966) in which tubulovesicular mitochondria and catecholamine granules were present together simultaneously. The physiological role of this peculiar cortico-medullary structural organization is not yet known.

The demonstrated results, as mentioned, are of typical morphological character, where the use of the morphological method is quite clear. In some cases, however, the morphological method is suitable for the study of some cell-physiological problems too.

The accumulation of the hormone substances in the storage granules and their liberation from those particles, respectively, is one of the problems of the adrenal secretion most disputed about (Douglas and

Poisner, 1966; Euler, 1956, 1963; Hillarp and Nilson, 1954a; Hillarp and Rosengren, 1960; Stjarne, 1964; Wetzstein, 1957). For studying the above, induced hormone secretion has been brought about. Insulin charging results in the disappearance of catecholamine granules from the cytoplasm. The question might arise: 1. Through what kind of mechanism get the hormone substances out of the storage granules. 2. How do the free catecholamines get into the blood from the cytoplasm of the glandular cells. Concerning the release of hormone substances from the storage granules, many authors (Bradbury et al., 1966; Douglas and Poisner, 1966; Hillarp and Nilson, 1954a; Hillarp and Rosengren, 1960; Stjarne, 1964) have supposed that certain enzymes: the lysosomal ribonuclease, and acid phosphatase, as well as ATPase supposed to be in the granules take share in it. ATPase activity could not be observed in the active secretion phase either in the rest phase or in the induced secretory state in the catecholamine granules. No changes were noticed in the lysosomal acid phosphatase activity either as compared to the control.

On the basis of the above it might be assumed that the two enzymes in question do not play a direct role in the release of the catecholamines in a manner supposed. According to the vigorous ATPase activity perceived on the surface of glandular cells, it can be assumed, on the other hand, that the enzyme activity observed here might be in connection with the transport of hormone substances into the blood. The majority of physiologists (Euler, 1956, 1963) agree that the adrenaline and noradrenaline, respectively, get into the blood in molecular form. Just for that reason it was rather surprising to find that following the insulin and reserpine treatment, in an early time as well as later, numerous catecholamine granules could be observed in the lumen of capillaries having a well-preserved structure. The mechanism of the phenomenon is not known; on the basis of the phenomenon, however, it is supposed that the hormone substances get into the circulatory system in granular form. On the basis of this observation we do not want to say that this form exists exclusively in the catecholamine secretion, and we think that the hormone substances get also into the blood in molecular form too, since after endotoxin shock in the rat we established that, similarly to the lysosomal membranes, the endotoxin is capable to induce catecholamine secretion through the destabilization of the membranes of catecholamine granules.

In the resynthetic phase following the induced secretion, extensive occurrence of the Golgi apparatus, the increase of the endoplasmic reticulum and the lysosomes could be observed in the adrenal medulla in cells of the rat (Benedeczky, 1967). Besides the above, the following are also characteristic of the glandular cells being in the resynthetic phase: 1. the presence of few immature catecholamine granules. 2. the close morphological contact of the same with the Golgi apparatus. 3. the presence of the so-called barbell shaped secretion granules being, presumably, of fission character. Such catecholamine granules of peculiar character have been observed in the adrenal medulla in cells of the chicken embryo in connection with the de novo granulo-genesis.

On the basis of the quantity of catecholamine granules and that of cell-organels, their ultrastructural character as well as their relationship to one another, the adrenal medullary cells are divided into three groups: 1. The majority of glandular cells being at rest in the secretory phase contain many catecholamine granules and a few cell-organels. From functionary point of view these might be considered medullary cells of storage type. 2. The medullary cells being in the secretory phase, do not contain at all or only some catecholamine granules. These are the so-called secerning or secreting cells. 3. The ultrastructural peculiarities of the synthesizing cells have already been summarized in the aforementioned.

Summing up what have been told, it can be established that the application of the electron microscopic method contributes considerably to the understanding of the secretory mechanism of the adrenal medulla. Through the aid of it the localization of cell-components carrying hormone substances, the ultrastructural arrangement of the granules, further the problem of the differentiation of the adrenaline and noradrenaline producing cells, respectively, could be elucidated. In the course of enzyme chemical investigations carried out at electron microscopic level, it has been established that in the catecholamine containing granules no acid phosphatase and ATPase activity can be observed. On the other hand, numerous lysosomes with vigorous acid phosphatase activity can be proved. In the secretory phase induced with various pharmacological agents, the disappearance of catecholamine granules was observed in the medullary cells concerned. In the phase of hormone resynthesis, on the basis of the characteristic ultrastructural features, the type of the synthesizing glandular cells has been described comparing it with the structural peculiarities of the medullary cells at rest and of those secerning actively. The ATPase activity observed on the surface of the glandular cells is connected with the active hormone transport process. The physiological role of the so-called cortico-medullary cells is to be elucidated through further investigations.

Concerning the extrusion process of the adrenal medulla we established that beside the molecular form there exists a "granular extrusion process" too under certain circumstances.

References

Benedeczky, I.: A new cell-type of "transitional" character on the border of the adrenal cortex and adrenal medulla. Acta Agronom. Hung. **15**, 413–434 (1966).

Benedeczky, I.: Ultrastructural analysis of adrenaline resynthesis following insulin treatment. Acta Morph. Hung. **15**, 23 (1967).

Benedeczky, I.: Electron histochemical localisation of acid phosphatase activity in the adrenal medulla of rats. Nature **214**, 1243 (1967a).

Bradbury, S., A. D. Smith and H. Winkler: The demonstration of lysosomes in the bovine adrenal medulla. Experientia **22**, 142 (1966).

Coupland, R. E., A. S. Pyper and D. Hopwood: A method for differentiating between noradrenaline and adrenaline — storing — cells in the light- and electron microscope. Nature **201**, 1240 (1964).

Douglas, W. W. and A. M. Poisner: Evidence that the secreting adrenal chromaffin cell release catecholamines directly from ATP-rich granules. J. Physiol. (London) **183**, 236 (1966).

Euler, U. S.: Noradrenaline, C. C. Thomas. Springfield Ill. U. S. A. S. 109 (1956).

Euler, U. S. and H. Heller: Comparative Endocrinology. A. P. New York. **258** (1963).

Hillarp, N. A., and B. Nilson: The cytology of the adrenal medullary cells with special reference of the storage and secretion of the sympathomimetic amines. Acta anat. (Basel) **21**, 155 (1954a).

Hillarp, N. A., and E. Rosengren: Some observations on the synthesis and storage of catecholamines in the adrenaline containing cells of the suprarenal medulla. Ciba — Foundation Symposium. Adrenergic Mechanisms. London 1960.

Stjarne, L.: Studies of catecholamine uptake, storage and release mechanismus. Acta Physiol. Scand. **62**, 228 (1964).

Wetzstein, R.: Elektronenmikroskopische Untersuchungen am Nebennierenmark von Maus, Meerschweinchen und Katze. U. Zellforsch. **46**, 517 (1957).

Medizinische Klinik der Universität Tübingen, DBR

Die Morphologie der Niere als Ausdruck ihrer Funktionsstörung beim akuten Nierenversagen und nach Ischämie*

von

H.-CH. BURCK

Für die Deutung licht- und elektronenmikroskopischer Bilder des Nierentubulus hat die Kenntnis der von GERTZ (1963) gemessenen Wasserpermeabilität eine Neuorientierung notwendig gemacht. Die Halbwertszeit einer isotonischen Kochsalzlösung im Tubulus beträgt danach $9{,}8 \pm 0{,}8$ Sekunden proximal und $32{,}9 \pm 18{,}3$ Sekunden distal. Eine lebensgetreue Histologie des Tubulus erfordert also eine blitzschnelle „Lebendfixation", wie sie beim Menschen nicht ohne weiteres möglich ist (vergleiche SITTE, 1965). Um Tubulusveränderungen diagnostisch verwerten zu können, muß bei der Korrelation von Struktur und Funktion der Niere zusätzlich der supravitale und postvitale Bereich erfaßt und gesondert berücksichtigt werden. Ich sehe meine Aufgabe darin, im Rahmen des Kongreß-Themas die Bedeutung und die Schwierigkeiten einer funktionellen Morphologie für die Klinik am Beispiel des akuten Nierenversagens zu erläutern. Hierunter soll eine nosologische Entität mit typischem Drei-Phasen-Verlauf und charakteristischen laborchemischen Veränderungen verstanden werden, während

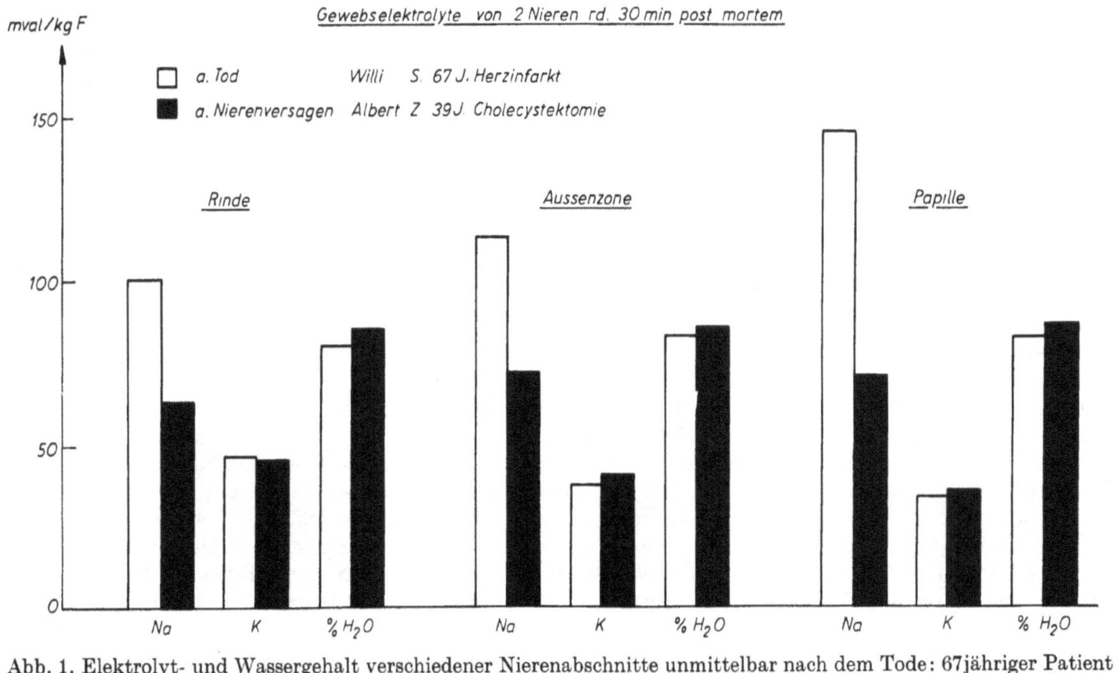

Abb. 1. Elektrolyt- und Wassergehalt verschiedener Nierenabschnitte unmittelbar nach dem Tode: 67jähriger Patient mit plötzlichem Tod infolge Myokardinfarkts im Vergleich zu 39jährigen Patient mit akutem Nierenversagen nach Cholecystektomie (Methode: BURCK: Klin. Wschr. 39 (1961), 751)

* Mit Unterstützung durch die Deutsche Forschungsgemeinschaft (DBR) und durch Fräulein Ulrike KRETSCHMANN

„akute Anurie“ ein Symptomenbegriff bleiben sollte. Da zur Entstehung des akuten Nierenversagens eine renale Minderdurchblutung eine wesentliche Rolle spielt (Literatur siehe Kaboth, 1965, Carriere und Mitarbeiter, 1966), möchte ich 2..) etwas über das häufigste, aber wegen seiner Einfachheit auch umstrittene und viel kritisierte tierexperimentelle Analogon, die Niere nach Ischämie durch Abklemmung des Nierenstiels, beitragen. Ein ähnliches tierexperimentelles Modell bietet nach eigenen Erfahrungen auch die Niere nach parenteraler Glyzerin-Gabe (Burck und Petruch, 1968). Zum Schluß werde ich zu Häufigkeit, Bedeutung und Korrelation der anatomischen und klinischen Diagnose des akuten Nierenversagens am Material der Tübinger Medizinischen Universitätsklinik Stellung nehmen.

Der *funktionelle Schaden* der Niere beim akuten Nierenversagen manifestiert sich meist als symptomatische akute Oligo-Anurie, mangelndes Harn-Konzentrationsvermögen, gesteigerte Natrium-Ausscheidung im Urin und damit Zunahme des Na/K-Quotienten, sowie in einer verminderten Elimination harnpflichtiger Substanzen, einem infolge verminderter Ausscheidung erhöhten Serum-K und einer metabolischen Acidose. Nach eigenen noch nicht abgeschlossenen Untersuchungen an menschlichen Nieren ändert sich auch der Elektrolytgehalt der einzelnen Gewebsabschnitte. An der frisch entnommenen Leichenniere ist der K-Gehalt von Rinde, Außenzone und Papille unverändert im Vergleich zum plötzlichen Tod, während der Natriumgehalt deutlich abfällt; bei nur geringer Wasserzunahme verliert also das Gewebe an osmotisch aktiven Teilchen (Abb. 1).

Bei der *histologischen Untersuchung* muß man — wie bereits begründet — zwischen *sofort* fixiertem Biopsiematerial, sowie Biopsiezylindern nach mehreren Sekunden Verzögerung und Leichennieren trennen (Abb. 2). Bei Nierenstanzen von Patienten mit akutem Nierenversagen sind die Tubulusepithelien im Vergleich zu gesunden Kontrollen geschwollen und vergrößert, während das Lumen etwa soweit wie bei Gesunden ist (Bohle und Jahnecke, 1964). Bei Leichennieren sind weite Tubuluslichtungen und eine Abflachung der Epithelien nach Bohle, Herfarth und Krecke (1960) für das Vorliegen eines akuten Nierenversagens charakteristisch, während Kontrollnieren nach akutem Tod enge Tubuluslichtungen erkennen lassen (Abb. 2). Uns war zusätzlich aufgefallen, daß der Bowmansche Kapselraum bei Nieren unter akutem Nierenversagen weiter ist als nach plötzlichem Tod (Abb. 3). Diesen Unterschied konnten wir planimetrisch statistisch sichern (Burck, 1967). Da histologisch leere Räume nach Ausschluß von Fett, Glykogen und Artefakten den Ort wäßriger Lösungen repräsentieren, wird also das Bild des Tubulus beim akuten Nierenversagen intravital und postmortal neben der Wasseraufnahme (Baltzer und Bohle, 1964) wesentlich durch Wasserumlagerungen bestimmt. Die zellige Infiltration an der Mark-Rinden-Grenze und das Auftreten von doppelt brechenden Kristallen etc. (Schubert, 1968) sind in diesem Zusammenhang uninteressant. Dagegen scheinen mir die im Rahmen der Autolyse auftretenden Strukturänderungen für das Verständnis der Wasserumlagerungen wichtig zu sein. Wie aus Abbildung 3 ersichtlich, ändert sich das histologische Bild der Niere erheblich, wenn die Niere kurz nach dem Tode oder erst 16 Stunden post mortem entfernt wurde: An Stelle der typischen weiten Lichtungen kommt es durch postmortale Wasserumlagerung zu einer Verbreiterung des Interstitiums auf Kosten der Tubuli. An den Nieren kann daher schon relativ bald nach dem Tode die Diagnose eines akuten Nierenversagens nicht mehr sicher gestellt werden.

Tierexperimentell wurden die Fragen nach der Ursache der Oligo-Anurie und nach dem Grund für die typische Weitstellung der Tubuli nach dem Tode unter allen möglichen Gesichtspunkten von zahlreichen Arbeitskreisen untersucht (Zusammenfassung bei Walther, 1968). Wir selbst haben an Hunden durch Entblutung einen hämorrhagischen Schock erzeugt (Burck, 1966), sowie den Nierenstiel bei Ratten und Kaninchen abgeklemmt (Burck und Petruch, 1966, 1967). Wenn auch wir einen typischen Drei-Phasen-Ablauf und eine echte längere Oligo-Anurie im Tierexperiment bisher nicht erreichen konnten, so war es doch ein und drei Tage nach intramuskulärer Glyzerin-Injektion (13 ml/kg Körpergewicht einer 25%igen Lösung) zu einer Retention harnpflichtiger Substanzen gekommen (Burck und Petruch, 1968). Damit geht eine deutliche Änderung im K- und Na-Gehalt der einzelnen Nierenabschnitte einher: nach einstündiger Stielabklemmung und 24stündiger Wiederdurchblutung verliert die Kaninchennierenrinde K und nimmt Na auf; in der Außenzone werden K und Na verloren. Ein gleiches Resultat haben wir an der Nierenrinde des Hundes nach einstündigem hämorrhagischem Schock und 6- bzw. 24stündiger Wiederdurchblutung erhalten (Burck, 1966). Die starke Schädigung der oxydativen Phosphorylierung, wie sie nach den elektronenmikroskopischen Bildern von Thoenes (1964) aufgrund der Veränderungen an den Mitochondrien zu erwarten war, führte im Warburg-Versuch bei der Ischämie-Niere zu einer Reduktion der Atmung an der Rinde um 20% und in der Außenzone um 35%. Während sich — wie Ullrich (1958) zeigen konnte — die Atmung der Außenzone durch höhere Na-Konzentrationen noch steigern läßt als Ausdruck des dort lokalisierten aktiven Na-Transportes, fällt diese Na-abhängige Atmungssteigerung an Ischämie-Nieren aus, womit die Konzentrationsschwäche und die erhöhte Na-Elimination des Harns erklärt werden kann (Burck und Petruch 1966). Truss und Hort (1966) konnten diese Abnahme des Atmungsquotienten bestätigen und gleichzeitig mit der Abnahme der oxydativen Phosphorylierung eine Zunahme der Fermentaktivität der Glykolyse messen.

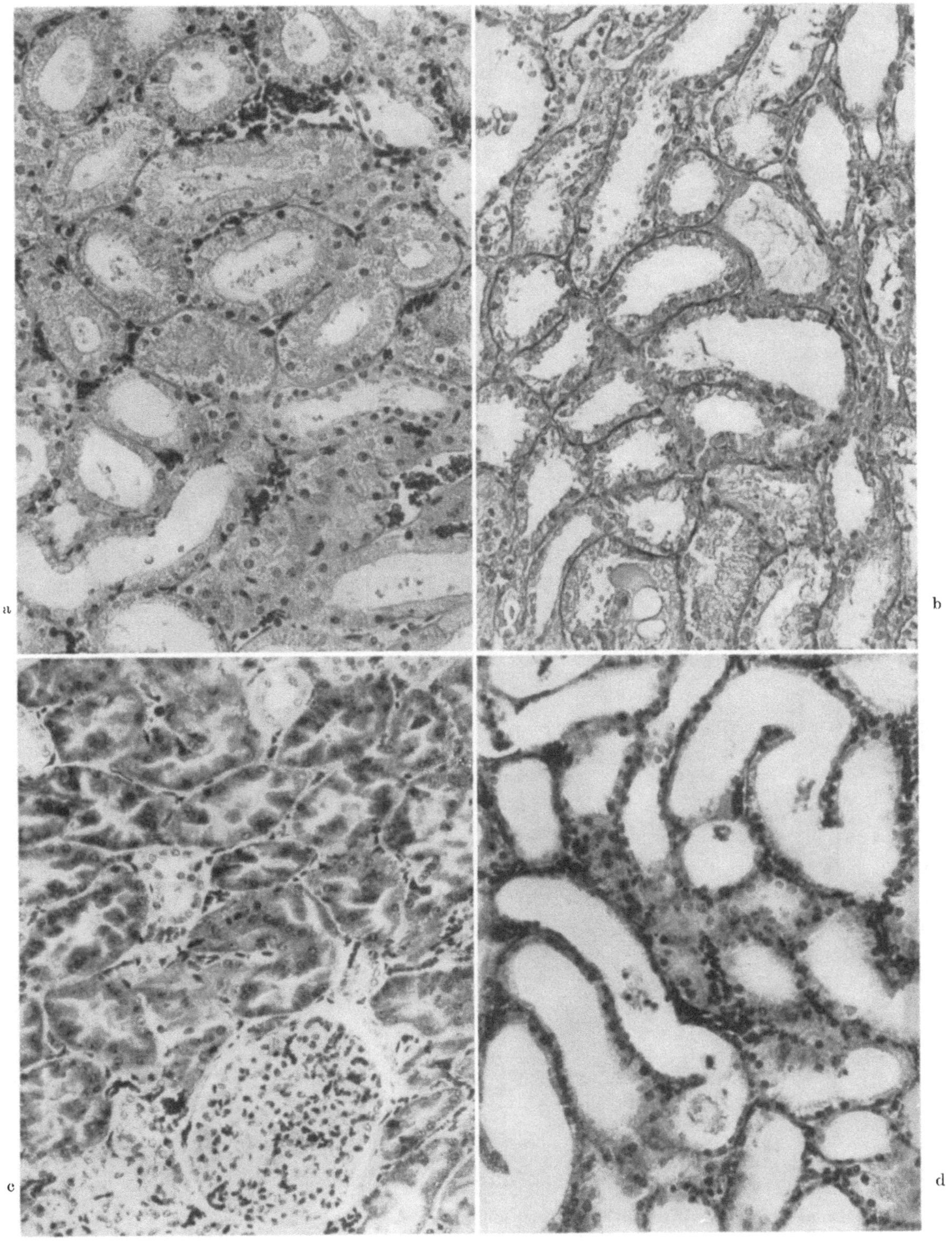

Abb. 2. Das Äquivalentbild der Wasserverteilungsänderungen in der Niere beim akuten Nierenversagen im Vergleich zu Kontrollen: a — Biopsie eines Gesunden, b — Biopsie bei a. N., c — Autopsieniere bei plötzlichem Tod, d — Autopsieniere bei Tod im akuten Nierenversagen (Trichromfärbung, 225fach)

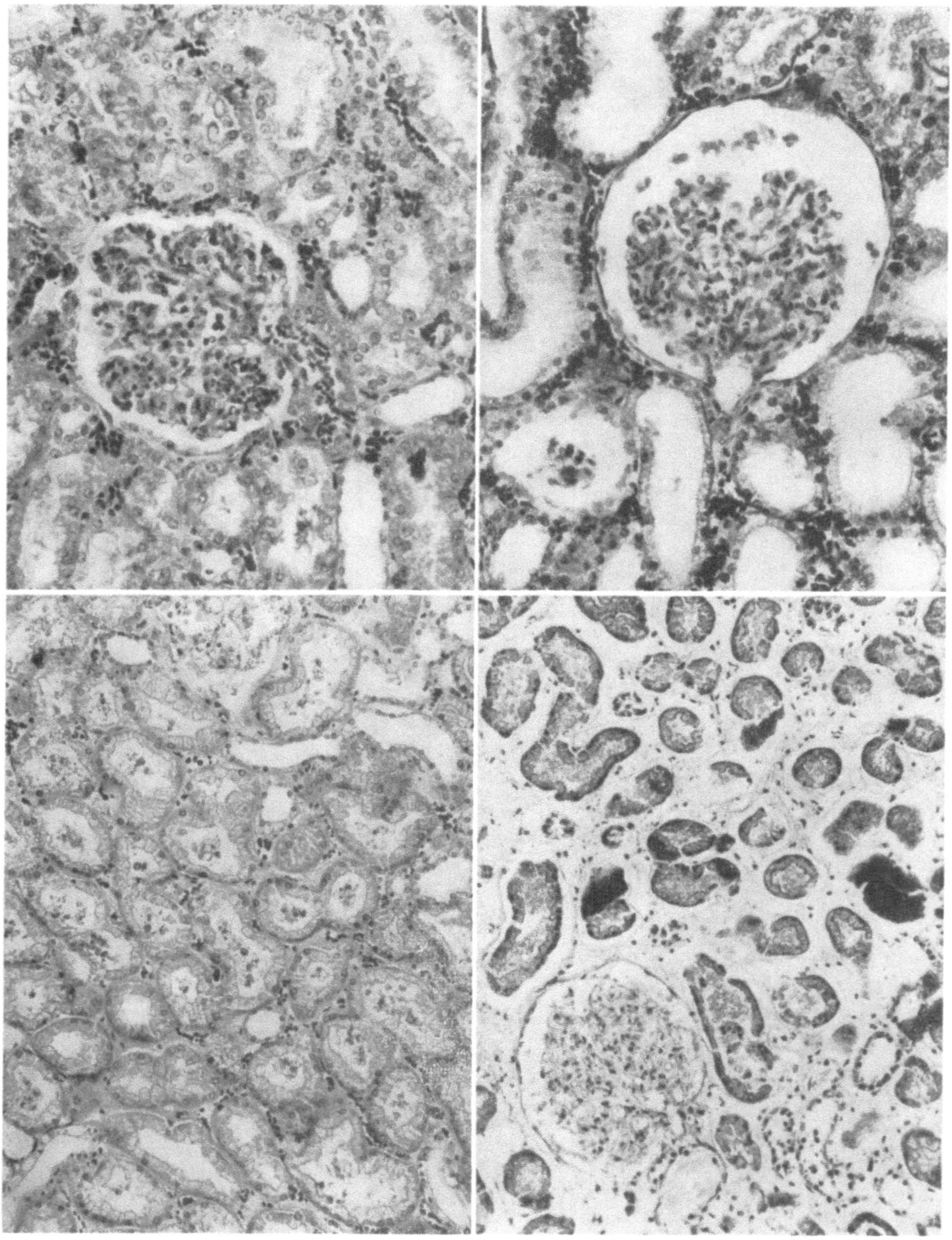

a b

c d

Abb. 3. Änderung der Flüssigkeitsverteilung im Nierenschnitt im Rahmen des akuten Nierenversagens: a — schmaler Bowmanscher Kapselraum bei akutem Tod, b — weiter Kapselraum bei Tod im akuten Nierenversagen, c — weite Tubuluslichtungen beim a. N. 2 Std. post mortem, d — die linke Niere, 16 Stunden nach dem Tode entnommen, mit postmortal entstandener interstitieller Wassereinlagerung, (a—c — Leichennieren früh entnommen, d — freundlichst durch Prof. Dr. Bohle überlassen — Trichrom, a—b 225fach, c—d 140fach)

Morphologisch wird das Bild durch die Dauer der Ischämie bestimmt. Eine lange Ischämie macht ausgeprägte Nekrosen in Rinde und Außenzone. Mit solchen Nekrosen oder Untergang der gesamten Nierenrinde kann auch das akute Nierenversagen ausnahmsweise einhergehen (BOHLE, 1965). Nach einstündiger Abklemmung und 8- bis 24stündiger Wiederdurchblutung kommt es aber in der Regel zur Ausbildung weiter Tubuluslichtungen im Tierversuch (BURCK, 1966, BURCK und PETRUCH, 1967). Lebendbeobachtungen haben gezeigt, daß Abklemmen des Nierenstiels zunächst zu einem sog. Tubuluskollaps führt, der reversibel ist (DEETJEN und THURAU, 1961, Zusammenfassung bei WALTHER, 1968). Daraus muß man schließen, daß energetisch leistungsfähige Zellen die Flüssigkeit aus dem Lumen noch aufnehmen; aber infolge des Zirkulationsstillstandes bleibt diese Flüssigkeit derart liegen, daß das Lumen zugeht. Erst nach langem Abklemmen persistert die Epithelschwellung in vivo als Folge einer Dysionie (BURCK, 1963). Wesentlich ist also nur die räumliche Verteilung des Wassers im Moment der Fixierung des Gewebes. Die Ursache für die unterschiedlichen Bilder der Tubulusweite und Epithelhöhe liegt also in der energetischen Situation der Tubuluszelle im Moment des Kreislaufstillstandes und dem Fixierungszeitpunkt begründet. Das histologische Präparat gerade der Niere kann immer nur ein „Schnappschuß" vom Funktionszustand sein. Beim akuten Nierenversagen sind die Zellen energetisch geschädigt, daher in vivo dysionotisch geschwollen, und die Resorption bleibt aus. Wie unsere Elektrolytmessungen zusätzlich zeigen, dürfte es durch den Elektrolytverlust zu einer Abnahme der Gewebsosmolarität kommen, so daß die Zellen postmortal entsprechend dem osmotischen Gradienten in das hypertone Lumen und retrograd in den Bowmanschen Kapselraum Flüssigkeit abgeben. So sind die postmortal weiten Lichtungen, die der Mikroskopiker diagnostisch ausnutzt, der morphologische Ausdruck einer in typischer Weise veränderten Gewebsosmolarität, die zu passiven Wasserverschiebungen Anlaß gegeben hat. Im Moment möchten wir annehmen, daß diese Änderung der Gewebsosmolarität und die Wasseraufnahme der Niere für die Entstehung der Anurie eine Rolle spielen könnten (BURCK und PETRUCH, 1967).

Welche Bedeutung haben diese morphologisch funktionellen Befunde für die Klinik? An der Medizinischen Univ. Klinik in Tübingen sind in den letzten 3 Jahren 1165 Patienten verstorben, von denen rund 78% obduziert worden sind (Tab. 1). Der pathologisch-anatomische Befund aus dem Institut von

Tabelle 1

Morphologische und klinische Häufigkeit des akuten Nierenversagens (a. N.)
(vom 1. 1. 65—31. 12. 67: 1165 Verstorbene, davon 910 obduziert = 78%)

	Fallzahl	Prozentsatz
obduzierte Verstorbene	910	100%
a. N. morphologisch gefunden	107	12%
a. N. morphologisch erhoben	107	100%
anatomisch und klinisch a. N.	93	87%
anatomisch a. N.-klinisch normale Funktion	14	13%
a. N. als Todesursache	21	20%
a. N. als Begleiterkr. bei anderer Todesursache	86	80%

Klinisch a. N. — anatomisch Niere o. B. 1 Fall

Prof. Dr. BOHLE enthielt in 107 Fällen die Diagnose „akutes Nierenversagen". Davon konnte dieses nur 21mal als zum Tode führende Erkrankung angesehen werden. In allen anderen Fällen war die im Sinne des akuten Nierenversagens veränderte Niere für den Ablauf des tödlichen Leidens unwesentlich. Trotzdem ließ sich klinisch aufgrund erhöhter Retentionswerte, einer Oligo-Anurie und einer Isosthenurie 93mal auf eine Nierenstörung rückschließen. In 13% blieb allerdings eine Diskrepanz zwischen nachweislich normaler Nierenfunktion und histologischen Veränderungen im Sinne eines akuten Nierenversagens. Die Schwierigkeit, vor der der ungenügend mit klinischen Daten versorgte Pathologe stehen kann, soll durch drei Beispiele erläutert werden: In den Nierenschnitten eines 59jährigen Mannes, der seit 10 Jahren an einem rheumatischen kombinierten Aorten-Mitralklappenvitium gelitten hatte, fanden sich ausgedehnte Areale mit weiten Tubuluslichtungen neben solchen mit engen, obwohl klinisch ein direkt beobachteter Sekundenherztod eingetreten war (Abb. 4a u. b). Im zweiten Fall verstarb ein 30jähriger Patient, dem 4 Jahre vor dem Tode eine Aortenisthmusstenose mit Hilfe einer Teflon-Prothese korrigiert worden war, plötzlich an einem Herzinfarkt; den im histologischen Schnitt nachgewiesenen weiten Lichtungen lag eine dem Pathologen vorenthaltene Mannit-Diurese zugrunde,

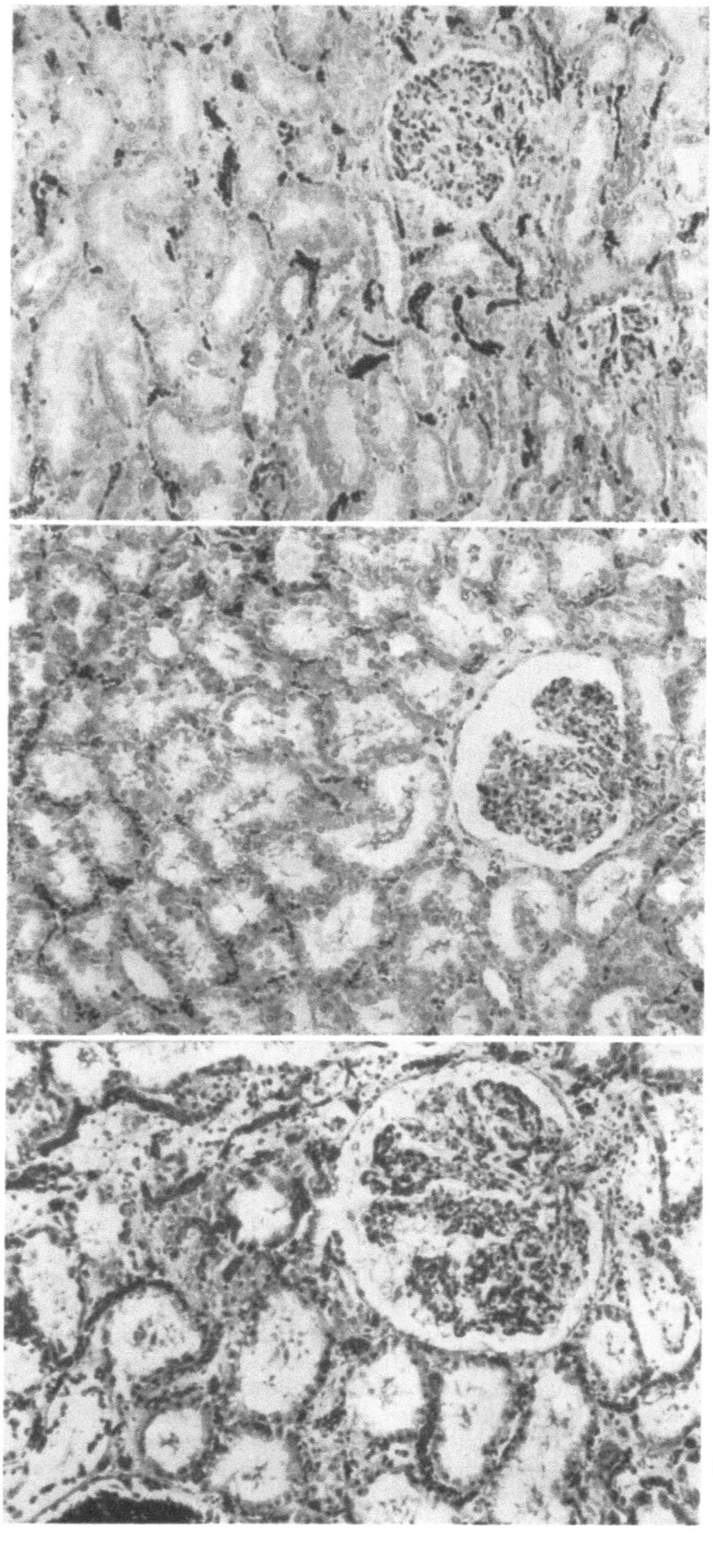

a

b

c

Abb. 4. Fehldeutungsmöglichkeiten eines akuten Nierenversagens: a und b — Sekundenherztod bei klinisch gesicherter unauffälliger Nierenfunktion (teils weite Lichtungen wie bei a. N., teils enge Lichtungen wie bei akutem Tod), c — Sekundenherztod unter starker Diurese: weite Lichtungen als sogenannte Diuresestruktur (Leichennieren früh entnommen, Trichrom 140fach)

deren Ähnlichkeit mit dem akuten Nierenversagen natürlich bekannt ist (Schubert und Mitarbeiter, 1962, Schubert und Zarday, 1962). Eine im Sekundentod verstorbene 42jährige Frau hatte in den letzten drei Tagen 7 l Urin unter Diurecticis ausgeschieden, was auf Grund einer „Diuresestruktur" zur Fehldeutung Anlaß gab (Abb. 4c).

In Übereinstimmung mit unseren Zahlen haben Schubert und Köberle (1966) im Obduktionsgut *aller* Tübinger Universitäts-Kliniken in 10,2% Zeichen eines akuten Nierenversagens festgestellt und dies zur häufigsten Nierenkrankheit erhoben. Nach der Durchsicht unserer Krankenblätter war das akute Nierenversagen aber in 80% unserer Fälle nur Begleitsymptom zu anderen Todesursachen, so daß wir an eine agonale Häufung weiter Tubuluslichtungen glauben möchten (Tab. 2). Wenn auch

Tabelle 2

Todesursachen, die mit a. N. kombiniert waren

Kreislaufversagen		18
bei Tumoren	10	
bei Pneumonie	6	
bei Verbrennung	1	
nach Halothan	1	
Herzversagen (Reinfarkt, Myokarditis)		16
Verbluten		12
Lungenembolie		6
akutes Rechtsherzversagen		5
Apoplexie		5
Peritonitis und Sepsis		4
Atemstillstand (Myasthenie)		3
Coma		3
Pankreasapoplexie		3
Urämie anders als a. N.		3
Hirnembolie		2
Ileus		2
Ersticken, Eklampsie, Enterocolitis, Fettembolie je 1		4
Gesamtzahl der Fälle		86

solche Patienten im Falle eines Überlebens der kritischen Situation möglicherweise klinisch manifest an einem akuten Nierenversagen erkrankt wären, so bedeuten die weiten Tubuli noch nicht eine Krankheit nach Art des akuten Nierenversagens. *Weil* die Patienten nicht durchgekommen sind, zeigt die Niere nach längerem Todeskampf die Zeichen wie bei akutem Nierenversagen. Die Häufung im Obduktionsgut gibt ein verzerrtes Bild von der klinischen Häufigkeit und Bedeutung dieser Krankheit, zumal wir über die Quote symptomlos zurückgebildeter „akuter Nierenversagen" nach kritischer Situation (z. B. Herzinfarkt, überstandene Lungenembolie) zu wenig unterrichtet sind. Hier könnte weitere korrelative Arbeit ansetzen.

Zusammengefaßt kann man sagen, daß auf Grund eines schnellen osmotisch gesteuerten Wasserwechsels zwischen Tubuluslichtung und Tubuluszelle (Burck u. Petruch, 1967) das mikromorphologische Erscheinungsbild der Niere raschen Wandlungen unterworfen ist. Dadurch ergeben sich für bestimmte funktionelle Momente unter Kenntnis des Zeitfaktors, der Fixierung und Behandlung des Materials typische *momentane Äquivalentbilder*. Zur Diagnose des akuten Nierenversagens als klinischem Begriff gehören zusätzliche funktionelle Daten, vor allem aber nach einem Versagen der Nierenfunktion eine Manifestationszeit, in der sich die Krankheit entwickeln kann. Sonst ist aus dem histologischen *Autopsie*präparat zunächst nur die Aussage möglich, ob der Tod bei funktionstüchtiger Niere eintrat, oder ob im Rahmen eines protrahierten Sterbens das Erlöschen der Nierenfunktion dem des Gesamtorganismus nur zeitlich voranging. So gesehen kann das morphologische Äquivalent der Tubulusfunktion ein histologisches Kriterium einerseits für das akute Nierenversagen als Krankheit, andererseits aber auch für die Kreislaufsituation vor dem Tode und damit für den zeitlichen Ablauf des Sterbens sein. Im Gegensatz zu Schubert (1968), der den Morphologen heute in der Lage sieht, „ein akutes Nierenversagen auch dann zu diagnostizieren, wenn von klinischer Seite keine Angaben vorliegen", möchte ich aus den klinischen Zahlen schließen, daß das morphologische Bedürfnis des Klinikers vom Pathoanatomen auch beim akuten Nierenversagen nur treffsicher befriedigt werden kann, wenn er an den funktionellen Resultaten teilhat.

Zusammenfassung

Daß die Korrelation von Histomorphologie und Partialfunktion eine erfolgreiche Methode im Rahmen der diagnostischen Bemühung des Klinikers und Pathologen ist, soll am Beispiel des akuten Nierenversagens mit eigenen humanpathologischen und tieresperimentellen Befunden gezeigt werden. 1. Zunächst wird das akute Nierenversagen durch klinische, morphologische Befunde und durch den Gehalt an Gewebselektrolyten charakterisiert. 2. Dazu werden entsprechende tierexperimentelle Resultate an der Niere nach Abklemmen des Nierenstiels (Ischämie-Niere), haemorrhagischen Schock und Glyzerininjektion in Beziehung gesetzt, wobei eine Änderung der Gewebselektrolyte, eine Abnahme der Atmung im Warburg-Versuch, ein Verlust der natriumabhängigen Atmung der Außenzone und typische morphologische Veränderungen aufgezeigt werden. 3. Wird über die Häufigkeit, Bedeutung und Korrelation der anatomischen und klinischen Diagnose des akuten Nierenversagens am Krankengut der Medizinischen Univ.-Klinik Tübingen in den letzten 3 Jahren Stellung genommen. Da nur in 20% der Fälle eines morphologischen akuten Nierenversagens dieses auch Todesursache gewesen war, wird gefolgert, daß das histologische Bild eines akuten Nierenversagens auch im Rahmen eines protrahiert eintretenden Todes zustande kommen kann. Die für die Beurteilung des Nierenschnittes charakteristischen Änderungen zwischen Weite des Tubuluslumen, Höhe der Epithelien, Größe der Tubulusgesamtfläche und Weite des Bowmanschen Kapselraumes werden durch osmotische passive Wasserverschiebungen hervorgerufen. Unter Kenntnis funktioneller Daten und des Fixierungszeitpunktes besteht eine Beziehung zwischen Struktur und Funktion des Nierentubulus. Diese kann vom Pathoanatomen nur dann zur diagnostischen Aussage genutzt werden, wenn er über klinisch funktionelle Untersuchungsergebnisse informiert ist.

Literatur

Baltzer, G., und A. Bohle: Über den Wassergehalt der Niere bei akutem Nierenversagen. Frankf. Z. Pathol. **73**, 463—468 (1964).

Bohle, A.: Pathologische Anatomie des akuten Nierenversagens. Verh. dtsch. Ges. Path. **49**, 56—66 (1965).

Bohle, A., Ch. Herfarth und H. J. Krecke: Beitrag zur Morphologie der Niere beim akuten Nierenversagen. Klin. Wschr. **38**, 152—164 (1960).

Bohle, A., und J. Jahnecke: Vergleichende histometrische Untersuchungen an bioptisch und autoptisch gewonnenem Nierengewebe mit normaler Funktion und bei akutem Nierenversagen. Klin. Wschr. **42**, 1—12 (1964).

Burck, H. C.: Die Zellschwellung als Folge des passiven Wasserwechsels. Virchows Arch. path. Anat. **336**, 326—349 (1963).

Burck, H. C.: Zur Morphogenese des akuten Nierenversagens. In: Aktuelle Probleme der Nephrologie. Hrsgb. F. Krück. Springer: Berlin 1966, S. 630—639.

Burck, H. C.: Zur Morphologie der Niere beim akuten Nierenversagen und beim akuten Tod. Klin. Wschr. **45**, 1208—1216 (1967).

Burck, H. C., und F. Petruch: Struktur und Funktion des geschädigten Außenstreifens nach Ischämie als Beitrag zum akuten Nierenversagen. Arch. klin. Med. **212**, 313—326 (1966).

Burck, H. C., und F. Petruch: Tierexperimenteller Beitrag zur allgemeinen Pathologie des akuten Nierenversagens. Arch. klin. Med. **214**, 1—19 (1967).

Burck, H. C., und F. Petruch: Renal lesions after the intramuscular injection of glycerol in the study of acute renal failure. In: Progress in Nephrology. Hrsgb. Peters, Springer, Heidelberg 1969.

Carriere, S., G. D. Thorburn, C. C. C. O'Morchoe and A. C. Barger: Intrarenal distribution of blood flow in dogs during hypotension. Circulat. Res. **19**, 167—179 (1966).

Deetjen, P., und K. Thurau: Nachr. Akad. Wiss. Göttingen, II. Math. physik. Klasse, **2**, 27 (1961).

Gertz, K. H.: Transtubuläre Natriumchloridflüsse und Permeabilität für Nichtelektrolyte im proximalen und distalen Konvolut der Rattenniere. Pflügers Arch. **276**, 336—356 (1963).

Kaboth, U.: Vergleichend funktionelle und morphologische Untersuchungen an der ischämisch geschädigten Rattenniere. Z. ges. exp. Med. **138**, 561—580 (1965).

Schubert, G.: Die pathologische Anatomie des akuten Nierenversagens. Ergebn. Path. **49**, 1—112 (1968).

Schubert, G. E., E. Bürger und A. Bohle: Zur dynamischen Morphologie des Nephron nach Injektion verschiedener osmotischer Diuretica. Z. Kreislaufforsch. **51**, 1014—1032 (1962).

Schubert, G. E., und H. Köberle: Über die Häufigkeit des pathologisch-anatomischen Bildes der Schockniere und anderen Nierenkrankheiten im unausgewählten Obduktionsgut. Dtsch. Med. Wschr. **91**, 147—153 (1966).

Schubert, G. E., und Z. Zarday: Beitrag zur Morphologie der Niere nach temporärer Unterbindung der Nierenarterie. Z. ges. exp. Med. **135**, 583—608 (1962).

Sitte, H.: Beziehungen zwischen Zellstruktur und Stofftransport in der Niere. In: Sekretion und Exkretion. Hrsgb. K. E. Wohlfarth-Bottermann, S. 343—370, Springer, Heidelberg 1965.

Thoenes, W.: Mikromorphologie des Nephron nach temporärer Ischämie. Thieme-Verlag, Stuttgart 1964.

Truss, F., und W. Hort: Vergleichende ferment-chemische, licht- und elektronenmikroskopische Untersuchungen bei experimentellen Nierenschäden. Med. Welt 1966, 123—130.

Ullrich, K. J.: Aktiver Natriumtransport und Sauerstoffverbrauch in der äußeren Markzone der Niere. Pflügers Arch. ges. Physiol. **267**, 207—217 (1968).

Walther, W. D.: Tierexperimentelle intravitale und postmortale Untersuchungen der normalen Tiere, der postischämischen Nephrose und der Crushniere. Ergebn. Path. **49**, 113—181 (1968).

Diskussionsredner:

Lindner (DBR).

Pathologisches Institut des Newcastle General Hospital Newcastle — upon — Tyne, Großbritannien

The "apparently normal" mucosa of the urinary bladder in cases of bladder cancer — a cytological and histological study

by

R. Schade

Two statements about bladder tumours recur in the literature: namely that the tumours are multifocal in origin and that they seed and implant themselves over the bladder mucosa. No logical explanation for the multiplicity of the tumors has been offered so far.

It is the purpose of this paper to study the basic processes underlying the multiplicity of the lesions that are encountered so often by the clinician and pathologist. At the same time it is hoped to add to the knowledge of the natural history of the tumours under discussion.

One of the first papers on the natural history of bladder tumours was that by Koss and his coworkers, who could show that bladder cancer may be present for many years, invisible to the naked eye and yet demonstrable by cytological examination of the urine. They could convince themselves that cytologically positive patients developed, often after many years, a bladder tumour or multiple tumours. The patients thus studied were largely industrial workers who had been exposed inadvertently to carcinogens during their work. The carcinogens were such substances as benzidine and β-naphthylamine.

Our studies deal with spontaneous bladder cancer cases, not knowingly exposed to industrial hazards. The patients have been followed up cytologically and histologically over the last 4 years.

After diagnosis and treatment of the initial tumour the observations during follow-up suggested a division of the patients into 3 groups.

The first group remained cytologically negative for malignant cells.

The second group remained only temporarily cytologically negative for malignant cells; after a time lag, varying from 3 months to a year or longer, malignant cells could again be demonstrated.

The third group remained cytologically positive immediately after eradication of the primary tumour.

Patients of groups 2 and 3 developed, after varying time intervals, tumours in sites other than the primary tumour — and in doing so behaved in the way as set out in the textbooks of Pathology and Urology.

A considerable number of the patients of group 2 and 3 were finally subjected to radical surgical treatment, which means total cystectomy.

In order to study the bladder mucosa in detail the excised urinary bladders were emptied of urine and distended by formalin to assure good fixation. Subsequently, cross sections of the bladders were made in order to study the entire bladder mucosa in continuity and at least in one diameter. The findings were of great interest in so far as the bladder mucosa showed, apart from the "multifocal papillomata", a highly atypical epithelium or definite carcinoma in situ in those areas where naked the mucosa had appeared normal.

100 patients with treated papilloma were biopsied; the biopsy was taken from those areas of the bladder which appeared absolutely normal to the cystoscopist.

The biopsies were fixed in Bouin for the sake of good cellular detail. The time of fixation was standardised. Then followed embedding in paraffin. The biopsies were, by necessity, small and particular attention had to be paid to the positioning of the blocks to prevent flat cuts.

The histological findings showed a very wide range of appearances and have been grouped into 8 categories:

1. Normal mucosa.
2. Chr. inflammation.
3. Squamous metaplasia.
4. Cystitis glandularis.
5. Cystitis glandularis with atypical overlying epithelium.
6. Cystitis glandularis with carcinoma in situ.
7. Atypical epithelium with a wide range of apprearances.
8. Carcinoma in situ.

Group 3 shows labelled squamous metaplasia and actuelly represent the only 2 cases of this change in the series of 100 biopsies.

There is a well differentiated, superficially keratinising metaplasia, and a cellular epithelium with the metaplastic change particularly obvious in the superficial portions of the epithelium.

Group 4 includes all cases of cystitis glandularis. The covering bladder mucosa itself is normal, has a thickness of 3—4 cell layers.

Group 5 was labelled cystitis glandularis associated with an atypical epithelium. Under epithelial atypism is understood primarily an increased cellularity of the bladder epithelium with crowding of nuclei and nuclear irregularity in the absence of inflammatory changes in the underlying stroma. The most superficial epithelia of the mucosa are arranged normally but the epithelium appears more cellular. There is also apart from the mucosal cellularity, fraying and shedding of the surface, epithelia, adistinct overgrowth of the epithlium adjacent to the cell nests of the cystitis glandularis and contrast a thinning of the atypical epithelium. It is obvious that the transition to the appearances of group 6, cystitis glandularis with carcinoma in situ, is a rather grandual one.

Group 6, cystitis glandularis associated with ca. in situ shows a mucosa in which the crowding of nuclei per area unit and their hyperchromasia is the main feature.

There is a lining epithelium composed of large cells with enlarged nuclei. The epithelium is not unlike that seen in the early stages of papilloma formation of which you will see examples in due course.

Other findings shows the same changes as described previously but more marked in character and it appears that the islets of cystitis glandularis have undergone the same neoplastic transformation as the surface epithelium.

In group 7, labelled atypical bladder epithelium, the widest morphological variation is found. From the study of whole bladder cross sections it can be confidently stated that all the different appearances to be shown are almost certainly precursor states of papilloma and carcinoma development in the bladder mucosa.

A variability of the morphological picture of carcinoma in situ is in the lesion of group 8. In the following the incidence of the different morphological groups is listed as they occured in the 100 biopsies examined. The predominant groups are group 7 and 8 which together represent 72% of all biopsies. If cystitis glandularis with arypical epithelium and with carcinoma in situ are added we find that in 86% of the cases a morphological picture is found which seems to indicate that as the result of the action of a urinary carciogen a wide field change of the epithelium in the sense of a carcinoma in situ or similar precursor state has developed.

If our findings are correct then it must follow that the multiplicity of the bladder tumours is based on this wide field change of the epithelium. The theory of seeding of tumours appears improbable.

The findings are not only of interest to the morbid anatomist but also to the urologist. If bladder tumours begin as a widefield change with subsequent tumour development in different areas, then continous follow-up of the patients appears essential. For the follow-up we found cytological examination of the urine of considerable help.

Lastly it should be stressed that the lesions demonstrated are invisible to the cystoscopist. As a rule ca. in situ yields a good harvest of malignant cells in the urine. Such findungs should be an indication for blind biopsy of apparently normal mucosa in cases of previously treated bladder neoplasia. Biopsy is a harmless and extremely useful procedure. From the study of the histology it is possible to forecast the changes that will take place in the bladder at a future date.

Contributors to the discussion:

Ljungquist (Sweden).

Rheumatologisches Institut Warschau, VR Polen

Die Bedeutung der morphologischen Untersuchungen für die Diagnose einiger Bindegewebskrankheiten

von

E. Maldyk

Die Bindegewebskrankheiten ebenso wie die onkologischen Erkrankungen gehören zu den Krankheitsgruppen, in deren Diagnosestellung die morphologischen Untersuchungen eine große und wichtige Rolle spielen. Es geht hier nicht nur um die klassischen und ausgewählten histologischen Methoden, sondern auch um die modernen histochemischen und besonders immunohistochemischen Untersuchungen.

Den Bindegewebskrankheiten im engeren Sinn, wie bekannt, sind zugehörig: das rheumatische Fieber, die primär chronische Polyarthritis (PCP, rheumatoid arthritis) und die folgenden „großen" Kollagenosen: 1) Lupus erythematodes disseminatus, 2) Periarteriitis nodosa, 3) progressive, generalisierte Sklerodermie und 4) Dermatomyositis (Fanconi, 1966; Geiler, 1963; Glynn, 1964; Talbott und Ferrandis, 1956).

Die Ätiologie dieser langdauernden Erkrankungen bleibt noch unbekannt. Morphologisch sind sie durch die systemartige Alteration des Bindegewebes charakterisiert (Klemperer, 1950). Das Bindegewebe in den verschiedensten Gebieten des Körpers ist der Schauplatz der pathologischen Prozesse. Sie sind, vielleicht mit Ausnahme von Periarteriitis nodosa, dem Menschen eigentümliche Krankheiten, sie sind „spezifisch menschlich" (Tichy, 1962).

Zuletzt nimmt man an, daß wenigstens ein Teil von diesen Leiden zu den Autoimmunkrankheiten gehört (Asheron, 1965; Fanconi, 1966; Glynn, 1964). Es ist auch möglich, daß in der Pathogenese dieser Krankheiten die Lysosomen eine gewisse Rolle spielen (Glynn, 1964).

Der Pathologe kann zur mikroskopischen Beurteilung die chirurgischen Probeexcisionen oder kleinen Gewebsteile von Nadelbiopsien bekommen (Taubner und Meyer, 1964).

Vielleicht die kleinste Rolle fällt dem Pathologen in der „intra vitam" Diagnose des rheumatischen Fiebers zu. Er ist nur imstande, den subkutanen rheumatischen Knoten zu diagnostizieren. Das Rheumaknötchen gehört zu den Kardinalkriterien des rheumatischen Fiebers, die von Jones aufgestellt wurden (Fanconi, 1966; Jones, 1944).

Dagegen hat der Pathologe bei PCP-Fällen viel zu sagen. Hier kann die histopathologische Untersuchung an Synovialmembranen entscheidende Bedeutung haben. Wie aus eigenem Untersuchungsgut hervorgeht, das 450 Patienten nach Synovektomie umfaßt, und aus den Befunden der anderen Verfasser (Lang, 1962; MC Farland und Sherman, 1964) sind für PCP folgende Veränderungen in Synovialmembranen pathognomonisch: 1. Proliferation von Deckzellen (Synovioblasten), 2. Hyperplasie von Synovialzotten, 3. Infiltrate von Plasmazellen, 4. herdförmige Anordnung von Lymphozyten, manchmal mit echten Keimzentren (Allison-Ghormleyknötchen), 5. fibrinoide Degeneration.

Die histopathologischen Untersuchungen sind insbesondere von Bedeutung bei unklaren Gelenkaffektionen, wo der Rheumafaktor negativ ist und die röntgenologischen Befunde keinen Aufschluß erbringen. Diese mikroskopische Methode ist sehr wichtig bei Kindern, bei denen sich die primär chronische Polyarthritis sehr oft untypisch beginnt, mit dem Befall eines großen Gelenkes, also monoartikulär, ähnlich wie bei Tuberkulose (Hollander, 1966). Außerdem haben die Kinder sehr oft einen negativen Waaler-Rose-Test (Bardfeld, 1967). In diesen Fällen kann der Pathologe, natürlich nicht immer, die richtige Diagnose stellen.

Für die Diagnose der primär chronischen Polyarthritis ist auch der subkutane rheumatoide Knoten von Wert. Dieser Knoten ist in seinem Bild ähnlich dem Rheumaknoten. Doch diese beide Formen differenzieren in manchen histopathologischen faßbaren Einzelheiten. Nach den diagnostischen Kriterien, die von der Amerikanischen Rheumagesellschaft (ARA) aufgestellt sind, ist der mikroskopisch diagnostizierte Rheumatoidknoten ein Erkennungsmerkmal der aktiven Polyarthritis.

Eigenes Untersuchungsgut betrifft 66 Rheumatoidknoten, die von 55 Patienten stammen (MALDYK und KALCZAK, im Druck). Unsere Befunde bestätigen die Beobachtungen der anderen Autoren, daß der voll entwickelte Knoten aus drei deutlich abgegrenzten Zonen besteht, und zwar aus 1. zentraler fibrinoider Nekrose, 2. radial palisadenförmig angeordneten Fibroblasten und 3. aus der Umgebung (GEILER, 1964; MALDYK und KALCZAK, im Druck). Dieses dreizonale Bild ist sehr charakteristisch und pathognomonisch, es macht keine diagnostische Schwierigkeit. Aber wir haben bemerkt, daß ein frühes Stadium des Knotens besteht. Es beruht nur auf dem Vorhandensein der Herde von früher fibrinoider Degeneration ohne Fibroblastenwall. In solchen Herden kann man mit der histochemischen Methode den hohen Gehalt an sauren Mukopolysacchariden nachweisen. Nach meiner Erfahrung ist von diagnostischer Bedeutung nicht nur der typische Knoten, sondern auch seine frühe Form.

Manchmal kann in der richtigen Diagnose der PCP die Untersuchung von Lymphknoten hilfreich sein. Bei dieser Krankheit können in circa 30% Lymphknotenschwellungen auftreten (HOLLANDER, 1966). Die Ursache dieser Lymphknotenvergrößerung liegt zuweilen in follikulärer Hyperplasie, die in ihrem Bilde identisch mit dem großfollikulären Lymphom (Brill-Symmers) ist. Diese Bilder mit diagnostischem Wert sind jedoch selten. Bei unseren 30 PCP Patienten mit Lymphknotenschwellung haben wir nur zwei solche Fälle gesehen.

In den letzten Jahren bereicherten sich die Möglichkeiten der morphologischen Diagnostik von PCP infolge Einführung der neuen Immunofluoreszenztechnik von MELLORS und Mitarbeitern. Mit diesen immunohistochemischen Methoden kann man den Rheumafaktor in Geweben nachweisen. Er ist nachweisbar in Plasmazellen von Synovialmembranenfiltraten, Keimzentren von Lymphfollikeln (MELLORS und Mitarbeiter, 1961) und auch in subkutanen Knoten (NOWOSLAWSKI, 1966). Diese Tatsache ist von großer Bedeutung, um so mehr, daß der Rheumafaktor bei seronegativen Fällen auftreten kann. Bei unklaren Fällen bringt diese Methode die Entscheidung. Was die Gaumenmandel von PCP Kranken angelangt, so waren wir mit Hilfe dieser Methode nicht imstande, in Paraffinschnitten den Rheumafaktor festzustellen.

Im Verlaufe der chronischen Polyarthritis entwickelt sich ziemlich oft, auch bei Kindern, die sekundäre, generalisierte Amyloidose. Zur Erfassung dieser Komplikation sind die histopathologischen und histochemischen Nachweismethoden geeignet. Die sogenannten, bisher oft angewandten Funktionsteste haben wegen der Blutproteinveränderungen nur geringen Aussagewert (ROSTROPOWICZ-DENISIEWICZ und Mitarbeiter, 1965).

Zur Sicherung des klinischen Verdachtes „intra vitam“ ist die bioptische Untersuchung empfehlenswert. Zur Biopsie eignen sich am ehesten Nieren, Leber, Rectum und Gingiva. Die Rectalbiopsie ist die Methode der Wahl wegen der Gefahrlosigkeit des Eingriffes und der großen Wahrscheinlichkeit eines positiven Resultats. Gingivabiopsie ist von kleinem Wert. Aus diesem Grunde verwenden wir bei unseren PCP-Fällen fast routinenmäßig die bioptische Untersuchung der Rektumschleimhaut. Wir benutzen den Farbstoff Sirius rot. Mit Hilfe dieser Methode haben wir unter 100 PCP Kranken die Amyloidose in 10% festgestellt (MALDYK und Mitarbeiter, 1967). Die Erfassung der Amyloidose ist von Bedeutung bei weiterer Behandlung der Kranken. Bei Kindern besteht in solchen Fällen die Notwendigkeit des Abstellens der Kortikotherapie.

Der Lupus visceralis nimmt unter den Kollagenosen eine besondere Stellung ein wegen seines Reichtums der klinischen Symptome (FANCONI, 1966). Bei Lupus erythematodes disseminatus ist die morphologische Untersuchung nicht so mehr in der Diagnose des Grundleidens brauchbar, weil die histologischen Hautläsionen unspezifisch sind, als in der Erfassung der Komplikationen. Die Feststellung des Bildes sogenannter Drahtschlingen im Nierenpunktate erklärt die Natur des Nierenversagens. Um die Milzarteriolen befinden sich konzentrische Kollagenringe (Zwiebelhautläsionen). Zuweilen kann man die Hämatoxylin-Körper (von Zellkernen abzuleitende basophile Massen) darstellen.

Mit Hilfe der Fluoreszenztechnik gelingt es, in Nierenglomerula die Immunoglobuline nachzuweisen (KUBICA, 1967). Dasselbe betrifft die Haut (CORMANE, 1964). Diese immunohistochemischen Methoden finden die Anwendung auf dem Lupus Test in Blutaustrichen und an Mäuseleberschnitten.

Die Periarteriitis nodosa verläuft unter verschiedenen Symptomen und entgeht oft der klinischen Diagnostik (FANCONI, 1966). Klärung kann die Haut, Muskel oder Nierenbiopsie geben. Eine Feststellung charakteristischer Läsionen in den Arteriolenwänden macht die Sache klar. Mikroskopisch finden sich fibrinoide Degenerationen und Zellinfiltrate in Wänden von kleinen muskulären Arterien. Das histopathologische Bild ist abhängig vom Stadium der Krankheit.

Dank der bioptischen Untersuchungen von Haut und Muskelexcisionen konnten wir bei einigen Fällen die richtige Diagnose stellen, die teilweise post mortem bestätigt wurde (ROSTROPOWICZ-DENISIE-

WICZ, 1966). Ein offenbar negatives Ergebnis der histologischen Untersuchung schließt nicht die Grundkrankheit aus. Dasselbe betrifft die Riesenzellarteriitis.

Die progressive diffuse Sklerodermie ist eine allgemeine Erkrankung und breitet sich über den ganzen Körper aus. Befallen werden nicht nur die Haut, sondern auch die inneren Organe. Der Histopathologe bekommt am ehesten die Hautexcisionen. Das mikroskopische Bild der Haut variert je nach dem Stadium des Leidens. Im allgemeinen kann man bei Anwendung der histochemischen und speziellen histologischen Methoden die Erkrankung wie im früheren ebenso in späteren Phasen erfassen und auch die eventuellen Kalkablagerungen (sogenanntes Thibierger-Weissenbachsches Syndrom) nachweisen. Aber in manchen untypischen Fällen, mit schwachen und unspezifischen Läsionen, bringt die histopathologische Untersuchung keine Entscheidung.

Die Dermatomyositis ist die letzte große Kollagenose, deren Diagnosestellung dem Pathologen zukommt. Wie der Name dieser Krankheit sagt, werden vor allem Haut und Muskeln befallen. In den klinisch zweifelhaften und differentialdiagnostisch schweren Fällen hilft die mikroskopische Haut- und Muskeluntersuchung die richtige Erkennung stellen. In Excisionen finden sich perivaskuläre Infiltrate von Lymphozyten, Plasmazellen, Histiozyten und Mastzellen. Die Muskel- und Kollagenfasern neigen zur Degeneration. Die Gefäßwände sind verdickt. Allerdings schließt ein negativer Befund die Diagnose noch nicht aus.

Am Ende wollte ich betonen, daß die richtige Diagnosestellung erhebliche Mühe bereiten kann. Derer Ursache liegt in der modernen Behandlung erwähnter Erkrankungen. Die breit und oft angewandte Kortikoidtherapie verändert die Reaktivität des Bindegewebes und kann selbst Alterationen verursachen (LENOCH, 1967). Dasselbe betrifft die Goldtherapie (LEE und Mitarbeiter, 1965). Neuerdings wurden in die Therapie mancher Kollagenosen verschiedene Zytostatika (Immuran, Endoxan) als immunosupressive, die Antikörperbildung hemmende Mittel eingeführt (DAMESHEK und SCHWARTZ, 1960; LANGKILDE und ROSSEL, 1967). Nach unseren noch geringen Beobachtungen können diese Arzneimittel die Entzündungsinfiltrate in Geweben vermindern. Es kann sich ein Bild „inflammationis sine inflammatione" entwickeln. Aus diesem Grunde ist eine enge Zusammenarbeit des Pathologen mit dem Kliniker nötig und unentbehrlich, wie in der Onkologie.

Man muß unterstreichen, daß die morphologischen, insbesondere mikromorphologischen Methoden im weiteren Sinn einen tieferen Einblick ins Wesen der verschiedenen Bindegewebskrankheiten zulassen.

Zusammenfassend muß gesagt werden, daß im Vordergrund der Bindegewebskrankheitendiagnostik, trotz der stürmischen Entwicklung von Biochemie und Serologie, die mikromorphologischen Untersuchungen stehen. Die erwähnte Diagnostik kann ohne den Pathologen nicht auskommen.

Zusammenfassung

Der Verfasser bespricht die Bedeutung der histopathologischen und immunohistochemischen Untersuchungen für die Diagnosestellung der wichtigsten Bindegewebskrankheiten. Die heutige Diagnostik der erwähnten Erkrankungen kann ohne histologische und immunohistochemische Methoden nicht auskommen.

Literatur

ASHERON, G. L.: Abstr. World Med. **37**, 289 (1965).
BARDFELD, R.: Rheumatologia **5**, 51 (1967).
CORMANE, R. H.: The Lancet **I**, 534 (1964).
DAMESHEK, W., SCHWARTZ, R.: Trans. Soc. Exp. Biol. **73**, 113 (1960).
FANCONI, G.: Münch. Med. Wchschr. **108**, 633 (1966).
GEILER, G.: Ztschr. f. Rheumaforschung **22**, 117 (1963).
GEILER, G.: Ztschr. f. Rheumaforschung **22**, 117 (1963).
GEILER, G.: Beitr. Path. Anat. u. Allg. Path. **130**, 1 (1964).
GLYNN, L. E.: Int. Rev. Connect. Tissue Res. **2**, 213 (1964).
HOLLANDER, J. L.: Arthritis and allied conditions. Lea a. Febiger, Philadelphia 1966.
JONES, T. D.: JAMA **126**, 481 (1944).
KLEMPERER, P.: Am. J. Path. **26**, 505 (1950).
KUBICA, J. F.: Immunofluorescencja. PZWL, Warszawa 1967.
KUHLMANN, H., W. EGER and R. STÖCKLE: Ztschr. f. Rheumaforsch. **23**, 341 (1964).
LANG, F. J.: Münch. Med. Wchschr. **104**, 1670 (1962).
LANGKILDE, M., und I. ROSSEL: Acta Rheum. Scand. **13**, 92 (1967).
LEE, J. G., M. DUSHKIN, E. J. EYRING, E. P. ENGLEMAN und J. HOPPER: Arthr. and Rheum. **8**, 1 (1965).
LENOCH, F.: Reumatologia **5**, 93 (1967).

Małdyk, E.: Reumatologia **5**, 353 (1967).
Małdyk, E., und M. Kałczak: Reumatologia (im Druck).
Małdyk, H.: Reumatologia **5**, 361 (1967).
Małdyk, H., D. Piotrowska, K. Drecka und E. Małdyk: Reumatologia **5**, 153 (1967).
McFarland und M. S. Sherman: Clin. Orthop. Rel. Res. **36**, 10 (1964).
Mellors, R. C., A. Nowosławski und L. Korngold: Am. J. Path. **39**, 533 (1961).
Nowosławski, A.: I Congress of the European Society of Pathology, Warsaw 1966.
Rostropowicz-Denisiewicz, K., T. Wagner und E. Małdyk: Pediatria Polska **40**, 1363 (1965).
Rostropowicz-Denisiewicz, K., E. Małdyk, T. Wójcik und W. Szymańska-Jagiełło: Reumatologia **5**, 367 (1966).
Talbott, J. H., und R. M. Ferrandis: Collagen diseases. Grune a. Stratton, New York—London 1956.
Taubner, A.: W. Meyer: Ztschr. f. Rheumaforsch. **23**, 442 (1964).
Tichy, H.: Die rheumatischen Krankheiten. VEB Volk u. Gesundheit Verlag, Berlin 1962.
Weissmann, G.: Arthr. and Rheum. **9**, 834 (1966).

Röntgenabteilungen der 1. Medizinischen Klinik und Medizinischen Poliklinik der Humboldt-Universität Berlin, DDR

Über die korrelative Betrachtung von Morphologie und Physiologie in der klinischen Röntgendiagnostik

von

K. Richter

In der klinischen Röntgenologie sind die Darstellung und Deutung morphologischer Strukturen intra vitam wesentlicher Inhalt der Informationsgewinnung. Technisch haben die Systeme der Röntgenbilderzeugung die Grenzen einer nützlichen Bildauflösung erreicht. Das Interesse konzentriert sich deshalb auf Verbesserungen der Informationsentnahme. Die Methoden der Röntgenuntersuchung bieten zahlreiche Möglichkeiten, aus Strukturveränderungen in Abhängigkeit von der Zeit auf Funktionsabläufe zu schließen. Dieser Vorteil wurde seit Einführung der Röntgenologie in die klinische Diagnostik schon immer ausgenützt — beispielsweise bei der Untersuchung des Magens oder bei der Beobachtung der Herzpulsationen. Trotzdem blieb die Interpretation lange Zeit auf einfache Deskription beschränkt.

Die Versuche, mit Hilfe des Röntgenbildes funktionelle Zusammenhänge zu erfassen, werden vom Erkenntnisstand der Patho-Physiologie unmittelbar beeinflußt. Die Vertiefung unseres Wissens auf diesem Gebiet und die zunehmende Bedeutung kybernetischer Aspekte haben auch in der klinischen Röntgenologie dazu geführt, daß anstelle der Beziehung zwischen *Form und Inhalt* die Korrelation von *Struktur und Funktion* in den Vordergrund trat. Revolutionierende Fortschritte in der Technik schufen gleichzeitig neue Möglichkeiten, Funktionsabläufe röntgenologisch eingehend zu studieren. Zum gegenwärtigen Zeitpunkt besteht eine vordringliche Aufgabe darin, die mit komplizierten, aufwendigen Methoden gewonnenen Resultate und Erkenntnisse für die Diagnostik in großer Breite nutzbar zu machen. Das gilt in erster Linie für die in der kurativen und präventiven Medizin so außerordentlich zahlreichen Röntgenuntersuchungen der täglichen Praxis, die keine Eingriffe am Patienten erfordern und deren materieller Aufwand relativ gering ist. Bemühungen um die Aufdeckung strukturell-funktioneller Beziehungen sind hier um so dringlicher, als der umfangreiche Aufgabenkreis der Röntgendiagnostik in der Zukunft weiter zunehmen wird und eine Steigerung ihrer Effektivität notwendig ist.

Wesentlichen Anteil an der verbesserten Ausschöpfung des auf diesem Sektor anfallenden beträchtlichen Informationsflusses haben *Korrelationsprüfungen* pathophysiologischer und röntgenmorphologischer Parameter. Bei genauer Analyse stellt man jedoch fest, daß in der Röntgendiagnostik noch zahlreiche Meßwerte und Bezugsgrößen Verwendung finden, die einer kritischen Prüfung nicht standhalten. Statistische Vergleiche erweisen sich nur dann als stichhaltig und von wirklichem Nutzen, wenn die morphologische Bewertung differenziert erfolgt und nicht nur Einzelsymptome erfaßt. Zur Erläuterung soll aus der Fülle der Probleme ein Beispiel herausgegriffen werden:

Die direkte Beziehung zwischen dem Pulmonalarteriendruck und der Erweiterung der zentralen Lungenschlagader bei Druckbelastung wird heute allgemein anerkannt. Diese am pathologisch-anatomischen Präparat erstmalig von Meyer und Mitarbeiter nachgewiesene Korrelation wurde angiokardiographisch durch Soloff sowie Roussel bestätigt. Auch ohne Kontrastmittelfüllung der Gefäße ist die Beziehung eindeutig nachweisbar, vorausgesetzt, daß die morphologischen Gefäßbefunde detailliert dargestellt werden. Das Pulmonalissegment an der Herzsilhouette ist jedoch als alleiniges Kriterium für die Beurteilung unzureichend, denn die Vorwölbung hängt nicht nur vom äußeren Durchmesser der Schlagader, sondern auch von einer Reihe weiterer Faktoren ab, vor allem der Lokalisation und Länge der rechten Kammerausflußbahn, der Lage des Herzens im Brustkorb, der Form und Größe des linken Herzohres und der Stellung der beiden großen Schlagadern zueinander. Deshalb ist der Vorschlag Johnsons, das Vorspringen des Pulmonalisbogens in Millimetern zu messen, um daraus

Rückschlüsse auf die Arterienweite und den Pulmonalarteriendruck zu ziehen, ebenso abzulehnen wie die Empfehlung Moores, die Distanz der Pulmonaliskontur von der Medianlinie zu bestimmen. Bei diesem Vorgehen bleibt auch die ständig wechselnde Pulsationsphase völlig unberücksichtigt. Erhöhung des Durchflußvolumens und Sekundärbewegungen können bekanntlich zu großen Amplituden führen, die ohne herzphasische Steuerung der Exposition oder zusätzliche Kymographie unkontrollierbar bleiben. Faßt man dagegen die morphologischen Einzelheiten der zentralen und mittleren Pulmonalarterien zu einer synoptischen Bewertung zusammen, so läßt sich beispielsweise bei Mitralstenosen zwischen der Höhe des systolischen Pulmonalarteriendruckes und den röntgenmorphologischen Veränderungen eine relativ streng definierte lineare Korrelation nachweisen.

Zur Illustration ein weiteres Beispiel: Bei angeborenen Herzfehlern mit Links-Rechts-Shunt besteht eine direkte Beziehung zwischen dem Shuntvolumen bzw. der relativen Zunahme des rechtsventrikulären Minutenvolumens und den röntgenologischen Zeichen der Rezirkulation im Lungenkreislauf. Vor der Berechnung der Regression sind jedoch diejenigen Fälle zu eliminieren, die eine pulmonale Hypertonie zeigen. Bekanntlich führt die arterielle Drucksteigerung mit dem Beginn der Widerstandserhöhung zur Verringerung des Shuntvolumens, verstärkt jedoch gleichzeitig die röntgenologischen Symptome, so daß die geprüfte Korrelation verfälscht würde.

Für den Aussagewert von Symptomen und Symptomengruppen sind *Häufigkeitsprüfungen* von großer Bedeutung. Die Spezifität ihres Informationsgehaltes erfährt in der Musterbildung oft entscheidende Veränderungen. So kennen wir beispielsweise als röntgenologische Symptomatik der Aortenisthmusstenose die Kombination von Rippenusuren und atypischen Konturen des Aortenknopfes, bedingt durch die Gefäßverengung selbst und die prä- und poststenotischen Gefäßerweiterungen. Erst die Berücksichtigung der Funktion, in diesem Fall die kymographische Registrierung der Pulsationen, ermöglicht jedoch eine definitive diagnostische Bewertung. Der stufenförmige Abbruch der Pulsationen, die prästenotisch verstärkt und poststenotisch gedämpft imponieren, gibt darüber Auskunft, daß eine Gefäßverengung mit Störung der Hämodynamik vorliegt. In diesem Fall handelt es sich um eine Aortenisthmusstenose, die chirurgisch zu korrigieren ist. Die gleiche Röntgenmorphologie finden wir auch bei Knickbildungen der Aorta im hinteren Bogenabschnitt ohne Stenose. Bei diesen Anomalien weist jedoch die durchgehende Pulsation darauf hin, daß die Hämodynamik nicht gestört ist. Das Symptomenmuster erhält also eine entscheidende diagnostische Wertigkeit nach der Einbeziehung funktioneller Gesichtspunkte.

In der Röntgendiagnostik kardiovaskulärer Erkrankungen halten wir die korrelative Betrachtung von Morphologie und Physiologie für so grundlegend, daß sie auch in *Klassifikationen* Eingang finden sollte, die der Informationsgewinnung auf breiter Ebene dienen, z. B. im Rahmen epidemiologischer Untersuchungen. In diesem Zusammenhang ist vor allem die Schirmbildreihenuntersuchung der Bevölkerung zu nennen. Die Effektivität dieses Verfahrens ist zur Zeit bezüglich der Erfassung von Herz- und Gefäßerkrankungen nur sehr gering. Mit der bisher üblichen, ausschließlich morphologischen Betrachtung läßt sich knapp ein Viertel der Herzkranken erfassen. Wie wir in vergleichenden Untersuchungsreihen feststellten, gelingt es, die Empfindlichkeit der Methode auf annähernd 90% zu erhöhen, wenn man die Informationsparameter des Herzens und der großen Gefäße nach funktionellen, hämodynamischen Belastungstypen klassifiziert und die Auswerter mit der Problematik gründlich vertraut macht.

Die Beispiele lassen sich vielfältig ergänzen. Die Auswahl sollte zeigen, daß es mit der Erweiterung unserer Kenntnisse pathophysiologischer Zusammenhänge notwendig geworden ist, auch in der klinischen Röntgendiagnostik die Beziehung zwischen Morphologie und Physiologie in den Vordergrund der Betrachtung zu stellen. Es besteht kein Zweifel, daß die Hinwendung von der formal-inhaltlichen zur strukturell-funktionellen Interpretation zugleich auch wesentliche Voraussetzungen für eine allgemeine Qualitätssteigerung unserer Diagnostik beinhaltet.

Pathologisches Institut der Friedrich-Schiller-Universität Jena, DDR

Korrelationen zwischen Struktur und Funktion am Beispiel der Lungenpathologie

von

W. Kühne

Kein Organsystem wird z. Z. funktionell und strukturell vollkommen verstanden. Im Zusammenhang mit dieser Tatsache stellt Vernon E. Krahl (1964), ein Experte der Lungenmorphologie, fest, daß wohl schwerlich ein Organ zu finden sei, über das mehr geschrieben worden ist, mehr Kontroversen und Meinungsverschiedenheiten bestehen und das noch mehr zu lernen übrig läßt, als die Lunge der Mammalier.

Bei dem Versuch, die wechselhaften Korrelationen zwischen der Struktur und der Funktion der Atmungsorgane darzustellen, bietet sich, der dialektischen Denkweise entsprechend, folgende Ordnung und Einteilung an:

1. Die *Korrelationen während der Phylogenese*, die bestimmend sind für die Quantität und Qualität der Lungenentwicklung,
2. darauf aufbauend die *Korrelation unter orthischen Bedingungen*, zusammengefaßt unter dem Begriff „funktionelle Struktur" der Lunge und
3. wiederum davon ausgehend die *Korrelationen unter pathischen Verhältnissen*, als krankhafte Störung der funktionellen Struktur.

Wie aus dieser Einteilung hervorgeht, liegt mir trotz des gewählten Titels nicht daran, eine Analyse der Beziehungen zwischen der Functio und Morphe bei einzelnen, möglichst vielen Krankheitsbildern zu geben, sondern vielmehr daran, einige Grundgedanken für eine komplexe funktionell-strukturelle Betrachtungsweise von Krankheitsbildern aufzuzeigen. Lediglich im letzten Teil meiner Ausführungen werden diese Prinzipien anhand einzelner Beispiele aus der Lungenpathologie konkret dargestellt werden.

I.

Organe der äußeren Atmung sind Bildungen der Körperoberfläche, eine Kontaktstelle zwischen umgebenden Atemgasen und dem Milieu interne. Bei kleinen Tieren, bei denen die Körperoberfläche im Verhältnis zu ihrer Masse relativ groß ist, genügt eine diffuse Hautatmung, d. h. die Funktion der Atmung wird vom Hautorgan, das allerdings noch wenig als mechanisches Integument gegen die Umwelt funktioniert, mit übernommen. Besondere Organe für die Atmung sind nicht ausgebildet (z. B. bei den omnipotenten Zellen der Protozoen und dem Ektoderm der Mesozoen).

Das Leben im Wasser erleichtert einen solchen Gasaustausch durch einen hohen CO_2-Absorptionskoeffizienten des Wassers. Erst wenn infolge einer Größenzunahme der Tierspezies in der phylogenetischen Ascendenz der Quotient aus der Oberfläche des Körpers zu seiner Masse kleiner wird und daher eine ausreichende O_2-Versorgung durch Oberflächendiffusion nicht mehr gewährleistet ist, erfolgt die Differenzierung spezifischer Atemorgane. Ihrem Bauplan nach handelt es sich dabei im wesentlichen um Membranen zwischen den Atemgasen der Umwelt (Wasser und Luft) und dem inzwischen ebenfalls ausgebildeten Blutkreislauf der Organismen als Blut-Wasser- bzw. Blut-Luftschranke. Die Strukturen dieser Organe sind den funktionellen Erfordernissen, dem O_2-Bedarf, der jeweiligen Tierart angepaßt und bestimmen die Diffusionskapazität für die Atemgase; d. h. sie stehen als Hilfsmechanismen im Dienste des Stoffwechsels.

Als einfachste Atemorgane sind bei den Vertebraten die *Kiemen* der im Wasser lebenden Tiere anzusehen. Beim Übergang vom Wasser zu einem amphibischen und später zu einem Landleben erfolgt innerhalb der Vertebratenreihe, bedingt durch Verschlechterung des Absorptionskoeffizienten für CO_2 in der atmosphärischen Luft und vor allem durch Erhöhung des Stoffwechsels infolge der steigenden lokomotorischen Arbeit, ein Sprung in der Entwicklung mit Auftreten von *Lungen* als Atemorgane anstelle der Kiemen. Dieser phylogenetische Determinationspunkt findet sich noch voll ausgeprägt in der Ontogenese von Amphibien, deren Larven, noch im Wasser lebend, mit Kiemen ausgestattet sind und deren ausgereifte Formen nach der Metamorphose, dann amphibisch lebend, mit Lungen atmen.

Die Lungen sind analoge, nicht homologe Bildungen zu den Kiemen, d. h. sie haben zwar die gleiche Aufgabe, aber entspringen ontogenetisch aus anderem Gewebsmaterial, nämlich einer Abschnürung

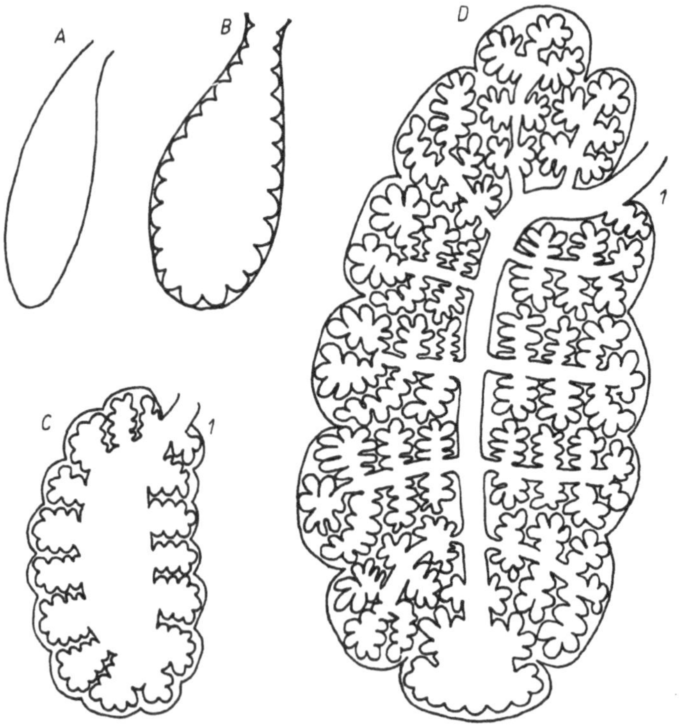

Abb. 1. Schematische Darstellung der Lungenstruktur von A Olm, B Amphibien, C Reptilien und D Mammaliern (nach HESSE-DOFLEIN)

des noch undifferenzierten Vorderdarmabschnittes (Region der 7. Kiementasche). Mit der Entwicklung der Lungen geht die Ausbildung eines zweiten, des kleinen Kreislaufes einher. Das ursprünglich rein metamer gegliederte Herz der Kiemenatmer wird dabei zunehmend septiert und antimer entwickelt. Das Mammalierherz mit linkem und rechtem Anteil ist daher als „*Lungenherz*" (DOERR) aufzufassen.

Die voll ausgebildete Lunge stellt in ihrer primitivsten Form, z. B. beim Olm (Abb. 1A), eine einfache sackförmige Ausstülpung des Vorderdarmabschnittes dar. Für den geringen Stoffwechsel der relativ kleinen Kaltblüter reicht eine so unkompliziert gebaute Lunge aus. Die Lungen der Amphibien (Abb. 1B) lassen eine nur angedeutete Aufgliederung des Innenraumes erkennen; die Atmungsfunktion wird hier noch weitgehend von der äußeren Haut wahrgenommen. Die weitere phylogenetische Entwicklung der Lunge ist gekennzeichnet durch eine Vergrößerung ihres Gesamtvolumens, besonders aber ihrer inneren respiratorischen Oberfläche infolge einer Kammerung und Fältelung (Abb. 1D). Die Lunge wird dabei zunehmend in die geschützte Tiefe des Thorax verlagert. Als Hilfseinrichtungen werden dabei ein Stützgerüst in Form der intrapulmonalen Septen, eine Luftleitung in Form des Tracheobronchalbaums nötig. Eine Intensivierung der Respirationsmotorik wird durch Unterteilung der einheitlichen Leibeshöhle und durch die Entwicklung des Zwerchfells als Atemmuskel erreicht. Die Anlegung eines Lungengerüstes und noch mehr des Tracheobronchalbaumes birgt aber bereits die Grundlage und die Gefahr in sich, zu erkranken, da ihre Konstruktion — besonders deutlich am Tracheobronchalbaum — im Interesse der Vereinigung von Luftleitung und -reinigung eine Kompromißlösung darstellt.

Wir sehen somit, daß in der Phylogenese die Struktur der Atemorgane bis zur Säugerlunge, charakterisiert durch die Spezialisierung bestimmter Gewebsteile des Organismus ausschließlich für die

Respiration unter Verlust der Omnipotenz und durch Differenzierung (Oberflächenvergrößerung) dieser Organe, bestimmt wird, durch die energetische Größe des Stoffwechsels, die mit dem Wachstum der Organismen und ihrer Milieuveränderung (Übergang von Wasser zu Luft) ansteigt. Die Lungenentwicklung ist dabei von so zentraler Bedeutung, daß sie den Bauplan des gesamten Thorax einschließlich des Herzens bedingt.

II.

Die fertig entwickelte Säugetierlunge stellt somit das Resultat eines sehr langen phylogenetischen Entwicklungsprozesses mit einem komplexen Zusammenwirken funktioneller und morphischer Triebkräfte dar. Sie bildet im Endergebnis die optimale strukturelle Anpassung an die Funktion der Respiration. Die Respiration, auf primitiver Stufe ein einfacher Gasaustausch zwischen Umwelt und Gewebe durch Diffusionsvorgänge, stellt nun aber ihrerseits bei der Säugerlunge entsprechend der kompli-

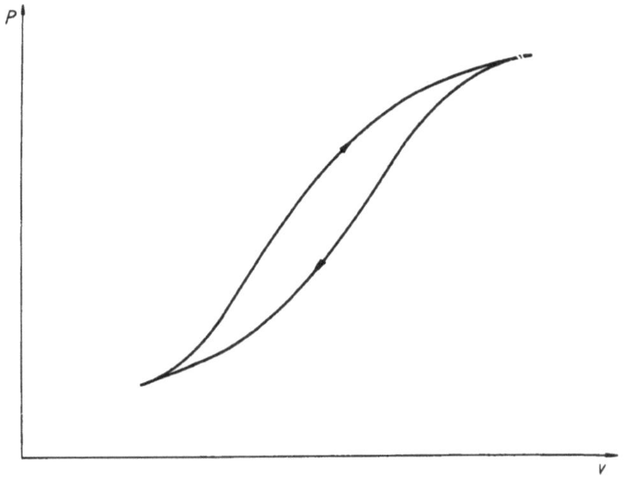

Abb. 2. Druck-Volumen-Diagramm mit unterschiedlichen statischen Compliancewerten (Hystereseeffekt) bei In- und Exspiration

zierten Spezialisierung und Differenzierung mit Entwicklung eines luftleitenden Systems und des kleinen Kreislaufs einen Funktionskomplex dar, mit zusätzlicher Ventilation und Perfusion neben der ursprünglichen Diffusion.

Man versteht die Morphologie der Atemorgane sowohl im Bereich des Orthologischen wie auch des Pathologischen nur, wenn man sie als eine, durch die Entwicklung bedingte ,,funktionelle Struktur" auffaßt. Dieses Prinzip der Anpassung und Abhängigkeit zwischen Morphe und Functio ist an den Atemorganen konsequent bis ins letzte verwirklicht; beispielhaft sei nur erwähnt der Bau des Tracheobronchalbaumes, wie oben bereits angeführt, seiner Konstruktion nach ein Kompromiß zur Erfüllung der unterschiedlichen Leistungen der Leitung, Reinigung, Erwärmung und Anfeuchtung der Atemluft oder die Struktur des Lobulus und schließlich der Alveole als letztes morphologisches Substrat für die Erfüllung der Gasdiffusion.

Erst neuere und neueste Befunde haben hier gezeigt, an welche Strukturelemente der Diffusionsprozeß auf dieser Entwicklungsstufe gebunden ist. Ich erinnere, ohne das näher ausführen zu müssen, an den bekannten Bau der normalen Alveolarwand, die vollständige epitheliale Auskleidung der Alveole (Low, Bargmann u. a.) mit großen granulierten und kleinen flachen Epithelzellen, die intimen Beziehungen zwischen Alveolarepithel und Kapillarendothel im Bereich der alveolo-kapillären Membran. Der funktionellen Größe der Diffusionskapazität ($V_{O_2}/\Delta P$) steht hier eine morphologisch erfaßbare $\left(d\ \frac{Q}{\delta}\right)$ gegenüber.

Darüber hinaus kommt aber dem regelrechten Funktionieren der Struktur der Alveolarwand eine große Bedeutung für die Stabilität der Alveolarlichtung während des Respirationsablaufes und für die Atemmechanik zu. Wir wissen heute, daß inspiratorisch etwa $^2/_3$ der pulmonalen Retraktionskraft — eine funktionelle Größe, die am Lebenden als negativer Pleuradruck meßbar ist — auf die Oberflächenspannung an der konkav gekrümmten Innenseite der Alveolen und nur zu $^1/_3$ auf elastische Kräfte (elastische Fasern) zurückzuführen sind. Als Antagonist dieser Oberflächenspannung ist exspiratorisch eine oberflächenaktive Substanz, der *Antiatelektasefaktor* oder *Surfactant*, wirksam. Die Hysterese oder unvollkommene Elastizität der Lunge, darstellbar im Druck-Volumendiagramm mit unterschiedlichen statischen Compliancewerten (V/P) während der In- und Exspiration wird vorwiegend auf die Wirkung dieser Kräfte bezogen (Abb. 2). Dieser Antiatelektasefaktor ist in einem Lipoproteidfilm zu suchen, der die Alveolen auskleidet. Er wird, soweit man das heute weiß, offenbar in den osmiophilen Lamellenkörperchen der großen granulierten Alveolarepithelzellen gebildet (Abb. 3). Durch die unterschiedliche Schichtdicke dieses Films in Abhängigkeit von der Alveolengröße wird die Retraktionskraft unterschiedlich großer Alveolen reguliert und so verhindert, daß kleine Alveolen sich schneller oder gar ihre Luft in größere hinein entleeren und kollabieren; die Stabilität der Alveolarstruktur in den einzelnen Respi-

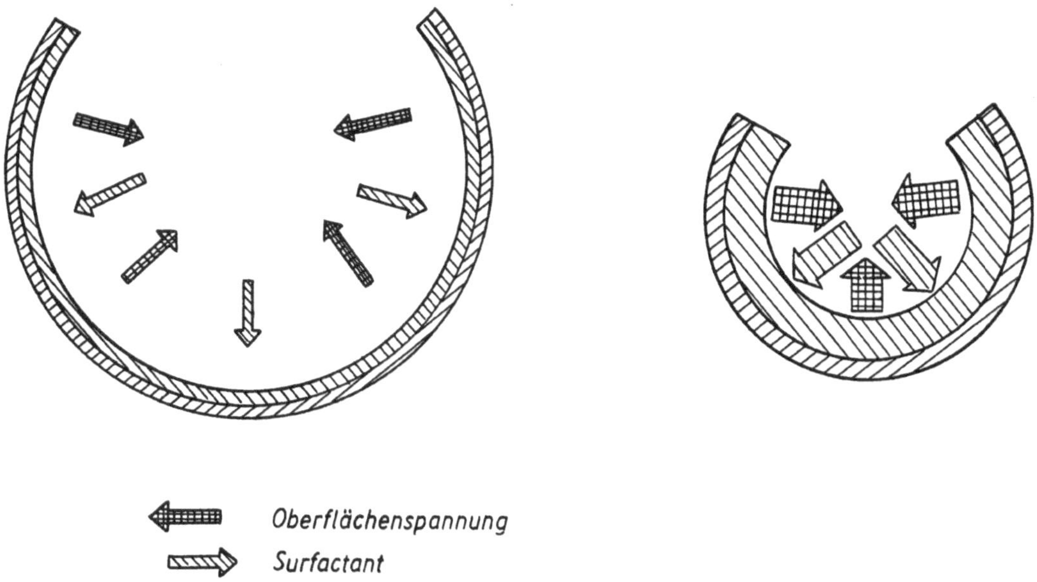

Abb. 3. Schema des Kräftespiels zwischen Oberflächenspannung und Surfactant bei unterschiedlicher Alveolengröße

rationsphasen und die Konstanz des Produktes aus Compliance und Resistance (Zeitkonstante) werden dadurch gewährleistet. Die Lunge ist dynamisch homogen.

Im Verlauf unserer Betrachtung der Korrelationen zwischen Funktion und Struktur am Beispiel der Atemorgane haben wir hier, ohne einem unwissenschaftlichen Agnostizismus das Wort reden zu wollen, gewissermaßen ihre Grenzen erreicht. Functio und Morphe stehen sich nicht mehr nur korreliert gegenüber, sondern sie berühren sich und gehen ineinander über.

III.

Erkrankung der Atemorgane bedeutet in jedem Fall Störung dieses Ausgewogenseins von Funktion und Struktur. Vom Angriffsort der Noxen, besser gesagt von seiner spezifischen funktionellen Struktur und der damit verbundenen Eigenart des Reaktionsvermögens, hängt jeweils die funktionelle und morphologische Qualität des Krankheitsgeschehens ab. Dabei können prinzipiell alle Partialfunktionen der Atmung betroffen sein; meistens tritt jedoch eine in den Vordergrund.

Ob man im konkreten Einzelfall eines Krankheitsbildes die Funktionsstörung als das Primäre und die morphische Veränderung als ihre Folge ansieht oder umgekehrt, hängt häufig vom Standpunkt des Beobachters ab. Eine Klassifikation der krankhaften Prozesse danach vorzunehmen, ist infolge unseres Unvermögens, dem Zusammenspiel zwischen Funktion und Struktur in gebührender Weise gerecht zu werden, problematisch; sie befriedigt lediglich den Wunsch in uns, ein ordnendes Prinzip anzuwenden. Einer isoliert gestörten Funktion ist in der kausalen Pathogenese eines bronchopulmonalen Krankheitsbildes am ehesten beim Asthma bronchale das Primat zuzusprechen. Sie bewirkt bei erhöhter Reagibilität durch Tonusänderung der glatten Gefäß- und Bronchusmuskulatur sowie durch Hyper- und Dyskrinie die typische akute obstruktive Ventilationsstörung, die das Krankheitsbild bestimmt.

Wir wissen, daß eine alveoläre Hypoventilation mit Absinken des alveolären O_2-Partialdruckes ($Po_{2\,alv.}$) zu einer Tonuserhöhung der Arteriolen und damit zu einer Verminderung der pulmonalen Perfusion führt. Ob aber dieser funktionelle Mechanismus bei einer chronischen Hypoventilation allein eine Bedeutung für die Entwicklung einer morphologischen Rechtsherzhypertrophie im Sinne eines Cor pulmonale hat, ist nicht geklärt.

Weiterhin seien die Korrelationen zwischen Funktion und Struktur am Beispiel des chronischen *obstruktiven Lungenemphysems* aufgezeigt. In seiner Pathogenese spielt die Erhöhung der Resistance (P/V) die entscheidende Rolle, d. h. die intrabronchialen viskösen, nichtelastischen Atemwiderstände sind durch Lumeneinengungen der Bronchen und besonders der Bronchiolen angewachsen. Durch

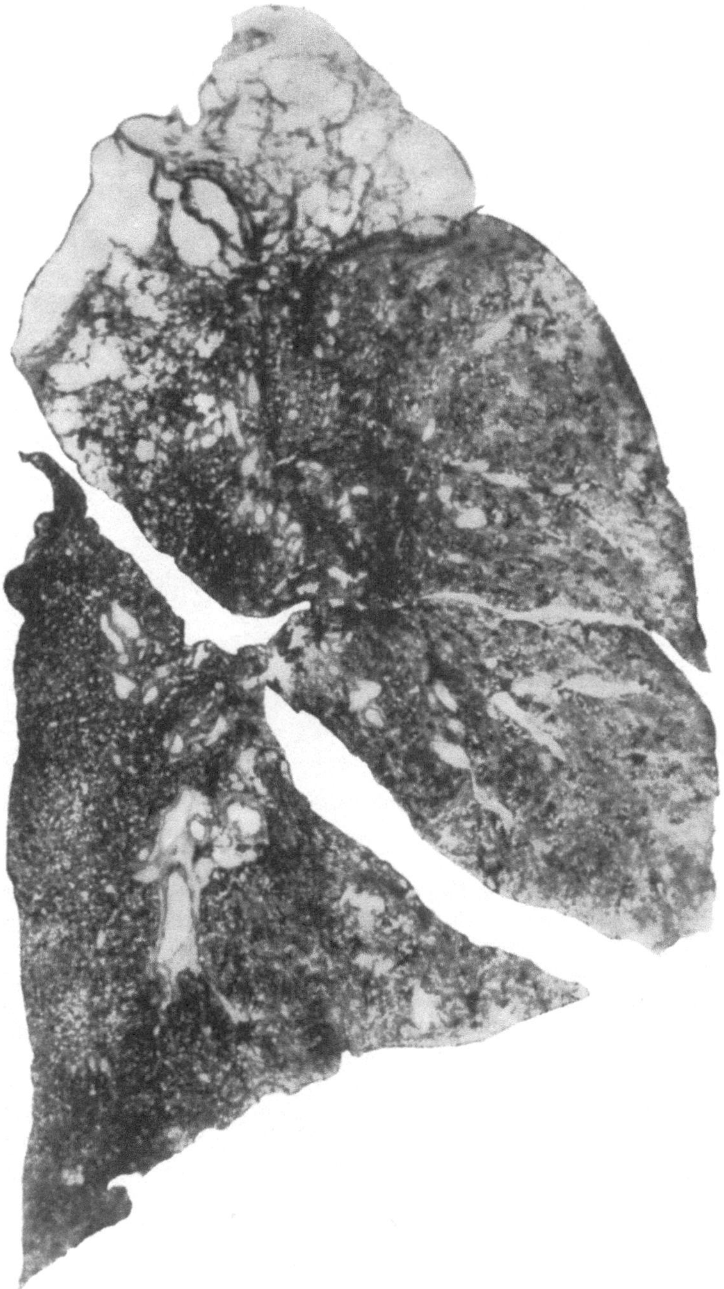

Abb. 4. Bullöses Emphysem der Lungenspitze. Lungengroßschnitt

Überwiegen der viskösen Atemwiderstände (R) gegenüber den elastischen resultiert eine dynamische Inhomogenität der Lunge; die Zeitkonstante, das Produkt aus Resistance und Compliance, ist verändert. Bedingt ist diese chronische obstruktive Ventilationsstörung aber durch mannigfaltige organische Veränderungen der Atemwege, sei es durch Starre oder durch dynamische Broncho-Bronchiolostenosen. Am Lungengewebe selbst findet man Hand-in-Hand gehend morphologische und funktionelle Alterationen: Eine anatomische Erweiterung der Lufträume distal vom Bronchiolus terminalis mit Überdehnung und Elastizitätsverlust der Alveolarsepten, d. h. einer funktionellen Veränderung der physikalischen Eigenschaften der elastischen Fasern mit Herabsetzung der Retraktionskraft, und schließlich als schwerste Schädigung die Destruktion des Alveolargefüges und blasige Überformung der Lufträume mit Mischstörungen, Vergrößerung des Totraumeffektes und Kontaktflächenreduktion (Abb. 4).

Für eine bestimmte Form der Staubschädigung des Lungengewebes, nämlich durch reichliche Eisen-Korund-Staubdepots, haben wir nachweisen können (Kühne, 1965), daß die dichte Ablagerung der Staubpartikel zu einer Texturschädigung der Bronchiolus- und Alveolenwände mit Atrophie und Schwund ihrer anatomischen Bauelemente, besonders der myo-elastischen Teile, führt. Es kommt so zu einer Bronchiolomalazie oder über eine biochemische Alteration der Zwischensubstanz zu einer Fibrose

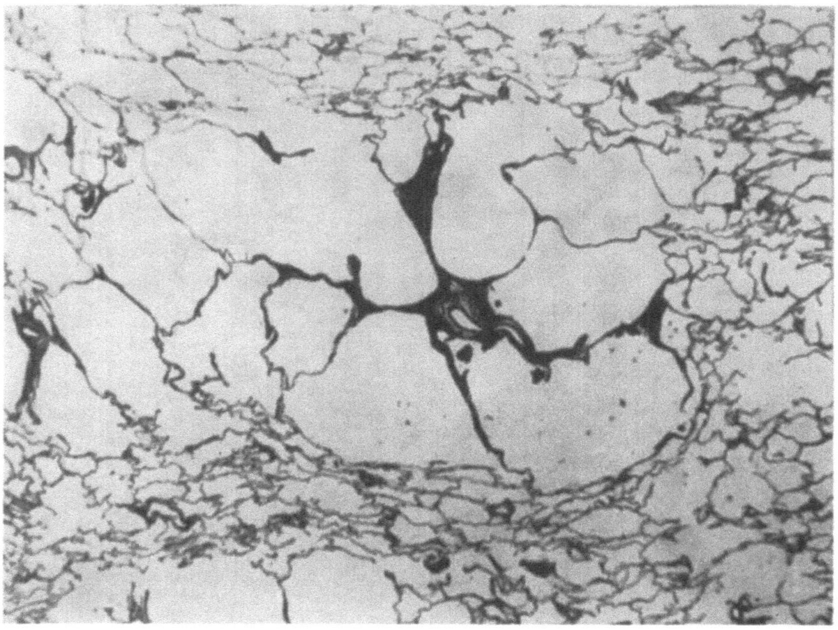

Abb. 5. Zentroazinäres Emphysem im Bereich von reichlichen Ablagerungen eines Korund-Eisenstaubes (schwarz). Lupenvergrößerung

dieser Wandanteile. Die Folge davon ist ein Verlust ihrer mechanischen Eigenschaften mit Nachgeben gegenüber dem respiratorischen Innendruck und Entwicklung eines *zentrolobulären Emphysems* (Abb. 5), das funktionell zu einer respiratorischen und kardialen Insuffizienz führen kann.

Die Frage nach den Korrelationen zwischen Funktion und Struktur und ihrer Wertigkeit kann, wie die Ausführungen gezeigt haben, nicht zu einer Grundfrage unseres wissenschaftlichen Denkens werden, ob der einen oder der anderen das Primat zugesprochen werden kann. Das hieße, entweder die Funktion oder die Struktur zu verabsolutieren. Beide sind Bestandteile in einem determinierten biologischen System, wobei ihre Wechselwirkungen und ihre Kausalität bald deutlicher, bald weniger deutlich in Erscheinung treten. Unser Bemühen kann nur dahin gehen, daß wir in unserem Denken eine verbindende Brücke zwischen der Functio und der Morphe schlagen. Der Begriff ,,funktionelle Struktur'', wie wir ihn gern verwenden, ist in diesem Sinne nicht nur ein leeres Schlagwort, sondern beinhaltet eine Konzeption.

Literatur

Avery, M. E. and Sami Said: Surface phenomena in lungs in health and disease. Medicine **44**, 503—526 (1965). (Ber. Path. 72, 180, 1967).

Bargmann, W. und A. Knoop: Vergleichende elektronenmikroskopische Untersuchungen der Lungenkapillaren. Z. Zellforsch. **44**, 263—281 (1956).

Buckingham, S. and M. E. Avery: Time of appearance of lung surfactant in the foetal mouse. Nature **193**, 688—689 (1962).

Clemens, H. J.: Elektronenoptische Untersuchungen über den Bau der Alveolenwand in der Rattenlunge. Z. Zellforsch. **40**, 1 (1954).

CLEMENTS, J. A.: Surface tension of lung extracts. Proc. Soc. exp. Biol. (N. Y.) **95**, 170—171 (1957).

DOERR, W.: Mißbildungen des Herzens und der großen Gefäße. In: Kaufmann-Staemmler, Lehrbuch der spez. path. Anatomie **1954**.

GRONIOWSKI, J. and W. BICZYSKOWA: The fine structure of the lung in the course of hyaline membran disease of the newborn infant. Biol. Neonat. **5**, 113—124 (1963).

KLUGE, A.: Oberflächenspannung in der Lunge. Ergebn. ges. Tuberk. u. Lungenforschung. **10**, 16—69 (1967).

KRAHL, V. E.: Anatomy of the mammaliar lung. In: Handbook of Physiology, Respiration I, Chapter **6**, S. 213—284, Washington 1964.

KÜHNE, W.: Staubinhalation, Lungenemphysem, Staublungenerkrankung. Jena: VEB G. Fischer Verlag 1965.

LOW, F. N.: The pulmonary alveolar epithelium of laboratory mammals and man. Anat. Rec. **117**, 241—264 (1953).

PATTLE, R. E.: Properties function and origin of the alveolar lining layer. Nature **175**, 1125—1126 (1955).

RADFORD jr., E. P.: Static mechanical properties of mammalian lungs. Handbook of Physiology, Respiration I, Chapter **15**, 429—449, Washington 1964.

Diskussionsredner:

REPCIUC (S. R. Rumänien).

Zytodiagnostisches Zentrallaboratorium Grimma, DDR

Schwierigkeiten und Grenzen der Lungenzytologie

von

M. KÜHNERT und S. ZIMMER

Die Hauptaufgabe der Lungenzytologie besteht darin, zur rechtzeitigen Diagnose des Bronchuskarzinoms beizutragen. Als Fernziel ist anzustreben, die Bronchuskarzinome bereits in der langen stummen Phase zu erfassen. Es ist aber gerade in der Lungenzytologie ein sehr hohes Maß an persönlicher Erfahrung notwendig, um nicht nur eine hohe Trefferquote, sondern auch ein Treffsicherheit zu erreichen, die innerhalb der Vertrauensgrenzen liegt (HAIN und ENGEL).

Die Lungenzytologie, besonders als Einsendungszytologie, ist verschiedentlich in Mißkredit gekommen wegen der unangenehmen Fehlbeurteilungen in Richtung falsch positiv. Deswegen nützt es gegenwärtig weniger, die Möglichkeiten einer hohen Trefferquote zu demonstrieren, die durch einen zu hohen Prozentsatz falsch positiver Aussagen erkauft wird (HOPMANN und FELTEN). Es kommt vielmehr darauf an, den Schwierigkeiten und Grenzen nachzugehen, die für falsche positive Beurteilungen ursächlich in Frage kommen. Darauf haben schon 1955 KOSS und RICHARDSON in bemerkenswerten Veröffentlichungen hingewiesen.

In unserem Labor haben sich als wiederkehrende Ursachen für Fehlbeurteilungen in Richtung falsch positiv im allgemeinen folgende zelluläre Relativitäten markieren lassen, ohne Anspruch auf Vollständigkeit zu erheben:

1. Degenerative Veränderungen

   1.1 zelluläre Autolyse im Expektorat auf dem langen Wege vom broncho-alveolären Raum bis in den Sammelbehälter verursacht u. a. Zelldeformierungen wie Ciliocytophthoria, Vakuolisierung, Nacktkernigkeit, Kernschwellung und dadurch Störungen der Kern-Plasma-Relationen, Vergrößerung der Nukleolen, Autophagozytose und Geisterzellbildungen, Homogenisierung der Kernsubstanzen, Überlagerungen und Riesenzellbildungen.

   1.2 entzündliche Vorgänge mit Metachromasie und Pseudoeosinophilie zeigen extreme Vakuolisierung, Anschwellung der Leukozytenkerne, Phagozytose, Alveolarepithelien in Proliferation und andere retikulo-histiozytäre Zellformen.

   1.3 starke Blutbeimischung führt infolge Properdineinwirkung zu erheblicher Denaturierung der Epithelzellen. Die Folgen sind u. a. Kernquellung, Hyperchromasie oder auch Hypochromasie, Ciliocytophthoria und Transformation der schlanken Zylinderepithelzellen zu polygonalen und rundlichen Zellformen.

   1.4 Fixationsartefakte werden meist verursacht durch unsachgemäße Fixation beim Einsender, z. B.: kein Fixationsmittel im Sammelbehälter, Austrocknung von Ausstrichen, Quellung durch längeren Aufenthalt in Spülflüssigkeiten.

   1.5 Präparationsartefakte im Labor.

2. Plattenepithel aus oberen Luftwegen

   2.1 verhornend, bei Leukoplaquien im Bereich der Mundschleimhaut (instrumentelle Verschleppung bei Aspiraten).

   2.2 aus tieferen Schichten, bei entzündlichen Vorgängen im Bereich der Mundschleimhaut oder des Pharynx (instrumentelle Verschleppung).

Die bis hierher dargelegten Ursachen von Fehlbeurteilungen gelten als Schwierigkeiten, die durch methodologisch-technische Verbesserungen reduziert werden können. Nachstehend seien aber einige Grenzen der zytologischen Interpretation aufgezeigt:

3. Atypische, reaktive Metaplasien

Diese finden sich fast bei allen chronischen Lungenerkrankungen. Auf die Arbeiten von Papanicolaou und Koprowska, Reagan und Wentz, Krompecher, Nasiell, Švejda, Grundmann und Weller sei hingewiesen.
Das biologische Verhalten dieser Atypien ist nicht vorauszusagen. Hier liegen echte Grenzen der Lungenzytologie!

4. Basozelluläre Dyskaryose

Basalzellhaufen des Zylinderepithels von einer atrophischen Bronchitis, z. B. bei Bronchiektasien, zeigen weitgehende Dyskaryose, so daß Fehlbeurteilungen im Sinne von oat cells eines kleinzelligen Karzinoms möglich sind (siehe auch bei Naib).

5. Epitheloidzellen

Diese histio-retikulären Zellen sind in Form und Struktur recht wandelbar. Gerade die unreifen Formen können bei autolytischen Veränderungen zur Verwechslung mit oat cells des undifferenzierten Karzinoms verleiten, zumal die Zellbilder in den Zellausstrichen typische Riesenzellformen nach Langhans weniger gut erkennen lassen. Die Epitheloidzellen sind leicht lädierbar und zerfließlich, das Plasma ist nur selten gut erhalten, oft bestehen auch symplasmatische Bindungen, nicht selten findet sich Nacktkernigkeit.

Die Tabelle 1 zeigt die Enddiagnosen von 157 falsch positiven Beurteilungen, zu denen wir später die histologische Diagnose aus Resektions- bzw. Obduktionsmaterial erhalten konnten.

Tabelle 1

Enddiagnosen bei 157 falsch positiven Beurteilungen

52×	Tuberkulose
36×	atypische Pneumonie
13×	chronische Bronchitis (Emphysem)
12×	ungeklärt
11×	atrophische Bronchitis (Bronchiektasie)
8×	Pleuropneumonie
5×	Lungenabszess
5×	Stauungslunge (Herzinsuffizienz)
4×	M. Boeck
3×	Silikose
3×	Lungeninfarkt
2×	Mykose
1×	Asbestose
1×	Lipom
1×	Aneurysma

Der Hinweis auf Fehler und Grenzen der Lungenzytologie soll nicht entmutigen. Vielmehr glauben wir, daß noch nach besserer Systematisierung der angewandten Zytologie auf dem so schwierigen Pfad der Lungenkrebsdiagnostik in Zukunft eine noch weit größere Bedeutung zukommen dürfte.

Zusammenfassung

Aus der Laborerfahrung mit der praktischen Lungenzytologie (Einsendungszytologie) werden die hauptsächlichsten, sich wiederholenden Ursachen von Fehlbeurteilungen in Richtung falsch positiv herausgestellt. Degenerative Veränderungen und Plattenepithel aus oberen Luftwegen können zu diagnostischen Schwierigkeiten führen, atypische Metaplasien, basozelluläre Dyskaryose und mitunter auch epitheloidzellige Formen lassen verschiedentlich Grenzen der Lungenzytologie erkennen.

Literatur

Grundmann, E.: Hippokrates **38**, 1 (1967).
Hain, E., und J. Engel: Praxis der Pneumologie **19**, 110 (1965).
Hopmann, G., und R. W. Felten: Die Therapiewoche **17**, 1229 (1967).

Koss, L. G.: Acta Un. Internat. Contra Cancrum **14**, 501 (1958).
Koss, L. G., und H. L. Richardson: Cancer **8**, 9378 (1955).
Krompecher, E.: Der Basalzellenkrebs, Gustav Fischer Verlag, Jena 1903.
Naib, Z. M.: Acta Cytologica **8**, 34 (1964).
Nasiell, M.: Acta Cytologica **10**, 421 (1966).
Papanicolaou, G. N., und J. Koprowska: Cancer **4**, 441 (1951).
Reagan, J. W., und W. B. Wentz: Cancer **12**, 398 (1959).
Švejda, J.: Histological changes in the bronchial epithelium as a possible precancerous state and their relation to the cytodiagnosis of bronchial cancer, The Morphological Precursors of Cancer 1961, University of Perugia, Italy.
Weller, R. W.: Amer. J. Clin. Path. **23**, 768 (1953).

Pathologisches Institut der Friedrich-Schiller-Universität Jena, DDR

Todesursache bei peripartaler Mortalität

von

P. Müller

Die peripartale Mortalität umfaßt alle Müttersterbefälle während der Schwangerschaft, unter der Geburt bis 6 Wochen nach der Geburt. Es werden dazu auch die nichtgestationsbedingten Todesfälle gezählt, die in diesen Zeitraum fallen

Die Aufklärung der Todesursache bei akuten tödlichen Geburtskomplikationen bereitet auch dem erfahrenen Pathologen oft Schwierigkeiten. Wir haben daher seit 1962 eingehend alle peripartalen Sterbefälle makroskopisch und histologisch untersucht. Durch die Bildung „der Kommission zur Senkung der peripartalen Mortalität" war es später möglich alle peripartalen Sterbefälle des gesamten Bezirkes Gera in unsere Untersuchungen einzubeziehen. Dadurch konnten wir von 1962 bis 1968 insgesamt 58 peripartale Müttersterbefälle obduzieren. Ausgenommen sind jedoch die forensischen Fälle.

Tabelle 1

Todesursache von 58 peripartalen Müttersterbefällen von 1962—1967

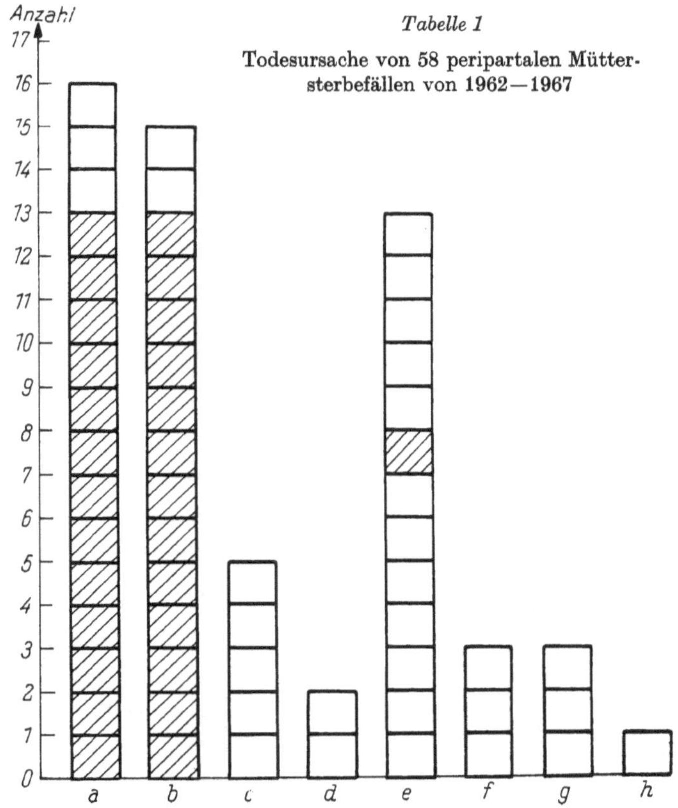

a) Fruchtwasserembolie
b) Infusion thromboplastischer Substanzen und Toxikosen
c) Thrombembolie der Lungen (ohne Fruchtwasserembolie)
d) Fettembolie (ohne Fruchtwasserbestandteile)
e) entzündliche Erkrankungen
f) Verblutung ohne Gerinnungsstörung
g) erworbene Herzfehler
h) Tumoren

Es soll im Folgenden ein Überblick der wichtigsten Todesursachengruppen dieser 58 peripartalen Müttersterbefälle gegeben werden (Tab. 1). Jedes Quadrat entspricht einem Sektionsfall. Die ausgefüllten Felder weisen auf eine Blutgerinnungsstörung oder haemorrhagische Diathese hin.

a) Die Säule a) enthält 16 Müttersterbefälle mit einer mehr oder weniger massiven histologisch gesicherten Fruchtwasserembolie der Lungen. Als gesicherte Fruchtwasserembolie zählt nur der Nachweis geformter Fruchtwasserbestandteile und Schleim in den Lungengefäßen. Auffallend hoch ist der Anteil an Blutgerinnungsstörungen.

b) In der Säule b) sind diejenigen Fälle zusammengefaßt, die histologisch keine Fruchtwasserembolie ergaben, wo jedoch zahlreiche embolisierte Throphoblastenzellen der Plazenta in den Lungenkapillaren und die meistens vorhandene Blutgerinnungsstörung auf eine Infusion von thromboplastischen Substanzen aus dem Uterus in die mütterliche Blutbahn hinweisen. Ein Teil dieser Fälle lief unter der klinischen Diagnose „Toxikose".

c) 5 Mütter starben im Wochenbett an einer massiven Thrombembolie der Lungen. Zweimal lag eine Beinvenenthrombose bei Status varicosus vor. Dreimal bestand eine ausgedehnte Beckenvenenthrombose, wobei ein Zusammenhang mit der vorausgegangenen Geburt als Ursache der Thrombose nicht sicher ausgeschlossen werden konnte. Fruchtwasserbestandteile waren jedoch in den Thromben nicht nachweisbar.

d) Unter 58 peripartalen Müttersterbefällen waren nur zwei Fälle einer massiven Fettembolie der Lungen. Fruchtwasserbestandteile konnten auch hier ausgeschlossen werden. In beiden Fällen bestand eine verzögerte Austreibungsperiode, so daß in einem Fall eine Zangenentbindung und im anderen eine Vakuumextraktion durchgeführt werden mußte. Es kam zu Einrissen der Vagina und zur Zerstörung des Beckenbinde- und Fettgewebes und somit zur tödlichen Fettembolie.

e) Die Gruppe e), mit 13 Todesfällen, faßt die entzündlich bedingten Todesursachen zusammen. Puerperalsepsis, postoperative Peritonitis, Pneumonien usw. Diese Fälle werden später noch stichwortartig erörtert.

f) In drei Fällen trat eine akute Verblutung unter der Geburt bei Uterusrupturen ein. Hier konnte weder eine Fruchtwasserembolie noch eine Blutgerinnungsstörung nachgewiesen werden.

g) 3 × war der Tod einer Gebärenden auf einen erworbenen, rheumatisch bedingten Herzfehler zurückzuführen. Es bestand bereits während der Schwangerschaft eine Dekompensation. Die Herzkreislaufbelastung während der Geburt führte dann zur tödlichen Herzinsuffizienz.

Tabelle 2

Fruchtwasserembolien

Anzahl		Alter	Para	Uterusverletzungen	Todesursache	Tod p. p.
16		37	III	Cervixeinrisse	Frw. E.	3 Min.
15		22	II	Cervixeinrisse	Frw. E., Hypophys. Nekr.	3 Tage
14		32	II	Uterusruptur	Frw. E., Verblutung	2 Std.
13		32	II	Sektio, Plaz. praev.	Frw. E., Verblutung	6 Std.
12		35	VI	Uterusruptur	Frw. E.	5 Std.
11		31	I	Sektio, Eklampsie	Frw. E., Lebernekrosen	12 Std.
10		37	I	Sektio	Frw. E., dek. Hypert.	2 Std.
9		25	I	Sektio	Frw. E., Verblutung	3 Tage
8		21	I	manuelle Plaz. Lsg.	Frw. E., Verblutung	2 Std.
7		37	III	Uterusruptur	Frw. E.,	2 Std.
6		37	VI	Cervixeinrisse	Frw. E., Verblutung	2 Std.
5		35	V	Abortausräumung	Frw. E., Verblutung	4 Std.
4		27	I	Cervixeinrisse	Frw. E.,	9 Std.
3		22	II	manuelle Plaz. Lsg.	Frw. E., Lebernekrosen	39 Std.
2		42	II	Cervixeinriß	Frw. E., Verblutung	6 Std.
1		24	I	Cervixeinrisse	Frw. E., Verblutung	2 Std.

h) Nach völlig normaler Geburt trat im Wochenbett in einem Fall eine akute Eklampsie ein mit Krämpfen und Bewußtlosigkeit. Es wurde eine Fruchtwasserembolie klinisch vermutet. Die Obduktion ergab ein großes Meningeom mit erheblichen Hirndruckzeichen.

Von den 58 peripartalen Müttersterbefällen sind 44 in den Säulen a, b und e enthalten. Diese wichtigen Todesursachengruppen sollen in einer kurzen Übersicht einzeln besprochen werden (Tab. 2).

Alle 16 Fälle zeigten eine histologisch gesicherte Fruchtwasserembolie. 13× bestand eine Blutgerinnungsstörung als Folge der Fruchtwasserembolie. Auffallend sind in dieser Gruppe die Verletzungen des Uterus. 6× sind Cervixeinrisse, 3× eine Uterusruptur und 4× eine Sectio caesarea angegeben. Die Todesursache ist in vielen Fällen nicht allein die Fruchtwasserembolie, sondern die dadurch ausgelöste reaktive Blutgerinnungsstörung mit nachfolgender Verblutung. 50% der Fruchtwasserembolien = 8 Fälle — sind mit einer Verblutung kombiniert. 4× führte eine massive Fruchtwasserembolie allein zum Tode. 2× bestanden gleichzeitige Lebernekrosen und einmal eine Hypophysennekrose. Auffallend ist der Zeitpunkt des Todes nach der Geburt. Im Durchschnitt tritt der Tod 2—6 Stunden nach der Geburt ein. Nur diejenigen Fälle mit geringer Fruchwasserembolie der Lungen und ausgedehnten Lebernekrosen oder Hypophysennekrose weisen längere Zeiten auf.

Tabelle 3

Infusion thromboplastischer Substanzen, Trophoblastenzellembolie, Toxikosen

Anzahl		Alter	Para	abnorme Geburt	Todesursache	Tod p. p./p. op.
15		28	VII	Interruptio, Cervixriß	massive RZ-Embolie	5 Std. p. op.
14		34	II	Abortausräumung	Nierenvenenthrombose	15 Tage p. op.
13		34	VII	Uterusruptur, Exstirpation	RZ-Embolie, Verbltg.	5 Std. p. op.
12		31	I	„Kristeller", Wehenschwäche	RZ-Embolie, Verbltg.	2 Std. p. p.
11		26	I	man. Plaz. Lsg., Sektio	RZ-Embolie, Thromben	2 Std. p. op.
10		43	VII	Toxikose, Sektio	Herzinsuffizienz	15 Std. p. op.
9		25	I	manuelle Plaz. Lsg.	Verblutung	6 Std. p. p.
8		30	V	man. Plaz. Lsg., Abortausräumung	Verblutung	5 Std. p. op.
7		38	VI	man. Plaz. Lsg.	Verblutung, Lebernekrose	8 Std. p. p.
6		35	I	man. Plaz. Lsg., Zervixriss	Lebernekr., Hirnbltg.	$1^1/_2$ Tage
5		32	VI	vorz. Plaz. Lsg., Sektio	RZ-Embolie, Thromben	2 Std. p. op.
4		32	VI	vorz. Plaz. Lsg., Sektio	RZ-Embolie, Verblutung	8 Std. p. op.
3		37	II	vorz. Plaz. Lsg., Uterusruptur	RZ-Embolie, Verblutung	4 Std. p. op.
2		31	VI	vorz. Plaz. Lsg., Sektio	RZ-Embolie, Verblutung	2 Std. p. op.
1		29	VI	vorz. Plaz. Lsg., Pfortaderthromb.	Lebernekrose, Hirnblutung	12 Std. p. p.

Die Gruppe b (Tabelle 3) von insgesamt 15 Fällen zeigte bei ausgedehnter histologischer Untersuchung keine Fruchtwasserembolie. Es konnten aber in fast allen Fällen zahlreiche embolisierte Trophoblastenriesenzellen der Plazenta in den Lungengefäßen gefunden werden. Diese Zellen weisen darauf hin, daß auch ungeformte flüssige thrombokinasehaltige Substanzen aus dem retroplazentaren Blut und aus der Plazenta in den mütterlichen Kreislauf gelangt sind und zur Blutgerinnungsstörung führten. Die Ursache des akuten Krankheitsgeschehens liegt in dieser Gruppe vorwiegend im Bereich der Plazenta. Entweder kommt es zur vorzeitigen Lösung mit Ausbildung eines retroplazentaren Haematoms (5 Fälle) oder es wird eine unphysiologische manuelle oder instrumentelle Lösung vorgenommen (5 Fälle) mit Einschwemmung von Riesenzellen und thromboplastischen Substanzen in den mütterlichen Kreislauf. Je 1 Todesfall war zu verzeichnen nach einer Interruptio mit Cervixeinriß und einer Abortausräumung.

Neben massiven Riesenzellembolien und Thromben in Lungengefäßen wurden vereinzelt auch Pfortaderthrombosen gefunden. Die reaktive haemorrhagische Diathese führte wie bei den Fruchtwasseremboliefällen — nach einem blutungsfreien Intervall innerhalb 2—8 Stunden nach der Geburt durch Verblutung zum Tode.

Drei Möglichkeiten gibt es während der Schwangerschaft und Geburt, die zum Übertritt thromboplastischer Substanzen aus dem Uterus in die mütterliche Blutbahn führen.

1. Durch einen Einriß der Uteruswand werden mütterliche Gefäße eröffnet. Der kindliche Kopf verschließt unter der Geburt ventilartig die Geburtswege nach außen ab. Das unter Druck stehende Fruchtwasser wird in die Verletzungsstelle eingepreßt und mit den geformten Bestandteilen embolisiert.
2. Es besteht eine vorzeitige Plazentalösung mit Ausbildung eines retroplazentaren Haematoms, das reich an Thrombokinase ist. Dieses Haematom steht ebenfalls unter Druck und wird mit abgelösten Plazentariesenzellen in das mütterliche Gefäßsystem infundiert.
3. Die Plazenta löst sich nicht regelrecht. Sie wird manuell gewaltsam gelöst. Dabei wird ebenfalls Thrombokinase mit Plazentariesenzellen in die mütterliche Blutbahn gelangen können.

In all diesen Fällen kommt es zur Koagulopathie im mütterlichen Kreislaufsystem. Geformte Bestandteile werden im Kapillarfilter der Lungen abgefangen, es kommt hier zusätzlich zur akuten Thrombenbildung mit starker Belastung des rechten Herzens und manchmal zur akuten Rechtsherzinsuffizienz. Wird jedoch diese erste Phase überstanden, dann kommt es zur reaktiven Fibrinolyse und zur starken Blutgerinnungsstörung mit massiver Nachblutung, die oft in Verbindung mit der Fruchtwasserembolie oder der Infusion von thromboplastischen Substanzen aus der Plazenta zum Tode führt.

Gelangt aber das Fruchtwasser oder das retroplazentare Blut über einen Umgehungskreislauf — Plexus uterovaginalis, Plexus rectalis, Vena rectalis cranialis, Vena mesenterica — zur Pfortader, so entsteht eine akute Pfortaderthrombose mit Zirkulationsstörungen der Leber. Es kommt zum Bild der sogenannten Lebereklampsie. Der Tod tritt bei diesen Patienten meistens erst nach 24 Stunden ein.

Fast alle peripartalen Müttersterbefälle der Gruppe a und b können auf den hier aufgezeigten Todesursachenkomplex zurückgeführt werden.

In der Gruppe e) (Tabelle 4) sind die entzündlich bedingten Erkrankungen der peripartalen Mortalität zusammengefaßt. Bei den 13 Fällen bestand

Tabelle 4

Entzündliche Erkrankungen

Anzahl		Alter	Geburt/Operation	Todesursache	Tod p. p./p. op.
13		27	tiefe Episiotomie	Wundinfektion, Phlebitis	17 Tage
12		29	Sektio	Wundinfektion, Peritonitis	11 Tage
11		28	Sektio	Wundinfektion, Sepsis	9 Tage
10		37	Sektio	Wundinfektion, Peritonitis	7 Tage
9		20	perf. Appendicitis	eitrige Peritonitis	3 Tage
8		28	normale Geburt	Pyelonephritis, Sepsis	4 Tage
7		23	Schwangersch. normal	lobäre Pneumonie	4 Tage
6		30	normale Geburt	Hepatitis, Coma hepaticum	21 Tage
5		26	septischer Abort	Sepsis	6 Tage
4		38	Sektio b. Eklampsie	postop. Peritonitis	4 Tage
3		29	normale Geburt	Endometritis, Sepsis	5 Tage
2		23	normale Geburt	Endometritis, Sepsis	8 Tage
1		20	normale Geburt	Strangulationsileus, Peritonitis	6 Tage

1 × eine Wundinfektion bei einer tiefen Episiotomie mit ascendierter phlebitischer Thrombose und Lungenembolie. Tod 17 Tage post partum.
4 × traten Wundinfektionen nach einer Sectio caesarea auf mit diffuser Peritonitis oder Sepsis.
1 × bestand ein septischer tödlicher Abort.

Ferner führte

eine nicht erkannte Appendicitis,
eine schwere Pyelonephritis,
ein Strangulationsileus und
zweimal eine eitrige Endometritis zum Tode.

Nur einmal konnte eine schwere haemorrhagische Diathese bei eitriger Pyelonephritis gefunden werden. Als Ursache der Blutgerinnungsstörung muß hier ein Sanarelli — Shwartzman-Phänomen angenommen werden. Für eine Fruchtwasserembolie bestand kein Anhalt.

Auffallend ist der Zeitpunkt des Todes nach der Geburt. Der Tod dieser 13 Patienten trat zwischen dem 3. und 21. Tag post partum ein, während in den Gruppen a und b der Tod in der Regel zwischen 3 und 8 Stunden nach der Geburt oder Operation eingetreten war.

Betrachtet man die periportale Mortalität im Hinblick auf die Embolisierung thromboplastischer Substanzen, so ist eine Trennung in die Gruppe a und b nicht gerechtfertigt. Die korrigierte Tabelle 5 sieht dann folgendermaßen aus: Von 58 peripartalen Müttersterbefällen sind 31 auf eine Fruchtwasser-

Tabelle 5

Todesursache von 58 peripartalen Müttersterbefällen von 1962—1967

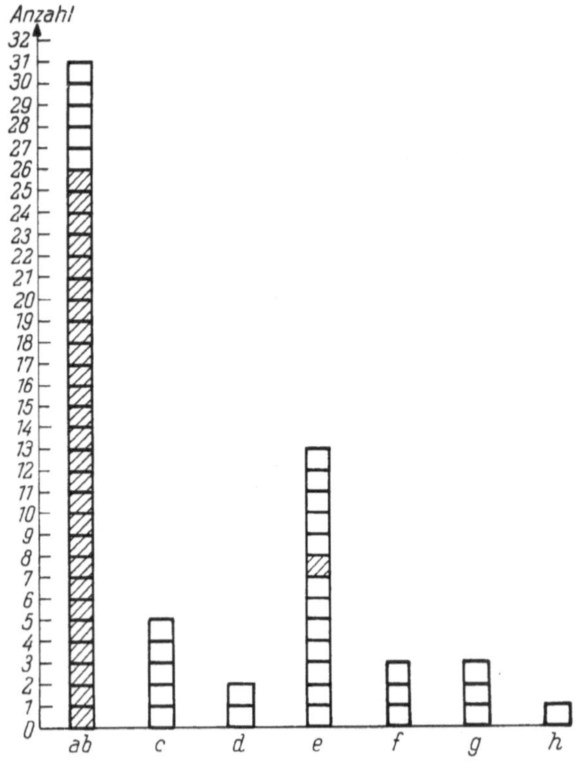

a + b) Fruchtwasserembolie und Infusion thromboplastischer Substanzen und Toxikosen
c) Thrombembolie der Lungen (ohne Fruchtwasserembolie)
d) Fettembolie (ohne Fruchtwasserbestandteile)
e) entzündliche Erkrankungen
f) Verblutung ohne Gerinnungsstörung
g) erworbene Herzfehler
h) Tumoren

embolie oder Infusion thromboplastischer Substanzen aus der Placenta zurückzuführen. 26× bestand dabei eine Gerinnungsstörung.

Welche Konsequenzen ergeben sich aus dieser Tabelle im Hinblick auf die Senkung der peripartalen Mortalität? Die akuten, rasch zum Tode führenden Geburtskomplikationen betragen über 50% der peripartalen Mortalität. Sie sind fast ausschließlich in der 1. Säule enthalten und gehen in der Regel mit einer Blutungsneigung einher.

Der Geburtshelfer muß bei allen Verletzungen des Uterus,
bei jeder vorzeitigen Lösung der Plazenta,
bei jeder manuellen Plazentalösung
auf eine akute, nach 1—2 Stunden einsetzende schwere Nachblutung vorbereitet sein. Er darf nicht erst, wie es in manchen kleinen Entbindungsheimen geschieht, von der Hebamme oder Stations-

schwester auf die plötzliche schwere Nachblutung aufmerksam gemacht werden. Die Zeit zur Rettung reicht dann oft nicht mehr aus.

Die manuelle Lösung der Plazenta adhaerens oder increta birgt große Gefahren in sich. Es ist im Einzelfall zu überprüfen, ob nicht eine Uterusexstirpation der bessere Weg zur Erhaltung des Lebens der Mutter ist. Vom Standpunkt des Pathologen aus betrachtet, besteht in dieser großen ersten Todesursachengruppe durchaus die Möglichkeit, eine Senkung der Müttersterblichkeit zu erreichen.

An zweiter Stelle der peripartalen Todesursachen stehen die entzündlichen Erkrankungen der Gruppe e).

Die Anzahl der Wundinfektionen nach Sectio caesarea mit tödlicher Peritonitis — insgesamt 4 Fälle — ist noch relativ hoch. In den übrigen Todesursachengruppen ist eine Senkung der peripartalen Sterblichkeit kaum möglich.

Es bleibt abschließend zu hoffen, daß eine Analyse der peripartalen Mortalität in den kommenden Jahren eine deutliche Reduzierung der Todesfälle der 1. und 4. Gruppe zeigen wird.

Medizinische Universitäts-Klinik Rostock, DDR

Intravitale Knochenmarkbiopsie in der Hämatologie

von

P. Nowotny

Nachdem in der Hämatologie lange Zeit das Schwergewicht auf der zytologischen Beurteilung von Blutausstrichen und Sternalpunktaten lag, hat sich vor allem im letzten Jahrzehnt in zunehmendem Maße das Interesse der histologischen Untersuchung des Knochenmarkes zugewandt (Lennert, 1952; Burkhardt, 1956; Pribilla u. Oettgen, 1958; Lennert und Nagai, 1962; Bartelheimer und Papageorgiou, 1963; Czitober, 1963; Nowotny und Schulz, 1963; Hunstein, 1968). Man hatte erkannt, daß im Rahmen einer hämatologischen Diagnostik neben der klinischen Zytologie auch einer klinischen Histologie des Knochenmarkes eine entscheidende Bedeutung zukommt. Hierbei sind beide Untersuchungsmethoden nicht als konkurrierende, sondern als sich gegenseitig ergänzende Verfahren anzusehen. Diese Entwicklung wurde wesentlich durch die Einführung geeigneter Biopsienadeln gefördert, die auf einfache Weise die Gewinnung von Knochen und Knochenmark gestatten. Eine breite Anwendung hat die Methode von Bartelheimer und Schmidt-Rohde gefunden, bei der im Bereich des Beckenkammes in Lokalanaesthesie ein Gewebszylinder von 3 mm Durchmesser und 10—20 mm Länge mit einer stanzenförmigen Biopsienadel entnommen wird (Bartelheimer und Schmitt-Rohde, 1957). Sie wurde auch von uns in über 600 Fällen angewandt und erlaubt eine zuverlässige Beurteilung der Markverhältnisse, da im Bereich des Beckengürtels blutbildendes Knochenmark bis ins hohe Alter nachweisbar ist (Hartsock et al., 1965; Hunstein, 1968). Stets werden auch Knochenmarkausstriche von dem erhaltenen Material für eine zytologische Vergleichsuntersuchung angefertigt. Die hohe diagnostische Treffsicherheit der intravitalen Knochenmarkbiopsie ergibt sich aus der Erkenntnis, daß bei hämatologischen Systemerkrankungen zumindest dann, wenn das klinische Symptombild vorliegt, mit einem Befall des gesamten Stammskeletts zu rechnen ist (Bartelheimer und Papageorgiou, 1963). Gleichzeitig konnte nachgewiesen werden, daß bei Karzinom- und Sarkommetastasen, Tuberkulose und anderen Erkrankungen fast ausschließlich das blutbildende Mark und nicht das Fettmark betroffen wird (Hashimoto, 1962).

Eine entscheidende diagnostische Bedeutung kommt der intravitalen Knochenmarkbiopsie für die Erkennung der idiopathischen Osteomyelofibrose bzw. Osteomyelosklerose und ihrer Abgrenzung gegenüber der chronischen myeloischen Leukämie zu. Sie ist in ihrer Aussagekraft allen anderen Untersuchungsverfahren überlegen (Hartmann et al., 1959; Giegler et al., 1962; Papageorgiou, 1962, 1965; Nowotny, 1964). Während in fortgeschrittenen Stadien der Osteomyelofibrose oder Osteomyelosklerose eine ergebnislose Sternalpunktion, eine sog. "punctio sicca" auf eine solche Diagnose eventuell in Verbindung mit einem erythroleukämoiden Blutbild hinweist, ist eine sichere Abklärung besonders bei den Frühformen nicht möglich. Bekanntlich pflegt in den Anfangsstadien die Fibrosierung des Knochenmarkes herdförmig, vorwiegend endostal aufzutreten, andere Markbezirke weisen dagegen häufig eine normo- oder sogar hyperplastische Hämopoese auf. In diesen Fällen kann daher ein zellreiches Knochenmark aspiriert werden und zu Fehlschlüssen führen.

Tabelle 1 demonstriert die unterschiedlichen Sternalmarkbefunde bei 19 Osteomyelofibrosen und 21 Osteomyelosklerosen sowie das Verhalten der alkalischen Leukozytenphosphatase und der Leukozytenzahlen im peripheren Blut. Die Bestimmung der alkalischen Leukozytenphosphatase, die als eines der zuverlässigsten Kriterien für die Differentialdiagnose gegenüber der chronischen Myelose gilt, erlaubt nur bei einem Teil der Erkrankungen eine diagnostische Klärung, da etwa $^1/_3$ aller idiopathischen Osteomyelofibrosen und Osteomyelosklerosen keine normalen oder erhöhten, sondern stark

Tabelle 1

Das Verhalten der Leukozytenzahlen, der alkalischen Leukozytenphosphatase (Normbereich des Phosphataseindex 40—140, modifizierte Methode nach Friederici) sowie des Sternalpunktates bei Patienten mit Osteomyelofibrosen und Osteomyelosklerosen, gesichert durch intravitale Knochenmarkbiopsie

Erkrankungen	Anzahl	Leukozytenzahl		Alk. Leukozytenphosphatase-Index			Sternalpunktat	
		< 100000/mm³	> 100000/mm³	< 40	40—140	> 140	zellarm oder „punctio sicca"	zellreich
Osteomyelofibrosen	19	12	7	8	5	6	9	10
Osteomyelosklerosen	21	20	1	6	11	4	17	4

erniedrigte oder fehlende Enzymaktivitäten aufweist und somit den gleichen Befund wie die chronische myeloische Leukämie ergibt (Mitus et al., 1959; Merker und Heilmeyer, 1960; Harrop et al., 1961; Papageorgiou, 1962, Kraus, 1966; Keiser, 1967; Nowotny u. Schulz, 1968). Auch die Leukozytenzahlen im peripheren Blut lassen eine sichere Entscheidung nicht zu. Obzwar die Zahl der Leukozyten bei den meisten Osteomyelofibrosen und Osteomylosklerosen unter 100000 Zellen/mm³ Blut liegt — vereinzelt finden sich auch Leukopenien — und daher früher oft zur Fehldiagnose einer sog. subleukämischen chronischen Myelose führte, gibt es auch Krankheitsbilder mit bis zu mehreren 100000 Leukozyten/mm³. Diese ausgeprägte pseudoleukämische Symptomatik dürfte auf ein Überwiegen der Leokopoese, vor allem in extramedullären Blutbildungsstätten zurückzuführen sein (Kraus, 1966; Nowotny und Schulz, 1968). Entsprechend finden sich auch Verlaufsformen mit erheblicher Ausschwemmung von Erythroblasten oder Megakaryozyten im peripheren Blutbild oder mit einer Thrombozytose. Erst die histologische Untersuchung des Knochenmarkes erlaubt daher eine sichere Diagnose. Je nach dem Ausmaß des Knochenmarkprozesses lassen sich unterschiedliche Veränderungen nachweisen, die bei der Osteomyelosklerose der Stadieneinteilung nach Oechslin zugeordnet werden können (Oechslin, 1956), (Abb. 1, 2).

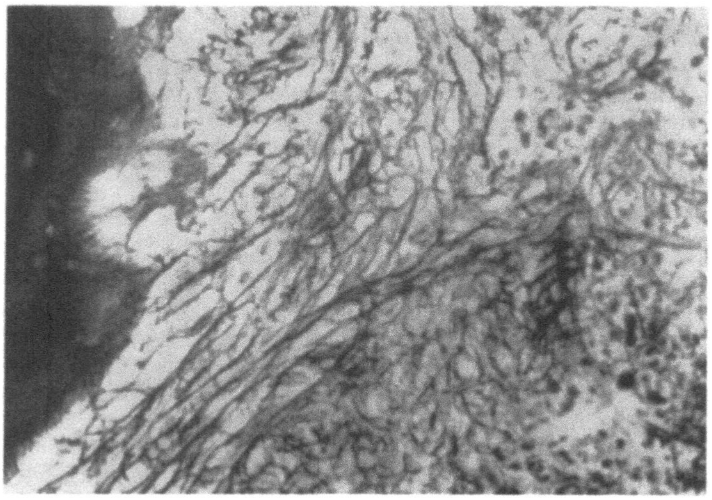

Abb. 1. Diffuse Myelofibrose mit unterschiedlicher Fasertextur. Gomori

Eine unbehandelte chronische myeloische Leukämie, bei der aus den oben dargelegten Gründen stets vor der endgültigen Stellung der Diagnose eine Knochenmarkbiopsie durchzuführen ist, zeigt in der Regel keine ausgeprägte Faservermehrung. Nur herdförmig läßt sich manchmal eine mäßige Verdichtung des Retikulinfasernetzes nachweisen, die als Begleitretikulose zu werten ist. Bei Verdacht auf eine mögliche Frühphase einer Osteomyelofibrose bzw. Osteomyelosklerose ist eine Kontrolluntersuchung nach Ablauf $^1/_2$ Jahres vorzunehmen. Wird dagegen eine intravitale Knochenmarkbiopsie bei einer chronischen myeloischen Leukämie erst nach einer langdauernden Behandlung durch Milzbestrahlungen und Zytostatika vorgenommen, so lassen sich nicht selten ausgeprägte diffuse reaktive Myelofibrosen nachweisen, die unter Umständen erhebliche differentialdiagnostische Schwierigkeiten bereiten (HUNSTEIN et al., 1965; NOWOTNY und SCHULZ, 1968), (Abb. 3). Weiterhin sei bei der Osteomyelofibrose bzw. Osteomyelosklerose auf die Differentialdiagnose gegenüber der Polycythaemia vera hingewiesen, da ein Teil der Osteomyelofibrosen und Osteomyelosklerosen mit einem polyzythämischen

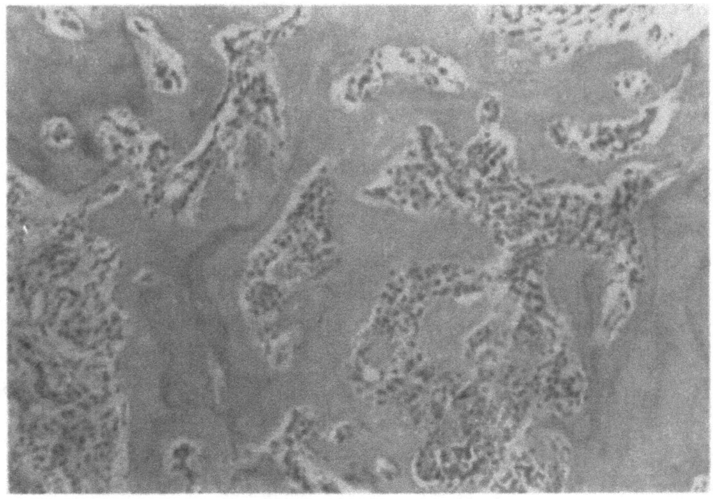

Abb. 2. Ausgeprägte Osteomyelosklerose. Haematoxylin-Eosin

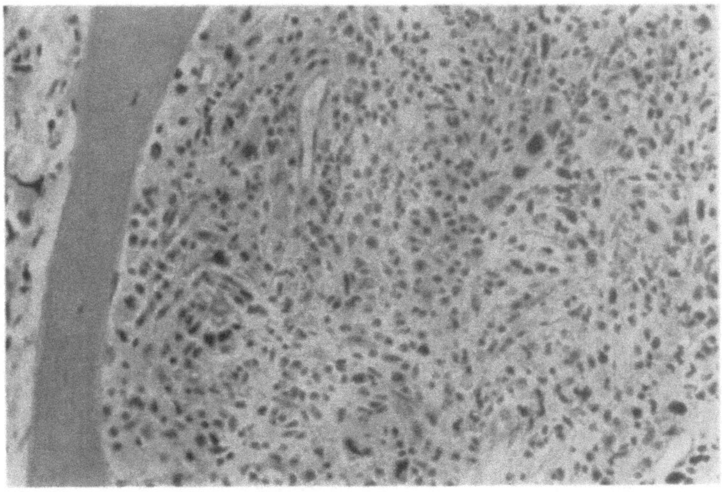

Abb. 3. Reaktive Myelofibrose bei chronischer myeloischer Leukämie. Haematoxylin-Eosin

Vorstadium einhergeht, sowie auf die Abgrenzung gegenüber der Thrombozythämie, der Erythrämie oder Erythroleukämie und von reaktiven Myelofibrosen und Osteosklerosen verschiedener Ursache.

Eine Hauptindikation für die intravitale Knochenmarkbiopsie stellen die maligne Retikulose und die Retikulosarkomatose dar. In vielen Fällen ist die Aspiration von genügend Untersuchungsmaterial bei der Sternalpunktion nicht möglich, da die Retikulumzellen innerhalb des synzytial-fibrillären Maschenwerkes relativ fest haften. Auch das periphere Blutbild gibt oft keine sicheren diagnostischen Hinweise, zumal die meisten Retikulosen aleukämisch verlaufen und eine Ausschwemmung von Retikulumzellen oft erst in fortgeschrittenen Stadien auftritt. Besonders Erkrankungsformen, bei denen die Wucherung der neoplastischen Zellen vorwiegend auf das Knochenmark und evtl. auf die Milz beschränkt ist sowie vor allem Lymphknotenschwellungen und Hautinfiltrate fehlen, werden oft als aplastische Anämie verkannt (MOESCHLIN, 1960). Es findet sich eine diffuse oder herdförmige retikuläre Markinfiltration, das Zellbild kann polymorph oder auch mehr monomorph sein. Manchmal werden epitheloidzellige Formen beobachtet, die knötchenförmig angeordnet sein können und miliaren Tuberkeln ähneln. Der gleichzeitige Nachweis eines dichten Retikulinfasernetzes bestätigt die Diagnose einer malignen Retikulose, gelegentlich kommen auch afibrilläre Retikulosen vor. Eine sichere Diagnose ist dann schwer zu stellen, wenn die retikuläre Wucherung im Knochenmark nur mäßig ausgeprägt ist.

In diesen Fällen ist zuweilen erst durch eine längere Verlaufsbeobachtung eine Entscheidung herbeizuführen, insbesondere, wenn auch der klinische Gesamtbefund eine Abgrenzung gegenüber einer reaktiven Retikulose nicht zuläßt. Problematisch ist häufig die Differentialdiagnose zwischen einer lymphoidzelligen Retikulose und aleukämischen lymphatischen Leukämie. Während eine ausgeprägte Vermehrung argyrophiler Fasern für eine lymphoidzellige Retikulose spricht, läßt sich eine afibrilläre lymphoidzellige Retikulose von einer aleukämischen lymphatischen Leukämie oft nicht sicher unterscheiden (HAAS, 1954; ROTTER und BÜNGELER, 1955; PRIBILLA und OETTGEN, 1958; BARTELHEIMER und PAPAGEORGIOU, 1963; NOWOTNY, 1964; HUNSTEIN, 1968).

Von besonderem Wert ist eine kombinierte Untersuchung der Sternalpunktate und histologischer Knochenmarkpräparate für die Diagnose und Verlaufsbeobachtung der Panmyelopathien (DUHAMÉL und MARCHAL, 1963; WAITZ et al., 1964; SCHULZ et al., 1965; NOWOTNY et al, 1969).

Neben der Erfassung des Zellgehaltes kommt den qualitativen Veränderungen innerhalb der hämopoetischen Zellsysteme und des retikulo-histiozytären Systems die größte Bedeutung zu, wobei die Schädigung der einzelnen Zellreihen unterschiedlich ausgeprägt sein kann. Es lassen sich 4 Knochenmarktypen abgrenzen.

1. Das sog. pseudohyperplastische Knochenmark, das durch eine deutliche Reifungsstörung der Hämopoese und die dadurch bedingte Vermehrung unreifer Zellformen gekennzeichnet ist. Der Befund des Sternalpunktates und der Knochenmarkbiopsie ergeben zumeist übereinstimmende Ergebnisse (Abb. 4).
2. Das normoplastische Knochenmark, bei dem die histologische Knochenmarkuntersuchung überwiegend keine sicheren pathologischen Veränderungen erkennen läßt. Erst eine eingehende zyto-

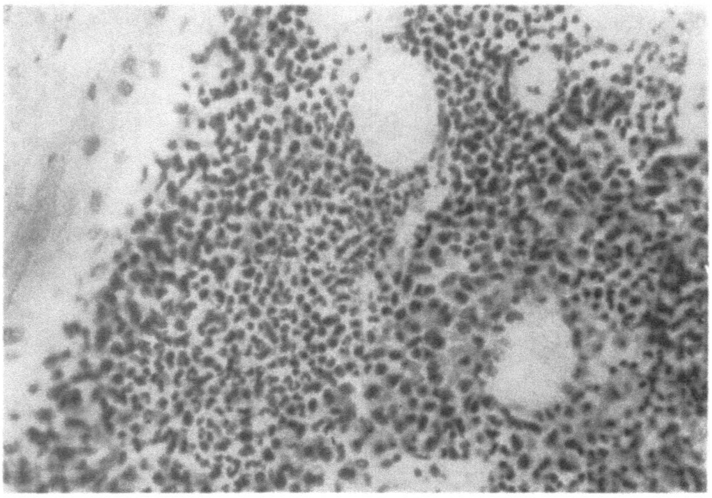

Abb. 4. Panmyelopathie; pseudohyperplastisches Knochenmark. Haematoxylin-Eosin

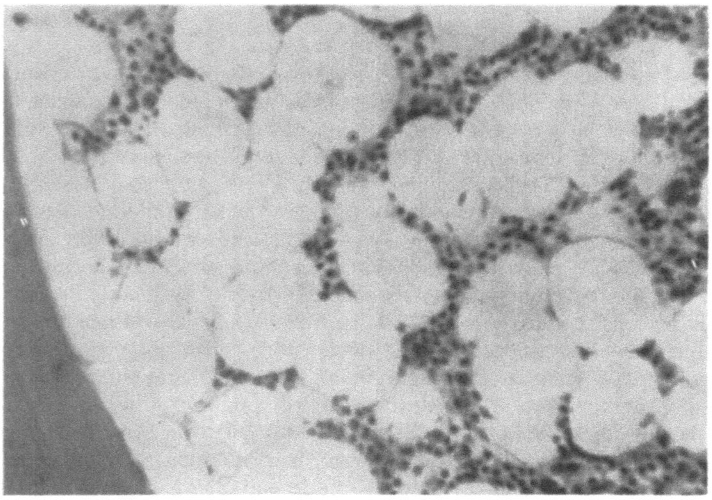

Abb. 5. Panmyelopathie, hypoplastisches Knochenmark. Haematoxylin-Eosin

logische Differenzierung im Sternalpunktat deckt Störungen innerhalb der Hämopoese auf; die Zeichen einer Ausreifungshemmung können oft nur mäßig ausgeprägt sein. Wahrscheinlich liegt eine qualitativ defekte Stammzellenpopulation mit frustraner ineffektiver Hämopoese vor. Die noch ausreifenden Zellformen sind teilweise funktionell minderwertig, nur beschränkt ausschwemmungsfähig oder haben im Blut eine verkürzte Lebenserwartung (Stodtmeister et al., 1965).

3. Das hypoplastische Knochenmark, bei dem in der Regel die Knochenmarkbiopsie einen genaueren Einblick in die Markverhältnisse gestattet. Hierbei ist jedoch die physiologische Schwankungsbreite des Zellgehaltes der Knochenmarkschnitte in Abhängigkeit vom Alter der Patienten zu berücksichtigen (Hartsock et al., 1965). Der Sternalmarkbefund ergibt dagegen manchmal ein abweichendes Ergebnis und kann bei Aspiration von Knochenmark aus einem hämopoetischen Zellherd eine normo- oder hyperplastische Hämopoese vortäuschen; andererseits findet sich häufig auch ein sog. leeres Mark (Abb. 5).

4. Das aplastische Knochenmark, bei dem der Untersuchungsbefund des Sternalpunktates und der Beckenkammbiopsie überwiegend übereinstimmen. Es besteht ein weitgehender Schwund des hämopoetischen Gewebes, nicht selten sind eine stark ausgeprägte Fettgewebshyperplasie und retikuläre Ersatzwucherung nachweisbar.

Tabelle 2

Vergleich der Knochenmarkbefunde, des Sternalpunktates und der intravitalen Knochenmarkbiopsie von 6 akuten und 38 chronischen Panmyelopathien

	Akute Panmyelopathien		Chronische Panmyelopathien	
Sternalpunktat	pseudohyperplastisch	1	pseudohyperplastisch	3
	normoplastisch	—	normoplastisch	11
	hypoplastisch	2	hypoplastisch	18
	aplastisch	3	aplastisch	6
Knochenmarkbiopsie	Hyperplasie	1	Hyperplasie	3
	Normoplasie	—	Normoplasie	8
	Hypoplasie	2	Hypoplasie	23
	Aplasie	3	Aplasie	4

In der Tabelle 2 sind die Befunde des Sternalpunktates und der Knochenmarkbiopsie von 44 Panmyelopathien gegenübergestellt. Akute Panmyelopathien lassen oft eine weitgehende Markaplasie mit ausgeprägter Exsudation und Myelonekrosen innerhalb des Markraumes sowie vereinzelt intramedulläre Blutungen als Zeichen einer schweren Markschädigung erkennen (Abb. 6). Bei chronischen Panmyelopathien findet sich dagegen nicht selten eine reine Fettgewebshyperplasie. Die Veränderungen des reti-

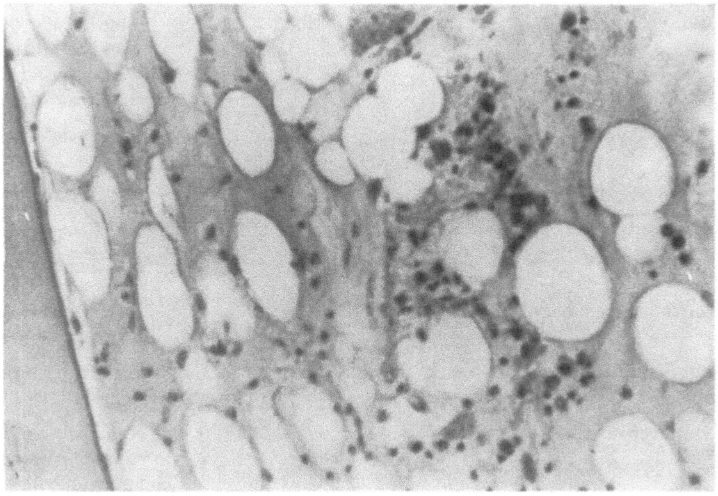

Abb. 6. Panmyelopathie, aplastisches Knochenmark mit starker seröser Exsudation. Haematoxylin-Eosin

kulo-histiozytären Systems reichen von einer mäßigen lymphoid-plasmozytären Reaktion bis zu erheblichen retikulären Proliferationen hin, wie sie vor allem bei einer Hypoplasie oder Aplasie der Hämopoese beobachtet werden können und als frustrane retikuläre Ersatzwucherung zu werten sind. Eine

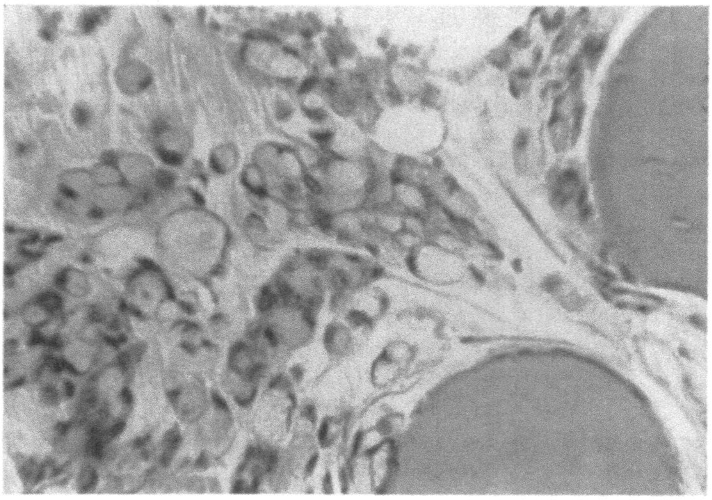

Abb. 7. Knochenmarkkarzinose bei Magenkarzinom. Haematoxylin-Eosin

Fragmentierung der Retikulinfasern, die besonders bei starker Markexsudation auftreten kann, ist als Zeichen einer erheblichen Schädigung des Knochenmarkes zu werten, manchmal wird auch eine herdförmige retikulofibröse Markhyperplasie beobachtet.

Gegenüber den echten Panmyelopathien sind unterschiedliche Krankheitsbilder abzugrenzen, die mit Panzytopenien einhergehen. Hier sind besonders die Knochenmarkkarzinosen zu erwähnen, bei denen nicht selten reaktive Myelofibrosen und Osteosklerosen auftreten (Hartmann et al., 1959) (Abb. 7). Gelegentlich täuscht eine präleukämische Krankheitsphase einer unreifzelligen Leukose eine

Tabelle 3

Übersicht der Indikationen zur intravitalen Knochenmarkbiopsie bei hämatologischen Erkrankungen

I. Absolute Indikationen	*Differentialdiagnose*
Osteomyelofibrose und Osteomyelosklerose	Chronische myeloische Leukämie, Erythrämie bzw. Erythroleukämie
Maligne Retikulosen und Retikulosarkomatosen	Chronische lymphatische Leukämie, besonders subleukämische und aleukämische Formen; reaktive Retikulosen
Panmyelopathien	Abgrenzung nach unterschiedlichen Markverhältnissen. Symptomatische Panzytopenien, z. B. bei Knochenmarkkarzinosen, präleukämischen Zuständen, malignen Retikulosen u. a.
Polycythaemia vera	Polyzythämisches Vorstadium einer Osteomyelosklerose
Thrombozythämie	Osteomyelofibrose bzw. Osteomyelosklerose
II. Relative Indikationen	
Kontrolle einer zytostatischen Therapie	Durch Zytostatika bedingte Knochenmarkschäden Markaplasien, reaktive Myelofibrosen
Granulomatöse Markprozesse	Miliartuberkulose, M. Boeck, M. Bang. Lymphogranulomatose
Thorotrastose	Knochenmarkveränderungen bei Thorotrastablagerungen, Abgrenzung gegen Knochenmarkinsuffizienzen unterschiedlicher Genese

Panmyelopathie vor; der Nachweis von Myeloblastennestern kann in diesen Fällen wichtige diagnostische Hinweise geben (SCHULZ et al., 1965). Auch zur Beurteilung des Therapieeffektes mit Zytostatika erweist sich die histologische Untersuchung des Knochenmarkes z. B. bei markbeschränkten proliferativen Prozessen als wertvoll. Während bei unreifzelligen Leukosen ein temporäres aplastisches Marksyndrom als Voraussetzung für eine therapeutisch zu erzielende Vollremission wünschenswert ist, werden vereinzelt auch unerwünschte Knochenmarkinsuffizienzen mit Markatrophien und evtl. reaktiven Myelofibrosen als Folge einer zytostatischen Behandlung bei Hämoblastosen beobachtet (HUNSTEIN et al., 1965; HUNSTEIN, 1968). Manchmal können auch Thorotrastablagerungen im Knochenmark, granulomatöse Veränderungen bei Miliartuberkulose, Morbus Boeck, oder Morbus Bang sowie bei einer Lymphogranulomatose nachgewiesen werden (ROHR, 1964; HUNSTEIN et al., 1965; HUNSTEIN, 1968).

Die Indikation zur intravitalen Knochenmarkbiopsie ist weit gespannt und auf der abschließenden Tabelle 3 zusammenfassend demonstriert. Sie ist zu einem unentbehrlichen Bestandteil der hämatologischen Diagnostik und Forschung geworden. Darüber hinaus dürfte sie die Skepsis, die gegenüber der Aussagekraft einer histologischen Knochenmarkuntersuchung bestand, beseitigt und zu einem Brückenschlag zwischen Hämatologen und Pathologen geführt haben.

Zusammenfassung

Es wird auf die Bedeutung der intravitalen Knochenmarkbiopsie für die Diagnostik hämatologischer Erkrankungen in Verbindung mit klinischen Befunden hingewiesen. Als Hauptindikationen gelten die Osteomyelofibrose bzw. Osteomyelosklerose, maligne Retikulose und Retikulosarkomatose, Panmyelopathien und symptomatische Panzytopenien unterschiedlicher Genese, die Polycythaemia vera zur Abgrenzung des polyzythämischen Vorstadiums einer Osteomyelosklerose sowie die Thrombozythämie. Darüber hinaus erweist sich die histologische Untersuchung des Knochenmarkes für die Beurteilung des Therapieeffektes bei Hämoblastosen, den Nachweis granulomatöser Markprozesse sowie von Thorotrastablagerungen von besonderem Wert.

Literatur

BARTELHEIMER, H., und J. M. SCHMITT-ROHDE: Die Biopsie des Knochens als differentialdiagnostische klinische Methode. Klin. Wschr. **35**, 429 (1957).

BARTELHEIMER, H., und A. PAPAGEORGIOU: Die Knochenmarkbiopsie als Methode in der Hämatologie. Dtsch. med. Wschr. **88**, 358 (1963).

BURKHARDT, R.: Die Myelotomie. Blut **2**, 267 (1956).

CZITOBER, H.: Probleme und Ergebnisse der Knochenmarkbiopsie bei Blutkrankheiten. Blut **9**, 104 (1963).

DUHAMEL, G., et G. MARCHAL: Valeur pronostique comparée de la ponction sternale et de la biopsie medullaire dans l'étude clinique et hématologique de 52 cas d'insuffiziance médullarire. Sem. Hôp. Paris **40**, 1432 (1963).

FRIEDERICI, L.: Histochemische Methoden in der Hämatologie. Klin. Wschr. **33**, 1020 (1955).

GIEGLER, S., N. NITSCHKE und D. SCHREIBER: Zur Biopsie und Klinik der Osteomyelofibrose. Dtsch. Ges.-wesen **17**, 1853 (1962).

HARTMANN, G., R. KLIMA, H. CZITOBER und H. RIEDER: Zur Klinik und Pathologie der Osteomyelosklerose. Wien. Z. inn. Med. **40**, **437** (1959).

HAAS, W.: Über die Grenzen der Knochenmarkpunktion und den Wert der Knochenmarktrepanation für die Diagnose der Retikulose. Z. ges. inn. Med. **9**, **431** (1954).

HARROP, J. M. B., B. S. and A. A. COOPERBERG: The myeloproliferative disorders with special reference to histochemical features. Canad. med. ass. J. **85**, 824 (1961).

HARTSOCK, R. J., E. B. SMITH and CH. S. PETTY: Normal variations with aging of the amount of hematopoietic tissue in bone marrow from the anterior iliac crest. Amer. J. Clin. Path. **43**, 326 (1965).

HASHIMOTO, M.: Pathology of Bone Marrow. Acta haemat. **27**, 193 (1962).

HUNSTEIN, W.: Die Indikationen zur histologischen Knochenmarkuntersuchung. In : Das Knochenmark, hrg. K. BETKE und P. TOSBERG. J. F. LEHMANNS Verlag München 1968.

HUNSTEIN, W., H. G. HARWERTH und S. RAJU: Bioptische Untersuchungen zur Frage der therapiebedingten Knochenmarkfibrosen bei der chronischen myeloischen Leukämie. Med. Klin. **60**, 991 (1965).

KEISER, G.: Die Bedeutung der alkalischen Leukozytenphosphatase. Schweiz. med. Wschr. **97**, 245 (1967).

KRAUS, S.: Chronic myelocytic leukemia with features simulating myelofibrosis with myeloid metaplasia. Cancer **19**, 1321 (1966).

LENNERT, K.: Zur Praxis der pathologisch-anatomischen Knochenmarkuntersuchung. Frankf. Z. f. Path. **63**, 267 (1952).

LENNERT, K., und K. NAGAI: Quantitative und qualitative Gitterfaserstudien im Knochenmark. Virch. Arch. Path. Anat. **336**, 151 (1962).

MERKER, H., und L. HEILMEYER: Die alkalische Phosphatase neutrophiler Leukozyten. Dtsch. med. Wschr. **85**, 253 (1960).

MITUS, W. J., G. J. GHERARDI, I. B. MEDNICOFF and W. DAMESHEK: Cytochemistry of myelofibrosis with myeloid metaplasia in relation to spleen changes. AMA Arch. of Path. **67**, 188 (1959).

MOESCHLIN, S.: Die pseudoaplastische Anämie (maligne Retikulosen oder aleukämische Lymphadenosen) und ihre Behandlung. Schweiz. med. Wschr. **90**, 1198 (1960).
NOWOTNY, P.: Bioptische Befunde bei der Osteomyelosklerose. Z. ges. inn. Med. **19**, 198 (1964).
NOWOTNY, P.: Die diagnostische Bedeutung der Knochenmarkbiopsie bei Retikulosen. Fol. Haemat. **81**, 288 (1964).
NOWOTNY, P., und K. SCHULZ: Die Bedeutung der Knochenbiopsie für die Diagnostik hämatologischer Erkrankungen. Fol. haemat. **81**, 185 (1963).
NOWOTNY, P., und K. SCHULZ: Der diagnostische Wert der alkalischen Leukozytenphosphatase bei Osteomyelofibrosen und Osteomyelosklerosen. Fol. haemat. **90**, 40 (1968).
NOWOTNY, P., K. SCHULZ und G. BAST: Zur Diagnostik der Panmyelopathien. Fol. Haemat. **91**, 277 (1969).
OECHSLIN, R. J.: Osteomyelosklerose und Skelett. Acta haemat. **16**, 214 (1956).
PAPAGEORGIOU, A.: Die Knochenveränderungen der Myelofibrosen und Osteomyelosklerosen. Acta haemat. **28**, 201 (1962.)
PAPAGEORGIOU, A.: Diagnostik der Myelofibrosen und Osteomyelosklerosen. Dtsch. med. Wschr. **90**, 436 (1965).
PRIBILLA, W., und H. F. OETTGEN: Die Knochenbiopsie als diagnostische Methode bei generalisierten Markerkrankungen. Fol. haemat. N. F. **2**, 374 (1958).
ROHR, K.: Das menschliche Knochenmark. Georg Thieme-Verlag Stuttgart, 1960.
ROTTER, W., und W. BÜNGELER: Lehrbuch der speziellen pathologischen Anatomie. Bd. 1, 1. Hälfte, herausgegeben von M. STAEMMLER, Verlag Walter de Gruyter & Co. Berlin 1955.
SCHULZ, K., P. NOWOTNY und G. BAST: Vergleichende Untersuchungen zum Wert der Punktionsverfahren in der Diagnostik der Panmyelopathien. Fol. haemat. **84**, 417 (1965).
STODTMEISTER, R., M. BURRICHTER und T. M. FLIEDNER: Das morphologische Bild von ineffektiver neutrophiler Granulozytopoese bei Knochenmarkregeneration nach subletaler Ganzkörperbestrahlung von Ratten. Schweiz. med. Wschr. **95**, 1490 (1965).
WAITZ, R., W. MAYER et G. MAYER: Les aplasies médullaires de l'adulte. Leur étude anatomoclinique. Sem. Hôp. Paris **40**, 163 (1964).

Diskussionsredner:

WERNER (DDR).

Pathologisches Institut der Humboldt-Universität Berlin, DDR

Gemeinsamkeiten und Besonderheiten der zytologischen und histologischen Diagnostik bei Blutkrankheiten

von

W. WERNER

Die histobioptische Knochenmarkuntersuchung hat heute ihren festen Platz in der klinisch-hämatologischen Diagnostik. Wir sehen darin eine erfreuliche Konsequenz aus den jahrzehntelangen Verständigungsschwierigkeiten zwischen Kliniker und Pathologen auf dem Gebiet der Blutkrankheiten. Bekanntlich sind die — nur scheinbaren — Diskrepanzen bei der gemeinsamen klinisch-pathologischen Beurteilung hämatologischer Befunde durch eine beiderseitige Fehleinschätzung der Untersuchungsmethoden zustande gekommen.

Es ist also notwendig, prinzipielle Unterschiede der quantitativen und qualitativen Zytologie zwischen Objektträgerausstrich und Schnittpräparat des Knochenmarks zu kennen und in der täglichen Praxis zu berücksichtigen.

Wir beginnen mit den Verhältnissen beim *Vitalmark*: Auch bei bester histologischer Technik ist die Knochenmarkuntersuchung im Schnittpräparat mühsamer und zeitraubender als im Objektträgerausstrich. Die Gründe dafür liegen in den unterschiedlichen Präparationsbedingungen, die im Bereich der *qualitativen* Zytologie zu 4 wesentlichen Differenzen zwischen Ausstrich und Schnitt führen:

1. Die Zellen des Schnittes sind durchschnittlich um ein Drittel kleiner als die des Ausstrichs. Bei Fixierung und Einbettung des Schnittmaterials schrumpfen die Zellen; im Ausstrich sind sie angetrocknet, haften fest auf der Unterlage und behalten dadurch ihre ursprüngliche Größe. Auch geometrische Überlegungen spielen eine Rolle; die im Ausstrich scheibenförmig zusammengedrückte Zelle nimmt in der Aufsicht eine größere Fläche ein als bei Kugelgestalt, wie es im Schnittpräparat der Fall ist. Vorangegangene Behandlung des Schnittpräparates mit säurehaltiger Entkalkungsflüssigkeit erhöht den Schrumpfungsprozeß noch weiter.
2. Im Schnitt haben die Zellen einen transparenten, bläschenförmigen Kern, dessen Chromatin in kleinen oder größeren Klumpen locker verteilt ist. Im Ausstrich sind die Kerne wesentlich dichter und zeigen ein dunkles Chromatinnetzwerk. Dabei entsprechen Breite und Dichte der Chromatinbalken im Ausstrich der Größe und Färbbarkeit der Chromatinbrocken im Schnitt. Im Ausstrich sieht man auf den zusammengedrückten und durch Wasserverlust zusammengesinterten Kern, dessen Oberfläche geradezu als Relief erscheint. Im Schnitt dagegen, in dem der Wasserverlust von allen Seiten und nur bis zu einem gewissen Grade erfolgt, bleibt der Kern durchsichtig.
3. Im Schnitt treten Nukleolen besser und dadurch scheinbar zahlreicher hervor als im Ausstrich.
4. Das Plasma ist im Schnitt weniger kräftig gefärbt als im Ausstrich und läßt feinere Einzelheiten nicht so deutlich erkennen. Auch das ist die Folge der Zellkompression im Ausstrich; die damit verdichtete Plasmamasse bedingt den intensiveren Färbeeffekt, der im dünnen Ausschnitt aus der Zellkugel des histologischen Präparates nicht im gleichen Maße zu erreichen ist.

Quantitative Unterschiede zwischen bioptischem Ausstrich- und Schnittpräparat des Knochenmarks haben nur geringe diagnostische Bedeutung (siehe Tabelle 1). Die Erythropoese zeigt keine nennenswerten Differenzen. Die Granulopoese ist im Schnitt insgesamt etwa um die Menge der nicht differenzierbaren Zellen vermindert; sie zeigt gegenüber dem Ausstrich schon normalerweise eine „Linksverschiebung". Lymphozyten sind im Ausstrich häufiger anzutreffen als im Schnitt. Die Gründe für diese Ver-

Tabelle 1

Vitales und postmortales Myelogramm im Objektträgerausstrich und Schnittpräparat

	Vitalmark				Leichenmark (24 Stunden p. m.)			
	Ausstrich (Sternum) ROHR		Schnitt (Becken) eigene Werte		Ausstrich (Sternum) eigene Werte		Schnitt (Rippe) eigene Werte	
Hämozytoblasten			1,0				1,0	
Pronormoblasten					0,3			
Makroblasten			0,9		0,2		0,9	
basoph. Normobl.	4,0		0,4		0,02		2,0	
polychr. Normobl.	7,0		3,2		0,5		4,8	
orthochr. Normobl. m. strukt. Kern	12,0	23,0	15,3	22,9	0,8	6,4	16,7	35,5
orthochr. Normobl. m. unstrukt. Kern			3,1		3,2		6,8	
Erythroblasten m. Karyorrhexis			0		1,4		4,3	
Myeloblasten	1,0				0,03			
Promyelozyten	3,0		3,1		3,7		3,5	
Myelozyten	10,0		17,1		7,0		23,1	
Metamyelozyten	5,0		9,7		5,6		7,3	
stabk. Neutroph.	28,5		9,4		2,5		4,4	
segm. Neutroph.	12,0	63,0	14,8	59,6	3,1	23,3	2,3	45,0
jugendl. Eosinoph.			3,5		1,0		3,5	
reife Eosinoph.	3,0		2,0		0,4		0,9	
jugendl. Basoph.			0		0,01		0	
reife Basoph.	0,5		0		0		0	
Lymphozyten	8,0		4,9		1,8		0,5	
Retikulumzellen	4,0		2,6		1,2		1,3	
Plasmazellen	2,0		1,7		1,5		6,3	
Gewebsmastzellen			0,1		0		0,1	
Megakaryozyten			0,6		0,1		0,5	
Mitosen			0,6		0,04		0,6	
nicht differenzierbare Zellen				6,0		65,6		9,2

schiebungen liegen auf der Seite des Ausstrichs; bei der Markaspiration werden in höherem Maße die reifen Zellen des Parenchyms, besonders die stab- und segmentkernigen, angesaugt; zusätzlich bringt die Blutbeimischung reife Granulozyten und Lymphozyten in den Ausstrich.

Nun zu den Verhältnissen beim *Leichenmark*: Der Objektträgerausstrich des aspirierten Leichenmarks ist in der Regel für eine diagnostische Stellungnahme ungeeignet. Schon 2 Stunden nach dem Tode zeigt sich eine Aufquellung der Zellkerne, die zuerst bei den reifen Neutrophilen in Erscheinung tritt, in den folgenden Stunden auch die übrigen Zellen erfaßt und bis zum Kernzerfall mit anschließender Plasmaauflösung führt. Dadurch ist bereits 3 Stunden nach dem Tode ein Drittel, nach 12 Stunden mehr als die Hälfte der Markzellen nicht mehr differenzierbar. 24 Stunden nach dem Tode sind höchstens noch 10%, jenseits der 36-Stundengrenze praktisch keine unveränderten Markzellen mehr zu finden.

Träfe dieser Prozeß gleichermaßen für das postmortale Schnittpräparat des Knochenmarks zu, so wäre der Pathologe tatsächlich nicht in der Lage, eine hämatologische Markdiagnostik an der Leiche zu betreiben; denn selten finden die Sektionen eher als 12—24 Stunden nach dem Tode statt. Es hat sich aber gezeigt, daß im Schnittpräparat bis mindestens 48 Stunden nach dem Tode mehr als 90% der Markzellen gut erhalten und differenzierbar bleiben. Der Zellzerfall im Objektträgerausstrich ist also nicht durch Autolyse oder ähnliche Leichenerscheinungen, sondern in erster Linie artefiziell bedingt. Durch die Aspiration werden die Markzellen aus der postmortal sich verfestigenden Grundsubstanz herausgerissen und zusätzlich durch das Ausstrichverfahren beschädigt. Die Verarbeitung des Materials im Schnittpräparat vermeidet solche mechanischen Alterationen weitgehend. Die ungenügende Differenzierungsfähigkeit eines ziemlich konstant bleibenden kleinen Teiles der Markzellen beruht dabei auf mangelhafter oder kontrastarmer Anfärbung, während Kern- oder Zellzerfall (wie im Ausstrich) nicht zu beobachten sind.

Ein Vergleich zwischen dem Objektträgerausstrich von Vitalmark und Leichenmark ist somit wertlos. Vergleichbar dagegen sind die Befunde des vitalen und postmortalen Schnittpräparates. Man muß allerdings auf einige Besonderheiten der Zellzusammensetzung des postmortalen Schnittpräparates achten (siehe Tabelle 1). Bei den Zellen der roten Reihe verursacht die postmortale Gewebssäuerung Kernpyknose und vermehrte oxyphile Färbbarkeit des Plasmas. Dadurch bekommen die jüngeren Erythroblasten das Aussehen größerer Reife und wechseln dementsprechend ihren Platz im Myelogramm. So wird eine Abnahme der unreifen und eine Zunahme der reifen Formen vorgetäuscht; außerdem treten an Normoblastenkernen die Karyorrhexisfiguren auf. Die Verschiebung in der weißen Reihe ist die Folge einer absoluten Verminderung der reifen Granulozyten durch postmortale Zellausschwemmung im Rahmen der Leichenhypostase. Die unreifen Formen der Granulopoese müssen dadurch relativ häufiger im Myelogramm erscheinen. Lymphozyten sind postmortal seltener, Plasmazellen häufiger als bei der Biopsie anzutreffen.

Der entscheidende Vorteil des vitalen und postmortalen Schnittpräparates gegenüber dem vitalen Objektträgerausstrich des Knochenmarks ist in der einwandfreien Bestimmung der quantitativen Markzusammensetzung zu sehen. Durch Auszählung der Fettzellen im Okularnetzmikrometer kann die Fettzellmarkrelation durch eine einfache Prozentzahl objektiviert werden. In gleicher Weise ist die Zahl der Erythrone und der Megakaryozyten exakt festzulegen. Der Granulopoeseanteil wird abgeschätzt. Gesondert ist nach Marklymphknötchen zu suchen, mit Spezialfärbungen weiterhin die Zahl der Gewebsmastzellen und der Sideringehalt zu bestimmen.

Mit der Summe der so gewonnenen Befunde schafft sich der Pathologe eine verläßliche Grundlage für die Diagnostik am Knochenmark.

Zum Schluß sei darauf hingewiesen, daß herdförmige Erkrankungen des Knochenmarks und alle Erscheinungsformen des myelo- und immunoproliferativen Syndroms meist nur im Schnittpräparat des trepanierten Markzylinders zu erfassen sind.

Hautklinik der Humboldt-Universität Berlin, DDR

Struktur und Dignität maligner Melanome

von

W. GERTLER und TH. THORMANN

Die histologische Diagnostik der gut- und bösartigen pigmentbildenden Geschwülste ist in den letzten Jahren trotz Erweiterung unserer Kenntnisse in der Bewertung problastomatöser Gewebsveränderungen (GERTLER, GARTMANN, SCHREUS u. a.) keineswegs leichter und übersichtlicher geworden. Die unscharfen und fließenden Übergänge in morphologischer wie auch biologischer Hinsicht, von Gutartigkeit bis zu höchster Malignität, lassen sich auch weiterhin nur im Rahmen des Komplexes Naevuszellnaevus — Problastomatosen — malignes Melanom verstehen.

Der Naevuszellnaevus (Nzn) als gutartige „Geschwulst" im Sinne der Naevusdefinition und das maligne Melanom (mM) als die bösartige Neoplasie des melaninbildenden Gewebes haben ihren gemeinsamen Ursprung im Melanozyten, dessen neuroektodermale Herkunft allgemein anerkannt wird. Von der Neuralleiste ausgehend wandern die Melanoblasten in die Peripherie, bevorzugt in die Basalfläche der Epidermis, aber auch in die Leptomeninx, in die Chorioidea des Auges, in die Adventitia der Gefäße usw., und sie erreichen ihre endgültige Lage als funktionstüchtige, zur Melaninbildung befähigte Melanozyten. Unter unbekannten Umständen vermehren sich in begrenzter Ausdehnung die epidermalen Melanozyten und dringen in das Corium ein. Dieser Vorgang, nach UNNA als Abtropfung bezeichnet, findet sich in der Entwicklung des Nzn wie auch des mM, und die Verwandtschaft beider Entwicklungsrichtungen bleibt auch in der weiteren Differenzierung zum gutartigen Naevus oder zum bösartigen Melanom mehr oder weniger in Formen und Lagerungen der Zellen sichtbar. Im Zustand der Abtropfung ist in vielen Fällen der weitere Verlauf nicht zu übersehen, weshalb mehrere Autoren (ALLEN, MIESCHER u. a.) darin eine echte Problastomatose vermuten. Der Vorgang der Abtropfung aus der Epidermis ist aber sicher nicht allein Voraussetzung der Histogenese des Nzn und des mM; auch die übrigen Lokalisationen von Melanozyten können Ausgang pigmentbildender Geschwülste unterschiedlicher Dignität sein.

Unter den Naevuszellnaevi kann neben dem aktiven bzw. dem aktivierten Naevus der meistens sehr pigmentreiche Naevus coeruleus (Naevus bleu) wegen seiner Zellpolymorphie einem mM ähneln. Ohne Beziehung zur Epidermis entsteht der Naevus coeruleus im Corium aus Melanozyten, die als Melanoblasten auf dem Wege zur Epidermis zurückgeblieben bzw. steckengeblieben sind. Selten kommt ein Kombinationsnaevus — die Über- oder Nebeneinanderlagerung von Naevus coeruleus und dermalem Nzn — unter Umständen als ein diagnostisches Problem vor.

Als besondere Form eines aktiven Nzn, eines Compoundnaevus, wurde 1948 von Sophie SPITZ das sogenannte juvenile Melanom abgegrenzt, bei dem der histologische Befund sehr stark an ein malignes Melanom erinnert, der Verlauf aber gutartig ist. Das juvenile Melanom tritt im Kindesalter, aber auch bei Erwachsenen (nach ALLEN in 15% der Fälle), meistens im Gesicht, seltener an den Extremitäten, als ein rötliches bis hellbraunes Knötchen mit glatter bis verruköser, haarloser Oberfläche auf. Die Entwicklung verläuft rasch, innerhalb weniger Wochen, und erreicht eine Größe von wenigen Millimetern bis zu mehreren Zentimetern. Histologisch läßt sich nach ALLEN in zwei Drittel der Fälle eine sichere Diagnose stellen; in einem Drittel der Fälle, insbesondere bei juvenilem Melanom der Erwachsenen, kann der Ausschluß eines mM ohne Kenntnisse des Verlaufs und des klinischen Bildes sehr schwierig, zum Teil auch unmöglich sein. Als morphologische Kriterien, die nach SPITZ eine Abtrennung des juvenilen Melanoms vom mM erlauben, gelten die oberflächliche Lokalisation, der Aufbau eines kombinierten Naevus (Compoundnaevus), subepidermale Gefäßdilatationen und Oedem, scharfe Abgrenzung der Naevuszellnester sowie einzelner Naevuszellen voneinander, die Anwesenheit größerer Zellen mit basophilem Zytoplasma nach Art myogener Riesenzellen, oberflächlich gelegene vielkernige Riesenzellen, die zum Teil Toutonschen Riesenzellen ähneln, spärliche Pigmentierung, bei Erwachsenen jedoch oft stärkerer Pigmentgehalt, Mitosen, entzündliche Infiltrate, Atrophie oder Akanthose der Epidermis bis zu carcinomähnlichen Proliferationen.

Gegen die Bezeichnung dieses gutartigen Prozesses als „juveniles Melanom" lediglich auf Grund melanomverdächtiger Strukturen lassen sich berechtigte Einwände erheben, da nicht das Vorkommen bei Erwachsenen berücksichtigt ist und unter „Melanom" im allgemeinen das mM verstanden wird.

Große Schwierigkeiten können bei der Diagnostik der Problastomatosen bestehen, jener Zustände, aus denen nach klinischer Erfahrung ein mM hervorgehen kann, und deren rechtzeitige Behandlung eine erfolgreiche Prophylaxe des mM darstellt.

Die Auffassungen über die biologische Wertigkeit der als „Melanosis circumscripta problastomatosa Dubreuilh" bezeichneten, klinisch charakteristischen Hautveränderungen gehen weit auseinander. Während SPIER sie als sichere obligate Problastomatose bezeichnet, da „kaum eine andere Praecancerose derartig eindeutig obligat in das homologe Blastom übergeht und bei längerer Lebenszeit des Patienten die Entartungsquote 100% betragen würde", lassen GERTLER und GARTMANN die problastomatöse Melanose als fakultative Problastomatose gelten, aus der sich zu etwa 70% ein mM entwickelt. SCHREUS dagegen spricht der Melanosis Dubreuilh die Potenzen einer Problastomatose ab und verweist auf eine angeblich geringe Neigung zur Metastasierung der sich daraus entwickelnden Geschwülste und auf die gute Beeinflußbarkeit durch örtliche Behandlungsmaßnahmen; er schlägt demzufolge eine Namensänderung in „Melanosis extensiva et proliferativa Hutchinson-Dubreuilh" vor, um Zusammenhänge mit dem echten mM auszuschließen. Wir können auf Grund unserer klinischen und histologischen Erfahrungen in Übereinstimmung mit der allgemeinen Auffassung über die Bedeutung der Melanosis problastomatosa Dubreuilh als Problastomatose diese Meinung von SCHREUS nicht teilen.

Histologisch beginnt die Melanosis problastomatosa mit einer Vermehrung und Unruhe der epidermalen Melanozyten; dem folgt eine verstärkte Melaninbildung und -inkontinenz. Das Pigment liegt subepidermal frei oder ist von histiozytären Elementen phagozytiert. Außerdem tritt bald ein chronisch entzündliches lymphoplasmazelluläres Infiltrat hinzu. Die basalen Melanozyten ballen sich schließlich zu Nestern und tropfen in dieser Form oder einzeln in das obere Corium ab, dringen aber auch mehr oder weniger ausgedehnt in das Stratum spinosum ein. Dabei zeigen nun die Melanozyten eine erhebliche Polymorphie, und zusammen mit dem ungeordneten (malignen) Abtropfungsvorgang erinnert das histologische Bild bereits an ein beginnendes mM. — Eine besondere Bedeutung in der Histogenese der Melanosis problastomatosa hat offensichtlich das chromatophorenreiche entzündliche Infiltrat des oberen Coriums, das als lokale Abwehrreaktion das Eindringen maligner Zellen in das Corium aufhalten und die Ausbreitung der Melanose in der Fläche der Epidermis begünstigen soll. Es ist verständlich, daß auf Grund solcher Beobachtungen Bezeichnungen wie „Melanoma in situ", „präinvasives Melanom", „Oberflächenmelanom", „intraepidermales Melanom" Verwendung finden. Die Abgrenzung gegen einen aktiven Nzn, den Junctionsnaevus, aber auch gegen die Abtropfungsvorgänge des Compoundnaevus kann außerordentlich schwierig sein. Am besten läßt sich wohl noch die geordnete, in einer Richtung verlaufende (gutartige) Abtropfung des Nzn für die Differentialdiagnose des aktiven Nzn zur Problastomatose verwerten.

CRAMER beschrieb kürzlich eine Hautveränderung, die klinisch und histologisch einem extramammären Morbus Paget entsprach. Der Nachweis einer positiven DOPA-Reaktion und die Darstellung von Propigmenten mit Hilfe der Versilberung nach HAMPERL-MASSON deckte eine unpigmentierte Melanosis problastomatosa Dubreuilh auf.

Die unterschiedlichen Verlaufsformen des mM glaubte SCHREUS (1962) mit histologischen Befunden des Tumoraufbaues und der Tumorzelltypen belegen zu können. Er verwies auf die Ergebnisse klinisch und histomorphologisch vergleichender Untersuchungen insbesondere von JAEGER und DELACRÉTAZ, die festgestellt hatten, daß die fascikulären und fusozellulären Melanome durch eine geringe Malignität, die alveolären und globozellulären mM durch hohe Malignität gekennzeichnet sind. Dieser Teilung in Melanomtypen möchte SCHREUS den „blastomatösen Typ" hinzufügen und damit eine besonders maligne Tumorform als „Melanoblastom" von den „Melanozytomen" abtrennen. Übergänge von Melanozytomen mit globozellulär-alveolären Strukturen in Melanoblastome sollen als Ausdruck der Malignitätssteigerung vorkommen und sich in einer Entdifferenzierung der Tumorstrukturen beweisen lassen. In klinischer Hinsicht sei bemerkenswert, daß Patienten mit Melanozytomen und dem fusiformen Melanomtyp sehr oft nur geringe Allgemeinwirkungen des Tumors auf Stoffwechselvorgänge, Körpergewicht, Blutsenkung usw. zeigen, während beim Melanoblastom alle jene Symptome auftreten, die für andere Geschwulstkrankheiten ähnlichen Verlaufs kennzeichnend sind, wie erhöhte BSG, Kachexie usw.

Die Zusammenhänge zwischen histomorphologischen Befunden und der Prognose sind beim mM schon mehrere Male überprüft worden. Dabei fällt auf, daß keine Übereinstimmung der Ergebnisse erzielt wurde. Einige Autoren bestätigen die bessere Prognose der spindelzelligen Melanome, andere Autoren dagegen können keine Zusammenhänge zwischen Melanomstrukturen und Prognose finden. Vermutlich lassen sich diese unterschiedlichen Feststellungen auf ein jeweils zu kleines Untersuchungsgut und möglicherweise auch auf eine unzureichende Berücksichtigung der gemischten Tumorformen, die in unserem Material in 46% vorkommen, beziehen. — Es ist anzunehmen, daß Schreus unter dem Eindruck dieser Literaturangaben seine Empfehlungen, die mM nach klinischem Verlauf in Verbindung mit morphologischen Merkmalen neu zu ordnen, mit „angemessener Reserve" äußert, da ihm zur Sicherung seiner Beobachtungen auch zu wenig Fälle zur Verfügung standen. — Wir konnten in der Differenzierung von 200 Melanomen der Haut nach Zelltyp und Tumoraufbau in bezug auf die Prognose bei den ‚Melanozytomen' und ‚Melynoblastomen' nach Schreus keinen statistisch signifikanten, nicht einmal einen eindrucksmäßigen Zusammenhang finden. Lediglich die aus langspindeligen Zellen bestehenden mM weisen eine etwas bessere Prognose auf.

Zur Überprüfung der Beziehungen zwischen Struktur und Dignität wurden gemeinsam mit Günther histomorphologische Untersuchungen an 200 primären mM der Haut durchgeführt. Wir stellten in den jeweils in Stufenschnitten aufgearbeiteten Tumoren folgende Verteilung der Tumorzelltypen fest:

rein globozelluläre mM	in 47%,
mM mit fusiformen und globoiden Zelltypen in gleichen und unterschiedlich großen Anteilen	in 46%,
mM mit ausschließlich fusiformen Zellen	in 7%.

Runde Tumorzellen finden sich demnach in 93%, Spindelzellen in 53% der Fälle. — Dagegen gibt Herzberg bei der Differenzierung von 200 primären mM der Haut in 92% globozelluläre, in 2% rein fusiforme Zelltypen und in 5% Mischformen aus globozellulären und fusiformen Elementen an. Für diese erheblichen Abweichungen glauben wir anführen zu können, daß wohl nicht die Untersuchung des gesamten Tumors in Stufenschnitten durchgeführt wurde und demzufolge bei Beurteilung nur einer Schnittebene die Verhältnisse in anderen Tumoranteilen dem Nachweis entgingen. Herzberg begründet den Wert einer solchen Differenzierung des mM nach Zelltypen damit, daß im Vergleich der Tumorzellen mit den Zellen der normalen Entwicklungsreihe strukturell und biologisch die globozellulären Tumorelemente den unreifen embryonalen Melanoblasten und die spindeligen Zellen den jungen Melanozyten entsprechen. Daher könne das unterschiedliche biologische Verhalten der einzelnen Melanomtypen durch die Morphologie der Tumorzellen belegt werden, wie es auch Schreus behauptet hat.

In unseren Untersuchungen konnten wir weiterhin feststellen, daß kein Zusammenhang zwischen Melaninbildung bzw. histologisch nachweisbarem Pigmentgehalt der Tumoren und der Prognose besteht. Die allgemein verbreitete Ansicht, daß amelanotische Tumoren von höherer, reichlich pigmentierte mM dagegen von relativ geringerer Malignität sind, konnten wir nicht bestätigen. Die fehlende oder unvollständige Melaninbildung ist nicht als Kriterium der Unreife bzw. der höheren Malignität der Tumorzelle zu bewerten. Auch die Mitosen scheinen in quantitativer wie auch qualitativer Hinsicht ohne wesentliche Bedeutung für die Prognose zu sein.

Histochemische Untersuchungen zum Nachweis mehrerer Enzymaktivitäten, der sauren und alkalischen Phosphatase, Monoaminooxydase, Succinodehydrogenase, Glucuronidase, DOPA-Oxydase, zum Nachweis von Lipiden und von Mucopolysacchariden sowie des Promelanins ergaben keine Befunde, die für eine Unterscheidung der biologischen Wertigkeit der einzelnen Typen des mM, insbesondere der frühen Entwicklungsstadien, der Melanosis problastomatosa Dubreuilh oder für den Junctionsnaevus bzw. aktiven Nzn überzeugend genug gewesen wären. In Fällen stärkerer Pigmentierung waren zum Teil die Reaktionen überdeckt oder farbgleich, so daß eine Beurteilung oft unmöglich schien. Damit finden wir uns in Übereinstimmung mit den Erfahrungen von Szodoray und Nagy-Vezekényi, die in annähernd gleichartigen Untersuchungen auch keine für die Differentialdiagnose und die Einschätzung der Dignität verwertbaren Befunde feststellen konnten.

Da die morphologischen Malignitätsmerkmale der allgemeinen Tumordiagnostik für das mM offenbar nicht zutreffen, hofften wir, im Vergleich des Primärtumors mit den Metastasen Hinweise auf Malignitätszeichen der Tumorzelle zu finden. In der Annahme, daß bei den gemischtzelligen Primärtumoren nicht jede der in die Lymph- oder Blutgefäße eingeschwemmten Zellen und nicht jeder Zellverband die gleiche Chance hat, als Metastase anzugehen, und daß sich die Tumorzellen auf dem Lymph- und

Blutwege sowie am Orte der Embolie selbst gegen mehr oder weniger wirksame Abwehrreaktionen behaupten müssen und dabei die meisten Zellen zugrundegehen, könnten letztlich nach einer Selektion in der Metastase jene Melanomzellen mit der höchsten Malignität aufgefunden werden, sofern nicht die veränderten Einflüsse der neuen Umgebung auf die Tumorzellen zur weiteren Entdifferenzierung führen und den Vergleich mit den Zellen des Primärtumors erschweren.

Im Primärtumor am Unterschenkel einer 32 Jahre alten Frau fanden sich überwiegend spindelige Zelltypen in fascikulärer Ordnung, in geringer Zahl runde Zellen mittlerer Größe und reichliche Pigmentbildung. Ein kleiner Tumoranteil zeigte in kompakter Lagerung kleine runde Zellen ohne Pigmentbildung. In zahlreichen Lymphknoten- und Hautmetastasen ließen sich aber fast ausschließlich jene kleinen Zellen nachweisen, denen man am wenigsten eine höhere Malignität unterstellt hätte. — In weiteren vergleichenden Untersuchungen an Organmetastasen* konnten wir noch keine eindeutige Bevorzugung eines Zelltyps feststellen, weshalb ein endgültiges Urteil dem Ergebnis weiterer Untersuchungen vorbehalten bleibt. Schmalspindelige Zellen findet man jedoch selten in Metastasen.

Entdifferenzierungen der Tumorzellen in Metastasen, möglicherweise im Sinne von SCHREUS, lassen sich oft nachweisen, wobei nicht auszuschließen ist, daß degenerative Veränderungen an den Tumorzellen als Zeichen höherer Malignität verkannt werden.

---

* Die Präparate wurden uns von Herrn Prof. Dr. KETTLER, Direktor des Pathologischen Instituts der Charité, zur histologischen Untersuchung überlassen, wofür wir ihm auch an dieser Stelle herzlich danken möchten.

Literatur

ALLEN, A. C., und S. SPITZ: Cancer **6**, 1 (1953).
CRAMER, H. J.: Hautarzt **18**, 203 (1967).
DELACRÉTAZ, J., und A. JAEGER: Oncologia **10**, 80 (1957).
GARTMANN, H.: Aesthet. Medizin **8**, 301 (1959).
GARTMANN, H.: Hautarzt **12**, 419 (1961).
GARTMANN, H.: Derm. Wschr. **148**, 499 (1963).
GERTLER, W., und A. SCHIMPF: Derm. Wschr. **131**, 252 (1955).
HERZBERG, J. J.: Arch. klin. exp. Derm. **203**, 142 (1956).
HERZBERG, J. J.: Symposium „Malignes Melanom" Freiburg 1962. — Ref. Hautarzt **14**, 554 (1963).
JAEGER, H.: Oncologia **6**, 66 (1953).
SCHREUS, H. TH.: Hautarzt **11**, 440 (1960).
SCHREUS, H. TH.: Derm. Wschr. **146**, 401 (1962).
SCHREUS, H. TH.: Derm. Wschr. **151**, 1015 (1965).
SPIER, H. W.: Fortschr. d. prakt. Derm. u. Venerol. **4**, 203 (1962).
SPITZ, S.: Amer. J. Path. **24**, I, 591 (1948).
SZODORAY, L., und C. NAGY-VEZEKÉNYI: Derm. Wschr. **151**, 2006 (1965).

Institut für Endokrinologie der Akademie der Wissenschaften der Sozialistischen Republik Rumänien, Bukarest, SR Rumänien

Die Cytogenetik der Keimdrüsendysgenesien. Das Turner-Syndrom

von

S. M. Milcu, B. Jonescu und C. Maximilian

Die Keimdrüsendysgenesien bilden eines der interessantesten Probleme der modernen Medizin. Das Problem wurde bekannt und besteht dank der Cytogenetik.

Wir haben 50 Fälle von Turner-Syndrom mit weiblichem Phänotypus untersucht und folgende Karyotypen festgestellt:

25 Fälle mit Karyotypus XO
16 Fälle mit Karyotypus XO/XX
1 Fall mit Karyotypus Xx
2 Fälle mit Karyotypus XO/XY
2 Fälle mit Karyotypus XO/XYY
1 Fall mit Karyotypus XO/XizoX
1 Fall mit Karyotypus XO/XXY
1 Fall mit Karyotypus XO/XXX
1 Fall mit Karyotypus XO/XX/Xx

Tabelle 1

Geschlechts-Chromosomen im Turner-Syndrom

	Court Brown (1964)	Lindsten (1963)	Engel (1964)	Ferguson Smith (1964)	de la Chapelle (1962)	Lamy (1965)	Milcu Maximilian (1968)
XO	38	35	17	7	10	46	25
XO/XX	4	7	1	8	6	4	16
XO/X izo X – XO/X izo X izo X	5	9	8	4	2	4	1
X izo X	3	2	5	1	0		0
XO/XY	5	0	2	1	0		2
XO/XYY	1	0	0	0	0		2
XO/Xx*	0	1	1	0	0		0
XO/Xx**	1	0	0	1	1		0
Xx**	2	0	0	0	0		1
$XO/XX_r/XX_rX_r$ – XO/XX_r	0	1	0	1	0		0
XO/XXX – XO/XX/XXX	3	0	0	2	0		1
XO/X + groß X	1	0	0	0	0		0
XO/X + ein ganz kleines Fragment	2	0	0	1	1		0
XX	0	1	0	3	2	2	0
XO/?	0	1	1	0	0		0
XO/X izo ?/XXX	0	0	0	1	0		0
XO/XX/Xx	0	0	0	0	0		1
XO/XXY	0	0	0	0	0		1
XO + 22	0	0	0	0	0	2	0
XY + 22	0	0	0	0	0	1	0
Gesamtsumme	65	57	35	30	22	59	50

* Deletionen des Kurzen Armes der X-Chromosomen

** Deletionen des Langem Armes der X-Chromosomen

Auch in anderen, in der Literatur beobachteten Serien hat man eine ähnliche Tatsache bemerkt, und zwar eine ausgesprochene Diversität der chromosomen Anomalien. Gleichzeitig muß man hervorheben, daß das Auftreten dieser Anomalien sich von einer Serie zur anderen unterscheidet. Natürlich können manchmal einige Typen der Abweichungen fehlen (Tab. 1).

Desgleichen wurde die Beziehung zwischen den Typus der chromosomen Anomalien und der Intensität der somatischen Mißbildungen erörtert (Tab. 2).

Tabelle 2

Mißbildung	XO Fall Nr.	%	XO/XX Fall Nr.	%	Xx	XO/XizoX	XO/XY	XO/XYY	XO/XXY	XO/ XXX	XO/ XX/ Xx
	25		16	1	1	1	2	2	1	1	1
1. Kleine Gestalt	21	84,0	14	87,5	1	1	2	2	1	1	
2. Übergewicht	7	28,0	5	31,2	1	1	1	1	1	1	
3. Schwachsinn	14	56,0	9	56,2		1	1	1	1	1	
4. Anormales Gesicht	12	48,0	9	56,2	1	1		2	1	1	
5. Asymmetrie	4	16,0	3	18,7		1		1	1	1	
6. Mikrognathie	7	28,0	3	18,7		1		1	1	1	1
7. Hypoplasie der Nase	11	44,0	5	61,2				1	1	1	
8. Weit auseinanderstehende Augen	2	8,0	4	25,0						1	
9. Epicanthus	11	44,0	6	37,5				1		1	
10. Mongoloide Augen	4	16,0	1	6,3				1	1	1	
11. Antimongoloide Augen	6	24,0	2	12,5							1
12. Exophthalmie	2	8,0	1	6,3							
13. Palpebrale Senkung (Ptose)	8	32,0	6	37,5					1		1
14. Ogiovaler Gaumen	16	64,0	10	62,5	1	1	1		1	1	
15. Anormale Ohren	11	44,0	9	56,2			1	1		1	
16. Volar Hals (palmar)	7	28,0	4	25,0						1	
17. Kurzer Hals	11	44,0	6	37,5	1	1	2	1	1	1	
18. Tiefer Haaransatz	13	52,0	6	37,5	1		2		1	1	
19. Brustkorb in Schildform	14	56,0	10	62,5		1	2	1	1	1	1
20. Ulna valgus	17	68,0	13	81,2	1	1	2				
21. Schwache Gelenke	6	24,0	2	12,5			1				
22. Kurze Finger	6	24,0	2	12,5	1			1			
23. Kurzer IV. Metacarpus	11	44,0	7	43,8			2	1	1	1	1
24. Pes valgus	1	4,0									
25. Syndactylie	1	4,0	1	6,3							
26. Volar Finger (palmar)	3	12,0	0	12,5							
27. Anormaler Fuß	6	24,0	4	25,0				1			1
28. Keloid	3	12,0	2	12,5							
29. Pigmentierte Warzeu	13	52,0	8	50,0	1	1		1			1

In der Gruppe 45.XO trifft man häufig, in mehr als 40% der Fälle, die folgenden somatischen Mißbildungen:

- kleine Gestalt
- anormales Gesicht
- Hypoplasie der Nase
- Epicanthus
- ogivaler Gaumen
- anormale Ohren
- kurzer Hals
- tiefer Haaransatz im Nacken
- anormaler Brustkorb
- Ulna valga
- gekürzter Ossa metacarpi IV
- pigmentierte Warzen.

In der Gruppe 45.XO/46.XX bestehen häufig, mit wenigen Ausnahmen, dieselben Mißbildungen. Seltener als in der vorhergehenden Gruppe trifft man folgende Mißbildungen:

- Hypoplasie der Nase
- Epicanthus
- kurzer Hals
- tiefer Haaransatz

Wegen der kleinen Anzahl der anderen Typen der chromosomen Anomalien können wir natürlich keine Verbindung zwischen den Typus der chromosomen Abweichung und den klinischen Zeichen machen. Diese Verbindung wurde aber öfters in der Literatur erwähnt (siehe die Synthesen von MILCU und Mitarbeiter 1968, BIGOZZI und Mitarbeiter 1966, ZURLI und Mitarbeiter 1966, FERGUSON SMITH und Mitarbeiter 1964).

Wir haben dann das Auftreten der verschiedenen somatischen Mißbildungen in einigen der größten bis jetzt veröffentlichten Serien verfolgt (Tab. 3).

Tabelle 3

	% der Patienten mit Mißbildungen					
	HADDAD WILKINS	LEMLI	LAMY		MILCU — MAXIMILIAN	
	unbekannter Karyotypus	XO	XO	mosaik	XO	mosaik
Kleine Gestalt	100	100	100	100	84	89
Höhe bei der Geburt unter 47 cm	—	45	—	—	—	—
Pigmentierte Warzen	37	64	70	50	52	40
Anormale Ohren	55	84	38	14	44	40
Ogivaler Gaumen	51	84	64	43	64	60
Mikrognathie	38	80	—	—	28	28
Anormales Gesicht	58	64	68	25	48	60
Epicanthus	33	44	43	12	44	32
Palpebrale Ptose	36	20	68	14	32	32
Tiefer Haaransatz	—	88			52	44
Kurzer Hals	—	68	—	—	44	48
Palmar Hals	49	52	51	0	28	20
Brustkorb in Schildform	80	92	76	28	56	68
Cubitus valgus	62	72	71	75	68	68
Kurzer IV Metacarpus	—	36	—	—	44	52
Aorta coarctation	14,5	36	—	—	—	—
Mißbildungen der Nieren	—	64	39	33	—	—
Lymphödeme bei der Geburt	—	80	73	0	—	—

Es ist zu bemerken, daß die Höhe in unseren Serien nicht unbedingt kleiner ist — unter 3α, als die der Kinder im selben Alter.

Die Hypognathie in unserer Serie ist seltener anzutreffen als in der von LEMLI und HADDAD. Ebenfalls tritt der palmare Hals in weniger als ein Drittel der Fälle mit XO auf, und nur bei 20% der Patientinnen mit Mosaik. Es ist interessant zu bemerken, daß in der Serie von LAMY nicht eine der Patientinnen mit Mosaik diese Mißbildungen aufweisen. Auch ist hervorzuheben, daß unsere Patientinnen mit Mosaik mehrere Mißbildungen haben, als in der Serie von LAMY (1965). In der Synthese, die sie den klinischen Folgen des Mosaiks XO/XX widmen, bemerken CARNEIRO und Mitarbeiter (1966), daß einige geringere Mißbildungen, wie tief angesetzte Ohren, Hypoplasie des Unterkiefers, ogivaler Palatum durum, Ulna valga usw. häufiger bei den Frauen mit XO/XX anzutreffen sind, als bei denen mit XO.

In 48 von uns beobachteten Fällen waren die äußeren Geschlechtsorgane hypoplasisch. Nur in 2 Fällen bestand eine phallische Hypertrophie (Turner-Syndrom mit virilitäts Phänomenen). (Das sind die 2 Fälle mit Entartung der Keimdrüsen).

Unter den 15 Patientinnen, die das 15te Lebensjahr erreicht oder überschritten hatten, hatte nur eine einzige eine Menstruation.

Diesbezügliche Beobachtungen sind in der Literatur noch erwähnt worden. So hatten z. B. in der Serie von LAMY (1966) drei Patientinnen einige Zeit die Menstruation. Unter den 47 Patientinnen nach dem Pubertätsalter, von denen GIUSTI (1966) berichtet, wiesen vier Zeichen der sexuellen Reife auf.

Man kennt auch zwei Fälle von Fruchtbarkeit beim Turner-Syndrom (BAHNER 1960 — HIENZ 1962). Aber gewöhnlich sind die Patientinnen steril.

Intelligenzfaktor. Zusammen mit TEODORU (1966) haben wir den Intelligenzfaktor (Q.I.) studiert. Es wurde festgestellt, daß 68% der Patientinnen ein psychisches Defizit von 0,50—0,90 aufweisen. Der Intelligenzfaktor ist derselbe, auch bei den Patientinnen mit 0,78 positiven Chromatin, wie auch bei denen mit 0,79 sexuellen negativen Chromatin.

Q.I. positives Chromatin 0,78	1 Fall mit Schizophrenie
Q.I. negatives Chromatin 0,79	3 (6%) mit Epilepsie.

Die Angaben aus der Literatur sind oft widersprechend. In einigen Fällen war der Q.I. unvollständig (Engel-Forbes 1961, Cohen 1962, Haddad 1962, usw.). In der Serie von Lamy (1965) hatten 51% der Patientinnen eine normale Intelligenz, 33% waren leicht schwachsinnig und 15% schwer schwachsinnig. Lindsten (1963) aber ist der Meinung, daß der Q.I. der Patientinnen mit Turner-Syndrom für gewöhnlich normal ist. Giusti (1966) untersuchte 11 Fälle und stellte fest, daß die Frauen mit Turner-Syndrom sehr verschiedene Intelligenzfaktoren aufweisen. Diese Beobachtung könnte die Verschiedenheit der Ergebnisse erklären. Genau wie wir kam Giusti zu derselben Schlußfolgerung, daß es keine Beziehung zwischen den Karyotypus und dem Intelligenzfaktor gibt.

Die Bedeutung der Schizophrenie ist ungeklärt.

Die Häufigkeit der Epilepsie ist überraschend groß (12%), viel größer als die, die man in der allgemeinen Bevölkerung antrifft.

Bucco-dentale Störungen im Turner-Syndrom: Im Rahmen des symptomatischen Komplexes des Turner-Syndroms wurden auch eine Reihe bucco-dentaler Störungen beschrieben. Mit einer Häufigkeit, die bedeutend erhöht ist im Vergleich zu den normalen Serien erschienen: ogivaler Gaumen, gespaltene Zunge, vorzeitiges Zahnen, Störungen der Bißstellung (am häufigsten stellt man die distale Bißstellung fest mit sagittalem Klaffen des Gebißes von 2—5 mm) und verschiedene Anomalien der Zahnform (Tab. 4).

Tabelle 4

Bucco-dentale Störungen bei Turner-Syndrom

Die Art der Störung	Nr.	%	XO	XO/ XX	XO/XX Xx	XO/ XXY	XO/ XYY	XO/ XXX	XO/ XizoX	Xx	XO/ XY
Ogivaler Gaumen	35	77,09	16	12	1	1	—	1	1	1	2
Cutane Zunge	15	29,1	5	6	1	—	1	—	—	1	1
Vorzeitiger Zahndurchbruch	6	16,6	3	2	—	—	1	—	—	—	—
Störung der Bißteilung	32	70,8	16	12	1	—	—	1	1	—	1
Störung der Gebißform	18	41,6	10	5	—	—	2	—	—	1	—
Störung der Zahnstruktur	6	14,2	3	2	—	—	1	—	—	—	—
Störung des Zahndurchbruches	1	4,16	1	—	—	—	—	—	—	—	—
Frontale untere Zahnlücke über 4 mm	3	6,25	1	2	—	—	—	—	—	—	—

Das Vorhandensein eines bestimmten Karyotypus ist nicht voraussetzend für die stomatologischen Störungen.

Man könnte diese durch die gonosome Anomalie erklären, die Störungen des Knochengewebes verursacht (also auch in dem betreffenden Abschnitt).

Die Entartung der Keimdrüsen. Es ist eine bekannte Tatsache, daß die Keimdrüsendysgenesien auffallend zur Entartung neigen. Eine Ausnahme bildet wahrscheinlich nur das Turner-Syndrom.

Teter (1965) hat bei 25 Fällen Turner-Syndrom nur ein einziges Gonocytom festgestellt.

Goldberg (1967) hat die veröffentlichten Arbeiten nach 1959 durchgesehen und hat nur 6 Fälle von Turner-Syndrom mit Entartung der Keimdrüsen festgestellt. Unter den Fällen mit Keimdrüsendysgenesien, die wir untersucht haben, waren nur 4 Fälle zu verzeichnen. Zwei davon waren Turner-Syndrom mit weiblichem Phänotypus und Virilitätsphänomenen: eine Patientin, 29 Jahre alt, mit auffallender Hypotrophie (131 cm) und einigen charakteristischen somatischen Mißbildungen. Die sekundären Geschlechtsmerkmale sind schwach entwickelt. Die äußeren Geschlechtsorgane sind normal: Penis normal entwickelt, mit zirkumflexem Präputium, die Schamspalte ist durch ein horizontales Band in zwei Öffnungen geteilt — eine obere — die Harnleitermündung und eine untere — die Vagina. Die linke Schamlippe ist hypertrophisch, wahrscheinlich durch einen Bruchsack. Die Vagina ist 6 cm lang und endet mit einer hypoplastischen Cervix uteri.

Bei der Laparatomie stellte sich heraus, daß sich auf der linken Seite beim Eierstock, im Inneren einer cystischen Bildung, eine tumorartige Formation befand. Die anatomo-pathologische Untersuchung stellte ein Gonadoblastom fest.

Auf der rechten Seite befindet sich am Platz des Eierstockes ein Streifen aus Fasergewebe.

Die inneren Geschlechtsorgane sind weiblich, der Eierstock ist hypoplasisch, die Eileiter sind normal. Karyotypus XO/XY. Das sexuelle Chromatin ist negativ.

Beobachtung II. L. C., 18 Jahre alt, wird wegen hypotrophischen Wuchses und primärer Amenorrhöe eingewiesen. Die Patientin hat ein dysharmonisches Aussehen: kurze Beine, enges Becken, länglicher und gewölbter Brustkorb, Mamillarpunkte weit auseinanderstehend, breite Schultern, kurzer Hals, pterygium colli, ulna und genu valgus, zahlreiche pigmentierte Warzen. Das Gesicht weist einen starken Haarwuchs mit androidem Charakter auf, reicher Wuchs der Schamhaare, der auf die Linea alba übergeht. Weibliche Stimme, unentwickelte Brust.

Die äußeren Geschlechtsorgane sind anormal: stark hypertropische Clitoris, Hypoplasie der großen Schamlippen, normale Konformation der Harnleitermündung und der Scheide. Das sexuelle Chromatin ist negativ; Karyotypus XO. Bei der Laparotomie stellt man einen hypoplastischen Eierstock fest. An Stelle des linken Eierstockes befindet sich ein Streak. Im rechten Eierstock befindet sich eine glanduläre Formation von 5/1.5 cm auf 2/1 cm. Bei der anatomo-pathologischen Untersuchung stellt man fest, daß sie aus schwach differenzierten Elementen des Mesenchyms besteht, von denen einige Gruppen in Form unsystematisierter Streifen von einem fibrillären Stroma umgeben sind. Andere Teile enthalten epithelartige Zellgruppen, abwechselnd mit Kolloidspeicherung in eiförmigen Plättchen geordnet. An der Peripherie des Tumors befindet sich ein proliferierender Teil mit zahlreichen Zellen aus primordialen gonadalen Elementen mit verschiedenen Differenzierungsstufen.

Häufig stellen die Zellen Phänomene der Anisokorie und Anisocytose dar, also eine unsystematisierte interstromale Wucherung.

Das Problem der degenerierten Keimdrüsen wurde oft in der Literatur besprochen. Es wurde bemerkt, daß die bösartige Entartung der Keimdrüsen beim Turner-Syndrom sehr selten vorkommt. Mit unseren zwei Fällen sind bis heute 7 Fälle bekannt. Es ist interessant zu bemerken, daß die bösartige Entartung häufiger bei Patientinnen mit Virilitätsphänomenen vorkommt. Von den 22 Fällen mit Turner-Syndrom, einfacher und gemischter Keimdrüsendysgenesie, die von Goldberg und Scully zusammengefaßt wurden, weisen 12 Virilitätsphänomene auf.

Literatur

Bahner, F., G. Schwarz, D. G. Harnden, P. A. Jacobs, H. A. Hienz and K. A. Walter: Fertile female with XO sex. chromosome constitution. Lancet **2**, 100 (1960).

Bigozzi, U., F. Salti, E. Montali, A. Borghi e G. Giusti: Sulla frequenza dei vari corredi cromosomici riscontrabili-nelle disgenesie gonadiche con fenotipo femminile con riferimento ai diversi quadri clinici. Rass. Neurol. Veget. XX, **1**, 19 (1966).

Carneiro, J. L., M. L. Voorhess, R. I. Schlegel and L. I. Gardner: XX/XO mosaicism in nine preadolescent girls short stature as presenting complaint. Pediatrics **38**, 972 (1966).

Cohen, H.: Psychological test findings in adolescents having ovarian dysgenesis. Psychosom. Med. **24**, 245 (1962).

Court Brown, W., D. G. Harnden, P. A. Jacobs, N. Maclean and D. J. Mantle: Abnormalities of the sex chromosome complement in man. Med. Res. Council. Spec. Rep. Ser. 305 (1964).

De la Chapelle, A.: Cytogenetical and clinical observations in female gonadal dysgenesis. Acta Endocr. **40**, suppl. 65 (1962).

Engel, E., and A. P. Forbes: An abnormal medium sized metacentric chromosome in a woman with primary gonadal failure. Lancet **2**, 1004 (1961).

Engel, E.: La dysgénèsie gonadique (syndrome de Turner); Une affection rare mais riche d'enseignement. Etude chromosomique de 35 cas. Schweiz Med. Wochschr. **94**, 906 (1964).

Ferguson-Smith, M. A., D. S. Alexander, P. Bowen, R. M. Goodman, B. N. Kaufmann, H. W. Jones and R. H. Heller: Clinical and cytogenetical studies in female gonadal disgenesis and their bearing on the cause of Turner's syndrome. Cytogenetics **3**, 355 (1964).

Giusti, G., A. Borghi, and U. Bigozzi: Le disgenesie gonadiche con fenotipo femminile. In: Le disgenesie gonadiche. Ricambio calcio-fosforico e ghiandole paratiroidi. Torino 1 (1966).

Goldberg, M. B., and A. L. Scully: Gonadal malignancy in gonadal dysgenesis: papillary pseudomucinous cystadenocarcinoma in a patient with Turner's syndrome. J. Clin. Endocrin. Metab. **37**, 341 (1967).

Haddad, J. C.: Turner's syndrome: case report and review of clinical and cytogenetic aspects. Bull. Tulane. Med. Fac., 21—139 (1962).

Hienz, H.: Chromosomenbefunde bei einem Fall von fertilem Turnersyndrom. Verhandl. Dtsch. Gess. Path. **46**, 328 (1962).

Ionescu, B., und C. Maximilian: Transformările tumorale ale disgeneziilor. St. cercet. endocrin. **17**, 435 (1966).

Lamy, M., N. Josso, J. de Grouchy, et A. Bitan: Anomalies des gonosomes. XX Congr. Assoc. Péd. Lang. Franc., 1965.

Lemli, L., and D. W. Smith: The XO syndrome; a study of the differentiated phenotype in 25 patients. J. Pediat. **63**, 577 (1963).

Lindsten, J.: The nature and origin of X chromosome aberrations in Turner's syndrome. Almquist. Wiksell. Uppsala., 1963.

Milcu, St. M., B. Ionescu, P. Strihan, I. Iliescu und C. Maximilian: Rare forme d'intersexualité à caryotype XO/XY. Rev. roum. endocrin. **2**, 185 (1965).

Milcu, St. M., C. Maximilian und B. Ionescu: Endocrinopatiile genetice., București, Ed. Acad. 1968.

Teter, J.: Les gonocytomes aux cours des dysgénèsies gonadiques. Actualit. Endocr. **69** (1965).

Zurli, A., M. Maiello, A. Borghi und G. Giusti: Frequenza e significato degli aspetti malformativi esterni nella sindrome di Turner in senso lato. Rass. Neurol. Veget. XX, **1**, 34 (1966).

C. u. O. Vogt-Institut für Hirnforschung der Universität Düsseldorf in Neustadt/Schwarzwald, DBR und Pharmazeutisch-Chemische Forschungslaboratorien der Sandoz A. G. Basel, Schweiz

Die Bedeutung histoautoradiographischer Untersuchungen für die Psychopharmakologie

von

A. Hopf und H. Eckert

Zwischen den großartigen therapeutischen Erfolgen, die mit den Psychopharmaka in den letzten eineinhalb Jahrzehnten erzielt worden sind, und unserem Wissen über die Wirkungsweise dieser Substanzen besteht trotz zahlreicher Untersuchungen und wertvoller Einzelergebnisse immer noch eine weite Kluft. Es erhob sich die Frage, in welcher Weise die Morphologie zu der Lösung der vielschichtigen Probleme der Psychopharmakologie beitragen könne. Bei der Prüfung dieser Frage fiel bald auf, daß die in einigen Arbeiten behauptete Anreicherung psychoaktiver Substanzen im retikulären und limbischen System oder gar eine besondere Affinität zu diesen Strukturen nicht immer überzeugend war, ebenso wie die Schlußfolgerungen über die Beteiligung bestimmter Strukturen dieser Systeme oft indirekter Natur waren. Hinzu kam die Überlegung, die u. a. Jung schon vor einigen Jahren ausgesprochen hat, daß nämlich selbst die beste Kenntnis der chemischen Vorgänge uns allein noch kein Verständnis für die neurophysiologischen und klinischen Phänomene ermöglicht. Der Neurophysiologe und der Neurologe wissen, daß die Symptome immer von dem betroffenen System abhängen, gleichgültig, durch welche Faktoren oder Substanzen dieses gereizt oder gehemmt wird.

Ein Überblick über die Literatur zeigte, daß wir schon über den ersten Schritt des Weges, den die Psychopharmaka im Organismus nehmen, ungenügend orientiert sind. Über die feinere Verteilung der Psychopharmaka im Zentralnervensystem wissen wir trotz zahlreicher Untersuchungen noch verhältnismäßig wenig. Das beruht darauf, daß die meisten Untersuchungen mit chemischen Methoden vorgenommen worden sind. Es waren jeweils größere Hirnregionen, deren relativer Gehalt an einem Pharmakon nach Homogenisierung des Gewebes bestimmt wurde. Eine Beziehung zu strukturellen Daten war dabei naturgemäß nicht möglich. Besonderheiten der einzelnen Hirnregionen traten dementsprechend kaum hervor. Ein Vergleich der auf diese Weise untersuchten Hirnabschnitte bleibt ohnehin problematisch, da noch nicht einmal angegeben werden kann, welche Anteile jeweils auf die graue und die weiße Substanz entfallen. Diese verhalten sich aber in vieler Hinsicht verschiedenartig. In makroautoradiographischen Studien (Cassano, Sjöstrand und Hansson 1965) konnten auffallende Schwärzungsunterschiede zwischen einzelnen Hirnregionen beschrieben werden. Es fehlen aber bislang systematische Vergleiche mit strukturellen und histochemischen Daten ebenso wie quantitative Untersuchungen kleiner und strukturell einheitlicher Grisea.

Es wurden daher autoradiographisch die Verteilungsmuster verschiedener psychoaktiver Substanzen in über 60 Hirnregionen der Ratte untersucht. Die Ratte wurde deshalb gewählt, weil bei ihr z. B. der Stoffwechsel des Imipramin dem des Menschen sehr ähnlich ist, wogegen Maus und Kaninchen sich völlig verschiedenartig verhalten (Dingell, Sulser und Gillette, 1964). Die Substanzen waren mit C^{14} markiert, und zwar jeweils an einer Stelle, an der, soweit Angaben über den Metabolismus vorliegen, während der Versuchszeit kein nennenswerter Abbau zu erwarten war. Die radiochemische Reinheit der Substanzen wurde mittels Dünnschichtchromatographie geprüft. Chemographische Effekte konnten durch Kontrollserien mit unmarkierten Substanzen ausgeschlossen werden. Nach raschem Einfrieren wurden 40 μm dicke Schnitte angefertigt und von diesen Kontaktautoradiogramme auf Röntgenfilm hergestellt. Die Schwärzungen wurden quantitativ photometrisch ausgewertet, nachdem Eichkurven in dem gewählten Meßbereich einen linearen Verlauf zeigten. Es wurden Verdünnungsreihen der markierten Substanz mit bekannter Aktivität in Gelatine hergestellt. 40 μm dicke Schnitte dieser Gelatinewürfel, von denen unter identischen Bedingungen Kontaktautoradiogramme angefertigt wurden, ermöglichen eine Angabe der absoluten Aktivität, auf die hier aber nicht eingegangen wird.

Über 4 markierte Substanzen, die auf die beschriebene Weise untersucht wurden, soll berichtet werden. Es handelt sich um eine stark neuroleptische Spiroverbindung (2-Methyl-8-(4-p-fluorphenyl-4-oxybutyl)-2,8-diazaspiro (4,5) decan-1,3-dion(1-carbonyl-^{14}C)-hydrochlorid), ein Antaminicum der Thioxanthenreihe mit vorwiegender Antihistamin-Wirkung (9-(N-Methylpiperiliden-4')-thioxanthen-(9-C^{14})-hydrogenmaleinat), das Antidepressivum Imipramin (Tofranil) und das Halluzinogen Psilocin. Das in einer mexikanischen Pilzart vorkommende Psilocybin ist der Phosphorsäureester des Psilocins. Trotz der unterschiedlichen chemischen Struktur war das Verteilungsmuster der 4 untersuchten Substanzen im Gehirn sehr ähnlich.

Eine Minute nach intravenöser Injektion sieht man bei verschiedenen Substanzen, z. B. dem Imipramin (Abb. 1) eine eigenartig fleckige und in der Rinde radiär-streifige Verteilung des markierten Pharmakons. Die Aktivität ist überall in der grauen Substanz höher als in der weißen. Die höchste Aktivität findet sich u. a. im Bereich der Kleinhirnkerne, des Colliculus inferior und der Plexus. Die Aktivität im Neocortex ist zu dieser Versuchszeit höher als im Ammonshorn. Später kehrt sich dieses Verhältnis um. Die Aktivität entfällt nur noch teilweise auf die Kapillaren, teilweise ist bereits ein Übertritt in das Hirngewebe erfolgt. Deshalb besteht auch keine durchgehende Korrelation zur Kapillardichte mehr.

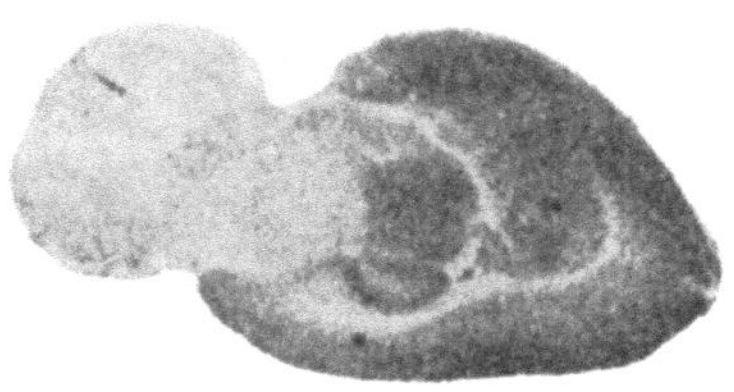

Abb. 1. Autoradiogramm 1 min nach Injektion von C^{14} Imipramin. Sagittalschnitt, Rattenhirn

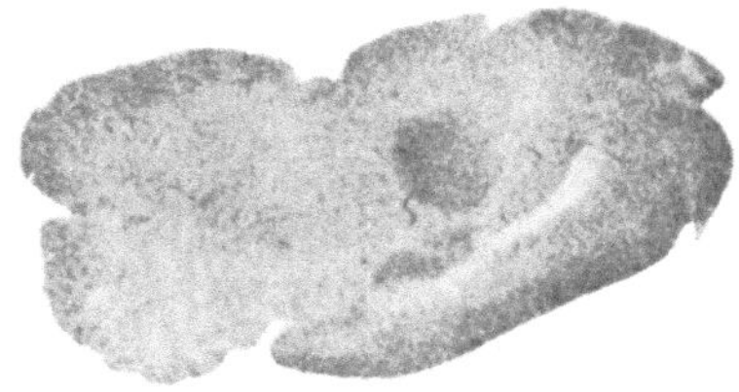

Abb. 2. Autoradiogramm 30 min nach Injektion einer C^{14} markierten Spiroverbindung, Sagittalschnitt, Rattenhirn

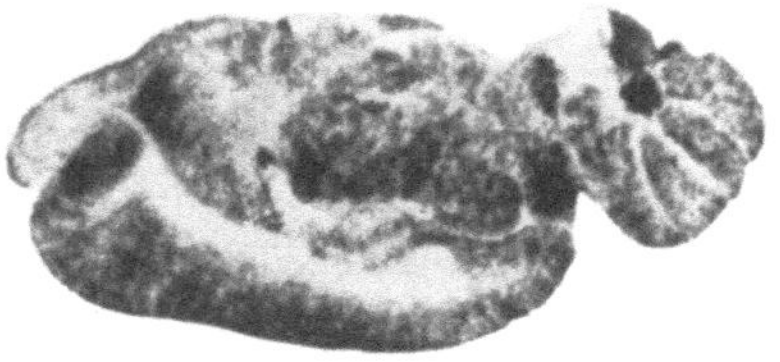

Abb. 3. Autoradiogramm 8 Stunden nach Injektion von C^{14} Psilocin. Sagittalschnitt, Rattenhirn

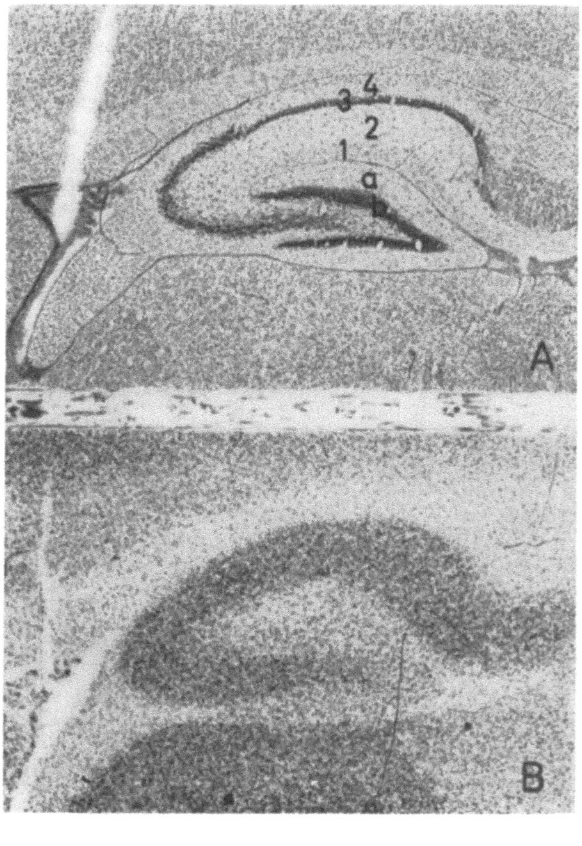

Abb. 4. A—Nissl-Präparat des Hippocampus der Ratte. 1—Stratum moleculare, 2—Stratum radiatum, 3—Stratum pyramidale, 4—Stratum oriens des Ammonshorns;
a — Stratum moleculare, b—Stratum granulare der Fascia dentata. B—Autoradiogramm

Das Antaminicum der Thioxanthenreihe zeigt eine ähnliche Verteilung mit starkem Hervortreten des Colliculus inferior und eine geringere Aktivität im Ammonshorn im Vergleich zum Neocortex. Das gleiche gilt für die anderen untersuchten Substanzen.

Die Aktivität ist nach 30 Minuten schon erheblich abgefallen: der Unterschied zwischen Mark und Rinde ist etwas geringer. Bei ziemlich diffuser Verteilung in der grauen Substanz treten lediglich Neocortex, Ammonshorn und Thalamus ein wenig hervor (Abb. 2). Die gleichen Strukturen heben sich auch nach 60 Minuten deutlich ab. Die höhere Aktivität von End- und Zwischenhirn im Vergleich zum Mittel- und Rautenhirn ist beim Psilocin besonders auffällig. Dieses Muster prägt sich nach 4—8 Stunden noch stärker aus (Abb. 3).

Das Verteilungsmuster im Bereich des Hippocampus ist besonders interessant. Man könnte zunächst annehmen, Ammonshorn und Gyrus dentatus oder zellreiche und zellarme Schichten wiesen jeweils

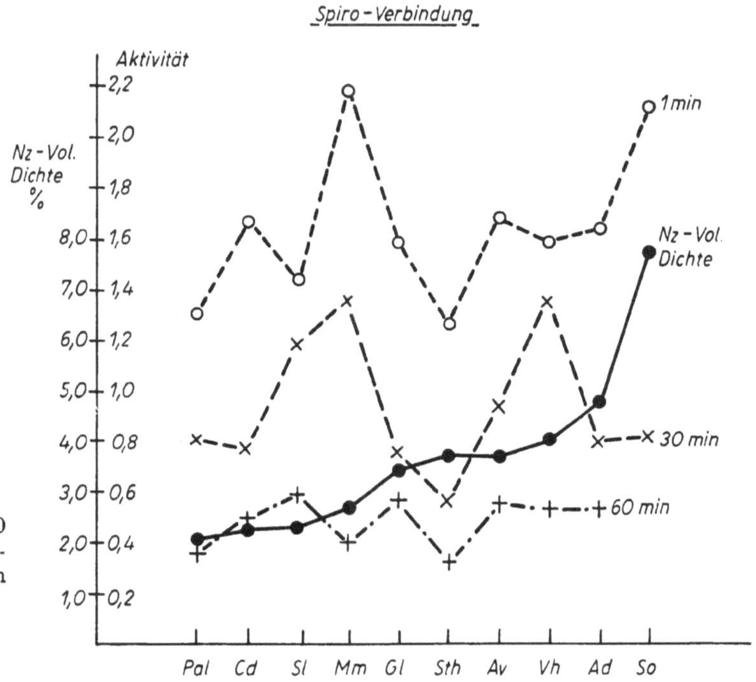

Abb. 5. Volumenzelldichte von 10 Kernen des Rattenhirns und Aktivitätsverteilung einer C^{14} markierten Spiroverbindung

eine unterschiedliche Aktivität auf. Merkwürdigerweise zeigt sich aber ein völlig anderes Muster. Eine hohe Aktivität liegt im Ammonshorn gleichzeitig im Stratum oriens, pyramidale und radiatum vor, wogegen das Stratum moleculare des Ammonshorns zusammen mit dem Stratum moleculare und dem dichtzelligen Stratum granulare der Fascia dentata eine niedrige Aktivität aufweist (Abb. 4).

Nach der Deskription der Verteilungsmuster ist die Frage zu prüfen, ob Beziehungen zu morphologischen Daten, besonders dem Zellgehalt oder zu dem Kapillargehalt der einzelnen Regionen, ihrer Stoffwechselaktivität, ihrem Enzymgehalt oder anderen bekannten histochemischen oder chemischen Mustern bestehen.

Eine Abhängigkeit von der Nervenzell- oder Gliazelldichte konnte nicht festgestellt werden. Die numerische Zelldichte besitzt allerdings auch nur einen beschränkten Aussagewert, weil sie unberücksichtigt läßt, ob es sich um große oder um kleine Nervenzellen handelt. Es wurde deshalb in einigen Kernen die Volumenzelldichte oder der Grauzellkoeffizient bestimmt. Dieser Wert gibt an, welcher Prozentsatz eines Griseum von den Perikarya der Nervenzellen eingenommen wird. Abbildung 5 zeigt die Ergebnisse bei 10 Strukturen mit zunehmender Nervenzellvolumendichte. Eine hohe Volumenzelldichte ist offenbar nicht mit einer vermehrten Aufnahme der aktiven Substanz verbunden.

In der Abbildung 6 sind auf der Abszisse mit durchlaufenden Nummern 18 Strukturen nach ihrem Kapillargehalt aufgetragen. Die Ziffern darunter bezeichnen die Meßstellen. Einstellige Ziffern bedeuten Strukturen des Rautenhirns, die Ziffern zwischen 11 und 19 — solche des Kleinhirns, ab 20 — des Mittelhirns usw.

Bei dem Thioxanthenderivat findet sich nach einer Minute (obere Kurve) die niedrigste Aktivität im Bereich des Markes, das auch den niedrigsten Kapillargehalt aufweist, und die höchste Aktivität im Bereich des Nucleus paraventricularis, der auch den höchsten Kapillargehalt besitzt. Eine durchgehende

Parallelität von Kapillargehalt und Aktivität ist sonst nicht zu verzeichnen. Auch in späteren Stadien zeigen die kapillarreichen Gebiete weder einen höheren Einbau noch einen rascheren Abbau der aktiven Substanz. Das gleiche gilt auch für die anderen untersuchten Substanzen.

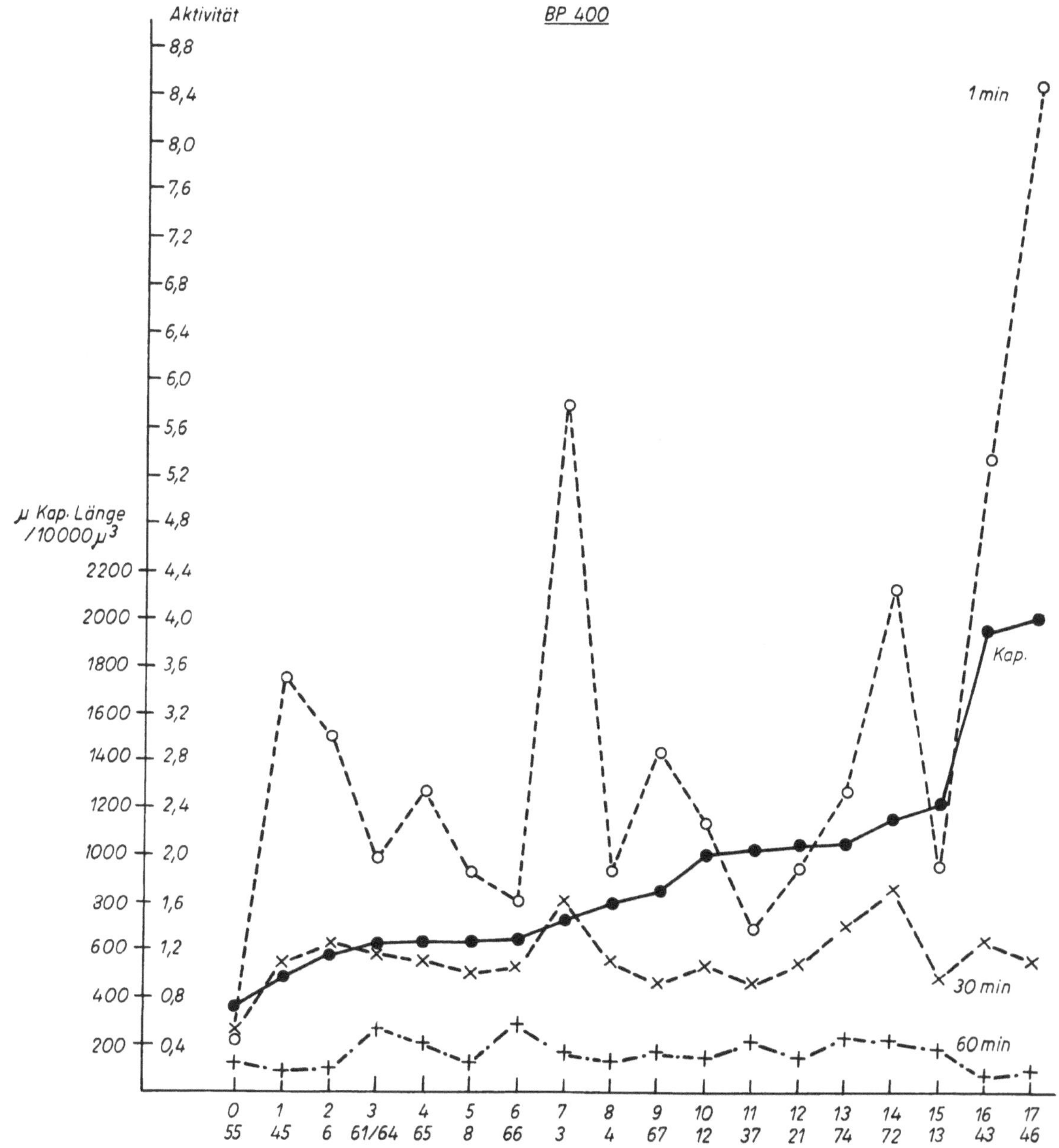

Abb. 6. Kapillargehalt (nach Craigie) und Aktivitätsverteilung eines C^{14} markierten Antihistaminicums der Thioxanthenreihe

Zu der Verteilung der oxydativen Enzyme, beispielsweise der Succinodehydrogenase, besteht keine Parallele. Auch der Vergleich mit der Einbaurate von Aminosäuren, etwa von H^3 Leucin, läßt keine Parallele erkennen.

Wegen der starken Lipoidlöslichkeit der untersuchten Substanzen wurde auch die Beziehung zum Lipoidgehalt geprüft. Zunächst besteht hier im Groben eine negative Korrelation, da der Lipoidgehalt im Wesentlichen durch die Markscheiden bedingt wird, die wenig stoffwechselaktiv sind. Versucht man diesen Faktor zu eliminieren, indem man markscheidenarme Gebiete untersucht, so kommt man ebenfalls zu keiner Korrelation von Lipoidgehalt und Aktivität.

Die Verteilungsmuster der untersuchten Psychopharmaka wurden mit allen uns in der Literatur zugänglichen histochemischen und chemischen Verteilungsmustern verglichen, ohne daß sich dabei überzeugende Parallelen ergeben hätten. Auch zu der Größe des Extrazellulärraums waren keine Beziehungen erkennbar.

Das Verteilungsmuster der Psychopharmaka wird wahrscheinlich von mehreren Faktoren bestimmt. Einzelne Faktoren ohne detaillierte Prüfung als entscheidend zu bezeichnen, ist kaum angängig. Es wäre sicherlich interessant, die Pharmaka auch einmal nach ihrem Verteilungsmuster zu klassifizieren. Die beschriebenen Muster enthalten Hinweise, an welchen Strukturen histologische, cytologische und elektronenmikroskopische Untersuchungen besonders aufschlußreich sein dürften. Dazu gehört das Ammonshorn, bei dem sich als einzigem Gebiet des limbischen Systems eine Anreicherung psychoaktiver Substanzen bestätig hat. In der Formatio reticularis fand sich kein Areal mit hoher Aktivität.

Literatur

Cassano, G. B., S. E. Sjöstrand and E. Hansson: Distribution of ^{35}S-chlorpromazine in cat brain. Arch. int. Pharmacodyn. **156**, 48–58 (1965).

Craigie, E. H.: On the relative vascularity of various parts of the central nervous system of the albino rat. J. Comp. Neurol. **31**, 429–464 (1920).

Craigie, E. H.: The vascularity of the cerebral cortex of the albino rat. J. Comp. Neurol. **33**, 193–212 (1921).

Dingell, J. V., F. Sulser and J. R. Gillette: Species differences in the metabolism of imipramine and desmethylimipramine (DMI). J. Pharmacol. Exp. Ther. **143**, 14–22 (1964).

Jung, R.: Neuropharmakologie: Zentrale Wirkungsmechanismen chemischer Substanzen und ihre neurophysiologischen Grundlagen. Verh. Ges. Dtsch. Naturforscher und Ärzte, Wiesbaden 1958, Springer-Verlag, S. 169–183.

Diskussionsredner:

Woohsmann (DDR).

Institut für Thoraxchirurgie der Akademie der Medizinischen Wissenschaften der UdSSR, Moskau, UdSSR

Die Rolle von Serotonin in der Pathogenese von Totgeburten

von

JA. L. RAPOPORT und S. RAPOPORT

In den letzten 10 Jahren haben sich die Kenntnisse über die Bedeutung des Serotonins in der Physiologie und Pathologie bedeutend erweitert. Abgesehen von den physiologischen Quellen seiner Erzeugung gelangt das Serotonin in pathologisch größeren Mengen aus Geschwülsten ins Blut, was in manchen Fällen die Entwicklung des sogenannten „Karzinoid-Syndroms" mit Herzklappensklerose u. a. Veränderungen zur Folge hat. Die Bedeutung des Serotonins in der Pathologie ist aber noch viel weitgehender.

Eine der Eigenschaften des Serotonins ist bekanntlich seine Fähigkeit, die Kapillarpermeabilität zu beeinflussen. Nach Angaben von FAHIM und BOTROS (1964) überwindet das Serotonin die Plazentabarriere nicht. Es ruft Gefäßspasmen einiger Bereiche hervor, darunter der Nierengefäße, wodurch sich in diesen gewisse Veränderungen herausbilden können, die denen bei Schwangerschaftstoxikose ähnlich sind.

Im letzten Jahrzehnt erschienen mehrere Arbeiten, die die Rolle des Serotonins beim Schwangerschaftsverlust behandeln, sowohl hinsichtlich der Einwirkung von exogenem Serotonin als auch einer eventuellen Bedeutung von endogenem Serotonin beim Fortschreiten der Schwangerschaftstoxikose.

Als Anregung zur Aufstellung derartiger Fragen dienten die Arbeit von GAUNT et al. (1954) über Reserpin-Pharmakologie, in der gezeigt wurde, daß das Reserpin die reproduktive Fähigkeit der Ratten beeinflußt, sowie die Arbeit von TUCHMANN-DUPLESSIS et MERCIER-PAROT (1956), in der nachgewiesen wurde, daß eine wiederholte Reserpin-Applikation in einer Dosis von 50 g pro Tag zur Unterbrechung der Trächtigkeit von Ratten führt.

In späteren Untersuchungen von PAULSON, BOTROS und ROBSON (1960) wurde festgestellt, daß eine einmalige sowie eine wiederholte Serotonin-Gabe an trächtige Mäuse und Kaninchen zu verschiedenen Zeitpunkten der Trächtigkeit ein Absterben des Föten im Mutterleib zur Folge hat; dabei konnten in den Plazenten Blutungen nachgewiesen werden, die denen bei Schwangerschaftstoxikosen gleichen. Eine Reihe von Verfassern, die den Serotoningehalt in Plazenten bei Frauen mit Schwangerschaftstoxikosen untersucht hat, kam zu widerspruchsvollen Ergebnissen.

Einige experimentelle Untersuchungen in Zusammenarbeit mit S. R. SUBKOWA, W. M. GEZOWA und N. W. TSCHORS haben folgendes ergeben: unter verschiedenen Versuchsbedingungen trächtigen Ratten appliziertes Serotonin in einer Dosis von 0,5—2 mg je Ratte 5—15 Minuten vor Dekapitation oder subkutan in einer Dosis von 1—4 mg im Laufe von 30 Minuten, wird von keinem statistisch nachweisbaren Anstieg im Fötus begleitet, was aus der Tabelle 1 zu ersehen ist. Es zeigt sich eine Tendenz zur Serotoninretention im fötalen Plazentateils, was durch spastische Serotonin-Wirkung auf Gefäße bedingt sein kann (MCCANNAN and HARVATH, 1954).

Im überwiegenden Teil der Versuche wurde zugleich nachgewiesen, daß die Föten trächtiger Ratten nach der Injektion von 0,5 mg Serotonin bei einer 1- bis 19tägigen Trächtigkeit im Laufe von 15—20 20 Minuten zugrunde gehen. Dabei wurde eine individuelle Variabilität der Schwellenempfindlichkeit der trächtigen Tiere gegenüber dem Serotonin festgestellt. Aber eine subkutane Einführung von 3—4 mg führt in allen Fällen zum Tode der Föten. Die Bestimmung des Serotoningehaltes in den zugrunde gegangenen Föten und deren Organen ergab keinen statistisch gesicherten Anstieg in irgendeiner bestimmten Körperregion. Diese Befunde stimmen überein mit den Angaben über die Serotonin-

Tabelle 1

Serotoningehalt in Plazenten und Föten bei der Kontrolle und nach Serotoningabe an die Mutter bei 14- bis 15tägiger Trächtigkeit

Gewebe	Serotoningehalt in /g Körpergewicht (Mittelwerte)						
	Kontrolle			Versuch			P
	Anzahl der Versuche	Gesamtmenge verwendeter Plazenten bzw. Föten	5 — HT	Anzahl der Versuche	Gesamtmenge verwendeter Plazenten bzw. Föten	5 — HT	
Mutterplazenta	8	58	1,21 ± 0,13	11	76	1,36 ± 0,15	< 0,5
Fötusplazenta	9	95	1,45 ± 0,31	10	76	2,14 ± 0,23	< 0,2
Föten	9	59	0,58 ± 0,09	10	49	0,88 ± 0,12	< 0,1

retention in der fötalen Plazenta und folglich minimalen Serotoninzufuhr in den fötalen Organismus aus dem mütterlichen Organismus; die erwähnten Befunde korrelieren ebenfalls mit experimentellen Ergebnissen direkter Serotonineinfürung in den Kreislauf des Föten. Spezielle Versuchsreihen haben die Beobachtungen von ROBSON und SULLIVAN (1963) bestätigt, nach denen bei intraperitonealer Einführung von 1—5 γ Serotonin direkt in den Fötenorganismus, die Föten am Leben bleiben. Dadurch wird eine direkte Serotonineinwirkung auf die Föten als Ursache deren Untergangs ausgeschlossen.

In dieser Hinsicht sind die von uns erhaltenen Befunde über den Serotoningehalt in der Plazenta von Interesse, sowohl wenn die Föten überleben, als auch, wenn sie zugrunde gehen. In ersteren Fällen wurde eine Serotoninretention in der Fötenplazenta nachgewiesen (in der Kontrolle 1,08 ± 0,12; beim Versuch 1,6 ± 0,13; P < 0,02). Wenn aber die Föten zugrunde gehen, so bleibt das eingeführte Serotonin in der mütterlichen Plazenta (bei der Kontrolle 1,21 ± 0,10; beim Versuch 1,78 ± 0,18; P < 0,01).

Zur Erklärung des Mechanismus des Fötenuntergangs im Mutterleib unter den angegebenen Verhältnissen wurden verschiedene Meinungen geäußert. Eine von ihnen (ROBSON und SULLIVAN, 1963) beruht auf der Einführung markierter Erythrozyten in die Mutter und dem Nachweis einer Verminderung der Blutzirkulation in der Plazenta, d. h. das Serotonin hat den Untergang der Föten zur Folge, indem es die Plazentafunktion beeinträchtigt. Zur gleichen Zeit aber kommen andere Verfasser (PAULSON und ROBSON, 1963; FAHIM und BOTRAS, 1964) auf Grund mehrerer Experimente zu dem Schluß, daß der Tod des Föten durch die Serotonineinwirkung auf das Gefäßsystem, das die Plazenta und den Föten mit Blut versorgt, bedingt ist.

Zur Aufklärung des Mechanismus des Fötenuntergangs wurden von uns histologische und histochemische Untersuchungen sowohl von Organen zugrunde gegangener Föten, die sofort bzw. einige Minuten vor ihrem Untergang entnommen worden waren, als auch histologische Untersuchungen der Plazenta und der Nabelschnur vorgenommen. Diese Untersuchungen ergaben eine vollständige Beibehaltung der Gesamtstruktur der Organe. Dagegen wurde beim PAS-Nachweis ein fast völliges Verschwinden von Glykogen aus den Fasern des Herzmuskels und den Leberzellen nachgewiesen. In den letzteren blieb das Glykogen noch hier und da in Form von größeren Granula erhalten, nicht aber in diffuser, staubartiger Form.

Dieses schnelle, im Laufe von 15—20 Minuten stattfindende Verschwinden des Glykogens läßt keine Zweifel darüber bestehen, daß die Ursache des Fötenuntergangs eine akute schwere Hypoxie des Föten ist, da die erste Folgeerscheinung eben die Deglykogenisierung der angegebenen Organe ist.

Die weitere Aufgabe bestand in der Aufklärung des Mechanismus der Hypoxieentstehung. Eine direkte Serotonineinwirkung auf die Föten wurde durch oben erwähnte Befunde über die Serotoninretention in der Plazentabarriere sowie durch Versuche mit Serotonineinführung unmittelbar in den fötalen Organismus ausgeschlossen. Die Annahme einer direkten Serotonineinwirkung bei vermutlicher Störung der Plazentabarriere ist folglich kaum stichhaltig.

Alle diese Befunde ließen den Mechanismus der akuten Hypoxie von Föten in Störungen des plazentären Kreislaufes suchen. Die histologische Untersuchung der Plazenta von Kontroll- und Versuchstieren ergab eine signifikante Differenz des Blutgehaltes in der Plazenta. Nach der Serotoningabe ist die

Plazenta stark durchblutet, ihre Sinus sind hochgradig erweitert und mit Blut überfüllt. Man trifft ausgedehnte Blutungen. Diese Bilder kontrastieren stark gegenüber den Plazenten von Kontrolltieren, deren schmale Lakunen etwas Blut enthalten. Eine derartige akute Blutüberfüllung der Plazenta kann nur durch einen erhöhten Widerstand in der Peripherie bedingt sein. Histologische Untersuchungen von Gefäßen des Nabelstranges wiesen tatsächlich eine akute Verengung von spastisch kontrahierten Nabelschnurvenen nach, bei denen das Lumen um das 2- bis 3-fache enger als bei den Kontrolltieren war.

Die Arterien vom Nabelstrang bei Versuchstieren zeigten dagegen keine Unterschiede gegenüber den Kontrolltieren.

Wie sieht der Mechanismus der erwähnten Kreislaufstörungen in der Plazenta aus? Eine aktive Erweiterung von Lakunen kann man ausschließen, da diese keine formierte Wand mit gefäßeigenen Elementen, die zum Ausgangspunkt eines aktiven hypotensiven Stoffes werden könnten, aufweisen. Gleichzeitig zeugt die akute spastische Verengung der Lumina des Nabelstranges davon, daß dieser Vorgang eine hämodynamische Barriere für den Plazenta-Kreislauf mit darauffolgender, tödlich verlaufender Fötushypoxie gebildet hat. Dieser Befund stimmt mit einigen Angaben im Schrifttum überein, in denen eine vasokonstriktorische Serotonineinwirkung auf die Nabelschnurgefäße an der isolierten menschlichen Plazenta sowie auf die Herabsetzung der Geschwindigkeit der Blutzirkulation in dieser Plazenta hervorgehoben wird (Ellisson und Åström, 1955; Åström und Samelius, 1957; Gautier und Ciuchta, 1962; Samlyo und Wao, 1965). Diese vasokonstriktorische Beeinflussung der Nabelschnur ist um das 10fache höher als die Adrenalinwirkung und ist durch direkte Einwirkung auf diese innervationsfreien Gefäße bedingt. Der Nachweis von serotoninaktivierender Monoaminoxydase in der menschlichen Plazenta verleitet zur Annahme einer eventuellen Verringerung dieser inaktivierenden Funktion in der ischämischen Plazenta.

Es wird auf diese Weise der komplizierte Mechanismus der Serotonineinwirkung auf den Schwangerschaftsverlauf sowie auf seine unbestreitbare Mitwirkung in der Pathogenese von Totgeburten wahrscheinlich gemacht.

Institut de Recherches sur le Cancer Villejuif, Paris, Frankreich

Grenzbereiche der morphologischen Forschung

von

W. Bernhard

Morphologie ruht auf der Überzeugung, daß alles, was sei, sich auch andeuten und zeigen müsse. Von den ersten physischen und chemischen Elementen an, bis zur geistigen Äußerung des Menschen lassen wir diesen Grundsatz gelten.

Goethe, Fragmente zur vergleichenden Anatomie

Nichts könnte dem heutigen Strukturforscher sein Ziel besser verdeutlichen und seiner Tätigkeit einen tieferen Gehalt geben als diese universelle Konzeption der Morphologie des Augenmenschen Goethe. Was seinen Zeitgenossen und seit 150 Jahren vielen anderen nichts mehr als eine schöngeistige dichterische Schau der Welt erscheint, enthält in Wirklichkeit eine Antizipation, die auch dem Elektronenmikroskopiker und Molekularbiologen vieles zu bieten hat.

Die Form von der Funktion trennen zu wollen, war Goethe, dem leidenschaftlichen Morphologen, undenkbar. Für ihn war der „Chemismus“ die treibende Kraft, und die universelle Methode, die er als Botaniker, vergleichender Anatom und Geologe anwandte, war *genetisch* und *dynamisch*: „Geprägte Form, die lebend sich entwickelt.“

Heute sind uns solche Vorstellungen recht fremd. Wir leben ja in einer Zeit der triumphierenden Analyse, und noch ist kein Ende abzusehen. — Nach dem Siegeszug der Biochemie und den entscheidenden Eroberungen der Molekularbiologie, die wohl in der Entzifferung des genetischen Codes gipfeln, fragen wir uns dennoch, wie es weiter gehen soll.

Aus Furcht, unversehens in den Vitalismus oder Finalismus des 19. Jahrhunderts zurückzufallen, ziehen es viele vor — aus Gefühlen beruflicher Rechtschaffenheit — in der Biochemie zu analysieren, was analysierbar ist, und in der Morphologie zu beschreiben, was beschreibbar ist.

Wir wollen aber die Frage stellen — und sie wurde erfreulicherweise hier schon mehrmals gestellt —, ob wir bei dieser Haltung nicht eine einzigartige Gelegenheit verpassen, *zusammen* einen großen Wurf zu tun.

Immer häufiger wird nach der *Komplementarität* von Struktur und Funktion auf molekularer Ebene gefragt, z. B. in der Enzym- und Muskelchemie. Probleme der *Regulation* des Zellmechanismus drängen sich mehr und mehr auf, und so nähern wir uns denn sehr rasch der *Topologie*: Gegenseitige Beziehung der Zellorganellen, Aktionsort dieser oder jener Genprodukte, Transportbahnen usw.

Noch nie hat die schon lange von vielen gefühlte Einheit des Lebendigen auf eine so sichere genetische, biochemische und feinstrukturelle Grundlage fundiert werden können. Was auch unsere Forschungsrichtung heutzutage sei: Physiologie, Biochemie, Morphologie — erscheint peinlich beschränkt, wenn sie sich nicht dauernd dieser mühsam wiederzufindenden Einheit bewußt wird.

Je weiter wir die Grenzen der morphologischen Forschung treiben, um so mehr werden wir uns der *Abhängigkeit unserer Disziplin von allen anderen biologischen Wissenschaften* bewußt. Aber je mehr die Experimente, die wir unternehmen, davon Rechnung tragen, um so größer ist die Möglichkeit, über das rein Deskriptive hinaus zur Erklärung der biologischen Funktion zu gelangen.

Die notwendige Voraussetzung dazu ist das dauernde *Suchen nach neuen Methoden*, die sich an biochemische oder immunologische Fragestellungen anlehnen. Auch Elektronenmikroskopie kann heute schon veraltet aussehen, wenn sie sich mit der klassischen Fixations- und Einbettungstechnik begnügt.

Experimentelle Beispiele

Drei Beispiele aus unserem Arbeitskreis, alle der elektronenmikroskopischen Zellforschung entnommen, mögen zeigen, welche Fragen wir stellen, welcher neuen Methodik wir uns bedienen, und welches Ziel wir jetzt und in nächster Zukunft verfolgen.

Der erste Fall soll erläutern, wie ein in der Krebsforschung so wichtiges Phänomen wie der *Verlust der Kontaktinhibition* feinstrukturell studiert werden kann. Seit den Arbeiten von COMAN (1953) wissen wir, daß sich die Zellmembran von Krebszellen irgendwie von derjenigen normaler Zellen unterscheidet. Die Kohäsion des Krebsgewebes ist in der Tat meistens stark vermindert. Eine solche Veränderung kann vermutlich die Metastasenbildung erleichtern. Bis vor kurzem hat das Elektronen-

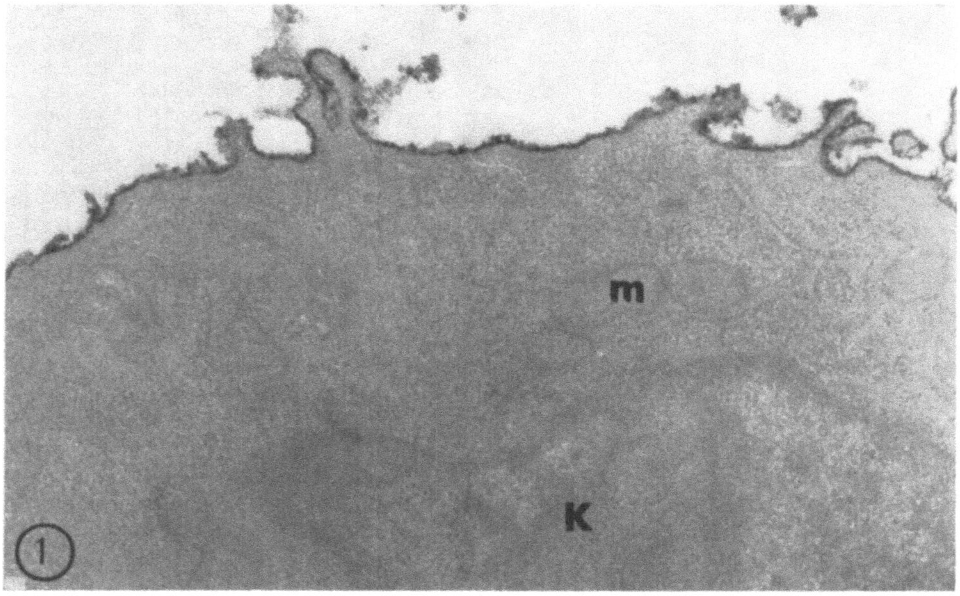

Abb. 1. Zellkultur von normalen Hamsterfibroblasten, in vitro mit Rutheniumrot gefärbt. Ohne Gegenfärbung. Allein die Mucopolysaccharidschicht der Zelloberfläche erscheint kontrastiert. K, Kern; m, Mitochondrien. Vergrößerung 30000 ×

mikroskop mit den klassischen Fixierungs- und Einbettungsmethoden keinen einheitlichen Unterschied der Oberflächen und Interzellularbrücken von krebsigem und normalem Gewebe zeigen können. Die molekulare Feinstruktur der Zellmembran schien in beiden Fällen gleich zu sein. Nun weiß man aber dank der Arbeiten von ABERCROMBIE und AMBROSE (1962) und deren Schülern, daß sich Krebszellen in vitro anders verhalten als normale Zellstämme. Normale Zellen immobilisieren sich im gegenseitigen Kontakt. Krebszellen unter sich oder im Kontakt mit normalen Zellen respektieren die Grenzen ihrer Nachbarn nicht, sondern haben die Tendenz, darüber hinaus zu kriechen. Dieses Verhalten kann besonders gut bei der in vitro mit oncogenen Viren induzierten Carcinogenese studiert werden. Die krebsig umgewandelten Zellen wachsen unregelmäßig übereinander („criss-cross patterns"), die normalen bleiben in monozellulär geordnet orientierter Schicht. Die englischen Autoren erklärten diesen Verlust der Kontaktinhibition mit einer zunächst noch hypothetischen Veränderung der Zelloberfläche, insbesondere mit einer Zunahme ihrer negativen Ladung. Die Möglichkeit, daß saure Mucopolysaccharide vermehrt an der Zellmembran auftreten, wurde erwogen.

Erst der elektronenmikroskopischen Cytochemie blieb es vorbehalten, bei einer großen Anzahl von normalen Zellen eine feine Mucopolysaccharidschicht sichtbar zu machen. Nachdem schon DEFENDI und GASIC (1963) lichtmikroskopisch gezeigt hatten, daß durch Polyomvirus krebsig umgewandelte Zellen vermehrt Mucopolysaccharide produzieren, haben nun MARTINEZ-PALOMO und BRAILOVSKY (1968) elektronenmikroskopisch demonstriert, daß diese Substanz bei Adenovirus 12 und SV_{40}-Virus transformierten Zellen an deren Oberfläche beträchtlich vermehrt auftritt (Abb. 1, 2). Dies erklärt leicht die erhöhte negative Ladung solcher Zellmembranen und ist vielleicht auch verantwortlich für den veränderten Typus der Zellkontakte zwischen Nachbarzellen. In normalen Zellkulturen existieren drei verschiedene Typen von Zellkontakten:

1. Desmosomen;
2. sogenannte „close junctions“ ohne Fusion der Zellmembranen;
3. sogenannte „tight junctions“ mit Fusion der Oberflächenschicht beider Membranen.

In den von MARTINEZ-PALOMO und Mitarbeitern (1968) untersuchten Krebsstämmen konnte gezeigt werden, daß die zwei ersten Typen von Zellkontakten kaum verändert sind, während die „tight junctions“ fast vollständig verschwinden. Nun ist offenbar gerade dieser dritte Typus von Zellkontakten verantwortlich für die beste Verankerung gegenseitiger Zellmembranen. Bevor dieses Phänomen in vielen anderen Systemen demonstriert werden kann, müssen wir uns hüten zu verallgemeinern und die verminderte Adhäsivität der Krebszellen sowie den Verlust der Kontaktinhibition allein auf diese zwei

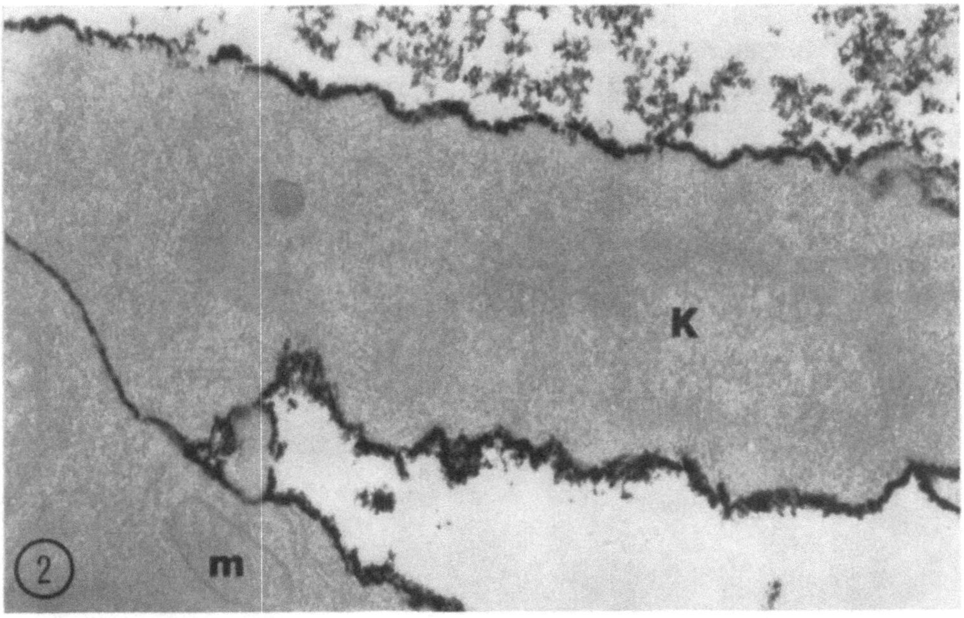

Abb. 2. Zellkultur von Hamsterfibroblasten, krebsig umgewandelt mit dem Adenovirus 12. Rutheniumrotbehandlung, deutlich verdickter Niederschlag an der Zelloberfläche. Ohne Gegenfärbung. K, Kern; m, Mitochondrien. Vergrößerung 30000 ×

ultrastrukturell beobachtbaren Veränderungen zurückzuführen. Als besonders wichtig erscheint uns aber, daß wir nun wenigstens im Modellversuch ein zellphysiologisch und pathologisch so wichtiges Phänomen mit ultrastruktureller Methodik weiter analysieren können. Wahrscheinlich spielen auch noch andere Faktoren eine Rolle.

Wir wissen ja, daß in der Membran neue, zellfremde, sogenannte Transplantationsantigene auftreten können (HABEL, 1962; SJOEGREN et al, 1961). Solche neuen Proteine können vielleicht die Zelloberfläche auch verändern. Eine Umgruppierung der molekularen Feinstruktur der Zellmembran kann bei bestimmten Krebszellen direkt sichtbar gemacht werden (EMMELOT und BENEDETTI, 1967).

Als zweites Beispiel für die feinmorphologische Demonstration zellphysiologischer Vorgänge kann die *Antikörpersynthese* zitiert werden. Lichtmikroskopisch haben wir ja schon seit den fünfziger Jahren die Möglichkeit, dank der Coons'schen Fluoreszenzmethode, spezifische Proteine intrazellulär nachzuweisen. Virusforschung und Immunologie haben reichen Nutzen daraus gezogen. Leider ist aber diese Technik elektronenmikroskopisch unbrauchbar. Die Singer-Morgansche Methode (1959, 1961) benützt anstelle des Fluoresceinmoleküls das elektronenmikroskopisch kontrastreiche und leicht zu identifizierende Ferritinmolekül. Antigene werden so intrazellulär sichtbar gemacht, indem sich die entsprechenden Antikörper, welche mit Ferritin gekuppelt sind, darauf fixieren. Infolge des sehr hohen Molekulargewichtes des Ferritins (600000) dringt aber dieser Komplex schlecht in die Zelle ein, und trotz bedeutender Anstrengung wurden bloß wenige überzeugende Resultate publiziert. Einen völlig neuen Weg haben nun LEDUC, AVRAMEAS und BOUTEILLE (1968) beschritten. Diese Autoren immunisierten Versuchstiere mit einem gereinigten Enzym (Peroxydase), dessen katalytische Aktivität elektronenoptisch leicht sichtbar gemacht werden kann. Die in der Milz und in Lymphknoten entstehenden

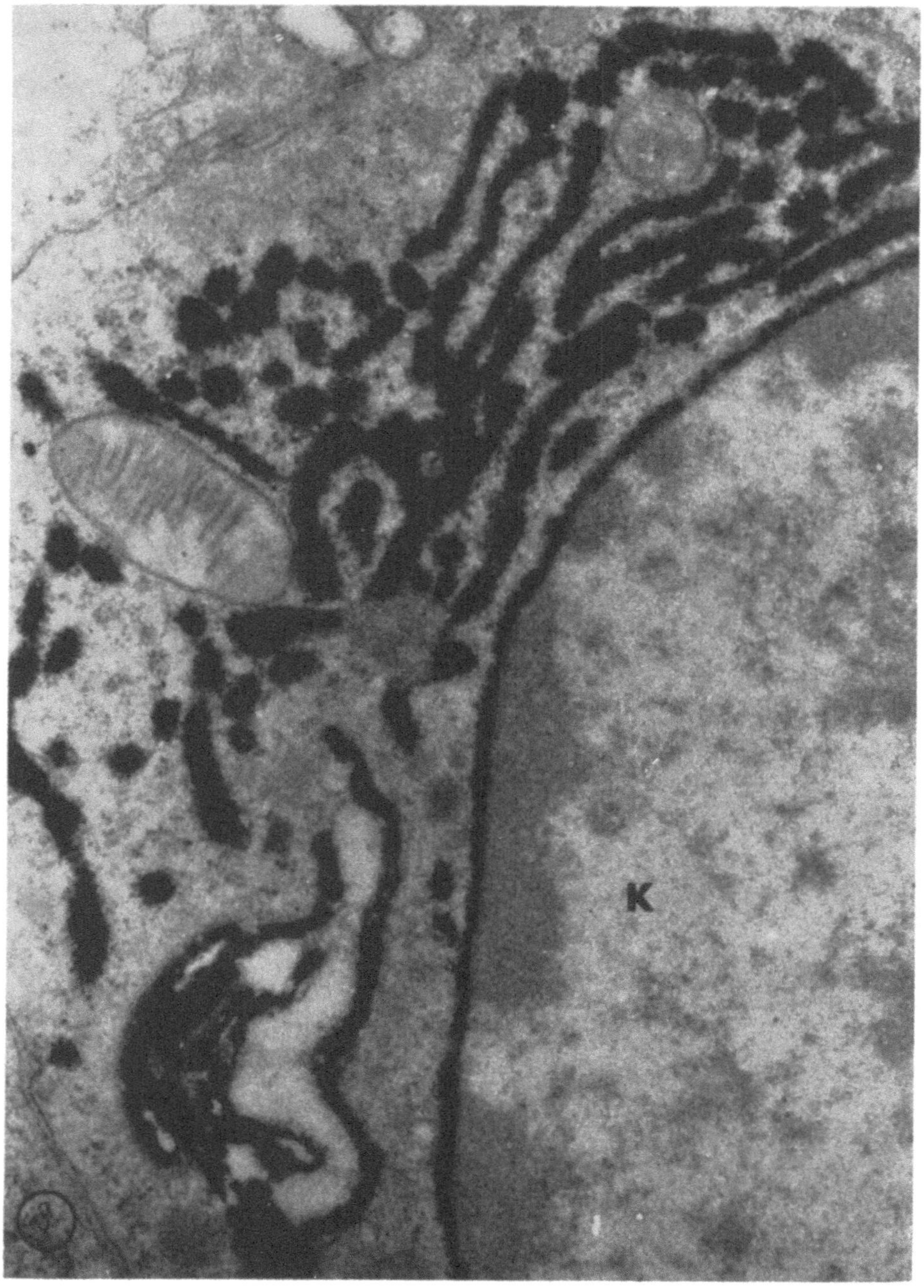

Abb. 3. Teil einer Antikörper produzierenden Zelle (Plasmoblast) aus einer Kaninchenmilz. Die Peroxydasemethode erlaubt, die Antikörper in den Ergastoplasmalamellen um den Kern (K) und im Cytoplasma mit einem kontrastreichen Niederschlag nachzuweisen. Vergrößerung 30000 ×. Dokument von Prof. E. LEDUC

spezifischen Antikörper (Antiperoxydase) können demonstriert werden, indem Gefrierschnitte dieser Organe mit dem Antigen inkubiert werden, wobei sich die Peroxydase auf die Antiperoxydase fixiert. Danach braucht man bloß die noch vorhandene Enzymaktivität der Peroxydase vermittelst der Nadireaktion für das Lichtmikroskop, der Graham-Karnofskyschen Methode (1966) für das Elektronenmikroskop nachzuweisen. Elektronenoptisch kann so leicht gezeigt werden, wo die Antikörper intrazellulär entstehen. Das Reaktionsprodukt ist elektronenundurchlässig nach Osmiumfixierung (Abb. 3). Die erwähnten Autoren haben beobachten können, daß die erste Zelle, welche Antikörper fabriziert, der Hämocytoblast ist. Diese Antikörper sind merkwürdigerweise zunächst im pernukleären Raum lokalisiert, d. h. in nächster Nähe des Chromatins (DNS). Man kann annehmen, daß die Boten-RNS, welche vom Kern her die spezifische Information bringt, sich auf die am nächsten liegenden Ribosomen setzt, welche dann sofort die spezifischen Proteine synthetisieren. In späteren Stadien füllt sich die Zelle mehr und mehr mit Ergastoplasma, sie wird zum Plasmoblasten, dann zur reifen Plasmazelle. Alle Ergastoplasmacisternen erscheinen dann vollgepfropft mit spezifischen Antikörpern.

Die Empfindlichkeit dieser Methode ist außerordentlich hoch, da man ja je nach der Dauer der Peroxydasereaktion das Reaktionsprodukt beliebig anhäufen kann.

Eine wichtige Modifikation dieser Methode wurde von Bouteille und Avrameas (1967) vorgeschlagen. Wie in der Arbeit von Nakane und Pierce (1967) ist die Peroxydase nicht mehr Antigen, sondern wird als bloßer Markierer an ein anderes Antigen gekoppelt, das selber keine katalytische Aktivität aufweist. Das System ist also hier komplizierter, aber dieser Versuch ist unerläßlich, wenn sich die Methode in Zukunft allgemein durchsetzen soll, d. h. wenn man irgendein Antigen oder irgendeinen Antikörper intrazellulär in feinsten Spuren nachweisen will. Der Versuch ist in der Tat geglückt. Spezifische, neu synthetisierte Proteine konnten bei höchster Auflösung bis auf die Dimension von Ribosomen herunter lokalisiert werden. Damit steht der Immunologie ein ganz neuer Weg offen. Spezifische Antigene oder Antikörper werden „in statu nascendi" in geringsten Mengen nachgewiesen werden können. Molekularbiologen, die sich mit der Eiweißsynthese im allgemeinen abgeben, haben ein neues, morphologisches Hilfsmittel, das ihnen die feinste Lokalisierung der entstehenden Proteine geben kann.

Andererseits kann der Enzymcytochemiker daraus den größten Nutzen ziehen, indem er gegen bestimmte Enzyme Antienzyme erzeugt, diese mit Peroxydase markiert und nach der Antigen-Antikörperreaktion durch die Benzidinprobe das Antigen, d. h. das zu lokalisierende Enzym, indirekt sichtbar macht. Die folgenden Jahre werden uns zeigen, wie weit unsere kühnen Hoffnungen erfüllt werden können. Wir können anfügen, daß jetzt auch die Markierung mit alkalischer Phosphatase geglückt ist (Scott et al., 1968).

Das Studium der Eiweißsynthese bringt uns zum dritten und letzten Beispiel: dem Problem des *Nukleolus*. Wir wissen heute, daß dieses so lange von der Zytologie vernachläßigte Gebilde in der Biosynthese der Ribosomen eine außerordentlich wichtige Rolle spielt. Organismen, die aus genetischen Gründen ohne Nukleolus geboren werden, sind nur für ganz kurze Zeit lebensfähig, da sie unfähig sind, ihre eigene Proteinsynthese in Gang zu setzen (Elsdale et al., 1958; Beermann und seine Schule, 1960). Chemiker haben zeigen können, daß in diesen Fällen die Ribosomen-RNS nicht mehr im Kern gebildet wird. Eine ganze Reihe von molekularbiologischen Untersuchungen haben fernerhin bewiesen, daß der normale Nukleolus nicht die Ribosomen selbst, sondern bloß deren Vorläufer, insbesondere eine schwere Fraktion von RNS synthetisiert (Perry, 1964). Die Frage, ob der Nukleolus auch im Stande ist, die entsprechenden basischen Proteine der Ribosomen zu synthetisieren, steht noch vollständig offen.

Seitdem es möglich ist, Nukleolen in großen Mengen rein zu isolieren, ist diese Kernorganelle ein ideales Forschungsobjekt geworden, wo Genetiker, Biochemiker und Feinstrukturforscher in engster Weise zusammenarbeiten können.

Die bisherige elektronenmikroskopische Analyse der nukleolären Feinstruktur hat folgendes ergeben:

Durch selektive Metallfärbung (Marinozzi 1963), kombiniert mit selektiver Enzymverdauung von Feinschnitten (Bernhard und Granboulan 1963; Bernhard 1966) sowie hochauflösender Autoradiographie (Granboulan und Granboulan 1964, 1965) wurde gezeigt, daß Nukleolen verschiedenster Lebewesen einen ähnlichen molekularen Bau aufweisen. Es ist zunächst Heterochromatin als peripherer Wall oder als innere Achse des Kernkörperchens festzustellen (Abb. 4). Dieses Heterochromatin (Nukleohistone) sendet je nach dem Funktionszustand der Zelle feine Lamellen in die Nukleolarmasse aus. Auf diesen feinen Chromatinausläufern sitzen spezialisierte Gene, die einen „schweren" Vorläufer der Ribosomen-RNS synthetisieren (45s). Diese RNS ist zunächst als Fadenmolekül, später als aufgeknäueltes Gebilde kombiniert mit Proteinen gegenwärtig (RNP-Körnchen) (Abb. 5). Die Häufigkeit und Verteilung dieser Population von Fibrillen und Körnchen variiert außerordentlich und hängt vom Funktionszustand der Zelle ab. Was das Abwandern dieser Ribosomenvorläufer in das Cytoplasma betrifft, kann bisher noch nichts elektronenoptisch festgestellt werden. Wir wissen bloß, daß bei Vertebratenzellen die Ribosomen nicht als solche durch die Kernporen dringen, sondern nur deren Teilstücke, die dann erst außerhalb des Kernes zu funktionellen Einheiten aufgebaut werden.

Bei pathologischen Zuständen entstehen Nukleolusanomalien aller Art (Bernhard und Granboulan, 1968). Nach ionisierender Bestrahlung zerspringt das Kernkörperchen häufig in Teilstücke. Bei Krebs ist neben der wohlbekannten Hypertrophie häufig eine sehr unregelmäßige Verteilung der molekularen Komponenten zu sehen. Bestimmte Antimetabolite haben einen hochspezifischen Effekt auf den Nukleolus. Insbesondere erzeugen Aktinomycin D und andere Substanzen, welche auf die DNS-RNS Komplexe einwirken, das Bild der sogenannten nukleolären *Segregation*, wobei sich die RNP-Körnchen

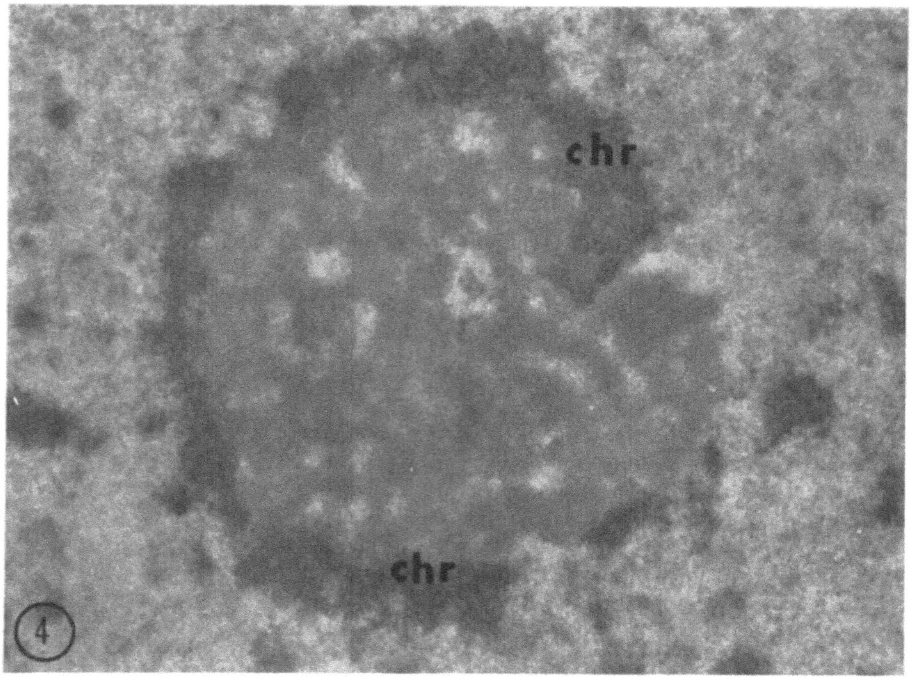

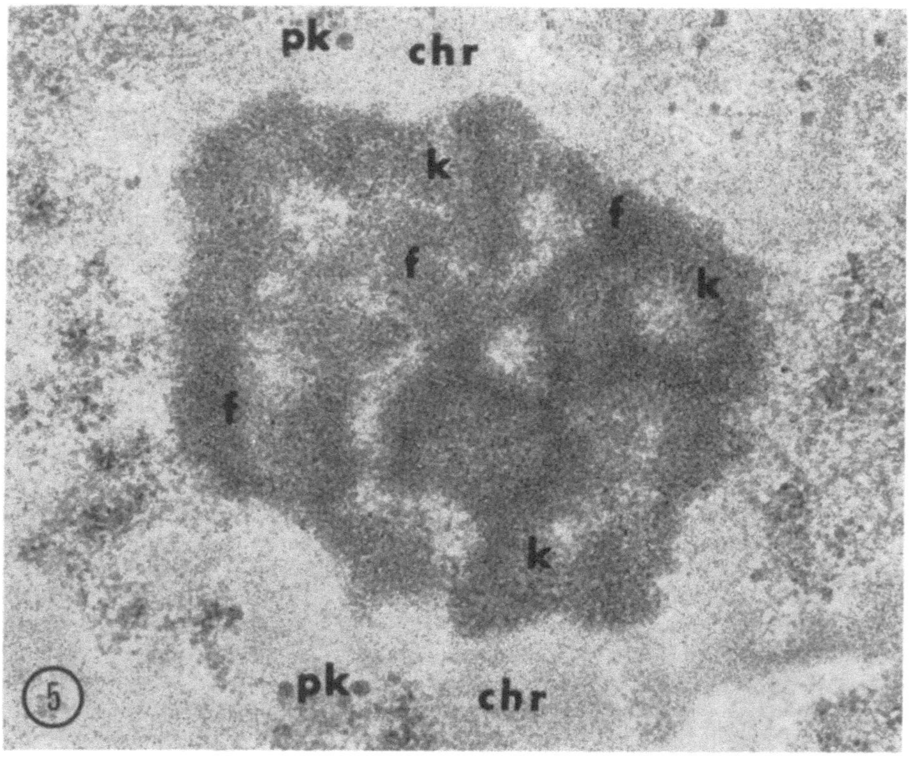

Abb. 4, 5. Beispiele der selektiven Metallfärbung des Nukleolus mit Uran und Bleisalzen bei verschiedenem pH und Ionenkonzentration. Abbildung 4, normaler Nukleolus mit vorwiegender Chromatinfärbung (chr.) Abbildung 5, normaler Nukleolus mit vorwiegender RNP-Färbung. chr, Chromatin; PK, Perichromatinkörnchen; f, RNP-Fibrillen; k, RNP-Körnchen

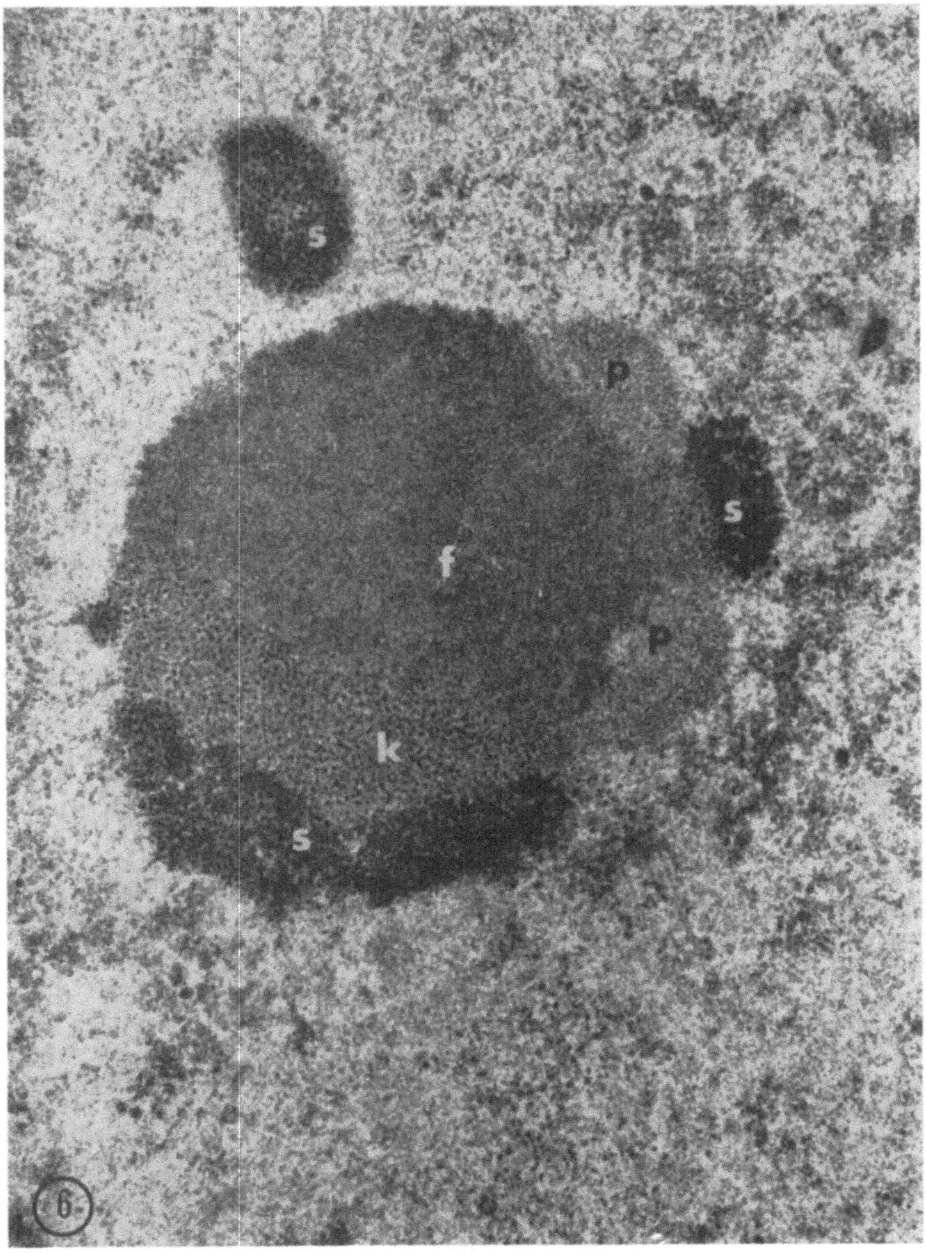

Abb. 6. „Segregation“ des Nukleolus einer Leberzelle, 2 Stunden nach Injektion einer geringen Dose von Aflatoxin, einer Leberkrebs erzeugenden Substanz. Das perinukleoläre Chromatin (chr) hat sich vom Nukleolus abgelöst, die Hauptkomponenten des Kernkörperchens haben sich in abgegrenzten Sektoren angehäuft: k, RNP-Körnchen; f, RNP-Fibrillen; P, Proteine; S, kontrastreiche Substanz unbekannter Genese. Vergrößerung 30000 ×

einerseits, die RNP-Fibrillen andererseits und endlich die reinen Proteine in separaten Zonen anhäufen (Abb. 6) (SIMARD und BERNHARD, 1966). Hier ist es nun möglich geworden, eine *Molekularpathologie* im echten Sinne des Wortes auch morphologisch zu studieren.

Schlußfolgerungen

Der Genfer Physiker Charles-Eugène Guye (1947) hat einmal gesagt: „C'est l'échelle d'observation qui crée le phénomène". Wenn wir imstande sind, Moleküle zu fotografieren, dann mischen wir uns in ein Gebiet ein, das früher ausschließlich dem Chemiker offenstand. DNS war zunächst eine visköse Säure. Erst seit 1944 wissen wir durch Avery, daß diese Säure Träger der Erbeigenschaft ist. Wilkins, Watson und Crick schlossen indirekt nach Diffraktionsbildern von Röntgenstrahlen auf die helicoidale Doppelstruktur, und erst das Elektronenmikroskop hat das lange Fadenmolekül sichtbar gemacht.

Alles überschneidet sich. Das Kernkörperchen des klassischen Morphologen ist für den Elektronenmikroskopiker eine Population von Molekülen aus DNS, RNS und basischen Proteinen geworden. Für den Genetiker ist es ein Locus auf einem speziellen Chromosom mit hochspezialisierter Funktion, die, wie der Molekularbiologe zeigt, die Synthese der Ribosomenvorläufer in Gang setzt. Antikörper wurden klassischerweise von Immunologen studiert. Dank der Technik der Enzymmarkierung können wir heute Antikörper oder Antigene bis auf die geringsten Spuren auf Ribosomen sichtbar machen. Damit ist der Weg geöffnet zur Erforschung der Proteinsynthese vermittels morphologischer Methodik. Der Verlust der Kontaktinhibition von Krebszellen, der wahrscheinlich ihr Infiltrationsvermögen bestimmt, ist zunächst ein physiologisches Phänomen, das aber einer jetzt analysierbaren feinstrukturellen Zelloberflächenveränderung entspricht.

Für Goethe begann die Morphologie schon mit den stöchiometrischen Gesetzen. Welche Vorahnung! Denken wir an die Ergebnisse der heutigen Proteinforschung. Die primäre Struktur der Proteine ist durch eine bestimmte Sequenz der Aminosäuren bestimmt, eine Angelegenheit rein chemischer Analyse. Ihre Sekundärstruktur, d. h. die helicoidale Konfiguration der Polypeptide, hängt von schwachen Kräften der Wasserstoffbindungen ab. Diese Ketten rollen sich in den meisten Fällen nach bestimmten Gesetzen zu globulären Proteinen auf, wobei Sulfidbrücken bei der Fixierung der sogenannten tertiären Form eine wichtige Rolle spielen. Die Oberfläche solcher Moleküle entscheidet ihrerseits über die sterische Beziehung zu Nachbarmolekülen (quaternäre Struktur) (Monod, 1965). Hier also beginnt die Form, die langsam vom Unsichtbaren ins Sichtbare hineinwächst, aber deren Gesetze schon in der Primärstruktur der Polypeptide, und indirekt, in den Nukleinsäuren verankert sind.

Riesige neue Gebiete stehen so der Morphologie der Zukunft offen. Sie beginnt mit der Oberflächenstruktur einzelner Makromoleküle. Sie studiert den Aufbau von Molekülkomplexen. Sie interessiert sich für Fragen der Topologie, d. h. der Verteilung der Bausteine innerhalb der Zelle. Wie weiß ein bestimmtes Enzym, z. B. ATP-ase, das auf irgendwelchen Ribosomen synthetisiert wird, daß es auf die Zellmembran wandern soll? Durch bloßes Schütteln der Steinchen eines Mosaikes entsteht noch kein Mosaik. Fragen des Bauplanes, der Regulation ihrer Verteilung sind entscheidend wichtig. Hier ist unsere Ignoranz noch total.

Die Physik schien zu Beginn des Jahrhunderts veraltet. Dann kam die Revolution der Kernphysik, die plötzlich der Chemie ganz neue Wege öffnete. Vielen erschien oder erscheint noch heute die Morphologie als eine recht staubige Angelegenheit. Noch nie aber haben Struktur- und Funktionsforschung in solcher Weise konvergiert. Das eine geht nicht mehr ohne das andere. Alles ist komplementär geworden. Die Probleme, die vor uns liegen, sind von erschreckender Kompliziertheit. Zu ihrer Lösung braucht es die Gemeinschaft vieler Forschungszweige. Ob nun der Morphologe im Boote der Entdeckungsfahrt bald am Steuer sitzt, bald bloß mitrudert, ist nicht so wichtig wie die Freude, die er hat, mit seinen Gefährten auf Neuland zu stoßen.

Literatur

Abercrombie, M., and E. J. Ambrose: Cancer Res. **22**, 525–546 (1962).

Beermann, W.: Chromosoma **11**, 263–296 (1960).

Bernhard, W.: Nat. Cancer Inst. Monograph **23**, 13–38 (1966).

Bernhard, W., and N. Granboulan: Exper. Cell Res., Suppl. **9**, 19–53 (1963).

Bernhard, W., and N. Granboulan: In „The Nucleus", Ed. J. A. Dalton and F. Haguenau, Acad. Press, 81–149 (1968).

Bouteille, M., et S. Avrameas: C. R. Ac. Sci. **265**, 2097–2099 (1967).

Coman, D. R.: Cancer Res. **13**, 397–404 (1953).

Defendi, V., and G. Gasic: J. Cellul. Comp. Physiol. **62**, 23–31 (1963).

Elsdale, T. R., M. Fischberg and S. Smith: Exper. Cell Res. **14**, 642–643 (1958).

Emmelot, P., and E. L. Benedetti: In: Carcinogenesis, a broad critique. University of Texas, M. D. Anderson Hospital. Ed. Williams and Wilkins, pp. 471–533 (1967).

Goethe, J. W.: Naturwissenschaftliche Schriften. Zweiter Teil, Seite 415. Artemis Verlag Zürich. Gedenkausgabe 1949

Graham, R. C. jr., and M. J. Karnofsky: J. Histochem. Cytochem. **14**, 291–302 (1966).

GRANBOULAN, N., et P. GRANBOULAN: Exper. Cell Res. **34**, 71—87 (1964).
GRANBOULAN, N., et P. GRANBOULAN: Exper. Cell Res. **38**, 604—619 (1965).
GUYE, CH. E.: L'Evolution physico-chimique, 3ème édition. Librairie de l'Université. Lausanne 1947.
HABEL, K.: J. exp. Med. **115**, 181—193 (1962).
LEDUC, E. H., S. AVRAMEAS and M. BOUTEILLE: J. Exp. Med. **127**, 109—118 (1968).
MARINOZZI, V.: J. roy. microsc. Soc. **81**, 141—154 (1963).
MARTINEZ-PALOMO, A., and C. BRAILOVSKY: Virology **34**, 379—382 (1968).
MARTINEZ-PALOMO, A., C. BRAILOVSKY and W. BERNHARD: Cancer Res. **29**, 918—924 (1969).
MONOD, J.: L'année Biologique, 4ème Série. **4**, Fasc. 3—4, 231—240 (1965).
MORGAN, C., K. C. HSU, R. A. RIFKIND, A. W. KNOX and H. M. ROSE: J. exp. Med. **114**, 825—832 (1961).
NAKANE, P. K., and G. B. PIERCE: J. Cell Biol. **33**, 307—318 (1967).
PERRY, R. P.: Nat. Cancer Inst. Monogr. **14**, 73—89 (1964).
SCOTT, G., S. AVRAMEAS et W. BERNHARD: C. R. Ac. Sci. **266**, 746—748 (1968).
SIMARD, R., et W. BERNHARD: Int. J. Cancer **1**, 463—479 (1966).
SINGER, S. J.: Nature **183**, 1523—1524 (1959).
SJOEGREN, H. O., I. HELLSTRÖM and G. KLEIN: Cancer Res. **21**, 329—337 (1961).

Diskussionsredner:

RAPOPORT (DDR), FRITSCH (DDR), SCHNABEL (DDR).

Pathologisches Laboratorium der Rijksuniversität Leiden, Niederlande

A morphological study on the formation of polyribosomes

by

J. C. H. de MAN

There are several reasons why the development of modern morphological techniques like for instance electron microscopy in biology and medicine has been a very fortunate one. One of these regards the position of the morphologist who until little more than a decade ago had been one of an interested onlooker, when most of the advances in the fields of medicine and biology were mainly taking place in other disciplins.

Today, morphology is of necessity still staying behind in the investigation and discovery of fundamental events happening on the subcellular level. However, there are sufficient examples to illustrate the morphologist's endeavours in attempting to visualize the form and structure of various subcellular organelles. It is clear from the beginning that such an approach will certainly be a most valuable one, because it may be said that the function of an organelle will never be fully understood if knowledge of form and structure is lacking.

The cell organelle to be discussed with these considerations in mind will be the polyribosome and more specifically its ribosome components.

During the last fifteen years since its discovery, interest in the ribosome has grown steadily, because of the immense importance of the fundamental role it plays in protein synthesis and therefore in cell function. As is well known today, ribosomes may on the one hand be considered as rather unspecific printing machines, translating a message of the messenger RNA molecule into proteins and determining the functional aspects of the cell. On the other hand, there are indications that the protein synthesizing mechanism can be influenced on the ribosome level. There are indications that in bacteria a direct interaction of certain drugs like streptomycin will result in an alteration of the translating mechanism (SPOTTS and STAINIER, 1961).

Furthermore, there is evidence that the number of ribosomes available as polyribosomes will limit the possibilities for expression of the genetic properties of the cell. This appears to occur in virus-infected cells in which cell RNA synthesis stops, polyribosomes desintegrate and the ribosomes are then used for the expression of the genetic properties of the virus (FRANKLIN and BALTIMORE, 1963).

The morphology of polyribosomes of mammalian cells was demonstrated for the first time in negatively stained and positively stained preparations by SLAYTER et al. in 1963. They consist of chains of ribosomes measuring each about 300 Å in diameter, connected by a 10 Å thick strand which latter is believed to represent the messenger molecule. It has been known for some time from biochemical work, that the ribosome consists of a large component, sedimenting at 60 S, and a small component sedimenting at 45 S. Although this division was known for some time, morphological evidence for such a division has only recently been demonstrated. In their electron microscopical study of negatively stained isolated ribosomes, SHELTON and KUFF (1966) found indications of a groove seperating a large from a small component.

A tremendous amount of work has been done in an attempt to locate the exact site of origin of both components in the nucleus of the mammalian cell, and to establisch the possible ways by which the individual components are then assembled and subsequently associated with the messenger molecule. From this work, several concepts have been suggested. The most likely one of these concepts is discussed by PERRY (1965). He suggests that both ribosomal components probably originate from the nucleolus, where they appear to become assembled from RNA and proteins from a pool. After leaving the nucleolar area both components then travel seperately, after which they are assembled and associate with a messenger molecule to form a polyribosome. Although free polyribosomes are know to occur, the majority are attached to endoplasmic reticulum membranes.

Morphological evidence for the nucleolus being the probable site of synthesis of particle-bound RNA has been produced by GRANBOULAN and GRANBOULAN (1965), using high resolution radioautography.

If we are interested in the polyribosome, our interest will center first around the form and structure of the individual ribosomal components.

In thin sections of liver tissue, polyribosomes appear to be arranged in rosette-like configurations. If sections for electron microscopy are sufficiently thin, a cleft in the individual ribosomes is seen in several instances. This cleft seperates a larger part of the particle having a maximum diameter of about 230 Å, and located at the periphery of the rosette from a smaller, somewhat elongated part on the inner side measuring 150 Å × 80 Å. This rough estimation of the sizes in sections enables us to identify the individual parts in preparations of isolated ribosomal components as will be shown later on.

In preparations of isolated ribosomes the size of the particles varies between 230 Å and 300 Å. In general, they present the somewhat clumpy form, described in the literature. On close inspection however, there are certain peculiarities. One of these is that the particles do not have a rounded shape, but frequently show a definite angular outline. A second interesting aspect is that there is an orientation of one of the angles on the opposite side of a blunt edge which, because of its complicated nature is somewhat difficult to resolve. Thus, there is an indication of a structural regularity, because the particle in many instances takes the form of a pentagonal structure, but the difficulty in resolving one of its sides makes the exact determination of the shape rather difficult. This might be explained by taking the composite nature of the ribosome with a large and a small component into account.

In some photographs of negatively stained ribosomes, the ribosomal particle is divided into a larger polygonal part measuring 230—250 Å and a smaller elongated part measuring 160 × 80 Å, which latter shows a dividing line running at right angles to the cleft between the large and small ribosomal components.

Small and large ribosomal components can be studied individually in material from fractions of the 45 S and 60 S region of the linear sucrose gradient analysis of the post microsomal pellet PMP (WUNNER et al., 1966). In the fractions of the 45 S region, two types of particles are found. One, somewhat angular shaped type has a diameter of 80 Å, the other type has an elongated shape apparently consisting of two 80 Å particles tightly adjoined, and measuring 80 × 160 Å. With respect to their sizes these latter particles agree well with the smaller ribosomal components as seen in the thin sectioned polyribosomes.

In the fractions of the 60 S region, larger particles having a diameter of about 260 Å are present. The outline of these particles shows angularity, and pentagonal and even hexagonal configurations can be distinguished. On the average the edges measure about 150 Å.

Although cell fractionation procedures and subsequent sucrose gradient analysis can provide us with valuable information concerning the shape of polyribosomes, ribosomes and ribosomal subunits, there are now other methods available for the study of the shape and surface structure of these particles.

About a year ago a method was described by BYERS (1967) by which ribosomes of the embryo chick were crystallized in vivo using prolonged hypothermia. Lattice formations of ribosomes consisting of tetrameral units could be obtained, suggesting a highly regular shape of the individual components of the crystal. In sections of these tetramer configurations, the angular shape of the individual ribosomes is particularly striking. If lattice formations in thin cell sections are carefully studied, it appears that the tetramers show two distinct types of inner configurations, one being star shaped, the other being square shaped. Between these two extremes gradual transitions from one to the other can be found. The occurrence of two distinct types of inner configurations of ribosomes regularly arranged in tetramers can be explained by partial sectioning of tetramers at different levels, with a plane of sectioning running perpendicular to the axis through the tetramer center. In other words, the tetramers should be exactly frontally sectioned. Apart from the fact that crystallization can be brought about, these constantly occuring inner configurations also suggests a highly regular form of the individual ribosomes. Because of the striking angularity in these pictures, it is obvious that the ribosomes should have a polyhedral shape. It is to be hoped and can be expected that further analysis by pattern recognition of such lattices will bring more information on the exact shape of the ribosome and its components.

Tetramer formations of ribosomes can also be of some help to identify ribosomes in very freshly prepared negatively stained preparations. It may be essential to use such freshly prepared specimens for the study of the ribosomal surface structure. Ribosomes can then be identified and studied without prolonged and possibly noxious fractionation and ultracentrifugation procedures in the sucrose gradient. Cell-burst of hypothermic chick embryo cells in hypotonic solutions will bring numerous tetramers out on carbon coated grids, ready for electron microscopy only minutes after the onset of cell treatment.

Although it can be seen that tetramers as such are not so well preserved as in the fixed state in sectioned intracellular crystals, it now becomes possible to use the electron microscope on negatively stained fresh ribosomes, recognizable because of their tetramer formations.

A 30 Å surface protein subunit has been tentatively suggested by KISSELEV and SPIRIN (1964). Such subunits are now clearly visible as globular or oval particles on the surface of the ribosomes in photographs of negatively stained tetramers. Thus, it is beginning to become possible to study the ribosomal substructure in detail.

It has been the purpose of this presentation to demonstrate some of the advances made in the study of morphological aspects of the ribosome. A question that can be asked is, why should a pathologist become interested and more specifically, why should he become actively involved in the study of the shape and substructure of such a tiny cell organelle. Should not this form of meticulous research be left to the biologist or biochemist. The main reason for this interest is the fundamental role which ribosomes play in the expression of the genetic information as part of the transcription-translation machinery, the integrity of which determines an efficient and purposefull functioning of cells. Although this may also be said for other cell organelles like membranes or mitochondria, there are reasons to believe that structure and function of these organelles is also conditioned by the translation and transcription machinery and therefore ultimately by ribosome function. As an example of the importance of ribosomes in cell pathology, a change in the normal function of ribosomes in the pathology of virus-infected cells has already been mentioned. Their function then becomes involved in the expression of the viral genetic code. This brings us to the question; can ribosomes become pathologically altered in structure and function? The second example already mentioned in which the expression mechanism in bacteria is altered by streptomycin may be an indication that there are instances in which an alteration in the function, brought about by the streptomycin molecule, may essentially be related to an alteration in the shape and structure of the printing machine.

It is as yet to early in the game to say whether, and to what extent ribosomes will have pathological changes in their morphology, related to pathological changes in function. However, it can be hoped that ways will be found for distinguishing such changes after the shape and structure of normal ribosomes has been completely solved.

References

BYERS, B.: J. Mol. Biol. **26**, 155 (1967).

FRANKLIN, R. M., and D. BALTIMORE: In viruses, Nucleic Acids, and Cancer, p. 310—327 Baltimore, 1963. The Williams and Wilkins Company.

GRABOULAN, N., and P. GRANBOULAN: Exper. Cell Res. **38**, 604 (1965).

KISSELEV, N. A., and A. S. SPIRIN: In proceedings of the Third European Regional Conference on Electron Microscopy, ed by M. TITLBACH, vol. B, p. 39 Prague, 1964. Publishing House of the Czechoslovak Academy of Sciences.

PERRY, R. P.: Nat. Cancer Inst. Monogr. **18**, 325 (1965).

SHELTON, E., and E. L. KUFF: J. Mol. Biol. **22**, 23 (1966).

SLAYTER, H. S., J. R. WARNER, A. RICH and C. E. HALL: J. Mol. Biol. **7**, 652 (1963).

SPOTTS, C. R., and R. Y. STAINIER: Nature **192**, 633 (1961).

WUNNER, W. H., J. BELL and H. N. MUNRO: Biochem. J. **101**, 417 (1966).

Contributors to the discussion:

HADJIOLOFF (VR Bulgarien).

Institut für Mikrobiologie und Experimentelle Therapie der Deutschen Akademie der Wissenschaften Berlin, Jena, DDR

Zur Anwendung fluoreszenzphotometrischer Methoden in der Immunhistochemie

von

R. SCHNABEL, K. AUGSTEN und H. GRIMM

Mit der zunehmenden Verbreitung immunhistologischer Verfahren in der Biologie und Medizin wuchs das Bedürfnis nach quantitativen Informationen. Heute sind eine ganze Reihe teils sehr aufwendiger Einrichtungen für die Fluoreszenzmikrophotometrie und Fluoreszenzmikrospektrophotometrie bekannt, die sich durch höchste Empfindlichkeit und weitgehende Automatisierung des Meßvorgangs auszeichnen (CASPERSSON und Mitarbeiter, 1965; GOLDMAN, 1967; HOVNANIAN und Mitarbeiter, 1964; LOESER und Mitarbeiter, 1962; MANSBERG und KUSNETZ, 1966; MELLORS und SILVER, 1951; OLSON, 1960; RIGLER jr., 1967; RUNGE, 1966) . Allgemein besteht der „trend" nach einer zellulären und subzellulären quantitativen Immunhistologie (GOLDMAN, 1967; HOVNANIAN und Mitarbeiter, 1964; KUNZ, 1965). Sie setzt die Verwendung sehr kleiner Meßblenden voraus. Man bedient sich jedoch auch der Möglichkeit größere Bereiche mit Durchmessern von 100 μm und darüber zu untersuchen (KÖRTING und VOSS, 1967; PITTMAN und Mitarbeiter, 1964). Unsere Mitteilung beschäftigt sich damit, diese beiden Verfahren — hier kurz *Feld- und Zellmessung* genannt — hinsichtlich des Informationsgehalts, des Anwendungsgebiets und der Ökonomie miteinander zu vergleichen. Als immunhistologisches Modell wählten wir die von KAPLAN (KAPLAN, 1963; KAPLAN und MEYESERIAN, 1962) entdeckte Kreuzreaktion zwischen Anti-A-Streptokokken-Seren und menschlichen Herzmuskelzellen. Auf die medizinische Bedeutung dieser Befunde, die heute im Brennpunkt der Streptokokken- und Rheumaforschung stehen sei hier nicht näher eingegangen.

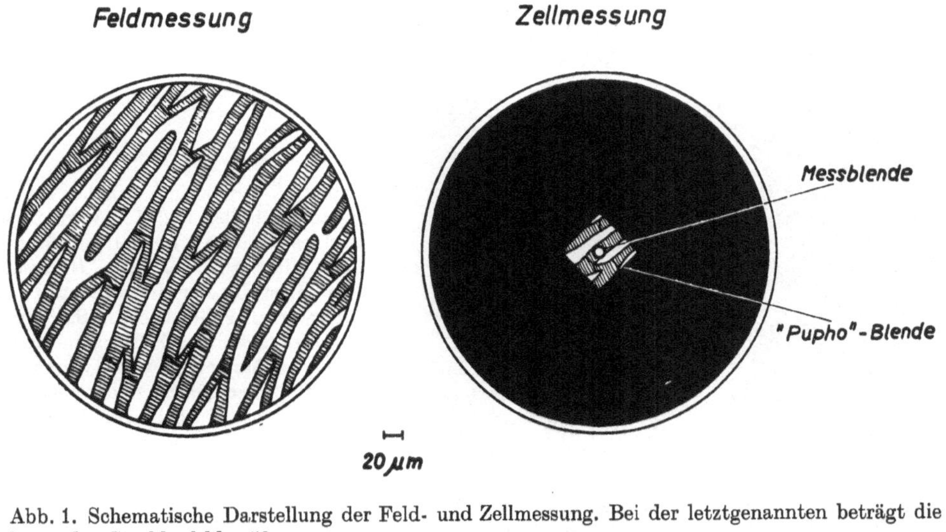

Abb. 1. Schematische Darstellung der Feld- und Zellmessung. Bei der letztgenannten beträgt die Kantenlänge des Strahlenfeldes 56 μm

1. Gerät und Meßtechnik

Das vom VEB Carl Zeiss (Jena) entwickelte Mikroskop-Photometer wurde für unsere Zwecke modifiziert. Es handelt sich um ein Einstrahlgerät, welches nach der Ausschlagmethode arbeitet. Unter Hinweis auf Voss (1964) und Körting und Voss (1967) seien hier nur einige wenige technische Einzelheiten vermerkt. Wir arbeiteten mit einem Quecksilber-Höchstdruckbrenner HBO 50 und Blaulichtfluoreszenz. Ein geeigneter Semistandard, dessen Fluoreszenzlicht demjenigen des Markierungsfarbstoffes entsprach, diente zur Eichung und laufenden Kontrolle. Der relative Meßfehler lag — selbst bei mehrstündiger Beobachtungszeit — für den Semistandard nicht über $\pm 2\%$. Eine entscheidende Verbesserung bestand im Anbringen einer *Pulfrich-Photometerblende* (Pupho-Blende), wie sie auch beim Strahlenstichverfahren angewandt wird. Sie ermöglichte, das Strahlenfeld kontinuierlich zwischen 0 und 375 µm zu variieren. Damit wurde bei der Zellmessung vermieden, das Präparat unnötigerweise der Erregerstrahlung auszusetzen. Unter Verwendung des Spiegelkondensors 0,4, des Apochromats 16 und Projektivs 6,3:1 betrug der Durchmesser der Meßfläche bei der Feldmessung *375* und bei der Zellmessung *10* µm (Abb. 1). Das entsprach einem Flächenverhältnis von 1400:1. Weitere technische Einzelheiten s. Schnabel und Mitarbeiter (1969).

2. Immunhistologisches Modell

Die Sichtbarmachung der Kreuzreaktion zwischen den Herzmuskelzellen und dem Anti-A-Streptokokken-Haskins19-Serum erfolgte durch mit Fluoresceinisothiocyanat (FITC) markiertes γ-Globulin aus Anti-Kaninchen-γ-Globulin-Ziegenserum (Sandwich-Technik). An dieser Stelle sei Herrn Dr. M. Wagner (Jena) für die Überlassung der Seren und Herrn Prof. Dr. E. Hasche (Bad Berka) für die

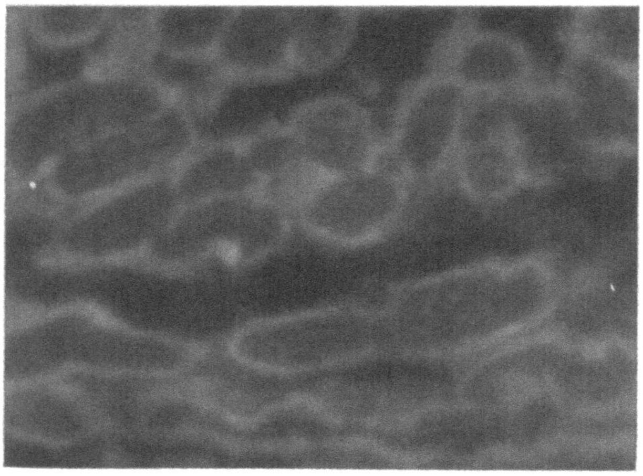

A

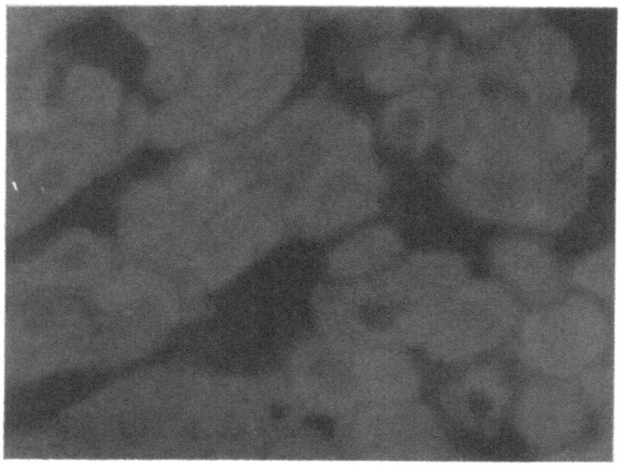

B

Abb. 2. A — Reaktion zwischen menschlichen Herzmuskelzellen und 1:2 verdünntem Anti-Haskins-Serum (II; Nr. 66) mit der indirekten Immunfluoreszenz-Technik. Herzschnitt aus dem linken Herzohr einer 25jährigen Patientin mit erworbener Mitralstenose (Stadium II—III) und histologisch nachweisbaren Aschoffschen Knötchen. Man erkennt die typische Reaktion der Randzonen der Herzmuskelfasern.
B — Kontrolle mit normalem Kaninchenserum (Nr. 30) anstelle des Anti-Haskins-Serums. — (Vers.-Nr. 45). Vergrößerung jeweils 480 ×

Überlassung der Herzbiopsien bestens gedankt. Die Anti-Haskins-Seren erzeugten eine diffuse Fluoreszenz der Herzmuskelfasern, wobei die Randzonen und Glanzstreifen in charakteristischer Weise verstärkt waren (Abb. 2). Die glatten Muskelzellen der Gefäßwände und des Endocards stellten sich ebenfalls dar. Zur Spezifitätskontrolle wurde das Anti-Haskins-Serum durch Normalserum, Anti-B-Streptokokken-Serum oder mit menschlichem Herzmuskelgewebe absorbiertes (KAPLAN, 1963) Anti-Haskins-Serum ersetzt. Hierbei erhielt man nur eine unbedeutende Anfärbung der Muskelfasern ohne typische Randreaktion (Abb. 2B).

Die visuellen Beobachtungen ließen sich quantitativ bestätigen. Zur Bewertung des Reaktionsgrades der Immunseren stellten wir den sog. *Fluoreszenzintensitätsindex* (FII) auf. Er ist durch den Quotienten: Relative Fluoreszenzintensität des Immunserums/Relative Fluoreszenzintensität des Normalserums — definiert. Hierdurch wird das Normalserum jeweils auf 1,0 normiert. Für die verwendeten Anti-Haskins-Seren betrug der mittlere FII 2,03 bzw. 2,28, während die Werte für das Anti-B-Streptokokken-Serum und das absorbierte Anti-Haskins-Serum nur wenig über 1,0 lagen. Der mittlere FII von Herzschnitten, die lediglich mit dem markierten Ziegenglobulin überschichtet wurden, war 0,45.

3. Vergleich zwischen Feld- und Zellmessung

Vom selben Herzen wurden pro Versuch 20 Serienschnitte angefertigt und mit Hilfe von Zufallszahlen in zwei gleich große für die Feld- und Zellmessung bestimmte Gruppen aufgeteilt. In jedem Schnitt bestimmten wir 10 Areale, so daß eine Gruppe insgesamt 100 Meßwerte umfaßte.

In der Tabelle 1 sind die Ergebnisse der Varianzanalyse von zwei Versuchen zusammengefaßt.

Tabelle 1

Vergleich zwischen Feld- und Zellmessung bei der indirekten Immunfluoreszenz-Technik mit Anti-A-Streptokokken-Seren und menschlichem Herzmuskel.

Vers.-Nr.	Immunserum	Herzbiopsie Alter; Geschlecht	Feldmessung		Zellmessung		F-Test	Signifikanz
			$\bar{\bar{x}}$	Varianzen	$\bar{\bar{x}}$	Varianzen		
1	Anti-Haskins [47], 1:10	39 J.; ♀ [121]	171,9	Gesamt: 836 Innerhalb: 393	177,1	Gesamt: 106 Innerhalb: 21	7,95 18,71	+++ +++
2	Anti-Haskins [64], 1:10	43 J., ♀ [159]	159,4	Gesamt: 343 Innerhalb: 178	132,2	Gesamt: 206 Innerhalb: 129	1,67 1,38	++ (+)

[1]) Jeder Versuch umfaßt für Feld- und Zellmessung je 100 Meßwerte (10 Schnitte à 10 Messungen)
Erklärungen: $\bar{\bar{x}}$ = Mittelwert aus 100 Messungen (relative Fluoreszenzintensität in Skalenteilen)

2α	Signifikanz
0,05	(+)
<0,05	+
<0,01	++
<0,001	+++

Bei beiden Beispielen unterschieden sich sowohl die Varianzen „Gesamt" als auch die Varianzen „Innerhalb" (Restvarianzen) *signifikant* zugunsten der Zellmessung. Diese war auf Grund der kleineren Streuungen als die genauere der beiden Meßmethoden anzusehen.

Anhand der Varianzkomponentenzerlegung ließ sich weiterhin zeigen, wie die Genauigkeit der beiden Methoden in Abhängigkeit von der Schnittanzahl und/oder der Zahl der Messungen pro Schnitt verändert wird. Ohne auf die mathematische Ableitung im einzelnen einzugehen, seien für den Versuch 1, der den Unterschied zwischen beiden Methoden besonders deutlich demonstriert, zwei der möglichen Kombinationen herausgegriffen.

Bei der Zellmessung wären *zwei* Schnitte zu je *zwei* Messungen ausreichend, wenn man sich mit derselben Genauigkeit wie bei der Feldmessung mit 10 Schnitten zu je 10 Wiederholungen begnügte. Allerdings verbietet sich in der Praxis ein so kleiner Stichprobenumfang wegen des zu hohen Risikos der „Ausreißer". Umgekehrt müßte man bei der Feldmessung 60 Schnitte zu je 5 Wiederholungen einsetzen, um die Genauigkeit der Zellmessung mit 10 Schnitten zu je 10 Messungen zu erzielen. Für den letzten Fall wurde weiter berechnet, daß sich die Kosten wie *5:1* verhalten, wenn die Kosten pro Schnitt zu den Kosten pro Messung im Verhältnis *20:1* stehen. Der ökonomische Nutzen der präziseren Methode ist damit offenkundig.

Anhand unseres Modells gelangten wir zu folgenden Schlußfolgerungen:

1. Für die Verwendung der Zellmessung sprechen die höhere Genauigkeit auf Grund der kleineren Streuung, die daraus resultierende Verringerung des Arbeits- und Materialaufwands sowie die Beschränkung der Messung auf das tatsächlich interessierende Objekt.
2. Die Feldmessung hat neben der größeren Ungenauigkeit den Nachteil, jegliche Fluoreszenzintensitäten des Meßfeldes zu erfassen (unspezifische Reaktionen, Verunreinigungen). Trotzdem bleiben ihr bestimmte Aufgaben vorbehalten. Sie kann dort nutzbringend eingesetzt werden, wo unterschiedliche Fluoreszenzintensitäten der Einzelobjekte nicht interessieren oder wegen der homogenen Verteilung des fluoreszierenden Stoffes fehlen.
3. Hinsichtlich der energetischen Verhältnisse ist die Feldmessung der Zellmessung stets überlegen. Bei zellulären und subzellulären Untersuchungen können so geringe Fluoreszenzenergien auftreten, daß eine quantitative Beurteilung unmöglich wird.

Letztlich sollten das jeweilige Objekt und die spezielle Fragestellung die Wahl des Verfahrens bestimmen. In diesem Sinne möchten die vorliegenden Ergebnisse eine Anregung für künftige quantitative Untersuchungen auf dem Gebiet der Immunfluoreszenz-Technik sein.

Zusammenfassung

Zwei in der Fluoreszenzmikrophotometrie benutzte Meßprinzipien — hier kurz Feld- und Zellmessung genannt — wurden hinsichtlich des Informationsgehalts, des Anwendungsgebiets und der Ökonomie an der zwischen menschlichem Herzmuskelgewebe und Anti-A-Streptokokken-Kaninchenseren bestehenden immunologischen Kreuzreaktion (Sandwich-Technik) vergleichsweise getestet. Das Mikroskop-Photometer des VEB Carl Zeiss (Jena) wurde entsprechend umgebaut und mit einer Pulfrich-Photometerblende ausgerüstet. Die Größe des Meßfeldes betrug bei der Feldmessung 375 μm und bei der Zellmessung 10 μm (Flächenverhältnis wie 1400:1). Nach den Ergebnissen der Varianzanalyse (Eisenhart-Modell II) und der Varianzkomponentenzerlegung unterschied sich die Zellmessung durch die höhere Genauigkeit (kleinere Streuungen) und den geringeren Aufwand signifikant von der Feldmessung. Diese kann jedoch dort mit Gewinn angewandt werden, wo unterschiedliche Fluoreszenzintensitäten der Einzelobjekte nicht interessieren oder wegen der homogenen Verteilung des fluoreszierenden Stoffes überhaupt fehlen.

Literatur

CASPERSSON, T., G. LOMAKKA und R. RIGLER, jr.: Registrierender Fluoreszenzmikrospektrograph zur Bestimmung der Primär- und Sekundärfluoreszenz verschiedener Zellsubstanzen. Acta histochem., Suppl. VI, 123—126 (1965).

GOLDMAN, M.: An improved microfluorimeter for measuring brightness of fluorescent antibody reactions. J. Histochem. Cytochem. **15**, 38—45 (1967).

HOVNANIAN, H. P., T. A. BRENNAN und E. A. BOTAN: Quantitative rapid immunofluorescence microscopy. I. Instrumentation. J. Bacteriol. **87**, 473—476 (1964).

KAPLAN, M. H.: Immunologic relation of streptococcal and tissue antigens. I. Properties of an antigen in certain strains of group A streptococci exhibiting an immunologic cross-reaction with human heart tissue. J. Immunol. **90**, 595—606 (1963).

KAPLAN, M. H., und M. MEYESERIAN: An immunological cross-reaction between group A streptococcal cells and human heart tissue. Lancet **1**, 706—712 (1962).

KÖRTING, H. J., und G.-R. VOSS: Fluoreszenzphotometrie der Virusinhibition. Acta histochem., Suppl. VII, 361—365 (1967).

KUNZ, Ch.: Die Verwendbarkeit der Fluoreszenz-Serologie und der Mikrophotometrie für die Differenzierung von Viren des Tick-Borne Encephalitis(TBC)-Komplexes. Zbl. Bakt. **196**, 416—437 (1965).

LOESER, C. N., S. S. WEST und M. D. SCHOENBERG: Cytochemical studies and quantitative television fluorescence and absorption spectroscopy. Annals N. Y. Acad. Sci. **97**, 346—357 (1962).

MANSBERG, H. P., und J. KUSNETZ: Quantitative fluorescence microscopy. Fluorescent antibody automatic scanning techniques. J. Histochem. Cytochem. **14**, 260—273 (1966).

MELLORS, R. C., und R. SILVER: A microfluorometric scanner for the differential detection of cells: Application to exfoliative cytology. Science **114**, 356—360 (1951).

OLSON, R. A.: Rapid scanning microspectrofluorimeter. Rev. scient. Inst. **31**, 844—849 (1960).

PITTMAN, B., G. A. HEBERT, W. B. CHERRY and G. C. TAYLOR: Quantitative measurements of non-specific staining by fluorescein isothiocyanate labeled globulin employing mammalian cell cultures. Bacteriol. Proc. (Abstracts) 64 (1964).

RIGLER, jr., R.: Die Fluoreszenzmikrospektrophotometrie und ihre Anwendungsmöglichkeiten bei der Immunhistologie. Acta histochem., Suppl. VII, 351–359 (1967).
RUNGE, W. J.: A recording microfluorospectrophotometer. The instrument permints analysis in situ of porphyrin and other autofluorescing substances in tissue. Science **151**, 1499–1506 (1966).
SCHNABEL, R., K. AUGSTEN und H. GRIMM: Zur Methodik der Fluoreszenzphotometrie immunhistologischer Präparate. Vergleich zwischen „Feldmessung" und „Zellmessung". Acta histochem. **32**, 341–350 (1969).
VOSS, G.-R.: Das Mikroskop-Fotometer als Histofotometer. Jenaer Rundschau (Messeheft), 55 (1964).

Diskussionsredner:

SCHARF (DDR).

Medizinisches Institut der Universität Jasi und Medizinische Fakultät der Universität Bukarest, S. R. Rumänien

Möglichkeiten und Grenzen der Immunfluoreszenz

von

V. Marza und E. Repciuc

Wir wollen mit einigen Bemerkungen zum allgemeinen Rahmen unseres internationalen Treffens beginnen. Die Morphologie ist weltweit in den Ruf gekommen, zwar altehrwürdig, aber bei weitem nicht mehr so nützlich zu sein, als zu Zeiten Virchows und Rokitanskys. Wir sagten „weltweit", da die Bemühungen der Morphologen das Gegenteil zu beweisen, nicht nur hier in Europa, sondern auch in Amerika sehr angestrengt sind. Wir möchten ein Beispiel anführen, weil gerade dieses Beispiel viel mit unseren Bemühungen auf dieser internationalen Tagung zu tun hat. Und zwar handelt es sich um das Symposium über Autopsie das im J. A. M. A. des Jahres 1965 erschienen ist und das wohl den meisten Anwesenden bekannt sein dürfte. Ich möchte an die heftige Rede von Dr. Alfred Angrist erinnern, der behauptete, daß die Bemühungen der Morphologen nur wenig Anerkennung, nicht nur von Seiten der Laien, sondern sonderbarerweise auch von seiten der Angehörigen des ärztlichen Berufes ernteten. Dabei soll der Vorwurf der Erstarrung der Begriffe in der Morphologie zu unrecht bestehen, kann selbst der Physiologe des morphologischen Rüstzeugs nicht entbehren. Schließlich sollen ja Morphologie und Physiologie zwei Seiten derselben lebendigen Einheit darstellen.

Dennoch lebt die Morphologie einstweilen dürftig. Dr. Mc Manus hat am selben Symposium die Lage der breiten morphologischen Front recht entmutigend beschrieben. Wohl sind einige Fortschritte zu verzeichnen (wohlgemerkt nicht überall); die Porzellantische wurden durch rostfreien Stahl ersetzt, derselbe kann jetzt leichter gewaschen und gereinigt werden. Doch seien die eigentlichen Forschungsmittel noch wie zu Zeiten Virchows und Rokitanskys. Es sei dringend nötig, die Mittel der Routineforschung zu verfeinern, ebenso wie die Klinik es jetzt mit Hilfe des Labors tut. Elektronenmikroskopie, Immunfluoreszenz, Histochemie, Injektion der Blut- und Lymphgefäße müßten überall dort zugänglich sein, wo seziert wird. Das würde auch ein Mittel sein, unmittelbar am menschlichen Körper das zu finden, was wir sonst aus dem Tierexperiment dürftig extrapolieren müssen. Wir glauben, solche Dinge liegen auch uns sehr am Herzen und der Sinn unserer Tagung ist ein ähnlicher.

Aus der Reihe der soeben gepriesenen Mittel möchten auch wir die Immunfluoreszenz herausgreifen. Wir möchten hier nicht die Benennung Immunhistologie bevorzugen, weil wir diesen Begriff etwas weiter fassen, indem dazu auch die Gewebsreaktion mit allen immunkompetenten Zellen gehört. Also soll die Immunhistologie den breiteren Begriff darstellen, indes die Immunfluoreszenz bloß ein Teil der ersteren ist. Daß auch die Immunhistologie als Ganzes praktisch zu verwerten ist, sei sogleich hervorgehoben. Nur ist es nicht immer mit gewöhnlichen, sagen wir konventionellen Mitteln möglich Immunozyten zu erkennen. Ein Beispiel aus unserem Tätigkeitsbereich: die präcarcinomatöse Hepatitis nach DAB-Verabreichung ist unter anderem auch durch das Erscheinen gewisser Zellherde mitten im Läppchen, also nicht unmittelbar im Portalraum, gekennzeichnet. A. Symeonidis hat 1962 diese Zellen für Blutbildungsherde gehalten, während unsere Landsleute C. Todorutiu und G. Simu für dieselben 1965 die Zugehörigkeit zu Immunozyten beanspruchten. Der Widerspruch dieser weit auseinandergehenden Angaben ist mit konventionellen Mitteln kaum zu lösen. Das Elektronenmikroskop gibt sofort Aufschluß, es beweist, daß es sich tatsächlich um Makrophagen, Lymphozyten und sog. pyroninophile Zellen, d. h. blastische Vorläufer verschiedener immunkompetenten Zellen handelt. In späteren Stadien findet man daneben auch Fibroblasten. (Abb. 1, 2, 3 und 4).

Diese Immunmorphologie im breiten Sinne hat noch grundlegende Probleme zu lösen. Die Beziehung der Makrophagen zu den Lymphozyten und den sog. pyroninophilen Zellen oder Immunoblasten sind

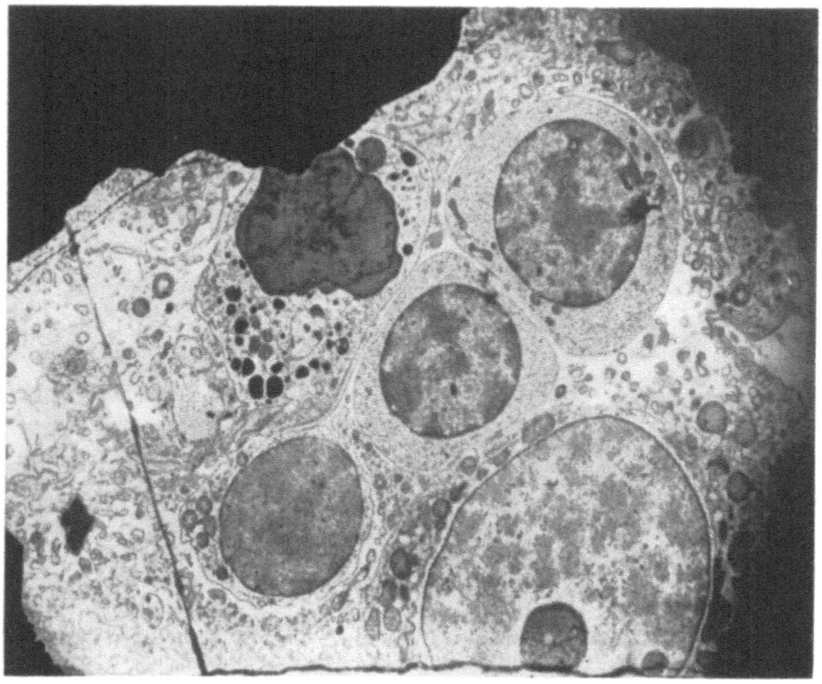

Abb. 1. Das fragliche Infiltrat besteht aus Makrophagen, Lymphozyten und pyroninophilen Immunozyten. Elektronenmikroskop, Vergrößerung 4000 ×

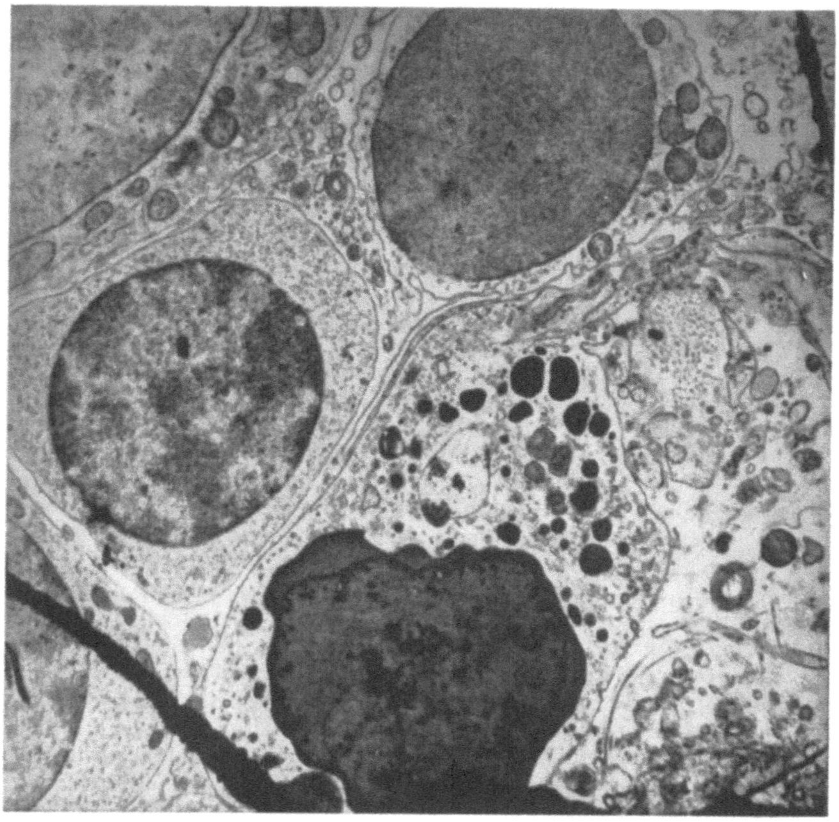

Abb. 2. Beachte die engen Beziehungen des Lymphozyten zum Makrophagen. Elektronenmikroskop, Vergrößerung 7300 ×

noch unklar, trotz der Bemühungen von Ada, Nossal und auch von anderen, besonders von Elektronmikroskopikern. Es ist insbesondere noch nicht bekannt, wie die Makrophagen an die Immunozyten ihre Information abgeben. Gleichfalls ist nicht sicher festgestellt, daß dieser Immunoblast unbedingt auf fremde Information angewiesen ist, d. h. ob er sich nicht auch auf anderem Wege, also unter Ausschluß

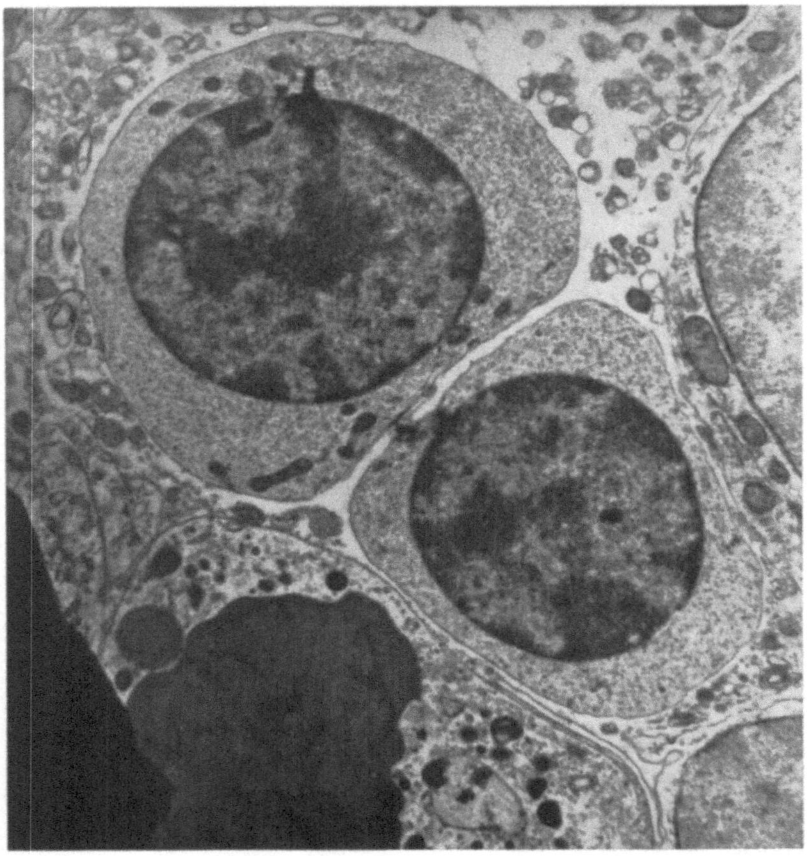

Abb. 3. Das Verhalten der Immunozyten zum Makrophagen und zur Leberzelle, die sich in Auflösung befindet. Elektronenmikroskop, Vergrößerung 7300 ×

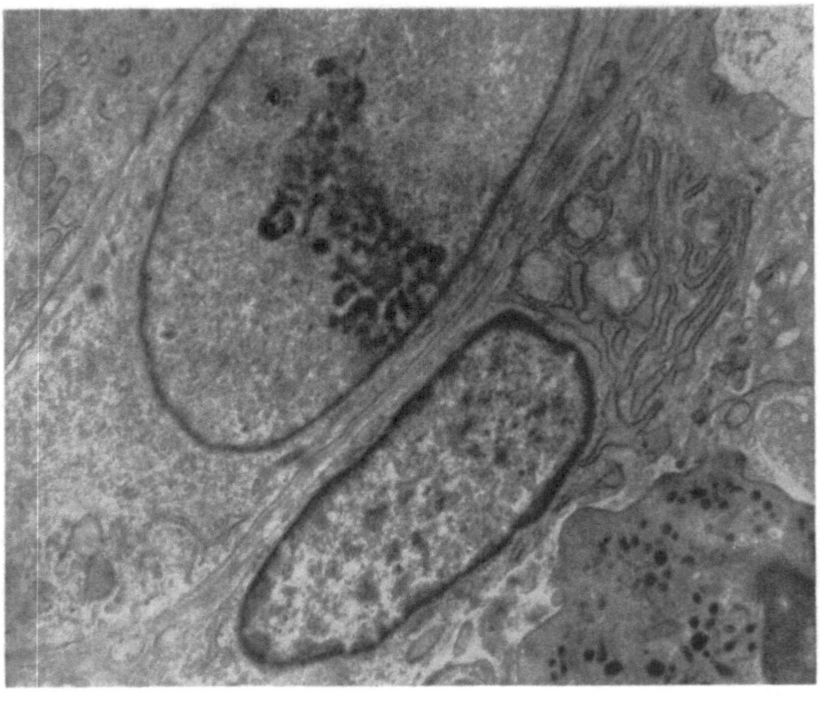

Abb. 4. Fibroblast mit deutlichem Ergastoplasma zwischen gewucherter Gallengangszelle und neutrophilem Leukozyt. Elektronenmikroskop, Vergrößerung 7300 ×

der Makrophagen, unmittelbar seine Information beschaffen kann. Phytohaemagglutininexperimente legen diesen Gedanken nahe. Auch Isotopenmarkierung spricht dafür, nach neuesten Angaben von Nossal. Elektronmikroskopiker deuten gewisse Ausläufer der sog. Pyroninophilen als Kontaktorganellen (Uropoden) zur Übernahme der Information, die meist als RNS angesehen wird (Abb. 5). Es sind innerhalb dieser Kontaktorganellen tatsächlich immer Ribosomen vorhanden, was einigermaßen zur Theorie der RNS-Übernahme paßt. Andererseits ist durch Isotopenmarkierung mehr oder weniger gesichert, daß die Antigene die Makrophagen nicht verlassen und überhaupt an die Immunoblasten oder gar Plasmazellen nur zur Zeit der IgM-Bildung, und auch dann nur sehr spärlich abgegeben werden.

Noch ungeklärt ist die Abstammung der Immunoblasten, hauptsächlich deswegen, weil reine Lymphozytenkulturen kaum zu erhalten sind. Desgleichen ist die Rolle der Eosinophilen im Immungeschehen

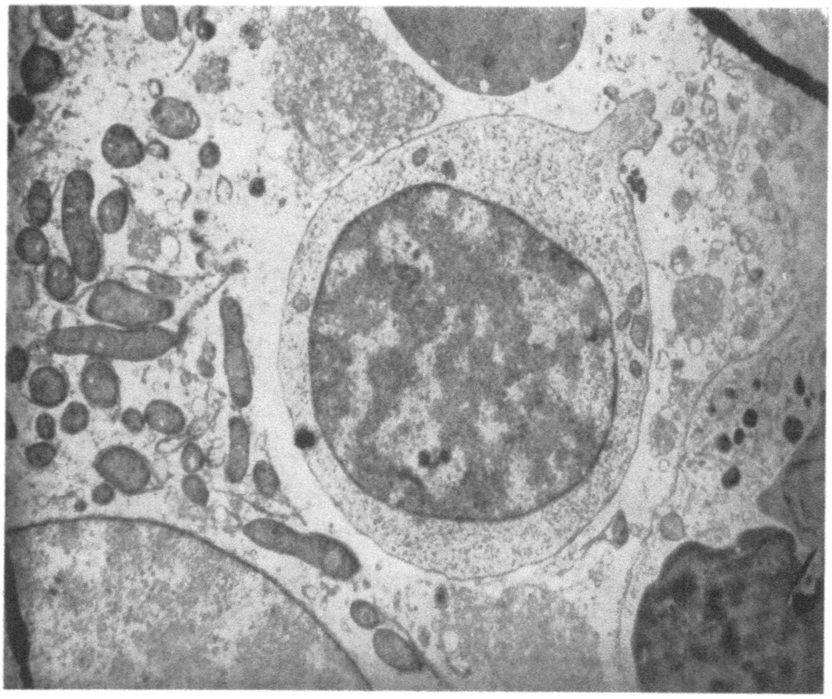

Abb. 5. Immunozyt mit deutlichem Uropod, aber ohne Bezug zu anderen informationtragenden Zellen. Elektronenmikroskop, Vergrößerung 7300 ×

noch nicht hinreichend geklärt. Litt will ihre Rolle nicht nur auf Aufnahme von Antigen-Antikörper-Komplexen beschränken, sondern sie auch für die Ausbildung der Antikörper verantwortlich machen. Das erstere dürfte wohl als gesichert gelten, ob auch das zweite zutrifft, muß noch weiteren Forschungen vorbehalten werden. Daß die sichere Zuordnung von bestimmten Leistungen praktisch wichtig ist, erklärt sich aus der Tatsache, daß Abstoßung oder Rejektion der verpflanzten Organe meist nur mit dem morphologischen Bilde belegt wird. Eine nur untergeordnete Rolle spielt unseres Wissens die Komplementbestimmung (von $C'2^{hu}$). Also muß die sichere Erkennung der Zellarten und ihrer Leistungen, ihre Zugehörigkeit zu Immunozyten gut fundiert sein. Wichtig in diesem Zusammenhang ist auch die Tatsache, daß der Vergleich zwischen Mensch und Tier (eigentlich nur Säuger), die große Ähnlichkeit der betreffenden Formen zu Tage brachte. Vereinheitlichung der Nomenklatur ist deshalb nicht nur möglich, sondern dringend wünschenswert. Daß beim jetzigen Stand der Dinge die morphologische Forschung ausschlaggebend ist, beweist auch die Untersuchung, der nun die verpflanzten Herzen unterzogen werden.

Die Immunmorphologie in diesem breiten Sinne hat auch noch andere Wandel durchgemacht. Die Herkunft der Immunozyten wird jetzt anders dargestellt, als das früher geschah. Man war früher geneigt, die ortständige Herkunft nicht nur der Immunozyten, sondern auch der Makrophagen zu betonen. Das ist nun anders geworden, auch hinsichtlich der Makrophagen. Auch diese letzteren sollen dem Knochenmark entstammen und nur Zwischenstadien im Thymus oder der Milz durchmachen, also keineswegs aus der Umwandlung lokaler Gebilde entstehen, z. B. der Uferzellen in der Leber. Praktisch dürfte diese Tatsache zur Erklärung der Immunparalyse nach Röntgenstrahlung beitragen. Jedenfalls finden wir im geschädigten Leberparenchym, etwa nach DAB-Verabreichung, neben Makrophagen

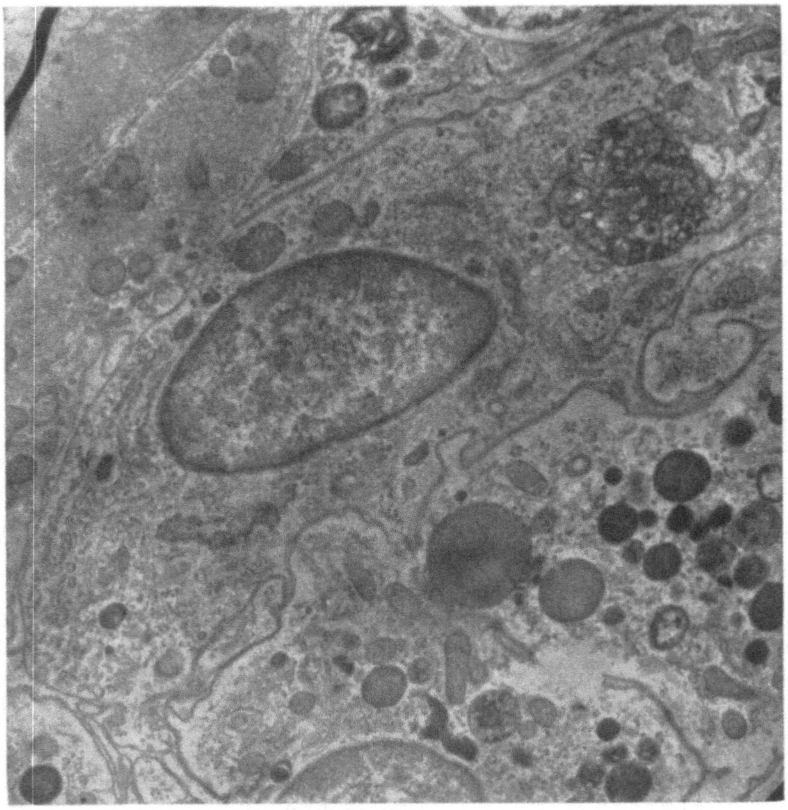

Abb. 6. Makrophage in Tätigkeit. Elektronenmikroskop, Vergrößerung 7300 ×

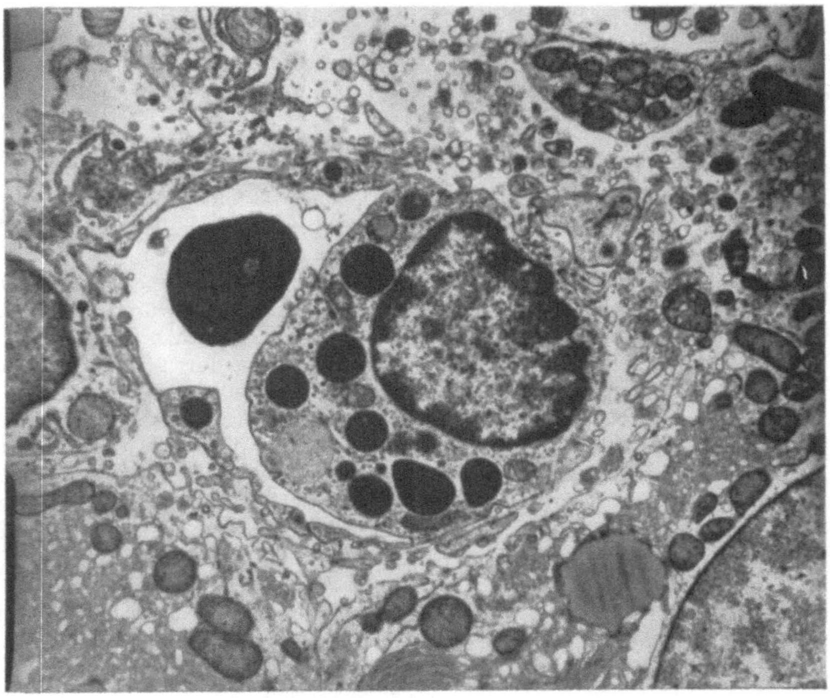

Abb. 7. Makrophage sendet Ausläufer, die eine Verbindung zu gewöhnlichen Sternzellen herstellen. Vergrößerung 7300 ×

auch regelrechte Sternzellen. Die Beziehungen der Makrophagen zu den Hepatozyten sind gewöhnlich ganz andere als die der Sternzellen (Abb. 6). Man findet aber sehr oft die Ausläufer der Makrophagen so innig mit Ausläufern normaler Sternzellen verbunden, daß die lokale Herkunft der ersteren dennoch annehmbar erscheint (Abb. 7).

Und nun einige Bemerkungen zur Immunfluoreszenz. Wie die Histochemie überhaupt, hat auch die Immunfluoreszenz die Frage der Spezifität zu erledigen. Nun ist diese Frage beim heutigen Stand der Dinge, genauso wie die Frage der Kontamination in der Virenforschung, nicht so weit bearbeitet, daß wir mit unbedingtem Vertrauen noch so sorgfältig durchgeführten Untersuchungen entgegensehen dürfen. Und dennoch ist die Immunfluoreszenz für die Praxis unentbehrlich, genau wie die Virologie (Inframikrobiologie). Mit Recht wird — insbesondere von v. MEYERSBACH — die Rolle der unterschiedlichen pH-Lage betont, doch muß man unbedingt auch auf sog. gemeinsame Antigene achten, von denen schon manche wenigstens serologisch bekannt und erfaßbar sind. Das ist keine neue Forderung, jedoch ist sie durch zu starke Betonung anderer Gründe etwas in den Schatten getreten. Auf eine andere Art der sog. Artefaktbildung haben besonders Kliniker hingewiesen. POPPER und Mitarb. weisen auf die Möglichkeit hin, daß sich Antigen-Antikörperkomplexe besonders in den Leberzellen ablagern und auf diese Weise Fluoreszenz der Leberzellen erzeugen. Dabei soll das Antigen meist ein MPS aus kleinen Gallengängen sein, was wieder durch Fluoreszenz bewiesen wurde. Sicher ist durch LITT festgestellt, daß die Eosinophilen des Blutes Antigen-Antikörperkomplexe aufnehmen, die dann Fluoreszenz erzeugen. Dabei sind die Antikörper nicht oder müssen nicht unbedingt antileukozitär sein. Selbstverständlich gilt das alles nur für die Sandwichmethode, bei der fluorochromierte Antiglobuline gebraucht werden. Fluorochromierte Anti-Komplemente dürften noch vieldeutiger sein, abgesehen von der Tatsache, daß nur selten bekannt ist, um welche Fraktion oder Fraktionen des Komplementkomplexes es sich handelt.

Fluorochromierte Anti-Komplemente müssen aber praktisch dennoch bedeutsam sein, denn positiver Ausfall der Reaktion, wenn nicht mit Komplement vorbehandelt wurde, bedeutet eben Anwesenheit des Komplementkomplexes. Nun ist von biochemischer und serologischer Seite her bekannt, daß die Antigen-Antikörperbindung an und für sich noch nicht zytolytisch wirkt. Ist aber auch Komplement vorhanden, dann wirkt das Ganze zytolytisch. Vorbedingung für eine pathogene Wirkung des Autoimmungeschehens wäre also der Beweis einer Komplementbindung. Daß auch diese nicht immer ein bindender Beweis für die zytolytische Wirkung ist, dürfte bekannt sein, jedoch ist sie eine Mindestbedingung für eine derartige Wirkung und deshalb werden wohl fluorochromierte Antikomplemente in Kürze eine weit breitere Verwendung finden als bislang, besonders wenn man sie gut gereinigt und käuflich haben wird.

Dies wird umsomehr der Fall sein, als wir hinsichtlich der Antiglobuline in einer mißlichen Lage sind. Es ist zwar nicht gründlich bewiesen, doch scheint nach Angaben von N. HILSCHMANN und L. C. CRAIG (1965) gerade der nichtspezifische Teil der L-Kette von Antikörpern die sog. allotypischen Determinanten zu besitzen, die eine Bildung von Antiglobulinen auslösen können. Antiglobuline sind eben unspezifisch und das bringt eine gewisse Beschränkung der Anwendungsmöglichkeiten der Sandwichmethode mit sich. Dieselbe ist aber beliebt, eben weil es käufliche, optimal gereinigte Antiglobuline gibt, die sehr handlich sind.

Selbstverständlich ist in allen Fragen, bei denen es auf Spezifizität ankommt, der spezifische fluorochromierte Antikörper als solcher zu benutzen. Für die Erkennung der Proteine und ihrer Topographie kennen wir zur Zeit kein besseres Mittel. Dennoch besteht die Tendenz, die Antikörper nicht als solche zu benutzen, sondern mit Antiglobulinen zu erkennen. Daß dies weniger sicher ist als das direkte Verfahren mit fluorochromierten Antikörpern liegt auf der Hand.

Abschließend muß noch einmal auf die gemeinsamen Antikörper hingewiesen werden. Sie wurden so oft beschrieben und unter so verschiedenen Namen, daß eine Durchsicht wünschenswert erscheint. Das soll nicht hier und nicht sogleich geschehen, jedoch sollen hier die Möglichkeiten der Darstellung und Typisierung besprochen werden. Die direkte Darstellung durch Immunelektrophorese ist selbstverständlich sehr überzeugend. Affenserum hat z. B. bestimmte Antigene gemeinsam mit dem Menschenserum. V. MEYERSBACH hat nachgewiesen, daß die Entdeckung der gemeinsamen Antigene sehr von der Zubereitungsart der Antisera abhängt. Das kommt daher, daß solche Antigene nicht vollkommen identisch beschaffen sein müssen, sondern nur die aktive Stelle, d. h. die allogene Determinante soll identisch sein. Deshalb auch der zusätzliche Name „gekreuzte Reaktion". Gemeinsame Antigene werden in der französischen Schule besonders von ANTOINE und HAMBURGER, in der spanischen von SANTAMARIA u. a. bearbeitet.

Es gibt aber vorerst in dem schon definierten Sinne gemeinsame Antigene verschiedener Organe einer Spezies oder eines Individuums. Auch dafür gibt es zahlreiche Beispiele: F. MILGROM (Buffalo) findet elektrophoretisch, daß es neben spezifischen Nebennierenantigenen auch solche gibt, die die Nebenniere gemeinsam mit der Milz und anderen Organen hat. D. W. BISHOP und Mitarbeiter fanden, daß gewisse Antigene des Hirnes (besonders das sogenannte ASPM-Antigen) auf die Hoden wirken, wenn sie mit FREUNDschem Adjuvans subcutan injiziert werden. FREUNDsches Adjuvans allein schädigt keineswegs die Hoden. Das ist also eine andere Art gemeinsame Antigene aufzudecken. Hier handelte es sich um autologe Antigene, die mehreren Organen gemeinsam sind. Das dürfte aber keineswegs bedeuten, daß überhaupt alle Antigene des Hirnes identisch seien mit denen der Hoden. Zur Schädigung der letzteren genügt offenbar schon ein einziges gemeinsames Antigen.

Daß es speziesfremde „gemeinsame Antigene" gibt, die für die gekreuzten Reaktionen verantwortlich sind, haben wir schon am Beispiel der Immunelektrophorese dargestellt. Für die andere Art der Beweisführung, nämlich der Heteroimmunisierung, möchten wir hier die besondere Lage der Leber besprechen. Bekannt ist durch Fluoreszenzversuche, daß die Leber fremde Proteine, wahrscheinlich an Antikörper gekoppelt, vorzugsweise aufnimmt. Wir haben schon angedeutet, daß H. Popper und Mitarbeiter nur diese Möglichkeit für eine immunologische Leberschädigung zugeben. Jedwede immunologische Leberschädigung, die auch durch Fluoreszenz nachgewiesen wird, kann somit auf diesen Mechanismus zurückgeführt werden. Gemeinsam mit Prof. M. Saragea und E. Roman haben wir versucht, eine Heteroimmunisierung der Leber zu erreichen. Die Untersuchung ist noch im Gange. Vorläufig möchten wir hervorheben, daß ein Supernatans der Kaninchenleber, die für Mitochondrien abzentrifugiert wurde, gewisse Schädigungen der Hepatozyten des Meerschweinchens hervorrufen kann (nämlich die berüchtigte „piece-meal necrosis"), die auch durch Immunfluoreszenz nachzuweisen sind. Nur ungefähr 20% der behandelten Tiere bieten Anzeichen einer immunologischen Leberschädigung. Meist sind nur vereinzelte Leberzellen fluoreszent, nur ein Tier bietet mit der Sandwichmethode fluoreszente Areale, die unregelmäßig über den Querschnitt des Läppchens verteilt sind, also keineswegs nur periportal liegen. Die soeben mitgeteilten Umstände gestatten noch nicht, die Hypothese der Antigen-Antikörperkomplexbindung auszuschließen. Wir müssen aber bedenken, daß die Menge des verabreichten Antigens sehr gering ist, nämlich bei der ersten Verabreichung 40 mg Protein, bei der zweiten 60 und bei der dritten 100 mg, wobei das Intervall je eine Woche beträgt. So geringe Mengen reichen wahrscheinlich noch nicht aus, um damit so verbreitete Speicherungserscheinungen zu erzeugen, wie wir sie 17 Tage nach der letzten Verabreichung fanden. Das spricht also für eine primäre Immunschädigung der Hepatozyten.

In derselben Richtung liegen auch die Versuche mit Mitochondrien der Kaninchenleber. Die Mitochondrien waren nicht imstande, eine immunologische Schädigung der Leberzellen als Ganzes auszulösen. Winzige fluoreszente Gebilde im Zytoplasma der meisten Leberzellen des behandelten Meerschweinchens sind nicht ohne weiteres als fluoreszente Mitochondrien anzusprechen. Elektronenmikroskopische Untersuchungen sind hier unbedingt angezeigt und ein Ansatz dazu ist bereits getan. Wie dem auch sei, schon die Tatsache, daß Mengen der Mitochondrien, die dem injizierten Supernatans hinsichtlich des Reststickstoffes gleichwertig sind, in keinem Falle richtige Fluoreszenz des ganzen Zytoplasmas bewirken, spricht gegen die Deutung einer Bindung von Antigen-Antikörperkomplex.

Sollte es sich aber eindeutig herausstellen, daß Heteroimmunisation möglich ist, dann dürfte das einschneidende Schlüsse über üble Folgen parenteraler Verabreichung oder unbotmäßiger Resorption größerer Moleküle aus dem Darm, die Antigeneigenschaften besitzen, zulassen. Aber auch wenn nur der von H. Popper und Mitarbeitern vorgeschlagene Weg immunologischer Schädigung der Leber bestände, wären ebendiese Umstände bedeutsam und bedenklich.

Schließlich sind in dem von uns befürworteten Sinne auch jene Versuche erwähnenswert, bei denen es auf den Entstehungsort gewisser Stoffe ankommt, die Antigeneigenschaften besitzen oder sie irgendwie erlangen könnten. Das ist z. B. für die Hypophysenvorderlappenhormone und für das Renin bereits geschehen. Jedoch stehen die Ergebnisse noch vereinzelt und nicht unangefochten da. Es scheint somit wünschenswert, derartige Experimente in größerer Breite und Zahl vorzunehmen, um den Andeutungen des Schrifttums die Würde mehr oder weniger gut begründeter Wahrheiten zu verleihen.

Literatur

Ada, G. L., G. J. V. Nossal and J. Pye: Antigens in immunity. 3. Distribution of iodinated antigenes, following injection into rats via the hind footpads. Aust. J. exp. Biol. **42**, 295–310 (1964).

Bishop, D. W., and G. L. Carlson: Immunologically induced aspermatogenesis in guinea pigs. Ann. N. Y. Acad. Sci. **124**, 247–266 (1965).

Hilschman, N., and L. C. Craig: Amino acid sequence studies with Bence-Jones proteines. Proc. Nat. Acad. Sci. U. S., **53**, 1403–1409 (1965).

Meyersbach, H. v.: Immunhistologische Methoden in der Histochemie. Hb. der Histochemie, Fischer-Stuttgart, Bd. 1, II. Teil, S. 188–268 (1966).

Nossal, G. J. V.: Self-Recognition. Ann. N.Y. Acad. Sci. **124**, 37–49 (1965).

Nossal, G. J. V., G. L. Ada and M. Austin: Antigenes in immunity. 4. Cellular localization of 125-I and 132-I-labeled flagella in lymph nodes. Aust. J. exp. Biol. **42**, 311–330 (1964).

Paronetto, F., N. Woolf, D. Koffler and H. Popper: Response of liver to soluble antigen-antibody complexes. Gastroenterology **43**, 539–546 (1962).

Popper, H., F. Paronetto and F. Schaffer: Immune processes in the pathogenesis of liver disease. Ann. N.Y. Acad. Sci. **124**, 781–799 (1965).

Symeonidis, A.: Morphogenèse du cancère du foie. In: Précurseurs morphologiques du cancère. Severi-Perugia. Herausgeb.: P. Maldagne, L. Deckers-Passau, S. 167–176 (1962).

Todorutiu, C. D., and G. Simu: Aspects of the stroma during genesis of experimental hepatoma induced by p-DAB. Oncologia (Basel) **19**, 43–54 (1965).

Pathologisch-Anatomisches Institut der Universität Pecs, VR Ungarn

Über topooptische Reaktionen und ihre Bedeutung für die submikroskopische Strukturforschung

von

G. Romhányi

Die topooptischen Reaktionen sind dadurch gekennzeichnet, daß sie an mizellaren Strukturen ortgebunden entstehen und bei Erhaltung der Grundstruktur charakteristische optische Anisotropieeffekte hervorrufen.

Definitionsgemäß scheiden daher aus:

1. Ortgebundene Reaktionen an nicht mizellaren Texturen, d. h. an amorphen Objekten, weil an solchen anisotrope Reaktionen überhaupt nicht entstehen können.
2. Ortgebundene Reaktionen an mizellaren Texturen, welche zwar lokale morphologische Manifestationen zeigen, aber keine optischen Anisotropieeffekte aufweisen.

Die topooptischen Reaktionen sind also spezielle submikroskopisch strukturierte Reaktionen mizellarer Texturen, und ihr Nachweis an einem Objekt beweist das Vorhandensein einer mizellaren Ultrastruktur, auch wenn diese durch andere ultrastrukturelle Methoden wie Elektronenmikroskopie, Röntgeninterferenz, u. a., aus technischen oder theoretischen Gründen bisher noch nicht nachgewiesen werden konnte. Darin liegt auch die Bedeutung solcher Reaktionen für die ultrastrukturelle Forschung biologischer Objekte.

Topooptische Reaktionen entstehen durch eine orientierte Anlagerung von Molekülen farbloser Substanzen oder Farbstoffe, oder auch durch chemische Reaktionen an den reaktiven Seitengruppen von Mizellargerüsten, wodurch gerichtete Änderungen der Absorption- bzw. Brechzahlverhältnisse verursacht werden. Solche Reaktionen an biologischen Objekten wurden von W. J. Schmidt (1949) in Anlehnung an den von Kohlschütter (1929) entwickelten Begriff in der Chemie, als topochemisch bezeichnet. Wenn auch diese Bezeichnung die morphologisch-optischen Merkmale der Reaktionen nicht besonders hervorhebt, war sie ihrem Inhalt nach doch genau umschrieben und gut anwendbar. Jedoch verlor diese Bezeichnung durch ihre Anwendung in der Literatur auf histochemische Reaktionen, die keine optischen Anisotropieeffekte hervorrufen, ihre klar umschriebene Bedeutung.

So erschien es wünschenswert, solche topochemischen Reaktionen, die gleichzeitig optische Anisotropieeffekte hervorrufen, durch einen geeigneten Namen abzugrenzen, wofür die Bezeichnung „topooptisch" angewendet wird. Die topooptischen Reaktionen sind also als eine spezielle Untergruppe der allgemeinen topochemischen Reaktionen aufzufassen.

Es wird über Leistungsfähigkeit und optisch-theoretische Grundlagen und Durchführung dieser Reaktionen ein kurzer Überblick gegeben.

Die Haupttypen der topooptischen Reaktionen werden am Beispiel der orientierten Farbstoffanlagerungen erläutert. Es werden additive und inversive topooptische Färbungsreaktion unterschieden. Sind das Vorzeichen der Eigendoppelbrechung der Struktur und das der durch die Färbung induzierten Doppelbrechung gleich, so addieren sich die optischen Effekte, ist dagegen die induzierte Doppelbrechung entgegengesetzten Vorzeichens, so erfolgt ein Vorzeichenwechsel der Gesamtdoppelbrechung. Diese Reaktion wird inversiv genannt. Bei schwacher inversiver Reaktion sinkt die Doppelbrechung allerdings nur bis zur Isotropie. Solch eine Isotropie findet sich regelmäßig in den Übergangszonen zwischen additiver und inversiver Färbungsreaktionen und ist deshalb von diagnostischem Wert (Abb. 4b).

Durch die Ermittlung des Verhältnisses der induzierten Doppelbrechung zur Eigendoppelbrechung ergibt sich der Anisotropie-Index der topooptischen Reaktionen, der z. B. als ein quantitatives Maß der

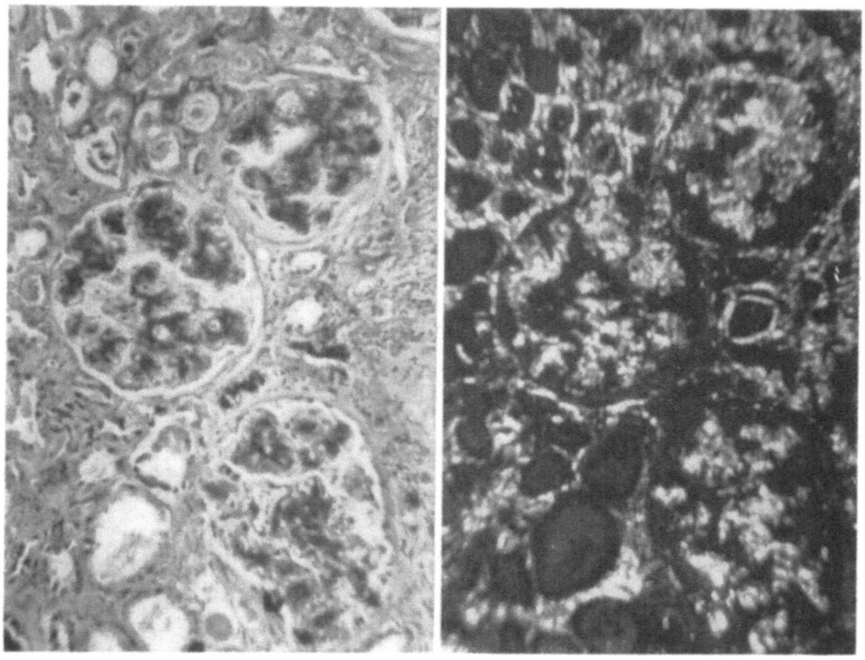

a b

Abb. 1. Nierenamyloidose. Kongorotfärbung. Massive glomeruläre und peritubuläre Amyloidablagerungen. a — Im Lichtmikroskop, λ 560 μm. b — Bei gekreuzten Polars

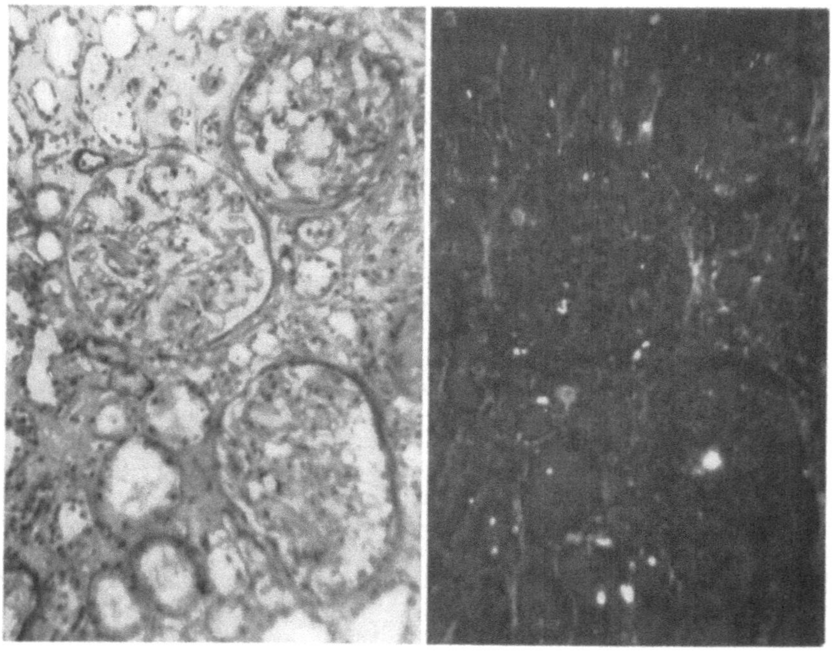

a b

Abb. 2. Der nächste Schnitt der 3 Glomerula in Abb. 1. Trypsin, 1 Std. nach Voroxydation mit $KMNO_4$. a — Im Lichtmikroskop, λ 560 μm. b — Bei gekreuzten Polars. Man erkennt die vollständige enzymatische Auflösung des Amyloid bei erhaltenen Basalmembranen und Zellstrukturen

orientierten Farbstoffbindefähigkeit einer Struktur betrachtet werden kann (Romhányi, 1963). Ist z. B. die induzierte und die Eigendoppelbrechung von gleicher Größe aber entgegengesetzten Vorzeichens, so resultiert Isotropie und der Index beträgt 1.0.

Es werden einige konkrete Beispiele topooptischer Reaktionen mit ihrer ultrastrukturellen Interpretation demonstriert.

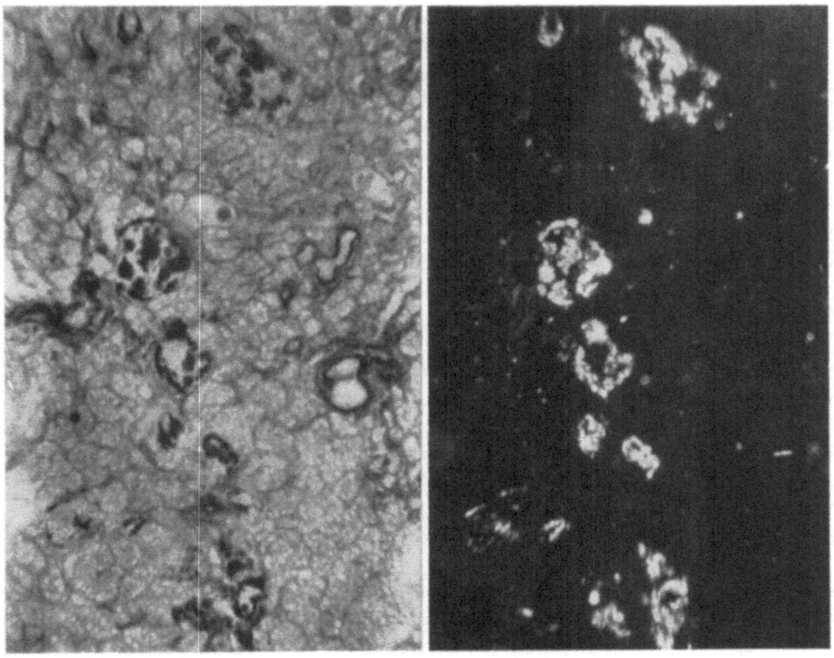

a b

Abb. 3. Seniles Amyloid der Pankreasinseln. Trypsin, 18 Std. nach Voroxydation. Kongorotfärbung.
a — Im Lichtmikroskop, λ 560 μm. b — Bei gekreuzten Polars. Amyloidablagerungen erweisen sich vollkommen enzymresistent

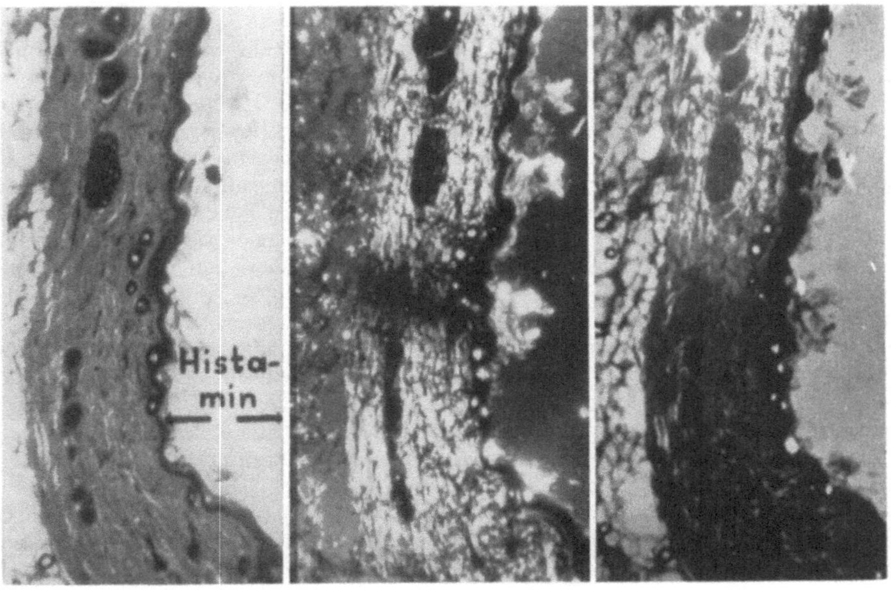

a b c

Abb. 4. Durch intrakutane Histamininjektion verursachtes Quaddelgebiet der Rattenhaut. Toluidinblau-Ferricyanid-Färbung.
a — Im Lichtmikroskop. b — Bei gekreuzten Polars, mit isotroper Übergangszone zwischen Quaddel- und Kontrollgebiet. c — Dasselbe Gesichtsfeld bei additiver Kompensation. Die Kollagenfasern im Kontrollgebiet sind hell, optisch positiv (Stenokollagen), im Quaddelgebiet dunkel, optisch negativ (Porokollagen)

Als erstes Beispiel wird die additive topooptische Färbungsreaktion des Amyloid mit Kongorot angeführt. Die demonstrierten Aufnahmen stammten teils noch aus dem Jahre 1942, aus Budapest, wo dieses optische Verhalten des Amyloid zuerst erkannt und als Zeichen einer submikroskopischen Mizellarstruktur der bis dahin als strukturlos betrachteten Amyloid-Substanz gedeutet wurde (ROMHÁnyi, 1943, 1949). Im Jahre 1956 (Romhányi, 1956), habe ich mit Hilfe weiterer topochemischer Reaktionen den von Missmahl und Hartwig erhobenen Einwand (1953), daß die Kongorotanisotropie nicht dem Amyloid, sondern den eingeschlossenen Kollagenfasern zukomme, widerlegt. So können durch die gleichzeitige Anwendung von Kongorotfärbung und Phenolreaktion die feinsten initialen Amyloidablagerungen von Kollagen abgegrenzt werden, da letzteres optisch negativ wirkt, die Amyloidablagerungen aber positiv bleiben. Diese älteren eigenen Beobachtungen wurden erwähnt, weil die Mizellarstruktur des Amyloid ein Beispiel einer durch topooptische Reaktionen erschlossenen Ultrastruktur darstellt, welche elektronenmikroskopisch von Cohen und Calkins (1959) und von Caesar (1960) am menschlichen und experimentellen Amyloid erst nachträglich bestätigt wurde. Heute gilt die Prüfung auf Kongorotanisotropie als die Methode der Wahl für die morphologische Diagnose einer Amyloidablagerung (Abb. 1a, b). Allerdings muß hinsichtlich der Empfindlichkeit gegen proteolytische Auflösung (Amyloidolyse) auf Grund eigener Beobachtungen eine Einschränkung gemacht werden, insofern als nach milder Voroxydation alle Ablagerungen bei Organamyloidosen einen schnellen proteolytischen Abbau zeigen (Abb. 2a, b), wogegen alle anderen durch Kongorot anisotrop färbbaren senilen Amyloidablagerungen, wie senile Drusen in der Hirnrinde, drusige Entartungen der Hirngefäße, seniles Herzamyloid und Pankreas-Insel-Amyloid, sich völlig enzymresistent erwiesen (Abb. 3a, b). Dies weist auf eine grundsätzliche Differenz in der chemisch-strukturellen Organisation der Organamyloidablagerungen und der senilen kongophilen amyloidartigen Ablagerungen hin. Diese Differenz ist hinsichtlich der Übereinstimmung im färberischen, polarisationsoptischen (Schwartz, 1964), elektronenmikroskopischen Verhalten all dieser Ablagerungen von besonderem Interesse, und bedarf noch weiterer Aufklärung.

Die Ebnersche Phenolreaktion (Umkehr des optischen Charakters der Doppelbrechung der kollagenen Fasern), historisch die erste topooptische Reaktion, gilt bekanntlich als eine der höchst spezifischen morphologischen Reaktionen für Kollagen (Schmidt, 1949) und ist durch die orientierte Absorption von Phenolmolekülen an das Mizellargerüst des Kollagens bedingt.

Als Beispiele additiver und inversiver Färbungsreaktionen werden weiterhin die der Steno- und Porokollagenfasern mit Toluidinblau demonstriert (Romhányi und Deak, 1967b). Im Stenokollagen lagern sich die Farbstoffmoleküle achsenparallel an das Mizellargerüst des Kollagens und verursachen eine additive anisotrope Färbungsreaktion (Abb. 4).

Demgegenüber bindet das Porokollagen die Toluidinblaumolekeln quer zur Fibrillenlänge, zeigt daher dem Stenokollagen entgegengesetzte optische Eigenschaften (inversive anisotrope Färbungsreaktion, Abb. 4). Eine Porokollagentransformation entsteht in den Quaddeln intrakutaner Injektionen (Horvath-Kovacs und Romhányi, 1967), bei thermischer Kontraktion (Deak und Romhányi, 1967), bei Säurequellung und bei pathologischen Veränderungen. Es ist beachtenswert, daß die submikroskopische Strukturänderung, welche der Porokollagentransformation zugrunde liegt, nur durch die Thiazinfarbstoffe Toluidinblau und Azur dargestellt wird, wogegen andere Farbstoffe, die mit Kollagen eine anisotrope Färbungsreaktion geben, wie z. B. Rivanol, sowohl am Steno- wie auch am Porokollagen eine inversive Färbungsreaktion verursachen. Dies hängt wohl mit den speziellen molekularen Eigenschaften der Farbstoffe zusammen.

Als ein weiteres Beispiel einer im ungefärbten Zustand unerkennbaren Ultrastruktur, die aber durch anisotrope Färbung auf das deutlichste hervortritt, werden die körnigen Kalkablagerungen in der Knorpelgrundsubstanz beim Ossifikationsvorgang erwähnt, welche in ungefärbten Schnitten praktisch isotrop erscheinen, aber nach Toluidinblau-Ferricyanid-Färbung in der Form von optisch negativen Sphaeriten kräftig aufleuchten. Die Optik weist also auf eine regelmäßige, radiäre parakristalline Struktur hin, welche auch in neueren elektronenmikroskopischen Bildern zu erkennen ist.

Nach den angeführten Beispielen, die einen flüchtigen Einblick in die Leistungsfähigkeit der topooptischen Reaktionen für submikroskopische Forschung an biologischen Objekten gewähren, werden in Kürze die Grundlagen der optischen Anisotropieerscheinungen, wie Dichroismus, Doppelbrechung und Metachromasie besprochen. Alle drei Erscheinungen stehen in direkter oder indirekter Weise mit der Lichtabsorption in Beziehung, welche auch eine mikrostrukturelle (vektorielle) Eigenschaft besitzt: Licht von entsprechender Wellenlänge wird nur dann absorbiert, wenn es mit den Elektronensystemen der Farbstoffmoleküle parallel schwingt (Dressel, 1913; Gyulai, 1956). Quer zu dieser Ebene schwingendes Licht wird nicht absorbiert. Bei Belichtung mit polarisiertem Licht wird deshalb ein geordneter Verband von Farbstoffmolekülen, je nach der Schwingungsrichtung des Lichtes (Zocher, 1925; Schnabel, 1962) eine verschiedene Absorption, also Dichroismus aufweisen (Abb. 5). Solch ein Verband hat aber auch eine Doppelbrechung mit einem eigenartigen Verhalten, das durch die eigenartigen Brechzahlverhältnisse bedingt ist. Für den senkrecht schwingenden Lichtanteil ist die Brechzahl durch das ganze Spektrum die gleiche, für den parallel schwingenden Lichtanteil verhält sich aber die Brechzahl anomal (Dressel, 1913; Gyulai, 1956): auf der langwelligen Seite des Absorptionsbandes steigt, auf der kurzwelligen Seite sinkt die Brechzahl in der Richtung zum Absorptionsband (Abb. 5). Da aber die

Doppelbrechung gleich der Differenz der außerordentlichen und ordentlichen Brechzahl ist, resultiert daraus ein Vorzeichenwechsel der Doppelbrechung mit dem Umschlagspunkt im Gebiet des Absorptionsbandes.

Diese optische Erscheinung wiederholt sich auch an Strukturen mit orientierten Farbstoffablagerungen, wie das an den Dispersionskurven der Doppelbrechung von Steno- und Porokollagen gezeigt wird (Deak und Romhányi, 1967; Romhányi und Deak, 1967b). Die Dispersion der Doppelbrechung erklärt auch die Entstehung der anomalen Polarisationsfarben, welche mit außergewöhnlicher Empfindlichkeit die orientierten Farbstoffanlagerungen an gefärbten Strukturen verraten.

Im weiteren wird die praktisch wichtige Frage der anisotropen Färbungen kurz erläutert. Hier ist vor allem die Frage der Stabilisierungsmöglichkeit der orientierten Farbstoffbindungen von Interesse.

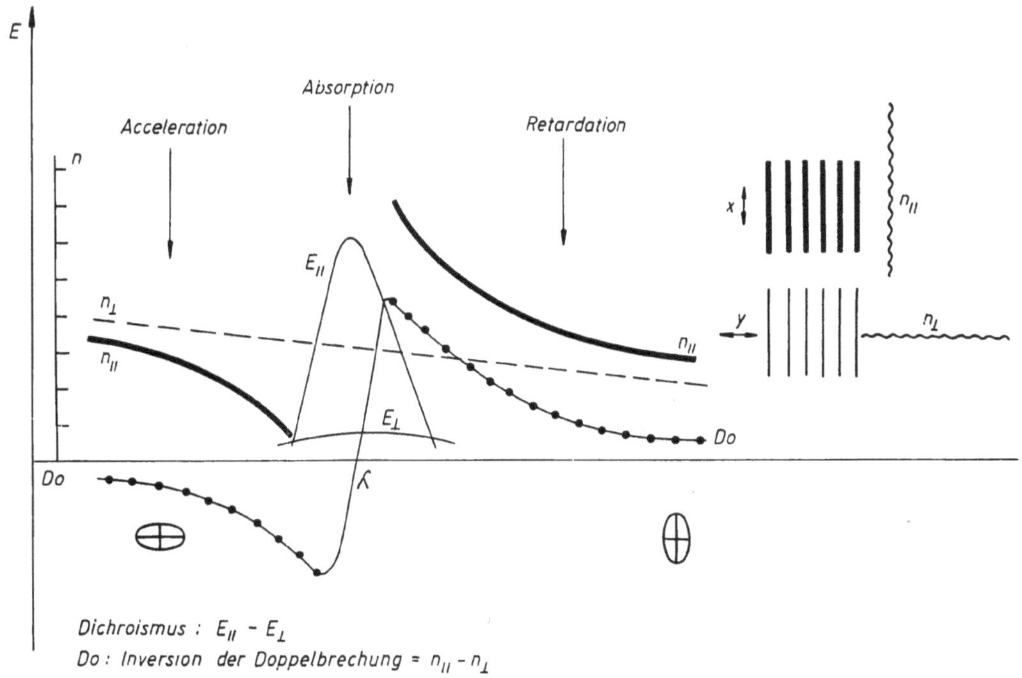

Abb. 5. Absorptions- und Brechzahlverhältnis selektiv absorbierender Struktur. $E_\perp E_\parallel$: Absorption für den senkrecht bzw. parallel schwingenden Lichtanteil. $N_\perp$ und $N_\parallel$ Brechzahl für den senkrecht bzw. parallel schwingenden Lichtanteil

In dieser Hinsicht können stabile und labile Farbstoffbindungen unterschieden werden. Die stabilen, wie z. B. die Kongorotfärbung des Amyloid, stellen kein Problem dar. Anders verhält es sich mit einer Reihe basischer Farbstoffe, deren Bindung an die Strukturen sehr labil ist und nur mit besonderen Hilfsverfahren stabilisiert werden kann. Dazu wurden in eigenen Untersuchungen zwei Möglichkeiten gefunden.

1. Die Umgehung der Dehydrierung bei alkohol-empfindlichen Reaktionen durch direktes Aufhellen in Terpineol und Einschließen in Canadabalsam (Romhányi, 1956).
2. Nachpräzipitation mit einem den Farbstoff präzipitierenden Mittel und Einschließen in Gummiarabikum, dem das Präzipitationsmittel zugegeben worden ist. Nach Eintrocknung sind solche Präparate unbegrenzt haltbar (Romhányi, 1963).

Als Beispiel für 1. wird die direkt aufgehellte Rivanolreaktion an einigen Geweben demonstriert. Die Reaktion ist besonders geeignet für Studien der SMP-Komponente in den Geweben (Nemeth-Csoka, 1960; Scheuner und Häntschel, 1967).

Das Nachpräzipitationsverfahren erwies sich als besonders wertvoll bei topooptischen Färbungsreaktionen an solchen Geweben, welche die Farbstoffmoleküle nur sehr labil binden können (Romhányi, 1963). Bei Nachpräzipitation entsteht ein geordnetes anisotropes Dreikomponentensystem bestehend aus Struktur Farbstoff und Präzipitant. Das ordnende Prinzip kommt der Struktur zu, denn nach oft feinsten Strukturänderungen erfolgt ein Zusammenbruch dieses geordneten Systems und es entsteht ein isotropes Präzipitat (Abb. 7b).

Die Vorteile der Nachpräzipitation sind:

1. Stabilisierung der höchst labilen Farbstoffbindungen an den Strukturen und Sicherung unbegrenzt haltbarer Präparate.
2. Starke Erhöhung der Anisotropieeffekte, welche die Erkennung und Analyse optisch weitgehend maskierter Mizellarstrukturen ermöglicht.

Zuerst wurde das Nachpräzipitationsverfahren bei der Suche nach einer brauchbaren anisotropen Färbung der RNS mit Rivanol durch Ferricyanid erprobt u. zwar ausgehend von der Angabe, daß bei der chemisch quantitativen Bestimmung Rivanol durch Ferricyanid quantitativ gefällt wird. Die Wirkung der Nachpräzipitation am Pancreasergastoplasma war höchst eindrucksvoll. Es ergab sich eine selektive anisotrope Reaktion des EP.

Es wurden auch andere Mittel als Präzipitante (Ferricyanid, Kaliumjodid, Kaliumrhodanid, Kaliumpermanganat, Ammoniummolybdänicum) und auch andere Farbstoffe erprobt. In ultrastruktureller Hinsicht kommt die beste Stabilisierungswirkung dem Ferricyanid zu, und als die besten Farbstoffe für anisotrope Färbung erwiesen sich Rivanol aus der Gruppe der Acridinfarbstoffe, Toluidinblau und Azur aus der Thiazin-Farbstoffgruppe.

Durch die so erreichte Stabilisierung der höchst labilen Farbstoffbindungen der Thiazinfarbstoffe, wie Toluidinblau und Azur, konnten zugleich unbegrenzt haltbare Präparate der metachromatischen Färbung hergestellt werden (Romhányi, 1963). Durch die optische Analyse solcher stabilisierter Präparate konnten grundlegende Fragen der Metachromasie gelöst werden, worauf an dieser Stelle nicht näher eingegangen wird. Es wird lediglich darauf hingewiesen, daß die metachromatische Färbung eine topooptische Färbungsreaktion an chromotropen Substanzen mit starker negativer Ladungsdichte darstellt, und daß der topooptische Charakter der Reaktion auf die mizellare Strukturierung der metachromatischen Gewebskomponenten hinweist.

Die Frage, warum sich die nukleinsäurehaltigen Zellkomponenten, wie Zellkerne und Ergastoplasma, trotz ihrer starken elektronegativen Ladungsdichte und ihres makromolekularen Zustandes metachromatisch nicht anfärben, konnte lange nicht beantwortet werden. Schließlich wurde erkannt, daß die Färbung der DNS der Ruhekerne mit Toluidinblau deshalb isotrop ausfällt, weil die Histonkomponente eine regelmäßige Ausrichtung der gebundenen Farbstoffmoleküle verhindert. Entfernt man aber enzymatisch durch Trypsinbehandlung das Histon, so wird die Färbung der Ruhekerne metachromatisch und anisotrop (Romhányi, 1967). Die anisotrope Färbung der Kerne nach Trypsinbehandlung weist also auf eine mizellar-fibrilläre Struktur der DNS der Ruhekerne hin, wofür ja indirekte biologische Erwägungen sprechen, wovon aber die elektronenmikroskopischen Bilder meistens nicht viel erkennen lassen.

Es wird noch kurz auf die Frage der topooptischen Färbungsreaktion der cytoplasmatischen RNS im Ergastoplasma (EP) eingegangen. Die anisotropen Färbungsreaktionen ergaben beachtenswerte Befunde, die einen Einblick in die molekular-strukturelle Organisation des EP gewähren (Romhányi und Deak, 1967b). Für die anisotrope Färbung der RNS im EP haben sich drei Bedingungen als entscheidend erwiesen.

1. Höhere Ionität des Elektrolytgehaltes der Farblösung.
2. Die Anwesenheit der Strukturlipoide.
3. Der Reduktionszustand der Struktur.

Die isotrope Färbung der RNS des EP bei niedriger Ionität der Farbstofflösung wandelt sich bei 0,6 M NaCl in eine anisotrope Färbung um, dabei sinkt die Gesamtfarbstoffbindung um etwa 50%. Augenscheinlich ist die Ladungsdichte der RNS zu groß, weshalb bei niedriger Ionität zuviel Farbstoffmoleküle gebunden werden, welche sich dann nicht mehr ausrichten können. Bei höherem Elektrolytgehalt werden etwa 50% der freien negativen Ladungstellen durch Na besetzt, und das Ladungsmuster stellt jetzt schon eine entsprechende Grundlage für die regelrechte Ausrichtung der gebundenen Farbstoffmoleküle dar. Dichroismus und Doppelbrechung weisen jetzt darauf hin, daß die Farbstoffmoleküle senkrecht in bezug auf die Membranen des EP ausgerichtet sind. Die RNS im EP ist also membran-orientiert, ungeachtet dessen, ob sie in der Form von Ribosomen, wie in chemisch fixiertem Material zu sehen ist, oder in der einer kontinuierlichen Schicht vorhanden ist, wie sie neuerdings in gefriergetrocknetem Material gezeigt wurde (Sjöstrand und Elfvin, 1964). Ohne einen gerichteten Ordnungszustand in bezug auf die Membranen könnte nämlich der optische Anisotropieeffekt der Färbung nicht zustande kommen.

In weiteren Bildern wird gezeigt, wie die anisotrope Färbung der RNS des EP vom Vorhandensein der Membranstrukturlipoide abhängt. Nach Lipoidextraktion wird zwar ebensoviel oder noch etwas mehr Farbstoff von der RNS gebunden, aber die Bindung ist völlig unorientiert, isotrop. Die Membranlipoide spielen also eine entscheidende Rolle in der Orientierung der von der RNS gebundenen Farbstoffmoleküle. Es besteht also im EP-System eine molekular-morphologisch sehr enge Beziehung

a 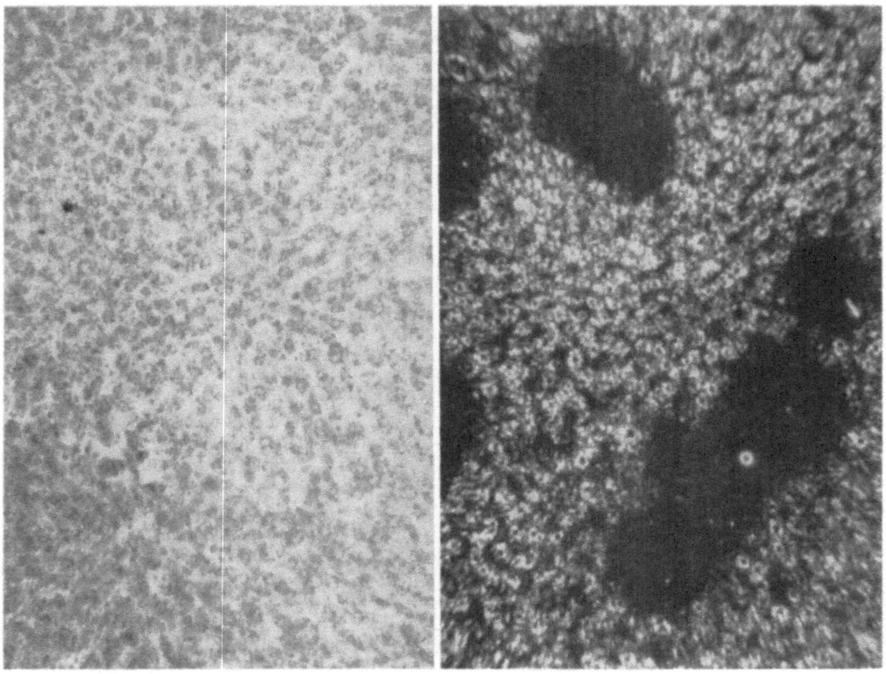 b

Abb. 6. Rattenleber, formolfixierter Gefrierschnitt. Toluidinblaufärbung mit Ferricyanid-Nachpräzipitation. a — Im Lichtmikroskop. b — Dasselbe Gesichtsfeld bei gekreuzten Polars. Das Ergastoplasma der Leberzellen zeigt anisotrope Färbung und leuchtet kräftig auf. Die dunklen Gebiete mit isotroper Färbung sind das Resultat spontaner Photooxydation

a 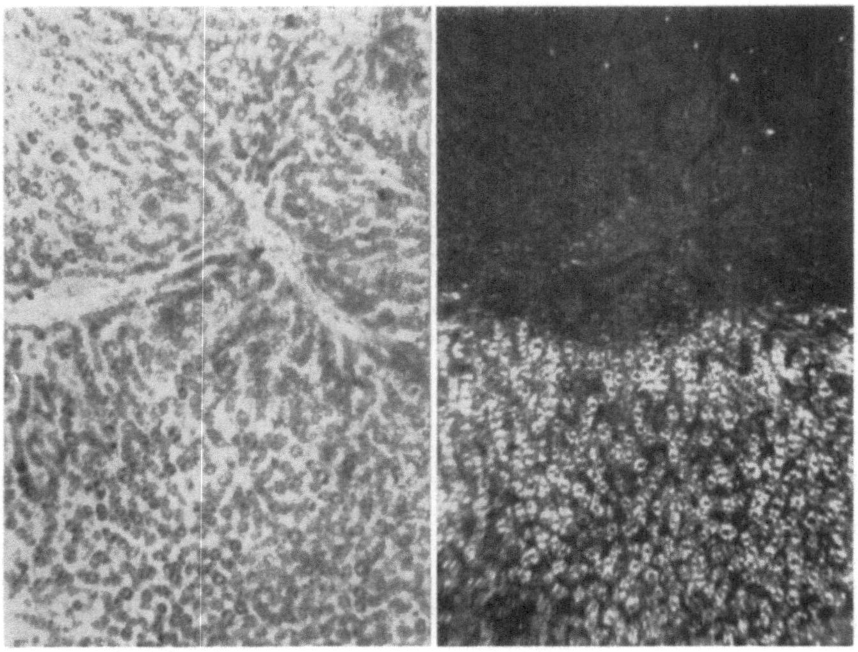 b

Abb. 7. Rattenleber, Toluidinblau-Ferricyanid. Obere Hälfte des Gesichtsfeldes UV-bestrahlt, untere Hälfte geschützt. a — Im Lichtmikroskop. b — Bei gekreuzten Polars. Die UV-Bestrahlung führte zur isotropen Färbung des EP

zwischen der RNS und den Strukturlipoiden. Es muß daher gefolgert werden, daß die RNS im EP membrangebunden ist. Diese Folgerung steht in gutem Einklang mit neueren funktionellen Angaben über die Wichtigkeit der Membrangebundenheit in der Aktivität der Ribosomen (Henshaw und Mitarbeiter, 1963; Hendler, 1965).

Als wichtigste Vorbedingung der anisotropen Färbung der RNS des EP hat sich der Reduktionszustand der Struktur herausgestellt. Photooxydation durch Tageslicht (Abb. 6a, b), oder durch UV-Bestrahlung (Abb. 7a, b), führte zur isotropen Färbung der RNS des EP, ohne erkennbare Änderungen in der Struktur oder in der quantitativen Farbstoffbindung im Lichtmikroskop. Die Änderung der anisotropen Färbungsfähigkeit erwies sich völlig reversibel. Durch Behandlung mit dem Reduktionsmittel Dithionit konnte die anisotrope Färbungsfähigkeit wieder hergestellt werden. Es besteht also eine grundsätzliche Differenz in der Färbungsreaktion zwischen dem reduzierten und dem oxydierten Zustand des EP. Im Reduktionszustand werden die durch die RNS gebundenen Farbstoffmoleküle unter Mitwirkung von Ferricyanid als Präzipitant in einer parakristallinen Ordnung festgehalten, während im oxydierten Zustand die Ausrichtung der Farbstoffmoleküle völlig ausbleibt (Abb. 8).

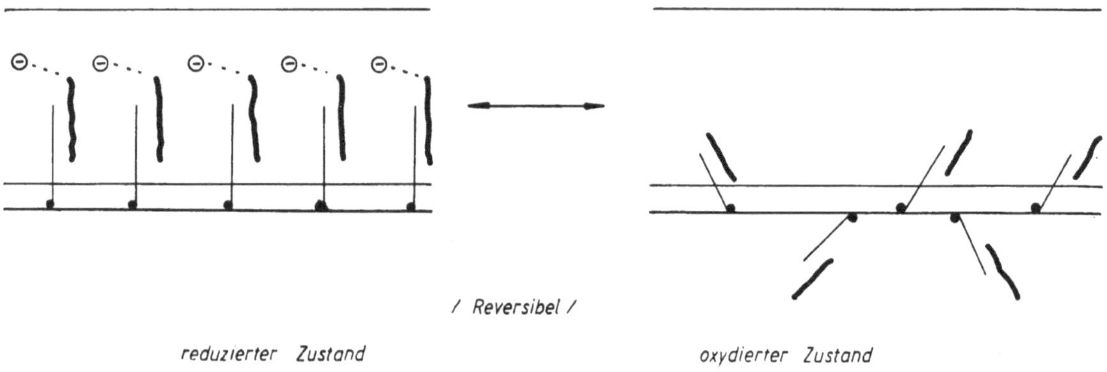

Abb. 8. Schematische Erklärung der molekularen Strukturverhältnisse der anisotropen bzw. isotropen Färbung des EP

Wahrscheinlich tritt Ferricyanid als Elektronenakzeptor mit den Elektronen der Membranstruktur in Verbindung und befestigt dadurch das Dreikomponenten-System (Struktur, Farbstoff-Präzipitant) in einer geordneten parakristallinen Form an der Struktur des EP. Fehlen dagegen im oxydierten Zustand die Elektronen, so bleibt die parakristalline Orientation aus und es entsteht ein unorientiertes isotropes Präzipitat. Der physiologische Reduktionszustand der Struktur kann nur bei Beachtung bestimmter Fixationsmaßnahmen erhalten werden und ist wohl als ein Ausdruck des Elektronenflusses durch das Elektrontransport-Enzymsystem des EP während der metabolischen Dehydrierungsprozesse zu betrachten. Wir stehen also vor der äußerst bemerkenswerten Tatsache, daß die feinsten funktionell-ultrastrukturellen Änderungen des metabolischen Elektronentransportes durch die topooptischen Färbungsreaktionen morphologisch erkannt und quantitativ erfaßt werden können.

Die Färbungsreaktionen spielen von jeher eine große Rolle in der biologischen Morphologie. Bisher wurden sie aber hauptsächlich in ihrem lichtmikroskopischen Aspekt verwertet. Wie wir gesehen haben, können die Färbungen aber auch durch ihren anderen, bisher kaum beachteten Aspekt, nämlich durch ihre optische Anisotropieeffekte einen ganz neuen Einblick in die biologischen Ultrastrukturen gewähren. Es wird ihnen deshalb eine selbständige, bedeutende Rolle in der ultrastrukturellen Forschungsmethodik zukommen.

Literatur

Caesar, R.: The Fine Strukture of Experimental Amyloid in the Liver and Spleen. Z. Zellforsch. **52**, 653 (1960).

Cohen, A. S. and E. Calkins: Electron Microscopic Observations on a Fibrous Component in Amyloid of Diverse Origins. Nature (Lond.) **183**, 1202—1203 (1959).

Deák, Gy. and Gy. Romhányi: The Thermal Shrinkage Process of Collagen Fibres as Revealed by Polarization Optical Analysis of Topooptical Staining Reactions. Acta Morph. Acad. Sci. hung. **15**, 195—208 (1967).

Dressel, L.: Lehrbuch der Physik. Anomale Dispersion. Band II, S. 959 (1913).

Gyulai, Z.: Kisérletes Fizika II. Fénytan — Tankönyvkiadó Bp., (1956).

Hendler, R. W.: Importance of Membranes in Protein Biosynthesis. Nature (Lond.) **207**, 1035 (1965).

Henshaw, E. C., T. B. Bojarski and H. H. Hiatt: Protein Synthesis by Free and Bound Rat Liver Ribosomes in vivo and in vitro. — J. Mol. Biol. **7**, 122—129 (1963).

Horváth-Kovács, A. and Gy. Romhányi: Ultrastructural Changes of Collagen Fibres in Wheals Produced by Intracutaneous Injection of Different Substances in the Rat. Acta Morph. Acad. Sci. hung. **15**, 209—220 (1967).

Kohlschütter, V.: (1929) Topochemische Reaktionen. Helv. Chim. Acta XII. 512—529.

Missmahl, H. P. and M. Hartwig: Polarisationsoptische Untersuchungen an der Amyloidsubstanz. Virch. Arch. **324**, 489—508 (1953).

Németh-Csóka, M.: Untersuchungen über die kollagenen Fasern. I. Teil: Über die submikroskopische Struktur der in vitro präzipitierten kollagenen Fasern und die stabilisierende Rolle der sauren Mukopolysaccharide. Acta Histochem. **9**, 282—294 (1960).
Romhányi, Gy.: Über die submikroskopische Struktur des Amyloids. Zbl. **80**, 411 (1943).
Romhányi, Gy.: Über die submikroskopische Struktur des Amyloids. Schweiz. z. Path. Bact. **12**, 253 (1949).
Romhányi, Gy.: Zur Frage der submikroskopischen Struktur des Amyloids. Zbl. **95**, 130 (1956).
Romhányi, Gy.: Über die submikroskopische strukturelle Grundlage der metachromatischen Reaktion. Acta histochem. **15**, 201—233 (1963).
Romhányi, Gy.: On the Submicroscopic Structure of the Elastic Fibres of the Bovine Ligamentum Nuchae as Revealed by the Polarization Microscope. Acta Morph. Acad. Sci. hung. **13**, 397—409 (1965).
Romhányi, Gy.: Submicroscopic Structure of Interphase Nuclei as Revealed by Topooptical Staining Reactions. Acta Morph. Acad. Sci. hung. **15**, 131—145 (1967).
Romhányi, Gy. and Gy. Deák: Ultrastructure of the Ergastoplasm of Pancreas Acinar Cells as Revealed by Topooptical Staining Reactions. Acta Biochem. et Biophys. Acad. Sci. hung. **2**, 115—129 (1967 a).
Romhányi, Gy. and Gy. Deák: The Submicroscopic Structure of Collagen Fibres as Revealed by Topooptical Staining Reactions with Cationic Dyes. Acta Morph. Acad. Sci. hung. **15**, 147—161 (1967 b).
Schnabel, R.: Über den künstlichen Dichroismus von Faserproteinen. Zbl. **106**, 362 (1962).
Scheuner, G. und H. Häntschel: Submikroskopische Untersuchungen an der Zonula ciliaris. Gleichzeitig ein Beitrag zur Polarisationsoptischen Bestimmung gerichtet angeordneter saurer Gruppen. Histochemie 8, 9—18 (1967).
Sjöstrand, F. S. and L. G. Elfvin: The Granular Structure of Mitochondrial Membranes and of Cytomembranes as Demonstrated in Frozen-dired Tissue. J. Ultrastr. Res. **10**, 263—292 (1964).
Schmidt, W. J.: Der Wandel der optischen Anisotropie bei topochemischen Reaktionen histologischer Strukturen. Ber. Oberhess. Ges. Natur u. Heilkunde. Naturwiss. Abt. **23**, 56 (1949).
Schwartz, Ph.: Senile Cerebral, Pancreatic Insular and Cardiac Amyloidosis. (Presentation at Section of Biological and Medical Sciences. The New York Academy of Sciences. Jan. 11. 1965). Transact. New York. Acad. Sc. **27**, 393—413 (1965).
Zocher, H.: Über die optische Anisotropie selektiv absorbierender Stoffe und über mechanische Erzeugung von Anisotropie. Naturwiss. **13**, 1015—1020 (1925).

Diskussionsredner:

Frunder (DDR), Scheuner (DDR).

Institut für Pathologie am Karolinska sjukhuset Stockholm, Schweden

Renal micro-angiography and its application in studies on experimental hypertension

by

A. Ljungqvist

For an accurate evaluation of any pathological process within an organ, the significance of alterations in its vascular anatomy has to be assessed. This is particularly true for the kidney, where vascular alterations may be expected to interfere with both the urine formation and the arterial blood pressure, and consequently give rise to serious general symtoms. For these reasons the vascular anatomy of the kidney has been subjected to numerous investigations.

Five main methods of investigation have been used in modern research on the intrarenal vasculature. These methods are (I) histological methods with reconstruction from serial sections (e. g. Boyer, 1956; Edwards, 1956) or selective staining of erythrocytes (e. g. Behrendt and Schneider, 1962), (II) injection of dye stuffs followed by clearing of the specimens (e. g. Lewis, 1958; Hammersen and Staubesand, 1961; Fourman and Moffat, 1964), (III) the corrosion cast method (e. g. Trueta et al., 1947, More and Duff, 1951; Kügelgen et al., 1959; Gömöri, et al., 1962), (IV) microdissection (e. g. Oliver, 1939; Bialestock, 1957) and (V) micro-angiography (e. g. Ljungqvist, 1963; Maier and Casarett, 1964; Hill, 1966). It has been pointed out (Ljungqvist, 1963; Heptinstall, 1966) that of these methods, microangiography is the most suitable for studies of experimental renal diseases in that the stereoscopic micro-angioarchitecture of a specimen can be examined with the parallel histological sections from the same tissue. In the present communication the stereomicro-angiographic method used in our laboratory will be described, and the results obtained from its application in studies on experimental hypertension briefly presented and discussed.

Method

The technique of renal micro-angiography of surgical and autopsy specimens has been fully described previously (Ljungqvist, 1963). In brief, this included filling of the renal vasculature with 7.5 per cent aqueous suspension of fine grain barium sulphate (Micropaque). After formalin fixation, the renal specimens were embedded in a paraffin-wax mixture and serial blocks cut, varying in thickness from 50 μm to 1 200 μm. These blocks were microradiographed by a stereoscopic thechnique on a high resolution photographic emulsion (Kodak Maximum Resolution Plate). A fine focus X-ray tube was used (Matchlett OEG 50). The stereopairs of micro-angiograms were studied in a specially constructed stereomicroscope at magnifications up to 200. The microradiographed blocks were reembedded in paraffin and thin sections cut and stained for histological examinations. For tracing micro-angiographically visualized vessels through the renal tissue, micro-angiographed blocks were also serially sectioned and stained.

When applied to experimental research, the injection technique may be modified. The contrast medium can be injected either into a surgical or autopsy specimen as described above, or into the circulation of the anesthetized animal. In the latter event, a 10 to 15 per cent suspension of the contrast medium has been found suitable. This is injected via an aortic catheter, the tip of which is located at a level just above the origin of the renal arteries. The amount injected should be about 50 per cent of the estimated blood volume of the animal. The animals die some minutes after the injection, presumably because of wide spread capillary occlusion by the contrast particles. This method will give a more complete filling of the renal arterioles and capillaries than that obtained by injection into surgical and autopsy specimens, while the larger vessels may be less completely filled.

Discussion of method

Stereomicro-angiography seems to be the most suitable method available for studies of vascular alterations in experimental renal disease, since the stereoscopic microvasculature of the specimen can be examined at various magnifications, and can be directly correlated to the histological appearance of the same tissue. The other methods have serious disadvantages. Thus, studies by reconstructions from serial histological sections are time consuming and will for technical reasons be restricted to isolated vessels in small specimens. The corrosion cast and microdissection methods preclude histological examination of the tissue and is therefore not suitable for studies of the diseased kidney. Injection of dye stuffs and clearing of the injected specimens may be followed by preparation of the specimens for histological examination. However, parallel studies of the stereoscopic vasculature and the histological sections cannot be performed at various magnifications unless numerous photographs of the vasculature of various areas and at different magnifications are taken. This is an awkward method.

The choice of injection method for microangiography in a particular instance should be determined by the type of study at issue. If the hemodynamic state of the kidney is to be examined, injection into the anesthetized animal is preferable. However, the hemodynamic state of the kidney may be altered by the anesthesia and the introduction of contrast particles into the vascular system.

For studies of the capillary networks micro-angiograms of thin blocks from animals injected during anesthesia are useful. This method is less suitable for studies of larger arterioles and arteries, since only small segments of such vessels will be included in thin blocks. In thicker blocks these larger vessels will be overshadowed by the completely filled capillary networks. For studies of medium sized and large vessels, injections into surgical or autopsy specimens are therfore more suitable.

The most complete filling is achieved when the two injection methods are combined. This combination of methods is particularly useful for overall studies of the renal vasculature on whole kidneys or thick blocks. However, for close examinations of the intrarenal arterial arborization at its various levels the combination of methods does not yield better specimens than either of the methods when used alone.

Findings in experimental hypertension

Renal artery stenosis

In 29 hypertensive rats with unilateral renal artery stenosis removal of the clipped kidney resulted in normalization of the blood pressure in 14, whereas the other 15 rats remained hypertensive. Stereomicroangiographic examinations were performed on the contralateral, untouched kidneys of these two groups of rats to see whether they displayed any differences in their vascular patterns (LJUNGQVIST). As controls served one group of rats with unilateral renal artery stenosis but no blood pressure elevation, and one group of rats in which a sham operation was performed.

In all rats with unilateral renal artery stenosis lesions appeared in the glomeruli, tubules and interstitial tissue of the untouched kidney, whereas arteriosclerotic changes were sparse, and were seen in only a few hypertensive rats.

In particular the lesions in the glomeruli were most prominent in the hypertensive rats and consisted in thickening of the capillary walls with occlusion of the lumina and sclerosis of the tuft. Fibrinoid deposits were frequent both in the walls and the lumina of the altered capillaries, and in sclerosed tufts foci of fibrinoid changes were frequent. There was a generalized atrophy of the tubules in the cortex and fibrosis of the interstitial tissue with patchy infiltration by lymphocytes.

In the rats with persistent hypertension the glomerular alterations had led to incomplete microangiographic visualization of the glomeruli and the postglomerular vasculature in the cortex, whereas in the juxtamedullary zone the postglomerular vessels leading to the medulla showed no such change; on the contrary an increased number of aglomerular juxtamedullary arterioles had formed. There was also some degree of venous filling, particularly in the juxtamedullary zone. This filling probably resulted from circulation of contrast medium via the medullary vasculature. Although glomerular lesion were present also in the rats with reversible hypertension and in the rats in which renal artery stenosis had not led to hypertension, the vascular alterations described were insignificant in these rats when compared with the rats with persistent hypertension.

The degree of juxtaglomerular granulation (JGI) in the untouched kidney was not appreciably altered from the normal in any of the groups of rats. In the clipped kidney from rats with persistent and reversible hypertension the JGI-values were increased.

Pyelonephritis

Chronic unilateral renal infection was induced in 35 rats by the method devised by HEPTINSTALL and GORRILL (1955). This resulted in hypertension in 12 rats, but only after the contralateral, non-infected kidney had been removed. The other 23 rats remained normotensive even after removal of the non-infected kidney. In 8 of these 23 rats no histological evidence of pyelonephritis had developed. The remaining 15 normotensive rats and all 12 hypertensive rats showed various degrees of chronic pyelonephritis in the remaining kidney. The intrarenal vascular patterns of the normotensive and hypertensive rats were compared by a microangiographic examination (LJUNGQVIST and RICHARDSON). As controls served the eight rats in which no pyelonephritis had developed, and 10 more rats that had been given saline instead of bacteria intravenously.

Like in the rats with unilateral renal artery stenosis glomerular lesions developed in the kidneys of the pyelonephritic rats. These lesions were found both in the infected and non-infected kidneys, although much less severe and extensive in the latter kidneys. In the infected kidneys altered glomeruli were mostly found in fairly unaffected tissue between areas of pyelonephritic changes, and along the borders of such areas. In pyelonephritic areas altered glomeruli were found to a lesser extent. The degree of glomerular lesion was most severe in the infected kidneys of the hypertensive rats, in which the lesion had led to incomplete filling of the glomeruli and the postglomerular vasculature. The juxtamedullary and medullary vasculature, on the other hand did not show any incomplete filling in these kidneys and some venous filling was evident.

Apart from the vascular alterations induced by the glomerular lesions, other alterations in the intrarenal vasculature were noted such as irregular kinking and spiralling of the arteries. These features were, however, present to about the same degree in hypertensive and normotensive rats. Sclerotic changes in the walls of the intrarenal vessels were varely observed in this study.

The JGI-values were lowered in the pyelonephritic kidneys of both the normotensive and hypertensive rats.

Glomerulonephritis

Thirty-eight rats were given one daily intravenous injection of 1 ml of nephrotoxic serum for three days. This serum was produced by immunizing rabbits with rat kidney extracts intraperitoneally. The activity of the serum was checked before use by its injection into an series of rat followed by immunofluorescence examination of the kidneys of these rats; all the kidneys showed distinct fluorescence of the walls of the glomerular capillaries.

Twenty-six of the 38 rats given the nephrotoxic serum developed hypertension; in three more rats the blood pressure levels varied between hypertensive and normotensive values and in the remaining 9 rats no blood pressure elevation was recoreded. A comparison was made between the microangiographic and histological pictures in the 26 hypertensive and the 9 normotensive rats (BIBERFELDT, LJUNGQVIST and SÄLLSTRÖM). As a further group of controls served 8 rats which had been given saline instead of nephrotoxic serum intravenously.

All hypertensive rats showed glomerular lesions of various degrees, mostly wide-spread and advanced. In rats, in which hypertension had been present for only a brief period (1—3 weeks) were the lesion characterized by considerable thickening of the walls of the glomerular capillaries, which was in places of fibrinoid type and resulted in partial or complete occlusion of the vessel lumina. The tufts were swollen and occupied the entire Bowman's space. In rats with more long-standing hypertension (4—22 weeks) many glomeruli were partially or completely hyalinized. In these kidneys there was a varying degree of tubular atrophy and fibrosis of the interstitial tissue. This displayed focal infiltration by inflammatory cells. Arteriolosclerotic changes were rare, and consisted in fibrinoid change of the walls of the preglomerular vessels.

In the 9 normotensive rats glomerular lesions were very mild in three and virtually absent in six; it is probable that in the latter six rats the injection of serum had been technical failures and therefore hat not resulted in glomerulonephritis.

Microangiographically the glomerular lesion had resulted in incomplete filling of the glomeruli and postglomerular vasculature in the cortex, whereas the medullary vasculature was better filled and to some extent derived from aglomerular juxtamedullary arterioles. In the most severely altered kidneys there was some vanous filling, particularly along the cortico-medullary border; these kidneys also displayed some spiralling of the cortical arteries and arterioles. The vascular changes described were not seen in the control rats given saline, nor were they found in the normotensive rats given serum.

The JGI-values were slightly lower in the normotensive and hypertensive rats given serum than in the control rats given saline. There was, however, no difference in JGI between the hypertensive rats and the normotensive rats given serum, although most of the latter rats did not display any glomerulonephritic changes.

When the animals of this series were sacrificed, blood samples were taken for determination of serum creatinine. This did not differ between the three groups of rats, and was for the controls 0.6 mg% (range 0.5—0.7), the normotensives 0.5 mg% (range 0.4—0.6) and the hypertensives 0.6 mg% (range 0.4—0.8).

Radiation nephritis

Unilateral radiation nephritis was induced in a series of rats by subjecting the left kidney to a single dose of 2000 rad in a supervoltage Cobolt-Wolffram tube. Twenty-three of the rats survived and were examined. Of these rats 20 developed hypertension, but only after the contralateral, non-irradiated kidney had been removed. The morphological alterations in the hypertensive rats were compared with the pictures in the three normotensive rats and in 10 control rats not subjected to irradiation (LJUNGQVIST, NOTTER and UNGE).

Histologically the irradiated kidneys showed various degrees of radiation nephritis consisting in considerable atrophy of the tubules and sclerosing fibrosis of the interstitial tissue. In some kidneys these changes were wide-spread, in others more patchy. There was focal infiltration by inflammatory cells. Most glomeruli showed thickening of the capillary walls and partial or complete sclerosis of the tufts. Focal fibrinoid changes were also evident in the glomeruli. Arteriolosclerosis was rare. In the three normotensive rats there was focal atrophy of the tubules with interstitial fibrosis, but the glomeruli did not display any alterations.

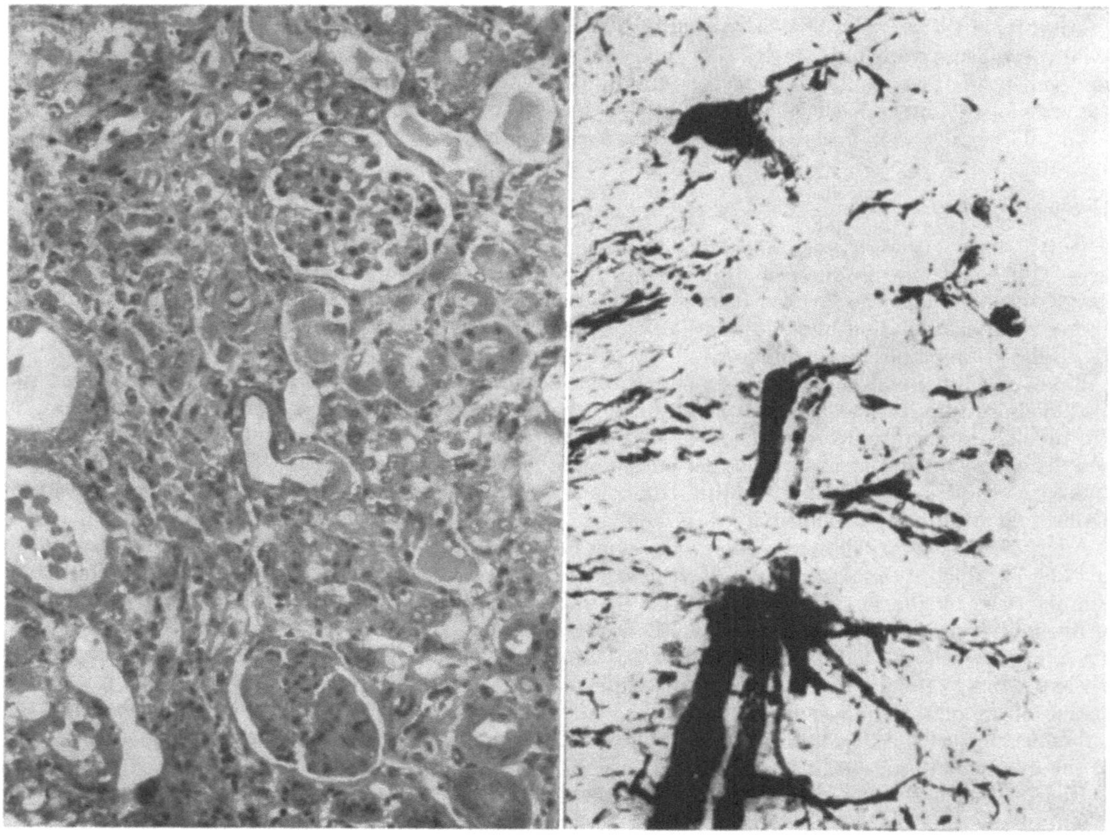

Fig. 1. A — Microangiogram from a kidney with radiation nephritis of a hypertensive rat. There is an incomplete filling of the arterial system in the cortex (left) with visualization of only occasional glomeruli, whereas the vessels leading to the medulla (right) are well filled. In the cortex, and particularly along the cortico-medullary border the veins accompanying the arteries are well filled. 35 ×

B — Histological section from the cortex of the microangiographed block shown in Fig. A. There is atrophy of the tubules and fibrosis in the interstitial tissue. One glomerulus is almost completely hyalinized (above) and a second glomerulus shows a patchy thickening of the capillary walls (below). van GIESON. 220 ×

In the microangiograms the over-all patterns were very similar to those in the kidneys of the previous experimental groups. Thus, the incompleteness of the filling of the cortical glomeruli and postglomerlar vessels was of about the same degree as in the other diseased kidneys, as was the occurrence of aglomerular juxtamedullary vessels contributing to a fairly complete filling of the medullary vasculature. The microangiographic pattern of the irradiated kidneys in the three normotensive rats did not deviate from that of the normal controls.

The JGI-values were about the same in the irradiated kidneys and in the control kidneys. On the other hand, the values were significantly higher in the non-irradiated kidneys of rats with radiation nephritis than in the corresponding kidneys of the control rats.

Some of the hypertensive rats were uremic as judged from their serum creatinie concentration at death. The mean value for these rats was 1.0 mg% (range 0.6—2.5), whereas it was 0.7 mg% for the controls (range 0.5—0.8) and 0.4 mg% in the sole normotensive rat in which blood was collected at death of the animal.

Comments

Previous investigators have commonly regarded the development of hypertension in chronic renal disease as a feature secondary to sclerosis of the intrarenal arteries and arterioles (WEISS and PARKER, 1939; WILSON and BYROM, 1941; GOLDBLATT, 1948). Other mechanisms must also operate, however, since hypertension may develop in the abscence of any significant vessel wall changes in the diseased kidneys (BROD, 1957; HEPTINSTALL, 1962). In the present study, too, intrarenal arteriosclerosis was

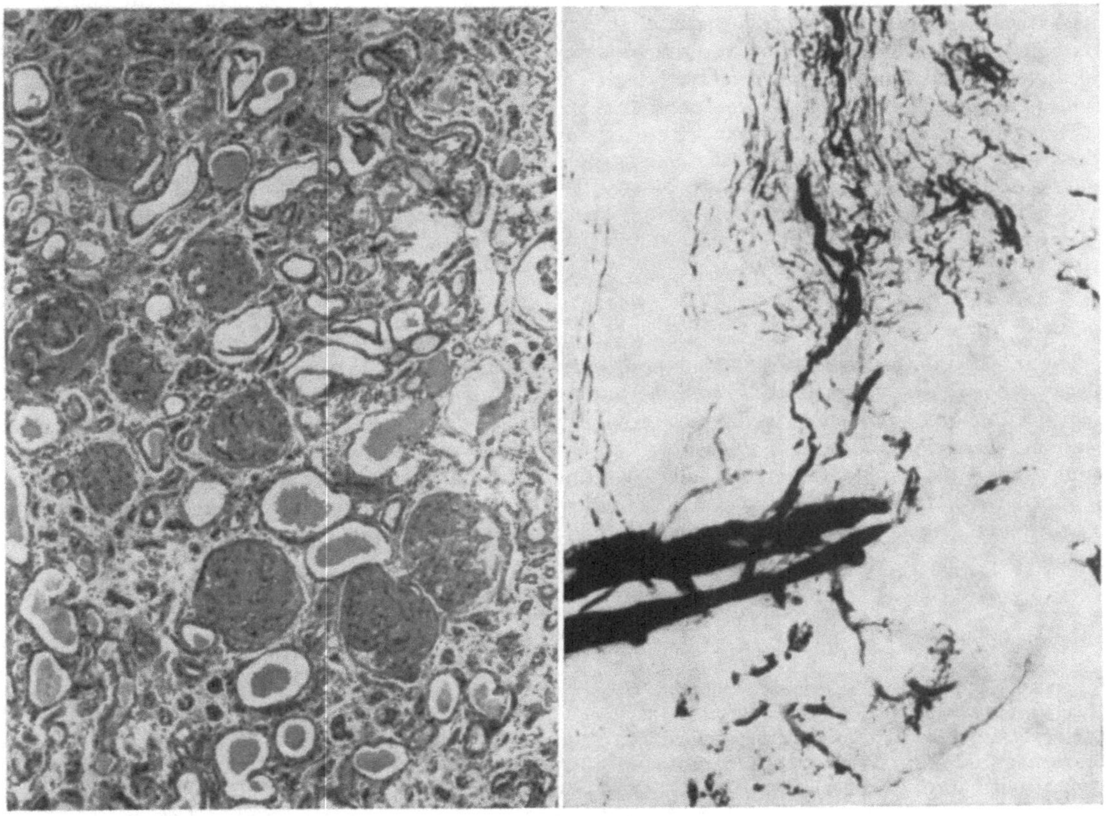

Fig. 2. A — Microangiogram from a kidney with glomerulonephritis of a hypertensive rat. There is incomplete filling of the cortical vessels and good filling of a large vein in the cortico-medullary border. An aglomerular juxtamedullary arteriole is seen to arise from an arcuate artery and lead into the medulla where it splits up into straight medullary arterioles. 35 ×

B — Histological section from the cortex of the microangiographed block shown in Fig. A. There is enlargement of some of the glomerular tufts and thickening of the walls of the glomerular capillaries leading to occlusion of the lumina. Some glomeruli show partial hyalinization. There is tubular atrophy and fibrosis in the interstitial tissue. van GIESON. 90 ×

usually not present in the hypertensive animals. However, stereomicroangiography revealed alterations in the intrarenal vascular pattern in these animals, and these alterations were basically of the same type in the various kinds of renal disease (Figs. 1 A and 2 A). They consisted in (I) incomplete filling of the glomeruli and postglomerular vessels in the cortex (II) good filling of the medullary vasculature, partly by the way of aglomerular juxtamedullary arterioles, and (III) various degrees of filling of the cortical veins, especially along the corticomedullary border.

The vascular alterations can all be referred to the wide-spread glomerular damage which was histologically seen in the hypertensive animals (Figs 1 B and 2 B). For it has been shown that in the cortex the glomerular capillary tuft is interconnected between the afferent and efferent arterioles, whereas in the juxtamedullary zone afferent and efferent arterioles form continous vessels, the glomerular capillaries being lateral off-shoots from these vessels (Ljungqvist, 1964). Therefore, when the glomeruli are damaged no contrast medium will pass into the postglomerular vasculature in the cortex, whereas in the juxtamedullary zone the postglomerular (medullary) filling is not interfered with. This forms a morphological basis for a reduced cortical circulation and a maintained, or even enhanced, medullary circulation in instances of widespread glomerular damage. If this will be the functional effect of the alterations in the intrarenal vascular pattern of the hypertensive rats, the development of hypertension would be explained by the relative cortical ischemia stimulating the juxtaglomerular cells to release renin. It is evident that the blood pressure elevations were not secondary to uremia which might result from wide-spread glomerular damage, since normal serum creatinine levels were found in most of the rats in which blood samples were collected at death.

Renal ischemia as a cause of hypertension is known to be associated with an increased degree of granulation of the juxtaglomerular cells (Tobian et al., 1958), generally regarded as a sign of increased production and release of renin. No increased juxtaglomerular granulation was found in the kidneys of the hypertensive rats in the present study. It is not known, however, whether an increased degree of juxtaglomerular granulation may also reflect a storage of renin in the kidney secondary to a decreased release of the substance, and a decreased degree of granulation be a feature of an increased release of renin (Thurau, 1964). This question needs further elucidation.

The experiments cited above constitute examples in which investigations of experimental renal diseases by combination of stereomicroangiographic and histological methods have yielded new information about the morphological basis for possible pathogenetic mechanisms involved in renal hypertension. Similar studies of other renal diseases, and probably also of diseases in other organs, would be rewarding.

Summary

The intrarenal vascular reaction in experimental diseases of the kidney have hitherto been incompletely known, due to the lack of suitable methods of investigation. A combination of stereomicroangiographic and histological techniques provides a useful means of investigations in that the stereoscopic microangioarchitecture of a specimen can be studied with the parallel histological sections of the same tissue. This combination of methods is continuously being used at our laboratory in investigations of various experimental renal diseases. The findings related to experimental renal hypertension due to renal artery stenosis, chronic pyelonephritis, glomerulonephritis and radiation nephritis are briefly reviewed.

References

Behrendt, W. and H.-J. Schneider: Über das Verhalten der Nierengefäße bei experimenteller Pyelonephritis. Virchows Arch. path. Anat. **335**, 668 (1962).

Bialestock, D.: Extraglomerular arterial circulation of the renal tubules. Anat. Rec. **129**, 53 (1957).

Biberfeldt, G., A. Ljungqvist and O. Sällström: To be published.

Brod, J.: Chronische Pyelonephritis. VEB Verlag Volk und Gesundheit, Berlin 1957.

Boyer, C. C.: The vascular pattern of the renal glomerulus as revealed by plastic reconstruction from serial sections. Anat. Rec. **125**, 433 (1956).

Edwards, J. G.: Efferent arterioles of glomeruli in the juxtamedullary zone of the human kidney. Anat. Rec. **125**, 521 (1956).

Fourman, J., and D. B. Moffat: Observations on the fine blood vessels of the kidney. Symp. zool. Soc. Lond. **11**, 57 (1964).

Goldblatt, H.: The renal origin of hypertension. Charles C. Thomas, Springfield, Illinois, 1948.

Gömöri, P., E. Szalay, Tusüj-Haj and B. Zolnai: Intrarenal blood circulation in chronic renal insufficiency. II. Experimental Masuginephritis, Acta. med. Acad. sci. Hung. **18**, 451 (1962).

HAMMERSEN, F., and J. STAUBESAND: Über die Stromwege in der Nierenkapsel von Mensch und Hund; sogleich ein Beitrag zum Begriff der arterio-venösen Anastomosen. Angioarchitectonische Studien an der Niere. III. Mitteilung. Ztschr. Anat. **122**, 363 (1961).
HEPTINSTALL, R. H., and R. H. GORRILL: Experimental pyelonephritis and its effect on the blood pressure. J. Path. Bact. **69**, 191 (1955).
HEPTINSTALL, R. H.: Experimental pyelonephritis. The effect of chronic infection on the blood pressure in the rat. Brit. J. Exper. Path. **43**, 333 (1962).
HEPTINSTALL, R. H.: Pathology of the kidney. Little Brown and Co., Boston, 1966.
HILL, G. S.: Experimental pyelonephritis: a microangiographic and histologic study of cortical vascular changes. Bull. Johns. Hopk. Hosp. **119**, 79 (1966).
KÜGELGEN VON, A., B. KUHLO, W. KUHLO and KL.-J. OTTO: Die Gefäßarchitektur der Niere. Untersuchungen an der Hundeniere. Georg Thieme Verlag, Stuttgart, 1959.
LEWIS, O. J.: The vascular arrangement of the mammalian renal glomerulus as revealed by a study of its development. J. Anat. **92**, 433 (1958).
LJUNGQVIST, A.: The intrarenal arterial pattern in the normal and the diseased human kidney. A micro-angiographic and histologic study. Acta, med. scandinav. **174**, suppl. 401 (1963).
LJUNGQVIST, A.: Structure of the arteriole-glomerular units in different zones of the kidney. Micro-angiographic and histologic evidence of an extraglomerular medullary circulation. Nephron **1**, 329 (1964).
LJUBGQVIST, A.: To be published.
LJUNGQVIST, A., G. NOTTER and G. UNGE: To be published.
LJUNGQVIST, A., and J. RICHARDSON: To be published.
MAIER, J. G., and G. W. CASARETT: Cellular growth and tissue radiosensitivity: Tissue studies in vivo and the concept of radioation nephritis. Trans. N. Y. Acad. Sci. **26**, 599 (1964).
MORE, R. H., and G. L. DUFF: The renal arterial vasculature in man. Am. J. Path. **27**, 95 (1951).
OLIVER, J.: Architecture of the kidney in chronic Bright's disease. Paul. B. Hoeber, New York and London, 1939.
THURAU, K.: Fundamentals of renal circulation. Proc. IInd. Int. Congr. Nephrol. **51** (1964).
TOBIAN, L., J. THOMPSON, R. TWEDT and J. JANECK: The granulation of juxtaglomerular cells in renal hypertension, desoxycorticosterone and postdesoxycorticosterone hypertension, adrenal regeneration hypertension, and adrenal insufficiency. J. Clin. Invest. **37**, 660 (1958).
TRUETA, J., A. G. BARCLAY, P. M. DANIEL, K. J. FRANKLIN and M. M. PRICHARD: Studies of the renal circulation. Blackwell sci. publ., Oxford, 1947.
WEISS, S., and F. PARKER: Pyelonephritis: its relation to vascular lesions and to arterial hypertension. Medicine **18**, 221 (1939).
WILSON, C., and F. B. BYROM: The vicious circle in chronic Bright's disease. Experimental evidence from the hypertensive rat. Quart. J. Med. **34**, 65 (1941).

Contributors to the discussion:

REPCIUC (Rumania).

Institut für Kreislaufforschung der Deutschen Akademie der Wissenschaften zu Berlin, Abteilung für Zellbiologie, Berlin-Buch, DDR

Über unterschiedliche histochemische und quantitativ-biochemische Befunde im Verhalten der Phosphorylase-Aktivitäten im infarzierten Herzmuskel der Ratte

von

W. Schulze, E.-G. Krause, A. Wollenberger und W. Warbanow

Am Beispiel der Glykogen-Phosphorylase soll noch einmal gezeigt werden, daß der topohistochemische Nachweis eines Fermentes nicht in allen Fällen ausreicht, um über Vorhandensein oder Fehlen in einem bestimmten Gewebe allein zu befinden.

Topohistochemische Untersuchungen der Phosphorylase-Aktivität mit der Reaktion nach Takeuchi und Kuriaki (1955) führten im Herzmuskel der Ratte schon wenige Minuten nach Verschluß einer Coronararterie zu einem vollständigen Verlust des Ferments im ischämischen Bereich des Myokards. Die am gleichen Gewebe parallel durchgeführten quantitativ-biochemischen Analysen zeigten jedoch mit Durchschnittswerten von 0.28 ± 0.03 μMol freigesetztem Orthophosphat pro Minute x mg Protein für die Versuchstiere gegenüber 0.25 ± 0.02 der Kontrollen keinen Verlust des Fermentes.

Von verschiedener Seite wurde auf die Bedeutung des endogenen Glykogens für die Phosphorylasedarstellung aufmerksam gemacht (Godlewski, 1964; Krug, Dharmadhach und Krug, 1967). Da schon lange bekannt ist, daß Glykogen sehr schnell aus dem infarzierten Herzgebiet verschwindet, haben wir die Rolle des Glykogens am isolierten aerob perfundierten Herzen genauer untersucht. Diese Herzen wurden durch glukosefreie Ringerlösung, der außerdem Adrenalin oder Jodacetat plus Adrenalin zugesetzt war, weitgehendst glykogenfrei gemacht.

Die quantitativ-biochemischen Messungen an diesen Herzen ergaben eine anormale Verminderung der Glykogens, aber keinen Verlust der Phosphorylase-Aktivität. Die histochemische Darstellung der Enzymaktivität ist dagegen nicht mehr möglich.

Die Phosphorylase-Aktivität muß demnach sowohl im ischämischen Bereich des Myokards als auch bei diesen Perfusionsversuchen während der histochemischen Inkubationsprozedur verlorengehen. Dafür lieferte die Anwendung der von Pette und Brandau (1966) beschriebenen Agargelschichtinkubation einen echten Beweis. Durch diese Methode ist es möglich, die wäßrige Inkubationslösung, die etwa das 800 fache Volumen des zu inkubierenden Gewebsschnittes darstellt, durch einen festen Agarfilm zu ersetzen, der sämtliche für den Nachweis nötigen Reagentien enthält. Nach der Inkubation und der Entwicklung von Gewebsschnitt und Gelfilm findet sich die Phosphorylase-Aktivität aus dem ischämischen Bereich auf dem Gelfilm wieder. Der Gelfilm kann mit Einschränkung als negativer Abdruck des Originalschnittes angesehen werden.

Wie aus Arbeiten von Luck (1961), Tata (1964), Anderson-Cedergren, Muscatello (1963) u. a. zu entnehmen ist, besteht eine enge Bindung der Phosphorylase mit dem gewebseigenen Glykogen. Falls diese Bindung verloren geht, verliert das Phosphorylasemolekül seine Sessilität und kann unter den entsprechenden Nachweisbedingungen leicht hinausdiffundieren.

Dieser Fall scheint im ischämischen Bereich des Herzens vorzuliegen. Das Ferment fehlt hier nicht. Es läßt sich aber mit den histochemischen Methoden nicht mehr im Gewebe nachweisen. Eine Reihe von histochemischen Arbeiten, die das Fehlen oder noch nicht Vorhandensein der Phosphorylase beschreiben, sollten auf Grund dieser Ergebnisse mit Vorbehalt beurteilt werden.

Literatur

Andersson-Cedergren, E., and U. Muscatello: The participation of the sarcotubular system in glycogen metabolism. J. Ultrastruct. Res. 8, 391—401 (1963).

Godlewski, H. G.: Histochemistry of the glycogen synthetase and phosphorylase in normal and pathologic tissues. Acta histochem. (Jena) Suppl. 4, 30—51 (1964).

Krug, A., Dharmadhach und Ch. Krug: Zum histochemischen Phosphorylasenachweis im Herzinfarkt. Histochemie **10**, 376—377 (1967).
Luck, D. J. C.: Glycogen synthesis from uridine diphosphate glucose. The distribution of the enzyme in liver cell fractions. J. biophys. biochem. Cytol. **10**, 195—209 (1961).
Pette, D., und H. Brandau: Enzym-Histiogramme und Enzymaktivitätsmuster der Rattenleber. Enzym. biol. clin. **6**, 79—122 (1966).
Takeuchi, T., and H. Kuriaki: Histochemical detection of phosphorylase in animal tissues. J. Histochem. Cytochem. **3**, 153—160 (1966).
Tata, R. J.: Subcellular redistribution of liver-glucan phosphorylase during alterations in glycogen content. Biochem. J. **90**, 284—292 (1964).

Diskussionsredner:

Godlewski (VR Polen).

Pathologisches Institut der Humboldt-Universität Berlin, DDR

Möglichkeiten und Grenzen der Fermenthistochemie

von

A. Hecht

Seit Takamatsu und Gomori vor nunmehr 30 Jahren unabhängig voneinander eine Methodik zur histochemischen Darstellung der unspezifischen alkalischen Phosphatase entwickelten, befaßt sich eine Vielzahl von Untersuchern mit dem Nachweis von Enzymen am histologischen Schnitt. Die mitgeteilten Ergebnisse dienen der Erweiterung des darstellbaren Enzymspektrums, einer Spezifizierung der Enzymnachweise, dem quantitativen Verhalten und der Lokalisation von Enzymen in Zellen und Geweben unter normalen wie pathologischen Bedingungen. Diese Entwicklung hat es mit sich gebracht, daß zahlreiche Autoren ihre Untersuchungen auf histochemischen Enzymnachweisen aufbauen, ohne über theoretische Grundlagen, methodische Schwierigkeiten sowie realen Aussagewert fermenthistochemischer Befunde ausreichend informiert zu sein. Dieser Vorgang steht im Gegensatz zu anderen Teilgebieten der Biochemie, die im allgemeinen nur von hierzu Qualifizierten vertreten werden. Dabei stimmen wir mit Glick (1967) überein, daß die Histochemie ihrem Wesen nach der biochemischen Methodik zuzurechnen ist.

Uns interessiert an dieser Stelle besonders die Darstellung von Fermenten als Ausdruck pathologischer Prozesse im Gewebe. Wenn wir von den vorliegenden Kenntnissen der Enzymlehre ausgehen, so können Änderungen der Fermentaktivität auf einer vermehrten oder verminderten Bildung von Enzymeiweiß, einer erhöhten oder verringerten katalytischen Aktivität des Enzymeiweißes oder der Wirkung inhibierender oder aktivierender Einflüsse beruhen. Hierzu ist zu bemerken, daß wir auf Grund histochemischer Ergebnisse nur unvollkommen in der Lage sind, den ursächlichen Mechanismus einer Aktivitätsänderung zu erfassen. Wir müssen weiterhin berücksichtigen, daß es fermenthistochemisch nur gelingt quantitativ verhältnismäßig grobe Differenzen zu erkennen. Dies beruht u. a. auf einem entscheidenden methodischen Unterschied gegenüber dem Biochemiker, der prinzipielle Vorteile, aber auch Nachteile in sich birgt. Dieser weist die Fermentaktivität entweder im Gesamthomogenat oder in einer Zellfraktion nach. Dabei stellen das zu untersuchende Gewebe und das Inkubationsmedium eine Einheit dar, die sich im Gesamtresultat widerspiegelt. Im Gegensatz hierzu erfaßt der Histochemiker bei weitem nicht alles was das Gewebe, der Schnitt also, primär in sich birgt. Wir besitzen nur unvollkommene Vorstellungen darüber, was aus dem Schnitt in das Inkubationsmedium übergeht. Doch ist bekannt, daß gewisse Enzyme bereits innerhalb weniger Minuten fast vollständig in das Inkubationsmedium übertreten. Unser Resultat ist vorerst das Produkt aus vielen unbekannten Faktoren. Damit werden quantitative Aussagen beträchtlich erschwert, selbst unter standardisierten Versuchsverhältnissen mit Einhaltung konstanter Temperatur-, Zeit- und Konzentrationsbedingungen wie einer gleichmäßigen Schnittdicke. Ebenso ist eine exakte Lokalisation von Enzymaktivitäten, das ursprünglich eigentliche Anliegen der Fermenthistochemie, nur mit Zurückhaltung möglich. Hier wirken sich die Diffusion von Enzymen, Reaktionspartnern und Reaktionsprodukt ebenso wie Verbindungen zwischen den Reaktionspartnern und den Gewebsstrukturen auf Grund definierter chemischer Affinität störend aus. Dies hat zur Folge, daß die Lokalisation des Reaktionsprodukts vielfach gar nicht dem Sitz des Enzyms entspricht. Zusätzlich sind Faktoren zu berücksichtigen wie die fehlende Substratspezifität mancher Enzyme, die sogenannte nothing-dehydrogenase und die Bedeutung der Diaphorasen beim Nachweis dehydrierender Enzyme sowie verschiedene intermediär wirksam werdende katalytische Substanzen.

Noch komplizierter gestalten sich die Verhältnisse unter pathologischen Bedingungen. Diese haben selber mannigfache Abweichungen im fermentativen Verhalten der Zelle zur Folge, die sich mit einer Reihe von strukturellen Veränderungen kombinieren und wechselseitig beeinflussen. Damit wird die Möglichkeit zu Fehldeutungen erweitert.

So fielen uns bei pathogenetisch unterschiedlichen Schädigungen des Herzmuskels und auch der Leber beim Dehydrogenasen-Nachweis große, blaue Formazangranula auf. Eine histologisch nachweisbare Verfettung war in diesen Fällen nicht vorhanden. Wir deuteten diese Granula ursprünglich als den Ausdruck einer Aktivitätsänderung, sind aber jetzt der Meinung, daß dieser Befund Ausdruck einer Änderung der physikochemischen Beschaffenheit der Mitochondrienmembran darstellt. Diese erleichtert die Bildung des Enzym-Substrat-Komplexes, hat eine gesteigerte Permeation des Tetrazoliumsalzes zur Folge und resultiert in einem veränderten Reaktionsprodukt. Entsprechende Untersuchungen werden z. Z. mit der Chemischen Abteilung unseres Institutes durchgeführt. Sicher handelt es sich hierbei um den Ausdruck eines noch reversibel gestörten funktionellen Prozeßes. Diese Granula sind rückbildungsfähig, ohne daß am Gewebe eine Schädigung festzustellen ist. Es ist möglich, daß diesem Bild eine sphärische Transformation der Mitochondrien zugrunde liegt.

Ein weiterer interessanter Befund ist das Verhalten der histochemisch nachweisbaren Phosphorylase-Aktivität beim experimentellen Herzinfarkt. Aus eigenen und anderen Befunden ist bekannt, daß diese mit histochemischen Methoden bereits nach 5 Minuten im Infarktgebiet nicht mehr nachweisbar ist. Andererseits zeigen biochemische Untersuchungen von WOLLENBERGER und Mitarbeiter, daß in den Anfangsstadien der Ischaemie eine Zunahme der aktiven Phosphorylase bei unveränderter Gesamtphosphorylasen-Aktivität vorliegt. Auch zu dem Zeitpunkt, zu dem histochemisch keine Aktivität mehr vorhanden ist, besteht mit anderer biochemischer Methodik keine wesentliche Abnahme der Gesamtaktivität. Dies läßt sich nur so deuten, daß eine echte, versuchsbedingte Aktivitätsminderung gar nicht vorliegt, sondern diese durch einen Austritt des Enzyms in das Inkubationsmedium aus dem geschädigten Muskelbezirk vorgetäuscht wird. In dieser Annahme bestärken uns eigene Befunde, wonach die bei Autolyse zu beobachtende Aktivitätsabnahme nach vorheriger Fixierung der Schnitte geringer ist. Inzwischen haben wir von SCHULZE und KRAUSE erfahren, daß nach der Inkubation von Schnitten von Infarktherzen das Enzym Phosphorylase im Inkubationsmedium nachzuweisen ist. Diese Befunde können wir durch weitere ergänzen. Beim experimentellen Herzinfarkt stellten wir bei Anwendung der Ca-Methode bei pH 7.5 bzw. einer modifizierten Bleisalz-Technik nach WACHSTEIN und MEISEL bereits nach 20 Minuten eine gesteigerte ATPase-Aktivität im späteren Nekrosebezirk fest. Dieser Befund trat nur nach Vorfixierung der Schnitte auf. Wir haben diese Veränderung als Ausdruck einer Störung der oxydativen Phosphorylierung aufgefaßt. Wir halten an dieser Deutung fest. Jedoch nehmen wir an, daß eventuell noch ein Membraneffekt an den Mitochondrien vorliegt. Das würde der ersteren Annahme nicht widersprechen, zumal enge Beziehungen zwischen Mitochondrienstruktur und Energiestoffwechsel bestehen.

Schließlich ist noch auf zwei weitere Befunde hinzuweisen. Bei Einzelzellnekrosen fällt eine intensiv blaue Reaktion eindeutig nekrotischer Muskelfasern beim histochemischen Dehydrogenasen-Nachweis auf. Hierbei handelt es sich nicht um die Folgen einer erhöhten Fermentaktivität, sondern sicher um das Resultat substantiver Eigenschaften des verwendeten Tetrazoliumsalzes. Letztlich kann man beim experimentellen Herzinfarkt bis zu mehreren Tagen nach der Ligatur im nekrotischen Infarktgebiet eine Dehydrogenasenaktivität demonstrieren. Sie entspricht sicher nicht einer solchen in vivo. Es ist hier ebenfalls an die Folgen der substantiven Eigenschaften der Tetrazoliumsalze, einer Enzymdiffusion bzw. an die relative Stabilität des Enzymeiweißes zu denken.

Mit diesen kritischen Bemerkungen wollen wir nicht die Bedeutung der Fermenthistochemie einschränken. Dieser Eindruck könnte vielleicht entstanden sein, da wir uns wegen der Kürze der Zeit mehr mit den Grenzen als den Möglichkeiten dieses Arbeitsgebietes auseinandergesetzt haben. Wir wollten nur unterstreichen, daß die methodischen Grundlagen der Fermenthistochemie noch einer intensiven Bearbeitung bedürfen, um die Vorzüge, die sie gegenüber anderen biochemischen Untersuchungsmethoden besitzt, zur Geltung kommen zu lassen. Ebenso wichtig ist die Klärung des Mechanismus der Einwirkung struktureller Veränderungen unter pathologischen Bedingungen auf den Ausfall histochemischer Fermentnachweise. Dazu ist eine Ergänzung und Kontrolle durch zusätzliche biochemische Verfahren notwendig. Weiterhin ist es erforderlich, sich grundsätzlich mit dem Einfluß von Störungen der Membranstruktur auf den Ausfall fermenthistochemischer Reaktionen sowie den Wechselbeziehungen zwischen histologischem Schnitt und Inkubationsmedium zu befassen. Einer weiteren Entwicklung der Fermenthistochemie ist es deshalb nicht zuträglich, wenn wir sie als vorwiegend morphologische Methodik behandeln. Geht man von dieser Vorstellung aus, so wird sie letztlich keinen wesentlich höheren Informationsgehalt besitzen als eine gewöhnliche HE-Färbung. Als Morphologen müssen wir uns dahingehend einig sein, daß die unkritische Anwendung moderner Untersuchungsmethoden, wie u. a. der Fermenthistochemie, uns noch nicht zum gleichberechtigten Mitarbeiter moderner biologischer Forschung macht. Entscheidend ist letztlich die aktuelle Bedeutung der Fragestellung und ihre Bearbeitung mit einer zweckentsprechenden und gesicherten Methodik. Wird dies nicht berücksichtigt, so kann auch die Anwendung moderner Untersuchungsverfahren nicht über die Leere mancher morphologischer Fragestellung hinwegtäuschen und so nur als Feigenblatt dienen, das die sich dahinter verbergende Blöße nur unvollkommen zu decken vermag.

Diskussionsredner:

LOJDA (ČSSR).

Angiologisches Laboratorium, 1. Institut für Pathologie, 2. Laboratorium für Gastroenterologie, Medizinische Fakultät der Karls-Universität Prag, ČSSR

Bedeutung der zytochemischen Methodik für die biochemische Zytologie des Dünndarms

von

Z. Lojda und P. Frič

Die biochemische Zytologie befaßt sich unter anderem mit der Interpretation der Zellstruktur in den Termini der Biochemie. Die Detaile der Zellstruktur, die besonders die elektronenmikroskopische Untersuchung gezeigt hat, müssen deshalb chemisch analysiert werden. Dazu kann die Analyse „in vitro", die dem Biochemiker mehr geläufig ist, sowie die Analyse „in situ", die wieder dem Morphologen näher steht, benutzt werden. Beide Untersuchungsarten haben Vor- und Nachteile. Die Resultate der präzisen chemischen und biochemischen Methoden sind durch den Isolierungsprozeß der studierten Strukturen beträchtlich begrenzt (siehe de Duve, 1967). Wenn man auch eine einwandfreie Isolation erzielen könnte, bekommt man durch die Analyse nur Durchschnittswerte, da die studierten Strukturen (Subzellulärpartikel) aus verschiedenen Zellen stammen und in verschiedenen Zellen nicht dieselben Eigenschaften haben. Und das ist für ein besseres Verstehen der Funktion des studierten Objektes sehr wichtig. Gerade diese Fragen kann man mit der histochemischen oder zytochemischen Analyse „in situ" gut studieren. Diese Analyse gibt uns manche Informationen, die mit der Analyse „in vitro" auch gewonnen werden können, aber auch solche, die nur durch dieses Verfahren erzielt werden können. Sie ist weniger anspruchsvoll was die Menge des Materials und die Geräteausrüstung betrifft. Ihre Nachteile liegen in der, im Vergleich mit der Biochemie, kleineren Zahl der Substanzen, die identifiziert werden können und in den Schwierigkeiten und meistens sogar der Unmöglichkeit einer quantitativen Aussage. Doch kann man dadurch viele nützliche Informationen für die biochemische Zytologie gewinnen. Das möchten wir am Beispiel der Dünndarmschleimhaut zeigen.

In der biochemischen Zytologie der Dünndarmschleimhaut sind in den letzten Jahren große Fortschritte erzielt worden. Die Aufmerksamkeit der Biochemiker wurde besonders der Bürstensaumzone gewidmet, da diese Zone für die Resorption von maßgebender Bedeutung ist. Miller und Crane (1961) haben diese Zone isoliert und so der chemischen Analyse zugänglich gemacht. Auch Noack und Schenck (1965) und andere Autoren haben dieses Verfahren angewendet. Eichholz und Crane (1965, 1966, 1967) haben die Bürstensaumfraktion weiter geteilt und analysiert. Diese Studien haben die chemische Zusammensetzung dieser Zone und die Anwesenheit der Aktivitäten von alkalischer Phosphatase, Disaccharidasen, Na^{+}—K^{+}—abhängiger ATP-ase, Aminopeptidasen und anderen Enzymen bewiesen (siehe Crane, 1968). Auch die Lysosomen und andere Subzellularpartikel haben die Aufmerksamkeit erregt, wenn auch bisher in einem nicht so großen Maße (Hsu und Tappel, 1964, 1965; Hübscher und Mitarbeiter, 1965; Wrigglesworth und Power, 1966). Diese Analysen wurden am Darm der Versuchstiere gemacht.

Die Technik der peroralen Enterobiopsie hat es möglich gemacht, auch die menschliche Dünndarmschleimhaut unter normalen und pathologischen Bedingungen zu studieren. Die histologischen Befunde und der Wert der Darmbiopsie für die Diagnostik wurde u. a. von Rubbin und Dobbins (1965), die elektronenmikroskopischen Befunde von Trier und Rubbin (1965) kritisch zusammengefaßt. Die Bearbeitung der bisherigen histochemischen Befunde auch vom Standpunkt der biochemischen Zytologie wurde von Lojda (1967 b) und Pearse und Riecken (1967) durchgeführt.

Wir möchten an dieser Stelle eine ergänzte Übersicht der wichtigsten zytochemischen Befunde vorlegen. 280 Dünndarmbiopsien von normalen Menschen sowie Patienten mit Malabsorptionssyndrom wurden mit 62 histochemischen Methoden für Lipide, Polysaccharide, Proteine und besonders Enzyme studiert. Die Methoden mit den entsprechenden Kontrollen wurden so gewählt, daß die Resultate nach den bisherigen Kriterien möglichst genau waren.

Der einschichtige Epithelbelag der Dünndarmschleimhaut besteht, wie bekannt, aus Enterozyten und Becherzellen an den Zotten. In den Krypten sind noch undifferenzierte Zellen, Panethsche Zellen und enterochromaffine (Kultschitzki) Zellen vertreten.

Ein Schema des Enterozyten ist der Abbildung 1* zu entnehmen. Daraus ist ersichtlich, daß der Bürstensaum der optischen Mikroskopie aus vielen regelmäßigen Mikrozotten zusammengesetzt ist, die an ihrer Oberfläche eine „Pflaumschicht" („fuzz", Ito 1964) haben und in deren Zentrum sich

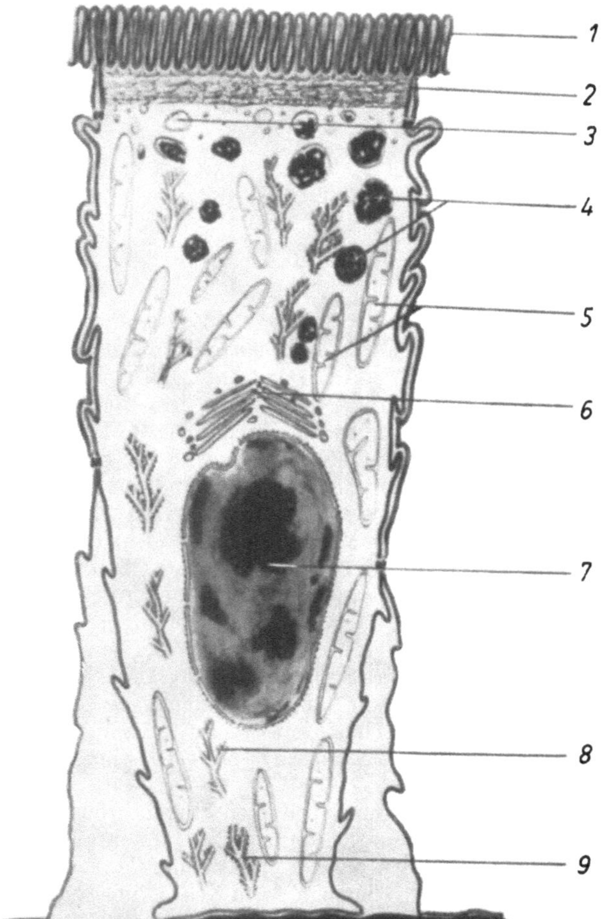

Abb. 1. Schema des Enterozyten. 1 — Mikrozottenzone, 2 — terminales Netzwerk, 3 — pinozytotische Bläschen, 4 — Lysosome, 5 — Mitochondrien, 6 — Golgi-Komplex, 7 — Kern, 8 — glattes endoplasmatisches Retikulum, 9 — granuläres endoplasmatisches Retikulum

Mikrofilamente (oder Mikrotubuli) befinden, die in ein terminales Netzwerk ausstrahlen. In dieser Zone sind Mukosubstanzen nachweisbar, und zwar die sauren, die jenseits der Schicht der neutralen liegen. Die Reaktionen für Proteinfunktionen (SH-, SS-, NH_2-Gruppen, Tyrosin und Tryptophan) sind hier stärker positiv. Da die meisten Reaktionen im terminalen Netzwerk intensiver ausfallen, ist es wahrscheinlich, daß diese Reaktionen besonders die Mikrofilamente der Mikrozotten geben. Auch hydrophile Lipide (Phosphatide) sind nachweisbar. Sehr typisch fallen die Reaktionen für Enzyme aus. Vor allem ist es die nichtspezifische alkalische Phosphatase, die schon Gomori (1941) nachgewiesen hat

* In den Abbildungen verwendete Abkürzungen:
BG — Fixierung in Bakerschem Formol, Gefrierschnitt;
BP — Fixierung in Bakerschem Formol, Paraffinschnitt;
O — Kryostatschnitt aus nichtfixiertem Gewebe;
BIP — Naphthol AS—BI Phosphat;
BIG — Naphthol AS—BI Glukuronid;
HP — Hexazo-p-Rosanilin;
NA — a-Naphthol-Azetat.

und die die verschiedenen Phosphatester im pH-Bereich von 5,5–9,6 angreift (Abb. 2, 3). Im Lichtmikroskop kann man die Lokalisation in der Mikrozottenzone nicht genauer verfolgen. Unsere Untersuchung im Elektronenmikroskop hat ähnlich wie die von Hugon und Borgers (1967) gezeigt, daß das Reaktionsprodukt (Bleiphosphat) an der äußeren Seite der Zellmembran liegt. Das Produkt kann man auch unterhalb der Mikrozotten in pinozytotischen Bläschen und auch in Lysosomen finden. Diese

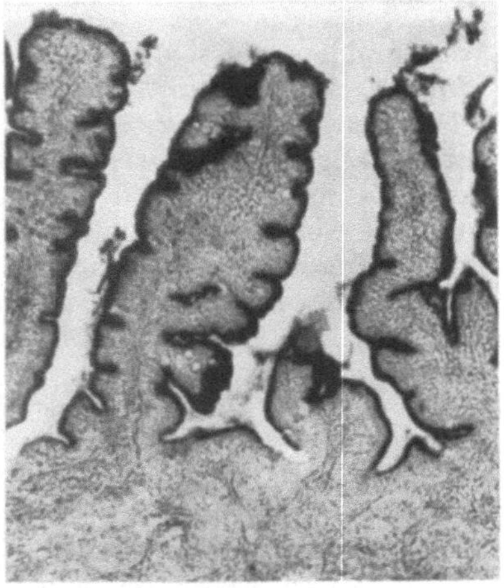

Abb. 2. Reaktion auf alkalische Phosphatase. Positive Reaktion in der Mikrozottenzone der Zottenenterozyten und in Kapillarenendothelien. BG, Gomori, Vergrößerung 100 ×

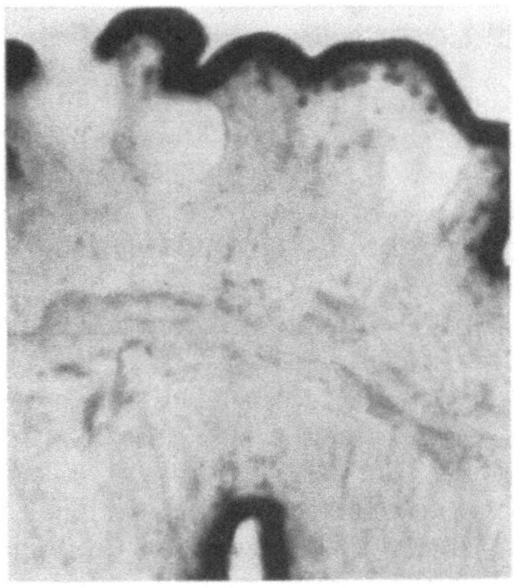

Abb. 3. Reaktion auf alkalische Phosphatase in den Enterocyten der Zottenseite. Positivität in der Mikrozottenzone, Lysosomen und Golgi-Komplex der Enterocyten und in den Blutgefäßendothelien. BP, BIP-Variaminblau RT, Vergrößerung 900 ×

Lokalisation konnten wir auch mit der verbesserten Azofarbstofftechnik (Lojda und Mitarbeiter, 1967) bestätigen (Abb. 3). Die stereospezifische Inhibition mit l-Phenylalanin, die Watanabe und Fishman (1964) in den Rattenenterozyten beschrieben haben, gilt auch für die Menschenenterozyten. Neben l-Phenylalanin wirken auch andere l-Aminosäuren (l-Histidin, l-Tryptophan, l-Arginin, l-Cystein) und einige von Hekkens vorbereitete Glutenfraktionen inhibierend. Diese Tatsache läßt sich bei der Erklärung der Zymogramme der alkalischen Phosphatase (in Homogenaten) ausnützen. Bei der Agar-Gel-Elektrophorese hat die alkalische Phosphatase der menschlichen Dünndarmschleimhaut zwei Fraktionen: eine stärkere kathodische und eine schwächere anodische (Abb. 4a). Die kathodische

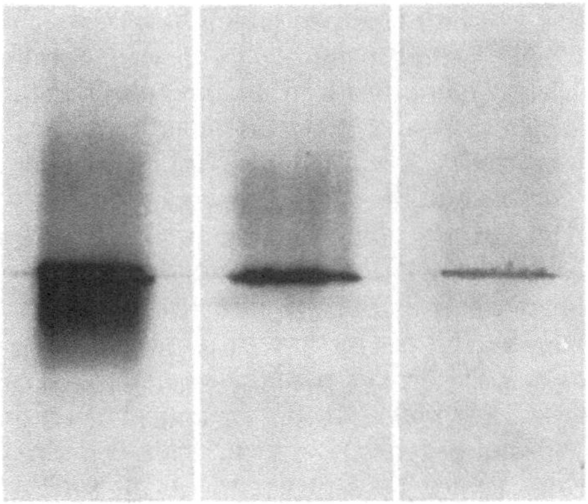

Abb. 4. Zymogramm der alkalischen Phosphatase in der normalen Dünndarmschleimhaut (a), in der Dünndarmschleimhaut bei nichttropischer Sprue (b) und in der Magenschleimhaut (c) Kathode unten

Fraktion wird durch l-Phenylalanin gehemmt. Sie benimmt sich also in derselben Weise wie die alkalische Phosphatase der Mikrozottenzone. Die anodische Fraktion wird nicht gehemmt und verhält sich wie das Enzym der Kapillar- und Arteriolenendothelien. Auch andere Befunde zeugen für eine solche Deutung. Die kathodische Fraktion ist schwächer in den Fällen von zöliakaler Sprue (Abb. 4b), wo die Aktivität der alkalischen Phosphatase in der Mikrozottenzone viel schwächer ist und fehlt in Zymogrammen der Magenschleimhaut (Abb. 4c), wo das Enzym nur in den Endothelien vorkommt (Frič und Lojda, 1966).

Wenn man Nukleosidtriphosphate (ATP, ITP) als Substrate anwendet, bekommt man im Schnitt eine ähnliche Lokalisation wie bei der alkalischen Phosphatase. Auch mit diesen Substraten ist eine Hemmung der Aktivität mit l-Aminosäuren nachweisbar. Diese Tatsache zeigt, daß die Spaltung von Nukleosidtriphosphaten durch die nichtspezifische Phosphatase bedingt ist. Der Vergleich der Präparate, die mit Glyzerolphosphat bzw. ATP bebrütet wurden, zeigt, daß die Reaktion mit ATP früher erscheint. Das könnte für die Anwesenheit des spezifischen Enzyms sprechen. Eine genauere Abgrenzung der Aktivitäten ist aber „in situ" bisher nicht gelungen.

In der Mikrozottenzone kann man weiter die Aktivität von Aminopeptidase(n) nachweisen, die l-Leucyl, d-l-Alanyl- und γ-l-Glutamin-β-Naphthylamid spaltet(n). Benzoylarginyl-β-Naphthylamid wird nicht angegriffen. Die Bedingungen für eine ortstreuere Lokalisation sind hier schlechter als bei der alkalischen Phosphatase. In Zymogrammen hat die Aminopeptidase ähnlich wie die alkalische Phosphatase ein stärkeres kathodisches und ein schwächeres anodisches Band. Da das kathodische Band bei den Patienten mit zöliakaler Sprue schwächer ist und diese Abschwächung mit dem Sinken der Aktivität in der Mikrozottenzone parallel verläuft, vermuten wir, daß die kathodische Fraktion in der Mikrozottenzone ihren Ursprung hat. Die Aktivität der Aminopeptidase ist für die Spaltung von einfachen Peptiden verantwortlich. Auch eine transpeptidatische Funktion (Glutaminyltranspeptidase) ist möglich.

Mit unserer Methode haben wir in der Mikrozottenzone die Aktivität von α-D-Glukosidase (LOJDA, 1965) nachgewiesen. Die Aktivität wird durch Maltose (nicht aber durch Saccharose oder Trehalose) kompetitiv inhibiert, so daß mit dieser Methode eine Maltase dargestellt wird. Mit den natürlichen Disacchariden (Methode der gekoppelten Glukoseoxydation) konnten wir keine präzise Lokalisation erzielen (LOJDA, 1965a), auch dann nicht, wenn die Modifikation von Jos und Mitarbeiter (1967) angewendet wurde. Nach unseren Ergebnissen läßt sich die Aktivität von Maltase, Saccharase, Trehalase und Laktase nur zellulär (nicht intrazellulär) lokalisieren. Die Aktivität der Disaccharidasen nimmt bei der zöliakalen Sprue beträchtlich ab.

Die Resultate stehen im Einklang mit der biochemischen Analyse. Auch bei Menschen ist die Mikrozottenzone eine hoch spezialisierte Oberfläche mit Lipoproteinen und Polysacchariden, in der Enzyme verankert sind, die sich bei der Spaltung von Phosphatestern, Peptiden und Disacchariden geltend machen und dadurch die Resorption erleichtern oder erst ermöglichen. Die Differenzierung dieser Zone beginnt in den Krypten stufenweise (aber verhältnismäßig rasch), so daß die Mikrozottenzone an der Zottenbasis oder an der Zottenseite völlig reif und funktionsfähig ist. An der Zottenspitze sind regressive Veränderungen bemerkbar. Diese „Ausmauserungszone" ist normalerweise nur schmal. Bei der zöliakalen Sprue (abhängig vom Stadium) ist die Mikrozottenzone nicht im genügenden Ausmaß reif. Die Ausmauserungszone ist breiter. Die Aktivitäten der Enzyme sind niedriger, aber nicht bei allen Enzymen gleich niedrig.

Im Bereich des terminalen Netzwerkes ist eine höhere Intensität der Reaktionen für Proteinfunktionen bemerkbar. Bei dem Nachweis von Enzymen bleibt diese Zone ausgespart.

Unterhalb des terminalen Netzwerkes befinden sich Lysosomen, die in den differenzierten Enterozyten einen verhältnismäßig schmalen Streifen einnehmen. Sie sind verschieden groß (0,1—2 μm). Im Elektronenmikroskop ist ihr Inhalt heterogen. Bei der zytochemischen Analyse können da die Polysaccharide und Aktivitäten von folgenden Enzymen nachgewiesen werden: saure (Abb. 5—7) und alkalische (Abb. 3) Phosphatase, E 600 resistente Esterase, β-Glukuronidase (Abb. 8), Acetyl-β-D-Glukosaminidase. Auch die Aktivitäten von α- und β-Glukosidasen und Galaktosidasen werden bei der Anwendung von Substraten, die Derivate von 6-Br-2-Naphthol sind, in dieser Zone lokalisiert. Die Lysosomen selbst werden aber nicht korrekt dargestellt. Gegen die Lokalisationsmöglichkeiten bestehen bei der Anwendung von Postkupplungsmethoden mit diesen Substraten große Einwände (LOJDA, 1965). Die Aktivität von Arylsulfatase konnten wir beim Menschen bisher nicht nachweisen. Die Lysosomen in den Enterozyten scheinen heterogen zu sein, was am besten bei der kombinierten Darstellung von zwei Enzymaktivitäten in demselben Schnitt gezeigt werden kann. Weiter ist es wichtig anzuführen, daß das gegenseitige Verhältnis der Enzymaktivitäten in den Makrophagen der Propria und in den Enterozyten bei einzelnen Enzymen nicht dasselbe ist. Die Aktivität der Acetyl-β-Glukosaminidase ist im Epithel viel stärker als in den Makrophagen. Bei der β-Glukuronidase ist es gerade umgekehrt. Die übrigen Hydrolasen liegen zwischen diesen Extremen.

In den indifferenten Zellen sind die Lysosomen kleiner und nehmen einen breiteren Streifen der supranukleären Zone ein. Manche Aktivitäten der Hydrolasen sind auch in der Golgi-Zone nachweisbar. Beim Ausreifen kommt es zu einer Vergrößerung der Lysosomen und zur Konzentrierung dieser Partikel in einem schmaleren Streifen. Während sich die Aktivitäten der meisten Hydrolasen apikal verschieben, ist es mit der alkalischen Phosphatase beim Menschen umgekehrt. Die Aktivität dieses Enzyms gerät in den Lysosomenstreifen von der Mikrozottenzone her. Da die Ausreifungszone der Enterozyten bei der zöliakalen Sprue verlängert ist, ist die Aktivität der lysosomalen Enzyme in der Golgi-

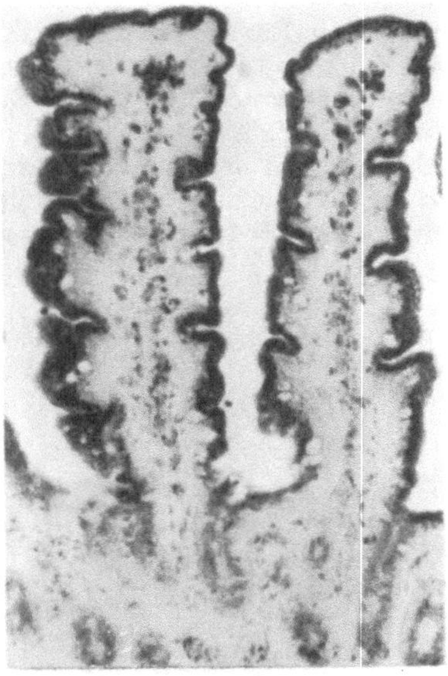

Abb. 5. Saure Phosphatase in der normalen Dünndarmschleimhaut. Starke Positivität der Zottenenterozyten und Makrophagen an der Zottenspitze. BG, BIP-HP, Vergrößerung 100 ×

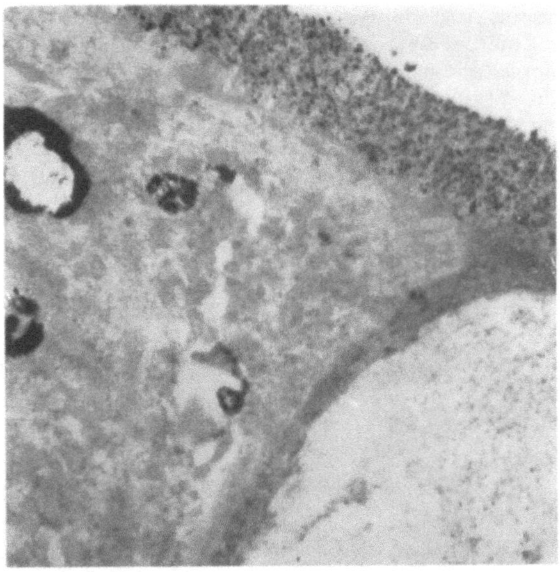

Abb. 6. Reaktion auf saure Phosphatase im Elektronenmikroskop. Positivität in den Lysosomen. Das Reaktionsprodukt in der Mikrozottenzone ist durch die Aktivität der sauren Phosphatase nicht bedingt. Vergrößerung 20000 ×

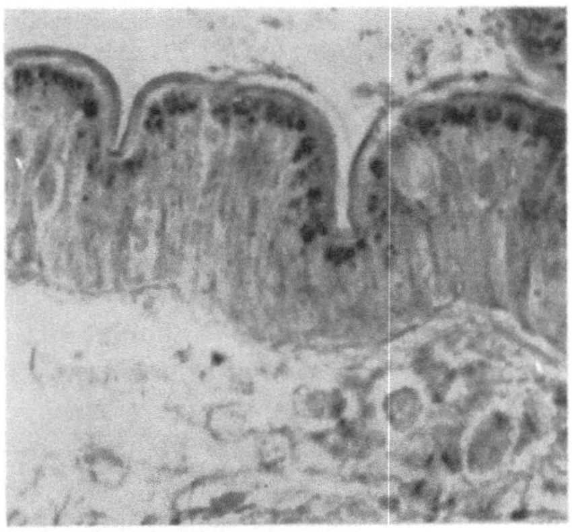

Abb. 7. Reaktion auf saure Phosphatase in den Zottenenterozyten. Positivität in Lysosomen. Reaktion in der Propria ist schwach. BG, Gomori, Vergrößerung 800 ×

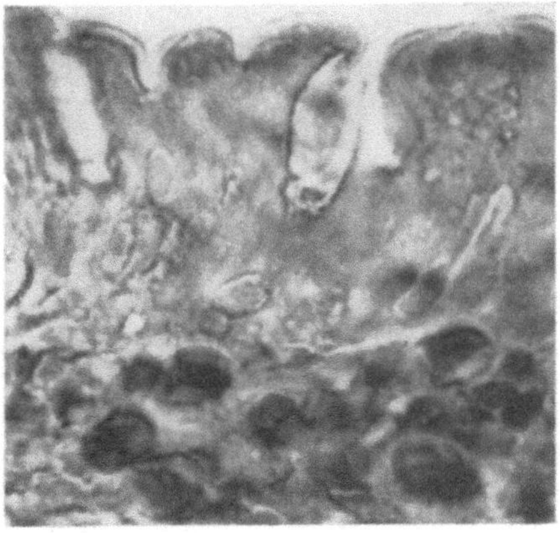

Abb. 8. Reaktion auf β-Glukuronidase in den Zottenenterozyten. Reaktion in den Lysosomen der Enterozyten viel schwächer als in den Makrophagen. Bg, BI-G-HP, Vergrößerung 800 ×.

Zone gut zu sehen. Diese Verteilung der lysosomalen Enzyme konnten wir auch bei den Patienten mit einem verbesserten oder fast normalisierten morphologischen Befund bemerken. In den akuten Stadien der zöliakalen Sprue sind die Lysosomen beschädigt; es kommt zur Herausschwemmung ihrer Enzyme, so daß ihre Aktivität in den üblich bearbeiteten Schnitten geringer erscheint. Eine Vergrößerung der Lysosomen, verknüpft mit dem Anstieg der Aktivität ihrer Hydrolasen, haben wir bei der Whippleschen Krankheit gesehen. Der letzte Befund unterstützt die Annahme, daß sich die Lysosomen an den Abwehrvorgängen beteiligen, indem sie das phagozytierte fremde Material verdauen. In der Beschädigung der Lysosomen, welche mit einer Herausschwemmung ihrer Enzyme verknüpft ist, wird die Ursache der regressiven Veränderungen der Enterozyten bei der zöliakalen Sprue gesehen (Riecken und Mitarbeiter, 1966).

Das endoplasmatische Retikulum kommt in der glatten sowie in der granulären Form vor. Die letztere ist gemeinsam mit den freien Ribosomen für die Pyroninophilie (Basophilie) verantwortlich, die sich mit der Ribonukleaseverdauung beseitigen läßt und durch RNS bedingt ist. Bei dem Ausreifen kommt es zum Rückgang des RNS-Gehaltes in den Enterozyten und diese Tatsache ist für die Beurteilung des Ausreifungszustandes der Enterozyten sehr wichtig. Bei zöliakaler Sprue ist der RNS-Gehalt der Enterozyten auch an den Seiten der reduzierten Zotten erhöht. Von den Enzymaktivitäten, die im endoplasmatischen Retikulum lokalisiert sind, sind beim Menschen Glukose-6-Phosphatase (Abb. 9), nicht spezifische Esterase (Abb. 10) und nicht spezifische Cholinesterase vertreten. Die bei der Ratte hohe Aktivität von Nukleosiddiphosphatasen (BIEMPICA und Mitarbeiter, 1962) ist beim Menschen schwächer. Die Enzymaktivitäten im endoplasmatischen Retikulum sind in der Supranukleärzone höher als in der Infranukleärzone. In den Krypten ist die Aktivität sehr schwach und nimmt während des Ausreifungsprozesses zu. Bei zöliakaler Sprue ist die Aktivität dieser Enzyme (abhängig vom

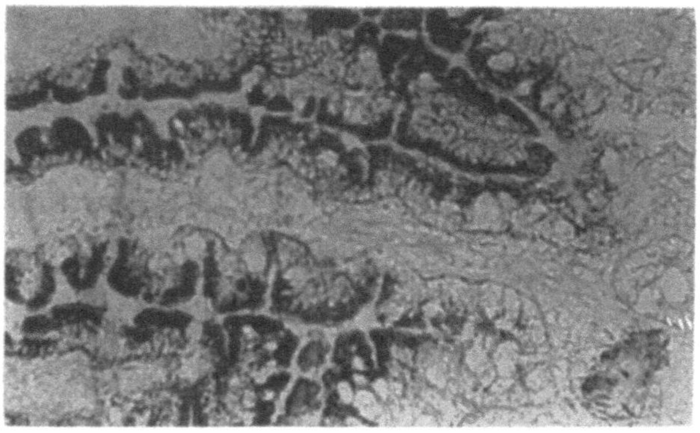

Ab. 9. Reaktion auf Glukose-6-Phosphatase in normalen Enterozyten. Die Reaktion in den Krypten ist sehr schwach bis negativ. 0, Vergrößerung 150 ×

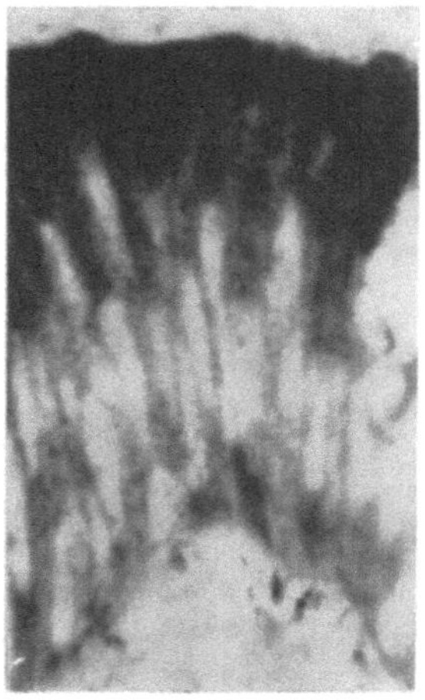

Abb. 10. Reaktion auf nichtspezifische Esterase in normalen Zottenenterozyten. Starke Reaktion, besonders im oberen Teil der Zelle. BG, NA-HP, Vergrößerung 1100 ×

Krankheitsstadium) beträchtlich reduziert. In den Partikeln mit RNS verläuft die Proteinsynthese. Die Enzyme des endoplasmatischen Retikulums sind am Transport und den Veränderungen der resorbierten Substanzen beteiligt.

In der oberhalb des Kernes liegenden Golgi-Zone sind Polysaccharide und Lipide mit ungesättigten Fettsäuren nachweisbar. Die Aktivitäten der Thiaminpyrophosphatase, Nukleosiddiphosphatasen und der alkalischen Phosphatase, die in den Rattenenterozyten hoch sind, fallen in den reifen menschlichen Enterozyten viel schwächer aus oder sind überhaupt nicht nachweisbar. Nur in den sich differenzierenden Enterozyten (in Krypten oder bei zöliakaler Sprue) kann man sie sehen. In solchen Fällen können hier auch saure Hydrolasen demonstriert werden (siehe oben), was wahrscheinlich mit den Produktien dieser Enzyme zusammenhängt.

Im ovalen Kern kann die DNS, im Nucleolus die RNS dargestellt werden. Mitosen und damit verbundene Veränderungen des DNS-Gehaltes sind nur in der Keimzone (normalerweise in den Krypten) vorhanden.

Die stabförmigen Mitochondrien der Enterozyten befinden sich im supra- sowie infranukleären Teil der Zelle. Sie sind durch die Anwesenheit von Proteinen mit SH-Gruppen, Phospholipiden und Enzymen gekennzeichnet. Die Aktivität der Zytochromoxydase fällt dort schwächer aus als im Myokard. Monoaminooxydase ist dagegen stärker als in anderen Zellen, was von einer großen Detoxikationsfähigkeit für biogene Amine zeugt. Von den Dehydrogenasen sind Bernsteinsäuredehydrogenase (SDH), α-Glycerolphosphatdehydrogenase (αGPDH), beide Tetrazoliumreduktasen (NADHTR, NADPHTR) und β-Hydroxybuttersäuredehydrogenase (βHBDH) anwesend. Die Aktivität der Glutamatdehydrogenase (GDH) ist schwach. Mit der üblichen Technik werden dort auch andere Dehydrogenasen lokalisiert. Gegen diese Lokalisation gibt es Einwände, da die Dehydrogenasen mittels der Tetrazoliumreduktase nachgewiesen werden. Sie müssen deswegen deren Lokalisation haben und das auch dann, wenn sie nicht in Mitochondrien vorhanden sind. Die Tetrazoliumreduktase kann auch reaktionslimitierend wirken. Diese Einwände gelten für folgende Dehydrogenasen: Milchsäuredehydrogenase (LDH), Apfelsäuredehydrogenase (MDH), NAD-abhängige α-Glycerolphosphatdehydrogenase (αGPDH), Isocitratdehydrogenase (ICHD), Glukose-6-phosphatdehydrogenase (G6PDH) und 6-Phospho-glukonatdehydrogenase (6PGDH).

Bei allen Oxydasen und Dehydrogenasen gibt es eine Verteilungsheterogenität, und zwar in der Ebene der Schleimhaut und der Zelle. Die Aktivitäten sind in den völlig differenzierten Zottenenterozyten höher als in ihren Vorstufen in den Krypten. Im oberen Teil der Zelle ist die Aktivität stärker als unter-

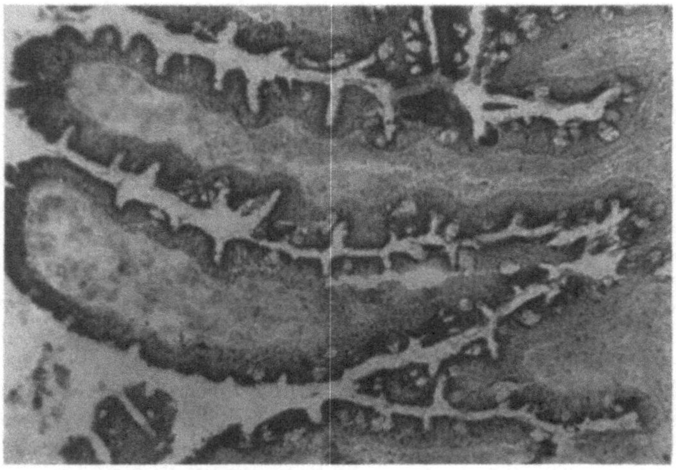

Abb. 11. Reaktion auf LDH (Gelmedium) in der normalen Dünndarmschleimhaut. Reaktion in den Zottenenterozyten ist stärker als in den Krypten. 0, Vergrößerung 130 ×

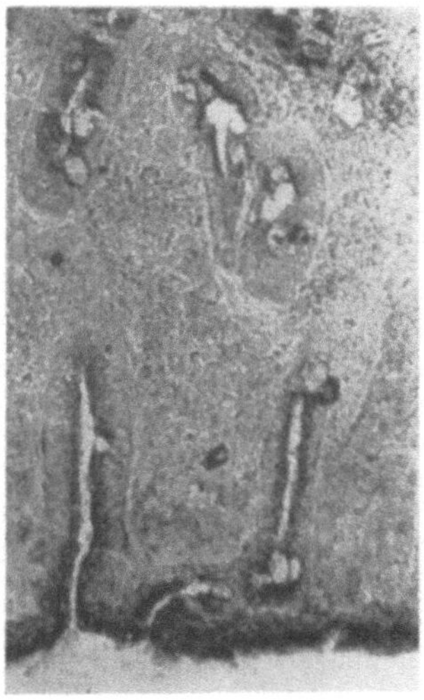

Abb. 12. Reaktion auf LDH (Gelmedium) in der Dünndarmschleimhaut eines Kranken mit nichttropischer Sprue. Der Unterschied zwischen Krypten und Oberflächenenterozyten ist nicht so groß wie im normalen Zustand. 0, Vergrößerung 100 ×

halb des Kernes. Wenn die Dehydrogenasen, die nicht fest gebunden sind und in die Inkubationsflüssigkeit entweichen, mit den Gelmedien (Lojda, 1965b, 1967a) nachgewiesen werden, ist die Aktivität in der Zelle zwar mehr diffus verteilt, die Heterogenität der Verteilung bleibt aber erhalten (Abb. 11). In Enterozyten bei der zöliakalen Sprue sind die Aktivitäten aller Oxydoreduktasen schwächer (Abb. 12). Was die Verteilung der Grundformen von LDH betrifft, sind in den Enterozyten beide Grundformen

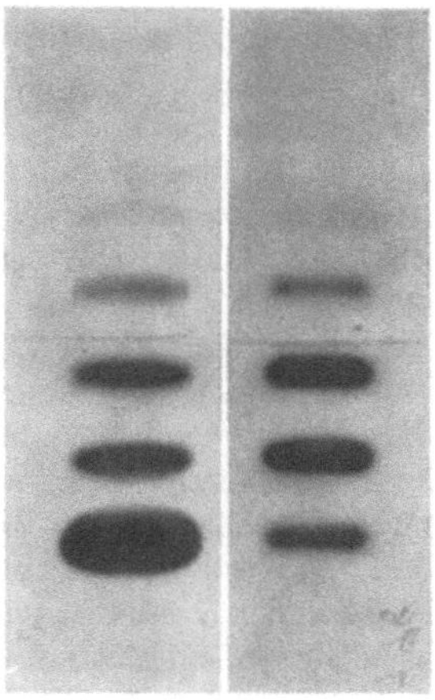

Abb. 13. LDH Isoenzyme in der normalen Dünndarmschleimhaut (a) und in der Dünndarmschleimhaut bei nichttropischer Sprue (b). Anode oben. Verschiebung der Aktivitäten zugunsten der raschen Fraktionen in (b).

vertreten. In den differenzierten Zellen gibt es eine relativ höhere Aktivität der M-Form, wogegen die nicht reifen Zellen eine relativ höhere Aktivität der H-Form besitzen. Der letztgenannte Befund gilt auch für die Enterozyten bei der zöliakalen Sprue. Für die Verschiebung des LDH Isoenzymmusters bei dieser Erkrankung zugunsten der anodischen Fraktionen (Frič und Lojda, 1965, 1966) sind deshalb die Enterozyten wenigstens zum Teil verantwortlich (Abb. 13a, b).

In den Enterozyten sind also hohe Aktivitäten der Krebszyklusenzyme, der Enzyme der Glykolyse und der direkten Glukoseoxydation vorhanden. Die bei den Oxydationsvorgängen gewonnene Energie kann für die aktive Resorption und den Transport benutzt werden.

Die Enterozyten stammen von indifferenten Zellen ab, die sich in der Keimzone der Krypten befinden. In diesen Zellen fallen die meisten Reaktionen schwächer aus. Nur die Reaktion für RNS und Enzyme der Golgi-Zone sind stärker. Die betreffenden Angaben wurden schon bei der Beschreibung der Enterozyten kurz angeführt.

Die Becherzellen, deren Form von der Sekretionsphase abhängig ist, kommen in den Krypten und an den Zottenseiten reichlicher vor als in der apikalen Zone der Zotten. In ihrer Zellmembran sind mit der üblichen Technik keine Membranenzyme nachweisbar. Die Mitochondrien geben die Reaktionen für SH-Gruppen und Phospholipide. Die Aktivitäten von sämtlichen Oxydoreduktasen sind schwächer als in den Enterozyten. Im endoplasmatischen Retikulum läßt sich E 600 sensitive nicht spezifische Esterase nachweisen. Die granuläre Form und freie Ribosomen, die man hauptsächlich basal und paranukleär findet, bedingen die Reaktion für RNS. Die Aktivitäten der Enzyme im Golgi-Komplex, der oberhalb des Kernes liegt, sind beim Menschen kaum darstellbar. Oberhalb dieses Komplexes und zu seinen Seiten befinden sich kleine Lysosomen, in denen dieselben sauren Hydrolasen wie in den Enterozyten vorkommen. Die alkalische Phosphatase läßt sich nicht nachweisen. Am anfälligsten sind die Muzinpartikel, die die supranukleäre Zone ausfüllen und ihre Becherform bedingen. Neutrale und saure Mukosubstanzen sind nachweisbar. Die neutralen bilden sich früher als die sauren. Für die Reaktionen der sauren Mukosubstanzen sind Sulfat- und Karboxylgruppen verantwortlich.

Die Panethschen Zellen sind pyramidenförmige Elemente, die sich in der Bodenzone der Krypten befinden. An ihrer freien Oberfläche hat das Elektronenmikroskop spärliche Mikrozotten entdeckt. Das terminale Netzwerk fehlt. Die Reaktionen für Proteine sind da deshalb kaum wahrnehmbar und die Aktivitäten der Membranenzyme sind beinahe nicht vorhanden. Eine schwache Aktivität wurde nachgewiesen, wenn ATP als Substrat benutzt wurde. Der runde oder ovale Kern mit DNS befindet sich an der Basis der Zelle. Infranukleär und paranukleär ist eine starke Reaktion auf RNS vorhanden, die die Ausbreitung von Ergastoplasma markiert. Die Mitochondrien befinden sich vorwiegend im basalen und paranukleären Teil der Zelle. Sie reagieren ähnlich wie bei den anderen Kryptenzellen. Im supranukleär gelegenen Golgi-Komplex sind die Reaktionen für Thiaminpyrophosphatase und Nukleosiddiphosphatasen sehr schwach; andere Aktivitäten wurden nicht nachgewiesen. Oberhalb des Komplexes befinden sich Lysosomen, in denen Aktivitäten saurer Phosphatase, Azetyl-β-Glukosaminidase und E 600 resistenter Esterase darstellbar sind. Sehr auffallend sind die zymogenen Körner, die den oberen Teil der Zelle einnehmen. Sie bestehen aus Proteinpolysaccharidkomplexen. Sehr stark fallen dort die Reaktionen für Tryptophan und Tyrosin aus. Obwohl diese Körner von manchen Autoren (Novikoff, 1961, 1963; Riecken und Pearse, 1966) als Derivat der Lysosomen angesehen werden, ist es beim Menschen schwer, einen Anhalt dafür zu finden. Die Reaktionen für Schwermetalle (Zink), die bei der Ratte sehr auffällig sind (Midorikawa und Eder, 1962, Riecken und Pearse, 1966), wurden beim Menschen bisher nicht nachgewiesen. Obwohl die Panethsche Zelle ein typisches Beispiel der Sekretionszelle ist, ist ihre Bedeutung bisher nicht klar.

Die enterochromaffinen (argentaffinen, gelben, Kultschitzki) Zellen befinden sich hauptsächlich in den Krypten, obwohl sie auch zwischen den Zottenzellen angetroffen werden können. Ihr Durchschnitt ist dreieckig. Sie reichen nicht immer in das Lumen. Ihr Kern liegt nicht so basal wie in den Panethschen Zellen. Die Reaktionen für RNS im Zytoplasma sind nicht auffällig, da die Zelle nur eine verhältnismäßig kleine Anzahl von Ribosomen hat. In den Mitochondrien, die zerstreut in der Zelle liegen, sind ähnliche Dehydrogenasen wie in den anderen Zellen vertreten (Lojda und Frič 1964), sie fallen aber etwas stärker aus als in den anderen Kryptenzellen. Die Aktivität der Zytochromoxydase ist schwach. Bei einem Teil dieser Zellen ist eine starke Reaktion für αGPDH vorhanden, sodaß dieser Typ der enterochromaffinen Zellen auch in unfixierten Schnitten leicht erkannt werden kann. Ob es sich in diesem Fall um eine selbständige Zelle oder nur um einen Funktionszustand derselben Zelle handelt, kann noch nicht entschieden werden. Doch scheint die erste Möglichkeit wahrscheinlicher. Der supranuklear liegende Golgi-Komplex weist nur in einigen Zellen die Aktivität der Thiaminpyrophosphatase und Nukleosiddiphosphatasen auf. Die Lysosomen sind meistens supranukleär vorhanden, sie kommen aber auch paranukleär und in den basalen Zellteilen vor. In diesen Partikeln können sämtliche sauren Hydrolasen (nicht aber alkalische Phosphatase) wie in den Enterozyten nachgewiesen werden und die Aktivität dieser Enzyme ist in diesen Zellen höher als in anderen Kryptenzellen. Im endoplasmatischen Retikulum dieser Zellen ist eine starke Aktivität von nichtspezifischer Esterase und nichtspezifischer Cholinesterase vorhanden. Die enterochromaffinen Körnchen, das spezifische Merkmal dieser Zellen, liegen im basalen Teil der Zelle. Man kann sie nach Formaldehyd- oder Glutaraldehydfixation mit vielen Reaktionen nachweisen (siehe Pearse 1960). Sie geben eine gelbe Fluoreszenz nach der Kondensation mit Formaldehyddämpfen, was schon von Barter und Pearse (1953) als Ausdruck der Anwesenheit von 5-Hydroxytryptamin gedeutet wurde. Dieses ist aber wahrscheinlich nicht das einzige Produkt der Zellen, wie es auch Pearse und Riecken (1967) vermuten. Für das bessere Verstehen ihrer physiologischen Bedeutung muß noch viel getan werden.

In der Lamina propria kommen Fibroblasten, Fibrozyten, Makrophagen, Plasmozyten, Lymphozyten und eosinophile Leukozyten vor. Von diesen Zellen sind vom zytochemischen Standpunkt aus die Makrophagen die auffälligsten. Sie befinden sich besonders unterhalb der Zottenspitze im Bereich der Ausmauserungszone (Abb. 5) und haben hohe Aktivitäten von lysosomalen Hydrolasen (saure Phosphatase, β-Glukuronidase, E 600 resistente Esterase, und Azetyl-β-D-Glukosaminidase). Auch die mitochondriale αGPDH ist reichlich vorhanden. Bei der Phagozytose sind die Aktivitäten sehr hoch. Das ist besonders im Falle der WHIPPLEschen Krankheit bemerkbar. Auch bei der zöliakalen Sprue sind die Makrophagen aktiviert. An dieser Stelle möchten wir betonen, daß ein Unterschied besteht zwischen den Lysosomen der Enterozyten und der Makrophagen, was das gegenseitige Verhältnis ihrer Hydrolaseaktivität betrifft. Diese Unterschiede können bei der Untersuchung der Lysosomenfraktion der Homogenate der Dünndarmschleimhaut nicht wahrgenommen werden. Das zytochemische Bild der restlichen Zellen ist das gleiche wie in denselben Zellen anderer Organe. In den Endothelien der Blutkapillaren und Arteriolen ist die Aktivität der nicht mit l-Phenylalanin gehemmten alkalischen Phosphatase vorhanden. Diese Zellen haben auch eine verhältnismäßig starke Aktivität der nichtspezifischen Cholinesterase.

Aus dem Angeführten ist die Bedeutung der zytochemischen Analyse „in situ" für die Interpretation der morphologischen Befunde der Darmschleimhaut ersichtlich. Diese Technik ist imstande, die Heterogenität in der chemischen Zusammensetzung einzelner Zellen aufzuzeigen. Dies hat nicht nur eine theoretische Bedeutung für das Verständnis der Physiologie und Pathophysiologie der Zellen in der Dünndarmschleimhaut, sondern auch eine praktische bei der Beurteilung des Zustandes der Zellen in den Enterobiopsien beim Malabsorptionssyndrom.

Zusammenfassung

Die Bedeutung der zytochemischen Analyse „in situ" für die biochemische Zytologie wird am Beispiel der menschlichen Dünndarmschleimhaut gezeigt. Als Unterlage diente die Untersuchung von 280 peroralen Dünndarmbiopsien, die mit 62 Methoden analysiert wurden. Die wichtigsten Befunde in einzelnen Zelltypen sind angeführt. Die Analyse „in situ" bringt viele Informationen, die man auch mit der Analyse „in vitro" erzielen kann, so daß hier die Möglichkeit einer gegenseitigen Kontrolle besteht. Außerdem ist sie imstande, die Heterogenität der Zellen gut zu zeigen und solche Informationen zu geben, die mit der Analyse „in vitro" nicht gewonnen werden können. Wegen der Heterogenität der Dünndarmschleimhaut bleibt ihr auch in weiteren Studien ein wichtiger Platz vorbehalten.

Literatur

BARTER, R., and A. G. E. PEARSE: Nature (Lond.) **172**, 810 (1953).
BIEMPICA, L., A. B. NOVIKOFF and B. KAHN: J. Histochem. Cytochem. **10**, 654 (1962).
CRANE, R. K.: In: Handbook of Physiology. Alimentary Canal. Ed. C. F. Code. Washington, D. C.: Am. Physiol. Soc., 1968, sect. 6, Vol. V.
DE DUVE, C.: Enzyme Cytology, Acad. Press London/New York, S. 1 (1967).
EICHHOLZ, A., and R. K. CRANE: J. Cell Biol. **26**, 687 (1965).
EICHHOLZ, A., and R. K. CRANE: Fed. Proc. **25**, 656 (1966).
EICHHOLZ, A., and R. K. CRANE: zitiert nach Crane (1967).
FRIČ, P., and Z. LOJDA: Clin. Chim. Acta **12**, 111 (1965).
FRIČ, P., and Z. LOJDA: Gastroenterologia **106**, 65 (1966).
GOMORI, G.: J. Cell Comp. Physiol. **17**, 71 (1941).
HSU, L., and A. TAPPEL: J. Cell Biol. **23**, 233 (1964).
HSU, L., and A. TAPPEL: Biochim. biophys. Acta (Amst.) **101**, 83 (1965).
HÜBSCHER, G., G. WEST and D. BRINDLEY: Biochem. J. **97**, 629 (1965).
HUGON, J., and M. BORGERS: 52ème Réunion Association des Anatomistes Paris — Orsay, Bull. Assoc. Anat., 670, (1967).
ITO, S.: Anat. Rec. **148**, 294 (1964).
JOS, J., J. FRÉZAL, J. REY, M. LAMY and R. WEGMANN: Ann. Histochim. **12**, 53 (1967).
LOJDA, Z.: Histochemie **5**, 339 (1965a).
LOJDA, Z.: Folia morphol. (Prague) **13**, 84 (1965b).
LOJDA, Z.: Skripta: Einführung in die Histochemie der Enzyme, ČsAV (1967a).
LOJDA, Z.: Zytochemie der menschlichen Dünndarmschleimhaut (tsch.). Habilitationsschrift, Prag (1967b).
LOJDA, Z., and P. FRIČ: Histochemie **3**, 455 (1964).
LOJDA, Z., M. VAN DER PLOEG and P. VAN DUIJN: Histochemie **11**, 13 (1967).
MIDORIKAWA, O., and M. EDER: Histochemie **2**, 444 (1962).
MILLER, D., and R. K. CRANE: Biochim. biophys. Acta **52**, 293 (1961).
NOACK, A., and G. SCHENCK: Biochem. Z. **343**, 139 (1965).

Novikoff, A. B. in: The Cell, Acad. Press New York, S. 423 (1961).
Novikoff, A. B. in: Ciba Symposium on lysosomes, de Reuck, A. V. S., S. 36 (1963).
Pearse, A. G. E.Histochemistry, Theoretical and applied 2. Ed. London (1960).
Pearse, A. G. E., and E. O. Riecken: Brit. Med. Bull. **23**, 217 (1967).
Riecken, E. O., and A. G. E. Pearse: Gut **7**, 86 (1966).
Rubin, C. E., and W. O. Dobbins: Gastroenterology **49**, 676 (1965).
Trier, J. S., and C. E. Rubin: Gastroenterology **40**, 574 (1965).
Watanabe, K., and W. H. Fishman: J. Histochem. Cytochem. **12**, 252 (1964).
Wrigglesworth, J., and W. Power: Life Sci. **5**, 1365 (1966).

Diskussionsredner:

Hecht (DDR).

Pathologisches Institut der Medizinischen Akademie „Carl Gustav Carus" Dresden, DDR

Methodische Fortschritte bei der ortsrichtigen indirekten histochemischen Enzymdarstellung mit Nitro-BT an Gewebsfrischschnitten

von

K. D. Kunze, F. Arnold und H. Simon

Seit der Einführung der Tetrazoliumsalze in die histochemische Methodik ist die Möglichkeit des ortsrichtigen indirekten Nachweises von Enzymaktivitäten am Gewebsfrischschnitt ein häufiger Gegenstand der Diskussion. Dies trifft in erster Linie für die NAD- bzw. NADP-abhängigen Dehydrogenasen zu, bei denen die Formazanbildung im Gewebe nicht unmittelbar durch die Wirkung des nachzuweisenden Enzyms, sondern erst sekundär durch die Aktivität der Tetrazoliumsalzreduktase erfolgt, welche die Umsetzung zwischen reduziertem Pyridinnukleotid und Tetrazoliumsalz katalysiert. (Farber und Mitarbeiter, 1956a; Novikoff, 1960). Histochemische Enzymdarstellungen können unter diesen Bedingungen nur dann zu einer ortsrichtigen und quantitativen Wiedergabe der Enzymaktivität führen, wenn das nachzuweisende Enzym im Inkubationsmedium vollkommen unlöslich ist und wenn am Enzymwirkungsort eine ausreichend große Aktivität der Tetrazoliumsalzreduktase vorhanden ist. Anderenfalls wird der in Lösung gegangene Enzymanteil das im Inkubationsmedium vorhandene Pyridinnukleotid reduzieren, welches seinerseits am Wirkungsort der unlöslichen Tetrazoliumsalzreduktase Formazan bildet. Farber (1962) hat als erster darauf aufmerksam gemacht, daß auf diesem Wege nicht nur abgeschwächte, sondern sogar falsche Bilder der Enzymaktivitätsverteilung entstehen. Da eine große Zahl Pyridinnukleotid-abhängiger Dehydrogenasen zum Teil eine beträchtliche Löslichkeit in Wasser zeigt und auch in ihrer Verteilung nicht mit der entsprechenden Tetrazoliumsalzreduktase übereinstimmt, bemüht man sich in zunehmendem Maße durch Inkubation im Gel die Enzymlöslichkeit zu vermindern und durch Anwendung von Phenazinmethosulphat den Einfluß der Tetrazoliumsalzreduktase auszuschalten. Untersuchungen dieser Art gewinnen insofern an Bedeutung, als man neben

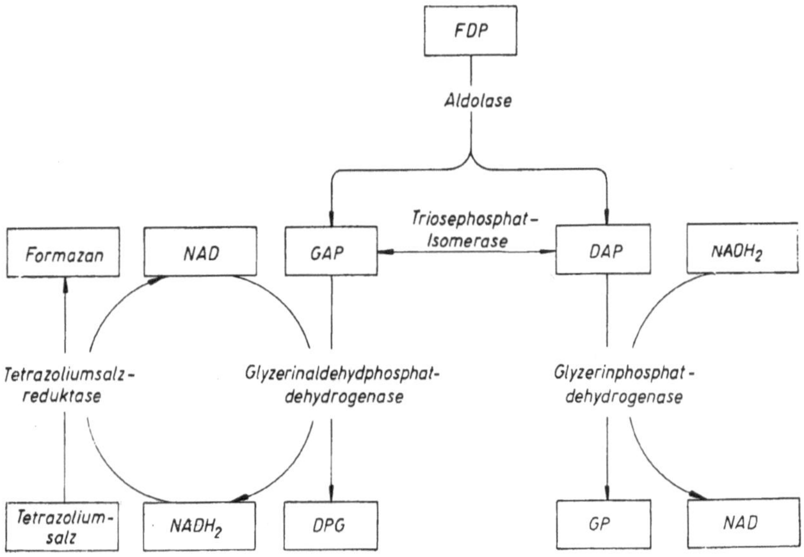

Abb. 1.

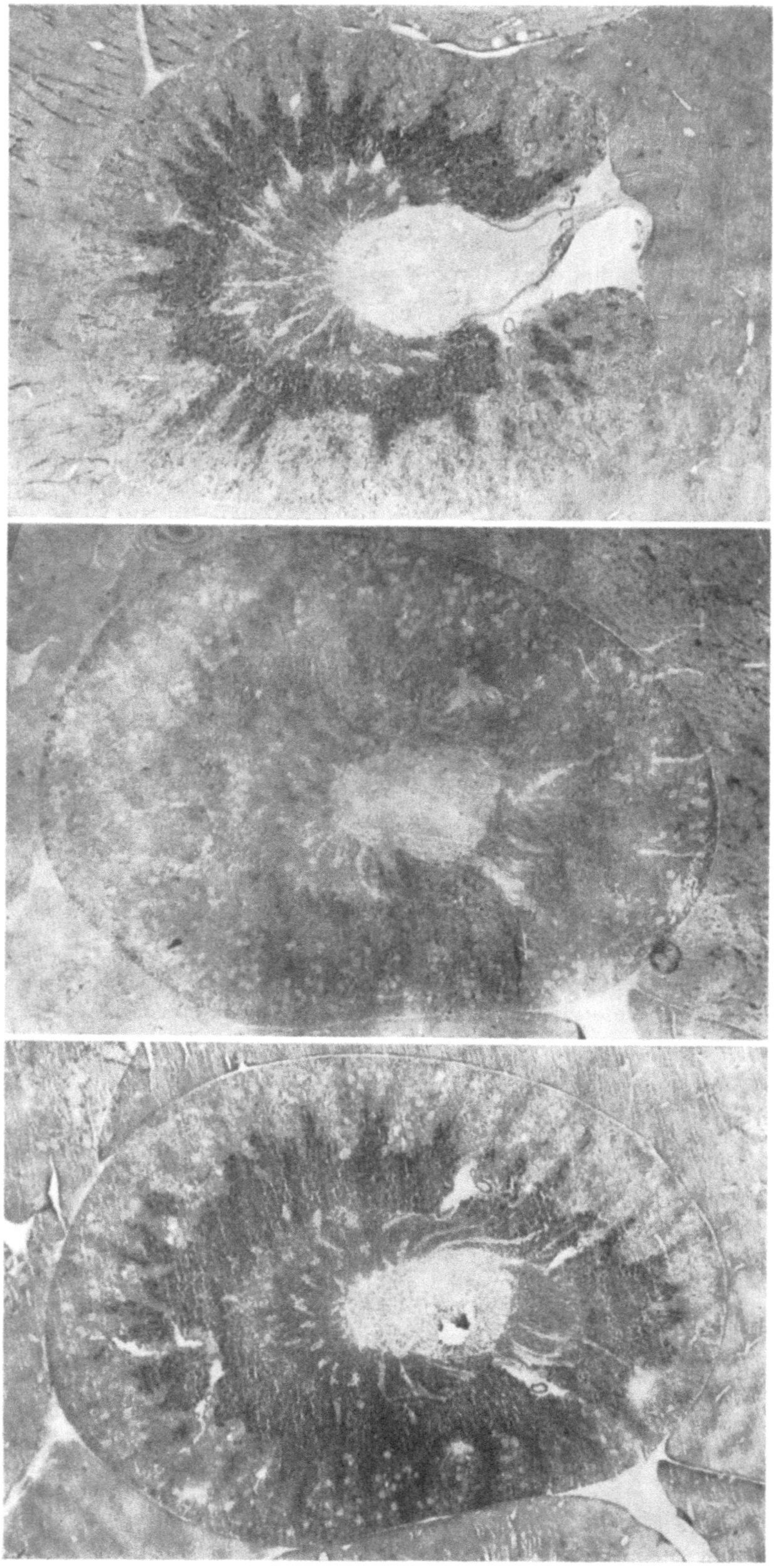

Abb. 2.

Dehydrogenasen auch andere Enzyme auf indirektem Wege mit Hilfe von Tetrazoliumsalzen nachweisen kann. Am Beispiel der Fructose-1,6-diphosphat-Aldolase möchten wir zeigen, daß die erwähnten Fehlerquellen die histochemische Darstellung eines löslichen Enzyms sehr stark beeinflussen können. Die Abbildung 1 zeigt zunächst schematisch den indirekten Nachweis dieses Enzyms. Durch die Wirkung der Aldolase entsteht aus Fructose-1,6-diphosphat Glyzerinaldehydphosphat, welches durch Glyzerinaldehydphosphatdehydrogenase, die dem Inkubationsmedium zugesetzt wird, zu Diphosphoglyzerinsäure oxydiert wird. Gleichzeitig erfolgt die Reduktion von NAD zu $NADH_2$, welches seinerseits

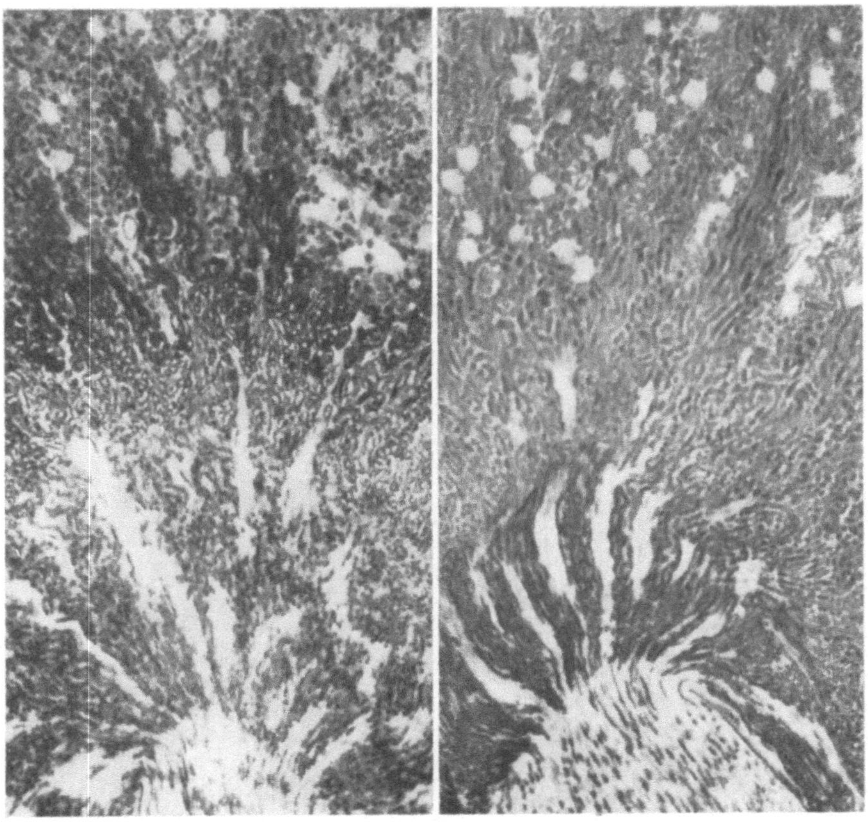

Abb. 3.

vermittels des katalytischen Wirkens der Tetrazoliumsalzreduktase das Tetrazoliumsalz zu seinem Formazan reduziert. Wird dieser Nachweis unter den üblichen Bedingungen — also im wäßrigen Medium und ohne Phenazinmethosulphat durchgeführt, so erhält man nach 90 Minuten Inkubation für die Rattenniere das links im Bild wiedergegebene Verteilungsmuster (Abb. 2).

Ein zweiter Schnitt (Bildmitte) wurde von dem eigentlichen Nachweis 20 Minuten in Pufferlösung vorinkubiert. Es läßt sich praktisch keine Enzymaktivität mehr nachweisen. Der dritte Schnitt wurde ebenfalls 20 Minuten lang in Pufferlösung vorinkubiert und dann mit einer Inkubationslösung zur Reaktion gebracht, welche 20 Minuten lang über einem anderen Nierenschnitt gestanden hatte. Der positive Ausfall der Reaktion und die Ähnlichkeit der Verteilungsmuster von Schnitt 1 und 3 lassen darauf schließen, daß die Aldolase als ein gut lösliches Enzym bereits zu Beginn der Inkubation nahezu vollständig in das Inkubationsmedium übergeht, dort mittels der Glyzerinaldehydphosphatdehydrogenase NAD reduziert, welches dann im Gewebsschnitt am Wirkungsort der Tetrazolsalzreduktase Formazan bildet.

Zur Verminderung der Enzymlöslichkeit in der Inkubationslösung benutzt man, abgesehen von einer im vergangenen Jahr von McMillan publizierten Membranmethode, hochvisköse gelartige Inkubationsmedien. Als Gelbildner gelangten dabei in erster Linie Gelatine (Fahimi und Amarasingham, 1964, Benitez und Fisher, 1964, Mathisen und Mellgren, 1964) und Agar (Pette und Brandau, 1962, Lojda 1965) zur Anwendung. Wir verwendeten zu dem gleichen Zweck ein Polyvinylalkohol-Gel, dessen Einfluß auf die Darstellung eines löslichen und eines unlöslichen Enzyms wir an Hand der folgenden Bilder demonstrieren möchten.

Die Abb. 3 gibt den Nachweis der gut löslichen Fructose-1,6-diphosphataldolase in der Rattenniere nach dem anfangs erwähnten Verfahren einmal ohne Zusatz von PVA (linke Bildhälfte) und andererseits mit PVA (rechte Bildhälfte) wieder. Die Inkubation ohne PVA-Zusatz zeigt eine besonders kräftige Darstellung der äußeren Abschnitte der inneren Rindenzone. Im Gel fehlt die Betonung der inneren Rindenzone. Die Tubulusquerschnitte beider Rindenzonen zeigen eine gleichmäßig dichte Formazanablagerung. Die stärkste Aktivität findet sich in den aufsteigenden Schleifenschenkeln der äußeren Markzone und in den Sammelrohren. Ähnliche Veränderungen im Verteilungsmuster der Enzymaktivität treten auch bei anderen löslichen Enzymen wie bei der Lactatdehydrogenase und der α-Glycerophosphatdehydrogenase auf. Sie dürften im wesentlichen darauf zurückzuführen sein, daß durch die Verminderung des im Inkubationsmedium gelösten Enzymanteils das Ergebnis der histochemischen Reaktion weniger stark von der Lokalisation der Tetrazoliumsalzreduktase beeinflußt werden kann. Auf das

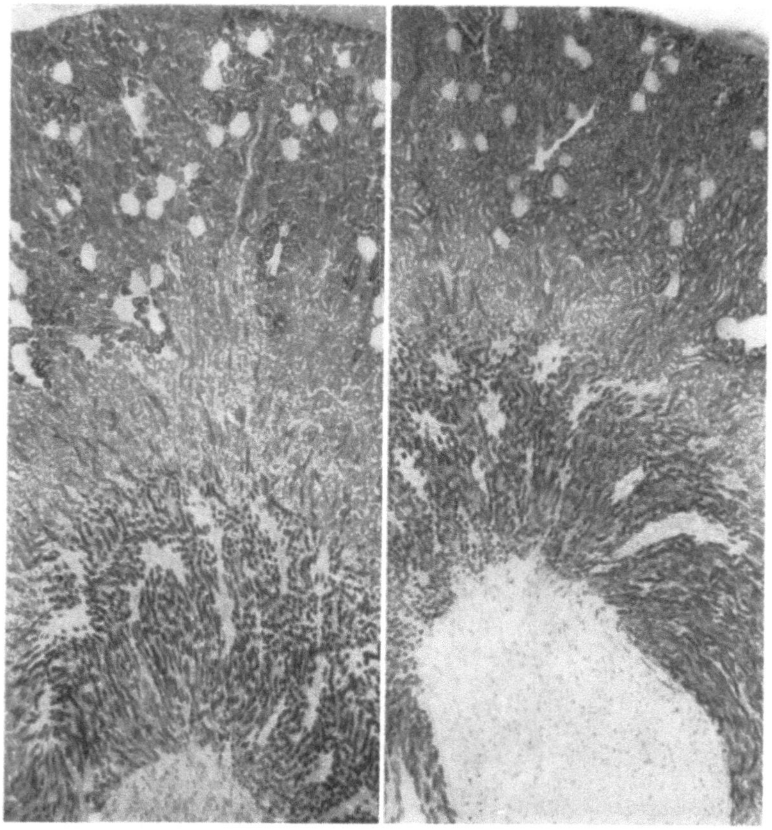

Abb. 4.

Verteilungsmuster unlöslicher Enzyme hat die Inkubation im PVA-Gel keinen Einfluß. Als Beispiel dafür zeigt die Abbildung 4 die Darstellung der NAD-abhängigen Isozitratdehydrogenase nach der Methode von HESS, SCARPELLI und PEARSE. Sowohl bei der Inkubation ohne PVA (linke Bildhälfte) als auch im PVA-Gel (rechte Bildhälfte) ist die stärkste Enzymaktivität in den Kanälchen der äußeren Rindenzone und in den aufsteigenden Schenkeln der äußeren Markzone zu sehen.

Zur kritischen Einschätzung der Löslichkeitsverminderung durch verschiedene Gelsorten haben wir 35 μm starke Gefrierfrischschnitte der Rattenniere (obere Bildhälfte) und des Rattenherzens (untere Bildhälfte) unterschiedlich lange Zeiten (auf der Abszisse eingetragen) in verschiedenen Medien inkubiert und nach Entfernung des Inkubationsmediums die im Schnitt verbliebene Fructose-1,6-diphosphat-Aldolaseaktivität nach einem von SIBLEY und LEHNINGER angegebenen biochemischen Verfahren bestimmt (Abb. 5).

Diese Restaktivität wurde jeweils auf die ursprünglich im Schnitt vorhandene Aktivität bezogen und in Ordinatenrichtung aufgetragen. Als Inkubationsmedium gelangten ein Phosphatpuffer (voll ausgezogene Kreise), ein PVA-Gel (leere Kreise) und ein Gelatine-Gel (zur Hälfte ausgezogene Kreise) zur Anwendung, welche in ihrer Zusammensetzung den jeweiligen histochemischen Bedingungen entsprachen. Aus diesen Messungen geht einmal hervor, daß die Aldolase beider Rattenorgane in der Phosphatpufferlösung sehr gut löslich ist; bereits nach 5 bzw. 15 Minuten Inkubationsdauer sinkt die Enzymaktivität auf 10% ihres Ausgangswertes ab. Weiterhin erkennt man, daß die Löslichkeit der Aldolase beider Organe im PVA-Gel kleiner ist als im Gelatine-Gel, dabei aber noch nicht vollkommen unterdrückt werden kann. Aus den Darstellungen lassen sich außerdem organbedingte Unterschiede der Aldolaselöslichkeit ablesen, die — wie aus entsprechenden elektrophoretischen Untersuchungen hervorgeht — sicherlich darauf zurückzuführen sind, daß diese beiden Aldolasen ihrer Struktur nach nicht identisch sind (Arnold und Mitarbeiter, 1968).

Mit der Methode der Gel-Inkubation läßt sich also in den angegebenen Grenzen der Einfluß der Enzymlöslichkeit auf den Ausfall der histochemischen Reaktion vermindern. Aber selbst bei vollständiger Unterdrückung der Löslichkeit des Enzyms und der Reaktionszwischenprodukte könnte

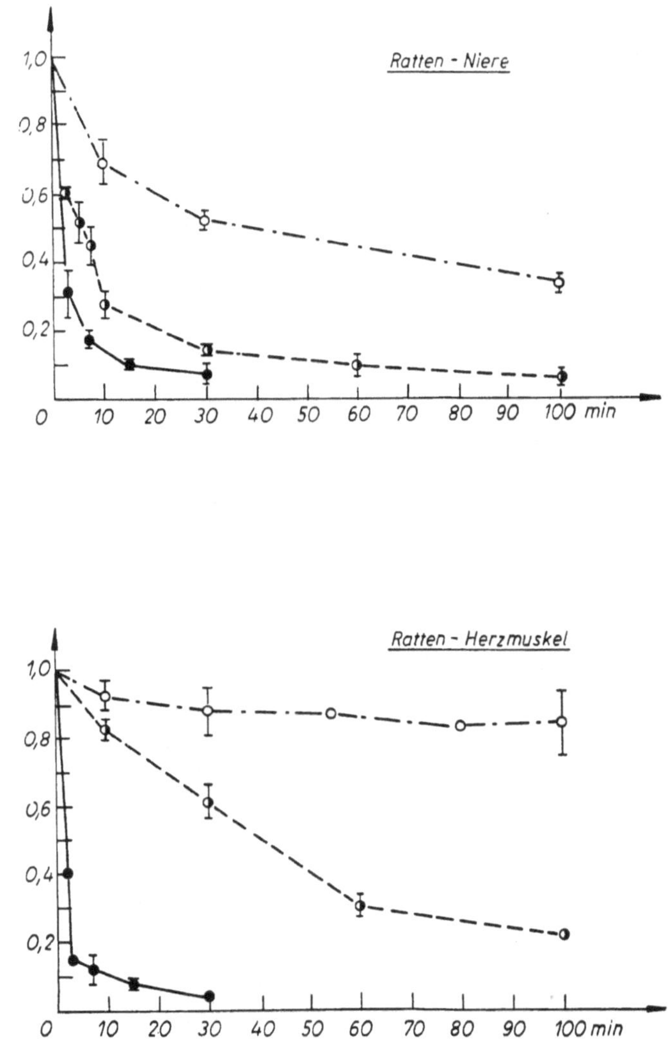

Abb. 5.

infolge der bereits eingangs erwähnten limitierenden Rolle der Tetrazoliumsalzreduktase eine der Enzymaktivität entsprechende Formazanbildung nur an solchen Strukturen des Schnittes erfolgen, welche eine ausreichende Aktivität an Tetrazoliumsalzreduktase besitzen. Man begegnet den Gefahren dieser bei allen indirekten Enzymnachweisen vorhandenen Trennung zwischen Oxydation des Substrats und Reduktion des Tetrazoliumsalzes durch Zusatz einer Substanz, die sowohl $NADH_2$ zu oxydieren als auch Nitro-BT zu reduzieren vermag. Seit den Untersuchungen von Singer und Kearney (1954) und Farber und Louviere (1956b) ist insbesondere PMS von zahlreichen Autoren zu diesem Zweck verwendet worden. Entgegen den Erwartungen findet man jedoch in vielen Fällen bei Zusatz von PMS nicht nur den Nachweis einer Enzymaktivität an vorher negativen, sondern zugleich eine Verminderung der Formazanbildung an vorher positiven Gewebsstrukturen. So treten beispielsweise bei der Gel-Inkubation zum Nachweis der Aldolase mit PMS (rechte Bildhälfte) in der Nierenrinde im Vergleich zu einer Inkubation ohne PMS (linke Bildhälfte) insbesondere die Glomerula durch ihre kräftige Anfärbung hervor (Abb. 6). Die Aktivität der Hauptstückepithelien ist in der Pars contorta lediglich auf die apikalen Zellteile beschränkt, in der Pars recta dagegen weitgehend erhalten. Die aufsteigenden Schenkel der Henleschen Schleife in der äußeren Markzone und die Mittelstücke sind im Vergleich zu Gel-Inkubation ohne PMS nahezu negativ. Dagegen sieht man in der äußeren und inneren Markzone neben den schwach angefärbten Sammelrohren eine Formazanablagerung im kapillarführenden Interstitium.

Als Ursachen für die Verminderung der Formazanbildung bei der Anwendung von PMS wurden von HARDONK (1965) eine direkte Hemmung der Tetrazoliumsalzreduktase, von HASHIMOTO und Mitarbei-

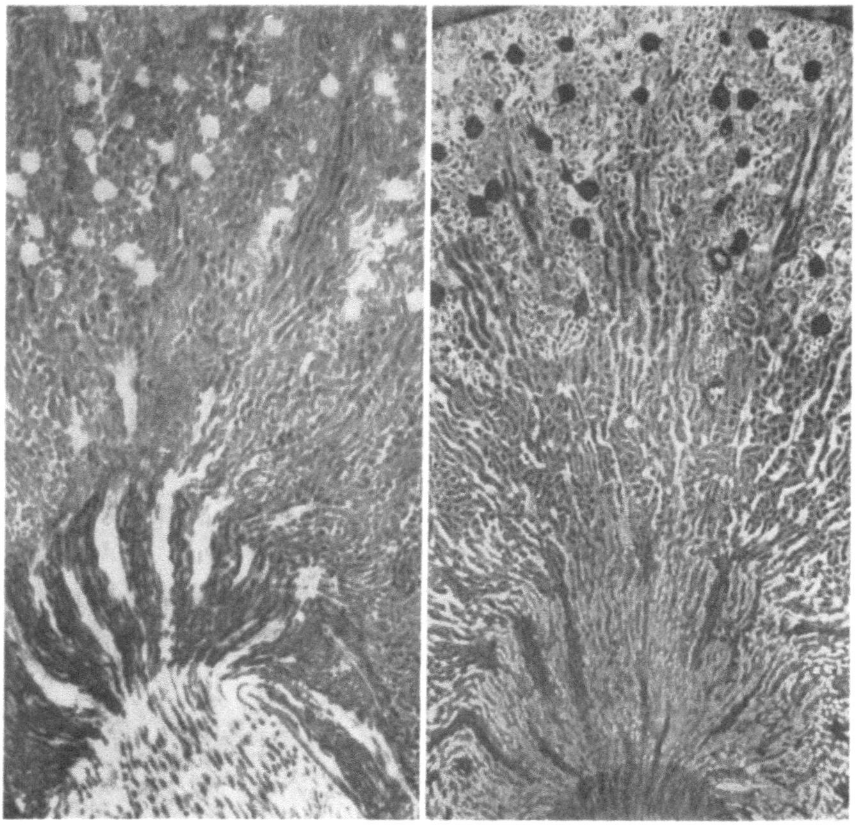

Abb. 6.

tern (1964) sowie von CONKLIN (1966) eine gesteigerte Formazanbildung im Inkubationsmedium durch das in Lösung gegangene Enzym und von anderen Autoren (PETTE und BRANDAU) eine direkte Hemmung des Enzyms durch Verbindungen, die bei der Einwirkung des Luftsauerstoffs entstehen können, wie Pyocyanin, Oxyphenazin und Wasserstoffperoxyd (SOWERBY und OTTAWAY, 1966; HARMAN und McBRINN, 1963) diskutiert. Es läßt sich mit diesen Mechanismen jedoch nicht erklären, weshalb ein Zusatz von PMS im Inkubationsmedium immer nur zu einer Verminderung der Formazanbildung an ganz bestimmten Gewebsstrukturen führt. An der Rattenniere findet man beispielsweise nicht nur bei der Aldolase, sondern auch bei der Isozitratdehydrogenase und bei der α-Glyzerophosphatdehydrogenase nach PMS-Zusatz stets eine starke Abschwächung der Kanälchen in der äußeren Rindenzone und der aufsteigenden Schenkel der Henleschen Schleife in der äußeren Markzone. In der Skelettmuskulatur werden die roten Fasern stärker abgeschwächt als die weißen. Da es sich in allen diesen Fällen um Strukturen mit hoher Mitochondrienzahl und dementsprechend starker Zytochromoxydaseaktivität handelt, haben die Amerikaner BRODY und ENGEL (1964) aus gleichartigen Untersuchungen über den Nachweis der Lactatdehydrogenase an der Skelettmuskulatur die Vermutung abgeleitet, daß durch PMS die Oxydation des $NADH_2$ über die Atmungskette gefördert wird. Durch die Konkurrenz des Luftsauerstoffs geht der Wasserstoff des $NADH_2$ an Orten mit hoher Zytochromoxydaseaktivität für die Reduktion des Nitro-BT deshalb verloren. Da diese Nebenwirkung des PMS beim histochemischen Nachweis zu falschen Ergebnissen führt, ist es notwendig, die Konkurrenz des Luftsauerstoffs durch Hemmung der Zytochromoxydase oder durch Inkubation unter anaeroben Bedingungen auszuschalten. Eine Gegenüberstellung des Aldolasenachweises an der Rattenniere unter Anwendung von PMS mit und ohne Zusatz von KCN zeigt, daß durch den Zusatz von KCN die Aktivität der vorher negativen Nephronabschnitte wiederhergestellt wird (Abb. 7). Das gleiche Bild erhält man auch, wenn die Schnitte anstelle eines KCN-Zusatzes unter anaeroben Bedingungen inkubiert werden. Diese Beobachtung spricht sowohl gegen eine direkte Enzymhemmung durch PMS als auch gegen die von CONKLIN angenommene Wechselwirkung zwischen KCN und einem PMS-Nitro-BT-Komplex.

Abschließend möchten wir an zwei Beispielen darlegen, daß man durch Anwendung der Gel-Inkubation und durch einen Zusatz von PMS und KCN trotz aller noch vorhandenen Unzulänglichkeiten eine wesentlich bessere qualitative Übereinstimmung zwischen dem histochemischen Verteilungsmuster und

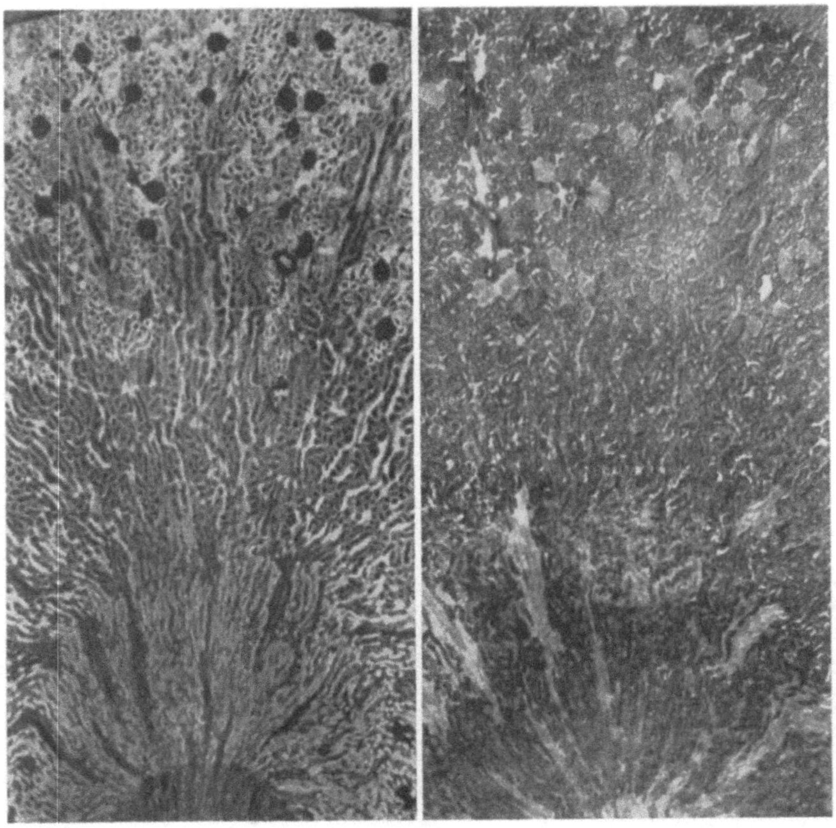

Abb. 7.

den mit biochemischen Methoden gemessenen Enzymaktivitäten in bestimmten Gewebsstrukturen erzielen kann. Die Rattenniere ist dazu aus Gründen ihrer übersichtlichen zonalen Gliederung besonders gut geeignet. Die Abbildung 8 zeigt zunächst die Ergebnisse biochemischer Aldolase-Aktivitätsbestimmungen im Homogenat nach SIBLEY und LEHNINGER in den auf der Abszisse markierten 4 Zonen der Rattenniere.

Die gemessenen Aktivitäten sind als Mittelwerte aus jeweils 3 Einzelmessungen in μ-Molen umgesetztem Substrat pro Gramm Nierenfrischgewicht und Stunde bei 38 °C eingetragen. Die Standardabweichung der eingetragenen Meßpunkte beträgt etwa ± 25 Aktivitätseinheiten. Alle aus ein und derselben Niere stammenden Meßwerte sind durch eine Linie verbunden. Man erkennt eine Aktivitätszunahme von der äußeren Rindenzone zur äußeren Markzone und eine sehr schwache Aktivität im Markkegel. Der histochemische Enzymnachweis unter Einsatz der Gel-Inkubation und mit Zusatz von PMS und KCN zeigt qualitativ die gleiche Verteilung der Enzymaktivität über die 4 Nierenzonen (Abb. 9, rechte Bildhälfte). Man findet auch hier die höchste Enzymaktivität in der äußeren Markzone und eine sehr schwache Formazanbildung im Markkegel. Eine Enzymdarstellung unter den üblichen Bedingungen, also ohne Zusatz von PVA, PMS und KCN (linke Bildhälfte) liefert dagegen ein völlig anderes Verteilungsmuster. Ähnliche vergleichende Betrachtungen bei der Lactatdehydrogenase zeigen die nächsten beiden Bilder. Die Abb. 10 gibt die Ergebnisse von Messungen der Gesamtaktivität der Lactatdehydrogenase in verschiedenen Abschnitten des Nephrons nach Mikrodissektion wieder, welche von SMITH und KISSANE (1963) ausgeführt wurden. Man findet die höchste Enzymaktivität in der äußeren Markzone, eine hohe Aktivität in der Markpapille und eine deutlich geringere in der Nieren-

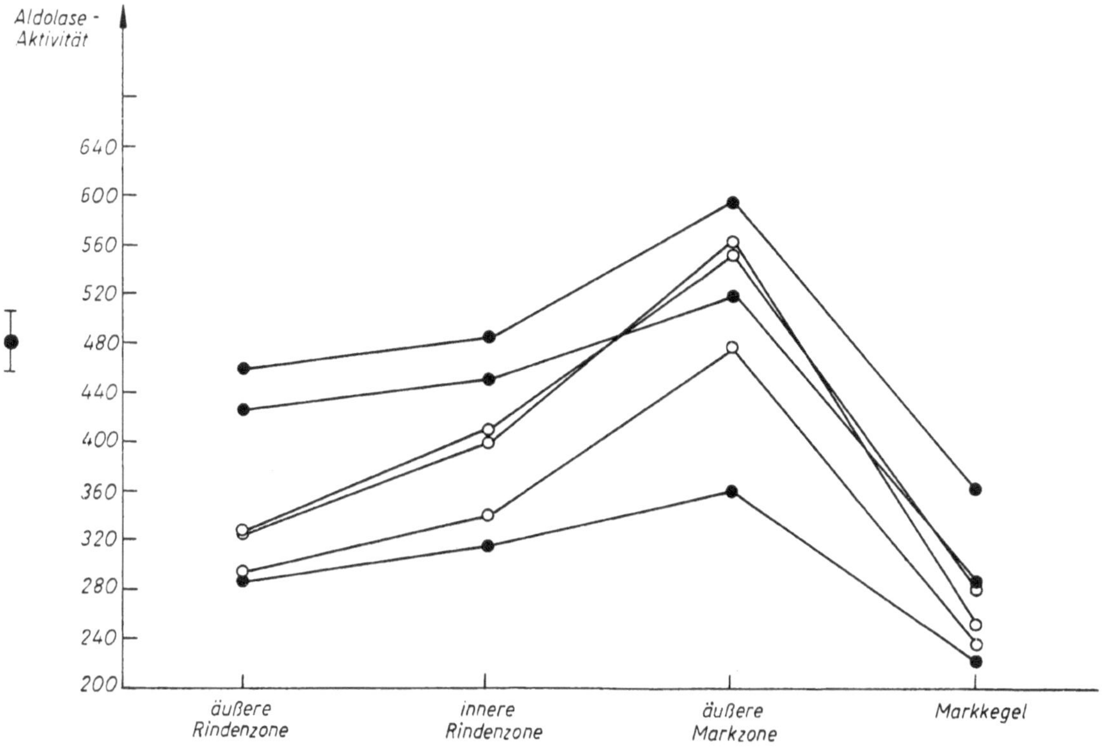
Aldolase - Aktivität
640
600
560
520
480
440
400
360
320
280
240
200
äußere Rindenzone
innere Rindenzone
äußere Markzone
Markkegel

Abb. 8.

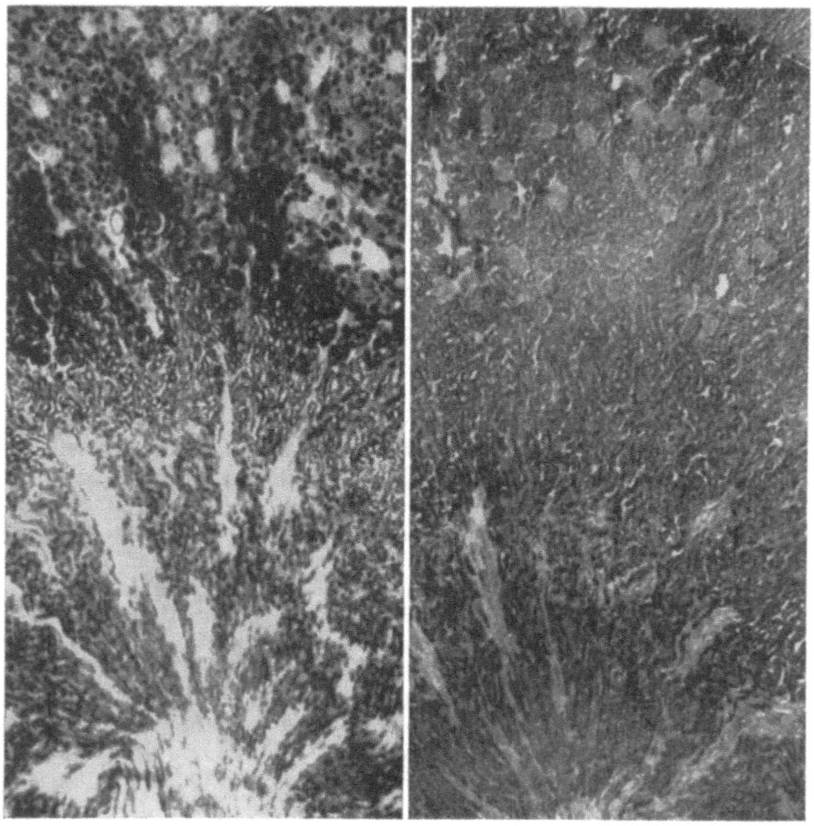

Abb. 9.

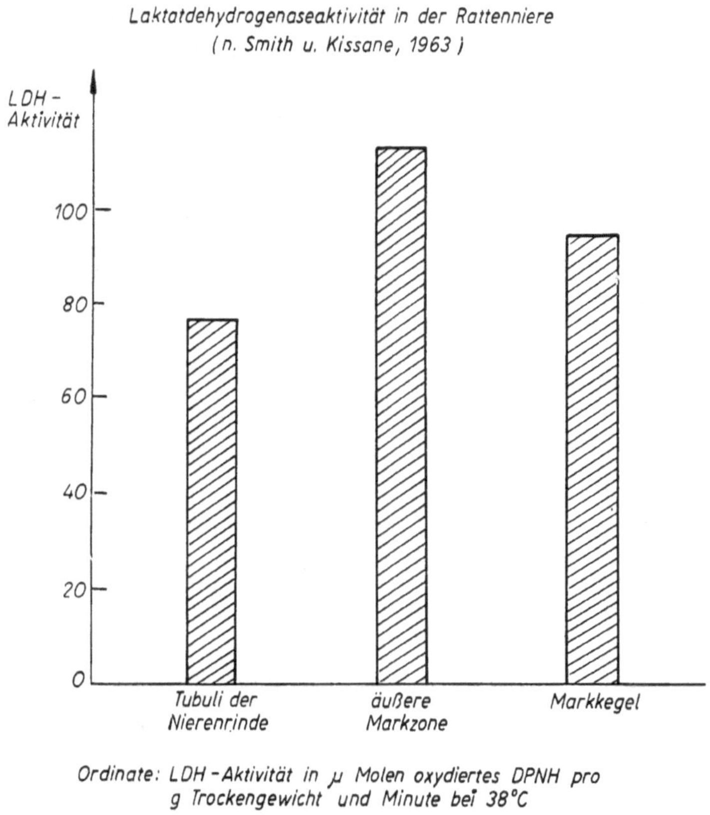

Abb. 10.

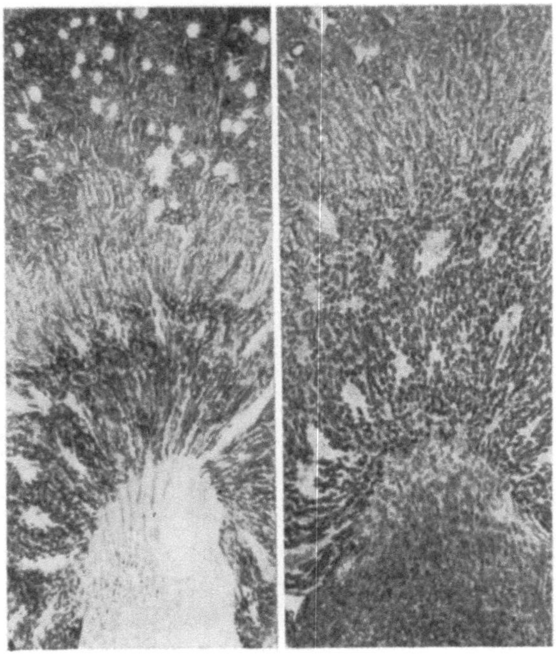

Abb. 11.

rinde. Die histochemische Darstellung des Enzyms unter Zusatz von PVA, PMS und KCN (Abb. 11, rechte Bildhälfte) befindet sich in guter Übereinstimmung mit diesen Ergebnissen. Man erkennt eine gleichmäßige Intensität der Formazanablagerung in den beiden Rindenzonen und eine auffallend kräftige Reaktion in der Markpapille, während eine Inkubation ohne die erwähnten Zusätze (linke Bildhälfte) ein völlig anderes Verteilungsmuster liefert.

Wir haben uns in unseren Ausführungen auf die Untersuchung des Einflusses der Enzymlöslichkeit und der Tetrazolsalzreduktase auf den indirekten histochemischen Nachweis von löslichen Enzymen beschränkt und wissen, daß wir damit nur einen Teil der Problematik solcher Enzymdarstellungen erörtert haben. Es muß darüber hinaus berücksichtigt werden, daß durch die Anwendung von PMS zusätzliche Fehlerquellen entstehen können. So hat z. B. LOJDA darauf hingewiesen, daß mit der Einführung des PMS ein weiteres niedermolekulares Reaktionszwischenprodukt auftritt, welches zur vermehrten Bildung von Diffusionsartefakten Anlaß geben kann. Wir glauben aber, an Hand von vergleichenden biochemischen Aktivitätsmessungen gezeigt zu haben, daß die Anwendung der Gel-Inkubationstechnik und der Einsatz von PMS eine verbesserte Enzymdarstellung ermöglichen. Eine exakte histochemische Wiedergabe der Enzymaktivität, besonders im Hinblick auf ihre intrazelluläre Verteilung, dürfte allerdings auch unter Anwendung dieser Methodik noch nicht möglich sein.

Literatur

ARNOLD, F., K. D. KUNZE und H. GROSSMANN: Histochemie **13**, 196 (1968).
BENITEZ, L., and R. FISCHER: Nature **206**, 105 (1965).
BRODY, A. I., and W. K. ENGEL: J. Histochem. Cytochem. **12**, 928 (1964).
CONKLIN, J.L.: Stain Technol. **41**, 105 (1966).
FAHIMI, H. D., and C. R. AMARASINGHAM: J. Cell Biol. **22**, 29 (1964).
FARBER, E.: J. Histochem. Cytochem. **10**, 657 (1962).
FARBER, E., W. H. STERNBERG and C. E. DUNLAP: J. Histochem. Cytochem. **4**, 254 (1956a).
FARBER, E., and C. D. LOUVIERE: J. Histochem. Cytochem. **4**, 347 (1956b).
HARDONK, M. J.: Histochemie **4**, 563 (1965).
HARMAN, J. W., and M. C. MCBRINN: Biochemical Pharmacology **12**, 1265 (1963).
HASHIMOTO, T., J. S. KALUZA and M. S. BURSTONE: J. Histochem. Cytochem. **12**, 797 (1964).
HESS, R., D. G. SCARPELLI and A. G. E. PEARSE: Nature (Lond.) **181**, 1531 (1958).
LOJDA, Z.: Folia morph. (Warzawa) **13**, 84 (1965).
MATHISEN, J. S., and S. I. MELLGREN: J. Histochem. Cytochem. **13**, 408 (1965).
NOVIKOFF, A. B.: Proceedings of the First International Congress of Histochemistry and Cytochemistry, Paris 1960, New York, Pergamon Press Inc. 1963, 465.
PETTE, D., and H. BRANDAU: Biochem. biophys. Res. Comm. **9**, 367 (1962).
SIBLEY, J. A., and A. L. LEHNINGER: J. biol. Chem. **177**, 859 (1949).
SINGER, T. P., and E. B. KEARNEY: Advances in Enzymology **15**, 79 (1954).
SMITH, C. H., and J. M. KISSANE: Develop. Biol. **8**, 151 (1963).
SOWERBY, J. M., and J. H. OTTAWAY: Biochem. J. **99**, 246 (1966).

Diskussionsredner:

LUPPA (DDR).

Pathologisches Institut der Universität Freiburg/Breisgau, DBR

Die Autoradiographie und die Einführung des Zeitfaktors in die Morphologie

von

W. Oehlert

Alle klassischen und modernen histologischen Methoden einschließlich der Elektronenmikroskopie und Histochemie vermitteln uns ein mehr oder weniger brillantes aber doch statisches Bild von Zellen und Gewebsstrukturen, in denen in Wirklichkeit unaufhörliche Substanzverschiebungen und damit Strukturveränderungen und zum Teil auch fortlaufende Positionsänderungen von Zellen ablaufen.

Erst die Verwendung radioaktiv markierter Vorläufer des Eiweiß- und Nukleinsäurestoffwechsels und anderer markierter Substanzen ermöglichte mittels der autoradiographischen Technik die Darstellung der Stoff- und Zellverschiebungen in ihrem zeitlichen Ablauf am Gewebsschnitt oder Zellausstrich. Damit wurde durch die Autoradiographie eine neue Dimension, nämlich die Zeit, in die Histologie eingeführt (Leblond, 1965).

An einigen Beispielen soll die Anwendung der Histo-Autoradiographie bei Untersuchungen des Zellstoffwechsels und der Zellneubildung in Wechselgeweben demonstriert werden. Dabei kam die sog. „dipping"-Technik zur Verwendung, bei welcher die entparaffinierten Gewebsschnitte bzw. die fixierten Zellausstriche in die gelöste Emulsion (K2, K5 Ilford) eingetaucht werden und hierdurch ein dünner Film über das Präparat gebracht wird. Die Belichtungszeiten lagen bei einer Temperatur von 14 bis 16 °C zwischen 8 und 21 Tagen.

Injiziert man einem Tier oder Zellkulturen einen Vorläufer der RNS, nämlich ^{3}H-Cytidin, so beobachtet man nach kurzer Zeit (5 bis 30 Minuten) eine ausschließliche Markierung des Zellkerns. Dabei fällt die besonders kräftige Aktivitätsanreicherung im Nukleolus auf. Im übrigen Zellkern ist die Markierung auf die Lücken zwischen dem färberisch darstellbaren Chromatin beschränkt, so daß man annehmen muß, daß die euchromatischen Chromosomenanteile als primäre Syntheseorte der Kern-RNS zu gelten haben. Das Cytoplasma ist zu diesem Zeitpunkt unmarkiert, es findet demnach hier eine nur sehr geringgradige oder gar keine RNS-Neubildung statt. Durch die autoradiographische Untersuchung zu verschiedenen Zeiten nach der initialen Markierung kann man im histologischen Bild den zeitlichen Ablauf der Ausschleusung radioaktiv markierter RNS aus dem Zellkern ins Cytoplasma verfolgen und außerdem den hier mit der Proteinsynthese verbundenen Verbrauch der RNS im Cytoplasma. Die Ergebnisse derartiger Untersuchungen sind dann besonders aussagekräftig, wenn man eine einmalige Markierung der neugebildeten RNS garantieren und einen fortlaufenden Nachstrom markierter Vorläufer ausschließen kann. Das ist in idealer Weise an Zellkulturen möglich, bei denen durch Auswaschen und Zusatz unmarkierter Vorläufer eine echte „pulse"-Markierung erreicht wird.

Wie die Abb. 1a—c zeigen, kann auf diese Weise in einer Makrophagenkultur die Neubildung der Kern-RNS, ihre Ausschleusung ins Cytoplasma und ihr Verbrauch bei der Proteinsynthese in ihrem zeitlichen Ablauf erfaßt werden (Hamann et al., 1966).

Durch einmalige Applikation von radioaktiv markierten Aminosäuren kann der zeitliche Ablauf der Proteinsynthese in Zellkern und Cytoplasma verfolgt werden. Bei gleichzeitiger Bestimmung der Proteinmenge erhält man den Eiweißumsatz der einzelnen Zelle. Derartige Bestimmungen mit biochemischen Mitteln erfordern stets größere Gewebsareale, wobei eine Umsatzbestimmung für eine einzelne Zelle nicht möglich ist.

Besonders eindrucksvoll sind die Ergebnisse autoradiographischer Untersuchungen unter Verwendung von ^{3}H-Thymidin zur Ermittlung der Zeitdauer bestimmter Generationsphasen bzw. der Zellabwanderung in sogenannten Wechselgeweben (Oehlert und Büchner, 1961). Der Einbau des radio-

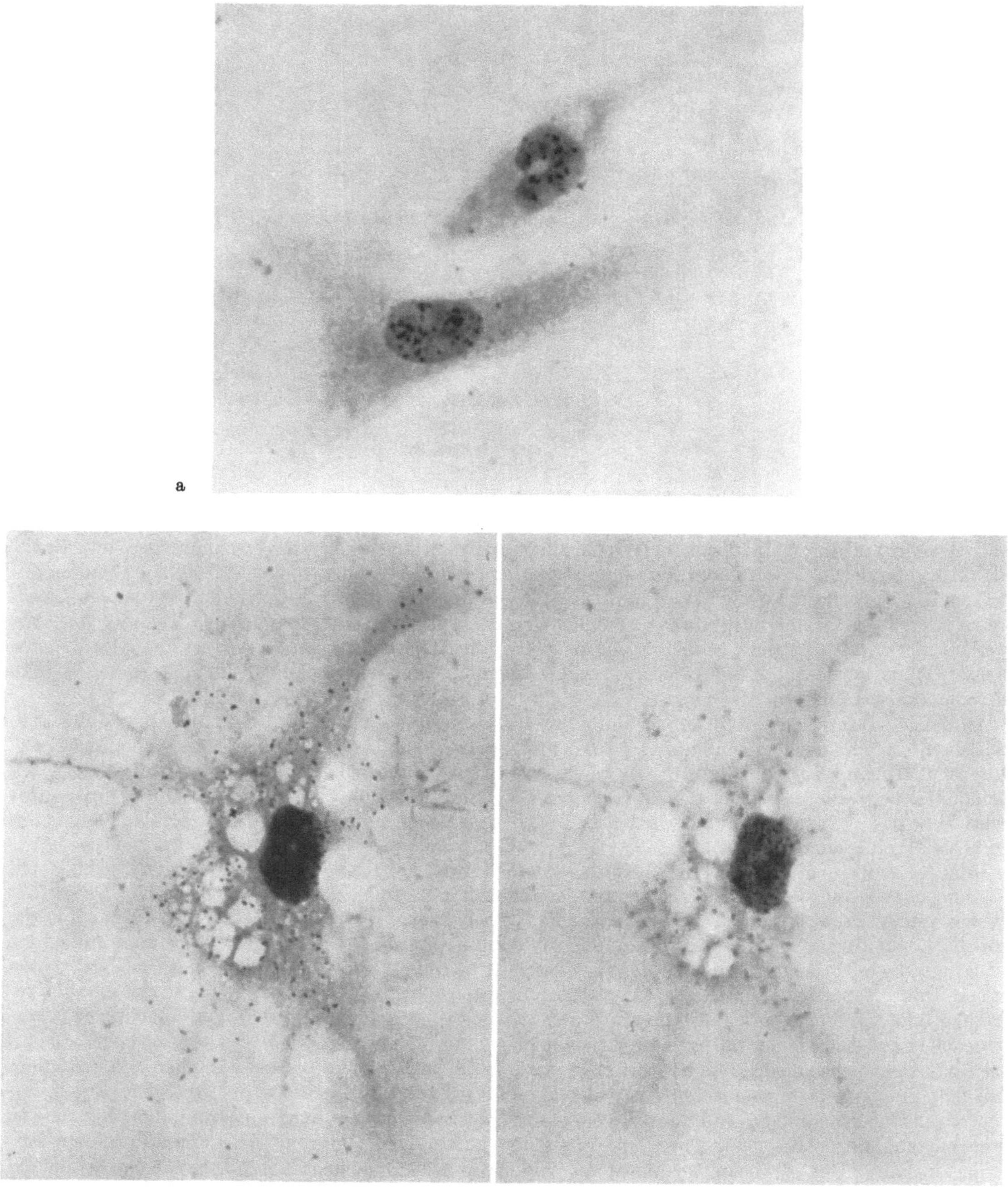

a

b c

Abb. 1a—c. Makrophagen aus dem Peritoneum der Maus 10 Minuten nach Inkubation mit 3-H-Cytidin (a) und 8 Stunden nach 30 Minuten Inkubation (b). Scharfeinstellung auf Kern (c).
Zeitlicher Verlauf der Abgabe der im Zellkern gebildeten RNS an das Cytoplasma

aktiv markierten Thymidins in die DNS des Zellkerns erfolgt während der Chromosomenverdopplung in der sog. DNS-Synthese (S-)Phase. Während der folgenden Zellteilung wird die Aktivität an die beiden Tochterzellen zu gleichen Teilen übertragen, welche dann auf ihrem weiteren Lebensweg auf Grund ihrer radioaktiven Markierung verfolgt werden können (Abb. 2a—c). Auf diese Weise ist es möglich, den zeitlichen Ablauf des Zellnachschubs z. B. im Dünndarm unter physiologischen und pathologischen Bedingungen sichtbar zu machen (Abb. 3a—c).

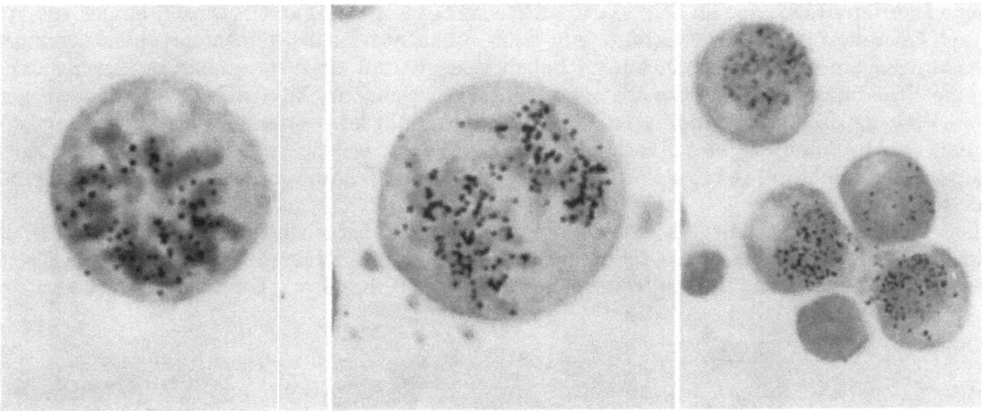

a b c

Abb. 2a—c. Autoradiogramme von Zellen des Yoshida-Hepatoms der Ratte nach Injektion von 3H-Thymidin. Markierte Meta-, Ana-, und Telophase. Verteilung der Markierung auf beide Tochterzellen

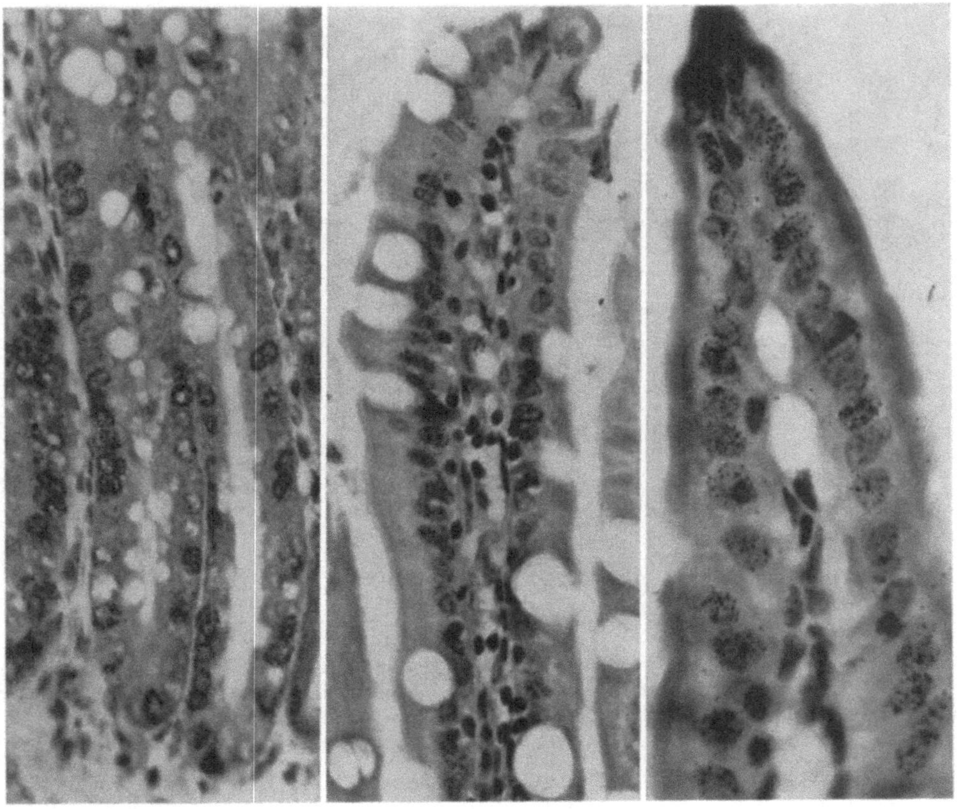

a b c

Abb. 3a—c. Autoradiogramme vom Dünndarm der Ratte, 40 Minuten (a), 36 Stunden (b) und 48 Stunden (c) nach einmaliger Injektion von 3H-Thymidin.
DNS-Synthese ausschließlich innerhalb der Lieberkühnschen Krypten (a). Die abwandernden Zellen haben nach 36 Stunden (b) das obere Zottendrittel und nach 48 Stunden (c) die Zottenspitze erreicht

Bei der Ratte z. B. verläßt innerhalb von 24 Stunden nach einer erfolgten Zellteilung eine der hierbei entstandenen Tochterzellen die Lieberkühnsche Krypte. 36 Stunden später hat sie das obere Zottendrittel erreicht und 48 Stunden benötigt sie, um an der Zottenspitze aus dem Epithelverband eliminiert zu werden (Abb. 3a, b, c). Ähnliche Verhältnisse bestehen im Dickdarm, wo allerdings eine derart geschlossene Indifferenzzone wie im Dünndarm nicht vorliegt und die Wanderungszeit länger, die Wanderungsgeschwindigkeit vom Krytengrund zur Schleimhautoberfläche dementsprechend geringer ist. Untersuchungen am bestrahlten Dickdarm haben gezeigt, daß eine Verminderung der Zellzahl und damit eine Schleimhautatrophie auch dann möglich ist, wenn die Zahl der Zellteilungen gegenüber normalen Verhältnissen nicht vermindert, sondern eher erhöht ist. Der entscheidende Faktor ist dabei die schnellere Abwanderung und Abstoßung der Epithelien, welche trotz gleichbleibender oder gar gesteigerter Zellneubildung zu einer Verminderung der Gesamtzellzahl und damit zu einer Schleimhautatrophie führt.

Ähnlich können die Verhältnisse bei der Entstehung vorübergehender Hyperplasien z. B. in der Schweinehaut liegen (OEHLERT et al., 1966). Hier benötigen die im Stratum basale gebildeten Epithelien 14 Tage für ihre Wanderung bis ins Stratum granulosum (Abb. 4a, b). Bei einer fokalen Entzündung

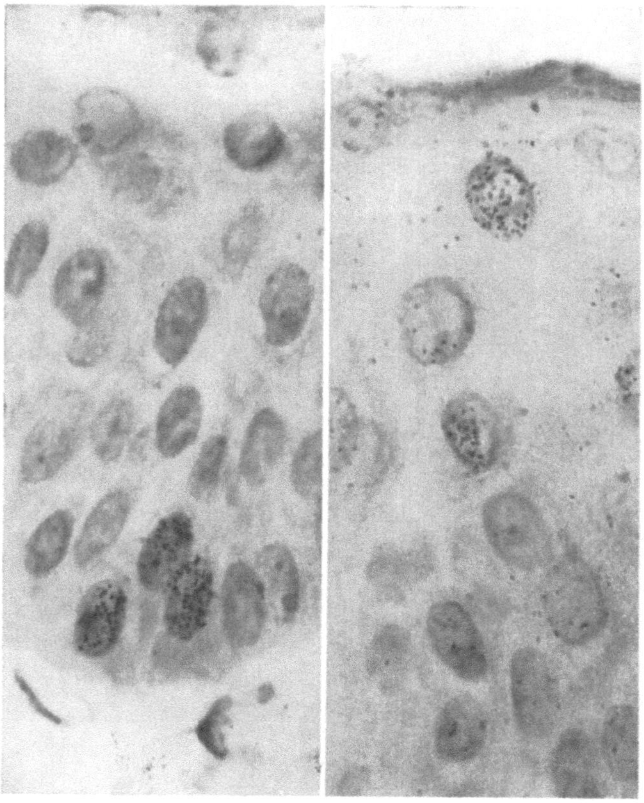

a b

Abb. 4a und b. Autoradiogramme der Schweinehaut, 60 Minuten (a) und 14 Tage nach einmaliger Injektion von 3H-Thymidin. Die im Stratum basale gebildeten Zellen haben innerhalb von 14 Tagen das Stratum granulosum erreicht

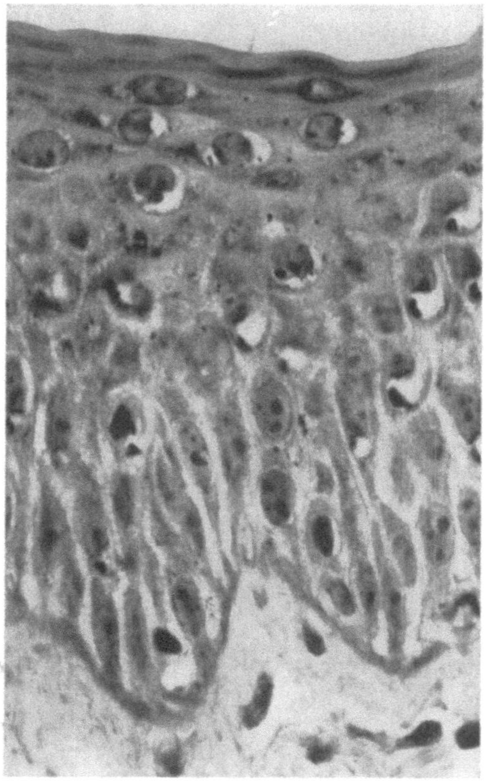

Abb. 5. Hyperplasie und Parakeratose des mehrschichtigen Plattenepithels der Schweinehaut nach lokaler Reizung. Im Autoradiogramm ist die Wanderungszeit der Epithelien auf 10 Tage verkürzt

kommt es neben einer Verbreiterung der Interzellularspalten zu einer beschleunigten Wanderung der im Stratum basale gebildeten Epithelien, welche bereits am 10. Tage oberflächliche Zellschichten erreichen. Diese beschleunigte Zellverschiebung führt jedoch zu einer Differenzierungsstörung insofern, als anscheinend die schnellere Wanderungszeit nicht ausreicht, eine bis zur Verhornung und zum Kernverlust führende Ausreifung herbeizuführen. Die im histologischen Bild nachweisbare Folge ist die sogenannte Parakeratose, d. h. die Bildung einer kernhaltigen Zellschicht an der Oberfläche des mehrschichtigen Plattenepithels (Abb. 5).

Die Histoautoradiographie ermöglicht, wie die wenigen besprochenen Versuche zeigen, eine Deutung morphologischer Veränderungen als Folge der mit anderen Untersuchungsmethoden nicht faßbaren Änderungen im zeitlichen Ablauf von Zellverschiebungen. Bei entsprechender Versuchsanordnung kann für die verschiedenen Gewebe, in denen zeitabhängige Zellverschiebungen eine entscheidende Rolle für den Gewebsaufbau spielen, ein Zeitplan aufgestellt werden, aus dem das Verweilen der Zellen in den verschiedenen Positionen ihrer Wanderung ersichtlich wird (Abb. 6) (LEBLOND et al., 1964).

Die Erfassung zeitlicher Abläufe in Geweben und Zellen hat aber nicht nur für die Vervollständigung unserer Kenntnisse über den Mechanismus der Regeneration entscheidende Bedeutung, sondern auch für die Aufklärung des Wirkungsmechanismus verschiedenster Fremdsubstanzen. So können wir z. B

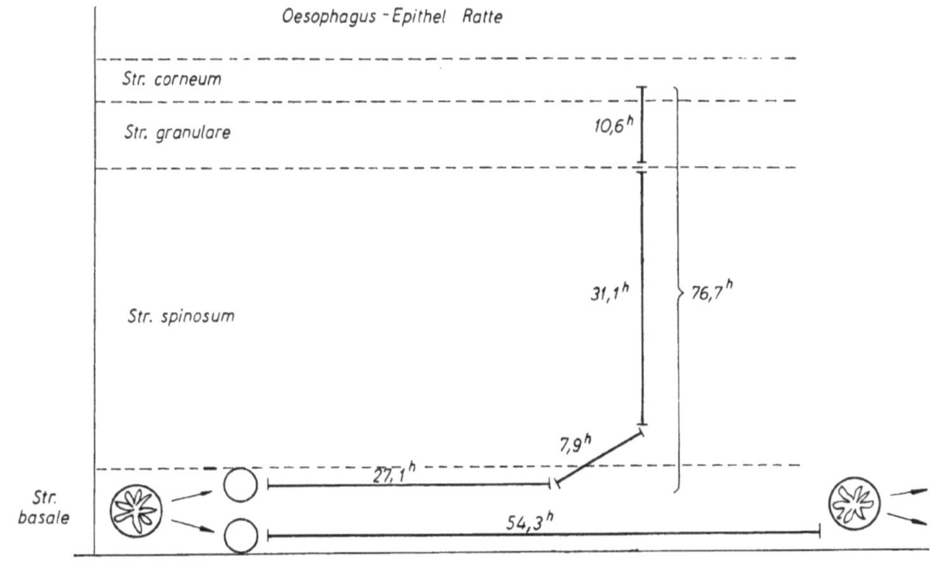

Abb. 6. Verweildauer der Plattenepithelzellen des Oesophagus in den verschiedenen Positionen im Verlaufe der physiologischen Zellabschilferung.
(Nach: LEBLOND, C. P., R. C. GREULICH and J. P. M. PEREIRA: Relationship of cell formation and cell migration in the renewal of stratified squamous epithelia. Adv. in Biol. of Skin **5**, 39 (1964))

unter Verwendung radioaktiv markierter karzinogener Kohlenwasserstoffe den zeitlichen Verlauf ihres Eindringens, ihre Verweildauer und den Mechanismus ihrer Eliminierung aus dem Gewebe am histologischen Schnitt im Autoradiogramm studieren.

An der hyperplastischen Mäusehaut durchdringt das Karzinogen (Benzpyren oder 20-Methylcholanthren) innerhalb von 2 Stunden nach örtlicher Applikation die Haut und kann bereits im subepithelialen Bindegewebe und den Talgdrüsen nachgewiesen werden. 4 Tage später gelingt der Nachweis von Radioaktivität nur noch in den obersten Epithelschichten, wobei eine langsame Verschiebung von basalen zu oberflächlichen Anteilen des mehrschichtigen Plattenepithels erfolgte. Die Eliminierungszeit entspricht der mit anderer Methodik errechneten Wanderungszeit der Epithelien vom Stratum basale zur Gewebsoberfläche. Diese zeitliche Übereinstimmung führte zum Schluß, daß die Eliminierung des an die Epithelzelle gebundenen Karzinogens auf dem Wege über die physiologische Zellabschilferung in der Haut erfolgt (OEHLERT und GRIMM, 1966).

Eine Bestätigung für diese Annahme lieferten dann Versuche an der Schweinehaut, wobei eine gegenüber der Mäusehaut verlängerte Bindungszeit der Karzinogene an Zellbestandteile gefunden wurde, die Eliminierungszeit aber wiederum mit der Zellwanderungszeit übereinstimmte (Abb. 7) (FEIT et al., 1967).

Gibt man dem Kulturmedium unterschiedlicher Zellarten Aktinomycin ^{3}H zu, so beobachtet man eine Inkorporation praktisch ausschließlich im Zellkern. Läßt man danach die Zellen in einem aktinomycinfreien Medium weiterwachsen, dann kommt es zu einer fortlaufenden Eliminierung des radioaktiv markierten Aktinomycin auch bei Zellen, die keine Zellteilungen durchmachen (Abb. 8) (HAMANN und OEHLERT, 1967). Vergleicht man nun den Ablauf dieser Eliminierung mit der Erholung der nukleolären RNS-Neubildung, so findet man einen parallelen zeitlichen Verlauf. Das Ergebnis dieser Untersuchung spricht demnach für die Annahme, daß die durch Aktinomycin erzeugte Blockade der nukleolären und nukleären RNS-Synthese unmittelbare Folge der Anlagerung der Substanz an den Syntheseorten ist und mit dem Ablösen bzw. mit der Eliminierung beseitigt wird (OEHLERT und KLIETMANN, 1967).

Die wenigen hier demonstrierten Beispiele autoradiographischer Untersuchungen und ihrer Ergebnisse aus den unterschiedlichsten Bereichen der Cyto- und Histologie mit ihren voneinander völlig unabhängigen Fragestellungen sollten auf die Möglichkeit der Erfassung zeitlicher Abläufe von Stoff-

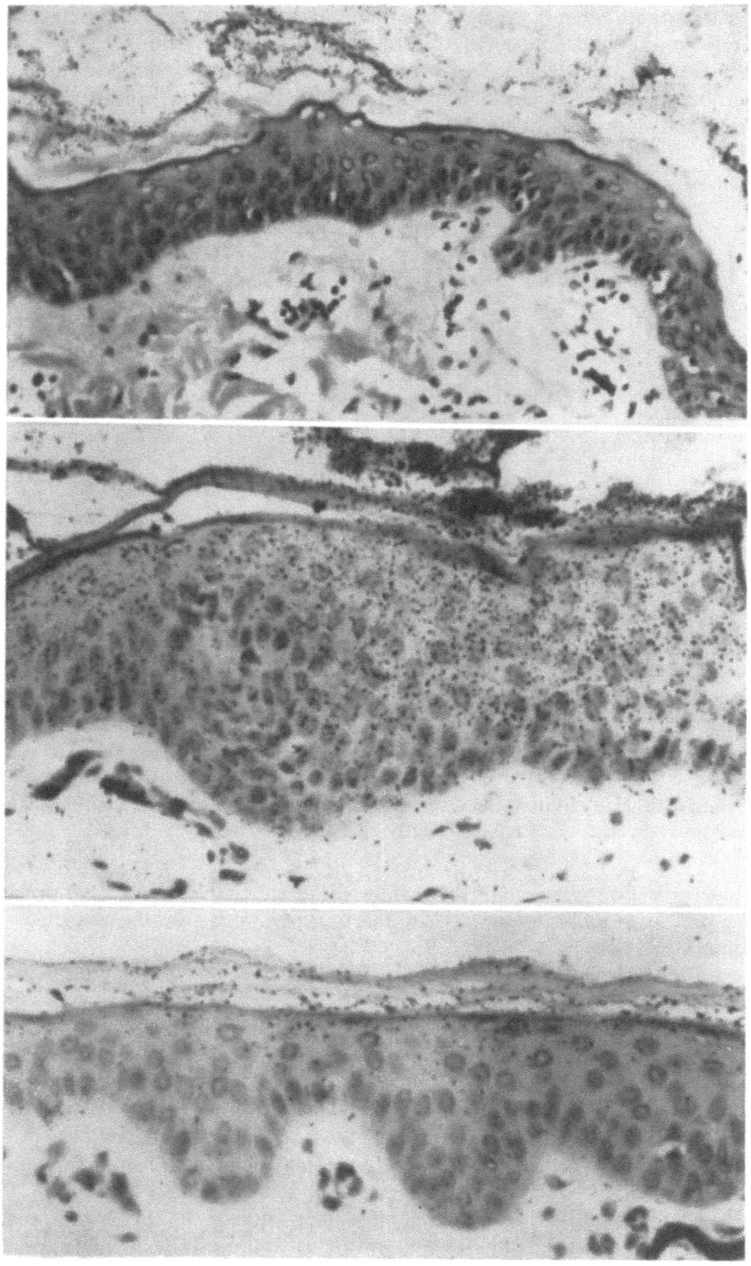

a

b

c

Abb. 7a—c. Autoradiogramme der Schweinehaut, 2 Stunden (a), 3 Tage (b) und 11 Tage (c) nach lokaler Applikation von 3H-20-Methylcholanthren.
Nach langsamer Zunahme des an Proteine gebundenen karzinogenen Kohlenwasserstoffes erfolgt die Eliminierung, welche dem zeitlichen Ablauf der Zellabschilferung parallel geht

wechselvorgängen und Zellverschiebungen mit dieser Methode hinweisen. Die damit verbundene Einführung der Zeitdimension in die Morphologie hat uns heute bereits eine Fülle neuer Erkenntnisse über die Bewegtheit der anscheinend starren Gewebsstrukturen und den zeitlichen Ablauf von Zellverschiebungen bei der physiologischen und reparativen Regeneration vermittelt und wird uns weiterhin Einblicke in das Wechselspiel zwischen Strukturwandel und Funktion sowie die Proliferationskinetik der verschiedenen Zellsysteme ermöglichen.

Zellbild und SK-Zahl nach Zugabe von 0,9 µg/ml H^3-Aktinomycin für 2h	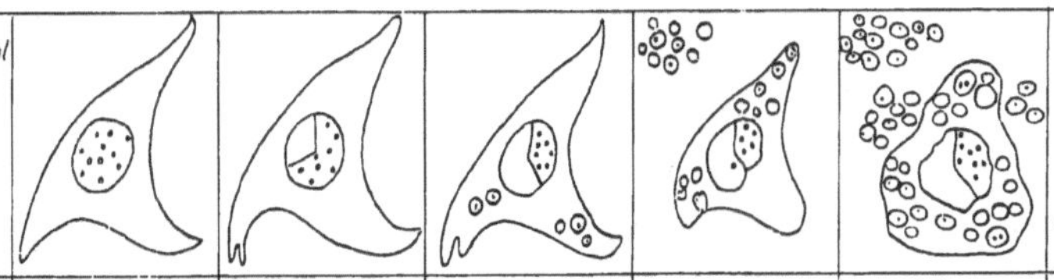					100% Nekrosen keine Autoradiographie
Zeit	sofort	10 min	1h	2h	4h	16h
markierte Zellen	100%	100%	100%	100%	100%	—
SK-Zahl in % /Kern	100%	73%	41%	30%	35%	—

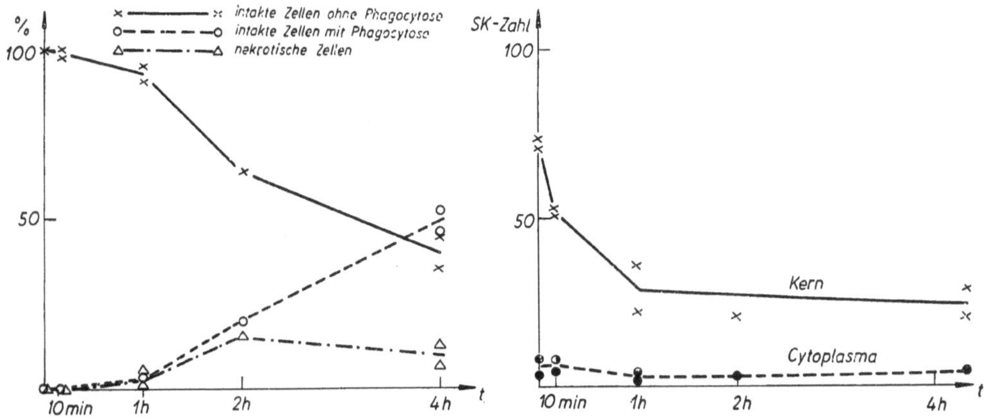

Abb. 8. Einbau und Eliminierung von ^{3}H-Aktinomycin bei Peritonealmakrophagen und zeitlicher Ablauf der Zellschädigung

Literatur

Feit, J., H. Buscher und W. Oehlert: Das Verteilungsmuster und die Verweildauer radioaktiv markierter Kohlenwasserstoffe in der Schweinehaut. Beitr. path. Anat. **136**, 1—17 (1967).

Hamann, W., L. Bianchi und W. Oehlert: Der Ribonukleinsäure- und Eiweißstoffwechsel von Makrophagen in der Zellkultur. Verh. dtsch. Ges. Path. **50**, 316 (1966).

Hamann, W., and W. Oehlert: Uptake and Incorporation of ^{3}H-Actinomycin-D by Peritoneal Macrophages. German Med. Monthly **XII**, 486 (1967).

Leblond, C. P., R. C. Greulich and J. P. M. Pereira: Relationship of cell formation and cell migration in the renewal of stratified squamous epithelia. Adv. in Biol. of Skin **5**, 39 (1964).

Leblond, C. P.: The time dimension in histology Amer. J. Anat. **116**, 1 (1965).

Oehlert, W., und Th. Büchner: Mechanismus und zeitlicher Ablauf der Regeneration am mehrschichtigen Plattenepithel und in der Schleimhaut des Magen-Darmtraktes der weißen Maus. Beitr. Path. Anat. **125**, 374 (1961).

Oehlert, W., J. Karasek und H. Bertelmann: Untersuchungen zur normalen und gesteigerten Zellneubildung im mehrschichtigen Plattenepithel der Schweineepidermis. Beitr. path. Anat. **134**, 395 (1966).

Oehlert, W., und D. Grimm: Das Verteilungs- und Einbaumuster radioaktiv markierter Carcinogene in der Mäuseepidermis nach lokaler Applikation. Zschr. Krebsforsch. **68**, 14 (1966).

Oehlert, W., und W. Klietmann: Die Hemmung der Ribonukleinsäuresynthese durch Aktinomycin und ihre Erholung in verschiedenen Zellarten der Maus. Beitr. path. Anat. **136**, 18 (1967).

Pathologisches Institut der Humboldt-Universität Berlin, DDR

Ergebnisse autoradiographischer Untersuchungen von experimentellen Angiopathien

von

J. KUNZ

Nach HAUSS und Mitarbeiter (1963) stehen Stoffwechselstörungen der Gefäßgrundsubstanz am Beginn der Entwicklung arteriosklerotischer Veränderungen. ROSSI und Mitarbeiter (1965) betonen, daß bei den verschiedenen Tierarten zwischen der Menge der sauren Aortenmukopolysaccharide und der Empfindlichkeit gegenüber atherogenen Substanzen ein enges paralleles Verhalten besteht. Auch bei genetisch bedingten Mukopolysaccharidosen wie dem HURLER-Syndrom kommt es nach MCKUSICK (1964) früh-

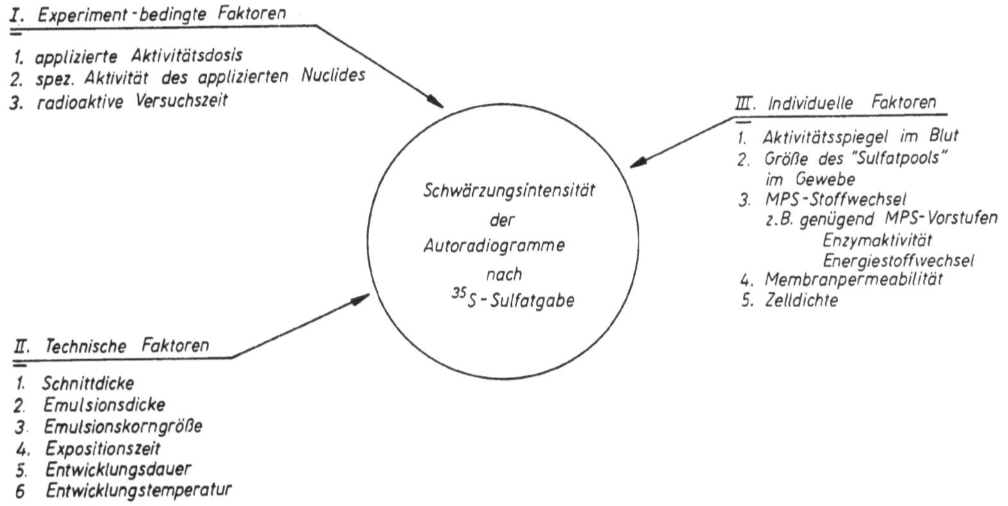

Abb. 1. Einflüsse verschiedener Faktoren auf die Schwärzungsintensität der Autoradiogramme nach ^{35}S-Sulfatgabe

zeitig zu schwerer Arteriosklerose. Diese Beobachtungen unterstreichen die Bedeutung von Stoffwechseluntersuchungen der Gefäßgrundsubstanz, über deren kinetisches Verhalten mit Hilfe von ^{35}S-Sulfat, ergänzt durch biochemische und histochemische Verfahren, Anhaltspunkte gewonnen werden können.

Von unseren eigenen Untersuchungen, die sich hauptsächlich mit den MPS-Stoffwechselstörungen der Gefäßwand beim experimentellen Diabetes mellitus, nach Thyreoidektomie und bei der Vitamin D-induzierten Verkalkung sowie mit dem metabolischen Verhalten proliferierter Intimazellen befassen, werden im Vortrag die wesentlichsten autoradiographischen Befunde demonstriert.

Dem Hauptvorteil dieser Technik, die Dynamik metabolischer Prozesse in enger Korrelation zur Gewebsstruktur empfindlich zu erfassen, stehen zahlreiche, z. T. noch wenig überschaubare Faktoren gegenüber, die den Isotopeneinbau, bzw. die Silberkorndichte der Autoradiogramme beeinflussen. Für die ^{35}S-Sulfatinkorporation sind die wichtigsten in der Abbildung 1 zusammengestellt. Besonders einige der unter der Rubrik „Individuelle Faktoren" aufgeführten Punkte, wie z. B. die Membranpermeabilität, die Größe des Sulfatpools und die Aktivitäten aller am MPS-Stoffwechsel beteiligten Enzyme, sind zur Zeit nicht hinreichend kontrollierbar. Andere Faktoren, wie das Aktivitätsangebot im Blut, die Trennung des anorganischen vom organisch gebundenen radioaktiven Sulfates und die Einhaltung gleicher Schnitt- und Emulsionsdicken konnten dagegen bei unseren Untersuchungen durch spezielle Versuchsanordnungen und Einbettungsverfahren, vor allem aber durch radiochemische Kontrollen, berücksichtigt werden.

Die Abbildung 2 zeigt die Ergebnisse der photometrischen Auswertung ungefärbter Autoradiogramme von Rattenaorten; es handelt sich um den ^{35}S-Sulfat-Einbau beim experimentellen Diabetes

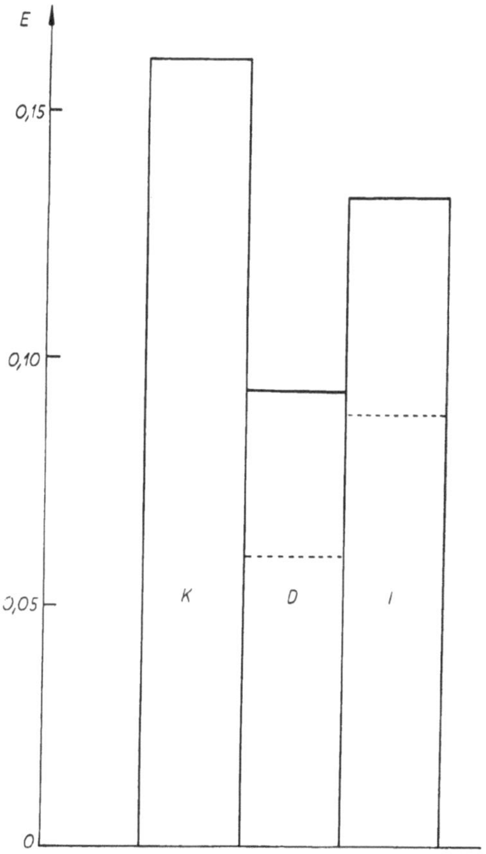

Abb. 2. Extinktion von Aorten-Autoradiogrammen normaler (K), diabetischer (D) und diabetischer, insulinbehandelter (I) Ratten

mellitus mit und ohne Insulinbehandlung. Aus der partiellen Reversibilität der Einbauhemmung bei den diabetischen Tieren durch Insulin läßt sich herleiten, daß zusätzlich zur Gesamtstoffwechselstörung beim experimentellen Diabetes eine metabolische Störung der Gefäßwand vorliegt, die auf der Basis dieser Befunde und der gleichzeitig festgestellten geringeren Glukuronsäurekonzentration als MPS-Synthesehemmung anzusprechen ist (Braselmann und Mitarbeiter, 1966, Kranz und Mitarbeiter, 1968). Zusätzlich angewendete histochemische Differenzierungsverfahren für s. MPS nach Graumann (1966), Scott und Dorling (1965) konnten dagegen keine sicheren Unterschiede zwischen diesen Gefäßen aufdecken.

In einem weiteren experimentellen Modell erzeugten wir bei 104 Ratten durch Thyreoidektomie mit Radiojod Störungen in der MPS-Synthese der Aorta und der Coronararterien. Sie sind mit einem verzögerten MPS-Abbau kombiniert, wie autoradiographische Untersuchungen nach 3- und 6tägiger radioaktiver Versuchszeit ergaben. Auch diese Befunde konnten nach chromatographischer Trennung der sogenannten Chondroitinsulfatfraktion und Bestimmung ihrer spezifischen Aktivität bestätigt werden (Kunz und Mitarbeiter, 1967). Die Frage, welche Bedeutung diesen Stoffwechselstörungen der Gefäßwand zukommt, versuchten wir durch Gaben von Vitamin D bei Tierkollektiven mit und ohne Thyreoidektomie zu beantworten. Dabei erhielten die Tiere 2 Monate nach der Schilddrüsenausschaltung 9 mal 25000 IE Dekristol über 3 Wochen verteilt. Als wichtigstes Ergebnis zeigte sich, daß der durch Thyreoidektomie veränderte Metabolismus der sauren MPS mit einer Hemmung der Vit. D-induzierten Aortencalcinose einhergeht. Dies konnte durch die flammenfotometrische Bestimmung des

Calciumgehaltes der Aorten und histochemisch mit den Färbungen nach Cossa und Krutsay nachgewiesen werden. Da die sauren MPS, besonders Chondroitinsulfat B, nach Buddecke und Drzenick (1962) eine hohe Calciumbindungsfähigkeit besitzen, ist es wahrscheinlich, daß die verminderte Calciumsalzablagerung bei den thyreoidektomierten Tieren mit den beobachteten MPS-Stoffwechseländerungen der Gefäßwand in Zusammenhang steht. Bei spontanen oder Vit. D-induzierten Verkalkungen sind autoradiographisch herdförmige Incorporationserhöhungen von Radiosulfat feststellbar, die der gesteigerten Toluidinblaumetachromatropie dieser Bezirke parallel laufen und wahrscheinlich als Abwehr-

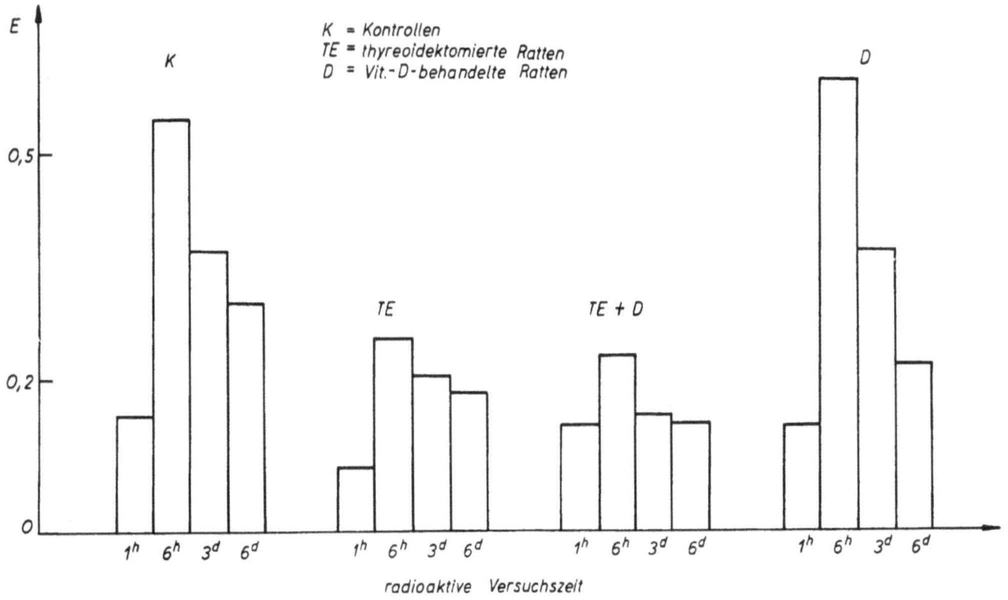

Abb. 3. ^{35}S-Sulfat-Einbau in die Aorta bei Versuchstieren und Kontrollen in Abhängigkeit von der radioaktiven Versuchszeit. Photometrie von Autoradiogrammen

reaktion der Gefäßwand aufzufassen sind. Solche herdförmigen Stoffwechseländerungen zeigen deutlich, daß radiochemische Analysen allein keine umfassende Information über das metabolische Verhalten der Gefäßwand liefern können, da es durch den Aortenaufschluß zu einer Nivellierung örtlich differenter Syntheseleistungen kommt. In der Abbildung 3 sind die Ergebnisse der photometrischen Auswertung dieser Versuchsserie zusammengefaßt. Bemerkenswert sind hierbei die Synthesehemmung und die Abbauverzögerung der Aorten-MPS bei den thyreoidektomierten Tieren, während es unter den Bedingungen der alleinigen Vit. D-Applikation zu einer deutlichen Stimulierung des Gefäßwandstoffwechsels kommt.

Ein häufiger Befund bei der Vit. D-bedingten Aortencalcinose und anderen Angiopathien sind ferner proliferative Intimaveränderungen. Ihre Entwicklung konnte in gesonderten Versuchen mit ^{3}H-Thymidin verfolgt werden (Kunz und Mitarbeiter, 1967). Beginnend 24 h nach dem proliferationsfördernden Eingriff kam es besonders nach 3 und 4 Tagen zu einer deutlichen Zunahme markierter Intimazellen mit einem Maximum nach 7tägiger Versuchsdauer. Silberkornzählung und karyometrische Untersuchungen ergaben als weiteren Befund, daß die Kornzahl der Kerngröße annähernd parallel verläuft, woraus wir schließen, daß die Größe der DNS-Synthese pro Kernflächeneinheit bei allen gewucherten Intimazellen annähernd gleich ist. Zum Zeitpunkt des Proliferationsmaximums ließ sich auch eine deutliche Produktion von sulfatierten MPS ersichtlich am erheblichen ^{35}S-Sulfateinbau und eine beträchtliche Synthese von Kollagenfaservorstufen durch die proliferierten Intimazellen nach Gabe von ^{3}H-Prolin feststellen; das wird bei Verwendung kurzer radioaktiver Versuchszeiten besonders deutlich. Durch diesen Befund konnte unseres Wissens erstmalig die Beteiligung der Intimazellen an der Kollagenfaserbildung nachgewiesen werden, so daß die von Bredt (1961) u. a. vertretene Auffassung einer vorwiegend azellulären Entstehung der Intimafibrose heute nicht mehr aufrechterhalten werden kann. In weiteren Untersuchungen ist zu klären, welche Mechanismen für die Auslösung der Intimaproliferationen verantwortlich sind, welche Wechselbeziehungen zwischen den verschiedenen Syntheseleistungen der Gefäßwandzellen bestehen und vor allem, auf welche Weise primäre metabolische Störungen der Gefäßwand-MPS zu den klinisch bedeutsamen morphologischen Veränderungen führen.

Literatur

BRASELMANN, H., J. KUNZ und O. KEIM: Über den Mukopolysaccaridstoffwechsel der Aortenwand beim experimentellen Diabetes (Autoradiographische und radiochemische Untersuchungen). Acta biol. med. germ. **17**, 232—240 (1966).

BREDT, H.: In: G. Schettler, Arteriosklerose, Ätiologie, Pathologie, Klinik und Therapie. Stuttgart, G. Thieme 1961.

BUDDECKE, E., und R. DRZENIEK: Stabilitätskonstanten der Calciumkomplexe von sauren Mukopolysacchariden. Hoppe-Seylers Z. physiol. Chemie **372**, 49—69 (1962).

GRAUMANN, W., M. ARNOLD und U. GLEISSNER: Histologische und spektralphotometrische Untersuchungen zur Bestimmung der Stärke der Metachromotropie. Acta histochem. **23**, 276—287 (1966).

HAUSS, W. H., G. JUNGE-HÜLSING und F. KÖNIG: Über das Vorkommen von Veränderungen des Mukopolysaccharidstoffwechsels in der Klinik. Med. Welt 125—132, 1963.

KRANZ, D., O. KEIM, H. BRASELMANN und J. KUNZ: Mukopolysaccharidstoffwechsel der Aortenwand beim länger bestehenden Alloxandiabetes der Ratte. Acta biol. med. germ. **21**, 563—566 (1968).

KUNZ, J., D. KRANZ und O. KEIM: MPS-Stoffwechselstörungen der Gefäßwand bei der Vitamin D-induzierten Verkalkung. Ber. ges. inn. Med. **5**, 39—40 (1967).

KUNZ, J., D. KRANZ und O. KEIM: Autoradiographische Untersuchungen zur Synthese von DNS, Kollagen und Mukopolysacchariden bei der experimentellen Proliferation der Aortenintima. Virchows Arch. path. Anat. **342**, 345—352 (1967).

MCKUSICK, V. A.: A genetical view of cardiovascular disease. Circulation **30**, 326—357 (1964).

ROSSI, G. B., M. MANCINI, P. ORIENTE, A. VECCHIONE, R. VECCHIONE, R. CERQUA and M. CUZZUPOLI: Comparative studies on serum lipids and histochemical features of the arterial wall in animal species differently susceptible to experimental atherosclerosis. J. Atheroscler. Res. **5**, 569—579 (1965).

SCOTT, J. E., and J. DORLING: Differential staining of acid glycosaminoglycans (Mucopolysaccharides) by Alcian blue in salt solutions. Histochemie **5**, 221—233 (1965).

Diskussionsredner:

STILLER (DDR).

Anatomisches Institut der Universität Marburg, DBR

Registrierung dynamischer Vorgänge an mikroskopischen Objekten

von

A. Castenholz

Während die bildmäßige Erfassung eines fixierten Präparates etwa eines histologischen Schnittes mit Hilfe der Mikrophotographie leicht möglich und heute allgemein üblich ist, stellt die Registrierung dynamischer Vorgänge an lebenden morphologischen Objekten oft noch ein besonderes Problem dar. So ergeben sich vor allem bei vitalmikroskopischen Untersuchungen methodische Schwierigkeiten, wenn nicht nur die strukturellen Verhältnisse von Zellen, Geweben und Organen erfaßt, sondern auch dynamische Vorgänge registriert und quantitativ ausgewertet werden sollen.

Bisher bediente man sich für die Aufzeichnung von Objektbewegungen in der Mikroskopie der *Serienmikrophotographie* bzw. der *Mikrokinematographie*. Mit diesen Verfahren wird bekanntlich das zu

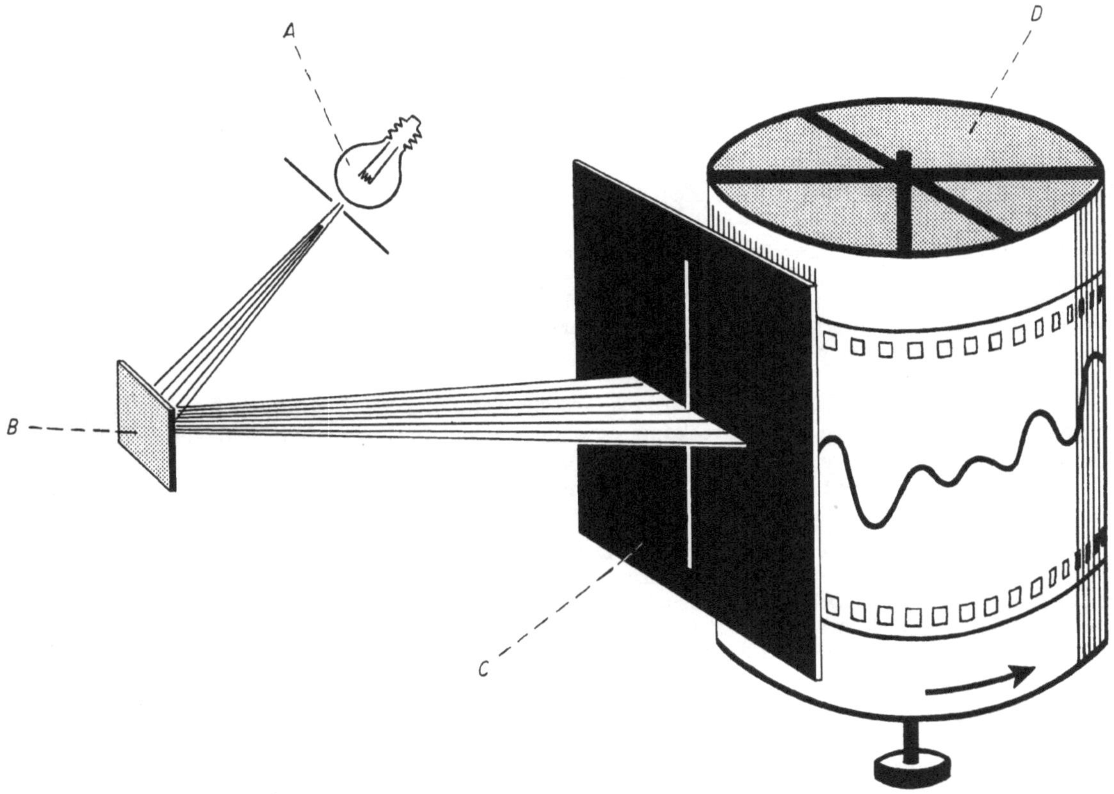

Abb. 1. Prinzip der Photokymographischen Registrierung. A — Lichtquelle mit Spaltblende; B — Spiegel; C — Einschlitzblende; D — Drehtrommel mit lichtempfindlichem Papier

untersuchende Objekt in bestimmten Zeitabständen abgebildet, wobei jedes einzelne Bild nur eine bestimmte Funktionsphase festhält. Durch die Projektion des Laufbildes wird ein Bewegungsvorgang in einen subjektiven Eindruck zurückverwandelt. Soll jedoch ein Bewegungsvorgang in seiner Art und seinem Ausmaß genauer analysiert werden, erweisen sich Kinematographie und Serienphotographie als wenig geeignet, da durch die, bei diesen Verfahren erfolgende *diskontinuierliche* Aufzeichnung ein dynamischer Vorgang gleichsam in Einzelphasen „zerhackt" wird. Die kurvenmäßige Darstellung einer Objektbewegung ist so nur indirekt auf dem Wege über die Einzelbildanalyse möglich.

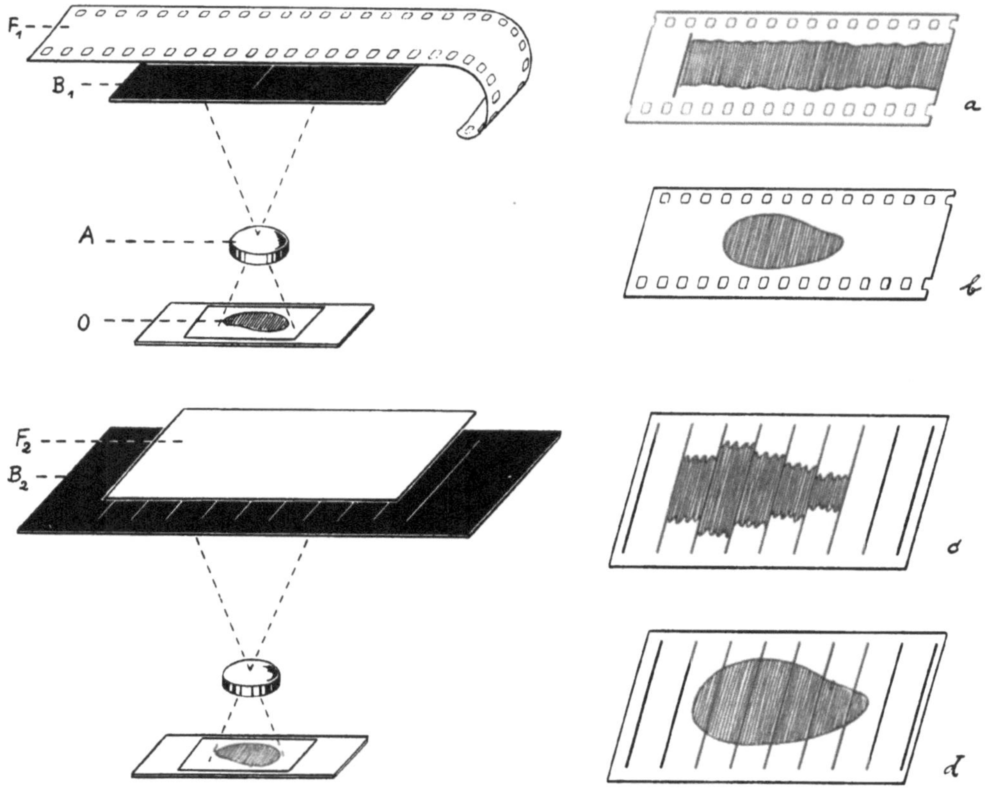

Abb. 2. Aufnahmeprinzip der verschiedenen mikrokymographischen Registrierarten. O — Objekt; A — Abbildendes System; B_1 — Einschlitzblende; B_2 — Mehrschlitzblende; F_1 — Kleinbildfilm; F_2 — 9×12 Planfilm. a — Streifenkymogramm (feststehende Einschlitzblende, laufender Film). b — Flächenkymogramm (laufende Einschlitzblende, feststehender Film). c — Rasterkymogramm (laufende Mehrschlitzblende, feststehender Film). d — Stufenkymogramm (feststehende Mehrschlitzblende, laufender Film)

Es soll hier ein anderes Registrierverfahren vorgestellt werden, das sich für die Aufzeichnung dynamischer Vorgänge im Bereich der Mikroskopie besonders eignet und gegenüber den vorher erwähnten Methoden bemerkenswerte Vorteile aufweist. Wir haben dieses Verfahren „*Mikrokymographie*" (CASTENHOLZ, 1967b, 1968b, c) genannt, da es sich im Prinzip um eine photokymographische Methode handelt.

Photokymographen werden seit langem für die Aufzeichnung technischer, physikalischer oder auch physiologischer Größen verwendet. Im einfachsten Falle besteht eine derartige Vorrichtung aus einer sich mit konstanter Geschwindigkeit drehenden Trommel mit lichtempfindlichem Papier und einer Blende mit feinem Schlitz. Auf den Blendenschlitz ist ein schmales Lichtbündel über ein Spiegelsystem gerichtet, das durch die zu registrierende Größe in seiner Lage verändert wird. Die Ablenkung als Lichtbündel erscheint als kontinuierliche Bewegungskurve auf der Filmtrommel (Abb. 1).

In der Röntgenologie hat man ein im Prinzip ähnliches Aufnahmeverfahren unter der Bezeichnung „*Röntgenkymographie*" (Übersicht bei STUMPF, 1941) entwickelt, das für die spezielle Funktionsdiagnostik bewegter Organe wie Herz, Zwerchfell und Magen große Bedeutung gewonnen hat. Dabei werden die im Röntgenstrahl darstellbaren Objekte in ihrer Funktion kurvenmäßig erfaßt. Durch die Einführung spezieller Aufnahmetechniken wurde die Kymographie in der Röntgenologie in ihren Anwendungsmöglichkeiten wesentlich erweitert. So wird wahlweise ein Film- oder Blendentransport durchgeführt oder auch verschiedene Blenden (Ein- und Mehrschlitzblende) benutzt. Allerdings lassen sich röntgenkymographisch nur besonders kontrastgebende Organabschnitte wie z. B. die Randkonturen des Herzens sicher beurteilen, so daß die Aussage des Verfahrens hierdurch eine Einschränkung erfährt.

In der funktionellen Morphologie hat die Kymographie bisher keine entsprechende Anwendung wie in der Röntgendiagnostik gefunden. Dies überrascht um so mehr, als das Verfahren im lichtoptischen Bereich grundsätzlich über vielseitigere Anwendungsmöglichkeiten verfügt, da hier auch Bewegungen an Organoberflächen und Farbphänomene registriert werden können.

Die Kymographie mit Einschlitzblende wurde gelegentlich bei der Registrierung der Pupillenbewegungen (Bellarminoff, 1885) oder zur Bestimmung der Blutströmungsgeschwindigkeit in den kleinsten Gefäßen (Basler, 1918; Hugues, 1953) angewandt. Die durch einen Blendentransport oder die Benutzung einer Mehrschlitzblende gegebenen Registrierarten sind dagegen in ihrem Wert für die Funktionsanalyse auf morphologischem Gebiet bisher nicht genutzt worden.

Wir haben für die kymographische Untersuchung am Mikroskop und ähnlichen optischen Geräten spezielle Aufnahmevorrichtungen entwickelt, die die Anwendung aller Aufnahmearten (Streifen-, Raster-, Stufen- und Flächenkymographie) aber auch die gewöhnliche Mikrophotographie erlaubt. Die den einzelnen Aufnahmearten zugrunde liegenden Registrierprinzipien sind in Abbildung 2 zusammengestellt. Unsere Aufnahmevorrichtungen stellen universell zu verwendende Mikroskopaufsätze dar. Abbildung 3 zeigt die *Kleinbildeinrichtung*, die aus einem für den kontinuierlichen Filmdurchzug umgebauten Wechselmagazin der Contarex-spezial (Zeiss-Ikon) mit Elektromotor besteht. Die Anordnung erlaubt die Aufnahme von Streifenkymogrammen und ist durch ihre großen Filmaufnahmetrommeln besonders für Langzeitregistrierungen geeignet.

Für die Aufnahme von Flächen-, Stufen- und Rasterkymogrammen verwenden wir einen speziellen *9 × 12 Plattenaufsatz* mit Spiegelhaus in Verbindung mit dem Leitz Panphot-Grundstativ. Der 9 × 12 Plattenaufsatz erlaubt wahlweise eine Bewegung der Filmkassette oder der Blende während der Aufnahme. Verschiedene Blenden mit unterschiedlichem Raster können leicht ausgetauscht werden.

Einige der mit unseren Apparaturen gegebenen Möglichkeiten für die kymographische Registrierung am Mikroskop sollen an Hand von verschiedenen Lebendobjekten stammender Beispiele gezeigt werden.

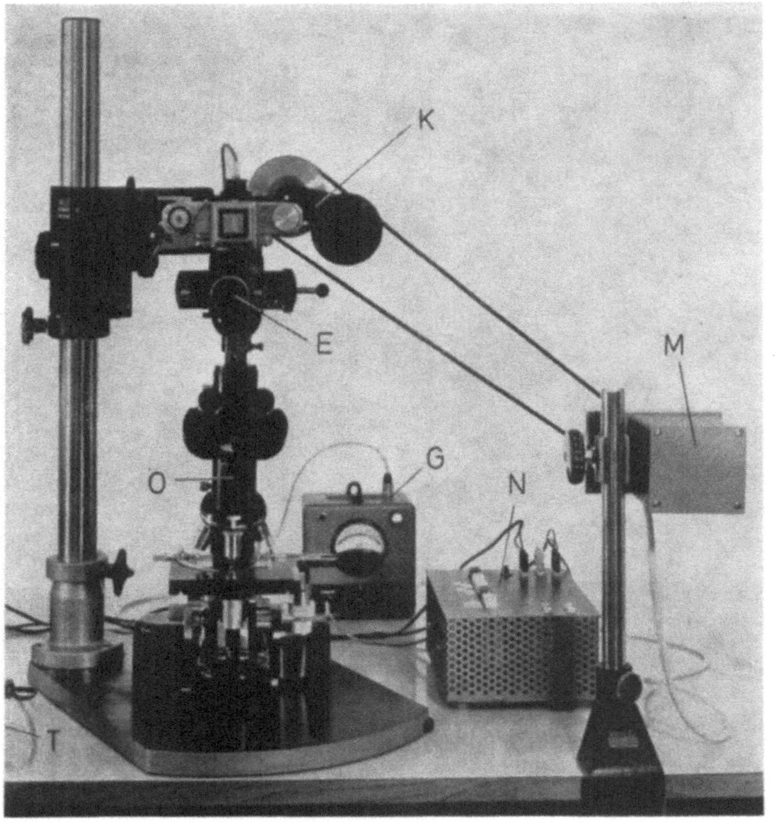

Abb. 3. O — „Ortholux"-Forschungsmikroskop (E. Leitz) mit Kleinbildaufsatz für die mikrokymographische Registrierung. K — „Contarex" (Zeiss-Ikon) mit speziellem Wechselmagazin. E — Einstellokular und G — Lichtmeßeinrichtung. M — Elektromotor für den Filmtransport mit N — Schalt- und Netzgerät

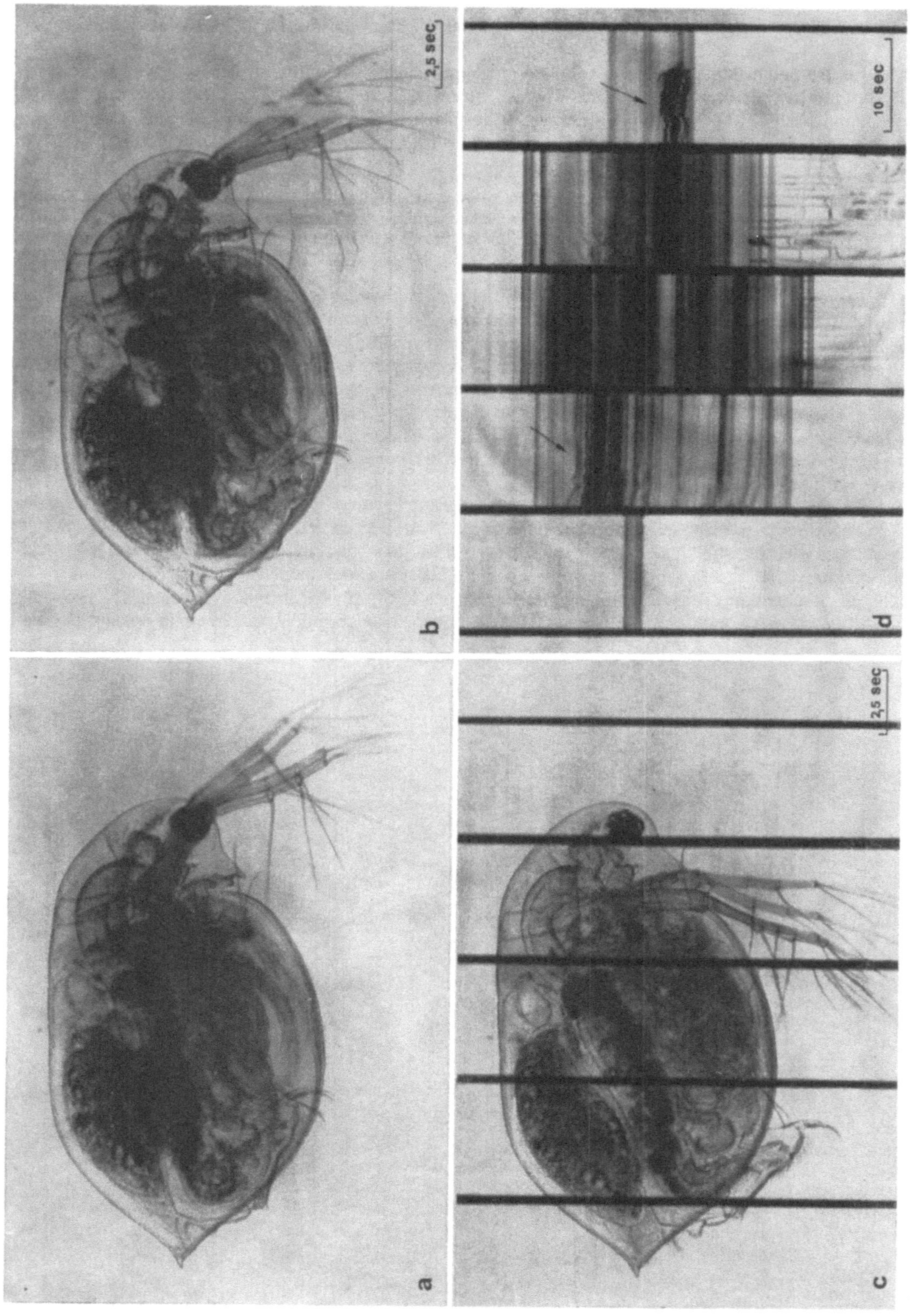

Abb. 4. Daphnie (Lebendpräparat). a — Mikrophoto. b — Flächenmikrokymogramm. c — Rastermikrokymogramm. d — Stufenmikrokymogramm. 9×12 Plattenaufsatz, Original, Vergrößerung 34×. Erläuterung s. Text

In erster Linie eignet sich die Mikrokymographie naturgemäß für die Bewegungsanalyse kontraktiler Organe. So können z. B. Pulsationen des Herzens und der herznahen Gefäße, peristaltische Bewegungen des Darms, Extremitätenbewegungen, Verengerungsreaktionen der Pupille oder auch die Flimmerbewegungen bestimmter Epithelzellen, um nur einige Beispiele zu nennen, vollständig kymographisch erfaßt werden. An der *Daphnie* (Abb. 4) sollen zunächst die verschiedenen Aufnahmearten der Mikrokymographie in ihrer praktischen Anwendung demonstriert werden. Abbildung 4a zeigt ein Mikrophoto der Daphnie. In Abbildung 4b ist dagegen ein Flächenkymogramm des gleichen Objektes dargestellt. Die Aufnahme erfolgte sukzessiv durch Bewegung einer Einschlitzblende. Das Objekt wird hier wie im Mikrophoto vollständig wiedergegeben. Eine während der Aufnahme ausgeführte Ruderbewegung wurde festgehalten. Abbildung 4c zeigt ein Rasterkymogramm, das durch Transport einer Mehrschlitzblende zustande kam. Das Bild der Daphnie setzt sich jetzt aus mehreren gleichzeitig aufgenommenen Blendenabschnitten zusammen. Für das Stufenkymogramm der Abbildung 4d wurde ebenfalls eine Mehrschlitzblende benutzt, bei der Aufnahme allerdings der Film bewegt. Die Objektgestalt ist hier nicht mehr zu erkennen. Die einzelnen von den Blendenschlitzen erfaßten Querschnitte sind als fortlaufendes Linien- und Streifenmuster abgebildet worden, das bei bewegten Objektabschnitten auch gezackte oder wellenförmige Kurven enthält. So sind im ersten Blendenfeld rechts z. B. die Bewegungen des Komplexauges (Pfeil), im vorletzten Blendenfeld links die peristaltischen Bewegungen des Enddarmabschnittes (Pfeil) zu erkennen.

Die Herzdynamik eines 54 Stunden bebrüteten *Hühnerembryos* im 22-Somitenstadium wird in Abbildung 5 festgehalten. Im Rasterkymogramm (Abb. 5a) sind die pulsierenden Herzabschnitte an den gezackten Randkonturen zu erkennen. Die durch die Spitze und Basis der Zacken gedachten Verbindungslinien begrenzen den Bewegungsraum der erfaßten Herzabschnitte. In dem mit höherer Aufnahmegeschwindigkeit geschriebenen Stufenkymogramm (Abb. 5b) läßt sich der Kontraktionsverlauf des Bulbus (Blendenfeld B) und des Ventrikels (Blendenfeld V) genauer analysieren. So kann z. B. aus der Kymogrammkurve neben der Schlagfrequenz auch die systolische (S) und diastolische (D) Zeit einer Herzperiode direkt abgelesen werden.

Am freigelegten *Froschherzen* lassen sich abgesehen von Bewegungsvorgängen auch *Farbphänomene* (auf Farbfilm) kymographisch erfassen. Abbildung 6 zeigt in der oberen Bildreihe 2 Mikrophotos des Froschherzens in einer systolischen und diastolischen Aktionsphase. Die Skizze rechts orientiert über die Blendenlage der in der unteren Bildreihe dargestellten Farbkymogramme. Im Kymogramm (a) werden demnach Abschnitte des Bulbus arteriosus des rechten Vorhofs und des Ventrikels gleichzeitig erfaßt und können in ihrer Bewegungsaktion miteinander in Beziehung gesetzt werden. Im Kymogramm (b) von einem Ventrikelquerschnitt tritt zu Beginn der Systole eine Rotfärbung (dunkle Streifen im Schwarz-Weißbild) des Myocards auf, das sonst stark abgeblaßt erscheint. Auf diese Weise lassen sich an Hand des Kymogramms Aufschlüsse über die Blutfüllungsverhältnisse am Herzen gewinnen. (Die Phase der Ventrikelrotfärbung ist in diesem Falle abnorm verkürzt, da das Tier zuvor partiell entblutet wurde).

Für die kymographische Registrierung der *Pupillenbewegungen* und die IR-Photographie des Auges haben wir eine spezielle Apparatur („Pupillokymograph" CASTENHOLZ, 1968a) entwickelt, die mit einem IR-Bildwandlerzusatz ausgestattet ist. Mit diesem Gerät ist auch im Infrarotlicht eine sichere Einstellungskontrolle des Auges durchführbar, so daß die speziell für Untersuchungen am Menschenauge bestehenden Nachteile der BELLARMINOFFschen Methode ausgeschaltet werden konnten. Bei der Abbildung 7a handelt es sich um eine mit dem Pupillographen aufgenommene IR-Photographie des vorderen Augenabschnittes. Das Spaltmuster gibt die bei der Pupillographie eingestellte Blendenschlitzlage an. Abbildung 7b zeigt das IR-Pupillogramm, in dem der Pupillendurchmesser als schwarzes Band, die Irisabschnitte dagegen als helle Säume registriert werden. Die Grenzlinie zwischen Iris- und Pupillenzone stellt die Bewegungskurve der Pupille dar. In diesem Falle enthält das Pupillogramm 4 konsensuelle Reaktionen nach Lichtreizen von 200 bzw. 400 msec Dauer. Aus derartigen Pupillogrammen läßt sich auch die absolute Größe der Pupillenweite direkt ablesen. Auf weitere Einzelheiten der speziellen Anwendungsgebiete der IR-Kymographie kann an dieser Stelle nicht eingegangen werden.

Schließlich sollen Möglichkeiten für die kymographische Erfassung und Analyse verschiedener Phänomene im Bereich der *terminalen Strombahn* gezeigt werden. Als Modell für mikrozirkulatorische Untersuchungen dient uns die Iris der albinotischen Ratte, deren Gefäße auch am lebenden, intakten Auge bei stärkeren mikroskopischen Vergrößerungen betrachtet werden können (CASTENHOLZ, 1966a bis d, 1967a). Nach intravenöser Injektion von Farbstofflösungen (z. B. Lissamingrün) kann an diesem Objekt das Auftreten und die arterio-venöse Passage in der Irisstrombahn leicht verfolgt werden. In der oberen Bildreihe der Abbildung 8 ist ein Gefäßbezirk aus der Ratteniris vor der Injektion (1), während der arteriellen Füllungsphase ca. 4—5 Sekunden nach der Injektion in die V. femoralis (2), während der venösen Füllungsphase nach weiteren 3 Sekunden (3) und nach Abschluß der venösen Phase (4) dargestellt. Im Farbmikrokymogramm unten in Abbildung 8 (Blendenschlitzlage wie in Ab-

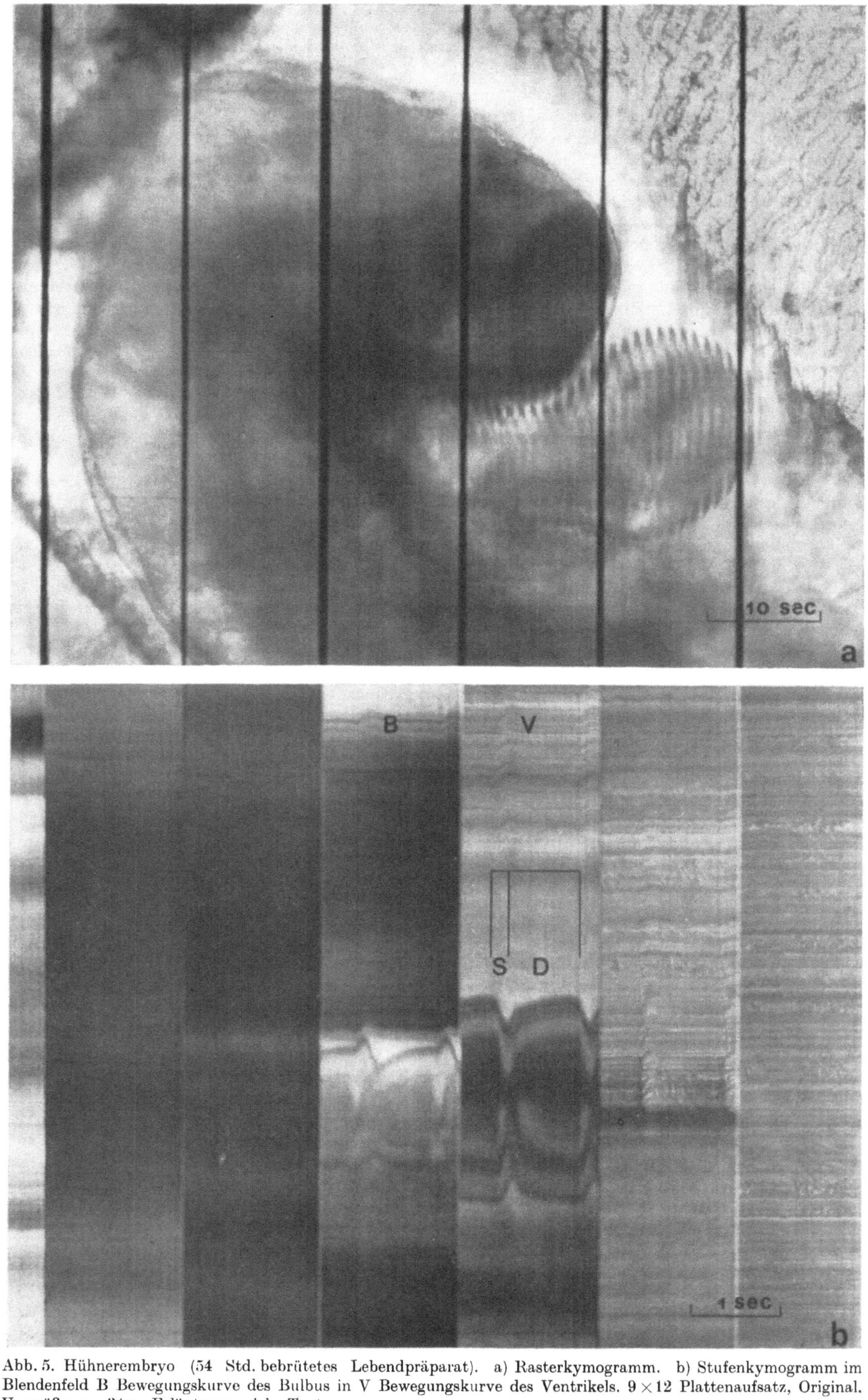

Abb. 5. Hühnerembryo (54 Std. bebrütetes Lebendpräparat). a) Rasterkymogramm. b) Stufenkymogramm im Blendenfeld B Bewegungskurve des Bulbus in V Bewegungskurve des Ventrikels. 9 × 12 Plattenaufsatz, Original. Vergrößerung 34 ×. Erläuterung siehe Text

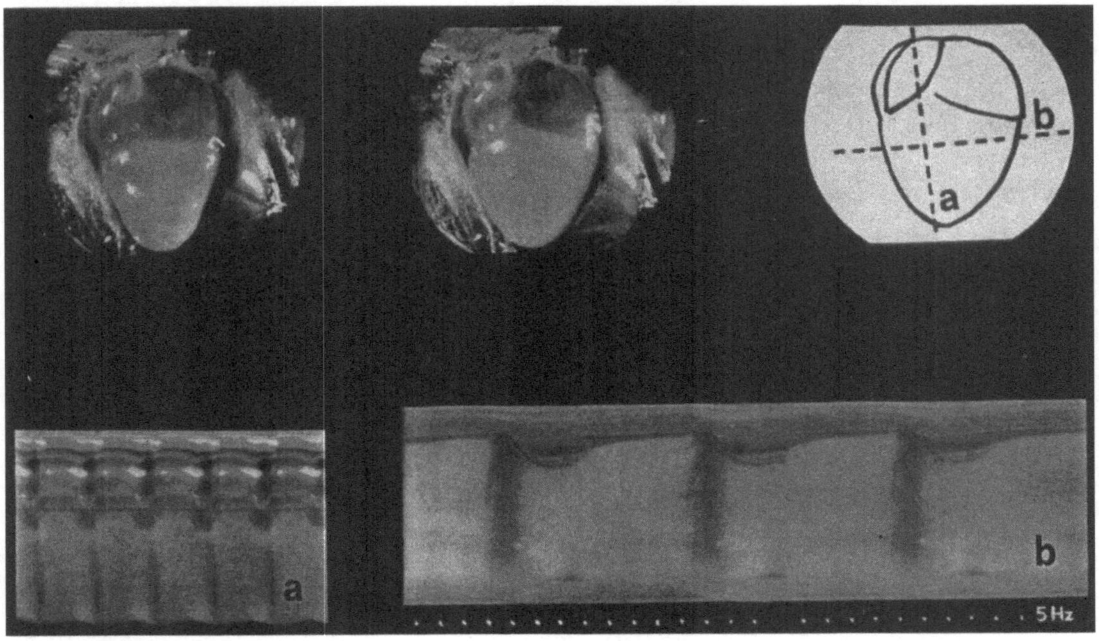

Abb. 6. Obere Bildreihe: 2 Elektronenblitzaufnahmen des schlagenden Froschherzens in systolischer (links) und diastolischer (Mitte) Aktion. In der Skizze rechts geben die unterbrochenen Linien die Blendenschlitzlage der beiden Streifenkymogramme a und b in der unteren Bildreihe an. Kleinbildaufsatz, Original Ektachrome high speed, Vergrößerung 1,9×

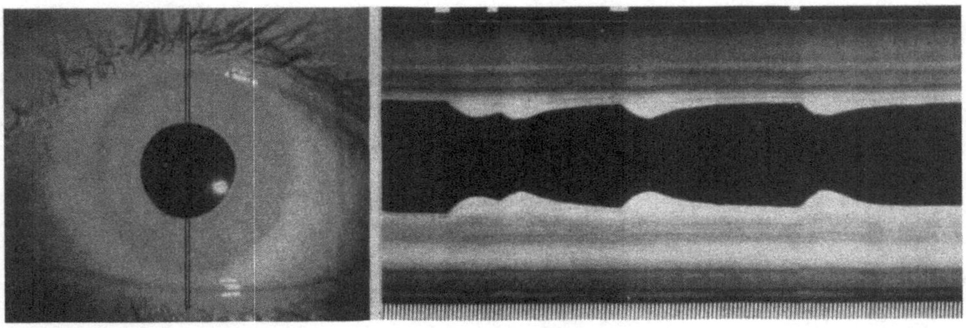

a b

Abb. 7. a) IR-Photographie des Menschenauges. b) Das Spaltmuster entspricht der Blendenschlitzlage bei der Aufnahme des nebenstehenden IR-Pupillogramms. Pupillokymograph, Vergrößerung 2×

bildung 9) tritt die Lissamingrünpassage im Auge in Form grüner Streifen (in der Klammer) in Erscheinung. Bei stärkerer Vergrößerung läßt sich an Hand solcher Kymogramme auch eine zeitliche Analyse der Farbstoffpassage in einzelnen Gefäßen durchführen.

Nimmt man an Stelle des Lissamingrüns das stärker permeable Na-Fluorescein für die Injektion und betrachtet das Rattenauge im Blaulicht oder UV-Licht, so kann das Auftreten und die Permeation dieses Farbstoffes ebenfalls kymographisch analysiert werden. Abbildung 9 stellt einen Versuch dieser Art dar: Im Mikrophoto des Rattenauges rechts oben ist die Blendenschlitzlage der in verschiedenen Zeitabständen aufgenommenen Streifenkymogramme angezeigt. Der Pfeil im Kymogramm der oberen Bildreihe markiert den Augenblick der Injektion in die V. femoralis. Etwa 2,5 Sekunden später tritt bereits eine Fluorescenz, erkennbar an den nun hellen Irisstreifen auf. Im Gegensatz zum Lissamingrün bleibt jedoch die Fluorescenz bestehen, da das Na-Fluorescein z. T., wie sich mikroskopisch beobachten läßt, aus der Gefäßbahn der Iris austritt und sich im Irisstroma bzw. Kammerwasser ausbreitet. 10—45 Min. nach der Injektion mit einem Maximum bei etwa 30 Minuten tritt ein weitrer Fluorescenzeffekt im Gebiet des Ziliarkörpers auf, der auf die Konzentrierung des Na-Fluoresceins an den Ziliarfortsätzen hinweist (mittlere Bildreihe). Mit Übertritt des Na-Fluorescein aus der Augenhinterkammer in die Vorderkammer fluoresziert auch die Pupillenregion. 2 Stunden nach der Injektion schwächt sich

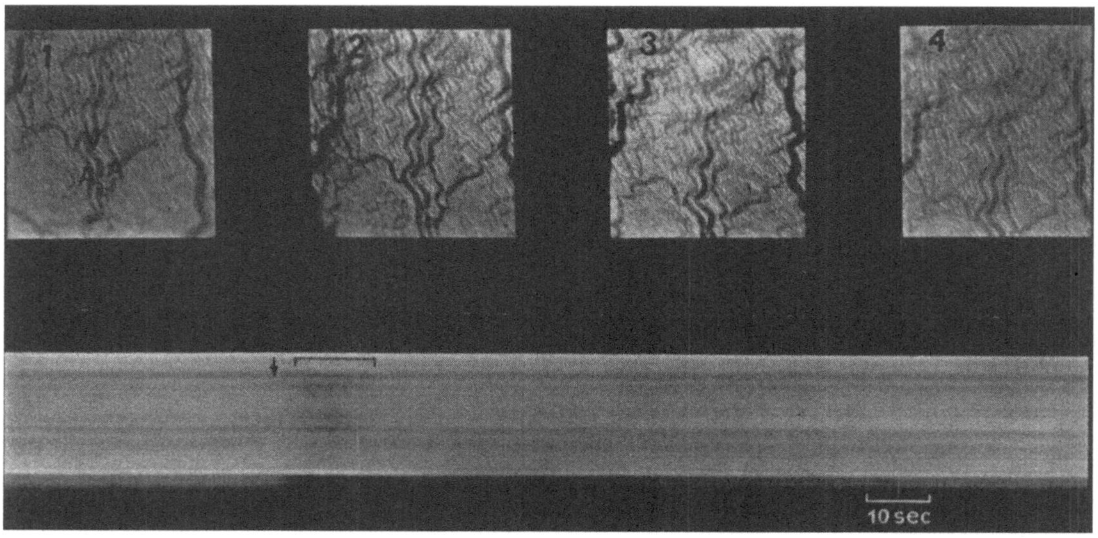

Abb. 8. Obere Bildreihe: Mikrophotographische Bildserie mit einem Gefäßbezirk aus der Iris der lebenden Ratte. 1 — vor der Injektion, V — Irisvenen, A — Irisarterien; 2 — arterielle Füllungsphase ca. 4 Sekunden nach intravenöser Injektion von Lissamingrün; 3 — venöse Füllungsphase 3 Sekunden nach 2; 4 — Zustand nach Abschluß der Lissamingrün-Gefäßpassage. Original, Ektachrome high speed, Vergrößerung 42×. Untere Bildreihe: Streifenkymogramm des Rattenauges (Technik wie in Abbildung 9), Injektionsbeginn (Pfeil), von Klammer umschlossen Lissamingrün-Passage. Kleinbildaufsatz Original Agfacolor CK

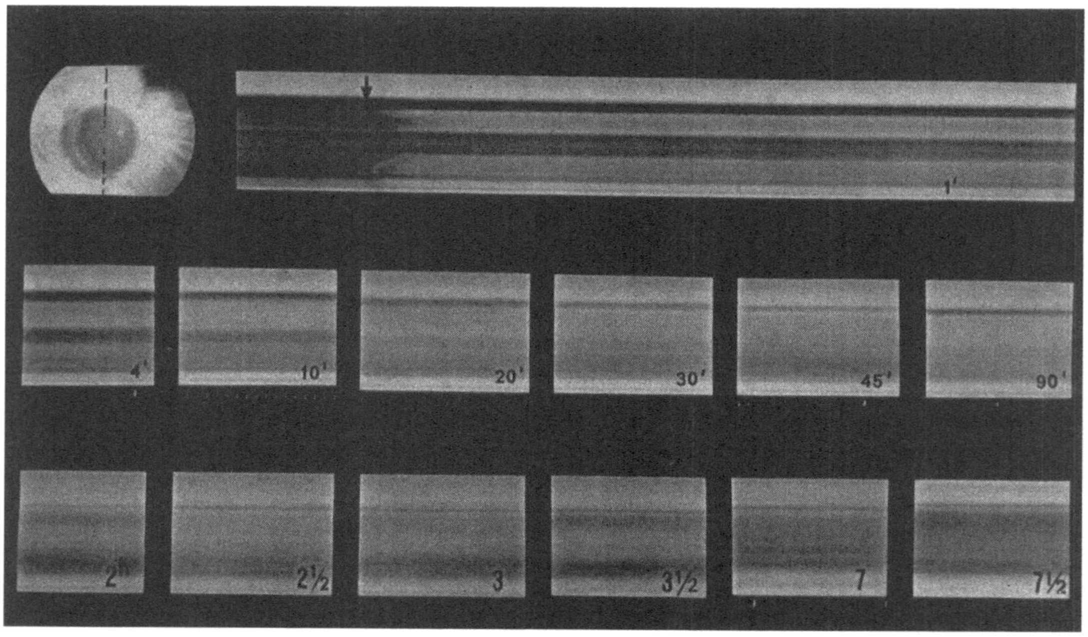

Abb. 9. Obere Bildreihe: links Mikrophoto des Rattenauges. Die unterbrochene Linie zeigt die Blendenschlitzlage für die Streifenkymogramme. Rechts Streifenkymogramm, iv-Injektion von Na-Fluorescein (Pfeil); nach ca. 3 Sekunden Auftreten der Fluorescenz im Bereich der Iris (helle Streifen), Pupillenband dunkel. Mittlere Bildreihe: 30—45 Minuten p. inj. Fluorescenz im Ciliarkörperbereich und im Gebiet der Pupille. Untere Bildreihe: nach 2 und mehr Stunden Abschwächung der Fluorescenz-Phänomene im Auge, nach 7 Stunden ist die Fluorescenz ganz erloschen. Kleinbildaufsatz, Original Ektachrome high speed, Vergrößerung 1,9×

die Fluorescenz im Auge wieder allmählich ab. Nach 7 Stunden ist praktisch keine Fluorescenz im Auge mehr nachweisbar (untere Bildreihe).

Die angeführten Beispiele mögen genügen, um zu zeigen, daß die Mikrokymographie ein geeignetes Registrierverfahren in der Mikroskopie und verwandten Disziplinen darstellt und durch seine Vielseitigkeit bei verschiedensten funktionell-morphologischen Fragestellungen eingesetzt werden kann. In Abbildung 10 sind die für Bewegungsanalysen mikroskopischer Objekte in Frage kommenden Verfahren mit ihren speziellen Eigenschaften nochmals einander gegenübergestellt. Im Vergleich mit der

VERFAHREN FÜR DIE MIKROAUFNAHME BEWEGTER OBJEKTE			
	MIKRO - PHOTOGRAPHIE bzw. SERIENPHOTOGRAPHIE	MIKRO - KINEMATOGRAPHIE	MIKRO - KYMOGRAPHIE
			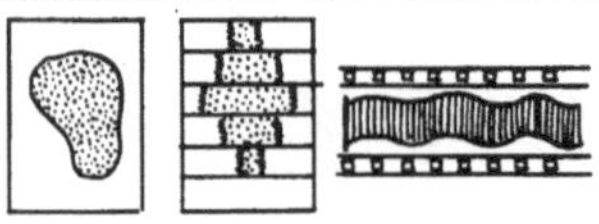
Aufnahmeart	Einzelbild, Reihenaufnahme	Laufbild	Sukzessivaufnahme des Gesamtobjektes, kurvenmäßige Aufzeichnung eines oder mehrerer Objektquerschnitte
Anwendungsbereich	Statische Objekte Objekte in langsamer Bewegung	Langsame und mittelschnelle Bewegungen Schnelle Bewegungen mit Hilfe der "Hochfrequenzkinematographie"	Langsame und schnelle Bewegungen
Eigenschaften	Erfassung des Objektes durch Momentaufnahme in einer bestimmten Bewegungsphase	Erfassung des Objektes in kurzen Zeitabständen durch Aufnahmefolge Reproduktion des Bewegungsvorganges durch die Projektion	Vielseitige Möglichkeiten für die Bewegungsanalyse durch verschiedene Aufnahmearten Projektionsmöglichkeiten durch "Kymoskop"
Quantitative Auswertung	Durch Einzelbildanalyse	Durch Einzelbildanalyse Indirekte, diskontinuierliche Bewegungskurven	Direkte Aufnahme kontinuierlicher Bewegungszeitkurven

Abb. 10. Siehe Text

Serienmikrophotographie und der Mikrokinematographie sehen wir die Vorteile der Mikrokymographie vor allem darin, daß sich hiermit dynamische Vorgänge am lebenden Objekt auf einfache Art registrieren und quantitativ bearbeiten lassen. Auf Grund der verschiedenen Aufnahmearten ist bei diesem Verfahren eine Anpassung auch an besondere methodische Aufgaben möglich. Dadurch, daß sich in den Mikrokymogrammen gleichzeitig morphologische Details und dynamische Vorgänge abzeichnen und so je nach Aufnahmeart mehr die Morphologie oder die Funktion in den Vordergrund treten kann, bietet die Methode der Mikrokymographie überall dort günstige Voraussetzungen, wo eine enge Verbindung zwischen funktionellem Verhalten und dem Gestaltlichen angestrebt wird.

Literatur

BASLER, A.: Über die Blutbewegung in den Kapillaren. Pfl. Arch. ges. Physiol. **171**, 134—145 (1918).

BELLARMINOFF, L.: Anwendung der graphischen Methode bei Untersuchung der Pupillenbewegung. Photocoreograph. Untersuchungen am Katzen- und Kaninchenauge. Pfl. Arch. ges. Physiol. **37**, 107—122 (1885).

CASTENHOLZ, A.: Vitalmikroskopische Untersuchungen am vorderen Bulbusabschnitt kleiner albinotischer Nager. Grundlagen der Methode und Beschreibung der apparativen Anordnung. Z. wiss. Mikr. **67**, 78—91 (1966a).

CASTENHOLZ, A.: Functional microscopic studies of iris vessels. In vivo observations on albino rats. In: II. Int. Symposium of the Structure of the Eye, ed. by J. W. Rohen, Schattauer, Stuttgart 1966b, 331—335.

CASTENHOLZ, A.: Morphologische und funktionelle Studien am Iriskreislauf der Ratte. Vitalmikroskopische Beobachtungen. A. v. Graefes Arch. klin. exp. Ophthal. **169**, 109—132 (1966c).

CASTENHOLZ, A.: Beobachtungen und Analysen mikrozirkulatorischer Vorgänge am Rattenauge. I. Über das druckabhängige Verhalten der Irisgefäße. A. v. Graefes Arch. klin. exp. Ophthal. **171**, 85—102 (1966d).

Castenholz, A.: Beobachtungen und Analysen mikrozirkulatorischer Vorgänge am Rattenauge. II. Zur pharmakologischen Beeinflussung der Irisstrombahn. A. v. Graefes Arch. klin. exp. Ophthal. **172**, 326—345 (1967a).

Castenholz, A.: „Mikrokymographie" — ein Verfahren zur Registrierung von Bewegungsvorgängen im mikroskopischen Bereich. Z. wiss. Mikrosk. **68**, 193—207 (1967b).

Castenholz, A.: Eine neue Methode zur Beobachtung und Registrierung der Pupillenbewegungen (Pupillo-Kymographie) im Infrarotlicht. A. v. Graefes Arch. klin. exp. Ophthal. **175**, 100—110 (1968a).

Castenholz, A.: Neue Wege für Funktionsanalysen an vitalmikroskopischen Objekten mit Hilfe der „Mikrokymographie". ZEISS Information **70**, 124—128 (1968b).

Castenholz, A.: Microkymographie and its applications in microcirculatory investigations. Advances in Microcirculation Vol. II, Ed. by H. Harders, S. Karger Basel/New York (1969) (im Druck).

Hugues, J.: Contribution à l'étude des facteures vasculaires et sanguins dans l'hémostase spontanée. Arch. int., Physiol. **16**, 565—711 (1953).

Stumpf, P.: Die Röntgenkymographie und ihre Technik, in: Albers-Schönberg, Röntgentechnik, Hrsg. R. Grashey, Thieme, Leipzig, Bd. I, S. 593—620 (1941).

Institut für Anatomie der Medizinischen Hochschule Hannover, DBR

Die elektronenmikroskopische Circadianstruktur der Rattenleber

von

O. Müller

Die Leber als Zentralorgan des Stoffwechsels erfüllt ihre komplizierten Aufgaben in einem circadianen Wechselrhythmus, welcher auch bei Fehlen äußerer Einwirkungen (Nahrungsaufnahme, Temperaturschwankungen usw.) nachzuweisen ist und nicht als reiner Fütterungseffekt angesehen werden kann. Die ersten diesbezüglichen Mitteilungen stammen aus Schweden, wo vor nunmehr 40 Jahren Forsgren entdeckte, daß die Gallesekretion bei der Ratte im Laufe von 24 Stunden jeweils einen maximalen und einen minimalen Wert erreicht und Holmgren zeigen konnte, daß auch Glykogen- und Fettgehalt der Leber beträchtlichen Tagesschwankungen unterliegen. Beim Kaninchen z. B. steigt die Glykogenmenge zweimal innerhalb 24 Stunden bis auf das 13 fache, wobei die Leber ihr Gewicht fast verdreifacht. Glykogengehalt und Gallesekretion haben einen gegensinnigen Rhythmus, d. h. bei hohem Glykogengehalt wird wenig Galle abgesondert und umgekehrt. Diese Feststellungen sind z. T. bereits Lehrmeinung geworden.

In neuerer Zeit konnte v. Mayersbach und seine Arbeitsgruppe rhythmische Schwankungen im biochemischen, histochemischen und cytomorphologischen Verhalten von Rattenlebern aufzeigen, die neben Glykogen auch Fermente, Kerngrößen, RNS ja selbst die DNS betrafen. Zudem ergaben sich Abhängigkeiten von Geschlecht und Jahreszeit (Horvath, 1963; Mayersbach und Leske, 1963; Mayersbach und Philippens, 1964; Mayersbach und Yap, 1965; Eling, 1965; Jerusalem, 1967).

Es lag natürlich nahe, die rhythmischen Funktionen der Leberzelle auch im Elektronenmikroskop zu untersuchen, da gerade hier deutliche Strukturänderungen zu erwarten waren. Tatsächlich konnte gezeigt werden, daß im Verlaufe von 24 Stunden das elektronenmikroskopische Aussehen einer Leberzelle ganz erheblich variiert und sie daher kaum durch ein einziges Bild charakterisiert werden kann (Müller et al., 1966).

Für die vorliegende Untersuchung wurden erwachsene, ca. 200 g schwere, männliche Wistar-Ratten einer spezifisch-pathogenfreien („gnotobiotischen") Züchtung (Spiegel, Hannover) verwendet, die unter standardisierten Bedingungen gehalten waren. Im Verlaufe einer 24-Stunden-Periode (September 1967) wurden zweistündlich 4 Tiere durch Genickschlag und Decapitation getötet und die Lebern für biochemische, histochemische und elektronenoptische Zwecke nach ebenfalls standardisierter Methode aufgearbeitet. Für die Elektronenmikroskopie wurden Stücke des vorderen Randes des Lobus medialis in phosphatgepuffertem Glutaraldehyd und danach in OsO_4 fixiert, in Alkohol dehydriert und in Epon eingebettet. Doppelkontrastierung der Schnitte mit Uranylacetat und Bleizitrat.

Nach biochemischer Bestimmung liegt das *Glykogenmaximum* um 8^h morgens, wobei ein mittlerer Wert von 3,8 g/100 g Leber ermittelt wurde. Bei der PAS-Färbung des nach Carnoy fixierten Gewebes sind fast alle Zellen glykogenreich, der Reaktionsausfall im Läppchenzentrum war feinkörnig bis diffus, in der Peripherie grobschollig. Die Darstellung der RNS-haltigen Strukturen mit gepuffertem Methylenblau (Pischinger, 1926) ergab in allen Teilen des Läppchens eine schollige Basophilie.*

Die im Elektronenmikroskop sichtbaren ausgedehnten Glykogenfelder in der Läppchenperipherie drängen Mitochondrien und rauhes endoplasmatisches Reticulum (RER) auf einzelne Haufen innerhalb des Cytoplasmas zusammen, glattes endoplasmatisches Reticulum (GER) ist kaum ausgebildet.

* Über die Ergebnisse des histo- und biochemischen Nachweises der Succinodehydrogenase siehe Beitrag v. K. M. H. Philippens.

Anders liegen die Verhältnisse im Läppchenzentrum: hier ist auch bei maximalem Glykogengehalt das GER noch ausgebildet. Die in seinem Maschenwerk eingeschlossenen Glykogenpartikel werden dadurch an der Bildung größerer Areale gehindert und bewirken so eine mehr diffuse Reaktion beim histochemischen Glykogennachweis. Auch die Mitochondrien, im Zentrum weniger zahlreich, oft langgestreckt, kleiner und dunkler als in der Peripherie, sind zum Zeitpunkt des maximalen Glykogengehaltes in den Zellen der inneren Läppchenzone mehr disseminiert. Das RER hingegen liegt in Form einzelner Pakete vor. Die meisten Gallekapillaren sind geschlossen und dadurch oft schwierig zu finden, lediglich in der Läppchenperipherie sind in diesem Stadium die Lumina offen. Golgizonen und Lysosomen sind wenig auffallend, Microbodies kommen häufig vor. Die Zellgrenzen verlaufen ziemlich gerade, der Disse'sche Raum ist meist schmal, die Microvilli kurz und Pinocytosevorgänge sind selten.

Bei der nun folgenden Glycogendissimilation treten in den Glykogenfeldern häufig Vacuolen auf, von einer oder mehreren konzentrischen Membranen umgaben. Im Inneren dieser Vacuolen befindet sich oft feinkörniges Material. Gleichzeitig beginnt das GER zu proliferieren, der Dissesche Raum wird weiter, die Microvilli imponieren länger und mehr geschlängelt und in der anschließenden peripheren Zytoplasmazone sind mit zunehmender Häufigkeit kleine Transportvesikel mit feinflockigem Inhalt zu sehen. Die Gallekapillaren sind nunmehr weiter und enthalten häufig Material in Form myelinartiger Körperchen.

Bei *minimalem Glykogengehalt*, der um 22^{h} mit ca. 0,7 g/100 g Leber bestimmt wurde, hat sich auch das histologische und submikroskopische Bild der Leber völlig verändert.

Mit der PAS-Reaktion war in der Läppchenperipherie praktisch kein Glykogen darstellbar; in den zentralen Läppchenanteilen hingegen bleibt eine, wenn auch schwächere, feinkörnige Rotfärbung bestehen. Auch bei der Darstellung der RNS sehen wir nun ein differentes Verhalten von Peripherie und Zentrum, nämlich eine diffuse Basophilie in der äußeren und eine schollige in der inneren Läppchenzone. Diesem lichtmikroskopischen Befund entspricht nun folgende Ultrastrukturierung: die vorher aus Mitochondrien und RER bestehenden Schollen in der Läppchenperipherie sind nicht mehr vorhanden. Beide Organellen liegen nun dissiminiert im Zytoplasma, wobei einzelne Mitochondrien oft von Schläuchen des RER zirkulär umhüllt werden. Diese Anordnung soll Ausdruck einer gesteigerten Proteinsynthese sein (Lehninger, 1965). Die Glykogenfelder sind fast zur Gänze verschwunden und GER ist an ihre Stelle getreten. Im Zentrum des Läppchens hat dessen Proliferation in besonders glykogenarmen Zellen ein Ausmaß erreicht, wie es bisher nur bei experimentellen Eingriffen bekannt war. Das RER liegt in der bekannten Form parallel angeordneter Membranen vor und scheint quantitativ vermindert zu sein. Die Gallekapillaren sind nun fast überall im Läppchen deutlich zu sehen, es ragen zahlreiche, zum Teil kolbig aufgetriebene Microvilli in sie ein, zwischen welchen sich feingranuläres Material befindet. In der Umgebung haben sich Lysosomen angesammelt. Die Golgizonen sind gegenüber denen des Glykogenmaximums deutlicher geworden und in den Golgibläschen erkennt man feine opake Granula. Benachbarte Leberzellen sind durch gegenseitiges Einstülpen der Plasmamembranen miteinander verzahnt. Zwischen den Microvilli im Disseschen Raum sowie in den nun zahlreichen zytoplasmatischen Transportvesikeln findet man ein feines Präcipitat.

In der Phase der Glykogenassimilation wird der Zustand maximaler Glykogenbeladung allmählich wieder erreicht: im Maschenwerk des GER entstehen Glykogenpartikel, bilden größere Areale, welche die übrigen Zellbestandteile verdrängen; die Gallekapillaren schließen sich, an den Zellgrenzen bilden sich die Verzahnungen zurück und die Randpartien des Cytoplasma weisen die Erscheinungsbilder von Sekretion bzw. Exkretion weniger stark auf.

Wie die vorliegende Untersuchung zeigt, ist eine funktionelle Gliederung des Leberläppchens zu jeder Tageszeit zu beobachten. Das Ausmaß und der Reaktionstypus der circadianen Veränderungen einer Leberzelle sind aber von ihrer Lokalisation im Leberläppchen abhängig. Die synchrone Wechselbeziehung zwischen Glykogen, GER und RER stimmt mit einschlägigen Experimenten überein durch reichlich GER bei Glykogenarmut und wenig bei Glykogenreichtum. Die Größe der Schwankung in der Läppchenperipherie übertrifft diejenige des Zentrums bei weitem. Nach Porter und Bruni (1961) nimmt im Hungerversuch der Glykogengehalt der Leberzelle rasch ab und GER proliferiert, umgekehrt ist die Glykogenzunahme nach Wiederfütterung von einer Abnahme des GER begleitet. Verschiedene Leberzellgifte bewirken ebenfalls einen Schwund von Glykogen und RER, begleitet von einer quantitativen Zunahme des glatten Reticulums (Porter und Bruni, 1959; Ashworth et al., 1965 u. a.). Das Ausmaß einer toxischen Schädigung der Leberzelle wird aber nicht nur von ihrem Standort im Läppchen, sondern auch von ihrem jeweiligen Funktionszustand im Rahmen der Ciradianrhythmik abhängig sein. In diese Richtung weisen auch Versuche von Scheving, welcher feststellen konnte, daß die letale Wirkung einer bestimmten Nicotin-Dosis in hohem Maße vom Zeitpunkt der Verareichung beeinflußt wird.

Die physiologische Schwankungsbreite der Ultrastruktur von Leberzellen innerhalb einer 24-Stunden-Periode ist mit Veränderungen nach experimentellen Eingriffen durchaus vergleichbar und stellt somit einen nicht zu vernachlässigenden Faktor bei der Beurteilung eines solchen dar.

Literatur

Ashworth, C. T., D. J. Werner, M. D. Glass and N. J. Arnold: Spectrum of fine structural changes in hepatocellular injury due to thioacetamide. Amer. J. Path. **47**, 917–951 (1965).

Eling, W.: The circadian rhythm of nucleic acids. In: Mayersbach, H. v., The cellular aspects of biorhythms. S. 105–114, Berlin–Heidelberg–New York, Springer 1967.

Forsgren, E.: Mikroskopische Untersuchungen über die Gallebildung in den Leberzellen. Zschr. Zellforsch. **6**, 647 (1928).

Holmgren, H.: Studien über 24 stundenrhythmische Variationen des Darm-, Lungen- und Leberfettes. Diss. Helsingfors 1936.

Horvath, G.: Natural occurring variations in rat liver DNA-content. Nature (London) **189**, 185 (1963).

Jerusalem, C.: Circadian changes of the DNA-content in rat liver cells as revealed by histophotometric methods. In: Mayersbach, H. v., The cellular aspects of biorhythms, S. 115–123, Berlin–Heidelberg–New York, Springer 1967.

Lehninger, A. L.: The Mitochondrion, New York, Benjamin Press, 1967.

Mayersbach, H. v., und R. Leske: Physiologische Schwankungen des Glykogentagesrhythmus. Acta morph. Acad. Sci. Hung. **12**, 33 (1963).

Mayersbach, H. v., und K. Philippens: Die NBT-Reaktion zur qualitativen und quantitativen Succinodehydrogenasebestimmung. Vers. Anat. Ges. Wien 1964.

Mayersbach, H. v., und P. Yap: Tagesrhythmische Schwankungen der Leberesterasen. Histochemie **5**, 297–302 (1965).

Müller, O., C. Jerusalem und H. v. Mayersbach: Die Ultrastruktur der physiologischen Tagesschwankungen in Leberzellen von Ratten. Zschr. Zellforsch. **69**, 438–451 (1966).

Pischinger, A.: Die Lage des isoelektrischen Punktes histologischer Elemente als Ursache ihrer verschiedenen Färbbarkeit. Zschr. Zellforsch. **3**, 169–197 (1926).

Porter, K. R., and C. Bruni: An electron microscope study of the early effects of 3-Me-DAB on rat liver cells. Cancer Res. **19**, 997–1009 (1959).

Porter, K. R., and C. Bruni: Fine structural changes in rat liver cells associated with glycogenesis and glycogenolysis. (Abstract) Anat. Rec. **136**, 260–261 (1960).

Scheving, L. E.: Hours of changing resistance in rodents; implications to toxicology. 9. Internat. Conf. Soc. for biological rhythm. Wiesbaden 1967.

Institut für Anatomie der Medizinischen Hochschule Hannover, DBR

Tagesrhythmische Schwankungen im Succinodehydrogenase-System

von

K. M. H. PHILIPPENS

Der Nachweis von Succinodehydrogenase (SDH) in Gewebsschnitten ist eine gut eingeführte und häufig angewandte Methode der Histochemie. Trotzdem haften ihr noch bestimmte Probleme an.

Der Succinodehydrogenasenachweis wird gegenwärtig allgemein mit Hilfe von zwei Tetrazoliumsalzen (TZ), nämlich Nitro-BT (NBT, TSOU et al., 1956) und Tetra-NBT (TNBT, ROSA und TSOU, 1961) durchgeführt.

Beide als Redoxindikatoren fungierenden Salze und ihre Reduktionsprodukte, die Diformazane NBTF bzw. T-NBTF, sind in einer Reihe anderer Tetrazoliumsalze durch ihre günstigen physikalischen, chemischen und biologischen Eigenschaften besonders qualifiziert. Die Vorteile von NBT und T-NBT liegen in der schnellen Reduzierbarkeit (auch in Anwesenheit von Sauerstoff), in der spezifischen Interaktion mit einem Elektronendonor im Atmungssystem und schließlich in der relativ geringen Toxizität. Weiter weisen die Diformazane NBTF und TNBTF eine hohe Farbintensität, günstige Substantivität, ultra-feine Kristallgröße, Stabilität gegenüber O_2- und Lichteinwirkung und eine zu vernachlässigende Lipidlöslichkeit auf. Diese Qualitäten sind von entscheidender Bedeutung für die Möglichkeit einer empfindlichen, spezifischen und ortsrichtigen Darstellung der SDH-Aktivität, sowie für die einfache Ausführung der Methode in der Praxis.

Da die SDH ausschließlich in den Mitochondrien vorhanden sein soll, ist durch den SDH-Nachweis mit TZ gleichzeitig eine jetzt allgemein angewandte Methode für die histologische Färbung der Mitochondrien gegeben. Aus dem Vorherigen ergibt sich nun die ebenso wichtige Rolle der Indikatoreigenschaften angesichts einer morphologisch-differenzierten Wiedergabe der Mitochondrien innerhalb der Zelle.

Das enzymhistochemische und morphologische Erscheinungsbild der Zelle wird aber noch von anderen Faktoren mitbestimmt. Unterschiede im Zellbild nach Anwendung der NBT-Methode wurden bis jetzt vornehmlich experimentell induzierten Vorgängen (Hunger, Durst, Vergiftung etc.) zugeschrieben. Aber auch technische, schwer-kontrollierbare Einflüsse wie Hypoxie, Gefrier-Effekte oder osmotischer Schock sollen eine Rolle bei Mitochondrienveränderungen spielen (SCARPELLI und PEARSE, 1958). Die Literatur bietet daher eine Vielfalt von Angaben zur Verhinderung von Artefakten.

Vor allem sollen dabei die Zellen und ihre Mitochondrien gegen Einwirkungen osmotischer Störungen geschützt werden. Trotz Anwendung osmotisch geschützter Inkubationsmedien (durch einzelne oder kombinierte Zugabe von ATP, Ca^{++}, P. V. P. usw.) wird keine einheitlich interpretierbare Zellwiedergabe herbeigeführt.

Bei der Herstellung einer großen Serie von Demonstrationspräparaten für den SDH-Nachweis waren trotz Anwendung einer von uns überprüften, normierten Technik (nach NACHLAS et al., 1957) die Resultate sehr verschieden. Auffallend war, daß dabei vor allem die Tageszeit, bei welcher die Lebern und Nieren von Mäusen gewonnen wurden, eine Rolle spielte, obwohl es sich bei den Tieren um standardisierte Stämme handelte.

Eine systematische Untersuchung dieser Veränderungen wurde an männlichen SPF-gezüchteten Ratten eines Wistar-Inzuchtstammes vorgenommen. Die Tiere waren unter optimal standardisierten Umweltbedingungen gehalten. Alle zwei Stunden einer ununterbrochenen 24-Stunden-Periode wurden jeweils vier Tiere durch Genickschlag betäubt und durch Dekapitieren getötet. Die Lebern wurden möglichst schnell zur Untersuchung entnommen. 7 µm dicke, unfixierte Kryostatschnitte wurden in einem gepufferten Medium nach NACHLAS et al. (1957) 15 Minuten lang bei 37 °C inkubiert und anschließend mit 10%iger Formol-NaCl-Lösung nachfixiert.

Die Reaktionsausfälle zu verschiedenen Tageszeiten weisen folgende Besonderheiten auf:

20.00—22.00 Uhr: Die Leberschnitte aller vier Tiere sind durch eine maximale Blaufärbung ausgezeichnet. Eine Läppchenstruktur ist durch die intensive Farbbildung in den periportalen Zonen deutlich sichtbar. Die Mitochondrien erscheinen bei stärkerer Vergrößerung als dunkelblaue, feine Körner auf dem ebenfalls blauen, diffus gefärbten Hintergrund des Zytoplasmas.

8.00—10.00 Uhr: In dieser Zeit sind die periportalen Felder nur noch angedeutet und auch die zentralen Läppchenanteile reagieren entsprechend schwach. Die allgemeine Abnahme der Farbintensität ist auch bei starken Vergrößerungen eindrucksvoll; der Zytoplasmatische Hintergrund ist beinahe farblos, während die Mitochondrien, im Gegensatz zu der granulär-disseminierten Verteilung in der vorigen Phase um ca. 20.00 Uhr, vorwiegend in kleinen Grüppchen verschiedenster Form zusammengezogen sind. Diese Konfiguration ist in der Läppchenperipherie stärker ausgeprägt.
Ultramikroskopisch untersuchte Leberzellen von Ratten, die um dieselbe Tageszeit getötet wurden, ergaben eine übereinstimmende räumliche Anordnung der Mitochondrien bei gleichzeitig maximalen Glykogengehalt (siehe Beitrag O. MÜLLER).

Zwischen diesen beiden Extremen finden sich Übergangsstadien, welche auf Grund ihres Reaktionstypus und ihrer Reaktionsintensität jedoch global in zwei große Gruppen eingeteilt werden können. Die erste Gruppe läßt sich — auch zeitlich — um die Maximumgruppe von 18.00—22.00 Uhr einordnen, während sich im gleichen Sinne eine Gruppe um das Minimum 8.00—10.00 Uhr gliedert. Beide Gruppen umfassen jeweils ungefähr einen Zeitraum von etwa 8 bis 10 Stunden innerhalb einer durchlaufenden 24-Stundenperiode. Somit kann nicht von einem Hell- oder Dunkeltypus gesprochen werden.

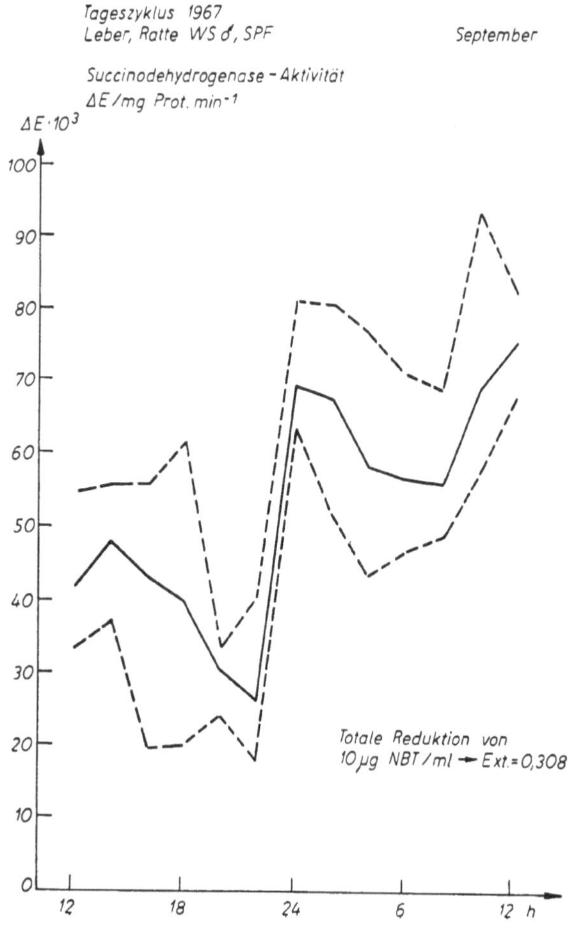

Abb. 1.

Parallel zu diesen histochemischen Studien wurden die gleichen Lebern auf Veränderungen der SDH Aktivität biochemisch-quantitativ mit Hilfe des gleichen Succinat-NBT-Indicatorsystems untersucht. Dazu wurde 1 Gramm frisch entnommene Leber in 9 ml Phosphat-Puffer (0,1 M, ph 7,4) unter Kühlung (0 bis +2 °C), mit einem hochtourigen Messerhomogenisator homogenisiert (30 Sekunden), anschließend in flüssigem Stickstoff eingefroren und bei −20 °C aufbewahrt. Die Aktivitätsmessung der SDH fand wie folgt statt: Bei 0 °C wiederaufgetautes Leberhomogenat (0,4 ml) wird in die Küvette eines Eppendorff-Photometers gebracht, in der ein temperiertes (+38 °C) Indikatormedium vorgegeben ist. Das Indikatormedium besteht aus 1,2 ml 0,3 m K-Phosphat −0,001 m EDTA pH 7,6; 0,8 ml 4% Gelatine; 0,3 ml NBT 2 mg/ml; 0,3 ml 1,0 m Na-Succinat. Das Medium wurde von uns mit Berücksichtigung auf Angaben aus der Literatur (Wang, Tsou und Wang, 1956; Slater, 1949; Singer und Kearney, 1959; Kearney, 1959) zusammengestellt.

Weiter sollte durch die Wahl des NBT-Succinatindikatormediums eine der histochemischen Methode ähnliche Reaktion zur Verwendung kommen, weil nur ein gleiches Indikatorsystem vergleichbare Resultate liefern kann (Nachlas, Karmarkar und Seligman, 1960). Das gleiche Reaktionsgemisch, jedoch ohne Substratzugabe, wurde als Lehrwert mitgeführt. Sofort nach Einsatz des Homogenates wird photometriert. Die während der ersten 5 bis 6 Minuten kinetisch bestimmte Geschwindigkeit der NBTF-Bildung pro mg Eiweiß und pro Minute wurde in den Kurven aufgetragen (Abb. 1). Die ununterbrochene Linie stellt die Mittelwerte dar, die unterbrochenen Linien geben die Maximalabweichungen innerhalb der Zeitgruppen wieder. Die dargestellten Aktivitätswerte zeigen deutliche tagesrhythmische Schwankungen an. Die niedrigsten Werte wurden um 22.00 Uhr, die höchsten um 24.00 Uhr gefunden. Der Mittelwert von 24.00—12.00 Uhr liegt signifikant höher als der von 12.00—24.00 Uhr. Das Auflaufen der Aktivität in den Morgenstunden des zweiten Versuchstages wird verursacht durch einen sogenannten Serial-Effekt (Halberg, 1959/67), der dadurch zustande kommt, daß die Tiere in zunehmendem Maße durch das Begehen des Tierstalles beunruhigt werden.

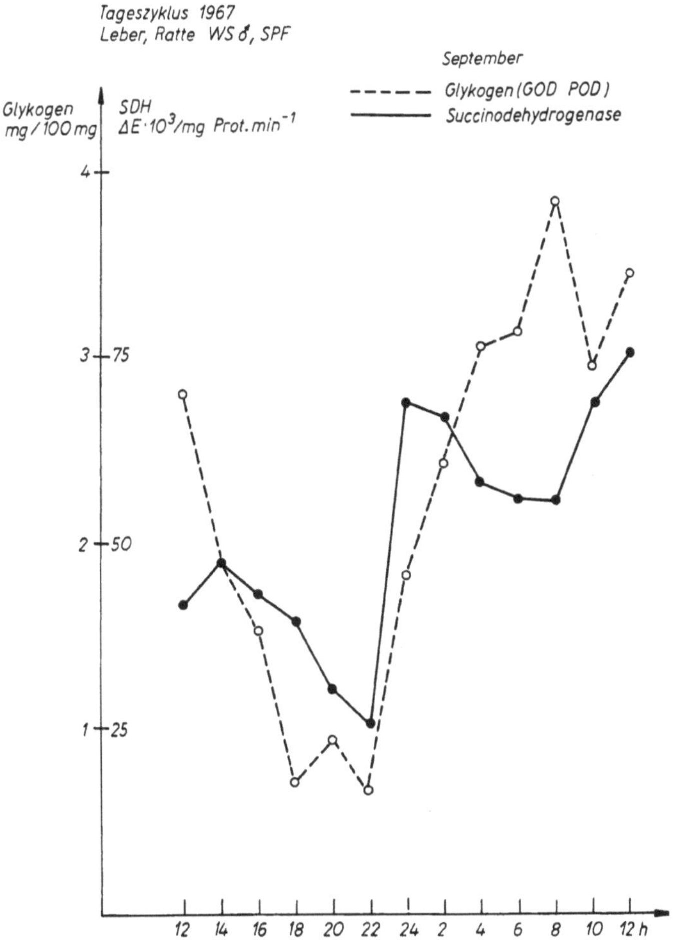

Abb. 2.

Es ist auffallend, daß die biochemisch meßbaren hohen und niederen Werte zeitlich nicht mit den starken und schwachen histochemischen Reaktionen der Schnitte übereinstimmen, im Gegenteil, sogar ein inverses Verhalten aufweisen. Eine Erklärung für dieses Phänomen kann noch nicht gegeben werden. Eine ähnliche Erscheinung wurde allerdings von Mayersbach und Yap (1954) bei biochemischen und histochemischen Paralleluntersuchungen über die Esteraseaktivität der Rattenleber gefunden. Hier konnte das Phänomen durch tagesrhythmische Unterschiede im Verhältnis der Lyo- und Desmoformen dieses Enzyms erklärt werden (Yap, 1967). Auch bei Glycogen sieht man tagesrhythmische und saisonbedingte Schwankungen der Fixierbarkeit, wodurch Diskrepanzen zwischen histochemisch darstellbarem Glycogen und biochemisch nachweisbarem Glycogengehalt auftreten können. Bemerkenswert ist auch die gute Übereinstimmung zwischen biochemisch bestimmtem Glycogengehalt und Succinodehydrogenase-Aktivität, die nahezu parallel verlaufen (Abb. 2). Ähnliches wurde bereits bei früheren Untersuchungen in unserem Institut beobachtet.

In dem vorliegenden Bericht wurde gezeigt, daß biochemisch meßbare zirkadiane Schwankungen in der SDH-Aktivität vorkommen; darüber hinaus äußern sich diese in einer starken Variabilität des histochemischen Reaktionsausfalles. Es stellt sich damit heraus, daß die Erfolgssicherheit oder Unverläßlichkeit einer jeweils neueingestellten histochemischen TZ-Technik nicht nur von ihr selbst abhängt, sondern ganz entscheidend von dem stets variierenden biologischen Zustand der Gewebe von Normaltieren beeinflußt wird. Die Interpretation der Leistungsfähigkeit einer bestimmten Technik darf über diese Tatsachen nicht hinweggehen.

Literatur

Tsou, K. C., D. S. Chang, M. M. Nachlas and A. M. Seligman: Synthesis of some p-nitrophenyl substitutes tetrazolium salts as electron acceptors for the demonstration of dehydrogenases. J. Am. Chem. Soc. **78**, 6139 (1956).

Rosa, C. G., and K. C. Tsou: Use of tetrazolium compounds in oxidative enzyme histo- and cytochemistry. Nature **192**, 990 (1961).

Scarpelli, D. G., and A. G. E. Pearse: Physical and chemical protection of cell constituents and the precise localisation of enzymes. J. Histochem. Cytochem. **6**, 369 (1958).

Nachlas, M. M., K. C. Tsou, E. De Souza, C. S. Chang and A. M. Seligman: Cytochemical demonstration of succinic dehydrogenase by the use of a new p-nitrophenyl ditetrazole. J. Histochem. Cytochem. **5**, 420 (1957).

Wang, T. Y., K. C. Tsou and Y. L. Wang: Studies on succinic dehydrogenase. Sci. sinica **5**, 73 (1956).

Slater, E. C.: The action of inhibitors on the system of enzymes which catalyze the aerobic oxidation of succinate. Biochem. J. **45**, 499 (1949).

Singer, T. P., and E. B. Kearney: The determination of succinic dehydrogenase activity. In: D. Glick, Methods of biochemical analysis, Interscience Publishers Ltd., New York 1957, IV, S. 307.

Kearney, E. B.: The activation of succinic dehydrogenase. Proc. Internat. Symp. Enzyme Chemistry, Tokyo and Kyoto, I. U. B. Symposion series, Pergamon Press, London 1959, S. 5340.

Nachlas, M. M., S. S. Karmarkar and A. M. Seligman: Variations in reduction of tetrazolium salts by dehydrogenase systems. Proc. Soc. Exp. Biol. Med. **104**, 407 (1960).

Halberg, F., M. B. Visscher, E. G. Flink, K. Berge and F. Bock: Physiological 24-hours periodicity; general and procedural considerations with reference to the adrenal cycle. Z. Vitamin-, Hormon- und Fermentforsch. **10**, 255 (1959).

Halberg, F., Y. L. Tong and E. A. Johnson: Circadian system phase — An aspect of temporal morphology; procedures and illustrative examples. In: Mayersbach, H. von, The cellular aspects of biorhythms, Springer-Verlag, Berlin, Heidelberg, New York 1967, S. 20.

Mayersbach, H. v., und P. Yap: Tagesrhythmische Schwankungen der Leberesterase. Histochemie **5**, 297 (1965).

Yap, P.: Circadian phase differences of lyo- and desmoenzymes. In: Mayersbach, H. von, The cellular aspects of biorhythms, Springer-Verlag, Berlin, Heidelberg, New York 1957, S. 143.

Pathologisches Institut der Universität Marburg/Lahn, DBR

Über Anwendungsmöglichkeiten der Fluoreszenzmikroskopie

von

G. Korb

Seit der ersten Anwendung des Fluoreszenzmikroskopes in der Zell- und Gewebeforschung durch Stübel (1911) hat die Fluoreszenzmikroskopie besonders durch die grundlegenden Arbeiten von Hamperl (1934) und Haitinger (1959) sowie die Verwendung des Fluoreszenzmikroskopes in der Immunhistologie durch Coons und Mitarbeiter (1941) als Methode in der Forschung, aber auch in der Diagnostik in zunehmendem Maße an Bedeutung gewonnen. So ist es nur zu verständlich, daß es heute nicht mehr gelingt, auch nur die wichtigsten Anwendungsmöglichkeiten in einem Vortrag zu demonstrieren. Ich möchte mich daher auf einige wenige Beispiele beschränken, bei denen die Fluoreszenzmikroskopie entweder den üblichen lichtmikroskopischen Untersuchungsmethoden eindeutig überlegen ist, Routineuntersuchungen wesentlich erleichtert oder neue Wege bei tierexperimentellen Untersuchungen eröffnet. Die dabei verwendete Fluoreszenzeinrichtung bestand aus einem HBO-200 Quecksilberhöchstdruckbrenner als Lichtquelle, einem Zeiss-Standard-Mikroskop sowie BG 12-Filtern als Erregerfilter und OG 1-Filter als Sperrfilter. Für die Diapositive wurden Agfa-Tageslichtfilme verwendet.

Allgemein bekannt ist die Tatsache, daß bestimmte Lipopigmente eine Eigenfluoreszenz besitzen. Dabei erscheint bei der angegebenen Filterkombination Lipofuszin in einem bräunlichen, Ceroid dagegen in einem hellgelben Farbton. Vergleichende licht- und fluoreszenzmikroskopische Untersuchungen zeigten, daß im Fluoreszenzmikroskop die Ausdehnung solcher Lipopigmentablagerungen in Geweben besser und genauer zu beurteilen ist, als im Lichtmikroskop. Aus diesen Gründen ist es z. B. empfehlenswert, bei der Beurteilung von Lebergewebe ungefärbte Schnitte fluoreszenzmikroskopisch zu untersuchen. Dabei können auffallend dichte und grobkörnige Lipofuszinablagerungen in den Leberzellen u. a. als diagnostischer Hinweis auf das Vorliegen eines Dubin-Johnson-Syndroms (u. a. Knoke, Gürtler und Markert, 1967) oder eines Phenacetinabusus (Berneis und Studer, 1967) dienen. Daneben erlaubt die Eigenfluoreszenz des Lipofuszin eine einfache Abgrenzung gegenüber lichtmikroskopisch oft gleich beschaffenen jedoch nicht fluoreszierenden Gallepigmentgranula.

Diagnostische Bedeutung kommt weiterhin dem exakten Nachweis von Lipopigmenten bei der Unterscheidung der verschiedenen Formen einer exsudativen Enteropathie zu. Massive Lipopigmentablagerungen in der Darmwand und insbesondere in den Wänden von Lymphgefäßen sprechen für das Vorliegen einer idiopathischen (lymphangiektatischen) Form der exsudativen Enteropathie (Strohmeyer, 1964; Wewalka, 1967).

Wenig beachtet wurde bisher, daß in üblicher Weise mit Haematoxylin-Eosin gefärbte Gewebsschnitte auch für eine fluoreszenzmikroskopische Betrachtung geeignet sind. Die Fluoreszenz wird durch Eosin erzeugt, während das Haematoxylin ein Fluoreszenzlöscher ist und so eine Differenzierung des Gewebsbildes bewirkt. Diese Methode hat sich besonders bei der Beurteilung bestimmter Leber- und Nierenerkrankungen bewährt. In der Leber zeigen neugebildete Bindegewebszüge bei einer Lebercirrhose eine deutliche grün-gelbliche Sekundärfluoreszenz; sie stellen sich damit wesentlich besser dar, als mit lichtmikroskopischen Bindegewebsfärbungen. Damit wird es leichter, sich ein Bild über das Ausmaß der Umbauvorgänge zu machen. In der Niere erscheinen Hyalinisierungsbezirke im Bereich der Glomerula, wie z. B. bei der Arterio-Arteriolosklerose oder der Glomerulosklerose ebenfalls in einer grün-gelblichen Fluoreszenz. Abgesehen davon, daß derartig veränderte Glomerula bereits bei Übersichtsvergrößerungen fluoreszenzmikroskopisch leicht zu erfassen sind, gelingt außerdem eine

Abgrenzung zu Amyloidablagerungen, von denen keine entsprechende Sekundärfluoreszenz ausgeht. Daneben sind Verdickungen der tubulären Basalmembranen ebenfalls leicht zu erkennen. Schließlich kann man mit dieser Methode einen Überblick über die Ausdehnung von Koagulationsnekrosen gewinnen, da solche Nekrosen durch ihre basische Wasserstoffionenkonzentration reichlich saures Eosin binden, was wiederum eine verstärkte Sekundärfluoreszenz zur Folge hat.

Jedem Untersucher sind die Schwierigkeiten bekannt, die sich beim Nachweis von Amyloidablagerungen in Geweben mit den üblichen Nachweismethoden ergeben können. Wesentlich besser sind die Ergebnisse bei einer Fluorochromierung mit Thioflavin. Hierdurch werden Amyloidablagerungen zu einer intensiven gelblichen Sekundärfluoreszenz angeregt; sie sind dadurch exakt nachweisbar (VASSAR und CULLING, 1959).

Neutralfette werden lichtmikroskopisch in der Regel mit Sudan dargestellt. Auch hier führen fluoreszenzmikroskopische Methoden — insbesondere bei einer Anfärbung mit Phosphin III R (Astraphosphin) — zu besseren Ergebnissen. Selbst kleinste Fetttropfen sind durch eine intensive hellgelbliche Sekundärfluoreszenz sicher zu erfassen und leicht zu lokalisieren (PEARSE, 1961). Tierexperimentelle Untersuchungen zeigten ferner, daß sich Neutralfettablagerungen in Zellen mit Phosphin III R früher feststellen lassen, als mit Sudan (HECHT, KORB und DAVID, 1961). Vorteile bringt die Fluoreszenzmikroskopie auch beim Nachweis bestimmter Krankheitserreger mit sich, dies gilt besonders für das Mycobacterium tuberculosis, das sich — jedenfalls im Sputum und in Körperflüssigkeiten — mit Auramin (HERRMANN, 1938) und Acridinorange (ADAMCZYK, 1959) besser und exakter als mit lichtmikroskopischen Methoden nachweisen läßt.

Von Bedeutung in der Kinderpathologie sind ferner die Darstellung von Pneumocysten mit Rhodamin B (OPFERKUCH und RICKEN, 1959) und der Einschlußkörperchen bei der Cytomegalie mit Coriphosphin (ROSCHLAU, 1963).

Eine Reihe neuer Erkenntnisse über Frühveränderungen bei experimentellen Gewebsnekrosen konnten fluoreszenzmikroskopisch durch eine Behandlung unfixierter Schnitte mit Acridinorange gewonnen werden. Mit dieser Methode stellen sich in bestimmten Organen irreversibel geschädigte Gewebsabschnitte durch eine charakteristische Grünfluoreszenz früher dar, als mit üblichen lichtmikroskopischen Methoden. Dies gilt insbesondere für Nekrosen im Herzmuskel (HECHT, KORB und DAVID, 1961; KORB und DAVID, 1962; HECHT, 1963; KORB und TOTOVIC, 1963; KORB und SCHLOSSER, 1966), in der Leber (CAIN, 1958; SCHWIETZER und TERTEL, 1961; HARASZTI und KORB, 1964) und in der Niere (MOLZ, 1956). In der Zwischenzeit hat sich diese Methode bereits in zahlreichen Fällen beim Nachweis früher Nekrosen auch in menschlichen Herzen bewährt und damit wesentlich zur Aufklärung von Todesursachen beigetragen (KORB und KNORR, 1962).

Mit Acridinorange werden Zellstrukturen selbst bei einer Konzentration von 1:100000 angefärbt, so daß sie im Fluoreszenzmikroskop gut zu erkennen sind. Damit ist es möglich, unter bestimmten Umständen diesen Farbstoff als Intravitalfarbstoff zu verwenden. Gute Ergebnisse lassen sich dabei beim Studium von Gewebekulturen (HACKENSELLNER, KORB und SIMON, 1959) und an lebenden Pilzen erzielen.

In den letzten Jahren gelang es uns, die Anwendung der intravitalen Fluorochromierung zu erweitern und z. T. mit einer postmortalen Färbung zu kombinieren.* Die Untersuchungen beruhen auf der Tatsache, daß eine intravenöse Acridinorangeinjektion (0,5 ml pro kg Körpergewicht einer 1%igen, mit Sörensen-Puffer auf pH 7,2 eingestellten Lösung) vom lebenden Organismus über eine kürzere Zeitspanne ohne Begleitreaktion vertragen wird. Der Farbstoff verläßt die Blutkapillaren und reichert sich in Abhängigkeit von der Durchblutung in den Zellen der einzelnen Organe an. Dies läßt sich an unfixierten Schnitten ohne Schwierigkeit demonstrieren. Liegen nun in einem Organ schwere Durchblutungsstörungen vor, so zeigen die Zellen in den betroffenen Abschnitten nur eine abgeschwächte oder keine Sekundärfluoreszenz; sie lassen sich damit ohne Mühe abgrenzen (KORB, KRUG und BECHTELSHEIMER, 1965). Da solche Schnitte im Hellfeld ungefärbt erscheinen, können an ihnen nachträglich sowohl lichtmikroskopische Färbungen als auch histochemische Reaktionen durchgeführt werden. Eine der praktischen Nutzanwendungen ist die, daß es mit dieser Methode gelingt, nach einem experimentellen Gefäßverschluß die Ausdehnung des betroffenen Gebietes bereits unmittelbar danach exakt darzustellen, was sonst makroskopisch und lichtmikroskopisch in der Regel erst nach Stunden möglich ist. Damit können u. a. bereits in der ersten Phase der Ischämie gezielte Gewebsentnahmen aus den verschiedenen Abschnitten der geschädigten Zone für elektronenmikroskopische Untersuchungen entnommen werden, was bereits sowohl beim experimentellen Herzinfarkt (KORB und TOTOVIĆ, 1967), als auch beim Niereninfarkt (TOTOVIĆ, 1968) zu neuen Erkenntnissen über submikroskopische Veränderungen in ischämischen Infarkten geführt hat. Mit dieser Methode war es uns weiterhin möglich, am Beispiel des Entblutungsschocks zu zeigen, daß bei der Katze bei einem Blutdruckabfall auf

* Diese Versuche wurden mit Unterstützung der Deutschen Forschungsgemeinschaft durchgeführt.

40 mm/Hg bereits nach 30 Minuten eine Minderdurchblutung des Myocards vorliegt und nach 3 Stunden neben der subendocardialen und subepicardialen Schicht nur noch kleine unregelmäßige Myocardanteile durchblutet werden.

Weitere neue Untersuchungsergebnisse konnten durch eine Kombination mit einer postmortalen Fluorochromierung bei Experimenten mit einer temporären Coronararterienunterbindung gewonnen werden. Dabei wird das Herz, wie geschildert, intravital mit Acridinorange angefärbt und der Versorgungsbereich des temporär unterbundenen Coronararterienastes postmortal mit einem zweiten Fluoreszenzfarbstoff, nämlich Lichtgrün, perfundiert. Der Versorgungsbezirk hebt sich dann trotz der vorangegangenen Acridinorangefluorochromierung durch eine gelb-bräunliche Sekundärfluoreszenz gut ab. Nach einer längeren temporären Ischämie lassen sich mit dieser Methode in der Regel vier Zonen im Myocard voneinander abgrenzen: Anteile mit einer Grünfluoreszenz; sie wurden intravital mit Acridinorange angefärbt. Gelb bis gelb-bräunlich leuchtende Zonen; sie wurden intravital mit Acridinorange fluorochromiert und zusätzlich postmortal mit Lichtgrün perfundiert. Rotbraune Zonen; hier lag intravital eine Durchblutungsstörung vor, die eine Anfärbung mit Acridinorange verhindert hatte. Postmortal war jedoch eine Perfusion mit Lichtgrün möglich. Ungefärbte Abschnitte; hier lag intravital eine Durchblutungsstörung vor. Gleichzeitig ließ sich keine postmortale Perfusion durchführen.

Damit konnten wir feststellen, daß beim Katzenherzen nach einer temporären Coronararterienunterbindung von 45 bis 60 Minuten Dauer im Versorgungsbereich keine wesentlichen Muskelzellnekrosen entstehen. Kommt es zur Ausbildung von Nekrosen, so sind diese nicht auf die ursprüngliche Ischämie, sondern auf anhaltende Störungen bei der Wiederdurchblutung zurückzuführen (Krug und Korb, 1966).

Bereits aus den wenigen dargestellten Beispielen dürfte mit aller Deutlichkeit hervorgehen, daß es sich bei der Fluoreszenzmikroskopie um eine Methode handelt, die bei sinnvoller Anwendung eine wichtige Ergänzung anderer Untersuchungsmethoden darstellt. Darüberhinaus kann mit Sicherheit angenommen werden, daß die Anwendungsmöglichkeiten der Fluoreszenzmikroskopie noch keinesfalls erschöpft sind und es immer wieder lohnenswert ist, diese Methode bei morphologischen Fragestellungen mit zu berücksichtigen.

Literatur

Adamczyk, B.: Die fluoreszenzmikroskopische Beurteilung des positiven Sputumausstriches und ihre Bewertung in der Tuberkuloseklinik. Tuberkulosearzt, Stuttgart **12/13**, 811—819 (1959).

Berneis, K., und A. Studer: Vermehrung von Lipofuscin in der Leber als Folge von Phenacetinabusus. Virchows Arch. path. Anat. **343**, 75—80 (1967).

Cain, H.: Fermenthistochemische und fluoreszenzmikroskopische Untersuchungen zur Koagulationsnekrose. Verh. Dtsch. Ges. Path. 42. Tgg., 406—411 (1958).

Coons, A. H., H. J. Creech and R. N. Jones: Immunological properties of an antibody containing a fluorescent group. Proc. Soc. Exper. Biol. and Med. **47**, 200—202 (1941).

Hackensellner, H. A., G. Korb und U. Simon: Über das Verhalten von Gewebekulturen bei Behandlung mit Acridinorange. Zbl. allg. Path. **100**, 353—354 (1959).

Haitinger, M.: Fluoreszenzmikroskopie, Geest & Portig, Leipzig 1959.

Hamperl, H.: Die Fluoreszenzmikroskopie menschlicher Gewebe. Virchows Arch. path. Anat. **292**, 1—51 (1934).

Haraszti, A., und G. Korb: Fluoreszenzmikroskopische Untersuchungen an Leberzellnekrosen. Zschr. ges. Inn. Med. Med. **19**, 120—130 (1964).

Hecht, A.: Fluoreszenzmikroskopische Bilder zum experimentellen Herzinfarkt der Ratte. Med. Bild **6**, 93—94 (1963).

Hecht, A., G. Korb und H. David: Vergleichende histochemische, fluoreszenzmikroskopische und elektronenmikroskopische Untersuchungen zur Frühdiagnose des Herzinfarktes bei der Ratte. Virchows Arch. path. Anat. **334**, 267—284 (1961).

Herrmann, W.: Der Nachweis von Tuberkelbazillen mit dem Fluoreszenzmikroskop. Dtsch. med. Wschr. **64**, 1354 bis 1356 (1938).

Knoke, M., H. Gürtler und J. Markert: Die chronisch-idiopathische Hyperbilibinämie mit Pigmentablagerungen in der Leber. Dtsch. med. Wschr. **92**, 832—838 (1967).

Korb, G., und H. David: Fluoreszenzmikroskopische und elektronenoptische Untersuchungen am Herzmuskel der Ratte nach Leuchtgasvergiftungen. Dtsch. Zschr. gerichtl. Med. **52**, 549—557 (1962).

Korb, G., und G. Knorr: Vergleichende licht- und fluoreszenzmikroskopische Untersuchungen frischer Herzmuskelschäden beim Menschen. Virchows Arch. path. Anat. **335**, 159—164 (1962).

Korb, G., und V. Totović: Licht- und fluoreszenzmikroskopische Befunde am Herzmuskel nach einer akuten, kurzfristigen Coronarinsuffizienz. Virchows Arch. path. Anat. **336**, 475—484 (1963).

Korb, G., A. Krug und H. Bechtelsheimer: Fluorochromierungsstudien zur Darstellung der normalen und gestörten Herzmuskeldurchblutung in Schnittpräparaten. Beitr. path. Anat. **131**, 281—289 (1965).

Korb, G., und V. Schlosser: Morphologische Veränderungen im Myocard nach kurzfristiger kompletter Ischämie und unmittelbar anschließender voller Funktionsaufnahme des Herzens. Zschr. Kreislaufforsch. **55**, 14—24 (1966).

Korb, G., und V. Totović: Elektronenmikroskopische Untersuchungen über Frühveränderungen im Zentrum und in der Peripherie experimenteller Herzinfarkte. Virchows Arch. path. Anat. **342**, 85—96 (1967).
Krug, A., und G. Korb: Durchblutungsstörungen und histologische sowie Frühveränderungen am Katzenherzen nach temporärer Unterbindung von Coronargefäßen. Beitr. path. Anat. **134**, 29—51 (1966).
Molz, G.: Fluoreszenzmikroskopische Untersuchungen experimenteller hypoxaemischer Nierenschädigungen. Virchows Arch. path. Anat. **328**, 111—120 (1956).
Opferkuch, W., und D. Ricken: Die Fluorochromierung von Pneumocystis Carinii. Virchows Arch. path. Anat. **332**, 132—136 (1959).
Pearse, A. G. E.: Fluorescence microscopy. In „Histochemistry" Ed. by A. G. E. Pearse, sec. Ed., J. & A. Churchill Ltd., London 1960.
Roschlau, G.: Fluoreszenzmikroskopische Befunde bei der Cytomegalie. Acta histochem. **15**, 234—240 (1963).
Schwietzer, C., und R. Tertel: Histologische Untersuchungen am farbigen Objekt. Münch. med. Wschr. „Farbige Medizin" 1/1961.
Strohmeyer, G.: Exsudative Enteropathie. Gastroenterologia **101**, 323—329 (1964).
Stübel, H.: Die Fluoreszenz tierischer Gewebe in ultraviolettem Licht. Pflügers Arch. Physiol. **142**, 1—14 (1911).
Totović, V.: Über die Entwicklung der ischaemischen Nierenrindennekrose. Licht- und elektronenmikroskopische Untersuchungen an experimentellen Infarkten der Rattenniere. Habilitationsschrift. Med. Fak. Univ. Marburg, 1967.
Vassar, Ph. S., and Ch. F. A. Culling: Fluorescent stains, with special reference to amyloid and connective tissues. Arch. Path., Chicago **68**, 487—498 (1959).
Wewalka, F.: Exsudative Enteropathie. Wiener klin. Wschr. **79**, 434—436 (1967).

Diskussionsredner:

Schedifka (DDR).

Physiologisches Institut der Medizinischen Akademie Magdeburg;
Spezialabteilung für Biophysik und Elektrophysiologie der Zelle, Magdeburg, DDR

Möglichkeiten und Bedeutung der intrazellulären Membranpotentialmessung an kultivierten Einzelzellen

von

K. Redmann

Bei der Fragestellung dieses Kongresses erscheint es durchaus gerechtfertigt, hier über eine moderne physiologische Methodik zu berichten, die in der Lage ist, auf zellulärer Ebene gewisse Beziehungen zwischen Struktur und Funktion zu erforschen.

Wir wissen heute, daß jede *lebende* Zelle ein elektrisches Potential besitzt, das Membranpotential oder Transmembranpotential. Dieses Potential ist im nicht-erregten Zustand stets so gepolt, daß das Zellinnere negativ gegenüber dem extrazellulären Milieu ist. Das Membranpotential beträgt je nach Zellart und Funktionszustand etwa 10 bis 100 mV. Es hat seine Ursache in der ständigen Aufrechterhaltung von Ionen-Konzentrations-Gradienten zwischen intra- und extrazellulärem Raum auf Grund aktiver Stoffwechselleistung der Zelle. Hinzu kommen die spezifischen Eigenschaften biologischer Membranen, insbesondere die unterschiedlichen Membran-*Permeabilitäten* für die verschiedenen Ionen.

Die Erforschung dieser Zusammenhänge und vor allem der Rezeptor- und Nervenphysiologie wurde durch die methodischen Möglichkeiten der intrazellulären Potentialmessung richtungweisend bestimmt. Während man an Riesenzellen schon in den dreißiger Jahren Messungen dieser Art gemacht hat, waren exakte Messungen des Membranpotentials an allen anderen Organ- und Gewebezellen, vor allem auch von Warmblütern erst möglich, als vor knapp 20 Jahren von Ling und Gerard zum ersten Mal Glasmikrokapillaren als intrazelluläre Meßsonden benutzt wurden. Seitdem hat man an Muskelzellen, Nervenzellen, den verschiedensten Organ- und Gewebezellen, Blutzellen, Eizellen, an Einzellern (z. B. Amöben) und an Pflanzenzellen gemessen. Danach hat jede Zellart ein für sie charakteristisches Potential. Tote Zellen haben kein Potential und Zellschädigungen haben eine Potentialerniedrigung zur Folge. Somit ist das Zell-Membranpotential als ein brauchbares Maß für die Lebens- und Funktionstüchtigkeit der Zelle anzusehen.

Warum Messungen an Zellkulturen?

Messungen an Zellkulturen, vor allem menschlicher Zellen, gibt es bisher nur sehr wenige, was wohl auf die erheblichen experimentellen Schwierigkeiten zurückzuführen ist. Dabei wird heute in vielen Forschungsrichtungen die kultivierte Einzelzelle in vitro als Modell für die Zelle im Organismus benutzt. Zellkulturen, zumal von permanenten Stämmen, die sich unter entsprechenden Bedingungen ununterbrochen weiterzüchten lassen, ohne daß sie ihre Merkmale in der Nachkommenschaft prinzipiell verändern, haben den großen Vorteil, daß sie über längere Zeit homogenes Ausgangsmaterial für experimentelle Untersuchungen liefern. Die Zellkultur erweist sich auch immer dann als zweckmäßig, wenn Membran- oder Zelleigenschaften völlig isoliert, d. h. in Abwesenheit von nervösen und humoralen Steuerungsmechanismen des Organismus untersucht werden sollen.

Methodische Möglichkeiten

Um kultivierte Einzelzellen in der Kultur sauber und ohne wesentliche Verletzung punktieren zu können, müssen diese Zellen in irgendeiner Weise fixiert sein. So hat man u. a. versucht, z. B. Erythrozyten in sehr feinmaschigen Netzen festzulegen. Andere Autoren arbeiten an mit Agar stabilisierten

Zellsuspensionen. In unserem Institut in Magdeburg hat sich die Deckglaskultur als sehr brauchbar erwiesen. Auf Deckgläschen von 9 × 18 mm wachsen z. B. *K. B.-Krebszellen* oder *Affen-Nieren-Zellen* als festhaftender Zellrasen, als monolayer-Kultur. Diese Deckgläschen befinden sich zur Messung mit dem entsprechenden Nährmedium in einer dem Mikroskop angepaßten und thermostatisierten Meßkammer. Sehr günstig erweist sich für diese Arbeiten ein umgekehrtes Mikroskop oder man arbeitet vorteilhaft an der nach unten hängenden Zellkultur. Mit Hilfe von Mikromanipulatoren werden die Meßsonden an die Zellschicht herangeführt und unter mikroskopischer Kontrolle definiert in die Zellen eingestochen.

Als Meßsonden werden die schon genannten Glasmikroelektroden nach Ling und Gerard benutzt. Es handelt sich um sehr fein ausgezogene Kapillaren, die mit einer Elektrolytflüssigkeit (3 mol KCl) gefüllt sind und deren äußerer Spitzendurchmesser kleiner oder gleich 0,5 μm ist. Ihr elektrischer Widerstand beträgt 20 bis 40 MOhm; das Spitzenpotential oder Tip-Potential der von uns verwendeten Elektroden beträgt höchstens 2 bis 3 mV. Elektrischer Bezugspunkt ist die Badflüssigkeit, in der sich die niederohmige, indifferente Elektrode befindet. Beide Elektroden werden über symmetrische Meßketten und Kalomel-Elektroden mit dem Eingang eines hochohmigen Gleichspannungsverstärkers verbunden. Die Anzeige und Registrierung der Potentiale erfolgt über einen Oszillographen und eine Kamera.

Ergebnisse

Bei Punktion einer Zelle springt das Potential an der Elektrode auf den Wert des Membranpotentials, beim Herausziehen der Elektrode aus der Zelle wird wieder Null registriert. Zum Teil findet man an den Zellen eine geringe positive Oberflächenladung. Etwa 5—10 Sekunden nach der Punktion beginnt das Membranpotential langsam abzusinken, da auch bei sorgfältigster Punktion die Zelle etwas geschädigt und damit wahrscheinlich „leck" wird. Die kultivierte Einzelzelle ist in dieser Beziehung wesentlich empfindlicher als eine fest im Gewebeverband sich befindende Zelle. Daraus folgt, daß man bei allen Untersuchungen dieser Art nicht an einer Zelle mehrmals bzw. über eine längere Zeit messen kann. Man kann nur an vielen Zellen jeweils einmal messen. Bei einwandfreier, verletzungsarmer Zellpunktion findet man eine beinahe glockenförmige Verteilung der Membranpotentiale in der Deckglaskultur. Bei schlechter Punktionstechnik und mechanischer Zellschädigung überwiegen dagegen die „Verletzungs"-Potentiale. Benachbarte Zellen zeigen vielfach gleiche Potentiale. Die Standardabweichung des Einzelwertes beträgt reichlich 30% und dürfte physiologisch durch Unterschiede bezüglich Alter und Funktionszustand bedingt sein, zumal wir nicht an synchronisierten Kulturen gearbeitet haben. Sowohl bei K. B.-Krebszellen als auch bei Affen-Nieren-Zellen fanden wir stets eine Quasi-Normalverteilung. Eine leichte Rechtsverschiebung könnte dadurch bedingt sein, daß in gewissen Stadien der Zellentwicklung ein Teil der Zellen ein höheres Potential besitzt. Außerdem ist der Zellrasen nie völlig gleichmäßig gewachsen und auch daraus folgen unterschiedliche Potentiale. Für K. B.-Zellen finden wir ein mittleres Membranpotential von —13 mV, für Affen-Nieren-Zellen ein mittleres Potential von —12 mV. Auf Grund der Ergebnisse erscheint uns die Angabe des arithmetischen Mittels und der mittleren Abweichung desselben sowie der Standardabweichung als ausreichend.

Kultivierte Einzelzellen haben anscheinend auf Grund der Isolierung aus dem Zellverband grundsätzlich ein niedrigeres Zellpotential als die Zelle im Gewebe. Das stimmt mit Ergebnissen von Günther und Goecke überein, wonach der Kaliumgehalt der Zellen bei Isolierung mit Trypsin sinkt.

Zur Bedeutung der intrazellulären Potentialmessung an kultivierten Einzelzellen

Worin liegt nun die Bedeutung dieser Ergebnisse und solcher Messungen überhaupt? Zunächst möchten wir auf Grund unserer Untersuchungen sagen, daß eine einwandfreie reproduzierbare Messung des Membranpotentials in der Zellkultur möglich ist und daß das Membranpotential in der Zellkultur im Gegensatz zur Meinung z. B. von Schaefer und Schanne etwa einer Normalverteilung unterliegt. Deshalb scheint es uns von Bedeutung zu sein, Untersuchungen über die Beziehungen zwischen dem elektrischen Polarisationszustand der Zellmembran und anderen Zelleigenschaften und Funktionen am Modell der Zellkultur anzustellen. Dies sollte aus zwei Gründen geschehen: Erstens können Untersuchungen dieser Art der Klärung rein zellbiologischer Probleme im Sinne des Zusammenspiels von Physiologie, Biochemie und Morphologie dienen. Zweitens kann überall dort, wo heute die Zellkultur ihre praktische Anwendung als Modell der Zelle in vivo findet, die Membranpotentialmessung wertvolle Aussagen machen. Es sei nur auf die Virologie, die Bakteriologie, die Strahlenbiologie, die Onkologie oder auf die Prüfung der zytostatischen Wirksamkeit von chemischen Substanzen hingewiesen. In allen diesen Fällen wird fast ausschließlich die Hemmung oder Förderung des Zellwachstums bzw. der

Zellteilung als Kriterium für den jeweils untersuchten Effekt benutzt. Hier könnte das Membranpotential, verstanden als ein physiologisches Maß für die Funktionstüchtigkeit der Zelle bzw. für den Grad einer möglichen Zellschädigung, zu weiteren Aussagen führen.

Über dem Gesagten soll nicht vergessen werden, daß Ergebnisse an Zellkulturen stets mit Vorsicht und Kritik auf die Verhältnisse im Organismus übertragen werden sollten. Die kultivierte Einzelzelle ist und bleibt ein Modell. Aber dieses Modell hat den großen Vorteil, daß es lebt!

Literatur

Bernhardt, J., H. Pauly und B. Rajewsky: Das Membranpotential von Ehrlich-Aszitestumorzellen. Abstracts, Second International Biophysics Congress of the International Organization for Pure and Applied Biophysics (IOPAB), Wien 5.—9. Sept. 1966 G. Gistel & Cie., Wien 1966 (Vortrag Nr. 360).

Bernhardt, J., and H. Pauly: Membrane Potential of Ehrlich Mouse Ascites Tumour Cells and Tip Potential of Microelectrodes. studia biophysica, Berlin **2**, 275—280 (1967).

Douglas, W. W., T. Kanno and S. R. Sampson: Effects of Acetylcholine and other Medullary Secretagogues and Antagonists on the Membrane Potential of Adrenal Chromaffin Cells: An Analysis Employing Techniques of Tissue Culture. J. Physiol. **188**, 107—120 (1967).

Günther, T., und C. Goecke: Änderung der Permeabilität bei der Isolierung von Zellen. Z. Naturf. **21** b, 1171 (1966).

Johnstone, B. M.: Micro-Electrode Penetration of Ascites Tumour Cells. Nature **183**, 411 (1959).

Klärner, P.: Zur Beeinflussung intrazellulärer Potentiale von Transplantationstumoren durch ein Cytostaticum. Naturwissenschaften, **23**, 644 (1965).

Ling, G., and R. W. Gerard: The Normal Membrane Potential of Frog Sartorius Fibers. J. cell. comp. Physiol. **34**, 383 (1949).

Redmann, K., Ch. Stolte und D. Lüders: Membranpotentialmessungen an KB-Zellkulturen. Naturwissenschaften **54**, 255 (1967).

Redmann, K.: Die Verteilung des Membranpotentials in der Zellkultur. Biophysik **4**, 92—96 (1967).

Redmann, K., und D. Moschcau: Eine Kammer zur Messung von Membranpotentialen in Zellkulturen. Acta biol. med. german. **20**, 255—257 (1968).

Rerabek, J., und E. Rerabek: Leitfaden der Gewebezüchtung. VEB Gustav Fischer-Verlag Jena 1960.

Schaefer, H., und O. Schanne: Membranpotentiale von Einzelzellen in Gewebekulturen. Naturwissenschaften **43**, 445 (1956).

Schanne, O.: Das Verhalten des Membranpotentials von Zellkulturen unter besonderer Berücksichtigung malignen Gewebes. Z. Biol. **112**, 234—252 (1960).

Sekiya, T.: Studies on the Membrane Potential of Ehrlich Ascites Tumor Cell. GANN **53**, 41—57 (1962).

Sperelakis, N., and D. Lehmkuhl: Effects of temperature and metabolic poisons on membrane potentials of cultured heart cells. Am. J. of Physiol. **213**, 719 (1967).

Geschwulstklinik der Humboldt-Universität Berlin, DDR

Polarisationsoptische Untersuchungen am Bindegewebe der weiblichen Brustdrüse

von

L. MEGYERI

Die polarisationsoptische Untersuchung des menschlichen Bindegewebes ist seit langer Zeit bekannt. Die erste anisotrop-topooptische Reaktion der Kollagenfasern, die Phenolreaktion, wurde von EBNER angeführt. SCHMIDT (1932) beschäftigt sich ausführlich mit den dichroitischen Färbungsreaktionen der tierischen Gewebe. Nach den Untersuchungen von ROMHÁNYI (1967) kann man aus den polarisationsoptischen Untersuchungsergebnissen des Bindegewebes auf die submikroskopischen Eigenschaften bestimmte Schlußfolgerungen ziehen.

Die kollagenen Fasern haben nach Formol-Fixierung optisch eine positive einachsige Doppelbrechung, ihre optische Achse ist gleichlaufend mit der Längsachse. Normalerweise werden die Fasern dichroitisch nach einigen basischen Färbungen: Toluidinblau, Azur; neben den anomalischen Farben erhöht sich auch der Wert ihrer Doppelbrechung. Die gefärbten Kollagenfasern zeigen eine Anisotropie vom additiven Typ, die von der axiparallelen Orientierung der Farbmoleküle verursacht wird (ROMHÁNYI und DEÁK, 1967).

Die Kollagenfasern verändern diese Eigenschaften nach besonderen Einwirkungen in vivo und in vitro: die Anisotropie hat einen inversiven Typ, die Farbmoleküle werden axiperpendikulär orientiert. Diese Veränderung kommt in vitro und in vivo nach den chemischen und physikalischen Wirkungen zustande (DEÁK und ROMHÁNYI, 1967; HORVÁTH-KOVÁCS und ROMHÁNYI, 1967).

Ich untersuchte die anisotropischen Eigenschaften der Kollagenfasern in der weiblichen Brustdrüse bei pathologischen Umständen. Mein Untersuchungsmaterial stammt meist aus Operations-, teils aus Obduktionsmaterial.

Nach Formol-Fixierung wurden die Gefrierschnitte nach ROMHÁNYI (1963) mit Toluidin-Blau gefärbt. Die Paraffinschnitte wurden nach der Phenolreaktion oder in nativem Zustand eingedeckt. Die Schnitte wurden mit dem Polarisationsmikroskop vom Typ Poladun II M und Poladun IV M (ROW) untersucht. Der Gangunterschied wurde nach der Messung eines Ehringhaus-Kompensators (ROW) vom gegebenen Nomogramm bzw. von den Tabellen errechnet.

Ergebnisse

Man kann zwei Typen von Bindegewebe der Brustdrüse unterscheiden: das sogenannte ,,spezifische Bindegewebe", welches sich in den periduktalen und intralobulären Gebieten mit feineren und aufgelockerten Fasern befindet. Dieses spezifische Bindegewebe steht unter hormonellem Einfluß und ändert sich z. T. während des Zyklus.

Das andere sogenannte ,,allgemeine Bindegewebe" ist von gleichem Bau wie das Skelettbindegewebe, seine Fasern sind gröber, es reagiert nicht direkt auf hormonelle Einwirkungen.

Allgemeines Bindegewebe

In der normalen und mastopathischen Brustdrüse ändert sich der Wert des Gangunterschiedes der Kollagenfasern gegenüber allgemeinem Bindegewebe unter 20—60 nm. Nach der Phenolreaktion zeigen die zu negativen Vorzeichen werdenden Fasern einen mäßig erhöhten Wert des Gangunterschiedes

(30—80 nm). Nach der Toluidinblau-Färbung hatten die Fasern eine additive Anisotropie-Stenokollagen (ROMHÁNYI und DEÁK, 1967), hierbei wird der Wert ihrer Doppelbrechung höher, der Gangunterschied unter 55—150 nm.

Bei entzündlichen Vorgängen u. a. — bei der Granulation nach Incisionen periduktaler und traumatischer Mastitis, Tuberculose — weisen die Kollagenfasern ähnliche Eigenschaften auf, ausgenommen der Typ der Anisotropie nach Toluidinblau-Färbung: er wird inversiv (Porokollagen) sein, Vorzeichen wird negativ. Die numerische Steigerung des Gangunterschiedes ist ähnlich wie bei obiger Gruppe.

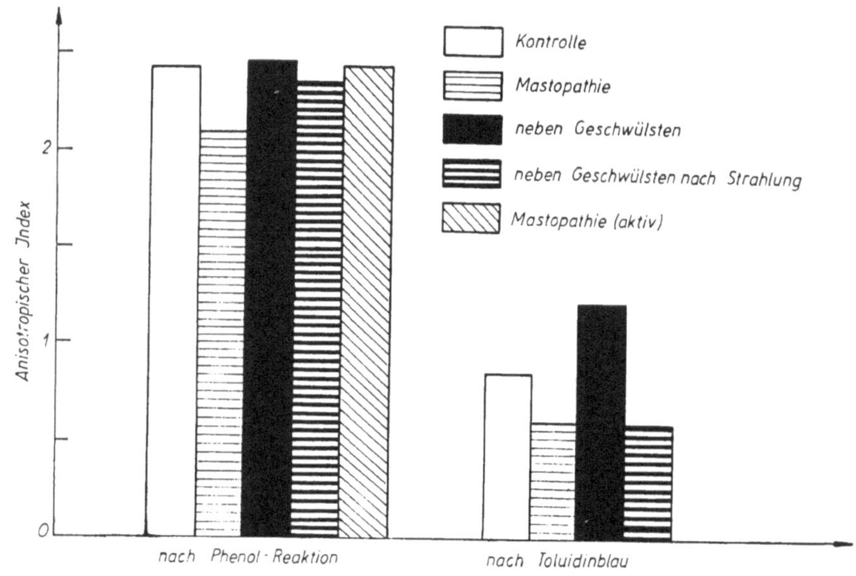

Abb. 1. Allgemeines Bindegewebe

Bei den bösartigen Geschwülsten kann man einen Unterschied im allgemeinen Bindegewebe machen: das peritumorale allgemeine Bindegewebe besteht in vielen Fällen aus Porokollagen, während es in anderen Gebieten Stenokollagen enthält.

Spezifisches Bindegewebe

Die Kollagenfasern des spezifischen Bindegewebes verhalten sich wie Porokollagen. In einigen Fällen nimmt das allgemeine Bindegewebe den Platz des spezifischen Stromas ein. Man kann sehr schön die Grade des Übergangszustandes bei dem spezifischen Bindegewebe in den Toluidinblau gefärbten Schnitten erkennen. Das porokollagenale Übergewicht in den ersten Stadien ändert sich graduell bis zum Übergewicht des Stenokollagens.

Bei aktiver, eine Epithelhyperplasie zeigender Mastopathie sind die nativen Gangunterschiede relativ klein; so ist das Verhältnis der Steigerung des Gangunterschiedes größer (von 20—40 nm bis zum 130—160 nm).

Fibroadenome

Das Stroma der Fibroadenome zeigt ein abwechselndes Bild. Die Kollagenfasern sind teils Steno-, teils Porokollagene. Die Fasern des in der Entwicklung begriffenen und aktive Epithelerscheinungen zeigenden, hauptsächlich bei Jugendlichen entstehenden Fibroadenoms sind Porokollagen. Unter den Fasern des ausentwickelten Fibroadenoms im Ruhezustand zeigt sich auch das Stenokollagen. Die hyalinisierten, und andere regressive Erscheinungen zeigenden Fibroadenome bestehen nur aus den Stenokollagenen.

Im Stroma der bösartigen Geschwülste findet man hauptsächlich nur Porokollagen. Bei einigen Geschwülsten kann man zwischen den Porokollagenen auch die Stenokollagenfasern finden. Vielleicht ergibt sich noch eine Möglichkeit, das Paleo- und Neostroma zu unterscheiden.

Wir können zusammenhängend mit der Anisotropie der Bindegewebsfasern noch eine andere Eigenart, den anisotropischen Index, untersuchen. Der anisotropische Index drückt die Änderung der Doppelbrechung nach den Reaktionen oder Färbungen in dem Gangunterschied der ungefärbten Fasern wie in der Einheit aus (ROMHÁNYI, 1963).

Die Indices der unterschiedlichen Gruppen sind aus den Säulendiagrammen ersichtlich (Abb. 1 und 2).

Es scheint nach den Diagrammen, daß die anisotropischen Indices der Fasern des aktiven Bindegewebes und des Geschwulststromas höher sind. Die Indices des allgemeinen Stromas und des spezi-

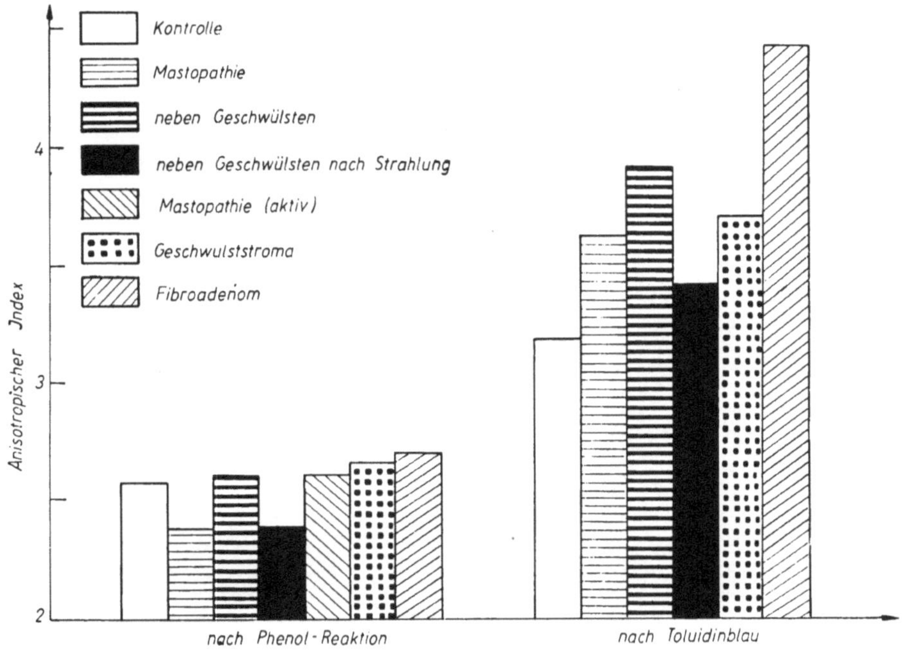

Abb. 2. Spezifisches Bindegewebe

fischen Bindegewebes der beruhigten mastopathischen Gebiete sind niedriger. Es ist interessant, daß die Indices bei allgemeinen und auch spezifischen Bindegewebsfasern nach Bestrahlung abnehmen.

Es ergibt sich durch unsere Untersuchungen, daß unter den Umständen des Stoffwechsels beim jüngeren Bindegewebe, bei entzündlichen Vorgängen und im Stroma von Geschwülsten eine Änderung der Eigenschaften des Bindegewebes vorkommt. Diese Änderungen sind auch ohne eine spezifisch chemische oder physikalische Behandlung festzustellen.

Literatur

DEÁK, G., and G. ROMHÁNYI: The termal Shrinkage Process of Collagen Fibres as Revealed by Polarisation Optical Analysis of Topooptical Staining Reactions. Acta Morph. Acad. sci. Hung. **15**, 195—208 (1967).

HORVÁTH-KOVÁCS, A., and G. ROMHÁNYI: Ultrastructural Changes of Collagen Fibres in Wheals Produced by Intracutaneous Injection of Different Substances in the Rat. Acta Morph. Acad. sci. Hung. **15**, 209—220 (1967).

ROMHÁNYI, G.: Über die submikroskopische strukturelle Grundlage der metachromatischen Reaktion. Acta Histochem. (Jena) **15**, 201—233 (1963).

ROMHÁNYI, G., and G. DEÁK: The submicroskopic structure of collagen fibres as revealed by topooptical staining reactions with cationic dyes. Acta Morph. Acad. sci. Hung. **15**, 147—161 (1967).

SCHMIDT, W. J.: Dichroitische Färbung tierischer und pflanzlicher Gewebe. In ABDERHALDENS Handbuch der biologischen Arbeitsmethoden. Abt. V. 2/II. Urban und Schwarzenberg, Berlin—Wien, S. 1835—1923 (1932).

Deutsche Akademie der Wissenschaften zu Berlin, Institut für kortiko-viszerale Pathologie und Therapie Berlin-Buch, DDR

Der histochemische Nachweis der B-Sulfatase

von

H. WOOHSMANN

Die Sulfatasen bilden eine Gruppe von Esterasen, die Sulfatester in Schwefelsäure und eine kationische Gruppe spalten. Es gibt eine Reihe sehr spezifischer Formen, wie z. B. die Myrosulfatase, die Cerebrosidsulfatase, die Chondrosulfatase und andere. Dagegen verhält sich die Arylsulfatase in ihrer Substratwahl anscheinend modifizierter. Bis heute sind nach den Untersuchungen von ROY und der Schule von DODGSON und SPENCER 3 Typen der letzteren bekannt geworden, die je nach ihren Eigenschaften als Typ A, B und C klassifiziert werden. In der Histochemie war ihr Nachweis deshalb nicht vordergründig, weil 1. ihre echten Substrate im Stoffwechselgeschehen des Körpers nicht bekannt und 2. reproduzierbare Methoden bisher noch nicht entwickelt waren, wenn man von der hinsichtlich der Lokalisation mit Fehlerquellen behafteten Nachkupplungsmethode von RUTENBURG und Mitarbeitern zum Nachweis der C-Sulfatase absieht.

Heute weiß man aus den Veröffentlichungen von CALVIN und LIEBERMAN (1964), WARREN und FRENCH (1965), FRENCH und WARREN (1966) u. a., daß bei dem komplizierten Steuerungsmechanismus der Steroidsynthesen sowohl die Sulfokinasen, als auch verschiedene Sulfatasen eine ganz bedeutende Rolle im Organismus spielen, in dem nämlich eine ganze Reihe von Steroidsulfaten als sogenannte Präkursoren für weitere Synthesen im Körper Verwendung finden. OERTEL und GROOT (1965) konnten nachweisen, und das unterstreicht ganz besonders die Bedeutung der Sulfatasen, daß in der Nebenniere innerhalb von 24 Stunden 15 mg Dehydroepiandrosteron ausgeschüttet werden, davon ungefähr 10 mg als Sulfatkonjugat. LIEBERMAN (1966) nimmt an, daß einige an der Umwandlung der Steroide beteiligten Enzyme, wie verschiedene Steroiddehydrogenasen und Isomerasen die Sulfatester bevorzugen. Der histochemische Nachweis der eigentlichen Steroidsulfatase, die vornehmlich die 3 β-Sulfate der 5 α und Δ 5 Steroide hydrolysiert, ist bisher noch nicht gelungen. Nach PULKKINEN (1961) ist aber die B-Sulfatase befähigt, Steroidsulfatester mit einem aromatischen Ring, wie zum Beispiel das Oestronsulfat, zu hydrolysieren und zu aktivieren. Aus diesen Gründen wird der histochemische Nachweis der Sulfatasen ganz besonders interessant, da sich durch die Darstellung der Topochemie dieses Enzyms, die Orte der Aktivitätsbildung ermitteln lassen.

Wir (WOOHSMANN und HARTRODT) entwickelten mehrere Methoden, von verschiedenen Substraten ausgehend, um vor allen Dingen eine sichere lysosomale Topik zu erreichen. Dafür erschien die simultane Kupplungstechnik mit hexazotiertem Pararosanilin besonders geeignet. Bei der Anwendung stabiler Diazoniumsalze wird der Nachweis leicht diffus. Die beste cytochemische Lokalisation erhielten wir mit den Substraten α-Naphtholsulfat, 8-Oxychinolinsulfat und Naphthol-AS-Sulfat. Ihre Herstellung wurde bereits in der „Histochemie 4", im „Journal für praktische Chemie 27" und in der „Histochemie 11" beschrieben, zum Teil auch schon die histochemische Methode. Es sei ganz besonders hervorgehoben, daß für das Gelingen einer vorbildlichen Nachweisreaktion nur mehrfach umkristallisierte Substrate Verwendung finden dürfen. Es hat sich auch gezeigt, daß es vorteilhafter ist, den Kuppler jeweils kurz vor dem Ansatz zu lösen und zu hexazotieren, da es im Inkubationsmedium sonst vielfach zu Niederschlagsbildungen kommt. Es sei auch noch erwähnt, daß keinesfalls Phosphat- oder Zitratpuffer verwendet werden darf, da sie die Sulfataseaktivität vollständig hemmen. Nach unseren Erfahrungen gestaltet sich der Nachweis überhaupt, vermutlich auf Grund unterschiedlicher Löslichkeitsverhältnisse des Enzyms in den verschiedenen Organen wesentlich problematischer, als das etwa vergleichsweise bei den Phosphatasen oder der unspezifischen Esterase der Fall ist. Gutes Durchfixieren der Organstückchen ist daher Voraussetzung für das Gelingen der Methode. Goldfischer (1965) empfiehlt für den sehr schwierigen Nachweis der B-Sulfatase in der Leber sogar eine Perfusion mit Glutaraldehyd in situ oder verlängert die Fixationszeit auf 1 Woche. Wir hatten gute Erfolge durch das Einlegen der durchfixierten Blöcke in Holtsche Sucroselösung und konnten noch nach einer Lagerung von 3 Monaten im Kühlschrank, Aktivität in der Rattenniere nachweisen. Auch in zahlreichen anderen Organen läßt sich die B-Sulfatase erfassen: z. B. in der Nebenniere, im Nebenhodenschwanz, im Zentralnervensystem, in der Milz, der Lunge sowie in verschiedenen anderen Geweben und unter optimalen Bedingungen auch in der Leber. Sehr hohe Aktivitäten fanden wir in den Schleimdrüsen der Weinbergschnecke, in den Geschlechtsorganen der graviden Ratte, besonders im Uterusepithel, in den Glykogenzellen und den Riesenzellen der Placenta.

Durch vier Kontrollen läßt sich eine eindeutige Enzymreaktion belegen:

1. durch die Inkubation ohne Substrat,
2. durch die Vorbehandlung der Schnitte mit heißem Wasser 15 Minuten bei 90 °C,
3. durch eine spezifische Hemmwirkung von Phosphationen NaH_2PO_4 0,01 M,
4. durch eine Hemmwirkung von Natriumsulfit Na_2SO_3 0,01 M.

Sulfate selber zeigen eine geringe Hemmwirkung. Wir führten auch den Nachweis, daß mit unseren Methoden nur die B-Sulfatase erfaßt wird. Durch die Agar-Gel-Elektrophorese mit anschließender Inkubation der Agarplatten erfaßt man einen zur Kathode wandernden Abschnitt, der der B-Sulfatase entspricht und der auch von Roy als B-Sulfatase isoliert wurde.

Literatur

Calvin, H. J., and S. Lieberman: Biochemistry **3**, 259—264 (1964).
French, A. P., and J. C. Warren: Steroids **8**, 79—85 (1966).
Goldfischer, S.: J. Cytochem. Histochem. **13**, 520—522 (1965).
Hartrodt, W., und H. Woohsmann: J. prakt. Chem. **27**, 99—107 (1965).
Lieberman, S.: Excerpta Medica 111, Sec. Internat. Congr. on hormonal steroids, p. 2 (1966).
Oertel, G. W., und K. Groot: Hoppe Seylers Z. physiol. Chem. **341**, 204—214 (1965).
Pulkkinen, M. O.: Acta physiol. scand. 52, Suppl. 180, 1—92 (1961).
Woohsmann, H., und W. Hartrodt: Histochemie **4**, 336—344 (1964).
Woohsmann, H., und W. Hartrodt: Histochemie **11**, 81—87 (1967).

Diskussionsredner:

Bolla (VR Ungarn).

Aus dem Institut für Anatomie der Medizinischen Hochschule Hannover, DBR

Probleme der biochemischen und histochemischen Glycogendarstellung

von

R. Leske

Kugler und Wilkinson (1959, 1960, 1961) sowie Trott et al. (1962) haben auf die Beziehungen zwischen dem Ausfall der biochemischen Glycogenbestimmung und den histochemisch nachweisbaren Glycogenmengen hingewiesen. Eine frühere Untersuchung zeigte, in wieweit technische Faktoren bei dem histochemischen Nachweis von Glycogen den Reaktionsausfall beeinflussen können (Leske, 1967). Für biochemische und histochemische Glycogenstudien sind drei Faktoren entscheidend:

1. der biochemische Nachweis von Glycogen im Gewebe
2. der chemische Nachweis von Glycogen fixierter Gewebe
3. die Verarbeitung des Gewebsmaterials für die histochemische Untersuchung.

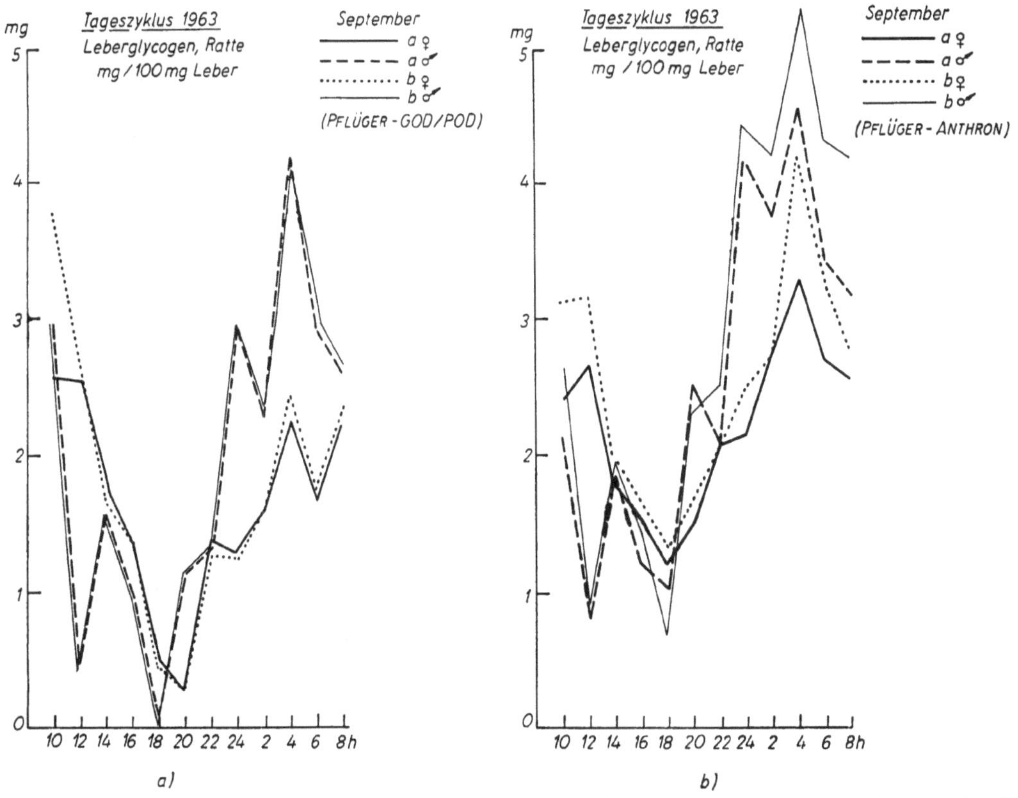

Abb. 1. Tagesrhythmusprofil des Leberglycogens. Glycogendarstellung durch KOH-Extraktion. Quantitativer Nachweis: a) fermentativ mit Glukoseoxydase-Peroxydase (GOD/POD)-Reaktion b) mit der Anthron-Methode

Die quantitative Bestimmung von Glycogen in Geweben erfolgt fast allgemein nach dem klassischen Prinzip von Pflüger durch KOH-Digestion und Ausfällung des Glycogens mit Äthanol oder aber durch Extraktion der Gewebe mit 5% Trichloressigsäure (TCA) und Ausfällen des Glycogens aus dem TCA-Extrakt mit Äthanol. Stetten et al. (1958) kombinieren diese beiden Methoden. Das mehr oder weniger rein dargestellte Glycogen wird durch starke Mineralsäuren hydrolisiert und die entstandene Glukose nachgewiesen. Für den Zuckernachweis hat sich seit den Arbeiten von Seifter et al. (1950) das Anthron-Reagenz eingebürgert. Koritz und Munk (1960) sowie Balzer und Palm (1962) hingegen bestimmen die aus Glycogen entstandene Glukose fermentativ mit der Glukoseoxydase-Peroxydase (GOD/POD)-Reaktion (Notadin) nach Keilin und Hartree (1952).

Systematische Untersuchungen der quantitativen tagesrhythmischen Veränderungen des Leberglycogens schlossen auch einen Vergleich der beiden Methoden ein. Das Glycogen wurde jeweils durch Digestion der Gewebe mit KOH, Präzipitation und Waschen mit Äthanol gewonnen. Nach Hydrolyse des Glycogens mit HCL wurde die Glukosebestimmung sowohl mit der Anthron- als auch der GOD/POD-Methode durchgeführt. Die Abbildung 1 zeigt das Ergebnis einer Tagesrhythmusaufnahme mit diesen beiden Methoden. Beide vermitteln einen deutlich erkennbaren Glycogenrhythmus durch quantitativ tageszyklische Veränderungen. Es fällt aber auf, daß die enzymatische Methode für die einzelnen Zeitgruppen Werte liefert, die nur geringfügige Abweichung bei Doppelbestimmungen aufweisen (Abb. 1a). Mit der Anthronmethode (Abb. 1b) hingegen weichen bei Doppelbestimmungen die Zeitgruppenwerte stark voneinander ab. Darüberhinaus fällt beim Vergleich der beiden Kurven auf, daß trotz der Ähnlichkeit des Kurvenverlaufes die Relativschwankungen innerhalb des Tagesrhythmus

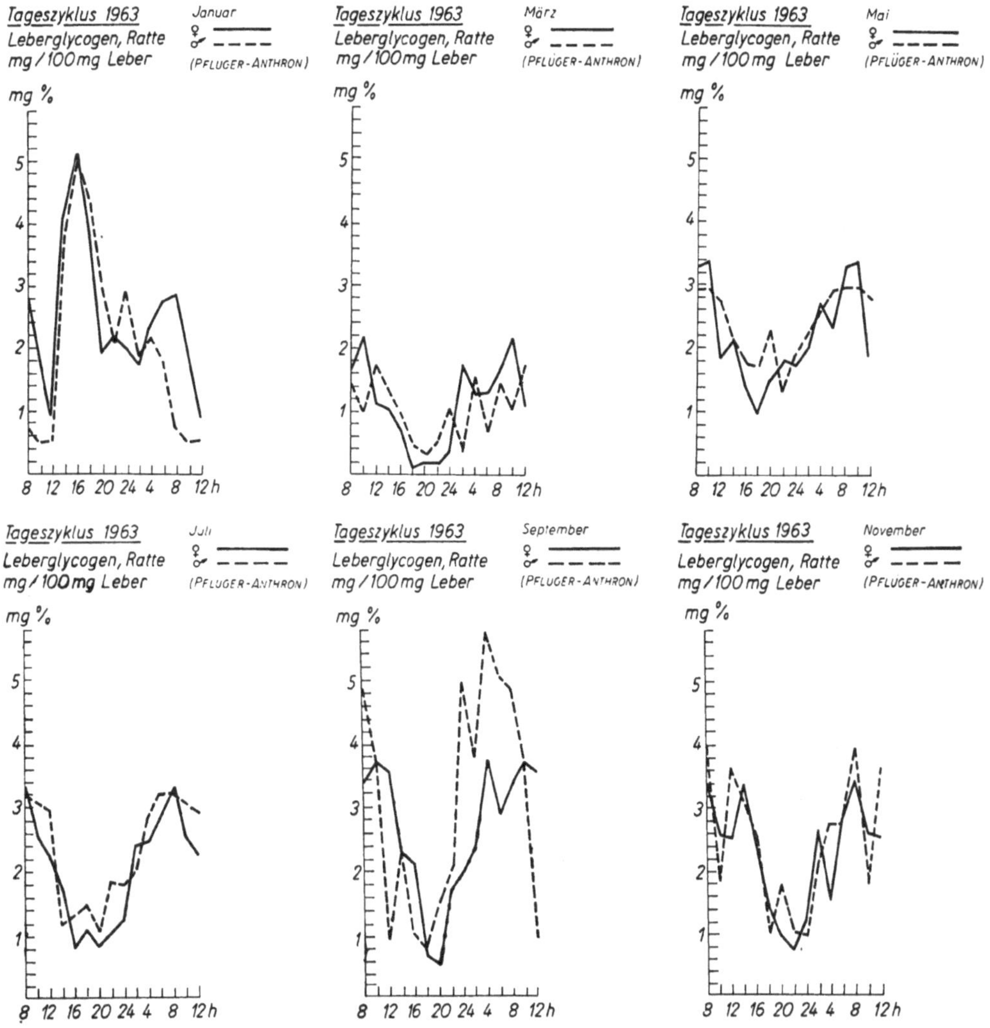

Abb. 2. Quantitative Glycogenbestimmung. Beachte die jahreszeitlichen Unterschiede der Tagesprofile

durch die enzymatische Glukosebestimmung deutlicher zum Ausdruck kommen als durch die Anthronmethode. Die Ursachen für diese Erscheinung liegt zweifellos an der Tatsache, daß das Anthronreagenz mit jeder reduzierenden Substanz Farbreaktionen ergibt. Die Aufbereitungsmethoden des Glycogens erlauben jedoch nicht dessen völlige Reindarstellung, da diese mit bedeutenden Verlusten verbunden ist. Solche Reinigungsmaßnahmen verbietet die Problemstellung. Obwohl die Anthronmethode zeitsparend und weniger arbeitsintensiv ist, muß für die tagesrhythmischen Glycogenuntersuchungen dem fermentchemischen Glukosenachweis unbedingt der Vorzug gegeben werden, damit nicht die gleichzeitig extrahierten reduzierenden Substanzen, die tagesrhythmisch in verschiedener Menge anfallen, Glycogen vortäuschen.

Die biochemische Bestimmung von Tagesrhythmusprofilen in verschiedenen Monaten eines Jahres zeigen deutliche Saisonschwankungen (Abb. 2). Diese betreffen die Lage der Maxima und Minima, sowie den durchschnittlichen Glycogengehalt über 24 Std. (Mayersbach und Leske, 1966). Die histochemische Untersuchung des gleichen, in Carnoy fixierten Gewebematerials ergibt teilweise eine gute Übereinstimmung der Stärke der histochemischen Reaktionen mit biochemischen Analysen. Teilweise aber stimmen histochemische und biochemische Werte nicht überein; so wurden z. B. in den Wintermonaten höhere Glycogenwerte gefunden als im Frühjahr. Das histochemische Bild ergab aber umgekehrte Resultate: im Winter konnte histochemisch nur wenig Glycogen dargestellt werden, im Frühjahr hingegen sehr viel. Dieses Ergebnis veranlaßte die Untersuchung der Wirkung verschiedener Fixationsmittel, da diesen entscheidende Bedeutung zugesprochen wird (Barka und Anderson, 1963, Culling, 1963, Graumann, 1959—1965, Romeis, 1948, Trott, 1961, u. a. m.). Andere Autoren (Lillie, 1954; Baker, 1945; Pearse, 1960) hingegen finden den Einfluß von Fixationsmitteln auf die histochemische Darstellbarkeit von Glycogen weniger bedeutend. Nach Swigart et al. (1960) ist die Glycogenerhaltung in Gewebsblöcken nach Fixierung in verschiedenen Fixantien völlig gleich gut.

Wir untersuchten die Wirkung von Fixantien durch biochemische Bestimmung des Glycogengehaltes in gewogenen Stücken *fixierter* Leber und verglichen diesen mit den Werten des nativen Ausgangsmaterials. Bei dieser Untersuchung stellte sich heraus, daß Formol und Schaffersche Flüssigkeit etwa 75% des ursprünglichen Glycogengehaltes erhalten, während Carnoy und Gendre 93—98% des Glycogens im Block preservieren. Die Wiederholung dieses Versuches, bei dem der tageszeitlich verschiedene Glycogengehalt berücksichtigt wurde, ergab Werte, die weit voneinander differieren (Tab. 1). Aus

Tabelle 1

Zeit	Temperatur	Nativ		Carnoy	Form. 10%	Gendre	Schaffer
10 a. m	+21°C	100%	(5,69 mg)	98,4%	75,2%	93,4%	76,4%
10 a. m	+21°C	100%	(4,64 mg)	74,7%	55,3%	61,6%	51,9%
10 a. m	− 7°C	100%		63,7%	67,2%	71,7%	77,1%
4 p. m	+21°C	100%	(2,73 mg)	43,9%	30,0%	4,7%	72,1%
4 p. m	− 7°C	100%		73,6%	56,0%	35,8%	60,8%

Glycogenbestimmung in Gewebeblöcken nach Fixierung zu verschiedenen Tageszeiten. Glycogengehalt in %-Werten des nativen Materials. a — Versuchsserie: März b — Versuchsserie: Juli

diesem Versuch geht hervor, daß die Fixierung mit gekühlten Fixationsmitteln zwar stets höhere Werte liefert, daß aber die Glycogenerhaltung durch die einzelnen Fixantien tageszeitlich stark differiert.

Die biochemische Bestimmung des Glycogens im fixierten Material stößt auf einige Schwierigkeiten, die nicht unerwähnt bleiben sollen. Nach der Digestion der fixierten und mit Äthanol dehydrierten Gewebsblöcke mit KOH bleiben am Glycogen nach seiner Ausfällung mit Alkohol Fixiermittelreste hängen, die die Anthronreaktion beträchtlich stören. Die fermentativen Methoden hingegen werden nur geringfügig beeinflußt.

Bei der histochemischen Glycogendarstellung müssen noch weitere Faktoren außer der Fixierung in Betracht gezogen werden. Wie an anderer Stelle eingehend ausgeführt (Leske, 1964, 1967), kann die Montage der Schnitte eine bedeutende Rolle spielen. Es konnte in dieser Untersuchung nachgewiesen werden, daß Glycogen zu bestimmten Zeiten bei der Montage mit wäßrigen Streckmitteln in bedeutendem Ausmaß extrahiert werden kann. Diese Beobachtung steht im Einklang mit den Arbeitsvorschriften verschiedener Technologien (Romeis, 1948; Lison, 1960; Lipp, 1954), die Aufziehen über wasserfreien Mitteln zur Glykogenerhaltung fordern. Des Weiteren stellte sich aber heraus, daß zu bestimmten Zeiten, völlig unabhängig von den verwendeten Fixierungsmitteln, keine oder nur geringfügige Extraktion erfolgt, wenn die Schnitte über destilliertem Wasser gestreckt werden; selbst eine Extraktion mit Wasser bis zu 12 Std. verursachte kaum einen Glycogenverlust. Dieses Gewebsverhalten zeigt deutlich den Einfluß der tagesrhythmisch veränderten Gewebszusammensetzung für die Fixierbarkeit. Da die

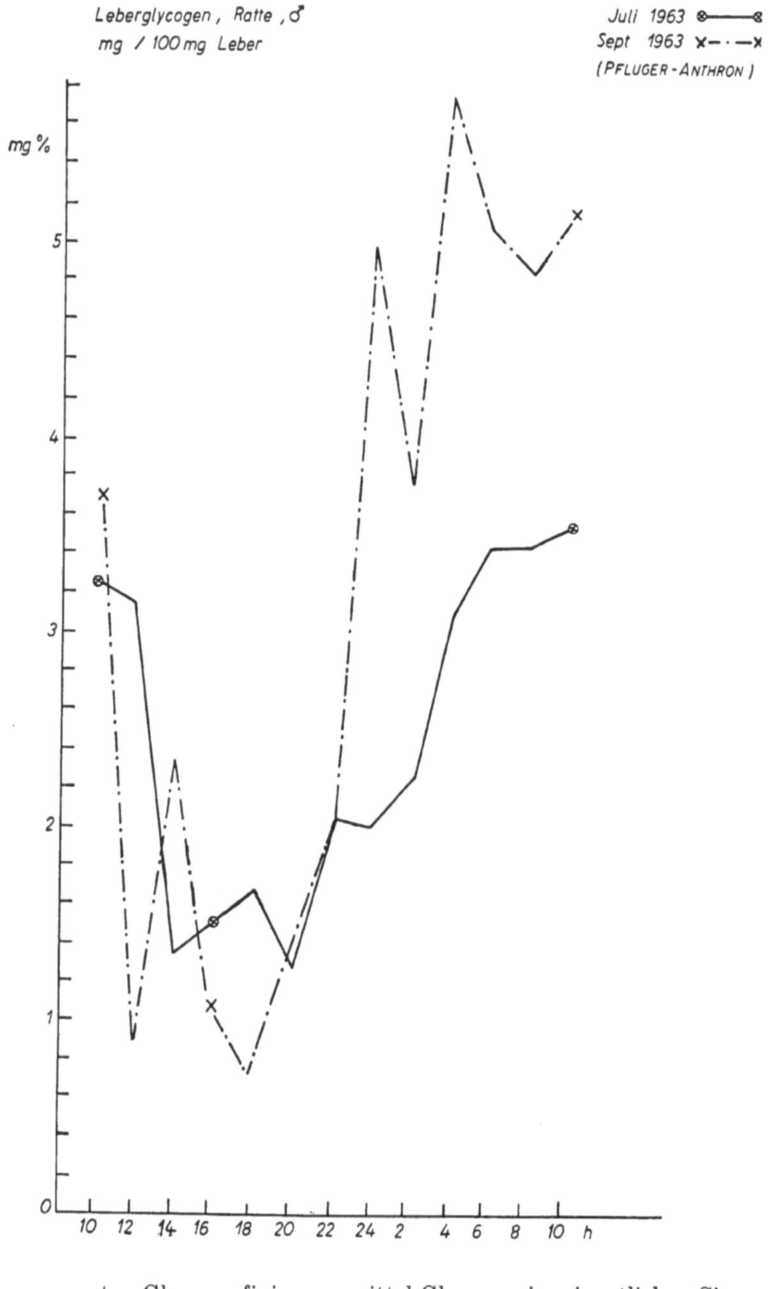

Abb. 3. Darstellung des „Serial"-Effekts. Das Tagesrhythmusprofil vom Juli zeigt diesen Effekt weniger deutlich als die Tagesrhythmusaufnahme im September

sogenannten Glycogenfixierungsmittel Glycogen im eigentlichen Sinne nicht fixieren, sondern lediglich dessen Einschluß durch Zellproteine bewerkstelligen (trapping-reaktion) hängt die Glycogenerhaltung wesentlich vom augenblicklichen biologischen Zustand des Zytoplasmas ab. Dies erklärt hinreichend die möglichen Unterschiede zwischen biochemisch faßbarem Glycogengehalt und histochemischer Glycogendarstellbarkeit.

Schließlich soll noch auf einige biologisch-technische Faktoren eingegangen werden, die für die Bestimmung des Glykogens entscheidend sein können. Die Abbildung 3 zeigt die tagesrhythmische Untersuchung zweier Tierserien. Dabei fällt auf, daß der Glycogengehalt der Leber nach 24 Stunden bei der einen wohl, bei der anderen aber überhaupt nicht den Ausgangswert erreicht, sondern darüber liegt.

Diese Erscheinung beruht auf dem sogenannten „serial-effect" nach HALBERG (1959, 1967). „Serial"-Effekte kommen zustande, wenn bei einer ununterbrochenen Rhythmusaufnahme während 24 Stunden die Tiere durch das Herausholen aus den Ställen beunruhigt werden. Wie das Diagramm aber zeigt, kann die gleiche Störung verschieden starke Auswirkung auf gleichartige Tierpopulation haben.

In wieweit Störungen durch exogene Einflüsse bei Organanalysen wiedergespiegelt werden, zeigt die Abbildung 4. Es handelt sich dabei um Untersuchungen an Rattenlebern, die an 5 hintereinander-

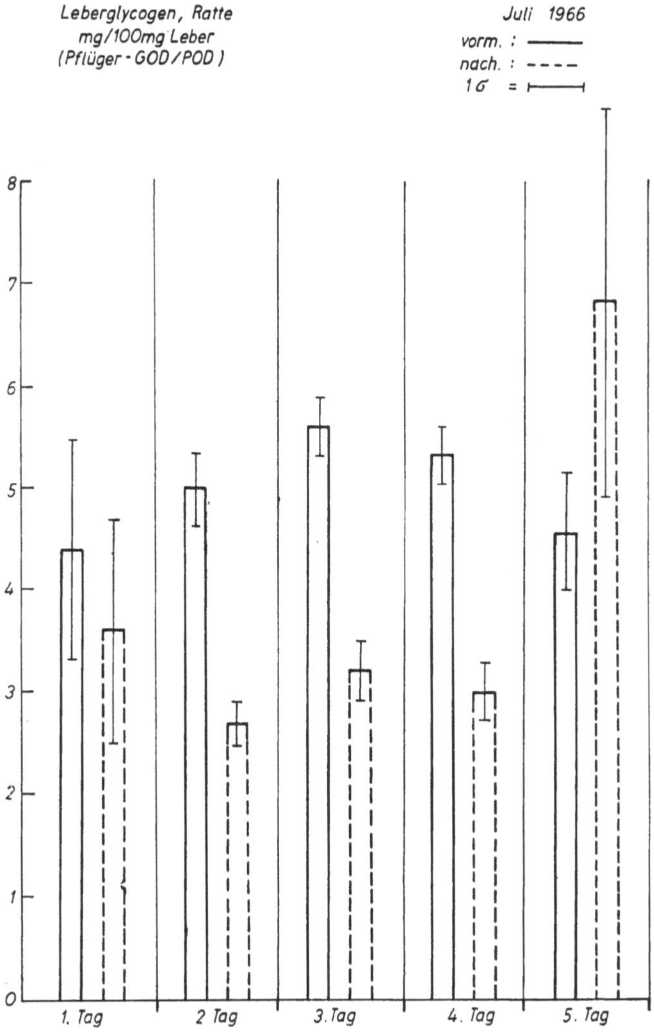

Abb. 4. Glycogenbestimmung zu bestimmten Tageszeiten (10^h und 16^h) an aufeinanderfolgenden Wochentagen (Montag—Freitag). Beachte die Irritation der Tiere am ersten und letzten Versuchstag, ausgedrückt durch die hohen Standardabweichungen

folgenden Wochentagen stets gleichzeitig, sowohl vormittags (10 h) wie nachmittags (16 h) durchgeführt wurden. Diese Untersuchungen dienten ursprünglich der Feststellung der Reproduzierbarkeit von Glycogenwerten zu bestimmten Tageszeiten. Die mehrfache Untersuchung ergab dabei ein ähnliches Resultat wie das im Diagramm gezeigte, nämlich gute Übereinstimmung der vormittäglichen wie nachmittäglichen Glycogenwerte am 2., 3. und 4. Versuchstag. Am 1. und 5. Versuchstag hingegen fallen die Werte sowie ihre statistische Fehlerbreite stark heraus. Diese Tatsache beruht darauf, daß am 1. Versuchstag zum Wochenbeginn (Montag) die Tiere durch häufiges Begehen der Tierställe (Futterzufuhr, Tierinspektion usw.) beunruhigt werden. Noch mehr trifft dies für den letzten Versuchstag (Freitag) zu. An diesem Tag werden die Tierställe gründlich gereinigt und die Tiere in frische Käfige umgesetzt. Dies findet Ausdruck in den stark gesteigerten Nachmittagswerten am Freitag.

Auch die Tötungsart der Tiere ist ein entscheidender Faktor für die Glycogenerhaltung der Leber. Dabei werden nicht nur Unterschiede verursacht, sondern auch die Ergebnisse in Abhängigkeit vom biologischen Zustand der Organe unkontrollierbar verändert. Hier äußert sich auch entscheidend das Lebensalter der Tiere (Abb. 5). In diesem Zusammenhang soll besonders auf die Effekte durch das relativ langsame Verbluten der Tiere hingewiesen werden. Die Ergebnisse des Ausblutens stimmen mit Beobachtungen von Lipp (1954) überein, der deutliche Verluste zellulärer Substanzen bei menschlichen Verblutungslebern feststellte. In diesem Zusammenhang müßte die Fixierung durch Perfusion — die sehr oft als die idealste beschrieben wird — vergleichend untersucht werden; ihr geht bekanntlich Entbluten und Durchspülen mit Kochsalzlösung bzw. Antikoagulantien voraus.

Zusammenfassend kommen wir zu folgenden Schlüssen:
die chemische Erhaltung (Fixation) von Glycogen entspricht nicht immer dem tatsächlichen Glycogengehalt des Organs. Die Fixation wird von den tagesrhythmisch bedingten Unterschieden der Protein-

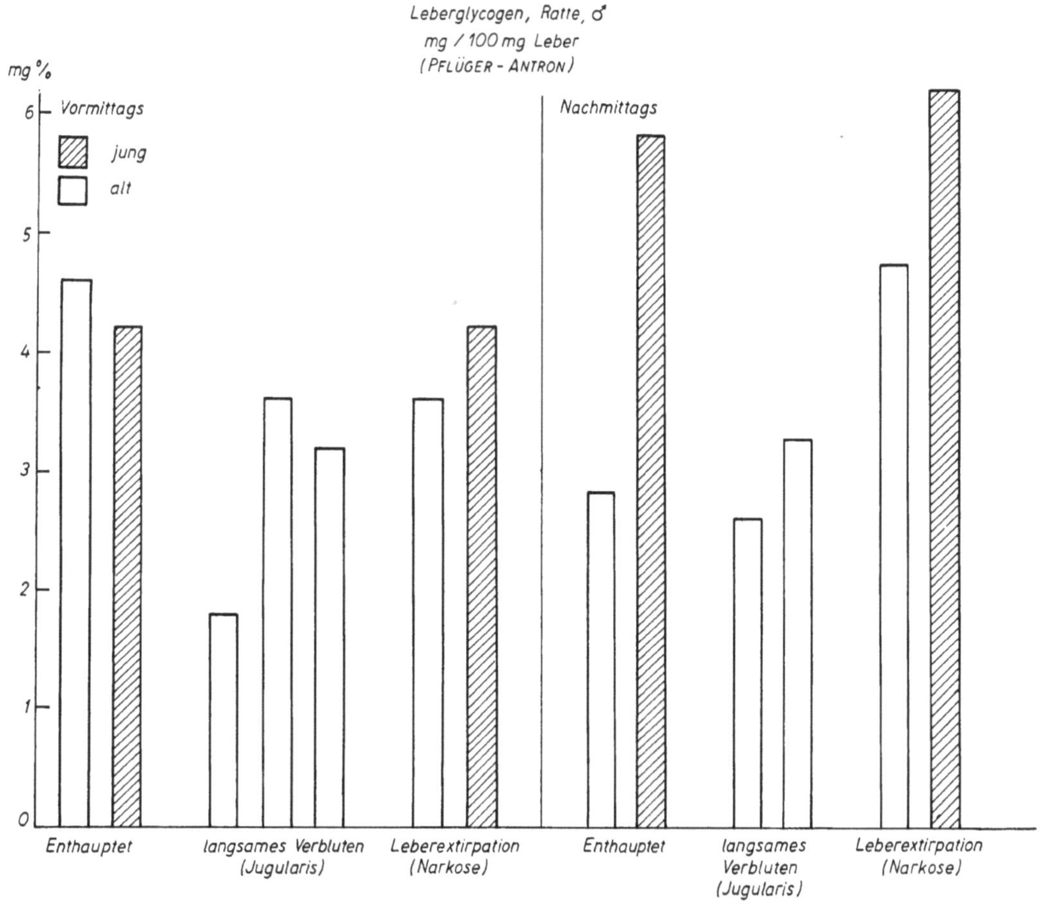

Abb. 5. Einfluß der Organgewinnung auf die Glycogenerhaltung bei jungen (4 Monate) und alten (1 Jahr) Tieren

zusammensetzung sowie von dem Polimerisationsgrad des Glycogens bestimmt. Die sogenannten Glycogenfixierungsmittel weisen deshalb oft bedeutende Unterschiede ihrer Wirkung auf oder ergeben unterschiedslose Resultate. Wiederum abhängig vom biologischen Zustand erhalten sie Glycogen dermaßen, daß es gegenüber Wasserextraktion resistent bleibt, in anderen Fällen auf das leichteste herausgelöst wird. Damit lassen sich aber die diskrepanten Angaben in der Literatur zur Glycogenfixierung, aber auch die über die Nachbehandlung der Schnitte hinreichend erklären. Nicht geklärt werden konnte die Frage, welche Kautelen notwendig sind, um eine dem biologischen Zustand entsprechende Glycogenerhaltung zu gewährleisten. Irritation der Tiere beeinflußt den Glycogenhaushalt der Tiere wesentlich. Das histologische Bild der Glycogendarstellung kann durch die Tötungsart nachweisbar beeinflußt werden.

Literatur

Baker, J. R.: Cytological Technique. 2nd Ed. Methuen, London, 1945.

Balzer, H., und D. Palm: Über den Mechanismus der Wirkung des Reserpins auf den Glycogengehalt der Organe. Naunyn-Schmiedeberg's Arch. exp. Path. und Pharmak. **243**, 65—84 (1962).

BARKA, T., and P. J. ANDERSON: Histochemistry, Theory, Practice and Bibliography. Hoeber, New York, 1963.
CULLING, C. F. A.: Handbook of Histological Techniques. Butterworth, London, 1963.
GRAUMANN, W.: Untersuchungen zum cytochemischen Glycogennachweis. I. Mitt.: Chemische Fixation auf Alkoholbasis. Acta histochem. **4**, 29—40 (1957).
GRAUMANN, W.: Untersuchungen zum cytochemischen Glycogennachweis. II. Mitt.: Chemische Fixation auf Pikrinsäurebasis. Histochemie **1**, 97—108 (1958).
GRAUMANN, W., und W. CLAUS: Untersuchungen zum cytochemischen Glycogennachweis. III. Mitt.: Versuche zum Diastasetest. Histochemie **1**, 241—246 (1959).
GRAUMANN, W.: Untersuchungen zum cytochemischen Glycogennachweis. IV. Mitt.: Der Einfluß der Fixierungstemperatur auf die Konservierung embryonaler Glycogene. Acta histochem. **9**, 247—259 (1960).
HALBERG, F., M. B. VISSCHER, E. G. FLINK, K. BERGE and F. BOCK: Physiologie 24-hour periodicity; general and procedural considerations with reference to the adrenal cycle. Z. Vitamin-, Hormon- und Fermentforschung **10**, 225—296 (1959).
HALBERG, F., Y. L. TONG and E. A. JOHNSON: Circadian system phase — An aspect of temporal morphology; procedures and illustrative examples. The cellular aspects of biorhythms. Springer Verlag, Berlin—Heidelberg—New York, 1967.
KEILIN, D., and E. F. HARTREE: Specifity of Glucose — Oxydase (Notadin). Biochem. J. **50**, 331—341 (1952).
KORITZ, S. B., and A. MUNK: Concerning "free" and "fixed" glycogen in rat liver. Biochem. Biophys. Acta **39**, 543—545 (1960).
KUGLER, J. H., and W. J. C. WILKINSON: A relation between total glycogen content of ox myocardium and its histochemical demonstration. J. Histochem. Cytochem. **7**, 398—402 (1959).
KUGLER, J. H., and W. J. C. WILKINSON: Glycogen fractions and their role in the histochemical detection of glycogen. J. Histochem. Cytochem. **8**, 195—199 (1960).
KUGLER, J. H., and W. J. C. WILKINSON: The basis for the histochemical detection of glycogen. J. Histochem. Cytochem. **9**, 498—503 (1961).
LESKE, R.: Qualitative und quantitative Unterschiede des Leberglycogens. II. internat. Kongreß für Histochemie und Cytochemie. Frankfurt, **1964**, Springer Verlag, Berlin—Göttingen—Heidelberg.
LESKE, R.: Technical factors involved in the histochemical determination of the circadian changes of liver glycogen. The cellular aspects of biorhythms, Springer Verlag, Berlin—Heidelberg—New York, 1967.
LILLIE, R. D.: histopathologic technic and practical histochemistry. 2nd Ed. Blakiston, New York, 1954.
LIPP, W.: Histochemische Methoden. R. Oldenbourg, München, 1954.
LISON, L.: Histochimie et Cytochimie animales. Gauthier-Villars, Paris, 1960.
MAYERSBACH, H. VON, und R. LESKE: Biorhythmic changes of liverglycogen. Acta morph. Neerl. Scand. VI, 1966.
PEARSE, A. G. E.: Histochemistry, Theoretical and Applied: 2nd Ed. Churchill Ltd., London 1960.
ROMEIS, B.: Mikroskopische Technik. R. Oldenbourg, München, 1948.
SASSE, D., und W. GRAUMANN,: Untersuchungen zum cytochemischen Glycogennachweis. V. Mitt.: Chemische Fixation mit weiteren alkoholischen und dioxanhaltigen Pikrinsäuregemischen. Acta histochem. **20**, 25—38 (1965).
SEIFTER, S., S. DAYTON, B. NOVIC and E. MUNTWYLER: The estimation of glycogen with the Anthrone reagent. Arch. of Biochemistry **25**, 191—200 (1950).
STETTEN, M. R., H. M. KATZEN and D. STETTEN jr.: A comparison of the glycogens isolated by acid and alkaline procedures. J. of Biol. Chem. **232**, 475—488 (1958).
SWIGART, R. H., C. E. WAGNER and W. B. ATKINSON: The preservation of glycogen in fixed tissues and tissuesections. J. Histochem. Cytochem. **8**, 74—75 (1960).
TROTT, J. R., S. L. GORENSTEIN and M. D. PEIKOFF: A chemical and histochemical investigation of glycogen in rat liver and palate following treatment with various fixatives and ethylenediamine tetraacetic acid. J. Histochem. Cytochem. **10**, 245—249 (1962).

Kolibri 360 GmbH
Ferdinand-Jühlke-Straße 7
99095 Erfurt, Deutschland
produktsicherheit@kolibri360.de